ALLE · ZEIT · WACH · 1842

Dirk Revenstorf (Hrsg.)

Klinische Hypnose

2., korrigierte und überarbeitete Auflage

Mit 25 Abbildungen und 10 Tabellen

Springer-Verlag
Berlin Heidelberg New York London Paris
Tokyo Hong Kong Barcelona Budapest

Prof. Dr. Dirk Revenstorf
Psychologisches Institut
Universität Tübingen
Gartenstraße 29
D-72074 Tübingen

ISBN 3-540-56247-8 Springer-Verlag Berlin Heidelberg New York

Satz: Fotosatz Pfeifer GmbH, 82166 Gräfelfing
2126 / 3130 / 54321 – Gedruckt auf säurefreiem Papier

Peter R. Hofstätter gewidmet, der uns lehrte, die Psychologie in einem weiteren Rahmen zu betrachten, ohne die methodischen Details zu vernachlässigen

Vorwort

Dieses Buch ist aus dem Bedürfnis entstanden, für die Nutzung der Hypnose in der klinischen Praxis und Forschung eine Grundlage zu schaffen, die der Anwender für die eigene Arbeit als Ausgangspunkt nehmen kann. Zwar gibt es eine Reihe von angloamerikanischen Standardwerken auf diesem Gebiet (Brown u. Fromm 1987; Burrows u. Dennerstein 1980; Cheek u. LeCron 1968; Crasilneck u. Hall 1985; Kroger u. Fezler 1976; Wester u. Smith 1984), aber für den deutschsprachigen Leser stehen nur ältere und kurzgefaßte Publikationen zur Verfügung (etwa Schultz 1935a; Mayer 1937; Stocksmayer 1984). Daneben gibt es neuerdings einige Grundlagentexte zur Hypnose (Jovanović 1988; Kossak 1989), die allerdings keinen speziellen Schwerpunkt in der klinischen Hypnose haben. Für das vorliegende Buch kam es darauf an, in den einzelnen Anwendungsgebieten der Hypnose jeweils Autoren zu gewinnen, die hier praktisch tätig sind und ihre Aussagen nicht nur zur Literatur in Bezug setzen, sondern durch Praxiserfahrung konkretisieren. Daher enthält jedes Kapitel zu den einzelnen Störungsgebieten neben der referierten Literatur jeweils Hinweise zur praktischen Durchführung der Hypnotherapie. Die empfohlene Literatur am Ende jedes Kapitels soll dem Leser Hinweise zur Vertiefung geben. Es war ein besonderes Vergnügen, so viele Autoren des deutschen Sprachraums für dieses Buch zu gewinnen. Jeder von ihnen hat in der Auseinandersetzung mit der Methode Besonderheiten entwickelt, die einerseits für das Störungsgebiet spezifisch sind, zum anderen zeigt sich auch eine Vielfalt des individuellen therapeutischen Stils, die dem Leser viele Anregungen geben kann. Für die Geduld und die Bereitschaft zur Zusammenarbeit, die jeder einzelne Autor hierbei aufgebracht hat, möchte ich mich herzlich bedanken.

Die Fertigstellung eines solchen Buches ist undenkbar ohne verläßliche Mitarbeiter, die sorgfältig und unermüdlich immer wieder die Gestaltung der einzelnen Kapitel übernehmen und die Koordination mit Autoren und Verlag gewährleisten. In dieser Hinsicht war die Zusammenarbeit mit Frau Dipl.-Psych. Ilse M. Zalaman und Frau Dipl.-Psych. Bettina Hackel bei der Redaktion des Buches unschätzbar. Wie man sich leicht vorstellen kann, steckt der Teufel bei solchen Unternehmen im Detail; das trifft im besonderen Maße auf die Literaturangaben zu. Herr Dipl.-Psych. Uwe Garbet-Varga und Herr Dipl.-Psych. Uwe Prudlo haben in viel Kleinarbeit immer wieder Korrekturen und Ergänzungen in den Literaturangaben vorgenommen, bis nach vielen Durchgängen hoffentlich ein einigermaßen verläßliches Filtrat daraus entstanden ist. Herr Dipl.-Psych. Mathias Müller und Frau Ulrike Garbet-Varga haben ebenso wie alle schon genannten Mitarbeiter beim Korrekturlesen der verschiedenen Entwürfe zu den einzelnen Kapitel große Mühe aufgewendet. Ich möchte an dieser Stelle all diesen Mitarbeitern sehr herzlich danken. Sie haben einen großen Anteil daran, daß das Buch entstanden ist. Bedanken möchte ich mich auch bei Herrn Richard-Hans Riethmüller, der die technische Herstellung des Manuskripts übernommen hat und uns von Beginn seiner Mitarbeit bis zum Ende das Gefühl gegeben hat, bei ihm gut aufgehoben zu sein, und uns immer mit Rat und Tat zur Seite gestanden hat. Die Mitarbeiter des Springer-Verlags, Herr Dr. Thiekötter, Herr Oehm, Herr Münzenmayr, Herr Picht und Frau Lange-Rehberg, haben unsere Zusammenarbeit sehr erleichtert, und wir möchten uns für die Flexibilität und das Entgegenkommen bei der Gestaltung der Arbeit sehr herzlich bedanken.

Die stummen Leidtragenden bei einer solchen Unternehmung sind wohl immer die Mitglieder der Familie; ihnen für Geduld und Nachsicht zu danken, dafür sind Worte vermutlich ungeeignet.

Dirk Revenstorf
Tübingen, im März 1993

Vorbemerkung zur 2. Auflage

Die zweite Auflage des Buches wurde vollständig durchgesehen. Zur Erleichterung der systematischen Arbeit mit dem Text wurde ein Register angefügt. Durch Rasterunterlegung sind bestimmte Passagen zur besseren Erinnerlichkeit hervorgehoben und zusammenfassende Abschnitte durch Kästen markiert worden. Wir hoffen, daß dadurch die didaktische Qualität verbessert worden ist.

Inhalt

Autorenverzeichnis

Dr. med. H. Alberts
Bolzstr. 4
70173 Stuttgart

Dr. W. Bongartz
Psychologisches Institut
Universität Konstanz
Sonnenrain
78464 Konstanz

Dr. F. Christmann
Zentrum für Selbsthilfe und Therapie
Christophstr. 8
70178 Stuttgart

Prof. Dr. T. Forster
Richard Wagner-Str. 5
60318 Frankfurt/Main

Dipl.-Psych. B. Friedrichs
Münchner Straße 44
85221 Dachau

Dipl.-Psych. W. Gerl
Milton Erickson Gesellschaft
Konradstr. 16
80801 München

Prof. Dr. V. Gheorghiu
Fachbereich 06 Psychologie
Justus-Liebig-Universität Gießen
Otto-Behagel-Straße 10
35394 Gießen

Dipl.-Psych. S. Heinrich
Riedgrasweg 74
70599 Stuttgart

Dr. F. Hoppe
Kielortallee 15
20144 Hamburg

Dipl.-Psych. S. Hoyndorf
Zentrum für Selbsthilfe und Therapie
Christophstr. 8
70178 Stuttgart

P.D. Dr. med. Dr. phil. U.J. Jovanović
Zentrum für Chronomedizin
Klinik für Psychosomatik
Gerokstr. 65
70184 Stuttgart

Dr. R. Kaschel
Goethestr. 3
73257 Köngen

Dr. C. Kraiker
Psychologisches Institut
Universität München
Leopoldstr. 13
80802 München

Prof. Dr. med. W. Kretschmer
Brunnenstr. 18
72074 Tübingen

Dr. K.-H. Kunzelmann
Poliklinik für Zahnberatung
und Paradontologie
Universität Erlangen-Nürnberg
Glückstr. 11
91054 Erlangen

P.D. Dr. W. Larbig
Psychologisches Institut
Universität Tübingen
Gartenstr. 29
72074 Tübingen

Dr. W. Lenk
Wartburgstr. 17
10825 Berlin

P.D. Dr. W. Miltner
Institut für Medizinische
Psychologie
Universität Tübingen
Gartenstr. 29
72074 Tübingen

Dr. med. F. Münch
Elbinger Weg 22
72116 Mössingen

Dipl.-Psych. B. Peter
Milton Erickson Gesellschaft
Konradstr. 16
80801 München

Dipl.-Psych. C. Reuben
c/o Synapse
Zettachring 8 A
70567 Stuttgart

Prof. Dr. D. Revenstorf
Psychologisches Institut
Universität Tübingen
Gartenstr. 29
72074 Tübingen

Dr. phil. A. Schirmer
Bahnhofstr. 18
33102 Paderborn

Dr. A. Schmierer
Esslinger Str. 40
70182 Stuttgart

J. K. Zeig, Ph.D.
The Milton Erickson
Society, Inc.
3606 North 24th Street
Phoenix, Arizona 85016
U.S.A.

I. Grundlagen der Hypnose

1. Einleitung

Der Gegenstand eures Glaubens mag wahr oder falsch sein
Ihr werdet das gleiche Resultat erzielen.
Paracelsus (1493–1541)

Die Einführung der Psychologie in die Medizin hat ein wechselhaftes Schicksal gehabt, und der Hypnotismus ist ein anschauliches Beispiel dafür. Wie das Zitat des Paracelsus zeigt, hat die Medizin schon immer die Kräfte der Autosuggestion gekannt. Aber im 18. und 19. Jahrhundert fand Wissenschaftlichkeit ihren Ausdruck in physiologischen Betrachtungsweisen. Und so war es konsequent, daß in der Kommission der Académie des Sciences und der Societé Royale de Médecine, die zur Untersuchung von Mesmers Thesen zum Hypnotismus eingesetzt wurde, Naturwissenschaftler wie der Chemiker Lavoisier oder der Erfinder Franklin mitwirkten. Auch Mesmer vertrat nach außen eine bewußt reduktionistische Position. Er wollte einen physikalischen Vorgang als Grundlage der Hypnose nachweisen, nämlich einen Magnetismus, den er zunächst mit dem mineralischen Magnetismus gleichsetzte, ihn aber später als „animalisch" davon unterschied. Er entlarvte die exorzistischen Kuren des Pfarrers Johann Gaßner als nichtspirituell und ohne Gottes Hilfe möglich und interessierte sich auch nicht für den Hinweis seines Schülers Marquis de Puységur, der verbale Rapport zum Somnambulen spiele für die Hypnose eine Rolle. Zur Feststellung seiner physikalischen Theorie des Hypnotismus schlug Mesmer der Kommission folgendes experimentelle Design vor: 14 Patienten, die nach seiner Methode behandelt wurden, sollten mit 14 Kontrollpersonen verglichen werden, denen die gängige medizinische Kur zuteil wurde. Die Kommission lehnte diesen Vorschlag jedoch ab und entschied sich, Patienten seines Schülers Deslon zu beobachten. Schließlich kam sie 1784 zu der Erkenntnis, daß die Einbildung auch ohne Magnetismus hysterische „Heilkrämpfe" auslösen könne (Chertok 1980). Trotz seiner reduktionistischen Grundhaltung hat Mesmer der Einbildung unbewußt jedoch den ihr gebührenden Platz eingeräumt. So legte er großen Wert auf die Gestaltung der Atmosphäre, in der seine hypnotischen Sitzungen stattfanden. Der Überlieferung zufolge trug er dabei einen violetten Seidentalar und ließ Musik erklingen. Es ist eigenartig, in der Person Mesmers dieselbe Spaltung zwischen rationalem und irrationalem Zugang zum Phänomen der Hypnose vorzufinden, die sich um ihn herum wiederholt. Diese Spaltung der Betrachtungsweise blieb auch im folgenden Jahrhundert erhalten. Charcot verteidigte die physiologische Position energisch gegen Bernheim, der der Suggestion die entscheidende Rolle zusprach (etwa auf dem ersten Kongreß über Hypnotismus 1889). Liébeault rang sich zu einer dualistischen Position durch, als er feststellte, daß „magnetisiertes" Wasser wirksam war, aber vorgeblich magnetisiertes Wasser (Placebo) nicht minder (Chertok 1980). Neben den physiologischen Ursachen müssen demnach mentale Mechanismen angenommen werden. Das erinnert an die zahlreichen Placebotechniken zur Warzenbehandlung (s. Kap. 17).

Es scheint so, als hätte sich hier eine Art Plagegeist des abendländischen Denkens bemerkbar gemacht, der Dualismus Descartes in anderem Gewand: res extensa gegen res cogitans. Bei jeder hypnotischen Induktion können die Beteiligten diese Spaltung in vivo nachvollziehen: die Vernunft, die nur physische Ursachen zulassen will, erscheint als Gegenspielerin der Imagination, die ihre subjektiven Inhalte körperliche Realität werden läßt, ohne daß eine Erklärung dafür gefordert wird. Der Hypnotiseur unterstützt die Dissoziation dieser beiden kognitiven Prozesse, um der Imagination Gelegenheit zu geben, selbständig zu werden, ohne sie mit der Vernunft in Konkurrenz treten zu lassen. Der Hypnotisand konstatiert häufig sinngemäß nach der Sitzung – insbesondere, wenn Amnesie suggeriert wurde: „Ich erinnere mich ungenau, aber ich möchte jetzt nicht darüber reden". Es ist so, als wolle er diskrepantes Wissen ungestört nebeneinander bestehen lassen, ohne sich dafür rechtfertigen zu müssen. Spannt man den Bogen etwas weiter, so erkennt man unschwer den Geist als Widersacher der Seele, den Kulturpessimisten, wie Klages oder Nietzsche beklagt haben. Keine der beiden Orientierungsformen, Imagination und die rationale Analyse, scheint den Möglichkeiten der menschlichen Informationsverarbeitung allein gerecht zu werden. Dort, wo die Logik versagt oder es etwa im zwischenmenschlichen Bereich problematisch wird, kann die Vorstellung helfen, andere Lösungen zu finden. Hypnose ist vielleicht nichts anderes als ein Weg, diesen kreativen Prozeß zu erleichtern. Damit ist sie eine Therapieform, die die argumentativen und die übenden Verfahren sinnvoll ergänzt.

Obwohl Hypnose historisch vermutlich eines der ältesten medizinischen Verfahren ist (s. Kap. 2) und eine lange Tradition als Mittel zur Schmerzbewältigung hat (s. Kap. 19 und 20), gibt es bisher kaum eindeutige physiologische Korrelate für den hypnotischen Zustand (vgl. Kap. 6 und 7). Der subjektive Charakter der Trance macht die Hypnose zu einem psychologischen Verfahren, auch wenn sie zunächst zur Linderung somatischer Beschwerden eingesetzt wurde. Vergleichbar mit den Praktiken der Schamanen reicht ihre Anwendung in eine Zeit zurück, in der somatische und psychische Vorgänge nicht unterschieden wurden und die Behandlung sich auf beides zugleich bezog. Und auch heute bietet die Hypnose einen geeigneten Ansatz, um beide Betrachtungsweisen zu verknüpfen, wie z.B. bei der Behandlung chronischer Schmerzen (s. Kap. 15).

Es gibt kaum einen klinischen Bereich, in dem die Hypnose nicht eingesetzt worden ist. In der Medizin und Zahnmedizin wird insbesondere die analgetische Wirkung der Hypnose genutzt (Kap. 19–21). In der Psychosomatik (Kap. 15–18) steht häufig die Symptomlinderung im Vordergrund (z.B. Pruritus und Hauterscheinungen bei den Dermatosen, Schwellung der Schleimhäute beim allergischen Asthma). Bei der Behandlung von Neurosen und Psychosen (Kap. 11–14) wird mit Hilfe der Hypnose entweder eine Veränderung der Sichtweise oder des Verhaltens angestrebt. Hier ist eine Bearbeitung problematischer Erfahrungen oder die Mobilisierung von Ressourcen oft hilfreich, was durch die Trance in besonderer Weise erleichtert wird. Die Auswahl der Beiträge in diesem Buch soll einen Eindruck von der Breite der klinischen Anwendung geben, ohne auch nur annäherungsweise erschöpfend zu sein (vgl. Burrows u. Dennerstein 1980; Cheek u. LeCron 1968; Crasilneck u. Hall[2] 1985; Kroger[2] 1977, Kroger u. Fezler 1976; Wester u. Smith 1984).

Die empirischen Untersuchungen in den einzelnen Anwendungsgebieten sind von unterschiedlicher Qualität und Anzahl, wie aus den einzelnen Beiträgen deutlich wird. Verglichen mit den zahlreichen Befunden zum Thema Suggestion und Haut (Kap. 17) sind die Daten zur Anwendung der Hypnose z.B. bei Psychosen spärlich (Kap. 11). Auf der anderen Seite sind gerade die dort berichteten therapeutischen Ansätze von großem heuristischem Interesse. So unterschiedlich wie die Dokumentation ist auch die Methodik. In manchen Gebieten werden standardisierte Interventionen beschrieben, wie bei der Behandlung von Phobien oder bei der Raucherentwöhnung (Kap. 12 und 13), in anderen Bereichen sind die Vorgehensweisen wenig festgelegt (vgl. Kap. 14 oder 16). Obwohl die Induktion weitgehend unabhängig vom klinischen Problem gestaltet werden kann, ist die Form der Behandlungssuggestionen von Störung zu Störung so unterschiedlich, daß man sie jeweils neu studieren muß. Es kann u.a. zwischen symptomorientierter und problemorientierter Strategie, direkter und metaphorischer Suggestion, Verhaltensverschreibung und Umdeutung, divergenten und konvergenten Suchprozessen, regressivem und progressivem, dissoziativem und assoziativem Vorgehen unterschieden werden. Schließlich wird zwischen Wach- und Trancesuggestion unterschieden (s. Kap. 4). Und selbst in zwei Fällen der gleichen Störung gestaltet sich die Hypnotherapie immer wieder anders, weil jeweils der individuelle Zugang zum Rapport, zurTranceerfahrung und zur Rezeption der therapeutischen Suggestion zu beachten ist (vgl. Kap. 8). Darüber hinaus wird von vielen Autoren die Auffassung vertreten, daß die therapeutische Nutzung der Trance und ihre Induktion nicht voneinander zu trennen sind. Bei all der technischen Heterogenität, die zur Vielfalt der hypnotischen Phänomene hinzukommt (Kap. 3), bedarf es eines epistemologischen Modells, auf dessen Basis der Therapeut sein Vorgehen begründen kann (Kap. 5 und 9). Der Praktiker benötigt daher ein differenziertes Repertoire hypnotischer Strategien, die er flexibel einsetzen kann, und ein ausreichendes Wissen über die Physiologie und die psychische Dynamik einzelner Störungen, die er hypnotherapeutisch behandeln will.

Dieses Buch ist eine Einführung in die klinischen Anwendungen der Hypnose und stellt im ersten Teil (Kap. 2–9) das theoretische und praktische Werkzeug für hypnotherapeutisches Arbeiten zur Verfügung. In Kap. 22–24 wird die Hypnose von verwandten Verfahren abgegrenzt, und in Kap. 10 wird die integre Handhabung dieser Behandlungsform diskutiert. In den übrigen Kapiteln wurden 11 klinische Bereiche ausgewählt, die die Anwendung der Hypnose in der Psychotherapie, Psychosomatik und Medizin repräsentieren. Wie für jede andere Therapieform kann die Lektüre nur Anregung sein und die Erfahrung nicht ersetzen.

Zur begrifflichen Klarheit sei angemerkt, daß unter Hypnose meistens die Induktion und Nutzung, also ein Prozeß, und unter Trance der dadurch angeregte Zustand verstanden wird. Als Hypnotismus wird häufig der Forschungsgegenstand bezeichnet, der die Untersuchung von Induktion und Trance umfaßt. Die Ausdrücke Hypnotiseur und Hypnotisand tauchen eher in experimentellen nichtklinischen Untersuchungen auf, während sonst von Therapeut und Patient (im medizinischen Kontext) oder Klient (im psychologischen Kontext) gesprochen wird. Man kann darüber streiten, ob die Hypnotherapie, d.h. die Anwendung der Hypnose zur Anregung von therapeutischen Prozessen, eine eigenständige Therapieform oder eine Interventionsform ist, die in eine andere Therapie eingebettet zur Anwendung kommt. So gibt es die Hypnoanalyse (Fromm 1984) und den hypnobehavioralen Ansatz (Kroger u. Fezler 1976), wo bestimmte Methodenkombinationen vorgenommen werden. Auf der anderen Seite darf die Ericksonsche Hypnotherapie als eigenständiger Ansatz angesehen werden, der nicht nur das Vorgehen der Induktion und der therapeutischen Nutzung von Trancephänomenen, sondern auch solche Therapieformen nachhaltig verändert hat, die ohne formelle Trance arbeiten. Immer scheint Therapie eine Situation darzustellen, in der die vermeintlichen Grenzen der Realitätsbewältigung vom Individuum überschritten werden. So gesehen hat eine Therapieform, die darauf abzielt, die Bereitschaft zu erhöhen, die subjektiven Möglichkeiten verändert wahrnzunehmen, einen besonderen Stellenwert. Das ist es, worum es in der Hypnose geht.

Empfohlene Literatur

Certok L (1980) Hypnose. Kindler, München
Wester WC, Smith AH (1984) Clinical hypnosis. A multidisciplinary approach. Lippincott, Philadelphia
Peter B, Kraiker C, Revenstorf D (1990) Hypnose und Verhaltenstherapie. Huber, Bern
Weitzenhoffer AM (1989) The practice of hypnotism. Wiley, New York

zustände und Tollheiten (Somnambulismus) wurden damals nicht als profan gedeutet und konnten daher nicht als gewöhnliche Symptome einer Krankheit angesehen werden. Z.B. kann eine umfassende Krise während einer Initiations-Zeremonie entstehen, die bis zum Zerfall der Persönlichkeit führt. Im Archaischen der Psyche sieht der Primitive die Wiederholung des präkosmischen Zustandes, der aller Weltschöpfung vorausgeht. Die symbolische Rückkehr zum Chaos ist die notwendige Voraussetzung jeder Neuschöpfung. Alle Trancezustände oder Einweihungsriten (Massen- oder Gruppentherapie), welche die Rückkehr zum Chaos hervorrufen oder fortführen, bedeuten Phasen eines (symbolischen) mystischen Sterbens und eines ebenso symbolischen Auferstehens und damit auch eine neue Geburt (Reinkarnation; Eliade 1961). Der heutige Suggerendus/Hypnotisand geht in die Regression, weil er die ursprüngliche Fülle wieder erlangen will (Jovanović 1988).

Frühe Geschichte der Hypnose

Die Geschichte der Hypnose umfaßt die Zeitspanne von den prähistorischen Epochen bis zum Jahre 1959 und darüber hinaus. Anthropologie und Geschichte der Hypnose gehen somit fließend ineinander über.

Mesopotamien und Ägypten

Viele Naturvölker wandten übernatürliche, ätherische Kräfte („Mana") als Suggestionstherapie an (Ackerknecht 1948; Eliade 1976; Rogers 1947). Traditionelle Gesänge und rituelle Tänze mit Brummen, Summen und rhythmischer Monotonie sollten den Patienten suggestiv vorbereiten. Nach Zilboorg u. Henry (1941) haben die *Schamanen* gewisser sibirischer Gegenden die Hypnose definitiv angewandt. Sowohl in Cochin (China) als auch im östlichen Malaysienarchipel führten Priester eine Form hypnotischer Behandlung durch, indem sie einen Assistenten als Medium benutzten. Magnetische Personen, Wahrsager von Kamschatja und andere Priester oder Yogi Indiens und Ägyptens, Weise und Propheten lösten Konvulsionen, Delirien oder spektrale Illusionen und Somnambulismus aus (Muthu 1930; Tuke 1872). In mystischen orientalischen Religionen, bei denen die Betonung auf Selbstmeditation und Lösung vom Körper lag, konnten *autohypnotische Zustände* und ähnliche Phänomene nachgewiesen werden. Unter den alten indischen Fakiren und Yogis waren autoinduzierte Anästhesie und Trancezustände üblich (Jovanović 1988; Kroger 1977).

Die in Mesopotamien zeitlich bis ins Jahr 7000 v. Chr. zurückzuverfolgenden Spuren der sakralen Kulturen und religiös gefärbten aktiven Hypnotherapie verdichten sich um etwa 2350 v. Chr. Die Hypnose hat sich zwischen 2350 und 1350 v. Chr. sowohl nach Osten und Norden als auch nach Süden ausgebreitet (Bromberg 1954; Kiev 1972; Kroger 1963; Tinterow 1970). Persische Magier und griechische Priester veranstalteten Rituale, ähnlich einer Gruppenhypnose von heute. Auch die exorzistisch-hypnotischen Methoden waren den Assyrobabyloniern nicht unbekannt (Cutten 1911; Gordon 1949). Beinahe simultan, etwa 5000 v. Chr., haben ägyptische Zukunftsdeuter und Priester ähnliche Techniken wie die Assyrobabylonier zum Heilen von Krankheiten angewandt (Sigerist 1957). Im Jahre 1873 kaufte Georg Morriz Ebers (1837–1898) in Luxor (Ägypten) eine umfangreiche Papyrusrolle von 20–23 m Länge (Thorwald 1985). Die um 1550 v. Chr. geschriebene Papyrusrolle weist ägyptische Worte auf, die um 1550 v. Chr. nicht mehr in Gebrauch gewesen waren. Dies wird als Beweis dafür angesehen, daß die Vorlagen des Papyrus schon in der vorgeschichtlichen Frühzeit Ägyptens entstanden sein müssen. Aus dem Papyrus ist zu entnehmen, daß auch zu damaligen Zeiten Hypnose und Hypnotherapie vor dem eigentlichen Beginn der Patientenbehandlung angewandt wurden. Mystizismus, Monotonie und das Murmeln unverständlicher Worte verstärkten die Autorität der Priesterärzte (Ludwig 1964). Das Anstarren von Steinen und anderen Gegenständen war ebenfalls bekannt. Als Amulett oder Talisman konnte diesen Gegenständen auch eine präventive Bedeutung zukommen. Die Kraft der Suggestion soll dabei die Kraft der Steine und anderer Gegenstände verstärkt und somit sowohl vorbeugend als auch kurativ gewirkt haben (Bernheim 1884, 1897).

Suggestive Hypnotherapie und Tempelschlaf

Der *Asklepionkult* (1200–800 v. Chr.) war eine der wichtigsten Kulturen im alten Griechenland und spielte eine beinahe zentrale Rolle in der Heilkunst und der damaligen Kultur. Die sog. Traumheilung bestand darin, daß der Patient zu einem Asklepiontempel kam, in der Hoffnung, dort Hilfe zu finden. Die berühmtesten Tempelstätten waren Epidauros, Kos, Knidos, Crotana und Cyrene (Starn u. Spanos 1982). Die Patienten wuschen sich zunächst an den umliegenden Quellen oder in den dazu eingerichteten Waschstätten; danach schliefen sie mehrere Nächte in Gruppen vor dem Tempeltor. Nach dieser Reinigung ließ man sie in den Vorraum des Tempels. Dort verbrachten sie wiederum mehrere Nächte, während derer sie sich an Gebeten und Predigten als Zuhörer beteiligten. Erst jetzt wurde den Pilgern erlaubt, den heiligen Teil des Tempels (Abaton) zu betreten, der eine sakrale Kraft hatte. Die Fürsprache der Priester, die Einrichtungen des Abaton und die Anwesenheit einer stattlichen Asklepionstatue beeindruckten die Patienten in gewünschter Weise. Die besondere Ausstattung des Tempels sowie die Vielzahl von uniformierten Priestern bildeten eine besondere, unheimliche Atmosphäre, die sich auf die in großen Gruppen anwesenden Patienten suggestiv auswirkte (Jovanović 1988; Ludwig 1964; Stam u. Spanos 1982).

Gemäß den Quellen über den *Tempelschlaf* haben die Priester vor und während der Schlaftherapie Suggestionen angeboten. War der Patient aufgewacht, so berichtete er über einen Traum, in welchem Asklepios erschienen war und entweder direkt die Störung beseitigt oder verschiedene Remedien angeboten hatte. Auf den Säulen des Tempels in Epidauros waren Schriften angebracht, die über die Erfolge der Kuren berichteten (Edelstein u. Edelstein 1945; Herzog 1830; Rogers 1947; Stam u. Spanos 1982). Daraus war zu ersehen, daß die meisten Kuren durch heilende Träume erfolgt waren. Spezielle Erklärungen der heilenden Träume in der zu jener Zeit gültigen Terminologie der Suggestibilität sowie Suggestionen und Hypnose förderten den Glauben an die Methoden. Nach Ansicht der Patienten hatte der Priesterarzt die Kraft des Heilens (Edelstein 1952). Mit solch eindrucksvollen Kuren wurde die Popularität der Schlaftempel gefördert. Bald wurde der Name Asklepios latinisiert und als Aesculapius weiter verehrt. Der Tempel des Aesculapius auf der Insel Tibur wurde sehr rasch bekannt. Der Ruhm des Tempels breitete sich in vielen Ländern aus und beeinflußte die Medizin für viele Jahrhunderte (s. Jovanović 1988). Die moderne Medizingeschichte und die Geschichte der Psychologie legen großen Wert auf den Aspekt der Praxis der Inkubation (incubare: darin liegen), die *Traumheilung*.

Im Tempel des Apollos auf Delphi wurden die meisten Kuren in Form von autohypnotischer oder somnambulistischer Trance durchgeführt. Pythia war die bekannteste Priesterin dieses Tempels. Wenn die Bittsteller zu diesem Tempel kamen und die Priesterin baten, ihnen die Zukunft vorauszusagen, murmelte sie einige unverständliche Worte und übte währenddessen einige Rituale aus. Daraufhin fiel sie in eine hypnotische Trance. Nach dem Aufwachen aus der Trance berichtete sie über ihre Orakel, deren Doppeldeutigkeit bekannt ist (Alexander u. Selesnick 1966; Behr 1968; Bromberg 1959; Conn 1957; Frank 1973; Kitto 1957; Kroger 1977; LeCron u. Bordeaux 1947; MacHovec 1979; Pulos 1980).

Byzantinisch-römische suggestive Hypnotherapie

Eine entscheidene Wende der Problematik der Träume, des Schlafes und der Hypnose kam mit Galen aus Pergamon (129–199 n. Chr.). Durch seine Ansichten über die Psychologie änderte sich die Methodik der Traumheilung. Neben der Traumheilung wurden in Pergamon auch die Diätetik sowie die Physiotherapie durchgeführt. Da der Tempelschlaf in Pergamon von Galen selbst als einer wissenschaftlichen Figur mit Reputation theoretisch begründet und überwacht wurde, nahm diese Methode wissenschaftliche Dimensionen an (Breger et al. 1971; Fiss 1979; Walker u. Johnson 1974; Witkin u. Lewis 1967). Der Trauminhalt wurde jetzt von einer Art Präschlafsuggestion bestimmt. Die Patienten erhielten die direkte Anweisung, ein spezifisches Thema zu träumen (hypnotische Trauminduktion), das ihnen das Heilmittel anbot (s. Jovanović 1988).

Neuere Geschichte der Hypnose

Hypnotherapie des Mittelalters

Die Anwendung der Hypnose in Form des Tempelschlafs hielt sich bis zur Mitte des 6. Jahrhunderts. Daraufhin übernahmen immer mehr christliche Mönche diese Behandlungsart und vollbrachten „Wunderheilungen“ mit Gebeten, Weihwasser, Reliquien von Märtyrern sowie durch Handauflegen nach der Art Christi. Die Klöster hatten einige spärliche Reste antiker Heilkunde bewahrt. Es waren aber auch jene Institutionen, die Krankenstuben für Mönche und andere Kranke einrichteten. Sowohl hier als auch in den Dörfern wurden die Patienten „ärztlich“ von den Klosterbrüdern betreut (Lichtenthaeler 1982). Der Verfall der Schulmedizin, der schon kurz nach Galen eingesetzt hatte, nahm weiter zu und erreichte schließlich einen Tiefpunkt

(Sudhoff 1922). Die Mönchsmedizin stellte sich durch ihren praktischen Charakter auf die dürftigen Verhältnisse ein (Pagel 1958, 1962). Auch durch die magische Therapie kamen die Mönchsärzte ihrer Zeit entgegen. So trieben die Klosterbrüder in den Dörfern auch Dämonen aus. Oftmals genügte es, den Patienten in die Kirche zu bringen, um ihn von seinem Leiden suggestiv zu befreien. Die Suggestion war hier weder dem Suggestor (Mönchsarzt) noch dem Suggerendus (Patient) bekannt. Auf bestimmte Art wurde schon damals das Assoziationsverfahren (Sigmund Freud 1856–1939) praktiziert. Um den Dämoneneinfluß von banalen Krankheiten zu unterscheiden, flüsterte man den Patienten Evangelienstellen oder Heiligennamen ins Ohr; geriet der Patient dadurch in eine stärkere Erregung, so bewies dies den Einfluß des bösen Geistes (Waas 1964). Die magische Medizin des Frühmittelalters war demzufolge in ihrer Form nicht allzuweit von der mystischen Medizin der Schamanen entfernt (s. Jovanovic 1988; Lichtenthaeler 1982).

Suggestion und Hypnotherapie der Frühneuzeit

Die 1. Phase der mittelalterlichen Medizin (Mönchsmedizin) umfaßte den Zeitraum von 600–1100 n. Chr. Schon gegen Ende des Mittelalters, vor Humanismus und Renaissance (in den Jahren 1100–1400), trifft man auf medizinische Höhepunkte, auf die 2. Phase der mittelalterlichen Medizin. Diese Phase fällt zusammen mit dem Zeitalter der romanischen und gotischen Kathedralen, den epochalen Auseinandersetzungen zwischen Wissen und Glauben, der differenziertesten sozialen Aufgliederung, die je in Europa bekannt war (Scholastik; Lichtenthaeler 1982). Die Frage nach dem scheinbaren Beginn der medizinischen Renaissance wird beantwortet durch das Erscheinen von Aureolus Phillipus Theophrastus Bombastus von Hohenheim (Paracelsus 1493–1541), der wie ein leuchtendes Signal an die Schwelle der Neuzeit gestellt wurde. Dieser Lutherus medicorum (C. G. Jung 1941) spielte bei der Entwicklung des Magnetismus eine wichtige Rolle. Zwischen 1500 und 1800 stand die Wissenschaft der medizinischen Psychologie auf keiner beachtlichen Stufe. Viele Erkenntnisse jedoch, die einen mehr oder weniger ungestörten Werdegang der wissenschaftlichen Hypnose in den darauffolgenden Epochen hätten veranlassen können, lagen bereits vor:

a) Hypnotische Phänomene an Tieren,
b) anthropologische Entwicklung und ihre Praktiken,
c) Magie und Dämonologie,
d) Anwendung von Magneten,
e) Heilung durch Handauflegen,
f) Hexen, Hexentum, Hexenwahn, Quacksalberei und Exorzismus waren vor dem Beginn des 18. Jahrhunderts bekannt. Andreas Gaßner (1727–1779) wandte eindeutig die Suggestion an und demonstrierte die Reaktion darauf (s. Jovanović 1988).

Franz Anton Mesmer und der animalische Magnetismus

Die Anwendung mineralischer Magneten zu Heilungszwecken ist seit rund 2500 Jahren bekannt. Bis zum Erscheinen Mesmers wurde diese Praxis in verschiedenen Varianten fortgeführt. Der am 23. Mai 1734 in Iznang am Bodensee geborene Franz Anton

Mesmer machte mehrere stürmische Lebensphasen durch. In der 1. Lebensphase (1734–1759) genoß er eine religiöse Erziehung und schloß das Theologie- und Philosophiestudium ab (Kupsch 1985). In seinem 2. Lebensabschnitt sind mehrere Momente erwähnenswert. Zunächst studierte er von 1759 bis 1766 Medizin in Wien. Daraufhin befaßte er sich bis zum Jahre 1774 mit Geologie, Physik, Chemie, Mathematik, Philosophie und v. a. Musik. Zu erwähnen ist weiter die Begegnung mit Wolfgang Amadeus Mozart (1756–1791) und dessen Familie im Jahre 1768 (Hansmann 1957; Schuler 1985). Ein wichtiges Ereignis ist die Behandlung der 28 Jahre alten Franziska Österling im Jahre 1774, bei der Mesmer zum ersten Male die von Maximilian Hell (1720–1792) angefertigten mineralischen Magnete verwendete. Zwischen 1774 und 1778 kämpfte Mesmer um die Anerkennung seiner Behandlungsmethode. Währenddessen stellte er auch den von ihm eingeführten Gesundheitszuber (Baquet) vor (Kiesewetter 1893; Schneider 1950; Schuerer-Waldheim 1930). Im Jahre 1776 ging Mesmer vom mineralischen auf den animalischen Magneten über. Daher kann man diese Zeit als den Beginn der klassischen mesmerischen Heilmethode durch mittelbare und unmittelbare Übertragung des animalischen Fluids ansehen, die immer mehr ausgebaut wurde und auch die rätselhaften Erscheinungen des künstlichen Somnambulismus und magnetischen Rapports hervorbrachte (Ellenberger 1973).

Im Jahre 1777 behandelte er die 18 Jahre alte blinde Pianistin Maria Theresia Paradis (1759–1824), was eine weitere entscheidende Wende in sein Leben brachte. In der Vorgeschichte und im Verlauf der Behandlung, die vom 20. Januar bis zum 8. Juni 1777, also knapp 5 Monate andauerte, sind v. a. 5 Ereignisse erwähnenswert (Hansmann 1957; Siefert 1985):

1) Art und Weise der Erblindung der Patientin mit 4 Jahren;
2) die erste Behandlung durch Mesmer mit magnetischen Kuren,
3) negative Reaktion der Patientin nach Erlangen des Sehens;
4) Auseinandersetzung mit den Eltern und erneute Erblindung der Patientin;
5) Enttäuschung Mesmers, Aufgabe der weiteren Behandlung und Abreise nach Paris im Jahre 1778 (Hansmann 1957; Jovanović 1988; Schott 1985 a, b, c; Siefert 1985).

Seine 3. Lebensphase (1778–1792) war charakterisiert durch den Kampf um die Etablierung und den Ausbau seiner magnetischen Therapie in den Jahren 1778 bis 1781, die Modifikation der Behandlungsmethode und Einführung der magnetischen Striche ohne Anwendung von Magneten zwischen 1782 und 1784 und die Überprüfung des animalischen Magnetismus – die mit dem Sturz Mesmers im Jahre 1784 endete. Mesmer blieb in Paris bis zum Jahre 1792 und sah sich dann gezwungen, eine andere Zuflucht zu suchen (Barrucand 1967; Bertsche 1942; Bramwell 1903, 1906, 1909; Darnton 1968; Ellenberger 1973; Hansmann 1957; Lopez 1966; McConkey u. Perry 1985; Podmore 1964; Sarbin u. Coe 1972; Schott 1985b; Sheehan u. Perry 1976; Shor 1979; Tinterow 1970; Zweig 1983; u.v.a.).

Die letzte Lebensphase Mesmers (1793–1815) verlief etwas ruhiger als die bisherigen. Nach einem kurzen Aufenthalt in Wien flüchtete er in die Schweiz. In Frauenfeld ließ er sich nieder und übte seine Praxis aus (Hansmann 1957; Zweig 1983). Im September 1812 wurde Professor Wolfart in seiner Eigenschaft als Mitglied einer Kommission in Berlin zur neuerlichen Überprüfung des Mesmerismus zu Mesmer entsandt, um „den Erfinder des Magnetismus, Herrn Dr. Mesmer, um Mitteilung allen dessen, was zur näheren Bestätigung, Berichtigung und Aufklärung dieses wichtigen Gegenstandes dienen kann, zu ersuchen und den Zweck der Kommission auf seiner Reise möglichst zu fördern". Mesmer lehnte das Angebot ab. Am 5. März 1815 starb Mesmer, fast 81 Jahre alt, in Meersburg, in der heutigen Vorburgstraße 11–13 (Jovanović 1988).

Hypnose und Hypnotherapie im 19. Jahrhundert

Nach Mesmers Ära hat sich die Hypnose sozusagen aus dem Magnetismus/Mesmerismus heraus, aber auch unabhängig davon, fortentwickelt. Den direkten Anstoß zum Übergang vom animalischen Magnetismus zur Suggestionstheorie gab noch im Jahre 1784 ein Nichtmediziner.

Marquis de Puységur und der Somnambulismus

Armand Marie Jacques de Chastenet, der Marquis de Puységur (1751–1825), lebte auf seinem Landgut Buzancy in der Nähe von Seissons und amüsierte sich beim Magnetisieren von Bauern aus den umliegenden Dörfern. Eines Tages im Jahre 1784 erschien ein junger Bauer namens Victor Racé mit Atembeschwerden, mit Schmerzen im Brustbereich und in der Kreuzgegend. Nach der Magnetisierung verfiel er in einen leichten Schlaf, aber ohne Konvulsionen, wie sie Puységur bei Mesmer gesehen hatte. Während des Schlafes sprach er. Puységur suggerierte ihm Freiheit von Schmerzen, und er antwortete positiv darauf. Dazu berichtete er, er fliege „in den Armen von Magna Mater ... großer Mutter ... mit unheimlichen Wellen gegen seinen Körper ...". Und zur Überraschung von Puységur fühlte sich Victor, als ob er in die Gedanken anderer Menschen hineinsehen könne. Nach der Behandlung sei er vollständig gesund geworden. Durch dieses Ereignis wurde das Château de Puységur ein Mekka für jene, die sich krank fühlten. Puységur soll bis zu 5000 Patienten behandelt und zum großen Teil geheilt haben (Ellenberger 1973; Kroger 1977; Wolberg 1948a, b). Nach dem Bericht von Puységur (1784) wurden weitere Erkenntnisse gewonnen und neue Wege in der Hypnose eingeschlagen.

Abbé Faria und die Suggestionstherapie

Faria (1755–1819) wird als Gründer der modernen Doktrin der Suggestion angesehen. Sein Werk (1819) ist in 4 Teilen abgefaßt worden (Sharma 1979). Er bezeichnete den Hypnotiseur als Concentrateur, den Hypnotisanden als Concentre und den hypnotischen Schlaf als Concentration oder als *„sommeil lucide"*. Beim Hypnotisieren trat er einfach an den Kranken heran, blickte ihn scharf an und rief ihm plötzlich zu: „Dorme! " (Schlafen Sie!). Fast 50% der Patienten fielen dabei in Hypnose. So kann Abbé Faria als Vorläufer der Schreckhypnose angesehen werden. Die 4 Teile des Werkes von Abbé Faria beziehen sich auf folgende Punkte:

a) Der „sommeil lucide“ sei eine Variante des natürlichen Schlafes, wobei die Tiefe des ersteren seiner Intensität proportional sei. Bereits Faria sprach von ausgelöster Hypnose und lenkte die Aufmerksamkeit auf die Verbindung zwischen Hypnose und Hysterie (Sharma 1979). Bei seinen Hypnosen konnte er Transpiration, Palpitation, Lachanfälle, Erbrechen und Kopfschmerzen beobachten.
b) In bezug auf die Ursachen der Hypnose entschloß sich Faria, gegen Mesmer zu opponieren. Er war auch mit der Annahme der Imagination nicht ganz einverstanden, da jeder Mensch Imaginationen besitze, aber nicht jeder hypnotisiert werden könne. Nach Faria beruht die Hypnose („sommeil lucide“) auf Konzentration und Suggestion und nicht auf der Imagination der hypnotisierten Person. Die Konzentration sei das Primäre, die Suggestion nur ein von außen gegebenes Motiv. Nach Faria ist der Hypnotiseur für die Hypnoseinduktion nicht interessant. Es sei die hypnotisierte Person, die ein aktives Agens darstelle. An dieser Stelle (um 1814) haben wir eine weitere, beinahe totale Wende in der Auffassung von der Natur der Hypnose.
c) Vom theoretischen Standpunkt aus kombinierte Faria 2 Elemente, und zwar ein materielles und ein spirituelles Element. Das letztere erforderte in freier Assoziation die Intuition der Gegenwart, der Vergangenheit und der Zukunft. Gehe der Patient in einen „sommeil lucide“, so trenne sich die Seele (Psyche) graduell vom Körper und genieße eine genüschte Intuition. Das heißt, Ideen und Erinnerungen können richtig oder falsch sein, sie können die Gegenwart oder die Zukunft betreffen, sie stellen aber immer ein subjektives Element dar (Chateaubriand 1843; Dalgado 1906; Kutumbiah 1969; Sharma 1979).

John Elliotson und der Mesmerismus

John Elliotson (1791–1868) machte sich 1837 mit den ersten mesmerischen Experimenten vertraut und begann daraufhin, die Patienten zu magnetisieren. Seine Studenten und Kollegen interessierten sich zunächst für die neue Methode, und ihre Anzahl nahm mit der Zeit zu. Andere seiner Kollegen lehnten es jedoch ab, an seinen Demonstrationen teilzunehmen und zeigten Elliotson sogar an. Der Dekan der Universität schlug vor, die Demonstrationen aufzugeben, da primär die Interessen der Fakultät zu berücksichtigen seien und erst danach die Wissenschaft und Humanität. Das Risiko, die Reputation zu verlieren, war wichtiger als die Wahrheit der vorgetragenen Wissenschaft oder deren Wert für die Behandlung von Krankheiten (Schneck 1963a, b). Als Antwort darauf gründete Elliotson 1843 das Journal Zoist, das die Aufgabe hatte, Informationen in Verbindung mit dem Mesmerismus zu verbreiten. Das Journal wurde bereits 1855 eingestellt. Inzwischen wurden an einem einzigen Institut durch den Chirurgen Parker 1200 Personen mesmerisiert (magnetisiert) und 200 *chirurgische Eingriffe* unter der Mesmerisierung (schmerzlos) durchgeführt. Diese und spätere Eingriffe schlossen Amputationen von Oberschenkeln, von Beinen, Brustoperationen und ähnliches ein und wurden sowohl in England als auch in Schottland, auf dem Kontinent sowie in den Vereinigten Staaten vorgenommen. Heilung oder Besserung wurde durch Magnetisierung auch bei Geisteskrankheiten, Epilepsien, Hysteroepilepsien, Hysterien, Lispeln, Neuralgien, Asthma, Tortikollis, Kopfschmerzen, funktionellen Beschwerden am Herzen oder Rheumatismus erzielt. Elliotson betonte, daß der Mesmerismus insbesondere bei Hysterie und anderen funktionellen Störungen des Zentralnervensystems (ZNS) brauchbar sei. Nach Elliotson sei die Hysterie nicht mit dem Uterus verbunden, sie befalle auch nicht nur Frauen, sondern auch Männer. Mesmerisieren, nicht etwa Heiratenlassen war nach Elliotson die richtige Therapie. Elliotson fand, daß sich Kinder leichter mesmerisieren ließen als die Erwachsenen. Er praktizierte den Mesmerismus bis zu seinem Tode, betonte aber immer wieder, daß dieses Heilmittel nicht universell und nur bei bestimmten Krankheiten indikationsmäßig anzuwenden sei (Bishop u. Poynter 1947). Elliotson hat dazu beigetragen, die konventionelle Psychotherapie zu etablieren (Schneck 1963).

James Esdaile und seine chirurgischen Eingriffe

James Esdaile (1808–1859) führte am 4. April 1845 in Indien sein erstes mesmerisches Experiment durch (Bramwell 1903). Bereits der erste Patient fiel in eine tiefe Hypnose und wurde vollkommen analgetisch. Dadurch ermuntert, setzte Esdaile seine Operationen auf gleiche Weise fort und konnte bald über 75 schmerzfreie chirurgische Eingriffe berichten. In kurzer Zeit konnte er 1000 kleinere und etwa 300 große Operationen vorweisen, bei denen die Patienten mesmerisiert waren. Unter den letzteren waren 19 Amputationen und eine Lithotomie. Die meisten Operationen wurden jedoch zur Reponierung des skrotalen Tumors vorgenommen. Die Popularität von Esdaile wuchs. Die Mortalität bei den Hodenoperationen sank von 50% auf 5% (Esdaile 1846). Im Dezember 1852 ließ Esdaile sich in Perth nieder. Er informierte Elliotson über seine Erfolge in Indien und wollte Operationen auf diese Weise in Schottland durchführen. Nach einer Sitzung des Kollegiums der Ärzte in Perth wurde der Mesmerismus dort abgelehnt.

James Braid und der Begriff der Hypnose

Im Jahre 1841 führte Lafontaine, ein Enkel des Fabeldichters Jean de LaFontaine, in Manchester öffentlich Conversazioni vor. Der Augenarzt James Braid (1795–1860) wohnte am 13. November 1841 dem Spektakel bei. Als im Laufe der Vorführung bei einer Person plötzlich die Augenlider wie beim Zwinkern zu vibrieren begannen, erregte dieses Ereignis das Interesse Braids. Bis dahin war dieses Phänomen noch niemandem aufgefallen. Braid entschloß sich, zu eigenen Versuchen überzugehen (Kroger 1977; Wolberg 1948a). Zu seiner Überraschung gelang es ihm, die Probanden in hypnotischen Schlaf zu versetzen, indem er ihnen den glänzenden Knopf seiner Lanzettenbüchse in Höhe der Nasenwurzel vor die Augen hielt. Nach mehrmaligen Versuchen wurde deutlich, daß es keines Magnetismus bedürfe, um die Probanden oder auch Tiere in den Schlaf zu versetzen (Braid 1843, 1882). In seiner Publikation von 1843 führte Braid den Begriff Hypnose ein. Ein Professor aus Bordeaux namens Azam war sehr an Braids Experimenten interessiert und wiederholte sie. Dabei betonte auch er, daß man unter Hypnose mit nur geringen Schmerzen und v. a. ohne die sonst übliche Schockwirkung chirurgische Eingriffe vornehmen könne. Dadurch bestätigte er die Angaben von Esdaile (1851). Trotzdem wurden die Arbeiten von Braid und Azam in England noch lange Zeit ignoriert (Gindes 1977).

Doktor Burcqs Metalloskopie und Claude Bernard

Im Jahre 1876 erkrankte der französische Arzt Doktor Burcq. Dem Tode nahe, diktierte er einen Brief an Claude Bernard (1813–1878), einem bedeutenden Neurophysiologen. Burcq schrieb, daß er sich, bevor er sterbe, von einer wissenschaftlichen Hypothese überzeugen wolle, nämlich der heilsamen Wirkung von Metallen. Claude Bernard reagierte rasch darauf und bildete eine entsprechende Kommission. Unter anderem standen auf der Liste der Kommission Dr. Luy, der später den Rotationsspiegel einführte, um den somnambulen Schlaf hervorzurufen (Jovanović 1988) und Dr. Charcot, der bereits einen Namen als Neurologe hatte. Nach einigen Experimentierjahren erstattete die Kommission einen positiven Bericht, der die Anwendung von Metallen bei Kranken empfahl.

Jean-Martin Charcot und die hysterische Neurose

Charcot (1825–1893) war bereits nach den Experimenten Burcqs von der Metalltherapie begeistert und meinte, man müsse nur die richtige Stelle am Körper des Patienten finden und schon würde man eine zufriedenstellende Heilung erzielen. Er führte einige eigene Versuche durch (Gravitz u. Gerton 1984). Charcot unterbreitete 1878 der Akademie in Paris eine These, wonach es verschiedene Stadien des hypnotischen Schlafes gibt. Dies war die erste Klassifikation der hypnotischen Phänomene. Obwohl viele seiner Anschauungen angenommen wurden, hatte Charcot mit der Metalloskopie lange Zeit Schwierigkeiten, weil sie wissenschaftlich nicht einwandfrei reproduzierbar war. Die Therapie gelang nämlich auch ohne Anwendung von Metallen (Kroger 1977).

Im Jahre 1882 untermauerte Charcot vor der Akademie der Wissenschaften in Paris die Anwendung der Hypnose durch einen historischen Vortrag (Ellenberger 1973). Auch während dieses Vortrages berichtete er über *physiologische Prozesse*, die sich in drei aufeinanderfolgenden Stadien der hypnotischen Trance abspielen sollten. Da die Hypnose nunmehr in Zusammenhang mit somatischen Phänomenen vorgetragen wurde und zudem mit der Imprimatur von Charcot (Gravitz u. Gerton 1984), konnte sie als ein geeignetes Objekt der wissenschaftlichen Auseinandersetzung angesehen werden. Das war praktisch eine Reaktivierung der Hypnose, aber auch ihre offizielle Einführung als wissenschaftliche und therapeutische Methode (Guillain 1955; Gravitz u. Gerton 1984). Die Annahme Charcots, Hypnose sei eine physiologische Variante der Hysterie und als solche Bestandteil der Psychopathologie, wurde später widerlegt. Seine Anschauung war Gegenstand der Vorträge, die er in der Salpêtrière jeweils dienstags und freitags hielt, wobei Demonstrationen von hysterischen Patienten stattfanden. Sigmund Freud (1935, 1938) soll diese Demonstrationen mit „einem Gefühl der Überraschung und einer Neigung zum Skeptizismus" beobachtet haben. Die Geschichte der Hypnose sollte sich dann durch die Schule von Nancy fortsetzen (s. unten).

Chemische Anästhesie und Hypnoanästhesie nach 1844

Hypnoseinduktionen und „Vorträge" zur Belustigung des Publikums unter Anwendung von Drogen endeten im 19. Jahrhundert oft mit amüsanten Effekten, insbesondere bei der Applikation von Lachgas (Distickstoffoxid, Stickoxydul, N_2O). Einer der „Schaubudenprofessoren", Gardner Q. Colton, führte am 11. Dezember 1844 in Hartford/Connecticut eine solche Schau vor. Im Publikum befand sich der Zahnarzt Horace Wells (1815–1848). Als er sah, wie eines von Coltons Medien nach der Gasinhalation stürzte und sich am Bein schwer verletzte, wollte er helfen. Der Mann antwortete teilnahmslos, er habe keine Schmerzen. Nach einiger Überlegung schloß Wells daraus, daß der Mann solange keine Schmerzen haben werde, wie das Gas noch wirke. Wenn dies der Fall sei, könne man Stickoxydul auch bei der Extraktion von Zähnen anwenden. Am nächsten Tag setzte er sich mit seinem Kollegen, dem Zahnarzt Dr. Riggs, in Verbindung, um sich von ihm Zähne unter der Anästhesie mit Lachgas ziehen zu lassen: „Das ist die größte Entdeckung, die je gemacht worden ist. Ich habe nicht mehr gespürt als eine kleine Berührung!" rief der Patient aus. Statt der chemischen Anästhesie wurde später die Hypnose angewandt, wie sie auch bei anderen Operationen in Anspruch genommen worden war (Jovanović 1988; Kroger 1977).

Auguste Ambroise Liébeault und Hippolyte Marie Bernheim

Zwischen der *Pariser Schule* und der *Schule von Nancy* mit Liébeault (1823–1904) und Bernheim (1840–1919) an der Spitze entbrannte nach einer Latenzzeit ein heftiger Streit. Die Schule von Nancy neigte mehr dazu, die Hypnose als einen psychologischen Zustand zu erklären. Nachdem Liébeault im Jahre 1866 mit seinem Buch ein Fiasko erlebt hatte, publizierte er im Jahre 1889 sein 2. Werk und wurde danach – nach den Anfängen von Abbé Faria – als der wahre *Gründer der Suggestivtherapie* angesehen. Seine Integrität, seine Selbstlosigkeit, die Aufmerksamkeit, die er den Bedürfnissen der Patienten widmete und seine Erfolge mit der Hypnose lenkten sehr bald die Aufmerksamkeit des Hippolyte Marie Bernheim auf ihn (Jovanović 1988). Bernheim reagierte zuerst skeptisch, dann als Protagonist. Die beiden entwickelten zusammen die Theorie von Braid weiter. Sie behandelten über 12000 Patienten. Bernheim und Liébeault, als legitime Innovatoren der modernen Psychotherapie, begriffen die *Hypnose als Funktion des normalen Verhaltens* und führten die Konzepte der Suggestion und Suggestibilität ein. Sie glaubten auch, daß die Beseitigung der Symptome effektiv harmlos sei und triumphierten über die Ansichten von Charcot (Araoz 1982; Kroger 1977). Mit Hilfe der Schule von Nancy wurde die Hypnotherapie fest eingeführt, und viele geachtete Wissenschaftler zeigten Interesse an der klinischen Anwendung der Hypnose. In den nächsten 65 Jahren bildete sich eine Neue Schule von Nancy heraus (Araoz 1982, 1985). Dabei wurden Liébeault und Bernheim als Gründer der ersten Schule von Nancy angesehen. Emile Coué (1857–1928) fungierte als Brücke zwischen der alten und der neuen Schule von Nancy, während Charles Baudouin als deren bekanntester Exponent angesehen wurde (Araoz 1985).

Emile Coué und die Autosuggestion

Die Autosuggestion von Coué spielte bei der späteren Ausarbeitung des autogenen Trainings (J.H. Schultz 1884–1970) eine Rolle. Coué entwickelte als erster diese Lehre, da auch er bereits am Beginn erkannte, daß die Hypnose im Grunde eine Selbsthypnose ist (Tepperwein 1977). Der Hypnotiseur erzeuge im Hypnotisanden eine mehr oder weniger starke Vorstellung der beabsichtigten Wirkung. Der Hypnotisand verwirkliche diese dann in Form von Selbsthypnose. Coué betonte:

„Nicht der Wille ist der Antrieb unseres Handelns, sondern die Vorstellung." Daraus wurde gefolgert, daß sich der Mensch selber hypnotisieren und heilen könne. „Lernen Sie selbst, sich selbst zu heilen, Sie können es; ich selbst habe nie jemanden geheilt. In Ihnen liegt die Möglichkeit. Rufen Sie Ihren Geist zur Hilfe, lassen Sie ihn Ihrem körperlichen und seelischen Wohl dienlich sein. Er wird da sein. Er wird Sie heilen, Sie werden stark und glücklich sein" (Emile Coué 1966).

Pierre Janet und die Psychologie der Hypnose

Pierre Janet (1859–1947) war zu Beginn der Auseinandersetzung zwischen der Pariser und der Nancyer Schule gegen die Hypnose eingestellt. Später änderte er seine Meinung und griff intensiv ein. Bezugnehmend auf den Streit zwischen Paris und Nancy ergriff Janet auf dem ersten wissenschaftlichen *Kongreß für Hypnotismus* im Jahre 1889 nach dem Bericht von Bernheim das Wort und sagte: „Ich stelle mich nicht auf den ausschließlichen Standpunkt und glaube, daß sogar auf diesem Gebiet Bernheim gefährliche Ansichten geäußert hat, die zur Unterdrückung jeder Art von Determinismus führen würden; ich meinerseits zögere nicht zu behaupten, daß diese Interpretationen ebenfalls antipsychologisch sind, denn die Psychologie hat ebenso wie die Physiologie Gesetze, welche die Suggestion nicht beliebig drehen und wenden kann" (Chertok 1973). Und darin liegt die Bedeutung Janets, daß er sowohl der Hypnose als auch der Psychologie das nötige Fundament legte.

Iwan Petrowitsch Pawlow und die bedingten Reflexe

Mit seinen Experimenten hat Iwan Petrowitsch Pawlow (1849–1936) auch auf die Vorstellungen über die Hypnose eingewirkt. Von entscheidender Bedeutung ist sein Befund darüber, daß Hypnose und Suggestion ganz normale Lebensvorgänge sind. Damit ist der Streit zwischen den Ansichten über abnorme Erscheinungen wie bei der Hysterie (vertreten durch Charcot), über die Einwirkungen physikalischer Reize (vertreten durch Dumontpallier 1973 und Nikolajew 1927), und den Reizen psychophysiologischer Natur (vertreten durch Faria, Braid, Coué, Liébeault und Bernheim) entschieden. Die Monotonie allein, ein physikalischer Faktor, kann nach Pawlow den Schlaf begünstigen, jedoch keine Hypnose auslösen. Erst die Suggestion führt zur Hypnose; zum Schlaf erst dann, wenn dieser ausdrücklich suggeriert wird (s. Jovanović 1988).

Josef Breuer und Anna O.

Josef Breuer (1842–1925) kam nach Ablehnung der Hypnose zu der Überzeugung, daß an ihr für die Psychotherapie etwas Positives zu finden sei und entschied deshalb, diese anzuwenden. Die erste Gelegenheit ergab sich, als eine gewisse Bertha Pappenheim, alias Anna O. (1859–1936) erkrankte und Breuer als Arzt gerufen wurde. Zum ersten Male in der Geschichte wurde mit Hilfe der Hypnose *(Hypnoanalyse)* eine Art Vorläufer der Psychoanalyse durchgeführt, was unter anderem als Grundlage für die Entwicklung der klassischen Psychoanalyse von Sigmund Freud (1856–1939) galt. Die Behandlung der Anna O. dauerte 20 Monate und endete am 7. Juni 1882; 5 Monate nach dem Ende der Hypnotherapie (Redekur) berichtete Breuer dem 14 Jahre jüngeren Sigmund Freud über diesen Fall. Freud erwog sofort die Möglichkeit, diese Krankheitsgeschichte zu verallgemeinern. Im Jahre 1895 erschien das berühmte Standardwerk „Studien über Hysterie" von Breuer und Freud, das bis heute die Wissenschaft bewegt. Die Entdeckung Breuers weckte das Interesse von Wissenschaftlern und Ärzten so gewaltig, daß nach 1890 in vielen Ländern die Hypnose aufblühte (Jovanović 1988).

Die Tradition der beiden französischen Schulen (Charcot in Paris und Bernheim in Nancy) wurde im deutschsprachigen Raum von zahlreichen bekannten Psychiatern und Neurologen weitergeführt. In Zürich von Forel (1848–1930) und dessen Nachfolger Bleuler (1857–1939), von Benedikt (1835–1920) und seinen Nachfolgern Krafft-Ebing (1840–1903), Wagner-Jauregg (1857–1940) in Wien; in Jena von Heidenheim (1843–1897), dessen Schüler Pawlow (1849–1936) und Vogt (1870–1959) waren. Vogt gründete später in Berlin ein eigenes Institut, und führte u. a. die Fraktionierungstechnik ein. Freud (1856–1939) interessierte sich zunächst sowohl für die Auffassung von Charcot wie die von Bernheim. Er übersetzte die Vorlesung des ersteren und das Lehrbuch des letzteren ins Deutsche, verwarf die Hypnose später mangels Zuverlässigkeit als psychotherapeutisches Verfahren und entwickelte aus ihr die Psychoanalyse.

Hypnose und Hypnotherapie im 20. Jahrhundert

Die negative Einstellung Sigmund Freuds gegenüber der Hypnose, sein inzwischen gewachsenes Ansehen und die Zustände vor dem 1. Weltkrieg haben der Hypnose sehr geschadet. Nach den ersten „goldenen Jahren" am Ende des 19. Jahrhunderts kamen für die Hypnose und Hypnotherapie die „mageren Jahre" zu Beginn des 20. Jahrhunderts. Da sich die Psychoanalyse in der Entwicklung befand und den Enthusiasmus auf sich lenkte, blieb das Feld der Hypnose und Hypnotherapie leer. Die Hypnose wurde den Quacksalbern und „Schaubudenprofessoren" überlassen.

Nach dem 1. Weltkrieg und auch später änderte sich die Situation zugunsten der wissenschaftlichen Hypnose. Viele Kriegsopfer mit funktionellen Kontrakturen, mit paralytischen und amnestischen Schwierigkeiten sowie zahlreichen anderen Beschwerden, die durch den Krieg verursacht worden waren, benötigten wegen des Mangels an Psychiatern und Psychoanalytikern eine relativ kurze Behandlungsdauer. So wurde die Hypnotherapie wieder zunehmend angewandt, und zwar sowohl bei der

Symptombekämpfung als auch bei der Aufdeckung von verdrängten traumatischen Erlebnissen (Brown 1934; Hadfield et al. 1920; Thom 1920; Wingfield 1920; Wolberg 1948a).

Erfolge in der Behandlung von Kriegsneurosen brachten eine neue Welle des Enthusiasmus für die Hypnotherapie, die bis zum heutigen Tag angehalten hat. Die Mißerfolge lagen dabei eher an der noch unbekannten Methode und der Unerfahrenheit der Hypnotherapeuten. In den ersten Jahren nach dem 1. Weltkrieg war in bezug auf den Wert der Hypnose noch eine Unsicherheit vorhanden. Die Literatur befaßte sich mit vielen Behandlungen und Heilungen von funktionellen, aber auch organischen Beschwerden durch die Hypnotherapie. Bei einer Vielzahl von funktionellen Erkrankungen bis hin zur Schizophrenie und den hämorrhagischen Diathesen wurde die Hypnose mit kleinerem und größerem Erfolg angewandt (Wolberg 1948a, b). Mit wenigen Ausnahmen handelte es sich dabei jedoch um Symptombekämpfung. Bald darauf sah man endgültig ein, daß der Kern der affektiven Erkrankungen durch die Suggestion nicht angegriffen wurde. Doch bedeutete das nicht, daß einige behandelte Symptome nicht permanent beseitigt bleiben konnten (Wells 1944).

Johannes Heinrich Schultz und das autogene Training

Die Geschichte der Hypnose und Hypnotherapie kann nicht ohne einen Rückblick auf die Entwicklung des autogenen Trainings (AT) abgeschlossen werden. Das AT ist nach einer jahrelangen Praxis und der wissenschaftlichen Arbeit von Johannes Heinrich Schultz (1884–1970), einem Vertreter der ärztlichen Hypnose, entwickelt worden (Lohmann 1983). Dieser im deutschsprachigen Raum des 20. Jahrhunderts tätige Psychotherapeut galt als unermüdlicher Streiter für eine Psychologisierung des Arztes. Immer wieder wies er mit Nachdruck auf die zunehmende Bedeutung der Psychotherapie im ärztlichen Bereich hin und gab ein aufmunterndes Beispiel für die gesunderhaltende Wirkung des von ihm aus der Hypnose heraus entwickelten AT. Sein Schwerpunkt lag auf der von ihm so benannten aktiv-klinischen, organischen Psychotherapie, zu der er u.a. die Hypnose, die Selbsthypnose, das AT (Unterstufe) und die praktische Menschenführung (Psychagogik) rechnete. Diese Verfahren kommen v.a. für den außerhalb der Psychiatrie und Psychotherapie tätigen Allgemeinpraktiker und Arzt in Frage. Bei richtiger Indikation können sie dem Menschen in Not gute Hilfe leisten. Mit J. H. Schultz und in der Folge Dietrich Langen endet die klassische medizinische Hypnose im deutschsprachigen Raum.

Experimentelle Hypnose

An den Universitäten entwickelte sich seit den dreißiger Jahren eine experimentelle Hypnoseforschung, die sich mit der Standardisierung der Phänomene und der psychometrischen Erfassung der Suggestibilität befaßt (Hull 1933; Hilgard 1965; Weitzenhoffer 1957). In neuerer Zeit sind besonders die Notwendigkeit formeller Induktion und die Qualität des durch Hypnose herbeigeführten Zustandes experimentell durch Autoren wie T. X. Barber (1986) und Spanos (1984) hinterfragt worden. Seit etwa 1950 gewinnt die Hypnose zunehmend an klinischer Bedeutung, indem sie bei Verhaltensproblemen, Neurosen und psychosomatischen Erkrankungen erfolgreich angewendet wird.

Milton H. Erickson und die Erneuerung der Hypnose

Milton H. Erickson (1901–1980) war historisch gesehen einer der bekanntesten Vertreter der *therapeutischen Hypnose* (Hypnotherapie). Im Verlauf seines Lebens soll er über 30000 Menschen hypnotisiert haben (Lankton u. Lankton 1983). Er gründete die Amerikanische Gesellschaft für Klinische Hypnose und war zwischen 1958 und 1968 der Herausgeber des *American Journal of Clinical Hypnosis*. Die Vielfalt von Hypnosetechniken, wozu insbesondere die indirekten Methoden zählen, ist schier unübersehbar (Erickson 1980).

Schlußbemerkung

Bereits in den 50er Jahren begann eine neue „goldene Ära" der Hypnoseforschung, die sich in den 60er Jahren voll entwickelte und heute unter anderem an der Entwicklung und Standardisierung von Meßskalen zur Hypnotisierbarkeit arbeitet. Diese Ära leitete die aktuelle Hypnoseforschung und die modernen Hypnotherapiemethoden ein. Der letztgenannte Autor Erickson gehört schon dieser Ära an. Insbesondere in den englischsprachigen Gebieten werden internationale und nationale wissenschaftliche Hypnosegesellschaften in ihrer Aktivität von Jahr zu Jahr intensiver. Im deutschsprachigen Raum begann das Wiederaufleben der Hypnose erst in den letzten Jahren. Und dies trotz der Tatsache, daß viele Väter der Hypnose sich der deutschen Sprache bedienten. Die derzeitige Vielfalt an Publikationen auf diesem Gebiet ist ein Teil der Renaissance der Hypnose im deutschsprachigen Raum.

Empfohlene Literatur

Ellenberger HF (1985) Die Entdeckung des Unbewußten: Geschichte und Entwicklung der dynamischen Psychiatrie von ihren Anfängen bis zu Janet, Freud, Adler und Jung. Huber, Bern 1973

Jovanović UJ (1988) Methodik und Theorie der Hypnose. Psychobiologische Grundlagen, Hypnose-Technik, Phänomenologie, Mechanismen. Gustav Fischer Verlag, Stuttgart

Kroger WS (1963, 1977) Clinical and experimental hypnosis. Lippincott, Philadelphia

Langen D (1972) Kompendium medizinischer Hypnose. S. Karger, Basel

Wolberg LR (1948a, 1948b) Medical hypnosis. Vol I and II. Grune and Stratton, New York

3. Hypnotische Phänomene

BURKHARD PETER

Man kann Hypnose recht weit definieren, bis hin zu der These: Hypnose ist alles und alles ist Hypnose. Gerade in der Nach-Erickson-Tradition scheinen Begriffe und Vorstellungen von Hypnose und Hypnotherapie manchmal doch recht unpräzise verstanden zu werden. Dies hat sicherlich den guten Effekt, daß derart weite Definitionen auch zur Entmythologisierung der Hypnose beitragen und einige ganz und gar irrige Vorstellungen über ihre Natur und Wirksamkeit korrigieren. Leider führen solche generalisierenden Definitionen aber auch dazu, nicht nur Ericksons hypnotische Arbeit einer völlig unhypnotischen Amnesie anheimzugeben, sondern auch die therapeutische Potenz der Hypnose zu vernachlässigen. Versucht man jedoch, Hypnose eher klassisch zu definieren, so muß man sich mit 3 Begriffen auseinandersetzen, die sich z.T. wechselseitig ergänzen: mit hypnotischen Trancezuständen, Suggestionen bzw. Suggestibilität und hypnotischen Phänomenen.

In diesem Beitrag will ich die Hypnose eher klassisch über ihre Phänomene beschreiben und definieren.

Definition: Hypnose

Hypnose liegt dann vor, wenn ein Proband oder Patient eines oder mehrere dieser klassischen hypnotischen oder Trancephänomene zeigt; von Hypnotherapie sollte man dann sprechen, wenn diese Phänomene zu bestimmten therapeutischen Zwecken eingesetzt werden. Eine solche Definition folgt u.a. auch der Tradition Ericksons, dessen Verdienst es war, die Hypnose aus den Fesseln einer reinen Suggestionsbehandlung zu befreien und zu demonstrieren, wie hypnotische Phänomene zu einem wesentlichen und effektiven therapeutischen Instrumentarium werden können.

Der Übersicht wegen werde ich die einzelnen Phänomene separat darstellen, obwohl in der konkreten Praxis des Labors oder der therapeutischen Behandlung nicht immer so klar zwischen ihnen unterschieden werden kann. Neben Hinweisen zur therapeutischen Anwendung gebe ich auch einen kurzen Überblick über die jeweils vorliegende experimentelle Literatur sowie die jeweiligen theoretischen Vorstellungen. Diese Theorien und die experimentellen Befunde zur Hypnose differieren natürlich, und zwar seit Mesmers Zeiten; so habe ich versucht, auch diese Kontroverse darzustellen, soweit sie sich auf die hypnotischen Phänomene bezieht. Die Beschreibung der Phänomene selbst und v.a. ihrer Anwendung ist naturgemäß am ausführlichsten bei den kinästhetischen Phänomenen, da hier die individuellen Unterschiede am geringsten sind, im Gegensatz zu den kognitiven Phänomenen, wo eine detailliertere Beschreibung der vielfältigsten Ausprägungen und Möglichkeiten den Umfang dieses Beitrages bei weitem überschritten hätte.

Kinästhetische Phänomene

Die vielfältigen kinästhetischen Phänomene, die in Hypnose spontan auftreten oder durch Suggestionen hervorgerufen werden können, verändern die Wahrnehmung und/oder den Tonus der willkürlich innervierbaren, quergestreiften Muskulatur; sie führen zu Paralysen bzw. Lähmungsempfindungen oder „autonomen", d.h. willkürlich nicht gesteuerten oder nicht mehr steuerbaren Bewegungen. Mit der Tonusveränderung in den Muskeln gehen in der Regel auch mehr oder weniger stark ausgeprägte Tonusveränderungen in den Gefäßen sowie entsprechende Parästhesien[1] einher. Eine *Tonuserniedrigung* kann u.U. über die bekannten Entspannungsgefühle der Wärme und Schwere bis hin zu der empfundenen Unfähigkeit führen, den Arm, die Augenlider oder die Beine ob ihrer „bleiernen Schwere" zu heben bzw. bewegen zu können. *Tonuserhöhungen* führen (u.U. über Empfindungen der Kühle und Leichtigkeit) zu den Phänomenen der Katalepsie, flexibilitas cerea[2] oder der Levitation. Diese Art von Tonusveränderungen unterscheidet sich von den üblichen, willkürlich ausgeführten dadurch, daß Agonist und Antagonist ihre Spannung gleichzeitig erhöhen oder erniedrigen. Es wird also zunächst eine Art isometrischer Spannung gebildet, die als solche nicht oder kaum mehr empfunden wird. So gewinnt der Arm beispielsweise über die Katalepsie das Gefühl der Leichtigkeit und Schwerelosigkeit, was als Vorbedingung für die Levitation gilt. Diese geschieht dann in den charakteristischen stufenförmigen Bewegungen, da sich der Arm nur nach oben bewegen kann, wenn sich die Katalepsie für einen Augenblick löst, worauf jedoch gleich wieder der isometrische Haltetonus wirksam wird.

Neben diesen peripheren Veränderungen sind es insbesondere zentrale, d.h. Wahrnehmungsveränderungen, die die kinästhetischen Phänomene für den Probanden oder Patienten so beeindruckend machen: die Gesetze der Schwerkraft scheinen außer Kraft zu sein, wenn ein Arm beispielsweise schwerelos schwebt; die übliche Erfahrung willkürlicher Kontrolle scheint aufgehoben, wenn er sich bewußt nicht mehr bewegen läßt, dafür aber wie selbstverständlich den Suggestionen des Hypnotiseurs folgt. Die Wahrnehmungsveränderung kann sogar so weit gehen, daß der entsprechende Körperteil wie fremd, abgeschnitten oder völlig anästhetisch und daher willentlich nicht mehr beeinflußbar erscheint.

Definition: Kinästhetische Phänomene

Zu den kinästhetischen Phänomenen zählen eine ganze Reihe unterschiedlichster Erscheinungen, die in folgende Gruppen zusammengefaßt werden können:

Verstärkung subliminaler Bewegungen
Beim *Pendelversuch* von Chevreul beginnt ein zwischen Daumen und Zeigefinger gehaltenes Pendel analog der entsprechenden Vorstellungen bzw. Suggestionen zu schwingen. Das Pendel selbst dient gewissermaßen nur als Verstärkungsinstrument der ansonsten subliminalen Muskelinnervationen und -kontraktionen.

Der *Körperschwingtest* („body-sway-test“) ähnelt dem Pendelversuch insofern, als auch hier durch entsprechende Suggestionen die ständigen subliminalen Balancebewegungen der Muskulatur so weit verstärkt werden, daß der ganze Körper des Probanden nach vorn und zurück zu schwingen beginnt, bis er schließlich das Gleichgewicht verliert und aufgefangen werden muß.

Ermüdungsphänomene
Das unwillkürliche Senken der Augenlider zum *Lidschluß* ergibt sich bei den meisten Menschen, wenn sie längere Zeit einen Gegenstand mit den Augen fixieren und dabei willkürlich den Blinkreflex und eventuell sogar den Nystagmus zu unterdrücken versuchen. Beides bewirkt eine erhöhte Anspannung der Muskeln der Lider, der Augäpfel und der Pupillen und führt früher oder später zu deren Ermüdung; die Augen fangen dann meist zu brennen an und beginnen zu tränen (als Notfallreaktion gegen das Austrocknen der Hornhaut), und die Wahrnehmung des fixierten Gegenstandes verändert sich aufgrund der Dilatation der Pupillen derart, daß der subjektive Eindruck des Müdewerdens der Augen noch verstärkt wird. Bei sorgfältiger verbaler Rückmeldung und damit Verstärkung all dieser Sensationen durch den Hypnotiseur resultiert am Schluß eine völlige *Augenkatalepsie*, d.h., der Proband oder Patient ist nicht mehr in der Lage, seine „schweren“ oder „festgeklebten“ Augenlider willkürlich zu öffnen. Auf entsprechende Aufforderungen hin innerviert er typischerweise die Muskeln der Augenbrauen anstatt die der Lider.

Katalepsien und Paralysen
Veränderungen in der Willkürmotorik führen zu empfundener Steifheit, Starre oder Lähmung; hiervon können grundsätzlich alle willkürlich innervierbaren Muskeln und Muskelgruppen betroffen sein, wenn sie spontan oder entsprechend der Suggestionen bewußter Kontrolle nicht mehr zu folgen scheinen. Gewöhnlich demonstriert man diese Phänomene anhand der Augen (nicht mehr zu öffnen), der Kiefermuskulatur (unfähig zu sprechen), der Arme (nicht mehr zu heben, zu senken oder zu beugen), der Beine (wie festgewurzelt stehen bleiben), des Unterkörpers (unfähig sich zu erheben) oder des gesamten Körpers (völlige Paralyse). Der Begriff Katalepsie bezieht sich eher auf den physiologischen Haltetonus der Muskeln, der als Steifheit und Starre empfunden wird; dieser erhöhte Haltetonus ist von außen gut zu testen, indem der Hypnotiseur beispielsweise versucht, die Finger des Probanden zu beugen, worauf ein typisches „Knarren“ in den Fingerge-

lenken spürbar werden sollte. Der Begriff der Paralyse bezieht sich dagegen eher auf die Unfähigkeit zur Bewegung, welche vom Probanden subjektiv als Lähmung empfunden wird. Die entsprechende Induktion erfolgt über sog. Challengesuggestionen, da die Überprüfung und Ratifizierung über „herausfordernde" (Schein) aufforderungen geschieht, die ein Nichtbefolgen verbal oder nonverbal schon implizieren, wie etwa „Versuche nun, deine Augen zu öffnen ... deinen Namen zu sagen ... deine verschränkten Hände voneinander zu lösen ... aufzustehen ... " etc.

Bühnenhypnotiseure demonstrieren gerne die sog. kataleptische Brücke; sie induzieren eine Ganzkörperkatalepsie und legen dann den Probanden, der „steif wie ein Brett" ist, zwischen 2 Stühle, wobei nur Kopf und Fersen aufliegen, und zur Krönung stellen sich manche dieser Hypnotiseure dann sogar noch auf die Brust des Probanden, um ihre Macht über dessen Körper zu demonstrieren. Viele Autoren haben u.a. auf die orthopädischen Gefahren dieser Prozedur hingewiesen und Fälle beschrieben, bei denen ernsthafte Wirbelsäulenschäden mit schmerzhaften Begleitsymptomen aus solchen Demonstrationen resultierten (s. Erickson 1962b, 1980h).

Levitationen und „autonome" Bewegungen

Von *Levitation* spricht man, wenn sich die Hand im Handgelenk, der Unterarm bis zum Ellbogen und/oder der ganze Arm im Schultergelenk hebt, ohne daß die entsprechenden Muskelgruppen dabei willkürlich innerviert wurden. Es entsteht dabei die Empfindung – vielmehr wird diese suggeriert – der Leichtigkeit und Schwerelosigkeit, so daß der Arm nach oben gezogen oder nach oben getragen wird. Von normalen Bewegungen unterscheiden sich Levitationen dadurch, daß ihnen die fließende Kontinuität fehlt; statt dessen bewegt sich der Arm sehr langsam in den von außen gut sichtbaren charakteristischen ruckartigen oder stufenförmigen Bewegungen nach oben. Da Levitation mit einer Katalepsie, also mit einem entsprechenden erhöhten Haltetonus der Muskeln einhergeht, ist bei vorsichtigem externen oder internen Versuch, den Arm willkürlich zu heben, ein deutlicher Widerstand zu spüren.

Heben sich Hand oder Arm und fehlen diese charakteristischen stufenförmigen Bewegungen, so muß in den meisten Fällen eine mehr oder weniger große willkürliche Beteiligung seitens des Probanden angenommen werden. Hierbei können dann auch leicht Ermüdungserscheinungen oder schmerzhafte Verspannungen im levitierten Arm auftreten, und nach längerem Halten bleiben unangenehme Parästhesien (z.B. ein mehr oder weniger ausgeprägter Muskelkater) zurück; dies sollte bei einer rein „autonomen" Levitation nicht der Fall sein, auch dann nicht, wenn der Arm beispielsweise mehr als eine halbe Stunde erhoben war und die Finger an der Stirn zu „kleben" schienen.

Vergleichbar mit den Levitationen sind andere „autonome" Bewegungen der Art, daß die ausgestreckten Hände beispielsweise entsprechend der Suggestion bzw. Vorstellung sich zwingend aufeinander zubewegen oder auseinanderstreben, ohne daß dem willkürlich entgegengesteuert werden kann. Beim ideomotorischen Signalisieren begnügt man sich manchmal auch mit sog. Fingersignalen, wobei sich die designierten (Ja-/Nein-/Weiß-nicht-)Finger entsprechend der „unbewußten" Antwort wie von selbst, also ohne willkürliches Zutun, heben oder strecken.

Die Ähnlichkeit mancher dieser kinästhetischen Phänomene zu hysterischen Symptomen hat unter Charcot kurze Zeit zu einer Gleichsetzung von Hysterie und Hypnose geführt;[3] ähnlich wie bei einigen Konversionssymptomen verlaufen beispielsweise bei einer hypnotischen Paralyse (oder Anästhesie) die Grenzen nicht so, wie sie verlaufen würden, wenn eine „echte", organisch bedingte Lähmung vorliegen würde.

Die kinästhetischen gehören zu den einfacheren hypnotischen Phänomenen; die meisten von ihnen können von mehr als 2/3 aller Probanden oder Patienten ausgeführt werden. Um sie hervorzurufen, muß in der Regel kein hypnotischer Trancezustand vorliegen, weshalb sie sich auch gut eignen, diesen überhaupt erst zu induzieren. Da sie die übliche willkürliche Aktivität eines Probanden sukzessive reduzieren oder ganz ausschalten und zu sog. autonomem Verhalten anleiten, haben sie nicht nur eine stark überzeugende, sondern in therapeutischen Behandlungen zusätzlich auch noch eine gute pädagogische Funktion, indem sie einen Menschen lehren, zur Lösung mancher Probleme sein übliches (bewußtes und willkürliches) Schema zu verlassen und andere Modi der Verarbeitung zuzulassen und zu verwenden.

Historische Belege

Die wohl älteste schriftliche Aufzeichnung einer Tranceinduktion, die auch die Fixationsmethode mit Lidschluß und Augenkatalepsie enthält, befindet sich auf einem ägyptischen Papyrus, der ungefähr auf 300 v. Chr. datiert wird.[4] Seit Mitte des 19. Jahrhunderts wandte man den kinästhetischen Phänomenen wesentlich dezidiertere Aufmerksamkeit zu: Braid (1855, 1970) beispielsweise induzierte vermittels der von ihm eingeführten Fixationsmethode Lidschluß und Augenkatalepsie; Charcot benannte das mittlere Stadium der Hypnose als „Katalepsie" (neben „Lethargie" als 1. und „Somnambulismus" als 3. Stadium) und demonstrierte an der Salpêtrière exzessiv, wie durch Hypnose die verschiedensten kataleptischen und paralytischen Phänomene erzeugt werden können. Liébeault und Bernheim gehen ausführlich auf die Katalepsie ein und würdigen sie ausdrücklich als hypnotisches Phänomen, welches nach Liébeault im „Grad der Hypnose" auftrete.

Levitationen scheinen im ganzen 18. und 19. Jahrhundert keine wesentliche Rolle gespielt zu haben. Erst Anfang bis Mitte unseres Jahrhunderts werden sie ausführlich beschrieben. So berichtet Wolberg (1948a), daß er die Technik der Handlevitation von Erickson gelernt habe, und bezeichnet sie als die beste aller Induktionsprozeduren. Er macht allerdings auch darauf aufmerksam, daß sie nicht ganz leicht sei, eine erhebliche Zeit erfordere, den Patienten aber direkt und aktiv in die Induktion mit einbeziehe (anstatt ihn passiv durch Verbalsuggestionen einzuschläfern; Wolberg 1948a, S. 117).

Für Erickson scheint die Handlevitation eine seiner Lieblingsinduktionen gewesen zu sein. Diese Präferenz mag vielleicht auch biographisch begründet sein und damit zusammenhängen, wie Erickson lernte, seine Polioerkrankung zu überwinden (s. Erickson u. Rossi 1980b; Peter 1988b).

Empirische Befunde

Im Gegensatz zu den anderen hypnotischen Phänomenen liegen hinsichtlich der kinästhetischen kaum Untersuchungen vor. Dies mag u.a. auch daran liegen, daß kein grundsätzlicher Dissens darüber besteht, ob diese Phänomene nun genuin hypnotisch sind oder nicht. Ausnahmsweise herrscht bezüglich dieser Frage relative Einigkeit:

daß nämlich zur Produktion der kinästhetischen Phänomene in der Regel kein besonderer, also auch kein hypnotischer Zustand vorliegen müsse.[5] Selbst die kataleptische Brücke braucht keinen hypnotischen und – wie von den Bühnenhypnotiseuren des öfteren zu Unrecht behauptet – schon gar keinen somnambulen Zustand; sie ist nur insofern „besonders", als normalerweise niemand auf die Idee käme, sich auf diese Weise hinzulegen.

Bongartz (1985c) hat die HGSHS (Harvard Group Scale of Hypnotic Susceptibility), Form A, von Shor u. Orne (1962), welche besonders viele kinästhetische Phänomene enthält, für deutsche Verhältnisse normiert und kam zu folgenden Ergebnissen (verglichen jeweils mit den amerikanischen, australischen und kanadischen Werten, s. Tabelle 3.1):

Tabelle 3.1: Relative Häufigkeit in der Produktion kinästhetischer Phänomene (Nach Bongartz 1985c)

Item HGSHS (A)	Deutsch (n = 374) [%]	Amerikanisch (n = 132) [%]	Australisch (n = 1944) [%]	Kanadisch (n = 535) [%]
1) Kopf fallen lassen	73	86	61	65
2) Augenschluß	73	74	57	63
3) Sinken der linken Hand	83	89	71	66
4) Unbeweglichkeit rechter Arm	52	48	36	47
5) Fingerschluß	57	67	53	50
6) Armrigidität (links)	52	57	41	47
7) Bewegung Hände zueinander	74	86	71	64
10) Augenkatalepsie	47	56	38	36

Darüber hinaus gibt es 2 Fragenkomplexe, die bezüglich der kinästhetischen Phänomene interessant sind und die bei Untersuchungen widersprechende Ergebnisse zeitigten, so daß ich kurz darauf eingehen möchte:

1) Können hypnotisierte Personen sog. Challengesuggestionen willentlich widerstehen?

Immer wieder berichten Probanden oder Patienten, sie hätten den Suggestionen widerstehen und beispielsweise ihren Arm willentlich bewegen können, wenn sie nur wirklich gewollt hätten. Sämtliche Probanden von Young (1927) konnten dies beispielsweise, nachdem sie dazu aufgefordert worden waren, aber nur einige Probanden in Wells (1940) Untersuchung waren dazu fähig. So führte Hilgard (1963) ein weiteres, sorgfältiger geplantes Experiment durch, in welchem die Probanden an 2 Tagen getestet wurden. Am 2. Tag wurden nurjene Probanden ausgewählt, die alle 6 Testaufgaben des 1. Tages erfolgreich absolviert hatten. Diesen 12 Probanden wurde nun gesagt, daß sie die gleichen Aufgaben wie am 1. Tag in Hypnose zu absolvieren hätten – daß sie nun aber bei zweien dieser Aufgaben ernsthaft versuchen sollten, einem hierfür „blinden" Experimentator gegenüber aktiv zu widerstehen. Im Ergebnis führten 6 Probanden diese beiden Aufgaben nicht aus, widerstanden also erfolgreich; 5 weitere konnten immerhin bei einer Aufgabe widerstehen und einem Probanden war nicht einmal dies möglich. Gar nicht erstaunlich war, daß viele Probanden sich bei dieser

Aufgabe ganz offensichtlich in einem mehr oder weniger starken Konflikt befanden, welcher in ihrer Mimik zum Ausdruck kam und teilweise auch in klonischen Bewegungen der kataleptischen Arme oder auch in nachträglichen Kommentaren wie etwa „... es hat mich große Anstrengung gekostet; ... es schien mir, daß die Aufforderung zum Widerstand nicht wirklich ernst gemeint war; ... ich war ziemlich ärgerlich darüber, daß ich nicht widerstehen konnte ..." (zit. nach Hilgard 1977, S. 117).

2) Kann durch Hypnose die normale muskuläre Ausdauer und Kraft überschritten werden?

Daß es grundsätzlich möglich ist, trotz Ermüdungserscheinungen in der Muskulatur mit der entsprechenden Anstrengung fortzufahren und jenseits dieses Punktes bar jeglicher empfundener Anstrengung beispielsweise weiterzulaufen, haben Marathonläufer und in den letzten Jahren eine große Anzahl von Joggern berichtet. Es scheint ihnen so, als ob ihre Beine wie von selbst weiterlaufen würden, ohne willentliche Beteiligung der Person. Oft spricht man in diesem Zusammenhang auch von einer Art Trance.

Die ersten experimentellen Untersuchungen, die nachzuweisen schienen, daß Hypnose die üblichen menschlichen Fähigkeiten in diesem Bereich transzendieren kann, stammen vermutlich von Moll (1895). In neuerer Zeit begann Orne (1959) dieses Thema zu untersuchen, indem er Probanden hypnotisierte und ihnen suggerierte, sie würden keine Ermüdung und keine Schmerzen verspüren, während sie ein Gewicht von 1 kg mit ausgestreckten Armen so lange wie möglich halten sollten. Eine halbe Stunde später wiederholte er die gleiche Prozedur, diesmal allerdings nicht in Hypnose, sondern mit spezifischen motivierenden Instruktionen. Er fand, daß unter der nur motivierenden Bedingung das Gewicht deutlich länger gehalten wurde als unter der rein hypnotischen Bedingung.

Slotnik et al. (1965) variierten dieses Experiment insofern, als sie die Probanden zweier hinsichtlich ihres Durchhaltevermögens parallelisierter Gruppen am 1. Tag sowohl hypnotisierten als auch ermahnten, ihr Bestes zu geben. Am folgenden Tag wurden beiden Gruppen zusätzliche motivierende Bedingungen geboten, aber nur die Probanden der einen Gruppe wurden hypnotisiert. Beide Gruppen zeigten nun Verbesserungen: die nicht hypnotisierte Gruppe ähnlich gute wie in Ornes Experiment, die hypnotisierte Gruppe aber signifikant bessere als die Kontrollgruppe.

Dieses Ergebnis wurde durch eine ganze Reihe anderer Untersuchungen bestätigt, die ebenfalls nachwiesen, daß der summative Effekt von Hypnose und zusätzlichen motivierenden Suggestionen größer ist, als der von Hypnose oder motivierenden Bedingungen allein. Indessen gibt es aber fast ebenso viele ganz anders lautende Ergebnisse, so daß die Frage auch heute nach wie vor offen ist.

Von Interesse sind auch die Untersuchungen, die von Pajntar et al. (1985) berichtet werden: Bei einer Anzahl von Patienten mit bestimmten organischen Läsionen (halbseitige Lähmung oder Spasmen nach Schlaganfall, Tumor etc.; Urininkontinenz; periphere Läsion von Motoneuronen mit anschließender chirurgischer Wiederherstellung) konnte die Kontrolle der betreffenden Muskulatur mit einer adäquaten hypnotherapeutischen Behandlung wesentlich schneller und effektiver wiederhergestellt werden als ohne Hypnose; die Patientenbefunde sind in diesem Fall über EMG-Ableitungen auch gut dokumentiert. Die hypnotischen Interventionen betrafen – entsprechend der jeweiligen Störung – hauptsächlich körperliche und geistige Entspannung und insbesondere Altersregression, in welcher die Patienten sich lebhaft an die entsprechenden Bewegungen und Muskelkontraktionen aus der Zeit vor der Läsion erinnern sollten.

Theoretische Positionen

Einer der ältesten theoretischen Erklärungsversuche für viele Phänomene der Hypnose ist der der Ideomotorik und Ideosensorik. Dieser Erklärungsansatz ist für die kinästhetischen, aber auch für viele andere hypnotische Phänomene brauchbar; deshalb soll er in diesem Abschnitt ausführlicher und in seiner grundsätzlichen Bedeutung für mannigfache hypnotische Phänomene behandelt werden.

In allgemeiner Form ist das Prinzip der Ideomotorik von William James (1890) beschrieben worden: „So können wir es also für sicher ansehen, daß jede Vergegenwärtigung einer Bewegung bis zu einem gewissen Grad die tatsächliche Bewegung als ihr Objekt hervorruft, in voller Ausprägung wird diese dann hervorgerufen, wenn sie nicht gehindert wird durch eine antagonistische Repräsentation, die gleichzeitig im Geiste gegenwärtig ist" (S. 526). Braid (1970) hatte 35 Jahre zuvor seine Vorstellung vom Monoideismus als dem Tertium comparationis all jener Methoden publiziert, mit deren Hilfe durch den Geist Veränderungen im Körper hervorgerufen werden können. Hypnose, damals von Braid als „nervöser Schlaf" verstanden, würde sich dadurch auszeichnen, daß es durch sie besser und leichter gelänge, nur eine einzige Vorstellung, einen einzigen Gedanken oder einen einzigen Handlungsimpuls exklusiv im Geiste präsent zu halten und so zur Ausführung zu bringen. Braid benutzte noch nicht den Begriff der Ideomotorik bzw. -sensorik. Diesen führte erst Bernheim ein, um im Zusammenhang mit Hypnose und Suggestion die kinästhetischen und anderen Phänomene der Hypnose zu erklären.

Alle 3 Autoren behaupten explizit oder implizit, daß bei den ideomotorischen (und ideosensorischen) Handlungen potentiell konkurrierende Bewußtseinsinhalte nicht (mehr) präsent sind bzw. eine geistige Fokussierung stattfindet, die später des öfteren auch als „Einengung des Bewußtseins" umschrieben wurde. Dieser Modus oder Zustand des Bewußtseins unterscheidet sich natürlich erheblich von dem üblichen, in welchem gewöhnlich mehrere Inhalte oder Handlungsalternativen vorliegen und eine Person dazu „zwingen", *willkürlich* daraus auszuwählen. Die Unwillkürlichkeit, die bei allen hypnotischen Phänomenen per definitionem ein charakteristisches Zeichen ist, wäre demnach dem Fehlen dieser Wahlmöglichkeiten bzw. dem Fehlen der gewöhnlich erlebten Tätigkeit eines reflektierenden und aktiv kontrollierenden „psychischen Organs" (wie Bernheim sich ausdrückte) zuzuschreiben. Ähnliche Vorstellungen von dem Verlust der Willkürlichkeit bzw. der kritisch reflektierenden Bewußtheit als differentialdiagnostischem Kriterium werden auch heute noch von denjenigen vorgetragen, die sich den Zustandstheoretikern zurechnen lassen, so etwa Erickson: „Weil sie primär durch die unbewußte Reaktion im Patienten selbst vermittelt ist, scheint die hypnotische Reaktion automatisch und autonom stattzufinden" (Erickson u. Rossi 1981, S. 21; Hervorhebung durch mich).

Mit diesen Überlegungen ließe sich Hypnose allgemein dem rhetorischen Modell der Psyche subsummieren. Miller et al. (1960) haben schon postuliert, daß die Selbstgespräche einer Person in Hypnose durch die Worte des Hypnotiseurs ersetzt würden.

Kraiker (1985) präsentierte die gleichen Gedanken: „Der Klient lernt in Hypnose wirklich zuzuhören, nicht nur der Stimme des Therapeuten, sondern auch seiner eigenen, gezielt eingesetzten Stimme (wie etwa beim autogenen Training), ... Er kann dadurch ein Gefühl der Macht gewinnen, wo vorher nur Gefühle der Ohnmacht waren, ... Kurzfristig wirkt hier der unmittelbare Effekt der Suggestion und Autosuggestion, langfristig die wiedergewonnene Überzeugung von der Fähigkeit zur Selbstkontrolle, in einem Teil dessen, was A. Bandura ‚self-efficacy' nannte" (S. 28).

Die Adäquatheit und Relevanz neuerer Vorstellungen von der Neurophysiologie der Hypnose soll hier nicht weiter diskutiert werden, zumal bislang noch sehr magere und z.T. widersprüchliche empirische Ergebnisse hierzu vorliegen (vgl. Sarbin u. Slagle 1979, 1980).

Im Gegensatz zu allen bisherigen Autoren scheint Erickson eher an regressive Prozesse im Zusammenhang mit hypnotischen Phänomenen gedacht zu haben. Seinen Vorstellungen zufolge sind es nicht so sehr die von außen durch den Hypnotiseur direkt induzierten Ideen und Gedanken, welche ideomotorisch und ideosensorisch verarbeitet und ausgeführt werden, sondern vielmehr die eigenen, vielfach nicht mehr erinnerten Erfahrungen der Probanden, welche zur Produktion hypnotischer Phänomene und therapeutischer Veränderungen genutzt werden können und sollten. Erickson leugnet nicht die Möglichkeit, durch direkte Suggestionen reaktives hypnotisches Verhalten zu provozieren und auch symptomatische Heilungen erreichen zu können; seiner Überzeugung nach ist es aber weit sinnvoller, mit den genuinen Lerninhalten (des öfteren „unbewußte Ressourcen" genannt) einer Person direkt zu arbeiten.

Bezogen auf ideomotorische und kinästhetische Phänomene beschreibt Erickson (1980f) seine frühen Erfahrungen aus den Jahren 1923–1924, als er das erste Hypnoseseminar in unserem Jahrhundert an der Universität von Wisconsin unter C. L. Hull durchführte. Dort lernte er, an seinen Studenten die ideomotorischen Signale (etwa Kopfnicken oder Kopfschütteln) zu erkennen und später zur Tranceinduktion zu nutzen; ferner machte er die Erfahrung, daß es offensichtlich in vielen Fällen schon genügt, bei einer Person lediglich intensiv genug „kinästhetische Erinnerungen" wachzurufen, um entsprechende Phänomene ideomotorisch zu reaktivieren.

Technik der kinästhetischen Phänomene

Beispielhaft für das dialektische Wechselspiel zwischen Suggestion und Feedback will ich im folgenden lediglich auf den Lidschluß und die Armlevitation näher eingehen:

Anleitung: Lidschluß

Beim *Lidschluß* bittet man den Patienten, seine Augen auf einem bestimmten Punkt in seinem Blickfeld ruhen zu lassen und zu beobachten, wie seine Wahrnehmung sich mit der Zeit zu verändern beginnt. Diese Veränderung der Wahrnehmung kann man in der Regel auch am Spiel der Pupillen gut erkennen: diese erweitern sich (der Blick wird unscharf) und ziehen sich wieder zusammen (der Blick wird wieder scharf). Bei weiterer willkürlicher Fixierung unterbleibt in der Regel dann der Blinkreflex, die Hornhaut wird trocken, was sich in einem gewissen Brennen äußert, und als Notfallreaktion beginnen die Augen zu tränen. Die entsprechende Rückmeldung bezieht sich eben auf diese Empfindungen: daß es nun anstrengend wird, die Augen noch länger offenzuhalten, da diese nun zu brennen beginnen und das Bedürfnis, die Augenlider fallen zu lassen, immer stärker wird. Der unterdrückte Blinkreflex und die muskuläre Anspannung beim Fixieren führten zu Ermüdungsempfindungen, die ebenfalls rückgemeldet/ suggeriert werden: „... die Augen beginnen immer müder zu werden, die Augenlider immer schwerer ...“ Irgendwann setzt dann ein deutlich verlangsamter Blinkreflex ein, oder die Lider senken sich kaum merklich nach unten; in einzelnen Fällen gehen auch die Unterlider langsam nach oben. Dies verstärkt man weiterhin mit Bemerkungen über Müdigkeit der Augen und Schwere der Lider, oder man sagt, daß die Augen wie beim Einschlafen immer kleiner werden. Gewöhnlich erfolgt das letzte Drittel des Lidschlusses eher schnell und kontinuierlich, und man kann in den meisten Fällen davon ausgehen, daß das vollkommene Schließen der Augen ein willkürlicher Akt war. Trotzdem kann man es dabei bewenden lassen und auf einen Test der Augenkatalepsie verzichten und mit anderen Aufgaben fortfahren. Legt man jedoch Wert auf die völlige Unwillkürlichkeit des Lidschlusses mit nachfolgender Katalepsie, so sollte man den Probanden oder Patienten auffordern zu versuchen, die Augenlider willkürlich wieder zu heben und dabei darauf zu achten, wie schwer dies schon geworden ist und wie schnell sie sich wieder von alleine ob ihrer Schwere und Müdigkeit schließen. Nach dem 3. oder 4. derartigen Versuch bleiben die Augen in der Regel geschlossen und weitere Versuche führten bloß noch dazu, daß die Augenbrauen hochgezogen werden.

Zu Beginn einer beabsichtigten Armlevitation ist es wichtig, zunächst jene Hand zu identifizieren, die schon längere Zeit mit verändertem Tonus unbeweglich und in der typischen, leicht gekrümmten Form dagelegen hat. Notfalls kann man den Patienten bitten, auf seine Hände zu achten und zu sagen, welche von beiden etwas kühler, steifer oder leichter ist. Den veränderten Tonus der zur Levitation „bereiten“ Hand erkennt man daran, daß deren Haut weniger durchblutet, glatter und über Sehnen und Adern gespannter ist. Sowohl testen wie auch taktil unterstützen kann man den ganzen Vorgang noch dadurch, daß man (mit möglichst ebenfalls verändertem Tonus in der Hand) mit Daumen und Zeige- oder Mittelfinger die beiden Knöchel des Handgelenks vorsichtig berührt und in den typischen minimalen stufenförmigen Bewegungen nach oben zieht, weniger um Hand und Unterarrn aktiv zu heben als vielmehr subliminale Hinweisreize (im Sinne des Modellernens) zu geben. Als Vorstellungsbilder zur Unterstützung des ideomotorischen Prozesses können angeboten werden: „... wie wenn Finger/Handgelenk an einer unsichtbaren Schnur hängen und langsam und schwerelos nach oben gezogen würden ...“ oder „... wie wenn sich eine Art Luftkissen unter die Hand schiebt und größer und höher wird und die Hand schwerelos und leicht nach oben trägt ...“ Man kann aber auch auf die interozeptiven Empfindungen der Steifheit und Leichtigkeit Bezug nehmen und diese ausführlich verbalisieren und/oder den Probanden bitten, genau jene Stelle im Arm zu suchen und zu finden, an welcher Hand und Arm vom Rest des Körpers völlig losgelöst scheinen und eigene Wege gehen. Insbesondere ist es wohl wichtig, jede subliminale Veränderung in Richtung auf das angestrebte Ziel zu entdecken und auch paraverbal zu verstärken, besonders natürlich die typischen stufenförmigen Bewegungen. Soll die Hand ganz hoch bis an die Stirn geführt werden, so müssen sich die Tonusveränderungen auch auf die Oberarm- und Schultermuskulatur ausdehnen und die Dissoziationsstelle, die vorher meist im Unterarm lokalisiert wurde, muß sich ebenfalls nach oben verlagern; so scheint es in manchen Fällen wichtig, auch diese Verlagerung ausdrücklich anzusprechen, da ansonsten das Heben des Oberarmes mit zu viel willkürlicher Beteiligung geschieht und dann unangenehme Parästhesien entstehen.

Hinsichtlich der besonderen Sprachmuster zur Induktion dieser Phänomene (indirekte Suggestionen oder „Ericksonsche" Sprachmuster) verweise ich auf Erickson u. Rossi (1981, S. 41ff.; speziell zum Lidschluß und zur Handlevitation S. 49ff.).

Anwendung der kinästhetischen Phänomene

Die kinästhetischen Phänomene (wie auch alle anderen hypnotischen Phänomene) haben per se noch keinerlei therapeutische Wirkung, wohl aber vielfältige pädagogische und instrumentelle Funktionen, welche kurz aufgeführt werden sollen:

Testfunktion (Ratifikation)
Geht man von dem traditionellen Suggestibilitätsparadigma aus, so lassen sich die einzelnen hypnotischen Phänomene, und hier insbesondere auch die kinästhetischen, ihrem Schwierigkeitsgrad gemäß in aufsteigender Reihenfolge – analog mancher standardisierter Suggestibilitätstests – dazu verwenden, die Suggestibilität des Probanden zu testen. Die Problematik solcher Tests besteht natürlich darin, daß sie leicht demotivierend wirken können; deshalb ist es in der klinischen Situation günstiger, nicht von Test-, sondern eher von Übungsaufgaben zu sprechen, die dazu dienen sollen, hypnotisches Verhalten auf eine leichte und angenehme Art zu lernen. Die Aufgaben zur „Verstärkung subliminaler Bewegungen" (Pendelversuch und Körperschwingtest) dürften fast inuner gelingen; auch die „Ermüdungsphänomene" bereiten über Entspannungsinstruktionen in der Regel keine größeren Schwierigkeiten. Erst die verschiedenen kataleptischen und levitatorischen Phänomene werden nicht mehr von allen Probanden durchgeführt. Streng genommen würde man erst bei diesen von „hypnotischen" Phänomenen sprechen (obwohl auch hierzu nicht immer ein Trancezustand nötig ist) und die vorhergehenden als „normale" Entspannungs- bzw. motorische Phänomene bezeichnen, die keiner „Hypnose" bedürfen. Die kataleptischen und levitatorischen Phänomene stehen meiner Ansicht nach genau zwischen „normalen" und „hypnotischen" Phänomenen, abhängig vom Grad der willkürlichen Beteiligung bzw. des unwillkürlichen Geschehenlassens.[6]

Pädagogische Funktion
Ganz unabhängig von der potentiellen empirischen Validierbarkeit scheint mir ein wesentliches phänomenologisches Kriterium für die Hypnose darin zu bestehen, daß der Patient in einen anderen operativen Modus eintritt, der sich insbesondere durch Unwillkürlichkeit bzw. „Unbewußtheit"[7] auszeichnet. Hierfür haben die kataleptischen und levitatorischen Phänomene eine gute Funktion: der Hypnotiseur bzw. Hypnotherapeut sollte genau darauf achten, daß jegliche bewußte oder willkürliche Beteiligung unterbleibt und die Phänomene sich ganz autonom entwickeln können. Dieses „Ausschalten" der Willkürlichkeit sollte u. U. auch dadurch geprüft werden, daß der Proband oder Patient aufgefordert wird, der autonomen Bewegung bzw. dem autonomen Zustand willkürlich entgegenzuwirken („challenge"); je nach geschätztem Ausprägungsgrad der schon erzielten Unwillkürlichkeit sollten solche Aufforderungen eher vorsichtiger formuliert werden.

Diese pädagogische Funktion ist gerade im Hinblick auf die spätere (hypno)therapeutische Arbeit von besonderer Bedeutung, da diese vorwiegend aus „unbewußten" Suchvorgängen, Dissoziations- und Assoziationsprozessen besteht, also in einem anderen operativen Modus stattfinden sollte als dem gewohnten.

Faszinierende Funktion
Man mag noch so sehr an einer Entmythologisierung der Hypnose interessiert sein, um insbesondere auch bei Laien und Patienten realistische Erwartungen bezüglich der Möglichkeiten und Grenzen der Hypnose zu fördern – dennoch besitzen gerade die einfacheren kinästhetischen Phänomene der Hypnose eine manchmal zwingende Faszination, der man sich kaum entziehen kann. Diese Faszinationskraft sollte akzeptiert und entsprechend gewürdigt werden, da sie zum Aufbau der notwendigen Motivation für die weitere Zusammenarbeit sehr hilfreich und nötig ist.

Instrumentelle Funktion zur Tranceinduktion und Herstellung des Rapports
Die wichtigste Funktion der kinästhetischen Phänomene ist die der direkten Tranceinduktion und gleichzeitig der Herstellung des therapeutischen Rapports – verstanden als die wechselseitige subtile Reaktionsbereitschaft zwischen Patient und Therapeut. Man kann sich natürlich auf den Standpunkt stellen, die einzige Aufgabe beim Hypnotisieren bestehe im Aufsagen der entsprechenden Suggestionsformeln und alles weitere sei eine Funktion der Suggestibilität des Probanden oder Patienten; dann darf man sich allerdings nicht wundern, wenn die Erfolge mager ausfallen.[8] Die sorgfältige Ausbildung hypnotischer Reaktionsbereitschaft verlangt auch vom Hypnotiseur, jene subtilen Zeichen zu erkennen, die auf eine schon bestehende „Bereitschaft" des Patienten für dieses oder jenes kinästhetische Phänomen hindeuten, um diese aufzugreifen und langsam in die gewünschte Richtung auszuformen („shaping"). Erst so ergibt sich ein enges Wechselspiel, in welchem nicht mehr unterschieden werden kann zwischen suggestiven Vorgaben zugunsten einer bestimmten Reaktion und nachfolgendem, verstärkendem Feedback. In dem Maße, wie dem Probanden oder Patienten eine seinen individuellen Fähigkeiten angemessene Hierarchie kinästhetischer Aufgaben dargeboten wird, die er sukzessive zu meistern in der Lage ist, entwickelt sich bei ihm auch jene „Ja-Haltung", die es ihm schließlich erlaubt, auch schwierigere Phänomene und therapeutische Aufgaben in Angriff zu nehmen; die Frage nach der Suggestibilität ist unter dem Primat des Rapports von nur untergeordneter Bedeutung.

Handlevitation als nonverbale Antwort
Jenseits ihrer allgemeinen Funktion zur Tranceinduktion kann insbesondere die Hand- bzw. Armlevitation auch später im therapeutischen Prozeß sehr hilfreich sein.

So kann man sie beispielsweise zum *ideomotorischen Signalisieren* einsetzen, indem man zunächst willkürlich die beiden Hände für die Ja- und Nein-Antwort designiert, etwa „... wenn die Antwort auf meine Frage Ja ist, hebt sich die linke, wenn Nein, hebt sich die rechte Hand; vielleicht heben sich auch beide und d.h. dann ‚Ich weiß nicht' ..." Bei wiederholten Fragen sollte man auch darauf achten, daß keine Reaktionsstereotypien entstehen, und die Antwortmöglichkeiten der Hände entsprechend verändern. Die entsprechenden Fragen sollten Inhalte betreffen, derer sich der Patient nicht gewahr ist und/oder die er nicht erinnert. Von Vorteil ist es in vielen

Fällen auch, wenn sich der Patient der ideomotorischen Reaktion selbst nicht gewahr ist; dies setzt jedoch eine völlige Dissoziation der Hände und ihrer Bewegungen und damit meist auch einen tieferen Trancezustand voraus.

Hinsichtlich des „Wahrheitsgehaltes" der entsprechenden Antworten ist jedoch Vorsicht geboten, worauf auch Erickson u. Rossi (1981) ausdrücklich hinweisen: „Aus unkritischer Sicht werden diese ideomotorischen und ideosensorischen Signale für die ‚wahre Stimme des Unbewußten' gehalten.... Gegenwärtig haben wir noch kein Verfahren, um zu unterscheiden, wann eine ideomotorische oder ideosensorische Reaktion 1) ein verläßliches und gültiges Anzeichen von Vorgängen im Unbewußten (außerhalb des unmittelbaren Bewußtseinsbereichs des Patienten) oder 2) bloß ein Mittel zur Umstrukturierung eines bewußten Glaubenssystems ist" (S. 28f.).

Gelegentlich kann es auch sinnvoll sein, eventuell konkurrierende „Teile" bzw. Tendenzen einer Person eindeutig der rechten und linken Hand zuzuordnen und es dann den Händen (oder dem „Unbewußten") zu überlassen, diese beiden Teile, falls überhaupt möglich, zusammenzubringen und selbst neugierig darauf zu warten, was dann geschieht bzw. welches Resultat sich dann zeigt; dieses muß natürlich nachfolgend auf seine Brauchbarkeit hin sorgfältig weiter untersucht werden.

Ferner kann man bedingte Verbindungen herstellen, etwa der Art: „... in dem Maße, wie deine Hand sich weiter hebt, beginnst du, dieses oder jenes zu tun (zu erinnern, die Schmerzen zu verändern, dieses Problem durchzuarbeiten, etc.) ..." oder „... genau in dem Augenblick, wenn deine Hand die Stirn berührt – bereite dich innerlich schon langsam darauf vor! – wird dieses oder jenes geschehen ..." Auch hier ist es nicht so sehr der Wahrheitsgehalt, sondern eher die kognitive/emotionale Leistung der Umstrukturierung, welche therapeutisch von Nutzen ist.

Altersregression

In der Psychoanalyse wird der Begriff der Altersregression u.a. dafür gebraucht, eine Reaktivierung früherer Entwicklungsformen des Denkens, der Objektbeziehungen und der Strukturierung des Verhaltens zu beschreiben (Laplache u. Pontalis 1973); allgemein ist damit eher eine Vereinfachung von Mustern und nicht ein tatsächliches Wiedererleben alter Inhalte gemeint. Unter hypnotischer Altersregression hingegen wird üblicherweise ein genuines, zeitliches Zurückgehen auch zu den Inhalten früherer Altersstufen, also eher eine Retrogression verstanden. In der Idealform handelt es sich um eine Art Revivifikation, in welcher der Hypnotisierte von der aktuellen erwachsenen Realität völlig dissoziiert ist und sich erlebens- und verhaltensmäßig buchstäblich in einer anderen, früheren Realität befindet. Eindrucksvolle Fallberichte in der Literatur beschreiben beispielsweise, wie Probanden wieder die Sprache ihrer Kindheit sprechen (etwa Japanisch), wenn sie unter Hypnose in das entsprechende Alter zurückversetzt wurden, obwohl sie als Erwachsene den Gebrauch dieser Sprache völlig verlernt bzw. vergessen hatten (Fromm 1970; Hilgard 1977, S. 46). Aufgefordert, ihren Namen zu schreiben, tun sie dies altersadäquat in den ungelenken Schriftzügen eines Erstklässlers. In vielen Fällen hochsuggestibler Probanden scheint keinerlei Bezug mehr zur aktuellen Realität zu bestehen, das erwachsene Ich also völlig aufgelöst oder „verschwunden". In anderen Fällen hingegen bleibt das erwachsene Ich während der Regression durchaus präsent, wenn auch nur in der Rolle eines völlig passiven, nicht mehr eingreifenden Beobachters, der den anderen, sich in der Regression befindlichen „Teil" dem jeweiligen Alter entsprechend adäquat handeln, denken und fühlen sieht. Dieses „Dualitätserleben" (s. unten) schmälert in der Regel jedoch nicht die Umnittelbarkeit und Klarheit des regressiven Erlebens.

Im Zusammenhang mit der Altersregression steht auch das Phänomen der Hypermnesie, denn Altersregression impliziert eine Art gesteigerter Erinnerungsfähigkeit. Umgekehrt muß jedoch weder eine Altersregression suggeriert werden, noch muß ein Proband oder Patient diese erleben, um sich unter Hypnose besser an bestimmte Ereignisse erinnern zu können. Da das Phänomen der Hypermnesie allein, also ohne Altersregression, im therapeutischen Kontext jedoch keine große Rolle spielt (wohl aber im forensischen Gebrauch der Hypnose in den USA), werde ich darauf nicht näher eingehen und verweise auf die Literatur (z.B. Gheorghiu 1973; Register u. Kihlstrom 1987).

Historische Belege

Historisch dokumentiert ist das Phänomen der Altersregression seit Puységurs „Victor" (um 1784). Im therapeutischen Kontext ausführlich beschrieben werden Altersregressionen von Krafft-Ebing (1888) und von Janet (1889), beispielsweise die erfolgreiche hypnotherapeutische Behandlung von „Marie":

Die 19jährige Marie wurde zu den Zeiten ihrer Menstruation regelmäßig finster und gewalttätig, bekam Krampf- und Schmerzanfälle und verfiel dann in ein tagelanges Delirium. Nach 8 Monaten vergeblichen Bemühens mit üblichen Behandlungsmaßnahmen versetzte Janet sie unter Hypnose zu dem Zeitpunkt ihrer ersten Menstruation (mit 13 Jahren) zurück und erfuhr, daß Marie damals aus Unwissenheit und Schrecken versucht hatte, die Blutung zu stillen. Sie hatte sich hierzu in ein Faß mit eiskaltem Wasser gesetzt und darin so lange gewartet, bis die Blutung zum Stillstand gekommen war. Danach bekam sie Schüttelfrost, erkrankte schwer und fiel für mehrere Tage in ein Fieberdelirium. Der Erfolg dieser Roßkur war so gewaltig, daß ihre Mensis erst mit 18 Jahren wieder einsetzte, nun allerdings mit den beschriebenen Symptomen, die denen der Originalsituation glichen, ohne daß Marie sich dessen bewußt gewesen wäre. Janets erfolgreiche Intervention bestand nun darin, Marie wieder zu dieser Originalsituation zurückzuversetzen und ihr zu suggerieren, daß die Menstruation schon 3 Tage normal verlaufen und durch keinerlei bedauerliches Ereignis in ihrem Verlauf gestört worden sei. Hernach verlief die Regel der 19jährigen Marie tatsächlich völlig normal und die entsprechenden Symptome waren verschwunden. Andere Symptome, die Marie auch noch hatte, konnte Janet via Altersregression ebenfalls auf traumatische Ereignisse zurückführen und durch die gleiche Technik der Neukonstruktion der Vergangenheit beheben (s. Ellenberger 1985, S. 492ff. bzw. Janet 1889, S. 436ff.; s. auch „created memory" unten).

Ein ähnliches Beispiel neukonstruierter Vergangenheit durch hypnotische Altersregression ist in Ericksons Fallgeschichte „Der Februarmann" beschrieben (Erickson u. Rossi 1981, S. 529ff.; Erickson u. Rossi 1989): Eine jung verheiratete Frau litt unter schweren Depressionen und hatte Angst, Kinder zu bekommen, da sie ihre eigene Kindheit als überaus unglücklich und einsam erlebt hatte. Ihr Vater war ein überlasteter Geschäftsmann, ihre Mutter führte ein Jetsetleben und sie selbst war in der alleinigen Obhut verschiedener Kindermädchen. In 4 langen und sorgfältig geplanten Sitzungen führte Erickson sich selbst als guten Bekannten ihres Vaters in die Altersregression ein und besprach und erlebte mit ihr sukzessive verschiedene Ereignisse ihrer Kindheit, bis hin zu ihrer Teenagerzeit. „Mit dieser Methode war es möglich, ihre Erinnerungen mit einem Gefühl der Akzeptation zu durchsetzen und ihr den Glauben zu geben, mit einem menschlichen Wesen viele Stationen ihres Lebens zu teilen. Sie fragte den Februarmann immer wieder, wann sie ihn das nächste Mal sehen werde; wenn sie sich ein Geschenk von ihm wünschte, erhielt sie immer nur schnell vergängliche Dinge. ... Ich spürte, daß ich mit all diesen Dingen in ihre Erinnerungen erfolgreich das Gefühl einer emotional befriedigenden Kindheit intrapolieren konnte" (Erickson, zit. in Haley 1978a, S. 183).

Auch die frühe Psychoanalyse (Freud u. Breuer 1895) verwandte noch die Technik der hypnotischen Altersregression zur Behandlung hysterischer Störungen. Im Fall „Emmy von N." benutzte Freud ein ähnliches Verfahren wie Janet: In Hypnose ließ er diese Patientin sich an das traumatisierende Ereignis lebhaft erinnern und danach sich selbst suggerieren, daß die Symptome verschwinden würden. Breuers berühmter Fall der „Anna O." setzte sowohl in der Praxis als auch für die Theorie andere Akzente: Bei Anna O. wurde die Vergangenheit nicht mehr per Altersregression neu konstruiert. Die hypnotische Altersregression dient hier nur noch dazu, die traumatischen Ereignisse lebhaft und naturgetreu zu erinnern, um dann dem begleitenden („eingeklemmten") Affekt die Möglichkeit zur Abfuhr zu erteilen. Diese kathartische Methode und die sich aus ihr entwickelnde Interventionstheorie Freuds steht im Gegensatz zu Janets (und später Ericksons) Überlegung und Vorgehen, in bestimmten Fällen die Vergangenheit eines Menschen neu zu konstruieren.

Von Interesse wäre natürlich die Frage, was bei einer Altersregression das spezifische, therapeutisch wirksame Agens ist: das hypnotisch regressive Wiedererleben allein, die während der Regression gegebenen und eventuell die Vergangenheit neukonstruierenden Suggestionen und/oder die Abfuhr des Affektes per se. Horowitz (zit. nach Hilgard 1977, S. 45) wies Schlangenphobiker 3 Gruppen zu, einer Wartekontroll- und 2 Behandlungsgruppen. Die Patienten der beiden Behandlungsgruppen wurden via Altersregression zu ihrem ersten Erlebnis mit Schlangen zurückgeführt, wobei die Probanden der einen Behandlungsgruppe auch die begleitenden Emotionen wiedererleben sollten, während bei der 2. Gruppe die Emotionen von der Erinnerung dissoziiert wurden. Das Ergebnis zeigte für die 2. Gruppe bessere Resultate als für die 1. und lieferte so eine indirekte Bestätigung für Janets Vorgehen, im Gegensatz zu Freuds Behauptung, daß „affektloses Erinnern fast immer völlig wirkungslos" sei (Freud u. Breuer 1895, S. 85). Eine Übergeneralisierung dieses Ergebnisses wäre jedoch vermutlich genauso verfehlt wie die Übergeneralisierung der kathartischen Methode.

Empirische Befunde

Von Interesse ist natürlich auch, als was man die hypnotische Altersregression verstehen soll: als bloßes Rollenspiel oder Simulation, als valide Revivifikation oder als eine Mixtur aus beiden. Weitzenhoffer bezeichnete schon 1953 diese 3 Möglichkeiten als Typ I (Rollenspiel), Typ II (Revivifikation) und Typ III (Mischung aus I und II) und stellte gleich fest, daß noch keine genuine Altersregression allein vom Typ II beobachtet worden sei. Die hierzu vorliegenden Untersuchungen beziehen sich auf physiologische und psychologische Kriterien und sind in Foenander u. Burrows (1980) gut referiert, so daß hier nur ein geraffter Überblick gegeben wird:

Unter den physiologischen Studien zeigten EEG-Untersuchungen keinen validen Hinweis auf eine echte physiologische Regression (True u. Stephenson 1951; Schwartz et al. 1955; McCranie et al. 1955), wohl aber Untersuchungen zum Babinski-, Saug- und Moro-Reflex, welche bei Probanden wieder auftraten, wenn sie in das entsprechende Alter der ersten 7 Lebensmonate regrediert waren (Gidro-Franck u. Bowersbuck 1948; True u. Stephenson 1951; McCranie u. Crasilneck 1955; LeCron 1952). Barber (1979, S. 239) kritisiert solche Befunde als nicht valide, da einerseits der Babinski-Reflex laut einiger Lehrbücher kein charakteristischer Reflex des Kleinkindes sei, und weil andererseits die Probanden sich der Intention des Experiments hätten bewußt sein und das Ergebnis willkürlich hätten produzieren können. Untersuchungen aus jüngster Zeit (Pajntar et al. 1985) wollen zwar nicht die Möglichkeit einer echten physiologischen Regression beweisen, wohl aber zeigen sie folgendes deutlich auf: durchtrennte und wieder zusammengenähte periphere Motorneuronen können mit Hilfe von Altersregression wieder gut zu einer erneuten Innervation der betreffenden Muskulatur gebracht werden, auch dann, wenn dies im normalen Wachzustand nicht mehr möglich war. Die Autoren enthalten sich jeglicher spekulativer Erklärung für dieses Phänomen und verweisen auf unser noch unvollständiges Wissen über Neurophysiologie und Hypnose.

Psychologische Studien untersuchten eine Veränderung der Intelligenzwerte unter Altersregression und fanden keine signifikanten Unterschiede zwischen hochsuggestiblen Probanden und Kontrollprobanden, die das Verhalten beispielsweise von Dreijährigen nur simulieren sollten (Young 1940; Sarbin 1950a, b). Dieses Ergebnis sowie die Tatsache, daß die Werte z. T. über den tatsächlich altersadäquaten Werten lagen, veranlaßte wiederum Barber (1979) zu harscher Kritik.

Hinsichtlich der Wahrnehmungsfunktionen führten Parrish et al. (1969) ein Experiment mit der sog. Ponzo- und Poggendorf-Täuschung durch und erhielten Resultate, die die hypnotische Altersregression als valide zu bestätigen schienen. Leider konnten ihre Ergebnisse in mehreren nachfolgenden Versuchen nicht repliziert werden (Ascher et al. 1972; Porter et al. 1972; Perry u. Chisholm 1973).

Nun ist es aber ein inhärentes Kriterium von Piagets Modell, daß die jeweiligen Entwicklungsstufen nach ihrer Transformation irreversibel sind; demzufolge dürfte auch unter Bedingungen der hypnotischen Altersregression keine „wirkliche“ Rückkehr zu früheren Entwicklungsstufen vorkommen, und alle Ergebnisse, die dies suggerieren, müßten sorgfältig unter dem Rollenspielparadigma untersucht werden. Silverman u. Retzlaff (1986) testeten diese Irreversibilitätshypothese von Piaget, indem sie das übliche Design solcher Experimente um eine interessante Variante erweiterten: üblicherweise wurde die Simulationsgruppe der Hypnosegruppe deshalb entgegengestellt, weil man herausfinden wollte, ob Hypnose einen speziellen Zustand darstellt; dies hat aber nicht notwendigerweise zur Folge, daß sich eine Probandin auch gleich in einer anderen Entwicklungsstufe befindet, wenn sie in einem anderen Zustand (dem hypnotischen) ist, und zwar auch dann nicht, wenn unter diesem Zustand eine Regression suggeriert wird. Die Autoren verglichen deshalb die übliche Hypnose- und Simulationsgruppe mit einer Gruppe von Kindern und einer weiteren Gruppe von Erwachsenen, welche nur schätzen sollte, in welchem Alter Kinder bestimmte Aufgaben lösen könnten. Weiterhin wurden die Aufgaben so ausgewählt, daß die meisten Kinder einer bestimmten Altersstufe sie nicht lösen konnten, während die erwachsenen Probanden der Schätzgruppe davon ausgingen, daß diese Aufgaben von den Kindern gelöst werden könnten. Demnach müßte eine „wirklich“ altersregredierte Probandin die Aufgaben ebenfalls nicht lösen können, wohingegen eine zwar hypnotisch regredierte, in den Entwicklungsstufen tatsächlich aber nicht regredierte Probandin diese Aufgaben lösen sollte. Im Ergebnis zeigten sich zunächst keine signifikanten Unterschiede zwischen der Hypnose-, der Simulations- und der Schätzgruppe, desgleichen nicht zwischen der Hypnose- und der Simulationsgruppe; wohl aber zeigten sich signifikante Unterschiede zwischen der Hypnose- und Simulationsgruppe einerseits und der Gruppe der Kinder andererseits, d.h. deren Werte lagen signifikant über denen der Kinder. Dieses Ergebnis bestätigt einerseits Piagets Hypothese der Irreversibilität und macht andererseits deutlich, daß hypnotische Altersregression keine wörtlich zu nehmende Retrogression auf frühere Altersstufen darstellt.

Ein ganz anderes Kriterium als die bisherigen Untersuchungen benutzten Nash et al. (1979, 1985): Ausgehend von Winnicotts (1953) Objektbeziehungstheorie, in welcher u.a. die Beziehungsaufnahme eines Kleinkindes zu einem symbolischen „Übergangsobjekt" (Stofftier, Schmusedecke etc.) beschrieben wird, postulierten Nash et al. (1979), daß Probanden signifikant häufiger bzw. besser ein kindadäquates Verhalten zeigen wurden, wenn sie per hypnotischer Altersregression in eine entsprechende Versagenssituation (Mutter nicht anwesend) gebracht würden, als Probanden, die dies nur simulieren sollten. Und tatsächlich entsprach das Verhalten der Altersregressionsgruppe erstaunlich gut dem Verhalten von Kindern hinsichtlich der 3 ausgewählten Kriterien Spontaneität, Spezifität und effektive Intensität: das symbolische Objekt wird in der Versagens- oder Streßbedingung spontan ausgewählt, es ist exklusiv und kann nicht ersetzt werden, und es wird effektiv besetzt. Im Gegensatz zu den anderen oben geschilderten Experimenten zeigten sich hier also keine wesentlichen Unterschiede zwischen den hypnotisch regredierten Probanden und Kindern, wohl aber signifikante Unterschiede zwischen diesen und den Probanden der Simulationsgruppe. Nash et al. (1985) variierten die frühere Untersuchung insofern, als die Regressionssituation nicht mehr eine Versagens-, sondern eine sichere Situation (Mutter ist anwesend) war. Vorausgesagt wurde hier, daß sich nun die Altersregressions- von der Simulationsgruppe im Kriterium der Spontaneität nicht mehr unterscheiden würden, wohl aber immer noch in den Kriterien Spezifität und affektive Besetzung, falls das Bedürfnis nach einem symbolischen Objekt vom Versuchsleiter suggeriert würde. Und tatsächlich bestätigten sich auch in diesem Experiment die Voraussagen.

Die Ergebnisse der beiden letztgenannten Untersuchungen scheinen indirekt auch Ericksons Kritik (nach Pattie 1956) an dem üblichen Vorgehen bei solchen Experimenten zu berücksichtigen: Eine Tranceinduktion und danach die einfache Aufforderung, so und so alt zu sein und dann dieses oder jenes zu tun, ohne affektiven und/oder interpersonalen Bezug, produziert kaum oder gar keine Unterschiede zwischen den Hypnotisierten und den Simulanten, wohingegen eine emotionale Bedeutung der Regressionsinhalte wie auch eine interpersonale Bezugnahme in der Regressionssituation solche Unterschiede durchaus zeigen kann. Es ist überflüssig, darauf hinzuweisen, daß die beiden letztgenannten Experimente die Situation in einer Hypnotherapie wesentlich besser widerspiegeln als die vorgenannten.

Bedenkt man ferner, daß sich die Hypnoseforschung der letzten Jahre immer mehr der extrem kleinen Population der Hochsuggestiblen zugewandt hat und selbst innerhalb dieser exklusiven Gruppe eine enorme Heterogenität hinsichtlich hypnotischer Reaktionen fand (Laurence et al. 1986; Sheehan u. McConkey 1982, S. 138), so kann man sich fragen, ob die oben dargestellten Experimente nicht doch mit zu grobem Instrumentarium ein derart differenziertes und diffiziles Ereignis wie die hypnotische Altersregression untersucht haben.

Die geschilderten therapeutischen Beispiele neukonstruierter Vergangenheit können als paramnestische Phänomene bezeichnet werden und haben außerhalb des therapeutischen Settings insbesondere in der forensischen Hypnose außerordentliche Bedeutung. Schon Bernheim (1890, zit. nach Ellenberger 1985, S. 174) betonte, daß durch Hypnose Paramnesien erzeugt werden können; im Anschluß an die Hypnose sei die Probandin davon überzeugt, daß die ihr suggerierten Ereignisse tatsächlich geschehen seien. Orne (1979b, S. 322) beschrieb, wie mit Hilfe bestimmter Fragen Pseudoerinnerungen aufgebaut werden können. Fragen wie „Haben Sie in jener Nacht die 2 Geräusche gehört?" enthalten die implizite Suggestion, daß 2 Geräusche wahrnehmbar gewesen seien (obwohl die Probanden vorher behauptet hatten, durch nichts in ihrem Schlaf gestört worden zu sein). Manche Probanden implantierten diese Suggestion so perfekt in ihr Gedächtnis, daß sie in Hypnose nicht nur zu konfabulieren begannen, was dies für Geräusche gewesen seien (Martinshorn, Türenschlagen etc.) und was sie dann auf diese Geräusche hin alles unternommen hätten, sondern sie behaupteten auch nach Beendigung der Hypnose steif und fest, daß sie diese Geräusche in jener fraglichen Nacht tatsächlich gehört hätten, auch wenn der Hypnotiseur ihnen beteuerte, dies sei eine bloße Suggestion gewesen. Laurence et al. (1986) gingen diesem Phänomen des „created memory" in einer ausgedehnten Untersuchung nach und fanden es bei 13 von 27 hochsuggestiblen Probanden bestätigt; 14 dieser 27 Probanden akzeptierten die suggerierte Erinnerung jedoch nicht als real. Hinsichtlich der Suggestibilität konnten zwischen diesen beiden Gruppen keine Unterschiede gefunden werden. Interessant an dieser Untersuchung ist ferner die Beziehung zwischen den Phänomenen der Paramnesie, des Dualitätserlebens während der Regression sowie des Hidden-observer-Effektes: Alle Probanden, die einen HO-Effekt zeigten, berichteten auch von einem Dualitätserleben. Von den 13 Probanden, die Paramnesie zeigten, berichteten 10 von einem Dualitätserleben und 7 zeigten den HO. Allgemein kann man also sagen, daß viele hochsuggestible Probanden auf die Suggestion einer Pseudoerinnerung positiv reagieren; zudem, daß diese Probanden offensichtlich eine weitere besondere Form kognitiver Verarbeitung zeigen, die sich auch in den Phänomenen des Dualitätsempfindens und des HO widerspiegelt. Eine positive Beziehung zwischen dem Dualitätsempfinden und dem HO wurde schon früher beobachtet (Nogrady et al. 1983). Für Probanden, die Dualität und HO zeigten, wurde aber bislang angenommen, daß sie sich der Realität mehr gewahr seien, daß sie besser unterscheiden könnten zwischen Suggestionen und realem Geschehen (Hilgard 1979; Laurence u. Perry 1981; Nogrady et al. 1983). Insofern ist das Ergebnis dieser Studie überraschend. Es zeigt einerseits, daß es therapeutisch durchaus sinnvoll und erfolgversprechend sein kann, die Vergangenheit eines Patienten in hypnotischer Altersregression neu zu konstruieren; auf der anderen Seite macht es deutlich, wie wenig bislang die kognitiven Prozesse gerade auch hochsuggestibler Personen verstanden sind.

Theoretische Positionen

Die extreme Position der Revivifikation postuliert eine „wahre" psychophysiologische Retrogression zu dem suggerierten Alter und einen vorübergehenden Verlust aller nach diesem Alter erworbenen Kenntnisse und Fähigkeiten. Als einer ihrer Hauptvertreter wurde Erickson angesehen, und als Beweis wurde des öfteren jener Fall zitiert, in welchem ein 19jähriger Mann während der Regression zu einem 2 Jahre zurückliegenden Vorfall geführt wurde, bei dem er durch Bewußtlosigkeit nur knapp einem Mordanschlag entgangen war. In einem tiefen somnambulen Zustand erinnerte der junge Mann während der Regression diese Situation – für die er zuvor völlig amnestisch gewesen war – nicht nur detailliert, er erlebte sie auch naturgetreu wieder, bis hin zur tatsächlichen Ohnmacht (Erickson 1980a, S. 45). Erickson folgerte damals, „daß die Regression zu einer früheren Periode des Lebens in hypnotischem Zustand möglich ist zusammen mit der Wiederherstellung der entsprechenden Verhaltensmuster, welche durch nachfolgende erworbene FäWgkeiten unbeeinflußt sind" (S. 49).

Mit dem Wegfall der „nachfolgend erworbenen Fähigkeiten“ ist in diesem Fall allerdings nur die retrograde Amnesie gemeint; dennoch ist diese Aussage so generalisierend, daß ihr leicht widersprochen werden kann. Viele der oben beschriebenen Untersuchungen haben dies auch gründlich getan und damit scheinbar die entgegengesetzte, sozialpsychologische Extremposition von Barber et al. (1974) gestützt, welche die Altersregression als *Rollenspiel* („role enactment“) entsprechend dem Aufforderungscharakter der als hypnotisch definierten Situation betrachtet. Es muß hervorgehoben werden, daß sich die extreme Revivifikationstheorie im wesentlichen auf einige Einzelfälle stützt andererseits wurde den Vertretern der Rollenspieltheorie immer wieder vorgeworfen, daß sie mit zu kleinen Stichproben gearbeitet hätten, die hinsichtlich des Kriteriums der Suggestibilität eher undifferenziert gewesen seien (z.B. Hilgard 1987). Letztendlich geht es in der Kontroverse zwischen diesen beiden Extrempositionen darum, ob Hypnose nun als Sonderzustand anzusehen ist oder nicht. Eine weitere Position ergibt sich aus der Theorie der Trancelogik (O'Connell et al. 1970; Orne 1959) und besagt, daß Altersregression für den hypnotisierten Probanden insofern „wahr“ ist, als dieser subjektiv durchaus der Überzeugung sein kann, daß das, was suggeriert wird, tatsächlich real ist (s. „created memory“), wobei er unter Umständen auch Unstimmigkeiten zwischen subjektiver (d.h. suggerierter) und **realer** Wahrnehmung toleriert. Auch diese Position ist – aus konstruktivistischer Sicht – problematisch, da man nicht unbedingt eine andere als die „normale“ Logik postulieren muß, wenn man davon ausgeht, daß das jeweilige Erleben in der Altersregression der aktuellen Wahrnehmung des Probanden entspricht (im Abschnitt Halluzination wird hierauf noch näher eingegangen).

Zusammenfassend läßt sich sagen, daß sich die extreme und generalisierte Revivifikationstheorie nicht halten läßt. Man muß davon ausgehen, daß bestimmte Entwicklungsschritte des Menschen irreversibel sind und deshalb bestenfalls im Rollenspiel auf früheren Stufen dargestellt werden können; dies gilt sicherlich für bestimmte Intelligenzparameter und natürlich für die morphologische Entwicklung. Ganz anders scheint es sich jedoch mit der emotionalen Entwicklung zu verhalten: die für die Intelligenz postulierte kontinuierliche Entwicklung, die Transformation der Stadien und v.a. deren Irreversibilität scheint es bei der emotionalen Entwicklung in dieser Form nicht zu geben. Dies entspricht sowohl therapeutischer als auch allgemeiner Lebenserfahrung, und es ist verwunderlich, daß in den Untersuchungen zur Altersregression diesem Umstand erst so spät Rechnung getragen wurde.

Auf der anderen Seite weisen die Ergebnisse von Nash et al. (1979, 1985) darauf hin, daß zumindest eine Form der emotionalen Revivifikation durchaus möglich sein kann: über emotionale Stimuli lassen sich visuelle, akustische und andere Sinneskanäle für das regressive Erleben leichter und deutlicher stimulieren. Auf diese Weise entsteht für den Probanden zwingend der Eindruck der Revivifikation, die zu jenen eindringlichen Erfahrungen führt. Die therapeutische Erfahrung zeigt weiterhin, daß allein hinsichtlich der Erinnerungsmodi (bzw. der sog. Repräsentationssysteme) eine große Variabilität unter den Patienten zu beobachten ist und es ist zu vermuten, daß diese Variabilität auch hinsichtlich der Altersregression besteht. Dies hätte zur Folge, daß in künftigen Untersuchungen eine elaboriertere und den Besonderheiten des individuellen Probanden angepaßte Induktion der Altersregression durchgeführt werden sollte. Wenn bislang die Suggestibilität eine – wenn nicht die wesentliche – differenzierende unabhängige Variable war, so könnte und sollte dies in Zukunft der Rapport sein.

Technik der Altersregression

Die deutsche Fassung der SHSS (Stanford Hypnotic Susceptibility Scale, Form C und I) von Weitzenhoffer u. Hilgard (1962; deutsch von Bongartz) gibt für die Altersregression folgende Standardinstruktion:

Anleitung: Altersregression

„Gehen Sie nun wieder tierfer und tiefer in den hypnotischen Zustand... und hören Sie mir weiterhin aufmerksam zu. Ich möchte, daß Sie an die Zeit denken, als Sie im 5. Schuljahr waren; und in einer Weile werden Sie sich wieder als kleiner Junge (Mädchen) wiederfinden, der (das) an einem schönen Tag im 5. Schuljahr im Klassenzimmer sitzt und gerade etwas auf ein Stück Papier schreibt oder zeichnet ... ich werde nun bis 5 zählen und wenn ich bei 5 angelangt bin, werden Sie wieder zurück im 5. Schuljahr sein... 1) Sie gehen zurück in die Vergangenheit ... 2) Sie werden zunehmend dünner und kleiner ... gleich werden Sie zurück im 5. Schuljahr sein, an einem sehr schönen Tag ... 3) Sie werden zunehmend jünger undjünger, kleiner und kleiner. Bald werden Sie zurück im 5. Schuljahr sein, und Sie werden eine Situation erleben, die genau so ist wie früher, als Sie an einem schönen Tag im Klassenzimmer saßen und schrieben oder zeichneten ... 4) sehr bald werden Sie dort sein ... wieder ein kleiner Junge (kleines Mädchen) im 5. Schuljahr. Nun sind Sie bald da ... in einigen Augenblicken werden Sie wieder genau dort sein ... 5) Sie sind nun ein kleiner Junge (kleines Mädchen) in einem Klassenzimmer der Schule ... Wie alt bist du? / Wo bist du? / Was machst du gerade? / Wer ist dein Lehrer? / Gibt es noch irgendwas? ...“

Eine andere Möglichkeit, die Instruktion zur Altersregression an Zahlenreihen zu koppeln, besteht darin, ausgehend vom jetzigen Alter des Patienten langsam rückwärts zu zählen, bis zu jener Zahl, die dem gewünschten Alter entspricht. Diese Form des Zählens läßt sich zusätzlich noch mit dem Bild einer Treppe oder Leiter verbinden, wobei jede Stufe oder Sprosse tiefer ein Jahr jünger symbolisieren soll. Das zeitliche Zurückgehen kann auch an eine Armlevitation gekoppelt werden: je höher der Arm geht, um so weiter geht der Patient in seinem Alter zurück. Dies hat den Vorteil, daß das Zurückgehen ähnlich wie die Armlevitation eher autonom und damit natürlicher geschehen kann, als wenn der Therapeut starre Zahlen vorgibt. Eventuell kann noch suggeriert werden, daß sich der Patient genau dann in einer bestinunten signifikanten Situation wiederfinden wird, wenn die Finger der levitierenden Hand das Gesicht berühren.

Eine andere Möglichkeit schlagen Cheek u. LeCron (1968) vor. Anhand ideomotorischer Fingersignale (Ja-, Nein-, Weiß-nicht-Finger) wird zunächst das Vorhandensein signifikanter Ereignisse exploriert: z.B. „Gab es ein bestimmtes Ereignis in Ihrer Kindheit, welches mit dem heutigen Symptom/Problem in Zusammenhang steht?“ Anschließend wird mit Hilfe desselben Signalsystems dieses Ereignis zeitlich eingekreist und bestimmt: z.B. „Waren Sie jünger als 15?“ „Älter als 10?“ etc., bis so der genaue Zeitpunkt durch den Ja-Finger angezeigt wurde. Üblicherweise erscheinen dann mit dieser zeitlichen Datierung auch alle anderen Erinnerungen spontan. Oft genügen solche und ähnliche Standardinstruktionen, v.a. wenn ein sehr guter Rapport besteht. Auf der anderen Seite machte beispielsweise Erickson zwischen 1924 und 1931 als Student von C.L. Hull schon die Erfahrung, daß seine Versuche mit den traditionellen direkten Suggestionen inkonsistente Ergebnisse lieferten.

In einem erst 1980 veröffentlichten Fragment aus jener Zeit wird eine umfangreiche Prozedur zur Altersregression beschrieben, welche zunächst eine allgemeine Konfusion und Ungewißheit suggeriert, die dann über die Amnesie für aktuelle Ereignisse zu einer allgemeinen Desorientierung hinsichtlich Person, Ort und Zeit erweitert wird; über diese Erfahrung, daß sich die Zeit und überhaupt alles verändert hat, soll sich die Probandin zunächst in einem bestinunten Alter fühlen, danach glauben und letztendlich wissen, daß sie nun so alt ist, wie ihr suggeriert wurde. Erst hiernach soll sich die Probandin in einer angenehmen Situation dieses Alters wiederfinden und beginnen, altersadäquat zu fühlen, zu denken und zu handeln. Als zeitliches Minimum für diese Induktion einer Altersregression gibt Erickson 20 min an (Erickson 1980i, S. 105ff.).

Anwendung der Altersregression

In vielen Fällen wird die hypnotische Altersregression einfach eine Erinnerungshilfe sein und kann so auch zu diagnostischen Zwecken eingesetzt werden. Hierbei ist es zunächst gleichgültig, ob Hypnose nun einen anderen, veränderten Bewußtseinszustand darstellt und so tatsächlich andere Zugangswege für gespeicherte Inhalte eröffnet oder nur eine bestimmte, kontextmarkierte und deshalb besonders motivierende Situation, welche freieres Erinnern erleichtert, wenn nur Inhalte deutlich werden, die vorher dem bewußten Gewahrsein oder Erkennen „verborgen" waren. Man darf sich jedoch nicht darüber hinwegtäuschen, daß bedrohliche, peinigende oder peinliche Begleitaffekte bestimmter Erinnerungsinhalte miterinnert werden und auch „unter Hypnose" zu Flucht- und Vermeidungsreaktionen führen können. Deshalb müssen zusätzlich zur Hypnose noch weitere therapeutische Maßnahmen getroffen werden, um den Patienten an eine solche Situation langsam und systematisch heranzuführen. Als einfachste Möglichkeit bietet sich hier die Systematische Desensibilisierung an, die auch in Hypnose gut angewandt werden kann (vgl. Wolberg 1948a, S. 213). Darüber hinaus können gerade im Zustand einer hypnotischen Trance vielfältige Dissoziationstechniken verwendet werden, um die Wahrnehmung bestimmter Aspekte oder Inhalte einer bedrohlichen Situation so lange abzuspalten, bis diese zu einem späteren Zeitpunkt toleriert und wieder reassoziiert werden können. So können beispielsweise bei einer traumatischen Situation alle Affekte zusammen mit dem völlig dissoziierten Körper abgespalten werden, oder es kann diese Situation auch aus etwas größerer Entfernung lediglich betrachtet werden, und zwar so lange, bis genügend Klarheit über das Geschehen gewonnen ist. Notfalls können auf diese Weise auch der Gehörsinn oder andere Sinne dissoziiert werden, bis es zu einem späteren Zeitpunkt möglich wird, diese abgespaltenen Sinnesmodalitäten sowie die affektive Beteiligung graduell wieder zu reassoziieren. Ebenso kann aber auch die Situation selbst in ihre Einzelaspekte zerlegt werden, um gemäß der Verarbeitungskapazität des Patienten bestimmte Aspekte abzutrennen, um nur die verbleibenden einer genaueren Prüfung zu unterziehen. Bildlich gesprochen arbeiten Therapeut und Patient zusammen wie interessierte Forscher, die sich einen Film (der Erinnerung) unter die Lupe nehmen und nun alle Freiheit haben, den Projektor langsam oder schnell, vor- oder zurücklaufen zu lassen oder sogar auf Einzelbild zu schalten, um je nach Notwendigkeit und Interesse daraus einzelne Bilder oder bestimmte Sequenzen einer genaueren Prüfung zu unterziehen (vgl. auch Kap. 5).

Auf diese Weise geht die Altersregression als therapeutisches Instrument über das einfache Erinnern hinaus und beinhaltet das genaue Explorieren und aktive Re- oder

Neukonstruieren bestimmter Aspekte der Erinnerung, wie es in den zitierten historischen Beispielen schon angedeutet wurde. Für weitere Beispiele zur Arbeit mit Altersregression verweise ich auf Erickson u. Rossi (1981, S. 333ff. mit ausführlichem Transskript), Kossak (1987) oder Peter (1988, S. 236ff.).

Halluzinationen

Halluzinationen können Begleitsymptome verschiedenster pathologischer Zustände sein. Sie können in Delirien auftreten, welche beispielsweise durch hohes Fieber oder durch Intoxikationen ausgelöst wurden, und sind dann oft visueller Art. Dagegen kommen bei Psychosen eher auditive Halluzinationen vor, während Halluzinationen multipler Art bei Hysterikern beobachtet wurden.

Definition: Halluzination

Hypnotische Halluzinationen klassifiziert man gewöhnlich als positiv oder negativ. Sie haben keinerlei pathologische Ursache, sondern sind allein das Produkt der Suggestion und können auch spontan auftreten. Bei einer positiven hypnotischen Halluzination nimmt der Proband oder Patient etwas wahr, was in Wirklichkeit nicht vorhanden ist. Umgekehrt wird bei einer negativen hypnotischen Halluzination ein wahrnehmbares Objekt soweit in der Wahrnehmung verändert oder aus dieser ganz ausgeblendet, daß es subjektiv von der Person als nicht (mehr) existent angesehen wird. Die Unterscheidung zwischen positiver und negativer Halluzination ist jedoch nicht immer klar zu treffen, beispielsweise dann nicht, wenn ein Proband jemanden in einem Sessel sitzend halluziniert und gleichzeitig die Rückenlehne des Sessels sieht; oder wenn ein Proband eine tatsächlich anwesende Person halluzinatorisch verändert oder für jemand anderen hält. Streng genommen müßte man hier von einer Illusion statt von einer Halluzination sprechen.

Mit eindrucksvollen Demonstrationen visueller Halluzinationen versuchte Orne (1959), „wirklich“ hypnotisierte von nur simulierenden Probanden zu unterscheiden: Auf eine Anregung Ericksons hin bat er jeden Probanden, eine tatsächlich anwesende Person – nennen wir sie Dr. X – als auf einem gegenüberstehenden Sessel sitzend zu halluzinieren. Gefragt, wo sich Dr. X befinde, deutete die Probandin auf diesen Stuhl. Wenn nun der Experimentator auf den wirklichen Dr. X hinwies, der sich vorher etwas außerhalb des Blickfeldes der Probandin befand, und fragte, wer denn dann dies sei, so tendierten simulierende Probanden dazu zu sagen „Ich weiß nicht“, „Herr Y“ oder „Da ist niemand“. Wirklich hypnotisierte Probanden hingegen reagierten erstaunt und etwas verwirrt, blickten hin und her und sagten dann vielleicht, es müsse sich hierbei um eine Spiegelung handeln oder der Dr. X habe vermutlich einen Zwillingsbruder. Orne sieht in dieser Art von „Trancelogik“, nämlich dem gleichzeitigen Vorkommen von Wahrnehmungstäuschung einerseits und dem Weiterbestehen von logischem Denkvermögen andererseits, ein einzigartiges Charakteristikum „wahrer“ hypnotischer Phänomene.

Belustigende und in der Bühnenhypnose gern verwendete Halluzinationen sind olfaktorischer und gustatorischer Art, wenn etwa Wasser für Champagner oder eine Apfelsine für eine Zitrone gehalten wird. Auf Beispiele negativer Halluzinationen soll hier nicht weiter eingegangen werden, da man auch Analgesien und Anästhesien als solche auffassen kann, worauf in Kap. 19 eingegangen wird.

Hypnotische Halluzinationen sind nicht leicht von „bloßen“ Imaginationen zu unterscheiden. Schon Binet u. Féré (1890) meinten, daß in jedem geistigen Bild der Kern einer Halluzination liege und daß es mit Hypnose sehr leicht sei, eine Imagination in eine Halluzination zu überführen. Eine Halluzination wird eher als autonome, kaum beeinflußbare Wahrnehmung erlebt, deren Quelle oder Objekt als external empfunden wird. Schneck (1954a) weist darauf hin, daß nur geringe Änderungen in der Instruktion für den Probanden oder Patienten den wesentlichen Unterschied ausmachen können, ob dieser sein Erleben als „externe“ Halluzination oder als „interne“ Imagination klassifiziert. Schon Binet u. Féré (1890) meinten, um statt einer Imagination eine Halluzination zu suggerieren, sei es nur nötig, daß der Experimentator von dem zu halluzinierenden Objekt als von einem realen Objekt spricht, also beispielsweise „dieser Vogel hier“ (statt „stelle dir diesen Vogel hier vor“). Ähnliche Hinweise finden sich auch bei Erickson (z.B. in Rossi et al. 1983, S. 153). Schließlich muß hier noch erwähnt werden, daß es für Eidetiker relativ einfach ist, eine Halluzination hervorzurufen. Hinsichtlich der Auftretenswahrscheinlichkeit von Halluzinationen berichtet Hilgard (1977, S. 98) die Zahlen in Tabelle 3.2.

Obwohl diese Durchschnittsergebnisse relativ nahe beieinander liegen, besteht eine große interindividuelle Variabilität. Positive und negative Halluzinationen weisen eine Korrelation von 0,61 auf. Diese Ergebnisse decken sich in etwa mit denen von deutschen Studenten (Bongartz 1985c).

Halluzinationen spielen bei hypnotischen Altersregressionen eine große Rolle, und zwar immer dann, wenn das regressive Erleben einen gewissen autonomen Charakter angenommen hat (Revivifikation).

Tabelle 3.2: Relative Häufigkeit positiver (1 u. 2) und negativer (3 u. 4) Halluzinationen. (Nach Hilgard 1977, S. 98)

Objektiver Reiz	Subjektiver Bericht	von 155 Vpn [%]
1) Destill. Wasser	„Ammoniak“	46
2) Stab fallen lassen	„zu heiß“	31
3) 1:16 Ammoniak	„geruchlos“	38
4) Maximaler erträglicher elektrischer Schock	„schmerzfrei“	27

Historische Belege

Halluzinatorische Phänomene aller Art waren seit Mesmers Zeiten bei hypnotisierten Personen beobachtet worden, doch schenkte man ihnen anfangs keine größere Beachtung. Das änderte sich spätestens in der 2. Hälfte des 19. Jahrhunderts. So schien es Bernheim (1985, S. 30ff.) beispielsweise großes Vergnügen zu bereiten, alle nur denkbaren halluzinatorischen Phänomene, einschließlich Farbenblindheit und Taubheit, bei seinen Patienten zu beschreiben:

Die allgemeine Sensibilität und die einzelnen Sinnesthätigkeiten können nach Willkür beeinflußt, gesteigert, verringert oder gefälscht werden; z.B. ich bringe in den Mund des Somnambulen Salz und gebe es für Zucker aus ... Ich konnte ihnen Wasser oder Essig für Wein zu trinken geben; ich kann sie Ammoniak für Kölnerwasser riechen lassen. Ich kann ihn taub machen; er erklärt dann, dass er nichts hört, giebt keine Antwort, reagiert nicht auf die betäubendsten Geräusche. Ich kann ihn stumm und zum Stotterer machen. Ich kann ihm die sonderbarsten Sinnestäuschungen suggerieren, ihm einen Bleistift als Cigarre anbieten, deren Aroma er dann mit Entzücken schlürft, von der er imaginäre Rauchwolken in die Luft bläst etc. (S. 29).

Sowohl Janet (1889) wie auch Moll (1892) machen darauf aufmerksam, daß bereits ein guter Rapport negative Halluzinationen beinhaltet: die tief hypnotisierte Person ist schließlich nurmehr für ihren Hypnotiseur rezeptiv und hat alle anderen Wahrnehmungen ausgeblendet.

Erickson wandte sich hauptsächlich in den 30er und 40er Jahren der intensiven Untersuchung hypnotischer Halluzinationen zu (Erickson 1980j). Auch in der Psychotherapie machte Erickson reichlich und oft überraschenden Gebrauch von Halluzinationen. Hierfür ein Beispiel:

Ein 24jähriger Mann kam voller Verzweiflung ob seiner Impotentia erectionis aus seinen 2wöchigen Flitterwochen zurück, und seine Frau suchte schon einen Anwalt zwecks Scheidung auf, erklärte sich aber bereit, „bei einer Hypnotherapie ihres Gatten mitzuwirken. Das ging so vor sich: Ich forderte ihn auf, seine Frau anzusehen und dabei nochmals die abgrundtiefe Scham, Erniedrigung und trostloseste Hoffnungslosigkeit zu erleben. Während er dieses Gefühl heraufbeschwor, würde er den Wunsch haben, alles zu tun, aber auch alles in seiner Macht stehende, um diesem unglückseligen Gefühl zu entkommen. Während dieses Vorganges würde er nichts wahrnehmen können außer seine Frau, nicht einmal mich selbst, obwohl er meine Stimme vernehmen könne. Es würde ihm dabei bewußt werden, daß er in eine tiefe hypnotische Trance versetzt und keine Kontrolle über seinen Körper mehr haben werde. Darauf würde er eine Halluzination seiner Frau in nackter Gestalt haben und kurz danach auch sich selbst so sehen. Dabei würde er entdecken, daß er seinen Körper nicht bewegen und überhaupt keine Kontrolle über ihn ausüben könne. Andererseits werde er mit Erstaunen feststellen, daß er einen ständig sich steigernden physischen Kontakt mit seiner Frau spüre und daß er absolut nichts gegen seine physischen Reaktionen unternehmen könne. Eine Erfüllung seines Begehrens könne jedoch erst bei der Bereitschaft seiner Frau eintreten. ... In der kommenden Nacht wurde die Ehe ohne Schwierigkeiten vollzogen, und danach hatte ich nur noch die Funktion eines Familienberaters“ (S. 160f.).

Empirische Befunde

Erickson (1980c) führte ein häufig zitiertes Experiment zur akustischen Halluzination durch. Aus 100 Studenten wählte er zunächst 70 aus, die stupuröser und tiefster somnambuler Trance fähig waren; bei 30 induzierte er 20–40 min lang hypnotische Taubheit und führte dann eine Reihe klinischer Tests durch, wobei 6 Probanden völlige und 4 teilweise Taubheit zeigten. Im Wachzustand konnten die Probanden diese Ergebnisse nicht wiederholen. Erickson berichtet, daß sich anhand der angewandten Tests die hypnotisch induzierte Taubheit nicht von organisch bedingter Taubheit unterscheiden ließ. In einem Nachtest konditionierte er bei 4 der Probanden, die vorher völlige Taubheit gezeigt hatten, die Reaktionen des Fingerwegziehens auf einen elektrischen Schlag (UCS) bzw. Summton (CS) hin. Dann induzierte er abermals Taubheit und testete die CR (konditionierte Reaktion) erneut, welche erwartungsgemäß ausblieb, sich aber wieder einstellte, nachdem die Taubheit aufgehoben war. Diesen Probanden war es im Wachzustand nicht möglich, die CR, das Fingerwegziehen, zu unterdrücken.

Malmo (1954) führten ein analoges Experiment durch; zusätzlich ermittelten sie bei 2 hypnotisch (und zur Kontrolle bei einem organisch) tauben Probanden das EMG, mit dem Ergebnis, daß bei den hypnotisch Tauben anfangs starke EMG-Reaktionen auftraten, die dann allerdings – im Vergleich zur nichthypnotischen Bedingung – sehr schnell habituierten.

Nachdem einige Studien mit mangelhaftem Design scheinbar zeigen konnten, daß der sprechhemmende Effekt der verzögerten akustischen Rückmeldung („delayed auditory feedback") unter hypnotischer Taubheit gemildert war, führten Scheibe et al. (1968) ein weiteres Experiment nach dem „Real-simulator"-Modell von Orne (1959) durch und kamen hinsichtlich der Sprechhemmung zu keinem signifikanten Ergebnis: in beiden Gruppen, sowohl bei den Hochsuggestiblen als auch bei den Simulierenden, wurden auf die entsprechende Suggestion hin deutliche Sprechverbesserungen erreicht.

Die ersten systematischen Untersuchungen zur optischen Halluzination wurden wohl von Binet u. Féré (1890) durchgeführt; diese Autoren kamen zu dem Ergebnis, daß es keine Unterschiede zwischen realen und halluzinierten Bildern gebe, da auch die halluzinierten Bilder den Gesetzen der Optik gehorchten. Dem widersprach Bernheim (1888a, b) heftig und zitiert (S. 88ff.) eine ganze Reihe ausgeklügelter eigener Versuche. „Alle diese Versuche ergeben übereinstimmend Folgendes: Das suggerierte Bild beträgt sich nicht wie ein wirkliches, die suggerirten Farben mischen sich nicht miteinander, wie es verschiedenfarbige Strahlen, welche die Netzhaut passiren, thun müssen. Und wenn diese Mischung eintritt, so vollzieht sie sich im Widerspruch mit den Gesetzen der Optik, nach dem freien Spiel der Phantasie der Hypnotisierten" (S. 91).

Erickson u. Erickson (1980a) fanden mit 5 hochsuggestiblen Studenten, daß diese auf halluzinierte Farben auch die richtigen komplementären Nachbilder produzierten. Sie interpretierten diese Ergebnisse im Sinne einer strukturellen Ähnlichkeit zwischen halluzinierten und realen optischen Eindrücken.

Sutcliffe (1972) hingegen fand sowohl bei Erwachsenen als auch bei Kindern die Hypothese von der strukturellen Ähnlichkeit nicht bestätigt: die Nachbilder nach Imaginationen unterschieden sich vielfältig von denen nach realer optischer Stimulation und stimmten zudem auch mit dem Wissen des jeweiligen Probanden bezüglich dieses Phänomens überein; nur ein Proband erzielte in der Hypnosebedingung korrekte negative Nachbilder und diese Probandin war sowohl Psychologiestudentin als auch hochsuggestibel.

Erickson (1980d) führte ein Experiment zur hypnotisch induzierten Farbenblindheit mit dem Ergebnis durch, daß seine 6 Probanden im Ishihara-Test die entsprechenden Nummern auf den Tafeln, für die sie hypnotisch blind waren, nicht mehr sehen konnten. Harriman (1942a, b) wiederholte Ericksons Vorgehen en detail und kam zu dem gleichen Ergebnis. In einem 2. Experiment benutzte er andere Tafeln und fand, daß die Fehler seiner Probanden nicht mit denen tatsächlich rot-grün-blinder Personen vergleichbar waren. Er folgerte, es sei zwar möglich, tiefgreifende Veränderungen zu bewirken, dennoch sei es sehr zweifelhaft, ob diesen auch wirklich sensorische Änderungen entsprächen.

Theoretische Positionen

Sutcliffe (1960, 1961) stellte 2 kontroverse Sichtweisen hypnotischer Phänomene einander gegenüber, und zwar die „gläubige" unddie „skeptische" Position. Anhand einer kritischen Würdigung der anekdotischen und experimentellen Literatur kommt er (1960) zu dem Ergebnis, daß Untersuchungen, die die gläubige Position stützen, sehr kritisch betrachtet werden müßten, da sie in vielerlei Hinsicht mangelhaft seien. Untersuchungen mit einem sorgfältigen Design hingegen hätten immer wieder die skeptische Position bestätigt. Diese Einschätzung bezieht sich v. a. auch auf die hypnotischen Halluzinationen. Die Anhänger der gläubigen Position wie z.B. Erickson schenkten den Berichten ihrer Probanden vollstes Vertrauen und hielten sie – auch im physiologischen Sinne – für „wahr": berichtete perzeptive Änderungen in Hypnose hätten also eine wahre physiologische Grundlage. Die Skeptiker hingegen würden zwar den Probanden durchaus zugestehen, daß sie ihre Wahrnehmung so schilderten, wie sie sie tatsächlich erlebten; dennoch seien diese Forscher sich dessen bewußt, daß sich ein Proband entsprechend der Suggestion und anderer motivationaler Komponenten nur so verhalte, als ob dies so wäre, wie ihm suggeriert worden ist: die berichteten Änderungen in der Perzeption hätten also keinerlei physiologische Evidenz.

Parallel zu Sutcliffe entwickelte sich eine andere skeptische Richtung, die allgemein als sozialpsychologische Position bezeichnet werden kann. Die Vertreter dieser Richtung zweifeln die physiologische Echtheit hypnotischer Phänomene ebenfalls an; darüber hinaus brachten sie sogar eine Zeitlang das ganze Konzept der Hypnose in Bedrängnis, indem sie einfach bestritten, daß es Hypnose als einen besonderen veränderten Bewußtseinszustand überhaupt gebe. Dies versuchten sie mit wohldurchdachten Experimenten nachzuweisen. Zwar zweifelten sie nicht die Erfahrungen des jeweiligen Probanden an, doch finden sie es überflüssig, hypnotische Phänomene als einen veränderten internen Zustand anzusehen.

Zu den wichtigsten Vertretern dieser Richtung gehören Sarbin mit seiner Rollenspieltheorie, Barber mit seiner Theorie der aufgabenbezogenen Motivation und Coe, der sich selbst als Kontextualisten bezeichnet. Diese Forscher kritisierten alle Experimente zur hypnotischen Halluzination heftig. Barber et al. (1974) beispielsweise meinen zu Ericksons Experiment von 1939, daß die Probanden überhaupt keine hypnotisch induzierte Farbenblindheit erfahren, sondern statt dessen einfach nur versucht hätten, einige der Farben, die sie sehen konnten, zu ignorieren (S. 67ff.).

Technik der Halluzinationen

In manchen Fällen wird allein schon die Fixationsmethode zu einer zeitweise peripher bedingten Blindheit führen, dann nämlich, wenn auch der optokinetische Nystagmus unterbrochen ist. Äußerlich erkennbar ist dieser Zustand der peripheren Badheit an den weit geöffneten Pupillen bei offenen und völlig still stehenden Augen. In solchen Fällen ist es dann in der Regel nicht sehr schwer, den Probanden auch zu positiven visuellen Halluzinationen anzuleiten, ihn innere Bilder gewissermaßen eidetisch external projizieren zu lassen. Hier setzt der Nystagmus entsprechend der halluzinierten Szenen dann wieder ein.

Die wesentlichste Aufgabe des Therapeuten besteht nun darin, in einem aktiven Rapport mit dem Probanden bzw. Patienten zu bleiben und sich mit ihm interessiert über das wahrgenommene Geschehen zu unterhalten, so als ob es real wäre. Es ist zu vermuten, daß gerade auch bei diesen kognitiven Phänomenen die Fähigkeit des Therapeuten, diese selbst produzieren zu können, es dem Patienten wesentlich erleichtert, jenseits seiner potentiellen dispositionellen Suggestibilität entsprechende Erfahrungen zu machen (s. auch Bányai et al. 1982).

Desweiteren ist von Bedeutung, daß der Therapeut äußerst rezeptiv sein muß, um die Zeichen einer beginnenden Halluzination, auf welchem Wahrnehmungskanal auch immer, zu erkennen, aufzugreifen und auszuformen. Bei geschlossenen Augenlidern beginnen optische Halluzinationen manchmal mit einem leichten Zittern oder Flackern der Lider und/oder äußern sich dann in deutlich sichtbaren schnellen Augenbewegungen. Olfaktorische Halluzinationen sind an einem typischen Auf und Ab der Nasenflügel zu erkennen, gustatorische an entsprechenden Bewegungen der Lippen und Zunge. Bei akustischen Halluzinationen neigt sich des öfteren der Kopf des Patienten leicht zur Seite, so als wolle er genau hinhören. Wenn solche und ähnliche Hinweise sorgsam und zunächst eher allgemein rückgemeldet werden („... man kann beginnen zu sehen und muß erst deutlicher hinschauen, um genau zu erkennen, was man wirklich sieht ..."), vermischen sich die Konturen zwischen Feedback und Suggestion, bis eventuell zu einem späteren Zeitpunkt direkte suggestive Anweisungen gegeben werden können. Jenseits solcher einzelnen Zeichen sind es jedoch immer die Veränderung im Gesamtausdruck (in der Mimik, Gestik, im Atemmuster etc.) und natürlich die verbalen Berichte, welche es letztendlich erlauben, von einem halluzinatorischen Erleben zu sprechen und unter der Prämisse eines solchen Erlebens mit dem Patienten entsprechend zu kommunizieren. Mit anderen Worten: der Therapeut sollte während halluzinatorischer Vorgänge in einem direkten verbalen Kontakt und Austausch mit dem Patienten stehen, um das halluzinatorische Erleben zu fördern und zu lenken. Dies steht also ganz im Gegensatz zu der unter Hypnoseanfängern weitverbreiteten Meinung, daß sie nur mehr oder weniger direkte oder indirekte, ganz einfache oder multipel eingebettete Suggestionen zu streuen hätten und ansonsten eher passiv sein sollten – oftmals aus Angst, das hypnotische Erleben des Patienten zu stören.

Anwendung von Halluzinationen

Halluzinationen in der Altersregression

Um eine Altersregression von einer bloßen Erinnerung oder Imagination deutlich zu unterscheiden und sie durch den Probanden als hypnotisch ratifizieren zu lassen, sollte das regressive Erleben einen stark halluzinatorischen Charakter haben; in vielen Fällen ist es nur so möglich, die Erinnerungen verändern zu können. Der Therapeut sollte also dem Patienten dabei helfen, seine Erinnerungsbilder langsam in halluzinierte Szenen umzuwandeln und sie als aktuelles Geschehen unmittelbar zu erleben.

Halluzination als Hilfe zur „Dezentrierung"

Nach Piaget lernt ein Kind im Laufe seiner Entwicklung, in der Interaktion mit seiner Umwelt über Assimilation und Akkomodation sein egozentrisches Bezugssystem zu überwinden, verschiedene Aspekte eines Ereignisses auseinanderzuhalten, zwischen seiner eigenen Perspektive und der eines anderen zu unterscheiden und diese neugewonnenen Aspekte wieder in ein neues kognitives Schema zu integrieren. Dieser Vorgang, andere Perspektiven einzunehmen, wird von Piaget Dezentrierung genannt (vgl. Steiner 1978; Jaeggi 1979; Peter 1987). In vielen Fällen problematischen oder sypmtomatischen Verhaltens bei Patienten scheint genau diese Fähigkeit zu dezentrieren, sich selbst oder sein Verhalten aus einer anderen, nicht mehr egozentrischen Perspektive wahrzunehmen, verlorengegangen oder gestört zu sein. Das therapeutische Ziel wird darin gesehen, mit verschiedenen Methoden den vollen kontextuellen Zusammenhang wiederherzustellen. Imaginative Vorstellungen spielen bei all diesen

Methoden eine wichtige Rolle, um symptomatisches Verhalten in einen erweiterten oder korrigierten Kontext zu stellen (systematische Desensibilisierung, Veränderung von Attribuierung oder Reframing). Halluzinationen haben hierbei nun keine grundsätzlich andere Funktion als die imaginativen Techniken, können aber den ganzen Vorgang effektiver gestalten. So kann ein Phobiker auf eine halluzinatorische Weise beobachten, wie zunächst eine andere Person und dann er selbst eine zuvor nicht tolerierbare Situation meistert; ein Depressiver kann halluzinieren, wie er zusammen mit dem Therapeuten oder einer anderen Person bestimmte Aktivitäten unternimmt (vgl. Erickson in Zeig 1980, S. 148); aus einer bedrückenden und unglücklichen Gegenwart kann sich ein Patient in eine freiere und zufriedenstellendere Zukunft hineinhalluzinieren und von dort erleichtert zurückschauen und betrachten, wie er seine „vergangene" Situation zu meistern gelernt hat (vgl. Peter[2] 1988).

Halluzination und Dissoziation
Es dürfte deutlich geworden sein, daß halluzinatorische und dissoziative Phänomene in enger Beziehung zueinander stehen; viele dissoziative Phänomene sind streng genommen Halluzinationen. Erickson suggerierte einer Krebspatientin, ihren Körper zu verlassen und im Nebenraum einen interessanten Fernsehfilm anzuschauen; der Autor behandelte einen Phantomschmerzpatienten, der mit offenen Augen die Levitation seines (nicht mehr vorhandenen) amputierten Armes aufmerksam verfolgte und während dieser Levitation mit dem halluzinierten Bild von der Unversehrtheit des Armes auch alle empfundenen Schmerzen und Verkrampfungen dissoziierte (vgl. Peter[2] 1988). Einen Phobiker kann man manchmal dazu anleiten, seine Angst von seiner Person zu dissoziieren und sie halluzinatorisch zu externalisieren, so daß sie zwar bei ihm, aber nicht in ihm ist. Psychosomatiker können manchmal dazu gebracht werden, ihren Symptomen halluzinatorische Gestalt zu geben, um in der Folge deren Funktion zu untersuchen und in „Verhandlungen" mit ihnen einzutreten (vgl. Kap. 18).

Amnesie

Definition: Amnesie

Amnesie bezeichnet die Unfähigkeit, sich an einen bestimmten Zeitabschnitt oder ein bestimmtes Ereignis zu erinnern. Eine entsprechende Gedächtnislücke kann ausgelöst sein durch Gehirnverletzung, Schockzustand, Müdigkeit, körperliche Krankheiten oder auch psychische Störungen wie hysterische oder dissoziative Zustände. Amnesien gehören auch zur sog. Psychopathologie des Alltagslebens, wenn man beispielsweise einen Schlüssel oder ein Schmuckstück verlegt hat oder einem der Name eines bestimmten Menschen „zwar auf der Zunge liegt", aber nicht bewußt wird. Unter hypnotischer Amnesie versteht man die zeitweise Unfähigkeit, sich an Inhalte oder Situationen aus einer hypnotischen Erfahrung zu erinnern oder Suggeriertes zu vergessen. Die Erinnerung kehrtjedoch wieder, wenn entweder der Hypnotiseur hierzu den Auftrag beziehungsweise ein vorher benanntes Zeichen gibt oder wenn die Hypnose von neuem induziert wird. Hypnotische Amnesie kann vom Vergessen unterschieden werden, und zwar ex post facto, wenn die Amnesie aufgehoben worden ist, solange die Amnesie andauert, kann diese Unterscheidung nicht getroffen werden. Hypnotische Amnesie ist kein einheitliches Phänomen; die wichtigsten Formen, nämlich die Inhalts- und die Quellenamnesie, sollen später besprochen werden.

Läßt man die Probanden durch einen anderen Experimentator (also nicht durch den Hypnotiseur selbst) befragen, so zeigen sich meist 3 Haupttypen von Reaktionen:

1) Einige Probanden können sich an alles erinnern, was geschehen war. Solche Reaktionen würde man gewöhnlich nicht als hypnotische Amnesie bezeichnen; sie entsprechen zu offenkundig dem, was Barber, Sarbin oder Coe, bezogen allerdings auf alle hypnotischen Phänomene, postulieren: sie seien nichts anderes als Kooperation, intensives Rollenspiel oder kontextabhängiges Reagieren auf die Aufforderungscharakteristika der Situation.
2) Andere Probanden beginnen sich nach einer gewissen Zeit intensiver Befragung langsam zu erinnern. In solchen Fällen, wo nur Teile erinnert werden, kann man oft Zusammenhänge zur Tiefe der Trance und auch zum Rapport feststellen. Schon Bernheim (1884, S. 143) machte die Erfahrung, daß spontane Amnesien aufgehoben werden können, wenn man nur kräftig genug insistiert.
3) Schließlich gibt es einige wenige Probanden, bei denen die Amnesie auch mit noch so großem Druck nicht aufhebbar ist. Typischerweise tritt hier oft das Phänomen auf, daß die Probanden wissen, daß etwas Bestimmtes geschehen ist und es liegt ihnen auch auf der Zunge.

Für posthypnotische Suggestionen, die willkürlich ausführbare Verhaltensaufträge beinhalten, ist die Amnesie eine sinnvolle Voraussetzung. Die Ausführung solcher posthypnotischer Suggestionen impliziert also zumindest eine sog. Quellenamnesie. Anders liegt der Fall, wenn der posthypnotische Auftrag beispielsweise vegetative oder andere Reaktionen betrifft, die willkürlich nicht oder nur schwer zu produzieren sind; hier muß nicht unbedingt eine Amnesie vorliegen (siehe z. B. Barrios 1973). Amnesie ist schließlich von therapeutischer Relevanz, da sie ein wesentliches Unterscheidungskriterium zwischen Hypnose und Verhaltenstherapie darstellt. Wenn der Patient amnestisch dafür ist, daß er eine Hausaufgabe erhielt, wenn er nicht erinnert, wann und durch wen diese veranlaßt wurde, so kann er sich sowohl die Idee selbst als auch den potentiell resultierenden Erfolg selbst zuschreiben, die Urheberschaft also internal attribuieren.

Historische Belege

Es ist das Verdienst des Marquis de Puységur, des Schülers von Mesmer, das Phänomen der hypnotischen Amnesie 1784 „entdeckt" zu haben. Victor, ein Untergebener des Marquis, verhielt sich völlig anders, wenn er mesmerisiert war, gar nicht mehr so devot und abhängig, sondern frei, klar und scheinbar luzid; er stellte in diesem Zustand beispielsweise Krankheitsdiagnosen und schlug auch Behandlungsmaßnahmen vor. Nach Beendigung der Hypnose war er wieder der alte und konnte sich an nichts erinnern. Heute ist Amnesie eines der schwierigsten Items bei fast allen Skalen, die hypnotische Reaktionsbereitschaft oder die Tiefe der Hypnose messen. Braid bestand darauf, daß jemand nicht wirklich hypnotisiert sei, wenn er nicht eine spontane und komplette Amnesie zeigte. Für Charcot war die Amnesie ein differentialdiagnostisches Kriterium, somnambule von bloß kataleptischen und lethargischen Stadien der Trance zu unterscheiden. Ähnlich war auch für Bernheim und Liébeault die spontane Amnesie ein charakteristisches Zeichen tiefer Hypnose.

Empirische Befunde

Üblicherweise unterscheidet man zunächst zwischen spontaner und suggerierter Amnesie. Spontane Amnesie scheint heute, ganz im Gegensatz zu früher, zumindest in den üblichen Experimenten mit studentischen Stichproben selten vorzukommen. Orne (1966) führt dies u.a. auf die Aufgeklärtheit im Vergleich zu den eher „naiven" Probanden der früheren Forscher zurück. Er argumentiert, daß in vielen hypnoseähnlichen religiösen oder quasi-religiösen Ritualen auch heute noch spontane Amnesie für das Tranceerleben charakteristisch sei. Im Unterschied zum Experiment kommt spontane Amnesie in der therapeutischen Situation gar nicht so selten vor, um so häufiger dann, wenn ein Erlebnis während der Hypnose für den Patienten sehr affektgeladen, peinlich oder peinigend war. Manche Autoren bezweifeln, daß spontane Amnesie ein originäres hypnotisches Ereignis sei und weisen darauf hin, daß sie indirekt durch den Hypnotiseur oder allein durch die Aufforderungscharakteristika der hypnotischen Situation induziert sein könne. Evans u. Thorn (1966) beispielsweise untersuchten das Vorkommen spontaner Amnesie in verschiedenen Stichproben und fanden, daß maximal 26% der Probanden von den 17 präsentierten hypnotischen Aufgaben 2/3 nicht erinnern konnten. Da 24% einer nicht hypnotisierten Kontrollgruppe ebenfalls 2/3 dieser Aufgaben nicht erinnern konnten, wurde gefolgert, daß es sich hier eher um normales Vergessen handeln müsse.

Bei den meisten Untersuchungen über hypnotische Amnesie wurde diese suggeriert und anschließend geprüft. Üblicherweise muß die Amnesie nicht komplett sein, damit das Amnesieitem als erfüllt gilt; in der Regel genügt es, wenn ein Proband nur 3 von 12 oder weniger Ereignissen erinnert. Die Ergebnisse liegen hier bei der suggerierten Amnesie etwas höher als bei der spontanen. So fanden Weitzenhoffer u. Hilgard (1959) bei der Standardisierung ihrer Skalen, daß 32% der Stichprobe das Amnesieitem erfüllten.

Nur wenige Studien haben spontane und suggerierte Amnesie parallel untersucht. Hilgard u. Cooper (1965) teilten 91 Psychologiestudenten in 2 Gruppen; bei der einen Gruppe wurde spontane Amnesie am 1., und suggerierte Amnesie am 2. Tag getestet, bei der anderen Gruppe war die Reihenfolge umgekehrt. Das Amnesiekriterium galt als erfüllt, wenn ein Proband mehr als 5 von 10 Items nicht erinnern konnte. Nur 7% der Probanden zeigten spontane Amnesie an einem der beiden Tage, während 35% auf die suggerierte Amnesie reagierten. Hinsichtlich der spontanen Amnesie konnten auch keine Unterschiede zwischen hochsuggestiblen und mittel- bis wenig suggestiblen Probanden gefunden werden.

Einen wesentlich breiteren Raum nehmen heute die Untersuchungen zur sog. Quellenamnesie ein: hier sollen nicht Inhalte vergessen werden, sondern der Kontext, in dem diese Inhalte präsentiert wurden. Diese Form der Amnesie ist ein universelles Phänomen, da der größte Teil menschlichen Lernens einer Quellenamnesie unterliegt: wir können uns in der Regel nur wenig an all die Situationen erinnern, in denen wir unser Wissen erworben haben. Das typische experimentelle Design für Quellenamnesie besteht darin, daß man den Probanden während der Hypnose die Antworten zu ungewöhnlichen Fragen gibt. Etwa: „Wie groß ist der Erddurchmesser?“ oder „Welche Farbe nimmt ein Amethyst an, wenn er erwärmt wird?“ Das Kriterium der Quellenamnesie ist erfüllt, wenn die Probanden nach der Hypnose zwar die Information korrekt wiedergeben, hinsichtlich ihres Wissenserwerbes jedoch verwirrt sind oder Rationalisierungen geben wie: „Ich muß das irgendwo gelesen haben.“ Evans u. Thorn beobachteten in ihrer oben erwähnten Untersuchung (1966) zwischen 7% und 13% spontane Quellenamnesie hinsichtlich mindestens 4 von 6 Items; nur 2% der nicht hypnotisierten Kontrollgruppe erreichten dieses Kriterium. Als Ergebnis dieser Studie gingen die Autoren davon aus, daß Inhalts- und Quellenamnesie 2 voneinander unabhängige Phänomene seien, denen auch unterschiedliche kognitive Mechanismen zugrundeliegen. Korrelationen, die Cooper (1966) zwischen spontaner Quellen- und Inhaltsamnesie (0,48) sowie zwischen suggerierter Quellen- und suggerierter Inhaltsamnesie (0,49) erhielt, sind tatsächlich nur mäßig hoch. Gheorghiu (1973) behauptet demnach auch, daß man jeden Probanden, der eine Inhaltsamnesie aufweist, auch zu einer Quellenamnesie führen könne. Andere Autoren, wie etwa Sheehan u. Orne (1968), konnten zeigen, daß Amnesie weder eine notwendige noch hinreichende Bedingung für andere posthypnotische Phänomene darstellt.

Es gibt gerade zur hypnotischen Amnesie eine Vielzahl von Untersuchungen, deren Besprechung den Rahmen hier sprengen würde; ich verweise daher auf Übersichtsarbeiten wie Cooper (1979), Evans (1980), Gheorghiu (1973), Hilgard (1966) oder Kihlstrom u. Evans (1979).

Theoretische Positionen

Die Kontroverse um die Echtheit hypnotischer Phänomene bezieht sich natürlich auch auf die Amnesie und findet ihren pointiertesten Niederschlag in 2 Artikeln von Coe (1978) und Kihlstrom (1978). Aus der Sicht eines Kontextualisten durchleuchtet Coe die vorliegenden Experimente zur hypnotischen Amnesie sehr kritisch und kommt zu dem Ergebnis, daß externe Kontextvariablen zur Erklärung des Phänomens ausreichen und deshalb nicht notwendigerweise interne Prozesse postuliert werden müssen. Kihlstrom (1978) geht von Tulvings (1972) Unterscheidung zwischen semantischem und episodischem Gedächtnis aus sowie von Anderson u. Bowers (1972) Unterscheidung zwischen Such- und Entscheidungsprozessen beim Erinnern. Er glaubt, anhand einiger Untersuchungen nachweisen zu können, daß die übliche hypnotische Amnesie die episodische, nicht aber die semantische Komponente des Gedächtnisses beeinflußt (Evans u. Thorn 1966; Williamsen et al. 1972), und daß der Ort dieser Gedächtnisstörung in den Suchprozessen, nicht aber in den Entscheidungsprozessen beim Erinnern zu finden ist (Kihlstrom u. Shor 1978; Williamsen et al. 1972). Weiterhin seien Störungen in der temporären Organisation des Erinnerns während einer Amnesie gefunden worden (Evans u. Kihlstrom 1973), welche auf eine Unfähigkeit hindeuteten, gewisse Organisationsstrategien und Hinweisstimuli bei der Erinnerung zu nutzen; dies alles würde also (nach Flavell 1970) eher für eine mediatorische Unfähigkeit, denn für eine Unfähigkeit der Produktion sprechen. Kihlstrom nimmt dann Bezug auf Neissers (1967, 1976) Modell mentaler Prozesse: Wahrnehmungen, Vorstellungen, Erinnerungen und Gedanken werden innerhalb bereits erworbener Hintergrundschemata konstruiert; diese Schemata unterliegen der Assimilation und Akkomodation und bilden das jeweils aktuelle „Weltbild" der betreffenden Person. Gewisse biophysikalische oder psychosoziale Ereignisse wie z.B. psychoaktive Drogen, Entwicklungsfortschritte oder einschneidende soziale Veränderungen könnten mehr oder weniger ausgeprägte Veränderungen dieser Schemata bewirken, und möglicherweise – so Kihlstrom – könnte eine solche Veränderung auch durch Hypnose ausgelöst werden, indem die Suggestionen neue Schemata anböten, welche zu einer zumindest zeitweise veränderten Sicht der Dinge führen könnten. Dieser hypostasierte Wechsel in kognitiven Strukturen habe nun für Gedächtnis und Erinnerung insofern Bedeutung, als erfolgreiches Erinnern davon abhängt, a) inwieweit ein neuer Inhalt in ein schon vorhandenes reichhaltiges und hochorganisiertes Strukturgefüge eingebettet werden kann und b) inwieweit die Schemata, die zur Aufnahme, Konstruktion und Kodierung der Information benützt werden, mit denen übereinstimmen oder konkurrieren, welche später zur Überprüfung und zum Abrufen dieser Informationen herangezogen werden (Neisser 1967; Tulving u. Thomson 1973). Erfolgreiches Erinnern wäre also dann nicht möglich, wenn entweder die Kodierung schon fehlgeschlagen ist oder wenn zwischen dem Schema, das für die Erfahrungen während der Hypnose dominant war, und dem, welches danach zur Erinnerung benutzt wird, ein zu großer Unterschied besteht.

Neisser (1962) hat hiermit schon die übliche Amnesie für Kindheitserlebnisse zu erklären versucht; in ähnlicher Weise könnte man auch die Amnesie für Träume, das Phänomen des zustandsgebundenen Lernens (Overton 1968) sowie andere Formen der funktionalen und auch hypnotischen Amnesie erklären. Für letztere postuliert Kihlstrom nun konkret 2 Möglichkeiten:

1) Die in Hypnose gegebenen neuen Informationen oder die dort gemachten unüblichen Erfahrungen werden nur unzureichend oder gar nicht in vorhandene Schemata des Wachzustandes integriert; hier läge dann eine Dissoziation zwischen verschiedenen Gedächtnisinhalten vor.
2) Alternativ dazu könnten durchaus vertraute Informationen während der Hypnose einfach nicht als Ereignis speziell gekennzeichnet worden sein, obschon sie in das Gedächtnis Eingang gefunden haben; hier läge dann eine Dissoziation zwischen episodischen und semantischen Komponenten des Gedächtnisses vor. Beide Formen der Dissoziation müßten sich nicht wechselseitig ausschließen, vielmehr würde ihr Auftreten von der relativen Bedeutsamkeit der episodischen und semantischen Charakteristika der Erinnerungsinhalte abhängig sein. Die Wirksamkeit jenes Signals, welches die Amnesie für gewöhnlich beenden soll („Nun

kannst du dich an alles erinnern!"), hinge dann davon ab, inwieweit es wieder einen Zugang zu jenem Kontext herstellt, in welchem der Inhalt aufgenommen worden war.

Nach Kihlstroms Meinung könnten damit anhand der hypnotischen Amnesie genau jene Prozesse untersucht werden, durch welche Dissoziationen zwischen verschiedenen Schemata hergestellt und aufrechterhalten werden, und vice versa könnten auch jene Prozesse erhellt werden, durch welche eine Reintegration von Schemata erfolgt.

Technik der Amnesieinduktion

Die SHSS, Form C (Weitzenhoffer u. Hilgard 1962) gibt folgende Standardinstruktion zur Anmesie:

Anleitung: Amnesie

„... Wenn ich bei 1 ankomme, werden Sie wieder ganz wach sein, im normalen Wachzustand. Sie werden sich aber so entspannt haben, daß Sie es schwierig finden werden, sich an alle Dinge zu erinnern, die ich Ihnen beschrieben habe und die Sie erlebt haben. In der Tat werden Sie es so mühsam finden, sich an alle Dinge zu erinnern, daß Sie keine große Lust haben, es überhaupt zu tun. Es wird viel einfacher sein, einfach alles zu vergessen, bis ich Ihnen sage, daß Sie sich wieder erinnern können. Sie werden sich an nichts erinnern bis ich Ihnen sage: ‚So, nun können Sie sich an alles erinnern.' Sie werden erst dann alles erinnern" (deutsch von Bongartz).

Unmittelbar danach wird der Proband nach seinen Erfahrungen gefragt.

Versteht man die hypnotische Amnesie nun aber nicht als pure Befolgung einer gegebenen Suggestion, sondern als einen therapeutisch nützlichen kognitiven Prozeß, so wäre eine solche unmittelbare Befragung eher kontraindiziert; denn sie fordert den Patienten auf, das Stadium zwischen Trance und Wachbewußtsein zum Sammeln von hier noch leichter zugänglichen Erinnerungen aus der Trance zu nutzen, um sie in den Wachzustand hinüberretten zu können. Genau dies aber sollte bei der Amnesieinduktion ja verhindert werden, worauf beispielsweise Erickson u. Rossi (1980a) hinweisen. Als adäquateres Vorgehen empfehlen sie stattdessen, unmittelbar nach der Trance zu einer belanglosen Konversation überzugehen und damit ohne jegliche direkte Suggestion den Prozeß der Amnesie (verstanden als zustandsgebundenes Lernen) durch einfache Ablenkung zu ermöglichen. Der ganze Vorgang kann evtl. noch dadurch verstärkt werden, daß der Gesprächsfaden unmittelbar dort wieder aufgenommen wird, wo er vor derTrance unterbrochen worden war, oder daß unmittelbar nach der Trance auf andere Art ein abrupter Kontextwechsel stattfindet, indem der Therapeut mit dem Patienten den Raum verläßt oder den Patienten in andere Aufgaben und Aktivitäten miteinbezieht; Scherze, verblüffende Aufgaben oder Rätsel gehörten zu Ericksons Standardrepertoire zur natürlichen Induktion einer Amnesie.

Im Gegensatz zu den direkten Amnesieinstruktionen der Stanford- und anderer Skalen empfehlen Erickson u. Rossi den Gebrauch indirekter Formen der Suggestion, etwa: „... noch hast du die wesentlichen Dinge während dieser Arbeit in Trance nicht vergessen, und es ist sicher sehr befriedigend, sich genau zu erinnern und nichts zu vergessen; aber würde es dich vielleicht überraschen, zu entdecken, daß es später passiert? ..." oder „... kannst du dich erinnern, wie du vergißt? Jeder kann sich erinnern, daß er irgendwann etwas Bestimmtes vergessen hat – und manchmal vergißt man gerade das Wichtigste – und kaum jemand erinnert sich dann noch daran, wie das geschehen ist ... ".

Eine weitere und einfachere Variante der Amnesieinduktion ist die sog. fraktionierte Tranceinduktion, bei welcher der Patient nicht über längere Zeit kontinuierlich in Trance geführt wird, sondern in kürzeren Intervallen immer wieder im Normalbewußtsein reorientiert wird. Erfahrungsgemäß ist dies nicht nur eine gute Methode zur Trancevertiefung, sondern auch zur Erleichterung der spontanen Amnesie. Sie wird vermutlich durch Überladungsprozesse beim ständigen Wechsel zwischen 2 Modi der Aufmerksamkeit und Kognition hervorgerufen.

Eine ähnliche, wenn auch weitaus komplexere Methode, ist die Fraktionierung einer posthypnotischen Aufgabe, die von Erickson u. Erickson (1980b) folgendermaßen beschrieben wird: Zunächst wird sichergestellt, daß während der Ausführung eines posthypnotischen Auftrages wieder eine kurze Periode der Trance auftritt; dann wird der Proband oder Patient daran gehindert, diesen posthypnotischen Auftrag zu vollenden, was gewöhnlich dazu führt, daß er weiterhin in Trance verharrt; diese Trance wird nun zu weiterer therapeutischer Arbeit benutzt, bis schlußendlich die Möglichkeit gegeben wird, den posthypnotischen Auftrag zu vollenden. Gewöhnlich herrscht dann für die Zeit dieser Trance eine komplette spontane Amnesie.

Zeig (1985b) geht näher auf die Technik des Überladens und Verwirrens ein: Der Patient wird nach der Trance mit einer Fülle von Bewußt-/Unbewußtbehauptungen und Meinungen überschüttet, so daß er nach einiger Zeit beim besten Willen nicht mehr weiß, ob er nun bewußt vergessen darf und unbewußt erinnern soll, oder ob eher sein Unbewußtes nicht vergessen, sein Bewußtes aber nicht mehr erinnern kann, oder ob er das Ganze überhaupt richtig verstanden hat und besser doch noch mal nachfragen soll, damit er wirklich nichts wesentliches vergessen hat, oder ob er lieber gleich überhaupt nichts mehr weiß und sich sicherheitshalber bloß noch vage erinnert, damit dieser geschwätzige Therapeut endlich seinen Mund hält und beide vergessen können, wie peinlich es sein kann, wenn man überhaupt nicht mehr weiß, worum es jetzt geht.

Amnesie kann auch durch Assoziationsketten zum Vergessen aufgebaut werden, indem beispielsweise Anmerkungen über alltägliche Vorfälle des Vergessens, des Verlierens oder des Verlegens gemacht werden, oder indem Wörter aus dem Bedeutungshof des Vergessens mit entsprechender analoger Markierung in die Konversation aufgenommen werden (Einstreutechnik, vgl. Kap. 8).

Anwendung hypnotischer Amnesie

Ähnlich wie die kinästhetischen Phänomene kann auch die Amnesie einen deutlichen Aha-Effekt beim Probanden auslösen und ihm zur Überzeugung verhelfen, daß er in einem anderen Modus der Verarbeitung war und daß die Hypnose doch etwas anderes und damit vermutlich auch etwas ist, was ihm hilft. Amnesie kann also einen sehr guten Effekt auf die Ratifizierung der Trance ausüben.

Nach Zeig (1985b) kann und sollte Amnesie auch zu diagnostischen Zwecken eingesetzt werden, und zwar indem mit Hilfe von vielfältigen Amnesieangeboten kognitive Muster des Erinnerns und Vergessens eines Patienten eruiert werden. Diese Muster zu kennen ist bereits für die unmittelbare therapeutische Kommunikation von großem Vorteil, da unabsichtliche verbale und nonverbale amnesiefördernde Stimuli vermieden oder – wenn gewünscht – auch gezielt eingesetzt werden können.

Amnesie scheint auf den ersten Blick dem Freudschen Postulat des „Wo Es war soll Ich werden“ zu widersprechen und kommt (vielleicht deshalb) in der klassischen Form der Anwendung klinischer Hypnose kaum vor. Erst bei genauerer Betrachtung wird deutlich, daß die Amnesie im modernen Verständnis von Hypnose eine zentrale Position innehat. Alle indirekten hypnotischen Techniken haben zum Ziel, einen Patienten in die Lage zu versetzen, daß er seine eigenen Fähigkeiten und Fertigkeiten, seine ganz individuellen Ressourcen zu nützen lernt, und dies scheinbar „spontan“, also nicht auf einen Befehl hin. Da der Therapeut den Patienten zu „unbewußtem“ Suchen anregt, sind die entsprechenden Resultate bestenfalls indirekte Reaktionen. Man kann nicht einmal von einer bloßen Quellenamnesie im eigentlichen Sinne sprechen. Quellenanmesie heißt ja, daß der Patient sich zwar an einen Auftrag oder eine Forderung erinnert, jedoch nicht mehr weiß, von wem diese stammen. Nun stellen indirekte Suggestionen ja nur selten direkte Verhaltensaufträge dar, demnach ist die Reaktion des Patienten in erster Linie das Resultat seiner eigenen Aktivität. Erickson jedoch – was oft übersehen oder gar geleugnet wird – scheute sich durchaus nicht, einem Patienten auch in Trance klare Verhaltensaufträge zu erteilen und noch während der Trance auf einer exakten Einhaltung und Durchführung dieser Aufträge zu bestehen; um ein Gewahrwerden dieser Aufträge und ihres Auftraggebers zu verhindern, benutzte er die Amnesie oft so lange, bis das entsprechende Verhalten genügend etabliert war, um – lerntheoretisch gesprochen – ausreichend selbstverstärkend zu wirken.

Nach Erickson u. Rossi (1980a) dient die Amnesie dazu, die gegebenen Suggestionen vor eher konservativen oder kritisch-destruktiven Tendenzen des Bewußtseins zu schützen; das therapeutische Material sollte ungestört von bewußter, manipulativer Einflußnahme wirken können.

Häufig tritt jedoch auch der Fall ein, daß vorhandenes Material aus dem „Unbewußten“ in der hypnotischen Behandlung zu schnell und/oder zu massiv zum Vorschein kommt und nach eher vorsichtiger therapeutischer Einschätzung die vorhandene Verarbeitungskapazität zu überfordern droht, so daß mit dekompensatorischem Verhalten gerechnet werden muß. Gerade in solchen Situationen sollte sich der Therapeut ernsthaft um eine zumindest teilweise Amnesie beim Patienten bemühen. Wenn der Patient seine Amnesie registriert und verwunden oder gar verwirrt reagiert, sollte der Therapeut adäquat darauf eingehen: er sollte die Amnesie weder aufheben noch erklären, sondern sie wohlwollend akzeptieren und dem Patienten anhand von beispielhaften Geschichten vermitteln, daß amnestische Perioden natürliche und notwendige Begleiterscheinungen jedes neuen und effektiven Lernens darstellen.

Posthypnotische Suggestionen

Definition: Posthypnotische Suggestion

Als posthypnotische Suggestion bezeichnet man eine noch während der Hypnose gegebene Suggestion, auf die jedoch erst nach Beendigung der Hypnose, oftmals auf einen Hinweisreiz hin, entsprechend reagiert wird. Dazu gehört auch die suggerierte hypnotische Amnesie.

Die posthypnotischen Suggestionen sind es, an denen sich auch heute noch gelegentlich laienhafte Vorstellungen von der Macht der Hypnose entzünden: ohne sein Wissen und gegen seinen Willen führt jemand Handlungen aus, für die er vorher in Hypnose den Auftrag erhielt. In ähnlicher Weise erwarten auch manche Patienten, ein Symptom werde kraft hypnotischen Befehls nach der Hypnose einfach verschwinden, oder ein gewünschtes Verhalten werde sich zeigen, ohne daß sie selbst davon wüßten, geschweige denn irgend einen Anteil daran hätten. Und es gab und gibt Hypnotiseure, die solche Erwartungen nähren. Daß es mit den posthypnotischen Suggestionen in der Psychotherapie so nicht geht, ist nicht erst seit Pierre Janet und Sigmund Freud klar.

Einfache und direkte posthypnotische Suggestionen dürften heute vermutlich nurmehr zu Testzwecken in Suggestibilitätsskalen eingesetzt werden. Solche Standardaufgaben für die Demonstration posthypnotischer Suggestionen bestehen beispielsweise darin, daß jemand sich nach der Hypnose auf ein Zeichen des Hypnotiseurs hin am Ohr kratzt, ein Fenster wegen angeblich zu schlechter Luft öffnet oder einen seiner Schuhe wegen eines scheinbar drückenden Steinchens auszieht. Rationalisierungen sowie Amnesie zumindest für die Quelle der posthypnotischen Suggestion sind typisch, müssen aber nicht immer vorkommen. Frühere Hypnotiseure haben wohl des öfteren suggeriert, daß niemand außer ihnen selbst den jeweiligen Patienten würde hypnotisieren können; dies diente dazu, ihn davor zu bewahren, auf alle möglichen Hinweisreize hin in Trance zu fallen. Ebenso sah man es in der klassischen Form der Hypnose als unabdingbar an, alle Suggestionen vor Beendigung der Hypnose systematisch und komplett wieder zurückzunehmen. Man befürchtete, diese könnten posthypnotisch weiterbestehen. Heute sieht man dies als eher unwahrscheinlich an (s. Perry 1977b) und geht davon aus, daß die Probanden von selbst evtl. weiterbestehende Suggestionen zurücknehmen, es sei denn, deren Weit erbestehen ist erwünscht oder nahegelegt worden.

Theoretisch interessant sind die mit einer Amnesie verbundenen posthypnotischen Suggestionen deshalb, weil das Verhalten des Probanden in sich widersprüchlich ist: er führt aus, was ihm aufgetragen wurde und behauptet gleichzeitig, d.h. er ist subjektiv der Überzeugung, keinen Auftrag erhalten zu haben. Er verlagert die Attribution von extern nach intern und konstruiert u.U. mehr oder weniger plausible Rationalisierungen.

Nach dieser strengen Definition dürfte man von einer posthypnotischen Suggestion erst sprechen, wenn der Patient nach der Hypnose das suggerierte Verhalten im Sinne eines automatisierten, fast zwanghaften Tuns tatsächlich zeigt. In diesem strengen Sinne reagieren in Untersuchungen aber nur sehr wenige Probanden, ca. 2–3% von denjenigen, die überhaupt als suggestibel einzuschätzen sind (Perry 1977b). Gewöhnlich werden posthypnotische Suggestionen jedoch nicht ex post facto (im Sinne posthypnotischer Reaktionen), sondern intentional definiert. So spricht man in der Regel von einer posthypnotischen Suggestion, wenn der Hypnotiseur oder Hypnotherapeut eine solche anstrebt und entsprechend formuliert. In diesem Sinne werden manchmal fast alle therapeutischen Suggestionen als posthypnotisch aufgefaßt, da sie ja zu langfristigen Verhaltensänderungen auffordern. Eine solch breite Definition führt allerdings dazu, den Begriff zu verwässern.

Den posthypnotischen (Auto-)Suggestionen kann man auch das Phänomen des Terminschlafes zurechnen: man nimmt sich vor dem Einschlafen vor, zu einer ganz bestimmten Uhrzeit aufzuwachen und erreicht nach einiger Übung zuweilen eine ungeheure Präzision. Explizit sollte der Terminus posthypnotisch jedoch nur dann verwendet werden, wenn die Suggestion wirklich in einem hypnotischen Kontext gegeben wurde; und die suggerierten Reaktionen zumindest teilweise oder der Intention nach vom Patienten auch ausgeführt werden.

Historische Belege

Posthypnotische Suggestionen waren den „Nachfahren“ von Mesmer wohl bekannt. So beschreibt Tischner (1928), wie z.B. Mouillesaux 1787 mit Erfolg einer Patientin im magnetischen Schlaf befahl, am nächsten Tag zu einer bestimmten Stunde eine bestimmte Person zu besuchen. Freud erlebte bei Charcot eindrucksvolle Demonstrationen, wenn dieser bei leicht hypnotisierbaren Probanden zunächst in Hypnose Lähmungen suggerierte, und die Probanden immer dann die Lähmungen aufwiesen, wenn sie einen Schlag auf den Rücken erhielten.

Bei Bernheim (1888, 1985) finden sich eine ganze Reihe interessanter und teilweise kurioser Beispiele für posthypnotische Suggestionen wie etwa folgende:

„Es handelt sich um ein junges hysterisches Mädchen, welches von Herrn Dumont der medicinischen Gesellschaft von Nancy vorgestellt wurde. Man hatte ihr während der Hypnose den Auftrag erteilt, den Glascylinder abzunehmen, welcher die oberhalb des Tisches befindliche Gasflamme umgab, ihn in die Tasche zu stecken und beim Fortgehen mitzunehmen. Erwacht, ging sie scheu auf den Tisch los, schien verwirrt darüber, daß alle Blicke auf sie gerichtet waren, zögerte eine Weile, stieg aber dann mit den Knien auf den Tisch. Dort blieb sie etwa zwei Minuten, blickte abwechselnd die Personen um sie herum und den Gegenstand an, dessen sie sich bemächtigen sollte, und machte den Eindruck, als ob sie sich ihrer Stellung schämen würde. Sie streckte die Hand vor, zog sie wieder zurück, ergriff dann plötzlich das Glas, steckte es in die Tasche und eilte davon. Erst nachdem sie den Saal verlassen hatte, zeigte sie sich bereit, den entwendeten Gegenstand zurückzugeben“ (S. 35). Bernheim führt dies als Beispiel dafür an, daß die Suggestion posthypnotischer Handlungen nicht immer ohne weiteres erfolgreich ausgeführt wird. Die Neigung, den Auftrag zu erfüllen, habe eben nur eine gewisse Stärke, welche sich mit der Stärke des Widerstandes mißt (S. 35).

Bei Erickson gibt es einige Beispiele von Kurzzeittherapien, die sich u.a. auch durch den Einsatz komplexer posthypnotischer Suggestionen auszeichnen.

Im Fallbeispiel eines Mannes mit Ejaculatio praecox intervenierte Erickson offensichtlich erstmals gezielt nach ca. 6 h ausführlicher Exploration und Trancetraining: „Danach verwickelte ich ihn in ein ungefähr zweistündiges, uferloses Gespräch. In dieses Gespräch ließ ich jedoch systematisch und unauffällig eine Serie von posthypnotischen Suggestionen einfließen. Ich machte verwirrende Ausführungen, bis ich die Angaben vollständig hatte. Ich suggerierte, daß neurotische Vorstellungen einen ganz bestimmten Zweck für die Persönlichkeit erfüllten. Dies war eine der posthypnotischen Suggestionen. ... Kein Neurotiker weiß, was mit seinem Problem zur gegebenen Zeit geschehen wird. Ein neurotischer Zug kann durch die Entwicklung eines anderen an sich nutzbringenden neurotischen Zuges verdrängt werden. Ein spezifisches, neurotisches Symptom, wie die vorzeitige Ejakulation, kann plötzlich in eine beängstigende Verzögerung der Ejakulation umschlagen, eine Verzögerung von einer halben Stunde oder mehr. Würde ihm so etwas passieren, hätte er bestimmt einen Grund, sich aufzuregen. Er würde sich bestimmt bewußt und unbewußt schrecklich darüber aufregen. Eine solche Entwicklung würde zweifellos zu einer gänzlich unerwarteten intravaginalen Ejakulation führen. Danach würde er mit dem ungeheuren Problem des vollzogenen Koitus konfrontiert werden, der eine konstruktive Verarbeitung erforderte. Während der nächsten Woche oder der nächsten zehn Tage würde er eine wachsende Unrast verspüren, Vorbote der bevorstehenden Veränderung seiner Lebenssituation. Während dieser Zeit dürfe er nicht darüber reden, sollte einfach nichts tun, nicht einmal denken, sondern ausruhen und sich entspannen. ..." (Erickson 1980j).

Es wird allein aus diesem kurzen Ausschnitt schon deutlich, daß Erickson sich bezüglich posthypnotischer Suggestionen nicht mit dem einfachen repetitiven Aufsagen suggestiver Formeln begnügte, sondern einem komplexen Flechtwerk aus zusammengesetzten, aufeinander aufbauenden und paradoxen Aufgabenverschreibungen den Vorzug gab. Als Basis suggerierte er Verwirrung und Konfusion, säte hier zunächst plausibel klingende Erklärungen hinsichtlich der grundsätzlichen Veränderbarkeit von Symptomen aus, und führte erst dann die Idee ein, daß das gewünschte Verhalten, nämlich eine verzögerte Ejakulation, Problemgedanken verursachen und eine solide Verarbeitung nötig machen werde und von daher eher zu befürchten denn zu wünschen sei; gleichzeitig wurde das neue Verhalten aber auch wahrscheinlicher, da hinsichtlich des alten, der Ejaculatio praecox, allgemein große Konfusion suggeriert wurde. Neben diesen verbalen Suggestionen arrangierte Erickson aber auch nonverbal die Situation so, daß bis Sonntag etwas besonderes geschehen werde: er offerierte dem Patienten in den folgenden Tagen nur einige sehr kurze unbefriedigende Sitzungen bei voller Honorarstellung, in denen nichts Befriedigendes geschehen konnte, und vertröstete den Mann auf eine ausführliche, besondere Sitzung am Sonntag. „Als er jedoch am Sonntag morgen zu mir kam, sagte er, daß er etwas viel Dringenderes zu berichten habe... (Der Patient berichtet nun, wie er sich ganz unerwartet mit einer Frau getroffen habe, mit der er noch nicht geschlafen habe, mit dieser beim Essen und im Theater war, aber wegen seiner Grübeleien und Zerstreutheit eher ab- als anwesend war, und wie er sich dann von dieser Frau verführen ließ.) Weil er immer noch zerstreut war, überließ er der Frau die aktive Rolle, wurde aber von einer plötzlichen Angst befallen, er werde keine Ejakulation haben.... Er bekämpfte seine Angst mit einem aktiven Koitus, und ... nach einer halben Stunde wurde er immer erregter und gleichzeitig wuchs auch seine Angst und Beklemmung ... " (S. 90), bis er schließlich eine normale Ejakulation hatte.

Nicht nur hier, sondern auch in anderen Fällen scheint sich Erickson nicht allein auf die Macht des Wortes oder der Hypnose zu verlassen, sondern er agiert wie ein Dramaturg und Regisseur (Hilgard 1988), der auch den äußeren Rahmen, so weit es ihm möglich ist, aktiv so strukturiert, daß die Auftretenswahrscheinlichkeit der suggerierten Ereignisse fast zwingend notwendig wird. Ein anderes Beispiel komplexer und paradoxer posthypnotischer Suggestionen in der Behandlung eines erwachsenen Bettnässers findet sich in Haley (1978a, S. 91ff.).

Empirische Befunde

Im Vergleich zur Amnesie und zu anderen hypnotischen Phänomenen gibt es bezüglich der posthypnotischen Suggestion erstaunlich wenige Untersuchungen und überhaupt keine Übersichtsarbeiten.

Hinsichtlich der Ausführungswahrscheinlichkeit posthypnotischer Suggestionen werden von Bongartz (1985c) für das entsprechende 11. Item der HGSHS, Form A, (Shor u. Orne folgende Werte berichtet: 36% (Deutschland), 48% (USA), 33% (Australien) und 19% (Kanada). Fisher (1954) gab seinen tief hypnotisierten Probanden den posthypnotischen Auftrag, sich immer dann am rechten Ohr zu kratzen, wenn sie das Wort „Psychologie" hörten. Als die 12 Probanden nach der Hypnose getestet wurden, zeigten sie die gewünschte Reaktion, allerdings nur bis zu dem Zeitpunkt, da scheinbar unerwartet aber verabredungsgemäß, ein Kollege von Fisher in den Raum kam, um mit ihm und dem jeweils anwesenden Probanden Konversation zu machen, in deren Verlauf das Stichwort „Psychologie" abermals auftauchte. Nun reagierten aber nurmehr 3 der 12 Probanden, indem sie sich am rechten Ohr kratzten. Nachdem der Kollege den Raum wieder verlassen hatte, fuhr Fisher scheinbar mit dem Experiment fort, und nun reagierten wieder alle Probanden auf das Stichwort korrekt. Der Autor interpretiert dieses Ergebnis dahingehend, daß die Probanden entsprechend der vermuteten Erwartungen reagiert hätten; die gezeigten posthypnotischen Reaktionen seien also eine Funktion dessen gewesen, was die Probanden als erwartet oder erwünscht eingeschätzt hatten.

Nun könnte man aber auch so argumentieren, daß die Reaktionen von Fishers Probanden eher eine Funktion des Kontextes im allgemeinen Sinne seien: sie zeigten die posthypnotische Reaktion, wenn die Kontextmarkierungen ein Experiment anzeigten, und unterließen sie, wenn die Kontextmarkierung in Richtung Konversation verändert wurde. Die Kontextfrage interessierte auch u.a. in dem sehr elaborierten Experiment von Orne et al. (1968), in welchem hochsuggestible mit gering suggestiblen Probanden verglichen wurden, wobei letztere den hypnotischen Zustand nur simulieren sollten. Die posthypnotische Suggestion bestand darin, daß sich die Probanden auf das Stichwort „Experiment" hin übers Haar streichen sollten. Dies wurde mehrfach außerhalb des hypnotischen Settings, in der Eingangshalle, von der Sekretärin in der Anmeldung und auch vom Experimentator auf dem Gang getestet, und zwar an 2 aufeinanderfolgenden Tagen innerhalb beiläufiger Kommunikation. Das Ergebnis war, daß die wenig suggestiblen Probanden, die nur simulieren sollten, in diesem nichthypnotischen Setting bei Abwesenheit des Experimentators überhaupt nicht reagierten, während immerhin 5 der 16 hochsuggestiblen Probanden die Reaktion zeigten. Die Simulierenden reagierten indessen in Anwesenheit des Experimentators wesentlich häufiger als die Hochsuggestiblen, die das in einen Satz eingebettete Stichwort manchmal gar nicht zu bemerken schienen. Dieses Experiment zeigt also zunächst bemerkenswerte Unterschiede zwischen simulierenden, gering-suggestiblen und „echten", hochsuggestiblen Probanden; des weiteren, daß die Wirkung posthypnotischer Suggestionen in Situationen hineinreichen kann, in denen der Hypnotiseur (zumindest physisch) abwesend ist und so keinen unmittelbaren Einfluß mehr ausüben kann.

Im Zusammenhang mit posthypnotischen Suggestionen ist auch eine Untersuchung von Sheehan (1971) von Interesse, da dieser vor dem eigentlichen Experiment jeweils die Erwartungen von Hochsuggestiblen und Simulierenden dahingehend lenkte, daß eine während der Hypnose induzierte automatische Reaktion so lange weiterbestehen werde, bis ein bestimmtes Signal gegeben würde. Nichtsuggestible und die Hypnose nur simulierende Probanden verhielten sich auch entsprechend dieser Erwartung und reagierten auf den Testreiz so lange, bis das Signal erfolgte. Hochsuggestible hingegen beendeten ganz unabhängig von diesem Signal die Reaktion schon dann, wenn der Experimentator ihnen subtil mitteilte, daß sie nun damit aufhören könnten. Dieses Experiment kann man so interpretieren, daß Reaktionen auf posthypnotische Suggestionen nicht einfach nur sklavisch-kontingent auf einen suggerierten oder konditionierten Reiz hin erfolgen, sondern ganz offensichtlich wesentlich komplexer verarbeitet und ausgeführt werden. In der experimentellen Beobachtung der subtilen Reaktionsbereitschaft hochsuggestibler Menschen erinnert dieses Experiment auch an Beobachtungen, die schon Puységur mit seinem Proband Victor machte: dieser schien ihm manchmal Gedanken von den Lippen ablesen zu können und führte Suggestionen aus, noch bevor Puységur diese vollständig verbalisiert hatte.

Theoretische Positionen

Als Erklärung ließe sich das Konzept des zustandsgebundenen Lernens heranziehen, wenn Erickson u. Erickson (1980b) annehmen, daß Probanden während der Ausführung einer posthypnotischen Suggestion in einen erneuten terminierten Zustand hypnotischer Trance zurückfallen; das Signal oder Stichwort nach Beendigung der Hypnose, auf welches die entsprechende Reaktion folgen soll, stellt nach Meinung dieser Autoren jenen Zustand des Rapports wieder her, in welchem der posthypnotische Auftrag ursprünglich gegeben bzw. empfangen worden war.

Diese Auffassung steht in der Tradition anderer Forscher wie z. B. Bramwell (1903), Binet u. Féeré (1890) oder Bernheim (1985). Letzterer meinte:

> Man darf annehmen, dass der Somnambule häufig freiwillig in den somnambulen Bewusstseinszustand verfällt, in dem die Eindrücke, welche er in einem früheren Zustand derselben Art empfangen hat, von Neuem erwachen können. In solchen Zuständen besinnt er sich des ihn eingeschärften Auftrages, der ihm ertheilten Suggestion. ... In solchen Momenten ist die suggerierte Vorstellung für den Somnambulen eine vollkommen bewußte; ... wenn der Somnambule dann die Suggestion vollzogen hat, gefällt er sich im guten Glauben, dass die Vorstellung eben frisch in seinem Gehim erblüht war, und erinnert sich nicht mehr, daß er sich an sie erinnert hat.

Nach früheren Vorstellungen waren posthypnotische Suggestionen eher vom Normalbewußtsein dissoziierte Ideen oder Gedanken und wurden auch in Zusammenhang mit bestimmten Krankheitssymptomen gebracht, welche von Ideen abstammen könnten, die durch eine Art von Suggestion in die Seele eingepflanzt worden seien. Charcot beispielsweise dozierte in einer Vorlesung über hysterische Lähmungen 1885, daß sich durch Suggestion „ein Gedanke, eine zusammenhängende Gruppe von assoziierten Gedanken in der Art von Parasiten im Geist festsetzen können, wobei sie vom übrigen Denken isoliert bleiben ... Die Gruppe suggerierter Vorstellungen ist isoliert und untersteht nicht der Beherrschung durch jene große Ansammlung von persönlichen Vorstellungen, die... das Bewußtsein im eigentlichen Sinne, das heißt, das Ich, ausmachen“ (zit. nach Ellenberger 1985, S. 219). Ähnliches schrieb davor auch Liébeault: „Ein während des künstlichen Somnambulismus induzierter Gedanke wird zur fixen Idee und bleibt nach dem Aufwachen unbewußt. ... während der Geist mit den täglichen Handlungen des normalen Lebens beschäftigt ist, die der betreffende Mensch bewußt und aus eigenem freien Willen ausführt, setzten einige der in dem früheren passiven Zustand suggerierten Ideen ihre verborgene Bewegung fort“ (1873, S. 176). Von hier war es kein großer Schritt mehr zu Janets „unterbewußten fixen Ideen“.

Technik der posthypnotischen Suggestionen

Beim 11. Item der SHSS, Form B, sind Amnesie und posthypnotische Suggestion verbunden. Dabei erfolgt zuerst die oben zitierte Amnesieanweisung, und dann geht es im Text weiter: „... Bei 1 sind Sie ganz wach... ein wenig später werden Sie dieses Klopfen hören (3mal klopfen). Wenn Sie dieses Geräusch hören, werden Sie Ihr rechtes Ohr berühren, aber vergessen, daß ich es Ihnen gesagt habe, ebenso, wie Sie die anderen Dinge vergessen haben ... “ (deutsch von Bongartz 1985c).

Auch hier gilt, was oben schon erwähnt wurde, daß bei so einer direkten Suggestion der beobachtende Teil des Bewußtseins in vielen Fällen diese Anweisung sehr wohl registriert und sie im Regelfall kaum vergessen wird, es sei denn, die bewußten Anteile des Patienten waren in der Trance völlig dissoziiert.

Erickson u. Rossi (1981, S. 1 16ff.) definieren posthypnotische Suggestionen deshalb auch in einem erweiterten Sinne als Ideen oder Vorschläge, die in einem Zustand erhöhter Aufmerksamkeit gegeben werden. Nach ihrer Vorstellung von der Induktionsmöglichkeit einer posthypnotischen Aufgabe verläßt man sich nicht einfach nur auf eine Formel und die Suggestibilität des Patienten, sondern benutzt vielfältige allgemeinpsychologische Prinzipien und Prozesse, um die Ausführungswahrscheinlichkeit einer posthypnotischen Suggestion zu erhöhen.

Unbewußtes Konditionieren

Dies ist ein – meiner Ansicht nach – in der therapeutischen Praxis weithin übersehener Aspekt vielleicht deshalb, weil der Therapeut sich hier seines eigenen, v.a. nonverbalen Verhaltens sowie desjenigen seines Patienten in hohem Maße gewahr sein muß. Man könnte sich jedoch viel Arbeit zur wiederholten Tranceinduktion ersparen, wenn man jene eigenen nonverbalen Verhaltensmuster (veränderte Stimme, einen bestimmten Blick oder bestimmte Verhaltensweisen) registrieren würde, die für den Patienten die Qualität von konditionalen Stimuli erlangt haben. Auf diese Weise könnten diese systematisch zur Reinduktion einer Trance genutzt werden, besonders dann, wenn auch beim Patienten entsprechende Hinweise (ein ruhiger, erwartungsvoller Blick, eine typisch symmetrische und entspannte Sitzposition) darauf hindeuten, daß er sich in einer erhöhten Bereitschaft zur Entwicklung einer Trance befindet. Subliminale konditionierte Verhaltensmuster gewinnen so die Funktion, posthypnotische Reaktionen der Tranceentwicklung auslösen zu können.

Erwartungen auslösen und Überraschungen vorbereiten

Versteht man erfolgreiche posthypnotische Suggestionen nicht als bloße Kooperation, sondern als das natürliche Resultat einer gelenkten Motivation, so muß diese vom Therapeuten zunächst aufgebaut und vorstrukturiert werden. Ein bekanntes Mittel hierzu ist der Zeigarnik-Effekt,[9] mit dem sich im übrigen auch die Wirksamkeit einer fraktionierten Induktion gut erklären läßt. Will man, daß ein Patient auch außerhalb der Stunde ein begonnenes Problem weiter durcharbeitet, so könnte man während der Stunde die Arbeit abrupt unterbrechen. Dies wäre natürlich sehr unhöflich, wenn es nicht mit der eher indirekt geäußerten Erwartung geschähe, daß der Patient auf einer „unbewußten" Ebene daran weiterarbeiten und sich vom Ergebnis überraschen lassen könne. Besonders bei Erstinduktionen erscheint es sinnvoll, Erwartungen für ungewöhnliches Erleben zu wecken.

Die Verbindung posthypnotischer Suggestionen mit unvermeidlichem Verhalten

Verknüpft man verbal bestimmte posthypnotische Suggestionen mit einem Verhalten, das der Patient mit großer Wahrscheinlichkeit nach der Trance zeigen wird, so kann genau dieses Verhalten als Auslöser für die Ausführung der Suggestion dienen. Ein einfaches Beispiel hierfür: „... so lange du hier sitzt und in Trance bist, ist es schmerzlich zu erinnern, was damals war, und es ist nicht immer leicht, dem Schmerz einen bestimmten Platz zu geben. Doch was meinst du, wirst du fühlen, wenn du nachher draußen auf der Straße den ersten Menschen siehst, der wirklich froh ist und zufrieden. Wirst du denken, der hat allen Schmerz in seinem Bewußtsein schon vergessen ...?"

Posthypnotische Seriensuggestionen
Bietet man eine ganze Reihe von posthypnotischen Suggestionen an (statt nur einer einzigen), so wird es für den Patienten schwieriger, jede einzelne bewußt zu erinnern, oder auch alle auf einmal abzulehnen. Die Wahrscheinlichkeit der Ausführung mindestens einer Suggestion steigt um so mehr, wenn wiederum unausweichliche Verhaltenssequenzen mit einbezogen werden: „... dein Arm wird sich wieder senken und du wirst langsam wieder aus der Trance aufwachen und deine Augen wieder öffnen und dich fragen, wie man Schmerzen so lange vergessen kann; und vielleicht wirst du früher oder später wünschen, wieder in Trance zu sein und die Schmerzen wieder zu vergessen; wann immer du die Augen wieder aufmachst oder sie schließt, um wieder zurückzukommen oder erneut in Trance zu gehen, werden deine Schmerzen ein kleines Stückchen mehr verschwinden, und du kannst jedesmal mehr vergessen, alles was wehtut ... "

Anwendung posthypnotischer Suggestionen

Aus dem eben Gesagten geht hervor, daß posthypnotische Suggestionen sehr gut zur Reinduktion einer Trance benutzt werden können und sollen. Im Extremfall kann der Patient bereits an der Tür beim Händedruck in Trance gehen und nach der Arbeit an eben der gleichen Stelle beim Überschreiten der Schwelle im Hinausgehen wieder aus der Trance erwachen.

Die meisten Patienten (und übrigens auch noch viele Kollegen) stellen sich jedoch unter posthypnotischen Suggestionen etwas ganz anderes vor, nämlich, daß sie damit zu erwünschtem Verhalten gewissermaßen gezwungen werden könnten. Adipöse sollten beispielsweise via posthypnotischer Suggestion beim Anblick von Speisen ein tiefes Sättigungsgefühl empfinden, Raucher durch den Geschmack und Geruch von Zigarettenrauch Ekel verspüren; Depressive erwarten die Implantierung von Glücksgefühlen und Prüfungsversager, daß sie mit einer gewissen Gelassenheit alle Fragen beantworten können. Aufgrund der generellen Unwirksamkeit so verstandener posthypnotischer Suggestionen stellte Freud schnell fest, daß Psychotherapie so nicht möglich ist. Vor allem Erickson trug wesentlich dazu bei, daß posthypnotische Suggestionen heute nicht mehr in dieser rigiden Weise gesehen werden. Man könne nicht davon ausgehen, daß in der Trance der Zustand einer leeren Tafel gegeben sei, auf die Beliebiges geschrieben werden könne, oder als habe man im hypnotisierten Patienten einen willkürlich programmierbaren Computer vor sich. Er machte deutlich, daß posthypnotische Suggestionen nur im gesamten motivationalen, sozialen und situativen Gefüge einer Person sinnvoll ausgelöst und für fest umrissene Zwecke eingesetzt werden können.

Schlußbemerkung

Hypnose ist schon immer mit Macht und Manipulation assoziiert worden (vgl. Butollo 1985; Orne 1983; Peter 1985b), und es wäre eine negative Halluzination, wollte man diese Problematik in der Hypnose (oder in der Psychotherapie ganz allgemein) leugnen. Zu offensichtlich sind die Möglichkeiten, mit Hilfe der beschriebenen Phänomene und gerade mit den indirekten Techniken ihrer Induktion auch ganz unabsichtlich Unheil zu stiften. Hieraus folgt, daß Therapeuten nicht nur die nötigen Basisfertigkeiten (d.h. eine andere therapeutische Ausbildung) besitzen müssen, sondern auch ein hinreichendes Maß an Wachsamkeit und Reflexion bezüglich ihrer selbst, ihres Handelns und dessen motivationaler Basis. Andererseits ist es indessen ganz offenkundig, daß auch mit anderen therapeutischen Verfahren – wenn auch nicht immer explizit oder gewollt – Trancezustände und hypnotische Phänomene ausgelöst werden können. Deren Natur zu kennen, deren Wirkungsweise erfahren zu haben und ihre Induktion ganz explizit zu beherrschen, könnte dazu beitragen, manche Irrungen und Wirrungen in Therapien zu vermeiden und sie so effektiver – und dann vielleicht auch kürzer – zu gestalten.

Anmerkungen

1 Veränderungen in der propriozeptiven Wahrnehmung.

2 „Wächserne Biegsamkeit“, d.h. ein kataleptischer Arm z.B. kann in eine bestimmte Stellung gebracht werden und verharrt dort regungslos ohne empfundene Anstrengung längere Zeit.

3 Diese Gleichsetzung von Hypnose und Hysterie, welche Hypnose letztlich als einen pathologischen Zustand ansieht, ist nach Charcot aus der seriösen Literatur verschwunden; geblieben sind allerdings gelegentliche Vergleiche und Versuche, manche Störungen im Sinne selbstinduzierter hypnotischer Phänomene bzw. als Folge fehlerhafter und damit störungsproduzierender Autosuggestionen zu verstehen. Die jüngsten Arbeiten in dieser Richtung stammen von Gilligan (1988b) und Zeig (1988); diese Autoren nehmen jedoch keinerlei Bezug auf die aus der kognitiven Therapie bekannten inneren Selbstgespräche oder Fehlattributionen, obwohl dies m.E. naheliegend wäre (siehe z.B. Kraiker 1985).

4 Ein Teil dieses Papyrus befindet sich als „Pap. A. Nr. 65“ seit 1829 im Museum der Universität Leiden in Holland, der andere Teil im Britischen Museum in London. Eine deutsche Übersetzung befindet sich in Krugsch-Pascha (1893).

5 Diese Aussage gilt nicht generell, da manche Probanden eine Armlevitation nur nach vorheriger Tranceinduktion zustande bringen, manche Autoren rechnen die Armlevitation deshalb auch zu den genuinen, wenn auch leichter ausführbaren hypnotischen Reaktionen.

6 Einige Autoren aus der Erickson-Schule gehen sogar so weit, daß sie nur entsprechende Reaktionen auf indirekte Hinweisreize als genuin hypnotisch gelten lassen wollen, wie z.B. „Ich hätte gerne, daß Sie wirklich wahrnehmen, auf eine erhebende Art wahrnehmen, daß Hypnose für Sie die rechte Erfahrung ist. In einer Weise, die Sie handlich finden können für sich“ (Zeig 1988, S. 7).

7 Hinsichtlich der Problematik dieses Begriffes „Unbewußt“ und seiner Verwendung verweise ich auf das entsprechende Heft von Hypnose und Kognition 1989, 6/1.

8 Jene Fälle von „Gehirngefügigkeit“, die offensichtlich noch Bernheim zu Gesicht bekam, dürften heute sehr selten sein, ebenso jene Fälle „hypnotischer Macht“, welche es z.B. einem Abbé Faria noch erlaubte, durch ein einfaches, aber machtvolles ‚dormez!‘ Leute in tiefen hypnotischen Schlaf zu versenken.

9 Ein ungelöstes Problem hat die Tendenz, kognitiv länger präsent zu sein als ein gelöstes, insbesondere wenn die Person daran affektiv beteiligt ist.

Empfohlene Literatur

Barber TX (1979) Suggested („hypnotic") behavior: The trance paradigm versus an alternative paradigm. In: Fromm E, Shor RE (eds) Hypnosis: Developments in research and new perspectives, 2nd ed. Aldine, New York, pp 217–271

Evans FJ (1980) Phenomena of hypnosis: 2. Posthypnotic amnesia. In: Burrows GD, Dennerstein L (eds) Handbook of hypnosis and psychosomatic medicine. Elsevier, Amsterdam, pp 85–103

Foenander G, Burrows GD (1980) Phenomena of hypnosis: 1. Age regression. In: Burrows GD, Dennerstein L (eds) Handbook of hypnosis and psychosomatic medicine. Elsevier, Amsterdam, pp 67–83

Pettinati AM (ed) (1988) Hypnosis and memory. Guilford, New York

4. Hypnose, Suggestion und Suggestibilität

VLADIMIR GHEORGHIU

Erscheinungsbild und Wesen der Suggestion wurden und werden in erster Linie im Zusammenhang mit hypnotischen Geschehnissen erörtert. Auch wenn zeitweilig das Interesse mehr den sozialen Implikationen der Suggestion oder der Erfassung der sogenannten Wachsuggestibilität galt, kamen doch die meisten Anregungen zu diesem Thema unmittelbar aus der Hypnoseforschung. Einen Literaturüberblick bieten Barber (1969, 1979), Bernheim (1964), Bowers (1983), Hilgard (1965), Hull (1933), Weitzenhoffer (1953). Aus der Vielfalt der angeschnittenen Untersuchungen werden im folgenden einige aufgeführt, die sich insbesondere mit Fragen zur Beziehung zwischen Suggestion und Hypnose beschäftigen.

Geschichtlicher Überblick

In den Anfängen des Hypnotismus, d.h. zu Mesmers Zeiten, war noch keine Rede von Suggestion oder ähnlichen Konzepten. Dies erklärt sich in erster Linie durch die damals vorherrschende Vorstellung über den Einfluß physikalischer Wirkungen (Magnetismus) und den Mangel an psychologischen Betrachtungsweisen. Daß die therapeutischen Interventionen Mesmers und seiner Schüler unzählige Suggestionscues enthielten, ist selbstverständlich. (Hier soll nur daran erinnert werden, daß Mesmer Magnete oder seine Hände auf die erkrankten Stellen legte und die Behandlung zum größten Teil unter Bedingungen stattfand, in denen ein sehr suggestives Ritual zur Geltung kam und die Beteiligten sich gegenseitig beeinflußten.)

Mit der Betrachtung der Hypnose aus einer mehr psychologischen Sicht wie schon früher etwa durch Faria (1819), Bertrand (1823) oder Braid (1846) kam der Suggestion eine bedeutende Rolle zu.

Aber erst durch Bernheim (1964) gewann die Suggestion einen expliziten Stellenwert: von der Schule von Nancy wurde aus der Hypnose eine Doktrin der Suggestion abgeleitet. Bernheim betrachtet die Suggestion nicht nur als ein Vehikel, um hypnotische Phänomene zu induzieren, sondern als ein *Erklärungsprinzip* der Hypnose schlechthin.

Wesensmerkmal der Hypnose ist nach Bernheim eine erhöhte Suggestibilität. Auch später, besonders durch Hull (1933) und Weitzenhoffer (1953), wurde die Hypnose als ein Zustand erhöhter Suggestibilität verstanden.

Die sog. *Suggestionsdoktrin* Bernheims hat sich in der modernen Hypnoseforschung nicht durchgesetzt. Das kann daran liegen, daß der Doktrin Zirkularität anhaftet, daß sie Diskrepanzen zwischen theoretischen Erklärungen und zugrundeliegenden Fakten aufweist und nicht zuletzt daran, daß sie den Anspruch erhebt, die Vielfältigkeit hypnotischer Geschehnisse allein über Suggestion und Suggestibilität erklären zu können (vgl. in diesem Zusammenhang Sheehan u. Perry 1976; Shor 1979; Stukat 1958). Trotz allem ist der Einfluß, der von der Nancyer Schule ausgeht, noch allgegenwärtig, oder wie Shor (1979) schreibt: „... even now ... the doctrine of suggestion remains deeply infused in modern thinking about hypnosis in many subtile and unanalysed ways“ (S. 28).

Die Verknüpfungen zwischen Suggestion und Hypnose sind unübersehbar in der modernen Hypnoseforschung. Alle der Hypnose zugeschriebenen Phänomene werden in enger Verbindung mit den Wirkungen direkter oder indirekter Suggestion betrachtet.

Die Skalen zur Erfassung der Hypnotisierbarkeit basieren mit einigen Ausnahmen (Spiegel 1978) auf Suggestionsitems. Die standardisierte Hypnoseinduktionstechnik, die der Anwendung dieser Suggestionsitems vorausgeht, besteht ebenfalls aus suggestiven Vorgehensweisen. Ob jemand überhaupt hypnotisierbar ist, sich in einer Hypnose befindet, beziehungsweise ob die induzierte Hypnose oberflächlichen oder tiefgreifenden Charakter hat, wird zumeist anhand der verschiedenen Testsuggestionen bestimmt.

Immer wieder werden Experimente zur Frage durchgeführt:

a) ob zwischen der sogenannten Wach- und der hypnotischen Suggestibilität Zusammenhänge nachweisbar sind (Eysenck u. Furneaux 1945; Hilgard 1965; Stukat 1958),
b) ob und in welchem Maße ein hypnotisches Induktionsverfahren die Suggestibilität erhöht (Barber 1969; Bowers 1983; Hilgard u. Tart 1966; Weitzenhoffer u. Sjoberg 1961)
c) ob die Phänomene, die traditionsgemäß der Hypnose zugeschrieben werden, schon allein durch Suggestionseinfluß, also – wie Bernheim annahm – unabhängig von einem hypnotischen Kontext, hervorgerufen werden können (Barber 1969, 1979; Spanos 1986).

Auch das Wesen der Hypnose wird weiterhin von einflußreichen Hypnoseforschern in engem Zusammenhang mit Suggestion und Suggestibilität verstanden. Orne (1977) definiert Hypnose als die Bedingung, in der durch Suggestion Verzerrungen von Wahrnehmung und Gedächtnis hervorgerufen werden. Barber (1979) macht geltend, daß sein alternatives Paradigma gegenüber dem klassischen Paradigma der Hypnose als suggeriertes (hypnotisches) Verhalten zu deuten ist; zusammen mit Spanos u. Barber (1974) vertritt er die Meinung, daß Hypnose zu einem gewissen Teil ein Prozeß der Involviertheit in die suggestionsverwandte Imagination ist. Tellegen (1978) betrachtet seinerseits die Hypnotisierbarkeit als Fähigkeit, suggerierte Ereignisse und Zustände imaginativ und ausschmückend vorzutragen, und zwar in einer solchen Weise, daß diese als real erlebt werden.

Suggestion, ein vernachlässigtes Phänomen

Zusammenfassend läßt sich feststellen: Suggestion und Suggestibilität sind nach wie vor allgegenwärtig in der Hypnoseforschung. Das könnte belanglos klingen, wäre nicht gleichzeitig ein Rückstand der Suggestionsforschung zu verzeichnen.

Das Interesse, das heute die Hypnoseforscher theoretischen Problemen der Suggestion und Suggestibilität beimessen, ist mit wenigen Ausnahmen gering. In bezug auf den Einfluß der Suggestionstheorie Bernheims heben Sheehan u. Perry (1976) hervor, daß durch die Mängel dieser Theorie das Interesse der Forscher für Fragen der Suggestion stark nachgelassen hat.

Trotz ständiger Betonung des Einflusses von Suggestionen auf hypnotische Geschehnisse wurde erstaunlich wenig unternommen, um eigenständige Merkmale der hypnotischen wie auch der Wachsuggestion herauszukristallisieren.

Der Hypnoseforscher neigt dazu, Fragestellungen über das Suggestionsphänomen den Fragestellungen der Hypnose unterzuordnen. Die Suggestion wird eigentlich mehr als Vehikel der Hypnoseinduktion bzw. des Hervorbringens hypnotischer Phänomene betrachtet. Auch Hypnoseforscher wie Weitzenhoffer (1953) und Barber (1969, 1979), die sich mehrfach über den Rahmen der Hypnose hinweg mit den psychologischen Grundlagen der Suggestion und Suggestibilität beschäftigt haben, sind letztlich der Hypnoseproblematik verhaftet geblieben.

Nun zeigt aber gerade die Diskussion, die in der Hypnoseforschung in bezug auf die Beziehung zwischen Suggestion/Suggestibilität und Hypnose immer wieder anklingt, wie wichtig eine Auseinandersetzung mit allgemeinen Problemen der Suggestion und Suggestibilität ist. Im Gegensatz zu der oft wegen ihrer Zirkularität kritisierten Auffassung Bernheims (1888), Hulls (1933), Weitzenhoffers (1953) und Barbers (1969), wonach Hypnose primär als eine (besondere) Erscheinung der Suggestibilität zu deuten ist, wird in der letzten Zeit mehr und mehr hervorgehoben, daß das Wesen der Hypnose nicht auf Suggestionsphänomene eingeschränkt werden kann. Hilgard (1987) notiert in diesem Zusammenhang: „... it may be noted that we no longer attribute everything about hypnosis to suggestion, despite its importance for imagination and phantasy ...“ (S. 252). Auf der Grundlage eines historischen und empirischen Überblicks schlußfolgert Evans (1967): „Zusammenfassend läßt sich aufgrund des Datenmaterials sagen, daß Suggestibilität und Hypnose bis zu einem gewissen Grad zwei voneinander verschiedene Prozesse sind.“ Edmonston (1989) stellt die Beziehung zwischen Hypnose und Suggestion grundsätzlich in Frage: „Although suggestion may be a route for establishing the condition of hypnosis, we should agree that hypnosis is not suggestion and suggestion is not hypnosis, and that to study one is not necessarily to study the other.“

Sicherlich gehören diese Stellungnahmen in den Kontext, aus dem sie entnommen wurden. Man stößt jedoch, wie auch immer die konkreten Argumentationszusammenhänge sich darstellen, auf eine gnmdsätzliche Schwierigkeit: es bleibt zumeist unklar, was denn letztlich unter Suggestion und Suggestibilität verstanden wird. Suggestion als *Stimulussituation* beziehungsweise als Auslöser besonderer Verhaltensweisen, ggf. als *Testverfahren*, um diese Verhaltensweisen zu erfassen; Suggestion als *Kontext*, in dem eine Hypnose eingeleitet wird oder hypnotische Phänomene hervorgerufen werden; Suggestion als Anregung von *Erwartungshaltungen*, Einstellungen oder Imagination; Suggestion als Täuschungsvehikel beziehungsweise als *Placebo*; Suggestion als sich selbst erfüllende Prophezeiung; Suggestibilität als *Persönlichkeitsdimension*, als psychologische Grundlage, die das Entstehen und Durchsetzen suggestiver Situationen ermöglicht usw.

Es ist offensichtlich, daß, solange Suggestion überhaupt noch mit Hypnose in Verbindung gebracht wird, der Hypnoseforscher sich der Auseinandersetzung mit der allgemeinen Suggestionsproblematik nicht entziehen kann. Eine interdisziplinäre Untersuchung von Suggestion und Suggestibilität würde dem Verständnis der Hypnose ebenso dienen wie der Integration der Hypnose in den Kontext relevanter kognitiver, sozial- und differentialpsychologischer Ansätze. Auf diesem Wege ließen sich evtl. günstigere Voraussetzungen für eine Überwindung der Isolierung schaffen, in der sich die Hypnoseforschung trotz ihrer Errungenschaften noch befindet.

Implizite Suggestion und Erwartungseffekte

Es stellt sich die Frage, ob Hypnose unabhängig von expliziter Suggestion möglich ist. Die weiter oben zitierten Auffassungen, nach denen die Hypnose nicht auf Suggestionswirkungen reduziert werden kann und mit Suggestion/Suggestibilität evtl. sogar wenig Gemeinsames hat, können als Herausforderung betrachtet werden, einer Erforschung von Hypnosephänomenen ohne Suggestionseinfluß mehr Gewicht zu verleihen. Hammer et al. (1978) wiesen nach, daß die gemeinsamen historischen Wurzeln von Hypnose und Suggestion den Forschem den Blick darauf versperrten, zu untersuchen, ob die Hypnose Eigenschaften aufweist, die unabhängig von der Suggestion zu betrachten sind. Die Autoren berichten von nur 4 Untersuchungen, die mehr oder weniger explizit dieser Frage nachgegangen sind.

In früheren Arbeiten hat man sich häufiger darum bemüht, Erscheinungen der Hypnose zu erörtern, die ohne explizite Suggestion hervorgerufen werden. Die Aufmerksamkeit galt u.a. der sog. *spontanen Amnesie*, die von den Klassikern der Hypnose als typisches Merkmal der Hypnose bezeichnet wurde. Da jedoch diese spontane Amnesie zumindest unter Laborbedingungen relativ selten anzutreffen ist, hat man sie – im Gegensatz zur suggerierten Form – mehr und mehr vernachlässigt. Ähnliches gilt auch für andere Manifestationen, die üblicherweise der Hypnose zugeschrieben werden. So wird auch das Nachlassen *planerischen* Handelns dem hypnotischen Zustand zugerechnet (Hilgard 1965). Diese Wirkung, die offensichtlich ebenfalls ohne gezielten Suggestionseinfluß entsteht, bedarf sicher noch genauerer Untersuchungen.

Gerade in der letzten Zeit wird erneut über spontane hypnotische Erscheinungen berichtet, die durch Techniken der traditionellen Heilkunde hervorgerufen werden (Azuma u. Stevenson 1988; Olivier 1987). Bei der Auseinandersetzung mit derartigen spontanen Reaktionen unter Hypnose kommt neben der experimentellen Untersuchung der Beobachtung eine besondere Bedeutung zu.

Es gibt relativ unauffällige hypnotische Effekte, die ohne direkten Einfluß einer Suggestion entstehen können, aber nur mittelbar zu erfassen sind. In einer Studie, in der introspektive Schilderungen systematisch aufgezeichnet und inhaltsanalytisch ausgewertet wurden, fanden Hammer et al. (1978), daß die hypnotische Induktion bewirkt, daß die Reaktionen auf bestimmte Arten von verbalen Stimuli hinsichtlich primärer Prozesse stark ansteigen, ohne daß eine Suggestion in Richtung dieses Effekts gegeben wurde. Die Studien, die sich mit dem *Zeitempfinden* in Perioden hypnotischer Involviertheit beschäftigen, könnten ebenfalls als Beleg für nichtsuggerierte Effekte bewertet werden. Bowers u. Brennenmann (1979), Bowers (1979b) berichten, daß Personen rückblickend den Anteil der Hypnose an einer Sitzung unterschätzen.

Der Versuch, die Hypnose unabhängig von Suggestionseffekten zu betrachten, ist nicht unproblematisch. In bezug auf spontane Erscheinungen wurde wiederholt hervorgehoben, daß es sich hierbei um den Einfluß *indirekter und impliziter Suggestionen* handeln kann. Dieser Einfluß wurde insbesondere im Zusammenhang mit dem Auftreten der spontanen posthypnotischen Amnesie postuliert (Barber 1979; Cooper 1979; Hult 1933; Hilgard 1965). Grundsätzlich wird eine *Erwartungshaltung* vermutet, die den Gedächtnisschwund nach Aufhebung der Hypnose quasi vorprogrammiert. Hiermit wird ein Mechanismus ins Auge gefaßt, dem möglicherweise eine zentrale Bedeutung in der Durchsetzung suggestiver Inhalte zukommt, dessen Besonderheiten im einzelnen aber erst zu bestimmen sind. Es stellt sich die Frage, welche intervenierenden Variablen dazu beitragen, daß die in der Erwartungshaltung verankerten Annahmen dazu tendieren, sich selbst zu bestätigen. Darüber hinaus ist zu prüfen, ob es die Erwartung allein ist, die als Auslöser sogenannter spontaner hypnotischer Erscheinung in Frage kommt.

Spontane posthypnotische Amnesie

Betrachten wir nochmals, diesmal aber ausführlicher, die spontane posthypnotische Amnesie. Man hat immer wieder darauf hingewiesen, daß die nicht explizit suggerierte Amnesie eher dann auftritt, wenn der Proband die Hypnose als einen Schlaf erlebt und somit die Vorstellung hegt, sich danach an nichts mehr erinnern zu können (Kline 1966; Gheorghiu 1973; Watkins 1966). Der Proband behauptet, er habe vergessen, was sich in der Zwischenzeit zugetragen hat, oder es sei ihm unmöglich, sich an die Begebenheiten während der Hypnose zu erinnern. Der Proband, der sein amnestisches Verhalten rationalisiert, festigt mit der ad hoc gefundenen Argumentation seine Einstellung. Man könnte diesbezüglich auch von einem „verallgemeinernden Nein" sprechen. Indem er verneint, intrahypnotische Erlebnisse gehabt zu haben, versucht er auch weiterhin den Fragen auszuweichen, die der Versuchsleiter über die hypnotischen Begebenheiten stellt. Das Drängen des Experimentators ruft einen Widerstand hervor und festigt ihn gleichzeitig. Durch die Anwendung indirekter Verfahren läßt sich dieses Verhalten relativ leicht ändern. Wie Orne (1966) ausführt, kann es eher zu einer Aufhebung der posthypnotischen Amnesie kommen, wenn die Fragen im Hinblick auf das Erlebte von einer anderen Person als derjenigen gestellt werden, die die Hypnose induziert hat. Auch zeigt sich, daß der Proband die Ereignesse gut erinnert, wenn er aufgefordert wird, über seihe Träume zu berichten (Gheorghiu 1973).

In den posthypnotischen Zustand zurückgebracht, muß sich eine hypnotisierte Person erst wieder den normalen Verhältnissen anpassen, in das übliche Bezugssystem zurückfinden. Der Übergang von der hypnotischen zur nichthypnotischen Situation kann als eine Art Systemtrennung zwischen zwei unterschiedlichen Kontexten bezeichnet werden (Orne 1966; Van Parreren 1966; Wellek 1968). Dafür spricht auch die Tatsache, daß sich der Proband bei Wiederherstellung des hypnotischen Kontextes normalerweise wieder an die Erlebnisse erinnert. Das ansonsten auftretende erschwerte Erinnern wird möglicherweise auch dadurch unterstützt, daß sich der Übergang zum normalen Zustand zumeist ruckartig vollzieht. Der plötzliche Umschwung kann eine *retroaktive Hemmung* in bezug auf das kurz vorher Erlebte bewirken. Der Proband ist von der Gegenwart und nicht von der Vergangenheit beherrscht. Doch gerade in diesem Augenblick befragt ihn der Experimentator über die hypnotischen Erlebnisse. Diese Aufforderung stellt schon durch ihren ungewöhnlichen Charakter eine Überforderung dar. Foppa (1966) führt an, daß man auch im Alltag kaum in der Lage ist, eben erlebte Dinge in allen Details zu schildern, wenn man unerwartet zur Reproduktion aufgefordert wird. Ein Versuchsleiter, der auf die Beantwortung seiner Fragen besteht, verhindert vielleicht gerade dadurch die Reproduktion.

In der Behauptung, daß das Auftreten der posthypnotischen Amnesie indirekt durch Erwartungen des Probanden induziert wird, schwingt allzu leicht die Schlußfolgerung mit, daß diese Erwartungen mehr oder weniger von Anfang an vorhanden sind. Es erscheint mir aber sinnvoller, davon auszugehen, daß die entsprechenden Erwartungshaltungen sich erst im Prozeß der hypnotischen Involvierung herauskristallisieren. Puységurs (1807) berühmter Fall Victor, bei dem er zum ersten Mal eine posthypnotische Amnesie beobachten konnte, hatte sozusagen keine Vorgänger. Victor erlebt den hypnotischen Zustand als einen tiefen Schlaf. Bei naiven Personen, die zum ersten Mal eine Hypnose erleben, kann hin und wieder eine posthypnotische Amnesie auftreten. Das zeigt sich v. a. bei Personen, die glauben, sich auch an Ereignisse nicht erinnern zu können, die zwischen zwei Hypnosesitzungen passieren (Gheorghiu 1973). Im stillschweigenden Pakt zwischen den zwei Akteuren wäre für die Zwischenzeit – ein Intervall von 15–20 min –, in der sich der Proband wie in einem normalen Zustand verhält, keine Amnesie zu erwarten. Dieser Gedächtnisschwund entsteht wahrscheinlich im Zusammenhang mit der *Systemtrennung*, die durch die Annullierung der zweiten Hypnose entsteht. Auch für diese „interhypnotische Amnesie" zeigt sich, daß der Gedächtnisschwund während einer neuen Hypnosesitzung ohne Schwierigkeiten aufgehoben werden kann. Verhaltenswirksame Erwartungshaltungen müssen nicht unbedingt ins Bewußtsein kommen. So fanden Ashford u. Hammer (1978) keinen Beleg für die Annahme, daß ein positiver Zusammenhang zwischen posthypnotischer Amnesie und Erwartung besteht. Erwartungen, etwa wie die eines vorübergehenden Gedächtnisschwundes, können, wenn sie beispielsweise durch eine einfache Behauptung hervorgerufen worden sind, durchaus wirksam sein, obwohl sie erlebnismäßig von dominierenden Suggestionen überdeckt werden. Von daher wäre es vielleicht besser, von impliziten Erwartungshaltungen zu sprechen.

Hypnotische Involvierung

Aus den oben angeführten Erörterungen lassen sich allgemeine Gesichtspunkte ableiten. Hypnose ohne Suggestion ist am ehesten als Hypnose ohne *expliziten Suggestionseinfluß* zu verstehen. Hingewiesen wird damit auf die vielen indirekten oder impliziten

Signale, die auf subtile Art eine bestimmte Gerichtetheit in der angesprochenen Person einleiten und deren Erlebnisse und Verhaltensweisen in einen Kontext stellen.

Es hat wenig Sinn, die expliziten oder impliziten Suggestionswirkungen ins Auge zu fassen, ohne sich näher mit den entsprechenden *Moderatorvariablen* auseinanderzusetzen. Sheehan u. Perry (1976) erwähnen das Interesse an der Rolle *imaginativer Prozesse*, der Erwartungshaltung und Einstellung sowie an (Selbst)täuschungen und Dissoziation. Zu erwähnen sind hier sicherlich auch die vielen anderen Prozesse, die in der Zwischenzeit in den Vordergrund der Forschung gerückt sind: Fokussierung der *Aufmerksamkeit*, zielgerichtete *Reaktionsbereitschaft, Motivation* (einschließlich subtiler kontextabhängiger Aufforderungsmerkmale), *Absorbiertheit und Rollenübernahme*, interagierende Faktoren der Hypnose usw.

Die Frage ist jedoch, inwieweit bei all diesen prozeßorientierten Untersuchungen dem Einfluß verschiedener Suggestionshinweise überhaupt noch Rechnung getragen wird. Schon Binet (1900) erwähnte, daß die Suggestibilität in einem weiteren Sinne zu verstehen sei: die Disposition von Einstellungen, Erwartungen und Imaginationen käme erst ab dem Zeitpunkt zum Tragen, da Suggestion/Suggestibilität festgestellt werde. Field (1979) macht insbesondere auf den Einfluß indirekter Suggestion aufmerksam, der beim Induzieren der Hypnose auf Imaginations- und Entstellungsprozesse ausgeübt wird.

Alle oben erwähnten Prozesse haben etwas mit *hypnotischer Involvierung* zu tun. Beide Akteure bemühen sich, die Fähigkeiten, die eine Umschaltung ermöglichen, Schritt für Schritt zu aktivieren, wobei die Bereitschaft des Probanden natürlich gewährleistet sein sollte. Dies geschieht – auch bei Selbsthypnose – mit Hilfe expliziter und impliziter Suggestionen. Da diese in einem bestimmten Kontext entstehen und letztlich einer definierten Zielsetzung entsprechen, ist es normal, in diesem Zusammenhang von einer zielgerichteten Natur der hypnotischen Reaktionsbereitschaft zu sprechen (Sheehan 1980; Spanos 1986).

Die Behauptung, daß die hypnotische Suggestion zielgerichteten Charakter besitzt, steht keineswegs im Widerspruch zu der Annahme, daß im Prozeß der Involvierung selbst und durch die damit verknüpfte organismische Umschaltung (Schultz 1932) Freiheitsgrade für *unvorhersehbare Erlebnisse* und Verhaltensweisen geschaffen werden. Beim Suggerieren einer Amnesie oder Altersregression werden nur die „Rahmenbedingungen“ vorgegeben, die dann von der hypnotisierten Person sozusagen selbst ausgefüllt werden. Der „Zurückversetzte“ erinnert sich beispielsweise an scheinbar vergessene Sprachen (As 1962; Fromm 1970). Von meinen Patienten, bei denen eine Altersregresion suggeriert wurde, fingen 3 spontan an, eine Sprache zu sprechen, die sie im Kindesalter gesprochen hatten und noch heute einigermaßen beherrschen, aber selten benutzen. Weder verstand der Hypnotiseur diese Sprachen, noch hatte er erwartet, daß seine Patienten diese produzieren würden. Es handelte sich um ein Verhalten, das nicht speziell suggeriert worden war, sondern spontan im Kontext einer suggerierten Altersregression auftrat (Gheorghiu 1973).

Die Tendenz, Akzeptanz für logische Inkongruenz (*Trancelogik* nach Orne 1959) zu zeigen, die – wenn auch nicht unumstritten (s. Spanos 1986) – als typisches Merkmal authentischer Hypnose gilt, gehört ebenfalls in den Zusammenhang unerwarteter Suggestionswirkungen (Orne et al. 1986). Das Wesentliche der hypnotischen Involvierung ergibt sich möglicherweise aus der Erfassung der nicht explizit suggerierten

Reaktionsweisen, die schwer – wenn überhaupt – vorhersehbar sind und demnach auch nur in Grenzen simuliert werden können.

Sowohl-als-auch-Prinzip

Es wird immer schwierig sein, zu erfassen, was sich auf subjektiver Ebene in der hypnotisierten Person abspielt, wie zwingend sie das Bedürfnis empfindet, in einem gewissen Moment ihrer Involviertheit so und nicht anders zu reagieren und was genau sie veranlaßt, ihre Erlebnisse und Reaktionen so und nicht anders zu deuten. Die Technik der Befragung fördert oder blockiert den Zugang zur inneren Welt des Befragten, schafft neue Realitäten oder verzerrt die vorhandenen (s. auch Barber 1969). Das trifft aber nicht weniger auch auf andere Erlebnissituationen zu, etwa auf Empfindungen während eines bestimmten Ereignisses.

Solange der Proband in der Hypnose subjektiv wahrhafte Erlebnisse hat, sind das nicht minder erlebte Wirklichkeiten als die, die unabhängig von einem hypnotischen Kontext auftreten. Die von ihm gewonnenen hypnotischen Erfahrungen können durchaus im Widerspruch zu seinen gewöhnlichen Erfahrungen stehen. Das Besondere besteht darin, daß der Hypnotisierte keinen Anstoß daran nimmt.

Das Faszinierende und Herausfordernde an der Hypnose ist, daß sie die Aufmerksamkeit auf prägnante Widersprüche lenkt. Sie macht deutlich, daß scheinbar einander ausschließende Vorgänge als *„Sowohl-als-auch"-Realitäten* zu bezeichnen sind. Die Hypnose erweist sich als eine eigenartige Konstruktion von bewußter und unbewußter Orientierung, von Unwillentlichkeit und Willentlichkeit, von Aufmerksamkeit und Gelassenheit von aktivem und passivem Verhalten, von Selbstkontrolle und „Einfach-geschehen-Lassen", von adäquatem und verzerrtem Wahrnehmen und Erinnern, von logischen und paralogischen Reaktionsweisen, von vorgespieltem und authentischem Verhalten usw.

Viele Hypnoseforscher neigen dazu, jeweils nur einen der Pole dieser Dimensionen gelten zu lassen, indem sie, je nach theoretischer Ausgangsposition, entweder alles als spontan und unwillkürlich, oder aber alles als vorgetäuschtes Verhalten verstanden haben wollen. Eine Befürwortung des Sowohl-als-auch-Prinzips mutet viel eher als eine opportunistische Betrachtungsweise denn als Anerkennung *dialektischer Sachverhalte* an. Die französische Psychopathologie hat für die Hysterie und ihre Symptome den Begriff „unbewußtes Simulieren" geprägt. Ein Ausdruck, der ein Widerspruch in sich zu sein scheint, letztlich aber ein Versuch ist, das „Sowohl-als-Auch" zu konzeptualisieren. Damit soll zum Ausdruck gebracht werden, daß die hysterische Person zwar durch ihren extremen Egozentrismus und ihre Theatralik zur Simulation neigt, sich jedoch nicht bewußt die auftretenden funktionellen Störungen (Paralysen, Mutismus usw.) zuzieht. Die neodissoziative Theorie Hilgards (1977, 1979), die an den dissoziativen Ansatz Janets anschließt, strebt an, den Mechanismus derartiger „Sowohl-als-auch"-Verhältnisse zu klären. Der Hauptgedanke dieser Theorie ist, daß mentale Prozesse von einer Hierarchie kognitiver Kontrollsysteme reguliert werden und nicht von einzelnen mentalen Mechanismen wie etwa dem Bewußtsein (vgl. Kap. 5).

Die Prämissen für das Zusammentreffen widersprüchlicher Prozesse werden, was die Hypnose anbetrifft, schon in der Ausgangssituation geschaffen. Der Proband oder

Patient läßt sich auf eine Konvention ein: er soll sein Bestes tun, um entsprechend den erteilten Suggestionen einen als Hypnose bezeichneten Zustand zu erreichen. Mit dem Einlassen auf dieses Spiel, das womöglich niemals ganz seinen künstlichen Charakter verliert, ist das paradoxe Verhalten quasi vorprogrammiert. Hinzu kommt, daß entsprechend den Absichten, die vom Hypnotiseur verfolgt werden, der Proband nach induzierter Hypnose angehalten wird, verschiedene Aufgaben zu erfüllen, die z.T. im Widerspruch zu der in dem Indunktionsverfahren enthaltenen Entspannungssuggestion stehen. So stellen die Tests der Skalen für Suggestibilität, die unmittelbar nach einer Induktion gegeben werden, diesbezüglich eine besondere Anforderung dar: der Proband soll entspannt sein, aber gleichzeitig verschiedene Aufgaben erledigen, die eine aktive Beteiligung voraussetzen (Hände ausstrecken, Arm steif halten, Faust bilden usw.). „Sowohl-als-auch"-Prozesse sind normale Geschehnisse, die unser polares Denken oft übersieht. Mit der Hypnose gewinnen sie klarere Züge und lassen sich besser beobachten.

Ein besseres Verständnis der Permanenz und Unabweisbarkeit widersprüchlicher kognitiver Prozesse liefert der strukturalistische Ansatz Piagets (1976) mit seinem Konzept von Akkommodation/Assimilation. Es liegt am Verhältnis von Akkommodation und Assimilation, inwieweit die kognitiven Strukturen des Individuums überwiegend a) durch die Wirklichkeit geprägt werden, beziehungsweise wie die neu gewonnenen Erlebnisse und Erfahrungen sich der Realität anpassen (akkommodieren), oder aber b) ob diese Strukturen überwiegend von Erlebnissen und Erfahrungen, die ihre eigenen Gesetzmäßigkeiten entwickeln, beeinflußt werden und somit mehr und mehr dazu tendieren, das Bild der Wirklichkeit in die subjektive Welt des Individuums zu assimilieren. Bei tiefer Hypnose tritt die letztgenannte Tendenz stärker in Erscheinung. Wie schon erwähnt, wird durch ein gelungenes Hineinversetzen in die übernommene Rolle ein größerer Spielraum für spontane Reaktionen und quasiautonome Verhaltensweisen, d.h. für das Auftreten nicht expliziter Suggestionseffekte geschaffen.

Diese Effekte zu verfolgen, sollte eine der wichtigsten Aufgaben der Hypnoseforschung sein. Das Erscheinungsbild und das Wesen der Hypnose nur aus der Perspektive expliziter Suggestion zu betrachten, wäre eine grobe Vereinfachung.

Hypnotische Suggestibilität und „Wachsuggestibilität"

Die Entwicklung der Suggestionsforschung unabhängig von Hypnose sowie der Hypnoseforschung unabhängig von Suggestionen expliziter Art, begünstigt die Auseinandersetzung mit Fragen zum Thema der Beziehung zwischen Suggestion und Hypnose. In den Arbeiten, die dieser Frage nachgegangen sind, wurden stets gravierende Schwierigkeiten deutlich (Bowers 1983; Hilgard 1973; Hilgard u. Tart 1966; Weitzenhoffer u. Sjoberg 1961).

Als methodisch problematisch erweist sich z.B. der Vergleich zwischen einer Wach- und der hypnotischen Situation, wenn die Probanden als ihre eigene Kontrollgruppe betrachtet werden. In diesem Fall wird die Tendenz bestehen, daß die Probanden ihr Verhalten in der Wachsituation modifizieren, wenn sie wissen, daß dieser eine hypnotische Sitzung folgen wird (Zamansky et al. 1964). Diese Tendenz kann auch dann auftreten, wenn die Person weiß, daß außer ihr noch andere Personen hypnotisiert werden (Hilgard u. Tart 1966).

Bei Experimenten zum Vergleich der Reaktionsbereitschaft zwischen Gruppen mit und ohne hypnotischem Treatment werden den Probanden unterschiedliche Erläuterungen gegeben. So wird in der nichthypnotischen Bedingung den Probanden erklärt, daß man ihnen Tests zur Messung der Reaktionsbereitschaft auf eine Wachsuggestion hin geben wird, daß sie also nicht hypnotisiert werden (Hilgard u. Tart 1966; Weitzenhoffer u. Sjoberg 1961). In der hypnotischen Bedingung wird dagegen ausdrücklich darauf hingewiesen, daß die Probanden hypnotisiert werden und daß eine Reihe von Tests zur Anwendung kommen wird. Es bleibt die Frage offen, ob die erhöhten Suggestibilitätswerte, die im Vergleich zur Wachsituation in der hypnotischen Situation ermittelt wurden, möglicherweise den unterschiedlichen Erläuterungen und damit einer indirekten Suggestion von Erwartungshaltungen zuzuschreiben sind.

Aus Mangel an geeigneten Verfahren zur Erfassung der Wachsuggestibilität werden einerseits isolierte Tests verwendet (etwa der Körperschwankungstest, siehe z.B. Hull 1933) oder aber Suggestionsitems hinzugezogen, die den Skalen der Hypnotisierbarkeit entnommen wurden und die von den Probanden ohne weiteres mit Hypnoseversuchen in Verbindung gebracht werden können. Hilgard u. Tart (1966), die in all ihren Vergleichsgruppen 10 Items der Stanford Susceptibility Scale (Form C) benutzten, sahen sich gezwungen, ihre Probanden in der Wachsituation ausdrücklich auf die Möglichkeit eines hypnotischen Erlebnisses hinzuweisen.

Von daher erweist sich der Vergleich zwischen Wach- und hypnotischer Situation als problematisch, wenn schon in der Wachbedingung die Reaktionsbereitschaft für Suggestion hoch ausfallen kann. Wegen des *Deckeneffekts* ist dann ein möglicher Anstieg nach Induktion der Hypnose nicht mehr erfaßbar. Hinzu kommt, daß bei Probanden, die sich als wenig ansprechbar gegenüber dem hypnotischen Verfahren erweisen, nur schwerlich von einem Vergleich zwischen Wachzustand und Hypnose gesprochen werden kann. Für diese Kategorie von Personen kann die Hypnosesituation quasi als eine normale Situation erlebt werden. Dementsprechend sind auch kaum Änderungen der Reaktionsbereitschaft gegenüber Suggestionen zu erwarten.

Eine der größten Schwierigkeiten besteht jedoch darin, daß beim Vergleich zwischen Suggestion und Hypnose, bzw. Suggestibilität und Hypnotisierbarkeit, der Einschätzung der Reaktionsbereitschaft gegenüber Suggestionen zwei unterschiedliche Funktionen zukommen: zum einen soll der Grad der Hypnotisierbarkeit bestimmt werden – die Hypnotic Susceptibility Scale basiert auf verschiedenen Suggestionstests –, zum anderen sollen die möglichen Unterschiede der Ansprechbarkeit auf Suggestionen abhängig und unabhängig von einem hypnotischen Kontext aufgezeigt werden. Hilgard u. Tart (1966), die sich systematisch mit dem Vergleich zwischen Wachheit, Imagination und hypnotischen Instruktionen auseinandergesetzt haben, sind sich dieser Situation durchaus bewußt.

Erfassung der Wachsuggestibilität

Im Gegensatz zu den Untersuchungen zur hypnotischen Suggestibilität sind die Forschungsbemühungen zur Wachsuggestibilität unterrepräsentiert geblieben, und die wenigen Ergebnisse sind auch kaum bekannt. Im folgenden soll auf einige Aspekte der Wachsuggestibilität hingewiesen werden.

Experimentelle Untersuchungen der Wachsuggestibilität wurden schon im letzten Jahrzehnt des vorigen Jahrhunderts durchgeführt (Binet 1900; Scripture 1893; Seashore 1895; Sidis 1898). Die Pioniere der Suggestionsforschung versuchten, den Nachweis einer „normalen" Suggestibilität zu erbringen. Ihre Ausgangsposition war die, daß Suggestibilitätserscheinungen auch unabhängig von einem hypnotischen Kontext evoziert werden können.

Auch heute noch stellen die am häufigsten angewandten Verfahren zur Erfassung der Suggestibilität zu einem großem Teil Modifikationen und Weiterentwicklungen der damals konzipierten Methoden dar. Allerdings zeigen zahlreiche korrelationsstatistische Untersuchungen, daß sich die Vielzahl der in diesem Bereich aufgebotenen Testverfahren kaum in eine allgemein akzeptierte, empirisch fundierte Klassifikation überführen lassen. Zu unterschiedlich waren die Ergebnisse einzelner Untersuchungen (zusammenfassend: Coffin 1941; Duke 1964; Stukat 1958). Nicht mehr bestätigen ließ sich auch die durch Eysenck u. Furneaux (1945) bekannt gewordene Unterscheidung zwischen einer „primären" und „sekundären" Suggestibilität (direkte motorische Verfahren/indirekte sensorische Verfahren; Benton u. Bandura 1953; Evans 1967; Gheorghiu et al. 1966; Mordey u. Bryan 1965). Die Ansprechbarkeit auf Wachsuggestion wird traditionsgemäß insbesondere im motorischen, sensorischen sowie im Gedächtnisbereich untersucht.

Suggestionsbedingte Beeinflussung der Motorik

Motorische Reaktionen sind durch Suggestionen relativ leicht und deutlich evozierbar (Eysenck 1947; Hull 1933; Stukat 1958). Dies geschieht in empirischen Untersuchungen in der Regel durch direkte Suggestion. Unter diesem Begriff werden solche Formen der Auslösung von Verhalten zusammengefaßt, bei denen die Intention der Beeinflussung nicht verdeckt gehalten wird. Während des Versuchs wird persuasiv vom Versuchsleiter auf die Verhaltensweise hingewiesen, die von dem Probanden erwartet wird. Dieser wird dazu angehalten, sich nur auf die Worte des Versuchsleiters zu konzentrieren und sich von diesen Anweisungen leiten zu lassen.

Untersucht wird, inwieweit durch diese direkte und persuasive Vorgehensweise eine Bewegung *initiiert, modifiziert* oder auch *blockiert* werden kann. Zwischen verschiedenen direkten motorischen Tests, wie Körperschwankung, Armsenken, Händeheben oder Pendelversuch wurden in der Regel positive und signifikante Zusammenhänge gefunden (Eysenck u. Furneaux 1945; Duke 1967; Evans 1967; Gheorghiu u. Walter 1989; Stukat 1958). Sie lassen im Sinne des Aufforderungscharakters der experimentellen Situation (Orne 1962b) auf eine soziale Nachgiebigkeit schließen.

Es gibt aber auch eine *indirekte* Suggestionsweise, die zur Beeinflussung motorischer Abläufe eingesetzt werden kann. Dieser Suggestionsmodus ist nach dem Vorbild der klassischen sensorischen Verfahren konzipiert, bei denen der Suggestionseinfluß hauptsächlich mit apparativen Hilfsmitteln ausgeübt wird. Indirekt bedeutet in diesem Sinne, daß zwischen Versuchsleiter und Versuchperson ein Vehikel, z.B. ein Gerät, geschaltet wird, das neben verbalen Anteilen zu einem der wichtigen Träger des Suggestionsinhalts wird. Die technische Vorrichtung, deren Funktionstüchtigkeit am Anfang des Versuchs vorgeführt wird, erfüllt aber während des eigentlichen Versuchs nur eine *Als-ob*-Funktion, d.h. das Funktionieren des Gerätes wird lediglich vorgetäuscht. Estabrook (1929) und Stukat (1958) konnten nachweisen, daß die Schwingungen beim Chevreulschen Pendel, das bis dahin als klassisches motorisches Suggestionsverfahren direkter Art galt, auch mit Hilfe eines scheinbar in Betrieb gesetzten Elektromagneten (also auf indirektem Wege) auszulösen sind. Wir konnten unsererseits zeigen, daß ein und dieselbe motorische Reaktion (z.B. Körperschwankungen) sowohl durch direkte als auch durch indirekte, auf Erwartungstäuschung aufbauende Suggestionen, induziert werden konnte (Gheorghiu et al. 1966; Gheorghiu 1971). Diese indirekten Suggestionsverfahren, die auf sensorischem Gebiet die Regel sind, bilden im motorischen Bereich jedoch noch die Ausnahme (s. im einzelnen Gheorghiu et al. 1988a).

Sensorische Suggestibilität

Die Verfahren zur Erfassung der Suggestibilität im sensorischen Bereich basieren im wesentlichen auf Modellen, die von Binet (1900) und Seashore (1895) elaboriert wurden. Die in Testbatterien eingesetzten Suggestionsitems dienen in erster Linie der Beeinflussung von Wahrnehmungsurteilen. Als Suggestionsvehikel fungieren dabei insbesondere sukzessive Reize, etwa größer werdende Linien oder Gewichte, die den Probanden dahingehend beeinflussen sollen, daß er auch dann eine Änderung in der Reizsituation wahrgenommen zu haben glaubt, wenn diese Änderung objektiv nicht mehr vorhanden ist (Binet 1900; Eysenck 1947, Stukat 1958). Des weiteren kommen *Reizgeneratoren* zur Anwendung, deren Funktionieren – nach ursprünglicher Demonstration – nur vorgetäuscht wird. Untersucht wird somit die Tendenz des Probanden, Reizdarbietungen aus dem akustischen, visuellen, taktilen und olfaktorischen Bereich als objektiv dargebotene Reize zu betrachten. *Sozial-kognitive* Einflußfaktoren sind weitere Suggestionsvehikel; so etwa die Manipulation von Prestige oder anderen Modellfaktoren (Schmidt et al. 1971; Stukat 1958).

In einer Reihe von Untersuchungen haben wir uns bemüht, eine Skala zu erstellen (Gheorghiu 1976; Gheorghiu et al. 1975). Die 12 Items der Skala beruhen auf experimentellen Methoden, die es ermöglichen, objektive Reizdarbietungen für den taktilen, auditiven und visuellen Bereich vorzutäuschen. Vorgetäuscht werden u.a. Reizverstärkung, eine beidseitige Stimulierung (rechts und links) bei nur einseitiger objektiver Reizvorgabe oder die Verknüpfung zwischen 2 Reizen, von denen objektiv nur einer gegeben wurde.

Für den Fall, daß die Probanden die Reize nicht „wahrnehmen", und um das Auftreten von Zustimmungs- und Gefälligkeitstendenzen in Grenzen zu halten, wird ihnen erklärt, daß es ungewiß sei, ob die angekündigten Stimuli auch tatsächlich gegeben werden. In Wahrheit erfolgt während des eigentlichen Versuchs niemals eine wirkliche Stimulierung. Wie in verschiedenen Untersuchungen, die in der BRD, Rumänien und in Italien durchgeführt wurden, nachgewiesen werden konnte, besitzt die Skala eine akzeptable interne Konsistenz und zeigt eine relative geringe Anfälligkeit gegenüber zeitlichen, räumlichen und Versuchsleitereffekten (DePascalis u. Caddia 1985; Feingold 1982; Gheorghiu u. Reyher 1982; Gheorghiu et al. 1989).

Die sensorische Suggestibilitätsskala zeigt keine durchgängigen Geschlechtsunterschiede, doch konnten Altersunterschiede festgestellt werden: mit zunehmendem Alter nimmt die Reaktionsbereitschaft bei Kindern und Jugendlichen ab. Bedeutsame Korrelationen mit zuvor durch Fragebögen erfaßten Persönlichkeitseigenschaften konnten nicht festgestellt werden. Die sensorische Suggestibilitätsskala kann sowohl als psychodiagnostisches Instrument als auch als Forschungsinstrument zur Untersuchung von Erwartungshaltung, Imagination, Einstellungstendenzen u.ä. verwendet werden (Feingold 1982; Gheorghiu et al. 1989; Netter 1989).

Mnestische Suggestibilität

Zur Beeinflussung von Gedächtnisprozessen wird v.a. die von Binet (1900) eingeführte Technik der Suggestivfragen angewandt. Binet selbst hat anhand dieser Technik einen Test entwickelt, der in verschiedenen Varianten eine breite Verwendung gefunden hat (Stern 1903; Bottenberg u. Wehner 1971; Gudjonsson 1983, 1987a; Zimmermann 1982). Das Verfahren, das hauptsächlich zur Prüfung der Suggestibilität bei Zeugenaussagen eingesetzt wird, ermöglicht die Beeinflussung des Erinnerungsprozesses. Die Probanden werden aufgefordert, sich aufmerksam ein Bild anzusehen und werden anschließend nach Details, die in diesem Bild vorkommen, ausgefragt. Dabei werden ihnen bei einer Reihe von Fragen Antworten suggeriert. Unter anderem kommen disjunktive Fragen zur Anwendung, bei denen beide Alternativen nicht zutreffen. So wird beispielsweise gefragt, ob der Junge, der auf dem Bild zu sehen war, eine Baskenmütze oder eine Pudelmütze trug (in Wirklichkeit war sein Kopf unbedeckt).

Von den heutigen Skalen, die für diese Art der Beeinflussung konzipiert wurden, ist insbesondere Gudjonssons Skala der interrogativen Suggestibilität (GSS) bekannt geworden (Gudjonsson 1983, 1984, 1987b). Anders als in den traditionellen Verfahren wird in dieser Skala anstelle eines Bildes eine Geschichte zum Gegenstand der Beeinflussung durch Suggestion gemacht. Der Proband wird zunächst aufgefordert, sich eine Geschichte anzuhören und muß diese dann so getreu wie möglich wiedergeben. Auf diese Weise kann festgestellt werden, wie gut er die Details rekonstruieren kann. Um die Anfälligkeit für Suggestionshinweise zu erhöhen, wird der Proband eine Zeitlang mit anderen Aufgaben beschäftigt. Erst dann werden die Suggestivfragen – es sind dies 15 von insgesamt 20 Fragen – gestellt. Des weiteren wird versucht, den Probanden dadurch zu verunsichern, daß ihm gleich nachdem er die 20 Fragen beantwortet hat, gesagt wird, daß er dabei eine Reihe von Fehlern gemacht habe. Deswegen sei es erforderlich, die Fragen abermals durchzugehen und dabei zu versuchen, noch genauer zu sein. Es zeigte sich, daß auf diese Weise die Reaktionsbereitschaft gegenüber den Suggestivfragen wächst.

Die *interrogative Suggestibilitätsskala* erweist sich als konsistentes Meßinstrument. Sie kann sowohl in Einzel- als auch in Gruppenversuchen für klinische, forensische oder sonstige Forschungszwecke angewandt werden. Zwischen der GSS und anderen Maßen der Suggestibilität konnte kein signifikanter Korrelationszusammenhang nachgewiesen werden. Es zeigte sich aber, daß diese Form der Suggestibilität mit niedriger Intelligenz, schwachem Gedächtnis, Neurotizismus und sozialer Erwünschtheit signifikant korreliert (Gudjonsson 1983).

Betrachtet man die Entwicklung der Suggestibilitätsforschung insgesamt, so läßt sich feststellen, daß im Vergleich zu den Untersuchungen zur hypnotischen Suggestibilität die Erfassung der Reaktionsbereitschaft gegenüber Suggestionen unter Wachbedingungen viel seltener systematisch erforscht wurde. Von daher weiß man noch viel zu wenig über die Erscheinungsformen der Wachsuggestibilität, geschweige denn über deren psychologische Mechanismen (vgl. Bottenberg u. Wehner 1971; Duke 1964; Eysenck 1960; Gheorghiu 1972, 1982).

Schlußbemerkung

Die Hypnose wird zwar ständig mit Suggestion in Verbindung gebracht, aber wie in vielen anderen Bereichen täuscht das Nebeneinander ein scheinbar selbstverständliches Miteinander vor. Nach wie vor gilt es zu klären, inwieweit bestimmte qualitative und quantitative Suggestionswirkungen, die im hypnotischen Kontext festgestellt wurden, einem spezifischen Einfluß der Hypnose zuzuschreiben sind. Desgleichen ist weiterhin die Frage offen, ob zwischen der sog. Wachsuggestibilität und der Hypnotisierbarkeit ein Zusammenhang besteht. Es mangelt u.a. noch an geeigneten Verfahren, die eine adäquate Erfassung der (Wach)suggestibilität, der nicht explizit suggerierten hypnotischen Verhaltensweisen sowie der hypnotischen Erlebnisse ermöglichen.

Abgrenzung: Hynpose und Suggestion

Um hervorzuheben, daß die Hypnose nur begrenzt etwas mit der Reaktionsbereitschaft gegenüber Suggestionen zu tun hat, wird folgendes angeführt (s. im besonderem Bowers 1983; Hilgard 1973): im Gegensatz zu den direkten Suggestionsverfahren haben die indirekten Suggestionsverfahren nichts mit der Hypnotisierbarkeit gemeinsam (Eysenck u. Furneaux 1945; Stukat 1958). Formen sozialer Beeinflußbarkeit (bezeichnet als Konformität und Leichtgläubigkeit) sind mit der Hypnose nicht korreliert (Moore 1964). Schließlich zeigen die Reaktionen auf Placebos keinen Zusammenhang mit Hypnotisierbarkeit (McGlashan et al. 1969).

Angesichts der Bedeutung, die derartigen Beweisführungen zur Bestimmung des Stellenwerts von Suggestion/Suggestibilität innerhalb der Hypnose zukommt sowie den Schlußfolgerungen, die in diesem Zusammenhang über die Merkmale der Hypnose gezogen werden, scheint es angebracht, diese Forschungsrichtungen systematischer zu verfolgen. Neben Replikationsstudien sind auch neue Untersuchungsstrategien gefordert. Zur Einschätzung der Suggestibilität unter hypnotischen Bedingungen werden noch zu selten Täuschungsverfahren oder andere indirekte Suggestionsmethoden herangezogen. Sollte sich bestätigen, daß der Einfluß derartiger Testverfahren eine viel geringere Wirkung ausübt als die, welche von direkten Suggestionsverfahren ausgeht, gilt es zu klären, auf welche Mechanismen diese unterschiedlichen Wirkungsweisen zurückzuführen sind.

Zwar beschäftigen sich die Hypnoseforscher noch wenig mit Fragen der Suggestion und Suggestibilität, doch wäre es ungerecht, ihren Beitrag zur Entwicklung brauchbarer Paradigmen für den Suggestionsbereich abzustreiten. Hier soll nur an einige der bekanntesten Ansätze erinnert werden, wie Ornes Konzept der Aufforderungsmerkmale (1959, 1962), Hilgards neodissoziative Theorie über vielschichtige kognitive Kontrollsysteme (1977) sowie die Beiträge von Barber (1979), Coe u. Sarbin (1977), Sarbin u. Coe (1972), Sheehan (1980) und Spanos (1986) über die Komplexität des Kontextes, in dem die hypnotische Suggestibilität erfaßt wird.

Empfohlene Literatur

Barber TX (1979) Suggested („hypnotic") behavior: The trance paradigm versus an alternative paradigm. In: Fromm E, Shor RE (Eds) Hypnosis: Developments in research and new perspectives (2nd ed. 217–271). Aldine, New York, NY, pp 217–271

Gheorghiu VA (1989) The Development of research on suggestibility: Critical Consideration. In: Gheorgiu VA, Netter P, Eysenck HJ, Rosenthal R (Eds) Suggestion and Suggestibility, theory and research. Springer, Berlin Heidelberg London New York Paris Tokyo

Netter P (1989) Sensory suggestibility: Measurement, individual differences and relation to placebo and drug effects. In: Gheorghiu VA, Netter P, Eysenck HJ, Rosenthal R (Eds) Suggestion and Suggestibility, theory and research. Springer, Berlin Heidelberg London New York Paris Tokyo

Spanos NP (1986) Hypnotic behavior: A social-psychological interpretation of amnesia, analgesia, and „trance logic". Behavioral and Brain Sciences 9: 449–502

5. Zur Theorie der Hypnose

Dirk Revenstorf

Sehr verschiedenartige Phänomene werden unter dem Begriff Hypnose subsummiert: die Reglosigkeit, die bei bestimmten Tierarten durch einfaches Vorgehen erzeugt werden kann (vgl. Kap. 2), Schmerzfreiheit beim Menschen, Veränderungen auf der Hautoberfläche bei der Suggestion von Brandblasen (s. Kap. 17) oder die Wiederbelebung zurückliegender Erfahrungen (Altersregression; s. Kap. 3). Auch sind autogenes Training, Meditation und andere selbstinduzierte Zustände wie die der Fakire als Hypnose bezeichnet worden (s. Kap. 6). Es fragt sich bei dieser Vielfalt, ob es sinnvoll ist, von einem einheitlichen Phänomen auszugehen, oder ob es sich dabei um unterschiedliche Zustände handelt, die lediglich gemeinsam haben, daß sie sich vom „Normal-"verhalten unterscheiden.

In der Geschichte der Hypnose wurden immer wieder Ansätze formuliert, diese unterschiedlichen Phänomene auf einer einheitlichen Grundlage zu erklären. Viele dieser historischen Vorstellungen mögen naiv anmuten, aber es gibt neuere, interessante Hypothesen, die z.T. experimentell untermauert wurden. Keine von ihnen hat sich als allgemein überlegen durchsetzen können. Sie alle scheinen zu kurz zu greifen, und es bedarf vielleicht einiger grundsätzlicher Überlegungen, warum sich Hypnose dem wissenschaftlichen Denken nicht so leicht fügt. Im folgenden wird solchen Überlegungen nachgegangen, wobei zugleich die wichtigsten Hypothesen zur Hypnose dargestellt werden.

Hypnose als Schattenseite der instrumentellen Vernunft

Hypnose ist in ihren Effekten unabweisbar, zugleich jedoch nicht verläßlich reproduzierbar. Es gibt für den Vorgang der Hypnose überzeugende subjektive Charakteristika (vgl. Kap. 3), bisher jedoch keine eindeutigen physiologischen Korrelate (vgl. Kap. 6 und 7), auch wenn dieses Phänomen in der Praxis so wirksam ist, wie etwa in dem von Sinclair-Gieben beschriebenen Fall eines akuten Asthmaanfalls (1960):

Der Patient lag in schwerer Atemnot unter einem Sauerstoffzelt. Die Gesichtshaut hatte sich deutlich verfärbt, Medikamente brachten keinerlei Linderung. Es bestand die Gefahr, daß der Patient den Anfall nicht überleben würde. Der hinzugerufene Autor induziert innerhalb von 15 Minuten eine Trance und erreicht mit einfachen Verbalsuggestionen wie „Sie werden frei durchatmen können – Ihre Bronchien sind weit und frei – der Schleim löst sich – alles wird frei und weit in Ihrem Brustkorb ...", daß sich der Patient in weniger als 30 Minuten von dem Anfall erholt. Der Arzt kann keine lauten Atemgeräusche mehr feststellen. Der Patient gewinnt die gesunde Gesichtsfarbe zurück.

Bemerkenswert scheint auch der Fall des unilateralen Wegsuggerierens von Warzen (Sinclair-Gieben u. Chalmers 1959):

Bei 10 Patienten, die auf beiden Armen und Händen etwa gleich viele vulgäre Warzen aufwiesen, wurde unter Hypnose die Anweisung gegeben, daß auf dem linken Arm die Warzen abfallen würden, während sie auf dem rechten erhalten blieben. Tatsächlich fielen bei 9 der 10 Personen innerhalb der nächsten 7 Tage die Warzen von dem „experimentellen" Arm ab, wählend sie auf dem „Kontrollarm" weiter bestanden. Nur bei einer Person fand eine unmittelbare Generalisierung auf den anderen Arm statt, was bei den übrigen 9 erst nach 6 Wochen der Fall war.

Ebenfalls überraschend erscheint die Möglichkeit der Überwindung von existentiellen Krisen und biographischen Traumata (vgl. die Beispiele der reaktiven Depression nach Partnerverlust und der nervösen Symptome im Zusammenhang mit einem früheren Kindheitstrauma in Kap. 8). Generell beeindruckend ist auch die hypnotische Schmerzlinderung (vgl. Kap. 19), die z.T. die Wirkung von Morphin übertrifft. Wenn Hypnose von großer praktisch-therapeutischer Relevanz, zugleich aber nur bei einem Teil der Probanden auslösbar ist und in extremer Ausprägung, wie bei der vollständigen Amnesie oder mechanisch ausgeführten posthypnotischen Aufträgen, eher selten auftritt – wenn dieses Phänomen so flüchtig und zugleich so frappierend ist, dann stellt die Hypnose eine besondere Herausforderung an die Experimentalpsychologie und an die Wissenschaftstheorie dar.

Hypnose widerspricht in vieler Hinsicht unserer alltäglichen Lebenswelt, die durch kausale Denkweise und eine erfolgsorientierte Praxis charakterisiert ist. Mit ihrer Hilfe sind offenbar psychosomatische Veränderungen möglich, die medizinisch nicht erklärbar sind. Es können Menschen dazu gebracht werden, Dinge zu tun, die auf den ersten Blick unvernünftig erscheinen. Etwa bei der Produktion von Amnesien, Halluzinationen und der Ausführung unsinniger Anweisungen in der Bühnenhypnose wird dies deutlich oder auch bei problematischen Anweisungen, wie in manchen Laborexperimenten (s. Kap. 10). Die Hypnose stellt daher einen Kontrapunkt zu unserer Vernunftsgläubigkeit dar und ergänzt unser Weltbild in ähnlicher Weise, wie die Persönlichkeit nach C. G. Jungs Auffassung durch ihre Schattenseite ergänzt wird – indem die verleugneten Aspekte gerade auf die Schwächen und auf die Aussparungen in dem zur Schau getragenen Bild hinweisen. Will man diesem Gedanken folgen, so lohnt es sich, die damit gestellte Herausforderung anzunehmen, die sich jedoch nicht nur an die experimentelle Raffinesse richtet. Die Hypnose benimmt sich quasi wie ein Clown in der empirischen Forschung, und indem sie die Wissenschaft narrt, erfordert sie einen erkenntnistheoretischen Standpunkt, der dies berücksichtigt. Dem trägt der Konstruktivismus in besonderer Weise Rechnung (Kruse 1989).

Konstruktivistische Sichtweise

Der radikale Konstruktivismus geht von der Tatsache aus, daß nur ein geringer Teil der Neuronen unseres Nervensystems damit befaßt ist, den Organismus mit Informationen über die Außenwelt zu versorgen: etwa 100000 von 10 Mrd. (Foerster 1985). Der Rest (d.h. mehr als 99,9% der Neuronen) dient internen Regelkreisen. Maturana u. Varela (1987) verglichen unsere alltägliche Umwelterkenntnis mit der Wahrnehmung in einem getauchten U-Boot, um deutlich zu machen, wie wenig unsere Wahrnehmung die Realität abbildet. Aus den Daten der Meßgeräte, die im U-Boot zu Steuerimpulsen verarbeitet werden, entsteht ein rein funktionales Abbild des Untergrundes und der Küstenformation. Dabei handelt es sich um brauchbare Abbildungen, die ein Auflaufen des U-Bootes verhindern, wenngleich sie nicht mit dem Bild vergleichbar sind, das ein Küstenwanderer oder ein Sporttaucher wahrnimmt. Das heißt, im wesentlichen konstruiert der Betrachter sein Bild von der Umwelt anhand relativ weniger Daten und anhand von erworbenen Schemata, die er in sich trägt.

Diese internen Schemata enstehen und entwickeln sich rekursiv zu einem konvergierenden Bild, das wie ein *Eigenwert* im mathematischen Sinne entsteht, wenn man die gleiche Operation immer wieder auf deren Resultat anwendet. So ergibt etwa das Konzept der Quadratwurzel (Schema), die aus einer beliebigen natürlichen Zahl (Umweltinformation) gezogen wird, nach mehrfacher Rekursion immer den Wert 1 (Eigenwert der Operation, analog zur schematisierten Wahrnehmung der Umwelt): z.B. 17,0–4,1–2,0–1,4–1,2–1,1–1,0 ... Die einzelnen Schritte der rekursiven Anwendung entsprechen einer postulierten gestaffelten Filterung von Information durch das Nervensystem. Dieses ist sicherlich eine gewagte Analogie. Jedoch ist im Organismus eine Rekursivität schon allein aufgrund mehrfacher *Schließung* gegeben. Zum Beispiel lösen die afferenten, sensorischen Impulse efferente, motorische Impulse aus, die ihrerseits wieder auf Sensoren innerhalb der Muskeln wirken und zu einer *Reafferenz* führten, die sowohl Anpassung nach außen wie auch Anpassung nach innen (an die Efferenzkopie) bewirken kann (Reafferenzprinzip). Eine andere Art der Schließung besteht zwischen dem Zentralnervensystem und dem endokrinen System, das über die Hypophyse durch zentralnervöse Impulse gesteuert wird; unter den dadurch in die Blutbahn ausgeschütteten Hormonen befinden sich auch Neurotransmitter, die ihrerseits wieder die Nervenleitung im Zentralnervensystem beeinflussen (s. Abb. 5.1). Mit anderen Worten: geringfügige Umweltstimulationen können komplexe interne neuronale Muster auslösen, die wir für unsere Realitätswahrnehmung halten. Solche Überlegungen bilden eine geeignete Grundlage für die Betrachtung der Hypnose, da deren Wirkung häufig in einer umgestellten internen Reizverarbeitung bei unveränderter Stimulussituation liegt. Das zeigt sich etwa bei der Umdeutung eines Symptoms als Ressource („Reframing“), eines Leidens als sinnvoll, eines Schmerzes als erträglich, einer Katalepsie als mühelos, eines Umweltreizes als unwichtig oder bei der entlastenden Rekonstruktion gravierender biographischer Erlebnisse.

Konstruktivismus

Konstruktivismus heißt nicht, daß beliebige Modelle der Umgebung gleich funktional sind. Vielmehr gibt es unter bestimmten Randbedingungen mehrere unterschiedliche Modelle, so wie es neben dem Schlüssel auch einen Dietrich gibt, wobei beide in ihrer Konstruktion mit dem Schloß nicht viel mehr gemeinsam haben, als daß sie es schließen. In der Hypnose „kokreieren“ 2 oder mehrere Personen eine Realität, die subjektiv überzeugend ist, auch wenn sie den alltäglichen Betrachtungsweisen manchmal widerspricht.

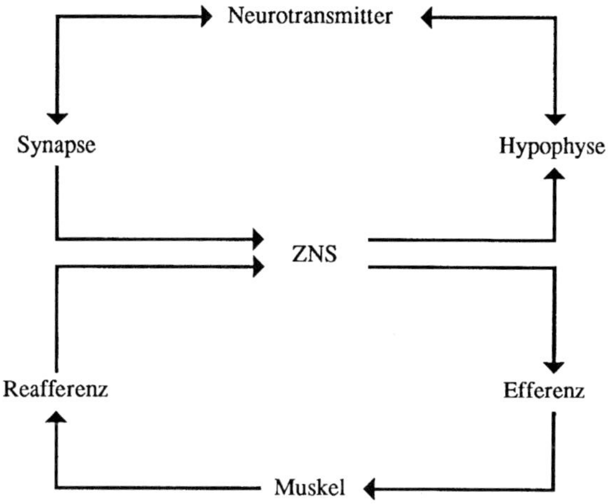

Abb. 5.1. Doppelte Schließung des Informationsflusses im Organismus. (Nach v. Foerster 1985)

Diese Realität erweist sich jedoch häufig in unerwarteter Weise als funktionstüchtig. Es ist, als hätte der Hypnotiseur in dem erwähnten U-Boot die Instrumente ausgewechselt, so daß der Hypnotisand ein anderes Modell von der Umwelt, sich selbst oder seinem Verhalten vorfindet. Dazu ein Beispiel:

Eine 16jährige Tochter tüchtiger Geschäftsleute kaut seit 10 Jahren Nägel. Sie hat schon verschiedenen Therapiebemühungen erfolgreich widerstanden (autogenem Training, Einzeltherapie, Klinikaufenthalt u.ä.). Die Eltern haben sich aus schwierigen wirtschaftlichen Verhältnissen zu einem angesehenen Bürgerdasein hochgearbeitet. Die Tochter verweigerte außerdem auch jeglichen schulischen Erfolg und hat sich fest vorgenommen, alles auf dem 2. Bildungsweg nachzuholen. Zur 1. Sitzung wird die Mutter, die die Tochter „anliefert", nach kurzem gemeinsamen Gespräch wieder verabschiedet und gebeten, die Tochter zu vereinbarter Zeit wieder abzuholen. Nach einer eher weitläufigen Unterhaltung (über Eltern, Schule und Kindheit wird der Klientin in der 2. Sitzung der Vorschlag gemacht, daß sie statt der aus dem autogenen Training gewohnten Wärme und Schwere ganz andere Reaktionen, nämlich Kälte und Leichtigkeit, in der Hand erzeugen kann. Da die Vermutung naheliegt, daß jede autoritäre Suggestion in diesem Fall Reaktanz hervorruft, wird in der Therapie auf die erwünschte Hypnose im klassischen Sinn verzichtet. Das Nägelkauen wird nicht mehr thematisiert. Vielmehr wird in der 3. Sitzung eine Entspannungsinduktion (Fixation, Defokussierung) samt einer Serie von Geschichten angeboten. Sie haben alle mehr oder weniger zum Inhalt, daß Eigensinn eine persönliche und wertvolle Entscheidung ist, daß Wut auf unklare Weise ausgedrückt werden kann, daß Kinder auf Eltern ärgerlich sein können und daß Geschicklichkeit eine interessante Alternative zur Beharrlichkeit ist. In der 4. Sitzung, 3 Wochen später, zeigt die junge Dame listig ihre neu gewachsenen und schon lackierten Fingernägel. Wie kann die Klientin nun von der schwierigen Rechtfertigung dieses Wandels entlastet werden? – Der Einfachheit halber behauptet der Therapeut, es handele sich um einen Höflichkeitserfolg, der nicht von Dauer sein werde. Als nächstes wird ihr daher „befohlen", einen Nagel bis zum nächsten Mal abzubeißen, wenn er eine bestimmte Länge erreicht habe. Das sei nötig, um ihr einen wichtigen Genuß nicht ganz zu nehmen, sondern ihn durch einen besonders großen Happen noch zu steigern. In der letzten Sitzung zeigt die Klientin den gekürzten Nagel des Zeigefingers und beeilt sich, zu erläutern, daß es aber wie von allein geschehen sei, offenbar sei er brüchig gewesen. Die angestrebte Kontrolle der Nagellänge wird hier also unterlaufen, wobei jedoch die unterschiedliche Brüchigkeit sowohl für die Kürzung des Nagels als auch indirekt für das Wachstum der übrigen Nägel als Erklärung möglich wird. Darin kann die genannte Entlastung gesehen werden.

Es stellt sich nun die Frage, wie dieses Auswechseln der Instrumente im U-Boot, wodurch Veränderung möglich wird, gelingt. Auf die zwischermenschliche Situation übertragen sind die Instrumente die Schemata, mit denen eine Person Informationen selegiert, verkürzt, verzerrt oder vereinfacht. Wenn es gelingt, in der Trance solche Schemata zu überschreiten, so handelt es sich vielleicht um einen Zustand, in dem eine Organisationsstruktur, die auf Einhaltung bestimmter Schemata achtet, zurückgedrängt wird. Dieses Oberschema könnte das sein, was für Zeitkonstanz, innere Kohärenz, Konsistenz mit gegebenen Normen und ähnliches sorgt. Es macht das Individuum als Persönlichkeitsstruktur und Interaktionspartner vorhersagbar – was zur zwischenmenschlichen Vertrauensbildung nötig ist –, behindert aber zugleich solche Reaktionsweisen des Individuums, die sich in einer festgefahrenen Situation als heilsam und kreativ erweisen können.

Manchmal gerät dabei die Funktionstüchtigkeit der in der Hypnose ausgetauschten Sichtweise ins Zwielicht: In Kap. 10 werden Experimente beschrieben, in denen hypnotisierte Probanden erfolgreich angeleitet (oder verleitet) werden, scheinbar fremd-oder selbstschädigende Dinge zu tun. Allerdings muß in Rechnung gestellt werden, daß in derartigen Experimenten auf subtile Weise die Gewißheit vermittelt wird, daß das Ganze in einem institutionellen Rahmen stattfindet, der einen Mißbrauch von vorneherein ausschließt. Für die Bühnenhypnose scheint das nicht zu gelten. Hier werden offensichtlich unsinnige Aufträge ausgeführt – jedoch keine, die vorsätzlich körperliche Schäden verursachen. Dagegen sind die Suggestionen in der Schauhypnose eher geeignet, den Probanden lächerlich wirken zu lassen. Hierbei übersieht man gerne, daß der Kontext eine Entlastung mitliefert, da suggeriert wird, der Proband sei für sein Verhalten unter Hypnose nicht verantwortlich. Der seinem Ansehen mutmaßlich zugefügte Schaden kann damit als entschuldigt gelten. Doch auch ein Klient, der in der Therapie plötzlich seine Reaktionsweise radikal ändert, indem er nach jahrelangem Leiden ein Symptom verliert, bedarf einer „Entschuldigung". Sie wird durch die hypnotische Kokreation mit dem Tberapeuten zusammen geliefert, etwa indem dem Klienten die Unfähigkeit sich zu widersetzen suggeriert wird, so daß er der Verantwortung für seine Veränderung enthoben ist. Um zu verhindern, daß diese Veränderung dem Therapeuten zugeschrieben wird, erweist sich eine Quellenamnesie oder eine Neuattribution für den Suggestionsinhalt als nützlich. Aus dieser Situation resultiert einerseits die Schutzbedürftigkeit des Klienten, zum anderen die Verantwortung des Therapeuten.

Hypnose wird also im allgemeinsten Sinn als eine veränderte Informationsverarbeitung zu betrachten sein, die dem Organismus prinzipiell möglich ist, ihm jedoch sowohl durch das Alltagsdenken als auch durch die instrumentelle Vernunft gleichermaßen verwehrt wird. Diese Informationsverarbeitung hat somatische, emotionale, kognitive und soziale Aspekte, die im folgenden jeweils diskutiert werden sollen.

Informationsverarbeitung und Hypnose

Die frühen Praktiker der Hypnose machten ihre Wirkung an externen Kräften fest. Pater Gassner (1774) betrachtete sie als spirituelles Ritual zur Austreibung des Teufels, was seiner Meinung nach mit Hilfe übernatürlicher Kräfte vor sich ging. Mesmer widersprach ihm mit seiner Theorie vom animalischen Magnetismus und charakterisierte die Hypnose als Neuregulation eines *physikalischen Fluidum* (1781). Dieses angeblich das Universum füllende Fluidum sei bei Kranken aus der Ordnung geraten und werde durch die magnetischen Kräfte des Hypnotiseurs wieder harmonisiert. Die im Verlauf der Heilung auftretenden konvulsiven Krisen sind wie bei Gassners Exorzismen deutlich körperliche Vorgänge und deuten auf die somatische Natur des Prozesses hin. Der Hypnotisand macht in beiden Fällen durch auffälliges Verhalten deutlich, daß er in einen Ausnahmezustand übertritt. Dieser Zustand wird durch äußere Einwirkung hervorgerufen. Puységur (1807) und Abbé Faria (1819) verweisen zum ersten Mal auf den psychologischen Aspekt der Tranceinduktion. Auch hier wird ein vom Alltagsverhalten deutlich abweichender, nämlich somnambuler, Zustand eingenommen. Puységur betrachtet nicht das externe Fluidum, sondern die innere Überzeugung und die Willenskraft des Hypnotiseurs als Vehikel der Hypnose. Faria betont die *Konzentrationsfähigkeit* des Probanden als wesentliche Voraussetzung der Tranceinduktion, und der englische Arzt Braid (1843) war der Meinung, daß diese Konzentration auf einen bestimmten Gedanken (Monoideeismus) bei der Fixation eines Gegenstandes oder einer Vorstellung zu einer Überstrapazierung der betroffenen Nerven führe und dadurch ein schlafähnlicher Zustand herbeigeführt werde – daher das Wort Hypnose (Neurohypnologie). Braid entdeckte übrigens auch die Möglichkeit der Autosuggestion, d.h. die Unabhängigkeit des Zustandes vom Hypnotiseur.

Somatische Aspekte

In ähnlicher Weise nahm Pawlow (1927) an, daß die Trance ein *partieller Schlaf* sei, der durch Ermüdung oder überstarke Reize zustande komme, um den Organismus zu schonen. Dies werde durch neuronale Inhibition bewirkt, die wie andere physiologische Reaktionen an neutralen Auslösereizen, etwa den Worten des Hypnotiseurs, konditioniert werden könne. Während diese Autoren Hypnose im Bereich des Normalen ansiedeln, sieht Charcot (1890) die Trance als pathologischen Zustand eines künstlich ausgelösten hysterischen Anfalls an. Dieser komme durch „mechanische“ Überreizung des Nervensystems zustande. Charcot trat bekanntermaßen autoritär auf und benutzte unerwartetes Magnesiumlicht als Schreckreiz (Schreckhypnose) bei seinen Demonstrationen mit vorwiegend hysterischen Patientinnen. Die älteren Hypothesen zur Hypnose gehen entweder von einem agitierten oder sedierten Sonderzustand aus, der durch Manipulation erreicht werden kann und für den Betrachter deudich zu erkennen ist. Damit seien die Voraussetzungen geschaffen, daß sich der Hypnotisand vor sich und den anderen berechtigt fühlt, seinen gewohnten Rahmen zu verlassen.

Neuere hirnphysiologische Untersuchungen deuten eher auf eine veränderte *Lateralisierung* unter Hypnoseeinwirkung hin. Der Metabolismus und die Durchblutung, wie sie mit dem SPE-Computertomogramm (Single-Photon-Emission-CT) gemessen werden, scheinen links (ev. i. S. von Hemmung) stärker zu sein (Walter 1992) und außerdem im rechten Frontallappen (Halama 1989, 1990). Seit den Split-brain-Untersuchungen an Patienten mit durchtrennter Verbindung zwischen den beiden Hemisphären (Balken, Corpus callosum; s. Gazzaniga 1985) ist die Zahl der begrifflichen Dichotomien, die man den beiden Hirnhälften in ihrer unterschiedlichen Arbeitsweise zuschreibt, ständig gewachsen. Folgende Übersicht zeigt eine Zusammenstellung solcher Dichotomien, auch Differenzen genannt, wobei die Zuordnung teilweise spekulativ ist.

Wenn in Trance die rechte Hemisphäre stärker aktiviert ist als sonst, verläßt der Hypnotisand seinen dominanten Denkstil und läßt die räumliche, bildhafte, musikalische, ganzheitliche, intuitive Verarbeitung mehr zur Geltung kommen. Das würde plausibel machen, warum es in diesem Zustand gelingt, gewohnte Denkmuster zu überschreiten. Diese Befunde sollen jedoch nicht den Eindruck erwecken, als würde man die Phänomene der Trance allein auf Unterschiede zwischen den beiden Hemisphären zurückführen können. Es ist sicher viel komplizierter. Beispielsweise fanden DeBenedettis u. Sironi (1986) bei einer Hirnoperation am offenen Schädel, daß der hypnotisierte Patient so lange in Trance blieb, bis durch versenkte Elektroden eine elektrische Stimulation am Hippocampus stattfand. In diesem Moment wachte er schlagartig auf. Dem Hippocampus wird einerseits eine *Schleusenfunktion* zum Langzeitgedächtnis zugeschrieben (vgl. Winson 1986), zugleich ist aus Tierexperimenten bekannt, daß während der REM-Phasen des Schlafes, also im Traum, von dieser Hirnregion eine charakteristische Entladungsfolge ausgeht, und zwar in der Frequenz von 4–8 Hz (θ-Rhythmus). Unter Hypnose ist dieser θ-Rhythmus auch beim Menschen nachgewiesen worden (vgl. Kap. 6). Aus diesen physiologischen Fragmenten ließe sich der Zusammenhang konstruieren, daß unter Hypnose das Langzeitgedächtnis in besonderer Weise zugänglich wird. Während historische Bemühungen zur Erklärung der Hypnose von Verhaltensauffälligkeiten ausgehen, befassen sich neuere Untersuchungen mit möglichen neurophysiologischen Korrelaten einer veränderten Arbeitsweise des Gehirns, die bisher jedoch nur ansatzweise nachgewiesen werden konnte.

Viele der somatischen Erscheinungen der Hypnose finden sich bei anderen Zuständen ebenfalls, so daß bisher keine objektive Unterscheidung von den Wirkungen des autogenen Trainings oder der Meditation gegeben ist.

Unterschiedliche Funktionsweisen, linke und rechte Hirnhälfte
nach Springer u. Deutsch (1987)

Linke Hemisphäre	Rechte Hemisphäre
verbal	visuell
sukzessiv	simultan
linear	parallel
zeitlich	räumlich
digital	analog
logisch	ganzheitlich
analytisch	synthetisch
rational	intuitiv
konvergent	divergent
deduktiv	schöpferisch
logisch	metaphorisch
diskret	kontinuierlich
abstrakt	konkret
realistisch	impulsiv
gerichtet	frei
historisch	zeitlos
objektiv	subjektiv
ausdrücklich	stillschweigend

Emotionale Aspekte

Die Emotionstheorien beschreiben die emotionale Orientierung, wobei Gefühle wie Freude, Ärger, Trauer, Angst oder Ekel als sozial sinnvolle Reaktionen des Organismus mit bestimmten Zielen wie Zuwendung, Abgrenzung, Unterstützung, Schutz oder Vermeidung angesehen werden können (Plutchik 1980; Izard 1977). Das Zustandekommen der Emotion wird unterschiedlich beschrieben. Viele Autoren postulieren jedoch einen unbewußten, d.h. präattentiven Anteil des Prozesses, in dem sowohl die Ausdrucksmotorik ausgelöst als auch Schemata wachgerufen werden, die die gegenwärtige Situation einzuordnen erleichtern. Diese *Schemata* sieht Leventhal (1980) als Erinnerungsbilder an, die ähnliche Erfahrungen darstellen könnten und geeignet sind, die Reaktion des Organismus in ihrer anfänglichen Orientierung zu bestärken und zu spezifizieren. Da Gedächtnisinhalte nicht nur sprachlich, sondern auch nichtsprachlich abgespeichert sind, enthalten diese Schemata szenische Anteile und körperliche Reaktionen. Paivio (1978) hat auf diese Zweiteilung des Gedächtnisses in nonverbale und verbale Repräsentation hingewiesen; dabei wird noch einmal zwischen prozeduralem, episodischem und semantischem Gedächtnis unterschieden (Abb. 5.2, vgl. auch Tulving 1972), Das episodische Gedächtnis enthält alle Erfahrungen, die die eigene Person einbeziehen. Das *semantische* Gedächtnis enthält das Wissen im lexikalischen Sinne, und das *prozedurale* Gedächtnis enthält die körperlichen Reaktionen, die häufig präverbal oder mit Worten nur begrenzt auszudrücken sind (wie etwa das Zubinden eines Schnürsenkels).

Die Emotionsbildung umfaßt also szenische Komponenten (episodisch und prozedural). So löst etwa beim Skifahrer der plötzlich auftauchende Anblick eines Steilhangs evtl. das Gefühl der Angst aus, und zugleich tauchen präattentiv Bilder von Sturzszenen aus der Erfahrung auf. Dabei werden nicht nur bildliche Erinnerungen wachgerufen, sondern zugleich Erinnerungen an motorische Muster des Stürzens oder der Sturzabwehr, ebenso wie andere damit verbundene körperliche Reaktionen (Erregungsmuster, die mit Erhöhung der Herzrate, Adrenalinausschüttung u.ä. verbunden sind). Diese szenische Erinnerung ist für die Entstehung des Gefühls wohl bedeutsamer als die semantische Einordnung, die lauten könnte: „Ein Sturz ist ein unfreiwilliges Hinfallen durch plötzlichen Halteverlust."

Über die Trance als Sonderzustand ist viel diskutiert worden. Wenn man die Position einnimmt, daß Hynose eine Innenwendung der Aufmerksamkeit bewirkt, die auf kognitive und/oder somatische Prozesse gerichtet sein kann, so stellt sich die Frage, unter welchen Bedingungen sie besonders gut gelingt. Barber u. DeMoor (1972) haben die Kooperation des Probanden und die Intensität seiner *Vorstellung* (Imagination) für die wirksamen Variablen gehalten (s. Abb. 5.4). Allein die Vorstellung der Kreisbewegung beim Chevreulschen Pendel setzt sich in entsprechende Muskelinnervationen um. Ebenso löst die Vorstellung von sich füllenden Schläuchen oder geöffneten Rohrventilen eine Erweiterung der Blutgefäße aus (s. Abb. 8.1), oder die Vorstellung einer bestimmten zwischenmenschlichen Auseinandersetzung in der Vergangenheit oder Zukunft führt zur dazugehörigen emotionalen Reaktion. Da Hypnose mit Vorstellungsbildern arbeitet, wenn sie nicht im wesentlichen sogar darauf beruht, sind in diesem Zustand Emotionen besonders leicht zugänglich; desgleichen können die kognitiven Prozesse, die angeregt werden, unter großer affektiver

Beteiligung stattfinden und karthartische Formen annehmen. Auf der anderen Seite wird oft ein distanziertes Erleben in der Trance berichtet, besonders auch der gegenwärtigen Umstände, wie etwa bei körperlichen Schmerzen. Es kann daher gleichermaßen von einer erhöhten Assoziations- und Dissoziationsfähigkeit unter Hypnose gesprochen werden, generell vielleicht von einer größeren Beweglichkeit von Gedächtnisinhalten. Während für das „normale" Erleben in Anlehnung an Ciompi (1982) von Emotions-Kognitions-Einheiten gesprochen werden sollte, sind diese beiden Prozesse für die Betrachtung der Hypnose sinnvollerweise zu trennen. Ein Beispiel für die affektive Abfuhr mit anschließender Distanzierung unter Hypnose gibt der Fall des Kindheittraumas in Kap. 8.

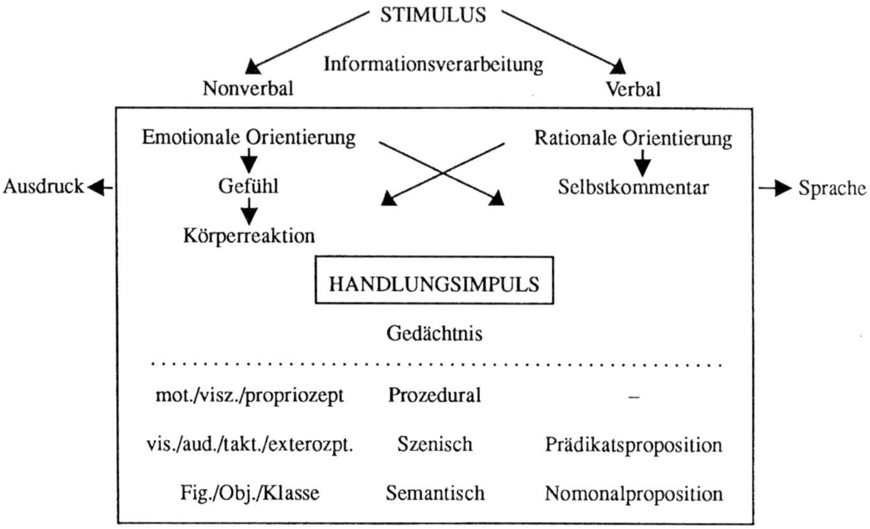

Abb. 5.2. Doppelte Informationsverarbeitung für die emotionale und rationale Orientierung sowie verschiedene Ebenen des Gedächtnisses

Kognitive Aspekte

Hypnotische Phänomene wie Dissoziation und Hypermnesie in der Altersregression (s. Kap. 3), ebenso wie die Techniken des Vorprägens oder „Säens" („priming", „seeding") und der metaphorischen Kommunikation (vgl. Kap. 8), erfordern spezielle Mechanismen der Informationsverarbeitung und eine Theorie des Unbewußten. Das *Unbewußte*, zu dem die Hypnose wie auch der Traum nach landläufiger Auffassung einen Zugang ermöglichen, ist eigentlich durch die Negation dessen definiert, was man Bewußtsein nennt. Dieses Bewußtsein ist kein einfacher Begriff, sondern es gibt, wie Eccles (1980) zu zeigen versucht, mindestens 3 verschiedene Typen davon:

1) das *Bewußtsein* im Sinne von emotionalem Erleben und intelligenten Entscheidungen, wie es niedrige Säuger, Vögel und andere Tiere aufweisen,

2) das *Selbstbewußtsein*, was die Identifikation der eigenen Person im Spiegel oder auf einem Foto ermöglicht, wie es nur höhere Primaten vermögen, und schließlich
3) die *Selbstreflexion*, die nur mit Hilfe der Sprache möglich ist und für den Menschen typisch zu sein scheint.

Diese Selbstreflexion ist nach Jaynes (1985) erst 3000 Jahre alt. Er weist darauf hin, daß in den frühen Schriften, wie der Ilias, die Menschen ihre Gedanken als Stimmen der Götter interpretiert haben. Jaynes nimmt an, daß dies rechtshemisphärische, primitive Verbalisationen waren, die über das Corpus callosum (Balken) in die linke Hemisphäre gelangen und dort in Sprachproduktion umgesetzt, vom Sprecher jedoch nicht als ihm zugehörig erkannt wurden (bikameraler Verstand). Erst durch zunehmende Übung im Schreiben von Texten sei dann der Begriff des Denkens als vorsprachliche eigene Verbalisierung entstanden. Jaynes verweist in diesem Zusammenhang auf Penfields Untersuchungen am offenen Schädel (1958), in denen bei Reizung eines rechtshemisphärischen Areals, dem linkshemisphärisch Wernickes Sprachzentrum entspricht, die Patienten Stimmen hörten, die ihnen fremd waren.

Während Eccles die Auffassung vertritt, daß das selbstreflektorische Bewußtsein mit der linken Hemisphäre und der Sprache verknüpft ist, glaubt Gazzaniga (1985), daß auch die rechte Hemisphäre ein eigenes selbstreflektorisches Bewußtsein hat. Einer seiner Splitbrain-Patienten besaß besondere Sprachfertigkeiten, indem er mit Scrabble-Buchstaben rechtshemisphärisch dargebotene Fragen linkshändig beantworten konnte. Der Patient (P.S.) konnte auf diese Weise Fragen über sich selbst (Berufswahl, Wertschätzung der eigenen Person usw.) rechtshemisphärisch beantworten – wobei zuweilen andere Antworten bei linkshemisphärischer Befragung herauskamen. Interessant an diesen Beobachtungen ist, daß es offenbar mehrere unabhängige Instanzen im Gehirn gibt, die für sich genommen entscheidungsfähig sind. Einige davon mögen unbewußt arbeiten, in dem Sinne, daß wir nicht darauf achten.

Neben der Split-brain-Forschung gibt es umfangreiche Untersuchungen zur *unterschwelligen Wahrnehmung*, die zeigen, daß wir Information aufnehmen, abspeichern und später wieder abrufen können, obwohl die Informationsaufnahme unserer Aufmerksamkeit entgeht – also unbewußt abläuft. Dixon (1981) hat diese Forschung zusammengefaßt, und Feldman (1988) weist auf die zentrale Bedeutung dieser Ergebnisse für die indirekten Methoden hypnotischer Kommunikation hin. Zunächst geht es um die Tatsache, daß wir sehr viel mehr Information aufnehmen, als uns bewußt ist. Das zeigen schon Alltagsbeobachtungen, wie Cherrys Cocktailpartyphänomen (1951): wenn man sich im Gedränge einer Party auf ein bestimmtes Gespräch konzentriert, so vernachlässigt man alle anderen Stimmen im Raum. Fällt jedoch unerwartet der eigene Name in einem entfernten Gespräch, so wechselt die Aufmerksamkeit sofort und man hört dort bewußt zu. Das heißt, es muß vorher ein Suchprozeß präattentiv ablaufen, der nur dann Information ins Licht der Aufmerksamkeit rückt, wenn sie einem wichtig erscheint. Es sind auch immer wieder Träume berichtet worden, die Tagesinformationen enthalten, die der Träumer übersehen hat. So gibt etwa im Traum eine Balkonbrüstung nach, und tatsächlich ist das Geländer am eigenen Hause locker (Faraday 1985). Silverman (1982) hat als erster dieses Phänomen therapeutisch genutzt, indem er seinen Patienten visuell unterschwellige Mitteilungen darbot, die ihre Symptomatik betrafen und – im Gegensatz zur bewußten Mitteilung – später in ihren Träumen wieder auftauchten. Dies geschah jedoch nur, wenn sie auf die Symptomatik gemünzt waren, also subjektiv bedeutsam waren.

In vielen systematischen Experimenten sind sowohl unterschwellige Wahrnehmung, unterschwellige Auslösung konditionierter Reaktionen und *unterschwellige Beeinflussung* willkürlicher Reaktionen überprüft worden. Kaser (1986) konnte zeigen, daß akustisch subliminal dargebotene Suggestionen daraufhin in Zeichnungen wieder auftauchten. Corteen u. Wood (1972) fanden in dichotischen Höraufgaben, daß nicht bewußt wahrgenommene Auslöserworte (zuvor konditionierte Schreckreaktionen) im PGR (psycho-galvanische Reaktion) bewirkten. Dabei mußte der Proband in das eine Ohr eingespielte Texte nachsprechen („shadowing"), während dem anderen Ohr die vorher konditionierten Reizworte eingegeben wurden. Byrne (1959) projizierte das Wort „Beef" 4–6 ms, also nicht bewußt registrierbar, innerhalb eines ablaufenden Films. Die Probanden stuften sich nach der Darbietung als hungriger ein, als Personen einer Kontrollgruppe. Sie wählten bei einem anschließenden Buffet allerdings nicht bevorzugt Rindfleisch, sondern nahmen genauso gerne Hühnchen. Borgeat u. Goulet (1983) fanden dagegen, daß akustisch unterschwellig dargebotene Suggestionen („Sorgfältiger arbeiten") eine direkte Auswirkung auf das Leistungsverhalten der Probanden hatten. Interessant sind in diesem Zusammenhang auch die Untersuchungen zur unterschwelligen Wahrnehmung während einer Vollnarkose im Operationsraum. Bennet et al. (1985) teilten den Patienten während der Operation über Kopfhörer u.a. mit, daß sie sich bei dem Gespräch danach am Ohr zupfen würden, was sie, verglichen mit der Kontrollgruppe, signifikant häufiger taten. Keiner der Patienten erinnerte sich an die Suggestion. Sie erkannten auch Musiktitel wieder, die während der Operation gespielt worden waren. Ähnliche Ergebnisse hatten vorher auch schon Cheek (1966) und Levinson (1967) gefunden (vgl. auch Kap. 19).

In Abb. 5.3 wird in Anlehnung an Feldman (1988) versucht, derartige Befunde in einem Modell der Informationverarbeitung zu vereinen. Entscheidend daran ist, daß aufgenommene Informationen, ohne bewußt zu werden, gespeichert werden können, und daß unbewußt auch selegiert wird, welche Inhalte ins Bewußtsein gelangen. Ferner wirken auf das Langzeitgedächtnis sowohl physiologische Kontrollmechanismen (wie die konditionierte Schreckreaktion zeigt) als auch kognitive Kontrollmechanismen, die man auch als Schemata begreifen kann. Ein Teil dieser Schemata ist durchaus bewußtseinsfähig, wie etwa die irrationalen Ideen von Ellis. Nach Auffassung von Feldman werden indirekte Suggestionen im Sinne von Metaphern, eingestreuten Suggestionen und Vorprägungen ebenso wie unterschwellige Wahrnehmungen direkt im Langzeitspeicher abgelegt, ohne daß sie den Filter des Bewußtseins und des Kurzzeitgedächtnisses passieren, in dem sie durch bestimmte kognitive Kontrollmechanismen zensiert werden könnten. Dem würde Ericksons Primat der *Beiläufigkeit* relevanter Suggestionen Rechnung tragen. Umgekehrt würden negative Halluzinationen dadurch entstehen, daß unbewußt auf den ikonischen oder echoischen Speicher in der gleichen Weise eingewirkt wird, wie bei der unbewußten Selektion in der Aufmerksamkeitssteuerung. Für die Hypnose ist ferner relevant, daß neben den vielen Wegen, auf denen das Verhalten durch das Bewußtsein, das Kurzzeitgedächtnis und das bewußtseinsfähige Langzeitgedächtnis beeinflußt wird, das Unbewußte direkt auf das Verhalten einwirken kann – sowohl im Sinne von automatisierten Handlungen als auch Freudschen Fehlhandlungen oder auch im Sinne von *posthypnotischen Aufträgen*. Während für die bewußte Informationsverarbeitung ein einkanaliger Modus angenommen wird, sind sich viele Kognitionstheoretiker darüber einig, daß für die unbewußte Verarbeitung eine simultane, mehrkanalige Verarbeitung möglich ist. Das bedeutet, daß bei Doppelinduktionen oder bei analoger (z.B. stimmlicher) Markierung digitaler (verbaler) Informationen und anderen Gelegenheiten, bei denen mehr als eine Information auf einmal angeboten wird, unbewußt tatsächlich auch das aufgenommen wird, was der bewußten Aufmerksamkeit entgeht.

Die vielen eingestreuten Suggestionen von Unabhängigkeit, Beweglichkeit, die Dissoziation von Körperempfindungen und die Levitation der Hand wie auch die Metapher vom fliegenden Teppich in der Hypnose-Behandlung einer Agoraphobie enthielten Hinweise, daß sich die Klientin (von zu Hause) fortbewegen kann. Ohne daß sie eine der Suggestionen bewußt wahrgenommen hat, beginnt sie in der nächsten Woche problemlos alleine Auto zu fahren, was sie seit Jahren nicht mehr getan hat.

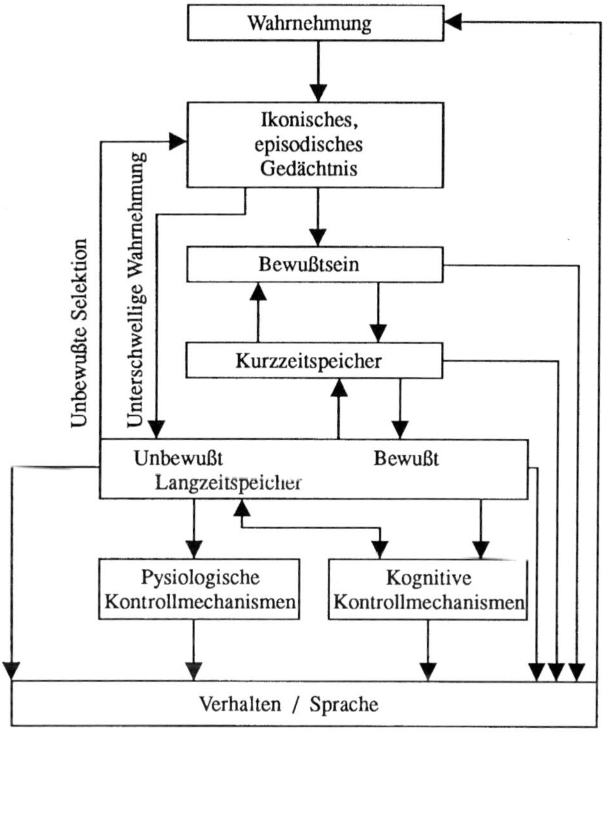

Abb. 5.3. Unbewußter und bewußter Informationsfluß. (Nach Feldman 1982)

Soziale Aspekte

Es gibt eine zentrale Diskussion über die Hypnose, die darin besteht, daß eine Seite behauptet, Trance sei ein *Sonderzustand*, so wie der Schlaf oder das Koma Sonderzustände darstellen, ebenso wie die Wirkung, die von Drogen hervorgerufen werden kann (altered state of consciousness (ASC); Ludwig 1966). Diese veränderte psychische Funktionsweise kann sich motorisch, in der Wahrnehmung, in der Physiologie oder in der subjektiven Erfahrung ausdrücken. Im Sinne von Tart (1975) wird unter einem ASC ein diskretes und stabiles Muster des Erlebens und Verhaltens verstanden. Diese Kriterien scheint die Trance zu erfüllen, indem sie subjektiv als unterschiedlich vom Wachbewußtsein erlebt wird und zu Wahrnehmungsphänomenen und motorischen Handlungen führt, die sich deutlich vom Alltagsverhalten abheben und wiederholt herstellbar sind, zumindest bei derselben Person. Diese Auffassung wird von Autoren wie Erickson, Hilgard, Orne, Fromm und Shor vertreten. Die Gegenseite argumentiert, daß es sich beim Tranceverhalten um Erscheinungen handelt, die lediglich durch geeignete *Instruktionen* und *Kontextvariablen* bestimmt sind; Autoren wie Barber, Spanos und Sarbin vertreten diesen Standpunkt. Das intrapsychische Erklärungsmodell hierzu ist von Barber u. DeMoor (1972) formuliert worden und nimmt 2 Mediatorvariablen an, die durch die Hypnose gefördert werden, nämlich einmal die *Kooperation* mit dem Therapeuten und zweitens die *Involviertheit* in die suggerierten Vorstellungen. Der erste Faktor hängt von der Aufgabenmotivation der Person ab, der zweite von ihrer Absorptionsfähigkeit. Diese beiden Mediatorvariablen werden durch eine Reihe von Charakteristika der Induktion gefördert, die ganz links in Abb. 5.4 stehen. Barber et al. haben in einer Vielzahl von Experimenten zu zeigen versucht, daß man die typisch hypnotischen Effekte wie Katalepsie, negative und positive Halluzinationen, Analgesie und Amnesie durch bloße Instruktionen ohne Hypnoseinduktion erzeugen kann. Er versucht damit zu belegen, daß die Induktion ein überflüssiges Ritual ist – leugnet aber nicht, daß sie wirksam ist und daß die damit erzeugten Verhaltensweisen echt sind.

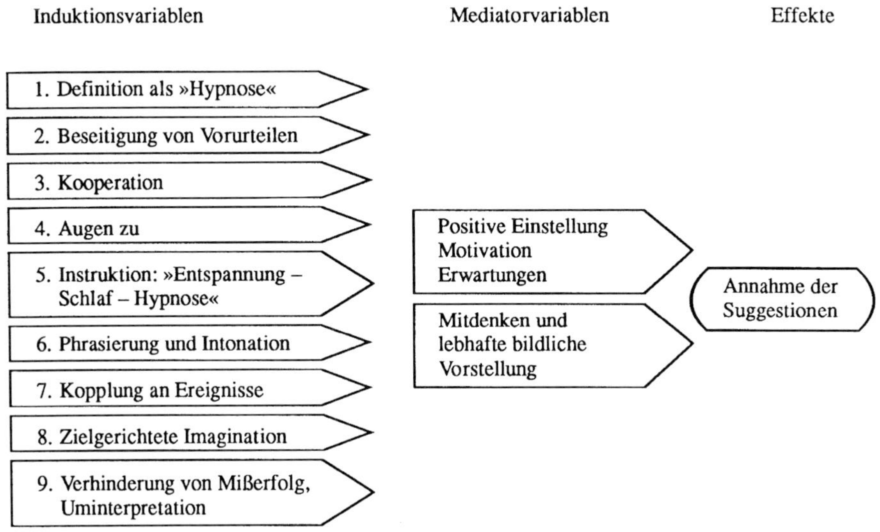

Abb. 5.4. Induktionsvariablen und Meditatoren der Kooperation und Absorption. (Nach Barber und DeMoor 1972)

Spanos (1986) hat insbesondere die sozialpsychologischen Determinanten des hypnotischen Verhaltens betont und argumentiert, daß der Proband im wesentlichen dem Auffordungscharakter der Situation folgt, insbesondere dem sozialen Druck, der vom

Therapeuten, vom Bühnenhypnotiseur oder dem Experimentator ausgeht. Demnach fehlt den hypnotischen Reaktionsweisen das Moment der Unwillkürlichkeit, was von den Vertretern der ASC-Auffassung behauptet wird.

Bowers (1989) berichtet hierzu ein interessantes Experiment. Wenn ein Proband 2 Aufgaben zugleich erledigen soll, beeinträchtigt das i. allg. seine Leistung. Die beiden Aufgaben waren die Schmerzbewältigung im Eiswassertest und ein Wortschatztest, der zugleich bearbeitet werden sollte. In ihrer Wirkung wurden Streßimmunisierung (Meichenbaum 1977) und hypnotische Analgesie als Schmerzbewältigung verglichen. Beide sind in dieser Hinsicht gleich wirksam. Aber bei gleichzeitigem Wortschatztest sinkt die Leistung unter der Streßimpfung um etwa 40%, und dies bei hoch- und niedrigsuggestiblen Personen gleichermaßen. Unter hypnotischer Analgesie dagegen sinkt die Leistung bei den Schwachsuggestiblen, während sie bei den Hochsuggestiblen ansteigt. Das deutet darauf hin, daß unter hypnotischer Analgesie offenbar eine andersartige Verarbeitung stattfindet als unter willkürlicher kognitiven Anstrengung.

Interessant ist auch der mehrfach berichtete Befund, daß unter hypnotischer Analgesie die Herzfrequenz steigt und zwar bei denen, die eine tiefe Trance eingehen (hochsuggestibel sind). Das heißt, schwachsuggestible Personen, die den Schmerz offenbar kognitiv bewältigen, benutzen einen anderen Mechanismus als hochsuggestible Personen, die den Schmerz als Trancephänomen analgetisch bewältigen. Auch Ornes Befunde zum Vergleich von Personen, die den Trancezustand simulieren sollten (in einer Qualität, daß der Versuchsleiter ihre Simulation nicht erkennt) mit solchen, die tatsächlich in Trance waren (Hochsuggestiblen), zeigen bei den Halluzinationen ein unterschiedliches Verhalten. Die Simulanten gehen auf einen weghalluzinierten Stuhl zu und rennen gegen ihn, während die hypnotisierten Probanden einen Bogen um den Stuhl machen und es später mit anderen Gründen zu erklären versuchen (vgl. Kap. 3).

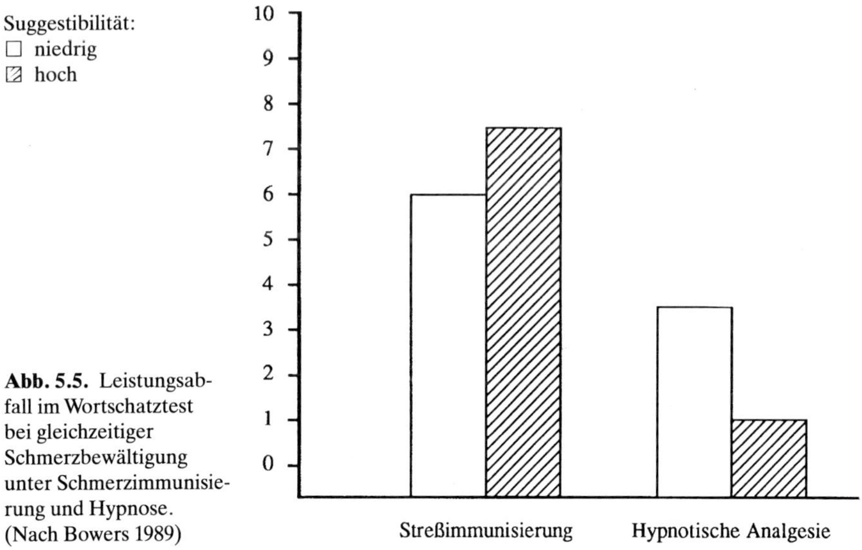

Abb. 5.5. Leistungsabfall im Wortschatztest bei gleichzeitiger Schmerzbewältigung unter Schmerzimmunisierung und Hypnose. (Nach Bowers 1989)

Rollen-Involvierung

Sarbin u. Coe ([2]1972) sowie Sarbin u. Slagle (1979) versuchen, hypnotische Phänomene, insbesondere auch physiologische Erscheinungen, als Rollenverhalten und damit als willkürlich zu definieren. Sie beschreiben, daß Menschen sehr unterschiedliche Involviertheit in einer Rolle aufweisen können und unterscheiden hier 7 Stufen:

Stufe 0: Unbeteiligtheit.
Stufe 1: Alltägliche, beiläufige Rolleneinnahme (mühelose Routine, wie bei der Begrüßung eines Kollegen).
Stufe 2: Mechanische Ausführung eines Verhaltens (alltägliches Auftreten als Vorgesetzter).
Stufe 3: Engagierte Durchführung, wie bei einem guten Schauspieler, mit deutlichen stimmlichen und körperlichen Effekten wie Schweiß oder Tränen.
Stufe 4: Tiefe Trance, in der Form des Somnambulismus, in der die meisten Trancephänomene evozierbar sind (Analgesie, Katalepsie, Amnesie, Halluzinationen).
Stufe 5: Hysterisches Verhalten mit Erscheinungen des Ausagierens und körperlichen Konversionen (z.B. Lähmungen).
Stufe 6: Exstatisches Verhalten, wo willkürliche Einflußnahme scheinbar ausgeschaltet ist, wie es sich in mystischen Zuständen und manchen religiösen Besessenheiten zeigt (z.B. Exorzismus).
Stufe 7: Zusammenbruch der normalen Regulationsmechanismen, z.B. im Voodootod.

Eine Rolle ist der sozial determinierte Anteil unseres Verhaltens. Jedes Individuum nimmt in seinem Leben viele Rollen ein, etwa als Vorgesetzte, Ehefrau, Mutter, Geliebte und Freundin, die jeweils anderes, zum Teil durchaus widersprüchliches Verhalten beinhalten. Daß der Mensch hier zu einer extremen Variabilität fähig ist, muß nicht betont werden, insbesondere wenn man an politische Umstände denkt, die das Verhalten sehr nachhaltig und tiefgründig verändern können (Krieg, Frieden, Diktatur, Demokratie u.ä.). Hypnotisches Verhalten kann auf den Stufen 3–5 der von Sarbin vorgezeichneten Skala angesiedelt werden, je nach Trancetiefe. Sarbins Vorschlag will nahelegen, daß das, was andere Autoren geneigt sind, einen Sonderzustand (ASC) zu nennen, lediglich an einem Extrem eines Kontinuums angesiedelt ist. Er beantwortet aber nicht die Frage, wie man diesen Pol des Kontinuums erreicht. Offenbar ist es so, daß die *generelle Realitätsorientierung* zum ASC-Pol hin mehr und mehr aufgegeben werden kann. Aber was sind die Variablen, die eine derartige Motivation, eine derartige Absorption in den Vorgang fördern? Sicher ist die Fokussierung, die Einengung der Wahrnehmung, hierfür ein plausibler Kandidat. Und diese ist ja tatsächlich eine der Standardtechniken zur Tranceinduktion, wie in Kap. 8 beschrieben wird.

Neodissoziationstheorie

Mit Modellvorstellungen, wie sie Abb. 5.3 zeigt, kann der Informationsfluß unter Umgehung des Bewußtseins beschrieben werden. Es bleibt jedoch erklärungsbedürftig, wieso es durch Hypnose gelingt, manche eingrenzenden Denk- und Verhaltensmuster zu überwinden, während dies in der rationalen Argumentation nicht möglich ist. So könnte verständlich werden, warum viele Therapeuten Wert auf die Amnesie der bearbeiteten Inhalte legen und Erklärung oder Einsicht nicht für einen notwendigen Bestandteil wirksamer Psychotherapie halten (Zeig 1985). Hilgard (1977) hat sich in seiner Neodissoziationstheorie mit diesen Problemen auseinandergesetzt. Er knüpft damit bei Janet(1904) an, der Dissoziationen – als Abspaltung pathogener Inhalte – für einen abnormen Vorgang hielt („desaggregation"). Hilgard dagegen hält die Dissoziation für ein normales kognitives Phänomen. Eine Form der Dissoziation, nämlich die kognitiver Inhalte, ist die Amnesie, die etwas mit Verdrängung zu tun hat. Suggeriert man beispielsweise unter Hypnose, die Hälfte aller gelernten Worte einer Liste zu vergessen, so fallen hauptsächlich die emotional belasteten unter die Amnesie. Aber warum gelingt ein solches Dissoziationsphänomen, ähnlich wie die Abspaltung körperlicher Empfindungen beim Schmerz, unter Hypnose besser als im Wachbewußtsein? Wieso gelingt – wenn auch nur vorübergehend – die Integration multipler Persönlichkeiten leichter unter Hypnose? Hilgard nimmt dazu eine Hierarchie der psychosomatischen Kontrollmechanismen an und postuliert eine höchste Instanz *(Exekutivkontrolle)*, die das Zusammenwirken der einzelnen Kontrollmechanismen regelt und so Konsistenz, aber auch Übereinstinunung mit gewissen Kontextnormen garantiert und letztendlich so etwas wie eine Identität der Persönlichkeit ermöglicht. Unter Hypnose wird nach seiner Auffassung diese oberste Kontrollinstanz zurückgedrängt und die einzelnen Mechanismen können größere Autonomie entfalten. Hilgard hat das getrennte Nebeneinanderbestehen unterschiedlicher autonomer Instanzen durch seinen „heimlichen Beobachter" („hidden observer") bei Schmerzexperimenten nachzuweisen versucht. Durch ein verabredetes Zeichen (Hand auf die Schulter legen) wird während der Hypnose ein Schmerzbericht von einer suggerierten Instanz abgerufen, die die Empfindung in gewohnter Stärke wahrnimmt. Dadurch war es Hilgard möglich, neben dem verdeckten Bericht einer hypnotischen Analgesie die volle subjektive Schmerzstärke, etwa beim Eiswassertest, zu ermitteln.

Spanos et al. (1988) konnten zeigen, daß der „heimliche Beobachter" nicht den wahren Schmerzbericht, sondern einen beliebigen abgibt, indem sie beispielsweise die Person in Trance genau entgegengesetzt instruierten: der geheime Beobachter solle eine Schmerzlinderung angeben, während der hypnotische Bericht die tatsächliche Schmerzstärke beschreiben möge. Zamansky u. Bartis (1985) variierten das Dissoziationsdesign für eine optische Halluzination: den Personen wurde in Trance auf einem großen Blatt Papier die Zahl 18 dargeboten und zugleich suggeriert, sie würden ein weißes Blatt Papier wahrnehmen.

Bei den 10 von 36 Studenten, denen diese negative Halluzination gelang, wurde in der Hälfte der Fälle in der 2. Sitzung suggeriert, sie hätten einen geheimen Beobachter, der die wahre Zahl erinnern würde; der anderen Hälfte der Personen wurde suggeriert, der geheime Beobachter würde die Zahlen umkehren. Die Probanden handelten wie instruiert. Mag sein, daß der geheime Beobachter tatsächlich ein Artefakt der Instruktion ist – er scheint ohnehin nicht allzu relevant zu sein, da er nur bei hochsuggestiblen Probanden, und auch dort wiederum nur bei einem geringen Teil, auftritt.

Ungeachtet dessen, wie überzeugend solche Experimente sein mögen, scheint die Annahme einer hierarchischen Struktur von in sich relativ autonomen Kontrollinstanzen innerhalb des kognitiven Systems, aber auch des organischen Systems, durchaus sinnvoll. Immerhin ist bekannt, daß sowohl das autonome Nervensystem als auch das

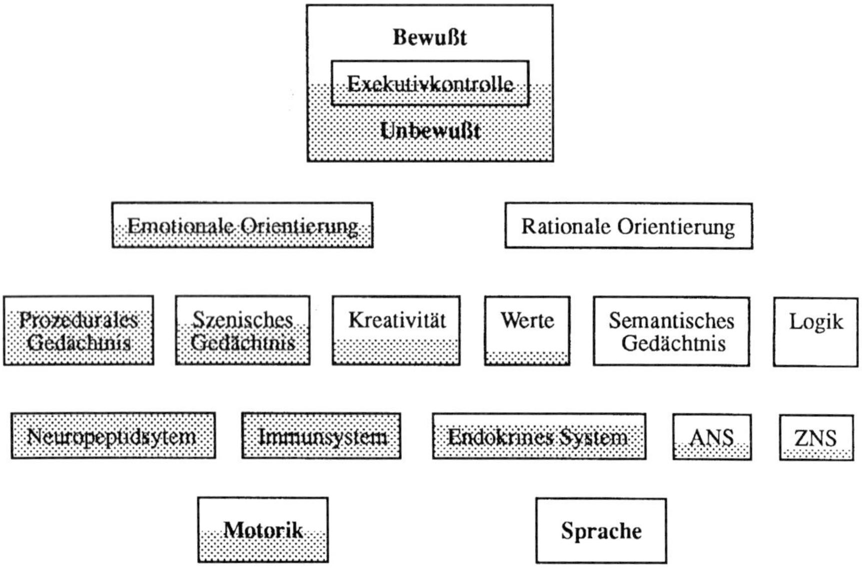

Abb. 5.6. Hierarchisches System partiell autonomer Kontrollmechanismen

endokrine System und das Immunsystem eine relative Autonomie aufweisen, obwohl sie koordiniert agieren und aufeinander einwirken. Auch im kognitiven Bereich ist das Phänomen bekannt, daß nebeneinander disparate Einstellungen und Werthaltungen existieren können, sozusagen Biedermann und Brandstifter, Lebensretter und Lebensvernichter; daß diese jedoch möglichst separat gehalten werden. Derartige Beispiele sind zur Genüge bekannt; Abb. 5.6 veranschaulicht diese Idee. Dort werden einige solcher Kontrollmechanismen genannt, etwa die emotionale und die rationale Orientierung, das prozedurale, episodische und semantische Gedächtnis, die Mechanismen der Kreativität, die Werthaltungen und die Instrumente der Logik; auf Organebene das Neuropeptidsystem, das endokrine System, das autonome Nervensystem und das zentrale Nervensystem. Von diesen Subsystemen beeinflußt ist die motorische Peripherie, die uns als Verhalten entgegentritt, im Sinne von Bewegungen und sprachlicher Reaktion. Nach Hilgards Auffassung gibt es eine Exekutivkontrolle, die ganz oben in der Hierarchie angesiedelt ist und – sei sie bewußt oder unbewußt – unter Hypnose ihren Einfluß zurücknimmt. Unter dieser Bedingung sind dann evtl. prozedurale Programme wieder ansprechbar, die nach organischem Hirnschaden bewußt nicht zugänglich waren, z.B. Bewegungsprogramme bei Behinderungen (Görtz 1990). Oder es sind Details aus früher erlebten Episoden wieder zugänglich, sind kreative Lösungen möglich, sind autonome Reaktionen beeinflußbar (Pulsrate, Blutdruck) und evtl. sogar endokrine Reaktionen und das Immunsystem (Produktion von Enkephalinen, Veränderung der Beweglichkeit der weißen Blutkörperchen usw., S. Kap. 7). Daß die Schmerzbewältigung ein solch autonomer Regulationsmechanismus ist, steht außer Frage. Es läßt sich nachweisen, daß die hypnotische Analgesie weder mit Angstreduktion noch durch Entspannungsreaktionen, weder durch Placeboeffekte noch durch die Empfänglichkeit für Analgetika, noch durch kognitive Bewältigungsmechanismen erklärbar ist (Hilgard u. Hilgard ^{3}1983; vgl. auch Revenstorf 1986).

Das Konzept der hierarchischen Regulationssysteme würde im Gegensatz zum Kontinuum der Involviertheit (s. Übersicht S. 98) einen diskreten Sprung in der Bewußtseinsveränderung favorisieren, der eben dadurch gekennzeichnet ist, daß die Exekutivkontrolle unterlaufen werden kann. In diesem Zustand sind dann die einzelnen Regulationsmechanismen in einer Weise zugänglich und ansprechbar, wie das im Normalbewußtsein nicht möglich erscheint. Die damit verbundene Minderung der generellen Realitätskontrolle könnte durch Fokussierung oder auch durch Konfusion gefördert werden (s. Kap. 8).

Hypnose und Selbstorganisationsprozesse

Allerdings wenden Kruse u. Gheorghiu (1989) ein, daß durch die Exekutivkontrolle wiederum ein Homunkulus eingeführt wird, der seinerseits in irgendeiner Form gesteuert sein müßte, so daß man mit diesem Denkmodell auf einen unendlichen Regreß stößt. An Stelle dessen schlagen sie vor, hier einen Selbstorganisationsprozeß anzunehmen, wie er von vielen Autoren für sehr unterschiedliche biologische, physikalische und chemische Systeme gefunden wurde (Haken 1984; Prigogine u. Stengers 1986). Diese Betrachtungsweise setzt nicht auf die systematische Ordnung streng gegliederter Subsysteme, sondern auf das Phänomen, daß sich unabhängige Partikel unter bestimmten Randbedingungen zu neuen Formen organisieren, die ein Moment der Unvorhersagbarkeit enthalten und einen Zustand fern vom energetischen Gleichgewicht darstellen.

Als besonders anschauliches Beispiel seien hier die häufig zitierten Bénard-Zellen erwähnt (ausführlichs s. Nicolis u. Prigogine 1987). Eine zwischen 2 Platten befindliche Flüssigkeitsschicht wird von unten erwärmt. Das System strebt eine Gleichverteilung der Energie (hier Temperatur) an und kann das bis zu einem gewissen Grad mit Hilfe der Brown'schen Molekularbewegung bewerkstelligen. Wird die Temperaturdifferenz zwischen Ober- und Unterseite der Flüssigkeit zu groß, dann entsteht spontan eine Wirbelstruktur, die makroskopisch Bienenwaben ähnelt.

Diese lokalen Wirbei entstehen aufgrund einer Wechselwirkung von Auftrieb und Schwerkraft, die hier nicht betrachtet werden muß. Bemerkenswert daran ist jedoch: die Struktur ist so organisiert, daß benachbarte Wirbei abwechselnd rechts und links herum drehen. Für welche Drehrichtung der erste Wirbel „sich entscheidet", ist zufällig. Der Rest organisiert sich entsprechend. Durch die Veränderung des kritischen Parameters (Temperaturdifferenz) entsteht eine Art Engpaß, der durch eine neue Lösung überwunden wird, die jedoch einen unerwarteten Zugewinn an Freiheitsgraden mit sich bringt (Bifurkation der abhängigen Variablen, nämlich der Strömungsgeschwindigkeit in einen links und einen rechts drehenden Ast). Obwohl ein solcher Prozeß eine instabile Lösung darstellt, bewegen sich ihre Parameter (hier Strömungsgeschwindigkeit und Richtung) in einem bestimmten Bereich – einem Attraktor, der im Gleichgewichtsfall zu einem Punkt schrumpfen würde, einem über die Zeit konstanten Wert.

Derartige Selbstorganisationsprozesse haben einige interessante Eigenschaften. Sie stellen einen *gleichgewichtsfernen* Zustand dar: die Wirbelbildung in dem genannten Beispiel bringt stark unterschiedliche Strömungsgeschwindigkeiten innerhalb des Mediums mit sich. Die Lösung ist in gewissem Sinne chaotisch: ob ein bestimmter Teil rechts- oder linksherum dreht, ist nicht *vorhersagbar.* Das resultierende Muster erweckt den Anschein einer übergeordneten Kommunikation, die die Lösung dem gesamten Medium mitteilt, so daß über makroskopische Distanzen nach einheitlicher

Regel gehandelt wird und einheitliche Muster entstehen. Eine solche Entwicklung ist auch nicht reversibel, so daß das System sozusagen eine *Biographie* hat. Es handelt sich um einen Prozeß, der nicht homöostatisch im engeren Sinne ist, indem der Status quo beibehalten wird, sondern es wird eine neue Lösung zum Ausgleich der Umweltrestriktion (hier Temperaturdifferenz) gefunden, die eine Homöostase auf höherer Ebene darstellt – so wie ein Streit unter Ehepartnern den Frieden durchbricht, aber zwischen ihnen Distanz, Kontakt oder die Kontrollbilanz aufrechtzuerhalten geeignet ist. Schließlich kommt der ganze Prozeß dadurch zustande, daß von außen eine Energiezufuhr stattfindet – das System ist nicht abgeschlossen. Systeme mit solchen Eigenschaften nennt Prigogine dissipativ – im Gegensatz zu konservativen Systemen, wie sie beispielsweise in der Mechanik von Newton beschrieben werden.

Piagets ([2]1976) Äquilibration von Assimilation und Akkommodation beschreibt ganz ähnliche Prozesse für die kognitive Entwicklung des Kindes. Die sich entwickelnden sensumotorischen, figürlichen oder begrifflichen Schemata rekonstruieren die Umwelt jeweils nach der bisherigen Erfahrung mit vergleichbaren Situationen *(Assimilation)*, bis Situationen auftauchen, die zur bisherigen Erfahrung eine zu große Diskrepanz aufweisen und eine so deutliche Restriktion darstellen, daß eine Anpassung des Schemas erforderlich wird, um den Organismus funktionstüchtiger zu machen *(Akkommodation)*. Die Assimilation entspricht einer homöostatischen Reaktion des Systems im engeren Sinn, die Akkommodation einer Selbstorganisation für eine neue Lösung.

Wie eine solche Neuorganisation zustandekommt, darüber ist in Einzelfällen aus der Physik, Chemie oder Biologie einiges bekannt. Für das menschliche Verhalten können diese Beispiele nur als Metaphern gelten. Gemeinsam scheint ihnen zu sein, daß es einerseits ein Moment der *Fluktuation* gibt (z.B. eine sprunghafte Umweltveränderung, eine Mutation in der Biologie), aus der sich dann andererseits eine neue Ordnung selbst organisiert. Welche Rolle im Rahmen der psychischen Neuorganisation die Hypnose spielen könnte, kann man bisher nur vermuten. Wenn das Symptom zunächst eine Lösung darstellt, die im Sinne der Selbstorganisation oder Akkommodation entstanden ist, so ist es nur deshalb behandlungsbedürftig, weil sich die Umweltbedingungen oder die Entwicklung des Individuums so weit geändert haben, daß die Funktion des Symptoms für das Individuum oder die Mitmenschen gering geworden ist. Die Entscheidung zur Therapie kann also als Selbstorganisationsschritt des Systems verstanden werden. Oftmals stellt bereits dieser Schritt – auch ohne Verhaltensänderung – für den Klienten eine akzeptable Lösung dar, was dem Therapeuten gar nicht bewußt werden muß. Dennoch muß man davon ausgehen, daß eine Verhaltensänderung zumindest von einem Teil des Systems angestrebt wird, ohne daß die Lösung dazu, d.h. die Art, wie vorhandene Schemata überwunden werden könnten, schon vorliegt.

In vielen Fällen ist mit Hilfe der Hypnose möglich, was mit Argumentation, Vorsatz oder Übung nicht gelingt – etwa für die Agoraphobiker, wieder Auto zu fahren, für den Nägelbeißer, die Nägel wachsen zu lassen, für den Raucher, auf Zigaretten zu verzichten, für den Allergiker, die überschießende Immunreaktion zu unterlassen u.ä. Um in dem beschriebenen Denkmodell zu bleiben, wird dabei ein gewohntes Schema verlassen und eine neue Lösung angestrebt, die aber nicht vorgeschrieben, sondern vom Klienten auf kreative Weise selbst gefunden wird. Die hypnotische Induktion könnte dabei die Funktion haben, eine kognitive Fluktuation herbeizuführen, die den Selbstorganisationsprozeß anstößt, indem sie beispielsweise unerwartete Effekte in der Wahrnehmung des betroffenen Individuums hervorruft. Konfusionstechniken sind geeignet, eine solche Fluktuation in der Wahrnehmung unmittelbar zu erzeugen. Auch die Fokussierungstechniken bewirken durch die resultierenden Phänomene wie Levitation, Katalepsie, Schmerzfreiheit oder Zeitverzerrung den gleichen Effekt. Die Fluktuation bezüglich vorhandener Schemata besteht dabei einfach in ihrer beiläufigen Überschreitung. Diese gelingt jedoch nur, wenn der Rahmen es gestattet. Der hypnotische Rahmen ist hierfür in besonderer Weise geeignet, da er suggeriert, daß die Verantwortung für die auftretenden Phänomene vom Klienten nicht unmittelbar übernommen werden muß.

Als Beispiel für die beiläufige Überschreitung eines Schemas, das durch eine soziale Rolle mitgetragen wird, könnten die gewachsenen Nägel in dem Fallbeispiel am Anfang des Kapitels sein. Der Therapeut vermeidet es, von der Klientin zu fordern, was sie erwartet und bittet statt dessen weiterzukauen, aber einen Nagel so lang wachsen zu lassen, daß sich das Kauen wirklich lohnt. Das Schema vom Protest gegen die Autorität paßt nicht und sie läßt einen Nagel wachsen. Da von Hypnose nicht geredet wird und die Trance so instruiert wird, daß sie ganz anders ist als die bisherigen Erfahrungen mit dem autogenen Training, kann sie angenommen werden. Den gewachsenen Nagel beißt sie allerdings nicht wie gewünscht ab, sondern berichtet, er sei zufällig abgebrochen – wohl wegen Kalkmangels – eine unvorhergesehene Selbstregulation, um sowohl zu gehorchen als auch nicht zu gehorchen.

Schlußbemerkung

Kann man von einer überzeugenden Theorie der Hypnose sprechen? Bisher nicht. Vielmehr gibt es sehr viele unterschiedliche Gedanken, die versuchen, das Verhalten unter Hypnose erklärbar zu machen. Sie wurden im Vorangehenden ansatzweise zusammengetragen. Auch wenn unterschiedliche Standpunkte in ihnen zur Geltung kommen, scheinen sie doch nicht unbedingt widersprüchlich zu sein. Wenn die Erfahrung grundsätzlich eine stark konstruktive Komponente enthält, dann sind Einflüsse wie sozialer Druck der Situation, Aufforderungscharakter der Aufgabe, eingenommene Rolle sowie Induktionsvariablen, die eine Fokussierung oder Konfusion bewirken, und schließlich ein guter Rapport, der das Vertrauen und die Motivation des Klienten fördert, geeignet, das zurückzudrängen, was man als Realitätsorientierung gern aufrechterhält, nämlich eine weitgestreute, nach außen gerichtete Aufmerksamkeit, die für interne Reize ebenso wie für Vorstellungen weniger sensibel ist. Das heißt, die beiden Mediatorvariablen Absorption und Kooperation in Abb. 5.4 ersetzen die generelle Realitätsorientierung unter geeigneten Induktionsbedingungen. Die Absorption führt dabei zu einer Steigerung der Innenwahrnehmung und zunehmender Prägnanz der Imagination; die Kooperation ermöglicht die Aufgabe einer generellen Konsistenz, in Sinne der Exekutivkontrolle und händigt diese Funktion gewissermaßen dem Therapeuten oder Hypnotiseur aus. Als letztes Glied in der Kette kommt man aber nicht um die Annahme herum, daß es psychosomatische Regulationsmechanismen gibt, die in ihren Möglichkeiten weit über das hinausgehen, was unser Wachbewußtsein, unser Alltagsverstand zuläßt. Aufgrund der genannten Bedingungen sind jedoch die gelernten Begrenzungen, wie Erickson sagen würde, im Trancezustand weniger bedeutungsvoll, so daß diese Erweiterung der Schemata oder Veränderungen der physiologischen Parameter möglich sind. Über die physiologischen Mechanismen, die dabei eine Rolle spielen, ist bisher nur wenig bekannt (vgl. Kap. 6 und 7).

Von vielen Autoren ist betont worden, daß die Hypnose eine besondere Art der Beziehung zwischen Patient und Therapeut zwischen Hypnotisand und Hypnotiseur impliziert. Dies ist einerseits an problematischen Fällen deudich geworden (vgl. Mayers „Verbrechen unter Hypnose" 1937), zum anderen jedoch v.a. für die therapeutische Beziehung diskutiert worden. Analytiker würden in der hypnotischen Situation eine starke Übertragungskomponente sehen. Der Klient benutzt kognitive Prozesse, die psychodynamisch als Primärprozeß eingeordnet werden können (sie sind alogisch, bildhaft und affektbetont), und gleichzeitig stellt er zum Therapeuten eine Nähe her, die das Vertrauen rechtfertigt, das in der Überantwortung der generellen Realitätskontrolle liegt. Das heißt, der Hypnotherapeut muß darauf vorbereitet sein, daß er eine überraschend vertraute Beziehung zwischen sich und dem Patienten vorfindet und er muß die Verantwortung übernehmen, den Klienten mit geeigneten Maßnahmen zu schützen. Dieser Schutz besteht einerseits in der Diskretion, zum anderen in Vorkehrungen, eine ungeeignete Konfrontation mit den bearbeiteten Inhalten zum falschen Zeitpunkt zu vermeiden. Daher die Empfehlung der Amnesie oder die Verwendung von posthypnotischen Suggestionen, die den Klienten in eine therapeutisch vertretbare und für ihn selbst leicht attribuierbare Situationen bringen. Dem entspricht, daß weder die Inspektion der Psyche noch die Klassifikation der Funde im Vordergrund steht, sondern die behutsame Aufdeckung und Überwindung von unproduktiven Verhaltenstendenzen und Sichtweisen – Eingriffe, die manchmal dem Bewußtsein absichtlich entzogen werden, damit sie sich ungestört entwickeln können.

Empfohlene Literatur

Barber, TX (1984) Changing the unchangeable bodily processes by hypnotic suggestions and the mind body problem. Advanes, 1, 7–40

Erickson MH (1980j) The collected papers of Milton H. Erickson on hypnosis, vols I–IV. Edited by Rossi E. Irvington, Philadelphia

Fromm E, Shor R (1979) Hypnosis. Developments in Research and New Perspectives. Aldine, New York

Hilgard ER (1977) Divided Consciousness: Multiple controls in human thought and action. Wiley & Sons, New York NY

Spanos NP (1986) Hypnotic behavior: A social-psychological interpretation of amnesia, analgesia, and trance logic. Behav Brain Sci 9:449–502

Weitzenhoffer AM (1989) The practice of Hypnotism. Vol 1 and 2. Wiley, New York

Zeig KJ, Lankton SR (eds) (1988) Developing Ericksonian Therapy. Brunner/Mazel, New York NY

6. Hirnelektrische Grundlagen der Hypnose

WOLFGANG LARBIG und WOLFGANG MILTNER

James Braid war vermutlich der erste Hypnoseforscher, der 1843 mit dem griechischen Wort ‚hypnos' – dies bedeutet Schlaf – das Phänomen des Trancezustandes als Hypnose definierte. Mit dieser Begriffsbildung postulierte Braid interne Ursachen für die Hypnose, im Gegensatz zu Mesmer, der mit seiner mystischen Theorie des animalischen Magnetismus externe, spekulative magnetische Kräfte für die Hypnose annahm. Mit diesem neu geschaffenen Begriff der Hypnose als einer Form des Schlafes verdeutlichte Braid, daß dieses Phänomen zwar eine peripher-physiologische, beobachtbare Verhaltensreaktion, im wesentlichen jedoch eine zentralnervös gesteuerte Bewußtseinsänderung darstellt. Braid regte mit seinen Spekulationen zur Hypnose somit wissenschaftliche Fragen und die Suche nach physiologischen Ursachen sowie charakteristischen Begleitreaktionen dieses Zustandes an.

Der französische Neurologe Charcot entwickelte spekulative theoretische Überlegungen zur Natur hypnotischer Bewußtseinsveränderungen während des Trancezustandes. Er studierte die Hypnose v.a. in Beziehung zur Hysterie und beschrieb diese als pathologische Erscheinungsform der Hypnose.

Durch Charcot angeregt, setzte sich Freud mit dessen Auffassung über die Hypnose als sog. kollektivem hysterischem Psychismus auseinander. Hysterische Phänomene wie Blindheit, Krampfanfälle, Lähmungen, Halluzinationen oder Astasie-Abasie wurden als rudimentäre Ausprägungen eines „Bewußtseins" („condition seconde") interpretiert, die als ein „hysterisches Dauersymptom" in das „normale Bewußtsein hineinragen". Diese Tendenz zur Dissoziation des Bewußtseins in einen wachen und in einen abnormen „hypnoiden" Bewußtseinszustand wurde als psychopathologisches Grundphänomen der hysterischen Neurose und damit auch des hypnotischen Mechanismus angesehen. Diese klinisch beobachtbare Spaltung des Bewußtseins wurde in der Therapie der Hysterie benutzt, indem der hypnoide zweite Bewußtseinszustand aus therapeutischen Gründen hervorgerufen wurde, um danach, angeregt durch den Therapeuten oder spontan, hysterische Symptome und gleichzeitig pathogene traumatische Erinnerungen provozieren zu können. Die Erinnerung dieser ursprünglich zum Symptom führenden traumatischen Ereignisse unter Hypnose bewirkte nach zahlreichen Fallbeschreibungen Freuds die sogenannte kathartische Abreaktion und leitete den Heilungsprozeß ein (Freud 1895).

Freud grenzte sich jedoch mit seiner Auffassung von der traditionellen Definition der Hypnose als eine Art Schlafzustand („Partialschlaf"; Pawlow 1940) deutlich ab, indem er formulierte: „Die Hypnose ist aber keineswegs ein Schlaf wie unser nächtliches Schlafen oder wie der künstlich durch Schlafmittel erzeugte Schlaf. Es treten Veränderungen in ihr auf, und es zeigen sich seelische Leistungen bei ihr erhalten, die dem normalen Schlafe fehlen" (Freud 1942, S. 305).

Freuds Auffassung, daß Hypnose weder ein Schlafäquivalent, noch einen schlafähnlichen oder spezifischen Trancezustand darstellt, der verschieden von anderen Wachzuständen ist, entspricht den heutigen theoretischen Überlegungen zur Hypnose. Ebenso ist die von Charcot und Freud entwickelte und dann v.a. von Hilgard u. Hilgard (1983) aufgegriffene klassische Dissoziationshypothese (das gleichzeitige Auftreten von zwei wachen Bewußtseinszuständen in Hypnose, die aufgrund verschiedener Aufmerksamkeitsleistungen durch eine unterschiedliche Wahrnehmungsbreite für externe und interne Reize gekennzeichnet sind) ein allgemein akzeptiertes psychophysiologisches Vorstellungsmodell der Hypnose.

Aufgrund zahlreicher Verhaltensbeobachtungen kann der Ablauf des Hypnoseprozesses reliabel auf der subjektiv-psychologischen sowie auf der verhaltensmäßigen Ebene (s. Kap. 3) beschrieben werden. Allerdings sind die physiologischen Mechanismen der Hypnose bis heute unklar, obwohl die Hypnose eine der am besten untersuchten psychologischen Behandlungstechniken darstellt. Trotz der extensiven Erforschung der Prozesse, die für Hypnoseeffekte verantwortlich sind, hat sich somit bisher die Hoffnung nicht erfüllt, spezielle für den Hypnoseablauf charakteristische physiologische Reaktionsmuster nachzuweisen. Es wurden in vielen experimentellen Untersuchungen zur Hypnose im Vergleich zu unterschiedlichen Kontrollbedingungen signifikante physiologische Änderungen sowohl peripher als auch zentral gemessen. Alle diese Reaktionsänderungen sind jedoch für den Hypnoseprozeß unspezifisch, da sie meist Ausdruck einer generellen Desaktivierung sind und beispielsweise auch bei der Meditation und anderen imaginativen Entspannungsverfahren gefunden werden. In anderen Hypnosestudien wiederum wurden physiologische Veränderungen im Sinne einer verstärkten Aktivierung – beispielsweise die Desynchronisation im Spontan-EEG – beschrieben.

Im folgenden werden anhand der Darstellung einiger experimentalpsychologischer Untersuchungen über den Zusammenhang zwischen hirnphysiologischen Aktivitätsmustern (EEG, ereigniskorrelierte Potentiale) und Hypnose die z.T. sehr inkonsistenten und widersprüchlichen Befunde diskutiert. Zusätzlich werden eigene empirische Daten aus Felduntersuchungen und Laborexperimenten über hirnphysiologische Korrelate bei tranceartigen Bewußtseinsänderungen beschrieben.

EEG und Hypnose

Die ersten EEG-Untersuchungen zur Hypnose hatten zum Ziel festzustellen, ob die hirnelektrische Aktivität während des hypnotischen Zustandes dem EEG von Schlafstadien oder dem EEG des Wachzustandes entspricht.

Bereits die Ergebnisse einer Reihe früher EEG-Studien zur Hypnose machen – entgegen der traditionellen Auffassung von Hypnose als eine Form des Schlafes – deutlich, daß sich das Spontan-EEG hypnotisierter Personen nicht vom EEG wacher Personen unterscheidet (Dynes 1947; Ford u. Yeager 1948; Crasilneck u. Hall 1959). Mezan et al. (1964) fanden selbst aufgrund von Langzeitableitungen während der Hypnose über mehrere Stunden keine typischen EEG-Schlafmuster.

In späteren Untersuchungen stand dann nicht nur die Frage des Unterschiedes zwischen Schlaf, Wachzustand und Hypnose im Vordergrund (Johnson 1970; Engstrom 1976), sondern es wurde v.a. der Frage nachgegangen, ob dem Grad der Hypnotisierbarkeit eine charakteristische EEG-Aktivität zugeordnet werden kann.

Ulett et al. (1972) fanden bei 10 besonders gut hypnotisierbaren Probanden mit hohen Suggestibilitätswerten (hoher Score der Barber Suggestibility Scale) aus einer Stichprobe von insgesamt 44 Probanden während der Hypnoseinduktion im Vergleich zum Ruhe-EEG vor der Hypnose eine Abnahme der Intensität des δ-Frequenzbandes (0,5–3,5 Hz). Zugleich fanden sie eine Zunahme der Intensität der α-Aktivität (7,5–13 Hz), des β-Bandes (13–20 Hz) sowie ein Ansteigen schnellerer Frequenzbereiche um 40 Hz. Außerdem wurde ein Anstieg der durchschnittlichen absoluten Amplitude sowie ein Abfallen der Amplitudenvariabilität gefunden. Diese Ergebnisse konnten auch bei den schlecht hypnotisierbaren Probanden beobachtet werden; allerdings waren sie nur für die Hochsuggestiblen während der Tranceinduktion signifikant. Besonders deutlich wurden die Befunde in tiefer Hypnose im Vergleich zu Probanden, die diesen Zustand nicht erreichten. Nach Ulett et al. zeigten sich ausgeprägte Anstiege der α-Aktivität in ähnlich tiefen Entspannungszuständen beim autogenen Training, Yoga und bei der Zenmeditiation.

Ähnliche Befunde über eine Zunahme der α-Aktivität, v.a. über okzipitalen Hirnabschnitten, berichteten Nowlis u. Rhead (1968) und London et al. (1968). Auch DeBenedettis u. Sironi (1985) konnten in Übereinstimmung mit den Daten von Ulett et al. (1972) in einer anekdotischen Studie bei 3 Epileptikern mit dauerhaft implantierten zerebralen Tiefenelektroden im hypnotischen Trancezustand einen Abfall der langsamen EEG-Aktivität sowie einen signifikanten Anstieg der (Frequenz und Amplitude) α- und der β-Aktivität (14–16 Hz) über frontalen und temporalen Hirnregionen nachweisen.

Gegenteilige Ergebnisse wurden von Evans (1979) berichtet, der bei hypnotisierten Personen sogar eine Abnahme der α-Dichte während der Hypnose im Vergleich zur Baselinebedingung fand. Hingegen wiesen Kontrollpersonen signifikant mehr α-Aktivität auf. Galbraith et al. (1972) fanden eher niederfrequente (5–8 Hz) Aktivitäten als mögliche EEG-Prädiktoren für gute Hypnotisierbarkeit über dem okzipitalen Kortex.

Mészáros u. Bányai (1978) führten aufgrund der Kritik an den methodischen Schwächen früherer Untersuchungen eine experimentell gut kontrollierte Studie durch, in der sie sowohl im entspannten Wachzustand als auch in Hypnose keine Unterschiede im EEG fanden – weder bei den Hochsuggestiblen (durchschnittliche α-Frequenz von 10,8 im Wach- und 10,8 Hz im Hypnosezustand) noch bei niedrigsuggestiblen Probanden (10,5 im Wach- und 10,7 Hz im Hypnosezustand). Die durchschnittliche α-Amplitude lag für beide Gruppen im Bereich von 40–55 μV. Desgleichen ergaben sich keine Unterschiede bezüglich der α-Aktivität zwischen der rechten und der linken Hemisphäre sowie keine charakteristischen Veränderungen physiologischer Parameter (EMG, GSR) im Wach- und Hypnosezustand. Allerdings konnten trendartige Korrelationen zwischen der Dauer der Alphaaktivität bei den Hochsuggestiblen (im Vergleich zu den Niedrigsuggestiblen) sowohl im Wach- als auch im hypnotischen Zustand angegeben werden.

Eine direkte Bestätigung positiver Befunde über eine deutliche Beziehung zwischen Hypnotisierbarkeit und erhöhter α-Aktivität lieferten Engstrom et al. (1970). Sie gingen der Frage nach, ob erfolgreiches Biofeedbacktraining der α-Aktivität die Hypnotisierbarkeit erhöhen könne. Im Verlauf des α-Feedbacktrainings über einen Zeitraum von zwei Wochen erzielten sowohl die Probanden der Experimentalgruppe als auch der Kontrollgruppe (die „falsches Feedback“ erhielten, d.h. kein eigenes, sondern Feedback von einem anderen Probanden) signifikante Anstiege hinsichtlich der α- Dauer, desgleichen hinsichtlich des Grades der Hypnotisierbarkeit. Die Experimentalgruppe profitierte jedoch signifikant mehr von dem Training im Vergleich zur Kontrollgruppe. Travis et al. (1973) hingegen stellten in einer Untersuchung fest, daß Hypnoseverfahren in Kombination mit der Verwendung von α-Biofeedback keine Anstiege der α-Aktivität verursachten. Die Autoren begründen ihre gegenteiligen Ergebnisse u. a. mit der unterschiedlichen Elektrodenplazierung (okzipitale Ableitungen), während Engstrom et al. (1970) beim Feedback frontale Ableitungen verwendeten. In späteren Experimenten, u. a. von Edmonston u. Grotevant (1975), Crosson et al. (1977), Bauer u. McCanne (1980) und Dumas (1980), ließ sich ebenfalls kein Zusammenhang zwischen α-Dichte und hypnotischem Zustand sowie Hypnotisierbarkeit feststellen. Auch gelang es mit Hilfe von α-Biofeedback nicht, die α-Aktivität über das Baselineniveau anzuheben, um durch eine verbesserte Biofeedbackperformanz die hypnotische Selbstkontrollfähigkeit zu erhöhen.

In einer aufwendigen Langzeituntersuchung von Barabasz (1980) wurden die Auswirkungen einer extrem reizarmen Umgebung (antarktische Isolation) auf Hypnotisierbarkeit und α-Aktivität überprüft. Hintergrund dieser Experimente waren Überlegungen, daß eine erfolgreiche Hypnose über eine durch fokussierte Aufmerksamkeit vermittelte Einschränkung des sensorischen Inputs erleichtert oder erst ermöglicht wird. Diese Reduktion sensorischer Erfahrung wird verschiedenen anthropologischen Berichten zufolge unter sensorischen und perzeptuellen Deprivationsbedingungen begünstigt und gilt als optimale Bedingung für die Hypnose. Bei den Probanden handelte es sich um 9 Techniker und Ingenieure, die während des Experiments in der Antarktis 10 Monate überwinterten, jedoch nicht vom eigentlichen Zweck der Studie unterrichtet wurden. Die Hypnotisierbarkeitswerte, EEG-Daten und Hautleitfähigkeitswerte wurden 8 Wochen nach Ankunft sowie 10 Monate danach aufgezeichnet. Zur Kontrolle der Arousalreaktion, die einen hemmenden Einfluß auf die α-Aktivität hat, wurden die EEG-Daten, die mit erhöhten elektrodermalen Reaktionen zusammenfielen, nicht in die Auswertung miteinbezogen. Die Ergebnisse zeigten hinsichtlich Hypnotisierbarkeit und α-Aktivität nach dem Überwintern signifikante Anstiege, zudem signifikante Korrelationen zwischen der Hypnotisierbarkeit und dem aroussal-korrigierten prozentualen α-Anteil. In einer späteren Replikationsstudie konnte Barabasz (1982) diese Befunde bestätigen. Die Probanden wurden 6 h in einer Isolationszelle untersucht. In 15minütigen Abständen wurden über 1 min EEG- und Hautleitfähigkeitsmessungen sowie Schmerzschwellen- und Schmerztoleranzmessungen mittels elektrischer Reize durchgeführt. Die α-Aktivität stieg im Verlauf des Versuchs im Vergleich zur Kontrollgruppe signifikant an, ebenso kam es zum signifikanten Anstieg der Hypnotisierbarkeitswerte und Schmerztoleranz, die bei einer Follow-up-Untersuchung 14 Tage nach dem Experiment noch erhöht waren.

In anderen EEG-Studien zur Hypnose wurde ein möglicher korrelativer Zusammenhang zwischen erhöhter θ-Aktivität und Hypnose nachgewiesen. Erste Hinweise für das Auftreten von θ-Mustern bei einem Probanden in Hypnose bei gleichzeitig aufrechterhaltener Kommunikation lieferten Chertok u. Kramarz (1959). In einer interessanten Arbeit von Tebecis et al. (1975) zeigten 33 Probanden der Experimentalgruppe mit hohen Suggestibilitätswerten (im Vergleich zur Kontrollgruppe mit niedrigen Suggestibilitätswerten, bei der unspezifische Imaginationen durchgeführt wurden), daß es am Anfang und am Schluß der 20 Minuten dauernden Hypnose zu einem signifikanten Anstieg der langsamen Wellen des ϑ-Bandes (2–9 Hz) um 25% kam (20% bei der Kontrollgruppe), bei gleichzeitiger Abnahme der α- und θ-Aktivität. Es wurden zwar Anweisungen gegeben, nicht einzuschlafen, allerdings wurde bei den Probanden der Experimentalgruppe versäumt, mögliches intermittierend aufgetretenes Schlafverhalten präzise zu kontrollieren, so daß nicht auszuschließen ist, daß die deutlichen Synchronisationsmuster im Spontan-EEG Ausdruck von Schlafstadium 1 oder 2 waren.

In Arbeiten von Akpinar et al. (1971) wurde eine positive Korrelation zwischen erhöhter θ-Aktivität und hypnotischer Suggestibilität demonstriert. Auch Raikov (1983) fand in einer Hypnosestudie mit einer sehr kleinen Stichprobe bei einem Probanden während der suggerierten Altersregression hochamplitudige θ- und δ-Wellen über parietalen und zentralen Regionen. Bei einem zweiten Probanden kam es zum Auftreten von θ-Wellen im Bereich von 2–3 Hz mit Amplituden bis zu 60 μV. Am ausgeprägtesten zeigte sich diese elektrische Aktivität über parietalen und zentralen Regionen der linken Hemisphäre.

MacLeod-Morgan (1979) knüpfte an die früheren Arbeiten zur Untersuchung der θ-Aktivität an. Mit dieser Studie sollte unter anderem geklärt werden, ob der Anteil der θ-Aktivität mit dem Grad der Suggestibilität korreliert, ob hypnoseerfahrene Personen mehr θ aufweisen als unerfahrene, und ob hochsuggestible Probanden rechtshemisphärisch höhere EEG-Aktivitäten aufweisen als niedrigsuggestible Personen. Die Auswertung der Daten ergab eine signifikante Korrelation bei geöffneten Augen zwischen θ-Aktivität und Ausmaß der Hypnotisierbarkeit, sowohl in der Baseline- als auch in der Experimentalphase. Dieses Ergebnis legt die Überlegung nahe, daß ein Biofeedbacktraining zur Erhöhung der θ-Aktivität eine Erhöhung der Hypnotisierbarkeit zur Folge haben könnte. Hinsichtlich der Beziehung zwischen Hypnoseerfahrung und θ-Aktivität ließen sich keine signifikanten Korrelationen feststellen.

Felduntersuchungen während religiöser Tranceritual und Marathonläufen

Telemetrische EEG-Ableitungen wurden in autohypnotischen Trancezuständen bei Schmerzritualen in unterschiedlichen Kulturen durchgeführt (Larbig 1982; Larbig et al. 1982; Larbig 1989; Larbig u. Miltner 1990).

In Nordgriechenland wurde das Feuerlaufen (Pyrovasie) bei griechischen Feuerläufern (Pyrovaten) untersucht. Anlaß hierzu war die Annahme, daß bei Feuerläufern mit Hilfe eines suggestiv erzeugten Trancezustandes der Berührungsschmerz der nackten Fußsohle mit glühenden Holzkohlen (ca. 200–400°C) blockiert wird. Ein weiteres Charakteristikum des Feuerlaufes ist das völlige Fehlen von Verbrennungszeichen an der Fußhaut, trotz intensiver direkter Kontakte mit der Glut. Die Pyrovasie ist ein alter religiöser Ritus, der im südosteuropäischen und asiatischen Raum – u.a. in

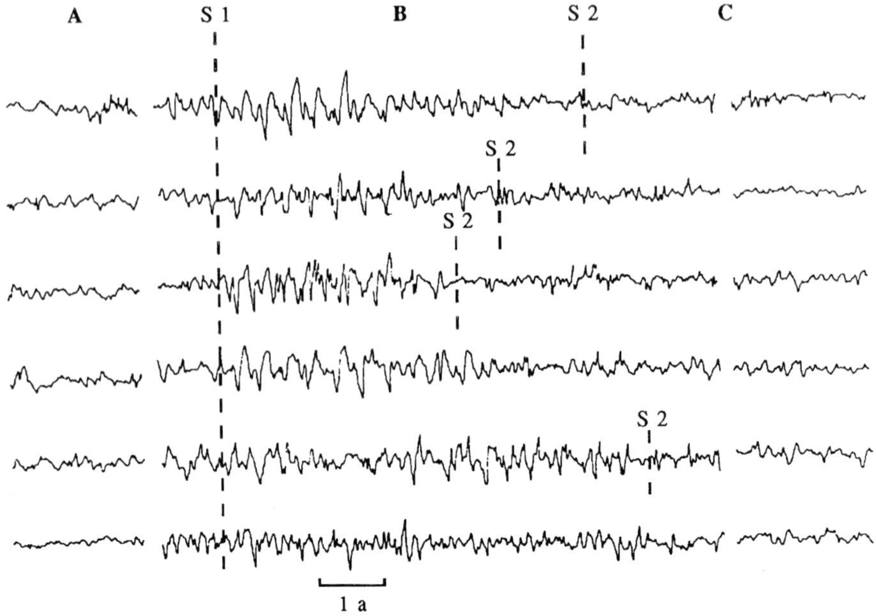

Abb. 6.1. EEG-Aufzeichnungen vom Vertex eines Feuerläufers, während er sich barfuß auf der Glut befindet. A markiert die Zeit von 8–10 s vor dem Kontakt mit der Glut, B die Zeit von einigen Sekunden auf der Glut (Beginn des Kontaktes = S 1, Ende = S 2) und C die Zeit von 8–10 s nach dem Feuerlauf. (Aus Larbig 1982)

Indien, Indonesien und auf den Südseeinseln – weit verbreitet ist. In Griechenland gilt das Feuerlaufen als Unverletzlichkeitsritus, der jährlich am 21. Mai, dem Feiertag des heiligen Konstantin und der heiligen Helena, drei Tage stattfindet. Klassischen Sagen ist zu entnehmen, daß Konstantin während römischer Herrschaft unverletzt christliche Reliquien aus einer brennenden Kirche gerettet hat. Die Pyrovasie dient der Identifikation mit den Heiligen, um bestimmte Fähigkeiten zu erlangen, etwa Streß oder Schmerz zu bewältigen.

Rituelle Übungen, wie Tänze und Gesänge zu den monotonen Klängen von Lyra und Pauke, Tieropfer, Prozessionen mit Ikonen und meditative Übungen dienen der Vorbereitung auf den Feuerlauf. Auslösereize, die für das Erreichen des tranceartigen Bewußtseinszustandes als günstig angesehen werden, sind die monotone, zunehmend schneller und lauter werdende Musik, stereotype Tanzrhythmen und Tanzbewegungen, Fixation der Ikonen oder heiligen Tücher, Weihrauch, Hyperventilation, brennende Kerzen, Hunger, Gruppeneffekte, längere sexuelle Enthaltsamkeit und suggestive, religiöse Vorstellungen. Die zunehmende Trancetiefe während des Feuerlaufes wird durch wiederholtes Berühren der Kerzenflamme mit der Hand überprüft. Äußere Kennzeichen der Trance sind in den vorbereitenden Übungen mimische Starre, kurzzeitiger Stillstand der Tanzbewegungen, plötzliche gellende Schreie oder leise Zischlaute, Zuckungen einzelner Körperteile und in seltenen Fällen ein Sturz zu Boden.

Die EEG-Ableitungen während des Feuerlaufes zeigten bei allen Direktkontakten der Fußsohle mit der Glut deutliche Anstiege hochamplitudiger Thetamuster über dem sensomotorischen Kortex (s. Abb. 6.1). Die mehrfache Wiederholung des Feuerlaufes (ohne die traditionellen Pyrovasieriten) ergab in Deutschland mit freiwilligen Probanden, daß bei Berührungszeiten der Fußsohle unter 400 ms und Oberflächentemperaturen um 400°C keine Schmerzempfindungen auftraten, wobei einige Probanden ebenfalls ein langsames EEG aus dem Thetabereich aufwiesen.

In einer weiteren hirnelektrischen Felduntersuchung, der *Hakenschwungzeremonie* in Sri Lanka, wurden ebenfalls bei den Zelebranten telemetrisch die Hirnströme während dieser Schmerzzeremonie gemessen. Dieser jahrhundertealte, in Indien und Sri Lanka beheimatete hinduistische Fruchtbarkeitsritus wird nach längeren Dürreperioden zu Ehren des Fruchtbarkeitsgottes Mhatoba durchgeführt. Der auserwählte Zelebrant wird an ca. 6–8 metallischen Haken, die durch Haut und Muskulatur des Rückens gestoßen werden, mit Seilen an der Spitze eines fahrbaren Holzkarrens freischwebend aufgehängt und segnet neugeborene Kinder, Früchte und Getreidebündel, während er über die Felder gezogen wird. In dieser Position verharren die Zelebranten über Stunden in einem tranceartigen Zustand, ohne äußere Anzeichen einer Schmerzreaktion. Nach dem Entfernen der Haken heilen die Wunden in der Regel innerhalb weniger Tage ab, nachdem Holzasche auf sie gestreut worden ist. Das Hakenschwungzeremoniell gilt als Ersatz für Menschenopfer, die in früheren Jahrhunderten am Ende der Erntefeier erfolgten (Kosambi 1967).

Bei den telemetrischen Ableitungen von 9 Hakenschwungzelebranten vor, während und nach der Schmerzzeremonie fanden sich, ähnlich wie bei den Feuerläufern, in der Antizipation und gleichermaßen während der Schmerzreizung signifikante θ-Anstiege über sensomotorischen Hirnabschnitten, die bei 5 Personen sogar einige Minuten nach Ablauf der Zeremonie noch feststellbar waren (Larbig 1989).

Bei 27 hochtrainierten Spitzenmarathonläufen (20 männlich, 7 weiblich) wurden telemetrische Langzeitableitungen sowie psychophysiologische Messungen vor, während und nach dem Lauf durchgeführt (Laufdauer unter 3 bzw. 3,5 h). Im Vordergrund stand die Frage nach dem individuellen Verlauf von Schmerz- und Streßreaktionen, EEG-Veränderungen während des veränderten Bewußtseins, verschiedenen Schmerzbewältigungsstrategien sowie der Wahrnehmung der Umgebung und der eigenen körperlichen Anstrengung. Dies geschah anhand von 7 stufigen Ratingskalen; die Durchsage der Ratings erfolgte über Funkmikrophon.

Während des Marathonlaufes, dessen durchschnittliche Dauer im Mittel nur um 10 min über den individuellen Bestzeiten lag, ergaben die EEG-Messungen im Verlauf der starken Laufbelastung eine signifikante Zunahme der θ-Aktivität bei stärkerer rechtshemisphärischer Aktivierung sowie eine deutliche Zunahme meditativer (freies Gedankenspiel), assoziativer (Konzentration auf Körpersignale) und dissoziativer Schmerzkontrolltechniken (Konzentration auf kognitive Prozesse). Die Plasma-β-Endorphinspiegel stiegen erst gegen Ende des Laufes und auch noch über das Laufen hinaus signifikant an. Neben den schmerzinhibitorischen Effekten können möglicherweise die häufig berichteten euphorischen Wirkungen, die vermutlich den Trancezustand während des Marathonlaufes verstärken, mit den β-Endorphinanstiegen zusammenhängen (Schrode 1985; Larbig et al. 1988).

Laborexperimente zur Elektrophysiologie der Trance

Bei EEG-Ableitungen zeigte sich im Labor (Larbig et al. 1982) während der Schmerzdemonstration eines Fakirs, der sich im Zustand der selbstinduzierten Trance ca. 50 cm lange dolch- und florettähnliche Spieße durch den Hals, die Zunge und die Bauchhaut stieß, daß in Antizipation und während der schmerzhaften Reizung über parietalen Hirnabschnitten signifikante θ-Anstiege auftraten (s. Abb. 6.2).

Aufgrund dieser Ergebnisse wurde ein kontrolliertes Laborexperiment mit dem Fakir und 14 Kontrollpersonen durchgeführt. Hierbei wurde die Hypothese getestet, ob bei diesem Fakir, im Vergleich zu den Kontrollpersonen, vermehrt hochamplitudige θ-Aktivität in Situationen antizipierter schmerzhafter Stimulation oder während der Selbstapplikation von Schmerzen auftritt. Zur Schmerzinhibition sollten autosuggestive Techniken angewandt werden. Beim Fakir wurde eine Verschiebung des Spontan-EEGs in Richtung langsamer Frequenzen erwartet, die bei den Kontrollpersonen nicht auftreten sollte.

In drei experimentellen Versuchsphasen wurden in je 40 Durchgängen in einem zweiten Experiment Schmerzreize und akustische Reize (aversiver Elektroschock, akustischer Reiz von 110 dB) verabreicht. Die Schmerzreize sollten durch Knopfdruck in subjektiv einzuschätzenden Interstimulusintervallen von 30 s selbst appliziert werden. Zwischen den einzelnen Versuchsabschnitten wurde das subjektive Schmerzerleben auf einer visuellen Analogskala von 0–10 eingeschätzt, desgleichen wurden die individuellen Trancetechniken erfragt.

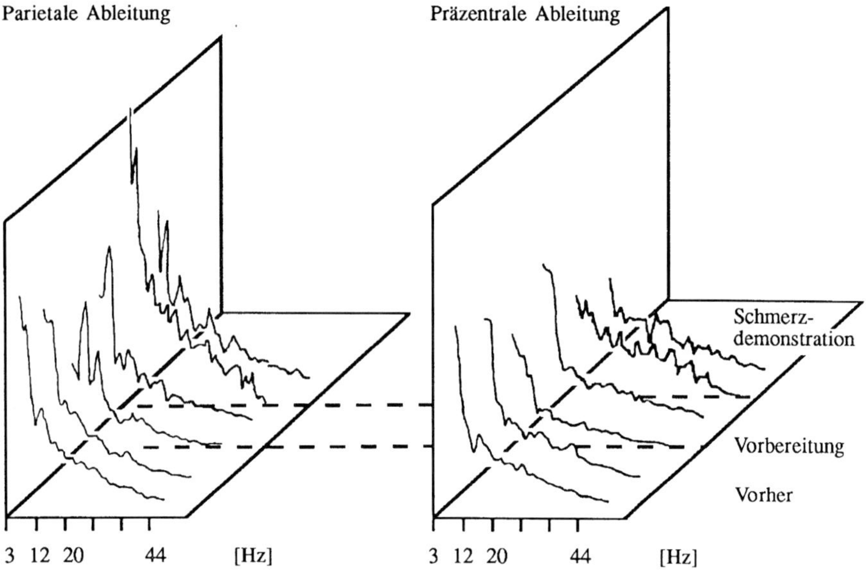

Abb. 6.2. EEG-Power-Spektrum des Fakirs vor, in Vorbereitung auf und während der Schmerzdemonstration. Abszisse: Frequenzbereiche (3,2–44 Hz). Ordinate: Relative Besetzung der jeweiligen Frequenzbereiche. Z-Achse: Verschiedene, nacheinander aufgenommene Ableitungen unter den oben genannten Bedingungen. Links parietale, rechts präzentrale Ableitungen. Die langsamen Frequenzen des Fakirs (3,2–5 Hz) nehmen während der Schmerzdemonstration parietal zu, präzentral ab (aus Larbig 1982).

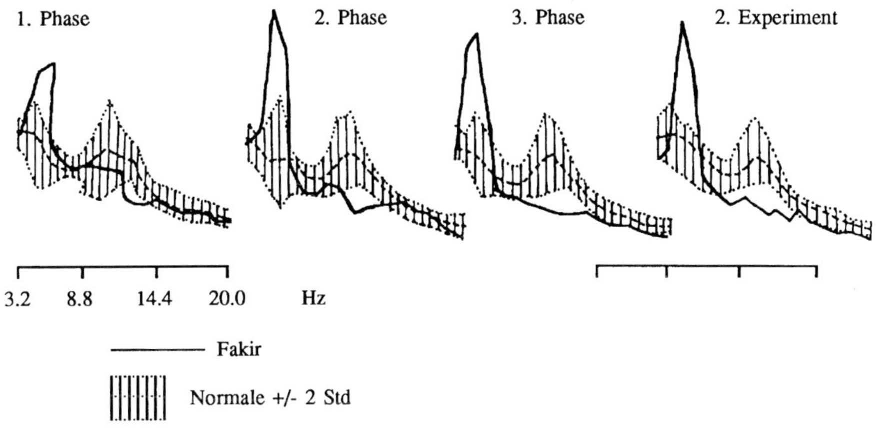

Abb. 6.3. EEG-Powerspektren (Pz) des Fakirs (- - -) und der Kontrollpersonen (— — —) verschiedener experimenteller Versuchsabschnitte (in Experiment 2 fügten sich der Fakir und die Kontrollpersonen selbst die Schmerzreize zu, im Gegensatz zu den Phasen 1–3, in denen die Schmerzreize computergesteuert verabreicht wurden). Das Fakir-EEG weist vor und während der Schmerzapplikation signifikant mehr langsame Frequenzanteile als das der Kontrollpersonen auf (aus Larbig 1982).

Der Fakir unterschied sich im EEG-Powerspektrum hochsignifikant von Normalpersonen. Sowohl in der Antizipation als auch im Zustand der tranceartigen Bewußtseinsänderung während der schmerzhaften Stimulation zeigte sich eine Synchronisation des EEGs im θ-Band (s. Abb. 6.3). Gemittelt über alle Probanden, experimentellen Bedingungen und Ableitungen wiesen die langsamen kortikalen Potentiale eine deutlich negative Potentialverschiebung in der Antizipation des Schmerzes auf.

Die Ergebnisse der Feld- und Laborexperimente zeigen, daß unter schmerzhafter Stimulation während autohypnotischer Bewußtseinsänderung starke Verlangsamungen des Spontan-EEGs über jenen Hirnabschnitten, die mit der Schmerzverarbeitung befaßt sind, auftreten. Diese Daten stehen in Übereinstimmung mit zahlreichen Hypnoseexperimenten, bei denen ebenfalls deutliche Synchronisationsmuster bis in den langsamen θ- und δ-Bereich während der Trance beobachtet wurden, während in anderen Hypnosestudien hingegen eine Desynchronisation im EEG berichtet wurde.

Hypnose und hemisphärische EEG-Unterschiede

Die Erkenntnisse über die unterschiedliche Spezialisierung beider Hirnhälften beruhen auf zahlreichen klinischen und experimentellen Beobachtungen. Man weiß, daß die linke Hemisphäre eine dominante Stellung für sprachgebundene, analytisch-mathematische Leistungen hat, die rechte Hemisphäre hingegen mehr für nonverbale Funktionen und emotional-intuitive Aufgaben zuständig ist. Der linken Hirnhälfte wird i. allg. die Fähigkeit zur sequentiellen Analyse des sensorischen Inputs, zur Abstraktion aufgrund relevanter Details, Verbalisierung u.ä. zugeschrieben, während die rechte Hemisphäre für die Erfassung des Gesamtzusammenhanges einer Situation und für die Synthese von Wahrnehmungsfragmenten spezialisiert ist.

Erste Beobachtungen über vermehrte Augenbewegungen nach links bei suggestiblen Personen regten Spekulationen über eine rechtshemisphärische Aktivierung während der Hypnose an. Frumkin et al. (1983) untersuchten den Zusammenhang zwischen lateralisierten Hirnfunktionen und Hypnotisierbarkeit mit Hilfe der Technik des dichotischen Hörens. Mit dieser in der Hemisphärenforschung häufig benutzten Methode wird das Ausmaß der hemisphärischen Lateralisation beurteilt, indem die relativ bessere Leistung des Hörens und Sehens für Sprachsignale im Sinnesorgan (z.B. rechtes Ohr, rechtes Sehfeld) kontralateral zum Sprachgebiet (linke Hemisphäre) gemessen wird. Frumkin et al. fanden heraus, daß hoch- und mittelgradig suggestible Versuchspersonen nach einer entspannenden Hypnoseinduktion einen signifikanten Abfall der Hörleistung im rechten Ohr aufwiesen. Diese Befunde stützen die Hypothese einer differentiellen rechtshemisphärischen Aktivierung in hypnotisch veränderten Bewußtseinszuständen.

Auch in zahlreichen Folgeuntersuchungen fanden sich Auswirkungen der Hypnose auf die zerebrale hemisphärische Lateralisation im Sinne einer Verlagerung der Asymmetrie nach rechts. So fanden auch Levine et al. (1984) bei der Messung der Hörleistungen unter Hypnose im rechten Ohr (verbale Stimuli) einen signifikanten Leistungsabfall, im linken Ohr hingegen (musikalische Stimuli) signifikante Anstiege. Dies zeigte sich am ausgeprägtesten bei den Niedrigsuggestiblen.

Gruzelier et al. (1984) fanden ebenfalls vermehrt eine rechtshemisphärische Aktivierung nach vorausgehender Inhibition linkshemisphärischer Funktionen, und zwar in Abhängigkeit vom Ausmaß der Hypnotisierbarkeit. Die linkshemisphärische Inhibition wird von den Autoren als wichtige psychophysiologische Begleitreaktion einer erfolgreichen Hypnoseinduktion angesehen. Da inhibitorische Einflüsse vermutlich lateralisiert auftreten, können hemmende Effekte auf der kontralateralen Seite (Wang 1964) gemessen werden. Die linkshemisphärische Inhibition äußert sich bei hypnotisierbaren Probanden in einer Reduktion der elektrodermalen Aktivität sowie in verlängerten Reaktionszeiten (Sortierzeiten für Buchstaben und Zahlen) der rechten Hand für haptische Aufgaben. Die Autoren interpretieren die Daten im Sinne einer unter Hypnose erfolgten Inhibition linkshemisphärischer Prozesse, die ein nachfolgendes Überwiegen rechtshemisphärischer Prozesse ermöglicht.

In EEG-Untersuchungen zu hemisphärischen Unterschieden in Hypnose ergaben sich allerdings sehr inkonsistente und widersprüchliche Befunde. Es wurde in den Studien davon ausgegangen, daß die Hypnoseinduktion als rechtshemisphärisch relevante Aufgabe angesehen werden kann, und daß von daher signifikante Asymmetrieverschiebungen im Sinne einer vermehrten Aktivierung der rechten Hirnhälfte erwartet werden konnten.

Hinsichtlich der bilateralen α-Aktivität fanden Foenander und Burrows (1979) signifikant höhere α-Aktivitätswerte bei gut suggestiblen Personen, jedoch nur eine trendartige Zunahme rechtshemisphärischer α-Werte im Vergleich zu niedrig suggestiblen Personen. Die Autoren schließen daraus, daß die Hypothese einer rechtshemisphärischen Spezialisierung für hypnotische Prozesse nicht haltbar ist. Vielmehr sind beide Hirnhälften entsprechend den Überlegungen von Gruzelier et al. am Zustandekommen der Hypnose beteiligt. Des weiteren werden die uneinheitlichen Befunde auf unterschiedliche Hypnoseinduktionen und auf die Verwendung der EEG-Amplitude anstatt der EEG-Frequenz zurückgeführt. Die Amplitude wird eher als quantitativ bedeutsamer Parameter angesehen, der hemisphärische Dominanz reflektiert, während die Frequenz als qualitatives Maß funktionelle Hemisphärenunterschiede besser beurteilen läßt.

In einer Einzelfalluntersuchung von Chen et al. (1981) ergaben sich bei einem Patienten während einer zahnmedizinischen Operation unter hypnotischer Analgesie signifikant vermehrte Leistungsabnahmen der EEG-Aktivität in der linken gegenüber der rechten Hirnhälfte. Abgesehen von der „Stichprobengröße" sind die Daten aufgrund der zusätzlich zur Hypnose gegebenen Anästhetika nur bedingt interpretierbar.

In der oben bereits zitierten Untersuchung von MacLeod-Morgan (1979) sowie in einer weiteren Untersuchung dieser Autorin (1985) wurde auch die Hypothese getestet, ob hochsuggestible Personen in Hypnose – im Vergleich zur Baseline – eine verstärkte Verschiebung der α-Aktivität von der linken zur rechten Hirnhälfte aufweisen. Es konnte gezeigt werden, daß hochsuggestible Probanden bei der Durchführung lateralisierter Aufgaben eine signifikant größere rechtshemisphärische α-Verschiebung gegenüber den Niedrigsuggestiblen aufwiesen. In einem weiteren Experiment von MacLeod-Morgan (1985) zum aufgabenspezifischen Lateralitätswechsel ließ sich nachweisen, daß auch unter der Anwendung von Suggestibilitätstests hochsuggestible Personen bei geschlossenen Augen im Vergleich zur Baseline eine kontinuierliche Abnahme linkshemisphärischer Aktivität hatten. Nach der Instruktion, während der Hypnose zu träumen, stieg der rechtshemisphärische Anteil der α-Aktivität bei hoch und niedrig Suggestiblen deutlich an.

Aufgrund dieser empirischen Befunde schließt die Autorin, daß Hypnose in Abhängigkeit von der Hypnotisierbarkeit mit signifikant vermehrten rechtshemisphärischen Aktivitäten verbunden ist, bei gleichzeitiger Reduzierung linkshemisphärisch lokalisierbarer, realitätsüberprüfender und logisch-sequentieller Verarbeitungsweisen. Diese *Lateralisierungstechniken* ermöglichen es, daß gut hypnotisierbare Personen aufgrund ihrer Fähigkeit zur aufgabenspezifischen Aktivierung oder Desaktivierung ihrer Hirnhälften selektiv bedeutsame Reize verarbeiten und weniger relevante Reize hemmen können. So ließe sich beispielsweise die erfolgreiche Kontrolle von Schmerz mit der über Aufmerksamkeitsprozesse gesteuerten differentiellen Hemisphärenaktivierung während der Hypnose gut erklären.

Eine eindeutige Lateralisierung konnte auch von Walter (1992) nicht bestätigt werden. Die Autorin fand jedoch bei tieferen Stadien der Hypnose eine Erhöhung der Θ-Anteile im EEG und bei Induktion von Katalepsien mehr β-Aktivität (vgl. auch Barolin 1982). Eine Veränderung der CNV[1] ergab sich in einer anderen Studie von Walter (1992) bei einigen Probanden in Hypnose bei Stimulation durch einen Reiz, der als „selten" suggeriert wurde, obwohl er gleich häufig wie andere Reize auftrat.

Erst mit den neueren bildgebenden Verfahren sind differenzierte Aussagen über die veränderte Hirnaktivität möglich. Meyer et al. (1987) fanden nach 10-wöchigem autogenem Training mit der Xenon-Inhalation-Methode eine Durchblutungssteigerung der linken Hemisphäre. Halama (1989, 1990) dagegen fand an 17 Probanden mit dem HMPAO-SPECT-Verfahren[2] eine vermehrte Aktivität der rechten Frontalregion. Walter (1992) fand in einer Untersuchung an 41 Probanden mit derselben Methode, daß es besonders bei den hypnosefähigen Personen zu einer erhöhten Durchblutung der linken frontalen Region und zu einer Minderdurchblutung der occipitalen und thalamischen Region kommt. Im allgemeinen wird von einer vermehrten Aktivität der rechten Hemisphäre in der hypnotischen Trance gesprochen. Wenn allerdings eine Rechts-Lateralisierung im wesentlichen mit einer Inhibition links-hemisphärischer Areale einhergeht, ist eine auch eine Mehrdurchblutung links denkbar, die durch die Inhibition bedingt ist. Ferner ergaben hypnotisch induzierte akustische Halluzinationen eine Reduktion der Durchblutung temporaler Regionen, während im Gegensatz dazu akustisch halluzinierende Psychotiker keine Veränderung in diesem Bereich zeigten. Das deutet auf eine unterschiedliche Genese psychotischer und hypnotischer Halluzinationen hin. An weiteren 15 Probanden konnte mit Hilfe des PET-Verfahrens[3] von Walter gezeigt werden, daß der Glucosestoffwechsel während einer hypnotisch induzierten Ganzkörper-Katalepsie („Planke") im rechten motorischen Kortex erhöht und im linken sensorischen Kortex erniedrigt ist.

Evozierte Potentiale

Neben der Frage, ob der hypnotische Zustand oder unterschiedlich gut hypnotisierbare Personen durch eine spezifische EEG-Aktivität oder spezifische hemisphärische Unterschiede gekennzeichnet sind, gewinnt in den letzten Jahren die Untersuchung der evozierten Potentiale (EP) während der Hypnoseinduktion an Bedeutung. Hierbei stehen insbesondere die späten endogenen Komponenten im Vordergrund, da diese mit selektiven Aufmerksamkeitsprozessen in Verbindung gebracht werden, die eine wichtige Grundlage für eine erfolgreiche Hypnose darstellen. Zahlreiche psychophysiologische Untersuchungen ergaben, daß mit einer Erhöhung der Aufmerksamkeit und Vigilanz eine Erhöhung der Amplituden bestimmter Komponenten des sensorisch evozierten Potentials, v.a. der frühen Anteile des evozierten Potentials (100–200 ms), einhergeht. Andererseits ließ sich nachweisen, daß mit zunehmender Unaufmerksamkeit beziehungsweise Ablenkung vom Reiz die Potentialamplituden reduziert sind (Birbaumer 1975). Aus diesen Ergebnissen wurde die Vermutung abgeleitet, daß auch bei der Hypnose die Untersuchung v.a. der endogenen Komponenten der EPs zu ähnlichen Ergebnissen führten könnte. Da die evozierten Potentiale hier nicht nur objektiven Reizgegebenheiten, sondern psychologischen Prozessen folgen, erhoffte man sich mehr Aufschluß über die der Hypnose zugrundeliegenden psychophysiologischen Prozesse zu erhalten. Im folgenden werden beispielhaft einige evozierte Potentialstudien bei der Untersuchung von Hypnoseeffekten skizziert.

Visuell und akustisch evozierte Potentiale

In Untersuchungen zum visuell evozierten Potential (VEP) von Spiegel et al. (1985) sollte geklärt werden, ob die späten Amplituden des VEP durch hypnotisch induzierte Halluzinationen reduziert werden können. Die Ergebnisse bestätigten die Ausgangshypothese, daß eine hypnotische Instruktion über eine Blockierung der Wahrnehmung eines Lichtreizes bei hoch suggestiblen im Vergleich zu niedrig suggestiblen Personen von einer Amplitudenabnahme der P3-Komponente über den ganzen Kortex hinweg begleitet ist. Ebenso zeigte sich eine signifikante Abnahme der N2- und P3-Komponente im okzipitalen Bereich.

Deehan u. Robertson (1980) konnten in Untersuchungen zum akustisch evozierten Potential (AEP) zeigen, daß spezifische Suggestionen eine Veränderung des AEPs in Hypnose bewirken. Zur Auslösung der AEPs wurden 4000 Hz-Töne mit einer Dauer von jeweils 330 ms ausgewählt. Die EEG-Ableitungen erfolgten im Wachzustand, unter Hypnose (u.a. Zählen, Atemsteuerung, Handschuhanästhesie) sowie nach Zurücknahme der Suggestion. In allen Fällen war die Amplitude des AEP (N1–P2) für die Dauer der suggerierten Taubheit reduziert, in einigen Fällen unterdrückt und stieg nach der Suggestion wieder auf den vorhergehenden Wert an.

Nozizeptiv evozierte Potentiale

Ergebnisse aus eigenen Laboruntersuchungen über den Einfluß von Aufmerksamkeit, Ablenkung und hypnotischen Suggestionen auf das somatosensorische nozizeptiv evozierte Potential stützen die in der Hypnoseforschung beschriebenen elektrophysiologischen Effekte auf EPs.

In algesimetrischen Studien, v.a. aus der Arbeitsgruppe von Chapman in Seattle (Chapman u. Jacobson 1984), wurde experimentell belegt, daß der N150–P260-Komplex ereigniskorrelierter Potentiale als objektiver Parameter der subjektiven Schmerzwahrnehmung angesehen werden kann. Dieser Komplex reagiert besonders sensibel auf unterschiedliche Intensitäten von Schmerzreizen und korreliert sehr hoch mit der subjektiven Schmerzeinschätzung. Außerdem ließ sich nachweisen, daß Analgetika die Potentialamplituden dieses Komplexes wie auch die subjektive Schmerzerfahrung reduzieren. Vor dem Hintergrund der algesimetrischen Bedeutung dieses Komplexes und auch aufgrund eigener Ergebnisse hinsichtlich eines signifikanten Einflusses von Aufmerksamkeit (signifikante Amplitudenzunahme der P200- und P300-Komponente) bzw. Ablenkung (signifikante Amplitudenreduktion dieser Komponenten) bei schmerzhafter und nichtschmerzhafter elektrischer Reizung (Miltner et al. 1989) sowie Experimenten über eine gelernte Modifikation ereigniskorrelierter Potentiale mit daraus resultierender veränderter Schmerzwahrnehmung durch Biofeedbackprozeduren (Miltner et al. 1988), wurden in der Folge Untersuchungen über den Einfluß verschiedener hypnotischer Suggestionen auf den N150-P260-Komplex des somatosensorischen ereigniskorrelierten Potentials durchgeführt (Miltner 1989; Miltner et al. 1993).

Bei insgesamt 16 Probanden wurden mit Hilfe einer standardisierten intrakutanen elektrischen Stimulationsmethode (Miltner et al. 1988) am Mittelfingerendglied der nicht dominanten Hand schmerzhafte bipolare Rechteckimpulse von 10 ms Dauer appliziert.

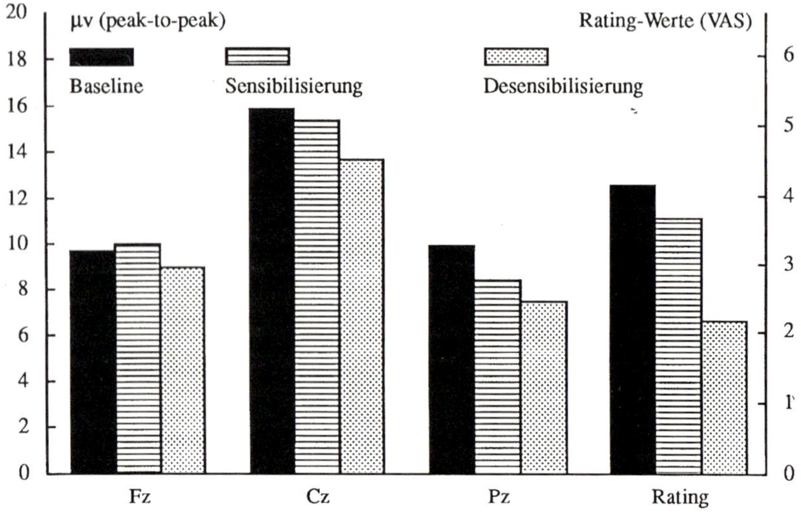

Abb. 6.4. Schmerzbericht und evoziertes Potential an 3 Ableitungsorten (frontal Fz, zentral Cz, parietal Pz) bei elektrischer Stimulation der Fingerkuppe, gemittelt über je 30 Durchgänge bei 16 Probanden. Es wurde das Peak-to-peak-Maß zwischen der Amplitude bei 150 und 260 ms unter 3 Instruktionen gemessen. Keine Suggestion (Baseline) sowie nach Tranceinduktion Suggestionen der Sensibilisierung und der Desensibilisierung.

Der Versuchsablauf (Dauer 2 h) gliederte sich in 4 experimentelle Phasen:

In der ersten Phase wurde bei jedem Probanden die individuelle Schmerzschwelle bestimmt. Hierfür schätzten die Probanden die elektrischen Schmerzreize in zwei auf- und absteigenden Serien nach ihrer Intensität auf einer visuellen Analogskala ein. In der zweiten Versuchsphase wurden dann als Baseline 60 elektrische Schmerzreize mittlerer Schmerzintensität verabreicht, zur Ermittlung eines durchschnittlichen Referenzwertes für die Größe der evozierten Potentiale. In der dritten und vierten Phase wurden dann diese Reize unter zwei Hypnosebedingungen (Sensiblisierung, d.h. extreme Konzentration auf den Schmerzreiz mit Hilfe intensiver Vorstellungen bzw. Desensibilisierung, d.h. Analgesiesuggestion) appliziert. Die Reihenfolge der unterschiedlichen hypnotischen Versuchsbedingungen wurde über die Probanden ausbalanciert.

Die Datenanalyse ergab signifikante Effekte hinsichtlich der Amplitudenreduktion der N150–P260 und P300 über Cz und Pz (nach dem internationalen 10–20 System festgelegte EEG-Ableitorte auf der Schädeloberfläche) unter der Desensibilisierungs- und Sensibilisierungsbedingung im Vergleich zur Baseline. Ebenso zeigte sich unter beiden hypnotischen Bedingungen eine signifikante Reduktion der subjektiven Schmerzeinschätzung auf der visuellen Analogskala.

Zwischen Desensibilisierungs- und Sensibilisierungsbedingung konnte keine suggestionsgemäße Modifikation der hirnelektrischen Phänomene nachgewiesen werden. Unter der Analgesie- und Hyperalgesiesuggestion wurden annähernd dieselben Peak-to-peak-Amplituden des N150–P260-Komplexes beobachtet (s. Abb. 6.4). Wie Abb. 6.4 weiterhin zeigt, konnte durch die Sensibilisierungssuggestion die Schmerzstärke nicht über den Baselinewert hinaus gesteigert werden. Unter beiden Hypnosebedingungen blieb die Amplitude des N150–P260-Komplexes jeweils unter dem Wert der Baseline. Die Autoren begründen diese Beobachtung aus der Tatsache, daß sich die Probanden sowohl unter der Sensitivierung als auch unter der Desensibilisierung jeweils in einem hypnoseinduzierten Trancezustand befinden, der mit einer Einengung der Aufmerksamkeit assoziiert ist.

Wie früher schon gezeigt werden konnte, resultiert aus der Aufmerksamkeitseinengung sowohl eine Verminderung der Schmerzempfindung als auch eine signifikante Reduktion der N150–P260-Komponente im somatosensorisch ereigniskorrelierten Potential (Miltner 1989). Dennoch zeigen die hypothesengerechten differentiellen Effekte zwischen Sensibilisierungs- und Desensibilisierungssuggestion auf subjektiver Ebene, daß Hypnose zu sensiblen Änderungen der Schmerzwahrnehmung führt.

Schlußbemerkung

Braid aktivierte die neurophysiologische Hypnoseforschung, nachdem er diesem Phänomen zunächst den irreführenden Begriff Hypnose gegeben hatte. Später belegte er die Hypnose mit dem Begriff des Monoideismus und trug damit bereits zu seinen Lebzeiten den geänderten Auffassungen über Hypnose durch diesen neuen Begriff Rechnung. Er brachte damit zum Ausdruck, daß in der Hypnose die halluzinatorische Einengung des Bewußtseins unter spezifische leitende Vorstellungsbilder eine Erhöhung der selektiven Aufmerksamkeitsleistung bewirkt, die für die Entstehung des hypnotischen Trancezustandes eine notwendige Voraussetzung darstellt. Diese Erklärung kommt der heutigen Auffassung über die psychologischen Mechanismen der Hypnose nahe, wenngleich die der Hypnose zugrundeliegenden neurophysiologischen Prozesse und die zentralnervösen und peripheren Reaktionsmuster trotz einer Vielzahl empirischer Untersuchungen nach wie vor unklar sind.

Hinsichtlich der klinischen Effektivität der Hypnose bei unterschiedlichen Krankheitsbildern besteht heute kein Zweifel mehr. Hypnotisch induzierte Phänomene wie Analgesie, Amnesie, Halluzinationen, verbesserte Vorstellungs- und Selbstkontrollfähigkeit sowie selektive Wahrnehmungseinschränkung (Suggestibilität) sind als entscheidende Bestandteile der Hypnose psychologisch gut untersucht worden.

Die in diesem Kapitel dargestellten experimentellen Versuche, den hypnotischen Trancezustand mittels hirnelektrischer Parameter zu objektivieren, zeigen widersprüchliche und inkonsistente Ergebnisse. Einmal wurden deutliche Synchronisationsmuster im Spontan-EEG und signifikante Amplituden- und Peak-to-peak-Reduktionen endogener Komponenten des evozierten Potentials im Sinne einer zentralen Aufmerksamkeitslenkung gefunden. In anderen Studien wiederum wurden eine Desynchronisation sowie eine Amplitudenzunahme der evozierten Potentiale unter Hypnose beschrieben, im Sinne einer zentralnervösen Aktivierung und Beschleunigung der zentralen Informationsverarbeitung.

Diese Heterogenität der vorliegenden empirischen Daten beruht zunächst auf erheblichen methodischen Unterschieden in den einzelnen experimentellen Anordnungen, die in der Regel nicht übereinstimmend gestaltet wurden. So fehlen z.B. meist detaillierte Angaben über die hypnotische Induktionsmethode, über „Placeboinduktionen" bei den Kontrollgruppen, über Elektrodenplazierungen oder Angaben, ob die EEG-

Ableitungen bei offenen oder geschlossenen Augen durchgeführt wurden. Oftmals wurden keine Kontrollgruppen verwendet, die Stichproben waren meistens klein, die EEG-Baselineableitungen waren sehr kurz, und intermittierendes Schlafverhalten wurde nicht kontinuierlich oder überhaupt nicht kontrolliert und entsprechend dokumentiert.

Allerdings machen die heterogenen Ergebnisse auch nachdrücklich deutlich, daß von *der* Hypnose nicht gesprochen werden kann, sondern daß unter dem Begriff Hypnose ganz unterschiedliche Zustände zu subsummieren sind. Es kann somit auch nicht erwartet werden, ein spezifisches zentralnervöses Hypnosekorrelat zu identifizieren. Vielmehr sollte in den Studien präzisiert werden, ob beispielsweise ein passives, v.a. auf Entspannung und Imagination beruhendes Hypnosekonzept verwendet, oder aber ein aktiveres Vorgehen (Thompson 1979) eingesetzt wurde.

Aufgrund der oben vorgestellten Daten ist jedoch klar belegt, daß die Hypnose kein spezieller Trancezustand ist, der sich von anderen Wachzuständen unterscheidet. Auch können Hypnoseeffekte ohne spezielle Induktions- und Entspannungsprozeduren („Hokuspokus") erzielt werden; sie sind von simulierten Effekten aufgrund zentralnervöser Veränderungen unterscheidbar und beruhen somit nicht auf Placeboeffekten. Schließlich verdeutlichen die Ergebnisse, daß die Suggestibilität entscheidender als die Hypnose ist. Als wesentliche Grundlage der Suggestibilität gilt die Aufmerksamkeitsregulation mit den damit verbundenen Selektionsleistungen.

Auf den Zusammenhang von zentraler Aktivierungsänderung und erhöhter Aufmerksainkeitsleistung zur Schmerzbewältigung in Trance weisen v.a. die oben zitierten Feld- und Laborbefunde sowie auch einige Hypnosestudien hin (Tebecis et al. 1975; Larbig 1989; Miltner et al. 1988). Im kortikalen EEG ließ sich eine Verlangsamung im θ-Bereich (3,5–7 Hz), der verschiedenen Schlafstadien ähnlich erscheint, nachweisen, wenngleich die Probanden gleichzeitig von einem Zustand erhöhter Konzentration und kognitiver Leistungsfähigkeit sprachen. Die Befunde sprechen dafür, daß in der Trance über eine aktive Beeinflussung der Aufmerksamkeit jene Hirnregionen in einen anhaltenden *Mikroschlaf* versetzt werden können, der durch schlafähnliche θ-Muster repräsentiert wird. Gleichzeitig befinden sich andere Gebiete des zentralen Nervensystems und der Peripherie in einem gesteigerten Aktivitätszustand (intensive Tanzaktivitäten, erhöhte Konzentrationsleistungen – objektiviert an deutlichen Anstiegen langsamer kortikaler Potentiale). Diese Dissoziation in der Trance, im Sinne einer funktionellen Trennung des „passiven" Gehirns vom „aktiven" Körper, könnte ein Hypnosemechanismus aufgrund selektiver Aufmerksamkeitseinengung sein, der dazu führt, daß eine effektive Schmerzkontrolle erreicht wird. Auf diese Weise wären nicht nur Schmerz-, Streß- und Angstreduktionen erklärbar, sondern auch die häufig nach der Hypnose beobachtbaren Amnesien, da im Zustand dieser Dissoziation eine wachbewußte Steuerung und gedächtnismäßige Speicherung der Situation verhindert wird. Die Befunde werfen ein neues Licht auf das von Freud, Charcot und später von Hilgard aufgestellte Dissoziationskonzept der Hypnose. Neuere biochemische Daten weisen darauf hin, daß die Aufmerksamkeitsregulation mit psychologischen Techniken zu einer Aktivierung subkortikaler schmerzhemmender Hirnstrukturen (Endorphinaktivierung), die an dem Selektionsprozeß beteiligt sind, führt (Mayer 1982).

Die dissoziativen Techniken, die zu einer Aktivierung subkortikaler Schmerzhemmsysteme mit endogenen Opiaten führten, welche wiederum aufsteigende thalamokortikale Synchronisationssysteme anregen (Cannon et al. 1978), sichtbar durch Anstiege der θ-Aktivität, stellen vermutlich nur einen Hypnosemechanismus dar, was durch die Heterogenität der in diesem Kapitel dargestellten hirnelektrischen Befunde nahegelegt wird. Beispielsweise zeigen die in der Hypnose gefundenen kortikalen Desynchronisationsmuster auf, daß fokussierte Aufmerksamkeit bei diffus verstärkter kortikaler Aktivierung (Sheer 1984) weitere Hypnoseprozesse auslösen kann.

Anmerkungen

[1] CNV, contingent negative Variation ist eine langsame Negativierung der kortikalen Gleichspannung

[2] HMPAO-SPECT ist die Messung (Single-Photon-Emissions-Computer-Tomogramm, SPECT) der regionalen cerebralen Durchblutung anhand der Photonen-Emission eines in den Kreislauf injizierten geringfügig radioaktiven Präparats (99mTc-Hexamethyl-propylenaminoxim, HMPAO)

[3] Die Positronen-Emissions-Tomographie (PET) ist ein Verfahren zur Messung des regionalen Stoffwechsels, bei dem die Positronen-Emission eines geringfügig radioaktiven Präparats (18-Fluor-Deoxglucose) tomographisch erfaßt wird.

Empfohlene Literatur

Barber J, Adrian C (1982) Psychological approaches to the management of pain. Brunner/Mazel, New York.

Burrows GD, Collison DR, Dennerstein L (eds) (1979) Hypnosis. Elsevier, Amsterdam.

Hilgard ER, Hilgard JR ([2]1983) Hypnosis in the relief of pain. Kaufmann, Los Altos, CA.

Walter H (1992) Hypnose: Theorien, neuro-physiologische Korrelate und praktische Hinweise zur Hypnotherapie. Thieme, Stuttgart.

7. Hypnose und immunologische Funktionen

WALTER BONGARTZ

Experimentelle Untersuchungen und eine Fülle von Falldarstellungen weisen immer wieder auf die therapeutische Wirksamkeit der Hypnose bei der Behandlung von Krankheiten hin, die auf Infektionen oder entzündliche Prozesse zurückgehen. Gerade bei Warzen, deren häufigste Form als gutartige, durch Virusinfektion entstandene epitheliale Tumore aufzufassen sind, gilt Hypnose als vielversprechende psychologische Behandlungsform. So konnten z.B. Sinclair-Gieben u. Chalmers (1959) bei 10 suggestiblen Patienten mit Warzen auf beiden Seiten des Körpers einen Rückgang nur auf derjenigen Körperseite beobachten, für die ein Rückgang der Warzen suggeriert worden war (s. S. 80).

Wie in Kap. 17 ausführlich behandelt, gibt es kaum eine Hautkrankheit, für die nicht eine erfolgreiche hypnotherapeutische Behandlung berichtet wird (dazu Scott 1960). Im Fall einer schweren Neurodermitis bei einem 18jährigen Schüler (mit Eiweißunverträglichkeit, Heuschnupfen und Asthma bei Pollenflug) konnte meine Frau eine völlige Heilung erreichen, die es dem Patienten später sogar erlaubte, tierisches Eiweiß zu sich zu nehmen und in den Ferien während der Zeit des Pollenflugs als Gärtner zu arbeiten (Bongartz u. Bongartz 1988, S. 137f.).

Auch für die Behandlung von Magenschleimhautentzündungen und Geschwüren des Magen-Darm-Traktes (Zane 1966) sowie Asthma (Collison 1968) und allergischen Erkrankungen gilt Hypnose als indiziert.

Bei allen erwähnten Krankheitsformen ist das Immunsystem beteiligt, sei es bei der Pathogenese oder bei der Aufrechterhaltung des Symptoms. In diesem Zusammenhang sollte auch die Behandlung von Krebs mit Hypnose erwähnt werden, die z.B. Newton (1984) und Simonton et al. (1978) aufgrund ihrer Arbeit mit Krebspatienten für sinnvoll halten (s. Kap. 18). Wenn nun Hypnose bei diesen Krankheiten hilft, so ist die Annahme nicht abwegig, daß die Hypnose das Immunsystem beeinflussen kann. Aber wie ist das möglich? In diesem Kapitel will ich versuchen, eine Antwort darauf zu geben. Dabei wird sich zeigen, daß es zwar sinnvoll ist, einen Einfluß der Hypnose auf das Immunsystem anzunehmen, daß wir jedoch bei der Klärung des hypnotischen Einflusses auf die einzelnen pathophysiologischen Mechanismen erst am Anfang stehen.

Auf eine zusammenfassende Darstellung des Immunsystems möchte ich hier verzichten. Inzwischen hat auch der Laie über die vielfache Behandlung des Immunsystems in den nichtfachlichen Medien eine Vorstellung von dessen Komponenten und deren Interaktion, so daß ich auf die kurzen und doch umfassenden Einführungen von Ferstl u. Müller-Ruchholtz (1987) sowie Rossi (1986; Kap. 9) verweisen kann.

Gibt es immunologisch relevante Veränderungen in der Hypnose?

Ein erster Schritt zur Beantwortung dieser Frage besteht darin, allgemein zu fragen – nämlich, ob es überhaupt sinnvoll ist, eine Verbindung zwischen zentralnervösen, psychischen Prozessen und immunologischen Vorgängen anzunehmen. Denn diese Verbindung müßte vorhanden sein, damit das zentralnervöse Geschehen „Hypnose" sich auf immunologischer Ebene auswirken kann. Schließlich galt das Immunsystem bis vor kurzem noch als ein völlig autonomes, von zentralnervösen Prozessen unabhängiges System.

Zentralnervöse Einflüsse auf das Immunsystem

Die Belege für die Beziehung zwischen Zentralnervensystem (ZNS) und Immunsystem stammen aus verschiedenen Forschungsansätzen (s. dazu auch Ferstl u. Müller-Ruchholtz 1987):

Anatomische Voraussetzungen
In den letzten Jahren wurde eine Reihe von anatomischen Grundlagen für die Kommunikation zwischen ZNS und Immunsystem entdeckt. So wird Lymphgewebe, in dem sich die für die spezielle Immunabwehr wichtigen Lymphozyten (T-, B-Zellen) u.a. bei Antigenkontakt vermehren, direkt sympathisch innerviert (Felten et al. 1985), wobei diese Nerven nicht die Regulation von Gefäßfunktionen übernehmen, sondern möglicherweise die Basis für eine neuronale Einflußnahme auf immunologische Prozesse darstellen. Ebenso wurde eine noradrenerge Innervation von Mastzellen nachgewiesen (Newson et al. 1983), die u.a. bei allergischen Reaktionen beteiligt sind. Eine weitere Grundlage ist die Vielfalt von Rezeptoren auf den immunologischen Effektorzellen (z.B. T-Zellen), und dies nicht nur für die zentralnervös gesteuerte Produktion von Steroidhormonen (z.B. Kortisol) und Katecholaminen (z.B. Adrenalin), sondern auch für Neuropeptide wie Somatostatin, „substance P", vasoaktive intestinale Polypeptide, Neurotensine und Endorphine, die u.a. die Migration (Moore 1984) und Immunoglobulinsynthese (Stanisz et al. 1986) von Lymphozyten beeinflussen.

Immunologische Reaktionen auf zentralnervöse Vorgänge
Tierversuche: Daß Streß die Immunabwehr schwächt, berichtet 1878 schon Louis Pasteur. Er fand eine stärkere Reaktion auf Milzbrand bei Hühnern, die durch Untertauchen in kaltes Wasser gestreßt wurden. Aktueller sind Tierversuche, die demonstrieren, daß je nach Dauer und Intensität Streß immunsuppressiv wirkt oder die Immunabwehr verbessert, wie dies Monjan u. Collector (1977) für akustische Reize berichten. Chemische oder elektrolytische Schädigungen bestimmter Hirnareale können ebenfalls eine Verbesserung oder Minderung immunologischer Funktionen bewirken (Brooks et al. 1982; Roszman u. Brooks 1985).

Ein weiterer Beleg für die zentrale Beinflussung immunologischer Vorgänge sind Experimente, in denen die Konditionierung zellulärer und humoraler Immunsuppression nachgewiesen wurde (Ader u. Cohen 1985).

In *Humanstudien* wurde gezeigt, daß verschiedene Formen von psychischer Belastung wie Depression (Stein et al. 1985), Scheidung (Kiecolt-Glaser u. Glaser 1986), Verlust eines Angehörigen (Schleifer et al. 1983) und Prüfungsbelastung (Kiecolt-Glaser et al. 1986) zur Beeinträchtigung immunologischer Funktionen führt. Als Mittler zwischen psychischer Überforderung und Immunprozessen gelten dabei Katecholamine und Glukokortikoide. Von diesen Hormonen ist bekannt, daß sie alle Funktionen von Lymphozyten beeinträchtigen (Minderung der Proliferationsrate, verminderte Reaktion auf und verminderte Produktion von Mediatoren der Zellkommunikation, Minderung der Zytotoxizität; s. dazu Parillo u. Fauci 1979; Borysenko u. Borysenko 1982).

Bei den erwähnten Humanstudien besteht allerdings die Gefahr von Konfundierungsfehlern: möglicherweise sind für die gefundene Beeinträchtigung von immunologischen Funktionen nicht die vermutete psychische Belastung, sondern damit verknüpfte Änderungen in Ernährung, Medikamentenkonsum und Schlafverhalten verantwortlich (Cohen 1987).

Zentrale Reaktionen auf immunologische Vorgänge

Die Kommunikation zwischen zentralem Nervensystem und Immunsystem verläuft nicht nur eingleisig von der zentralnervösen Ebene zum Immunsystem, sondern auch in die andere Richtung: Besedovsky et al. konnten zeigen, daß Immunreaktionen bei Ratten zu einem vermehrten Feuern von Neuronen im Hypothalamus führten (Besedovsky et al. 1977, 1983).

Wie kommuniziert das Immunsystem mit dem Nervensystem? Zum einen konnte gezeigt werden, daß die von den Lymphozyten abgegebenen Lymphokine (wie Interleukine, Interferone), die traditionell als interzelluläre Immuntransmitter angesehen wurden, auch das Nervensystem beeinflussen (Dinarello 1984; Hall et al. 1985). Zum anderen werden endokrine Mediatoren nicht ausschließlich von neuroendokrinem Gewebe synthetisiert, sondern auch vom Immunsystem produziert: so werden vasoaktive intestinale Polypeptide von polymorphkernigen Leukozyten und Mastzellen (O'Dorisio et al. 1980; Cutz et al. 1978), Somatostatin von Basophilen (Goetzl et al. 1985), β-Endorphine und ACTH von Lymphozyten und Makrophagen (Smith u. Bialock 1981; Lolait et al. 1984) hergestellt.

Zusammenfassend kann als gesichert gelten, daß ZNS und Immunsystem miteinander interagieren, wobei „Botschaftersubstanzen“ wie Katecholamine, deren Ausschüttung über das Erregungsniveau des sympathischen Nervensystems geregelt ist, und Glukokortikoide als die hormonalen Mittler zwischen ZNS und Immunsystem wichtig sind.

Physiologische Veränderungen in Hypnose

Schauen wir uns nun an, ob die physiologischen Veränderungen, die wir in der Hypnose vorfinden, für eine Beeinflussung immunologischer Vorgänge in Frage kommen.

Korrelate der Hypnose

Insbesondere bei der Behandlung von psychosomatischen Erkrankungen wird Hypnose in der Regel neben den spezifischen therapeutischen Interventionen (Verhaltensänderung, Selbstbildkorrektur etc.) von allgemein entspannenden direkten oder indirekten Suggestionen begleitet sein, die zu einer Dämpfung des Erregungsniveaus des sympathischen Nervensystems führen. Es ist bekannt, daß das Absinken der sympathischen Erregung (und der damit verbundenen Erhöhung der parasympathischen Erregung) zu physiologischen Änderungen wie Senkung von Herzschlagrate und Atemfrequenz, Steigerung der Assimilation beim Stoffwechsel, Erweiterung der Blutgefäße, Anregung der Peristaltik von Magen, Dünn- und Dickdarm, Hemmung der Katecholaminproduktion, Anregung der Insulinsekretion oder Hemmung der Schilddrüsensekretion führt. Diese physiologischen Reaktionen werden unter der Bezeichnung „trophotropes Reaktionsmuster" zusammengefaßt und kennzeichnen eine Phase der Energiespeicherung und Erholung des Organismus. Zwar sind noch nicht alle Einzelheiten des trophotropen Reaktionsmusters für Hypnose nachgewiesen, wohl aber genug, um die körperlichen Veränderungen nach Hypnose dem trophotropen Reaktionsmuster zuordnen zu können. So sind trophotrope Änderungen in Hypnose für Stoffwechselprozesse (Goldwynn 1930), Atmungsfunktionen (Feleky 1914), Blutdruck (Reid u. Curtsinger 1968), Herzschlagrate (Tsinkin 1930) belegt. Was die Steigerung der Peristaltik betrifft, so ist diese am zum Teil recht deutlichen Auftreten von Magengeräuschen in Hypnose erkennbar, die jeder Hypnotherapeut kennt. Es ließen sich hier noch viele weitere Untersuchungen zur hypnotischen Beeinflussung physiologischer Parameter (EEG, Hautwiderstand, Körpertemperatur) anführen, die aber unser Thema nur peripher berühren (s. den Übersichtsartikel von Sarbin u. Slagle 1979 und das Buch von Edmonston 1981, S. dazu ebenfalls Kap. 6).

Wichtiger für unsere Frage nach dem Einfluß von Hypnose auf immunologische Prozesse sind die trophotropen, endokrinologischen Veränderungen (Katecholamine) sowie der – über das hypothalamo-hypophysäre System vermittelte – Glukokortikoidspiegel im Blut. Hierzu gibt es aber nur sehr wenige Arbeiten: zum Einfluß der Hypnose auf den Katecholaminspiegel gibt es – außer unseren Arbeiten an der Universität Konstanz – keine Untersuchungen. In ihrer Diplomarbeit konnte Lyncker zeigen, daß der Katecholaminmetabolit Vanillinmandelsäure im Urin nach Hypnose – im Vergleich zu einer Streßbedingung (Kopfrechnen) und einer Kontrolle (Betrachten eines historischen Filmes über Franz Anton Mesmer) – signifikant absinkt (Bongartz et al. 1987). In einer kürzlich abgeschlossenen Studie, in der u.a. Plasmakatecholamine (Adrenalin, Noradrenalin) untersucht wurden, konnten wir zeigen, daß insbesondere Noradrenalin nach Hypnose deutlich absinkt und nach Streß deutlich zunimmt (Bongartz et al. 1989). Dieser hemmende Einfluß der Hypnose auf den Katecholaminspiegel war im Hinblick auf die trophotropen Veränderungen nach Hypnose zu erwarten. Den Einfluß von Hypnose auf das Glukokortikoid Kortisol belegen 2 Arbeiten (Sachar et al. 1964, 1965), in denen – im Vergleich zu einer Wachkontrollbedingung – ein Absinken von Plasmakortisol nach Hypnose gefunden wurde.

Wenn auch der größte Teil der Arbeiten zu den physiologischen Veränderungen in Hypnose für unsere Fragestellung irrelevant ist, so gibt es doch Hinweise auf die hypnotische Beeinflussung derjenigen Hormone, die als Mittler zwischen ZNS und Immunsystem bekannt sind. Da der Anstieg dieser Hormone bei Streß einen negativen Einfluß auf die Immunfunktionen ausübt, kann man erwarten, daß die Abnahme dieser Hormone in Hypnose eine Förderung von Immunfunktionen bedeutet. Um den Stellenwert des Einflusses der Hypnose auf immunologische Prozesse im Vergleich zu Entspannungsverfahren beurteilen zu können, wollen wir kurz auf die Beziehung von Hypnose und Entspannung eingehen.

Die Veränderungen von Hormonkonzentrationen, Stoffwechsel etc., die wir oben als Bestandteile des trophotropen Reaktionsmusters kennengelernt haben, finden wir nicht nur bei der Hypnose, sondern auch bei Entspannung und vergleichbaren Meditationsverfahren. Hypnose und Entspannung lassen sich also auf der körperlichen Ebene nicht voneinander trennen. Und somit sollten wir erwarten, daß Entspannung oder Meditation den gleichen immunverbessernden Einfluß ausüben wie Hypnose.

Hypnose und Entspannung

Trotz aller Gemeinsamkeiten lassen sich diese Verfahren nicht einfach gleichsetzen. Es gibt zumindest 3 Gründe, an denen eine nahtlose Gleichsetzung von Hypnose und Entspannung scheitert: zum einen scheint die Fähigkeit, Entspannung erfahren zu können, trainierbar zu sein – wie der Name für das wohl bekannteste Entspannungsverfahren *„autogenes Training“* (AT) schon nahelegt –, während dies bei der Hypnose offenbar nicht der Fall ist. Es gibt eine Fülle von weit über 100 Experimenten, in denen versucht wurde, die Hypnosefähigkeit entweder durch häufige Wiederholungen von Hypnosesitzungen zu steigern oder mit bewußtseinsändernden Hilfsmitteln anzuheben, die von Musik bis zur Einnahme von Marihuana und LSD reichten. Aber all diese Untersuchungen zeigen, daß es nicht möglich ist, die Hypnosefähigkeit einer Person grundlegend zu verbessern (s. dazu den Übersichtsartikel von Perry 1977a). Bemerkenswerte Ausnahmen bilden die zunächst geringsuggestiblen Patienten von Vogt (1895) und Erickson (1952), die nach 700(!) bzw. 300(!) Sitzungen eine tiefe Hypnose erfahren konnten.

Die Hypnose grenzt sich von der Entspannung auch durch die Intensität ab, mit der der Entspannungszustand des Körpers erfahren wird. Sowohl von Patienten, die das AT kennen, als auch von Kollegen, die Erfolg mit dem AT haben, höre ich nach der ersten Hypnose häufig, daß der Zustand der Entspannung mit Hypnose *schneller und tiefer* erreicht wird als mit dem AT. Vermutlich hängt dies mit der individualisierten Vorgehensweise der Hypnose zusammen, die nicht reine Verbalsuggestionen („Rechter Arm wird schwer“) verwendet, sondern mit Imaginationen arbeitet, die möglichst aus dem Erleben des Patienten stammen sollten. Darüber hinaus muß der Patient in der Hypnose nicht selbst verbalisieren und kann damit – anders als im AT – die dazu erforderliche logisch-kontrollierende Ebene leichter verlassen.

Das dritte und m.E. wichtigste Argument gegen die Gleichsetzung von Hypnose und Entspannung ist die größere *Vielfalt* hypnotischer Reaktionen und Erfahrungen, von denen die Entspannungsreaktionen nur einen Teil darstellen. Dies zeigte sich etwa in einer Untersuchungsanordnung, in der die Probanden mit offenen Augen auf einem Ergometer radfahren sollten (Bányai u. Hilgard 1976). Obwohl hier eine körperliche Entspannung nicht eintreten konnte, war es dennoch möglich, hypnotische Phänomene – etwa visuelle Halluzinationen – zu erzeugen. Das Erleben von Hypnose ist also nicht abhängig von einem körperlich entspannten Zustand, sondern ist auch bei geöffneten Augen und körperlicher Bewegung möglich.

Hier muß man etwas in Frage stellen, was zuvor behauptet wurde – daß nämlich das trophotrope Reaktionsmuster typisch für die Hypnose sei. Entscheidend für die Hypnose ist im Grunde genommen nicht die Entspannung, sondern die Veränderung der „inneren Realität“, die wir auch mit Phantasietätigkeit, Vorstellungen, Imagination umschreiben können. Wenn der Patient etwa in seiner inneren Realität einen beruhigenden Spaziergang am Meer unternimmt, den Sonnenuntergang genießt und Suggestionen von Ruhe und tiefer Gelassenheit erhält, so wird er die entsprechenden körperlichen Reaktionen zeigen, die wir mit einer solch entspannten Gefühlslage verbinden. Führen wir ihn hingegen in Hypnose zurück in eine aufwühlende Situation aus seiner Kindheit, in der er etwa ungerecht behandelt wurde, oder wird ihm ein Gefühl von Zorn suggeriert, so erhalten wir eine andere körperliche Reaktion, nämlich genau das Gegenteil der trophotropen Reaktion, die wir im Zusammenhang mit der Meeresszene erzielt haben. Der in der Hypnose erlebte Zorn wird zum sog. ergotropen Reaktionsmuster führen, d.h. zu einer Zunahme von Atem- und Herzschlagrate, von Blutdruck und Streßhormonen etc.

Wir sehen also, daß – anders als bei Entspannungsverfahren wie dem AT – die Hypnose nicht durch den körperlichen Zustand definiert ist, sondern durch das intensive Erleben einer veränderten inneren Realität, die an die Stelle der realen Situation tritt. Die körperlichen Reaktionen, die dabei auftreten, können sehr verschieden sein. Da aber die therapeutische Arbeit mit Hypnose in der Regel in einer tiefen Entspannung durchgeführt wird, ist es wohl berechtigt, das trophotrope Reaktionsmuster als typisch für die Hypnose anzunehmen.

Hypnose führt also zu physiologischen und subjektiven Veränderungen, die auch mit anderen Verfahren wie Entspannung und Meditation zu erzielen sind. Der Begriff „Hypnose“ sollte daher nicht zur Kennzeichnung eines einzigartigen Bewußtseins- und physiologischen Zustandes verwendet werden, sondern zur Bezeichnung einer Methode, mit der – wie mit anderen Methoden auch – ein veränderter Bewußtseinszustand (Trance) erzeugt wird. Für therapeutische Zwecke bietet die Hypnose allerdings den Vorteil der größeren Flexibilität und Intensität.

Daß zum Erreichen eines hypnotischen Zustandes – wie oben erwähnt – kein Training erforderlich ist, zeigt sich auch in einem anderen Zusammenhang. Wir konnten beobachten, daß die Zahl der weißen Blutkörperchen nach Hypnose für etwa eine halbe Stunde um durchschnittlich 25% absinkt. Ein vergleichbarer Effekt wurde auch von einer Forschungsgruppe aus Israel berichtet (Melmed et al. 1987). Während wir diese Veränderung des Blutbildes ohne Vortraining der Probanden allein durch eine 25minütige Hypnose erzielten, führten die israelischen Forscher bei ihren Probanden ein Entspannungstraining über 3–4 Wochen mit 3–4 Sitzungen pro Woche durch, um den gleichen Effekt zu erreichen. Und damit sind wir bei dem Einfluß der Hypnose auf die weißen Blutkörperchen, dem Thema des nächsten Abschnitts.

Einfluß der Hypnose auf die Leukozyten

Hall (1983) erregte bei Hypnotherapeuten und Psychoimmunologen gleichermaßen großes Interesse mit dem Bericht über ein Experiment, in dem die Probanden in Hypnose visualisieren sollten, daß ihre weißen Blutkörperchen wie mit Zähnen bewehrte Haie schwache, Infektionen verursachende Keimzellen angreifen und zerstören würden – also mit Visualisierungsinhalten arbeiteten, wie sie auch von Simonton et al. (1980) bei der Krebstherapie angewendet werden. Dabei zeigte sich bei hochsuggestiblen Probanden ein signifikantes Ansteigen von Lymphozyten nach Hypnose. Dieses Ergebnis wurde als eine Verbesserung von Immunfunktionen durch Hypnose angesehen und diente geradezu als wissenschaftlicher Beleg für die Möglichkeit einer erfolgreichen hypnotherapeutischen Behandlung von Krebs. Im Sommer 1986 unternahmen wir ein ähnliches Experiment, in dem 19 hoch- und geringsuggestiblen Probanden, deren Hypnosefähigkeit zuvor mit Hypnosetests bestimmt worden war (Bongartz 1985c), vor und nach einer 25minütigen Hypnose kapilläre Blutproben entnommen wurden (Bongartz 1986). Anders als in der Arbeit von Hall war nach Hypnose ein drastisches Absinken der Leukozyten zu beobachten, bei einigen Probanden um mehr als 40%. Die Abnahme der Leukozytenzahl war nur kurzfristig und konnte nach 15 min durch ein leicht belastendes Videospiel wieder aufgehoben werden. Diese Effekte waren nur bei den hochsuggestiblen Probanden statistisch signifikant, nicht jedoch bei den geringsuggestiblen Personen. Allerdings ist die Hall-Arbeit mit unserer Studie nur bedingt vergleichbar: wir bestimmten die Zahl aller weißen Blutkörperchen (Leukozyten) und nicht – wie Hall – nur die Lymphozyten, die eine Subpopulation (25–40%) der Leukozyten darstellen. In einer weiteren Studie schauten wir uns auch das Differentialblutbild an, welches die 3 großen Untergruppen der Leukozyten beinhaltet, nämlich polymorphkernige Leukozyten, Monozyten und Lymphozyten. Dabei zeigte sich dann, daß – im Gegensatz zu Hall – auch die Lymphozyten nach Hypnose absanken (Bongartz et al. 1987). Verschiebungen im Differentialblutbild traten nicht auf.

Der zur Erklärung der konträren Ergebnisse entscheidende Unterschied zwischen beiden Arbeiten liegt in den unterschiedlichen hypnotischen Suggestionen: während man Halls Probanden Vorstellungen aggressiven Inhalts suggeriert hatte („weiße Blutzellen fressen wie Haie weiche Krebszellen auf"), wurden unseren Probanden entspannende Vorstellungen suggeriert (Spaziergang am Strand etc.). Vorstellungen emotional aktivierenden Inhalts führen zu einer Aktivierung der sympathikusgesteuerten Körperfunktionen (Lang 1979), während nach Entspannung und Hypnose eine Dämpfung auftritt (Edmonston 1981). Daher lag die Vermutung nahe, daß die Leukozytenzahl im peripheren Blut vom sympathischen Erregungsniveau abhängt. Diese Vermutung wird gestützt durch Arbeiten, die ein Ansteigen der Leukozytenzahl nach Injektion von Adrenalin, einem Sympathikuswirkstoff, berichten (Loepes u. Crouzon 1904; Steel et al. 1971). Die Beziehung zwischen Sympathikus und Leukozyten wird auch durch eine Arbeit von Miles et al. (1985) belegt, die eine Veränderung der Rezeptordichte auf den Lymphozyten (u.a. der β-Rezeptoren) nach Sympathikusablation (Sympathektomie/Axotomie) berichten.

Bei der Suche nach Literatur zur Beziehung zwischen zentralem Nervensystem und Leukozytenzahl fanden wir dann weitere Arbeiten, die zur Annahme einer Beziehung zwischen zentral vermittelter Sympathikusaktivierung und Leukozytenzahl passen: Wittkower (1929) berichtet Änderungen in der Leukozytenzahl nach hypnotischer Suggestion verschiedener Emotionen (Trauer, Angst), insbesondere einen starken Anstieg nach suggerierter Eifersucht. Leider geht aus seinem kurzen Artikel nicht hervor, welche Emotionen mit einem Absinken der Leukozyten verbunden waren. Von einer klassisch konditionierte Zunahme von Leukozyten bei Verwendung von „Schmerz" als unkonditioniertem Reiz berichten 2 russische Autoren (Jarzew 1947;

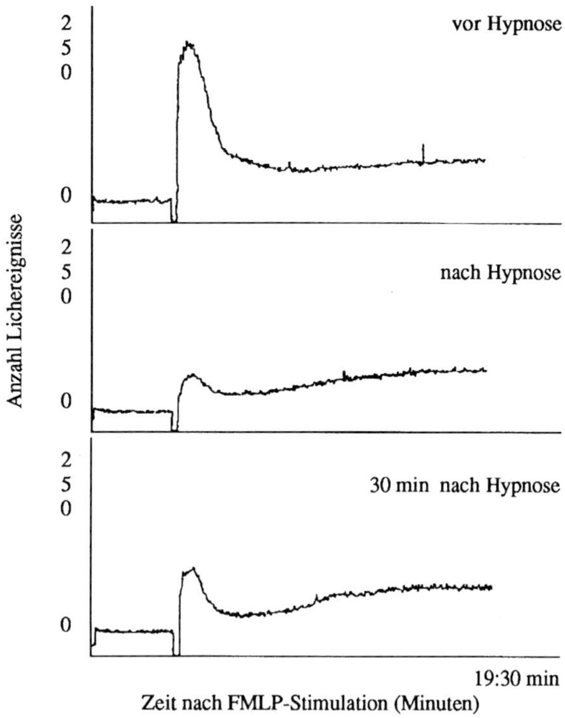

Abb. 7.1. Anzahl von Lichtereignissen („chemiluminescent counts") bei Stimulation von polymorphkernigen Leukozyten mit FMLP in Abhängigkeit von der Zeit nach der Stimulation für Vollblutproben unmittelbar vor und nach Hypnose sowie 30 min nach Hypnose. Analoge Daten lagen von einem 2. Probanden vor.

Belenki 1950, zit. in Bykow u. Kurzin 1966). Bei gestreßten Studenten (mündliche Prüfung) fanden Dorian et al. (1982) eine Zunahme der Lymphozytenzahl, die nicht mit Änderungen der Konzentration des Plasmakortisols zusammenhing.

Um den vermuteten Zusammenhang zwischen sympathischer Erregung und Leukozytenzahl zu belegen, haben wir in der schon erwähnten Studie (Bongartz et al. 1987) auch den Vanillinmandelsäure (VMA)-Spiegel im Urin vor und nach Hypnose sowie unter Kontrollbedingungen erhoben. Die Konzentration der VMA, einem Katecholaminmetabolit, wurde als Indikator für das sympathische Erregungsniveau verwendet. Dabei zeigte sich, daß das Absinken der Leukozytenzahl nach Hypnose einherging mit einem Absinken der VMA. Auch wenn wir das Absinken der Leukozytenzahl nach Hypnose verläßlich replizieren konnten, traten doch immer wieder Bedenken auf, ob dieser Befund nicht doch einen Artefakt darstellen könnte. Es war daher wünschenswert, den Effekt auch mit einer anderen Methode nachweisen zu können. Mit Unterstützung von Prof. Volker Ullrich, Fachgruppe Biologie der Universität Konstanz, war es möglich, bei 2 Probanden Änderungen in der Granulozytenzahl auch mit einem Chemielumineszenzverfahren nachzuweisen (Bongartz 1987a). Das Blut wurde dabei nicht aus dem Ohrläppchen, sondern aus der Armvene entnommen, und zwar vor und unmittelbar nach der Hypnose sowie nach einem folgenden halbstündigen, leicht belastenden Videospiel. Nach Stimulation der Blutproben mit FMLP wurde die – durch Oxidationsvorgänge erzeugte – Lumineszenz quantifiziert. Unter bestimmten Einschränkungen sollte die nach Stimulation entstandene Lumineszenz proportional zur Zahl der vorhandenen Granulozyten sein. Die Betrachtung der Amplituden von Abb. 7.1 zeigt, daß sich analog zu unserer ersten Studie (Bongartz 1986) die Amplituden nach Hypnose verringern und nach dem Videospiel wieder ansteigen.

Mechanismus der hypnotisch vermittelten Veränderung

Auch wenn die Frage, ob der zentrale Einfluß auf die kurzfristige Änderung der Leukozytenzahl über das autonome Nervensystem vermittelt wird, abschließend positiv beantwortet werden konnte, bleibt doch die Frage offen, wohin die Leukozyten bei einer Abnahme des sympathischen Erregungsniveaus entschwinden (in einer Größenordnung von immerhin durchschnittlich 25%). Dabei sind mehrere Möglichkeiten denkbar.

Austritt der Leukozyten aus den Blutgefäßen in das Gewebe
Der Austritt von Leukozyten in das Körpergewebe kann zur Erklärung der kurzfristigen Verminderung der Leukozytenzahl nach Hypnose ausgeschlossen werden. Zwar rezirkulieren die Lymphozyten zwischen Blutgefäßen und Lymphsystem etwa 48mal am Tag (Field et al. 1972), der größte Teil der Leukozyten jedoch (ca. 60–75%), die polymorphkernigen Leukozyten sowie die Monozyten, kehrt nach Austritt in das Gewebe nicht mehr in die Blutgefäße zurück (Begemann u. Rastetter 1986). Wir fanden aber bereits in der ersten Studie und auch in einer weiteren (Bongartz 1988; S. Abb. 7.2a, b), daß die Leukozytenzahl nach Hypnose schnell wieder auf das ursprüngliche Niveau zurückkehrt, d.h. die Leukozyten haben die Gefäße gar nicht verlassen.

Zunahme des Plasmavolumens bei konstanter Leukozytenzahl
Das kurzfristige Absinken der Leukozyten nach Hypnose könnte auch mit der Zunahme des Blutplasmavolumens erklärt werden: nimmt nur der flüssige Anteil des Blutes zu, so nimmt der Prozentsatz der „festen“ Komponenten (z.B. Leukozyten) ab. Für diese Hypothese sprechen Befunde, die einen Zusammenhang zwischen Plasmavolumen und Katecholaminkonzentration, die durch Hypnose und Streß beeinflußbar sind, nahelegen (MacKay et al. 1978; Frier et al. 1983). Die intravenöse Infusion von Katecholaminen resultiert in einer Abnahme des Plasmavolumens (Cohn 1966). Bei einer Abnahme der Katecholamine, die nach Hypnose stattfindet, wäre daher eine Zunahme des Plasmavolumens zu erwarten. Dadurch würde der Anteil der Leukozyten in einer erhobenen Blutprobe geringer werden, obwohl die absolute Zahl der Leukozyten in der Zirkulation gleich bliebe. Nach Hypnose würden folglich nicht die Leukozyten absinken, sondern nur das Plasmavolumen zunehmen.

Diese Erklärung kann aber nicht zutreffen, weil die Änderungen des Plasmavolumens relativ geringfügig sind und daher das deutliche, aber kurzfristige Absinken der Leukozyten nicht erklären können. Auch bei drastischer Erhöhung des Katecholaminspiegels über die Provokation einer akuten Hypoglykämie durch intravenöse Insulininjektion beträgt die Änderung des Plasmavolumens nicht mehr als 9%. In einer weiteren diesbezüglichen Untersuchung (Bongartz et al. 1989) fanden wir eine Veränderung des Plasmavolumens nach Hypnose um nur 2%, die das Absinken der Leukozyten um etwa 25% nicht erklären kann. Unter den Bedingungen unseres Experimentes konnte die Bestimmung der Änderungen des Plasmavolumens aus den Änderungen von Hämatokrit und Hämoglobin nach der Formel von Strauss et al. (1951) erfolgen (Greenleaf et al. 1979).

Zunahme der Leukozytenzahl im Gefäßrandpool
Die Gesamtzahl der Leukozyten in den Blutgefäßen besteht aus den Leukozyten, die sich in der Zirkulation befinden (zirkulierender Pool) und denen, die am Gefäßendothel abgelagert sind (Randpool). Bei den polymorphkernigen Leukozyten und den Lymphozyten ist das Verhältnis zwischen Randpool und zirkulierendem Pool etwa 1:1, bei den Monozyten 4,5:1 (Begemann u. Rastetter 1986). Möglicherweise wird durch die hypnotische Minderung der sympathischen Erregung das Verhältnis zwischen zirkulierendem Pool und Randpool verändert. Mit einer Blutprobe werden jedoch nur die Leukozyten im zirkulierenden Pool erfaßt. Sollten sich daher während der Hypnose vermehrt Leukozyten am Gefäßendothel anlagern, würde die Minderung der Leukozytenzahl in der posthypnotischen Blutprobe nicht bedeuten, daß die Gesamtzahl der Leukozyten in den Blutgefäßen abgenommen hätte, sondern nur, daß sich der zirkulierende Anteil verringert hätte. Die Änderung des Verhältnisses zwischen Rand- und zirkulierendem Pool könnte dabei durch den sympathisch bestimmten Katecholaminspiegel im Blut geregelt sein: Athens et al. (1961) haben in einer Untersuchung mit radioaktiv markierten Leukozyten gezeigt, daß nach Injektion von Adrenalin eine Verschiebung der Leukozyten vom Rand- zum zirkulierenden Pool stattfindet, wobei die Gesamtzahl der Leukozyten in den Blutgefäßen konstant bleibt.

Zur Prüfung der Annahme, daß die Leukozytenzahl im zirkulierenden Blut vom sympathischen Erregungsniveau abhängt, führten wir ein Experiment durch, in dem die Probanden nach der Hypnosephase je eine von unterschiedlich aktivierenden Tätigkeiten ausführten, um die Dauer des Anstiegs der Leukozytenzahl nach einer 25minütigen Hypnose zu messen, wurde die Leukozytenzahl im Abstand von jeweils 10 min bis zu 30 min nach Hypnose bestimmt. Sollte die Annahme zutreffen, daß die Leukozytenzahl im peripheren Blut vom sympathischen Erregungsniveau abhängt, so mußte die Dauer des Anstiegs von der sympathisch aktivierenden Qualität der posthypnotischen Tätigkeit nach der Hypnose abhängen. Dies ist der Fall (s. Abb. 7.2a, b). Besteht die Tätigkeit nach Hypnose in körperlicher Aktivität (Kniebeugen), so ist das Ausgangsniveau der Leukozytenzahl schon nach 24 min erreicht, während dies bei einem leicht belastenden Videospiel 82 min, und beim Lesen einer Zeitschrift 157 min dauert (die Zeiten wurden über die entsprechenden linearen Regressionsgleichungen geschätzt). Der kurzfristige Anstieg der Leukozyten ist nicht von Verschiebungen im Differentialblutbild begleitet. Auch Shoenfeld et al. (1981) berichten trotz Anstiegs der Leukozytenzahl nach körperlicher Anstrengung keine Verschiebungen im Differentialblutbild.

Für die erhöhte Anlagerung von Leukozyten an die Gefäßwände (Adhärenz), die die Abnahme der Leukozyten nach Hypnose in der Blutprobe bedingt, kommen 3 Möglichkeiten in Betracht:

a) *Vermehrte Leukozytenanlagerung durch Senkung des Blutdrucks:* Eine Abnahme des sympathischen Erregungsniveaus bedingt die Senkung von Blutdruck und

Herzschlagrate und damit eine Senkung der Strömungsgeschwindigkeit des Blutes, die zusammen mit anderen Faktoren wie Plasmaviskosität etc. die Leukozytenhaftung am Gefäßendothel beeinflußt. Fung (1984) faßt diese Faktoren in einem mathematischen Modell der kinetischen Endothel-Leukozyten-Interaktion zusammen). Ein Zusammenhang von Leukozytenbewegungen und Herzschlag wird von Mayrovitz et al. (1976) berichtet. Nach einem rein hämodynamischen Erklärungsansatz wäre dann das Absinken der Leukozyten nach Hypnose mit der verringerten Strömungsgeschwindigkeit des Blutes zu erklären, die das Ablagern von Leukozyten am Endothel erleichtert und damit den zirkulierenden Leukozytenpool verringert. McIntire u. Eskin (1984) diskutieren allerdings auch die Möglichkeit, daß bei erhöhter Blutflußgeschwindigkeit die Häufigkeit der Kollisionen zwischen Leukozyten und Endothel steigt und damit auch mehr Gelegenheiten für ein Anhaften von Leukozyten bestehen. Sowohl in unseren Experimenten als auch in der Arbeit von Fosse et al. (1985) zeigte sich kein Zusammenhang zwischen Blutdruck bzw. Herzschlagrate und Änderungen in der Leukozytenzahl.

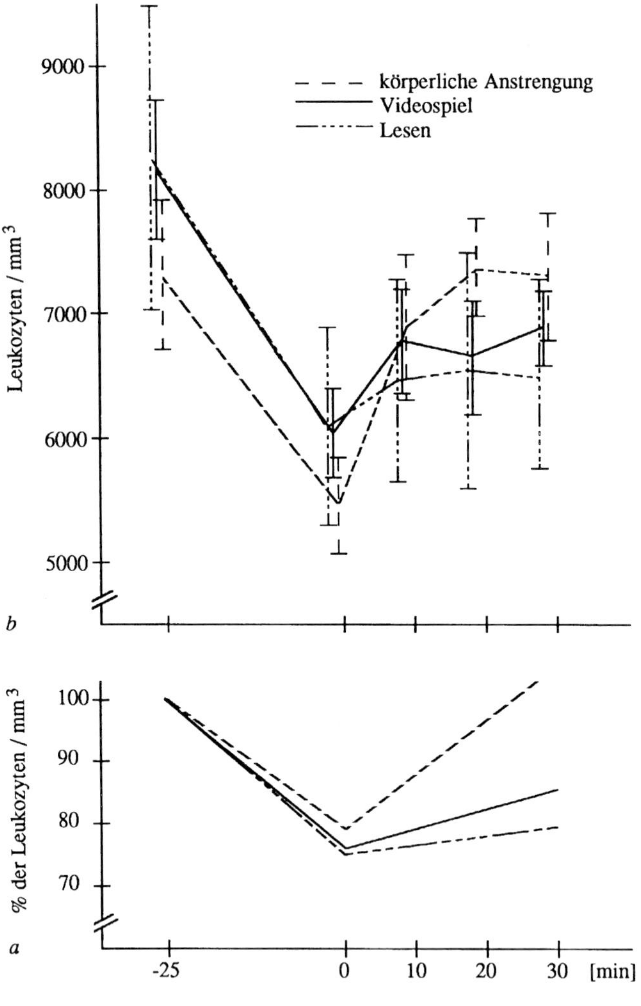

Abb. 7.2.a.b. Absinken der Leukozytenzahl nach Hypnose und Wiederanstieg in Abhängigkeit von der posthypnotischen Tätigkeit (körperliche Anstrengung, Videospiel, Lesen). Der untere Teil a der Abbildung enthält die Regressionsgeraden der entsprechenden oberen Graphen b, die zum besseren Vergleich normiert wurden. (Leukozytenzahl vor der 25minütigen Hypnose = 100%)

In einem weiteren Experiment (Bongartz 1987b) wurde der Blutdruck pharmakologisch verändert: er wurde über *Propranolol gesenkt* (wobei im Sinne der hämodynamischen Hypothese eine Senkung der Leukozytenzahl zu erwarten wäre) oder über *Etilferin* erhöht (Anstieg der Leukozytenzahl). Darüber hinaus wurden noch eine *Placebobedingung* sowie eine weitere Bedingung eingeführt, in der *keine Tablette* gegeben wurde. Generell zeigte sich ein Absinken von Puls und systolischem Blutdruck, und zwar unabhängig von der jeweiligen Bedingung. Das bedeutet, daß die vorsichtig dosierte Medikation keinen Einfluß hatte und das ruhige Sitzen während des Versuchs generell zu einer kardiovaskulären Beruhigung geführt hatte. Das in allen Bedingungen zu beobachtende Absinken von Puls und systolischem Blutdruck war aber nicht von Änderungen in der Leukozytenzahl begleitet, was wiederum bestätigt, daß kein Zusammenhang zwischen Blutdruck bzw. Pulsrate und Änderung in der Leukozytenzahl besteht.

b) *Vermehrte Leukozytenhaftung durch Änderung der Erythrozytenzahl (Hämatokrit)*: Es liegen einige Arbeiten vor, die eine Zunahme der Leukozytenadhärenz bei Erhöhung des Hämatokritwertes (Verhältnis des Gesamtvolumens der „gepackten" roten Blutkörperchen zur Menge des Blutplasmas) zeigen, so etwa die In-vitro-Studie von Goldsmith u. Spain (1984), in welcher der Durchmesser der verwendeten Durchlaufpipette sowie die Durchlaufgeschwindigkeit eine Rolle spielen (Gaehtgens et al. 1978; Gaehtgens 1980). Auch wenn die In-vitro-Ergebnisse nur mit Vorsicht auf das Verhalten von Leukozyten in der Zirkulation zu übertragen sind (Gaehtgens et al. 1984), könnten sie doch für die Erklärung der von uns gefundenen Änderung der Leukozytenzahl nach Hypnose bedeutsam sein. Wir meinen, daß der hypnotische Einfluß auf die Leukozytenzahl über das Erregungsniveau des Sympathikus gesteuert ist. Das sympathische Erregungsniveau hat aber auch einen Einfluß auf den Hämatokritwert. Klimes et al. (1984) fanden im Tierversuch nach Streß eine Zunahme des Hämatokritwertes, desgleichen MbangKollo u. DeRoos (1983) nach Infusion des Sympathikuswirkstoffes Noradrenalin. Auch Begemann u. Rastetter (1986) weisen auf eine Zunahme der roten Blutkörperchen nach Streß hin („Streßerythrozytose"). Nun kommt aber zur Erklärung des kurzfristigen Absinkens der Leukozyten nach Hypnose eine sympathisch vermittelte Erhöhung des Hämatokritwertes nicht in Frage, da wir ja gerade wegen der Abnahme der sympathischen Erregung nach Hypnose eine Senkung des Hämatokritwertes voraussagen würden, was sich auch in einer kürzlich abgeschlossenen Studie bestätigte (Bongartz et al. 1989).

c) *Vermehrte Leukozytenhaftung durch Änderung der Endothel-Leukozyten Interaktion:* Die Adhärenz von Leukozyten des Randpools an den Blutgefäßwänden ist sicher nur zu einem geringen Teil, wenn überhaupt, hämodynamisch bestimmt. Sollte das Anhaften von Leukozyten nur hämodynamisch gesteuert sein, so müßten sich auch andere Blutkomponenten am Gefäßendothel anlagern. Dies ist aber beispielsweise bei roten Blutkörperchen nicht der Fall (Begemann u. Rastetter 1986). Die Adhärenz von Leukozyten wird überwiegend durch die biochemische Interaktion zwischen Gefäßendothel und Leukozyt bestimmt: bei Entzündungen wird die Wanderung der Leukozyten zum entzündeten Gewebe durch chemotaktische Faktoren gesteuert. Dem Austritt der Leukozyten durch das Endothel (Diapedese) geht zunächst ein Anhaften der Leukozyten am Gefäßendothel voraus. Die Adhärenz ist durch die Bindung von chemotaktischen Faktoren an die Oberfläche der Endothelzellen bestimmt.

Zu diesen Faktoren, die die *Leukozytenadhärenz erhöhen*, zählen N-Formyl-Methionyl-Leucyl-phenylalanine (Hoover et al. 1980; Charo et al. 1985; Tonnesen etal. 1984), Leukotriene B4 (Hoover et al. 1984) und Leukotriene C4, D4 (McIntyre et al. 1986), Interleukin-1 (Bevilacqua et al. 1985), Thrombin (Zimmerman et al. 1985) sowie das Komplementfragment C5a (Charo et al. 1985; Tonnesen et al. 1984).

Die Einflußnahme des Endothels auf die Leukozytenadhärenz wird weiterhin durch Arbeiten belegt, die eine vermehrte Leukozytenhaftung nach experimenteller Schädigung des Endothels berichten (MacGregor et al. 1980; Bowman et al. 1983, Vercellotti et al. 1983). Eine *Minderung der Adhärenz* von Leukozyten wird durch Arachidonsäure bewirkt, und zwar durch die Arachidonsäuremetaboliten Prostaglandin A2, B2 (Dunn et al. 1986) und Prostazyklin (Boxer et al. 1980a) sowie durch zyklisches Adenosin-monophosphat (cAMP; Bryant u. Sutcliff 1973; MacGregor et al. 1978; Boxer et al. 1980b).

Wenn wir den zentralnervösen Einfluß auf die Senkung der Leukozytenzahl mit einer – sympathisch vermittelten – Zunahme der Leukozytenadhärenz via biochemischer Endothel-Leukozyten-Interaktion erklären wollen, müssen wir unter den oben genannten Substanzen, für die ein Einfluß auf die Haftung der Leukozyten am Gefäßendothel gezeigt wurde, nach solchen suchen, die über den Katecholaminspiegel im Plasma beeinflußbar sind. Prostaglandin E2 (Junstad u. Wennmalm 1973) und cAMP (Boxer et al. 1980b) kommen hierfür in Betracht. Allerdings fanden wir in der Literatur nur Hinweise auf einen Einfluß von Prostaglandin aus der A- und B-Serie auf die Leukozytenadhärenz. Außerdem unterbindet Prostaglandin E2 – nach Mobilisierung durch Noradrenalin – in einer Art negativer Feedbackschleife die weitere Freisetzung von Noradrenalin (Hedqvist 1969).

Ein plausibler Kandidat für die Brücke zwischen Katecholaminen und der Veränderung der Leukozytenadhärenz ist cAMP, das über katecholaminstimulierte β-Rezeptoren der Endothelzellen bereitgestellt wird und die Leukozytenadhärenz vermindert (Buonassisi u. Venter 1976; Herbst et al. 1979; Boxer et al. 1980a). Bei verringerter Adhärenz von Leukozyten wurde auch eine Zunahme des intrazellulären cAMP der Leukozyten gefunden (Boxer et al. 1980b).

Modell des zentralnervösen Einflusses auf das Blutbild

Das starke Absinken der Leukozyten, das wir nach Hypnose gefunden haben, könnte im Rahmen dieser Überlegungen wie folgt erklärt werden: die Suggestion von beruhigenden und entspannenden Vorstellungen führt zu einer Senkung des sympathischen Erregungsniveaus und wird von einer Senkung des Katecholaminspiegels im Blut begleitet. Der Übergang von Vorstellungen und Phantasien in physiologische Änderungen – das sog. Leib-Seele-Problem – stellt eines der klassischen Probleme der Philosophie dar (bei Descartes die Beziehung zwischen Res cogitans und Res extensa). Es befand sich bisher außerhalb des Aussagebereiches der empirischen Wissenschaften und soll auch hier nicht diskutiert werden (vgl. dazu Rossi 1988 und Mayer 1988). Das Verhältnis von Wahrnehmung und Vorstellung hingegen läßt sich empirisch behandeln. Entsprechende experimentelle Untersuchungen zeigen, daß bei Wahrnehmung und Vorstellung des gleichen Inhalts (etwa eines schönen Sonnenuntergangs) dieselben Hirnareale aktiviert sind (s. dazu Farah 1988). Dies läßt vermuten, daß der Organismus zwischen einer in allen Einzelheiten lebendig vorgestellten und einer wahrgenommenen Wirklichkeit nicht unterscheiden kann, und daß er daher sowohl auf den vorgestellten als auf den „wirklich" wahrgenommenen Sonnenuntergang in gleicher Weise reagiert – nämlich u.a.. mit einer Senkung der Katecholamine.

Die Verminderung der Katecholamine führt zu einer Verschiebung von Leukozyten aus dem zirkulierenden Pool in den Randpool, also ein komplementärer Effekt zu dem, den Athens et al. (1961) für die Zunahme des Katecholamins Adrenalin finden. Die Verschiebung von Leukozyten in den Randpool wird durch die verbesserte Fähigkeit der Leukozyten, am Endothel zu haften, bewirkt. Für diese verbesserte Haftfähigkeit der Leukozyten ist möglicherweise die Abnahme von intrazellulärem cAMP verantwortlich. Durch die Zunahme der Haftfähigkeit der Leukozyten reduziert sich die Anzahl der Leukozyten in der Zirkulation und damit auch ihre Zahl in einer entnommenen Blutprobe. Dieses Modell ist in der folgenden Übersicht noch einmal zusammengefaßt.

Modell: ZNS Blut
Zentralnervöser Einfluß auf das Blutbild

Ebene	
kognitiv	Erleben entspannender Situationen in Hypnose
neuronal	Senkung des sympathischen Erregungsniveaus
hormonal	Senkung des Plasmakatecholaminspiegels
intrazellulär	Abnahme von cAMP in der Zelle
Verhalten der Leukozyten	erhöhte Adhärenz der Leukozyten am Gefäßendothel
Blutbild	Abnahme der Leukozytenzahl keine Verschiebung im Differentialblutbild

In der bisherigen Darstellung habe ich pauschal von Leukozyten gesprochen, obwohl sich deren Untergruppen im Hinblick auf Lebensdauer, Größe, Funktion und Herkunft stark voneinander unterscheiden (Weiss 1984). Man mag sich daher wundern, daß so verschiedenartige Zelltypen durch die Senkung der sympathischen Erregung in Hypnose gleichermaßen betroffen sind, indem ihre Zahl im zirkulierenden Blut abnimmt. Aber trotz ihrer Verschiedenheit ist diesen Zellen die temporäre Haftung am Gefäßendothel gemeinsam, wenn auch an unterschiedlichen Orten. So haften die polymorphkernigen Leukozyten überall in den Blutgefäßen, insbesondere in der Mikrovaskulatur der Lunge (Ambrus et al. 1954), während die Lymphozyten vorwiegend in den postkapillären Venolen, den Übergängen vom Blutkreislauf zum Lymphsystem, haften (Pals et al. 1986). Wie wir anhand der Differentialblutbilder fanden (Bongartz 1988; Bongartz et al. 1987), sind alle Leukozytenuntergruppen bei der kurzfristigen Änderung der Leukozytenzahl durch die hypnotische Intervention gleichermaßen betroffen, wobei sich das Differentialblutbild nach Suggestion entspannender Vorstellungen nicht verändert. Dies fand auch schon Wittkower (1929) bei der Suggestion emotional aktivierender Vorstellungen in Hypnose.

Ist die Veränderung der Leukozytenzahl von Bedeutung?

Nach der vorliegenden Literatur und unseren eigenen Untersuchungen scheint es sich bei den Änderungen der Leukozytenzahl nicht um echte Zu- oder Abnahmen zu handeln, sondern nur um eine Umverteilung zwischen den an den Gefäßwänden haftenden Leukozyten und denen in der Zirkulation. Bei Erregung des sympathischen Nervensystems mit entsprechender Zunahme des Katecholaminspiegels nimmt die Haftfähigkeit der Leukozyten ab und damit die Zahl im zirkulierenden Blut sowie in der Blutprobe zu. Dies wird in den Experimenten von Dorian et al. (1982), Hall (1983) und Wittkower (1929) der Fall gewesen sein. In unseren Experimenten, in denen eine Dämpfung des sympathischen Erregungsniveaus erzielt wurde, nahm die Haftfähigkeit zu und damit die Zahl der Leukozyten im zirkulierenden Blut ab. Ob Zu- oder Abnahme, die Zahl der Leukozyten in den Blutgefäßen blieb dabei gleich. Wie steht es nun mit der immunologischen Bedeutung dieser zunächst trivial erscheinenden Änderung der Leukozytenzahl?

Ist eine hypnotische Beeinflussung des Tumorwachstums denkbar?

Insbesondere seit der Arbeit von Hall, der – wie oben berichtet – eine Zunahme von Lymphozyten nach Hypnose findet, wird vermutet, daß durch die Vermehrung von T-Zellen mittels Hypnose eine Krebsbekämpfung möglich sei. Doch diese Möglichkeit ist äußerst fraglich. Zum einen ist die Zunahme der weißen Blutkörperchen, wie wir gesehen haben, nur eine scheinbare. Zum anderen sind zu dem Zeitpunkt, zu dem eine Krebserkrankung diagnostiziert wird, die Ansammlungen von Krebszellen vermutlich schon zu massiv, als daß natürliche Killerzellen und T-Zellen noch etwas ausrichten könnten. Zudem ist das Modell für die Krebsentstehung, das hinter diesem Behandlungsansatz steht, vermutlich nicht zutreffend. Dieses Modell sieht so aus: In einer Lebensphase mit großer psychischer Belastung ist das Immunsystem geschwächt. Dadurch gelingt es Krebszellen, der Überwachung und Vernichtung durch das Immunsystem zu entkommen und es können sich in der Folge Krebstumore bilden. Würde diese plausible „Schwächung-der-Überwachung"-Hypothese zutreffen, dann sollte in Organismen, deren Immunsystem extrem geschwächt ist, viel häufiger Krebs – und dabei nicht nur eine Art von Krebs, sondern die verschiedensten Krebsarten – entstehen, als in Organismen mit intaktem Immunsystem. Dies ist aber nicht der Fall: bei Mäusen, bei denen das äußerst wichtige T-Zellen-System völlig fehlt, tritt Krebs genauso häufig auf, wie bei Mäusen mit gesundem Immunsystem. Bei Patienten, die immunsuppressive Medikamente einnehmen müssen, ist, wenn überhaupt, überwiegend nur ein Krebs des Lymphsystems zu beobachten, was wohl eher auf die Behandlung als auf die Schwächung des Immunsystems zurückzuführen ist (zur Überwachungsfunktion des Immunsystems s. Klein 1982, S. 646f.).

Weniger von der Veränderung der Leukozytenzahlen als vielmehr von den Mechanismen, die die Leukozytenadhärenz steuern, ist eine Modulation immunologischer Prozesse zu erwarten. Damit bei Entzündungen die – auch für die spezielle Immunabwehr als antigenpräsentierenden Zellen wichtigen – Monozyten und die polymorphkernigen Leukozyten zum entzündeten Gewebe gelangen können, müssen sie vor der Auswanderung in das Gewebe am Gefäßendothel anhaften. Daher ist für die Immunabwehr eine *verbesserte Haftfähigkeit*, die in der Schwangerschaft und bei Entzündungen erhöht ist, notwendig. Der Zusammenhang von Leukozytenadhärenz und Immunabwehr wird auch durch die Arbeit von Krause et al. (1986) unterstrichen, die eine Zunahme bakterieller Infektionen bei verminderter Adhärenz polymorphkerniger Leukozyten berichten. Darüber hinaus gibt es Hinweise, daß sich bei Adhärenz der Leukozyten am Gefäßendothel sowohl die Zytotoxizität (Fähigkeit der Zellen, körperfremde Mikroorganismen abzutöten) von polymorphkernigen Leukozyten (Shasby u. Shasby 1983) als auch die der Endothelzellen (Boogaerts et al. 1982) erhöhen. In diesem Zusammenhang ist es erwähnenswert, daß die Leukozyten im Randpool nicht nur anhaften, um das Blutgefäß zu verlassen, sondern daß ein großer Prozentsatz haften bleibt und dabei in Richtung des Blutflusses mit etwa 4% der Blutströmungsgeschwindigkeit am Endothel entlangrollt (Fung 1984), ohne daß die Bedeutung dieser Form der Endothel-Leukozyten-Interaktion bekannt wäre.

Falls eine Krebsbekämpfung mit Hypnose überhaupt möglich ist, muß der Mechanismus ein anderer sein als die Vermehrung von T-Zellen und natürlichen Killerzellen. Geeignetere Kandidaten für einen solchen Mechanismus sind körpereigene Substanzen, die Krebstumore bekämpfen wie TNF („tumor necrosis factor") und andere. Und in diesem Zusammenhang taucht auch wieder das Adhärenzphänomen auf. TNF steuert nämlich auch die Haftung der Leukozyten an den Gefäßwänden, wobei eine Zunahme von TNF mit einer Zunahme der Haftfähigkeit von Leukozyten einhergeht (Bevilacqua et al. 1986; Gamble et al. 1985). Wenn psychische Vorgänge, wie etwa in Hypnose erlebte aggressive oder beruhigende Szenen, die Adhärenz von Leukozyten beeinflussen, können sie dann – so möchte man spekulativ fragen – nicht vielleicht auch den mit dem Adhärenzphänomen zusammenhängenden „tumor necrosis factor" beeinflussen? Empirische Befunde gibt es dazu zur Zeit noch nicht.

Nun habe ich zwar im letzten Abschnitt die immunologische Bedeutung der rein quantitativen Veränderung von Leukozyten in Frage gestellt, möchte aber im Zusammenhang mit der Beeinflussung allergischer Reaktionen durch Hypnose diesen Punkt erneut aufgreifen.

Hypnotische Minderung allergischer Reaktionen

Neben den vielen Fallberichten aus der klinischen Praxis über den positiven Einfluß auf den Verlauf von allergischen Krankheiten hat zum ersten Mal Black Anfang der 60er Jahre auch experimentell die Minderung allergischer Reaktionen (Rötung und Schwellung der Haut) durch Hypnose nachgewiesen (Black 1963a, b). Über welche physiologischen Vorgänge die hypnotische Beeinflussung der allergischen Reaktion geschah, blieb bis heute offen.

Um herauszufinden, ob die hypnotische Änderung der Leukozytenzahl vielleicht eine Rolle bei der verminderten allergischen Reaktion nach Hypnose spielt, provozierten wir in einer Untersuchung (Bongartz 1988) allergische Reaktionen vom verzögerten Typ mit Merieux-Stempeln, wie sie auch der Dermatologe zur Diagnose verwendet. Es nahmen dabei 9 hochsuggestible Probanden an 2 Bedingungen, nämlich Hypnose und Streß (Kopfrechnen im Wechsel mit einer Stroop-Aufgabe), im Abstand

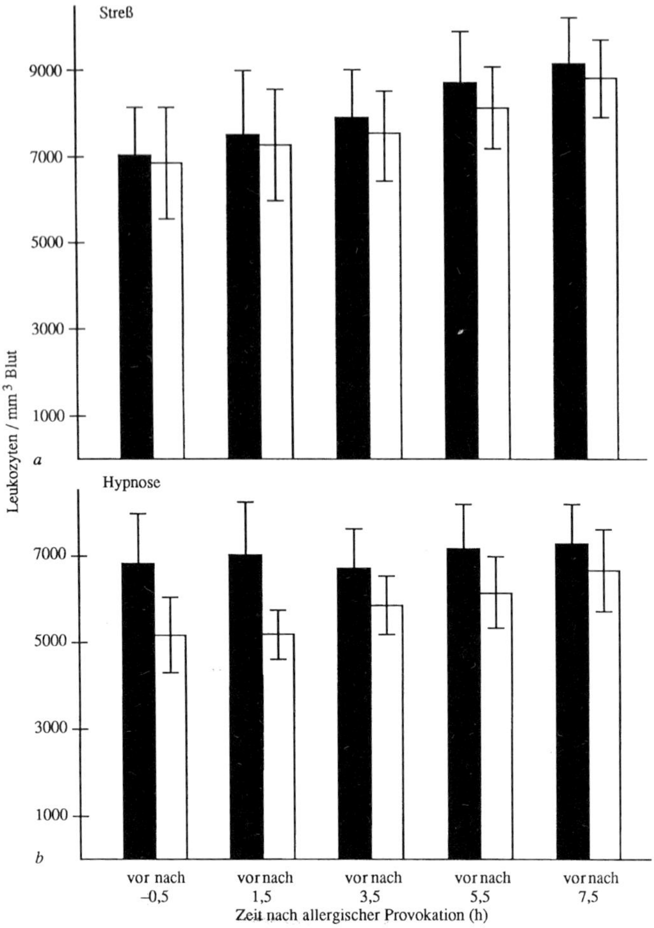

Abb. 7.3.a,b. Anzahl von Leukozyten pro mm^3 Blut in Abhängigkeit von der Zeit nach der Provokation allergischer (verzögerter) Reaktionen jeweils vor und nach Streß a bzw. Hypnose b von je 25 min Dauer.

von 2 Wochen teil. Am 1. Tag der Durchführung wurde morgens die allergische Reaktion provoziert, worauf 5 Hypnosen von je 25 min bzw. 5 Streßphasen im Abstand von je 1,5 h folgten. Jeweils vor und nach einer experimentellen Phase (Hypnose bzw. Streß) wurde eine Blutprobe zur Bestimmung des Differentialblutbildes und der Gesamtleukozytenzahl entnommen.

Die Wiederholung der Streßphasen führte – im Vergleich zur Hypnosewiederholung – zu einer signifikanten Erhöhung der Leukozyten (s. Abb. 7.3a, b) vom Morgen bis zum Abend. Diese für uns neuartige, verzögerte Änderung der Leukozytenzahl bestand bei der Streßbedingung in einer echten Zunahme der Leukozyten: am Abend waren diese um etwa 2000 Leukozyten/mm^3 Blut angestiegen. Diese verzögerte Änderung der Leukozytenzahl über den ganzen Tag war unabhängig von der kurzfristigen Änderung (unmittelbar nach Hypnose bzw. Streß), die wir aus den vorhergehenden Experimenten kannten. Es bestand keine signifikante statistische Interaktion zwischen der kurzfristigen Änderung (vor/nach) und der verzögerten (Wiederholung

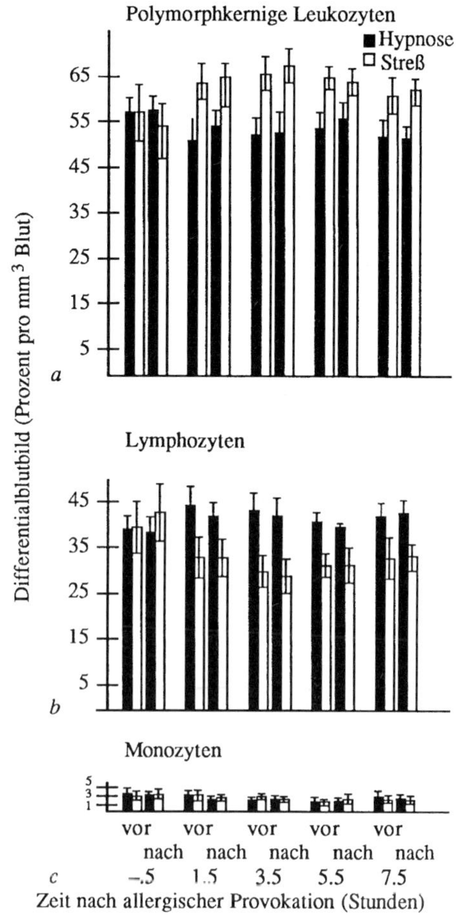

Abb. 7.4 a–c Prozentualer Anteil von polymorphkernigen Leukozyten, Lymphozyten und Monozyten an der Gesamtleukozytenzahl in Abhängigkeit von der Zeit nach der Provokation allergischer (verzögerter) Reaktionen jeweils vor und nach Hypnose bzw. Streß von je 25 min Dauer

der Phasen). Die kurzfristige Änderung, d.h. die Abnahme der Leukozyten unmittelbar nach Hypnose bzw. Streß war hingegen für die Hypnosebedingung wieder signifikant größer.

Von der kurzfristigen Änderung der Leukozytenzahl wußten wir, daß die Subpopulationen der Leukozyten (Lymphozyten, Monozyten, polymorphkernige Leukozyten) gleichermaßen betroffen waren, d.h. es traten keine Differentialblutbildverschiebungen auf. Werden nun von der verzögerten Änderung auch alle Untergruppen der weißen Blutkörperchen in gleicher Weise betroffen? Wie Abb. 7.4a–c zeigt, ist dies nicht der Fall. Hier kommt es zu Verschiebungen im Differentialblutbild ab der 2. Wiederholung, also etwa 1,5 h nach der 1. Hypnose-/Streßphase: in der Hypnosebedingung hat der Anteil der Lymphozyten (T-, B-Zellen) signifikant zu- und der Anteil der polymorphkernigen Leukozyten signifikant abgenommen, während in der Streßbedingung der komplementäre Effekt zu beobachten ist, nämlich eine Abnahme der Lymphozyten und Zunahme der polymorphkernigen Leukozyten.

Die Verschiebungen im Differentialblutbild gehen jedoch nicht mit der kurzfristigen Änderung der Leukozytenzahl einher: Nach der 1. Hypnose bzw. dem 1. Kopfrechnen zeigt sich keine Differentialblutbildverschiebung. Dies war aufgrund der vorhergehenden Experimente zu erwarten, in denen ebenfalls nach einer einmaligen Hypnose bzw. Kopfrechnen keine Verschiebungen des Blutbildes auftraten. Bei der 2. Hypnose-/Streßphase treten die Verschiebungen im Differentialblutbild schon *vor* der Hypnose bzw. vor dem Kopfrechnen auf, sind also eine Reaktion auf die erste Hypnose bzw. das *erste* Kopfrechnen. Wie Abb. 7.4a–c zeigt, ist das Muster der Verschiebungen bei den folgenden Wiederholungen durch die kurzfristige Änderung der Leukozytenzahl (vor/nach) nicht betroffen.

Nun hatten wir in der Untersuchung neben den Leukozyten auch das Ausmaß der allergischen Reaktion über die Fläche der geröteten oder geschwollenen Haut gemessen. Dabei zeigte sich in der Hypnosebedingung eine geringer gerötete und geschwollene Hautfläche als in der Streßbedingung (s. Abb. 7.5a, b).

Wie können die verzögerten Veränderungen in der Leukozytenzahl mit der Beeinflussung der allergischen Reaktion durch Streß und Hypnose in Zusammenhang gebracht werden? Bei allergischen Reaktionen handelt es sich um entzündliche Reaktionen, bei denen Leukozyten eine wichtige Rolle spielen. Sie werden durch chemotaktische Faktoren aus den Blutgefäßen heraus in das Gewebe zu den befallenen Hautstellen „gelockt" und geben dort lysosomale Enzyme und biochemisch hochaktive Substanzen ab (etwa Histamin und Serotonin), welche die Stärke der allergischen Reaktion bestimmen. Polymorphkernige Leukozyten können auch allergische Reaktionen vom verzögerten Typ verstärken. Wenn nun die Zahl dieser Zellen bei Hypnose geringer ist als bei Streß, könnte dadurch – im Vergleich zur Streßbedingung – eine reduzierte allergische Reaktion bewirkt werden. Allerdings haben wir die Leukozyten nicht am Ort des allergischen Geschehens, in der Haut oder dem Gewebe beobachtet, sondern weit davon entfernt, in den Blutgefäßen. Daher haben unsere Argumente eher den Status von plausiblen Hypothesen. Es wäre auch denkbar, daß die Unterschiede zwischen Hypnose und Streß mit dem unterschiedlichen Aktivierungszustand der Zellen zu tun haben, also mit einem qualitativen Merkmal. Auch wenn eine abschließende Bewertung unserer Befunde noch nicht möglich ist, deutet sich hier doch zumindest eine mögliche Erklärung für die Reduktion allergischer Reaktionen durch Hypnose über den hypnotischen Einfluß auf die Leukozyten an.

Schlußbemerkung

Die physiologischen Änderungen in Hypnose gehen auf eine Senkung der Erregung des sympathischen Nervensystems zurück und werden unter der Bezeichnung „trophotropes Reaktionsmuster" zusammengefaßt, das auch bei Entspannung und bestimmten Formen von Meditation auftritt. Anders als etwa das autogene Training ist Hypnose offenbar nicht trainierbar und scheint schneller und intensiver zu wirken. Zu den physiologischen Änderungen in Hypnose zählt u.a. auch das Absinken von sog. „Streßhormonen" im Blut, die Abnahme von Katecholaminen (Adrenalin, Noradrenalin) sowie von Glukokortikoiden (z.B. Kortisol). Von diesen Hormonen ist bekannt, daß sie die Immunfunktionen der weißen Blutkörperchen herabsetzen. Da-

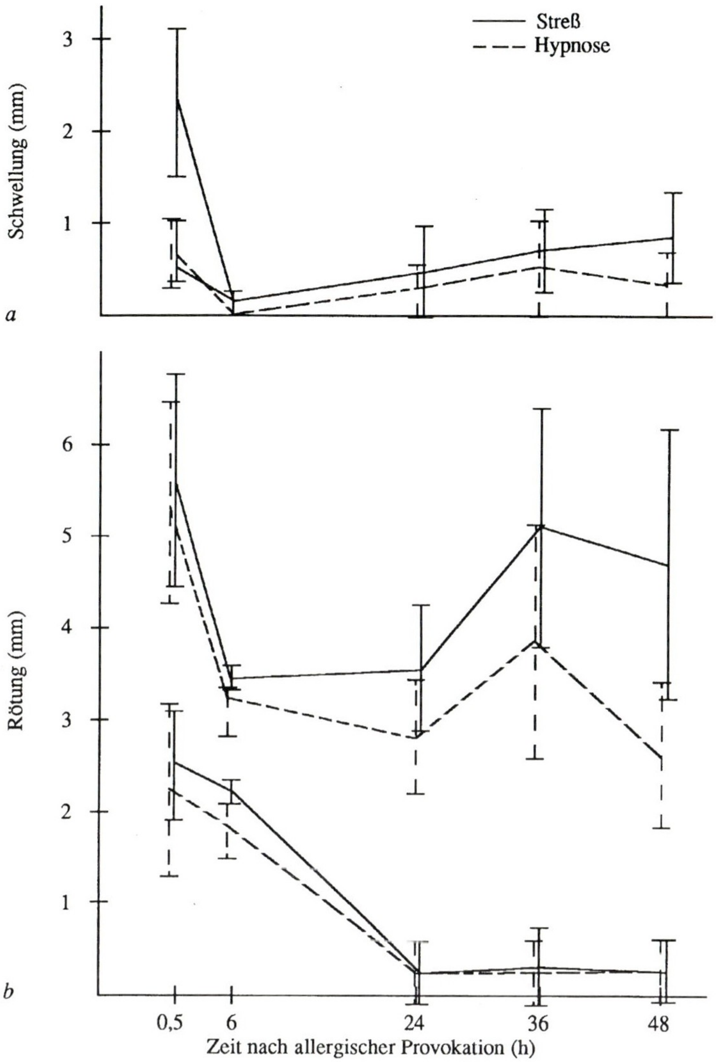

Abb. 7.5 a, b. Fläche der geröteten bzw. geschwollenen Haut in Millimetern in Abhängigkeit von der Zeit nach der Provokation allergischer (verzögerter) Reaktionen mit Merieux-Stempeln. Die im unteren Teil der Abbildung (Rötung) liegenden beiden Kurven beziehen sich auf einen Kontrollstempel (Glycerin), der keine allergischen Reaktionen hervorruft. Die entsprechenden Kurven für den Glycerinkontrollstempel sind wegen minimaler Reaktionen (Schwellung in mm) im oberen Teil der Abbildung nicht zu beobachten – außer für Hypnose 30 min nach allergischer Provokation

durch werden die Phagozytosefähigkeit von Leukozyten, die Proliferationsrate von Lymphozyten und deren Zytotoxizität (T-Zellen), die Produktion von und die Reaktion auf Mediatoren (Lymphokine) sowie die Potenz der Antikörperbildung (B-Zellen) beeinträchtigt. Da die Konzentration dieser Hormone durch Hypnose gesenkt wird, wäre zu erwarten, daß die Immunfunktionen der weißen Blutkörperchen durch Hypnose günstig beeinflußt werden, wofür aber zur Zeit noch empirische Belege fehlen.

8. Technik der Hypnose

Dirk Revenstorf

In den vorangehenden Kapiteln wurden die Phänomene der Hypnose (Kap. 3), Spekulationen über ihr Wesen (Kap. 4 und 5) und einige physiologische Korrelate diskutiert (Kap. 6 und 7). Es bleibt etwas über die Herstellung der Trance zu sagen, insbesondere zur Technik ihrer Einleitung sowie zu Strategien der Nutzung in der Therapie. Man könnte von einer Kunst der Hypnose sprechen – aber auch jede Kunst erfordert Technik. Wenn man Hypnose als besonderen Zugang zur Informationsverarbeitung auf kognitiver, emotionaler und physiologischer Ebene begreift, so ergeben sich spezifische Ziele, die für diese Therapieform kennzeichnend sind.

1) Unterbrechung gewohnter Muster,
2) Veränderung physiologischer Prozesse,
3) Anregung einer szenischen Vorstellung,
4) Auslösung innerer Suchprozesse,
5) nachträgliche Bearbeitung negativer Erfahrungen,
6) Erschließung von Ressourcen,
7) Transformation von Störungen und Symptomen.

Die folgenden Abschnitte zeigen, daß diese Ziele in den einzelnen Anwendungsbereichen jeweils unterschiedlich betont werden. Einige Beispiele mögen dies vorab verdeutlichen.

Ziele der Hypnose

Die *Unterbrechung* gewohnter Muster kann sowohl motorische Reaktionen (z.B. Tics) als auch emotionale Reaktionen (etwa depressive Unterschätzung der eigenen Möglichkeiten) betreffen. Hierzu ein Beispiel:

Ein 27jähriger Mann war nach 7jähriger Beziehung von seiner ersten Freundin verlassen worden. Er hatte daraufhin einen Selbstmordversuch unternommen und war wegen depressiver Verstimmung in die Klinik eingeliefert worden. Sein Studium unterbrach er für 2 Jahre. Bezüglich seiner Freundin standen Gedanken im Vordergrund wie: „diese oder keine“ bzw. „keine ist so wie sie“. Durch geeignete Metaphern (vgl. Metapher 2 im Induktionsbeispiel S. 173) gelang es ihm, diese Haltung hinter sich zu lassen und unerwartet bei einer Party auf eine Frau zuzugehen, um sie schließlich als neue Partnerin zu gewinnen (vgl. Revenstorf 1987).

Abb. 8.1. Fingerpulsvolumen während der Hypnose Induktion und anschließender Suggestion zur Dilatation der Gefäße. (Nach Conn und Mott 1984)

Die Veränderung *physiologischer* Prozesse wird am einfachsten an Entspannungsreaktionen deutlich, die man auch durch Hypnose herbeiführen kann. Daß sich speziell die Durchblutung relativ gut beeinflussen läßt, wird am Fall einer Patientin mit M. Raynaud deutlich, die durch die Vorstellung weitaufgedrehter Ventile in den Adern ihrer Hände und Finger die Durchblutung deutlich steigern und dadurch ihre Symptome lindern konnte (Conn u. Mott 1984; s. Abb. 8.1).

Die Anregung der *Vorstellung* ist neben der Betrachtung körpereigener Vorgänge (Zirkulation, Atmung, Metabolismus, Zellwachstum usw.) auch zur Vorwegnahme schwieriger Situationen nützlich, wie folgende kurze Fallschilderung verdeutlichen mag:

Eine alleinstehende Mutter wird in den nächsten Wochen das 3. Kind aus dem Hause entlassen: ihr 18jähriger Sohn reist zum Studienort ab. In einer szenisch detailliert ausgestalteten Vorstellungsübung des Abschiedstages mit seinen einzelnen Abschnitten durchlebt sie emotional die Vorbereitung auf die Trennung, den Schmerz des Abschieds, die Trauer über das Alleinsein sowie die positive Perspektive der Neugestaltung ihres Lebens durch neue Aktivitäten und die Reaktivierung von Freundeskontakten. Durch diese Art der „Bahnung" werden die dabei auftretenden Gefühle als bewältigbar und sogar mit positiven Konsequenzen verbunden erlebt.

Die Anregung von *Suchprozessen* ist vielleicht das wichtigste Ziel der Hypnotherapie. Im Gegensatz zu konvergenten Lösungsversuchen, die sich einer rationalen Analyse bedienen, wird in dem als „Reframing" bezeichneten Verfahren auf bildlicher Ebene eine Problemdarstellung samt einem Perspektivenwechsel angestrebt. Dazu folgende Fallskizze.

Eine Frau lebt seit 10 Jahren mit einem 30 Jahre älteren Mann zusammen, der sich von seiner ersten Frau nicht hat scheiden lassen, obwohl er mit der zweiten 2 Kinder hat. Sie erlebt sich als nicht gleichberechtigt. In der Trance findet sie für ihre Unterlegenheit als Bild eine Uhrfeder, die sich aufrollt, wenn sie unter Druck gerät, die ihre zurückgehaltene Energie symbolisiert. Die weitere Betrachtung ergibt, daß sie diese Uhrfeder als Möglichkeit ansehen kann, die konservierte Energie freizusetzen, indem sie die Feder jederzeit entrollen und nutzen kann, wenn keine Reibungsverluste zu erwarten sind. Sie sagt später: „Seit ich ihn lasse, läßt er mich" (Revenstorf 1986a).

Die Bearbeitung *negativer Erfahrungen* kann auf zweierlei Weise geschehen: können traumatische Erlebnisse, die eine stark affektive Reaktion auslösen, in ihrer Wirkung abgeschwächt werden, indem man eine bestimmte Komponente der Erinnerung dissoziiert.

Wenn man sich beispielsweise eine bedrohliche Streitszene vorstellt, in der die Stimme des Gesprächspartners starke, negative Emotionen auslöst, kann man in der Reaktivierung der Erinnerung die akustische Komponente der Erfahrung dissoziieren: der Klient stellt sich vor, er würde wie im Auto – eine Scheibe hochdrehen und die andere Person dann nur noch gestikulierend, quasi als eine Karikatur erleben.

Auf der anderen Seite können Erfahrungsdefizite in der Trance durch eine abgewandelte Rekonstruktion ausgeglichen werden. Ein bekanntes Beispiel hierzu ist Ericksons Geschichte vom „Februarmann" (Erickson u. Rossi 1989).

Einer depressiven Krankenschwester wird in den Trancesitzungen suggeriert, daß sie wieder in ihrer Kindheit lebe (wo ihr Vater nicht präsent war). An seiner Stelle wird nun eine fiktive Person eingeführt (die in gewissem Sinne mit der Person des Therapeuten identisch ist), die sie gelegentlich besucht und mit ihr Dinge bespricht, etwas – was sie damals sehr vermißt hat.

Die Erschließung von *Ressourcen* ist ebenfalls ein häufig angestrebtes Ziel der Hypnose. Durch Rekapitulation von Erinnerungen wird eine frühere Erfahrung aufgesucht, in der die Person eine positiv bewertete Befindlichkeit oder Handlungsmöglichkeit hatte, die zu der Problemsituation, die sie jetzt nicht zu bewältigen meint, passend ist. Sinngemäß entspricht dies der Gegenkonditionierung bei phobischen Reaktionen und wird im NLP als „Kollabieren von Ankern" bezeichnet (s. Transkript unten).

Ein weiterer Anwendungsbereich der Hypnose dient der Transformation psychosomatischer Störungen. Normalerweise wird das körperliche Symptom als lästig oder fremd eingeordnet. Wenn eine psychogene Beteiligung sichergestellt ist, kann man diesem Symptom eine Bedeutung geben, etwa die einer Signalfunktion.

So entwickelte ein Mann im Alter von 55 Jahren eine Herzneurose, die mit Herzschmerzen und starkem Anstieg der Pulsrate verbunden war, und zwar immer dann, wenn er Auto fuhr oder sich in berufliche Situationen begab. Als Umdeutung dieser störenden Symptome konnte ihm suggeriert werden, daß sie äußerlich der Erscheinung eines Herzinfarkts ähnelten und ihm das Herz damit signalisieren wolle, daß er diesem fatalen Resultat seiner Tendenz, sich zu überarbeiten, entgegenwirken müsse. Nach einer elaborierten Induktion mit derartigen Suggestionen und einer gemeinsamen Sitzung mit dem Ehepartner entwickelte der Mann schließlich eine neue Lebensphilosophie, die mit weniger Arbeit, häufigerem Urlaub und dem Gedanken an eine vorzeitige Pensionierung verbunden war (Revenstorf 1990).

Der Tradition nach wird die Hypnose als „Zustand" eingeleitet und in der Folge für therapeutische Zwecke genutzt. Diese Nutzung kann grundsätzlich als *Symptomlinderung* oder *Beseitigung* oder als *Behandlung des Problems*, welches das Symptom verursacht, verstanden werden. In beiden Fällen werden bestimmte Strategien benutzt, die weiter unten erläutert werden. Zunächst aber bedarf der Therapeut eines flexiblen Arsenals von methodischen Möglichkeiten, um den Zustand der hypnotischen Trance einzuleiten. Diese Techniken werden im folgenden erläutert.

Wie keine andere Therapieform hat die Hypnotherapie diesen Prozeß kultiviert und expliziert, den man generell als *Folgen und Führen* bezeichnen kann („pacing and leading“; s. Bandler u. Grinder 1976a; Grinder et al. 1977, Lankton u. Lankton 1983; Zeig 1982). Das Prinzip des Folgens und Führens bezieht sich auf alle psychischen Funktionen: auf die Wahrnehmung, das Denken, das Fühlen und den Interaktionsstil des Gesprächspartners:

a) *Wahrnehmung:* Immer noch umstritten (Elich et al. 1985; Graunke u. Roberts 1985) ist die Hypothese, daß es individuelle Präferenzen in der Nutzung der Sinnesmodalitäten des Sehens (V), des Hörens (A) und der Fühlsinne, zusammengefaßt als Kinästhetik (K), gibt (Grinder u. Bandler 1976). Dennoch scheint es eine brauchbare Heuristik zu sein, zu überprüfen, ob der Klient in einem bestimmten Moment – etwa unter Anspannung – eine Bildersprache (z.B. „eine Perspektive gewinnen“), eine akustisch orientierte Sprache („ein deutliches Wort reden“) oder eine kinästhetisch orientierte Sprache („einen Standpunkt vertreten“) besonders gut versteht, um gegebenenfalls am Beginn der Induktion diese Sinnesmodalität sprachlich zu verwenden.
b) *Fühlen:* Man kann Gefühle stark zum Ausdruck bringen oder eher abgeschwächt, in Analogie zum „Sensitizer“ oder „Repressor“ (Byme 1964). Ein „Abschwächer“ wird sich durch starke Ausdrücke überflutet fühlen, während ein „Verstärker“ sich mit vorsichtigen Ausdrücken nicht genügend stimuliert fühlen mag. Zudem werden bestimmte Gefühle individuell bevorzugt. In der Transaktionsanalyse bezeichnet man diese als „Gefühlsmasche“ (vgl. Goulding u. Goulding 1979). Solche Gefühle können als besonders gut eingeübt betrachtet werden (etwa erbost sein, sich schuldig fühlen, gekränkt sein, albern sein usw.).
c) *Denken:* Manche Personen bearbeiten einen Inhalt fokussiert in der Zeit, andere können ihre Aufmerksamkeit diffus auf mehrere Inhalte verteilen. Ein anderes Merkmal des Denkstils ist die logisch-lineare Abarbeitung, verglichen mit der mosaikartig-sprunghaften Bearbeitung. Ein linearer Denker kann durch Gedankensprünge des Gesprächspartners imitiert werden. Ein mosaikhafter Denker dagegen kann sich durch die zu langatmige Behandlung eines umgrenzten Themas eingeengt fühlen. Aber auch die Denkinhalte in Form von Plänen (Grawe et al. 1980) oder irrationalen Ideen (Ellis 1962) können im Sinne des Folgens benutzt werden. Diese Denkinhalte lassen sich in inneren Imperativen fassen, wie etwa: „Man muß dem anderen seine Fehler zeigen“ oder „Ich muß zu allen Menschen eine harmonische Beziehung anstreben“. Den ersten Gedanken könnte man aufgreifen, indem man sagt: „Es ist bemerkenswert, wie wenig Menschen darauf Wert legen, sich richtig entspannen zu können“, oder den zweiten: „Sie werden sehen, wir werden genug Zeit finden, um Ihre Probleme zu bearbeiten“ (vgl. auch Hill et al. 1988). Kontrollattributionen können ebenfalls berücksichtigt werden, etwa externer oder interner „Locus of Control“ (Claiburn u. Dowd 1985, Foon 1986).
d) *Interaktion:* Manche Personen sind es gewohnt, Situationen zu strukturieren, andere neigen dazu, eine vorgegebene Struktur zu übernehmen (Kontrolle ergreifen/abgeben, Tracey 1987). Weitere Interaktionsmerkmale sind Kooperativität bzw. Eigenwilligkeit. Manche Personen werden durch einen Vorschlag stimuliert, eigene Gedanken zu entwickeln, die häufig zunächst im Widerspruch zum Vorschlag stehen. Wenn dies zu erwarten ist, erscheint es sinnvoll, etwas zu suggerieren, dem ruhig zuwidergehandelt werden kann – um vielleicht gerade dadurch dem Ziel einen Schritt näherzukommen (z.B. „Versuchen Sie, die Augen offen zu halten“ oder „Versuchen Sie, nicht sofort die Augen zu schließen“). Jemandem, der es gewohnt ist, die Dinge in die Hand zu nehmen und zu organisieren (Kontrolle zu übernehmen, s. oben), wird man Alternativen vorschlagen, aus denen er selbst wählen kann („Sie können die Augen jetzt oder später schließen“).

Satir (1975) hat 4 Kommunikationstypen charakterisiert, die entweder die eigenen Belange, den Gesprächspartner oder den Kontext in bestimmter Weise verzerren, um dadurch ihren Selbstwert zu stabilisieren. Im Sinne des Folgens erfordern sie für eine anfängliche Orientierung auf die Trance jeweils unterschiedliche Sprachmuster, z.B.:

… die eine Entspannung bedeutet“, oder „Allen Menschen ist gemeinsam, daß sie darauf Anspruch haben, etwas für sich zu tun“). In all diesen Fällen wird der Dialog vom Therapeuten so angepaßt, daß es dem Klienten leicht fällt, darauf einzugehen. Auf diese Weise wird der Rapport gestärkt und es kann eine Form der Induktion gefunden werden, die den Zugang zur Trance erleichtern.

Nonverbale Kommunikation

Das Ziel der Hypnotherapie, interne Suchprozesse beim Klienten anzuregen, bringt es mit sich, daß der Klient für längere Zeit die bewußte Kommunikation nach außen vermindert, um beispielsweise seine Vorstellung zu aktivieren. Wie diese Erfahrung sich gestaltet, kann der Therapeut nur indirekt erschließen, wenn er nicht ständig fragen und stören will. Er kann dazu *nonverbale Signale* des Klienten nutzen.

Viele Therapieschulen haben darauf hingewiesen, daß sich der Körper sowohl auf der motorischen Ebene als auch über autonome Reaktionen in der sozialen Situation „äußert“. Dies geschieht unbeachtet von der bewußten Selbstwahrnehmung und schneller als die verbale Reaktion. Insbesondere die Gestalttherapie hat auf die Ausdrucksbewegungen in der Therapie hingewiesen (vgl. Polster u. Polster 1975). Die sog. Körpertherapien haben in diesem Zusammenhang auf die Magen- und Darmgeräusche aufmerksam gemacht (vgl. etwa die Psychoperistaltik bei Boyesen 1987).

Hypnotherapeuten nutzen diese neben der verbalen Äußerung gegebenen Informationen, um über die Wirkung von Suggestionen Aufschluß zu erhalten. Dabei möchten sie einer häufig für die Sozialwissenschaften beanspruchten Analogie zur Unschärferelation entgehen: so, wie man in der Teilchenphysik entweder den Ort oder den Impuls eines Partikels genau bestimmen kann, aber mit dieser Bestimmung des Ortes den Impuls verändert und umgekehrt, wird hinsichtlich der menschlichen Kommunikation angenommen, daß die Feststellung eines psychischen Zustandes durch eine Frage oder Paraphrasierung die Handlungsimpulse des Individuums verändern kann. Das wird an den Phänomenen der Reaktanz besonders deutlich: der Klient zeigt vielleicht erste Anzeichen einer Handlevitation, der Therapeut konstatiert erfreut eine Leichtigkeit der Hand und der Klient stellt alsbald ein Nachlassen der Leichtigkeit fest.

Statt Befindlichkeiten vom Klienten zu erfragen, kann der Therapeut auch auf bestimmte Zeichen physiologischer Veränderungen, beispielsweise *Entspannungsreaktionen*, achten und diese als Kooperation akzeptieren, um vielleicht anschließend mit größerer Relevanz sagen zu können, daß ein Zustand der Entspannung guttun kann. Der Klient mag diese Feststellung amüsiert zur Kenntnis nehmen (lächeln), was dem Therapeuten deutlich macht, daß die Kooperation weiterhin gegeben ist.

Auf der anderen Seite kann er auf *Zeichen der Unruhe* oder der abrupten Veränderung achten, um seine verbalen Angebote zu korrigieren: „Sie können den Zustand der Trance vertiefen (der Klient beginnt zu schlucken) – nachdem Sie jetzt wach werden und später den Zustand um so schneller wieder erreichen."

Nonverbale Reaktionen

Als nonverbale Reaktionen der Zustimmung und Ablehnung findet man häufig folgende:

Zustimmung	*Ablehnung*
Kopfnicken	Kopfschütteln
Augen weiten	Augen zusammenkneifen
Pupillenerweiterung	Pupillenverengung
Senken des Kopfes	Heben des Kopfes
Freudiger Gesichtsausdruck, z. B. Lächeln	Abweisender Gesichtsausdruck, z. B. Stirnfalten
Entspannung	Anspannung

All diese Zeichen kann man verbal oder nonverbal aufgreifen und dem Klienten im Sinne des Folgens zurückmelden, um dadurch eine Verbesserung des Rapports zu erreichen. Es wird eine sog. Ja-Haltung beim Klienten gefördert, da viele der Aussagen des Therapeuten sich als richtig erweisen und manchmal fast als Vorhersagen erscheinen. Des weiteren sind die nonverbalen Reaktionen des Klienten geeignete Hinweise für eine Korrektur der Instruktion (s. Utilisation; nächster Abschnitt).

Anstelle solcher spontanen nonverbalen Reaktionen kann man mit dem Klienten auch systematisch *ideomotorische Signale* vereinbaren. So kann man ihn etwa bitten, einen „Ja-Finger" und einen „Nein-Finger" sowie einen „Weiß-nicht-Finger" zu bestimmen. Dies wiederum kann auf zweierlei Weise geschehen: entweder einigt man sich mit dem Klienten, welche Finger diese Funktionen übernehmen sollen, oder man bittet ihn, nacheinander eine innere Ja-Haltung, Nein-Haltung und Haltung der Unbestimmtheit einzunehmen und wartet spontane Reaktionen der Finger ab. Diese Fingersignale können dafür benutzt werden, mitzuteilen, wann ein bestimmtes Vorstellungsbild hergestellt ist, wann eine bestimmte Trancetiefe erreicht worden ist, wann Analgesie eingetreten ist oder wann sie wieder abnimmt.

Utilisation

Eines der Hauptmerkmale neuerer Anleitungen zur Hypnotherapie ist es, nicht nach einem festen Schema vorzugehen, sondern die Induktion danach einzurichten, was der Klient an geeigneten Ansatzpunkten für die Hypnose liefert. Dieses Prinzip der *Utilisation*, d.h. der Nutzbarmachung vorhandenener Tendenzen geht auf Erickson zurück (vgl. Erickson u. Rossi 1981) und ist von vielen seiner Schüler beschrieben worden (Lankton u. Lankton 1983; Gilligan 1987; Yapko 1990; Zeig 1980, DeShazer 1988 u.a.). Viele Therapeuten meinen, Psychotherapie setze die Kooperation des Klienten voraus. Dieser Grundsatz wird hier umgekehrt: Utilisation setzt die Kooperation des Therapeuten voraus, und man geht davon aus, daß die des Klienten in irgendeiner Form gegeben ist, auf die der Therapeut sich nur einstellen muß – anderenfalls würde er den Therapeuten nicht aufgesucht haben. Auch der Prozeß des Folgens (s. oben) ist eine Variante des Utilisationsprinzips, indem bevorzugte Arten der Informationsverarbeitung des Klienten aufgegriffen werden. Utilisation bedeutet Erickson zufolge, „des Patienten eigene mentale Prozesse in einer Art zu nutzen, die außerhalb des üblichen Bereiches seiner Absichten und seiner willkürlichen Kontrolle liegt" (Erickson et al. 1976, S. 19).

Für Hypnoseinduktionen nutzte Erickson häufig Verhaltensweisen, die der Klient unmittelbar anbot. So sagt beispielsweise ein Klient, daß er unmöglich längere Zeit ruhig sitzen könne, ohne dabei zu rauchen; also bittet Erickson ihn, zu rauchen und nutzt die entstehenden Ringe zu einer Fokussierung der Aufmerksamkeit und Tranceinduktion. Ein anderer Klient sagt, es sei ihm unmöglich, sich zu setzen, er müsse hin- und hergehen; also läßt er ihn hin- und hergehen und bittet ihn bloß, dieses Hin- und Hergehen ein wenig lenken zu dürfen. Er lenkt ihn im Zimmer von einer Seite zur anderen, vom Bücherbord zum Fenster, vom Schreibtisch zum Stuhl hin und zurück, bis er schließlich die nun eintretende Ermüdung des Klienten nutzen kann, indem er sagt: „Und Sie können von der Wand zum Stuhl gehen, und es kann angenehm sein, sich für eine Weile hinzusetzen."

Der naheliegendste Weg, Vorhandenes für Tranceinduktionen zu nutzen, ist, nach *bisherigen Tranceerfahrungen* zu fragen. Viele Personen kennen das autogene Training oder eine andere Entspannungsmethode, oder sie können Tranceerfahrungen aus dem Alltag berichten – etwa die Absorption in bestimmte Tätigkeiten wie Joggen, Skifahren, Wandern, Radfahren, Schwimmen, Lesen oder die Betrachtung der Natur. Auch Phasen der gedanklichen Abwesenheit während anderer Tätigkeiten, etwa dem Autofahren oder Stricken, können als Erfahrung aktiviert werden.

Es gibt 2 augenfällige Anwendungen des Utilisationsprinzips: die *Umdeutung* unvorhergesehener Reaktionen und die *Inkorporation* von Störreizen. Beide Strategien sind einander nahe verwandt.

Inkorporation

Nicht selten treten bei einer Tranceinduktion Ereignisse auf, die für Störreize gehalten werden können: wenn etwa eine dritte Person die Tür öffnet oder ihre Schritte auf dem Gang zu hören sind, Geräusche von der Straße, das Läuten des Telefons u.ä. Hat der Klient bereits eine gewisse Trancetiefe erreicht, so stören ihn diese Art Reize meist nicht mehr. Zu Beginn einer Induktion ist es aber sinnvoll, ihnen in irgendeiner Form einen Platz im Bewußtsein einzuräumen. Mögliche Kommentare wären: „Sie können könnte man sagen: „Sie werden nicht wissen, ob Sie sich das nächste Mal genau die gleiche Zeit in Trance befinden werden. Und es ist ein Zeichen von Sorgfalt, den Zustand für kürzere und längere Zeit zu vergleichen, bevor Sie wirklich die richtige Zeitdauer herausfinden, in der Ihnen eine Trance guttut." Beginnt der Klient Zeichen der Unruhe zu zeigen (s. oben), so kann diese als Ausgangspunkt für eine Veränderung genommen werden.

Beschleunigt sich die Atmung während einer Altersregression, dann kann dies so aufgegriffen werden: „Angenehme Erinnerungen können auftreten, ebenso wie unangenehme – und dies können die interessanteren [illegible], zu denen Sie zu einem anderen Zeitpunkt zurückkehren mögen." Oder wenn der Klient zu weinen beginnt: „Die Trauer kann Ihnen zeigen, daß Sie etwas [illegible], was Ihnen wichtig ist. Es gibt Tränen des Verlustes, oder Tränen des Zorns, oder Tränen, die etwas [illegible] die [illegible]."

Erickson utilisierte die Beendigung einer kataleptischen Armhaltung durch einen plötzlichen Hustenanfall mit dem Kommentar: „Ist das nicht eine nette, intelligente und besondere Art, die Kontrolle über die linke Hand wiederzugewinnen – mit Hilfe eines Hustens?"

Imagination

Will man manchen Autoren folgen, so ist der wirksame Bestandteil der Hypnose die Vorstellung des suggerierten Inhalts (Barber u. DeMoor 1972). Viele Suggestionstests veranlassen den Hypnotisanden, sich etwas vorzustellen:

„... der Arm ist so steif, als sei er aus Beton gegossen ..." (Katalepsie).
„... die Finger werden von Ballons in die Höhe gezogen ..." (Levitation).
„... die Hände sind wie zusammengeklebt" (Handklammer).
„... eine Fliege kitzelt Sie auf der Nase" (Halluzination).

Die *Vorstellung* bewirkt – im Gegensatz zur willentlichen *Vornahme* – offenbar leichter eine Umsetzung in geeignete Innervationen von Muskeln und Drüsen. Eventuell ist auch darüber hinaus eine Wirkung auf körperliche Regulationsmechanismen wie den Kreislauf, das endokrine Immunsystem oder das Neuropeptidsystem denkbar (vgl. Rossi 1986). Aber auch die Empfindung wird durch die Vorstellung angeregt. Diese Phänomene werden Ideomotorik oder Ideosensorik genannt. Das klassische Beispiel hierfür ist das Pendel von *Chevreul* (Chevreul 1854; Baudouin 1920, s. Kap. 3).

Die Anregung einer Vorstellung geschieht mit Hilfe der Entwicklung einer inneren Repräsentation von Erfahrung. Zur Fokussierung der Aufmerksamkeit können alle Sinneskanäle genutzt werden. Die wichtigsten sind der visuelle, akustische, kinästhetische und olfaktorische Kanal (VAKO). Um ein lebhaftes Vorstellungsbild zu entwickeln, können sie alle der Reihe nach angesprochen werden, etwa anhand der Beschreibung eines so vertrauten Vorgangs wie des Joggens:

„Sie sehen den Wegrand, die Sträucher in den einzelnen Farben, Sie hören die Vögel und das Knirschen der Steine unter Ihren Füßen, Sie riechen die Blätter und den Wald, Sie fühlen die Berührung des Bodens beim Aufsetzen der Sohle, wie der Druck von der Hacke über den Ballen zu den Zehen wandert. Und Sie wissen, daß Ihre Beine alles erledigen, ohne daß Sie darauf achten, und Sie können dabei Ihren eigenen Gedanken nachgehen."

Andere Beispiele sind die Betrachtung der Blutgefäße als Schlauchsystem, in welchem Ventile mit Handrädern auf- oder zugedreht werden können (Durchblutungsindem man der Person deutlich macht, daß die Tranceerfahrung etwas vom gewohnten Empfinden und Denken Verschiedenes darstellt. Dazu bedient sich der Therapeut u.a. der Dissoziation und der Amnesie.

Dissoziation und Amnesie

Unser Alltagsdenken ist geprägt von linear aufeinanderfolgenden Gedankengängen und Empfindungen, von denen sich jeweils nur ein Teil in unserem Bewußtsein befindet. Normalerweise können wir nur bedingt darauf Einfluß nehmen, was unsere bewußte Aufmerksamkeit gerade beansprucht. Eccles (Popper u. Eccles 1977) nimmt an, daß dies eine Funktion des „selbst" („self") sei, das wenigstens z.T. unabhängig vom organischen Substrat „Gehirn" operiere.

Es bedeutet ein Durchbrechen des gewohnten Denkens, wenn ein Individuum feststellt, daß mehrere psychische Prozesse unabhängig voneinander, selbständig nebeneinander und z.T. ohne willkürliche Einflußnahme ablaufen. Für diese Art der Abspaltung hatte Janet (1889) den Begriff „Desaggregation" geprägt. Er dachte dabei an pathologische Phänomene wie hysterische Blindheit, Lähmungen oder andere psychisch ausgelöste Erkrankungen wie die der multiplen Persönlichkeit (vgl. auch Peter 1987). Hilgard (1977) hat den Begriff der *Dissoziation* auf normale Prozesse ausgedehnt, etwa auf das Tagträumen, automatisierte Routinehandlungen wie Autofahren oder Gehen während einer Unterhaltung und v.a. auf die Fähigkeit, hypnotische Analgesie zu produzieren und intermittierend dazu Berichte über (normal ausgeprägte) subjektive Schmerzerfahrungen abzugeben („hidden observer", vgl. Kap. 5). Jede Dissoziation, sei es abgespaltener Schmerz, Levitation oder Katalepsie der Hand, automatisches Schreiben oder auch die Empfindung, daß der eigene Körper getrennt vom Bewußtsein existiert (Entfremdungserlebnis), ist geeignet, gewohntes Denken in Frage zu stellen. Daher werden relativ einfache dissoziative Phänomene wie die Handlevitation oder Armkatalepsie gern im Rahmen der Induktion benutzt, um dem Klienten das Eintreten der Trance deutlich zu machen (s. Induktionsbeispiel).

Zu den Dissoziationen zählt die *Amnesie*. Auch hier handelt es sich um abgespaltene Gedächtnisinhalte, die unter bestimmten Bedingungen wiederauffindbar sind. Diese Bedingungen können durch die Hypnose modifiziert oder hergestellt werden. Amnesien pflegen spontan nach traumatischen Erfahrungen – und zwar retrograd -aufzutreten (z.B. nach Unfällen, aber auch nach anderen psychisch belastenden Situationen). Spontan treten Amnesien auch manchmal nach Hypnosesitzungen auf. Warum das so ist, ist nach wie vor unklar. Während bei traumatischen Erlebnissen die Amnesie als psychologische Funktion im Sinne des Affektschutzes betrachtet werden kann, stellt sie bei der Hypnose u. U. den Schutz einer ungewöhnlichen Lernerfahrung vor der kritischen Analyse durch das Wachbewußtsein dar. Eine andere Erklärungsmöglichkeit bietet das Paradigma des *zustandsgebundenen Lernens*. Erickson hat mehrfach den Versuch unternommen, das Wesen der Amnesie zu beschreiben; ein Resümee findet sich in Erickson u. Rossi (1980a). Viele Hypnotherapeuten halten die Amnesie für Inhalte, die in Trance bearbeitet wurden, für sinnvoll, um die erlebte Lernerfahrung unangetastet zu lassen. Neben der direkten Suggestion, Dinge zu vergessen oder nicht zu erinnern, wird häufig eine bildliche Vorstellung verwendet. Zum

Krebszellen verschlingen (Simonton et al. 1978). Hier schwingt dann die Konnotation von dem mit, was wir – abgesehen vom Krankheitskontext – über Haifische wissen.

Abgesehen von der Übersetzung ins Nonverbale weisen Metaphern jedoch auch das Merkmal der Beiläufigkeit auf, weil der Zuhörer sie nicht unmittelbar auf sich beziehen muß. Im allgemeinen sagt man nicht: „Bei Ihnen ist es so wie …“, sondern eher: „Das erinnert mich ein wenig an …“ Außerdem wirken Metaphern oft mit einer gewissen Inkubationzeit, da ihr Sinn nicht immer sofort klar wird, obwohl der Zusammenhang intuitiv akzeptiert werden kann. Schließlich ermöglichen sie durch die Bilder, die sie enthalten, eine kompakte Art der Speicherung vielschichtiger Inhalte – so wie das Bild einer weißen Rose besser behalten wird als die 2 zugehörigen Worte.

Es existiert eine Vielzahl von Metaphern, so daß die nachfolgende Auflistung bei weitem nicht erschöpfend ist.

Typen von Metaphern

Symbole: Sonne, Welle, Wasser, Baum. Die Sonne etwa verändert sich und bleibt doch gleich, verschwindet und ist doch noch da, kehrt wieder, und man kann sich auf sie verlassen.

Analogien: „Ein Esel zwischen 2 Heuhaufen“, „an die lange Leine nehmen“, „wie der Ochs vor dem Berg stehen“, „ein Brett vor dem Kopf haben.“ Derartige Bilder karikieren das menschliche Verhalten und erleichtern eine Distanzierung.

Witze haben in einem ganz besonderen Maße einen aktivierenden Charakter und ermöglichen häufig einen Perspektivenwechsel. So könnte man einem Klienten, der sich über die Berechtigung des Honorars Gedanken macht, folgende Geschichte erzählen (Rezzori 1986): „Da fällt mir ein, es gibt die Geschichte von Hakim, dem Arzt, der als besonders klug galt. Zu ihm kam eines Tages ein reicher Scheich, der sagte: ‚Hakim, ich habe ein schweres Leiden. Erstens habe ich den Geschmack verloren und zweitens kann ich nicht mehr die Wahrheit sagen.‘ Daraufhin Hakim: ‚Das ist wahrlich ein schweres Leiden, darüber muß ich nachdenken.‘ Der Scheich: ‚Wenn du mich heilst, hast du bis ans Ende deiner Tage ausgesorgt.‘ Hakim: ‚Komm morgen früh wieder, ich will darüber schlafen.‘ Am nächsten Morgen kommt der Scheich wieder und Hakim sagt zu ihm: ‚Hier habe ich für dich eine Pille, iß sie.‘ Darauf sagt der Scheich: ‚Gleich auf der Stelle?‘ Sagt Hakim: ‚Ja, sofort.‘ Der Scheich beißt auf die Pille und schreit Hakim an: ‚Du Schwein!‘ Darauf Hakim: ‚Aha, was ist?‘ Der Scheich: ‚Die Pille besteht nur aus Kameldung.‘ Hakim: ‚Richtig. Den Geschmack hast du also wiedergefunden und die Wahrheit sprichst du auch.‘“

Parabeln scheinen immer eine bestimmte Moral zu haben. So zum Beispiel die Geschichte von den Löffeln (Peseschkian 1979). Dort wird ein fiktiver Ort beschrieben, wo viele Menschen an einem großen Tisch aus einer gemeinsamen Schüssel, die in der Mitte steht, essen. Dazu haben sie lange Löffel. Es gelingt aber nicht, wenn jeder den Löffel zum eigenen Mund führt, weil sie mit den Löffeln durcheinandergeraten. Einfacher dagegen geht es, wenn sie sich gegenseitig speisen, also altruistisch handeln.

Rätsel sind besonders geeignet, eine Beschäftigung des rationalen Intellekts und eine gewisse Verwirrung zu veranlassen. Zum Beispiel die bekannte Geschichte vom 20. Kamel (Segal 1988): Ein reicher Mann starb und hinterließ seinen 3 Söhnen 19 Kamele und verfügte, daß der Älteste die Hälfte, der zweite ein Viertel und der dritte ein Fünftel der Herde haben sollte. Die Söhne waren ratlos und fanden keine Lösung. Der Nachbar kam vorbei und fragte: „Was seht ihr so traurig aus, kann ich euch helfen?“ Sie schilderten ihm ihr Dilemma. Da sagte der Nachbar: „Das ist doch ganz einfach. Ich stelle mein Kamel dazu, und jetzt kriegt der erste 10, der zweite 5 und der dritte 4 – und meins nehme ich wieder mit und wünsche Euch einen guten Tag.“

Anekdoten sollen meist einen bestimmten Punkt exemplarisch verdeutlichen, wobei es jedoch nicht um eine logische Ableitbarkeit geht. So wird zum Beispiel von Iwan dem Schrecklichen berichtet, daß er sich jeden Abend Märchen vorlesen ließ, was nicht zu der ihm nachgesagten Grausamkeit zu passen scheint. Er sagte jedoch, er müsse in der furchtbaren Wirklich-

- Wenn die interne Suche nach passenden Erfahrungen zu keinem Ergebnis führt, werden externe Hinweise aufgegriffen.
- Der Therapeut kann diese Hinweise geben, indem er Assoziationen zu Erfahrungen und Beobachtungen, die dem Klienten zugänglich sind (Ressourcen), anbietet.

Yapko (1990) unterteilt die Konfusionstrategien der *Struktur* nach in Unterbrechung, Überlastung und Ablenkung, und zudem in solche der Kognition, der Sensorik, der Beziehung und der Zeit. Hinsichtlich der Kognition muß zwischen Unbewußtem und Bewußtsein unterschieden werden. Die Polarisierung dieser beiden Aspekte erleichtert die Hypnose, da diese ja auf einer stärkeren Gewichtung des Unbewußten gegenüber dem Bewußtsein beruht und damit im Gegensatz zum Alltagsverständnis steht. Eine entsprechende Induktion könnte folgendermaßen lauten:

Kognitive Konfusion: „Jeder hat ein intuitives Verständnis vom Unbewußten ... Weil wir Dinge unbewußt tun können, unbewußt richtig machen können ... Das Bewußtsein hingegen verfolgt die Ereignisse aufmerksam, um sie zu analysieren und zu bewerten ... Das Unbewußte dagegen braucht diese Aufmerksamkeit nicht, um Dinge aufzunehmen ... und daraus zu lernen ... ohne zu wissen, daß Sie lernen ... Und wenn Ihr Bewußtsein darauf gerichtet ist, was Ihr Unbewußtes lernt, automatisch lernt ... oder wenn Ihr Unbewußtes seine Aufmerksamkeit darauf lenkt, was Ihr Bewußtsein davon versteht, von dem, was Ihr Unbewußtes lernt ... dann kann Ihr Bewußtsein vom Unbewußten völlig unbewußt bleiben ... und Ihr Bewußtsein kann mehr oder weniger unbewußt arbeiten, da Ihr Unbewußtsein soviel weiß ... *(hier wird absichtlich eine zusätzliche Verwirrung durch die Unterscheidung zwischen Unbewußtsein und Unbewußtem eingeführt)* Und abgesehen davon vertragen sich Ihr Unbewußtes und Ihr Bewußtes recht gut, indem Ihr Bewußtsein hier und Ihr Unbewußtes auf der anderen Seite jedes in angenehmer Weise für sich selbst lernt, ohne daß Sie sich dessen bewußt sind ..."

Wenn die Aufmerksamkeit derart auf das Unbewußte als mögliche Lerninstanz gerichtet ist, können in der Folge Suggestionen angeschlossen werden, die die Fähigkeit des Organismus betreffen, mit Problemen unbewußt fertigzuwerden, so wie das auch im Schlaf geschieht.

Die *sensorische Konfusion* ist für die Entspannung besonders relevant, da diese auf Empfindungen beruht. Beispielhaft können folgende Formulierungen benutzt werden:

Sensorische Konfusion: Lenken Sie Ihre Aufmerksamkeit für einen Moment nach innen ... und überprüfen Sie, ob Ihr linkes Bein oder Ihr rechtes Bein leichter ist... Ihre linke Seite oder Ihre rechte Seite ... Ihre obere Hälfte oder Ihre untere Hälfte weniger empfindet ... Ihre Vorderseite oder Ihre Rückseite ... Oder die Rückseite von der Vorderseite ... Sie können es nicht genau sagen ... Aber wenn Sie etwas von der Leichtigkeit spüren, die Ihr linkes oder Ihr rechtes Bein wahrnimmt, dann können Sie sich an Ihrer Verwirrung orientieren, ohne daß Ihnen dies vernünftig erscheinen muß ... Sich darüber klar zu werden ... welche der Körperwahrnehrnungen wirklich sind, und welche unklarer werden können ... Sie glauben, daß Ihre Beine hier sind ... und Sie sind ein bißchen woanders ... Ihre Arme sind da, und Sie sind ein bißchen woanders ... Wenn Sie mit geschlossenen Augen das überprüfen wollen, werden Sie zu einem anderen Ergebnis kommen, als wenn Sie die Augen öffnen ... Und es ist nicht nötig, sich endgültig darüber klarzuwerden, was Sie wirklich empfinden ... so lange Sie die Empfindungen, die Ihnen angenehm sind, spüren können ... wie die Entspannung ... und die Ruhe ... und die Linderung ..."

Ohne auf die Verwirrung von Beziehungen einzugehen (vgl. Yapko 1990), sei hier noch die *Zeitkonfusion* erwähnt, die für die Schmerzkontrolle relevant ist, weil sie die Dauer des Schmerzes relativiert.

Ablauf der Induktion

Um die Induktion zu strukturieren, ist es hilfreich, sich einen gewissen Ablauf zurechtzulegen, von dem man jedoch jede Freiheit hat, abzuweichen, falls es die Umstände oder die Intuition nahelegen. Die Hypnoseinduktion in einzelnen Phasen ist nachfolgend beschrieben:

1) *Herstellung des Rapports:* Nutzung der kognitiven Strukturen des Klienten (Folgen/„Pacing"). Akzeptieren der emotionalen Befindlichkeit. Einbeziehung der momentanen Handlungsintentionen (Utilisation). Signalisieren von Kompetenz und der Nützlichkeit des Verfahrens.
2) *Orientierung:* Geeignete Charakterisierung der Hypnose als autosuggestives Verfahren, Entspannungsverfahren, Vorstellungsübung oder auch „Hypnose". Beseitigung von Befürchtungen wie der des Kontrollverlustes, der Aufgabe des freien Willens, der Gefahr, nicht wieder wach zu werden oder sich zu nichtakzeptablen Handlungen verleiten zu lassen.
3) *Fokussierung:* Lenkung der Aufmerksamkeit von vielen Außenreizen auf einen einzigen; desgleichen von außen nach innen.
4) *Intensivierung der Vorstellung:* Beschreibung eines Innenbildes, das geeignet ist, dem Klienten die Kraft des eigenen Vorstellungsvermögens vor Augen zu führen. Dies kann eine Erinnerung sein, eine Zukunftsvision, ein Ablenkungsbild oder eine Zielvorstellung. Die Lebhaftigkeit der Vorstellung wird dadurch gefördert, daß alle Sinnesmodalitäten angesprochen werden. Die Suggestionen können auch so offen formuliert werden, daß der Klient zu eigenen Suchprozessen angeregt wird.
5) *Vertiefung:* In dieser Phase soll der Trancezustand vertieft werden und in dem Klienten die Überzeugung fördern, daß sich seine Erlebensweise qualitativ verändert. Die Vertiefung kann durch Zählen von 1 bis 20 (oder weiter), durch die Vorstellung, eine Treppe hinauf- oder hinabzusteigen, mit dem Fahrstuhl zu fahren, angeleitet werden.
6) *Ratifizierung:* Immer sind Überprüfungen des Trancezustandes sinnvoll. Hierbei wird der Klient auf Phänomene aufmerksam gemacht, die er im Moment zu erleben in der Lage ist (Immobilität, Unfähigkeit zu sprechen oder die Augen zu öffnen, veränderte Physiologie wie Herzrate, Atmung, Gefühl der Wärme, Schwere, Katalepsie usw.).
7) *Nutzung der Trance:* Hierzu gehören die therapeutischen Suggestionen der Zeitverzerrung, der Analgesie, der Altersregression oder -progression sowie Rekapitulation und Neuerleben von Erfahrungen, symptombezogene oder problembezogene Suggestionen u.ä. (vgl. die einzelnen Kapitel dieses Buches).
8) *Reorientierung:* Nach dem Abschluß der therapeutischen Bearbeitung wird der Klient in Raum und Zeit des Alltagsbewußtseins reorientiert. Dazu muß ihm genügend Zeit gelassen werden. In dieser Phase können Auslöser als Ankerreize für spätere Tranceinduktionen vorbereitet werden (etwa dem jetzigen Zustand einen Namen geben, oder auch durch eine bestimmte Berührung, den Anblick eines bestimmten Gegenstandes usw.). Des weiteren kann die therapeutische Wirkung durch *posthypnotische Suggestionen* gefestigt werden. Zugleich halten es viele Autoren für zweckmäßig, Amnesie für die Inhalte der hypnotherapeutischen Arbeit zu fördern (s. oben). Zugleich ist es günstig, die Rücknahme der Trance mit Aufforderungen zunehmender Wachheit und der Suggestion von Wohlbefinden zu verbinden (ähnlich wie beim autogenen Training).

del verschiedener Art benutzt werden. Im allgemeinen genügt es jedoch, einen Punkt an der Decke, am Fußboden oder der Wand zu wählen, auf den der Klient seine Aufmerksamkeit richtet. Da die Abschaltung der Außenwahrnehmung (der generellen Realitätsorientierung) häufig durch physiologische Ermüdungserscheinungen gefördert wird, ist die Verwendung eines Objekts günstig, dessen Fixation für den Klienten mit gewissen Anstrengungen verbunden ist – so zum Beispiel das Fixieren eines imaginativen Punktes am Haaransatz oder der eigenen Nasenwurzel. Manche Hypnoweitere kinästhetische Aufmerksamkeitsfokussierung ist die *Münzmethode* (Kroger [2]1977, S. 69). Dabei hält der Klient (bei gerade vor sich ausgestrecktem Arm) in der geschlossenen Faust eine Münze – der Handrücken zeigt hierbei nach oben. Während der Therapeut langsam von 1 bis 10 zählt, wird dem Klienten suggeriert, daß sich seine Hand allmählich von allein öffnet, und daß er in dem Moment, da die Münze zu Boden fällt, in einen Trancezustand eintreten wird. Danach kann der ausgestreckte Arm dazu benutzt werden, die Trance zu vertiefen, indem man den Klienten bittet, die Hand langsam auf das Gesicht zuzuführen, um bei Berührung des Gesichts eine noch tiefere Trance erreicht zu haben.

Kombinierte visuelle und kinästhetische Induktionsmethoden sind die Daumeninduktion und das Handspreizen. Beim *Handspreizen* streckt der Klient wieder den rechten Arm aus und hält ihn so, daß er seine Handfläche sehen kann. Gleichzeitig achtet er darauf, daß seine Finger nach oben weisen. Das ist eine anstrengende Position, in der die Finger natürlicherweise dazu tendieren, sich zu spreizen. Der Klient wird angewiesen, die Finger zusammenzuhalten, die Hand zu fixieren und sie, indem er langsam rückwärts zählt, auf sein Gesicht zuzubewegen. Es wird suggeriert, daß die Finger sich zu spreizen beginnen und daß der Klient dabei in Trance eintreten wird. Gleichzeitig wird für den Klienten überprüfbar, daß die Bewegung der Finger in den Gelenken eine charakteristische, zahnradartige Qualität annimmt, die für den Trancezustand typisch ist (wie „schlecht geschmiert"). Die *Daumenmethode* besteht darin, den eigenen Daumennagel bei ausgestrecktem Arm zu fixieren und währenddessen die Hand langsam in Richtung Gesicht zu bewegen, und zwar genau in dem Tempo, wie die Person selbst in Trance eintritt. Diese Methode ist besonders für Klienten geeignet, die auf eine willkürliche Beteiligung am Induktionsvorgang Wert legen. Es entsteht die Doppelbindung, das Induktionstempo selbst zu bestimmen und dabei die Möglichkeit der Trance an sich nicht mehr in Frage zu stellen.

Eine kombinierte gedankliche und kinästhetische Fokussierung ist die *Zählmethode,* die darin besteht, den Arm der Klienten wie bei der Katalepsieentwicklung zu halten und den Klienten zu bitten, innerlich von 100 in Dreierschritten rückwärts zu zählen und sich dabei jede Zahl als Bild (z.B. als Neonschrift), akustisch (z.B. von einer gut erinnerbaren Stimme gesprochen) oder taktil (z.B. eingraviert) vorzustellen. Eine Möglichkeit des Klienten, sich dieser Mühe zu entziehen, ist es, in Trance zu gehen. Zugleich wird durch Entzug der Unterstützung sowie durch „wägende" Überprüfung des Armtonus die Katalepsie taktil suggeriert. Eine kombinierte Methode der Tranceinduktion empfiehlt auch Spiegel (Spiegel u. Spiegel 1978) in seinem sog. hypnotischen Induktionsprofil (HIP), das darüber hinaus eine Möglichkeit bietet, die Trancetiefe zu messen. Hier werden „Augenrollen" (Fixation des Haaransatzes, allmählicher Lidschluß), Armlevitation und Körperschwere nacheinander suggeriert.

Neben der Fokussierung wird auch die Konfusion als Möglichkeit genutzt, den Übergang in einen Trancezustand zu erleichtern (s. oben). Dabei wird das rationale Bewußtsein gewissermaßen mit der Analyse von Sentenzen überlastet, die zwar nicht geradewegs falsch sind, jedoch inkonsistent erscheinen, schwierig zu verstehen sind und einen verborgenen Sinn vermuten lassen. Eine solche Konfusion kann – ebenso wie die Überlastung durch die Zählmethode -dazu führen, daß der Klient es vorzieht, in einen Trancezustand einzutreten.

Die klassische Technik Mesmers, durch *Streichungen* über den Körper einen Trance-

Zeitliche Orientierung

Bei biographischen Defiziten und Traumata liegt die problematische Erfahrung in der Vergangenheit. Auch bei Unzugänglichkeit positiver Erfahrungen scheint eine Bearbeitung der Vergangenheit sinnvoll zu sein. In diesen Fällen ist ein *regressives Vorgehen* angezeigt (s. das Beispiel vom Februarmann zu Beginn des Kapitels). Auf der anderen Seite gibt es viele Bewältigungsprobleme, die in der Zukunft liegen, etwa Prüfungen, Konfrontationen oder Trennungen. Hier ist die Bearbeitung der zukünftigen Befindlichkeit im Sinne einer *Progression* nützlich (s. das Beispiel der Mutter am Beginn des Kapitels). Bei Störungen, die gegenwärtig auftreten, etwa psychosomatischen Symptomen oder akuten Schmerzen, ist die *Gegenwart* der Zeitpunkt der Bearbeitung. Die Suggestion einer Handschuhanalgesie wird bereits während der Induktion umgesetzt und kann sofort genutzt werden. Allerdings kann bei Schmerzen die Vergangenheit manchmal auch hinderlich sein, indem frühere Schmerzerfahrungen wachgerufen werden. Die zeitliche Orientierung kann auch in der Zukunft beginnen und in die Gegenwart zurückgehen *(Retrogression)*. In der sog. Crystalball-gazing-Technik wird der zukünftige Zeitpunkt der Störungsfreiheit imaginiert (N), und es werden sämtliche Phasen durchlaufen, in denen die Voraussetzungen für das jeweils Vorangegangene geschaffen werden müssen (N–1, N–2, N–3, usw.), wie in folgendem Beispiel:

Bei der Bearbeitung einer bevorstehenden Scheidung wird zunächst die Situation nach der Scheidung vorgestellt, wobei der Klient Gelegenheit hat, zu überprüfen, wie weit ihm diese zusagt. Dann werden einzelne Phasen des Scheidungsprozesses imaginiert, die zunehmend näher an der Gegenwart liegen (Gerichtstermin, Sorgerechtsverhandlungen, Auszug, Gespräch mit den Kindern). Als letztes und unmittelbar bevorstehendes Ereignis steht ein Gespräch mit dem Ehepartner an, in dem die konkrete Scheidung noch einmal besprochen wird. Damit dieses Gespräch konstruktiv verlaufen kann, ist es erforderlich, daß sich der Partner möglichst wenig bedroht oder gekränkt fühlt. Der Klient kann in der Therapiesitzung überprüfen, in welcher Form er dieses Gespräch führen will, damit diese Voraussetzung, die alles weitere beeinflussen wird, gegeben ist.

Für einen zukünftigen Zeitpunkt kann auch das „ideale Selbst" imaginiert werden oder ein passendes Modell (Lazarus 1980), um daraus die Schritte abzuleiten, die dorthin führen und sie in der Vorstellung zu durchleben.

Rekonstruktion der Erfahrung

Die Veränderung einengender Schemata in ihren kognitiven, emotionalen und handlungsorientierten Aspekten kann einerseits über die Ausblendung bestimmter Komponenten der Erfahrung, wie bei der *Dissoziation* oder gar Amnesie, zum anderen aus der *Assoziation* von eigenen oder fiktiven Erfahrungen bestehen. Schließlich kann ein bestehendes Problem so umgewandelt werden, daß daraus ein Ereignis mit positiver Bedeutung wird, etwa indem ein psychosomatisches Symptom als Signal des Körpers interpretiert wird.

Einige Beispiele mögen diese Systematik erläutern: Eine traumatische Erfahrung kann entweder zur Verdrängung des Affekts bei klarer Erinnerung führen oder zur Überbewertung einiger Komponenten der Erfahrung, wie etwa dem Bild eines ertrin-

8) *Progression:* In der Vorstellung einer symptomfreien Zukunft wird anhand von Fingersignalen überprüft, ob diesem Zustand nichts entgegensteht.
9) *Reorientierung*

Die Strategien der Dissoziation, Assoziation und Transformation von Sicht- und Verhaltensweisen, in Kombination mit der zeitlichen Orientierung, stellen ein Gerüst dar, das die Möglichkeiten der Hypnotherapie nicht ausschöpft, aber eine generelle Ausrichtung des Vorgehens ermöglicht. Die Arbeitsweisen, die in den nachfolgenden Kapiteln beschrieben werden, machen deutlich, in welcher Weise ein Schema nach der jeweiligen Problemlage gefüllt und ergänzt werden kann (vgl. Abb. 8.2).

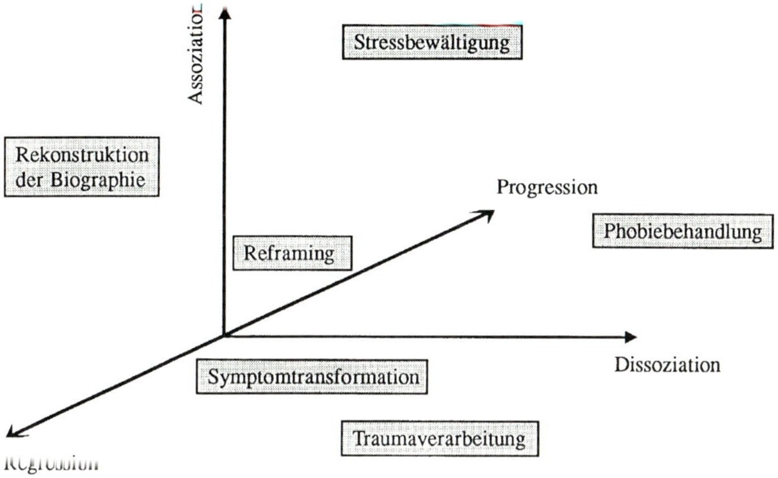

Abb. 8.2. Hypnotherapeutische Vorgehensweisen im Raster der generellen Strategien: Regression – Progression, Assoziation – Dissoziation und Transformation

Induktionsbeispiel: Eine Flugphobie

Die Klientin erlebte eine konkrete Paniksituation auf einem unruhigen Flug und entwickelte daraus eine Flugphobie. Neben dieser konditionierten Komponente kann jedoch nicht ausgeschlossen werden, daß sie sich durch ihr Verhalten im Flugzeug in deutlicher Weise von ihrem Mann abgrenzt. Von daher scheint es für die Behandlung angebracht zu sein, Unterscheidbarkeit auch in der Bewältigung aufrechtzuerhalten. Dies wird in der Induktion durch Manöver der inneren Distanzierung angestrebt. Im übrigen entspricht das Vorgehen sinngemäß einer Gegenkonditionierung (in sensu), mit zusätzlicher Anleitung zur kognitiven Umstrukturierung mit Hilfe von Metaphern.

merken, ob Ihre linke oder rechte Hand eher ein Gefühl von Schwere entwickelt. Und in dem Maße, wie Sie das Gefühl haben, den Körper sich selbst überlassen zu können, brauchen Sie sich nicht zu sorgen; weil er selber für sich sorgt, Sie können innerlich neben sich treten – aus sich heraus – und die Veränderung beobachten, die es ausmacht, sich *sorglos* zu betrachten.

Dissoziation „Spurenlegen" für die Flugsituation

Einstreuung hinsichtlich des „Sorge"-schemas

Vertiefung

Sie können in Gedanken zurückgehen zu einem Zeitpunkt, in ein anderes Alter, als Sie vielleicht 18 waren … und Prüfungen bevorstanden. Sich an die Mühe erinnern, die mit der Vorbereitung verbunden war. Oder 17 … Und sie können sich erinnern, wie Sie jünger waren, 16, 15 … Sie brauchen meinen Worten nicht immer zu folgen, sondern Sie können in Gedanken in ein Alter zurückkehren, wo Sie 6 oder 8 waren, oder jünger. Und Sie können mit einem Teil Ihrer Aufmerksamkeit eine Situation aufsuchen, in der es Ihnen sehr gut ging, wo Sie Steine ins Wasser geschmissen haben oder im im warmen Sommerregen gelaufen sind. Wo Sie sich daran gefreut haben, am Strand zu spielen und vielleicht jemanden überlistet haben.

Anhand der Altersregression wird gleichzeitig nach einer Ressource gesucht und die Trance vertieft; Aktivierung des episodischen Gedächtnisses

Aktivierung des episodischen Gedächtnisses
Im folgenden werden Suchprozesse nach angstbewältigenden Erfahrungen angeregt, speziell Übermut, „ungebührliches" Verhalten als Antagonist zum „Sorge"-schema

Und Sie können sich die Zeit nehmen, die Sie brauchen, und wenn Sie die Situation gefunden haben, in der Sie bleiben, können Sie Ihren Finger heben – den kleinen Finger rechts –

Fingersignale etablieren

KL: Ich sitze als Kind auf dem Fahrrad, im Kindersitz, und werde von meinem Vater gefahren.

Geeignete Ressource, weil die gleiche physische Erfahrung (auf dem Transport geschüttelt werden) positiv erlebt wurde

TH: Ein schönes Gefühl?

(KL nickt)

Intensivierung der Vorstellung

TH: Sie können zu diesem Bild jederzeit zurückkehren, – und wenn Sie gestatten, werde ich Sie am Arm berühren, solange Sie dieses Bild innerlich vor Augen haben, und Sie können dieses Bild abschalten und sich in eine andere Situation begeben, wo Ihnen ein Flug bevorsteht. Sie können die Aufregung spüren und die Unruhe, und Sie können dieses Bild beibehalten, während ich Sie wieder leicht am Arm berühre. Sie sehen genau die Details im Inneren des Flugzeugs: die Rücklehne des Vordermanns, die Geräusche der Düsen. Sie spüren den Luftdruck, die eigene Anspannung
(Pause von einer Minute)

(TH berührt den Oberarm der Klientin) *Konditionieren („Ankern") der positiven Vorstellung auf äußeren Auslöser*

(TH berührt Unterarm der Klientin) *Konditionierung der Problemerinnerung („Ankern")*

Und es dauerte nicht lange, bis der erste Affe ankam und seine Hand in die Nuß steckte, um an den Reis zu kommen. Und dann merkte er, daß er seine Faust voller Reis nicht mehr aus der Nuß herausbekam, weil er den Reis behalten wollte. Dieser alte listige Chinese – so könnte man sagen – war der Untergang der Affen. Oder man könnte sagen, diese Affen waren aber dumm. In Wirklichkeit wollten die Affen nicht loslassen. Man könnte auch sagen – so haben die Menschen die Macht über die Affen gewonnen! Aber es war ihre Entscheidung.

In diesem Teil wird Eigenverantwortlichkeit und absichtliche Herbeiführung des Problems suggeriert

Metapher 2: Die 3 Türen

Diese Metapher behandelt die Überwindung dichotomen Denkens: in diesem Fall sorgenvoll-unbekümmert (Bandler u. Grinder 1979)

Eine Entscheidung, so als gäbe es 2 Türen, durch die Sie gehen können; 2 Türen, die Sie gut kennen … und Sie können sich entscheiden, durch die Tür zu gehen in einen Raum, wo Ihnen alles bekannt ist. Eine vertraute Umgebung, wo alles in Ordnung ist … und Sie können sich entscheiden, in diesem Raum zu bleiben oder zurückzugehen … durch eine 2. Tür in einen Raum, wo alles ganz anders ist, aber durchaus bekannt. Und Sie können sich wieder überlegen, ob Sie in diesem Raum bleiben mögen, oder mit einem Teil Ihres Bewußtseins in den Sitz zurückkehren. Und Sie können sich vorstellen, daß Sie plötzlich eine 3. Tür entdecken, die sich schwer öffnen läßt, mit einem so merkwürdigen Schloß, wie in einem Märchen … es gelingt zufällig, die Tür zu öffnen. Und Sie sind in einem 3. Raum, wo Sie sich nicht auskennen, wo alles unübersichtlich ist …

Metapher zur Relativierung von Unordnung

Wie ein Haufen Steine am Wegrand, wo nur der Steinsetzer weiß, wie daraus ein Pflaster wird, auf dem man gehen kann.
Oder ein Haufen Bretter, der nur für einen Schreiner einen Sinn ergibt, der sich überlegt, wie er daraus einen Schrank baut. Und Sie können sich überlegen, mit einem Teil Ihrer Aufmerksamkeit in den Sitz zurückzukehren … oder im Raum zu bleiben, und neugierig zu beobachten, wie es einen Sinn ergibt …

Zukunftsprojektion

Und mit dem Rest Ihres Bewußtseins erleben, wie Sie mit dem Flugzeug ankommen, in einem schönen Land, einem interessanten Land, – wo Sie viele Menschen kennen … und während Sie ohne Eile diese Vorstellung für sich abschließen …

Dies beschreibt eine assoziative Induktion, welche die Möglichkeiten der Person, zu entspannen, nutzt. Es ist zu erkennen, daß der Therapeut durch seine Kommunikation zur Fokussierung der Aufmerksamkeit des Patienten beiträgt, was den Effekt des Absorbiertseins und einer gewissen Beruhigung mit sich bringt. Er lädt die Person ein, auf eine Empfindung zu achten, und bietet Raum für den Prozeß des Wiederauffindens und *Erinnerns*. Die Aufmerksamkeit der Person verlagert sich dabei weiter in den Bereich ihrer *persönlichen Lernerfahrungen*. Diese werden in sensorisch-konkreten Erlebnisgestalten reaktiviert, als Stoff für weitergehendes Lernen.

Es ist eine subjektive Reaktion, die das individuelle Repertoire an Lebenserfahrungen und Kenntnissen des Patienten benutzt. ... Die indirekte Suggestion sagt dem Patienten nicht, was er tun soll; vielmehr exploriert und fördert sie, was das Reaktionssystem des Patienten auf einer autonomen Ebene tun kann, ohne eine bewußte Anstrengung zu unternehmen, sich selbst zu lenken.

Die indirekten Formen von Suggestion sind semantische Folien, die das Erleben neuer Reaktionsmöglichkeiten erleichtern. Sie evozieren unabhängig von unserem bewußten Willen automatisch unbewußte Suchvorgänge und innere Prozesse (Erickson u. Rossi 1981, S. 35).

Dieses Menschen- und Prozeßverständnis stimmt überein mit dem heute jedem zugänglichen Wissen über die Natur und die Abläufe des Geschehens in lebenden Systemen,[2] wie es uns inzwischen auch durch die Ergebnisse der neueren naturwissenschaftlichen Forschung nahegelegt wird (vgl. Gerl 1985; Schmidt 1985; Wippich 1983).

Klinische Epistemologie

Wenn wir den 2. Begriff unseres Themas „Hypnose als *Therapie*" betrachten, dann erscheint es auf den ersten Blick vielleicht nicht nötig, ihn genauer zu definieren. Impliziert nicht die Verwendung des Wortes Therapie in einem klinischen Lehrbuch einfach das, was wir gewohnt sind, unter Therapie zu verstehen? Um aber in einer möglichst präzisen Weise auf die Beziehung von Hypnose und Therapie eingehen zu können, ist es erforderlich, diesen Begriff einzugrenzen. Dies kann wiederum nur dann sinnvoll geschehen, wenn unsere Konzepte vom Menschen und von Krankheit und Gesundheit nicht allzusehr divergieren.

Mit anderen Worten: Jeder, der behauptet, heilberuflich tätig zu sein, kommt nicht umhin zu überprüfen, ob er von den grundlegenden Prämissen und den Formen seines Handelns her überhaupt in der Lage ist, zur Heilung eines Menschen, zu dessen Wieder-ganz-Werdung beizutragen. Oder ob er nur einer gesellschaftlich geteilten Fiktion der Heilung durch Krankheitsbehandlung aufsitzt und dieselbe durch sein Mitmachen aufrechterhält. Instrumentelles Handeln, medizinische und psychologische Intervention wird, wie jedes „Eingreifen", immer Effekte haben. Diese können dann durch Definition oder durch entsprechende Interpretation zum „Erfolg" erklärt werden. Derjenige aber, der eine Ausbildung, die Erfahrung und ein hohes Kompetenzniveau als Psychotherapeut aufweist, dürfte sich selbst und seine Welt (sein „belief system") so gut kennen, daß er nicht am Mythos der Macht (Bateson 1981) festzuhalten und dem Schein von Pyrrhus-Siegen zu erliegen braucht.

Behandeln kann man bekanntlich „auf Teufel komm raus"; wenn wir aber die Heilungschance nicht verspielen wollen und das Heil-Werden der Person als ein Ganzes im Auge behalten, brauchen wir einen Bezugsrahmen, in dem diese Möglichkeit denkbar und erreichbar wird (Gerl 1985, S. 195).

Es ist erforderlich, eine Übereinkunft über die Verwendung der Begriffe „Heilung", „Therapie" und „Behandlung" herzustellen und diese Termini im Sprachgebrauch auch wirklich auseinanderzuhalten. Wenn aber häufig, Behandlung mit Therapie gleichgesetzt wird, dann verlieren wir durch sprachliche Undifferenziertheit ein wichtiges Mittel, um Unterscheidungen zu treffen, die für unsere Betrachtung und unsere Arbeit wichtig sind. Ein undifferenziertes und damit unnötigerweise eingeschränktes Verständnis führt zu Mißverständnissen, die fatal werden können. Um ein extremes Beispiel zu zitieren: Wenn im Behandlungsblatt zu lesen ist: „Die Therapie besteht in Medikament X, 30 mg/Tag. Die antidepressive Therapie mit Medikament Y muß ebenfalls fortgesetzt werden" und all die „Therapien" führen zu keiner Heilung, dann ist es nicht weit, logisch zu folgern (und dabei Ebenen zu verwechseln und unzulässig zu generalisieren), die Krankheit sei „unheilbar". Dieser Schluß bleibt dem Patienten nicht verborgen. Und effektiv wird ihm nahegelegt, eine Grenze seiner *Existenz* anzunehmen, wo eine *Denkgrenze* existiert (vgl. „Problem und Problemlösung" S. 183).

Für unsere Arbeit möchte ich folgende Definitionen vorschlagen. Da sie sich auf Prozesse beziehen, die in und zwischen lebenden Organismen, also sich selbst organisierenden Systemen[3] ablaufen, benutze ich eine Terminologie, die dem systemischen (im Unterschied zum mechanischen) Charakter dieser Interaktionen Rechnung trägt:

Unter „Heilung" ist der Prozeß zu verstehen, in dem ein lebendes System (Einzelwesen, Dyade, Familie/Gruppe) sein relativ redundantes und rigides selbstregulatives Verhalten so *umorganisiert,* daß es sich in seiner Struktur (Beziehungsgefüge) wandelt und eine neue dynamische Balance erlangt.

In diesem neuen Funktionszustand sind potentiell alle Teile des Systems integriert. Solchermaßen gesund (ganz, heil) kann es seine Selbstorganisation ökologisch-stimmiger und damit müheloser, ausgeglichener realisieren. Die Wechselbeziehungen innerhalb seiner selbst und mit (in) seiner Umwelt gestaltet das System jetzt so, daß Ressourcen optimal genutzt werden und dadurch weniger Entropie[4] als vielmehr Ordnung geschaffen wird. Das System ist in seinem Dasein vital balanciert, mit anderen Worten: Es ist in Ordnung.

In dieser Definition wird der Schwerpunkt eher auf den *inner*-organismischen Prozeß gelegt, wenngleich dieser immer mittels struktureller Kopplung in seinen Umweltbezug eingebettet ist.

Unter „Therapie" ist das Geschehen zu verstehen, in dem das Klientensystem (Individuum, Paar, Familie/Gruppe) und das Therapeutensystem (Einzelperson, Team) in dem von ihnen als Therapie definierten Kontext in einer Weise *interagieren,* daß dadurch Selbstorganisationsprozesse im Klientensystem im Sinne von Heilung (s. oben) ermöglicht werden.

In der Interaktion der Subsysteme Therapeut und Klient wiederum geschieht die Selbstorganisation des Therapeut-Klient-Systems. Dieses Beziehungsgeschehen und das Therapeutensystem, so wie sie vom Klientensystem erlebt werden, bieten eine Referenzstruktur, die dem Klienten zur Eigenorientierung dient. Im „konsensuellen Raum" des Dialoges sind sie der aktuelle *Anlaß* dafür, daß der Klient bisherige Muster unterbricht und Alternativen organisiert: Entweder „erinnert" er spezifische andere Möglichkeiten oder er generiert neue Assoziationen, schafft neue Erlebnis- und Handlungsmuster (kreativ-generatives Lernen). Somit kann er eine *flexiblere* Ordnung seiner Organisation erreichen, mit der er der Komplexität seiner Welt besser gerecht wird. Solchermaßen „ultrastabil" kann er dann in einem größeren Umfang den Änderungen und Herausforderungen im Leben assimilierend und adaptiv begegnen. Seine systemische Kohärenz bleibt erhalten: in „Passung" mit seiner Welt, strukturell gekoppelt, lebt er. Im anderen Fall würde diese Kohärenz zerfallen, was Tod („thermodynamisches Gleichgewicht") bedeutet.

Hier wird der Schwerpunkt auf den Austausch zwischen den Systemen gelegt. Im koevolutionären Geschehen therapeutischer Interaktion entstehen *Bedingungen*, unter denen die Selbstorganisation des Klientensystems in eine gesündere Ordnung evolviert.

Bei „Behandlung" muß kritisch überprüft werden, ob dem jeweiligen Handeln nicht eine Machbarkeitsideologie zugrundeliegt, welche die Welt – und damit auch den Menschen – instrumentalisiert. Im Rahmen des entsprechenden mechanistischen Weltbildes wird der Patient bzw. ein Teil von ihm zum Gegenstand einer Behandlungstechnologie. Körper, Psyche, Symptom werden losgelöst von der Person betrachtet, und es werden Interventionen geplant, Maßnahmen ergriffen, um das Symptom zu eliminieren oder um „die Krankheit zu besiegen". Jedoch: „Wenn man den menschlichen Organismus verdinglicht und Zwecken unterwirft, die ihm selbst äußerlich sind, verliert der Mensch,[5] und letztlich kommt die Gesundheit[6] (die Tauglichkeit eines Organismus an sich selbst) zu Schaden" (Spaemann u. Löw 1981, S. 284).

Für den so behandelten Menschen nützt es nichts, wenn solches Handeln als wissenschaftlich fundiert gilt.

Wenn jedoch der Kontext und die Prozesse einer Behandlung stimmen (s. o. „Therapie"), dann können die konkreten Hilfestellungen noch so begrenzt erscheinen – sie wirken in Richtung einer Aufrechterhaltung und Optimierung der Selbstregulation des Organismus/Klientensystems.

„Medizin ist sinnvoll nur als eine Reihe von ‚Angeboten', die wir einem lebenden menschlichen Organismus machen für den Fall, daß dieser sie aktiv aufnimmt, integriert und für sich selbst zum Mittel seiner Regeneration macht" (Spaemann u. Löw 1981, S. 284).

Lernkontext therapeutischen Arbeitens und epistemologische Irrtümer

Für Therapeuten bietet die berufliche Tätigkeit ständig einen Kontext, um mitzuerleben und zu lernen, was Menschen tun und wie sich ihr spezifisches Tun auswirkt. Der Therapeut selbst ist Teil dieses Kontextes, den er durch sein Handeln aufgrund seiner Konzepte und seiner Reaktionen auf den Klienten (und auf sich selbst) mitgestaltet. Dabei ist es für ihn von Vorteil, wenn er sich darüber im klaren ist, daß seine Wahrnehmung des Therapeut-Klient-Systems kein *unmittelbares Erfahren*, sondern seine Konzeptualisierung dieses Systems ist. Er identifiziert und vergleicht mit Hilfe seiner eigenen Kategorien.[7] Diese sind *vor* der aktuellen Erfahrung und seine Mittel zur Bewußt*machung*. Aktiv gestaltet er seine Wirklichkeit – auch wenn sein übliches Denken über sich und die Welt (seine persönliche Epistemologie) ihn immer wieder glauben machen sollte, er würde die Realität erfassen, die unabhängig von ihm als Beobachter existiert. Das „Wissen darüber, wie wir etwas wissen können“ (Erkenntnistheorie, Epistemologie), kann ihm dann aber aus den Fallen eines objektivierenden Denkens und der Reifikation heraushelfen.

Der Therapeut braucht dieses Wissen, denn sein Klient befindet sich in eben solchen Denkfallen; sein Denken über sich und die Welt ist spezifisch begrenzt. Die spezifische Konstruktion der Wirklichkeit ist eine wesentliche Bedingung für kritische Erfahrungsdefizite. Der Klient unterläßt es, das Notwendige zu tun[8] und die Erlebnisse zu haben, die er *jetzt* braucht.

Natürlich wird ein Therapeut dieses Wissen nicht dazu gebrauchen, den Klienten über dessen „epistemologische Irrtümer“ (Bateson) zu *belehren.* Damit würde er, im Glauben, es gäbe „instruktive Interaktion“ (Maturana 1982) und die Kontrolle eines Teils des Systems durch einen anderem Teil, selbst einem solchen Irrtum unterliegen und entsprechend systeminadäquat handeln – wiederum mit entsprechenden Folgen. Diese könnte er dann als „Widerstand“ oder als Zeichen von „Pathologie“ beim Patienten diagnostizieren – womit er schon wieder einem dieser eigentümlichen Irrtümer erliegen würde, die durch die selbstverständliche Benutzung eines Denkmodells entstehen, das dem komplexen Geschehen in lebenden, selbstreferentiellen Systemen nicht angemessen ist (vgl. zu diesem Themenkreis Dell 1986).

„Epistemologisches Irren ist menschlich“; denn wie eine Person ihre Wirklichkeit *erfaßt,* stützt sich zwangsläufig auf ihre *Begriffe.* Diese kategoriale Erfassung determiniert ihre Wirklichkeitskonstruktion – und begrenzt den Rahmen dessen, worüber die Person bewußt verfügt. Sprachliches Denken besteht in begrifflichem Abgrenzen und Dichotomisieren. Um Wirklichkeit sprachbegrifflich fassen, bewußt machen zu können, erstellt der Mensch ein kategoriales *Modell* der Welt. Dieses Geschehen ist, wie jede Modellbildung, dadurch gekennzeichnet, daß sensorische Daten zu einem Teil weggelassen werden, und gleichzeitig erfolgt *Generalisierung* und eine Reduktion der Komplexität auch bezüglich der Dimensionalität und Interaktionsvernetzung (also eine *Umformung/Verzerrung).* Mittels dieser Strukturierungsprozesse konstituieren sich alle Strukturmodelle und deshalb auch das subjektive Weltbild (die Wirklichkeit, auf welche die Person sich bezieht). Dieses Modell von der Welt verhält sich zum Weltganzen wie die *Landkarte* in Relation zu ihrer Landschaft, steht zu ihr also in einer strukturell *isomorphen* Beziehung. (Eine Beschreibung und Umsetzung dieser Zusammenhänge für den Bereich der zwischenmenschlichen Kommunikation finden wir bei Grinder u. Bandler 1976.)

Mit Landkarten sollte man aber in einer kundigen Weise umgehen; und sie sollten rechtzeitig revidiert und ergänzt werden – denn: „Die Landkarte ist nicht das Territorium“ (Korzybski 1980).

Von Zeit zu Zeit ist es im Laufe der Entwicklung auch möglich, einen ganz neuen Kartentyp einzuführen. Früher konnte man z.B. nur schwarzweiß drucken. Der Mehrfarbendruck brachte völlig neue Möglichkeiten der Differenzierung und der Repräsentation von Räumlichkeit. Die Schwierigkeit für die Kartographen war immer die Darstellung der 3. Dimension. Inzwischen sind wir in der Lage, mittels holographischer Techniken ganzheitlichere Bilder zu erstellen. Mit Hilfe solcher Holographien ist es uns auch möglich, sehr anschaulich zu erkennen, wie das Ganze in jedem Teil von ihm enthalten ist. Philosophisches und naturwissenschaftliches Wissen finden hier ganz konkret zusammen.

Mit diesen Möglichkeiten ausgestattet, kann man darangehen, seinen Landkartensatz zu überprüfen, um einen Überblick zu bekommen, welche Karten sich für welchen Zweck wirklich eignen. Oder, wie Varela es formulierte: „... müssen wir unsere Epistemologie unter die Lupe nehmen, den Wissensgrund untersuchen, auf dem wir gewohnt sind zu stehen, und sozusagen unseren erkenntnistheoretischen Haushalt in Ordnung bringen." Erst wenn dieser Schritt in praxi vollzogen ist, kann wiederum – diesmal jedoch auf einer völlig neuen Ebene – behauptet werden: „Die Landkarte ist das Gelände" (Varela 1989, S. 20 und S. 24).

Zum Begriff der Epistemologie

„Epistemologie" steht einmal für die wissenschaftliche Disziplin (Erkenntnistheorie), welche der Frage des Ursprungs, der Natur, der Arten, Methoden und Grenzen des Wissens nachgeht („wie wissen wir, daß wir wissen und was wir wissen?"). Zugleich wird der Begriff benutzt als Bezeichnung für „Wissenssystem" oder Gefüge/Struktur der grundlegenden Annahmen[9]. „Paradigma" wäre ein Synonym dafür, und Bateson hat auch das deutsche Wort „Weltanschauung" für die Art verwendet, wie Personen (über) ihre phänomenale Welt denken. Darüber hinaus steht das Wort Epistemologie für Batesons biologische Kosmologie, nach der die Ganzheit der Welt des Lebenden (Creatura) und jede ihrer Komponenenten (individuelle und interaktionale Systeme) geistige Prozesse sind. Alle lebenden Wesen sind verbunden durch das Epistemische, das sie *zugleich konstituieren*: „Das Muster, das alle lebenden Wesen verbindet". Danach ist das Wissen eines jeden Organismus ein kleiner Teil eines umfassenderen integrierten Wissens, das die gesamte Biosphäre oder Schöpfung verbindet. Diese Idee ist dem religiösen Menschen vertraut; bei den Vorsokratikern (z.B. Heraklit) und in östlichen Philosophien (z.B. im Taoismus) ist sie schon vor langer Zeit als grundlegende Prämisse formuliert worden (vgl. Scholz 1986; Watts 1986). Sie kennzeichnet auch die Theorie der selbstorganisierenden Systeme (Prigogine u. Stengers 1986) und gibt uns, in Verbindung mit dieser, eine erweiterte Möglichkeit zum Verständnis von Gesundheit/Krankheit und von Therapie.[10]

Wenn sich die Menschen ihres Wissens bedienen, sollten sie sich, wie schon gesagt, seiner epistemischen Natur bewußt sein – und bereit, es als ein *nicht endgültiges* System von Annahmen (über die Wirklichkeit und die Weise ihres Denkens) zu erweitern, sobald neue Erfahrungen dies notwendig machen. Denn: „Das Wort ‚endgültig' bedeutet im Zusammenhang der exakten Naturwissenschaft, *daß es immer wieder in sich geschlossene, mathematisch darstellbare Systeme von Begriffen und Gesetzen gibt, die auf bestimmte Erfahrungsbereiche passen*, ... daß aber natürlich nicht erwartet werden kann, daß diese Begriffe und Gesetze auch geeignet sein werden, später neue Erkenntnisbereiche darzustellen", formuliert Heisenberg (1955, S. 20) und fügt hinzu: „Es ist dieser Sachverhalt, der es unmöglich macht, Glaubensbekenntnisse, die für die Haltung im Leben verbindlich sein sollen, allein auf wissenschaftliche Erkenntnis zu begründen. Denn die Begründung könnte ja nur durch die fixierte wissenschaftliche Erkenntnis erfolgen, und die ist nur auf beschränkte Bereiche der Erfahrung anwendbar."

Für Bateson ([1]1982) war der Gedanke zentral, daß die Struktur der Natur und die

Struktur des Geistes einander spiegeln. Deshalb ist nach ihm Epistemologie keine abstrakte Philosophie mehr, sondern eher als Zweig einer ganzheitsorientierten Biologie zu betrachten oder als „Biologie der Erkenntnis"[11] (Riedl 1981).

Epistemologie und Metapher

Das ganze Gewebe des Lebendigen ist nicht durch Logik zusammengefügt. In der Welt des Lebendigen verstrickt uns die Anwendung der Logik in Paradoxien. Für Bateson wurde deutlich, daß die Metapher eine fundamentalere Wirklichkeit ist. „Auf diese Weise wird das ganze Gewebe mentaler Verknüpfung zusammengehalten. Ganz unten auf dem Grunde des Lebendigseins treffen wir auf die Metapher" (zit. Capra 1988, S. 83).

Für ihn waren Parabeln und Metaphern wesentliche Weisen des Denkens und des Geistes überhaupt. Metapher, als die Sprache der Natur, drückt Isomorphien, also Strukturgleichheiten, aus. Da in der Welt des Lebendigen „Beziehung" oder „Zusammenhang" die grundlegendsten Metaphern und Tatsachen sind, verwandte Bateson zu ihrer Beschreibung (und in seiner Lehrtätigkeit) immer wieder die demgemäße Sprache, nämlich Gleichnisse und Geschichten. Sie sind für ihn der Königsweg zum Erkennen und zum Vermitteln von Zusammenhängen.

Daß er sich damit in einer Tradition befindet, die wohl so alt ist wie die menschliche Kultur, braucht nicht hervorgehoben zu werden. Um nur 2 weitere unverwechselbare Persönlichkeiten zu nennen: Jesus lehrte bekanntlich in Gleichnissen; Milton Ericksons hypnotische Arbeit bestand zeitweise überwiegend in therapeutischen Metaphern. Er war bekannt für seine Lehrgeschichten und für seine Fertigkeit, auf verschiedenen Ebenen ein komplexes Geflecht von Zusammenhängen durch entsprechende Metaphern herzustellen. Ihm wurde mit zunehmender Erfahrung, das Erzählen von passenden Geschichten und anschaulichen Gleichnissen zur bevorzugten therapeutischen Kommunikationsform (vgl. Rosen 1982; Zeig 1980).

Jemandem, der den Sinn von Ericksons oder Batesons komplexen Metaphern allein über die Inhalte zu erfassen versuchte, mußte diese Art Kommunikation wie pure Weitschweifigkeit vorkommen.

> Doch es war weitaus mehr als das. Die Matrix seiner Ansammlung von Geschichten war ein kohärentes und genaues Muster von Zusammenhängen, ein Muster, das für ihn Schönheit verkörperte, die sich in der Komplexität strukturierter Zusammenhänge manifestiert; und es bereitete ihm ein hohes ästhetisches Vergnügen, diese Strukturen zu beschreiben. ... So kam es dann oft dazu, daß er ein ganzes System von Geschichten innerhalb von Geschichten mit subtilen Zusammenhängen präsentierte, das Ganze ausgeschmückt mit Scherzen, die diese Zusammenhänge noch deutlicher machten. ... Danach pflegte er im allgemeinen keine direkten Antworten auf (intellektualisierende) Fragen zu geben, sondern mit einer neuen Geschichte zu antworten[12] (Capra 1988, S. 85–86).

Jeder effektive Wissenschaftler und Lehrer benutzt für seine Kommunikation anschauliche Analogien. Um Aspekte zu verdeutlichen, die gerade auch für Kliniker interessant sind, möchte ich eine von Heisenbergs griffigen Metaphern zitieren:

> Mit dem scheinbar unbegrenzten Ausbau seiner materiellen Macht kommt der Mensch in die Lage eines Kapitäns, dessen Schiff so stark aus Stahl und Eisen gebaut ist, daß die Magnetnadel seines Kompasses nur noch auf die Eisenmasse des Schiffes zeigt. Mit einem solchen Schiff kann man kein Ziel mehr erreichen; es wird nur noch im Kreise fahren und daneben dem Wind und der Strö-

mung ausgeliefert sein. ... Die Gefahr besteht eigentlich nur, solange der Kapitän nicht weiß, daß sein Kompaß nicht mehr auf die magnetischen Kräfte der Erde reagiert. In dem Augenblick, in dem Klarheit geschaffen ist, kann die Gefahr schon halb als beseitigt gelten. ... Der Kapitän mag dann neue, moderne Kompaßarten in Gebrauch nehmen, die nicht auf die Eisenmasse des Schiffes reagieren, oder er mag sich, wie in alten Zeiten, an den Sternen orientieren.

Und er fügt hinzu:

In dem Maße, in dem Klarheit über diese Grenze (des Fortschrittglaubens) erreicht wird, kann sie selbst als der erste Halt gelten, an dem wir uns neu orientieren können. Vielleicht kann man also aus dem Vergleich mit der modernen Naturwissenschaft die Hoffnung schöpfen, daß es sich hier wohl um eine Grenze für bestimmte Formen der Ausbreitung des menschlichen Lebensbereiches handeln mag, nicht aber um eine Grenze für diesen Lebensbereich schlechthin (Heisenberg 1955, S. 22–23).

Problem und Problemlösung

Ein Problem kann in der Therapie aufgelöst werden, wenn erlebt wird, daß eine Grenze *bestimmter Formen* menschlichen Denkens und Handelns nicht zugleich eine Grenze für das menschliche Leben ist. Wenn wir hier von *Problemen* sprechen, meinen wir nicht die *Schwierigkeiten* des Lebens.[13] Probleme erleben wir dort, wo herkömmliches Handeln (wozu wir das sprachliche Denken als inneres Handeln zählen) an seinen Grenzen angelangt ist und ein kreativer, diese Grenzen überschreitender Akt gefordert ist. Probleme stellen also keine Rätsel und keine Scheinprobleme dar, welche durch logische Analyse ein für allemal aufgelöst werden könnten. Jede erfolgte Problemlösung kann ihrerseits wieder zu neuem problematisch organisiertem Denken beitragen. Probleme sind uns nicht zu irgendeiner Art „Endlösung" *aufgegeben*, sondern sind im Grunde philosophischer Art.[14] Ihr Auftreten ist für uns eher eine ständige *Herausforderung* und *Chance* zur Erweiterung unseres Handeln und zur Entwicklung unseres Selbst-Bewußtseins.

Die Probleme unserer Denktradition stellen das Erfahrungsreservoir dar, „an dem wir die Verhexungen unseres Verstandes mit den Mitteln der Sprache studieren können. ... In Situationen, in denen die Räder unserer Sprache leerlaufen, ist es dienlich, das eine oder andere Problem aus diesem Schatzkasten *aufzurollen.* Dies kann freilich nur unter Berücksichtigung der Eigenart philosophischer Therapie geschehen: d.h. jede Systematik ist zu vermeiden. Denn eine solche Systematik würde eben ein zusätzliches Wissen erfordern. Ein solches[15] könnte sich aber[16] im Hinblick auf die Unhintergehbarkeit der Sprache[17] nicht legitimieren und müßte immer willkürlich bleiben" formuliert Wallner (1983, S. 76) in seinen Überlegungen zu Wittgensteins Spätwerk. So gesehen stellen „therapeutische" Systematiken, die auf dem logischen Positivismus oder dem analytischen Denkansatz fußen und ihre Legitimation von der formalen Logik her beanspruchen, selbst „philosophische Krankheiten" dar. Sie bieten sich als Systematiken zur Problemlösung an, verfügen aber nicht über jene, dafür vorauszusetzende, Wissensstruktur. Ein solches „zusätzliches Wissen" oder neues Paradigma ist *im* Rahmen eines tradierten Denkens prinzipiell auch nicht auffindbar.

Wie ist das nun zu verstehen, daß, wenn ein Problem gegeben ist, „jede Systematik zu vermeiden sei"? Hier ist einmal festzuhalten, daß Probleme oder „philosophische Krankheiten" (Wittgenstein 1969) keine „falschen" Handlungsentwürfe aufgrund „inkorrekter" Wahrnehmungen sind, die mit einem präziseren, systematischeren Handeln einfach verbessert werden könnten. Die Person handelt *immer* richtig, bezogen auf die Welt *ihrer Bedeutungen*. Aber: sie mißversteht ihr persönliches Denken leicht als Theorie (Wissenschaft). Im *Gebrauch* von „persönlicher Philosophie" als handlungsanleitender Theorie (wobei die Funktion von Sprache als Technik und unhintergehbares Handeln nicht mehr reflektiert wird) wird dieses Denken dann „zu schlichtem Unsinn" oder „zu Thesen, denen alle sofort zustimmen".[18]

Wenn das Problem also in einem fundamentalen Mißverständnis im *Gebrauch* von Sprache besteht, dann kann eine „therapeutische Systematik", die sich in diesem Sprachgebrauch (oder „Sprachspiel") bewegt, das Problem nicht lösen und keine Therapie sein. Es ist deshalb für Therapeuten, die täglich diesem Mißverständnis und seinen Folgen für die Gesundheit beim Klienten begegnen, recht bedeutsam zu wissen, auf welchem Denkansatz ihr eigenes Handlungsmodell beruht – und ob dieses ebenfalls beansprucht, eine Systematik der Problemlösung vorzugeben. Nicht nur konventionelle Therapieverfahren – auch der gesellschaftliche Rahmen ist zu hinterfragen, in den sich jene Methoden einpassen, die behaupten, eine solche Systematik zu besitzen (nicht zuletzt, um das Verwertbarkeitskriterium[19] zu erfüllen und mit „dabeizusein").

Die Aussage „jede Systematik ist zu vermeiden", erscheint nur auf den ersten Blick provokant. Wir brauchen uns aber nur vor Augen zu halten: Jeder, der wirkungsvollen Kontakt herstellen will, muß sein Wahrnehmen und Handeln in präziser Weise auf sein Gegenüber beziehen. Rapport ist ein interdependentes Geschehen und gemeinsames Ergebnis. Welche Verhaltensmuster im konkreten Fall zum Rapport führen, dafür haben wir zunächst nur Annahmen, die auf *früheren* Erfahrungen beruhen. Tatsächlich können wir nur Wahrscheinlichkeitsaussagen machen. Die von solchen Aussagen bzw. Annahmen hergeleitete Systematik stellt ein Gerüst von Handlungsanweisungen zur Verfügung.

Da aber nun „die Theorie bestimmt, was wir wahrnehmen" (Einstein), müssen wir wiederum („mit Wahrscheinlichkeit") davon ausgehen, daß diese Systematik dazu (ver)führt, mit ihren Konzepten das fluktuierende Leben, jeden neuen Augenblick, in den (Be)Griff zu nehmen. Der Glaube an „Überlegenheit durch Überlegung" wird genährt, wenn dadurch Komplexität und Unsicherheit reduziert werden.

Sobald wir aber in die Lage kommen, die Interdependenz des Geschehens in und zwischen lebenden Systemen wahrzunehmen und zu nutzen, dann erleben wir „Problemlösung" oder Therapie als einen Prozeß des Austausches und der *Koevulotion* – des gegenseitigen Sichanregenlassens und des gemeinsamen Gestaltens aktuellen Geschehens.[20]

Problemlösung als Änderung der Epistemologie

„Um diese philosophischen Probleme zu lösen, muß man Dinge miteinander vergleichen, die zu vergleichen noch niemandem ernstlich eingefallen ist" (Wittgenstein 1969, Bd. 6, S. 376).

Im Jahre 1969 hielt Heisenberg vor der Vereinigung Deutscher Wissenschaftler in München einen Vortrag über „Änderungen der Denkstruktur im Fortschritt der Wissenschaft". Einleitend meinte er damals, daß er als Thema gerne „Wie macht man eine Revolution?" formuliert hätte; aber dann hätte er befürchten müssen, die falschen Zuhörer zu bekommen.

Sicherlich war es nicht seine Absicht, mit der Metapher vom Fortschritt der Physikwissenschaft gleichzeitig ein Modell der Entstehung und Therapie menschlicher Probleme zu skizzieren. Jedoch lassen sich solche augenscheinlichen strukturellen Ähnlichkeiten und Zusammenhänge unschwer erkennen. Das neue, „korrelative" Denken der modernen Naturwissenschaft weist gerade auf die *Muster* und *Zusammenhänge* hin, während Objekte, Formen und Inhalte von ihrer früheren Bedeutung verloren haben.

In seinen Aussagen macht Heisenberg deutlich: Änderungen der Denkstruktur sind erforderlich, wenn die alte, festgefügte „Welt"struktur an einer Stelle nicht in der Lage ist, Erfahrungen (Forschungsergebnisse) zu integrieren, die jenseits der Grenzen des bisherigen Denkens liegen und wenn alle weiteren Bemühungen aufgrund dieser prinzipiellen Begrenztheit versagen. Dann ist kein weiterer *Denkinhalt,* sondern ein neuer *Denkansatz,* eine neue Sichtweise erforderlich, um die inzwischen aufgetretenen Paradoxien und Widersprüche zu erhellen.

Ausgehend von der zunächst alles versprechenden Newtonschen Mechanik zeichnet Heisenberg eine Problemgeschichte der Physik nach und zeigt, wie es nur durch Umstrukturierungen im Denkansatz zu Lösungen kam. „Die Änderung in der Struktur des Denkens, die hier gefordert wurde, ist von einer ganzen Reihe von Wissenschaftlern einfach als unzumutbar empfunden und abgelehnt worden. Sie ist aber trotzdem die Voraussetzung für das Verständnis der heutigen Physik.

Schließlich sind noch viel höhere Anforderungen in der Quantentheorie gestellt worden. Der Glaube an die *objektive* Beschreibung der *Natur* mußte aufgegeben werden zugunsten einer Beschreibung von *Beobachtungssituationen,* in denen nur die *Wahrscheinlichkeiten* für gewisse Ereignisse (Beobachtungsergebnisse) angegeben werden können.[21] Die Worte, mit denen man über die Phänomene redete, wurden also problematisch." Die alten Begriffe griffen buchstäblich nicht mehr.

In diesem Zusammenhang sei darauf hingewiesen, wie ein anderer Nobelpreisträger für Physik, Ilya Prigogine, quantentheoretische Erkenntnisse in seinen Konzepten der „dissipativen Struktur" und der „Ordnung durch Fluktuation" auf Systeme überträgt. Er zeigt auf, wie diese evolvieren, und zwar über Quantensprünge, also in diskontinuierlicher und selbsttranszendenter Art. Die *Energie* dazu beziehen die Systeme von *außerhalb;* die ausreichenden Bedingungen für solch einen *qualitativen* Wandel aber kommen von Fluktuationen *innerhalb* ihrer Struktur. In diesem Prozeß evolutionärer Rückkopplung gelangen die Systeme zu ihrer neuen Ordnung (Prigogine u. Stengers 1986).

Heisenberg geht dann auf das subjektive Erleben des Wissenschaftlers im epistemologischen Wandel ein. Als Kontext wählt er die Entwicklung der Quantentheorie. Dabei zeigt er auf, wie im Laufe der Geschichte bereits erfolgte Änderungen der Denkstruktur nicht vor neuen Problemen bewahren und daß immer wieder neue strukturelle Änderungen notwendig werden.

Zum Erleben eines Wandels der Denkstruktur

Die Anwendung der sonst als zuverlässig erwiesenen Gesetze der Wärmelehre auf die Strahlungstheorie der sog. „schwarzen Körper“ führte zu unerwarteten Schwierigkeiten, d.h. zu einem absurden Resultat, das gar nicht richtig sein konnte. Was taten nun die Physiker?[22] – Das, was man in solchen Fällen erstmal tut: Man *wartet* ab, ob sich nicht durch die weitere Entwicklung neue Gesichtspunkte ergeben, die dann im Rahmen der bisherigen Denkweise zu einer Lösung führen können.

Einer, der sich mit dem reinen Abwarten nicht zufriedengab, war Max Planck. Er dachte jedoch gar nicht daran, die klassische Physik umzustoßen, sondern glaubte, daß man durch immer subtilere und immer gründlichere Analyse des Problems[23] vielleicht zu diesen neuen Gesichtspunkten kommen könnte. Schließlich *entdeckte* er zu seinem Schrecken[24], daß er zur Deutung dieser Strahlung eine Hypothese machen mußte, die vom Standpunkt der klassischen Physik her völlig verrückt[25] erschien. (Er versuchte dann später, seine Quantenhypothese zu mildern, um die Widersprüche zur alten Physik weniger eklatant zu machen. Aber damit hatte er keinen Erfolg.)

Einstein und immer mehr Wissenschaftler stellten fest, daß die dem alten Denken widersprechenden Aussagen der Quantentheorie auf immer mehr Phänomene zutrafen. Und man erkannte, daß die Quantentheorie offenbar einen wesentlichen Zug der Natur beschrieb, den man bis dahin *übersehen* hatte.[26]

Wer nun ernsthaft am wissenschaftlichen Leben teilhaben wollte, der *mußte* sich um ein Verständnis der neuen Sichtweise bemühen.[27] Und wer sie verstehen und nutzen wollte, der mußte die Struktur seines Denkens ändern; er mußte andere Fragen stellen und andere Metaphern verwenden als früher.

Wer wissenschaftlich arbeitet, ist zwar darauf vorbereitet, sein Denken immer wieder mit neuen *Inhalten* zu füllen; aber anders verhält es sich, wenn neue Phänomene Änderungen in der *Struktur* des Denkens verlangen. Hier haben selbst sehr bedeutende Wissenschaftler die größten Schwierigkeiten und setzen diesem Erfordernis starken, mitunter erbitterten Widerstand entgegen. „Denn die Forderung nach Änderung der Denkstruktur kann das Gefühl erwecken, es solle einem der Boden unter den Füßen weggezogen werden.“ (Bei der Hypnose wird diese fundamentale Angst dem Lernenden erspart, denn die Umstrukturierung wird nicht als ein bewußtes „Umdenken“ gefordert, sondern als ein Umlernen gefördert, das mit Hilfe „unbewußter“ Erfahrungsmöglichkeiten bzw. Lernens in Trance vonstatten geht.) Wenn man die Verzweiflung erlebt hat, mit der in der Wissenschaft kluge und konziliante Menschen auf die Forderung nach einer Änderung der Denkstruktur reagieren, kann man sich nur wundern, daß solche Revolutionen in der Wissenschaft überhaupt möglich gewesen sind.

Aber sie sind zustande gekommen, weil die Menschen, die wissenschaftlich tätig sind, merken, daß sie mit der neuen Denkstruktur größere Erfolge erringen können – daß sich das Neue als fruchtbarer erweist. Wer sich einmal für den wissenschaftlichen Bereich entschieden hat, der will dabei sein, wenn neue Wege erschlossen werden. Nur das Alte und oft Gesagte zu wiederholen, befriedigt ihn nicht. Jedenfalls sind hier Kräfte am Werk, die stärker sein können als die Widerstände gegen eine Änderung der Denkstruktur.[28]

Bei dieser und ähnlichen Geschichten der Wissenschaft kann man feststellen, daß nie der Wunsch bestimmend gewesen war, das ganze Denkgebäude radikal umzubauen.

Am Anfang einer solchen Problem- und Lösungsgeschichte steht ein umgrenztes Problem, das im traditionellen Rahmen keine Lösung finden kann. Die Revolution wird herbeigeführt durch Forscher, die dieses spezielle Problem wirklich zu lösen versuchen, aber weiter nicht vorhaben, an der bisherigen Wissenschaft irgend etwas zu ändern. Gerade dies macht deutlich, daß die Änderung von der Natur selbst erzwungen wird,[29] nicht von irgendwelchen menschlichen Autoritäten und Ambitionen.

Um auf die Frage zurückzukommen: „Wie macht man eine Revolution?" – Indem man versucht, so *wenig* wie möglich zu ändern und alle Kräfte auf die Lösung des einen, vorliegenden Problems konzentriert. Nur wer sich bemüht, so *wenig* wie möglich zu ändern, kann Erfolg haben, weil er dadurch den Sachzwang sichtbar macht; und die *kleinen Änderungen*, die er schließlich als absolut notwendig erweist, erzwingen im Laufe der Zeit eine Änderung in der Struktur des Denkens, also eine Verschiebung in den Fundamenten (Heisenberg 1984, S. 239–251).

Lebende Systeme: autonome Strukturen, die sich ändern

An anderer Stelle beschrieb Heisenberg (1955) die Wechselbeziehung von Mensch und Natur als einen „biologischen Vorgang, bei dem die im menschlichen Organismus angelegten Strukturen die Umwelt des Menschen gestalten", bzw. auf diese übertragen werden. Nur etwas anders formuliert wird dies, wenn Varela (1989) und andere davon sprechen, daß ein autonomes kognitives System in der Lage ist, das umgebende Medium zu einer Welt zu formen oder zu *informieren,* und zwar aufgrund seiner Beziehung, oder „strukturellen Kopplung" (Maturana 1982) mit ihm. Wie wir die Umweltphänomene erleben, das kann nicht losgelöst betrachtet werden von der gemeinsamen Geschichte von Mensch und Umwelt.

Kognitive Vorgänge und „Geist" sind als Prozesse zu verstehen, bei denen wir unsere Welt *mit Sinn erfüllen.* Zu dieser Information (Innengestaltung) der Welt durch den Menschen können wir schon in Wittgensteins „Philosophischen Untersuchungen" Gedanken finden, mit denen auf diesen Sachverhalt eingegangen wird:

„Die Sprache ist ein Instrument."

Sätze können als Vorschriften aufgefaßt werden, nach denen Modelle gebildet werden.

„Der Mensch hat den Trieb, gegen die Grenzen der Sprache anzurennen."

Jedoch: Empirisches Wissen bleibt vom Horizont der jeweiligen Sprache/Lebensform abhängig. Darin erweist sich die „Unhintergehbarkeit" der Sprache. Diese ergibt sich daraus, daß Begründungen ein Ende haben müssen, soll überhaupt gesprochen/gedacht werden – daß also *Setzungen* beim Sprechen/ Denken *unvermeidlich* sind.

Wenn man aber ursprüngliches Handeln und sprachliches Handeln nicht unterscheidet, gerät man in Gefahr, (Pseudo-)Gegenstände zu erfinden: „Du deutest eine grammatische Bewegung, die du gemacht hast: als quasi-physikalische Erscheinung, die du beobachtest."

Die „grammatische" Bewegung erfolgte zwar in den festgelegten Bahnen der Sprache; eine „Bewegung" wurde aber durchaus gemacht. Es liegt also *vorsprachliches Handeln* vor – und aus ursprünglichem Handeln können sich *neue sprach-begriffliche Strukturen* ergeben.[30] Mit anderen Worten: Ursprüngliches Handeln schafft neues Wissen[31] und neue Wirklichkeiten.

Hier wird deutlich, wie Sprache *nicht einseitig* das Handeln (und die Erfahrung) bestimmt, sondern selbst an das Handeln *rückgebunden* ist (Wittgenstein 1969; Wallner 1983).

Dies macht plausibel, wie es möglich ist, daß lebende Systeme, die zwar energieoffen, aber „informationsdicht" sind und deshalb „autonom", nur wahrnehmen bzw. reproduzieren, was ihrer eigenen Struktur entspricht (und dementsprechend ihre Welt gestalten), – daß diese Organismen evolvieren, d.h. ihre *Strukturen* verändern können und trotzdem *ganz sie selbst bleiben*.

Um seine Selbstorganisation zu verwirklichen, benötigt ein Organismus den *Selbstbezug*.[32] Ganzheitlich „weiß" er, was er reinzulassen hat, um sich selbst *erhalten* und *erneuern* zu können. Dieses Wissen determiniert natürlich seinen Kontakt mit der *Umwelt*. Wenn 2 oder mehrere Organismen in solch *rekursiver* Weise interagieren, wird jeder zum Medium der Selbstverwirklichung des andern. Dies ist unter „Koevolution"[33] zu verstehen. Im „konsensuellen Bereich" dieser reziproken strukturellen Kopplung durchlaufen die aufeinander bezogenen Organismen ihre je eigenen internalen Zustandsänderungen. Der Andere ist dabei der „historische Anlaß", der *Auslöser* für Änderungen der Struktur neuronaler Schwingungskreise, die dem *strukturdeterminierten* Organismus eigen sind und die er *selbst auswählt* und generiert. Das jeweilige Nervensystem errechnet seine Übergänge von Zustand zu Zustand ausschließlich für sich selbst. Nicht eine „Information", sondern *das System* spezifiziert, welches Ergebnis aus der Interaktion resultiert. „Sprachliche Interaktionen orientieren den Zuhörer *innerhalb seines* kognitiven Bereiches" (Maturana 1982, S. 73). Es findet also keine direkte „Beeinflussung" statt. So verführerisch diese Metapher auch sein mag: Sie stimmt mit den Gegebenheiten lebender Systeme einfach nicht überein. Hingegen wird eine *Interaktion des Systems mit sich selbst* ausgelöst. Das System bestimmt dabei selbst, *was* es wahrnimmt und wie es damit umgeht. Jedes System vollzieht die verschiedenen Änderungen seines Zustandes in einer autonomen Weise.

Lebende Systeme sind strukturell plastisch; sie können ihre Struktur verändern, bei Aufrechterhaltung ihrer Organisation (Identität). So kommt es als Folge dieser Interaktionen des Systems mit sich selbst und mit seiner Umwelt zu strukturellen Änderungen. Diese wiederum determinieren ein künftiges Verhalten des Systems.[50] Mit diesem Verhalten hat es wiederum Anteil an Interaktionen, in denen es selbstreferentiell sich konstituiert und weiterentwickelt. So kann ein autonomes System gleichzeitig ein *lernendes* System sein.

So wird nun auch der Gedanke Heisenbergs klarer verständlich, wenn er oben von diesem „biologischen Vorgang" spricht, „der eben als solcher der *Kontrolle* durch den Menschen entzogen ist."

Dieses „Kontrollproblem" existiert, wenn an die Möglichkeit einseitiger Kontrolle und linearer Kausalität (Macht) geglaubt wird. Dabei besteht eine problematische Generalisierung bzw. die Gleichsetzung eines Teiles mit dem Ganzen: Der Mensch wird auf sein intellektuelles, sprachgebundenes Ich-Bewußtsein reduziert bzw. dieses wird auf eine Dimension aufgebläht, die es nicht auszufüllen vermag.

Zu welchen neuronalen Erregungsmustern beim Interaktionspartner ich letztlich Anlaß gebe, das kann ich *nicht* von mir aus bestimmen.[34] Jedoch – bei einer gelungenen Abstimmung (Rapport), bei der ich selbst eine Anpassung leiste – findet sich immer mehr, das auch für den Partner paßt. Wenn wir in der Lage sind, uns auf solche Weise aufeinander einzustellen, daß ein angestrebtes Ergebnis hervorgebracht wird, dann machen wir die *psychologische* Erfahrung der Kausalität. Diese verführt zu der *ontologischen* Annahme von Kausalität. „Aber psychologische Erfahrung entspricht nicht ontologischer Aktualität" (Dell 1986, S. 158). Jede Interaktion besteht aus Prozessen *gegenseitigen* Orientierens, Angleichens und Verbindens. Auch Entgegengesetztes, wie Kämpfen und Trennen, geschieht immer in komplementärer Bezogenheit.

Um die psychologische Illusion zu haben, ein Geschehen zu *verursachen,* müssen wir uns *selbst verändern* und uns der Situation, die den anderen einschließt, anpassen.

Krankheit als Problem

Paul Watzlawick hat die hilfreiche Unterscheidung von Problemen 1. und Problemen 2. Ordnung getroffen. Die ersten sind die Schwierigkeiten, Störungen oder Herausforderungen, mit denen wir im Leben konfrontiert werden und bei denen die Bereitstellung und adäquate Nutzung personeller und materieller Mittel prinzipiell dazu in der Lage ist, das Problem zu lösen. Für ein Problem 2. Ordnung hingegen gilt, daß es durch die spezifischen Bemühungen, einer Situation[35] angemessen zu begegnen (Lösungsversuche), konstituiert und aufrechterhalten wird (Watzlawick et al. 1974).

Beispiel A: Umgehen mit einer schwierigen Situation bzw. Störung („Problem 1. Ordnung")

Herr A übt 2mal pro Woche einen Freizeitsport aus. Wenn er nach ca. 3 h wieder heimkommt, erlebt er seine Partnerin meist mißmutig, und manchmal streitet sie mit ihm über diesen „blöden" Sport und darüber, daß er sich dieses Recht herausnimmt.

A ist jedoch davon überzeugt, daß er über einen Teil seiner Zeit in einer solchen Weise frei verfügen kann – und daß Meinungsverschiedenheiten und ein gelegentlicher Streit zwischen Mann und Frau in einer ehrlichen Beziehung Platz haben.

Bei seinem Sport nun zieht sich A eine Beinverletzung zu, die er sogleich versorgen läßt. Es handelt sich um eine Knochenfraktur, und ohne Zeit zu verlieren, wird das Bein mit Schiene und Gips in der richtigen Lage ruhiggestellt. Unter diesen Bedingungen und mit Hilfe der weiteren Maßnahmen (Anleitung im Hinblick auf Schonungserfordernisse und Bewegungstraining, Gehgips, Gehaltsfortzahlung etc.) wird der organismische Heilungsprozeß gefördert. Hindernisse, die dem entgegenstünden, werden abgebaut. Man kann sagen: In Koppelung mit seiner Umwelt wird durch/bei Herrn A schließlich ein als gesund definierter Zustand dynamischer Balance erreicht. A genießt dann wieder den Spaß an seiner sportlichen Betätigung (deren freudige Antizipation schon die Genesung unterstützt hatte) – und Frau A genießt es, bei ihrer Argumentation jetzt den Sportunfall als „Beweis" anführen zu können.

Beispiel B: Entwicklung und Aufrechterhaltung eines Problems („Problem 2. Ordnung")

Herr B übt 2mal pro Woche einen Freizeitsport aus. Wenn er nach ca. 3 h wieder heimkommt, erlebt er seine Partnerin meist mißmutig und manchmal streitet sie mit ihm über diesen „blöden" Sport und darüber, daß er sich dieses Recht herausnimmt.

B ist sich unsicher, ob er wirklich über einen Teil seiner Zeit so frei verfügen darf, wenn seine Partnerin so darunter zu leiden scheint. Er schwankt zwischen Schuldanerkenntnis und wütenden Vorwürfen gegen seine Frau. In den Stunden, manchmal Tagen verbissenen Schweigens überlegt er häufiger, ob es nicht gescheiter wäre, es „seiner Frau recht zu machen" (und versteht darunter, nachzugeben).

Herr B zieht sich nun beim Sport die gleiche Verletzung wie A zu. Sofort denkt er an die Vorhaltungen seiner Frau. Er hofft inständig, daß die Verletzung so schlimm schon nicht sein möge. Und so beißt er halt beim Gehen, das ein schmerzhaftes Humpeln ist, die Zähne aufeinander. Auf dem Nachhauseweg bricht er zusammen. Im Krankenhaus wird der Knochenbruch erkannt, und daß aufgrund von Herrn Bs Problemlöseverhalten weitere massive Gewebeschäden hinzugekommen sind. Diese bedingen eine stationäre Behandlung; sie erschweren und verzögern die Heilung erheblich.

Beim Besuch seiner Frau bekommt Herr B Vorhaltungen ob seines törichten Verhaltens zu hören. Nachdem ein Bekannter auch noch äußert, „mit *dem* Bein kannst du dir deinen Sport abschminken", fällt B in eine tiefere Depression. Und so dreht sich der Circulus vitiosus (des allseitigen Bemühens, einen Beitrag zur Besserung bzw. zur Lösung des Problems zu leisten). Herr B erlebt sich ohnmächtig einem mißgünstigen Schicksal ausgeliefert. Die Wahrscheinlichkeit, sich aufzugeben, steigt – und damit, wie wir wissen, die Wahrscheinlichkeit von Organerkrankungen, Unfällen, einer Tumorbildung oder anderen potentiellen Abkürzungen der Lebenszeit. In seiner Partnerschaft sieht B überhaupt keine Stütze mehr, eher eine Belastung und Bedrohung. Auch die Behandlungssituation ist unerfreulich: B begegnet den Rehabilitationsmaßnahmen mit hinhaltendem Widerstand („Was soll ich denn *noch* alles tun!" und „Was soll mir denn das helfen?"). Er scheint ausweglos festgefahren; zu leben ist ihm ein Problem geworden.

Man könnte sagen: Aus einer Krankheit 1. Ordnung (Beinbruch) ist es zu einer Krankheit 2. Ordnung (Störung der Gesamtbalance) mit weitergehenden, sich gegenseitig bedingenden und ökologisch ungünstigen Auswirkungen gekommen.

Mitbedingt durch seine *unüberprüfte Annahme*, er habe es zu verantworten, wenn seine Frau wegen seines Freizeitsports so leide, hat Herr B (im Unterschied zu Herrn A, der seine Partnerschaft nach einer anderen Prämisse gestaltet), Verhaltensweisen produziert und zu Ergebnissen beigetragen, unter denen tatsächlich Leid und weitergehende Belastungen entstehen – nicht nur für ihn, sondern auch für die Umwelt (z.B. das Behandlungspersonal, die Familie, die Arbeitskollegen, die Solidargemeinschaft der Krankenversicherten usw.). Die Versuche, seine Not zu wenden, schaffen neue Not und neue „Notwendigkeiten", und dies so fort.

Diese Art von Geschehen ist es, das wir meinen, wenn wir hier von *Krankheit* sprechen. Für diese ist Therapie erforderlich, während ihr Behandlung allein nicht gerecht wird.

Es handelt sich dabei also um die effektive Behinderung der Heilungsmöglichkeiten, die einem Organismus *immanent* sind. Als Hindernis erweisen sich bestimmte Annahmen über die Wirklichkeit, welche unüberprüft aufrechterhalten werden, und daraus sich ableitende Handlungen. Zum Beispiel halten viele am Mythos der Macht[36] oder der Außendeterminiertheit des Menschen fest. So kann man dann glauben, einem Schicksal oder einer anderen Person ausgeliefert zu sein. Demgemäß verstehen und benutzen viele das Wort „Beeinflussung" wie eine Beschreibung psychobiologischen Geschehens und nicht als Metapher, die sie ist. Sie glauben an das Prinzip der linearen Verursachung so selbstverständlich, daß sie sich suggerieren (lassen), sie wären für die Gefühle einer anderen Person *verantwortlich* – was wiederum voraussetzt, daß man prinzipiell *Macht* über die Gefühle dieser Person hat. So lebt man in einem Bewußtseinszustand, der entsprechend dieser unbewußt benutzten Ideen über die Wirklichkeit spezifisch geformt und damit spezifisch eingeengt ist. Man könnte hier von einer „Alltagstrance" der Person sprechen – im Unterschied zur therapeutischen Trance in der klinischen Hypnose, die im Effekt bewußtseins*erweiternd* ist.

Krankheiten im Sinne von Problemen 2. Ordnung können sich naturgemäß auf verschiedenen Ebenen zeigen: Beim Einzelwesen z.B. auf physiologischer, anatomischer, psychodynamischer, sozialer Ebene. Sie sind auch in anderen Systemen beschreibbar, wie Familie, Gruppe, Gesellschaft, Kulturkreis. Sie sind nicht „bloß" mentaler Art, sondern umfassen auch die anderen Bereiche. In jenen treten sie mitunter handfest, manchmal jedoch überhaupt nicht in Erscheinung. Wie kommt das?

Um zu Ergebnissen zu gelangen, legt der Wissenschaftler zuerst die Ebene seiner Beobachtung fest. Wenn also ein Physiologe das ihm vertraute Feld wählt, wird er Phänomene in seinen Kategorien wahrnehmen und Zusammenhänge in seiner Sprache beschreiben. Er konstruiert seine Wirklichkeit, genauso wie ein Psychologe die seine. Beide beziehen sich auf dasselbe Medium, das selbst weder physiologischer noch psychologischer Natur ist, sondern lediglich so *definiert* wird. So gesehen ist *Leben* einfach, was *ganz* da ist – und was wir unterscheidend wahrnehmen, sind unsere ausschnitthaften Wahr*nehmungen.*

Der Organismus ist immer – vor unseren begrifflichen Trennungen in Soma, Psyche und Geist – als *Gesamtgefüge* betroffen. Eine Erscheinung, die auf nur einer Ebene beobachtet wird, existiert *nicht losgelöst* vom Ganzen. Deshalb erfassen Beobachtungen, die auf lediglich einer Ebene beruhen, prinzipiell nur eine beschränkte Anzahl der tatsächlich erfaßbaren Dimensionen und Beziehungsmuster des Ganzen. Sie sind, wie spezielle Landkarten, nur begrenzt aussagekräftig und nutzbar. Es ist auch nur eine Hilfskonstruktion, davon zu sprechen, daß eine Störung auf einer Ebene (z.B. der psychischen) beginnt und dann auch andere Bereiche erfassen würde. Zutreffender ist, daß die Veränderung das ganze Gefüge betrifft, daß aber die Veränderungen auf den jeweiligen Ebenen erst ab einer bestimmten Größe oder Auftretenshäufigkeit *registriert* werden können (vorausgesetzt, es gibt auf der betreffenden Ebene überhaupt adäquate Kategorien, Konventionen und Instrumente für eine solche Beobachtung).

Ich möchte eine knappe Prozeßdefinition versuchen, die inhaltsunabhängig und damit für viele Systeme anwendbar sein dürfte. Inwieweit das Wort Krankheit in den verschiedenen Kontexten paßt oder besser durch „Entwicklungsstörung" o.ä. ersetzt wird, sei dahingestellt. Eine solche Definition kann lauten:

Unter „Krankheit" (Krankheit 2. Ordnung in Unterscheidung zu „Störung") verstehen wir den Prozeß (und die Ergebnisse) einer *problemtypischen Strukturierung selbstregulatorischer Aktivitäten* eines Systems.

Also: Die dem System immanenten Möglichkeiten, einer vitalen Herausforderung zu begegnen und aus einem ökologischen Ungleichgewicht bzw. einem Zustand geringerer „Ordnung der Ordnung" (Bohm) in einen neuen Zustand dynamischer Balance (höherer Ordnung der Ordnung, „Kohärenz"; Dell 1986) zu gelangen, werden durch probleminduzierende Annahmen oder durch Sachverhalte beeinträchtigt, die auf diesen Annahmen beruhen. Die Art der Lösungsversuche wird durch diese „selbstverständlichen" Annahmen über die Wirklichkeit und folglich auch darüber, wie die Schwierigkeit gemeistert werden müsse, bestimmt. In diesem Rahmen belassen, bleibt das Problem unlösbar und der Schwierigkeit wird nicht angemessen begegnet.

Gesundheit und Symptomfreiheit

Die obige Definition impliziert, daß unter Gesundheit zu verstehen ist, daß ein System seine dynamische Balance (und damit den Grad der Ordnung seiner Ordnung) aufrechterhält, so wie es seine systemimmanenten Möglichkeiten erlauben.[37] Störungen können auftreten, werden aber sogleich beantwortet, indem das System in einer

Weise reagiert, welche die erforderlichen Ressourcen in sich und der Umwelt aktualisiert. Die dabei erfolgende Selbstregulation ist ökologisch; es erfolgt eine *ökonomische* und *ganzheitsbezogene* Nutzung der schon vorhandenen oder neu entwickelten Möglichkeiten des Systems. Die Binnen- als auch die Außenbeziehungen sind eher von *Bestätigung* und *Utilisation* (der achtsamen Nutzung des Vorgefundenen, im Unterschied zu Negation und Ausbeutung) geprägt, sowie von *Kooperation* im Unterschied zu Konkurrenz. In der Lebensgestaltung sind epistemologische Irrtümer bzw. deren Auswirkungen seltener zu finden.

Das Leben erscheint als ein „dahinfließender, tragender Strom", der aber natürlich auch seine Engstellen und Stromschnellen hat. Ein gesunder Mensch ist deshalb *nicht störungsfrei* und nicht „symptomfrei". Er zeigt die Spuren seiner aktuellen Begegnungen mit sich und der Welt, in welchen er lernt, mit den gegebenen und selbstgeschaffenen Herausforderungen umzugehen. Er benutzt zeitweise probleminduzierende Annahmen und erlebt *Konflikte.* Von Zeit zu Zeit, insbesondere an bestimmten Entwicklungsschwellen, kommt es zu *Krisen,* die wiederum für die Weiterentwicklung wesentlich sind. Die mit Krisen verbundene Labilisierung und das Festhalten an dysfunktional gewordenen Mustern führen zu Symptomen (Störungszeichen). Diese finden Beachtung und klingen mit der Lösung des betreffenden Konfliktes/Problemes wieder ab. Eventuell zurückbleibende organische Veränderungen werden kompensiert oder adaptiert.

In Untersuchungen zum Thema „Was kennzeichnet Gesunde?" und „Wie erleben sich Gesunde?" ist man einmal nicht der Frage, warum ein Mensch *krank* wird, nachgegangen, sondern warum er *gesund* bleibt.

Deneke et al. (1987) imponierte die zuversichtlich-hoffnungsvolle Lebenseinstellung und das Vertrauen auf die eigenen Kräfte bei den Personen der Gesundenstichprobe. Das Muster „ich werde es schaffen, irgendwie gibt es immer einen Ausweg" zieht sich wie ein roter Faden durch das Leben der meisten von ihnen. Aus Krisen wird gelernt, man verändert sich, wird reifer; die ursprüngliche Lebendigkeit bleibt, anders kanalisiert, erhalten.

Spezielle Beachtung verdienen die folgenden Beobachtungen: Eine Frau hatte eine Form der Lebensbewältigung entwickelt, die klar erkennbar defensiv funktionierte, die aber zugleich sehr viele lebensbejahende, auch lustbetonte Elemente enthielt, die in der Bilanz überwogen und sich über positive Erfahrungsrückkoppelungen verstärkten. „Wir müssen anerkennen, diese Frau ‚funktioniert' auf ihre Weise."[38] Und: „Für viele Gesunde gilt, daß sie zwar nicht unter absolut desolaten, keinesfalls aber unter besonders günstigen frühen Sozialisationsbedingungen aufgewachsen sind. Ihre Situationen in ihren Primärfamilien unterscheiden sich nicht strukturell von denjenigen vieler unserer Patienten. ... Was mag den Unterschied ausmachen, daß der eine gesund, der andere krank wird? ... Es gelingt vielen Gesunden, ihren Drang nach *selbstbestimmter Tätigkeit* progressiv und produktiv in ihre Lebenspraxis umzusetzen, was dann wiederum ihr Vertrauen in ihre *eigenen Kräfte* und ihre *hoffnungsvoll-zuversichtliche* Lebenseinstellung verstärkt. Dieses Einstellungsmuster ist häufig noch gepaart mit einer lebensgeschichtlich schon früh beobachtbaren genuinen Neugierde auf neue Situationen und Menschen, einer oft erstaunlichen Fähigkeit, sich veränderten Gegebenheiten *flexibel* anzupassen und dies wiederum wird begünstigt durch ihre Neigung, zu enge Bindungen zu vermeiden, ohne daß sie damit aber bindungs*unfähig* wären."

Anders ausgedrückt: Sie leben in Beziehungen, nicht in Bindungen. Und in lebendigen *Beziehungen* ist *Raum* für Begegnung und gesunde, person- und sozialsystemgemäße *Weiterentwicklung*.

Dies erinnert an anerkannt effektive, schöpferische Therapeuten,[39] von denen bekannt ist, daß sie bis ins hohe Alter mit großer Schaffenskraft tätig waren und in ihren vielfältigen Beziehungen ein Verhalten zeigten, das von den betreffenden Personen als *nichtbindend* bezeichnet wurde.

Hypnotische Prozesse zur Gesunderhaltung und Heilung

Begriffliche Einteilungen und Definitionen suggerieren, daß es sich um wesensgemäß unterschiedliche Dinge handle. Jedoch sind Unterscheidungen (z.B. Störung von Krankheit) letztlich willkürlich und die Grenzen (z.B. zwischen Gesunderhaltung und Therapie) sind fließend. Ein Modell kann für bestimmte Zwecke hilfreich sein, v.a. dann, wenn es der Dynamik von Entwicklungen und qualitativen Sprüngen gerecht zu werden vermag.

In diesem Sinne möchte ich die folgenden Unterscheidungen treffen:

1) Pflegen einer gesunden Balance,
2) Wiederherstellen einer gesunden Balance,
3) Entwicklung einer neuen Balance mit gewandelten strukturellen Bezügen.

Vorweg will ich noch einige wesentliche Aspekte hypnotherapeutischer Interaktion beleuchten.

Über hypnotische Prozesse: „Therapie beginnt im Therapeuten“[40]

Wird die Frage: „Wo und wie geschieht Therapie?“ explizit gestellt, dann weiß natürlich jeder Therapeut, was er dem kritischen Fragesteller zu antworten hat: „Natürlich im Patienten, durch einen Prozeß, der letztlich dessen eigener ist.“ Es besteht jedoch an vielen Orten ein krasses Ungleichgewicht zwischen dem Wissen um Heilung und dem, was man „theoretisch begründet“ alles *machen* kann. Vor diesem Hintergrund klingt es dann für einige Kollegen und Klienten unannehmbar, wenn von nachweisbar effektiven Therapeuten zu hören ist: „In meinem Kopf gibt es keinerlei Fahrplan, wie irgendwas laufen soll“ (der Familientherapeut Goolishian 1987, S. 8). Und er fügt hinzu: „Ich möchte in einer Position sein, die Ergebnis eines Austausches ist und maximale Optionen eröffnet. ... Gedanken und Konzepte, die eine Familie konzeptualisieren, zwingen dazu, die Familie zu zwingen, sich an das, was über sie gedacht wird, anzugleichen. Und das würde bewirken, daß Therapie zu einem Prozeß verkommt, bei dem die Klienten sich mit meinen Erfahrungen auseinandersetzen und nicht mit ihren eigenen.“

Und Erickson: „Viel zu viele Psychotherapeuten versuchen zu planen, was sie denken werden, statt abzuwarten und zu sehen, welchen Stimulus sie erhalten und dann ihren unbewußten Geist[41] einfach auf diesen Stimulus reagieren zu lassen[42] ... Ich versuche nicht, meine Psychotherapie zu strukturieren, außer vielleicht in einer vagen, ganz allgemeinen Weise. Und bei dieser vagen und allgemeinen Art strukturiert der Patient sie. Er strukturiert sie in Übereinstimmung mit seinen eigenen Bedürfnissen!" (zit. nach Gordon u. Meyers-Anderson 1986, S. 27). Therapeuten wie Erickson ging es sehr darum, ihr Denken immer an der Erfahrung zu validieren und zu erweitern.[43] Ihre Flexibilität im Denken und Handeln macht es vielleicht auch verständlich, weshalb sie nur relativ wenig für die Ausarbeitung theoretischer Systeme übrig hatten.[44] Das lebendige Lernen[45] im Rapport mit dem konkreten Klienten war ihnen wichtiger als die staunende Anerkennung („Aha-Erlebnisse") eines fiktiven Lesers. Ihr Erkenntnisstreben drehte sich weniger um Logikgerüste und Erklärungen; sie befaßten sich mehr mit der selbständig funktionierenden Umgangssprache ihrer Klienten,[46] der Vielfalt miterlebter Sprachspiele.[47] Diese wurden von ihnen beschrieben. Aufgrund ihres Wissens vom menschlichen Wissen verzichteten sie auf sprachlich nicht mehr einholbare Normierung.[48] Denn: „Die Welt, die da konstruiert wird, ist eine Welt des Erlebens, die aus Erlebtem besteht und keinerlei Anspruch auf „Wahrheit" im Sinne einer Übereinstimmung mit einer ontologischen Wirklichkeit erhebt" (Glasersfeld 1981, S. 28). Ideen bilden nicht *die* Wirklichkeit ab, sondern spiegeln die ständige Transformation unserer Erfahrungen mit/in der Welt wider.[49] Deshalb ist alle „Erklärung" durch *Beschreibung* zu ersetzen (Wittgenstein 1969), oder wie Maturana (1982, S. 73) formuliert: „Mit Sprache interagieren wir in einem Bereich von Beschreibungen, in dem wir notwendigerweise auch dann verbleiben, wenn wir über die Welt oder unser Wissen darüber Behauptungen aufstellen."[50]

„Systeme erfordern selbstverständlich eine nichtlineare, multikausale Beschreibung dessen, was gerade abläuft, und ein Teil dieser Beschreibung, *eine* ihrer Ebenen, kann lineares Denken einschließen." Mit diesem Satz von DeShazer (1983, S. 27) ist auf einen knappen Nenner gebracht, was als Orientierung und Grundstruktur des mentalen Prozesses beim Therapeuten zu gelten hat. Im Hypnotherapiekontext benutzt man dafür u.a. die Metapher von der „externally oriented trance of the hypnotist" (Gilligan 1987).

Das Wiederherstellen des Bezuges zu sich selbst als Selbstbesinnung, Zu-sich-Kommen (in Abgrenzung zum ichbezüglichen, *ego*istischen Denken und Handeln) läßt einen Organismus aus einer überwiegend konzeptuell und außenbestimmten Orientierung wieder einschwingen in eine mehr gegenwartsorientierte, sensorisch fundierte Erlebniswelt. In dieser wird eine überwiegende Fremdwertung abgelöst durch die Orientierung am „organismischen Wertungsprozeß" (Rogers). Anstelle einer einseitig dominanten, „linkshemisphärischen" Hirntätigkeit[51] tritt ein Ausgleich zugunsten rechtshemisphärischer Funktionsweisen und die Balancierung und Synchronisierung beider Bereiche. Die vegetative Umschaltung zu einem trophotropen Zustand, gekennzeichnet von Parasympathikusaktivität, initiiert regenerative Prozesse. „Streß" wird abgebaut; die körpereigene Immunabwehr wird gestärkt. Die Person erlebt sich vitalisiert und kreativer, bei einem eher niedrigen Erregungsniveau.[52]

Die Fortschritte der Molekularbiologie erlauben inzwischen Betrachtungsweisen, welche auch auf der molekularen Ebene der interzellulären Kommunikation Zusammenhänge zwischen psychosomatischer Erkrankung und den Heilungsprozessen in der therapeutischen Hypnose verstehbar machen. Rossi (1986) kommt, nach Würdigung der Forschungsergebnisse zu dieser Informationssubstanzenrezeptor-Theorie der Psyche-Körper-Kommunikation zu der therapeutisch wichtigen Folgerung, daß *direkte* Suggestion, für sich genommen, die Heilung nicht fördert. Hingegen sind neuere Ansätze hilfreich, welche die natürlichen Gegebenheiten des zustandsgebundenen Wissens, Lernens und Verhaltens berücksichtigen und zur Klärung und Nutzung der inneren Problemlösefähigkeiten der Patienten verwenden. Dies steht in scharfem Gegensatz zu den früheren hypnotischen Methoden der autoritären Suggestion, verdeckten Konditionierung und Programmierung.

Zur Gesunderhaltung

Zu einer gesunden Lebensführung gehört, daß kulturell bzw. sozialisationsbedingte *Einseitigkeiten ausgeglichen* werden.[53] So kann den vitalen Herausforderungen optimal begegnet und dadurch die bestmögliche Basis für das Meistern zukünftiger Aufgaben geschaffen werden. Erfahrungen werden dann rechtzeitig gemacht und integriert. Neue Aufgaben werden kreativ gelöst. Damit treten Entwicklungsverzögerungen und Krisen relativ selten auf, massivere Entwicklungsstörungen gar nicht.

Wir kennen vielfältige Formen der Psycho- und Soziohygiene, von individuell praktizierten Entspannungsübungen bis hin zu den im größeren Rahmen organisierten Ritualen unserer religiösen oder profanen Kultgemeinschaften. In den meisten von ihnen lassen sich die Interaktionsmuster ausmachen, die wir im Hypnosekontext als tranceinduzierend und -utilisierend bezeichnen. Dazu wäre es gar nicht nötig, exotische Formen zu studieren, wie z.B. die Trance der Tanzrituale der Macumba, der magischen Religion Brasiliens: „Für bestimmte Menschen bedeutet diese Trance eine Notwendigkeit. Sie kanalisiert die Kräfte und verteilt sie entsprechend den jeweiligen Bedürfnissen. Für den einen stellt sie ein Ventil dar, für andere bedeutet sie eine Art Treibstoff" (Bramly 1978, S. 58).

Zu den gängigen Methoden der individuellen Gesundheitspflege zählt bei uns das *Autogene Training*. Es leugnet seine Herkunft aus der Hypnose nicht. Beim AT wird mittels sprachlicher Präsupposition das Imaginieren von Ergebniszuständen unterstützt und durch Konzentration auf bestimmte physiologische Phänomene deren Entwicklung weiter gefördert. Von entscheidender Bedeutung scheint dabei das Herstellen einer präzisen Übereinstimmung der Schwingung des Atems mit dem gesprochenen Satz zu sein: Das Ausklingen einer jeden AT-Formel hat mit dem Ausatmen übereinzustimmen, und umgekehrt. Man könnte auch sagen, der eine Prozeß (das Sprechen) fungiert als ein „Pacing"[54] des anderen (Atmung). Dies kann auch kybernetisch, als ein mentales *Biofeedback,*[55] betrachtet werden, das zur Entwicklung des Hypnoids beiträgt: Der Hypnotiseur unterstützt nun diesen Entspannungsprozeß dadurch, daß er gleichsam als lebendes Biofeedbackgerät die auftretenden körperlichen Veränderungen der Person rückmeldet." Er benutzt also „lediglich feinste körperliche Veränderungen, welche die Person selber kaum oder gar nicht wahrnimmt, und meldet sie zurück" (Peter u. Gerl 1988, S. 84).

Zur Wiederherstellung

Ein therapiebedürftiges System, das in problemzyklisch-rigiden Handlungsmustern einen unbefriedigenden Zustand aufrechterhält, hat meistens schon „alles Erdenkliche" getan – und ist damit nicht weitergekommen. Der Circulus vitiosus wird durch das praktizierte Denken und Handeln begründet und weiter gefördert. Der Klient identifiziert sich mit diesem; es ist der „Boden, auf dem er steht". Deshalb braucht das Klientenverhalten Akzeptanz und kann durch Pacing und Utilisation zur Grundlage für Angebote im Sinne eines „Leading" werden. Denn der Klient benötigt alternative Erlebnisse jenseits der Grenzen, die er sich durch sein bisheriges Denken und Handeln in bezug auf seine Schwierigkeit gesetzt hat.[56]

Beispiel C: „Anorexie"

Ein 16jähriges, magersüchtiges Mädchen ist im Konflikt, biologisch bedingt zu einer Frau heranzuwachsen, aber (als Tochter ihrer Mutter) nicht „so zu werden wie Mutter". In ihrem Denken existiert die Gleichung: Mutter ist altklug, schwerfällig und ohne einen Partner, der für mich attraktiv wäre – Mutter ist Frau – wenn ich Frau werde, dann werde ich wie Mutter.

Das Mädchen wünscht sich, einen Zustand zu erhalten bzw. wiederzugewinnen – so wie *früher* – in dem es sich frei, beweglich und gut aufgehoben erleben kann.

Die therapeutische Zusammenarbeit wird definiert als ein Training in Selbsthypnose („die kann man dann für alles Mögliche nutzen") und als ein Experiment, mit dem herausgefunden werden soll, inwieweit sie dann Erlebnisse der Kindheit erinnern kann.

Auch die aufgeschlossene und um ihr Kind bemühte Mutter darf an dem Experiment teilnehmen.

Die verschiedenen Bedürfnisse und Reaktionsbereitschaften werden utilisiert und tragen zu einer Folge von Schritten (Mikroergebnissen) bei, die schließlich zur Lösung führen. In diesem Prozeß aktualisiert jede für sich stimmige Erfahrungen aus früheren Lebensphasen. Der Therapeut fungiert dabei als Begleiter und schließlich als ein Dritter, über den die beiden, in Altersregression, miteinander Kontakt haben. So wird es der Tochter möglich, ihre Mutter als *Mädchen* zu erleben und dann der jungen *Heranwachsenden* zu begegnen. Ihr Erlebnisbild von der „Nur-Mutter" wird um die Aspekte des unbekümmert-neugierigen Kindes und der weltoffenen, ebenfalls mit Schwierigkeiten kämpfenden Heranwachsenden bereichert und komplettiert. Gleichzeitig wird aber deutlich, daß beide ganz eigene Personen sind, jede mit ihrer unverwechselbaren Biographie.

In alternativen Bewußtseinszuständen (hypnotische „Trance") kommt es also zu einer Ergänzung/Erweiterung des Wahrnehmungsfeldes.[57] Dieser „Bewußtseinserweiterung" folgt eine Neubalancierung im Eß- und Sozialverhalten, in der Physiologie (die Menstruation setzt nach 2 Jahren Unterbrechung wieder ein) und in den Körperproportionen, die sich nun altersgemäß weiterentwickeln.

Beispiel D: „Endogene Depression"

Für einen 54jährigen Mann, seit vielen Monaten wegen endogener Depression in Behandlung, wird um Hilfe nachgesucht. Die Diagnose wird nach eingehender psychiatrischer Untersuchung nochmals bestätigt.

Das Therapieangebot[58] besteht zuerst in einem kleinen Schritt, an den sich die weiteren anschließen:[59] Er soll mich zu einer bestimmten Uhrzeit anrufen. Im Laufe der folgenden Tage kommt es zu einer „unglaublichen" Verhaltensaktivierung. Der Klient kommt in kurzer Folge in immer mehr Situationen, in denen er sich – nicht zuletzt auch wegen der treffenden Umdeutungen seines Verhaltens durch den Therapeuten (Reframing) – als kompetent erlebt. Da es sich dabei um Situationen handelt, die er zuvor ängstlich vermieden hatte, erlebt er eine „Verstörung" seines bisherigen Denkens und eine sinnvolle Reorientierung *an sich selbst*. Vor dem Hintergrund der jetzt konkret gemachten Erfahrung wird sein Patientkonzept hinfällig.

In einer hypnotherapeutischen Beschreibung[60] dieses Geschehens sind außerdem die Nutzung einer therapeutischen Doppelbindung und verschiedener Formen von Implikation und indirekter Suggestion hervorzuheben. Gesprächsweise werden – an verschiedenen Orten, in unterschiedlichen sozialen Situationen – immer wieder leichte bis mitteltiefe Trancezustände induziert, in denen (v.a. mittels therapeutischer Metaphern) die Reaktionsbereitschaften des Klienten erkundet, genutzt und weiterentwickelt werden. Zugleich können damit erweiterte Bezugsrahmen angeboten werden. Erfahrungslernen und kognitive Umstrukturierung gehen Hand in Hand. Selten zu beobachtender „Widerstand" wird gewürdigt und zur weiteren Orientierung verwendet. Das bisherige problemzyklische Denken wird depotenziert, etwa mittels Amnesie, die durch indirekte Kommunikation, Metaphern und durch Verschreibung gefördert wird, oder durch Überladen/Konfusion des bewußten Denkens. An passender Stelle wird ein limitierender Gedanke durch „realistischere", umdeutende Argumente ausgehebelt (Gerl 1989).

Bemerkung: Beim Lesen dieser Beispiele ist zu beachten, daß zwar a posteriori eine „Folgerichtigkeit" des Therapieverlaufs rekonstruiert werden kann – dies aber *keine* „therapeutische Systematik" bestätigt. Der „Erfolg" wurde nicht herbeigeführt, sondern erfolgte, als Ergebnis eines *gemeinsamen Prozesses*, für den *gegenseitige* Orientierung und Stimulation kennzeichnend sind. Ein Ansatz, der die sensorische Wahrnehmung des Therapeuten sensibilisiert und seine Mitgestaltungsfähigkeit verbessert, hilft systematisch zur Bereitstellung von Bedingungen für die Therapie. Die „Annäherung an den therapeutischen Wandel" wird systematisch unterstützt; zu ihrem Gelingen muß der Therapeut ständig neue Anpassungsprozesse leisten – und ganz er selbst sein. Der therapeutische Akt, die Umstrukturierung, erfolgt jedoch tatsächlich spontan immer im Klienten. Diese Transformation kann vom Therapeuten, kann vom Klienten *nicht* vorhergesagt und nicht „gemacht" werden. Wohl aber können beide etwas *tun*, das einen solchen „Quantensprung" begünstigt. Für kreative Prozesse dieser Art scheint das hypnotherapeutische Angebot, welches die spontanen Neugestaltungen fördert (und nicht durch linkshemisphärisches Denken behindert), besonders geeignet.

Strukturelle Änderungen

„Sprache schafft Wirklichkeit" – und ein veränderter Gebrauch von Sprache bedeutet Änderungen in der Strukturierung von Wirklichkeit. Konstruktives Orientieren und Lernen bedeutet deshalb eine Erweiterung des sprachbegrifflichen Kontextes bzw. der Möglichkeiten sprachbegrifflicher Unterscheidung und Verknüpfung. Denn: Zu unserer Orientierung haben wir kontextuelle Markierungen gelernt und sprachbegrifflich fixiert. Ein Erlebnisinhalt *hat* von daher seine spezifische Bedeutung nur im spezifischen Kontext. Und so erlebt, *bestätigt* er eine Struktur, die sprachbedingt ist.

Eine konkrete Möglichkeit, um auf dem Weg zu einer therapeutischen Erfahrung intellektuelle Fußfallen und konzeptuelle Sackgassen zu umgehen, besteht darin, eine alternative Sprache („Landkarte") mitzubenutzen, bzw. dem Klienten Hinweise in einer weniger „verfänglichen" Sprache zu geben. In einem unbelasteteren sprachlichen Kontext (Lernraum) sind weniger begriffliche Verknüpfungen und Konnotationen in der für das Individuum kritischen Weise vorgegeben (Gerl 1986a, S. 24). Die Person kann ihn deshalb nutzen für ein freieres Explorieren und Ausprobieren der „Möglichkeit des Andersseins".

Tatsächlich sollte der Therapeut über mehrere „Sprachen" aktiv verfügen können, um bei der Beschreibung (und damit Erschaffung) von Wirklichkeit freier und flexibler zu sein. Beim spielerischen und zugleich systematischen Umgang mit sprachlichen

Inhalten und Regeln wird eine Wirklichkeit bzw. ihre spezifisch begrenzte Struktur aufgelockert und relativiert. Mit anderen Worten: Wirklichkeit wird ihrer Natur gemäß gehandhabt: „It is only a way of talking about it" (Castaneda 1973).

Watzlawick (1988, S. 59 ff.) schildert in „Problemzentrierte Kurzbehandlung einer Depression" die Wiederherstellung eines Patienten nach dessen 2. Schlaganfall. Zu seiner Ehefrau, die sich bislang in aufopfernder Weise vergeblich bemüht hatte, ihren Mann zu ermutigen, wurde gesagt: „Sie müssen ihn *ermutigen,* indem sie ihn *entmutigen!*" Von diesem Zeitpunkt an veränderten sich die Strukturen des Klientensystems und der Gesundheitszustand bzw. das Verhalten des Patienten, der selber an dieser „Behandlung" beim Therapeuten gar nicht teilgenommen hatte, in der erwünschten Richtung.

Sprachliche Implikation und Suggestion sind elegante[61] Formen einer Bemühung des Therapeuten, im Klienten letztlich *neuronale Schwingungsmuster* zu begünstigen, deren Auftreten die Entwicklung neuer Strukturen ermöglicht. Sprachlich induziertes Erinnern oder die Synthetisierung neuer Muster geschieht nicht „bloß im Kopf". – Gleichgültig, ob eine Person etwas außen oder innen lokalisiert[62]: Es sind dieselben Strukturen desselben Gehirns involviert; es sind die identischen Schwingungskreise.

Durch das „Aufeinander-eingeschwungen-Sein" im Rapport ist es nun leichter möglich, daß der Therapeut geeignete Punkte findet, an denen ein Klientensystem *bereit* ist, eine *Verstörung*[63] seiner bisherigen, redundanten Strategie/Muster zuzulassen und ein Angebot wahrzunehmen, das in eine alternative Richtung/Struktur weist. Diese Bereitschaft kann beim Klienten unbewußt sein; je mehr der Therapeut sein Angebot in Übereinstimmung mit dem Weltbild und den Grundwerten des Klienten, also in dessen Sprache formuliert, um so leichter wird es angenommen und genutzt. Wann, bei welcher Gelegenheit und wie das geschieht – diese Entscheidung bleibt immer beim Klienten.

So läßt sich die Frage nach strukturellen Änderungen bei Hypnoseklienten zwar grundsätzlich positiv beantworten; die Dauer und Art der Hypnosetherapie befördern aber in der Regel keine verbalen Berichte über neustrukturierte Weltbezüge und Selbstkonzepte. Diese lassen sich aber mit geeigneten Beobachtungskategorien erschließen oder katamnestisch erheben.

Beispiel E: „Paartherapie"

Ein 48jähriger Mann (seine Frau hat die Diagnose „multiple Sklerose" und ist deshalb gehbehindert) fährt seine Frau regelmäßig zu „ihren" Therapiesitzungen, weil es anders ja nicht ginge. Nach einer dieser Sitzungen, an denen er partizipiert, kneift er aus und kommt nicht mehr mit. In der Sitzung zuvor habe ich die komplexe Geschichte der Therapie einer Rollstuhlklientin erzählt, in deren Verlauf ich noch auf die Rolle des Ehemannes zu sprechen kommen wollte. Dazu hat aber die Zeit nicht mehr gereicht. In die darauffolgende Sitzung kommt die MS-Patientin also alleine – und sie ist sehr stolz darauf, denn sie hat nach langer Zeit zum erstenmal wieder den Wagen selbst chauffiert.

Nach mehreren Wochen kommt der Ehemann für ein Einzelgespräch und bietet zur Bearbeitung an: Er habe vor einem Jahr beim autogenen Training plötzlich, in der Imagination, eine Begegnung mit seinem im Krieg gefallenen Vater gehabt; seitdem könne er keine AT-Übungen mehr machen. Wir nutzen diesen Tagtraum. Im hypnotischen Traum kommt er zu einem befriedigenden Ende und in der Folge arbeitet der Klient dann noch bewußt an der Ablösung von seiner Mutter. Seine larvierte Depression macht immer mehr einer selbstsicheren, natürlich-männlichen Erscheinung Platz. In seinem Beruf bekommt er jetzt gehäuft Anerkennung und interessante Angebote.

In der gleichen Zeit bearbeitet die Ehefrau ihre noch ungelösten Konflikte mit ihren Eltern: in der Vorstellung/Altersregression mit ihrer verstorbenen Mutter; in der Vorstellung (auch per Zukunftsprojektion und Verhaltenstraining) mit ihrem Vater, was sich dann auf ihre Beziehung zu diesem und zu ihren Geschwistern (sowie sekundär wieder zur eigenen Familie) günstig auswirkt.

Beide Eheleute erleben sich jetzt gelassener, authentischer und spontaner. Die Frau arbeitet, neben ihrer weiterhin begrenzten Tätigkeit als Hausfrau, tatkräftig und erfolgreich als bildende Künstlerin. Auch als Mutter bekommt sie jetzt wirkliche Anerkennung und endlich die Zuneigung ihres Sohnes, der bisher ganz auf den Vater fixiert war. Bei diesem 5jährigen verschwindet eine bislang recht belastende Enuresis. Die Beziehungen zu den pubertierenden Töchtern werden ebenfalls einfacher und befriedigender. Frühere Koalitionen und Schuldgefühle lösen sich auf.

Es zeigt sich eine Familie, deren Mitglieder zusammenhalten und Spaß miteinander haben. Sie legen sich beispielsweise ein Pferd zu (wofür das therapeutische Reiten der Mutter der offizielle Grund ist).

Abschließend sagen mir die beiden Eheleute: „Durch unsere Zeit bei dir haben wir uns erst richtig kennengelernt, als die Personen, die wir sind."

Wenn es stimmt, was Walter Benjamin (1969) sagt: „Glücklich sein heißt, ohne Schrekken seiner selbst innewerden", dann kann Hypnose in der Therapie dafür einen sehr hilfreichen Beitrag leisten.

Aufgrund dieser Erfahrung wohl konnte Milton Erickson formulieren: „Vertraue Deinem Unbewußten. Es ist eine sehr beglückende Art zu leben, eine sehr beglückende Art, Dinge zu vollenden."[64]

Grenzen der Hypnotherapie

Paul Watzlawick antwortete auf die Frage, wann Hypnose gefährlich sei, in dem Sinne, daß sie dann gefährlich sei, wenn der Therapeut glaube, daß sie gefährlich sei. Diese Denkfigur läßt sich auf die Frage der Indikation und Grenzen der Hypnose übertragen. An dieser Stelle sei daran erinnert, daß es die Hypnose (als eine Entität) nicht gibt. Wohl aber haben wir *Konventionen* darüber, was wir unter „Hypnose" verstehen wollen – und dies definiert gleichzeitig die meisten „Grenzen".

Wo wir die Grenzen der Hypnose festmachen, das ist dann nicht zuletzt das Ergebnis unserer Zuschreibungen bzw. der Interpunktion von Verhaltensabläufen.

Um es überschaubarer zu machen, werde ich ein Gerüst mit 5 Ebenen verwenden.

Grenzen im Therapeutensystem

Hierzu gehört, allgemein, eine mangelnde Wahrnehmungs- und Handlungskompetenz.

Diese mag überwiegend zusammenhängen mit
- einer aktuellen Befindlichkeit ohne Bezug zur Tätigkeit;
- mangelnder Lernerfahrung in bezug auf die Tätigkeit;
- Grenzen der persönlichen Epistemologie.

Alle 3 können zu Kommunikationsstörungen im Therapeutensystem führen, die sich in unpräzisem Wahrnehmen und Handeln, in mangelnder Akzeptanz, in fehlender Empathie und mangelnder Kongruenz von Erleben und Ausdruck erkennen lassen. Damit wird auch die Interaktion von Therapeut und Klient gestört oder problemzyklisch. Der für die Tranceinduktion und -utilisation erforderliche Rapport entwikkelt sich nicht oder geht wieder verloren. Wem dann der Therapeut dieses Mißlingen zuschreibt – der Methode, einer mangelnden „Suggestibilität" des Klienten oder sich selbst –, ist ausschlaggebend für sein weiteres Lernen.

Auch im Kontext „Hypnose“ bedingt die persönliche Epistemologie das Wahrnehmen und Handeln. Entsprechend gestaltet und begrenzt der Therapeut wiederum selbst diesen Kontext. Jedoch gibt ihm die hypnotherapeutische Tätigkeit auf einzigartige Weise immer wieder die Chance, in der external orientierten Trance des Therapeuten zu lernen, seine Erfahrung und damit seine Epistemologie zu erweitern. Ein guter Therapeut kann hypnotherapeutische Arbeit zwar auch dann leisten, wenn seine Epistemologie, ontologisch betrachtet, nicht stimmt. Zum Beispiel kann die erfahrene Macumbapriesterin das Medium in Trance therapeutisch-kompetent führen – auch wenn sie, wie schon Breuer und seine Zeitgenossen Ende des vorigen Jahrhunderts (und einige Hypnosetherapeuten auch heute noch) ein überholtes „psychohydraulisches“ Katharsismodell benutzt, um sich die Wirkungsweise der Trance zu erklären (Freud u. Breuer 1970). In einem gewissen, relativ engen Rahmen kann so jemand durchaus effektiv arbeiten. Das Problem dieser Personen als Therapeuten ist, daß sie beim Stoßen an die (epistemisch bedingten) Grenzen ihres Handelns über die Natur dieser Grenzen kaum neue Aufschlüsse erhalten. Mit anderen Worten: Je begrenzter ein Denkmodell ist, um so begrenzter ist auch das mögliche Lernen – und um so begrenzter ist der Indikationsbereich eines Therapeuten (und *nicht der Hypnose*).

Grenzen im Klientensystem

Mittels seiner Prämissen über sich und die Welt (und auch über Hypnose), formiert der Klient seine Welt. Zwangsläufig begrenzt sein Denken seine Welt und damit auch seine Möglichkeiten. Wenn sein spezifisches Denken und sein daraus resultierendes Verhalten das Lernen behindern und die sinnlich fundierte Erfahrung einschränken, ist es gut zu wissen, daß im therapeutischen Lernen gerade dieses problematische Denkverhalten auf eine neue Weise genutzt, depotenziert, verlagert, aufgelöst oder auch umgangen werden kann. Grenzen dieser Art sind *die* Herausforderung an den Therapeuten, neue Wege und Bezugsrahmen zu finden. Durch Utilisation und Reframing von Symptomen oder „Widerständen“, die als vollgültige Ausdruckweisen und als Orientierungshilfen zu würdigen sind, können aus Begrenzungen persönliche Ressourcen werden. In der modernen klientzentrierten Hypnose wird in der Regel nichts vorgegeben, wogegen der Klient Widerstand oder sein Symptom einsetzen müßte. Mit jedem Klienten wird eine *neue* „Technik“ entwickelt; denn Personen und lebendige Prozesse sind einzigartig.

Mit dieser Haltung wird es dem Therapeuten dann möglich, in ungewöhnlichen Situationen wirklich ungewöhnliche Hilfestellungen zu geben (Haley 1978a).

Es wird dann z. B. deutlich, daß Hypnose absolut nicht darin zu bestehen hat, Klienten dahin zu bringen, ein spezifisches Verhalten zu organisieren, das als Somnambultrance ratifiziert werden kann (und aus dieser beschränkten Theorie und Praxis heraus dann zu behaupten, „die Hypnose“ sei bei „Psychotikern“ kontraindiziert. Dem erfahreneren Therapeuten wird klar sein, daß der hypnotische Rapport in diesen Fällen dazu dienen kann, Patienten in ihren psychotischen „Trancen“ zu begegnen und die Entwicklung alternativer, gesünderer Bewußtseinszustände[65] zu fördern – so daß man hier auch von einer „Dehypnotisierung“ sprechen kann).

Andere Hindernisse beim Klienten, wie etwa eine organisch bedingte Taubheit, sind ebenfalls erst einmal Herausforderungen an die Kreativität und Motivation des Therapeuten. Wenn er herausfindet, wie Klangschwingungen und Berührungen das gesprochene Wort ersetzen können, hat er schon wieder eine „Grenze der Hypnose“ depotenziert.

Grenzen in der Therapeut-Klient-Interaktion

Beide Systeme haben äußerst komplexe Anpassungsleistungen zu erbringen. Wie jedes menschliche Bemühen kann dies natürlich auch mißlingen. Alle bisher erwähnten und die noch folgenden Punkte können dabei eine Rolle spielen.

Grenzen des raum-zeitlichen Kontextes

Für jede Induktion und für jede Person gibt es jeweils optimale Rahmenbedingungen. Aber schon bei gleicher Induktionsform, beispielsweise Entspannung, wird die eine Person eine Liege, die nächste einen Polstersessel, die dritte einen harten Stuhl bevorzugen. Während die eine Person es gerne etwas dunkler hat, bevorzugt die andere einen hellen Raum. Auch die individuelle Geschwindigkeit und der Zeitbedarf variieren. Organismische Rhythmen mit Zeiten unterschiedlicher Bereitschaft (z.B. die „ultradianen Zyklen“; Rossi 1988) können mit vorgegebenen Sitzungsterminen zusammenpassen oder auch nicht.

Grundlage dafür, daß der Therapeut sich auf den Klienten einstellen kann, ist, daß er selbst auf seine Bedürfnisse und seine Begrenzungen achtet. Wenn er die räumlichen und zeitlichen Bedingungen für sich stimmig gestaltet, dann stimmt es schon einmal bei der Person, die für sein Leben die wichtigste ist.

Wenn die raum-zeitlichen Bedingungen sehr eingeengt sind und nur noch Platz für ein formalistisches Ritual lassen, begrenzt dies das kreative Lernen. Ein Zeitrahmen ist als solcher für das Gelassenerwerden und ein ruhiges Arbeiten hilfreich. Je starrer aber ein Rahmen und die durch ihn bedingten Formen sind, um so massiver begrenzen sie die Möglichkeiten des fluktuierenden Lebens – und damit die natürliche Weiterentwicklung des Klienten, des Therapeuten und des Handlungssystems Hypnose.

Begrenzungen durch das gesellschaftliche System

Der Hypnose wird ein definierter Platz und Status zugewiesen (auch wenn sie tatsächlich in vielen anderen Subsystemen mitenthalten ist und wirkt). Für die klinische Hypnose werden mit ihrer Zuordnung zum Bereich „Heilwesen“ automatisch spezifische Grenzen definiert. Bestimmungen, die den Zugang kanalisieren (z.B. Kostenübernahmeregelungen) und gegenüber anderen Feldern abgrenzen (z.B. Indikationsrichtlinien), kommen hinzu. Die Grenzen der Kontexte Heilwesen, Gesellschaft, westlicher Kulturkreis bedingen die Grenzen der klinischen Hypnose mit und jeweilige Unterschiede wirken sich aus: Z.B. hat die Hypnose in einem Land wie Schweden einen anderen Status und weiter gezogene Grenzen als in einem Land mit totalitärem Regime. Zum Beispiel haben hypnotische Erfahrungen in einer Gesellschaft mit intakt gebliebenen Trancetraditionen einen hohen ethischen Stellenwert,[66] wohingegen in westlichen Industriestaaten ihr Status von der Verwertbarkeit abhängt. Ihre Verwertbarkeit bedingt in der Regel, in welchen Bereichen Hypnose Fuß fassen kann – und wer im Hypnosebereich Fuß fassen darf. Natürlich gibt es auch von dieser Regel Ausnahmen.

Der Hypnotherapeut tut gut daran, die *Möglichkeiten* seiner Arbeit zu erkunden und sollte den Schwierigkeiten, wenn sie auftreten, zunächst einmal „einen guten Platz geben", wo sie sich leichter abklären lassen (z.B. in seiner Eigensupervision). So braucht er sich keine Sorgen zu machen, sondern kann die Herausforderung annehmen und erkunden. Wenn er dazu bereit ist, kann er sie zu einem wertvollen Bestandteil seines unbegrenzten Lernens machen – und immer wieder dabei erleben, daß an der Grenze das neue Land beginnt.

Riedl (1981) beschreibt die Evolution als einen Prozeß des Erkennens. Wir nun können in therapeutischen Interaktionen wieder von Machern zu Erkennenden werden: Zeugen und teilhabende Beobachter eines universellen Prozesses, auf der Ebene unserer jeweiligen Beschreibung. Damit können wir teilnehmen an einer Entwicklung:

- von der Überschätzung menschlichen Vermögens (Machbarkeitsideologie) hin zur Abklärung („Was haben wir zu tun – und was zu lassen?");
- vom Beherrschungsstreben hin zur Partnerschaft und dem Wissen, als Teil einer Ordnung, die wir mitgestalten, in Ordnung zu sein;
- vom blinden Glauben an festgeschriebene Ordnungen hin zur selbstbewußten Orientierung und Entscheidung für Stimmigkeit;
- vom Suchen und Fordern hin zum Würdigen und Fördern des Aufgefundenen;
- von Bindungsversuchen hin zu lebendigen Beziehungen;
- von der Einseitigkeit intellektueller Überlegung hin zur Integration all unserer Ebenen und Sinne;
- von der Konstruktion der Zukunft aus Vergangenem hin zum einfachen ganz Da-sein.

Schlußbemerkung

Um sicherzustellen, daß Hypnose als Therapie zur Wirkung kommt, genügt es nicht, ein als Hypnose bezeichnetes Handlungsmuster in einem als Therapie definierten Kontext unreflektiert anzuwenden. Zuerst ist der Therapiebegriff abzuklären und im Hinblick auf Heilung zu definieren. Dann ist die therapeutische Interaktion dahingehend zu überprüfen, ob sie tatsächlich die Bedingungen für eine ganzheitliche, heilsame Entwicklung bereitstellt. Diese Frage läßt sich positiv nur beantworten, wenn der Therapeut über eine klinische Epistemologie verfügt, die seinem Gegenstand, der Interaktion lebender Systeme, angemessen ist. Hinzu kommt, daß er die nötige Handlungskompetenz besitzen muß, um mit dem konkreten Klientensystem den hypnotherapeutischen Rapport herzustellen und weiterzuentwickeln.

Diese gelingenden Interaktionen sind die Bedingungen – und teilweise auch das Medium – für das konstruktive Lernen in und außerhalb der hypnotischen Trance. In ihnen eröffnet sich dem Klienten ganz konkret „die Möglichkeit des Andersseins" (Watzlawick 1977). Der Klient *tut* dabei etwas anderes und gelangt zu Erfahrungen, mit denen er sich „jenseits der Grenzen, die er sich durch sein Denken gesetzt hat" wiederfindet (Grinder u. Bandler 1976). Indem die üblichen Denk-/Verhaltensmuster unterbrochen oder hintangestellt werden (Dissoziation), verändern sich die Bedingungen und das Gefüge seiner Handlungen (Hilgard 1977). Alternative Erlebnis- und Handlungsmuster können evoziert und auf neue Weise verknüpft werden (Reassoziation). Grenzen von Hypnose als Therapie sind immer dort, wo diese Grundbedingungen nicht erfüllt werden.

Was als Grenze und als therapeutischer Effekt der Hypnose gilt, ist (wie bei anderen „Sachverhalten" auch) immer von *Zuschreibungen* abhängig. Wenn wir dabei würdigen, wie vielfältig und komplex vernetzt die Interaktionen in lebenden Systemen sind und wie begrenzt unser Wissen über sie ist –, dann kann kein Therapeut mehr naiv behaupten, „seine Therapie" habe die Heilung bewirkt. Begründet läßt sich nur sagen, daß sein Handeln mit einem als therapeutisch definierten Prozeß und Ergebnis *korreliert*. Mit *Sicherheit* läßt sich nur sagen, daß sein Handeln diese therapeutische Entwicklung *nicht verhindert* hat. Alles was darüber hinausgeht, hat genaugenommen die Grenze zu intellektueller Unredlichkeit oder zur „Scharlatanerie im wissenschaftlichen Gewand" bereits überschritten.

Anmerkungen

1 Der Leser dieses Buches weiß auch, daß Hypnose kein einheitliches Phänomen ist; es gibt unterschiedliche Formen, bei denen sich Art und Intensität der zerebralen Aktivität deutlich unterscheiden.

2 Vgl. Maturana 1982.

3 Es steht zur Frage, in welchem Maß soziale Systeme als soziale „Organismen" gelten können, auf die der Begriff der Autopoiese (Selbsterschaffung im Sinne rekursiver Selbstbeschreibung, Selbstorganisation) zutrifft. Für unsere Zwecke erweist es sich jedenfalls als fruchtbar, Analogien von zunächst biologisch beschriebenen Phänomenen auf sozialer Ebene anzunehmen. „Darüber hinaus bezieht sich die Theorie lebender Systeme ja nicht ausschließlich auf die autopoietische Organisation von Systemen, sondern mit ebenso zentraler Bedeutung auf Sprache und Kognition. Diese aber sind soziale Phänomene" (Wrede 1986, S. 90).

4 Vgl. den 2. Hauptsatz der Thermodynamik.

5 „Der Gedanke einer Befreiung des Menschen durch Naturbeherrschung verkennt, daß der Mensch selbst ein Stück Natur ist und daher Naturbeherrschung immer auch Menschenbeherrschung heißt" (Spaemann u. Löw 1981, S. 288).

6 – die Gesundheit des Einzelwesens und/oder der menschlichen Gattung.

7 „Each of us has a different meaning to the words used in common." „When you talk to people, they hear you in their language. We respond to the spoken word in terms of our own language" (Erickson, zit.in Zeig 1980, S. 173 und S. 270).

8 „The important thing is to get the patient to do the things that are very good for him" (Erickson, zit. in Zeig 1980, S. 195).

9 – auch zu einem bestimmten Bereich, z.B. „klinische Epistemologie".

10 Vgl. unsere Therapiedefinition, S. 178.

11 Riedl schreibt, wie „der aufklärerischen Strömung in der heutigen Biologie eine abklärende sich gegenentwickelt. Ihr geht es in ihrem Kerne um die Herkunft unserer Vernunft und um deren Grenzen" (1982, S. 336).

12 Capra bringt hier eine Beschreibung von Gregory Bateson, die genau so auch auf Milton Erickson zutrifft.

13 Vgl. Watzlawicks (Watzlawick, Weakland u. Fish 1974) Unterscheidung in „Probleme 2. Ordnung" und „Probleme 1. Ordnung" (Schwierigkeiten).

14 Therapie muß deshalb philosophisch begründbar sein, „weil die wirklich wichtigen Fragen in der Therapie und im Leben philosophische Fragen sind und also nur im Rahmen einer Philosophie beantwortbar werden" (Scholz 1986, S. 13).

15 Vorauszusetzendes Wissen.

16 – sofern es sich um intellektuell-sprachbegriffliches Wissen handelt.

17 Vgl. Absch. Lebende Systeme.

18 Der Gebrauch, „die Anwendung bleibt ein Kriterium des Verständnisses." und: „Eine Sprache verstehen, heißt, eine Technik zu beherrschen" (Wittgenstein, zit. in Wallner 1983, S. 54).

19 Ein entscheidender Aspekt dieser Verwertbarkeit besteht darin, traditionelle Vorstellungen der Welt zu übernehmen und nicht in Frage zu stellen" (Hargens 1983, S. 162).

20 Sehr anschaulich wird das als „cooperation principle" von Gilligan (1987) beschrieben.

21 Damit wurde klar: Es gibt keine Gewißheit, keine exakten Voraussagen über Einzelprozesse. Die Naturwissenschaft ist nicht in der Lage, Aussagen von absoluter Gültigkeit zu machen.

Die Quantenphysik beschreibt eine offene Welt – nichts ist für immer festgelegt. Es geht also nicht, wie beim alten, mechanistischen, Denkansatz um „ewig und überall" gültige Naturgesetze, die in einer „passiven" Welt entdeckt werden müßten (durch die Rückführung eines Ereignisses auf ein anderes) – wobei Spontaneität dann prinzipiell unzugänglich bleibt bzw. als Störung behandelt wird.

„Sich selbst als Handelnden verstehen heißt: sich nicht wissenschaftlich verstehen" (Spaemann u. Löw 1981, S. 286).

22 In Analogie können wir auch hier andere Systeme einsetzen: Familien, Einzelpersonen, Teams, Gesellschaften ...

23 – zunächst wird nach dem "Mehr-Desselben-Prinzip" (Watzlawick 1977) verfahren.

24 – er hat einen Einfall, dessen Inhalt sich mit dem bisherigen Denken nicht verträgt. Diese „kognitive Dissonanz" ist verbunden mit einer emotionalen Reaktion, die dem Erlebnis des Bedrohtseins entspricht.

25 – die bekannte Schwierigkeit, wenn eine Änderung intellektuell, als neue Idee, aufgetaucht ist; i. U. zu einem veränderten „äußeren" Handeln (wie z. B. einer posthypnotischen Reaktion, die sogleich „ganz in Ordnung" ist).

Es ist ökonomischer, sein Denken zu verrücken, als sich verrückt zu machen.

26 Diese Erkenntnisse waren nicht neu, sondern lediglich im Rahmen des mechanistisch-wissenschaftlichen Denkens nicht mehr repräsentiert; vgl. Anm. 21.

27 Der „Sachzwang" führt dazu, daß ein Paradigmawechsel vollzogen wird. Ohne Notwendigkeit würde man sich oder sein bewußtes Denken nicht in Frage stellen.

28 „Ein solcher Bewußtseinsumschwung läßt sich nicht ‚machen', er ist ja gerade die Einsicht in die Grenzen des Machbaren. Aber er wird erleichtert durch die Einsicht in seine Unvermeidbarkeit und durch die tief verwurzelte Neigung des Menschen, aus der Not eine Tugend zu machen" (Spaemann u. Löw 1981, S. 287).

29 Vgl. das Erickson-Zitat, Abschn. Strukturelle Veränderungen.

30 Vgl. den Artikel von Meares (1984a), und die „Wege zur Erkenntnis", die sich als Meditation verstehen. Mit der vergleichsweise aktiven Methode des „Focusing" von Gendlin (1981) wird die ganzheitsbezogene Entfaltung von Bedeutungen aus dem „impliziten" Wissen durch die Beachtung eines körperlich spürbaren Erlebens (des „felt sense") gefördert.

31 Jeder Gewinn an strukturellem Wissen setzt ein „Vorwissen" voraus, das in der alten Struktur bewußt noch nicht so integriert war („geahnte" oder „unbewußte Möglichkeiten", „dissoziiertes" bzw. an alternative Zustände gebundenes Wissen). Bei der Suche nach den konkreten Grundlagen des sprachlich (noch) nicht bewußten Wissens bietet sich die sog. subdominante „nichtsprachliche" Hirnhemisphäre als ein Funktionsbereich an, über den sehr viele „unterbe-

wußte", ursprünglich-lebenserhaltende Handlungsmuster moduliert und kreative, für das sprachbewußte Denken „überraschende Einfälle" generiert werden.

32 In gelingender Therapie reorientiert der Therapeut den Klienten an sich selbst. „Du erkundest, welches Potential Deine Patienten haben, und dann ermunterst Du sie, davon Gebrauch zu machen" (Erickson, zit. in Gordon u. Meyers-Anderson 1986, S. 30)

33 „Therapie ist ein Prozeß des Austauschens, der Konversation. ... Es ist ein Prozeß des koevolvierenden Dialoges" (Goolishian 1987, S. 9).

34 Wie kurzschlüssig gedacht wird, wenn Menschen sich selbst und anderen einreden, für die Gedanken und Gefühle beim andern verantwortlich zu sein, läßt sich hier erkennen.

35 Hierbei ist es sogar möglich, daß die Situation in keiner Weise schwierig ist.

36 Um Mißverständnissen vorzubeugen: Es wird damit nicht behauptet, daß es die Ausübung von Gewalt nicht gäbe.

37 Dieser Zusatz muß gemacht werden, um natürliche Alterungsprozesse nicht per definitionem zu Krankheiten zu machen.

38 Entscheidend ist nicht, ob das Individuum einem Idealkonzept entspricht; die „Passung" seiner Innen- und Außenwelt entscheidet über die Qualität seines Lebens.

39 Wie Carl Rogers, Milton Erickson u.a.

40 Vgl. hierzu Meares (1984a), Gerl (1984), Ram Dass u. Gorman (1988).

41 „The ‚unconscious mind' is made up of all your learnings over a lifetime ... which serve you in your automatic functioning" (Erickson, zit. in Zeig 1980, S. 33).

42 – im Vertrauen darauf, daß aus dem unbewußten Wissen Erfahrungen erinnert und neues Lernen initiiert werden kann – mit Optionen für ein jetzt befriedigenderes Handeln.

43 „Denk nicht, sondern schau!" formulierte Wittgenstein einmal pointierend.

44 „I think any theoretically based psychotherapy is mistaken because each person is different ... Now, when you consider the psychotherapy, consider the patient" (Erickson, zit. in Zeig 1980, S. 131).

45 – mit seinen „Aha-Erlebnissen" (und des öfteren auch „Haha-Erlebnissen").

46 der „Sprache des Klienten" (Rogers), von Adler auch als dessen „Eigensprache" bezeichnet.

47 zum Begriff der Sprachspiele vgl. Wittgenstein (1969).

48 – weil „es keine eindeutige Entsprechung gibt zwischen einem Ereignis, das ‚außerhalb' von uns geschieht und unserer Erfahrung davon" (Keeney 1982, S. 3).

49 „Die allgemeine Form des Satzes ist: ‚Es verhält sich so und so.' ... Man glaubt, wieder und wieder der Natur nachzufahren und fährt nur der Form entlang, durch die wir sie betrachten" (Wittgenstein 1969, PU I, S. 114).

50 Dieser Bereich ist begrenzt und unendlich zugleich; begrenzt, weil alles was wir sagen, eine Beschreibung ist, und unendlich, weil jede Beschreibung in uns selbst die Basis für neue Orientierungsinteraktionen und folglich neue Beschreibungen konstituiert." (Maturana, zit. in Wrede 1986, S. 96).

51 Vgl. Ornstein (1976).

52 Dies entspricht dem Gesetz von Yerkes-Dodson und Beobachtungen, wonach bei kreativen Menschen, wenn sie Aufgaben lösen sollen, die unkonventionelle Lösungen erfordern, die cortikale Erregung absinkt, während diese bei „normalen" sprunghaft ansteigt – was die Lösung erst einmal unmöglich macht.

53 Vgl. Peter u. Gerl (1988)

54 Vgl. zu den Begriffen „Pacing" und „Leading" Grinder u. Bandler (1976).

55 Zur Wirkweise und Erstreckung der Biofeedbackmethode: Brown (1975).

56 „I am not asking you to use a new skill that you don't have. I'm only asking you to be willing to use a skill you have but don't know you have" (Erickson, zit. in Carter 1982).

57 Für einzelne Aspekte und Episoden dieses Lernens wurde Amnesie entwickelt, so daß es „unbewußt" einfach seine Wirkung entfalten konnte, während sich die Aufmerksamkeit der Klientin wieder mehr den Dingen zuwandte, die jetzt ihre Beachtung brauchten.

58 Diese Geschichte einer Therapie wird ausführlich beschrieben in: Gerl (1989).

59 Erickson empfiehlt die Initiierung therapeutischen Wandels mittels „irgendeiner kleinen Veränderung, denn der Patient will eine Veränderung, so geringfügig sie auch sei ... Er wird dann dieser Veränderung folgen, und die Veränderung wird sich in Übereinstimmung mit seinen

eigenen Bedürfnissen entwickeln ... Es ist so, als rolle man einen Schneeball einen Berg hinunter. Er beginnt als ein kleiner Schneeball, aber beim Hinunterrollen wird er größer und größer und wird dann eine Lawine, die sich der Form des Berges anpaßt" (zit. in Gordon u. Meyers-Anderson 1986, S. 27).

60 Jedes Geschehen läßt sich prinzipiell auf höchst unterschiedliche Weisen beschreiben. Über je mehr Modelle wir verfügen, um so mehr gültige Beschreibungen sind möglich.

61 – definiert durch geringen Aufwand bei optimaler Wirkung.

62 Und es braucht nicht das periphere Nervensystem bemüht zu werden, wenn etwas mit dem zentralen Nervensystem zu leisten ist. (Das „mentale Training" nutzt die sinnliche Beteiligung an diesem mentalen Bezug.)

63 „Damit solche Manöver Erfolg haben können, ist es nötig, daß sie mit Liebe durchgeführt werden, und diese Fürsorge stellt die ‚Anästhesie' für die Amputation des Stolzes dar, die dem Patienten dabei widerfährt." (Whitaker, zit. in Peter 1985b, S. 281).

64 Zit. in Gordon u. Meyers-Anderson (1986, S. 27).

65 Spezifische „Bewußtseinszustände" (nicht „Aufmerksamkeitshaltungen") resultieren daraus, welche unserer Wahrnehmungsmodalitäten wir zur Bewußtmachung vorrangig benutzen und wie sie, bzw. die Wahrnehmungen/Kognitionen, spezifisch interagieren.

66 Zum Beispiel das „Thaipusan" (der „Ruf zur Trance") – das religiöse Büßerfest der Hindus in Malaysia.

Empfohlene Literatur

Dell P (1986) Klinische Erkenntnis. Modernes Leben, Dortmund

Erickson MH, Rossi EL (1981) Hypnotherapie, Aufbau – Beispiele – Forschungen. Pfeiffer, München

Gerl W (1986b) Hypnotherapie – Reflexion und Aktuelles aus der Praxis. Hypnose und Kognition 3/2

Rossi EL (1986) The psychobiology of mind-body healing. Norton, New York NY

Wippich J (1983) Begegnung. Rössler, Konstanz

10. Ist Hypnose gefährlich?

STEFAN HEINRICH

„Italien staunt über einen ungewöhnlichen Fall von Hypnose über das Fernsehen. In der beliebten Showsendung „Fantastico“ hatte der Magier Giucas Gasella am Samstagabend sein Publikum aufgefordert, die Hände zu falten. Die Zuschauer würden ihre Finger so lange nicht mehr voneinander trennen können, bis er sie wieder aus der Hypnose befreit habe. Während im Zuschauersaal die „Verzauberung“ funktionierte, konnte ein offenbar sehr sensibler 8jähriger Junge in Palermo, der vor dem Fernseher den Aufforderungen des Magiers gefolgt war, seine Hände auch nach der Sendung nicht wieder auseinanderbekommen. Die entsetzten Eltem brachten ihren Sohn zunächst in ein Krankenhaus, wo es aber auch nicht gelang, die Hände des Kindes voneinander zu lösen. Schließlich schaltete sich das ebenfalls alarmierte staatliche Fernsehen RAI ein und holte den Magier ans Telefon. In einem Ferngespräch mit dem Kind löste Gasella die Hypnose des Jungen, der dann nach 3 h seine Finger wieder bewegen konnte.“[1]

Derartige Fälle – auch solche mit weit gefährlicheren Folgen – werden immer wieder in der Presse berichtet und gelegentlich wissenschaftlich untersucht. Viele Laien halten Hypnose für ohnehin gefährlich und fühlen sich durch solche Meldungen bestätigt. Es fragt sich allerdings, ob die Hypnose an sich oder nur unter bestimmten Bedingungen zu Komplikationen oder gar zu Gesundheitsschädigungen führen kann. Dies soll in diesem Kapitel untersucht werden. Dabei will ich mich auf die klinische, die Bühnen-, die experimentelle, die forensische und die sog. kriminelle Hypnose (d.h. Verbrechen mittels Hypnose) beschränken.

Hypnose und Verbrechen

Unterschieden werden müssen hier Fälle von Verbrechen *an Hypnotisierten* und solche *durch* Hypnotisierte. Die meisten zur 1. Kategorie in der Literatur berichteten Fälle sind ziemlich alt. Ein Beispiel neueren Datums berichtet Venn (1988): 2 Rekruten der US-Armee beschuldigten einen Offizier, mittels hypnotischer Techniken gegen ihren Willen sich ihnen sexuell zu nähern versucht zu haben. Das wies jener zurück. Beide Fälle spielten sich in ähnlicher Weise, jedoch unabhängig voneinander, ab. Der Beschuldigte lud die jungen Männer ein, bei ihm zu übernachten, bot ihnen Hilfe bei persönlichen Problemen an und konsumierte mit ihnen erhebliche Mengen Alkohol auf seine Kosten.

Einige Autoren halten Hypnose für ein potentielles, wenn auch wenig geeignetes Mittel, derartige Verbrechen zu begehen (z.B. Moll ^{3}1895). In den meisten dieser

Fälle wird Hypnose nur als eine Ursache unter anderen beurteilt. Im allgemeinen wird bezweifelt, daß die hypnotisierte Person willenlos sei und sich folglich nicht wehren könne. Häufig spiele die soziale Beziehung zwischen den Beteiligten (z.B. Abhängigkeit von Autoritäten oder sexuelle Abhängigkeit) oder andere Faktoren, wie hier etwa der Alkoholkonsum, eine Rolle. Dies erschwert ein eindeutiges Urteil, wenngleich in einigen gerichtlich verhandelten Fällen die Täter zu langjährigen Freiheitsstrafen verurteilt wurden.

Ebenfalls mehr im letzten Jahrhundert wurden verschiedene Fälle berichtet oder gerichtlich verhandelt, in denen Verbrechen von Hypnotisierten (mittels *posthypnotischem Auftrag)* begangen worden sein sollen. Es handelt sich aber um verhältnismäßig wenige Fälle, etwa nur 3 in den letzten 70 Jahren.

Ein Beispiel dafür ist der folgende von einem Dr. Körner (zit. nach Mayer 1937) berichtete Vorfall: Ein junger Lehrer (Z) wurde von einem Flurhüter (A) zunächst unter Alkohol gesetzt und dann hypnotisiert. Das wiederholte sich und nach einiger Zeit befahl A Z, um dessen Empfänglichkeit für posthypnotische Suggestionen zu testen, sich auf ein bestimmtes Stichwort hin in den Arm zu schießen, was Z tat und wovon er ein versteiftes Ellenbogengelenk behielt. Durch weitere posthypnotische Suggestionen veranlaßte A Z zur Übereignung eines Großteils seiner Sachwerte und regelmäßig eines Teils seines Gehaltes. Z sollte Einbruchdiebstahls- und Feuerversicherungen abschließen und den Gesellschaften gegenüber gefälschte Inventarverzeichnisse abgeben. Nach einschlägigen – vermutlich von A begangenen – Delikten ließ sich A auch die fälligen Entschädigungssummen übereignen. Als erste Ermittlungen wegen Versicherungsbetruges angestellt wurden, veranlaßte A Z ebenfalls mittels posthypnotischer Suggestion, alles zu „gestehen". Z wurde vor Gericht als Täter, A nur als Mittäter verurteilt. Z kamen bereits vor Prozeßbeginn erste Zweifel, nachdem er bis dahin alle Anweisungen des A befolgt hatte. Der hypnotische Einfluß des A auf den Z habe fast 5 Jahre angedauert. Obgleich Z sein anfängliches Geständnis widerrief, schenkte ihm das Gericht keinen Glauben. Auch ein Wiederaufnahmeverfahren scheiterte trotz Gutachten mehrerer Experten.

Für einige Autoren (etwa Orne 1962a) ist dies ein Fall, in dem Hypnose eine wichtige, wenn nicht die entscheidende Rolle gespielt haben mag, vorausgesetzt, die Schilderung stimmt mit den tatsächlichen Gegebenheiten überein. Berücksichtigt werden muß nämlich, daß die Schilderungen derartiger Sachverhalte bestenfalls einem psychiatrischen Gutachten entstammen, das wiederum auf den Ergebnissen einer erneuten Hypnose des „Täters" beruht.

In der psychologischen Bewertung solcher Fälle wird immer wieder eingewandt, daß Hypnose allenfalls eine unter vielen möglichen Variablen war, die das Verhalten des Täters mitbeeinflußt habe. Es wird eher auf die besondere soziale Beziehung der Beteiligten (z.B. Arzt – Patient) oder auf psychische Störungen abgehoben.

Die juristische Beurteilung der behaupteten verbrecherischen Hypnosen war immer sehr zurückhaltend. So werden in den entsprechenden Urteilen keine definitiven Aussagen zum Kausalzusammenhang von Hypnose und der vom Hypnotisierten begangenen Tat gemacht. Andererseits hatte der behauptete hypnotische Einfluß als Rechtfertigungsgrund für die begangenen Taten durch den Hypnotisierten in der Regel keinen Bestand, wie der dargestellte Fall zeigt.

Experimentelle Untersuchungen zu Hypnose und Verbrechen

Der Wunsch nach systematischer Überprüfung eines möglichen Einflusses der Hypnose auf die Verbrechensbegehung besteht seit Beginn der wissenschaftlichen Untersuchung der Hypnose überhaupt. So wurden schon im 19. Jahrhundert zahlreiche überaus eindrucksvolle Versuche unternommen, die freilich heutigen Anforderungen der Psychologie an die Planmäßigkeit, Replizierbarkeit und die Variationsbreite von Experimenten nicht genügen.

Einer der ersten systematischen Versuche zu Verbrechen bzw. antisozialen Handlungen unter hypnotischem Einfluß wurde von Rowland (1939) in den USA durchgeführt: Es sollte überprüft werden, ob tief hypnotisierte Personen sich selbst gefährlichen Situationen aussetzen oder andere mit ihren Handlungen gefährden würden. Zu diesem Zweck wurde den Probanden suggeriert, sie sollten eine Klapperschlange, die sich in einem Korb befand, aufnehmen. Einer weiteren Gruppe von Probanden wurde aufgetragen, Schwefelsäure auf den Versuchsleiter zu schütten. Beides wurde durch eine „unsichtbare" (nicht reflektierende) Glasscheibe letztlich unmöglich gemacht. Eine Kontrollgruppe wurde zu diesen Handlungen aufgefordert, ohne daß sie vorher hypnotisiert worden war. Von der Experimentalgruppe, die vorher hypnotisiert worden waren, führten 3 der 4 Probanden die suggerierten Handlungen aus, im Gegensatz zu denen der Kontrollgruppe. Innerhalb der Grenzen dieses Experiments meinte Rowland, daß die herkömmliche Auffassung, daß solche Handlungen auch unter Hypnose nicht möglich seien, erschüttert worden sei.

Erickson (1939a) gelangt in seiner Studie zu ganz anderen Ergebnissen. Er setzte dabei nur direkte Induktionsmethoden ein, da – wie er meinte – man einen Menschen zwar auch in Hypnose täuschen könnte, doch diese Täuschung nicht auf Hypnose an sich zurückzuführen sei. Er präzisierte dies in einer Korrespondenz mit Conn, daß, um eine verbrecherische Handlung zu begehen, das Wissen darum und die Absicht des Täters wesentlich seien. Daher halte er Hypnose für völlig ungeeignet, um jemanden zu Verbrechen anzustiften (s. Conn 1972, S. 65f.).

Es gab bis in die 70er Jahre noch zahlreiche weitere Versuche, die sich teilweise wesentlich differenzierter mit dieser Frage auseinandersetzten (z.B. Coe et al. 1972). Die Ergebnisse waren unterschiedlich und wurden als Beleg für jeweils eine der 3 Antworten gewertet:

- daß Menschen unter Hypnose ohne weiteres zu Verbrechen verleitet werden können,
- daß nur unter bestimmten zusätzlichen Bedingungen eine derartige Möglichkeit bestehe[2]
- und daß schließlich die Möglichkeit einer verbrecherischen Hypnose ausgeschlossen wird, es sei denn, es bestehe bereits vorher eine kriminelle Tendenz des Hypnotisierten (so z.B. Kroger [2]1977).

Die letztgenannte Position kennzeichnet ein Dilemma bei der experimentellen Untersuchung der Frage, ob ein Verbrechen unter Hypnose möglich sei. Nach Orne (1962a) entzieht sich nämlich jede Antwort darauf der Widerlegung: Wenn sich der Hypnotisierte weigere, eine posthypnotische Suggestion auszuführen, habe dies an unzureichender Suggestibilität und/oder Hypnosetechnik gelegen; wenn sie die suggerierten Handlungen aber ausführe, werde die hypnotisierte Person als besonders willfährig angesehen, ja man unterstelle ihr gar kriminelle Tendenzen. Solche Behauptungen seien allerdings experimentell kaum überprüfbar. Orne betont darüber hinaus, daß in eigentlich allen Fällen einer behaupteten verbrecherischen Hypnose eine Beziehung bestand, die bereits für sich genommen ein gewisses Maß an sozialer Kontrolle beinhaltet hätte. Experimentell überprüft werden müsse daher, inwieweit Hypnose diese Kontrolle signifikant verstärken könne.

Bemängelt wird an den Studien zu Hypnose und antisozialen Handlungen hauptsächlich, daß die Experimentalsituation allein einen entsprechenden Aufforderungscharakter den Probanden vermittelt hätte, Hypnose als kritische Variable sich zumindest nicht vom sozialen Kontext isolieren lasse. Darüberhinaus wird festgestellt, daß die Versuchsleiter regelmäßig Mitglieder des universitären Lehrkörpers oder Armeeoffiziere, hingegen die Probanden mit wenigen Ausnahmen Studenten oder Soldaten waren. Es wäre daher denkbar, daß Letztere den suggerierten Aufgaben nur deshalb nachkamen, weil sie von entsprechenden Autoritäten gegeben wurden. Gleichzeitig würden sie damit von der Verantwortlichkeit für ihr – womöglich antisoziales – Tun enthoben. Auch sei die Experimentalsituation ausdrücklich als Hypnose gekennzeichnet gewesen, was für viele Probanden impliziere, daß von ihnen ein Verhalten geradezu erwartet werde, das sie anderenfalls unterdrücken würden (so z.B. Barber 1961a).

Vielfach seien die experimentell geforderten „antisozialen Handlungen" tatsächlich zu harmlos gewesen, um die kritische Frage beantworten zu können. Nach Orne (1962a) könne es in der großen Grauzone zwischen sozial erwünschtem und verbrecherischem Handeln bei einigen Personen ambivalente Vorstellungen geben, und es müsse zuweilen nur eine geringe Schwelle überwunden werden. Das könne durch Hypnose erleichtert werden. An ein Experiment zur Überprüfung dieser Frage stellen einige Autoren deshalb weitere Forderungen (etwa Orne 1962a oder Coe et al. 1972):

1) Es müsse sich um ein Verhalten handeln, das schädlich erscheine, doch im sozialen Kontext eines Experiments leicht zu legitimieren sei.
2) Es müsse ein Verhalten sein, das ein Proband gewöhnlich nicht zeige, wonach er aber ein starkes unbewußtes Verlangen habe. Es gehe um jene kleine Verschiebung im seelischen Gleichgewicht mittels Hypnose. Diese Forderung sei aber nur sehr schwer zu erfüllen (Orne 1962a).
3) Die Aufgaben müßten möglichst von allen Probanden im Wachzustand gleichermaßen abgelehnt werden. Sie sollten darüber hinaus auch vom Versuchsleiter und der Gesellschaft gleichermaßen als antisozial eingestuft werden.
4) Der Hypnotiseur sollte von der Durchführung dieser Handlungen durch die Probanden einen persönlichen Vorteil haben.
5) Die Beziehung zwischen dem Hypnotiseur und dem Hypnotisierten müsse von den Auswirkungen der Hypnose selbst zu trennen sein.
6) Schließlich würden hochsuggestible Personen als Probanden benötigt, was Barber (1961a) aber für fragwürdig hält, da hohe Suggestibilität möglicherweise mit der Bereitschaft korreliere, den Instruktionen des Versuchsleiters zu folgen. Ein derartiges Experiment durchzuführen, wird zumindest nicht einfach sein, zumal auch einige ethische Probleme (z.B. Täuschung von Probanden) diskutiert werden müßten.

Bei allen Einschränkungen, die bei der Beurteilung der beschriebenen Fälle zu Verbrechen unter Hypnose gemacht werden müssen, ist es erstaunlich, welche „Erfolge" die kriminellen Hypnotiseure mit ihren Opfern hatten, und es deutet zumindest in manchen Fällen einiges darauf hin, daß Hypnose neben anderen Variablen einen wichtigen Einfluß ausübte. Bei nüchterner Betrachtungsweise muß aber berücksichtigt werden, daß das Aufsehen, das diese Fälle gerade beim Laienpublikum erregt haben, unterstützt durch eine entsprechende Berichterstattung, dazu geführt hat, daß die Möglichkeit eines Verbrechens unter Hypnose für erheblich größer eingeschätzt wird, als sie vermutlich ist.

Antisoziale Beeinflussung unter Hypnose?

Bei den Versuchen zeigt sich, daß Hypnose durchaus zur Suggestion antisozialer Handlungen in manchen Fällen erfolgreich mißbraucht werden kann. Die Einschränkungen, die hier zitiert wurden, daß etwa der Einfluß der persönlichen Beziehung zwischen Hypnotiseur und Hypnotisiertem vom eigentlichen hypnotischen Einfluß zu trennen sein müßte, sind vielleicht nicht immer relevant. Wesentlicher Teil der hypnotischen Situation kann ja auch eine engere soziale Beziehung zwischen den Beteiligten sein. Zu überlegen ist auch, ob sich eine derartige Beziehung nicht einer Untersuchung im herkömmlichen Sinne entzieht. Auch aus diesem Grund dürfte es schwierig sein, einen überzeugenden Versuch zu konzipieren, der all den skizzierten Anforderungen gerecht würde. Und trotz der möglicherweise auch für die Erforschung der Wirkungsweise der Hypnose (Orne 1962a) interessanten Aspekte, muß erwogen werden, was die positive oder negative Beantwortung der Frage, ob ein Verbrechen durch Hypnose begangen werden kann, eigentlich bedeutet. Es wird niemand bezweifeln wollen, daß eine therapeutische Methode wie die Hypnose mißbraucht werden kann. Ob die Gefährlichkeit sich aber ausgerechnet beim kriminellen Mißbrauch der Hypnose zeigt, muß auch angesichts der geringen Häufigkeit dieser Fälle bezweifelt werden.

Bühnenhypnose

Hypnose zu Unterhaltungszwecken übte schon immer eine starke Anziehungskraft auf alle Beteiligten aus. Es gab freilich Zeiten, zu denen dieses „Vergnügen" Hochkonjunktur hatte. So wird etwa in den 80er Jahren des vorigen Jahrhunderts in Frankreich oder nach dem 1. Weltkrieg in Deutschland von einer erheblichen Zunahme solcher Veranstaltungen berichtet. Sie fanden und finden in den verschiedensten Formen statt, auf dem Jahrmarkt, in privaten Zirkeln, im Rahmen von wahren Tourneen bekannter „Magier" und neuerdings in Diskotheken oder – mit entsprechend großer Massenwirkung – in Fernsehshows. Natürlich werden nicht von allen dieser Schauhypnosen Zwischenfälle wie der anfangs zitierte Fall gemeldet. Dennoch warnen eigentlich alle wissenschaftlichen Autoren vor möglichen, wenn auch nicht offenkundigen Gefahren der Bühnenhypnose. Die in (allerdings nur wenigen) Studien gewonnenen Ergebnisse weisen zwar darauf hin, daß in absoluten Zahlen nur wenig mehr Personen Schäden bei Schauhypnosen als etwa bei klinisch-hypnotischer Behandlung erleiden (so MacHovec 1986: 33% zu 25% Komplikationen). Doch handelt es sich hier um nur schwer vergleichbare Zahlen, da etwa ausgeschlossen werden kann, daß eine vergleichsweise sorgfältige Nachkontrolle und Beurteilung möglicher Folgeschäden bei der klinischen Hypnose auch bei der Bühnenhypnose stattfindet.

Bühnenhypnose

Die Phänomene der Bühnenhypnose erklären z.B. Barber u. Meeker[3] folgendermaßen:

1) Bühnenhypnotiseure greifen auf die erstaunlich hohe Suggestibilität, die bei vielen bereits im Wachbewußtsein besteht, zurück.
2) Diese Hochsuggestiblen versuchen sie, vorher auszusondern.
3) Durch die Etikettierung als „Hypnose" schaffen sie eine bestimmte *Erwartungshaltung,* erhöhen die Reaktionsbereitschaft und
4) veranlassen durch die Bühnenatmosphäre die Beteiligten häufig, ihre *Rollen* entsprechend den Erwartungen des Bühnenhypnotiseurs und des Publikums zu spielen.

Darüber hinaus wird Hypnose auch bewußt *simuliert,* es wird mit eigenen „Freiwilligen" gearbeitet, und es wird von *physikalischen* oder *chemischen Hilfsmitteln* berichtet, um bestimmte spektakuläre Effekte noch eindrucksvoller zu gestalten (etwa Stahlkorsetts zur „Verstärkung" der Katalepsie bei Probanden).

Wie schon angedeutet, gibt es leider nur wenig systematische Untersuchungen zu diesem Problemkreis. In einer Befragung untersucht Echterling (1988) die Erfahrungen von Personen, die sowohl klinische als auch Schauhypnose erlebt hatten. Es zeigte sich, daß die Befragten meistens beunruhigt waren wegen der raschen Induktion bei der Bühnenhypnose. Die Trance empfanden sie dagegen regelmäßig schwächer, fühlten sich bei der Bühnenhypnose eher erregt als entspannt. Schließlich hielten sich die meisten vom Bühnenhypnotiseur für stärker kontrolliert als vom Hypnotherapeuten. Nach Echterling hängen diese Erfahrungen mit der völlig unterschiedlichen Reaktionserwartung zusammen.

In einer systematischen Untersuchung zur Auswirkung einer (eigens dafür veranstalteten) Schauhypnose von Echterling u. Emmerling (1987) zeigte sich, daß die berichteten Erfahrungen und deren Bewertung wesentlich von den vorherigen *Einstellungen* der Probanden abhingen, d.h. Individuen mit eher negativen Reaktionen und Nachwirkungen waren schon vorher eher skeptisch der (Bühnen)hypnose gegenüber eingestellt. Obgleich nur der geringere Teil der Versuchspersonen negative oder ambivalente Gefühle oder Folgen erlebte, meinen die Autoren (wie auch die meisten anderen), daß die Risiken der Bühnenhypnose ihren Unterhaltungswert eindeutig überwiegen:

1) Bühnenhypnotiseure fragen nicht wirklich nach Freiwilligen, sondern veranstalten *verdeckte Suggestibilitätstests.*
2) Die Demonstrationen finden zur Unterhaltung statt, auf Kosten der Teilnehmer und zum *Nachteil zumindest einiger.*
3) Persönliche Einstellungen, Fehlvorstellungen oder eine eventuelle *Krankheitsgeschichte* werden vorab nicht geklärt.
4) Der Bühnenhypnotiseur kann nicht auf alle seine Probanden, schon gar nicht auf seine Zuschauer, achten. Auch sei er physiologischen *Überreaktionen,* emotionalen Ausbrüchen oder Panikreaktionen z.B. während einer Altersrückführung meistens nicht gewachsen.
5) Suggestionen werden oft nicht *zurückgenommen,* Nacheffekte nicht berücksichtigt.

Von vielen Autoren wurde und wird ein generelles Verbot der Bühnenhypnose gefordert. Die Geschichte der Verbote solcher Veranstaltungen ist lang. Auch heute noch bestehen in den einzelnen Ländern unterschiedliche Regelungen vom generellen Verbot oder zumindest einem Genehmigungsverfahren (z.B. Österreich) bis zu sehr liberalen Regelungen (etwa in Japan, Israel oder der Bundesrepublik Deutschland). Die wichtigsten behandlungsorientierten Organisationen (z.B. American Medical Association oder American Society for Clinical Hypnosis) haben Resolutionen gegen die Unterhaltungshypnose verabschiedet. Argumente für ein gesetzliches Verbot sind etwa, daß es effektiver sei als lediglich die Verabschiedung ethischer Richtlinien, die außerdem nur für professionelle Hypnotherapeuten bindend seien. Die Gefahren, die von der Schauhypnose ausgehen, seien zu groß (Kline 1976). Dagegen wird vorgebracht, daß solche Verbote sich schon in der Vergangenheit als unwirksam oder als nicht kontrollierbar erwiesen haben. Schließlich berge eine Verbotsregelung die Gefahr, daß auch die therapeutische Anwendung und verwandte therapeutische Prozeduren (z.B. Entspannung) dadurch eingeschränkt werden könnten. So befürchtet etwa Udolf (1981) eine Beschränkung auf bestimmte Berufsgruppen unter Ausschluß anderer.

Gesundheitsschäden durch Hypnose

In verschiedenen systematischen Untersuchungen und Einzelfallberichten werden leichte bis zu – in Einzelfällen –lebensgefährliche Folgen von Hypnosebehandlung (im weiteren Sinne) berichtet. Die erste systematische Untersuchung von Schultz (1954), eine 1921 durchgeführte Fragebogenaktion bei psychiatrischen und anderen Kliniken und niedergelassenen Ärzten, behauptete Gesundheitsschäden fast ausschließlich als Folge von Schau- oder Laienhypnosen. Insgesamt etwa 100 beobachtete Gesundheitsstörungen wurden kategorisiert in *allgemeine Beeinträchtigungen* (z.B. Kopfschmerzen oder Unwohlsein), auffällige Einzelsymptome (etwa Menorrhagien oder hysterische Blindheit), *Psychosen* (leichtere wie „Hypnosesucht" oder Hypnomanie und schwerere wie halluzinatorische Wahnvorstellungen usw.) und schließlich in bewußte *Gesundheitsstörungen* oder Erschütterungen der sozialen Existenz (synonym mit der oben behandelten kriminellen Hypnose).

Eine spätere Untersuchung von Levitt u. Hershman (1962) in den USA differenzierte ebenfalls verschiedene Störungen nach Hypnosebehandlung. Die Autoren untersuchten nur Fehlschläge bei klinischer Hypnose: Es wurden Mitglieder von Hypnoseverbänden und andere praktizierende Hypnotherapeuten befragt. Allerdings sind die Ergebnisse vor dem Hintergrund zu sehen, daß nur etwa 12% auswertbare Antworten zurückkamen, möglicherweise ein systematischer Fehler, wie Levitt u. Hershman einräumen.

Die jüngste Befragung von Hypnosepraktikern in Australien von Judd et al. (berichtet bei Mott 1987) ergab 1985 ebenfalls einige, allerdings regelmäßig nur geringfügige Störungen nach Hypnosebehandlung. MacHovee, der selbst fast 100 Fälle von Komplikationen aus der Literatur und aus eigener Praxis zitiert oder berichtet (1986, 1987), bezieht sich bei seinen Schätzungen über Störungen infolge von Hypnose u.a. auf die bereits angesprochenen Studien von Levitt u. Hershman, Echterling u. Emmerling und auf eine Arbeit von J.R. Hilgard (1974). Er gewichtet nach der Schwere der Störungen wie in Tabelle 10.1:

Tabelle 10.1. Gesundheitsschädigung durch Hypnose. (Nach MacHovec 1986)

	Geringe Störungen [%]	Mäßige Störungen [%]	Ernsthafte Störungen [%]	Summe [%]
Experimente	15	5	2	22
Klinische Behandlungen	15	5	2	22
Bühnenhypnose	20	10	5	35

Durch entsprechende Ausbildung und Übung der Hypnotherapeuten und Experimentatoren sowie durch ein gutes Risikomanagement ließen sich die genannten Werte halbieren (MacHovec 1986, S. 14).

Die Vergleichbarkeit der Studien wird erschwert durch unterschiedliche Einteilung der einzelnen Risiken. Recht unsystematisch wird daneben nach möglichen Ursachen von Störungen unterteilt. So wird oft nicht deutlich, ob Störungen durch falsche Techniken oder mögliche Kontraindikationen für Hypnose auf der einen oder eventuell persönlichkeitsbedingte Ursachen, äußere Gegebenheiten o.ä. auf der anderen Seite verursacht wurden.

Im folgenden gebe ich einige, meistens in Einzelfallberichten geschilderte Störungen unterteilt nach 3 Stadien bei der Hypnosebehandlung:

a) *Tranceinduktion:* Einige gefährliche Techniken werden in der Literatur dargestellt, wie etwa die sogenannte Schreckhypnose, wie sie an der Salpetrière unter Charcot üblich gewesen sein soll (Fore 1923). Auch für andere derartige Methoden ist kennzeichnend, daß sie sich massiver, direkter körperlicher Eingriffe bedienen, wie z.B. die Karotissinusmethode, bei der durch Druck auf das Nervengeflecht an der Kopfschlagader die Herzschlagfolge extrem verlangsamt wird, was zur Bewußtlosigkeit führe (s. Svoboda 1984, S. 92). Darüber hinaus wird etwa empfohlen, bestimmte Stimuli nicht zu verwenden, damit diese nicht im Alltag spontane Trance auslösen (Stocksmeier 1984).

b) *Probleme während und nach der Trance:* es wurden verschiedene Symptome nach einer Trance beobachtet. So traten emotionale Erregungszustände (Angst, Panik, Depression, Verwirrung, Depersonalisation usw. auf: So zeigte z.B. eine 41jährige israelische Frau seit einer Schauhypnose ein „seltsames Verhalten", das von Zeit zu Zeit auftrat und sich äußerte in regressivem Verhalten, Verständigung nur in einer anderen Sprache und in Wahrnehmungsstörungen. Sie war generell leicht reizbar und ermüdet. Die Bühnenhypnose fand 11 Jahre zuvor statt. Sie wurde damals während einer Altersrückführung in eine Zeit versetzt, in der sie im von den Nazis besetzten Frankreich als jüdisches Kind sich verstecken mußte und ein schweres Trauma erlitt. Der Hypnotiseur verursachte deshalb bei der Patientin große Verwirrung, weil er sie aufforderte, sich wie ein „freches, dialektsprechendes, vulgäres Balg" zu benehmen, was ihrem jetzigen Ansehen als geachtetem Mitglied ihres Kibbuz schadete. Eine zweiwöchige therapeutische Behandlung führte zum Verschwinden der dissoziativen Perioden und zu einer Verbesserung des Allgemeinbefindens (Kleinhauz et al. 1979).

Solche Störungen nahmen in zumindest einem berichteten Fall lebensbedrohliche Formen an (Kleinhauz u. Beran, 1981).

Weiter wurden Kopfschmerzen, Schwindel, Ohnmacht oder Erbrechen beobachtet: So wurde etwa einem jungen Mädchen mittels Hypnose eine Analgesie zur Zahnbehandlung suggeriert. Sie erreichte eine tiefe hypnotische Trance. Nach der Behandlung fuhr sie gleich nach Hause. Bei der nächsten Sitzung beklagte sie sich über starke Schwindelgefühle bei ihrer Heimfahrt. Sie wurde offenbar nicht sorgfältig genug dehypnotisiert und hatte nach der Behandlung keine Zeit zum Ausruhen verordnet bekommen (Kleinhauz u. Eli 1987, S. 157f.).

Besonders in der älteren Literatur werden häufig hysterische Anfälle im Zusammenhang mit Hypnose erwähnt. Dabei wird noch unterschieden zwischen der Problematik der Hypnose bei

„Hysterikern" und einer hysterischen Verhaltensweise als Folge einer Hypnose. In diesem Zusammenhang muß der klassische Theoriestreit zwischen der Pariser (Charcot e.a.) und der Nancy-Schule (Bernheim e.a.) erwähnt werden. Charcot und seine Anhänger behaupten, daß Hypnose selbst bereits als pathologischer Zustand, als künstlich herbeigeführte hysterische Neurose anzusehen sei, ein Zustand, der nur von seelisch Kranken erreicht werden könne. Demgegenüber betrachtete die Schule von Nancy den Trancezustand als normales psychisches Phänomen, das bei jeder – auch gesunden – Person hervorgerufen werden könne.

Zuweilen kommt es vor, daß eine weitere Behandlung infolge eines *Rapportverlustes* unmöglich wird, etwa durch die Unterbrechung der Therapie infolge zeitweiser Abwesenheit des Therapeuten. In einigen Fällen brachen psychische oder physische Krankheiten während oder nach einer Hypnosebehandlung auf. So wurde ein Mann wegen Phantomgliederschmerz infolge einer Nervendurchtrennung hypnotisch behandelt. Der Schmerz nahm ab, doch nach kurzer Zeit wurde er mit einer „schizoaffektiven Psychose" in eine Nervenklinik eingeliefert. Die Hypnose habe, so meint jedenfalls der Berichterstatter, das offene Ausbrechen der Psychose vermutlich erleichtert (Rosen 1960, S. 241).

Weiter kam es zu Fällen von exzessiver *Abhängigkeit* (sog. Hypnosesucht), Patienten, die immer neue Symptome entwickelten oder simulierten, damit sie „weghypnotisiert" werden sollten.

Manche Patienten oder Probanden litten nach Hypnosebehandlung oder Experimenten unter Steifheit von Arm oder Gliedern bzw. an Rückenschmerzen. Derartige Fälle werden oft nach Bühnenhypnosen berichtet.

So veranstaltete z.B. ein Bühnenhypnotiseur mit einer 24jährigen Frau die spektakuläre „kataleptische Planke" (zwischen 2 Stühlen) und stellte sich noch auf ihren Bauch. Die Probandin mußte sich danach in eine einwöchige stationäre Behandlung begeben. Ihre Kopf-, Rückenschmerzen und Nervenreizungen hielten über 6 Monate an und sie mußte sich in dieser Zeit in die Behandlung von mehreren Fachärzten begeben (Harding 1978, S. 165).

Manchmal schlug die angestrebte Behandlung fehl, die Heilung verzögerte sich oder die Krankheit verschlimmerte sich sogar: So konsultierte eine 28jährige Patientin einen Laienhypnotiseur wegen ihrer Ängste und Depressionen. Die einmalige Behandlung führte zu keiner Besserung – im Gegenteil: Sie mußte sich in psychiatrische Behandlung begeben, wo eine schwere Depression festgestellt und ihr eine mehrmonatige medikamentöse Behandlung verordnet wurde. Abgesehen von der fehlgeschlagenen Behandlung sei ihr Leiden um ein weiteres Jahr verlängert worden (MacHovec 1987, S. 163).

Schließlich wurden auch Fälle bekannt, in denen Personen soziale Nachteile infolge einer Hypnosebehandlung erlitten: zum Beispiel verlangte eine 27jährige Patientin nach einer Behandlung, mit dem Ziel, sich selbstbewußter behaupten zu können. Sie wurde von ihrem Ehemann mißhandelt. Infolge der Behandlung gelang es ihr zwar besser, ihre Meinung auszudrücken, was aber dazu führte, daß ihr Mann noch gewalttätiger wurde. Sie verließ ihn aber nicht, wie der behandelnde Hypnotherapeut gehofft hatte. Vielmehr wurde sie nach einiger Zeit mit gebrochenem Kiefer und Schädelbruch in ein Krankenhaus eingeliefert (MacHovec 1986, S. 23).

Schwierigkeiten bei der Dehypnotisierung

Schwierigkeiten bei der Dehypnotisierung werden verhältnismäßig oft geschildert. Das Beispiel zu Beginn des Kapitels ist ein typischer Fall von Schwierigkeiten bei der Dehypnotisierung. Erwähnt werden muß allerdings, daß es dabei zuweilen zu schwerwiegenderen Komplikationen kam als in diesem Fall (Kleinhauz u. Beran 1981).

Zusätzlich wurden immer wieder Todesfälle infolge einer Hypnosebehandlung behauptet. Es gibt in der Literatur ein Paradebeispiel, das zum Beweis dafür gern herangezogen wird: Eine junge Frau (Ella Salomon) wurde 1895 von einem Laienhypnotiseur (Neukomm) zunächst wegen nervöser Störungen behandelt, später aber zu hellseherischen Experimenten unter Hypnose mißbraucht. Sie sollte Krankheitssymptome bei anderen (auch nicht anwesenden) Patienten diagnostizieren. Sie durchlitt dabei die Symptome des eigentlichen Patienten. Dies passierte auch bei einem Mann, der angeblich an einem schweren Lungenleiden erkrankt war. Als die junge Frau bereits stark beunruhigt schien, drängte sie der Hypnotiseur, genauere Angaben zu machen. Sie brach schließlich tot zusammen. Sie starb offenbar an einer Herzlähmung in Verbindung mit Blutleere im Hirn (Moll 1895, S. 295). Von vielen Autoren wird aber bezweifelt, daß ihr Tod auf die Hypnose zurückzuführen war. Abgesehen davon, daß dem Hypnotiseur neben mißbräuchlicher Anwendung der Hypnose grobe Fehler vorgeworfen werden, muß wohl auch die schwache Konstitution der Patientin eine wichtige Rolle gespielt haben. Bei anderen bekannt gewordenen Fällen bestand zwischen dem Tod des Patienten und der Hypnosebehandlung wahrscheinlich nur ein zeitlicher und kein ursächlicher Zusammenhang, wie Bramwell (1903) betont.

Mögliche Ursachen für Gesundheitsschäden durch Hypnose

Nach Durchsicht der Fälle, in denen Komplikationen bei Hypnosebehandlung auftraten, können die Ursachen folgendermaßen zusammengefaßt werden: In den meisten Fällen wurde die Behandlung nicht auf den individuellen Patienten abgestimmt. Das bedeutet im wesentlichen, daß vorher keine oder nur eine unzureichende Untersuchung der psychischen und physischen Befindlichkeit, eventueller Krankheiten und deren Geschichte (einschließlich vorheriger Behandlungen) oder Persönlichkeitsstörungen vorgenommen wurde. Dazu gehört auch, daß eventuelle Fehlvorstellungen bei den Patienten nicht ausgeräumt wurden. Betont wird vielfach, daß dies besonders bei der Schauhypnose zutrifft, zumal diese ihre Wirkung wesentlich von bestimmten Vorurteilen (z.B. Aufgabe des Willens unter Hypnose, die Entwicklung übernatürlicher körperlicher oder geistiger, ja sogar übersinnlicher Kräfte, die Vorstellung vom dominierenden und alles kontrollierenden Hypnotiseur mit charismatischer Ausstrahlung) beziehen.

Professionelle Qualifikation

In bezug auf den Hypnotiseur werden verschiedene Gründe angeführt wie professionelle Unzulänglichkeiten (mangelnde Ausbildung und Qualifikation, Kompetenzüberschreitung, Beschränkung auf ein Schema usw.), psychische Probleme (Ignoranz, Übereifer usw.), Zielsetzungen, die über das persönliche Wohlbefinden des Patienten oder Probanden gestellt werden (z.B. Unterhaltungswert bei Bühnenhypnosen). Bei der Anwendung der Hypnose führt dies zu einem individuell nicht angepaßten Vorgehen. Das kann besonders bei *Altersregressionen* zu schwerwiegenden Komplikationen führen, worauf Weitzenhoffer (1949) hinweist. Doch auch die standardisierte Hypnosebehandlung (wie sie beispielsweise in amerikanischen Suchtkliniken bei Rauchern häufig angewandt wird) ist dafür anfällig.

Daneben kommt es zu „technischen" Fehlern: zu *rasche Induktion, plötzliches Wecken* aus der Trance, unachtsame, nicht erfüllbare oder *nicht zurückgenommene Suggestionen, keine Ruhephase* nach der Hypnosebehandlung usw.

Darüber hinaus treten allgemeine Probleme auf, die zu Komplikationen führen können, wie mögliche Feindschaft oder *Widerstand* des Patienten gegen den Hypnotiseur, der Wunsch nach Entlastung oder *Flucht vor der Realität* (besonders bei Schwierigkeiten mit der Dehypnotisierung), bestimmte Einstellungen oder Erwartungen der Patienten, ein möglicher *sekundärer Krankheitsgewinn*, starke emotionale Reaktionen oder bereits vorher bestehende gravierende *Persönlichkeitsstörungen*. Die letztgenannten Faktoren wirken sich natürlich besonders fatal aus, wenn der Hypnotiseur damit nicht vertraut ist etwa infolge mangelnder Qualifikation. MacHovec (1986) betont, daß man bei der Diagnostizierung psychischer Störungen auch von der Möglichkeit ausgehen muß, daß es sich um Folgen einer Hypnosekomplikation handeln könnte. Er habe eine Reihe solcher Komplikationen in seiner Praxis beobachtet oder behandelt, die verschiedenen im DSM III beschriebenen Krankheitsbildern gleichen und als solche insofern fehldiagnostiziert wurden (z.B. Anpassungsstörungen, posttraumatische Belastungsreaktionen oder kurze reaktive Psychosen).

Die aufgezählten Gründe sind meistens nicht ausgesprochen hypnosespezifisch, sondern können auch bei anderen therapeutischen Methoden zu Problemen führen. Die Hauptgefahr wird von der überwiegenden Mehrzahl der Autoren in der mangelnden Ausbildung und Technik der Hypnotiseure gesehen, möglicherweise eine hypnosetypische Erscheinung (vgl. die Abschnitte zur Bühnenhypnose und zu Laienhypnotiseuren).

Hypnotherapie durch Laienhypnotiseure

Schon immer war Hypnose eine therapeutische Methode, die – mehr als die meisten anderen – von Laien praktiziert wurde, wie schon an einigen bisher zitierten Fällen sich zeigen ließ. Auch in populärwissenschaftlichen Zeitschriften finden sich Inserate zu Kursen in Laienhypnose. Eine Anfrage nach Unterlagen zu derartigen Lehrgängen (die freilich nicht als repräsentativ anzusehen ist, sich aber mit vielen Darstellungen in der Literatur deckt – etwa Kleinsorge 1986) ergab folgendes: Charakteristisch für die Ausbildung von Laienhypnotiseuren scheint zu sein, daß keine Vorkenntnisse erforderlich und keine fachlichen Voraussetzungen erfüllt sein müssen, es sei denn, sie wollten die „Heilhypnose" ausüben. Dann sollten sie nämlich Heilpraktiker sein. Die Grenze zwischen „Heilbehandlung" in diesem Sinn und der sonst mit Hypnose angestrebten „Lebenshilfe" o. ä. scheint bei diesen Ausbildungsgängen fließend zu sein. Darüber hinaus wird eine Hypnoseausbildung oft neben oder gar kombiniert mit Kursen zu Jenseitskontakten, Geistheilung oder Reinkarnation angeboten. Die Methode ist regelmäßig die des Institutsleiters, dessen Qualifikation meistens nicht beschrieben wird. Die Dauer der Ausbildung beträgt meistens nur ein Wochenende.

In diesem Zusammenhang sind auch Vorgänge in einer großen Praxis eines Laienhypnotiseurs in Süddeutschland zu sehen: Ein ehemaliger Mitarbeiter kritisierte, daß die dort beschäftigten Therapeuten zum größten Teil völlig unqualifiziert seien (offenbar teilweise nicht einmal eine Laienhypnoseausbildung durchlaufen haben), daß keine Fallbesprechung, keine Supervision und keine Fortbildung stattfänden. Patienten würden in der Regel so behandelt, daß ihnen – teilweise mehreren gleichzeitig von einem Therapeuten – Kassetten vorgespielt würden, auf denen ständig stereotype Formeln zum positiven Denken vorgespielt würden. Der Kontakt zu dem Therapeuten sei minimal. Wegen dieser Vorwürfe kam es zur gerichtlichen Auseinandersetzung (Kirschner 1988).

Bereits im letzten Abschnitt wurde verdeutlicht, zu welchen Komplikationen mangelhafte Ausbildung und ein standardisiertes Vorgehen auch bei Hypnose führen kann. Die Arbeit von Laienhypnotiseuren wird in der Literatur häufig als ein wesentliches Risiko angesehen. Kost (1965) meint etwa, daß die Laienhypnotiseure zwar oft mit der Technik, nicht aber mit den Folgen vertraut seien. MacHovec beschreibt diese Hypnotiseure als „clinical risk hypnotists", solche mit nur geringer formaler Ausbildung und kontrolliertem Training, keiner Supervision. Sie halten sich an eine Methode, holen kein informiertes Einverständnis (s. unten) vom Patienten ein, informieren diesen nicht oder nur unzureichend und beobachten, dehypnotisieren und desuggestionisieren nur oberflächlich (MacHovec 1986, S. 104).

In einigen Ländern wie etwa in Norwegen, Frankreich und einigen Staaten der USA ist es Laien gesetzlich untersagt, Hypnose auszuüben. Eine derartige gesetzliche Regelung, wie sie von vielen Autoren generell gefordert wird, birgt allerdings ähnliche Probleme, wie sie bereits im Zusammenhang mit der Bühnenhypnose angesprochen wurden.

Kontraindikation und Risikomanagement

Von den Hypnosevereinigungen und einigen Autoren werden verschiedene Präventivmaßnahmen vorgeschlagen. Der Schwerpunkt liegt dabei, wie bereits angedeutet, auf der Ausbildung des Hypnotiseurs. Eine wissenschaftliche Grundausbildung (Arzt, Zahnarzt oder Psychologe) wird in der Regel vorausgesetzt. Darüber hinaus wird eine psychotherapeutische, zuweilen gar eine psychoanalytische Weiterbildung empfohlen (z. B. AMA 1958). MacHovec (1986) weist darauf hin, wie wichtig es sei, daß mehrere aufeinander aufbauende Kurse mit dem Ziel langsamer gradueller Fähigkeitssteigerung absolviert werden. Die Hypnoseausbildung soll anwendungsorientiert sein und über potentielle Risiken bei der Hypnosebehandlung aufklären. Zu Beginn der Behandlung soll ein „informiertes Einverständnis" vom Patienten eingeholt werden. Er soll ausführlich über Wesen, Möglichkeiten und Risiken einer Hypnosebehandlung informiert werden. Außerdem soll ein ausführliches Interview mit dem Patienten durchgeführt werden zur Erhebung wesentlicher Grunddaten, früherer Diagnosen usw.

Klinische Anwendung

Während der eigentlichen Behandlung sollen dem Patienten Wärme und Akzeptanz vermittelt werden, er soll sorgfältig beobachtet werden, um kritische Momente rechtzeitig zu erkennen. Es gibt detaillierte Vorschläge, wie in schwierigen Situationen der Rapport aufrechterhalten werden kann. Suggestionen sollten eher permissiv und natürlich für den Patienten auch tatsächlich durchführbar sein (z. B. Meares 1960; MacHovec 1986).

Bei der *Dehypnotisierung* wird verschiedentlich eine abschließende Gegensuggestion vorgeschlagen, daß der Patient nicht gegen seinen Willen hypnotisiert werden kann (z.B. Moll [3]1895). Sämtliche Suggestionen, außer evtl. erforderlichen posthypnotischen, sollen zurückgenommen werden, was in einem posthypnotischen Gespräch überprüft werden kann. Schließlich wird empfohlen, dem Patienten nach der Dehypnotisierung eine etwa 30minütige Ruhepause zu gönnen, auch um mögliche ungünstige Reaktionen beobachten zu können. Bei der Katamnese sollen irgendwelche ungewöhnlichen Reaktionen auf die Hypnose erfragt und deren Ausmaß, Tiefe und Bedeutung für den Patienten untersucht werden (z. B. Schultz 1954).

Bei gegengeschlechtlichen Patienten wird – auch zum Schutz des Therapeuten vor unberechtigten Beschuldigungen – zur *Anwesenheit eines Dritten* oder zu einer Videoaufzeichnung der Sitzung geraten. Generell soll Hypnose nur im jeweiligen Kompetenzbereich des Therapeuten eingesetzt werden, wenn dieser also auch eine andere therapeutische Methode anzuwenden in der Lage ist.

Unter Risikomanagement versteht etwa MacHovec (1986) darüber hinaus einen systematischen Plan von Standardbedingungen und Vorgehensweisen, um von vornherein das Komplikationsrisiko zu begrenzen. Er will dies mit einem strukturierten Vorgehen und dessen schriftlicher Dokumentation erreichen.

Kontraindikation

Umstritten ist besonders in der neueren Literatur, ob es überhaupt *Kontraindikationen* im klassischen Sinne für den Einsatz von Hypnose gibt. Früher wurden verschiedene Krankheitsbilder aufgelistet, die für die Hypnosebehandlung nicht geeignet seien.

Besonders Geisteskrankheiten wurden für ausgesprochen kontraindiziert für eine Hypnotherapie gehalten (z.B. Moll [3]1895). Es wurden eine Beeinträchtigung des Rapports oder gar ein eventueller offener Ausbruch einer *Psychose* nach einer Hypnosebehandlung befürchtet. Allerdings sei, wie etwa Kleinsorge (1986) feststellt, noch nie ein erstmaliges Auslösen eines akuten psychotischen Schubes im Zusammenhang mit einer Hypnose berichtet worden. Einer Kontraindikation wird auch deshalb von verschiedenen Seiten widersprochen, weil Hypnose bei geisteskranken Patienten nicht nur möglich, sondern unter bestimmten Voraussetzungen durchaus erfolgreich sein könne (vgl. Kap. 11). Biddle (1967) meint, die Patienten müßten intellektuell in der Lage sein, den Instruktionen des Hypnotiseurs zu folgen, eine gewisse Konzentrationsfähigkeit aufbringen können, eine flexible Vorstellungskraft und ein gewisses Vertrauen in den Hypnotiseur besitzen. Vorausgesetzt wird freilich dessen psychiatrische oder psychotherapeutische Grundausbildung, also die Fähigkeit, auch alternative Behandlungsmethoden einsetzen zu können. Die Angst der Therapeuten vor schwerwiegenden Komplikationen, die sie oft von einer Hypnosebehandlung abhält, sei unbegründet. Auch andere Autoren kommen nach entsprechenden Studien oder aufgrund eigener Erfahrungen zu dem Schluß, daß die Gefahren bei der Hypnotherapie, z.B. bei der Behandlung Schizophrener, *nicht hypnosespezifisch* seien, sondern auch bei anderen therapeutischen Methoden auftreten könnten.

Einige Autoren halten *Depressionen* mit Tendenz zum Suizid als nicht angezeigt für eine Hypnosebehandlung (z.B. Meares 1960). Doch auch diese Patienten eigneten sich unter bestimmten Bedingungen (evtl. stationäre Behandlung, flankierende medikamentöse Therapie usw.) für eine Hypnosebehandlung (so Burrows 1980).

Ähnlich unterschiedliche Positionen gibt es zur Hysterie, zu diffusen Angstzuständen, dependenten Persönlichkeitsstörungen, starker Erregbarkeit, hochgradigem Intelligenzdefekt, zwanghafter Persönlichkeitsstörung u.a. Meistens empfehlen die Befürworter einer hypnotherapeutischen Behandlung auch in diesen Fällen nur bestimmte Modifikationen und zusätzliche Bedingungen (weiter oben).

Ebenfalls umstritten ist, ob bei bestimmten sozialen oder motivationalen Konstellationen Hypnose ungeeignet sei. Genannt werden in diesem Zusammenhang etwa *Abneigung* gegenüber Hypnose (aus Glaubensgründen usw.), genauso der *ausdrückliche Wunsch* nach einer Hypnosebehandlung, *persönliche Bindungen* zwischen Hypnotherapeut und Patient, eine nicht gelöste Bindung an einen früheren Hypnotherapeuten oder die Behandlung von Patientinnen nach einer Vergewaltigung. Es besteht also keine Übereinkunft über Kontraindikationen bei der Hypnotherapie, wenn auch bestimmte Einschränkungen in einzelnen Fällen gemacht werden (Vergl. S. 242).

Hypnose im Experiment

Es geht hier zum einen um die experimentelle Untersuchung der Frage möglicher gesundheitlicher Gefährdungen durch Hypnose: Dazu wurden in den letzten 3 Jahrzehnten einige größere Studien durchgeführt, die alle eher *gegen die Möglichkeit* ernsthafter Gesundheitsschäden sprechen. So traten beispielsweise in einer Studie von J.R. Hilgard (1974) längerfristige (über mehrere Stunden andauernde), durchweg geringfügige Störungen nur bei etwa 15% der Probanden auf. Wie die Autoren der Studien selber einschränken, handelt es sich regelmäßig um nicht repräsentative Stichproben (Psychologiestudenten), und eine nichttherapeutische, also nur episodische Applikation von Hypnose [meistens Standardinduktionen der klassischen Suggestibilitätstests wie „Stanford Hypnotic Susceptibility Scale" (SHSS)]. Coe u. Ryken (1979), die in ihrem Experiment die Erfahrungen von Probanden nach einer Hypnoseinduktion mit denen von Kontrollgruppen verglichen, die etwa ihre Prüfungserfahrungen oder solche nach der Teilnahme an einem Lernexperiment berichteten, konnten zwar feststellen, daß Hypnose als das vergleichsweise „erfreulichste" Erlebnis eingeschätzt wurde. Doch könne der Versuch nicht auf den klinischen Kontext, nicht einmal auf andere Testinduktionen verallgemeinert werden.

Andererseits treten bei experimenteller Hypnose spezielle Gefahren auf, z.B. emotional belastende Situationen in Versuchen zu Verbrechen und Hypnose, oder allgemein dadurch, daß das experimentelle Ziel vom Versuchsleiter über das individuelle Wohlergehen des Probanden gestellt wird. Es gibt aber nur wenige Untersuchungen dazu, wohl weil wenige schädliche Auswirkungen bei diesen Experimenten berichtet werden. Hervorgehoben wird, daß mangelnde klinische Erfahrung des Versuchsleiters sich negativ auswirken könne, besonders wenn eine erforderliche Folgebehandlung anderen überlassen würde. Daher werden auch einige Vorsichtsmaßnahmen empfohlen (s. Hilgard 1974).

Forensische Hypnose

Es ist umstritten, ob überhaupt und – wenn ja – wie weitgehend Hypnose zu forensischen Zwecken eingesetzt werden darf. In der BRD ist forensische Hypnose (Vernehmung von Beschuldigten oder Zeugen unter Hypnose) durch die gesetzliche Regelung des § 136a StPO praktisch ausgeschlossen. Hypnose wird von der überwiegenden juristischen Lehrmeinung verstanden als Einwirkung auf einen anderen, durch die unter Ausschaltung des bewußten Willens eine Einengung des Bewußtseins auf die von dem Hypnotisierenden gewünschte Vorstellungsrichtung erreicht wird.[4] Diskutiert wird dieses Thema in der Bundesrepublik Deutschland auch nur in der älteren (juristischen) Literatur.

Ganz anders wird Hypnose z.B. in den USA zu mehreren forensischen Zwecken eingesetzt: *Gedächtnisauffrischung* von Opfern, Zeugen und Beschuldigten, *Diagnostizierung* des Geisteszustandes des Beklagten, *Beruhigung* von erregten Zeugen usw. Dabei werden mögliche Gefahren und eventuelle Präventivmaßnahmen diskutiert. Dies soll hier aber nur kurz skizziert werden.

Udolf (1983) will den Nutzen der forensischen Hypnose im Einzelfall anhand dreier Fragen überprüfen:

1) War Hypnose in der Lage, das gesuchte Ergebnis zu erzielen?
2) Gibt es eine andere, weniger aufwendige Methode?
3) Ist das, was gesucht wurde, rechtlich akzeptabel?

Von großem Interesse war die Frage, ob durch Hypnose wirklich die *Erinnerungsfähigkeit* verbessert werden kann, was nach mehreren Studien in jüngerer Zeit nicht haltbar scheint (AMA 1985). Konkrete Gefährdungen von hypnotisierten Zeugen können sich ergeben durch die Beeinflussung durch den Hypnotiseur oder andere anwesende Personen, durch starke Verwirrung, die über die Trance hinaus anhalten kann, besonders bei traumatischen Erlebnissen von Verbrechensopfern. Kritisiert wird, daß häufig der Untersuchungszweck Vorrang hat vor der individuellen Befindlichkeit des Zeugen. Fehlerhafte Ergebnisse gebe es auch durch die fehlerhafte Technik mancher Hypnotiseure. Meistens abgelehnt werden Geständnisse oder Aussagen von Beklagten (durch Suggestivfragen entlocktes Geständnis, Simulation einer Hypnose usw.). Als Sicherheitsmaßnahmen werden beispielsweise eine hohe Qualifikation und Neutralität des Hypnotiseurs vorgeschlagen, die Videoaufzeichnung jeder Sitzung oder die Beschränkung des Hypnoseeinsatzes auf die vorgerichtlichen Ermittlungen.

Ethische Fragen

Zur Verhütung möglicher Gefährdungen von Patienten oder Probanden werden angesichts der zunehmenden Verbreitung der Hypnose spezifische ethische Richtlinien gefordert. Im wesentlichen wurden Vorschläge dazu bereits im Rahmen von Präventivmaßnahmen dargestellt. Wichtigster Punkt ist das informierte Einverständnis ("informed consent", siehe Hare-Mustin et al. 1979). Danach sollen die Art des Vorgehens (diagnostisch, therapeutisch oder experimentell) sowie der vereinbarte Zweck und Behandlungsziele festgeschrieben, mögliche Vor- und Nachteile und Risiken sowie eventuelle alternative Behandlungsarten erwähnt werden. Gleichwohl wird es von einigen Autoren für ethisch vertretbar gehalten, daß der Therapeut im Einzelfall nicht ankündigt, daß er Hypnose einsetzen wird (so Baumann 1986, der sich auf Erickson beruft).

Welche Gefahren drohen dem Hypnotiseur?

Allgemein wird das Risiko für den Hypnotiseur, zu Schaden zu kommen, als gering veranschlagt. Doch gibt es Fälle, in denen von Problemen berichtet wird. Systematische Studien liegen nicht vor, wenn man von einer einzigartigen Untersuchung von Rosen (1960) absieht, der bei über 100 Hypnotherapeuten eine verstärkte Tendenz zu psychischen Problemen festgestellt haben will.

Es gibt Berichte über direkte körperliche Bedrohungen des Therapeuten, relativ am häufigsten sind *falsche Beschuldigungen* (besonders wegen sexuellen Mißbrauchs von Patienten), seltener verschiedene professionelle Risiken wie Projektionen eigener Ängste, Selbstüberschätzung, Bevorzugung bestimmter Patientengruppen usw.

Schlußbemerkung

Die heftig diskutierte Frage, ob Hypnose ein Verbrechen verursachen oder erleichtern kann, läßt sich anhand der berichteten Fälle nicht abschließend beantworten. Sicher scheint nur, daß Hypnose zumindest in einigen Fällen eine gewisse Rolle gespielt haben muß. Die Darstellung des Sachverhaltes ist jedoch meistens unzureichend. In den letzten 70 Jahren sind zudem nur sehr wenige derartige Fälle bekannt geworden. Die umstrittene Frage wurde auch in zahlreichen Experimenten zu beantworten versucht. Trotz einiger bemerkenswerter Ergebnisse konnte das entscheidende Problem dieser Versuche, ein Verbrechen oder eine antisoziale Handlung glaubhaft zu suggerieren und gleichzeitig den ethischen Richtlinien zu genügen, bisher nicht überzeugend gelöst werden.

Zu untersuchen wäre, ob Hypnose vielleicht durch das Bild, welches vielfach über sie vorherrscht, und aufgrund einer vermeintlich leicht erlernbaren Technik eher als andere Methoden zum Mißbrauch einlädt. Dafür spricht, daß Hypnose häufig zu Unterhaltungszwecken mißbraucht wird und daß viele Laienhypnotiseure seelisch

Kranke behandeln. Es gibt aber noch zu wenige systematische Untersuchungen darüber, ob gerade davon die meisten Gefahren ausgehen.

Generell wird von fast allen Autoren betont, daß bei umfassender Ausbildung, entsprechender Übung und korrekter Anwendung keine ernsthaften Komplikationen auftreten können. Ob häufig genannte Gefahren im Rahmen einer Hypnosebehandlung öfters als bei alternativen Methoden auftreten können, wie behauptet wird, ist meines Wissens bisher nicht untersucht worden. Dies wäre wünschenswert.

In jüngster Zeit werden seltener bestimmte Krankheitsbilder als absolut kontraindiziert für Hypnosebehandlung betrachtet, sondern es gibt nur einige Einschränkungen und Modifikationen bei bestimmten Persönlichkeitseigenschaften oder Interaktionsproblemen.

Verhältnismäßig geringe Gefährdungen treten im Bereich der experimentellen Hypnose auf. Auch werden Schädigungen der Hypnotiseure selbst nur selten berichtet. Die forensische Hypnose ist in der Bundesrepublik Deutschland aufgrund der gesetzlichen Regelung praktisch nicht existent. Nach allem scheint es mir wichtig zu sein, gerade bei der Ausbildung zum Hypnotherapeuten die Vorschläge zur Gefahrenprävention und zwu Risikomanagement mit einzubeziehen.

Anmerkungen

1 Meldung der dpa-Rom vom 13.12.1988.

2 Nach Kline (1976) sind 3 Faktoren wesentlich: 1) Ein „macchiavellistischer" Hypnotiseur. Mangel an Gefühlen in zwischenmenschlichen Beziehungen, wenig beeinflußbar von konventioneller Moral; 2) Tendenz des Hypnotisierten, innerhalb einer sozialen Beziehung zu strafbaren Handlung leichter verführbar zu sein, und 3) die Intensität und Häufigkeit der Anwendung der Hypnose und die Bindung des Hypnotisierten an den Hypnotiseur (Abhängigkeitsbeziehung).

3 Zitiert bei Echterling (1988).

4 Kleinknecht T, Meyer KH (1987) StPO Kurzkommentar zu § 136a (37. Aufl.) Beck, München

Empfohlene Literatur

Conn JH (1972) Is hypnosis really dangerous? Int Clin Exp Hypn 20/2:64–79

Echterling LG (1988) Contrasting stage and clinical hypnosis. Am J Clin Hypn 30:276–284

Erickson MH (1939a) An experimental investigation of the possible anti-social uses of hypnosis. Psychiatry 2:391

MacHovec FJ (1986) Hypnosis complications, prevention and risk management. CC Thomas, Springfield IL

Orne MT (1962a) Anti-social behavior and hypnosis. In: Estabrooks GH (ed) Hypnosis: Current problems. Harper & Row, New York NY, pp. 137–192

II. Neurosen und Psychosen

11. Psychosen

Henning Alberts

Jede menschliche Gemeinschaft wird getragen von einem gewissen normativen Verhalten ihrer Mitglieder, ohne das sie nicht bestehen kann. Jede Gemeinschaft kennt die Problematik im Umgang mit jenen Menschen, die entweder bewußt oder ohne ihren ausdrücklichen Willen in ihrem Verhalten aus dieser Gemeinschaft herausfallen. Was als normal, krank oder verbrecherisch angesehen wird, hängt in hohem Maße von den jeweiligen Anschauungen der Gesellschaft ab, in welcher die Verhaltensstörungen auftreten.

Während die alten Naturvölker ein ganzheitliches Krankheitskonzept anwandten (Ackerknecht 1985), das zwischen seelischen und körperlichen Verursachungen noch nicht trennt, werden in der Zivilisationsgeschichte des Abendlandes die sog. Geisteskrankheiten von den körperlichen Störungen abgegrenzt. Ohne Zweifel wird der psychisch Kranke erst dadurch als solcher erkannt, daß er sich gesellschaftlich abweichend verhält. Damit bedroht er die Gültigkeit normativen Verhaltens, ja die Gültigkeit der allgemein akzeptierten Realität und somit die Gemeinschaft selbst, in der er lebt. Kennzeichnend für die Geistesstörung ist, daß für den Betroffenen die wohlmeinenden Versuche seiner Umgebung, ihm gut zuzureden oder korrigierend einzugreifen, völlig ergebnislos bleiben. So beginnt ein zusätzlicher Prozeß von Folgezuständen dieser Geistesstörungen, nämlich die soziale Isolation psychisch Kranker und die Notwendigkeit für die Gesellschaft, damit zurechtzukommen. Die Beurteilung und Einschätzung von Geisteskrankheiten hängt von der meinungsbildenden gesellschaftlichen Schicht oder dem jeweils herrschenden Paradigma ab und bildet bis zum heutigen Tage den Boden für den Mythos dessen, was unter dem Begriff der „Geisteskrankheiten“ wohl zu verstehen ist (Cooper 1972; Szasz 1972). Trotz wissenschaftlich rationalistischer Auffassungsweise sind Geistesstörungen auch heute immer noch von einem mythologischen Hintergrund umgeben, der eine klare und unvoreingenommene Einschätzung schwer macht, weil dahinter eine ganze Reihe von unausgesprochenen Vorannahmen und wenig bewußten Befürchtungen besteht.

Zum Begriff der Psychose

Die Geschichte der wissenschaftlichen Betrachtungsweise der Geistesstörungen ist knapp 200 Jahre alt. Das allgemeine Paradigma bis dahin lautete, daß Geisteskrankheiten von Geistern, Dämonen oder Teufeln verursacht würden – verbunden mit der

Annahme, daß es sich um eine Strafe Gottes oder um die Folgen moralischer Verkommenheit handele. Das Zeitalter der Aufklärung befreite das Abendland vom Absolutheitsanspruch des kirchlichen Dogmas, die naturwissenschaftlich-mechanistische Denkweise fand ihren Niederschlag auch in der Behandlung der Geistesstörungen. Das mechanistische Denken des ausgehenden 18. Jahrhunderts sah in ihnen ein durch Schock ausgelöstes mechanisches Versagen des Gehirns. Entsprechend war die Therapie: es wurden rigorose, extreme, schockartige körperliche Belastungen durchgeführt, wie Kaltwassergüsse, Eintauchen, mechanisches Rotieren, tagelanges Stehen u.ä. Im 19. Jahrhundert, das unter dem Eindruck der naturwissenschaftlichen Entdeckungen stand, vollzog sich ein weiterer Paradigmenwechsel: Man begann, Geisteskrankheiten zunehmend als Krankheiten des Gehirns zu entdecken. Dieser Ansatz zog die Suche nach faßbaren körperlichen Substraten im Gehirn als beweisbare Ursache für den Ursprung einer Geisteskrankheit nach sich. Tatsächlich wurden eine Reihe von Geistesstörungen entdeckt, die körperlich begründbar sind, etwa die alkoholtoxische Demenz oder die progressive Paralyse. Nach wie vor aber blieben eine ganze Reihe von Geistesstörungen übrig, die sich in das somatische Konzept nicht einordnen ließen. Dennoch dauert die Suche nach körperlich faßbaren Ursachen für Geisteskrankheiten bis zum heutigen Tage an, ohne daß sich allerdings eine wissenschaftlich haltbare Hypothese ergeben hat: Weder finden sich Korrelationen zu EEG-Veränderungen, noch zu eindeutig diffusen hirnatrophischen Prozessen. Die Bemühungen der sog. biologischen Psychiatrie, Korrelationen zwischen Stoffwechselanomalien oder Störungen von Neurotransmittern und Geisteskrankheiten herzustellen, bleiben ebenfalls im Endergebnis wenig aussagekräftig und diffus (Benedetti et al. 1969; Smythies et al. 1970; Klein 1987).

Die Entdeckung der Chromosomen und die Vererbungslehre legten den Grundstein für die Vorstellung eines genetischen Defekts oder zumindest einer genetischen Disposition für eine Reihe von Geisteskrankheiten, jedoch läßt selbst die moderne Zwillingsforschung keine eindeutigen Schlußfolgerungen zu (Zerbin-Rüdin 1971; Diebold 1973).

Der Wechsel der Auffassungen im gesellschaftlichen Selbstverständnis hat allerdings auch vor der modernen Psychiatrie nicht haltgemacht. Hier haben sich insgesamt 2 Auffassungen, die scheinbar konträr sind, herauskristallisiert: Zum einen existiert das sog. *medizinische Modell,* das den somatischen Aspekt von Geisteskrankheiten zu erforschen versucht. Zum anderen gibt es das *sozialwissenschaftliche Alternativmodell,* das nach Störungen in der frühkindlichen Phase, nach abnormen und schädigenden Erziehungsmaßnahmen oder nach krankmachenden Umgebungseinflüssen sucht und diese Faktoren für die Entstehung von Geisteskrankheiten verantwortlich macht (Kaiser 1983).

An dieser Stelle schließen sich noch eine Reihe weiterer Denkmodelle der neuesten Zeit an, von denen als interessanteste Untersuchung die von Jaynes (1985) genannt sei. Hier wird die These aufgestellt, daß es sich bei der schizophrenen Störung um eine atavistische Informationsverarbeitung der rechten und linken Gehirnhälfte handele, wobei der Zugang zur schnellen Direktübertragung beider Hirnhälften noch vermehrt sei.

Der Paradigmenwechsel, der sich heute zeigt, liegt wohl in der Bereitschaft, *unterschiedliche Denkmodelle gleichberechtigt gelten zu lassen* und diese Modelle nicht mit dem zu verwechseln, was als *Phänomen von Geistesstörungen* bis zum heutigen Tage auftritt.

Diagnostische Einschätzung von Psychosen

Kaiser (1983) schreibt in seiner historisch kritischen Untersuchung über die Schizophrenie zusammenfassend: „Es gibt keine sprachliche Konvention darüber, welche allgemein verbindliche Bedeutung der Wortmarke ‚Schizophrenie' zukommen soll ..." Diese zusammenfassende Schlußfolgerung bestärkt natürlich die bekannte Auffassung von der Schwierigkeit und Problematik bei der Erstellung psychiatrischer Diagnosen. Das Charakteristikum psychiatrischer Einschätzung ist ja gerade, daß sie sich den wandelnden Wertmaßstäben und damit dem wechselnden Normverhalten der Gesellschaft anpaßt und der Variabilität menschlichen Verhaltens allgemein Rechnung tragen muß. Wie auch immer jedoch die diagnostische Worthülle genannt werden mag, in die ein abweichendes menschliches Verhalten gesteckt wird – es ändert nichts an der Problematik des psychiatrischen Praktikers, mit Menschen umgehen zu müssen, die dadurch ausgezeichnet sind, daß sie ein von ihrer Umgebung abweichendes und auffälliges Verhalten aufweisen, das nicht in der üblichen Weise durch den gesunden Menschenverstand korrigiert werden kann. Sie bringen zumindest eine besondere Form der Realitätsauffassung zum Ausdruck, die sich in klarem Gegensatz zu jener Wahrnehmung von Wirklichkeit befindet, die von der allgemeinen Mehrheit geteilt wird.

In der täglichen Praxis erscheinen diese Menschen meist als gequält, verunsichert und verängstigt, von der Umgebung isoliert, in ihren Äußerungen nicht nachvollziehbar und verzweifelt nach einer Orientierung suchend, oft verbunden mit einer langen Krankheitsgeschichte vergeblicher und häufig demütigender stationärer oder ambulanter therapeutischer Bemühungen. Wahrscheinlich sind die Kriterien, welche Neurosen und Psychosen voneinander unterscheiden, nicht eindeutig festlegbar. Dennoch handelt es sich bei der neurotischen Störung tendenziell eher um eine partielle, von der Norm abweichende Verhaltensweise, mit der der Betreffende in der Gesellschaft meist noch einigermaßen zurechtkommt. Dem steht das psychotische Geschehen gegenüber, bei dem es sich um einen den gesamten Menschen umfassenden und verändernden Geisteszustand zu handeln scheint. Es kommt entweder zyklisch oder plötzlich auftretend zu einer Eruption von Verhaltensweisen und Äußerungen, die die Person des Betreffenden in ihrer Gesamtheit verändert erscheinen lassen. Dabei hat der Betroffene auf die Veränderung selbst keinen Einfluß und scheint ihr in einschränkendem Maße offensichtlich ausgeliefert zu sein.

Traditionelle Behandlung der Psychosen

Von welchem Denkansatz man auch immer ausgehen mag, herrscht Einigkeit sicher über das Ziel der Behandlung eines psychotischen Patienten: eine beschränkende Weltsicht, einengende Vorstellungen und ängstigende Emotionen zu wandeln bzw. zum Abklingen zu bringen. Erst daraus ergibt sich die Basis zu Wachstum, zur Stärkung des Vertrauens in die Fähigkeit zur Selbstorganisation, Gegenwartsbezogenheit und Eigenständigkeit im Denken und Handeln. Diese Kriterien sind allerdings sehr weit gefaßt und entziehen sich den sog. objektiven Beurteilungen. Zwar ist Gesundung nicht nur als Rückkehr in gesellschaftliches Normverhalten aufzufassen, dennoch wird sie an einer Abnahme der psychotischen Exazerbation zu messen sein sowie daran, daß keine medikamentöse Therapie oder Klinikeinweisung erfolgen muß.

Schließlich soll der Patient mit der Gesellschaft, in der er lebt, doch wieder besser zurechtkommen: Ziel ist, daß er aus seiner Isolation herausfindet, mit seiner Umgebung kommuniziert und Einblick in seine Störung erhält, um sie in einen sinnvollen Zusammenhang einordnen zu können. Trotz vielfältiger Hypothesen und wissenschaftlicher Grundlagenforschung bezüglich psychotischer Zustände ist die Palette therapeutischer Behandlungsmöglichkeiten bei Psychosen jedoch relativ arm geblieben. Sie beschränkt sich in der Praxis im wesentlichen auf die Gabe von Neuroleptika, Antidepressiva und evtl. von Tranquilizern (Bergener 1988). Auch die Elektrokrampfbehandlung wird in den letzten Jahren wieder als diskutable Behandlungsmethode angesehen (Fink 1989). Daneben besteht noch die sozialpsychiatrische Betreuung von Psychotikern, die, zumindest in der Bundesrepublik Deutschland, allerdings eher modellhaft geblieben ist und oft nicht jene Effizienz hat, die man sich von ihr versprach.

Traumatheorie der Psychosen

Nach Meinung des Autors und aufgrund jahrelanger Erfahrungen im Umgang mit Psychosen scheinen der Inhalt und die Ausgestaltung psychotischer Zustände zumindest zu einem großen Teil in Zusammenhang zu stehen mit zurückliegenden, schweren traumatischen Ereignissen, die verdrängt worden sind. Ausgelöst durch bestimmte äußere Ereignisse, die individuell sehr unterschiedlich sein können, hängen diese verdrängten Erlebnisinhalte bruchstückhaft, verformt, jedoch mit starkem emotionalem Schub, wieder hervor und werden vom Patienten gegenwartsbezogen gedeutet und erlebt. So ist die Krankheit hier wohl als Notlösung anzusehen, um die Integrität der Person so lange zu wahren und sie so lange vor der tatsächlichen Erinnerung zu schützen, bis neue konstruktive Prinzipien auftauchen und sich durchsetzen. Die Theorie, verdrängte traumatische Ereignisse in ursächlichem Zusammenhang zum psychotischen aktuellen Erleben zu sehen, hat zumindest einen praxisorientierten Bezug: es gelingt dem Patienten, das psychotische Material und die kaum nachvollziehbaren affektiven Überflutungen in einem oder mehreren zeitlich und örtlich abgegrenzten Ereignissen unterzubringen, sie zu ordnen und zu entaktualisieren.

Wie aus dem letzten der weiter unten eingefügten Fallbeispiele deutlich wird, konnten die optischen Halluzinationen von der Patientin als die Augen des später erst wieder erinnerten Vergewaltigers identifiziert werden, und es kam zum Nachlassen und schließlich zum vollständigen Verschwinden der psychotischen Phänomene. Auch in anderen, hier nicht dokumentierten Behandlungsfällen psychoseähnlicher Zustände, kamen an verdrängtem Erlebnismaterial oft schwere physische Gewaltanwendungen, manchmal in Verbindung mit sexuellen Mißhandlungen, zum Vorschein. Für die Behandlung bedeutet das jedoch nicht, daß ein Erfolg nur eintritt, wenn ein solches Ereignis erinnert wird:

Eine Patientin mit religiösen Wahnvorstellungen und imperativen begleitenden Stimmen war nicht bereit, sich mit traumatischen Ereignissen auseinanderzusetzen. Es kam kein verdrängtes traumatisches Material zum Vorschein. Sie lernte jedoch in der Trancearbeit, diese Stimmen nicht abzulehnen, sondern ihnen Aufmerksamkeit zu schenken. Daraufhin wandelte sich der Charakter der Stimmen: sie präsentierten sich später als nützliche Ratgeber, indem sie der Patientin nach ihren eigenen Angaben etwas beibrachten oder ihr halfen, die Hausarbeit sinnvoll zu erledigen.

Andererseits muß die Erinnerung an schwere psychische oder körperliche Traumata nicht automatisch zum Heilerfolg führen:

Ein Patient mit wahnhaften, paranoid gefärbten Wahnvorstellungen und Suizidideen erinnerte einen fast erfolgreichen Abtreibungsversuch im 5. Monat durch seine Mutter. Dies brachte zwar eine gewisse Besserung für zirka ein Jahr, so daß der Patient seinen Beruf wieder aufnehmen konnte. Diese Besserung hielt jedoch nicht an; es kam zum Wiederaufflackern paranoider und suizidaler Tendenzen, was zu einem erneuten Klinikaufenthalt führte.

Allerdings sprechen die oben angeführten Beispiele auch nicht gegen die Annahme einer traumatischen Verursachung der psychotischen Erkrankung. In der praktischen Behandlung hat es sich oft als nützlich erwiesen, also zu wesentlichen Erleichterungen bzw. effektiven Entlastungen geführt, dem Patienten eine solche verursachende Traumatheorie als Behandlungsrahmen anzubieten. Vielleicht sollten diese Widersprüchlichkeiten in theoretischen Grundannahmen daran erinnern, „die Ärzte zu lehren, daß sie nicht Krankheiten, sondern kranke Menschen zu behandeln haben" (Kolle 1955).

Hypnotherapie bei Psychosen

So verwirrend die Vielzahl der Hypothesen und Theorien über Psychosen für das theoretische Verständnis auch sein mögen, so sehr erleichtert dieser Umstand dem Therapeuten jedoch den Grundansatz in der Behandlung. Er hat dadurch eine breit gestreute Auswahl, eine geeignete Metapher für sich selbst als Hintergrund der Behandlung zu schaffen. Die Grundeinstellung ist wesentlich durch das Ziel charakterisiert, einen Zugang zur Welt des Patienten zu erhalten. Starre und vorgefaßte Konzepte verbauen jedoch diesen Zugriff, erst aus dem Nichtwissen heraus ergibt sich die notwendige Unvoreingenommenheit für den therapeutischen Ansatz. Es ist zwar selbstverständlich, sollte jedoch erwähnt werden, daß eine biologisch orientierte Auffassung der Psychose v.a. der Rechtfertigung eines medikamentösen Ansatzes dient und den hypnotherapeutischen Zugang zumindest erschwert, wenn nicht gar unmöglich macht. Dennoch kann selbst dies als Metapher für eine erfolgreiche Behandlung dienen, wenn man der hypnotischen Intervention auch eine somatische Beeinflussung, z.B. der Neurotransmitter, zubilligt. Generell taucht im Rahmen der Hypnotherapie nicht die Frage auf, was wohl die Wahrheit über die Ursache der Psychose sein mag, sondern vielmehr, welchen Rahmen man dem psychotischen Zustand geben kann, welche Metapher, um ihn behandelbar zu machen (vgl. Kap. 5 und 9).

Voraunahmen

Die Hypnose gibt vor, mit dem Unbewußten zu arbeiten und mit ihm umgehen zu können. Das *Unbewußte* ist alles, wovon das Bewußtsein nichts weiß, wobei alle automatischen Lebensprozesse mit eingeschlossen sind. Der Charakter des Unbewußten ist zunächst weder gut noch schlecht. Es entzieht sich diesen bewertenden Beurteilungen und hat vornehmlich die Aufgabe, das Leben seines Besitzers zu erhalten und zu schützen. Diese Absicht wirkt sogar dann noch im Hintergrund, wenn das Verhalten oder die Beschwerden des Betreffenden seiner Lebensqualität im Wege stehen oder seiner Entfaltungsmöglichkeit eher Abbruch tun. Die Hypnotherapie gestattet den Zugriff zu unbewußten Informationen und verdrängten Erlebnissen, zu vergessenen Ereignissen und wenig sichtbaren Hintergründen. Der hypnotische Kontext erlaubt es, eine neue Dimension zu betreten, denn er bestätigt und verifiziert einen Bereich, der sich dem bewußten, verstandesmäßigen Zugriff normalerweise entzieht.

Eine weitere wichtige und grundlegende Voraunahme ist die der *Autonomie* des Patienten. Das bedeutet, daß der Patient selbst sowohl über sein Therapieziel als auch den therapeutischen Weg bestimmt. Denn da der psychotische Zustand ganz offensichtlich ein Phänomen ist, das lediglich mit verschiedenen Wortetiketten beklebt ist oder über unterschiedliche Hypothesen verständlich gemacht werden kann, muß dem auch in der praktischen Behandlung Rechnung getragen werden. Der behandelnde Hypnotherapeut geht seiner Erfolge verlustig, wenn er von einer feststehenden allgemeingültigen Wahrheit oder einer rationalen Theorie ausgeht. Denn das bestätigt zwar den Raster seiner eigenen Anschauungsweise, verfehlt aber meist den wirksamen therapeutischen Zugriff. Immer wieder ist es für den Hypnotherapeuten von Bedeutung, sich dessen bewußt zu bleiben, daß seine Grundannahmen keine Wahrheiten sind, sondern lediglich Hilfsmittel, nützliche Behauptungen, die ihm die Arbeit erleichtern. Er sollte daher genügend Flexibilität besitzen, um bestimmte Annahmen, wenn sie als therapeutisches Werkzeug unwirksam sind, in nützlichere Hypothesen einzutauschen.

Für den Autor hat sich folgende Grundannahme als sinnvoll erwiesen: *Die Geistesverfassung im psychotischen Erleben wird bereits als spezifische Trance oder hypnoider Zustand angesehen.* Somit wird jede Art des Verhaltens oder der sprachlichen Äußerung oder des Erlebens des Patienten als im Grunde sinnvoll betrachtet, wobei der Sinn allerdings dem Beobachter oft dadurch entgeht, daß er nur wenig Zugang zu der Welt des Betroffenen hat. Auch der Betroffene selbst kann den Sinn, der dahinter steht, nicht erklären, da er sich ja selbst in dem prozeßhaften Geschehen befindet, ohne Möglichkeit, darüber zu reflektieren, und ohne direkten Zugang zu weiterem unbewußten Material.

Zusammenfassend kann die Grundeinstellung des Hypnotherapeuten wie folgt beschrieben werden: Der Therapeut bereitet sich darauf vor, willens zu sein, in das Weltbild des Patienten hineinzusteigen und somit seine eigenen Konzepte und wissenschaftlichen Raster zu verlassen. Er versucht für den Moment der Behandlung, seine eigene Realitätsauffassung zu relativieren und sie der des Patienten anzugleichen. Dabei hat er sich den jeweils gegebenen individuellen Besonderheiten des Patienten *strukturmäßig anzupassen*.

Die Struktur kann beispielsweise darin bestehen, daß der Patient sich zunächst als

Opfer sieht, wobei die Ergänzung innerhalb der hypnotherapeutischen Rekonstruktion aus einer Wandlung der Rolle in die Position des Täters bestehen kann. Dies mag am folgendem Beispiel deutlich werden:

Eine 49jährige Patientin mit schweren depressiven Symptomen entdeckt frühkindliche sexuelle Annäherungen, die sie mit 4 Jahren durch den Vater erlitten hat. Um das Bestürzende dieser Erinnerung verarbeitbar zu machen, erinnert die Patientin in einem reinkarnativen Rahmen, in einem früheren Leben mit diesem Vater zusammen gewesen zu sein. Damals war sie die Mutter und der Vater das Kind, das ohne ihr eigenes Verschulden verhungern mußte. Sie war in der phantasierten Szene an eine Kerkermauer gekettet und das Kind (der heutige Vater) konnte nicht zu ihr (als damaliger Mutter) gelangen. Nach diesem reinkarnativen Erlebnis und dessen Bearbeitung konnte die Patientin das Verhalten des Vaters als Bedürfnis nach liebevoller Zuneigung begreifen, das ihm damals versagt worden war, und welches er als Erwachsener in einem späteren Leben nur noch sexuell hatte zum Ausdruck bringen können.

Die wesentliche Vorarbeit zur Behandlung von Psychosen liegt also im Therapeuten selbst, der sich entschlossen in das ihm fremde kognitive System des Patienten begibt.

Es ist allerdings sein eigenes Risiko, wenn er vorübergehend auf die alleinige Gültigkeit seiner eigenen Realität verzichtet, um der Informationsflut des psychotischen Geschehens seine Eigendynamik zu lassen. Doch kann er dann beobachten, wie sich aus dem scheinbaren Chaos eine Ordnung ganz anderer Qualität entwickelt, die es dem Betroffenen ermöglicht, neue Einsichten über sich zu gewinnen. Aus dieser Grundeinstellung heraus ergibt sich erst die individuell passende hypnotische Technik. Es geht also insgesamt um ein *konstruktivistisches* Grundverständnis und nicht so sehr um das Einsetzen einer bestimmten hypnotischen Technik, die eher sekundär und dem hypnotherapeutischen Grundverständnis untergeordnet ist.

Rapport mit Psychotikern

Ein geeigneter Rapport wird nur durch eine sorgfältige anamnestische Erhebung möglich. Wenn der Patient sich zu seinen eigenen Ängsten und Wahrnehmungen freimütig äußert, so ist besonders zu berücksichtigen, was er über seine eigene Krankheit denkt – wie er sie auffaßt, was er darüber weiß und gehört hat –und wie seine bisherigen Erfahrungen mit seiner Umgebung einschließlich der vorbehandelnden Ärzte und Psychologen sind. Wie schnell und unerwartet ein Rapport verlorengehen kann, möge ein Beispiel illustrieren:

Eine 35jährige Patientin mit religiösen Versündigungsideen kommt mit dem Wunsch nach Hypnose in Behandlung. Zur Einleitung und Vertiefung der Hypnose wird ein bekanntes Bild angeboten: gemächlich eine breite, bequeme Treppe in eine vertraute Sommerlandschaft hinunterzusteigen. Die Patientin äußert sich nachher empört und bestürzt über den Hypnoseverlauf: Sie wisse nun, daß es sich bei der Hypnose um Teufelszeug handele, denn nur der Weg in die Hölle sei breit und bequem. Die kaum begonnene Hypnosebehandlung wird von der Patientin abgebrochen; der Rapport- und Vertrauensverlust war unmittelbar.

Sogenannte mangelnde hypnotische Beeinflußbarkeit ist nicht immer ein Kriterium dafür, daß der Betreffende im Rahmen der hypnotischen Metapher nicht behandelbar ist. Manchmal kann das sogar die Grundlage für eine Zunahme des Selbstvertrauens und somit der Genesung des Betreffenden sein, wie sich aus dem untenstehenden Fall schließen läßt:

Eine 40jährige Patientin mit einer rezidivierenden paranoiden Psychose kommt in Behandlung (bisher 3 stationäre Klinikaufenthalte). Ihre Anfangsbefürchtung war, daß Hypnose bei ihr nicht wirken würde. Tatsächlich war sie dann auch völlig unbeeindruckt von den insgesamt 4–5 hypnotischen Sitzungen: sie verhielt sich zwar in der Hypnose selbst eher angepaßt, bemerkte jedoch nach den Sitzungen kategorisch, unbeeinflußt zu sein und nichts gemerkt zu haben. Ich gratulierte der Patientin für die Exaktheit ihrer Beobachtungsgabe und eröffnete ihr, daß sie bereits in einer Hypnose sei, aus der ich ihr jedoch heraushelfen könne, da ich ja schließlich auch Experte sei, jemanden in Hypnose zu versetzen. Damit waren der Rapport und die Grundstrategie für die weitere Behandlung geschaffen, zumal die Patientin für sich den Beweis erbracht hatte, daß sie nicht jedem beliebigen Willen hilflos ausgesetzt war, was sie zuvor vermutet hatte. Auf dieser Grundlage wichen Mißtrauen und Verfolgungsgedanken zunehmend einer wacheren, selbstkritischeren und selbstbewußteren Einschätzung der Übung. Ein Klinkaufenthalt erfolgte nicht mehr. Die Behandlung dauerte mit Abständen etwa 2 Jahre.

Psychosen und Hypnotherapie

Der Hypnotherapeut sollte folgende Voraussetzungen und Richtlinien für sich selbst erarbeiten:

1) Bezweifle nicht die Richtigkeit der Wahrnehmung des Betroffenen, stelle jedoch fest, wo die Wahrnehinung eingeschränkt ist.
2) Enthalte dich jeder moralisch bewertenden Äußerung und vermeide es, im Moment der Behandlung in psychopathologischen Begriffen zu denken.
3) Arbeite mit dem, was der Patient dir bringt, sieh das Offensichtliche, handle Schritt für Schritt.
4) Setze als oberstes Ziel jeder Behandlungseinheit, den Patienten in der Gegenwart zu orientieren, denn die Psychose bedeutet ihrerseits einen hypnoiden Zustand, aus dem es aufzuwachen gilt.
5) Trainiere dich, darauf zu achten, was der Patient will.
6) Akzeptiere die mögliche individuelle Veränderung des Patienten rückhaltlos. Nimm auch jene Äußerungen an, die scheinbar nicht aus seinem kulturellen Kreis kommen oder seinem Bildungsgrad entsprechen.
7) Respektiere die Realitätsauffassung des Psychotikers als eine besondere und für ihn allein gültige.
8) Achte mehr auf den sich entfaltenden Interaktionsprozeß als auf den Inhalt der Kommunikation.
9) Anerkenne und identifiziere Dein eigenes latentes psychotisches Potential.
10) Unterstütze den Patienten, Kontakt mit seinem eigenen Unbewußten aufzunehmen.

Das Ziel jeder hypnotischen Intervention ist es, eine tiefgreifende Untersuchung der beeinträchtigenden Phänomene mit dem Patienten vorzunehmen und ihn zu ermuntern, sich mit diesen Phänomenen kreativ auseinanderzusetzen. Der Hypnotherapeut selbst verläßt sein nosologisches Denken zugunsten eines strategischen Denkens, das sich aus der aktuellen Situation entwickelt.

Der Rapport, insbesondere beim Psychotiker, muß bei jeder Sitzung immer wieder aufgenommen, immer wieder überprüft werden, denn der Verlust des Rapports bedeutet meist einen Abbruch der Therapie. Grundlage des Rapports ist zunächst einmal das Vertrauen des Patienten, das paradoxerweise auch oft darin bestehen kann, daß man ein berechtigtes oder unberechtigtes Mißtrauen anerkennt und respektiert. Wesentliche Voraussetzung dafür, dieses Vertrauensverhältnis aufbauen zu können, ist, daß der Patient sich verstanden fühlt. Das bedeutet, daß der Therapeut geschult sein muß – sowohl im passiven, also rezeptiven Zuhören, als auch im aktiven Zuhören, wobei er Ansichten und Meinungen des Patienten bestätigt, ergänzt, vervollständigt oder in einem ungewöhnlichen Licht erscheinen läßt. Von zusätzlicher Bedeutsamkeit ist es, daß der Therapeut nicht nur die Einschätzung seiner eigenen Person, sondern auch seines Berufszweiges durch den Patienten berücksichtigt und einbringt. So kann es beispielsweise Vertrauen schaffen, wenn der Therapeut selbst dem Patienten etwas Vertrautes erzählt. Wie scheinbare Unwichtigkeiten oder Nebensächlichkeiten die Qualität des Rapports beeinflussen können, mag folgendes Beispiel veranschaulichen:

Ein 50jähriger depressiver, selbstunsicherer Patient – jedoch mit hohen Ansprüchen an seine Umwelt – zeigt auf nonverbaler Ebene eine deutlich mangelnde Kooperation, wenngleich er verbal das Gegenteil beteuert. Auf meine Frage, ob ich ihn an jemanden erinnere, den er nicht leiden könne, erwidert er erstaunt, ich hätte wohl einige Ähnlichkeit mit einem Nachbarn, der ihm immer die schönsten Rosen abschneiden würde. Diese Äußerung genügte, den weiteren hypnotischen Prozeß reibungslos zu gestalten.

Herstellung des hypnotischen Kontextes

Es sei nochmals erwähnt, daß der Hypnotherapeut bereits in dem Moment den falschen Weg einschlägt, in dem er meint, über eine sog. „gültige Wahrheit" oder „praktikable Theorie" zu verfügen. Auch wenn es einige Fälle gibt, die diese Wahrheit zu bestätigen scheinen, wird der Hypnotherapeut sehr schnell bemerken, daß „seine Wahrheit" der des Patienten meist entgegensteht und ihn eben daran hindert, die Wahrheit des anderen zu entdecken; dies wäre jedoch seine Aufgabe gewesen.

Der Rahmen, in dem die Hypnose aufgebaut wird, ist von grundlegender Bedeutung – wichtiger noch als die entsprechende hypnotische Technik – und baut auf den oben erwähnten Vorannahmen auf. Dieser Gesamtrahmen erlaubt dem Patienten, die hypnotische Intervention in vollem Ausmaß in Anspruch zu nehmen und für sich zu nutzen. In der mehr als 10jährigen Erfahrung in der hypnotherapeutischen Arbeit mit Psychotikern hat es sich für mich als nützlich erwiesen, unabhängig von der persönlichen Überzeugung des Hypnotherapeuten, folgenden Rahmen als gültig zu anzuerkennen:

1) Die Hypnose ermöglicht Rückerinnerungen an alle *verdrängten* Ereignisse bis hin zu Kleinigkeiten und sogar bis zum Zeitpunkt der Geburt. Des weiteren sind auch Ereignisse wieder erinnerbar, in denen Bewußtlosigkeit oder Narkosezustände vorlagen.
2) Erinnerbar und erfahrbar ist auch der *Geburtsvorgang* selbst, den nochmals zu durchleben in gewissen Fällen hilfreich werden muß.
3) Von weiterer Bedeutung kann die *pränatale Phase* sein, insbesondere bei dramatischen Umständen während der Schwangerschaft, starken emotionalen Reaktionen der Mutter, versuchten Abtreibungen sowie bewußten oder unbewußten negativen Einstellungen gegenüber der Schwangerschaft seitens der Mutter.
4) Zusätzlich besteht die Möglichkeit der Rückerinnerung an frühere *reinkarnative* Geschehnisse.

Dieser relativ weit gesteckte hypnotische Kontext gibt dem Hypnotherapeuten einen Aktionsradius in die Hand, gerade dem psychotischen Patienten einen umfassenden Raum anzubieten, in dem sich das psychotische Zustandsbild so darstellt, daß es sich für den Patienten verstehbar entfaltet. Dabei löst sich das psychotische Material, das aktuell oft lediglich erstarrt und verstümmelt und daher unverständlich zum Vorschein kommt, und wird mehr und mehr begreifbar. Für das erfolgreiche Eingehen auf psychotische Zustände scheint es im übrigen von besonderer Bedeutung zu sein, auch reinkarnativen Kulissen und Geschehnissen ihre Existenzberechtigung einzuräumen. Da dem psychotischen Geschehen erlaubt wird, sich im schützenden Rahmen der Trance zu entwickeln, wird die Glaubwürdigkeit des Betreffenden sich selbst gegenüber gestärkt. Dies gilt nicht nur in bezug auf seine gegenwärtige Wahrnehmung, sondern insbesondere bezüglich der Qualität und Richtigkeit seiner Erinnerungen. In dem oben aufgezeigten hypnotischen Kontext wird folglich dem psychotischen Material ein breiter Handlungsspielraum angeboten, um vergangene, verdrängte Erinnerungen, woher auch immer sie kommen mögen, nochmals dramatisch auszuspielen und damit auch zu entaktualisieren.

Interventionsmöglichkeiten

Während der Hypnotherapeut den Verlauf und die Dynamik der Behandlung nur mit und durch den Patienten erfährt, indem er also nur über diesen Einblick in die individuelle Welt seines inneren Zustandes bekommt, hält er um so hartnäckiger an dem mit dem Patienten vereinbarten Ziel fest: die Erlebens- und Entfaltungsmöglichkeit im gegenwärtigen Lebensbezug zu verstärken, Leiden in Erlebnisfähigkeit zu wandeln, scheinbare Einschränkungen der Wahrnehmung als Grundlage für Erweiterung zu erkennen und die Bereitschaft zu verstärken, sich aus der Enge biographischen Geworfenseins hinauszuentwickeln.

Insgesamt empfiehlt es sich weniger, verdeckte und indirekte hypnotische Interventionen zu benutzen, die vom Patienten oft auf der unbewußten Ebene als manipulativ empfunden werden. Vielmehr ist eine klare Abgrenzung des hypnotischen Zustandes vom normalen Alltagsbewußtsein empfehlenswert. Dabei ist die Hypnotherapie bei Psychosen nicht als das einzige Mittel anzusehen, sondern als ein zusätzliches Instrumentarium im Rahmen der therapeutischen Begleitung, das einen wirksamen Zugriff und eine ausreichende Verarbeitung verdrängter traumatischer Erlebnisse ermöglicht. Die hypnotherapeutischen Strategien lassen sich in folgende 3 Hauptbereiche einteilen:

1) Besonderes Augenmerk muß auf die *Verarbeitung verdrängter traumatischer Erlebnisse* gerichtet werden. Hier kann die Technik dissoziativ sein: Dies bedeutet, daß der Betreffende sich selbst als jüngere Person sieht und das damalige traumatische Erlebnis aus einer reiferen Sicht her beurteilt, um es dann abzuschließen. Eine 2. Möglichkeit ist das assoziative Vorgehen: Der Patient durchlebt das traumatische Ereignis nochmals und erfährt so eine Klärung von vergessenen Zusammenhängen. Natürlich kommt es hier zumindest vorübergehend zu einer Zunahme dramatisch affektiver Äußerungen, deren Auftreten beim Psychotiker so risikoreich ist, daß viele Therapeuten sich nicht wagen, diese zu provozieren. Allerdings ist zu konstatieren, daß die befürchtete affektive Überflutung nur dann stattfindet, wenn das affektive Geschehen ohne einen inhaltlich faßbaren Bezug unaufgelöst ständig gegenwärtig ist, wenn es also nicht gelingt, es mit zeitlich und örtlich begrenzten Ereignissen zu verbinden und

damit als „vergangen“ zu definieren. Erst wenn dem sich explosiv äußernden psychotischen Material durch den oben beschriebenen hypnotherapeutischen Rahmen eine entsprechende inhaltliche Bühne angeboten wird, entstehen – um in diesem Bild zu bleiben – Kanäle und Kaskaden, um der affektiven Sturzflut durch Abreaktion und Entaktualisierung einen Weg zu bahnen. Da der Affekt so einen sinnvollen und inhaltlichen Zusammenhang erhält, wird er vom Patienten schließlich als etwas Abgeschlossenes und Vergangenes erlebt. Aus diesem Grund hat sich auch für mich die Anwendung einer posthypnotischen Amnesie selten als notwendig erwiesen, auch wenn dieses Angebot durchaus Bestandteil der hypnotischen Intervention sein kann.

2) Im Rahmen der hypnotherapeutischen Arbeit tritt immer wieder die Konfrontation des Patienten mit unerwünschten, hinderlichen und Leid erzeugenden Bereichen oder Eigenschaften auf. Durch Kontaktaufnahme mit diesen vom Patienten eigentlich abgelehnten Eigenschaften, beispielsweise mit Hilfe von Fingersignalen, oder internen kinästhetischen Empfindungen sowie durch ein Hinterfragen der Nützlichkeit solcher Eigenschaften, entsteht eine emotionale Wendung im Patienten. Über die Arbeit mit dem Unbewußten erfährt er ihm bisher verborgene Hintergründe und Einsichten und ist zu einer *Versöhnung mit abgelehnten Seiten seiner selbst* bereit und damit zum Anerkennen seiner eigenen Vollständigkeit.

3) Als Teil der hypnotherapeutischen Intervention hat es sich oft als sinnvoll erwiesen, *posthypnotische Traumaufträge* zu erteilen, um den Patienten in Kontakt zu seinem Unbewußten zu halten, ihm also zu erlauben, Einblick in seine eigenen unbewußten Metaphern zu bekommen. Mit diesen Aufgaben wird der Patient aufgefordert, einerseits mehr Verantwortung für den sich entwickelnden Heilungsprozeß zu übemehmen und andererseits mehr und mehr in Kontakt mit der Seite zu bleiben, die ihm bisher eher Erschrecken, Leid und eingeschränkte Lebensfähigkeit gebracht hat.

Die Tiefe der Hypnose ist insgesamt weniger entscheidend. Wie bereits erwähnt, befinden sich psychotische Patienten im Grunde schon in hypnoiden Zuständen, d.h. in Stadien eingeschränkter Bewußtheit. Diese Zustände werden durch die Hypnose oft noch verstärkt und aktualisiert. Sehr viel wichtiger ist es jedoch, darauf zu achten, daß der Patient sich nach der Sitzung mehr und mehr in die Gegenwart zurückorientiert und einen Zuwachs an Bewußtheit erhält. Der Hypnotherapeut sollte also gerade bei Psychosen besonders sorgfältig vorgehen und sich für die Reorientierung in die Gegenwart durch entsprechende gegenwartsbezogene Fragen sehr viel Zeit lassen.

Bisherige Befunde

Während die Literatur zur Behandlung neurotischer Störungen mit Hypnose inzwischen recht umfassende Beiträge aufweist, kommen die hypnotherapeutischen Ansätze bei Psychosen nur vereinzelt zur Sprache. Die Behandlungsversuche beschränken sich oft auf eher experimentelle und klinische Studien hospitalisierter psychotischer Patienten mit Hypnose (Lavoie u. Sabourin 1980). Im Vordergrund steht hier der wissenschaftlich objektivierende Charakter mit Statistiken und Suggestibilitätstests, die die Hypnotisierbarkeit des Psychotikers beweisen oder widerlegen sollen. Andere Autoren beschränken ihre hypnotischen Interventionen v.a. auf entängstigende oder Ich-stützende Maßnahmen. Obwohl die Therapieversuche der psychotischen Erkrankung mit Hypnose bereits etwa 40 Jahre umfassen – einer der frühesten Hypnotherapeuten in diesem Bereich war Wolberg (1948a, b) –, sind die Meinungen über Behandlungserfolge und Wirksamkeit der Hypnose beim psychotischen Patienten nach wie vor kontrovers. Spiegel (1983) gesteht psychotischen Zuständen nur eine eingeschränkte Hypnotisierbarkeit zu. Werner (1980) sieht in Psychosen nach wie vor eine Kontraindikation für die Hypnosebehandlung, während insbesondere in den letzten Jahren Scagnelli-Jöbsis (1982) und Hodge (1988) über einzelne gute Erfolge berichten können.

Die Akzente der bisherigen Befunde liegen insgesamt eher auf Verhaltensänderungen und Minimierung der psychotischen Symptome, während die Akzeptanz und die Nutzbarmachung des psychotischen Materials in Verbindung mit der Einordnung in biographische Hintergründe weniger beschrieben wird. Auch finden sich in der Literatur kaum langjährige ambulante Verlaufsbeobachtungen und Therapiebegleitungen.

Fallberichte

Der Grundsatz, daß der Hypnotherapeut die Welt des Psychotikers sowohl gemeinsam mit ihm betritt als auch zusammen mit ihm verläßt, wird in der folgenden Fallschilderung besonders deutlich. Offenkundig wird auch, wie notwendig hier die reinkarnative Metapher war, um die Eigenart des psychotischen Materials angemessen verarbeiten zu können.

Fallbericht 1

Bei dem 1. Fallbeispiel handelt es sich um eine 33jährige Patientin, die von einer nervenärztlichen Kollegin mit der Diagnose einer postpartalen Psychose geschickt wurde. Die Behandlungsdauer belief sich auf etwa 2 1/2 Jahre, und es waren etwa 70 Sitzungen erforderlich. Die Patientin, die zum 2. Mal verheiratet war und einen 1/2 Jahr alten Säugling hatte, berichtete folgendes: „Als ich 11 Jahre alt war, hatte ich Angst vor Selbstmord, nachdem eine Nachbarin sich umgebracht hatte, indem sie vom Dachboden gesprungen war. Gleichzeitig hatte ich Angst vor der Hölle. Meine Eltern verstanden das aber nicht, und ich bekam Depressionen. Als ich 15 war, sah ich einen Film, in dem jemand den Teufel anbetete. Da begannen meine Angstzustände, Schlafstörungen und das Gefühl, als würde etwas in mir brennen. Um über das Ganze hinwegzukommen, nahm ich Beruhigungsmittel ein. Später dann, mit 19 Jahren, machte ich in einer Klinik eine Schlafkur. Danach ging es mir besser. Ich lebte 13 Jahre völlig normal, habe geheiratet und mich dann allerdings wieder scheiden lassen. Mit meinem jetzigen Mann bin ich seit 2 Jahren zusammen. Vor gut einem Jahr wurde ich schwanger. Als ich im 7. Monat war, habe ich einen Film über den Teufel gesehen. Plötzlich kam diese Angst wieder in mir hoch. Nach der Geburt konnte ich das Kind nicht ansehen, ich dachte ich oder das Kind sei vom Teufel besessen. Ein Psychotherapieversuch hat bei mir nicht geklappt. So bekam ich wieder Medikamente, Aber auch das hat nicht geholfen. Dauernd habe ich panische Angst; es ist das Gefühl, als ob innen alles brennt. Ständig kommt das Wort ‚Teufel' in mir hoch, alles ist so weit weg." Des weiteren berichtete die Patientin von einem ausgeprägten Mutterhaß. Die Mutter habe sie nicht haben wollen; sie sei, als sie schwanger gewesen sei, vom Heuboden gesprungen, um sie loszuwerden.

In den ersten Hypnosesitzungen verstärkte sich prompt die Angst, die nunmehr als Leitfaden genommen wurde, um eine Reihe von frühkindlichen Erlebnissen, die angsterzeugend waren, durchzugehen. Nach wie vor aber bestanden drängende innere Stimmen in ihr, die den Teufel verkörperten. Diese inneren Stimmen wurden in der Folge als unbewußte verdrängte Anteile aufgefaßt, die eine bestimmte wichtige Absicht hätten.

Der nächste Abschnitt der Therapie arbeitete darauf hin, diese inneren teuflischen Stimmen als Teil ihrer selbst anzunehmen, dessen Aufgabe es war, sie zu unterstützen. Schließlich wurde ihr bewußt, unter welchen sozialen Bedingungen sie lebte. Sie berichtete über Unterdrückung durch und Anpassung an ihre Umgebung. In der weiteren hypnotischen Arbeit wurden über das Unbewußte neue Verhaltensmöglichkeiten angeboten, nachdem sie erstmals erkannte, daß sie nicht in der Lage war, sich durchzusetzen und sich zu entfalten. Gleichzeitig zeigten sich erneut enorme Haßgefühle. Nachdem diese zuvor auf das Kind fixiert gewesen waren, konnten sie nun von ihr als Haß auf ihre Mutter erkannt werden. Es traten jedoch keine Erlebnisse zutage, die sie mit ihrer Mutter verbinden konnte oder die den Haß auf ihre Mutter rechtfertigen würden. So wurde das Gefühl auf eine pränatale Phase verlagert und als Haß gedeutet, den ihre Mutter auf sie gehabt hatte. In den nächsten Sitzungen tauchte abermals ein frei flottierendes starkes Angstgefühl, das über Wochen lang anhielt, auf. Schließlich kam es zur Erinnerung an reinkarnatives Material, in welchem die Patientin eine Inquisition mit Folterungen und Vergewaltigung durchmachte, worauf sie anschließend verbrannt wurde.

In diesem Zusammenhang ist eine hypnotische Sitzung besonders bezeichnend: In einem Moment, als die Patientin eine reinkarnative Szene mit Verhören und Folterungen wieder erinnerte, schlug sie in der Trance die Augen auf, wandte sich an den Therapeuten und beschuldigte ihn, einer der Inquisitoren gewesen zu sein. Seine Antwort war: „Das war damals, jetzt helfe ich Ihnen durch die Szenerie als Therapeut hindurch." Worauf die Patientin sofort wieder die Augen schloß und die Szenerie weiter durchlebte. Nach einer Wiedererinnerung, die in einem alten Verlies spielte, berichtete sie, daß sie immer Angst gehabt hätte, im Stich gelassen zu werden, in ein Loch zu fallen oder total hilflos ausgeliefert zu sein. Sie habe immer die Wände hochgehen wollen. Die Bedeutung dieser metaphorischen Sätze wurde ihr durch die Wiedererinnerung klar.

Nach dem Durchgehen des reinkarnativen Materials berichtete die Patientin weiterhin, das Gefühl zu haben, in ein tiefes Loch zu fallen – mit kribbeligen Händen und Kopfschmerzen. Es sei das Gefühl, krampfhaft an etwas festzuhalten. In den nächsten therapeutischen Sitzungen tauchte eine pränatale Erinnerung an einen Abtreibungsversuch ihrer Mutter auf, wodurch auch die oben beschriebenen ungeklärten Haßgefühle in einen inhaltlichen Bezug gesetzt werden konnten.

Von da an berichtete sie, viele körperliche Symptome verloren zu haben. Sie wirkte in der Aussage klarer, die inneren Stimmen waren verschwunden, die Abneigung gegen das Kind ebenfalls. In den Abschlußsitzungen ging es um die weiteren Pläne der Patientin: sie hatte sich inzwischen von ihrem Mann gelöst, war in eine Stadt gezogen, lebte mit dem Kind zusammen und nahm ihre Arbeit wieder auf. Die psychotische Symptomatik war vollständig verschwunden.

Bemerkenswert ist dabei die sich wandelnde Beurteilung der Vergangenheit, die den Kontext für die Veränderung darstellte: zu Beginn der Behandlung wurde die Vergangenheit als etwas aufgefaßt, was die gegenwärtige Situation verursachte – im Sinne von Ängsten, Verlassenheitsgefühlen und Entfremdungserlebnissen im Körper. In einem nächsten Schritt wurde die Vergangenheit als etwas aufgefaßt, das ihr Identität verschaffte, und in der Folge als etwas, das eben vergangen war und das man auch vergangen sein lassen konnte. Dies wandelte sich zu der Auffassung, die Vergangenheit sei etwas, was man nicht genau wissen könne, und mündete schließlich in der Erkenntnis, daß die Vergangenheit lediglich aus Erinnerungen, Bildern und inneren Gesprächen bestünde und daß die Zukunft neu gestaltet werden müsse.

Aus hypnotherapeutischer Sicht ist bemerkenswert, daß im Grunde die gesamte Problematik bereits im ersten Interview ausgesprochen wurde. Gleichzeitig wurde die Hypnose weniger unter dem Aspekt der Entspannung eingesetzt, sondern sie diente vielmehr dazu, der Patientin aus der Zeit, in die sie sich verirrt hatte, hinauszuhelfen, um in ihrem gegenwärtigen Alltag aufzuwachen. Strategisches Mittel war dabei, der kettenartigen Verknüpfung von angstauslösenden Ereignissen nachzugehen und sie damit aufzulösen, so daß die Patientin ihre Aufmerksamkeit tatsächlich auf das Hier und Jetzt richten konnte.

Fallbericht 2

Ein 48jähriger Gymnasiallehrer, verheiratet, 2 Kinder, wird von einem Heilpraktiker geschickt, der sozusagen die letzte Instanz seiner Therapiebemühungen war. Der Patient leidet seit 12 Jahren unter Depressionen, war jahrelang in medikamentöser Behandlung beim Nervenarzt, wobei die unterschiedlichsten Antidepressiva eingesetzt wurden. Schließlich wurde eine 3jährige Psychotherapie durchgeführt, die nach Angaben des Patienten zwar zu gewissen Einsichten, jedoch nicht zur Besserung führte. Auch 2 stationäre Aufenthalte in der Universitätsklinik brachten keine Besserung. Die medizinische Diagnose lautete: „endogene, überwiegend monopolare Depression bei familiärer Belastung“ (die Mutter hatte ebenfalls Depressionen).

Der Patient kam mit der Meinung, daß es sich bei seiner Erkrankung um etwas Schicksalhaftes handele, das nicht zu ändern sei und unter dem er mit 60 Jahren immer noch leiden würde. Er nahm seit einem halben Jahr keine Medikamente mehr ein und hatte bereits eine 3wöchige Hypnotherapie mit täglichen Sitzungen hinter sich, die er jedoch skeptisch betrachtete und die ebenfalls keine Besserung seines Leidens brachte. Typischerweise wiederholten sich die depressiven Verstimmungen im Herbst und Frühjahr, während er im Sommer voller Schaffenskraft war. Die Therapie dauerte 2 Jahre und umfaßte etwa 80 Sitzungen.

Zunächst war eine entsprechende Lernhaltung herzustellen. Die unpersönliche, ergebenfreundliche und hilflose Haltung, die nur scheinbar kooperativ war, machte eine direkte hypnotherapeutische Intervention obsolet, da der Patient ja mit diesem Phänomen Wirkungslosigkeit verbunden hatte. Daher wurde der Begriff „Hypnose“ beiseite gelassen und statt dessen die Metapher „Imagination“ eingeführt. Es wurde ihm vorgeschlagen, angenehme und entspannende Erinnerungen zu imaginieren. Bei diesem Ansinnen versagte er völlig, was natürlich seine antriebslos-depressive Versagenshaltung noch bestätigte. Allerdings wurden ihm seine enormen und vergeblichen Anstrengungen bewußt, anderen zu Gefallen zu sein und damit unter einem immerwährenden Erfolgszwang zu stehen. Parallel dazu kam jedoch ein völlig gegensätzliches nonverbales Verhalten unter dieser indirekten Tranceinduktion zum Ausdruck, in dem er quasi einem satten, trägen und zufrieden-genußvollen Baby glich. Mit entsprechenden suggestiven Aufforderungen regredierte er daher erfolgreich in die Kleinkindsituation. Da in diesem Alter vermutlich noch kein Erfolgszwang existiert, kam der Patient in die gewünschte gelassen-entspannte therapeutische Lernhaltung. Damit war der beim Depressiven so wichtige emotionale Rapport hergestellt. Dieser Prozeß dauerte etwa 10 Stunden.

Als nächstes wurde der Begriff „Entspannung“ eingeführt, um dem Patienten zu erlauben, unbewußte Regungen besser wahrzunehmen, sie mitzuteilen und evtl. auf ihren Hinweischarakter zu achten. Unter diesem Aspekt war es dem Patienten möglich, den bisher abgewehrten und unerwünschten depressiven Gefühlen mehr Beachtung zu schenken und sie als Teil seines Unbewußten anzuerkennen. Der Patient nannte diesen Bereich den „Hinderer“ und war demnach bereit, Hintergrund und Funktion der depressiven Empfindungen kennenzulernen.

In diesem Therapieabschnitt kam verdrängtes Erlebnismaterial an die Oberfläche. Es stellte sich heraus, daß der Patient als Heranwachsender etwa 6 Jahre lang in der Landwirtschaft hatte arbeiten müssen, um so sein Geld zu verdienen. Von daher hatte er seine Kindheit und Jugend als hart, ungerecht, entbehrungsreich und karg an Lob erlebt. Als Folge dieser Erfahrung hatte er den sozialen und emotionalen Rückzug angetreten und war zum „Verdrängungskünstler“ geworden, wie er sich selbst nannte.

Ein Beispiel mag zeigen, wie sich manchmal auch festgefahrene Einstellungen schlagartig wandeln können: Der zyklische Charakter seiner Depressionen entsprach tatsächlich dem zyklischen Charakter seiner Arbeit in der Landwirtschaft. Im Sommer gab es viel zu tun und im Winter wenig. Durch diese Erkenntnis konnte der Patient von seiner ursprünglichen Auffassung bezüglich des endogenen „schicksalsbedingten“ Charakters seiner Depression Abstand nehmen. Die depressive Erfahrung wandelte sich in etwas biographisch und damit individuell Bestimmtes, wodurch sie für ihn auch besser handhabbar wurde.

Insgesamt stellte sich die Depression hier als ein berechtigter Schutz vor Überforderung und Ausgenütztwerden dar. Fortan war der Patient bereit, in direkt markierte hypnotische Zustände zu gehen und sie bewußt und ohne schlechtes Gewissen zu genießen. Er lernte sozusagen aus der Depression, sich das Recht zu nehmen, nichts zu tun, beziehungsweise einfach nur faul zu sein. Das Recht auf Faulheit stand bisher nicht im Gesetzbuch seines Lebens. Zu diesem Zeitpunkt der Behandlung wurden auch tiefer gelegene verdrängte Erlebnisse aus seiner Kindheit erinnert, so beispielsweise die Tatsache, daß er Bettnässer gewesen war. Der Patient war nun auch bereit, in tiefere Trancezustände zu gehen und aktuelle Empfindungen und Gefühle wieder zuzulassen. Die Depression wurde von ihm zunehmend als Hinweis auf die Notwendigkeit, sich emotional mitzuteilen, akzeptiert.

In der letzten Phase seiner Behandlung geriet er abermals in eine depressive Verstimmung, die untypischerweise im Sommer eingetreten war. Er erkannte jedoch, daß er dabeiwar, sich mit alten, schmerzlichen Kindheitserinnerungen zu beschäftigten, und daß die Depression nicht im Hier und Jetzt ihre Ursache hatte. Hingegen erlaubte ihm diese Reaktion, sich bestimmten unangenehmen Anforderungen zu entziehen. Die Depression war sozusagen zu einer legitimen Rückzugsmöglichkeit geworden, und es fehlte noch an einer bewußten neuen Einstellung, wie er Alltagsschwierigkeiten begegnen könnte. Folglich wurden in diesem letzten therapeutischen Prozeß neue Verhaltensmuster in tiefer Trance entworfen, die der jetzigen Situation und seinem gegenwärtigen Reifungsgrad angemessener waren.

Dennoch hatten sich die depressiven Schwankungen schon im Verlauf der 2jährigen Behandlung zunehmend ausgeglichen; die Schaffenskraft des Patienten war gleichbleibend harmonisch, und für die Familie und Kollegen wurde sein Beitrag mehr und mehr zu einer lebendigen und kreativen Bereicherung.

Diese Fallschilderung zeigt abermals die Notwendigkeit eines sorgfältigen emotionalen Rapports auf, ohne den jedes weitere hypnotherapeutische Vorgehen zum Scheitern verurteilt gewesen wäre. Hingewiesen sei auch auf die unabdingbare Voraussetzung, daß der Therapeut nicht auf den suggestiven Sog des Wortes „endogene Depression“ eingehen darf, es sei denn, er fände auch für sich selbst eine entsprechende Metapher dafür.

Fallbericht 3

Diese Patientin, 24 Jahre alt, von Beruf Verkäuferin, war gerade aus einer stationären Behandlung von etwa einem Jahr mit der Diagnose entlassen worden: „Borderline mit frei flottierenden Ängsten bei schizoid-autoaggressiver Persönlichkeit und Tranquilizerabusus.“

Die immer in Schwarz gekleidete Patientin war völlig verängstigt, in ihren Reaktionen fast kataton und von daher kaum zu einer verbalen Kontaktaufnahme fähig. In ihrer Phantasie lebte sie fast ausschließlich in der Vorstellung von Gewalt gegen andere; ihre Haltung und Handlungen waren jedoch von Selbsthaß geprägt. Sie fügte sich regelmäßig Unterarmverletzungen zu, um Haß und Angst nicht überhand nehmen zu lassen, und zeigte die Wunden in der Praxis immer wieder demonstrativ vor. Sie stammte aus einfachen familiären Verhältnissen und wuchs mit Stiefvater und Stiefgeschwistern auf, die die Mutter aus erster Ehe mitgebracht hatte. In der Familie galt sie als unerwünschtes Dummchen, das nicht ganz richtig im Kopf war. Ihre Symptome bestanden in äußerlich nicht nachvollziehbaren frei flottierenden Ängsten und in optischen Halluzinationen. Sie berichtete von feurigen schwarzen Augen, die sie verfolgten. In der analytisch orientierten Klinik war die Erinnerung an eine Vergewaltigung mit 14 Jahren zur Sprache gekommen, die jedoch nur als Erklärungsmodell für ihren Männerhaß genommen und nicht weiterverfolgt wurde.

Im 1. Jahr der Behandlung wurde im wesentlichen darauf geachtet, daß ein einigermaßen stabiler Kontakt hergestellt wurde. Sie begann verstehend und begreifend Tagebuch zu schreiben, gab Träume wieder und drückte ihre quälenden „Phantasien“ gestaltend im Malen aus, worin sie sehr geschickt war. Der Aufforderung zur Rückerinnerung an die Tatsache der Vergewaltigung wich sie jedoch immer wieder geschickt aus und akzeptierte die Trancebehandlung nur als Entspannungsmöglichkeit. Nach etwa 1 1/2 Jahren Therapie war sie jedoch bereit, eine Rückerinnerung zuzulassen. Als Leitmotiv zum damaligen Ereignis wurden dabei die feurigen Augen genommen, die, wie sie vermutete, möglicherweise die Augen des Vergewaltigers waren. Nach den ersten Rückerinnerungsversuchen kam sie auch prompt in eine Art psychotischen Schubs: sie glaubte sich in der

Therapiesitzung plötzlich von Wasser umgeben, zog sich verängstigt in eine Ecke zurück und ging schließlich auf den Therapeuten in aggressiver Absicht zu. Dank des guten und stabilen Rapports, der hergestellt worden war, war sie jedoch bereit, auch diese Empfindungen als der damaligen Situation zugehörig zu erkennen. Stück für Stück offenbarte sich nun das verdrängte Material. Die Augen gehörten ihrem Stiefvater, der sie zwischen 10 und 14 Jahren wiederholt sexuell mißbraucht und körperlich mißhandelt hatte. Aufgrund seiner wiederholten suggestiven Drohungen („Jeder weiß, daß du spinnst, wenn du was sagst, bringen wir dich in die Klapsmühle, vergiß das nicht!"), hatte sie die gesamte Episode aus dem bewußten Gedächtnis gestrichen. Als das verdrängte Ereignis vollständig aufgearbeitet war und die Patientin diese Situation betrachten konnte, ohne von ihren Gefühlen überwältigt zu werden, überkamen sie Zweifel in bezug auf die Richtigkeit ihrer Erinnerungen. Da sie ihren Angaben zufolge jedoch nie mehr sexuellen Verkehr gehabt hatte, holte sie sich schließlich beim Gynäkologen die Bestätigung ihrer Defloration und erlangte so Gewißheit über die Richtigkeit ihrer Erinnerungen. Aller Voraussicht nach hätte eine Befragung des Stiefvaters oder der Famile zu keinem Ergebnis geführt. Im Verlauf der weiteren Behandlung lernte die Patientin, dieses Ereignis hinter sich zu lassen, sich auf die Zukunft neu auszurichten, insbesondere hinsichtlich ihrer Einstellung zu Männern und zur Sexualität im allgemeinen.

In der Folge arbeitete sich die Patientin von der Verkäuferin, die immer krank wurde, zur stellvertretenden Chefin hoch, begann Auslandsreisen zu machen, die Krankheitssymptome verloren sich, die Halluzinationen waren verschwunden. Selbstsicherheit, Selbständigkeit und Vertrauen in die Umgebung gewannen immer mehr an Boden. Schließlich, nach einer Therapiedauer von 3 1/2 Jahren, konnte die Patientin auch eine dauerhafte sexuelle Beziehung eingehen und beendete die Behandlung ein halbes Jahr später.

Schlußbemerkung

Psychosen hypnotherapeutisch anzugehen, hängt weniger von der Art des Krankheitsbildes ab als von der *Bereitschaft* und *Motivation* des Patienten und der Befolgung therapeutischer Grundsätze. Dazu zählen: *ausreichende Zeit, ein guter Rapport durch den Therapeuten sowie die Nichteinnahme von Psychopharmaka durch den Patienten.* Auf diese Weise kann die Hypnotherapie zu einem wichtigen Instrument zur Behandlung von Psychosen werden.

Kontraindikationen der Hypnose

1) Ist der Patient nicht von sich aus motiviert, sondern wird er von Angehörigen gebracht, so ist eine Hypnosebehandlung so lange obsolet, bis der Patient um seiner selbst willen und aus freien Stücken in eine hypnotische Behandlung einwilligt.
2) Besteht für den Therapeuten nur die Möglichkeit einer Kurzintervention im Sinne einer Kurzzeittherapie, so sollte ein psychotisches Geschehen nicht angegangen werden.
3) Steht der Patient unter Psychopharmaka (Tranquilizer, Anxiolytika, Neuroleptika und Antidepressiva jedweder Art), so sind die Lernfähigkeit, die Bereitschaft, alte Ereignisse neu zu bearbeiten sowie Reifung im Sinne einer Neuausrichtung auf die Zukunft in der Regel so weitgehend eingeschränkt, daß der hypnotherapeutische Ansatz wirkungslos bleibt.

Von seiten des Therapeuten müssen Kompetenz und Wagemut eingebracht werden sowie ein sorgfältig aufgebauter Rapport, so daß eine besondere Atmosphäre des Vertrauens hergestellt werden kann.

Die oben beschriebenen Behandlungsergebnisse und Behandlungsverläufe sollen zur Wiederaufnahme der Diskussion über mögliche verursachende Faktoren von Psychosen und einem alternativen Umgang damit dienen. Es steht zur Diskussion, ob Psychosen als automatische mentale Schutzmaßnahmen aufgefaßt werden können, die letztlich sinnvoll sind, weil sie den Betroffenen helfen, über Ereignisse hinwegzukommen, die sie zum aktuellen Zeitpunkt nicht verkraften konnten.

In den Fallbeispielen waren die psychotischen Zustände zumindest in 2 Fällen durch traumatische Ereignisse ausgelöst worden, die durch Schock, Schmerz und Demütigung gekennzeichnet waren. Sie konnten einmal im kindlichen Alter und zum anderen in einem reinkarnativen Rahmen aufgefunden und erfolgreich bewältigt werden. Da das Unbewußte möglicherweise auch in anderen raum-zeitlichen Dimensionen hochdramatische Ereignisse speichert und therapeutisch wirkungsvoll erinnert, sollte der Reinkarnationsgedanke und somit die Reinkarnationstherapie als weiteres Instrumentarium in die Hypnotherapie eingefügt werden. Dies gibt dem psychotischen Material Gelegenheit, sich in einem nicht mehr aktuellen Rahmen auszuagieren und in einer Zeitstruktur zu ordnen, die, zumindest für das Unbewußte, sinnvoll und daher als therapeutische Vorannahme nützlich sein kann. Allerdings handelt es sich hier nicht um ein neues oder anderes, starres, therapeutisches Konzept. Die therapeutische Strategie muß im Rahmen der Behandlung, insbesondere im Rahmen der Hypnotherapie, jedesmal neu erstellt und individuell ausgearbeitet werden. Folgt der Hypnotherapeut strikt den Richtungszeichen, die das psychotische Material vorgibt – im Sinne bruchstückhafter, vergangener traumatischer Erlebnisse, die sich in der Gegenwart zusammengeballt wiederfinden –, dann unterstützt er die vom Unbewußten vorgegebene Heilungsrichtung. Unter Aufrechterhaltung des Rapports und unter Berücksichtigung der Notwendigkeit der Versöhnung mit der eigenen Vergangenheit und damit dem eigenen Leiden, gelangt der Patient mehr und mehr durch Aufarbeitung zurückliegender Ereignisse in die Gegenwart. Damit ist er fähig, aus der gegenwärtigen Situation zu lernen, sich Zukunftsperspektiven aufzubauen und sein Leben selbst aktiv zu gestalten. Die Erweiterung der Wahrnehmung, die bisher durch unverarbeitete traumatische Erlebnisse eingeschränkt war, hat damit einen wohltuenden Einfluß auf die Lebensbewältigung des Patienten. Wenn diese Neuausrichtung und Selbständigkeit des Patienten erreicht ist, kann man von Heilung sprechen.

Empfohlene Literatur

Bliss EL (1996) Multiple personality, allied disorders, and hypnosis. Oxford University Press, New York NY

Kaiser R (1983) Geisteskrankheiten – Gehirnkrankheiten. Pahl-Rugenstein Köln

Lavoie G, Sabourin G (1980) Hypnosis and schizophrenia: A review of experimental and clinical studies. In: Burrows GD, Dennerstein L (eds) Handbook of hypnosis and psychosomatic medicine. Elsevier, Amsterdam New YorK Oxford, pp. 377–419

12. Hypnotherapie bei Angstsyndromen

Toni Forster

Während Sie den folgenden Beitrag lesen, kann es leicht sein, daß in Ihrem Denken neue Fragen oder Antworten auftreten – vielleicht mit Interesse oder Amüsement –, je nachdem, aus welcher Perspektive Sie es sich erlauben, meine Überlegungen zu betrachten. Sollten Sie dabei kein allzu großes Behagen empfinden, so ist das durchaus intendiert, da zu dem vorliegenden Thema so gut wie kein empirisch gesichertes, experimentell fundiertes Wissen existiert. Sie können also ganz die Freiheit genießen, zu sich selbst zu sagen, daß es Spaß machen könnte, effiziente Vorgehensweisen aus der Praxis nunmehr einer wissenschaftlichen Kontrolle zugänglich zu machen.

Theoretische Grundlagen

Die jeweilige Definition des Begriffes „Hypnose" ist immer abhängig vom theoretischen Hintergrund. Aussagen wie: „Alles ist Hypnose" oder gar „Es gibt keine Hypnose" (Grinder u. Bandler 1984) tragen natürlich nicht dazu bei, mehr über das Wesen der Hypnose zu erfahren. Als eines der ersten Erklärungsmodelle kann die Lehre vom „thierischen Magnetismus" von Franz Anton Mesmer gelten (vgl. Kapitel 2 sowie Bongartz 1985b). Danach spielten zeitweise und zeitbedingt psychoanalytische Erklärungsansätze eine Rolle (Ludwig 1964), desgleichen wurden lerntheoretische Überlegungen formuliert, die sich an Pawlows neurophysiologische Untersuchungen und das klassische Konditionierungsparadigma anschlossen (Salter 1949).

Heute kommt den interaktionstheoretischen Betrachtungen größere Bedeutung zu. Die Hypnose wird hier als eine besondere Form der Kommunikation zwischen 2 oder mehreren Personen aufgefaßt (Haley 1978b), und im Zuge des systemischen Trends wurde bereits begonnen, einen ökosystemischen Erklärungsansatz zu formulieren (Fourie u. Lifschitz 1987). Ein solches Konzept der Hypnose geht über die Begrenzungen der traditionellen Wissenschaft hinaus und entspricht eher den heutigen wissenschaftstheoretischen Überlegungen (vgl. Kap. 5 und 9). Auch bietet dieser Ansatz Raum für neue Ideen und Entwicklungen in der praktischen Anwendung, was sowohl dem Verständnis des therapeutischen Handelns als auch der Veränderung des Patienten zugute kommt.

Meines Erachtens ist es in der praktisch-therapeutischen Anwendung weniger wichtig, welche theoretische Position der jeweilige Therapeut einnimmt. Vielmehr scheint mir von Bedeutung zu sein, daß der Therapeut eine klare Linie vertritt, aus der er seine Hypothesen ableitet, wobei mir die interaktionstheoretische Sichtweise unter rein pragmatischen Gesichtspunkten als die nützlichste erscheint. „Es gibt kein einziges übereinstimmend gültiges Charakteristikum für Hypnose, weder bezogen auf die Theorien noch auf die operationalen Definitionen von Hypnose“ (Coe 1989, S. 32).

Von vornherein möchte ich darauf hinweisen, daß der Begriff „Hypnose“ im folgenden nicht eindeutig verwendet wird. Er beinhaltet sowohl die offizielle Induktion eines Trancezustandes und dessen Utilisation – also das, was man herkömmlich mit dem Hypnosebegriff assoziiert – als auch v. a. die aus der Hypnotherapie abgeleiteten Interventionen und Strategien, bei denen keine offizielle Trance induziert wird. Insbesondere der letztgenannte Aspekt entspricht dem heutigen Verständnis von Hypnotherapie (vgl. Schachtner 1989). Ein ausführlicher und brauchbarer Überblick findet sich bei Jovanović (1988).

Diagnostik von Angstsyndromen

Angstsyndrome können grob unterteilt werden in phobische Störungen (phobische Neurosen) und Angstzustände (Angstneurosen). Bei dieser Gruppe von psychischen Störungen ist Angst entweder das dominierende Symptom (etwa beim generalisierten Angstsyndrom), oder die Angst tritt auf, wenn der Betroffene versucht, die Symptome zu beherrschen (z.B. bei der Konfrontation mit dem angstauslösenden Stimulus bei phobischen Störungen). Es wird geschätzt, daß etwa 4% der Gesamtbevölkerung zu irgendeiner Zeit an einer Störung leiden, die als Angstsyndrom im klinisch-psychologischen oder psychiatrischen Sinne zu klassifizieren ist (DSM-III-R 1988). In der psychotherapeutischen Praxis ist der Anteil von Patienten mit irgendeiner Form von irrationalen Ängsten statistisch gesehen ziemlich hoch (Forster 1977) und scheint weiterhin zuzunehmen. Hauptmerkmal von Phobien ist eine anhaltende und irrationale Furcht vor einem bestimmten Objekt, einer Tätigkeit oder einer Situation, die zunächst zu einer Flucht- und später zu einer Vermeidungsreaktion gegenüber dem angstauslösenden Stimulus führt. Die phobischen Störungen können in 3 Formen unterteilt werden: *Agoraphobie, soziale Phobie und einfache Phobie*.

Diagnostik: Ängste

Als diagnostische Kriterien der *Agoraphobie* gelten, daß der Betroffene zunächst eine ausgeprägte Furcht vor bestimmten Situationen entwickelt und sie deshalb vermeidet: etwa allein oder in der Öffentlichkeit an einem Ort zu sein, wo Flucht schwer möglich ist oder keine Hilfe im Falle plötzlicher Hilflosigkeit verfügbar wäre, beispielsweise in Menschenmengen, Tunnels, öffentlichen Verkehrsmitteln oder auf Brücken. Durch Generalisierung auf die verschiedensten Stimuli kommt es zu einer zunehmenden Einschränkung der üblichen Tätigkeiten, bis die Furcht oder das Vermeidungsverhalten das Leben der Betroffenen völlig beherrschen.

Typische Symptome sind auf der kognitiven, physiologischen und motorischen Dimension erfaßbar: Dyspnoe, Palpitationen; Zittern und Schwitzen; Schmerzen in Brust- und Herzbereich sowie Unwohlsein; Tachykardien und Herzstolpern; Erstickungs- oder Beklemmungsgefühle; Kloß im Hals; Benommenheit, Schwindel oder Gefühle der Unsicherheit oder des Kontrollverlustes; Gefühl der Unwirklichkeit (Depersonalisation oder Derealisation); Parästhesien; Hitze- und Kältewellen; Schwächegefühl; Angst zu sterben oder etwas sich selbst oder andere Schädigendes zu tun. Häufig ist die antizipierte Angst vor der Angst so ausgeprägt, daß der Patient sich nicht mehr allein aus dem Haus zu gehen traut oder wegen der befürchteten Stimuli permanent Tranquilizer konsumiert, so daß er sich über einen längeren Zeitraum hinweg selbst schädigt.

Bei der *sozialen Phobie* handelt es sich meist um Ängste vor Situationen, die in Zusammenhang mit anderen Menschen stehen: Angst vor öffentlichen Auftritten oder einer Rede, vor der Benutzung öffentlicher Toiletten, dem Schreiben oder Essen in Gegenwart anderer u.ä. Zusätzlich kommt es hier oft zu Erröten, Fehlschlags- und Kritikangst, Kontaktunfähigkeit und starken Selbstabwertungen. Aber auch Verhaltensdefizite im interpersonellen Verhaltensrepertoire, etwa nicht „Nein-sagen-Können" oder die Unfähigkeit, Wünsche zu äußern, fallen in diesen Bereich, ebenso wie die Tendenz zu Schuldgefühlen und extremen negativen Selbstbewertungen im kognitiven Bereich (Ullrich de Muynck u. Forster 1974).

Einfache Phobien, beispielsweise vor Tieren oder vor geschlossenen Räumen (Klaustrophobie) oder vor Höhe (Akrophobie), werden auch „spezifische" Phobien genannt und sind in der Bevölkerung recht häufig. Trotz der hohen Prävalenz kommen Personen mit einfachen Phobien seltener in Behandlung, da sie oftmals zu keinen ausgeprägten Behinderungen führen (z.B. Schlangenphobie in der Großstadt oder Liftphobie in einem kleinen Dorf).

Zu den *Angstneurosen* werden das Paniksyndrom, das generalisierte Angstsyndrom, das Zwangssyndrom und die posttraumatische Belastungsreaktion (akut, chronisch oder verzögert) gerechnet. Die Hauptmerkmale des Paniksyndroms sind wiederkehrende Panikattacken, die zu keiner bestimmten Zeit auftreten, obgleich bestimmte Situationen, wie etwa das Autofahren, mit einer Angstattacke assoziiert sein können. Die Symptome sind ähnlich wie oben geschildert, desgleichen beim generalisierten Angstsyndrom: die spezifischen Manifestationen der Angst wechseln zwar von Individuum zu Individuum, grundsätzlich bestehen jedoch Zeichen der motorischen Spannung, vegetative Hyperaktivität sowie extreme Wachheit und ständiges Überprüfen der Umgebung.

Beim *Zwangssyndrom* (Zwangsneurose) treten Zwangsgedanken oder Zwangshandlungen entweder nach bestimmten Regeln oder stereotyp auf. Meist haben sie die Funktion, irrationale Ängste zu reduzieren. Im Gegensatz zu anderen Störungen innerhalb dieser Angstklassifikation sind Reaktionen zwanghafter Art wesentlich schwerer zu behandeln.

Bei der *posttraumatischen Belastungsreaktion* handelt es sich um die Ausbildung charakteristischer Symptome nach einem psychisch traumatischen Ereignis, das i. allg. außerhalb der üblichen menschlichen Erfahrung liegt (Vergewaltigung, Autounfall, Großbrand, Folterung u.ä.).

Differentialdiagnostisch sollte die Diagnose „Phobie" nicht gestellt werden, wenn die Symptome im Rahmen einer anderen Erkrankung, etwa einer Psychose, auftreten. Im psychologisch-therapeutischen Bereich ist die exakte Diagnose hauptsächlich aus interdisziplinär-kommunikativen Gründen von Bedeutung.

Für die psychotherapeutische Behandlung selbst, gleichgültig, ob es sich um eine hypnotherapeutische, verhaltenstherapeutische oder anders strukturierte Intervention handelt, sind die auf operationalisierter Ebene konstruierten Therapiehypothesen, -strategien und -ziele wesentlich bedeutsamer als die phänomenologische Deskription einer psychischen Störung.

Folgende international übliche Klassifikationen werden nach dem diagnostischen und statistischen Manual psychischer Störungen (DMS-III-R) verwendet:

- 300.21 Agoraphobie mit Panikattacken,
- 300.22 Agoraphobie ohne Panikattacken,
- 300.23 soziale Phobie,
- 300.29 einfache Phobie,
- 300.01 Paniksyndrom,
- 300.02 generalisiertes Angstsyndrom,
- 300.30 Zwangssyndrom,
- 308.30 posttraumatische Belastungsreaktion, akut;
- 308.81 posttraumatische Belastungsreaktion, chronisch oder verzögert.

Theoretische Aspekte von phobischen Erkrankungen

Phobische Erkrankungen stellten früher ein schwieriges therapeutisches Problem dar, und die Wahrscheinlichkeit eines Heilungserfolges wurde relativ pessimistisch eingestuft. Gerade von Psychiatern wurden phobische Symptome als therapieresistent und kaum zu beseitigen bewertet. Noch 1963 berichteten Errera u. Coleman (zit. nach Rachman u. Bergold 1970) über die Befunde aus einer Langzeitkatamnese: Die therapeutischen Ergebnisse waren bei den untersuchten phobischen Patienten so gering, daß die Autoren daraus schlossen, phobische Zustände hätten bei Erwachsenen die Tendenz, über lange Zeiten hinweg anzudauern, und seien durch die relativ kurzen psychotherapeutischen Klinikbehandlungen nicht beeinflußbar.

Erst die Anwendung von Ideen, Methoden und Befunden von experimentellen Psychologen hat zu einem bedeutenden Fortschritt in der Therapie geführt und die Prognose phobischer Erkrankungen entschieden verbessert (s. auch Marks 1969). Während aus psychoanalytischer Sicht phobische Reaktionen noch als symbolische Manifestationen von „tieferliegenden" unbewußten Konflikten betrachtet wurden – so wurde die Furcht des „kleinen Hans" vor Pferden von Freud als symbolische Furcht vor dem Vater, in Verbindung mit Kastrationsangst interpretiert –, sahen verhaltenstheoretisch orientierte Psychologen die Phobie als eine unangepaßte konditionierte Angstreaktion an, die exzessiv und persistent ist.

Während früher der Therapeut das Ziel verfolgte, dem Patienten die – vermuteten Hintergründe seiner Angst begreiflich zu machen, und das Schwergewicht auf die Gedanken und Gefühle des Patienten legte, trat jetzt in der Therapie der Übungscharakter in den Vordergrund. Haley (1978b) vertritt die Ansicht, daß bei Phobien die

Gedanken und Affektverschiebungen ein Nebenprodukt der Heilung darstellten und das Hauptziel darin bestünde, den Patienten zum Aufsuchen der phobischen Situation unter bestimmten, vom Therapeuten festgelegten Bedingungen zu bewegen.

„Von Freud an gilt als gesichert, daß ‚Verständnis' der oder ‚Einsicht' in die Ursache einer Phobie zur Heilung nicht ausreicht; der Patient muß den phobischen Bereich mit einem anderen als dem bisher praktizierten Verhalten betreten. Gewöhnlich verschwindet das Symptom, wenn der Patient fortfährt, sich unter therapeutischer Leitung seiner Angstquelle auszusetzen. Das große Problem besteht darin, wie man ihn dazu motivieren kann" (Haley 1978b, S. 81).

Für die Entstehung einer Phobie wird aus kommunikationstheoretischer Perspektive, die sich zu einem wesentlichen Teil aus der Beobachtung der hypnotischen Fertigkeiten Ericksons entwickelt hat, angenommen, daß eine Doppelbindungssituation hauptverantwortlich ist. Die Lernsituation sieht so aus, daß ein Kind etwa verbal zur Selbständigkeit ermutigt wird, die Eltern ihm jedoch auf einer Metaebene die Botschaft vermitteln, daß die Welt voller Gefahren sei. „Das Nebeneinander der beiden Befehle schafft eine widersprüchliche Situation: die explizite Aufforderung zur Selbständigkeit steht im Widerspruch zur impliziten Vorschrift, übertriebene Gefahren zu vermeiden ..." (Sluzki u. Veron 1980, S. 323f.). Demzufolge wird Risikoverhalten bestraft und Vermeidungsverhalten belohnt. Der Phobiker agiert immer auf der Basis einer fiktiven Unabhängigkeit. Als Ergebnis dieses Lernprozesses ergibt sich im interaktionellen Bereich, daß ein Mechanismus im Vermeidungsverhalten aktiviert wird, über den der phobische Patient einerseits die Sicherheit seiner Umgebung beurteilt und anderseits die Beziehung zu seinem Interaktionspartner im Sinne der Metabotschaft definiert: „Ich bin nicht erwachsen und muß beschützt werden." Von der Lerntheorie wurden die Bedingungen zur Entstehung phobischen Verhaltens in sparsamer Stimulus-Response-Terminologie formuliert.

Folgende Theorie der Phobie wurde den ersten verhaltenstherapeutischen Behandlungsmethoden zugrunde gelegt:

1) Phobien sind erlernte Reaktionen.
2) Reize entwickeln phobische Qualitäten, wenn sie zeitlich oder räumlich mit angstauslösenden Zuständen assoziiert werden.
3) Neutrale Reize, die in einer angstauslösenden Situation bedeutsam sind und/oder das Individuum in dieser Situation beeindrucken, entwickeln mit größerer Wahrscheinlichkeit phobische Qualitäten als schwache oder irrelevante Reize.
4) Die Wiederholung der Assoziation von Angstsituation und neuem phobischen Reiz verstärkt die Phobie.
5) Assoziationen zwischen intensiven Angstsituationen und neutralen Reizen erzeugen mit höherer Wahrscheinlichkeit eine phobische Reaktion.
6) Es kommt zu einer Generalisierung vom ursprünglichen Reiz auf Reize ähnlicher Art.
7) Noxische Erfahrungen, die im Zustand starker Einengung gemacht wurden, erzeugen mit höherer Wahrscheinlichkeit eine Phobie.
8) Neutrale Reize, die mit einem noxischen Erlebnis assoziiert sind, können sekundär motivierende Eigenschaften entwickeln. Dieser erworbene Trieb wird Angsttrieb genannt.
9) Reaktionen (z.B. Vermeidung), die den Angsttrieb vermindern, werden verstärkt.
10) Angstreaktionen können stellvertretend erworben werden (nach Rachman u. Bergold 1970).

Auf dem Boden dieser Theorie wurden verhaltenstherapeutische Verfahren entwickelt und in ihrer Wirksamkeit experimentell überprüft und belegt. Hierzu gehören v.a. die systematische Desensibilisierung (vgl. Florin u. Tunner 1975) und die Reizüberflutung (vgl. Ullrich et al. 1975). Es konnte gesichert werden, daß sich phobische

Patienten mit Hilfe dieser Verfahren, welche auf der Lerntheorie aufbauen, signifikant schneller bessern als Patienten, die mit anderen therapeutischen Verfahren behandelt werden oder keinerlei Behandlung erfahren. Die Wirksamkeit einzelner Variablen wurde untersucht, wobei jedoch anzunehmen ist, daß die verschiedenen Komponenten sich gegenseitig ergänzen und daß ihre Beziehung untereinander sowie die Interaktion mit anderen Variablen insgesamt wichtiger ist als der isolierte Effekt jeder einzelner Komponente (Florin u. Tunner 1975).

Hypnose bei der Behandlung von Phobien

„Sigmund Freud vertrat einmal die Ansicht, falls die Allgemeinheit je von Psychotherapie zu erreichen sei, dann werde dies durch die Hypnose geschehen" (Haley 1978a, S. 71). Und speziell zu Phobien: „Aber schon Phobien nötigen uns, über unser bisheriges Verhalten hinauszugehen. Man wird kaum einer Phobie Herr, wenn man abwartet, bis sich der Kranke durch die Analyse bewegen läßt, sie aufzugeben" (Freud 1959, S. 399). Die Hypnose wurde lange vor der Psychoanalyse und der Verhaltenstherapie im klinischen Bereich eingesetzt, wobei allerdings davon ausgegangen werden kann, daß sowohl mystische theoretische Positionen als auch wenig strukturiertes Vorgehen eine Rolle spielten. Erst durch die behavioristische Psychologie wurde der Bereich der Phobien erklärbar und in der Folge behandelbar. Auch in diesen Anfängen effizienter Phobienbehandlung spielte die Hypnose eine wichtige Rolle.

Hypnose in der Verhaltenstherapie

Bereits Wolpe, der als Begründer des Konzepts der reziproken Hemmung und der davon abgeleiteten Methode der systematischen Desensibilisierung gilt, schreibt:

> Bei einem Zehntel meiner Fälle wird die Desensibilisierung unter Hypnose durchgeführt, meist mit Hilfe der von Wolberg (1948a, b) beschriebenen Hand-Schwebe-Technik. Man kann den Patienten versuchsweise schon während der ersten Interviews hypnotisieren, aber meist wird der erste Hypnoseversuch in der ersten Desensibilisierungssitzung gemacht. Bei denen, die schwer zu hypnotisieren sind, unterläßt man die Hypnose, statt dessen trägt man ihnen lediglich auf, die Augen zu schließen und sich gemäß der Anweisung zu entspannen. Einige Patienten jedoch entspannen sich sicherlich besser im hypnotischen Zustand (Wolpe 1972, S. 133). Er (der Therapeut) kann auch versuchen, einen Zugang zu unbekannten Inhalten zu bekommen, indem er den hypnotisierten Patienten bittet, in der Phantasie unangenehme oder furchtauslösende Ereignisse der Vergangenheit aufleben zu lassen (Wolpe 1972, S. 204).

Offensichtlich wurde die Hypnose im wesentlichen zur Exploration und Vertiefung der muskulären Entspannung eingesetzt, vermutlich aber auch zur Intensivierung der Imagination von einzelnen Items einer Angsthierarchie. Hussain (1964) berichtet in seinem Artikel „Behavior Therapy Using Hypnosis" eine Erfolgsquote von 95,2% bei der Behandlung von 105 Patienten, von denen 50 als Phobiker diagnostiziert waren. Während eine Unmenge anekdotenhafter Einzelfallberichte über die Veränderung phobischer Reaktionen existiert, gibt es bis heute noch keine experimentellen, den heutigen methodischen Standards entsprechenden Untersuchungen innerhalb der Hypnotherapie.

Wiederum von Verhaltenstherapeuten, die Hypnose innerhalb eines verhaltenstherapeutischen Therapieplanes anwandten, wurden erste experimentelle Untersuchungen erstellt. So forderte Clyde (zit. nach Horowitz 1970) ihre phobischen Probanden im entsprechenden Trancezustand auf, sich die früheste traumatische Erfahrung zu vergegenwärtigen, die mit ihrer Furcht in Beziehung stand. Alle Probanden zeigten, gemessen an der Atemfrequenz, eine starke Abnahme der Angst direkt nach der Behandlung. Horowitz (1970, 1976) verglich 3 Methoden zur Angstreduktion, die sowohl durch Verhaltensbeobachtung als auch mit Angstskalen gemessen wurde. Alle 3 Behandlungsmethoden verwendeten Hypnose:

1) Entspannung, während angstauslösende Ereignisse dargeboten wurden;
2) Erregungssteigerung angesichts ähnlicher Stimuli und
3) posthypnotische Suggestionen bezüglich des Verschwindens der phobischen Reaktion.

Während eine nicht behandelte Kontrollgruppe keine Veränderung zeigte, kam es bei allen 3 Behandlungsvarianten zu signifikanter Angstverringerung auf beiden Meßebenen. Die Suggestibilität korrelierte positiv mit dem Grad des nach der Behandlung durchgeführten Annäherungsverhaltenstests, und die subjektiv berichtete Trancetiefe mit dem Grad der Verbesserung. Bei den Eingangsmessungen konnte eine negative Korrelation zwischen Hypnotisierbarkeit und Angstgrad festgestellt werden, was verständlich ist, da bereits die Induktion eine gewisse Bereitschaft zur Kontrollabgabe verlangt.

Rubin (1976) berichtet in einer Arbeit über verbal suggerierte Reaktionen nach dem Prinzip der reziproken Hemmung zur Angstbehandlung. Nachdem die Patienten ausführlich über lerntheoretische Aspekte ihrer phobischen Reaktion informiert worden waren, erklärte er ihnen das Prinzip der reziproken Hemmung. Der angstantagonistische Stimulus wurde dann durch direkte Suggestionen induziert. Danach wurden angstauslösende Reize in der Vorstellung dargeboten, während gleichzeitig die gegenkonditionierte Reaktion durch verbale Suggestion aufrechterhalten blieb. Die angstauslösenden Reize wurden dabei nicht in hierarchischer Anordnung dargeboten; es wurde nur darauf geachtet, daß die Intensität des Angstreizes geringer war als die der inkompatiblen Reaktion.

Bei insgesamt 28 Patienten mit phobischer Symptomatik berichtet er bei einem Patienten eine vollständige Symptombeseitigung, bei 22 starke Angstreduktion, bei 4 leichte Verbesserung und keine Veränderung bei einem Patienten, wobei zu berücksichtigen ist, daß die meisten Patienten nur weniger als 5 Sitzungen hatten. Bei der Diskussion, welche spezifischen Faktoren bei der angewandten Technik wirksam sind, vertritt er die Ansicht: „The use of hypnosis appears to facilitate all of these factors so as to effect behavioral change more readily“ (S. 216).

Einen ähnlichen Standpunkt nehmen auch Clarke u. Jackson (1983) ein: „... hypnosis is for the most part a potentiator of or an adjunct to other procedures. It is not, by itself, a treatment. The use of hypnosis, then, cannot be considered apart from the wider therapeutic context“ (S. 35). Ihr Buch widmet sich hauptsächlich der hypnobehavioralen Behandlung von Ängsten (s. unten).

In der „multimodalen Verhaltenstherapie“ nach Lazarus (1978) wird es als besonders nützlich angesehen, daß die Hypnose in verschiedenen Modalitäten (Verhalten, Gefühle, Empfindungen, Vorstellungen, Kognitionen, zwischenmenschliche Beziehungen, Medikamente) eingesetzt werden kann, während andere verhaltenstherapeutische Techniken sich meist nur auf eine Modalität beschränken. Eine über das Konzept der Desensibilisierung hinausgehende Therapie von Angstattacken mit Hilfe von Hypnose im Kontext einer multimodalen Therapie wird von Karlin u. McKeon (1978) dargestellt.

Im vorangegangenen wurden einige Untersuchungen beschrieben, bei denen Hypnose auf lerntheoretischer Grundlage innerhalb verhaltenstherapeutischer Strategien bei der Behandlung von Angstzuständen eingesetzt wurde. Zu den Berichten anders orientierter Therapeuten existieren keine experimentellen Untersuchungen. Die Theorie dieser Berichterstatter ist oft nicht erkennbar – sie könnte durchaus behavioristisch sein –, und die theoretischen Begriffe werden häufig mit Begriffen gleichgesetzt, die im Grunde eine reine Vorgehensweise beschreiben.

Klassische Hypnose

Auch wenn nicht genau auszumachen ist, was der Terminus „klassische Hypnose" exakt bedeutet und wodurch sich diese Konzeption von anderen unterscheidet, neige ich dazu, alles, was nicht dem Einflußbereich Milton H. Ericksons unterliegt, diesem Begriff unterzuordnen. Bevor die naturwissenschaftlich orientierte Psychologie Erklärungsmodelle für menschliches Verhalten und Erleben anbot, und bevor die Konzepte von Erickson bekannt wurden, bestand die Hypnose im wesentlichen aus der Induktion eines Trancezustandes und dem Anbieten von direkten Suggestionen. Ein zugrundeliegendes strategisches Konzept läßt sich nirgends erkennen, außer daß angenommen wurde, Suggestionen – meist positiv formuliert – könnten Angstzustände heilen. In Bernheims klassischem Buch (1888b; Nachdruck 1985) werden die Begriffe Phobie oder Angstneurose noch nicht verwendet, aber in allen berichteten Fällen werden direkte Suggestionen gegeben. Wörtliche Formulierungen zur Entängstigung aus dem vergangenen Jahrhundert sind von Emil Coué überliefert (1966, 1967) und tendieren sämtlich zu einem „Verschwinden von Angstzuständen, Schreckempfindungen und unbegründeten Abneigungen" hin.

Neuere Veröffentlichungen zeigen, daß die Hypnose bis heute im medizinischen Bereich auf das Erteilen von Suggestionen verkürzt wird und psychologisches und interaktionistisches Wissen keinen Eingang gefunden haben. Leuner u. Schroter (1975) legen den Schwerpunkt v.a. auf formelhafte Verbalisierungen bei der Behandlung von Patienten mit phobischen Syndromen, Examensangst, Lampenfieber und Redeangst, Erythrophobie, Schneckenphobie oder Koprophobie, wobei keinerlei gesicherte Befunde zur Belegung ihrer Annahmen hinzugezogen werden. Die spezifischen Suggestionen sollten nur positive Vorstellungen anbieten und Begriffe wie „ängstlich" vermeiden. Neben der Entspannung und dem suggerierten Verschwinden der Angst wird auch die Altersregression auf das jeweilige traumatisierende Erlebnis hin genannt, „um Einzelheiten zu eruieren und eine Abreaktion zu fördern" (S. 160). In der oben zitierten Arbeit (Horowitz 1976) kommt die Autorin aufgrund ihrer experimentellen Untersuchungen zu der Aussage „... some doubt is cast on abreaction as essential to therapy of fears" (S. 113). Auch Bandler u. Grinder (1981) weisen – von einer völlig anderen theoretischen Position aus – darauf hin, daß ohne spezifische therapeutische Struktur eine Regression nur dann Veränderungen bringen könne, wenn sie nicht funktioniert und daß ansonsten eher eine Verstärkung der phobischen Reaktion zu erwarten sei (S. 144).

In Krogers Standardwerk über klinische und experimentelle Hypnose ([1]1963) wird in einem wenige Zeilen umfassenden Absatz nur erwähnt, daß auch Schulphobien mit Hypnose behandelbar seien, und zwar durch Suggerieren von Interesse am Studieren (S. 261).

Kleinsorge (1986) beschränkt sich gar auf den Hinweis, daß „auch die im Rahmen einer phobischen Symptomatik herausragenden Angstsymptome ... hypnotisch beeinflußt werden [können]“ (S. 132) und beschreibt den Fall einer Patientin mit Platzangst und Waschzwang, bei der durch Suggerieren der Vorstellung von Straßen- und Platzüberquerung ohne Hemmungen nicht nur die phobische Symptomatik, sondern auch der Waschzwang verschwunden sein soll. Leider werden keine Details über diese fast als Wunderheilung zu bezeichnende Behandlung gegeben.

Winter (1986) beschreibt die mehr oder weniger erfolgreichen Behandlungen von 4 agoraphobischen Patienten, denen im wesentlichen positive Suggestionen im hypnoiden Zustand erteilt wurden, um ihnen zu helfen, den angstauslösenden Situationen mit weniger negativen Empfindungen begegnen zu können. Offensichtlich wandte der Autor dabei auch paradoxe Strategien an: „I suggested that she would look forward to her anxiety so she could learn to enjoy it. She felt this was foolish but agreed to go along“ (S. 309). Leider wird jedoch nicht deutlich, wie hoch der Anteil der Vorgehenskomponenten dabei war.

Einen geschichtlichen Abriß über die hypnosuggestive Angst- und Schmerzbehandlung in der zahnärztlichen Praxis erstellte Burk (1986). Er berichtet über positive Erfahrungen mit der Hypnoseanwendung im Rahmen der Desensibilisierung einer generalisierten Phobie bei der Entfernung einer Trachealkanüle.

Eine Induktions- und Trancevertiefungstechnik ist die sog. „Aufzugtechnik“, bei der dem Patienten Verbalisationen präsentiert werden, die dazu dienen, daß er sich mit Hilfe der Vorstellung eines abwärts fahrenden Liftes in tiefere Trance versetzen kann. Nach Jovanović (1988, S. 511) ist diese Induktion für Patienten mit Klaustrophobie nicht unbedingt geeignet, da zu starke phobische Reaktionen während der Induktion auftreten und die Motivation des Patienten beeinträchtigen könnten. Doch kann meiner Ansicht nach ein geschickter Therapeut mit dieser Technik bereits schnelle Initialveränderungen erreichen; dennoch ist der Hinweis auf die Abstimmung der Induktion auf die Art der Erkrankung ernstzunehmen.

Nicht nur Erickson (Erickson u. Rossi 1981) weist darauf hin, daß direkte Suggestionen häufig keine Wirkung erzielen; jedem in der Praxis arbeitenden Therapeuten ist die geringe, oft nur kurzfristige Effizienz dieses Vorgehens bekannt. Das heißt nicht, daß es nicht auch einige Patienten mit bestimmten Verhaltensdispositionen gibt, bei denen gerade diese Technik tatsächlich hoch wirksam sein könnte. Doch liegen keine differentialdiagnostischen Kriterien vor, welche Variablen – etwa Alter, Autoritätsgläubigkeit o.ä. eine eventuelle Effizienz bedingen. Unterstützt wird diese Auffassung in jüngster Zeit durch die Betrachtung des psychosomatischen Heilungsprozesses in der therapeutischen Hypnose: „Eine der überraschendsten und therapeutisch wichtigsten Folgerungen aus der IS-Rezeptor-Theorie (Informationssubstanz) der Psyche-Körper-Kommunikation ist die These, daß direkte Suggestion (oder Programmierung) für sich genommen, die psycho-somatische Heilung nicht fördert“ (Rossi 1988, S. 17). Auch wenn ein Transfer aus dem Bereich der Psychosomatik nicht ohne weiteres auf phobische Erkrankungen zulässig ist, läßt sich doch zumindest nicht ausschließen, daß auch für diesen Bereich neue Erkenntnisse gewonnen werden könnten, etwa wenn geklärt wird, wie spezifische therapeutische Interventionen auf der psychischen Ebene zu spezifischen Stoffwechseländerungen auf der Ebene der Körperzellen und Gene führen können.

Neben direkten positiven Suggestionen werden im Rahmen der sog. „klassischen Hypnose" auch indirekte Techniken, etwa Dissoziationstechniken, Zeitverzerrung u.ä., eingesetzt. Diese Vorgehensweise werde ich im nächsten Abschnitt erwähnen, da von Erickson exakte Fallbeschreibungen und Erklärungsansätze zur Wirkung der Therapie bei phobischen Reaktionen vorliegen.

Hypnose nach Milton H. Erickson

Obwohl auch hier keine experimentellen Untersuchungen vorliegen –vermutlich wegen der Komplexität und Kunstfertigkeit des therapeutischen Vorgehens – können viele explizit ausgeführten Berichte verdeutlichen, wie Angsterkrankungen mit Hilfe des Therapieansatzes von Erickson behandelt werden. Während sich im Bereich der sog. „klassischen Hypnose" hauptsächlich Meinungen und Spekulationen über das Wesen der Hypnose finden lassen, entwickelte Erickson seinen therapeutischen Ansatz, der inzwischen als „strategische Therapie" bezeichnet wird und auf dem Wissen über Hypnose basiert, das Erickson als Selbsterfahrung anhand seiner bereits früh aufgetretenen multiplen Behinderungen gewann. Viele seiner Erfahrungen entstanden durch Versuch und Irrtum (Rossi et al. 1983, S. 35). Seine Unzufriedenheit mit den Versuchen seines ersten Lehrers Clark L. Hull, der sich mit der Etablierung einer standardisierten Hypnosetechnik beschäftigte, die seinen subjektiven Erfahrungen widersprach, führte zur Ausarbeitung seines eigenen therapeutischen Vorgehens. Die Betonung liegt dabei auf den internen Fähigkeiten und Motivationen des Individuums und deren Nutzbarmachung. Erickson wies nach, daß alternative Bewußtseinszustände und Trancephänomene schlichtweg ganz natürliche Alltagszustände sind und transformierte die veraltete autoritäre Sicht der Hypnose in seinen „naturalistischen, permissiven und indirekten" Ausgangspunkt in der Hypnose.

Erickson hob hervor, daß er sich keine theoretischen Einschränkungen auferlegen wolle, stellte sich jedoch immer als klarer Gegner der Psychoanalyse dar und verwandte neben der Alltagssprache durchaus auch Begriffe aus der Lerntheorie (Erickson u. Rossi 1981). Das therapeutische Vorgehen Ericksons wurde unter den verschiedensten Gesichtspunkten untersucht. So betonten beispielsweise Haley (1978b) und Watzlawick et al. ([2]1979) die interaktionistische und kommunikationstheoretische Perspektive, Grinder u. Bandler (1984) versuchten, strukturelle Vorgehensweisen – hauptsächlich aufgrund linguistischer Muster – zu erkennen, und Gordon u. Meyers-Anderson (1981) bemühten sich, strukturelle Handlungsanweisungen aus Ericksons Therapien abzuleiten. Sowohl Haley (1984) mit seiner „Ordealtherapy" als auch Farelly u. Brandsma mit ihrer „Provocative Therapy" (1986) generalisierten einzelne therapeutische Vorgehensweisen Ericksons zu eigenen Therapien, und Bandler u. Grinder tun sehr viel dafür, sogar ein allen anderen Therapien übergeordnetes prozeßorientiertes therapeutisches Vorgehen (neurolinguistisches Programmieren NLP, S. Kap. 24) möglichst populär zu machen. Ich beschreibe zunächst einige Behandlungen, die Erickson bei phobischen Patienten durchführte. Die Auswahl ist durchaus willkürlich und erhebt keinen Anspruch auf Vollständigkeit; es soll v.a. gezeigt werden, welche Strategien zur Beseitigung phobischer Reaktionen appliziert werden können.

Eine der von Erickson recht beliebten und v.a. zur Schmerzreduktion verwendeten Vorgehensweisen beschreibt er auch bei der Behandlung eines Kindes mit einer phobischen Reaktion auf einen großen braunen Hund. Die inzwischen generalisierte Angstsymptomatik wird in den sekundären Attributen (groß, braun) soweit *graduell differenziert* und auf die ursprüngliche Entstehungserfahrung (Hundebiß) reduziert, daß sie nicht mehr länger problematisch ist, da keine gegenwärtige Realität exakt mit der Vergangenheit identisch sein kann (Rossi et al. 1983, S. 120).

Ein Patient mit massiven Angst- und Vermeidungsreaktionen vor hohen Gebäuden (sie könnten zusammenstürzen und ihn erschlagen) wurde von Erickson angewiesen, sich immer in sicherer Entfernung von den angstauslösenden Gebäuden zu bewegen: Höhe des Hauses plus einige Meter extra Sicherheitszone. Damit kam er dem Bedürfnis des Patienten nach Vermeidung entgegen und benutzte dieses gleichzeitig, so daß der Patient begann, sich überhaupt wieder in die Nähe der angstauslösenden Stimuli zu begeben. Schrittweise wurde nun die „Sicherheitszone" verringert, von 10 m auf 9 m, dann auf 8 m usw. Danach wurde der Zeitfaktor betont, den der Patient zur Verfügung hätte, um sich laufend zu entfernen, wenn das Gebäude zusammenfallen sollte. Während der Patient das Ganze so wahrnahm, als würde er gelehrt werden, sich innerhalb eines bestimmten Rahmens sicher zu fühlen, lernte er in Wirklichkeit, sich immer weiter an die ursprünglichen Angstreize anzunähern und diese zu neutralisieren (Rossi et al. 1983, S. 196). So wurde ein rein verhaltenstherapeutisches Vorgehen mit der Raffinesse hypnotischer Strategien durchgeführt.

Im Fall „Kathleen" (Rosen 1985, S. 94), die an einer Phobie in bezug auf Erbrechen litt, verwendete Erickson eine Kombination verschiedenster Techniken: während einer Dissoziation die Anwendung indirekter Suggestionen, den Gebrauch symbolischer Sprache und das Erzählen von Metaphern. Bei 2 Fällen von Klaustrophobie (Rosen 1985, S. 140–142) geht Erickson wieder nach dem Prinzip der *Desensitivierung* vor, einmal in vivo und das andere Mal imaginär, um dem Patienten zu helfen, mehr und mehr „Geschlossenheit" ertragen zu können, das erstickende Gefühl der Einschränkung auszulöschen und über diese krankhafte Einengung hinauswachsen zu können. Wiederum bestehen die Anweisungen in einem sehr differenzierten Schritt-für-Schritt-Vorgehen bei der Annäherung an die ursprünglichen Angststimuli.

Gordon u. Meyers-Anderson (1981, S. 161) beschreiben den Fall eines Konzertpianisten, der vor Lampenfieber nicht in der Lage war, auf eine Bühne zu gehen. Erickson benutzte wiederum ein Verhalten des Patienten, das dieser als belastend empfand, um ihn einer wichtigen Lernerfahrung zuzuführen: er solle sich verschiedene bunte Handtücher kaufen, diese auf dem Fußboden in Richtung auf das Klavier auslegen, dann auf die Bühne gehen und sich die Frage stellen: „Möchte ich auf diesem Handtuch ohnmächtig werden oder lieber auf dem nächsten?" „Und so ging er zum 2. Handtuch und stellte die gleiche Überlegung an: ‚Soll ich auf diesem oder auf dem nächsten ohnmächtig werden?' Er kam zum Klavierstuhl ... Er wußte, es würde schwierig sein, auf dem Klavierstuhl ohnmächtig zu werden, und so setzte er sich darauf. Und er erwog, auf dem Flügel ohnmächtig zu werden, aber er konnte sich das nicht ganz klar vorstellen ... Und so gab er sein Konzert" (S. 162). Die Eigenschaft, die der Patient für den Grund seiner Schwierigkeiten hält – seine Sorge in bezug auf eine Ohnmacht –, wird verwendet als Mittel, um das gewünschte Ziel zu erreichen.

Einem agoraphobischen Patienten gab Erickson die Hausaufgabe, rückwärts in einen Zug einzusteigen. Dieses sozial auffällige Verhalten beschäftigte den Patienten offensichtlich so stark, daß es ihm dadurch erleichtert wurde, überhaupt wieder eine stark angstauslösende Situation aufzusuchen und sich damit die Chance zu geben, die phobischen Reaktionen zu löschen. Überraschung und Verwirrung waren wohl auch wesentliche Therapiekomponenten, als Erickson mit einem ebenfalls agoraphobischen Patienten Therapie in vivo machte. Er begleitete ihn in ein Restaurant, in dem er sich dann normativ gesehen so „daneben" benahm, daß der Patient nur noch damit beschäftigt war, mit dem peinlichen Verhalten seines Therapeuten umzugehen – und dadurch erstmals überhaupt wieder ein Restaurant besuchen konnte, ohne die befürchteten Reaktionen erfahren zu müssen.

Eine recht ausführliche Darstellung der Behandlung einer Flugphobie ist in Erickson u. Rossi (1981, S. 367) beschrieben. Die intelligente, attraktive Patientin war zwar imstande, ein Flugzeug zu besteigen, zeigte aber eine massive phobische Reaktion in dem Moment, da sich die Maschine von der Startbahn erhob und litt fürchterlich, bis das Flugzeug wieder den Boden berührte. Erickson verpflichtete sie bereits in der 1. Sitzung, alles zu tun, worum er sie bitten würde, da er ihr Problem als eine Angst vor Abhängigkeit und Kontrollverlust definierte. Im Zustand der Trance ließ er sie dann in der Phantasie ein Flugzeug besteigen und durch einen Sturm fliegen. Die Patientin zeigte dabei extrem starke Angstreaktionen, bis der Therapeut suggerierte, daß sie sich bald wohl fühlen würde und die ganze Angst auf den Sessel übergehen würde, auf dem sie sitze. Diese Symptomverschiebung ratifizierte die Patientin nach der Trancebeendigung dadurch, daß sie nunmehr auf den Stuhl, in dem sie gesessen hatte, phobisch reagierte. Mit Hilfe von posthypnotischen Aufträgen gelang es der Patientin daraufhin erstmalig, einen Flug angenehm entspannt zu erleben. In weiteren Sitzungen wurde das verstandesmäßige vom emotionalen Erleben dissoziiert und später integriert.

Bei dieser therapeutischen Arbeit werden über eine Regression die Emotionen, die beim ursprünglichen Entstehungsprozeß beteiligt waren, in der Trance wieder erzeugt, um dem Patienten zu helfen, diese zu erkennen. Dann wird der Patient erneut in Trance versetzt; diesmal läßt man die Emotionen ruhen und hilft ihm, den intellektuellen Inhalt zu erkennen und verbindet dann in einer 3. Trancephase die kognitiven und emotionalen Aspekte miteinander, so daß der Patient schließlich mit einer vollständigen Erinnerung aus der Trance erwacht. Bei dieser Patientin konnte ein traumatisches Erlebnis aus der Kindheit für die Genese der Phobie eruiert und ein *neuer Bezugsrahmen* geschaffen werden, der es der Patientin ermöglichte, den ursprünglichen Vorfall ohne die Angst des Kindes aufs neue zu erleben. Ericksons theoretische Position war die Annahme, daß phobisches Verhalten durch die unangebrachte Verwendung eines alten Bezugsrahmens in einer neuen Situation entsteht und daß von daher eine Umstrukturierung des Bezugsrahmens der relevante Faktor bei der Behandlung von Phobien ist. In weiterer Trancearbeit utilisierte Erickson bei dieser Patientin deren Motivation zur Förderung effizienterer Lerngewohnheiten und zur Verbesserung ihrer Lernvorgänge, um so neue Bezugsrahmen entwickeln zu können. Dabei wird deutlich, daß wie beim klassisch verhaltenstherapeutischen Vorgehen neben der Beseitigung der aversiven Empfindungen der Aufbau von neuen Denkstrukturen und Verhaltensalternativen für die stabile Beseitigung einer phobischen Reaktion notwendig ist.

Dieses Vorgehen scheint Erickson in strukturell ziemlich typischer Weise bei der Angstbehandlung eingesetzt zu haben, jeweils unter Berücksichtigung aller sich individuell durch den Patienten ergebenden Varianten. Doch wurden auch völlig andere, dem jeweiligen Patienten maßgeschneiderte Vorgehensweisen, angewandt etwa bei der Behandlung von Patientinnen mit phobischen Reaktionen auf Blut (S. Rossi 1980, S. 189 und S. 280). Wolff (1988) berichtet erfolgreiche Behandlungen von 8 examensängstlichen Medizinstudenten mit Hilfe des indirekten, permissiven hypnotischen Vorgehens, wobei er v.a. Wert auf eine physiologische Entaktivierung legt.

Zweifelsohne hat Erickson den bedeutendsten Beitrag in diesem Jahrhundert zum Thema Hypnose geleistet. Ich will hier jedoch nicht ausführlicher auf sein Menschenbild, seine grundlegenden Vorstellungen von Krankheit und Gesundheit und seine therapeutische Kompetenz eingehen, da dies an anderen Steilen bereits ausführlich geschehen ist (vgl. Kap. 9). Ein volles Verständnis der Phobienbehandlung mit Hilfe des Ansatzes von Erickson wird jedoch erst dann möglich sein, wenn Ericksons Arbeit im Gesamten verstanden wird. Hier soll es bei der Darstellung obiger Beispiele bleiben und darauf hingewiesen werden, daß auch die Phobien innerhalb des Ericksonschen Konzeptes nach den gleichen grundsätzlichen Mustern und Strukturen der Hypnotherapie behandelt werden wie andere Störungen.

Die hypnotischen Strategien werden dabei je nach Individualität des Patienten eingesetzt: Symptomverschiebung, Altersregression, Reframing, Dissoziation, Metaphern, Amnesie, posthypnotische Aufträge, positive oder negative Halluzinationen u.ä. kommen so zur Anwendung. Das situationsspezifische, auf den Patienten zugeschnittene Einsetzen der jeweiligen Komponenten, mit einer spielerischen Leichtigkeit scheinbar improvisiert, obwohl konsequent strategisch geplant, dürfte das wesentliche „Merkmal" von Ericksons Effizienz gewesen sein.

Forschungsstrategisch ergeben sich gerade hieraus die meisten Probleme: untersucht man einzelne hypnotische Interventionen nach ihrer Effizienz, so wird möglicherweise der wichtigste Aspekt, nämlich die Interaktion zwischen den verschiedenen Faktoren, nicht erfaßt. Auch die für den positiven Ausgang der Therapie erforderliche Individualisierung der Therapie wirft wissenschaftsmethodische Probleme sowohl bei der Durchführung als auch bei der Bewertung der Ergebnisse auf. Zunächst bleibt nichts anderes übrig, als durch das Studium der Arbeiten Ericksons zu lernen. Falsch und vermutlich therapeutisch ineffizient wäre es, wenn man versuchen würde, die oben geschilderten Beispiele einfach zu übernehmen und als Handlungsanleitung mißzuverstehen. Es müssen v.a. die strukturellen Vorgehensweisen Ericksons gelernt und verstanden werden. Erst durch eine auf übergeordneter Ebene strukturelle Standardisierung können dann die individuellen Vielfältigkeiten eines jeden Patienten berücksichtigt und therapeutisch genutzt werden.

Neurolinguistisches Programmieren

Richard Bandler und John Grinder begannen in den 70er Jahren, effiziente Therapeuten wie Fritz Perls, Virginia Satir und insbesondere Milton Erickson v.a. anhand linguistischer Kategorien zu beobachten, um Strukturen derer Tätigkeit zu erkennen und damit lehrbar zu machen (vgl. Kap. 24). Sie entwickelten sprachliche Kategorien, mit Hilfe derer die Kommunikationsstruktur Fricksons erkennbar und lernbar werden sollte (Bandler u. Grinder 1975a; Grinder et al. 1979). Weiterhin versuchten sie, strukturelle Muster für therapeutische Interventionen aufzuzeigen, die jeweils für spezifische Probleme angewandt werden sollten. Auch wenn zur Veränderung phobischer Reaktionen reine Prozeßinstruktionen (s. Grinder u. Bandler 1984, S. 135f.) manchmal ausreichend sein können, ist i. allg. doch ein strukturierteres Vorgehen erforderlich. Die Autoren beschreiben eine strukturelle Regression zur Behandlung einer Phobie (1984, S. 135f., s. Kasten auf S. 257).

Die Dissoziation besagt in diesem Fall: 1) sieh' dich selbst dort hinten in einem jüngeren Alter und 2) gehe aus deinem Körper heraus. Für die Integration: 1) gehe wieder zurück in deinen Körper und 2) gehe hinüber zu der jüngeren Person und reintegriere sie. Dabei werden die kinästhetischen Aspekte der Kompetenz mit den auditiven und visuellen Stimuli aus der Vergangenheit assoziiert. Es handelt sich bei diesem Vorgehen also um ein Dissoziieren und Reorganisieren von Erfahrungen, indem neue Arten

Phobie-Behandlung

1) Zunächst wird die phobische Person gebeten, eine Situation zu visualisieren, in der sie sich als erwachsene, starke und kompetente Person erleben kann. Dieser Zustand wird „geankert“ mit einer Berührung durch den Therapeuten (d.h. klassisch konditioniert). Nachdem der Therapeut versichert hat, daß die phobische Reaktion nicht beseitigt werden wird, sondern daß vielmehr neue Reaktionsmöglichkeiten aufgebaut werden sollen, wird die phobische Reaktion ausgelöst und mit einem anderen Stimulus (einer andersartigen Berührung) ebenfalls konditioniert.
2) Anschließend wird die Person gebeten, in der Phantasie in die Vergangenheit zu gehen, um zu einer Erinnerung zu gelangen, die mit der Entstehung der phobischen Reaktion zu tun hatte, wobei sie sich jedoch von außen, also dissoziiert von den aversiven Empfindungen, wahrnehmen soll. Durch gezieltes Einsetzen der konditionierten Stimuli (Berührung) können jetzt Gefühle der Kompetenz mit der ursprünglichen Lernerfahrung assoziiert werden.
3) In einem weiteren Schritt soll die Person sich nun in der aktuellen Situation mit den damit verbundenen Empfindungen des Erwachsenseins, der Stärke und der Kompetenz von außen visualisieren. Aus dieser Position heraus soll sie nochmals die vergangene Erfahrung bei der Entstehung der Phobie distanziert ansehen, anhören und die aversiven Gefühle dort wahrnehmen, um schließlich aus dieser 3. Position heraus in den Körper „zurückzufließen“, die Kompetenzgefühle zu erleben und sich mit der „jüngeren Person“ zu versöhnen, um deren Energie für die Zukunft nützlicher zu verwerten.

von Ressourcen mit den auditiven und visuellen Stimuli verbunden werden, welche vorher die alten, unangenehmen kinästhetischen Reaktionen hervorgerufen haben.

Zu diesem Zeitpunkt vertraten Bandler u. Grinder noch die Meinung, eine Phobie müsse in einer Stunde behandelbar sein. Inzwischen ist Bandler der Ansicht, 5 min sollten ausreichend sein ([1]1978, S. 63). Solche Aussagen klingen zwar bestechend, fallen jedoch unter die Kategorie des „plausiblen Unsinns“, wie Hofstadter es in „Metamagicum“ (1988) bezeichnet.

Vermutlich haben Bandler u. Grinder sich nicht an realen Patienten aus dem klinischen Bereich orientiert. Möglicherweise ist eine isolierte einzelne phobische Reaktion tatsächlich in kurzer Zeit systematisch zu beseitigen (auch dafür fehlen jedoch noch empirische Belege), doch kommt dem klinisch kaum Relevanz zu, da es sich meistens um ein komplexes und generalisiertes Syndrom handelt, wenn die Diagnose „Phobie“ gestellt wird; zudem funktionieren NLP-Muster vermutlich nur dann prompt, wenn die betreffende Person bereits auf das grundsätzliche NLP-Denken eingestellt ist.

Das soll jedoch die Leistung der Autoren nicht schmälern. Immerhin ist es ihnen gelungen, Kommunikationssequenzen so klar darzustellen, daß sie therapeutisch anwendbar sind. Wiederum mit Hilfe der Dissoziationstechnik, bei der ein Erinnerungsbild aus einem anderen Blickwinkel gesehen wird, sowie über eine Modifikation von Submodalitäten wird die Beeinflussung einer phobischen Reaktion beschrieben (1987, S. 57f.): Der Patient wird gebeten, sich selbst zu einem Zeitpunkt unmittelbar vor Eintreten der phobischen Reaktion wie auf einem Schwarzweißfoto zu sehen, anschließend aus seinem Körper herauszutreten und sich von außen auf dem stehenden Bild anzuschauen. Danach soll er das Foto in einen Schwarzweißfilm verwandeln und diesen Film bis kurz nach Beendigung der unangenehmen Erfahrung ansehen. Hier soll er den Film anhalten, hineinspringen und ihn nunmehr rückwärts ablaufen lassen

– jetzt in Farbe. Die dahinterstehende Annahme ist, daß Veränderungen in den Submodalitäten der entsprechenden Erfahrung auch Veränderungen in den kinästhetischen Reaktionen bewirken.

Das NLP geht davon aus, daß die Kenntnis der jeweiligen Prozesse genügt, und daß es ausreicht, sich nur mit diesen Prozessen zu beschäftigen, um adäquate Veränderungen zu erreichen. Andreas u. Andreas (1988) kritisieren die nachgewiesenermaßen sehr effektive Implosionstherapie von Phobien wegen der Verwendung von Inhalten anstelle von Submodalitäten (S. 162). Trotz solcher zwar sehr selbstsicher vorgebrachten, aber vagen, unüberprüften und z. T. sogar falschen Aussagen von NLP-Anhängern, kann man zugestehen, daß hier grundlegende Muster zur Angstbehandlung gut beschrieben und nachvollziehbar sind. Der Verzicht auf Inhalte bedeutet natürlich eine bedeutsame Verkürzung und extreme Minimierung des Ansatzes von Erickson und wirft Zweifel auf in bezug auf die Anwendung des NLP im klinischen Bereich, innerhalb dessen noch keine Effizienznachweise existieren. Bisherige NLP-Anekdoten stammen hauptsächlich aus Mitschriften von Seminaren, bei denen vorrangig Psychologen und Mediziner teilgenommen hatten. Eine Benutzung von NLP-Strategien, die eingebettet sind in ein übergreifendes Therapiekonzept, in dem auch mit den typischen hypnotischen Strategien gearbeitet wird, könnte jedoch eine Verbesserung bei der Phobienbehandlung im Sinne einer stärkeren Standardisierung und Strukturierung darstellen. Auf jeden Fall ist es an der Zeit, daß NLP-Praktiker empirische Absicherungen für ihre vielfältigen Hypothesen erbringen.

Das hypnobehaviorale Modell

Zur psychotherapeutischen Behandlung von Angstsyndromen existieren die explizitesten Theorien, die gründlichsten experimentellen Untersuchungen und die am besten überprüften verhaltenstherapeutischen Standardverfahren, wobei die heutige, primärstrategisch orientierte Verhaltenstherapie nicht mit dem gleichgesetzt werden darf, was Ende der 60er Jahre als Verhaltenstherapie bezeichnet wurde.

Auch die hypnotherapeutischen Strategien nach dem Utilisationsansatz weisen radikale Veränderungen phobischer Reaktionen auf, wenn auch bislang nur in Einzelfallstudien berichtet. Meist wird die Hypnose von Verhaltenstherapeuten als „Vehikel“, „Potentiator“, „Faciliator“ oder einfach als Therapiebaustein betrachtet. Da die angewandten Prozesse durchaus empirischer Überprüfbarkeit zugänglich sind, liegt die Hypothese nahe, ob nicht die systematische, strukturell definierte Einbeziehung hypnotischer Muster in verhaltenstheoretisch fundiertes strategisches Vorgehen eine Erhöhung der Effizienz und Ökonomisierung bei der Behandlung von Phobien ermöglichen könnte, so wie es von vielen klinischen Psychologen bereits praktiziert wird. Ich möchte hier keineswegs für die sog. integrative Therapie plädieren und einem naiven Eklektizismus in der Psychotherapie Vorschub leisten. Doch bin ich davon überzeugt, daß die theoretische Aufarbeitung des Ansatzes von Erickson im Rahmen verhaltensorientierter Konzepte keine Probleme bereitet. Die Verwendung hypnotischer linguistischer Muster kann verhaltenstherapeutisches Vorgehen wesentlich eleganter und flüssiger gestalten, und die Induktion einer Trance kann dem Patienten sehr viel erleichtern (vgl. Lazarus 1976).

Auch dürften Therapieprogramme, wie das kognitiv orientierte von Beck u. Emery (1981) oder auch die auf der Verhaltensebene und mehr konfrontativ vorgehenden Verfahren wie von Mathews et al. (1988) oder Margraf u. Schneider (1989) durch differenzierten Einsatz hypnotischer Elemente noch effektiver werden.

Entwicklung der Phobiebehandlung

Frankel (1980) zeigt in einem Übersichtsartikel die Ähnlichkeit hypnotischer und verschiedener verhaltenstherapeutischer Techniken wie Desensitization, Implosion, „shaping and flooding" auf und vertritt die Meinung „that hypnotherapists have been moving increasingly to the use of behavior therapy techniques. Understandingly so, because they depend on behavior techniques long before these were categorized as such" (S. 172). Bereits 1976 beschäftigt sich Weitzenhoffer in seinem Artikel „Behavior therapeutic techniques and hypnotherapeutic methods" mit der Verbindung von Lernprinzipien und Methoden aus der Hypnose. Er beschreibt mehrere Fälle Ericksons, in denen ein rein verhaltenstherapeutisches Vorgehen mit Verwendung und Nutzung von Trancezuständen erkennbar ist (S. 294 und S. 298). Scholz (1986, S. 90 und S. 147) verweist mehrmals auf die durch die Lernpsychologie verständlichen und abgesicherten Erkenntnisse bei den von Erickson applizierten Interventionen und beschreibt mehrere seiner Handlungen im Rahmen des Konditionierungsparadigmas. Von Peter (1987, S. 37) wird Haleys Buch *Die Psychotherapie Milton H. Ericksons* (1978a) als „eines der besten verhaltenstherapeutischen Praxisbücher überhaupt" („wenn auch nicht in S-R-Terminologie geschrieben"; S. 37) bezeichnet, und Kraiker (1987) leitet geschichtlich die mit imaginativen Konditionierungstechniken arbeitende Verhaltenstherapie aus der Hypnose ab. Kroger u. Fezler (1976) schreiben: „Erickson was one of the first hypnotherapists to employ what today would be termed a behavioral approach" (S. 41).

Revenstorf (1987) betrachtet Hypnose auch als von jeher zur Verhaltenstherapie gehörig und nimmt an, daß „Hypnose aufgrund des Dissoziationsmechanismus die Revision des Verhaltens erleichtern kann, indem sie hinderliche Schemata dissoziiert und andere assoziiert" (S. 16). In einer sehr detaillierten Falldarstellung kommt Kossak (1983) u. a. zu folgenden Feststellungen: Hypnose läßt sich in die verhaltenstherapeutische Behandlung integrieren; die spezifischen therapeutischen Aspekte der Hypnose lassen sich in lerntheoretischen Begriffen erklären; Hypnose sollte nicht als Globalverfahren, sondern als ein Bestandteil eines differenzierten und individuell abgestimmten Therapieprogramms verstanden werden (S. 55). In einer ebenso ausführlichen und verhaltensanalytisch exakten Beschreibung berichtet Kossak (1987) von der Behandlung generalisierter Sozialängste durch kognitive Umstrukturierung in einer Altersregression unter Hypnose.

Lazarus (1986) weist darauf hin, daß zur Behandlung von sozialen Phobien (z.B. Redeangst, Lampenfieber, Kontaktangst usw.) Hypnose allein nur wenig geeignet ist, da es in diesen Fällen oft erforderlich ist, Defizite im interpersonalen Verhaltensrepertoire zu beseitigen, wobei für den Aufbau sozialer Fertigkeiten vor der Konfrontation mit der befürchteten Situation spezifisches Coaching, Verhaltensübungen in Rollenspielen, Shaping und Modellernen am geeignetsten sind. Hypnose kann jedoch ein wichtiges Ingredienz in einer Breitbandtherapie sein. Er beschreibt die Behandlung eines an Kontaktangst leidenden Patienten mit Hilfe der *Negativeffekttechnik,* bei welcher der Patient angeleitet wird, sich im hypnotischen Zustand die tatsächlich befürchteten Konsequenzen seines Handelns vorzustellen. Hierdurch kommt es zu einer Löschung der negativen Attribution dieses Erlebnisses, was bewirkt, daß der Patient das Risiko eingeht, die entsprechende Handlung in der Realität auch zu wagen, um so die Erfahrung machen zu können, daß er die Situation auch erfolgreich bewältigen kann.

Wie oben gezeigt wurde, ist die Hypnose innerhalb verhaltenstherapeutischer Maßnahmen zur Entängstigung bisher am häufigsten im Rahmen der systematischen Desensibilisierung und kognitiver Imaginationsverfahren eingesetzt und untersucht worden. Hier kann der Trancezustand zumindest auf physiologischer Ebene gleichwertige Entspannungsparameter herstellen wie andere Entspannungsverfahren, etwa die progressive Relaxation oder das autogene Training. Die Visualisationsfähigkeit und die daraus resultierende kinästhetische Reagibilität werden wahrscheinlich durch die Tranceinduktion deutlich gesteigert, was beispielsweise hierarchisch dargebotenen Stimuli eine „realitätsnähere" Qualität verleiht.

Bei bestimmten Diagnosen, etwa multiplen Situationsphobien, der Agoraphobie oder Klaustrophobie, erwiesen sich Konfrontationsverfahren wie Flooding oder Implosion als hoch wirksam (Ullrich u. Ullrich de Muynck 1974; Mathews et al. 1988), wobei auch hier durchaus eine Ähnlichkeit zu bestimmten Vorgehensweisen Ericksons erkennbar ist.

Spinhoven (1987, zit. nach Coe 1989, S. 27) erklärte im Rahmen einer Bestandsaufnahme von Hypnose und Verhaltenstherapie, daß die sparsamste Erklärung die ist, daß Hypnotherapie verfahrensmäßig bestimmten (kognitiven) verhaltenstherapeutischen Verfahren ähnlich ist. So beschreibt Wilson (1986), von hypnotherapeutischen Strategien ausgehend, ein verhaltenstherapeutisches Selbstkontrollprogramm zur Behandlung von Panikattacken. Eine Literaturübersicht zum Thema „Hypnose und Verhaltenstherapie" geben Kraiker u. Meiller (1987, s. auch Peter, Kraiker u. Revenstorf 1991).

Utilisation der hypnotherapeutischen Techniken bei Phobiebehandlung

Zunächst sollen einige aus der Praxis gewonnene Erfahrungen in Form von Annahmen formuliert werden, weshalb hypnotherapeutische Fertigkeiten die verhaltensorientierte Psychotherapie effektiver gestalten können: (s. Kasten S. 261)

Insgesamt kann man mit Hilfe eines theoretisch gut fundierten verhaltenstherapeutischen Konzepts auf dem Boden experimenteller fundierter Forschung Angstzustände sehr erfolgreich behandeln. Durch gezieltes und strategisch begründetes Einsetzen hypnotischer Muster dürfte eine weitere Ökonomisierung und Effektivierung erreichbar sein. Im Sinne einer Metapher kann die Verhaltenstherapie als solides Handwerk verstanden werden, das durch die kunstvollen Fertigkeiten der Hypnose erheblich verfeinert wird und damit zu einer Erhöhung der therapeutischen Kompetenz führt, was wiederum dem Patienten zugute kommt.

So läßt sich die Hypnose am ehesten als therapeutischer Baustein verstehen; als zusätzliche Fertigkeit des Therapeuten, die eingebettet sein muß in einen sinnvollen

Hypnotherapie der Angst

1) Hypnose erhält die Funktion eines *Katalysators:* bei Entängstigungsverfahren wirkt die des allgemeinen Erregungsniveaus durch die Trance angstantagonistisch und inkompatibel.
2) Die *kognitive Fokussierung* im Trancezustand intensiviert die Imaginationsfähigkeit und die Neutralisierung aversiver kinästhetischer Reaktionen.
3) Hypnose als Element zur *Datengewinnung:* verlorengegangene Informationen beim Patienten können im hypnotischen Zustand möglicherweise viel leichter wiedergewonnen werden. (So gab eine Patientin, die wegen klaustrophobischer Beschwerden in Behandlung gekommen war, erst im Trancezustand Informationen über ihre sozialen Ängste preis, die auslösend für die phobischen Symptome waren. Erst durch den dadurch veränderten Therapieplan konnte schließlich ein stabiler Therapieerfolg erreicht werden; s. unten.)
4) Hypnotische Strategien können hervorragend zur *Motivierung* eingesetzt werden: bei Angstpatienten geht es immer auch darum, sie zu motivieren, einige für sie schwierige und unangenehme Dinge bewußt zu praktizieren (vgl. Zeig 1985a, S. 287). Die aus der hypnotherapeutischen Behandlung stammenden Elemente, v.a. auch paradoxe und provokative Vorgehensweisen, erleichtern dem Patienten die Entscheidung, das für ihn Notwendige zu tun (vgl. Haley 1955; Farrelly u. Brandsma 1986).
5) Die aus der Hypnotherapie stammenden Techniken zur Herstellung eines tragfähigen *Rapports* definieren eine positive Patient-Therapeut-Interaktion, die dazu dient, daß die Reaktionsbereitschaft des Patienten für eine Akzeptanz des therapeutischen Vorgehens erhöht wird (vgl. Schachtner 1984).
6) Die Verwendung hypnotischer Sprachmuster, d.h. die Berücksichtigung der aus der Hypnose gefilterten linguistischen Strukturen (vgl. Grinder u. Bandler 1984), tragen entscheidend dazu bei, daß die Anleitung des Patienten einen scheinbar lockeren und *spielerischen Charakter* hat, so daß dieser mit größerer Wahrscheinlichkeit die gewünschten Leistungen erbringen kann.
7) Viele NLP-Interventionen lassen sich mit Hilfe des Konditionierungsparadigmas erklären und als spezifisch kognitive Interventionen begreifen. Die fast ausschließliche Prozeßorientierung scheint mir zwar nicht ausreichend zu sein, kann jedoch die Wahrnehmung des Therapeuten auf subtile Reaktionsmuster schulen. Gerade bei phobischem Verhalten scheint mir die Arbeit mit der Modifikation von Submodalitäten brauchbare Effekte hervorbringen zu können.

Therapieplan, der systematisch abgeleitet wurde aus einer vorhergehenden Verhaltensanalyse des Mikroverhaltens, einer Bedingungsanalyse des Makroverhaltens sowie einer Funktionsanalyse des phobischen Verhaltens, um wirklich stabile Veränderungen zu bewirken.

Diesen Standpunkt vertritt auch Kossak, wenn er schreibt: „Hypnose ist nur dann sinnvoll und verantwortlich im Rahmen einer Psychotherapie eingesetzt, wenn ihre Methode in ein bestehendes Therapiekonzept, die Verhaltenstherapie, integriert ist. Die Kombination vermag dann die Vorteile beider Verfahren zu erhöhen" (1985, S. 138). Auch Peter (1989) weist darauf hin, daß bei der Hypnotherapie aufgrund der aus Exploration und Diagnostik gewonnenen Informationen ein sinnvoller Behandlungsplan aufgestellt werden muß, wobei das dafür nötige Bedingungs- und Veränderungswissen, „wenn überhaupt, nur zu einem geringen Teil aus der Hypnose per se" stammt (S. 20). Hand (1986) leitet aus einer sehr differenzierten Analyse eines sinnvollen therapeutischen Handelns ab, daß das Erstellen einer Gesamttherapiestrategie unter lerntheoretischen und experimentell-psychologischen Gesichtspunkten das Elementarste bei der Therapieplanung ist, in die auch Hypnose als Komponente sinnvoll einbaubar ist (vgl. Forster 1989).

Die für die Behandlung von über Krankenkassen versicherten Patienten zuständigen Psychotherapierichtlinien kommentieren eindeutig „Die Hypnosebehandlung kann als gleichzeitig angewandte Psychotherapiemethode nur (Hervorhebung durch den Verfasser) in der Verhaltenstherapie Anwendung finden" (Farber u. Haarstrick 1989, S. 98).

Fallberichte

Die beiden folgenden Falldarstellungen aus meiner Praxis verdeutlichen diese Vorgehensweise. Ich beschränke mich bei der Darstellung auf die für das hier abgehandelte Thema relevanten Angaben und verzichte auf eine ausführliche Darstellung der gesamten Behandlung und ihrer einzelnen Bausteine. Desgleichen muß die „Umgebung" der spezifischen Intervention (Aufbau von Rapport, Therapiekontrakt usw.) als notwendige Bedingung betrachtet werden, auf die ich hier jedoch aus thematischen Gründen nicht näher eingehe.

Fall 1

Frl. H., 21 Jahre, litt an Angstzuständen, die sich bis zur Panik steigerten. Als körperliche Symptome berichtete sie Tachykardien, Schwindelgefühle und extremes Schwitzen; kognitiv befürchtete sie, zu kollabieren, und im motorischen Bereich war bereits ein extremes Vermeidungsverhalten gegenüber den angstauslösenden Situationen ausgeprägt (S-Bahn fahren, Autofahren, Geschäfte oder Lokale aufsuchen). Sie war bereits über einen längeren Zeitraum krankgeschrieben, da sie nicht in der Lage war, mit öffentlichen Verkehrsmitteln zu ihrem Arbeitsplatz zu kommen. Aufgrund dieses von ihr als Versagen erlebten Verhaltens machte sie sich massive Selbstvorwürfe, erlebte sich als depressiv und insuffizient und begann, sich mit Suizidgedanken zu tragen. Nachdem sie mehrere Allgemeinärzte aufgesucht hatte, deren Medikamente und Ratschläge jedoch nicht den gewünschten Erfolg brachten, konsultierte sie einen Psychiater, der ihr zu einer psychologischen Behandlung riet.

Ihr definiertes Therapieziel war die Verringerung oder Beseitigung ihrer Panikattacken beim Benutzen von Verkehrsmitteln, damit sie wieder arbeitsfähig wäre. Die Ergebnisse der Verhaltensanalyse werden hier nicht abgehandelt und erklärt. Daraus abgeleitet wurde jedoch folgende therapeutische Vorgehensweise:

1) Erlernen einer Bewältigungsreaktion zur Angstkontrolle, um wieder zur Arbeit gehen zu können (Reinstallation von positiver Verstärkung);
2) kognitive Umstrukturierung ihres unrealistisch hohen Anspruchsniveaus, sowohl bezogen auf ihre Leistungen im Beruf als auch bezogen auf die Zuwendung durch andere Personen (Reduktion der Fehlschlags- und Versagensangst sowie Eliminierung der operanten Bedingungen der Symptomatik und deren funktionaler Bedeutung);
3) Klärung der partnerschaftlichen Beziehung, da die Hypothese bestand, daß die Symptomatik zumindest teilweise ihre aufrechterhaltenden Bedingungen darin hat, daß die Beziehung zum Lebenspartner nicht in Frage gestellt werden konnte, weil sich die Patientin trotz ihrer Unzufriedenheiten mit der Partnerschaft nicht in der Lage sah, evtl. auch alleine ihr Leben bewältigen zu können.

Innerhalb des strategischen Vorgehens war beabsichtigt, als ersten Schritt eine Beseitigung des Vermeidungsverhaltens den angstauslösenden Situationen gegenüber zu erreichen, damit die Patientin wieder arbeitsfähig werden konnte. Dazu wurde ihr zunächst der paradoxe Auftrag gegeben, zum jetzigen Zeitpunkt auf keinen Fall damit zu beginnen, wieder öffentliche Verkehrsmittel zu benutzen, sondern mindestens noch 3–4 Wochen damit zu warten, bevor sie sich die Mühe antue, wieder in eine S-Bahn zu steigen. Diesen Auftrag konnte die Patientin mit Beruhigung annehmen; gleichzeitig enthielt er die implizierte Suggestion, daß sie in etwa 2 Wochen beginnen werde, sich mit den angstauslösenden Reizen zu konfrontieren. Als Bewältigungsstrategie wurde ihr ein „mentales Training" angeboten: im Trancezustand die befürchteten Situationen zu visualisieren, um damit eine Vorbereitung auf die spätere in-vivo-Situation zu praktizieren. Theoretische Begründung dafür war das Konzept der reziproken Hemmung aus der systematischen Desensibilisierung, und bei der praktischen Durchführung wurde auf eine strenge Dissoziation der visuellen von den kinästhetischen Reaktionen geachtet. Als Feedback zur Ratifikation wurden Handlevitationssignale etabliert. So konnte Frl. H. innerhalb kurzer Zeit lernen, wieder S-Bahn zu fahren, zunächst mit zwar verminderten, aber vorhandenen Angstgefühlen. Der paradoxe Auftrag wurde beibehalten („Ich möchte nicht, daß Sie bis zur nächsten Sitzung bereits mehr als 4 Stationen fahren!"). Nach etwa 10 Therapiestunden war die Patientin fähig, ihre Arbeit wieder aufzunehmen, wobei die zwischendurch aufgetretenen „Rückfälle" durch vorwegnehmende Voraussagen abgedeckt waren.

Als nächster Therapieschritt war vorgesehen, die ätiologischen und aufrechterhaltenden Bedingungen, also die „Ursachen" zu bearbeiten. Dazu gab die Patientin in einer Trancesitzung selbst die entsprechenden Informationen, nachdem sie im Trancezustand aufgefordert worden war, etwas zu erleben, was mit den Hintergründen ihrer Ängste zu tun haben könnte und dies im dissoziierten Zustand zu berichten. Es stellte sich heraus, daß sie massive soziale Ängste hatte: Angst vor öffentlicher Beachtung und Kritik, Schwierigkeiten, „nein" zu sagen, Unfähigkeit, Wünsche zu äußern, übertriebene Unterordnungstendenzen und ähnliches mehr. Daraufhin konnte der Therapieplan dahingehend geändert werden, daß als neue Ziele sowohl eine Beseitigung der interpersonellen Defizite als auch der Aufbau sozial kompetenter Fertigkeiten definiert wurden und als Interventionskomponenten Selbstsicherheitstraining und Kommunikationstraining in das Vorgehen integriert wurden. Insgesamt waren 55 Therapiestunden erforderlich, damit ein stabiler Erfolg erreicht werden konnte; eine Nachkontrolle nach 3 Jahren ergab, daß die in der Therapie erreichten Ziele aufrechterhalten werden konnten.

In der konkreten therapeutischen Interaktion spielten natürlich viele andere komplexe und subtile hypnotherapeutische Elemente eine Rolle, so etwa der Aufbau von Reaktionspotentialen, die Verwendung von aus der Hypnose abgeleiteten linguistischen Sprachstrukturen und die Utilisation der von der Patientin angebotenen Fähigkeiten. Hier ging es jedoch darum, den Einsatz der Hypnose zur Behandlung der phobischen Symptomatik zu verdeutlichen, wobei diese nicht mit dem übergeordneten Gesamtkonzept der Therapie gleichgesetzt werden darf. Desgleichen beschränke ich mich bei der Beschreibung des nächsten Falles auf die Reduktion der phobischen Reaktionen des Patienten durch Hypnose und vernachlässige die therapeutisch ebenso wichtigen anderen notwendigen Interventionen.

Fall 2

Herr R., 34 Jahre, litt an schmerzhaften Verkrampfungen der Schulter (Nacken) sowie der Paravertebralmuskulatur, welche v.a. bei konzentriertern Arbeiten und in Gesellschaft anderer Menschen auftraten und sich krampfartig in einem nicht beeinflußbaren groben Kopftremor entluden. Dadurch isolierte sich Herr R. immer mehr, brach sein Studium ab, trank übermäßig viel Alkohol und entwickelte andere neurotische Verhaltensweisen: neben einer ausgeprägten agoraphobischen Symptomatik v.a. exzessive Waschzwänge, da er massive Angst hatte, mit Schmutz, v.a. Öl oder Fett, in Berührung zu kommen. Dies äußerte sich neben einer hohen Händewaschfrequenz auch in skurrilen Eigenheiten. So trug er auch im Hochsommer einen hochgeschlossenen Mantel, damit nicht irgendwelche sich in der Luft befindenden öligen Staubpartikel seinen Körper berühren könnten. Er war zum Zeitpunkt der Behandlungsaufnahme völlig unfähig, eine Autowerkstätte oder eine Metzgerei zu betreten und konnte keine Speisen zu sich nehmen, die auf irgendeine Art mit Butter zu tun hatten. Aufgrund seiner Symptome erlebte er sich als unfähig, sein Leben selbständig führen zu können, und wohnte bei seinen Eltern, die seinen Lebensunterhalt finanzierten, da er sein Studium nicht beenden konnte. Ein Aufenthalt in einer psychosomatischen Klinik brachte eine deutliche Besserung des Tremors und eine Einsicht in die psychologische Bedingtheit der Beschwerden, jedoch noch keine ausreichende Veränderung der den Zwängen zugrundeliegenden Ängste vor Schmutz. Weitere Zwänge bestanden darin, bestimmten Zahlen aus dem Weg zu gehen. Der Patient nahm an, daß jemand aus seiner Umgebung sonst sterben müsse – es sei denn, er führe zur Verhütung bestimmte Rituale aus.

Es waren die Diagnosen „Agoraphobie" und „Zwangsneurose bei anankastischer Persönlichkeit" gestellt worden; theoretisch kann das Ausführen der Zwänge als angstreduzierendes Vermeidungsverhalten betrachtet werden, das in der Folge negative Verstärkungsqualität erhält. Folgende Therapieziele wurden definiert: Abbau der phobischen Reaktionen gegenüber allem, was mit Öl u.ä. zu tun hat, Wiederaufnahme des Studiums, Ablösung von den Eltern, Aufbau von Selbstsicherheit, v.a. Wiederaufnahme von Kontakten, Beseitigung des Alkoholkonsums, Verringerung der Grübeleien und Aufbau von Risikobereitschaft. Für die Reduzierung der phobischen Anteile (z.B. auf übertriebene Kleidung verzichten, ein Auto berühren, ein Butterbrot essen usw.) und den Aufbau neuer Verhaltensweisen (z.B. Selbstbehauptung in bezug auf die überfürsorglichen Eltern, Eingehen einer Beziehung zu einer Frau) wurde eine Hypnotherapie als sinnvoll erachtet, weil der Patient dazu neigte, alles überkritisch zu rationalisieren und für jeden Tberapieschritt wegen seines Sicherheitsbedürfnisses soviel erklärende Informationen haben zu wollen, daß auf dieser Ebene jede Veränderung unnötig viel Zeit gekostet hätte und sie von dem Patienten ohne bewußte Absicht boykottiert worden wäre.

So konnte durch indirekte Tranceinduktion dem Patienten zunächst die Erfahrung vermittelt werden, daß er entgegen seiner Meinung von sich selbst in der Lage sei, einen körperlich behaglichen Zustand herstellen zu können und sich über Fähigkeiten bewußt zu werden, die er für eine erfolgreiche Angstbewältigung benötigt, die er sich im „normalen" Zustand jedoch nicht zutraue. Zur Bekräftigung und als Ratifizierung dienten jeweils ideomotorische und ideosensorische Phänomene. Für die einzelnen konkreten angstauslösenden Situationen mußten zunächst sehr spezifische konfrontierende Handlungsanweisungen im Zustand des veränderten Bewußtseins gegeben werden, wodurch der Patient die ersten kleinen Erfolge erleben konnte (Essen eines Butterbrotes mit Messer und Gabel, später mit den Händen; Gang zur Universität usw.). Aufgrund der rationalisierenden Haltung des Patienten erwiesen sich posthypnotische Handlungsaufträge mit Amnesiesuggestionen als hilfreich. Ein wesentlicher Faktor bei der Angstneutralisierung war die Veränderung eines Attributs des Angstreizes innerhalb des bevorzugten Repräsentationssystems des Patienten dahingehend, daß der Reiz eine irreale und dadurch belustigende Qualität erhielt: hier die Visualisierung, Öl könne auch ein geblümtes Muster haben, das sich bei Bewegung zu lustigen Bildern verzerre. (Die Verwendung von Humor und Belustigung hat angstantagonistische Qualität und dadurch eine desensibilisierende Wirkung; vgl. Bernhardt 1985.) Außerhalb der Trance wurde provokativ angezweifelt, ob Herr R. tatsächlich in der Lage sei, irgendwelche Lernfortschritte in reales Verhalten umzusetzen (eine hypnotherapeutische Strategie, bei der die Zweifel des Patienten benutzt und dadurch – ebenso wie der „Widerstand" – ausgeschaltet oder zumindest verringert werden; etwa: „Ich glaube kaum, daß Sie das, was Ihnen in der Trance so hervorragend gelungen ist, auch nur ein klein wenig in Ihren Alltag übertragen können ... "). So lernte der Patient nach und nach wieder Handlungen auszuführen und die Erfahrung zu speichern, daß die befürchteten Konsequenzen des betreffenden Verhaltens ausbleiben.

Parallel zur Entängstigung wurde in Rollenspielen selbstbehauptendes Verhalten den Eltern gegenüber eingeübt, es wurden Selbstkontrollpläne mit dem Paitenten aufgestellt, um das problematisch werdende Alkoholproblem in den Griff zu bekommen, und es wurde ein Kontakttraining im Hinblick auf Frauen praktiziert. Nach 40 Therapiestunden war Herr R. wieder an der Universität immatrikuliert, konnte wieder alle Situationen aufsuchen, trug Konflikte mit seinen Eltern aus und fing an, mit Frauen Gespräche zu führen. Da er sich zutraute, das Begonnene alleine fortzusetzen, wurde gemeinsam entschieden, die Therapie hier zu beenden. Etwa 2 Jahre später erfuhr ich von einem Patienten, den Herr R. an mich verwies, daß es ihm nach wie vor gut gehe und er sein Studium beenden konnte.

Bei der Auswahl dieser beiden Fälle war es mein Anliegen, aufzuzeigen, wie Hypnose bei der psychologischen Behandlung von Angstzuständen effektiv eingesetzt werden kann. Dabei hoffe ich, vermittelt zu haben, daß es erforderlich ist, die Symptomatik in ihrem übergeordneten bedingungsanalytischen Kontext zu erfassen, daraus die sich ergebenden therapeutischen Verfahren abzuleiten und deren Applikation in einer Gesamtstrategie zu planen, damit stabile Therapieerfolge erreicht werden können. Die Auswahl der jeweiligen hypnotherapeutischen Muster hat sich an dem jeweiligen individuellen Verhaltensrepertoire der Patienten zu orientieren und muß für jede Therapie neu konstruiert werden, wobei nur strukturelle, keine inhaltlichen Vorgaben für den Therapeuten bestehen. Gerade die Verschiedenartigkeit der Inhalte ermöglicht es und macht es auch notwendig, die Individualität jeder Person zu berücksichtigen.

Schlußbemerkung

Viele Laien – und auch medizinisch ausgebildete Personen – stellen sich vor, Hypnose könne Angstzustände einfach wegsuggerieren. Hier ging es darum, aufzuzeigen, daß dieses Denkmodell mystizistisch und irreal ist. Trotz der weiten Verbreitung von phobischen Erkrankungen und anderen durch Angst bedingten Störungen konnten diese bis vor wenigen Jahrzehnten nicht systematisch behandelt werden. Im medizinischen Alltag werden auch heute noch phobische Erkrankungen oft nicht als solche erkannt und diagnostiziert, statt dessen werden nur deren einzelne Symptome und Erscheinungsformen medikamentös behandelt. Während in der Geschichte der Hypnose viele Hinweise sowie Einzelfallberichte zu finden sind, wie diese erfolgreich angewandt wurde, fehlen bislang systematische Untersuchungen und eindeutige Beschreibungen der jeweiligen Vorgehensweisen. Die meisten Autoren sind sich jedoch dahingehend einig, daß direkte Suggestionen zur Beseitigung der Angst wenig hilfreich sind. Vor allem von der Verhaltenstherapie wurden in diesem Jahrhundert auf klinisch-psychologischer Basis Behandlungsverfahren zur Beseitigung von Angstsyndromen entwickelt, die auch die entsprechenden wissenschaftlichen Nachweise bezüglich ihrer Wirksamkeit erbrachten. Dabei läßt sich feststellen, daß die Hypnose in den Anfängen der Entwicklung dieser verhaltenstherapeutischen Methoden eine gewichtige Rolle spielte, desgleichen kommt ihr auch seit den letzten Jahren im Rahmen verhaltenstherapeutischer Kontexte wieder eine verstärkte Bedeutung zu. Das läßt sich z.T. darauf zurückführen, daß Milton H. Erickson neue Definitionen von „Trance" und „Hypnose" lieferte und seine Therapien immer strategisch plante, wodurch sich eine Ähnlichkeit zur Verhaltenstherapie ergab, welche die Verhaltenstherapeuten der Hypnose gegenüber aufgeschlossener machte.

Heute können Phobien erfolgreich psychotherapeutisch behandelt werden. Dazu sind allerdings umfassende psychologische Fähigkeiten auf seiten des Therapeuten erforderlich: neben Theoriekenntnissen aus der allgemeinen Psychologie, Lernpsychologie, Motivationspsychologie, Sozialpsychologie, Physiologie und experimentellen Psychologie sind v.a. entsprechende therapeutische Fertigkeiten zur Erstellung einer Bedingungsanalyse der phobischen Reaktionen, zur Herstellung einer tragfähigen Patient-Therapeut-Interaktion, zur adäquaten Selektion der Interventionstechnologien und deren Präsentation erforderlich. Innerhalb eines solchen Gesamtgefüges scheint die Hypnose ihren Beitrag zur erfolgreichen Phobiebehandlung zu leisten, wobei jetzt noch gar nicht abzusehen ist, in welchem Maße sie noch weitere wertvolle Anregungen zu bieten hat.

Die Berücksichtigung individueller Einstellungen und des Selbstbildes zur Erhöhung des Rapports hat in der Hypnotherapie einen hohen Stellenwert. Daß diese Faktoren generell als notwendige Bedingung für erfolgreiche Therapien gelten, wird ersichtlich aus einem Bericht Wolbergs (1972, zit. nach Chong Tong Mun 1982): Ein englischer Psychiater versuchte, in Afrika bei Eingeborenen Depressionen und Phobien mit traditionellen Methoden zu behandeln und scheiterte dabei vollständig. Er fand keine Akzeptanz für seine wissenschaftlichen „fremdartigen" Methoden.

Forschungsmethodisch ergeben sich erhebliche Schwierigkeiten bei der Erfassung des Beitrags der Hypnose in der Psychotherapie. Die Komplexität und die Variablenvielfalt sind groß, und es stellt sich die Frage nach deren interaktionsbedingten Wirkungen. So werden die im Forschungbereich tätigen Psychologen wohl noch auf lange Zeit viele Fragen stellen, etliche Hypothesen und Theorien bilden und eine Vielzahl experimenteller Untersuchungen durchführen können, bis eines Tages ein besseres Verständnis der Hypnose erreicht wird und magische Vorstellungen durch rationales Wissen auf naturwissenschaftlicher Grundlage ersetzt werden, dem ein angemessenes wissenschaftstheoretisches Denkmodell vorausgeht. Bis dahin muß es genügen, daß der an einer Phobie leidende Patient heute eine wirksame Behandlung erfahren kann.

Empfohlene Literatur

Beck AT, Emery G (1981) Kognitive Verhaltenstherapie bei Angst und Phobien. Sonderheft II/1981 der DGVT. DGVT, Tübingen

Margraf J, Schneider S (1989) Panik. Angstanfälle und ihre Behandlung. Springer, Berlin Heidelberg New York Tokyo

Mathews A, Gelder M (1989) Agoraphobie. Springer, Berlin Heidelberg New York Tokyo

Mathews A, Gelder M, Johnston D (1988) Platzangst. Ein Übungsprogranun für Betroffene und Angehörige. Springer, Berlin Heidelberg New York Tokyo

Wilson RR (1986) Don't panic. Harper & Row, New York NY

13. Gewohnheitsprobleme: Raucherentwöhnung

JEFFREY K. ZEIG

Während bei Übergewicht und Alkoholmißbrauch Hypnose bevorzugt mit verhaltenstherapeutischen Strategien verknüpft wird – nach dem hypnobehavioralen Modell (Kroger u. Fezler 1976) – werden in der Raucherentwöhnung häufig direkte Verbalsuggestionen unter Hypnose angewendet. Es finden sich hier sowohl Suggestionen der Indifferenz und der Aversion als auch solche, die positiv Gesundheit und dazugehöriges Verhalten betonen.

Die therapeutische Behandlung problematischer Gewohnheiten weist – nach anfänglichen Erfolgen – eine hohe Rückfallquote auf. Die meisten Rückfälle finden beim Rauchen, aber auch beim Übergewicht, erfahrungsgemäß zwar innerhalb der ersten 4 Monate statt, es sollten aber Nachkontrollen von mindestens 2 Jahren vorliegen. Als Problem bei langfristigen Nachkontrollen erweist sich ein geringer Rücklauf. Im allgemeinen darf für Raucher, Alkoholiker und übergewichtige Personen angenommen werden, daß Nichtantworter als Mißerfolge einzustufen sind (vgl. Wagner et al. 1983).

Empirische Befunde

Rauchen kann als typisches Beispiel einer dysfunktionalen Gewohnheit angesehen werden, zu dem viele Untersuchungen hypnotischer Behandlungsformen vorliegen. Agee (1983) faßt 19 Studien für den Zeitraum 1970 bis 1980 zusammen. Die Fallzahlen der Berichte, die selten eine Kontrollgruppe aufweisen, schwanken zwischen 10 und 1000. Meist werden weniger als 6 Sitzungen durchgeführt. Es kann nicht ausgeschlossen werden, daß mehr Sitzungen für bestimmte Klienten die Erfolgsquote erhöhen würden. Auch könnte eine längere Behandlung selektiv besonders motivierte Klienten ansprechen und dadurch zu einer vernünftigen Auswahl beitragen.

Obwohl die Erfolgsquoten teilweise nahezu phantastisch scheinen (etwa Kline 1970; 80%), sind die langfristigen Erfolge im Durchschnitt bescheiden und liegen bei 25% (Sheehan u. McConkey 1982). Daher gibt Tabelle 13.1 mit einer Abstinenzrate von durchschnittlich 50% ein falsches Bild, denn der Katamnesenzeitraum übersteigt selten ein Jahr.

In ihrer Übersicht stellt Agee (1983) fest, daß Gruppentherapie, die Anwendung von Selbsthypnose zwischen den Sitzungen und die Suggestibilität der Klienten kaum einen Einfluß zu haben scheinen. So berichten Sheehan u. McConkey (1982), daß nur

Tabelle 13.1. Hypnotherapie für die Raucherentwöhnung. Ergebnisse bei der Zusammenfassung aus 19 katamnestischen Studien. (Nach Agee 1983)

Autor	Probanden	Katamnese Monate	Abstinenz-rate [%]	Klassifikation und Anzahl der Sitzungen
Kline 1970	60	12	88	1 1/2stündige Gruppensitzung, individualisierte Suggestionen
Miller 1976	1000	12	68	unbegrenzte Einzelsitzungen, individualisierte Suggestionen
Senders 1977	19	10	68	4 Gruppensitzungen, individualisierte Suggestionen
Hall u. Crasilneck (1970)	75	12-48	64	5 Einzelsitzungen, standardisierte Suggestionen
Nuland u. Field (1970)	84	6	60	4 Einzelsitzungen, individualisierte Suggestionen
Pederson et al. (1979)	17	6	53	1 Gruppensitzung/Beratung, standardisierte Suggestionen
Watkins (1976)	48	6	50	5 Einzelstunden, individualisierte Suggestionen
Pederson et al. (1976)	16	10	50	1 Gruppensitzung/Beratung, standardisierte Suggestionen
MacHovec u. Man (1978)	12	6	50	3 Einzelsitzungen, standardisierte Suggestionen
Stanton (1978)	75	6	45	1 Einzelsitzung, individualisierte Suggestionen
MacHovec u. Man (1978)	10	6	40	3 Gruppensitzungen, standardisierte Suggestionen
Berkowitz et al. (1979)	40	6	25	1 Einzelsitzung, standardisierte Suggestionen
Barkley et al. (1977)	8	9	25	7 Gruppensitzungen, standardisierte Suggestionen
Perry et al. (1979)	29	3	24	1 Einzelsitzung, standardisierte Suggestionen
Spiegel (1970)	615	6	20	1 Einzelsitzung, standardisierte Suggestionen
Shewchuk et al. (1977)	74	12	17	1 Einzelsitzung, standardisierte Suggestionen
Perry u. Mullen (1975)	38	3	13	1 Einzelsitzung, standardisierte Suggestionen
Pederson et al. (1975)	50	8-12	8	1 Einzelsitzung, standardisierte Suggestionen
Perry et al. (1979)	26	3	4	1 Einzelsitzung, standardisierte Suggestionen

10% von den 20% erfolgreichen Absolventen einer hypnotischen Raucherentwöhnung ein beeindruckendes Tranceerlebnis hatten und 35% überhaupt keines. Dagegen verbessern sich die Erfolgsaussichten durch *individuelle* Suggestionen, *wiederholte* Sitzungen und gute *Motivation* sowie bei Anwesenheit des Therapeuten (im Gegensatz zur Verwendung von Audiokassetten) und wenn zwischen den Sitzungen *Telefonkontakte* stattfinden. Zu ähnlichen Ergebnissen kam Holroyd (1980).

Seitdem sind einige weitere Studien erschienen (Owens u. Samaras 1981; Wagner 1983; Cohen 1984; Sheehan u. McConkey 1982; Rabkin 1984; Jeffrey et al. 1985; u.a.). Owens et al. berichten von den Erfolgen einer Art Massenhypnose in einer Sitzung bei 6- bis 9monatiger Nachkontrolle mit 27% Abstinenz. Wagner et al. kommen unter Einbeziehung der Nichtantworter am Ende zu 14%. Cohen benutzt ebenso wie Spiegel u. Spiegel (1978) einen meditativen Ansatz. Rabkin et al. sind mit ihrer Untersuchung besonders hervorzuheben, da sie sich nicht auf den Selbstbericht des Zigarettenkonsums verlassen, sondern als objektives Maß den Thiozyanatspiegel erheben, der allerdings im wesentlichen die Selbstberichtsangaben bestätigt.

Tabelle 13.2. Abstinenzraten bei verschiedenen Verfahren der Raucherentwöhnung, aufgegliedert nach den Therapiekomponenten: Hypnose vs. Instruktion *(Hyp./Instr.)*, erfahrene vs. unerfahrene Therapeuten *(Erf./Unerf.)*, individuelles vs. Gruppenformat *(Ind./Gruppe)*, Auffrischungssitzungen (Booster) sowie die zusätzliche Tberapiekomponente der „Restricted Environmental Stimulation Therapy" (REST). (Nach Barabasz et al. 1986)

Therapiekomponenten	n	Raucherentwöhnung Nachkontrolle Monate	Abstinenz [%]	Beiträge Therapiekomponenten
1. Hyp./Erf./Ind./Rest	30	19	47	+ 19% REST
2. Hyp./Erf./Gruppe	66	10	36	+ 8% Gruppe
3. Hyp./Erf./Ind./Booster	20	17	30	+ 2% Booster
4. Hyp./Erf./Ind.	83	17	28	+ 15% Erf.
5. Hyp./Unerf./Ind.	45	9	13	+ 7% Hyp
6. Instruktionen	16	13	6	

Unter neueren Arbeiten ist die von Barabasz et al. (1986) aufschlußreich, da sie im Sinne einer *Entmantelungstechnik* (Gottman u. Markman 1978) Einblick in die Wirksamkeit einzelner Therapiekomponenten gestatten. Es wurden insgesamt 300 Personen behandelt. Folgende Therapiekomponenten wurden unterschieden: Hypnose vs. reine Instruktion, erfahrene vs. unerfahrene Therapeuten, individuelle Behandlung vs. Gruppenformat sowie der Einfluß einer Auffrischungssitzung und einer speziellen Therapiekomponente, genannt „Restricted Environmental Stimulation Therapy" (REST). Hierbei wird der Klient zusätzlich zur Hypnose in einen schallgedämpften Raum gesetzt und unter Einschränkung visueller, akustischer und taktiler Stimulation, bezüglich des Nichtrauchens, über Kopfhörer instruiert. Wie Tabelle 13.2 zeigt, erreicht die erfolgreichste Kombination, nämlich REST in *individueller* Behandlung unter Hypnose mit einem erfahrenen Therapeuten, eine Abstinenzrate von 47% nach fast 2 Jahren. Ebenfalls wirksam war das *Gruppenformat.* Auffrischungssitzungen (booster sessions) dagegen ergaben keinen zusätzlichen Effekt, obwohl die Basistherapie nur 2 Stunden umfaßte. Einen beträchtlichen Unterschied machte die *Erfahrung* des Therapeuten aus und schließlich die Einführung der *Hypnose* gegenüber der einfachen Instruktion. Wenn man die Beiträge einzeln betrachtet (letzte Spalte in Tabelle 13.2), so entfällt der größte Anteil des Therapieerfolgs auf die psychotherapeutische Erfahrung des Behandlers und die zusätzliche Maßnahme (REST). Es ist daher nicht erstaunlich, daß viele Therapeuten Hypnose mit anderen Behandlungsverfahren, z.B. Verhaltenstherapie zur Raucherentwöhnung, kombinieren. Über den Einfluß der

Suggestibilität auf den Behandlungserfolg liefert diese Untersuchung widersprüchliche Daten im Vergleich zu anderen Resultaten. Es konnte ein fast linearer Zusammenhang zwischen dem Erreichen einer bestimmten Trancetiefe (gemessen mit der SHSS; Morgan u. Hilgard 1978–1979a, b) und der Abstinenzrate festgestellt werden, die in Gruppe 4 aus Tabelle 13.2 über 5 Skalenpunkte der Suggestibilität von 0 auf 28% Abstinenz stieg.

Spiegels Standardtechnik als Beispiel einer formellen Hypnose

Zur Raucherentwöhnung soll hier die weitverbreitete Technik nach Spiegel (Spiegel u. Spiegel 1978, S. 210–220) erwähnt werden. Die Grundhaltung für die therapeutische Interaktion gleicht einem Lehrer-Schüler-Verhältnis im Rahmen einer *meditativen* Ausrichtung. Es geht weniger um die Vermittlung von Fakten der Gesundheitsschädlichkeit, die dem Klienten meist allzugut bekannt sind, sondern vielmehr um eine Einstellungsänderung, die über eine meditative Haltung mit Hilfe der Hypnose erreicht werden soll. Die Anamnese ist kurz, da die Enstehungsgeschichte des Rauchens in vielen Fällen irrelevant ist: Das Rauchen hat sich – so Spiegel u. Spiegel – nach vielen Jahren zu einer automatisierten Gewohnheit entwickelt, deren Symptomanteil geringfügig ist. Gefragt wird nach der Dauer des Rauchens, dem durchschnittlichen Konsum und der Variabilität; ob der Klient längere Zeit das Rauchen aufgehört hat, wer sonst in der Familie noch raucht und welcher Art die externen Einflußfaktoren im Sinne von körperlichen Symptomen oder sozialem Druck sind.

Danach wird das sog. *hypnotische Induktionsprofil* (HIP) gegeben. Diese Standardprozedur wurde von Spiegel u. Spiegel entwickelt und besteht darin, daß zunächst der *Augenrolltest* durchgeführt wird: der Klient wird gebeten, die Augen langsam nach oben-hinten zu rollen (was anstrengend ist) und daraufhin langsam die Lider zu schließen. Hierbei wird vom Therapeuten beobachtet, wieviel vom weißen Teil des Auges sichtbar wird, wobei nach Spiegel u. Spiegel eine hohe Hypnotisierbarkeit besteht, wenn fast nur noch das Weiße zu sehen ist. Anschließend wird eine *Handlevitation* induziert, deren Verlauf ebenfalls zur Erfassung der Hypnotisierbarkeit verwendet wird. Diese Standardinduktion dient einerseits zur Erfassung der Suggestibilität, zum anderen als Lernphase für die Hypnose. Danach erfolgen vom Hypnotiseur einige Erläuterungen darüber, daß Hypnose keine Bewußtlosigkeit und kein Schlaf, sondern eine Form von Konzentration sei. Dann werden 3 Suggestionen bezüglich des Rauchens eingeführt, die (s. unten) in der Hausaufgabe wiederverwendet werden. Diese Hausaufgabe wird innerhalb der Trancesitzung als posthypnotische Suggestion gegeben (s. Kasten S. 271).

Im weiteren Verlauf dieser ersten und einzigen Sitzung (aus der die Hausaufgabe wörtlich wiedergegeben wurde) versucht der Therapeut, einen dem Klienten angemessenen, individuellen Zugang zum Problem der Selbstkontrolle zu finden. Dabei unterscheiden Spiegel u. Spiegel den dionysischen (im wesentlichen sinnlich orientierten), den *apollinischen* (rational orientierten) und den odysseischen (handlungsorientierten) Typ. Für apollinische Menschen (verstandesorientiert) wird beispielsweise die Einstellungsänderung als ein Problemlöseversuch betrachtet, und es wird das bekann-

Spiegels Raucher-Entwöhnung

Posthypnotische Hausaufgabe: „Sie setzen oder legen sich, und im Stillen zählen Sie bis 3. Bei 1 tun Sie etwas Bestimmtes, bei 2 tun Sie 2 Dinge und bei 3 tun Sie 3 Dinge. Bei 1 schauen Sie nach oben in Richtung Ihrer Augenbrauen. Bei 2 schließen Sie die Augenlider und nehmen einen tiefen Atemzug. Bei 3 atmen Sie aus, lassen Ihre Augen entspannen und lassen Ihren Körper eine Empfindung wahrnehmen, die wie das Gleiten auf dem Wasser oder in der Luft für Sie ist. Während Sie das Gefühl haben zu gleiten, gestatten Sie es Ihrer linken oder rechten Hand, die Empfindung zu entwickeln, daß Ballons sie in die Luft heben, so wie Ihre Hand es jetzt in dieser Übung empfindet. Wenn Ihr Unterarm eine aufgerichtete Position erreicht hat, ist das für Sie ein Signal, daß Sie dabei sind, einen Zustand von Meditation zu erreichen.

In diesem Zustand der Meditation konzentrieren Sie sich auf folgende 3 kritischen Punkte:

1) Für Ihren Körper, nicht für Sie, ist Rauchen Gift.
2) Sie brauchen Ihren Körper, um zu leben.
3) Sie schulden Ihrem Körper Schutz und Respekt.

Sinnen Sie darüber nach, was dieses in Ihrer eigenen privaten Bedeutung für Sie mit sich bringt, dann kommen Sie zurück aus diesem Zustand der Konzentration – auch Selbsthypnose genannt –, indem Sie rückwärts folgendermaßen zählen:

Bei 3 machen Sie sich fertig. Bei 2 rollen Sie mit geschlossenen Augenlidern Ihre Augen aufwärts (sowie Sie es jetzt tun) und bei 1 lassen Sie Ihre Augenlider sich langsam öffnen. Und dann, wenn Ihre Augen wieder scharf sehen, machen Sie langsam eine Faust mit der Hand, die nach oben gerichtet ist, und indem Sie Ihre Faust langsam öffnen, kommt das normale Gefühl von Kontrolle zurück. Lassen Sie Ihre Hand langsam auf die Lehne zurückgleiten. Das ist das Ende der Übung, aber Sie behalten ein allgemeines Gefühl des Gleitens."

te 9-Punkte-Problem (9 Punkte im Quadrat, die mit 4 Linien verbunden werden müssen) als Paradigma dafür benutzt, daß die Person aus ihrem normalen kognitiven Rahmen heraustreten muß. Für *dionysische* Menschen (empfindungsorientiert) wird das Bewußtsein, auf den Körper zu achten, gefördert usw). Schließlich wird allen Klienten einheitlich noch folgende Instruktion auf den Weg mitgegeben:

„Was Sie hier im wesentlichen lernen, ist eine Art Kunst. Das ist die Kunst zu lernen, wie man ein Bedürfnis kontrolliert. Und in dieser Verbindung gibt es ein grundlegendes Prinzip. Wenn Sie ein Bedürfnis kontrollieren möchten, dann dürfen Sie nicht vor ihm fliehen. Wenn Sie davor fliehen, machen Sie es nur noch schlimmer, als es schon ist. Aber was Sie tun können, ist, es zu ignorieren. Und Sie können es in folgender Weise ignorieren: Wenn das Bedürfnis zu rauchen auftritt, lassen Sie es zu. Aber zugleich lassen Sie die Verpflichtung zu, die Sie eingegangen sind, nämlich Ihren Körper zu respektieren. Jetzt haben Sie 2 Bedürfnisse zur gleichen Zeit: das Bedürfnis zu rauchen und das Bedürfnis, Ihren Körper zu schützen. Ketten Sie sie zusammen. Wenn Sie das eine betonen, ignorieren Sie das andere. Wenn Sie sich dafür entscheiden, die Verpflichtung Ihrem Körper gegenüber zu betonen, dann werden Sie gleichzeitig das Bedürfnis zu rauchen ignorieren. Es gibt einen Grundsatz des menschlichen Verhaltens, der etwa so geht: Jedes Bedürfnis – sei es biologisch oder psychisch – wird letztendlich verschwinden, wenn es wiederholt nicht befriedigt und ignoriert wird. Das stimmt sogar für Dinge wie Muskeln; wissen Sie, was mit Ihren Muskeln passiert, wenn Sie sie nicht benutzen?"

Mit dieser einstündigen Therapie und der posthypnotischen Hausaufgabe, die täglich oder jeden 2. Tag 10mal ausgeführt werden soll, wird ein 40%iger Erfolg bei 6monatiger Nachkontrolle berichtet (Spiegel u. Spiegel 1978).

Hypnotherapie nach Milton H. Erickson

Holroyd (1980) stellte fest, daß man Hypnosebehandlungen in 2 Klassen einteilen kann: solche, die standardisierte Suggestionen verwenden und solche, die mit individualisierten Suggestionen arbeiten. Viele der standardisierten Ansätze beschränken sich häufig auf eine Sitzung, so wie die Spiegeltechnik, die bereits beschrieben wurde. Holroyd betont auch, daß Therapien mit individualisierten Suggestionen eine höhere Erfolgsquote aufweisen (als Beispiel s. die Arbeit von Kline 1970). Es verwundert nicht, daß ein individualisierter therapeutischer Ansatz effektiver ist als eine Routineprozedur, und wenn es eine Kunst ist, das Bedürfnis nach Zigaretten einzuschränken, dann ist es auch eine Kunst, dieses Bemühen therapeutisch zu fördern. Erickson war immer hartnäckig in der Betonung des individuellen Vorgehens, da ihm Kochbuchrezepte nicht gefielen. Er verglich solche Vorgehensweisen mit einem Geburtshelfer, der immer die Zange benutzt. Das individualisierte Vorgehen funktioniert allein aus dem Grund besser, daß der Persönlichkeit des Klienten so Rechnung getragen wird. Dies ist wichtig, weil Symptome sich immer aus sehr persönlichen Gründen entwickeln. Daher wird in diesem Abschnitt für Techniken der Individualisierung plädiert. Ich werde Vorschläge machen, die dem Kliniker helfen, wie er seine Technik für die spezielle Motivation und die besonderen Möglichkeiten des einzelnen Klienten strukturieren kann. Dabei werden die indirekten Vorgehensweisen betont, die von Erickson entwickelt wurden, insbesondere die *Einstreutechnik* (Erickson 1966). Die Fallberichte illustrieren diese Art der Hypnose, ohne die Notwendigkeit einer formellen Induktion. Zusätzlich werde ich beschreiben, wie man den Partner in die Therapie miteinbeziehen kann.

Diagnose

Bei diesem Vorgehen ist es wichtig, den herausragenden Merkmalen der Persönlichkeit Beachtung zu schenken. Standardisierte Vorgehensweisen messen den individuellen Differenzen wenig Bedeutung bei. Daher scheint die Diagnose oft als überflüssig. Spiegel u. Spiegel (1978) verwendeten beispielsweise sehr wenig Zeit, um diagnostische Information von den Klienten zu sammeln (s. oben). Sie überprüften auch im wesentlichen nicht, was sie von ihren Klienten erfuhren.

Normalerweise konzentriere ich mich in der 1. Sitzung mit einem neuen Klienten allein auf die Sammlung von Informationen, und es erscheint häufig, als würden keine therapeutischen Schritte unternommen. Während dieser 1. Sitzung geht es mir zeitweilig nur um diagnostische Information, die für die Planung der anschließenden Sitzung hilfreich sein könnte. Manchmal sind diese Sitzungen kurz und der Klient muß entsprechend weniger zahlen. In anderen Fällen kann hingegen die gesamte Therapie in der ersten Stunde stattfinden. Diagnose ist insofern wichtig, als daß sie den Plan der Behandlung beeinflußt. Damit sind nicht standardisierte medizinische oder psychiatrische Diagnosen gemeint, sondern es geht um die spezifischen Charakteristika des Klienten, um die eine effektive Behandlung organisiert werden kann. So ist beispielsweise die Motivation von großer Bedeutung.

Ein Teil der Information kann auf der nonverbalen Ebene gesammelt werden: Ein Beispiel für den diagnostischen Wert nonverbaler Signale sind unbewußte Kopfbewegungen. Wenn der Klient zur Therapie kommt, können Sie ihn in beiläufiger oder interessierter Art fragen, warum er diese Beratung aufsucht. Indem Sie seine Worte zurückgeben, etwa: „Sie sind hier, weil Sie aufhören wollen zu rauchen", können Sie eine nonverbale Reaktion bemerken (z.B. Nicken, Schütteln oder Wiegen des Kopfes) und erhalten so wertvolle Information über seine Motivation und die unbewußten Tendenzen, eine Therapie aufzusuchen.

Diese Art von diagnostischem Zugang impliziert etwas, was bei der Hypnose in der Raucherentwöhnung selten hervorgehoben wird: Viele Therapeuten wissen, daß das vorgebrachte Problem häufig nicht der Punkt ist, an dem Therapie ansetzten sollte. Vielmehr verbergen sich hinter dem Problem des Rauchens häufig andere Themen, oder es läßt sich eine Rationalisierung erkennen, die einen akzeptablen Grund für die Therapie liefert.

Beispielsweise kam einmal eine Frau und bat darum, ihrem Mann bei der Raucherentwöhnung zu helfen. Die Eheleute waren osteuropäische Flüchtlinge, die während des 2. Weltkriegs in die USA gekommen waren. Beide waren ungewöhnlich und intelligent. Der Mann hatte eine juristische Ausbildung, war aber nicht in der Lage, in seinem Beruf in Amerika zu arbeiten. Er arbeitete nach der Immigration in einem Stahlwerk und erlangte schließlich ein Diplom in einem halbprofessionellen Arbeitsgebiet, bevor er in Rente ging. Die Frau war ebenfalls Akademikerin und befand sich in Rente. Tatsächlich war es der Wunsch der Frau, daß ihr Mann aufhören sollte zu rauchen. Sie brachte ihn in die Therapie, damit ich ihn dazu brächte.

Nach kurzem gemeinsamen Gespräch stellte ich dem Mann allein ein paar Fragen. Zum Beispiel, was ihm am Rauchen gefallen würde. Er antwortete philosophisch mit europäischem Akzent „Leben ist wie eine Rauchwolke, und es macht mir Spaß, ihr zuzusehen, wie sie steigt." Es war von Anfang an ganz deutlich, daß er kein großes Interesse hatte, mit dem Rauchen aufzuhören. Vielmehr war das für seine Frau wichtig. Allerdings hatte er in der Vergangenheit nach einer einzigen Hypnosesitzung schon einmal aufgehört zu rauchen. Nach der Menge befragt antwortete er, daß er 6 Zigaretten pro Tag rauchte und dieses Quantum niemals überschritt. Außerdem inhalierte er nicht. Offensichtlich hatte das Problem etwas mit der Beziehung zu tun. Danach wurde seine Frau allein befragt und sie blieb absolut hartnäckig dabei, daß ihr Mann aufhören müßte zu rauchen. Sie sagte: „Er ist das einzige, was ich im Leben habe, wenn er stirbt, habe ich niemanden." Ich fragte sie, wie sie bisher versucht habe, ihn zum Aufhören zu bewegen. Sie sagte: „Mit gutem Zureden und mit Drängeln." Alles war ohne Erfolg geblieben. Aber sie meinte, sie würde ihm keinen guten Dienst erweisen, wenn sie damit aufhören würde. Die Therapie für das Paar war ziemlich direkt. Ich erklärte der Ehefrau, daß ich einer der bedeutendsten Therapeuten für Raucherentwöhnung in Arizona sei. Wenn ich ihrem Mann nicht helfen könnte, gäb es sicher keinen. Ich würde ihm Hypnose anbieten, und wenn er darauf anspräche, wäre es gut. Wenn er nicht darauf anspräche, dann könnte sie sicher sein, daß sie alles getan hätte, um ihren Mann zu retten und sie könnte sich Ruhe gönnen. Es wurde eine 2. Hypnosesitzung vereinbart, aber keine Nachkontrolle. Die war tatsächlich unnötig, denn die Rauchgewohnheit des Mannes war minimal und nicht gesundheitsgefährdend. Die Therapie richtete sich mehr auf die Dynamik der Beziehung, der Anlaß des Rauchens war eher nebensächlich.

Bei der Diagnose der Motivationsaspekte ist es wichtig, sich darüber klar zu sein, daß die Klienten sowohl einzigartige Gründe haben, mit dem Rauchen aufzuhören, als auch weiter zu rauchen. Manche Menschen hören aus gesundheitlichen Gründen auf, manche aus sozialen Gründen, manche bleiben beim Rauchen, weil sie ein unbewußtes Muster befolgen und manche rauchen einfach, um sich von Streß zu erholen. Die Therapie muß die Motivation mit einbeziehen; so sollte beispielsweise die Therapie unterschiedlich aussehen, wenn jemand zur Streßreduktion raucht oder aber aus gesundheitlichen Gründen mit dem Rauchen aufhören möchte.

Strategie der minimalen Veränderung

Ein anderer wichtiger Aspekt in der Therapie von Gewohnheitsproblemen ist es, genügend Ansatzpunkte zu finden, um dem Klienten zu demonstrieren, daß minimale, aber strategisch wichtige Änderungen in seinem Verhaltensmuster möglich sind (Watzlawick et al. 1974). Erickson hat darauf hingewiesen, daß Therapie alles das ist, was Gewohnheitsmuster des Verhaltens ändert. In welcher Richtung diese Änderung geschieht, ist zunächst unwichtig. Wenn die individuellen Charakteristika dieses Verhaltensmusters und die Motivation des Klienten geklärt sind, kann der Therapeut damit beginnen, die diagnostische Information dazu zu nutzen, solche minimalen Veränderungen einzuleiten. Ein Ansatzpunkt hierzu bieten sog. „Aufhänger" („hooks"), nämlich bestimmte Wertvorstellungen, die dem Klienten besonders wichtig sind. So kann es z.B. für einen Klienten persönlich bedeutsam sein, uneigennützig zu sein, und die Therapie kann daran aufgehängt werden, indem der Klient veranlaßt wird, sich für andere zu ändern. Für einen egoistischen Patienten dagegen kann die Therapie daran aufgehängt werden, daß er einen persönlichen Nutzen davon hat. In dieser Weise kann das *persönliche Wertsystem* des Klienten für Veränderungen eingesetzt werden.

In den einleitenden Gesprächen stelle ich oft Fragen, die nicht nur der Informationssammlung dienen, sondern vermittle (säe) auch die Idee, daß eine Veränderung stattfinden wird (*Vorprägung;* Bower 1981). Die Fragen können so formuliert werden, daß sie die Motivation erhöhen. Sie können auch geeignet sein, Assoziationen anzuregen, die dem Klienten demonstrieren, daß sich Ressourcen in seiner eigenen Lebensgeschichte finden, um das Problem zu überwinden. Viele der anfänglichen Fragen scheinen darauf hinauszulaufen, Tatsacheninformation zu sammeln. Häufig frage ich die Klienten: „Welche Zigarettenmarke *haben* Sie geraucht?" – „Wie lange *haben* Sie geraucht?" – „Wieviel *haben* Sie geraucht?" – „Wieviele Zigaretten *haben* Sie momentan in Ihrem Besitz?" – „Warum haben Sie sich entschlossen, jetzt mit dem Rauchen *aufzuhören?"* – „Haben Sie jemals *zuvor aufgehört* zu rauchen?" – „Haben Sie jemals vorher therapeutische *Hilfe gesucht,* um aufzuhören zu rauchen?" Diese Fragen liefern einerseits Information und zugleich vermitteln sie implizite Mitteilungen an den Klienten. Ich frage „Wieviel *haben* Sie geraucht?" (mit der Implikation, daß es die Vergangenheit ist) und nicht „Wieviel rauchen Sie?" (wodurch impliziert würde, daß Rauchen weiterhin stattfindet). Solche subtilen linguistischen Möglichkeiten verändern vielleicht momentan nichts, aber wenn sie wiederholt benutzt werden, kumulieren sich vermutlich ihre Effekte.

Klienten werden gewöhnlich gefragt „Was für andere Gewohnheiten haben Sie *überwunden* und wie haben Sie das *getan?"* Ich richte meine Aufmerksamkeit speziell auf die Strategie, die benutzt wurde, um andere Gewohnheiten zu überwinden; dieselbe Strategie kann möglicherweise auch für das gegenwärtige Problem angewandt werden.

Fragen können auch mit aversivem Beiklang gestellt werden. Zum Beispiel: „Was haben Sie an dem *mechanischen* Ablauf des Rauchens genossen?" – „Haben Sie das *Paffen* genossen?" – „Haben Sie an dem Gefühl Freude, wenn der Rauch auf die Schleimhäute Ihrer Kehle *stößt?"* – „Ist es ein angenehmes Gefühl, wenn damit die Lungen gefüllt werden?" – „Haben Sie Freude daran gehabt, den Rauch aus Ihrem Mund *herauszupusten?"* usw. Die nonverbale Mitteilung des Therapeuten, während er solche Fragen stellt, zielt nicht auf Konfrontation, sondern auf Bemühung und Neugier ab. Die negative Konnotation zum Rauchen soll subtil entstehen. In dieser Weise kann der Therapeut dem Klienten schmerzhaft klar werden lassen, was er tut und so minimale, aber strategisch bedeutsame Veränderungen fördern. Die Idee, daß die Gewohnheit aversiv ist, kann von *innen heraus* entwickelt werden.

Musterunterbrechung

Eine andere therapeutische Strategie für alle Arten von Gewohnheitsproblemen ist die Unterbrechung von gewohnten Mustern. Gewöhnlich ist eine Gewohnheit zirkulär in ihrer Natur, das Muster zieht immer mehr gleiches Verhalten nach sich. Wenn das Verhaltensmuster genau erfragt wird, kann der Therapeut das *schwächste Glied* in der Kette entdecken und hypnotische Techniken benutzen, um an diesem Punkt das Muster zu unterbrechen. Häufig kann diese Kette an dem Punkt unterbrochen werden, wo beim Klienten das Bedürfnis zu rauchen entsteht. Dennoch ergibt eine sorgfältige Befragung häufig, daß unbewußte oder vorbewußte Faktoren dem aktuellem Gefühl oder Wunsch nach einer Zigarette vorausgehen.

Ich bitte beispielsweise den Klienten: „Würden Sie das Bedürfnis zu rauchen genau beschreiben." Das macht oft Schwierigkeiten. Weiterhin erkläre ich, daß alle Gefühle Körperempfindungen sind und illustriere das an einem bestimmten Gefühl, meistens einem negativen, von dem ich annehme, daß es der Klient möglicherweise kennt. Bei depressiven Klienten z.B.: „Sie kennen das Gefühl von Depression. Wenn Sie deprimiert sind, hängen Ihre Schultern runter, Ihr Körper ist schwer, Sie haben ein gespanntes Gefühl in der Brust oder ein Gefühl oder ein Gefühl von Schwere in der Magengegend ..." Dann wiederhole ich meine Aufforderung, das Bedürfnis nach Rauchen zu beschreiben. Höchstwahrscheinlich antwortet er mit einer vagen Metapher, z.B.: „Es ist wie ein Druck." Ich dränge ihn, genauer zu beschreiben: „Ist es ein brennendes Gefühl, oder ein kitzelndes Gefühl, oder wie ist es?" Selten kann der Klient eine akurate physische Beschreibung von dem Bedürfnis zu rauchen geben. Der Effekt dieser Art von Befragung ist aber, daß der Klient über das Anfangsbedürfnis nachdenkt, und indem er über diesen vorbewußten Teil übermäßig nachdenkt, verändert sich bereits das Muster. In ähnlicher Weise kann ich fortfahren und den Klienten bitten, den Drang zu rauchen mit anderen negativen Gefühlen wie Ärger oder Furcht zu vergleichen und auf diese Weise einen stärker *negativen Affekt* mit dem Rauchen zu assoziieren.

Häufig erkläre ich dann, daß es eine auslösende Empfindung für das Rauchen gibt und frage: „Im Moment, bevor Sie nach der Zigarette greifen, was passiert da?" Mit solchen Fragen können die subtileren Details des Verhaltensmusters beleuchtet werden. Je genauer die Details bekannt sind, desto leichter ist es, die Möglichkeit der Veränderung zu bahnen.

Manchmal ist es auch hilfreich, dem Klienten zu erklären, daß es 2 gegensätzliche Anteile in ihm gibt, die erkannt werden müssen. Ein Teil möchte mit Bestimmtheit aufhören zu rauchen. Ein anderer dagegen ist eher zurückhaltend. Es gibt einen Teil, der das Rauchen vergnüglich und erholsam findet und einen anderen, der es nicht mag. Man kann jetzt den Klienten bitten, diese Teile zu quantifizieren: „Wenn Sie eine 100-Prozent-Skala nehmen, wieviel Prozent würden Sie dem 1. Teil und wieviel würden Sie dem 2. Teil zuschreiben?" Die meisten Klienten geben Zahlenverhältnisse von 80:20 oder 75:25 für das Aufhören an. Selten geht jemand unter 50 zu 50. Diese Information ist nützlich, um sich Klarheit über die Motivation des Klienten zu verschaffen. Zusätzlich ist es eine dissoziative Technik, die eine Vorprägung für spätere Interventionen darstellt.

Sie können den Klienten auch fragen „Wie lange werden Sie ohne Zigaretten auskommen, bis Sie feststellen, daß Sie *endgültig* frei davon sind?" Damit wird eine Festlegung des Klienten auf einen bestimmten Zeitraum forciert. Meistens schwanken die Zeitangaben zwischen 2 oder 3 Wochen. Auf diese Weise hat der Klient ein Ziel, das einzuhalten er sich indirekt verpflichtet fühlt. Danach kann die Frage gestellt werden „Würden Sie bitte im Detail alle Gründe aufzählen, die in Frage kommen, um wieder den ersten Zug aus einer Zigarette zu nehmen." Es kann in dieser Weise eine Liste zusammengestellt werden, die dazu beiträgt, es dem Klienten zu erschweren, solche Gründe als unvorhersehbar zur Rationalisierung eines Rückfalls zu benutzen.

Wichtig ist auch die Frage „Wie werden Sie Ihren Freunden mitteilen, daß *Sie aufgehört* haben zu rauchen?" Auch diese Frage unterstellt die Veränderung und orientiert die Person in eine erstrebenswerte Zukunftsvorstellung. Wenn der Klient nicht unmittelbar eine Anwort weiß, ist an dieser Stelle eine Anekdote nützlich. Ich erzähle z.B. eine erfreuliche Geschichte aus meiner eigenen Familie:

Einmal kam ich zu Weihnachten nach Hause, nachdem ich mir zum erstenmal im Leben einen Schnurrbart habe wachsen lassen. Meine Eltern und meine jüngste Schwester begrüßten mich am Flughafen. Sie kamen nicht umhin, meinen Schnurrbart zu entdecken. Am nächsten Morgen saß ich allein mit meiner Mutter am Frühstückstisch und sie bemerkte, daß ich ein hintergründiges Lächeln zur Schau trüge. Sie fragte mich, was los wäre und ich antwortete: „Nichts." Sie fragte und fragte und ich konnte mein Lächeln nicht unterdrücken. Schließlich deutete ich auf meine Oberlippe und meine Mutter bemerkte, daß ich mir den Schnurrbart abrasiert hatte. Einige Minuten später kam meine Schwester und ich konnte mein Lächeln zurückhalten, aber diesmal lächelte meine Mutter. Meine Schwester fragte, was los sei, und schließlich deutete meine Mutter auf meine Oberlippe. Und 3 Tage später stellte mein Vater fest, daß der Schnurrbart weg ist. Das war eine interessante Lernerfahrung.

Mit dem Rauchen aufzuhören betrachten Menschen häufig als einen Kampf zwischen Leben und Tod. In solchen Fällen kann die Vorstellung in eine neue Perspektive gebracht werden, in der mehr positive Gefühle damit verbunden sind, beispielsweise das Gefühl von Kontrolle – etwa auch *Kontrolle* über andere Menschen, deren Erwartungen darin bestehen, daß sie bezweifeln, der Klient sei fähig aufzuhören. Der Prozeß des Aufhörens kann als ein *Spiel* formuliert werden, wo der Einsatz die Energie ist aufzuhören und der Gewinn darin besteht, die Zweifel der anderen zu widerlegen.

Zur Technik des diagnostischen Interviews gehört es auch, daß ich alle Antworten des Klienten so wörtlich wie möglich mitschreibe, um daraus etwas über seinen *linguistischen Stil* zu lernen und später seine eigenen Worte zu benutzen, um entsprechende therapeutische Suggestionen bei der Induktion zu finden. Außerdem demonstriere ich sorgfältig eine Haltung, die zeigt, daß ich die Veränderung erwarte.

Selbst wenn keine direkte Therapie in der 1. Sitzung versucht wurde: die meisten Klienten berichten beim 2. Treffen eine Abnahme des Rauchens in den ersten Tagen nach der vorausgegangenen Sitzung. Indem wir diese Verminderung des Zigarettenkonsums durchgehen, kann ich etwas darüber erfahren, in welcher Weise der Klient auf indirekte Suggestionen reagiert und ich kann darauf hinweisen, daß der „unbewußte Anteil" in ihm demonstriert hat, daß er wirklich zur Änderung motiviert ist.

Einstreutechnik

In der traditionellen Hypnose wird eine Induktion (gewöhnlich in standardisierter Form) gegeben, auf die nach einer Vertiefungstechnik die Therapie folgt. Und während dieser Therapie werden in den meisten Fällen direkte, negative oder positive Suggestionen formuliert, z.B. „Ihr Bedürfnis zu rauchen wird verschwinden. Zigaretten werden für Sie einen furchtbaren Geschmack annehmen" usw. Erickson dagegen vermischte die Grenzen zwischen Induktion, Vertiefung und Therapie. Therapie kann bei ihm sowohl während der Induktion als auch während der Vertiefungsphase stattfinden. Therapeutische Suggestionen können immer dann eingestreut werden, wenn der Klient sie am wenigsten erwartet. So ist er kaum darauf vorbereitet, ihnen zu widerstehen. Nehmen Sie folgenden Satz: „Sie spüren *kein Bedürfnis,* irgend etwas zu tun, *keinen Wunsch,* irgend etwas Bestimmtes zu tun; Sie können es sich einfach bequem machen, indem Sie sitzen und zuhören; und da ist *kein Bedürfnis,* irgendeine andere Erfahrung zu machen, außer aufmerksam zu verfolgen, wie Sie einen angenehmen und bequemen Zustand erreichen." Diese Mitteilung ist ambivalent, da sie auf mehreren Ebenen interpretiert werden kann. Einerseits wird der Klient bezüglich der Hypnose instruiert; zur gleichen Zeit aber ist er ja in der Therapie, um das Rauchen aufzuhören, und Suggestionen wie „kein Bedürfnis" und „kein Wunsch" können sich sowohl auf den Zustand der Hypnose als auch auf den Drang zu rauchen beziehen.

Erickson hat oft demonstriert, daß symbolische Formulierungen während der Induktion sowohl dazu dienen, die Hypnose als auch die Psychotherapie zu fördern. Während einer Armlevitation kann der Klient beispielsweise angewiesen werden, das angenehme Gefühl zu bemerken, wenn seine Hand sich auf sein Gesicht zubewegt. „Es kann sehr angenehm sein, wenn Ihre Hand sich dem Gesicht nähert, und obwohl Sie es nicht bemerkt haben, gibt es kein Bedürfnis zu betrügen .... denn Ihr Kopf hat sich nicht nach unten bewegt, um Ihre Hand zu berühren. Ihre Hand ist lediglich langsam der Bewegung zum Gesicht gefolgt." Wieder können die Suggestionen auf mehreren Ebenen interpretiert werden. Durch die *Einstreuung* zielen sie auf ein bestimmtes Verhalten, während die Aufmerksamkeit des Klienten abgelenkt ist.

Psychotherapeuten erklären ihren Klienten häufig, daß es wichtig sei, nicht zu versuchen, den Drang direkt zu kontrollieren. Sie betonen die Wichtigkeit der indirekten Kontrolle. Auf der anderen Seite empfehlen diese Therapeuten ihren Klienten häufig direkte Techniken, um indirekte Kontrolle zu etablieren. Im Ansatz nach Erickson des Einzustreuens werden indirekte Suggestionen benutzt, um unbewußte Erfahrungen zu fördern und dem Klienten zu demonstrieren, daß eine solche Kontrolle möglich ist.

Verwendung von Symbolen

Die Nutzung von Symbolen ist nicht auf die Induktionsphase beschränkt. Manchmal dreht sich die ganze Therapie um bestimmte Symbole (Zeig 1980, S. 149). Eine Frau im Ruhestand suchte um Psychotherapie nach, um eine verlängerte Trauerreaktion zu überwinden. Sie reagierte gut auf symbolische Rituale und diese Technik wurde hier benutzt, um die Trauer über den Verlust ihres Ehemannes zu absorbieren. Dann brachte sie ihre Tochter zur Psychotherapie, die u.a. aufhören wollte zu rauchen. Ich fragte sie, wie ihre Mutter aufgehört habe zu rauchen; ihre Mutter hatte

Nikotinreduzierungsfilter gekauft. Als sie zum letzten Filter kam, verlor sie ihn und entschloß sich aufzuhören. Die Tochter benutzte ebenfalls diese Filter, wenn sie rauchte und ich gab ihr folgende Aufgabe: „Ich möchte, daß Sie Ihre Zigarettenfilter nehmen und den Squaw Peak besteigen (ein Berg in der Nähe von Phoenix, den die Leute üblicherweise aus Gesundheitsgründen und wegen der Aussicht über das Tal erklimmen). Damit es eine therapeutische Aufgabe ist, sollen Sie unten am Berg Halt machen, nach oben blicken und sagen ‚Irgendwann in den nächsten Stunden werde ich dort oben sein.' Nehmen Sie die Zigarettenfilter mit auf die Spitze des Berges, und wenn Sie wieder unten sind, sind Sie *frei,* alles mit ihnen zu tun, was Sie wollen." Die Tochter war gehobener Stimmung, als sie zur nächsten Stunde kam. Sie hatte aufgehört zu rauchen. Sie sagte: „Ich brachte die Filter auf die Spitze des Berges. Ich brachte sie wieder runter und irgendwo auf dem Weg zum Parkplatz habe ich sie verloren. Hatten Sie das suggeriert?" Ich antwortete, daß dies nicht der Fall war. Die Tochter konnte ein ähnliches Muster wie die Mutter benutzen. Es gab formal keine Hypnose, aber die hypnotische Technik der Suggestion ist offensichtlich. Die Psychotherapie wurde durch ein symbolisches Ritual erreicht.

Nutzung der Paarbeziehung

In den ersten Gesprächen, wenn ein Klient aufhören möchte zu rauchen, frage ich meistens, ob noch jemand in der Familie raucht. Ein Ehepartner oder ein Kind kann dann mit in die Therapie kommen, wenn sie ebenfalls zu rauchen aufhören möchten. Häufig werden dysfunktionale Gewohnheiten durch bestimmte Muster in Beziehungen aufrecht erhalten. Außerdem kann die Dynamik zusätzliche Ansatzpunkte für Verhaltensänderungen liefern.

Einzeln frage ich die Partner „Wer raucht gewöhnlich als erster? Wer hat als erster zur Zigarette gegriffen?" In vielen Fällen geht das Rauchen auf einen Partner zurück und der andere reagiert auf diesen externen Auslöser. Menschen, die in solcher Weise auf externe Auslöser reagieren, sprechen gewöhnlich auch gut auf hypnotische Suggestionen und soziale Hinweisreize an. Solche Klienten reagieren meist kurzfristig positiv auf die Behandlung, wenn sie jedoch in ihre häusliche Umgebung zurückkehren, erfolgt der Rückfall. Manchmal hilft es, diese Dynamik der Abhängigkeit offen zu diskutieren, weil es den suggestiblen Raucher darauf aufmerksam macht. Er wünscht es i. allg. nicht, daß seine Gewohnheit von externen Auslösern abhängt, die vom Partner geliefert werden. Manchmal ist eine Verhaltensänderung bei dem suggestibleren Partner aufgrund der Beziehungsstruktur erschwert. Dann können andere Ansatzpunkte in der Partnerbeziehung gefunden werden.

Ein Mann rief an und sagte: „Ich rauche seit 30 Jahren, können Sie mir helfen aufzuhören?" Ich fragte, ob sonst noch jemand in der Familie rauchen würde, und er erwähnte, daß seine Frau ebenfalls seit 30 Jahren rauche und auch daran interessiert wäre aufzuhören. Daher wurde sie gebeten, zur 1. Konsultation mitzukommen.

Der Ehemann machte einen ziemlich unsicheren Eindruck, obwohl er zugleich das Bild eines Macho abzugeben suchte, der alles unter Kontrolle hat. Eine seiner ersten Bemerkungen war folgende: „Wir beide wissen genau, daß Sie nichts dagegen tun können, daß ich jederzeit den Raum verlassen oder eine Zigarette rauchen kann." Ich antwortete: „Sie wissen, Sie haben absolut recht. Es gibt nichts, was ich tun oder sagen kann, was Sie davon abhält, eine Zigarette zu rauchen, wenn Sie hier herausgehen." Er stellte fest, daß ich eine sensible und intelligente Person war, die ihn gut versteht.

Nachdem ich mich zuerst mit dem Paar gemeinsam getroffen hatte, um diagnostische Informationen zu sammeln, traf ich die Frau allein. Mir ging es darum herauszufinden, was ein brauchbarer

Aufhänger für die Therapie sein könnte. Der Ehemann war kompetitiv und ich dachte, Konkurrenz sei der Ansatzpunkt für ihn, wogegen seine Frau die für Hypnose empfänglichere Person zu sein schien. So könnte es sein, daß die Frau sich auf die Hypnose einlassen würde, sofort aufhören würde zu rauchen und der Ehemann ihr nachfolgen würde, um die Kontrolle zu behalten. Als ich diesen Plan der Ehefrau unterbreitete, äußerte sie die Auffassung, daß dies keine brauchbare Arbeitsgrundlage sei: „Ich habe früher aufgehört zu rauchen und immer, wenn ich das tat, versuchte er das auf subtile Weise zu sabotieren. Er macht es nicht absichtlich, er liebt mich wirklich, aber er läßt Zigaretten herumliegen, raucht in meiner Gegenwart und tut andere subtile Dinge, die meine Bemühung aufzuhören torpedieren."

Ich fragte sie daraufhin, ob es irgend etwas gäbe, was ihr Mann nicht mag. Sie dachte für einen Moment nach und sagte: „Wissen Sie, wir sind seit über 30 Jahren verheiratet, und während dieser Zeit haben wir niemals getrennt Urlaub gemacht. Er würde es nie zulassen, daß ich allein irgendwo hingehe." Diese Information lieferte den geeigneten Aufhänger, um den die Therapie zu organisieren war. Wir entwarfen zusammen einen Handlungsplan. Dem Paar wurde für nächste Woche ein neuer Termin für eine hypnotische Behandlung gegeben. Außerdem einigten wir uns, daß dem Mann die Führung in der Therapie überlassen werden mußte.

Während der Heimfahrt rauchten die Eheleute eine Zigarette und die Frau sagte zu ihrem Mann: „Weißt du, es ist wirklich bedeutungslos, wenn du wegen der Hypnose aufhören solltest zu rauchen." Der Ehemann stimmte zu und die Frau fuhr fort: „Es ist wirklich etwas, was du aus eigener Initiative tun mußt." Wiederum stimmte der Ehemann zu und die Frau sagte dann: „Daher werde ich die Kinder in Kalifomien besuchen, während du hier bleibst und mit dem Rauchproblem zurande kommst." Er sagte: „Also, Moment mal!" Ein paar Täge später rief die Frau an und stornierte den Termin. Sie sagte, es sei keine Notwendigkeit dafür, weil sie beide aufgehört hätten zu rauchen. Der Mann würde alles dafür tun, seine Frau davon abzuhalten, allein in die Ferien zu gehen – sogar aufhören zu rauchen. Er rauchte eine Zigarette, nachdem er meine Praxis verlassen hatte, ohne sich darüber klar zu sein, wie weit er damit konkret auf eine Suggestion reagiert hatte.

Fallberichte

Die beiden folgenden Fallberichte sind komplex und illustrieren viele der genormten Interventionsmöglichkeiten. Sie liefern Beispiele dafür, wie man *Aufhänger* und die *Einstreutechnik* benutzt.

Eine Frau kam und sagte, sie hätte ein Alkoholproblem. Während der 1. Sitzung wurde es deutlich, daß Eheprobleme vorrangig waren, und so wurde ihr Ehemann gebeten, zur 2. Sitzung mitzukommen. Es handelte sich um ein sehr intelligentes, berufstätiges Paar, und der Ehemann litt ebenfalls unter exzessivem Alkoholkonsum. Durch sein nonverbales Verhalten während des Interviews wurde klar, daß er ein geringes Interesse daran hatte, aufzuhören zu trinken; seine Frau dagegen wünschte nichts sehnlicher. Dem Paar wurde eine symbolische Aufgabe gegeben: sie sollten kleine Plastikbehälter mit Alkohol auf eine Wanderung zum Squaw Peak mitnehmen. Dieses Ritual wurde von der Frau feierlich ausgeführt. Nach der Rückkehr schüttete sie den Alkohol am Fuße des Berges aus und hörte für eine Zeit vollkommen auf zu trinken. Der Ehemann dagegen trank weiter.

In der Zwischenzeit begannen wir eine Paartherapie. Zu irgendeinem Zeitpunkt schlug ich dem Ehemann vor, daß er vielleicht aufhören möchte zu rauchen. Er antwortete: „Nun, vermutlich schon, aber ich bin wirklich nicht sehr motiviert. Ich habe es ein paar Mal versucht, damals war ich wirklich motiviert, aber nicht erfolgreich." Ich antwortete: „Es mag jetzt eine bessere Zeit dafür sein, weil mehr Druck besteht." Zu diesem Zweck wurde eine Einzelsitzung vereinbart und ich fand 4 „Aufhänger" für die Therapie heraus: 1) er spielte gern, 2) während des Autofahrens rauchte er nicht, 3) er wollte sich einen teuren Sessel kaufen und 4) er war beruflich mit Kindern beschäftigt.

Als ich ihn fragte, um wieviel Prozent er aufhören wollte zu rauchen, sagte er, seine Motivation sei etwa zu 75% vorhanden. Er würde nächste Woche in Urlaub gehen und das Paar hätte eine lange Autofahrt vor sich. Die Therapie wurde so gelegt, daß er das Rauchen nicht vor den Ferien aufhören würde. Ich bat ihn, die Aschenbecher im Haus und im Auto in der Nacht vor der Abfahrt zu säubern. Es wurde Hypnose angewandt und ich sprach zu ihm metaphorisch über die Kontrolle von Bedürfnissen. Zur Illustration erzählte ich ihm eine Anekdote von einem interessanten Ereignis, das ich miterlebte, während ich meinen Führerschein erneuerte. Ein 5jähriger Junge saß auf dem Schoß seiner Mutter und schrie. Er wollte etwas: er wollte nämlich herunter. Die Mutter setzte ihn auf den Boden, und indem sie ihn bei den Schultern hielt, schaute sie ihm gerade in die Augen und sagte „Also du kannst vom Schoß runter, aber du bleibst hier stehen, hörst du!“ Ich konnte nicht umhin zuzuhören, weil es mit soviel Nachdruck gesagt wurde. Der kleine Junge schaute auf zur Mutter, ging einen Schritt zurück, schaute wieder zu ihr hin und ging noch einmal einen Schritt zurück. Innerhalb von 30 s war er am Ende des Korridors und schrie nach Süßigkeiten. Die Mutter nahm den kleinen Jungen wieder zu sich und setzte ihn auf ihren Schoß. Nach kurzer Zeit quengelte der Junge wieder. Er wollte runter und die Mutter nahm den kleinen Jungen, hielt ihn bei den Schultern, schaute ihm ins Auge und sagte „Also gut, du kannst runter, aber diesmal bleibst du hier, genau hier.“ Der Junge schaute sie wieder an, ging einen Schritt zurück, schaute sie wieder an, ging einen 2. Schritt zurück, und innerhalb von 30 s war er am Ende des Korridors und schrie nach Süßigkeiten. In diesem Moment sagte ich direkt zu meinem Klienten: „Wissen Sie, die Mutter war 75% klüger als der kleine Junge und die Mutter war 75% stärker als der kleine Junge.“ Nachdem die Hypnose beendet war, wurde ein 2. Termin vereinbart, und ich erklärte dem Mann, daß er mir einen Scheck für die nächste Sitzung zu geben hätte, die in 2 Wochen stattfände. Falls er nicht mehr rauchte, würde er den Scheck zurückerhalten und die Sitzung würde nichts kosten. Der Mann war ein Spieler und ihm gefiel die Idee, daß es um Geld ging. Außerdem erklärte ich ihm, daß wir beide, obwohl wir starke Männer seien, nicht in der Lage gewesen wären, den 5jährigen Jungen zu halten, es sei denn mit einem enormen Aufwand an Energie.

Als der Mann zur nachfolgenden Sitzung kam, hatte er aufgehört zu rauchen. Wir stimmten überein, daß er sich den gewünschten Sessel als Belohnung für die 2wöchige Abstinenz kaufen sollte.

Rauchen war wirklich nicht das Hauptproblem der Therapie, aber es war eine Metapher. Wenn der Mann eine Gewohnheit kontrollieren konnte, konnte er auch eine andere kontrollieren. Ich rechnete damit, daß er irgendwann in der Zukunft aufhören würde zu rauchen und daß er dann zurück zur Therapie kommen würde. Er konnte jetzt seine Handbewegungen in bezug auf eine Gewohnheit kontrollieren und irgendwann in der Zukunft sollte er in der Lage sein, diese Handbewegung auch in bezug auf eine andere Gewohnheit in den Griff zu bekommen.

Die Katamnese ergab, daß der Ehemann weiterhin abstinent war und für Jahre nicht mehr rauchte.

Ein anderer Fall ist ein 37jähriger Mann namens Ralph. Er ist Sozialarbeiter und wurde mir von Erickson überwiesen, nachdem er seine Privatpraxis aufgegeben hatte. Der Klient wünschte eine Behandlung zur Raucherentwöhnung und sagte, daß er vor Jahren eine Sitzung mit Erickson gehabt hätte, wo es ebenfalls ums Rauchen ging. Diese Therapiesitzung hatte ihm das Gefühl gegeben, daß es leicht sei aufzuhören, er hätte damals aber einfach nicht die Notwendigkeit dazu gesehen. Er berichtete, daß er seinen Zigarettenkonsum in vielen Situationen unter Kontrolle hatte, aber nicht in allen. Er fügte hinzu, daß er es nicht gerne sah, wenn man ihn vor der Familie, Kollegen oder Freunden als Raucher bezeichnete. Er rauchte auch niemals in der Öffentlichkeit, weil er meinte, dadurch würde er willensschwach erscheinen.

In der 1. Sitzung wurde die Anamnese erhoben und in der 2. mit der Hypnotherapie begonnen. Zu Beginn berichtete der Klient, daß er in der dazwischenliegenden Woche weniger geraucht hätte. In der Hypnose wurden Suggestionen der Entspannung gegeben und der Klient an die Gründe erinnert, die er hatte, um mit dem Rauchen aufzuhören. Dabei wurden seine eigenen Gründe und seine eigenen Formulierungen als Suggestionen verwendet. In der Hypnose wurde außerdem suggeriert, daß der Klient ein Gefühl von Schwere in den Händen verspüren würde [Anmerkung des Herausgebers: im englischen wurde das Wort „weight“ (Gewicht) benutzt, das phonetisch wie „wait“ (warten) klingt]. Im wesentlichen sollte damit suggeriert werden, daß diese Art von Entspannung, die er jetzt in der Hypnose bemerkte, dazu verwendet wird, Angst in Streßsituation zu beherrschen. In der nächsten Sitzung teilte der Klient mit, daß er für kurze Zeit nach der Hypnosesitzung zu rauchen aufgehört hätte, aber später wieder angefangen hätte. Es wurde die Vereinbarung getroffen, daß in Zukunft jedes Rauchen dadurch bestraft werden sollte, daß der Klient 2 Wochen lang regelmäßig vor anderen Menschen rauchen müßte. Ich gab ihm die Erläuterung, daß Rauchen ein kindisches Verhalten sei und daß kindisches Verhalten auf Bestrafung gut anspricht. Wiederum wurde Hypnose im Sinne der Entspannung, neben anderen Techniken zur Kontrolle des Rauchbedürfnisses, verwendet.

Nach 2 Wochen kam der Klient zurück und sagte, daß er für 10 Tage aufgehört hätte, aber dann unerwartet einige Frustrationen erleben mußte. Diese 4. Sitzung war sehr kurz; der Klient wurde einfach angewiesen, die vorherige Abmachung zu beachten. Er sollte in den nächsten 2 Wochen regelmäßig in der Öffentlichkeit rauchen. Die nächste Sitzung wurde nach 2 Wochen wieder mit Hypnotherapie bestritten. Die früher angesprochenen Themen wurden nochmals aufgegriffen und weiter ausgeführt. Schließlich gab der Klient das Rauchen auf und war bei 2jähriger Nachkontrolle abstinent. Dieser Klient brauchte eine Herausforderung. Sie wurde ihm in der Therapie gegeben und er konnte sie annehmen. Es wurde das Symptom zur Bestrafung verwendet, um einen Ansatzpunkt zu finden, das Symptom selbst zu überwinden.

Schlußbemerkung

Bei der hypnotischen Raucherentwöhnung ist die Individualisierung der Suggestionen ein wesentlicher Schritt, um die Effektivität zu erhöhen. Bestimmte Charakteristika des Klienten (Aufhänger, „hooks") können dabei eine große Hilfe sein. Die Fallbeispiele sollten die Kommunikation auf mehreren Ebenen und zugleich eine naturalistische Art der Hypnose illustrieren. Ich habe mich zwar im wesentlichen mit der Raucherentwöhnung beschäftigt; dieselben Techniken sollten jedoch auch für andere Gewohnheitsprobleme, wie Übergewicht oder Alkoholismus, anwendbar sein.

Empfohlene Literatur

Brown DP, Fromm E (1987) Hypnosis and behavioral medicine. Erlbaum Associates, Hillsdale NJ pp 151–167

Kroger WS, Fezler WD (1976) Hypnosis and behavior modification: Imagery conditioning. Lippincott, Philadelphia pp 191–200

Spiegel H, Spiegel DS (1978) Trance and treatment. Clinical uses of hypnosis. American Psychiatric Press, Washington DC pp 210–219

Zeig JK, Lankton SR (eds) (1988) Developing Ericksonian Therapy. State of the art. Brunner/Mazel, New York pp 353–375

14. Sexuelle Störungen

FRED CHRISTMANN und STEPHAN HOYNDORF

Weitgehende Einigkeit scheint darüber zu herrschen, was Sexualität ist oder doch sein sollte. Sexualität als Ausdruck von Liebe, Nähe und Intimität, eine Form partnerschaftlicher Kommunikation, ein Raum für Geborgenheit, Selbstentfaltung, Lust und Ekstase. Sexualität wird als natürlich und positiv betrachtet und als Freiheit definiert. Dementsprechend hoch sind die Erwartungen an die eigene Person, den Partner und die sexuelle Beziehung; und ebenso hoch ist die Gefahr, daß sich diese Erwartungen nicht erfüllen.

Bemerkenswert ist, daß durch die sexuelle Realität die positive Grundhaltung zur Sexualität kaum in Frage gestellt wird. So werden sexuelle Belästigung von Frauen, sexuelle Gewalt und sexueller Mißbrauch, Prostitution, Peep-Shows und Pornographie als Verzerrung und krankhafte Abart der wahren Sexualität interpretiert. Die Auffassung von einer natürlichen und positiven Sexualität steht auch im Gegensatz zu den in vielen Partnerschaften vorherrschenden Gefühlen der sexuellen Beklemmung, Langeweile und Lustlosigkeit. Schätzungen zur Prävalenz sexueller Unzufriedenheit zwischen 30% und 54% bei Paaren ohne funktionelle Sexualstörung (LoPiccolo u. Miller 1975) können vor diesem Hintergrund nicht überraschen – von der nicht eben geringen Prävalenz funktioneller Sexualstörungen einmal ganz abgesehen.

Ursachen sexueller Störungen

Die sexuelle Funktion ist ein psychosomatischer Prozeß, den negative Einflußfaktoren an spezifischen Punkten stören können –mit Auswirkungen auf das Gesamtsystem. Folgende nichtsomatische Faktoren können einer störungsfreien Sexualität im Wege stehen (Kaplan 1979; Arentewicz u. Schmidt 1980; Bancroft 1985):

- Wissensdefizite bezüglich Anatomie und Physiologie der Sexualität und sexuelle Mythen;
- negative Gefühle (Ängste, besonders vor Kontrollverlust, Ekel und Schmutzphantasien) gegenüber der tabubehafteten Sexualität und aufgrund ungenügender Verarbeitung traumatischer sexueller Erfahrungen;
- negative Gefühle gegenüber der eigenen Person und dem eigenen Körper; negative Gefühle gegenüber dem Partner, besonders Ärger und Unsicherheit in der Partnerschaft;
- Leistungsdruck oder Angst, den Partner nicht befriedigen zu können;
- Fixierung auf den Koitus und Orgasmus;
- ausgeprägte Selbstbeobachtung bei sexueller Interaktion;

- Unfähigkeit zur bildhaften Vorstellung positiven sexuellen Geschehens;
- neurotische Disposition und sekundärer Krankheitsgewinn;
- widrige Umstände (Arbeitsdruck, kalte und hellhörige Räume usw.);
- Angst vor einer ungewollten Schwangerschaft.

Der Aufrechterhaltung sexueller Funktionsstörungen liegt häufig ein Selbstverstärkungsmechanismus zugrunde, indem durch das nichterwartungsgemäße Funktionieren Erwartungsängste ausgelöst werden, was zu einem Circulus vitiosus führt und die Störung so funktionell autonom wird (Arentewicz u. Schmidt 1980).

Diagnostik

Diagnostik: Sexuelle Störungen

Sexuelle Störungen können entlang der Phasen Appetenz, Erregung und Orgasmus klassifiziert werden, wie es etwa das DSM-III (1984) tut. Begrifflich unterschieden werden in der Regel folgende Störungen:

a) Appentenzphase: sexuelle Apathie und sexuelle Aversion;
b) Erregungsphase: Erektionsstörungen, Lubrikationsstörungen, Vaginismus;
c) Orgasmusphase: vorzeitiger Samenerguß, verzögerte Ejakulation, Orgasmusprobleme der Frau und schmerzhafter Geschlechtsverkehr (Dyspareunie).

Die diagnostische Klassifikation hilft jedoch wenig zum Verständnis sexueller Störungen. Erforderlich ist eine Erhebung von Informationen zur Entstehung und Aufrechterhaltung des Problems, zur Qualität der Partnerbeziehung, zum sexuellen Erleben und Verhalten beider Partner. Ein wichtiger Parameter ist die Häufigkeit sexuellen Verhaltens (Vorspiel, Koitus, Orgasmus, Selbstbefriedigung). Weitere relevante Faktoren sind sexuelles Wissen und kommunikative Fertigkeiten, Anspruchsniveau und Körperempfinden.

Die umfassende psychologische Diagnostik kann in der Regel klären, ob die Störung psychogen ist (Exploration von Masturbationserfahrungen, morgendlichen Erektionen, Medikamenteneinnahme u.ä.). Im Einzelfall (insbesondere bei Dyspareunie) muß der Einfluß somatogener Faktoren medizinisch abgeklärt werden; er wird jedoch von Medizinern und Patienten oft überschätzt. So stellt sich etwa bei Diabetes mellitus und Erektionsstörungen die Frage, ob die organische Erkrankung ein Faktor oder der ursächliche Faktor der funktionellen Störung oder ein aufrechterhaltender Faktor im Sinne einer Sich-selbst-erfüllenden-Prophezeiung ist.

Die Intervention bei sexuellen Problemen kann häufig nicht auf das Sexualproblem begrenzt bleiben. Die Diagnostik muß differenzieren, ob *Persönlichkeitsprobleme* und/oder *Beziehungsprobleme* im Vordergrund stehen, und ob ggf. eine Einzeltherapie zur Bearbeitung der Persönlichkeitsproblematik oder eine Paartherapie einer Sexualtherapie vorzuschalten ist. Chapman (1982) sieht als wesentliche Ursache für das Scheitern von Sexualtherapien, daß die diversen Kombinationsmöglichkeiten von Ursache und Folge in der Gegenwart und Vergangenheit dieser 3 Problembereiche – Persönlichkeit, Beziehung und Sexualität – zu wenig beachtet werden.

Sexualtherapie

Zum besseren Verständnis der Therapie sexueller Störungen erscheint uns ein kurzer Rückblick unumgänglich. Am Beginn der Sexualberatung stand die Publikation *Die ideale Ehe* (Van de Velde 1928), der in den folgenden Jahrzehnten viele weitere Ehemanuale folgten. Zentral in diesen Manualen waren „das Vorspiel", „die erogene Zone", die Betonung des Orgasmus und die Überzeugung, daß sexuelle Lust mit Geduld und Geschick erarbeitet werden kann. Es war das besondere Verdienst von Masters u. Johnson (1970), daß sie sich radikal von der Überzeugung lösten, wonach der beste Weg zur Behandlung sexueller Probleme darin bestehe, eine erotische Atmosphäre zu schaffen und einen geduldigen und geschickten Partner zu haben. Sie erkannten die herausragende Bedeutung der Bearbeitung von Leistungsängsten in der Therapie. Neben der Angst zu versagen, benannten Masters u. Johnson als ursächliche und aufrechterhaltende Faktoren von Sexualstörungen die zwanghaften sexuellen Verhaltensmuster (v.a. die Dominanz des Mannes und die zwanghafte Tendenz, die sexuelle Erregung zu steigern) und die Fixierung auf den Orgasmus. Masters u. Johnson leiteten daraus ihre Paradigmen des *Nichtforderns* und der therapeutischen Neutralität ab und definierten Sexualstörungen als Problem des Paares. Diese Konzeptualisierung stand und steht im Gegensatz zu den meisten anderen Therapiekonzeptionen.

So stellen psychodynamisch orientierte Autoren, wie Kaplan (1979) und Verhaltenstherapeuten wie Lazarus (1984), die Angst vor der Lust und das Individuum mehr in den Vordergrund. Apfelbaum (1988) führt aus, daß der Begriff der „performance anxiety" von Masters u. Johnson weithin unverstanden blieb und zeigt auf, daß sich die Angst zu versagen nicht nur auf die physiologische Ebene bezieht, sondern darauf, den allen sexuellen Gegebenheiten und Geschlechtsstereotypen immanenten Erwartungen nicht zu genügen. Die Relevanz dieser Therapiekonzeption belegt Apfelbaum anhand der nach wie vor herausragenden Erfolgsraten des Masters-und-Johnson-Instituts.

Paartherapie

Die Paartherapie funktioneller Sexualstörungen nach Masters u. Johnson (1970) kann inzwischen als Standardmethode der Sexualtherapie bezeichnet werden. Grundlage der Paartherapie ist das schrittweise Vorgehen zum Aufbau positiven Erlebens bei sexuellen Aktivitäten. Das Paar muß zunächst bereit sein, Einschränkungen und Übungen, die parallel zur Therapie durchzuführen sind, zuzustimmen. Die Übungsanweisungen (vgl. Hauch et al. 1980) beschreiben Streichelübungen („sensate focus"), bei denen anfangs auf direkte sexuelle Stimulation und Orgasmus verzichtet wird. Dabei können verschiedenartige Probleme deutlich werden, die ebenso Ursachen wie Veränderungsmöglichkeiten aufzeigen: etwa *Ängste,* besonders die die sexuelle Reaktion hemmende Leistungsangst; *Ärger,* der zwischenmenschliche Nähe verhindert; *Einstellungen* zu Sexualität und Körper, die eine emotionale Befriedigung unterbinden; *Schuldgefühle; Selbstunsicherheit; Kommunikationsschwierigkeiten* und dergleichen mehr. Die Partner gelangen über ihre Schwierigkeiten bei der Ausführung von Übungen und über Anleitung des Therapeuten zur Problemlösung zum Verständnis ihrer Probleme. So kommt es in der Regel sowohl zu einer Beseitigung der sexuellen Probleme als auch zu einem verständnisvollen Umgang miteinander.

Allein durch das schrittweise Befolgen von Verhaltensregeln werden verschiedenartige Faktoren wirksam, die zur Besserung des sexuellen Befindens beitragen: Reduktion von Leistungsangst, Gewinn von Sicherheit und Vertrauen, Aufklärung, direkte sexuelle Kommunikation und die „Erlaubnis" dazu durch den Therapeuten.

Individualtherapie

Masturbationsprogramme (Barbach 1977; Zilbergeld 1983) in Form von Selbsthilfemanualen sind in erster Linie als flankierende bibliotherapeutische Maßnahme geeignet. Inhalte dieser Manuale sind zunächst Informationen zur menschlichen Sexualität und Erörterung sexueller Mythen. Es folgt eine Reihe von Übungen für die Patienten: Entspannungsübungen gegen Angst und Verkrampfung, Körpererkundung und Experimentieren mit sexueller Stimulation. Frauen werden Vibratoren und Übungen der Beckenbodenmuskulatur (M. pubococcygeus, PC-Muskel) zur Verstärkung der sexuellen Empfindungen empfohlen; Männern paradoxe Übungen zur Erwartungsangst.

Bei der Therapie unter Begleitung durch diese Manuale bilden die Erfahrungen mit den Übungen – vergleichbar der Paartherapie – und der Transfer des Gelernten auf die sexuelle Interaktion den inhaltlichen Schwerpunkt der Therapiesitzungen. Patienten mit sexuellen Funktionsstörungen leiden nicht selten unter einer spezifischen, mit der Sexualität im Zusammenhang stehenden Selbstunsicherheit.

Diese soziosexuelle Selbstunsicherheit oder heterosoziale Inkompetenz ist gekennzeichnet von fehlendem Wissen, wo man potentielle Partner kennenlernen kann, von der Unfähigkeit zum Blick- und Gesprächskontakt mit dem anderen Geschlecht und von Schwierigkeiten bei Verabredung und Gestaltung von Rendezvous (Konversation, Selbstdarstellung, Umgang mit nichtsexueller Intimität und Ausdruck sexuellen Interesses bei potentiellen Sexualpartnern).

Die gezielte Exploration dieses Bereichs ist Voraussetzung für Interventionen in diesem Bereich. Die Intervention kann in der Praxis Verschiedenes beinhalten: die Erörterung von Möglichkeiten, Partner des anderen Geschlechts kennenzulernen, oder von Konzepten von Partnerschaft, Beratung in Kleidungsfragen, Rollenspiele (nach Möglichkeit mit andersgeschlechtlichen Kotherapeuten) zu „Small talk" u.ä. Besonders wichtig sind hier die therapiebegleitenden *Hausaufgaben.* Nach unserem Eindruck vermögen bereits wenige passende Anstöße einiges in Gang zu setzen. Anregungen finden sich bei Reynolds et al. (1981) sowie Schwartz u. Masters (1983).

Hypnotherapie

Die Indikation zu hypnotherapeutischer Diagnostik und Intervention folgt aus der Bedeutung der mentalen Prozesse, die sexuelles Verhalten begleiten und steuern. Dabei kann zwischen inneren Einstellungen oder Grundhaltungen und mentaler *Begleitaktivität* während sexuellen Verhaltens (Selbstbeobachtung, Selbstverbalisation, automatische Bewertungsmuster, Ängste, Erwartungen nicht zu genügen, sexuelle Phantasien) unterschieden werden. Bereits Masters u. Johnson adressierten die Bedeutung mentaler Prozesse mit ihren Konzepten von „fear of failure/performance anxiety" und „spectatoring".

Was eine Person zu sich selbst bezüglich ihrer Sexualität sagt, entscheidet nach Ellis (1962) darüber, ob es zu funktionellen Störungen kommt, bzw. darüber, ob diese chronisch werden. Diese inneren Gespräche laufen bei sexuellen Störungen in der Regel irrational und weitgehend unbewußt ab und können als negative Autosuggestion interpretiert werden. Araoz (1984a) betrachtet die automatisch unbewußte negative Selbsthypnose als ein Charakteristikum von Patienten mit Sexualstörungen. Besonderer Zielpunkt hypnotherapeutischer Interventionen ist das Bewußtseinsniveau, das der mentalen Begleitaktivität bei sexuellem Verhalten zugrunde liegt und diese steuert.

Hypnodiagnostik und Hypnoanalyse

Die Stärke der hypnotherapeutischen Diagnostik – wie auch des hypnotherapeutischen Vorgehens allgemein – liegt in der Überwindung (im Umgehen) rationalisierter Abwehrprozesse. Für die Diagnostik sollen tranceinduzierende Verfahren die nicht gewußten, vor- und unbewußten Ursachen und Aspekte der Störung erfassen helfen.

Zur Exploration des Körperbildes ist eine Visualisierung des eigenen Körpers vor einem großen, dreiteiligen Spiegel nach vorausgehender Tranceinduktion geeignet. Beachtenswert ist dabei, an welcher Körperstelle Patienten die Exploration beginnen, welche Körperbereiche verzerrt beschrieben oder vernachlässigt werden (Araoz 1982, S. 108).

Bei der *„Vorher- und Nachher-"technik* wird das Paar aufgefordert, sich auf einem doppelten Bildschirm vorzustellen, wobei der eine Bildschirm das Paar in der Gegenwart darstellt und der andere das Paar in Zukunft ohne das Symptom.

Das Gegenüberstellen dieser beiden Zustände und die Verbalisierung assoziierter Kognitionen beider Partner unter Hypnose ermöglichen es, Erwartungen an Veränderung und Ängste davor aufzudecken.

Zur Abklärung einer möglicherweise nicht bewußten Bedeutung des Symptoms sind die *Kristallkugeltechnik* und *ideomotorisches* Fragen geeignet. Altersregression und Affektbrücke sind zur Ursachenklärung von Gefühlen wie Ekel und Hilflosigkeit hervorzuheben. Traumatische Erfahrungen, insbesondere von sexuellem Mißbrauch werden häufig verdrängt und äußern sich dann nicht selten in subjektiv unerklärlichen aversiven Gefühlen.

Altersregression und *Affektbrücke* können auch zum Verständnis von Transsexualität und Transvestismus beitragen.

Einem unserer Patienten war es wegen für ihn unverständlicher Fixierung auf eine bestimmte Körperform (schlanker Po) im Laufe der Ehe nicht mehr möglich, mit seiner Partnerin befriedigend sexuell zu interagieren. Ausgehend von einer konkreten Begebenheit, in der er erstmals ein Gefühl des Angewidertseins gegenüber seiner Partnerin empfand, wurde dieser Patient angehalten, sich allein von diesem (von der konkreten Situation abgelösten) Gefühl leiten zu lassen und in die Vergangenheit zurückzukehren. Dabei wurden Ereignisse mit Indoktrinationen durch seine Mutter deutlich, die für ihn sowohl hohen sexuellen Aufforderungscharakter als auch äußerste Feindseligkeit signalisierten. Unverarbeitet bewirkten diese Erfahrungen Verhaltenseinschränkungen, die erst durch die körperlichen Veränderungen der Partnerin aktualisiert worden waren.

Shorr (1983) benützt kurze Beschreibungen von Szenen als Projektionsfläche für die freie Imagination und Assoziation der Patienten. Ein Beispiel für eine solche Szene ist: „Stellen Sie sich 2 Räume vor, in einem Haus in einer anderen Stadt. Stellen Sie sich vor, in einem Raum ist ein Mann, in dem anderen eine Frau. Was würden die beiden sagen, was würden die beiden tun?"

Ziel der Hypnoanalyse ist die Lösung neurotischer Konflikte durch Einsicht in die unbewußten Ursachen des Symptoms. Brown u. Chaves (1980) nennen als Beispiel für Blockaden sexueller Aktivitäten bei Männern die unbewußten ödipalen Gefühle und die Identifikation der Ehefrau mit der eigenen Mutter.

Ich-Stärkung und Motivationsförderung

Der Einsatz hypnotischer Verfahren stellt für Patienten eine ungewohnte und zumeist eindrucksvolle Form der Auseinandersetzung mit dem Problem dar und stärkt derart den Glauben an den Therapeuten und an Veränderung. Die *Visualisierung* der Auseinandersetzung des symptomatischen Teils eines Patienten mit dem nichtsymptomatischen Teil, in der letzterer dazu angeleitet wird, ersteren zu überwinden (Watkins 1978), ist ein elegantes Verfahren symptombezogener Ich-Stärkung. Dieses Verfahren geht auf die Ambivalenz vieler Patienten bezüglich Sexualität ein, die etwa in Aussagen wie „Ich stehe schon positiv zur Sexualität, aber etwas in mir scheint nein zu sagen" zum Ausdruck kommt.

Eine gezielte Ich-Stärkung stellt die Suggestion von Gelassenheit bezüglich sexuellen Versagens dar (Kroger u. Fezler 1976, S. 141) und die Suggestion von Vertrauen zum eigenen Körper. Eine Vertrauenssuggestion kann mit weiteren Suggestionen verbunden werden, beispielsweise mit der Feststellung des Therapeuten, daß der Körper mit dem Symptom einen Hinweis geben will und so zu einer Art Schadensbegrenzung beiträgt.

Das Verfahren des *Reframing* (Grinder u. Bandler 1984; vgl. Kap. 24) kann dazu verwandt werden, Patienten von der Fixierung auf das Symptom weg- und auf unbefriedigte Bedürfnisse im Rahmen der sexuellen Interaktion hinzuführen.

Elaboration des sexuellen Skripts

Das sexuelle Skript (Gagnon et al. 1982) entspricht einer Art von individuellem Drehbuch für sexuelles Handeln auf der Grundlage von Information, Modellerfahrung und individueller Informationsverarbeitung von sexuellen Reizen. Es ist verantwortlich für die Wahrnehmung und Bewertung potentiell sexueller Reize und ist abhängig von der individuellen Entwicklungs- und Lebensphase und der Aufmerksamkeit, die der Sexualität soziokulturell zukommt. Es beinhaltet z.B. Antworten auf die Frage, was wie mit wem stimulierend ist. Wenn das Skript sehr rigide ist, stark geprägt von sexuellen Mythen oder negativen Erfahrungen, dann ist eine Erweiterung oder Korrektur erforderlich.

Etablierung einer positiven sexuellen Grundhaltung

Leidet der Patient unter einer mangelnden Akzeptanz der eigenen Sexualität, müssen die inneren Voraussetzungen dafür überprüft werden. Liegen keinerlei Erfahrungen mit lustvollen genitalen Empfindungen vor, können die allgemeinen positiven Körperkräfte mental mit den Genitalien verknüpft werden. Der Patient wird dazu angeleitet, sich detailliert die gesunden und heilenden Körperprozesse vorzustellen (etwa als ein warmes starkes Strömen), wobei die Genitalien mit einbezogen werden und dabei die Sexualität als natürliche Funktion betont wird (Araoz 1982, S. 116). Kroger u. Fezler (1976) beschreiben standardisierte Vorstellungsbilder am Strand, in der Wüste, im Dschungel usw., die die verschiedenen Sinneskanäle ansprechen und dazu dienen, die hypnotische Trance zu vertiefen und die Vorstellungs- und Wahrnehmungsfähigkeit der Patienten zu fördern. Besonders bei Klienten ohne (kooperative) Partner können sie zur Integration sexueller Empfindungen als einer Möglichkeit körperlichen Wohlgefühls beitragen. Wenn es den Klienten nicht möglich ist, sich die sexuelle Aktivität mit angenehmen Empfindungen vorzustellen, können unpersönliche Standardbilder, die etwa zunächst das Erleben von Sonne, Strand und Meer vermitteln und dann mit graduell entwickelten sexuellen Bildern abschließen, an positive sexuelle Phantasien und genitale Empfindungen von Wärme, Feuchtigkeit, Druck und Pulsation heranführen. Dazu folgendes Beispiel:

Sie reiten auf einem Esel durch die Wüste. Es wird dunkel. Es herrscht Dämmerung. Der Sand ist goldgelb, die Hügel sind tiefpurpurn. Es weht eine kühle Brise. In der Ferne können Sie die Lichter eines kleinen Dorfes erkennen. Sie hören Gitarren. Sehen Sie das gelbe Licht, das von der Siedlung ausgeht!

Sie reiten in den Ort hinein, steigen vor der Bodega ab, machen Ihren Esel fest. Der Himmel glüht rosa bis dunkelrot vom Sonnenuntergang. Riesige Kakteen stehen als Silhouette gegen das Rot des Himmels. Sie hören Gelächter, das aus der Bodega herausdringt. Sie gehen hinein. Jeder dort lacht, macht Lärm. In der Mitte des Raumes tanzen Frauen. Betrunkene Männer umschmeicheln sie. Sie setzen sich an einen Tisch und es werden Ihnen heiße Fleischspieße mit roten Peperoni serviert. Sie beißen in die rote Peperoni, die Ihren Körper in Flammen versetzt. Schweiß tritt Ihnen auf die Stirn.

Jetzt sind 2 Tänzer in der Mitte des Raumes, ein junger Mann und eine junge Frau. Sie bewegen sich in lustvoller und verführerischer Weise. Der Mann/die Frau kommt zu Ihnen und legt seine/ihre Hände auf Ihre Schenkel, massiert sie. Sie/er steckt seine/ihre Hand in Ihre Hosen und fängt an, Ihre Gentitalien zu streicheln. Die Musik wird lauter. Die Hitze nimmt zu. Ihre Genitalien sind feucht und warm. Sie fühlen ein Zusammenziehen, ein Sichaufbauen und eine Welle (Sie haben einen Orgasmus!). Sie stehen auf und rennen aus der Bodega hinaus in die kühle Nachtluft. Sie überqueren die schmutzige Straße hin zu den Ställen. Sie legen sich ins Heu und schauen zum Himmel hinauf. Sie haben ein schweres, pochendes Gefühl in Ihren Lenden. Sie werden ruhiger und ein Gefühl der Erschöpfung kommt über Sie, und Sie schlafen ein (Bodegaszene nach Kroger u. Fezler 1976, S. 128f., Szene 21).

Direkte Suggestionen im Sinne eines posthypnotischen Auftrags beschreibt Alexander (1974) in einem Fallbericht. Suggeriert wurde ein Genießen der sexuellen Aktivität ohne störende Gedanken, worauf in der folgenden Woche die Klientin mit primärer Orgasmusstörung ihren ersten Orgasmus erlebte. Interessant bei diesem Vorgehen ist, daß nicht das Ziel „Orgasmus", sondern seine Voraussetzungen suggeriert werden.

Entwicklung von positiven Phantasien und Kognitionen
Auf die fundamentale Bedeutung, sich selbst erfolgreich bei der Ausübung des Zielverhaltens vorstellen zu können, ist von verschiedener Seite hingewiesen worden (Grinder u. Bandler 1984; Lazarus 1980). Typisch für Klienten mit sexuellen Störungen sind automatisierte kognitive Prozesse, die ein Versagen und/oder Versagensängste beinhalten und im Sinne sich selbst erfüllender Prophezeiungen wirken.

Verhaltenstherapeutische Studien konnten zeigen, daß allein die Dekonditionierung dieser Versagensängste mit Hilfe der systematischen Desensibilisierung zu Symptomfreiheit führen kann (z.B. Kockott et al. 1975). Gut dokumentiert ist die durch Hypnose unterstützte Desensibilisierung bei der Behandlung von Vaginismus und der damit in Zusammenhang stehenden Angst vor der Penetration (Fuchs et al. 1973; Frutiger 198 1; Degun u. Degun 1982).

Zum Aufbau positiver Phantasien werden die Klienten nach Tranceinduktion zur *Visualisierung* von befriedigendem persönlichen sexuellen Erleben und Verhalten angeleitet. Dabei kann zwischen Induktion eines „Mastery"- und eines „Coping"-Modells unterschieden werden.

Das Mastery-Modell beinhaltet bei Erektionsstörungen die Suggestion fester und langanhaltender Erektionen (Hartmann u. Fithian 1972) und kann durch Suggestionen wie „Spaß am sexuellen Verkehr finden" ergänzt werden. Die Wirkung direkter Suggestion kann nach Crasilneck u. Hall ([2]1985) durch hypnotische Transferübungen gesteigert werden. Beispielsweise wird bei Klienten mit Erektionsproblemen eine Armkatalepsie induziert und suggeriert, daß das Glied genauso hart und fest werde.

Bei vorzeitigem Samenerguß wird das Verfahren dahingehend modifiziert, daß mit mehr Nachdruck der Abbau von Angst und inneren Spannungen beim Geschlechtsverkehr suggeriert wird. Suggestionen bei weiblichen Sexualstörungen umfassen die Fähigkeit zur Entspannung der Vaginalmusukulatur (Vaginismus), die Sensibilität der Genitalien und das Erleben eines Orgasmus („Sie werden und können den Orgasmus vollständig und angenehm erleben ..."; Crasilneck u. Hall [2]1985).

DeShazer (1978) beschreibt zur Behandlung von Sexualstörungen eine Modifikation der *Kristallkugeltechnik*. Dabei phantasieren die Klienten dreierlei: sexuell adäquat zu funktionieren, die positive Reaktion des Partners und dem Therapeuten darüber zu berichten. DeShazer erachtet dabei die posthypnotische Amnesie für wesentlich, um zu unterbinden, daß die Klienten danach trachten, die induzierten Vorstellungsbilder in vivo zu kopieren.

Zu derartigen Suggestionen muß kritisch angemerkt werden, daß sie die Realität der sexuellen Beziehung außer acht lassen, daß die Klienten zu einem autonomen sexuellen Reaktionsstil (d.h. unabhängig vom Partnerverhalten) angeleitet werden, und daß sie den Druck der sexuellen Rolle verstärken (z.B. Erektionen „so hart wie Stahl"; Crasilneck u. Hall 1985, S. 392).

Ein Verfahren, das dem Coping-Modell entspricht, beschreibt Araoz (1983). Die

Klienten werden zunächst mit ihren Selbstverbalisationen und den sie begleitenden sexuellen Vorstellungen konfrontiert, worauf entgegengesetzte Selbstverbalisationen und Bilder unter Hypnose entwickelt werden. Einen großen Stellenwert nimmt dabei das Erlernen der Selbsthypnose beziehungsweise das „mental rehearsal" ein. Christmann (1987) hat zur Modifikation negativer Selbstgespräche und Vorstellungen zugunsten von Phantasien von erfolgreichem sexuellen Verhalten das *mentale Training* vorgestellt. Charakteristisch ist das fokussierte behaviorale Vorgehen unter Nutzung hypnotherapeutischer Möglichkeiten. In der Therapie werden nach einer lerntheoretischen Erklärung der Problematik zum Einüben von daraus abgeleiteten Bewältigungsreaktionen mentale Übungen durchgeführt. Diese können formal in die Phasen Tranceinduktion, Konfrontation, Bewältigung und Erfolgssuggestionen unterteilt werden. Die Konfrontation in sensu mit einer für den Patienten typischen sexuellen Situation dient dazu, problemrelevante Emotionen auszulösen. Lerntheoretisch ist zu erwarten, daß prolongiertes Erleben von Gefühlen nach vorübergehendem Anstieg der Gefühlsintensität von spontanem Rückgang gefolgt wird, wodurch die Prozesse von Löschung und Habituation wirksam werden können. Der Abschnitt „Bewältigung" ähnelt den Vorgehensweisen, die „kognitive Probe" (Beck u. Greenberg 1979), „verdeckte Übung" (Bandura 1969) und „Training von Bewältigungsverhalten" (Mahoney 1977) genannt werden. Im Unterschied zu den oben genannten Verfahren wird im mentalen Training nicht nur der Verhaltensablauf in der Situation vorzustellen versucht, sondern es werden suggestive Elemente hinzugenommen.

So kann die ganze Bandbreite therapeutischer Interventionsmöglichkeiten (z.B. kognitive Umstrukturierung, paradoxe Intervention, Stimuluskontrolle, Fokussieren, Zeitprojektion, Sensibilitätstraining, Phantasietraining, Selbstverstärkung, Aktivitätsaufbau, Ankern usw.) modifiziert im mentalen Training zur Anwendung kommen, je nach der individuellen Problematik. Mit der Induktion einer realistischen Erfolgserwartung endet die mentale Übung. Die Induktion einer glaubwürdigen Erfolgserwartung beruht auf den Erfahrungen zum Modellernen (Marlatt u. Perry 1977).

Durch die Länge der Induktion im mentalen Training kann auf die reale Durchführung der imaginären Handlung Einfluß genommen werden. Dieser Effekt kann beispielsweise zur Behandlung von vorzeitigem Samenerguß dadurch gefördert werden, daß zunächst unabhängig vom sexuellen Geschehen Induktionen vorgenommen werden, die dem Patienten das Erleben der Zeitausdehnung vermitteln (Kroger u. Fezler 1976). Eine Grundhaltung der Ruhe und Gelöstheit kann dann allmählich dem bisherigen Lösungsversuch, Angst durch Beeilen und Anstrengen, d.h. Anspannung zu vermeiden, entgegengesetzt werden. In einer empirischen Untersuchung zum Vergleich therapeutischer Interventionen erwies sich die hypnobehaviorale Intervention einer Paartherapie als ebenbürtig (Christmann 1987).

Für Klienten, die gerade eine sexuelle Beziehung aufbauen, ist die imaginative Auseinandersetzung und Vorbereitung der angestrebten sexuellen Aktivität hilfreich. Dabei sollte insbesondere auf kritische Punkte der sexuellen Interaktion (etwa Ergreifen der sexuellen Initiative, Einführen des Gliedes) eingegangen werden und den Patienten so ein inneres Probehandeln und -erleben ermöglicht werden.

Indirekte Umstrukturierung

Verschiedene Fallberichte dokumentieren die Effektivität indirekter Suggestionen, um unbewußte Strukturen direkt anzusprechen (DeShazer 1980; Fuchs 1985). Fuchs et al. (1985) berichten von einer Erfolgsrate von über 90% (n = 377) mit einer durchschnittlichen Behandlungsdauer von knapp 4 Terminen. Als besonders geeignet bei Erektionsstörungen wird hier die Induktion mit der Armlevitation und deren Utilisation als ein Symbol für das erigierte Glied beschrieben. Bei sekundären Erektionsstörungen sind nach Schweitzer (1986) Sportmetaphern besonders geeignet, da viele Männer über Sexualität in einer Terminologie sprechen, die dem Sport entlehnt ist, und da die Verbesserung in jeder Sportart die Akzeptanz zeitweiliger Einbrüche der Leistungsfähigkeit und angemessene Kriterien zu deren Behebung voraussetzt.

Eine andere Möglichkeit, indirekt am Symptom zu arbeiten, besteht darin, die Klienten zu einer privaten Metapher des Symptoms oder zu einer Materialisierung (Form, Umfang, Farbe) anzuleiten und dann spezifische Suggestionen zur Veränderung zu geben. Die Wirksamkeit der Suggestion in sensu kann dabei sofort in ihrem Einfluß auf die Metapher, d.h. ihre Materialisierung überprüft werden. Araoz (1982, S. 116) beschreibt dieses Vorgehen anhand eines Falles von vorzeitigem Samenerguß. Dabei wurde als verantwortlich für das Problem ein Nagetier imaginiert, welches an einem elektrischen Kabel kaut. Durch die Suggestion eines elektrischen Stromstoßes wurde es unschädlich gemacht, wonach der vorzeitige Samenerguß nicht wieder auftrat.

Verarbeitung traumatischer Erfahrungen

Werden länger zurückliegende traumatische Erlebnisse aufgedeckt oder stören bewußte traumatische Erfahrungen die Sexualität, dann müssen diese vorrangig bearbeitet werden. Zur emotionalen Korrektur von Erfahrungen in der Kindheit ist ein erneutes, im Sinne der „Self-reparenting"-Technik (Goulding u. Goulding 1979) verändertes Durchleben der Situation hilfreich (Prince 1986). Dabei werden die Klienten angeleitet, mit den ihnen jetzt zur Verfügung stehenden Ressourcen den Ablauf der früheren Ereignisse positiv zu korrigieren. Als Alternative oder zur Unterstützung kann die Technik der visuell-kinästhetischen Dissoziation (Bandler u. Grinder 1981) verwandt werden. Emotionale Distanz wird durch Trennen innerer Bilder von den damit assoziierten Gefühlen erreicht, indem der Patient sich selbst beim Erleben dieses Ereignisses beobachtet, d.h. er visualisiert und empfindet nicht in der Betrachterrolle.

Gilligan (1988b) beschreibt die Technik der Pseudoorientierung in die Zukunft als besonders effektiv zur Behandlung traumatischer Erfahrungen. Dabei werden die Klienten zum Erleben des Wunschzustandes in der Zukunft angeleitet und dann gebeten, sich auf die entscheidenden Erfahrungen und Veränderungen auf dem Weg dorthin zu besinnen. Die Erfahrungen in Vergangenheit und Gegenwart können so als Beiträge zu dieser Zukunft bewertet werden.

Modifikation unerwünschter Phantasien

Aufgrund der verhaltenssteuernden Funktion sexueller Phantasien ist die Intervention in diesem Bereich Therapie der Wahl zur Symptomreduktion bei sexuell abweichendem Verhalten (Exhibitionismus, Pädophilie u. a.). Hinreichend belegt ist die besondere Effektivität der verdeckten Sensibilisierung (Cautela 1966; Cautela u. Wisocki 1971; Brownell et al. 1977). Nach einer Entspannungsinduktion zur Förderung der Aufmerksamkeit auf inneres Erleben werden die unerwünschten – u.U. zwanghaften – Phantasien mental mit aversiven Konsequenzen gekoppelt. Induziert werden zu diesem Zweck aversive Konsequenzen wie polizeiliche Entdeckung, aber auch aversive Gefühle wie Übelkeit. Verschiedene Autoren haben das Verfahren der verdeckten Sensibilisierung dahingehend modifiziert, daß zu Beginn der Intervention nicht nur die Entspannungsinduktion, sondern die Induktion eines hypnotischen Bewußtseinszustandes steht, und sprechen dabei von „hypnotically assisted covert sensitization" (Polk 1983; Stanley 1984; Wright u. Humphreys 1984).

Fallbericht

Eine Klientin wurde mit 28 Jahren wegen primärer Anorgasmie zur Therapie überwiesen.

Sie hatte in einer neuen Partnerschaft zum wiederholten Male die Erfahrung gemacht, daß sie nach kurzer Zeit die sich entwickelnde Beziehung abrupt abbricht. Sie schließt leicht Freundschaft, ist auch an Zärtlichkeiten interessiert, empfindet aber mit der Intensivierung der sexuellen Beziehung zunehmend (generalisierte) Aversionen gegen den Partner, die bisher nicht mehr abgebaut werden konnten, so daß die Beziehung jedes Mal bald zerbrach. Die beiden Partner waren zu einer Paartherapie bereit.

In einer Einzelsitzung während der Explorationsphase, in der die früheren Erfahrungen der Klientin detaillierter erhoben werden sollten, wurde aufgrund der (eher zufällig gewählten) Imagination eine Mißbrauchserfahrung aus ihrer Kindheit wieder erinnerbar. Diese Thematik bestimmte das therapeutische Vorgehen der folgenden Sitzungen:

- Altersregression und Klärung der emotionalen Betroffenheit und Hilflosigkeit als Kind,
- imaginierte Rückkehr in die Mißbrauchssituation mit Hilfe der inzwischen zur Verfügung stehenden Kompetenzen (Reorganisieren der Erfahrung),
- Dissoziation der negativen Emotionen, besonders Ekel und Schmerz, vom sexuellen Geschehen im allgemeinen und den eigenen sexuellen Körperreaktionen.

Im Anschluß daran konnte die Paartherapie mit Gewinn fortgesetzt werden, in der die Partner über „sensate focus" ihre eigenen sexuellen Wünsche klären und mitzuteilen lernten, sexuelle Aufklärung und die Erlaubnis „zu Genuß und Sinnlichkeit" durch den Therapeuten gegeben wurde und die Partner ihre nichtsexuellen Bedürfnisse fair abzustimmen begannen. Im sexuellen Zusammensein zeigte sich nach anfänglichen Erfolgen ein typisches Muster, das die weitere Entwicklung zu stören drohte und in Einzelsitzungen mit mentalem Training angegangen wurde:

- dem Mann wurde Verständnis für die Bedürfnisse der Partnerin, größere eigene Gelassenheit und Zeitausdehnung induziert, was ihm helfen sollte, die Ejakulation zeitlich hinauszuschieben und so Druck von der Patientin zu nehmen;
- der Frau wurde die Diskrepanz zwischen ihrer Forderung und Selbstbestimmung im Alltag und ihrer passiven Haltung im sexuellen Geschehen offenbart.

Auszug aus der entsprechenden Sitzung mit der Klientin:
TH: Sie wollen jetzt lieber Ihre Ruhe haben – aber Ihr Partner gibt nicht auf. Sie lassen es über sich ergehen. Sie sagen sich, daß es bald vorüber sein wird. Sie starren an die Decke und hoffen, daß es bald vorüber ist. Aber Ihr Freund intensiviert seine Bemühungen und Sie spüren, wie sich Ihr

Körper verspannt. Sie wollen nicht mehr, es ist Ihnen lästig. Sie schauen mal wieder die Tapete an, um sich abzulenken. Doch dieses Mal sehen Sie, daß auf der Tapete etwas geschrieben steht; Sie lesen: „Sorg doch selbst für Dein Vergnügen, laß Dir etwas einfallen."

Es ist wahr, Sie müssen selbst etwas tun, können nicht nur abwarten und blockieren.

Sie sagen nun zu Ihrem Freund: Laß mich mal etwas ausprobieren, ich weiß nicht, was dabei herauskommt, aber ich will es versuchen.

Dann legen Sie sich mit Ihrem Rücken und Ihrem Po gegen seinen Bauch. Nehmen Sie seine Hände und führen Sie sie – streicheln Sie sich mit seinen Händen und lassen Sie sich Zeit ... Jetzt, da Sie sich besser fühlen, gehen Sie noch einmal gedanklich ganz in die Situation von vorhin, als Ihnen das alles zum Hals heraushing – und dann finden Sie heraus, was Ihnen geholfen hat, aus dieser unangenehmen Situation herauszukommen; gehen Sie in sich, was ist es, was Sie brauchen; welche inneren Möglichkeiten, eigene Möglichkeiten sind es, die Ihnen das sexuelle Zusammensein angenehm machen.

KL: Ich muß es ausgeglichener gestalten, selbst die Initiative ergreifen.

TH: Ja, Sie können aktiv sein, öffnen Sie sich für sexuelle Aktivitäten, erkunden Sie, was Ihnen gut tut. Stellen Sie sich nun vor, wie Sie diese Eigenaktivität und Offenheit zeigen, wie könnte das aussehen, wann fängt es an? Schon vor dem Fertigmachen im Bad?

Diese Einzelsitzungen trugen dazu bei, daß die Klientin den Zusammenhang zwischen ihrem sexuellen Verhalten und ihren inneren Haltungen begriff und die kognitiven Schemata erkannte, die sie bei sexuellen Aktivitäten mehr blockierten als das Verhalten des Freundes. Letzteres änderte sich erheblich mit zunehmender Sicherheit in der Beziehung und Entlastung von der Verantwortung für das Erreichen des Orgasmus.

Schlußbemerkung

Zu den sexualtherapeutischen Standardmethoden (Paartherapie und Masturbationsübungen) liegen inzwischen viele wissenschaftliche Untersuchungen vor, die deren Effektivität bestätigen. Solche Nachweise fehlen zu hypnotherapeutischen Interventionen. In der Literatur sind in der Regel nur Einzelfälle ohne Kontrollerhebung wiedergegeben (Brown u. Chaves 1980). Dabei werden hypnotherapeutische Verfahren meist zusammen mit anderen Therapiemaßnahmen (z.B. Sexualaufklärung und „sensate focus") durchgeführt, so daß sich nicht sagen läßt, inwieweit Effekte überhaupt auf die Arbeit unter Hypnose zurückgeführt werden können. Nicht wenigen Autoren, die über Hypnotherapie bei sexuellen Störungen berichten, muß sogar ein sexualwissenschaftliches Verständnis abgesprochen werden.

Manche hypnotherapeutischen Induktionen entsprechen eher den gängigen sexuellen Mythen (vgl. Zilbergeld 1983), die nach Ansicht der überwiegenden Mehrzahl der Sexualwissenschaftler eine wesentliche Ursache der sexuellen Probleme sind, als daß sie zur Problemlösung beitragen. Bevor Hypnotherapeuten bei sexuellen Problemen Hilfsangebote machen können, die über unspezifische Effekte hinausgehen, müssen sie sich mit dem oben skizzierten Verständnis von Sexualität und dem der Sexualität heute innewohnenden Zwang zum Positiven auseinandersetzen.

Die meisten Hinweise hypnotherapeutischer Interventionen finden sich in der Literatur für die Lösung funktioneller Sexualstörungen. Dabei ist jedoch die Gefahr eines *subtilen Leistungsdrucks* durch die Therapie besonders groß. Sind sich die Hypnotherapeuten dieses Dilemmas bewußt und tragen sie den Beziehungsaspekten in ihren Überlegungen Rechnung, dann können ihre Interventionen sehr wohl zum Nutzen der Klienten und zur Erhöhung der therapeutischen Effektivität beitragen. Hypnosexualtherapie kann also keine neue Therapie bei Sexualstörungen sein, sondern nur eine bei den nicht funktionellen Sexualstörungen und bei Klienten ohne Partner besonders wichtige Ergänzung zu den Standardmethoden der Sexualtherapie.

Empfohlene Literatur

Araoz (1982) Hypnosis and Sex Therapy. Brunner/Mazel, New York

Christmann F (1988) Heterosexualität – ein Leitfaden für Therapeuten. Springer, Berlin, Heidelberg, New York, Tokyo

Christmann F (1991) Hypnose in der Sexualtherapie – neue Möglichkeiten oder neue Probleme. Experimentelle und Klinische Hypnose VII (2), 147–153

III. Psychosomatik

15. Schmerz

FRANK HOPPE

Hypnose gehört zu den ältesten Techniken der Schmerzkontrolle und ist anscheinend besonders geeignet, Veränderungen auf der Ebene der unwillkürlichen Reaktionen und des subjektiven Erlebens herbeizuführen (Wadden u. Anderton 1982). Daher besteht ein Indikationsschwerpunkt im Anwendungsbereich Schmerz. Hypnose wird bei akuten und bei chronischen Schmerzen eingesetzt. Im 1. Fall sind die Schmerzen relativ kurzdauernd, haben i. allg. eine klare, organische Ursache und verschwinden wieder, sobald diese beseitigt ist. Die Hypnose zielt in diesen Fällen (z.B. bei Zahnextraktionen, Knochenmarkpunktionen, Verbrennungen) mit symptombezogenen Strategien auf eine direkte momentane Schmerzreduktion ab (vgl. Hilgard u. LeBaron 1984). Demgegenüber sind chronische Schmerzzustände, wie etwa bei Kopf- oder Rückenschmerzen, langanhaltend oder wiederkehrend, oft unklarer Genese und nicht nur durch organische, sondern auch durch Faktoren auf der kognitiven, affektiven oder Verhaltensebene mitbedingt. Hypnose ist in diesen Fällen ein umfassenderes psychotherapeutisches Vorgehen, das nicht nur das Symptom, sondern auch aufrechterhaltende Bedingungen berücksichtigt. In diesem Zusammenhang sind grundsätzlich 2 klinische Anwendungsformen der Hypnose zu unterscheiden: eine *symptombezogene* Anwendung, die am Schmerzerleben ansetzt und auf Schmerzbewältigung abzielt, und eine *problembezogene,* die an schmerzaufrechterhaltenden Problemen ansetzt und Problembewältigung zum Ziel hat.

Gelegentlich wird im ersten Fall von „Hypnose", im zweiten von „Hypnotherapie" gesprochen (z.B. Orne u. Dinges 1984). Beide Vorgehensweisen unterscheiden sich nicht nur im therapeutischen Ansatzpunkt, sondern auch in der Technik und, soweit aufgeklärt, in den Wirkfaktoren (Hoppe 1993), weswegen sie hier, trotz häufiger Kombination in der therapeutischen Praxis, getrennt behandelt werden. Es ist darauf hinzuweisen, daß die hier beschriebenen symptom- und problembezogenen hypnotischen Strategien überwiegend nicht schmerzspezifisch sind, sondern zum allgemeinen Repertoire hypnotischer Interventionen gehören und auch auf andere Störungen angewandt werden können (vgl. z.B. Erickson 1954; Barnett 1984).

Empirische Befunde

In mehreren kontrollierten Studien wurde eine symptombezogene Hypnosebehandlung mit anderen Therapieformen verglichen. Bei Migränikern zeigte Hypnose bessere Langzeiteffekte als eine medikamentöse Behandlung (Anderson et al. 1975) und vergleichbare Effekte zum Biofeedback (Andreychuk u. Skriver 1975; Friedman u. Taub 1985). Hochsuggestible Patienten profitierten mehr von Hypnose als wenig suggestible. Bei schmerzheterogenen Patientengruppen wurden ebenfalls gleich starke Wirkungen von Hypnose und Biofeedback festgestellt; beide Verfahren waren wirksamer als Verhaltenstherapie und Placebomedikation (Elton et al. 1979). Einige dieser Hypnosebehandlungen waren allerdings nicht ausschließlich symptombezogen, sondern beinhalteten auch die Arbeit an persönlichen Problemen (z.B. Elton et al. 1979). Es zeigte sich weiterhin, daß eine rein symptombezogene Hypnose bei Patienten mit klarem Organbefund größere Effekte erzielte als bei solchen ohne Organbefund (Hoppe 1993) – ein Ergebnis, das mit klinischen Eindrücken übereinstimmt (z.B. Orne u. Dinges 1984), allerdings nur auf eine symptombezogene Behandlung zutrifft (s. unten).

Symptombezogene Hypnotherapie

Das Ergebnis eines Wirksamkeitsvergleichs unterschiedlicher Suggestionstechniken zeigt Abb. 15.1. (Dabei wurden Patientengruppen, die mit vergleichbaren Techniken behandelt wurden, über mehrere Studien zusammengefaßt.) Alle Techniken wurden monologisch realisiert (s. unten). *Therapeutische Anekdoten* (s. unten) bewirkten die größten Effekte und waren, ebenso wie die *Einstreutechnik* (direkte Suggestion eingestreut in eine positive Kontextgeschichte), *direkten Suggestionen* zur Schmerzlinderung überlegen (vgl. Hoppe 1985, 1986; Winderl 1986; Hoppe u. Winderl 1986). Negative Texte (nichttherapeutische Anekdoten) hatten keine Wirkung. Bei der Einstreutechnik waren weniger die eingestreuten Suggestionen der ausschlaggebende Faktor, sondern die Kontextgeschichte, da diese ohne eingestreute Suggestionen vergleichbare Effekte erzielte. Bei therapeutischen Anekdoten scheint die darin (u.U. gleichnishaft) beschriebene Symptomtransformation wesentlich zu sein. In diesem Zusammenhang zeigte eine Untersuchung an Kopfschmerzpatienten, daß Imaginationstexte, die eine positive Transformation einer negativen Ausgangsempfindung beschrieben, größere Schmerzreduktionen hervorriefen als nur positive Texte (Peters 1989).

Wirkfaktoren

Versuche, die hypnotische Schmerzlinderung durch die vermehrte Produktion von Endorphinen zu erklären, scheiterten bisher: Die meisten Untersuchungen hierzu zeigten, daß sich der Endorphinspiegel unter hypnotischer Analgesie nicht änderte, da die Analgesie durch den Opiatantagonisten Naloxon nicht aufgehoben werden konnte (Goldstein u. Hilgard 1975; Barber u. Mayer 1977; Guerra et al. 1985). In einer Prozeßstudie von Hoppe (1993) wurden kognitive Wirkfaktoren untersucht. Es zeigte sich, daß der Behandlungserfolg positiv mit der Häufigkeit von intrahypnotisch auftretenden bildhaften Vorstellungen der Schmerzbewältigung zusammenhing und negativ mit der Häufigkeit von Negativkognitionen. Vorstellungen der Schmerzbewältigung waren erinnerte oder phantasierte Szenen, die bildhaft eine Schmerztransformation ausdrückten. So „sah“ ein Patient seinen Kopfschmerz in Form von Luftblasen aus den Haaren aufsteigen und davonfliegen; ein anderer visualisierte seinen

Schmerz als schwarze Flüssigkeit, die vom Kopf in die Arme hinabtropfte und damit eine Schmerzverschiebung ermöglichte (s. unten). Diese Bilder traten entweder „spontan" auf (z.B. beim Hören einer therapeutischen Anekdote) oder als Resultat einer *symbolischen Transformation* (s. unten). In beiden Fällen handelte es sich meistens nicht um bewußt erzeugte Vorstellungen, sondern um primärprozeßhafte Bilder, die gleichsam wie ein innerer Film vor dem geistigen Auge des Betrachters abliefen. *Negativkognitionen* bestanden in schmerzbezogenen Gedanken oder problematischen Erinnerungen und Bildern. Hochsuggestible Patienten zeigten nicht nur einen größeren Behandlungserfolg, sondern entsprechend in Hypnose generell mehr innere Bilder und speziell mehr bildhafte Schmerzbewältigungskognitionen als gering suggestible. Ebenso traten bei (den erfolgreicheren) Patienten mit Organbefund mehr bildhafte Schmerzbewältigungskognitionen und zusätzlich weniger Negativkognitionen auf als bei (den weniger erfolgreichen) Patienten ohne Organbefund. Der kognitiv-sensorische Zusammenhang ließ sich auch innerhalb der Hypnose nachweisen: bildhafte Schmerzbewältigungskognitionen waren meist von positiven momentanen Empfindungsveränderungen im schmerzenden Körperteil begleitet, Negativkognitionen dagegen kaum. Allerdings traten Empfindungsveränderungen auch ohne begleitende Kognitionen auf, d.h. die kognitiv-sensorische Kopplung war keineswegs perfekt. Insgesamt entsprechen diese Ergebnisse denen einiger Laborexperimente (s. S. 300) und belegen die Beteiligung eines kognitiven Wirkfaktors an der hypnotischen Schmerzlinderung durch symptombezogene Strategien.

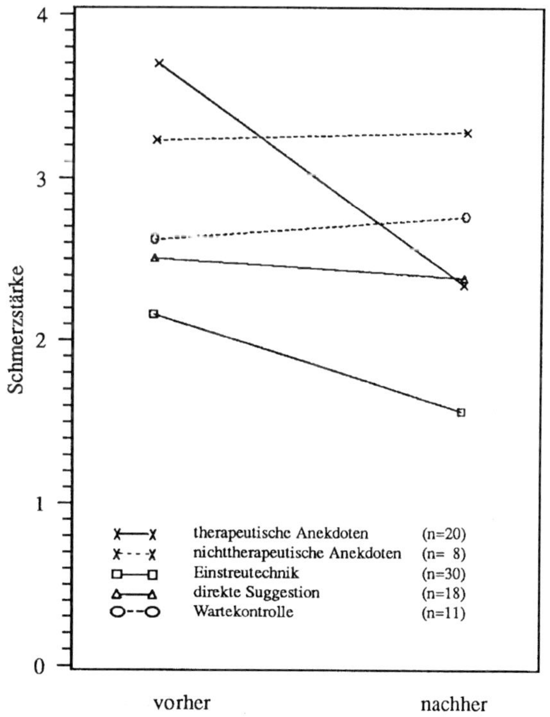

Abb. 15.1. Schmerzstärke vor und 2 Monate nach einer symptombezogenen Hypnotherapie in Abhängigkeit von der verwendeten Technik. Die Schmerzstärke wurde mit der Hamburger Schmerzadjektivliste (Gesamtwert) erfaßt. (Hoppe 1989c)

Laborexperimente
In Laborexperimenten zur hypnotischen Schmerzlinderung wird bei gesunden Probanden künstlich, beispielsweise durch Eiswasser, Schmerz erzeugt und überprüft, inwieweit er durch schmerzbezogene Suggestionen reduziert werden kann. Ziemlich übereinstimmend zeigen diese Experimente, daß bei hochsuggestiblen Probanden unter einer solchen Analgesiebedingung größere Schmerzreduktionen auftreten als bei gering suggestiblen (Hilgard u. Hilgard [2]1983). Die Korrelationen zwischen Suggestibilität und Schmerzlinderung liegen dabei um 0,50. Die formelle Induktion einer Hypnose scheint keine bedeutsame Rolle zu spielen (Spanos et al. 1979). Im Vergleich zu anderen schmerzlindernden Maßnahmen führte hypnotische Analgesie, speziell bei hochsuggestiblen Probanden, zu größeren Effekten als Akupunktur (Knox et al. 1981; Stern et al. 1977), kognitive Streßimpfung (Miller u. Bowers 1986), pharmakologische Substanzen wie Morphin, Aspirin und Diazepam (Stern et al. 1977), Placebomedikation und Entspannung (McGlashan et al. 1969; Stern et al. 1977). Im Unterschied zur hypnotischen Analgesie zeigten die übrigen Methoden in den meisten Fällen keine unterschiedlichen Wirkungen bei hoch- und geringsuggestiblen Probanden. Spanos et al. (1979) fanden Belege für einen kognitiven Wirkfaktor der hypnotischen Analgesie; sie stellten fest, daß die Schmerzlinderung am stärksten bei den Probanden war, die in Hypnose schmerzunverträgliche Gedanken oder Imaginationen und keine Negativkognitionen produzierten, und daß bei hochsuggestiblen Probanden mehr schmerzunverträgliche Kognitionen auftraten als bei gering suggestiblen. Hilgard u. Hilgard zeigten, daß sich bei etwa 50% der hochsuggestiblen Probanden mit speziellen Techniken, wie der des *automatischen Schreibens* unter hypnotischer Analgesie, der (nicht gefühlte) Schmerz auf einer *dissoziierten Bewußtseinsebene* („hidden observer") aufdecken ließ (vgl. Kap. 3). Dieses Ergebnis legt die Möglichkeit einer Schmerzwahrnehmung auf mehreren, voneinander entkoppelbaren, kognitiven Ebenen nahe (Hilgard u. Hilgard [2]1983).

Erfolgsprädiktoren
Nach den oben berichteten Ergebnissen sprechen eine hohe hypnotische Suggestibilität und die Evozierbarkeit innerer Bilder und speziell bildhafter Schmerzbewältigungskognitionen für einen günstigen Behandlungsverlauf. Alle 3 Merkmale hängen miteinander zusammen, die beiden ersten haben jedoch den Vorteil, daß sie bereits vor Behandlungsbeginn erfaßt werden können (s. unten), während die Schmerzbewältigungskognitionen in der Regel nur im Zusammenhang mit symptombezogenen Strategien (s. unten) auftreten. Als prognostisch günstig ist weiterhin das Vorliegen eines Organbefundes und das Fehlen einer Problematik, die den Schmerz aufrechterhält, zu werten. Negative Prädiktoren sind umgekehrt das Fehlen eines Organbefundes, das Vorliegen einer schmerzaufrechterhaltenden Problematik und – damit zusammenhängend – das Auftreten von Negativkognitionen in der Hypnose (Hoppe 1993). Diese Erfolgsprädiktoren sind teilweise konträr zu denjenigen der problembezogenen Behandlung, was die differentielle Indikation erleichtert.

Beiden Behandlungsansätzen gemeinsam ist, daß innere Bilder genutzt werden. Im Unterschied zur problembezogenen Behandlung sind in der symptombezogenen negative Emotionen eher selten und auch kein positiver Prädiktor für den Behandlungserfolg.

Problembezogene Hypnotherapie

Obwohl unter dem Begriff *hypnotische Schmerzlinderung* häufig noch ausschließlich symptombezogene Interventionen abgehandelt werden, ist in der Behandlung chronisch Schmerzkranker oft ein problembezogenes Vorgehen naheliegender, weil eine Problemanalyse in vielen Fällen, selbst wenn ein Organbefund vorliegt, Hinweise auf Problembereiche liefert, die den Schmerz aufrechterhalten. Bei solchen Problembereichen mag es sich etwa um ein Selbstbehauptungs- oder Partnerproblem handeln (Problem auf der Verhaltensebene) oder um eine Verlustproblematik im Sinne einer unverarbeiteten Trauer um einen Verstorbenen (Erlebnisverarbeitungsproblem). Die problembezogene Behandlung zielt darauf ab, in Hypnose Episoden – d.h. erinnerte oder phantasierte Situationen und Ereignisse – zu aktivieren, die mit diesen Problembereichen verknüpft sind, und sie zu bewältigen. Die Aktivierung einer Episode äußert sich darin, daß hypnotisch ein negativer gedanklicher Inhalt (z.B. Erinnerung an den Tod der Mutter), ein problematisches Bild (z.B. ein offenes Grab) oder/und eine negative Emotion (z.B.Traurigkeit, Weinen) auftritt. Dieses kognitiv-affektive Problemmaterial bildet den Gegenstand intrahypnotischer Interventionen, die darauf abzielen, das Material positiv zu verändern. Spiegelt sich eine solche Veränderung im Material wider, etwa indem sich ein inneres Bild oder eine kognitionsbegleitende negative Emotion positiv verändert (das offene Grab rückt allmählich in weite Ferne oder schließt sich, Traurigkeit läßt nach oder macht einem Gefühl der Leichtigkeit Platz), so sprechen wir von einer *intrahypnotischen Bewältigung* der Episode (s. unten). Sind die Episoden, die in bezug auf ein Problem aktiviert werden konnten, bewältigt, so wird davon ausgegangen, daß das Problem insgesamt, zumindest auf der kognitiv-affektiven Ebene, gelöst und nicht mehr schmerzaufrechterhaltend wirksam ist. Die grundlegende Struktur dieses Vorgehens besteht in der intrahypnotischen Aktivierung und Bearbeitung einzelner Episoden, die bestimmten Problembereichen zuzuordnen sind; diese Struktur liegt, angefangen bei Janet (1889) und Freud u. Breuer (1895), ganz allgemein der *aufdeckenden* Hypnose zugrunde (vgl. Barnett 1984; Erickson u. Rosen 1954). Hinsichtlich der Techniken zur Aktivierung und Bewältigung der Episoden gibt es allerdings zahlreiche verschiedene Möglichkeiten (s. unten).

Wirkfaktoren

Einige Einzelfallberichte belegen, daß eine problembezogene Hypnotherapie, zusätzlich zu einer symptombezogenen, effektiver ist als die letztere allein (Howard et al. 1982). Eine Prozeßstudie von Hoppe (1993) demonstriert die Wirksamkeit einer rein problembezogenen Hypnosebehandlung (mittlere Dauer: 12 Sitzungen) bei chronischen Schmerzpatienten in Abhängigkeit von der Häufigkeit einer intrahypnotischen Bewältigung (Prozeßmerkmal) und vom Organbefund (Symptommerkmal). Die Ergebnisse zeigt Abb. 15.2. *Bewältiger* (definiert durch eine Bewältigungsrate von mindestens 20% der hypnotisch aktivierten Episoden, Mittel: 45%) zeigten erhebliche Schmerzreduktionen, *Nichtbewältiger* (Bewältigungsrate kleiner 20%, Mittel: 6%) dagegen keine, z.T. sogar Verschlechterungen. Unter den Bewältigern wurden 8 Patienten schmerzfrei, 7 davon hatten keine nachweisbare Organpathologie. Diese 8 erfolgreichsten Patienten zeigten auch die höchsten Bewältigungsraten (im Mittel 55% der aktivierten Episoden). Weiterhin kann man aus Abb. 15.2 entnehmen, daß das Vorliegen einer Organpathologie einen deutlich negativen Einfluß auf den Behandlungserfolg hatte: Bewältiger mit Organbefund (objektivierbar z.B. durch Röntgen) zeigten schlechtere Ergebnisse als Bewältiger ohne Organbefund. Die Schmerzreduktionen waren zeitlich stabil und ließen sich auch noch ein Jahr nach Behandlungsende nachweisen.

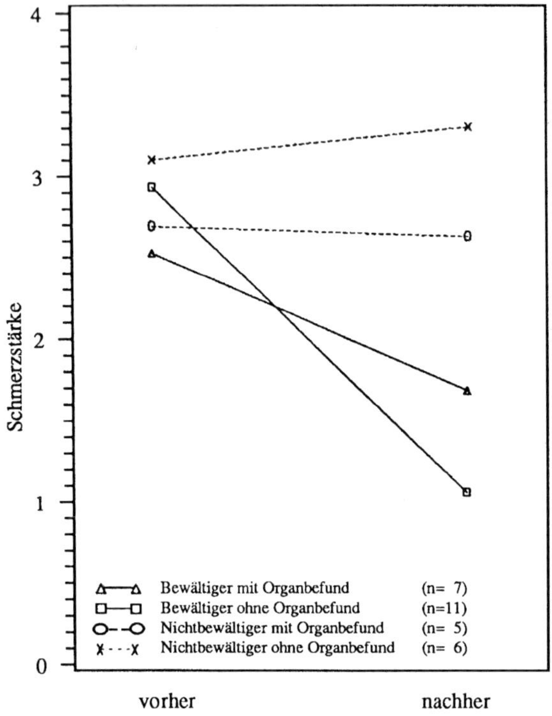

Abb. 15.2 Die Schmerzstärke vor und 3 Monate nach einer problembezogenen Hypnotherapie in Abhängigkeit von der Anzahl der intrahypnotisch bewältigten Episoden und vom Organbefund. Die Schmerzstärke wurde mit der Hamburger Schmerzadjektivliste (Gesamtwert) erfaßt. (Hoppe 1989c)

Nach den obigen Ergebnissen besteht ein positiver Zusammenhang zwischen der Anzahl der Episoden, die in der Hypnose bewältigt werden, und dem Behandlungserfolg: je mehr Episoden bewältigt werden, um so größer ist die Schmerzreduktion. Die Korrelation lag – für verschiedene Effektmaße – zwischen 0,60 und 0,70. Danach sind die Episoden, in denen eine Bewältigung stattfindet, als veränderungsrelevante Therapieabschnitte zu betrachten und die Bewältigung von hypnotisch aktivierten Episoden als wesentlicher Wirkfaktor. Da die Episoden, in denen eine Bewältigung stattfand, sich auf Probleme bezogen, bedeutet dieses Ergebnis, daß der wesentliche Wirkfaktor der problembezogenen Behandlung in dem Ausmaß besteht, in dem in Hypnose Problemlösungen für die „aufgedeckten" Probleme erarbeitet werden; ein plausibles Ergebnis, das der inneren Logik des Vorgehens entspricht. Die am häufigsten aktivierten Probleminhalte betrafen die Partnerschaft (23% der Episoden), die Beziehung zu anderen Personen, beispielsweise Eltern oder Freunden (36%), und den Verlust von Personen (17%).

Laborexperimente
Laborexperimente zum problembezogenen Ansatz liegen nicht vor. Sämtliche Laborexperimente zur hypnotischen Schmerzlinderung sind Modelle des rein organisch bedingten (und akuten) Schmerzes und des symptombezogenen Vorgehens.

Erfolgsprädiktoren
Läßt sich der Erfolg des problembezogenen Vorgehens im Einzelfall vorhersagen? Das beste Vorhersagemerkmal ist die Häufigkeit *intrahypnotischer Bewältigungen*, doch liegt dieses Merkmal erst am Ende der Behandlung vor (also fast gleichzeitig mit dem vorherzusagenden Effekt) und ist daher für praktische Zwecke als Prädiktor ungeeignet. Allerdings bewältigen die Bewältiger schon in den allerersten Sitzungen häufiger als die Nichtbewältiger, so daß sich aus der Bewältigungsrate in den ersten Sitzungen doch ein grober Anhaltspunkt ergibt. Prognostisch günstig sind weiterhin negative Emotionen (u.U. schon im Erstinterview bei der Problemanalyse auslösbar) und innere Bilder (erfaßbar im hypnotischen Training, s. S. 305) zu werten. Sind beide nicht auslösbar, so entfällt die Möglichkeit einer affektiven oder imaginativen Bewältigung und es ergibt sich meist auch keine Schmerzreduktion (Hoppe 1993). Patienten, bei denen lediglich gedanklich blasse und emotionslose Erinnerungen hypnotisch ausgelöst werden können, sind daher schlechte Kandidaten für eine problembezogene Hypnotherapie – eine Beobachtung, die sich in ähnlicher Form schon bei Freud findet (Freud u. Breuer 1895, S. 10). Der Behandlungserfolg hat somit die erlebnisaktivierende Wirkung der Hypnose zur Voraussetzung. Andererseits ist die bloße Auslösung starker Affekte oder *innerer Bilder* selber noch kein Anzeichen einer therapeutischen Veränderung. Patienten etwa, bei denen wiederholt heftige *negative Affekte* ohne Anzeichen einer Bewältigung (im Sinne einer allmählichen Affektlöschung) ausgelöst wurden, waren eher Therapieabbrecher als Erfolge, weil sie die emotionale Belastung schließlich nicht mehr aushielten. Hypnotische Suggestibilität war im problembezogenen Vorgehen kein brauchbarer Prädiktor für den Therapieerfolg, ebensowenig wie die kurzfristige Schmerzreduktion (im Mittel um 22%) innerhalb der Sitzungen. *Suggestibilität* korrelierte zwar mit der Auslösbarkeit innerer Bilder, nicht aber mit dem Auftreten von negativen Emotionen und Bewältigungen.

Zusammenfassend ist festzuhalten, daß die Auslösbarkeit negativer Emotionen und innerer Bilder sowie das Auftreten intrahypnotischer Bewältigungen gleich zu Therapiebeginn prognostisch positiv zu werten ist. Liegt ein Organbefund vor, so ist von vornherein mit geringeren Erfolgen zu rechnen, da – selbst wenn psychische Probleme bewältigt werden – immer noch somatische Ursachen wirksam bleiben.

Praktisches Vorgehen

Eine Hypnosebehandlung chronischer Schmerzen ist v.a. in 2 Fällen in Betracht zu ziehen:

a) Es liegt ein Organbefund vor, eine kausale medizinische Behandlung (vgl. Baar 1987) ist jedoch nicht möglich oder allein nicht effektiv (schmerzlindernd);
b) es ist eine schmerzaufrechterhaltende psychische Problematik erkennbar.

Je nachdem, ob (a), (b) oder (a) zusammen mit (b) vorliegt, wird man ein symptombezogenes, ein problembezogenes oder ein gemischtes Vorgehen wählen. Damit ist klar, daß vor einer Hypnosebehandlung nicht nur eine medizinische, sondern auch eine psychologische Diagnostik im Sinne einer Verhaltens- oder Problemanalyse des Schmerzes durchzuführen ist (vgl. Fordyce 1980; Bartling et al. 1980). Darin ist v.a. abzuklären, inwieweit psychische Probleme an der Aufrechterhaltung der Schmerzen beteiligt sind und von daher ein problembezogener Ansatz in Frage kommt.

Problemanalyse und Indikation

1) Die Problemanalyse beginnt mit der *Schmerzanamnese;* hier sind die Schmerzsymptomatik (Intensität, Qualitäten, Auftrittshäufigkeit etc.) und evtl. bestehende weitere Beschwerden (Depression, Schlafstörungen) zu erfassen, Erkrankungsdauer, Vorbehandlungen und deren Erfolge. Hinsichtlich der eingenommenen Schmerzmittel ist (mit dem behandelnden Arzt) abzuklären, ob Medikamentenabhängigkeit und evtl. ein durch Medikamente induzierter Schmerz vorliegt. In diesem Fall ist vorher oder therapiebegleitend ein Entzug vorzunehmen, da eine Hypnosebehandlung sonst wenig erfolgversprechend ist. Weiterhin ist zu klären, ob eine für den Schmerz kausal relevante Organpathologie vorliegt.
2) In einer *Querschnittanalyse* wird eruiert, ob gegenwärtig dem Auftreten der Schmerzen auslösende Bedingungen vorausgehen oder verstärkende Konsequenzen folgen, welche auf aktuell bestehende psychische Probleme hinweisen. Auslöser könnten z.B. Ehestreitigkeiten bzw. die dadurch hervorgerufenen Emotionen sein, verstärkende Konsequenzen die schmerzbedingt erfolgende Zuwendung durch Bezugspersonen oder die schmerzbedingte Vermeidung unangenehmer Aktivitäten.
3) Häufig sind aktuell keine Schmerzauslöser festzustellen, etwa bei Dauerschmerzen, die nur noch geringfügigen Schwankungen unterliegen. Weiteren Aufschluß liefert dann die *Längsschnittanalyse,* in der die Schmerzgenese, evtl. auch biographische Daten vor Schmerzbeginn, zu erheben sind. Besondere Beachtung verdienen dabei kritische Lebensereignisse (z.B. Verlust von Angehörigen, Ehekrisen) in ihrem zeitlichen Zusammenhang zur Schmerzentwicklung, wobei auch notiert werden sollte, an welcher Stelle im Interview der Patient emotionale Reaktionen (z.B. Tränenausbruch) zeigt. Die so markierten affektiv besetzten Themen können später in einer problembezogenen Behandlung weiter exploriert werden.

Aufgrund dieser Anamnesedaten ist eine erste diagnostische Hypothese darüber aufzustellen, ob psychische Probleme die Schmerzen (mit)aufrechterhalten, und ob diese Probleme auf der Verhaltensebene und/oder der Erlebnisverarbeitungsebene liegen. Sind Probleme relevant, so sollte problembezogen gearbeitet werden, auch dann, wenn ein Organbefund vorliegt. Im letzteren Fall kann zusätzlich ein symptombezogener Ansatz (insgesamt also ein kombiniertes Vorgehen) sinnvoll sein (vgl. Hoppe 1989a). Liegen Probleme in erster Linie auf der Verhaltensebene, so sind neben der Hypnose auch andere, beispielsweise verhaltenstherapeutische Verfahren denkbar, besonders wenn die Erfolgsprädiktoren für die Hypnose ein negatives Bild ergeben. Ein ausschließlich symptombezogenes Vorgehen sollte in erster Linie dann zur Anwendung kommen, wenn keine schmerzaufrechterhaltende Problematik vorliegt.

Hypnotisches Training

Die erste Hypnosesitzung dient v.a. dazu, sich einen Überblick über das *hypnotische Potential* des Patienten zu verschaffen und dieses, zumal wenn es durch Ängste, falsche Vorstellungen über Hypnose oder übertriebenen Ehrgeiz, „alles richtig zu machen“, beeinträchtigt wird, zu verbessern. Dazu wird, evtl. nach einer vorherigen Aufklärung, mit verschiedenen Induktionstechniken (Kap. 8) Hypnose eingeleitet und überprüft, inwieweit durch direkte oder indirekte Suggestionen unwillkürliche motorische Reaktionen (z.B. Levitation, Kopfbewegungen) induziert, motorische Reaktionen blockiert (Augen- oder Armkatalepsie) und kognitive Reaktionen (z.B. bildhafte Erinnerungen, hypnotische Träume) ausgelöst werden können (vgl. Hoppe 1989a). Ferner wird der Patient daran gewöhnt, in Hypnose einen Dialog mit dem Therapeuten zu führen und evtl. auftauchendes Material zu beschreiben. Durch dieses Vorgehen wird nicht nur eine Grobeinschätzung der hypnotischen Suggestibilität ermöglicht, sondern v.a. festgestellt, in welchen speziellen Bereichen (motorisch, sensorisch, amnestisch, imaginativ, affektiv) Reaktionen auszulösen sind. Spontan auftretende negative Affekte oder Probleminhalte liefern eine Indikation für eine problembezogene Behandlung und können insofern das Ergebnis der Problemanalyse (s. oben) komplettieren oder korrigieren.

Symptombezogene Hypnotherapie

Symptombezogene Strategien setzen, unter Vernachlässigung schmerzaufrechterhaltender Probleme, direkt am Schmerzerleben an und versuchen dieses zu beeinflussen. Die Strategien können *kognitiv* oder *sensorisch* sein. Im ersten Fall wird in Hypnose versucht, schmerzunverträgliche Einstellungen, Erinnerungen oder innere Bilder hervorzurufen und so über die kognitive Ebene eine Empfindungsveränderung zu erreichen. Beispiele für solche Strategien sind Amnesie, zeitliche Reorientierung und symbolische Transformation (s. unten). Auch therapeutische Anekdoten (s. unten) sind hier einzuordnen. Sensorische Strategien setzen dagegen auf der Empfindungsebene an, indem beispielsweise Taubheit oder ein Wandern des Schmerzes suggeriert wird. Analgesie, Verschiebung und Substitution (s. unten) werden häufig als sensorische Strategien realisiert, wenngleich auch hier der Umweg über innere Bilder und deren Transformation möglich und oft auch sinnvoll ist. Bei den meisten Strategien hat man weiterhin die Wahl, *monologisch* oder *dialogisch* vorzugehen. Obwohl ein monologisches Vorgehen bei einigen Strategien, z.B. therapeutischen Anekdoten, sinnvoll ist, hat es den Nachteil, daß man keine Information über den Prozeßverlauf innerhalb der Hypnose erhält und von daher auch eine verlaufsangepaßte Strategieauswahl schwer möglich ist. Das dialogische Vorgehen ermöglicht dagegen die flexible, direkte Arbeit am Schmerz oder an einer symbolischen Repräsentation des Schmerzes: in einem intrahypnotischen Dialog werden gemäß einer Strategie Suggestionen gegeben, evtl. auftretende Empfindungsveränderungen im schmerzenden Körperteil (sensorische Ebene) und innere Bilder (kognitive Ebene) erfragt und als Ausgangspunkt für weitere Suggestionen genommen. Dieses Vorgehen setzt bei den sensorischen

Strategien allerdings voraus, daß momentan Schmerzen bestehen. Diese sollte man sich zunächst genau beschreiben lassen, um Hinweise auf Ansatzpunkte für Strategien zu gewinnen. Welche Strategien bei einem Patienten am erfolgreichsten sind, findet man erfahrungsgemäß nur durch Ausprobieren heraus. Ist der Patient in der Lage, innere Bilder zu produzieren, liegt die Nutzung imaginativer Strategien nahe. Mit denjenigen Strategien, auf die der Patient (gemessen an den intrahypnotisch auftretenden sensorischen und kognitiven Wirkungen) am besten anspricht, wird man in den folgenden Sitzungen weiterarbeiten und ihn evtl. zusätzlich zur Selbsthypnose anleiten.

Hypnotische Strategien der Analgesie

Die am häufigsten angewandten Strategien sind die folgenden (vgl. Erickson 1981, S. 128ff.; Rossi et al. 1983, S. 217ff.; Hilgard u. Hilgard 1983; Barber 1982; Revenstorf 1988; Peter 1986):

Analgesie/Anästhesie:
Hier wird versucht, im betreffenden Körperteil entweder die Schmerzempfindung (Analgesie) oder jegliche Empfindung überhaupt zu blockieren (Anästhesie). Dazu wird entweder – eventuell über Zwischenschritte wie Kühle und Kribbeln – das Vorhandensein schmerzunverträglicher Gefühle (Taubheit, Wärme, Leichtigkeit, Schwere) suggeriert oder aber das Fehlen jeglicher Empfindungen (z.B. das Gefühl, die linke Kopfhälfte sei nicht mehr da). Ein Standardvorgehen besteht darin, die Analgesie/Anästhesie zuerst in einem unproblematischen (schmerzfreien) Körperteil, beispielsweise in der Hand (Handschuhanalgesie), zu induzieren und von hier ausgehend eine Ausbreitung oder Übertragung der Empfindung auf den schmerzenden Körperteil.

Verschiebung:
Es kann weiterhin versucht werden, den Schmerz auf eine andere, weniger kritische oder empfindliche Körperstelle zu verschieben. So kann man etwa einenPatienten mit einem Halbseitenkopfschmerz in Hypnose bitten herauszufinden, wie der Schmerz sich wohl auf der anderen Seite anfühlen wird. Gelingt es, den Schmerz dorthin zu verlagern, sind mit derselben oder einer anderen Strategie weitere Veränderungen vorzunehmen. Eine Variante der Verschiebung ist die Verteilung oder Verdichtung von Schmerzen. Ein zunächst punktförmiger Schmerz im Kopf ist eventuell erträglicher, wenn er sich gleichmäßig über den ganzen Kopf verteilt und damit abschwächt. Umgekehrt kann auch die punktförmige Verdichtung eines vorher verteilten Schmerzes Erleichterung bringen.

Substitution:
Hier geht es darum, entweder die Schmerzempfindung insgesamt oder (häufiger) eine einzelne Schmerzqualität durch eine andere negative, aber besser erträgliche Empfindung, zu ersetzen. So kann ein Kopfschmerz mitunter durch ein Sausen oder ein Wattegefühl im Kopf ersetzt werden oder ein hämmernder durch einen leise pulsierenden Schmerz.

Umdeutung:
Hier wird versucht, den Schmerz oder einzelne Schmerzqualitäten mit positiven (oder zumindest weniger negativen) Inhalten zu verknüpfen und auf diese Weise umzudeuten. So kann ein Hämmern oder Dröhnen im Kopf als ein Geräusch (wie etwa in einem fahrenden Zug) umgedeutet werden, das zwar etwas unangenehm in den Ohren klingt, aber nicht weh tut. Ein brennender Schmerz läßt sich eventuell als Hitzegefühl neu interpretieren, wie man es beim Sonnenbaden oder auch nach einem leichten Sonnenbrand am Strand verspürt.

Amnesie:
Diese Strategie ist dann besonders sinnvoll, wenn der Schmerz in Attacken auftritt und die schmerzfreien Intervalle durch Erwartungsangst beeinträchtigt sind. Im Klienten wird dann die Einstellung induziert, jede neue Schmerzepisode käme für ihn völlig überraschend, weil er die jeweils vorherige vergessen haben werde.

Partielle Dissoziation:
Sitzt der Schmerz in einer Extremität oder im Rumpf, so läßt sich mitunter ein Gefühl der Losgelöstheit oder Nichtzugehörigkeit dieses Körperteils induzieren. Handelt es sich um den Arm, so kann man dieses Vorgehen an Armlevitation koppeln und die Empfindung suggerieren, daß der Arm, während er steigt, sich zunehmend fremd oder wie losgelöst anfühlen werde.

Totale Dissoziation:
Die Strategie setzt, ebenso wie die beiden folgenden, voraus, daß innere Bilder ausgelöst werden können. Der Klient wird angeleitet, sich selber an angenehmen Orten (am Strand, im Wasser) zu visualisieren und zu fühlen und sein Selbst somit zeitweilig als losgelöst vom realen Körper zu empfinden.

Zeitliche Reorientierung:
Im Unterschied zur vorherigen Strategie wird hier zusätzlich ein früheres, noch schmerzfreies Lebensalter suggeriert, der Klient also in einen früheren, emotional positiv besetzten Lebensabschnitt zurückversetzt. (Allerdings wird man dabei gelegentlich auch negatives Material aktivieren.)

Symbolische Transformation:
Dies ist eine imaginative Strategie, die versucht, eine symbolische Repräsentation des Schmerzes in Form eines inneren Bildes herzustellen und dieses dann durch imaginative Umstrukturierung positiv zu verändern. Gelingt die Veränderung, so verändert sich i.a. auch der Schmerz. Häufig lassen sich sensorische Strategien (z.B. Verschiebung) leichter realisieren, wenn man Imagination als Vehikel benutzt und die intendierte Veränderung über eine Bildtransformation (z.B. das Wandern einer Flüssigkeit) erarbeitet. Schmerzsymbole können durch den Therapeuten vorgegeben werden: beispielsweise kann das Bild eines elektrischen Schaltplans (Symbol für Schmerzbahnen) induziert und nach Möglichkeiten einer Kontaktunterbrechung gesucht werden; oder es wird das Gefühl suggeriert, einen Lehmklumpen in der Hand zu halten, den es zu modellieren gilt (Sacerdote 1970).

Besser ist es meistens, den Patienten selber ein Schmerzbild entwickeln zu lassen, indem man ihn bittet, auf seinen Schmerz zu „schauen“ und ihm eine Form, Farbe oder desgleichen zu geben. So „sah“ ein Klient seinen Kopfschmerz als vulkanisch brodelnden Krater, den er dann zu planieren und abzukühlen begann, bis die linke Kraterhälfte schließlich kalt und erstarrt dalag. Begleitend war auch die linke Kopfhälfte schmerzfrei geworden. Dieses Bild wurde in den folgenden Sitzungen erneut induziert und weiterbearbeitet. Schließlich können auch spontan auftauchende Schmerzbilder genutzt werden. Eine Klientin visualisierte bei dem Versuch, ihren hämmernden Schmerz zu substituieren, spontan einen Kolben, der rhythmisch auf und nieder ging. Die Substitution gelang, indem das Tempo dieser Kolbenbewegung imaginativ verlangsamt und das Hämmern dadurch schwächer wurde.

Schmerzbezogene Anekdoten:
Veränderungen, wie sie durch viele der oben beschriebenen Strategien hervorgerufen werden sollen, treten in ähnlicher Weise auch spontan im „normalen Alltag“ auf, ausglöst durch psychische Prozesse wie etwa selektive Wahrnehmung, Gewöhnung u.a. Therapeutische Anekdoten beschreiben in Geschichtenform derartige Episoden und liefern damit erlebnisnahe Beispiele oder Modelle für die intendierten Veränderungen (vgl. Erickson u. Rossi 1981, S. 139ff.; Hoppe 1985, 1986; Hoppe u. Winderl 1986). So könnte zur Anästhesie z.B. eine Anekdote erzählt werden, daß es jemandem, der jahrelang in der Einflugschneise eines Flughafens wohnt, oft gelingt, den Flugzeuglärm zu überhören und „taub“ dafür zu werden.

Fallbericht

Bei dem Klienten handelte es sich um einen 67jährigen Rentner mit Stumpf- und Phantomschmerzen nach Oberschenkelamputation links, bestehend seit 35 Jahren. Die Schmerzen, derentwegen er zweimal nachamputiert worden war, bestanden dauernd, verstärkt dann, wenn er zur Ruhe kam und nicht mehr durch Aktivitäten abgelenkt wurde. Sein Schlaf war zwar schmerzbedingt gestört, im übrigen zeigte er jedoch keine depressiven Symptome, er war sogar noch aktiv im Behindertensport tätig. Die Problemanalyse ergab keine Hinweise auf schmerzaufrechterhaltende Probleme. Medikamente nahm er nicht. Er schien hochmotiviert und äußerte Interesse und Skepsis zugleich für die hypnotische Technik der Schmerzverschiebung, von der er gehört hatte.

Im hypnotischen Training realisierte er 11 von 14 Testsuggestionen und zeigte damit eine allgemein gute hypnotische Ansprechbarkeit. Da er den Schmerz als einschießend und durchzuckend beschrieben hatte (was Plötzlichkeit, kurze Dauer und Intensität impliziert), wurde an diesen Schmerzqualitäten angesetzt, und so wurden in den ersten Hypnosesitzungen, in einem eher monologischen Vorgehen, zahlreiche anekdotische Beispiele dafür gegeben, daß man bei plötzlich auftretenden Reizen (z. B. einem lauten Knall) manchmal vor Schreck heftig zusammenzuckt, obwohl eigentlich weiter nichts Schlimmes passiert, und daß man kurzfristige Erscheinungen (etwa einen über den Himmel zuckenden Blitz) überhaupt leicht verpaßt. Diese Inhalte zielten darauf ab, den einschießenden Schmerz als Schreck umzudeuten und die Schmerzempfindung selektiv auszublenden. Gelegentliche Befragung in der Hypnose ergab, daß der Klient – obwohl der Stumpf des öfteren zuckte – keine Schmerzen spürte, sondern vielmehr ein schönes (ihm unbekanntes) Zimmer visualisierte, wo dunkle Wellen auf ihn zukamen und beruhigend sein Bein bestrahlten. In den anschließenden Sitzungen wurde in einem dialogischen Vorgehen versucht, gezielte Schmerzveränderungen hervorzurufen. Der Versuch, sein Bein einschlafen zu lassen (Analgesie), scheiterte, da es dann gerade vehement zu schmerzen und zu zucken anfing. Dafür gelang es, den Schmerz zu verschieben, und zwar nicht nur ins andere Bein, sondern auch in die Arme und ins Gesicht. Freudig stellte er fest, daß er den Schmerz sogar in der Wange spüren könne, quittierte aber Versuche, den Schmerz an der neuen Stelle zum Einschlafen zu bringen oder zu substituieren, mit einem Zurückspringen des Schmerzes ins amputierte Bein. So wurde in den restlichen Sitzungen der Schmerz wiederholt in verschiedene Körperregionen verlegt und nach insgesamt 12 Sitzungen die Behandlung beendet. Die Schmerzen waren zwar noch da, aber meistens gut auszuhalten, der Schlaf war nur noch wenig beeinträchtigt. Ferner hatte das Kontrollgefühl des Patienten zugenommen, da es ihm öfters gelang, stärker werdende Schmerzen durch ein Ballen der Faust zu „beschwichtigen". Die erzielte Verbesserung war auch in einer Nachbefragung 6 Monate später noch nachzuweisen.

Problembezogene Hypnotherapie

Im problembezogenen Ansatz wird Hypnose genutzt, um Lösungen für Probleme zu erarbeiten, die den Schmerz aufrechterhalten. Auch hier kann monologisch oder dialogisch vorgegangen werden. Ein monologisches Vorgehen – etwa in Form therapeutischer Anekdoten, die Lösungen für persönliche Probleme anbieten (Zeig 1985a; Barker 1985) – ist in der Regel nur punktuell sinnvoll; es setzt eine genaue Kenntnis der relevanten Probleme voraus und verzichtet auf die Möglichkeit, Einblick in auftauchendes Material (das häufig weitere diagnostische Information liefert) zu gewinnen und dieses zu bearbeiten. Ein Vorgehen, welches gerade von dieser Möglichkeit Gebrauch macht, besteht in der hypnotischen Aktivierung und Bearbeitung problembezogener Episoden (s. oben).

Problemaktivierung

Zunächst wird mit *aufdeckenden Techniken*, etwa hypnotischer Exploration, zeitlicher Reorientierung (Altersregression) oder ideomotorischer Befragung (Rossi u. Cheek 1988; vgl. Kap. 3), versucht, eine problematische Szene aus der Erinnerung oder Phantasie wachzurufen. (Sind solche Szenen von vornherein bekannt, so wird der Vorgang dadurch natürlich vereinfacht.)

Je nach Vorinformation aus der Problemanalyse wird dabei eine mehr oder weniger spezifische Suchrichtung für das aufzuspürende Material vorgegeben. Hält man beispielsweise ein bestimmtes Problemthema für relevant, so kann dieses in Hypnose durch vage, aber thematisch bezogene Ausführungen umkreist werden (Exploration). Liegt eine Hypothese über eine problemrelevante Zeit oder Situation vor, so kann der Patient in diese zurückversetzt werden (zeitliche Reorientierung). Im Anschluß an eine solche Technik werden im intrahypnotischen Dialog die ausgelösten Reaktionen überprüft. Die Aktivierung eines Probleminhalts wird dadurch angezeigt, daß der Klient

a) Gedanken oder gedankliche Erinnerungen beschreibt, die sich auf eine problematische Situation beziehen (verbaler Indikator),
b) innere Bilder mit Probleminhalt visualisiert (imaginativer Indikator) und/oder
c) negative Emotionen und begleitende Körperempfindungen (z.B. „zugeschnürte Kehle") wahrnimmt (affektiver Indikator).

Diese Indikatoren können zusammen oder auch voneinander entkoppelt auftreten. Ein Beispiel für den letzteren Fall ist eine Klientin, die in Hypnose in Tränen ausbricht, jedoch auf Befragung nicht anzugeben weiß, warum sie jetzt weint. Charakteristisch für aussichtsreiche hypnotische Arbeit ist im allgemeinen, daß Probleme nicht ausschließlich auf der verbalen Ebene aktiviert werden. Werden Bilder und Emotionen aktiviert, so hat der Klient u.U. das Gefühl, die Szene subjektiv quasi real (noch einmal) zu durchleben.

Problembewältigung

Nach Aktivierung eines oder mehrerer Probleminhalte wird mit verschiedenen Interventionstechniken – z.B. imaginative Umstrukturierung, Umdeutung (Bandler u. Grinder 1985; „Reframing" S. Kap. 24), wiederholte Konfrontation mit negativen Gefühlen, ideomotorische Befragung – versucht, eine Bewältigung einzuleiten, sofern diese sich nicht schon spontan vollzieht. Dabei richten sich die Interventionen danach, ob der Probleminhalt verbal, bildhaft und/oder affektiv repräsentiert ist. Je mehr dieser Ebenen aktiviert werden können, um so mehr Interventionstechniken stehen prinzipiell zur Verfügung. Ist die Episode bildhaft repräsentiert, so kann durch imaginative Umstrukturierung versucht werden, positive Bildveränderungen einzuführen. Diese Bildveränderungen können in problemlösenden Handlungen des szenischen Selbst oder in positiven Wandlungen der imaginierten Umgebung bestehen. Beispielsweise „sah" eine Klientin sich selbst und ihren Mann auf einer öden, ihr unbekannten Straße sich gegenüberstehen. Nachdem sie lange Zeit dort unschlüssig und „wie angewurzelt" verharrt hatte, erblickte sie in weiter Ferne eine Ortschaft, wandte sich von ihrem Mann, der stehen blieb, ab und ging allein in Richtung auf diese Ortschaft weiter. Offenbar wurde in dieser Szene ein Entscheidungsproblem symbolisch-bildhaft dargestellt und (wie sich später bestätigte) im Sinne einer Trennung gelöst.

Allgemein wird die Bewältigung einer problematischen Episode dadurch angezeigt, daß

a) ein inneres Bild sich in positiver Richtung verändert (imaginativer Indikator),
b) negative Emotionen, die einen Probleminhalt begleiten, an Intensität abnehmen oder erlöschen (affektiver Indikator) und/oder
c) ideomotorische Befragung Hinweise auf eine Problemlösung liefert (ideomotorischer Indikator).

Dieses zweistufige, in Problemaktivierung und -bewältigung gegliederte Vorgehen wird solange wiederholt, bis alle aktivierten Probleminhalte bewältigt wurden und keine neuen mehr aufgedeckt werden können, oder aber aufgrund wiederholter vergeblicher Versuche eine Problembewältigung aussichtslos erscheint. In beiden Fällen liefert der Prozeßverlauf ein Kriterium für die Therapiebeendigung.

Fallbericht

Bei der Klientin handelte es sich um eine 56jährige Frau mit Dauerkopfschmerzen, die bereits seit dem 16. Lebensjahr bestanden. Eine kausal relevante Organpathologie lag nicht vor. Vor 12 Monaten war die Diagnose „medikamenteninduzierter Kopfschmerz" gestellt worden, da die Klientin Medikamentenabusus betrieben hatte. Eine stationäre Entgiftung hatte die Schmerzen jedoch nicht gebessert. Zur Zeit nahm die Klientin täglich 10–15 Trpf. Aolept. Alle bisherigen Behandlungsversuche, darunter Nervenblockaden, Akupunktur, Nervenstimulation und eine kurze Gesprächstherapie, waren erfolglos geblieben. Weitere Beschwerden bestanden nicht, Stimmung und Schlaf waren relativ gut.

Die Problemanalyse ergab nur wenige Anhaltspunkte für schmerzaufrechterhaltende Faktoren: die Klientin war glücklich verheiratet, berufstätig und hatte 3 erwachsene Kinder. Aktuell schienen keine Probleme zu bestehen. Schmerzauslöser waren nicht festzustellen; die Schmerzen begannen mit dem Aufwachen und dauerten, ziemlich konstant bleibend, bis zum Einschlafen (Das Schmerztagebuch, das sie führte, bestätigte dies.). Operante Faktoren waren ebenfalls nicht eruierbar: Die Klientin zeigte keinen sichtbaren Schmerzausdruck und sprach i. allg. kaum über ihre Schmerzen; damit entfiel Zuwendung als positiver Verstärker. Auch Vermeidung unerwünschter Aktivitäten war nicht feststellbar; die Klientin ging unverdrossen ihren Pflichten nach, und der Schmerz schien weder bei ihr noch bei ihrem Ehemann zu einschneidenden Aktivitätsveränderungen geführt zu haben. Während sich damit im zeitlichen Querschnitt keine Anhaltspunkte ergaben, ließen sich im zeitlichen Längsschnitt, in der Schmerzgenese, 2 eventuell bedeutsame Auslöser erkennen. Die Schmerzen hatten, zunächst sporadisch, in ihrem 16. Lebensjahr, zusammen mit der Regelblutung, eingesetzt. In diesem Jahr ging sie auch das erste Mal für längere Zeit von zu Hause fort, um anderswo eine Ausbildung zu beginnen. Aus Heimweh mußte sie die Ausbildung abbrechen und kehrte zu ihren Eltern zurück. Das 2. markante Ereignis war der kurz aufeinanderfolgende Tod ihrer geliebten Eltern im 45. Lebensjahr der Klientin. Danach hatte sie stärkere Kopfschmerzen bekommen und auch mehr Medikamente genommen. Beide Ereignisse berichtete die Klientin im Erstinterview allerdings ohne erkennbare emotionale Beteiligung. Dennoch wurde die Hypothese aufgestellt, daß hier ein Erlebnisverarbeitungsproblem vorlag, welches an der Aufrechterhaltung der Schmerzen beteiligt war.

Das in der 2. Sitzung durchgeführte hypnotische Training ergab nur eine mäßige Suggestibilität. Von insgesamt 14 Testsuggestionen zur Auslösung motorischer und kognitiver Reaktionen wurde nur etwa ein Drittel realisiert. Immerhin konnten Armlevitation und innere Bilder ausgelöst werden. Negative Emotionen bzw. Probleminhalte traten spontan nicht auf. Allerdings berichtete die Klientin beim Aufwachen, die Augen „voll Wasser“ zu haben.

In der folgenden Sitzung wurde in Hypnose das Thema Verlust bzw. Trennung exploriert, indem ganz allgemein ausgeführt wurde, wie schmerzlich es sei, Personen zu verlieren, die man sehr geliebt habe und lange Zeit oder sogar nie mehr wiedersehen werde. Während dieses Thema weiter elaboriert wurde, war eine zunehmende Rötung und Anspannung im Gesicht der Klientin zu beobachten. Befragt, was sie jetzt „sehe“, berichtete sie, sie stünde mit ihrem Mann am Krankenbett ihrer Mutter. Der Vater sei wenige Tage zuvor gestorben und die Mutter habe gerade gesagt: „Weine nicht, Papa hat's überstanden.“ Die Klientin begann an dieser Stelle heftig zu schluchzen und war nur schwer zu beruhigen. Sie berichtete noch, daß sie am Krankenbett immer nur gedacht habe, sie dürfe sich nicht gehenlassen und müsse sich zusammenreißen. Spontan kam ihr als nächstes der Tod ihrer Mutter vor Augen, der eine Woche später lag. Wiederum dieselbe emotionale Reaktion und der Gedanke: „Du mußt für deine Kinder dasein, du darfst dich nicht so gehen lassen.“ Die 3. Episode, die in dieser Sitzung aktiviert wurde, lag in derselben Zeit und betraf ihren Sohn; er litt zu der Zeit unter einem nervösen Zucken, und sie machte sich Vorwürfe, sie könnte mit ihrer Trauer schuld daran sein. In der 4. Sitzung wurden diese Probleminhalte reaktiviert, indem die Klientin in Hypnose gebeten wurde, auf „ihre Eltern dort hinten“ zu schauen. Sie „sah“ sie diesmal aufgebahrt in der Leichenhalle und reagierte ähnlich heftig wie zuvor. Darauf kam ihr spontan eine neue Episode vor Augen: der lebensgefährliche Unfall ihres Mannes vor 2 Jahren (im Erstgespräch nicht eruiert) und die damit verbundene, noch jetzt bestehende Angst, er könnte erneut erkranken. Sie „sah“ ihn auf der Intensivstation liegen und brach wiederum in Schluchzen aus. Damit waren insgesamt 2 (inhaltlich verwandte) Problembereiche aktiviert worden (Tod der Eltern, Krankheit des Ehemannes), jedoch noch keine Anzeichen einer Bewältigung erkennbar. Die nächsten Sitzungen wurden deshalb darauf verwandt, diese Inhalte wiederholt zu reaktivieren und dabei imaginativ umzustrukturieren. Dies geschah dadurch, daß – zum Teil spontan und zum Teil durch Anregung des Therapeuten – zunehmend positive Bildelemente hinzugefügt wurden. So „sah“ sie ihre Eltern „friedlich“ im Sarg liegen, oder sich selber auf dem Friedhof, ruhig das Grab harkend. Ihren Mann „sah“ sie allmählich genesen und schließlich nach Hause kommen, um dort seinen Geburtstag zu feiern. Zusammen mit diesen imaginativen Veränderungen nahmen die negativen affektiven Reaktionen ab. Wiederholte ideomotorische Befragung, ob noch Ängste in bezug auf ihren Mann bestünden, ergab schließlich ein deutliches Nein.

Damit lagen insgesamt Hinweise auf eine Bewältigung der aktivierten Problemthemen vor. Am Ende wurde die Klientin noch zeitlich auf ihr 16. Lebensjahr reorientiert, um die Trennung von zu Hause zu explorieren, die damals den Beginn der Schmerzsymptomatik markiert hatte. Es wurden jedoch nur emotionslose Bilder ausgelöst, und die ideomotorische Befragung bestatigte, daß keine negativen Gefühle mehr vorlagen. Die Behandlung wurde daher (nach 11 Sitzungen) beendet. Die Kopfschmerzen hatten bereits in den letzten Wochen nachgelassen und verschwanden schließlich – wie Nachbefragungen ergaben -nahezu gänzlich, bei gleichzeitiger Reduktion der Medikamente.

Abschließend ist festzuhalten, daß es im vorliegenden Fall ausreichte, 3 Problemthemen (Tod der Eltern, Krankheit des Mannes, Trennung von zu Hause) bzw. die damit assoziierten Episoden hypnotisch zu bearbeiten, um Erfolg zu erzielen. Im Erstgespräch waren bereits 2 dieser Themen als potentielle Schmerzauslöser erkannt worden. Das 3. war erst in Hypnose aufgedeckt worden. Die 3 Themen waren inhaltlich verwandt und letztlich unter ein gemeinsames Oberthema (Verlust und antizipierter Verlust von Personen) subsumiert. Die Interventionen bestanden in der wiederholten Konfrontation mit den problematischen Inhalten und in ihrer imaginativen Umstrukturierung. Dabei wurde insbesonders die erlebnisaktivierende Wirkung der Hypnosebehandlung genutzt, die vermutlich eine wichtige Voraussetzung der Problembewältigung war. Vereinfachend kam hier der Umstand hinzu, daß ausschließlich ein Erlebnisverarbeitungsproblem und kein zusätzliches Verhaltensproblem behandelt wurde. Man kann allerdings spekulieren, daß letztlich hinter dem Erlebnisverarbeitungsproblem ein gehemmter Affektausdruck und somit doch ein Verhaltensproblem stand.

Schlußbemerkung

Die vorangehenden Ausführungen machen deutlich, daß die Hypnosebehandlung chronischer Schmerzen nicht darin besteht, einfach ein Verschwinden der Symptome zu suggerieren. Sie ist auch mehr als die hypnotische Analgesie, wie sie im Laborexperiment verwendet wird. Die Hypnotherapie umfaßt symptom- und problembezogene Behandlungskomponenten, die in Abhängigkeit von den Befunden der medizinischen und psychologischen Diagnostik flexibel eingesetzt werden müssen. Eine Indikationsstellung allein aufgrund der in einem Suggestibilitätstest festgestellten Hypnotisierbarkeit ist daher unzureichend, zumal die Zusammenhänge mit dem Behandlungserfolg abhängig vom Vorgehen zu sein scheinen und ohnehin eher niedrig sind. Auch die in der klinischen Praxis relativ häufige Behandlungszuweisung aufgrund negativen Organbefundes bei gleichzeitiger Therapieresistenz reicht für die Indikation nicht aus, da die Behandlungsplanung sich nicht allein auf eine medizinische Ausschlußdiagnose stützen kann, sondern zusätzlich Hypothesen zu schmerzauslösenden oder -aufrechterhaltenden psychischen Bedingungen (oder zumindest einen diagnostischen Ausschluß solcher Bedingungen) erfordert. Die in der Literatur häufiger vertretene Auffassung, Hypnose sei v.a. bei Schmerzen klarer, organischer Genese effektiv und nicht bei „funktionellen" Schmerzen (Migräne, Spannungskopfschmerzen, low-back pain), trifft nicht zu, wenn man problembezogene Strategien in die Behandlung einbezieht. Gerade diese liefern mit ihren „aufdeckenden" Behandlungsanteilen oft Ansatzpunkte für therapeutische Interventionen, die in der Problemanalyse nicht sichtbar waren.

Empfohlene Literatur

Barber J (1982) Incorporating hypnosis in the management of chronic pain. In: Barber J, Adrian C (eds) Psychological approaches to the management of pain. Brunner/Mazel, New York

Erickson MH, Rossi EL (1981) Hypnotherapie, Aufbau – Beispiele – Forschungen. Pfeiffer, München

Hilgard ER, Hilgard JR (^{2}1983, ^{1}1975) Hypnosis in the relief of pain (2nd ed). Kaufman, Los Altos CA

Hoppe F (1993) Psychologische Wirkfaktoren der hypnotischen Schmerzlinderung: Eine Prozeßstudie zur symptom- und problembezogenen Anwendung von Hypnose bei chronischen Schmerzpatienten. Zeitschrift für Klinische Psychologie (in Druck).

Revenstorf D (1986a) Hypnose: Anwendungen in der Schmerzforschung. In: Miltner W, Larbig W, Brengelmann JC (Hrsg) Verhaltenstherapie in der Praxis. Röttger, München

16. Respiratorische Störungen: Asthma

Arthur Schirmer

In der Medizin ist Asthma schon seit Jahrhunderten bekannt, obwohl zunächst nur Symptombeschreibungen für Atemnot und Kurzluftigkeit vorlagen (Hippokrates 460–370 v. Chr.; Aretäus 2. Jahrhundert n. Chr.; Floyer 1690, zit. nach Muntner 1963). War damals von „Katarrh", „Hysterie" und „Wetterwechsel" die Rede, würde man heute statt dessen die Begriffe „Infekt", „psychische Faktoren" und „klimatische Bedingungen" benutzen.

Nach übereinstimmenden Schätzungen (Siegenthaler u. Hegglin 1980; Deutsche Liga zur Bekämpfung der Atemwegserkrankungen 1984) leiden in westlichen Ländern etwa 2–5% der Bevölkerung an Atemwegserkrankungen mit stärkeren Beschwerden (Asthma, chronische Bronchitis und Emphysem). Von 1978–1980 wurden allein bei den etwa 9 Mio. Pflichtversicherten der AOK der BRD deswegen ungefähr 30 Mio. Arbeitsunfähigkeitstage registriert. Innerhalb desselben Zeitraums fanden, wegen des bei vielen Patienten schleichenden und sich stetig verschlimmernden Krankheitsverlaufs, jährlich durchschnittlich insgesamt mehr als 12000 Berentungen vor Erreichen der Altersgrenze statt. Wegen der eindeutigen Dominanz von Asthma, chronischer Bronchitis und Emphysem innerhalb aller Atemwegserkrankungen bezeichnet man diese als *Volkskrankeiten.*

Obwohl Asthma in jedem Lebensalter beginnen kann, zählt es zu den häufigsten *chronischen Erkrankungen* im Kindesalter, wobei nach Nolte (1980) bei Knaben eine doppelt so hohe Erkrankungswahrscheinlichkeit gegenüber Mädchen vorliegt. Tritt Asthma erstmalig im Erwachsenenalter auf, sollen nach Bräutigam u. Christian ([3]1981) die Frauen überwiegen; demgegenüber stellen beispielsweise Schwab et al. (1974) eine deutlich höhere Prävalenz der Männer fest. Sinnvolle Erklärungen hierfür gibt es bis jetzt nicht.

Der individuelle Krankheitsverlauf ist sehr unterschiedlich und bewegt sich zwischen Spontanremission und Letalität. Im Hinblick auf letzteres bezieht sich Worth (1988, S. 360) auf jüngste Daten aus einigen westlichen Ländern, denen zufolge unverändert hohe oder gar ansteigende Mortalitäts- und Morbiditätsraten durch Asthma vorliegen – dies in auffallendem Gegensatz zu den pharmakologischen und technischen Weiter- und Neuentwicklungen zur Behandlung dieser Erkrankung. Begründet wird dies mit einer nicht ausreichenden Nutzung der derzeit verfügbaren Möglichkeiten.

Symptomatik und Definition von Asthma

Asthmaanfall

Beim typischen Asthmaanfall kommt es – oft ziemlich unvermittelt – zu heftigsten Zuständen von erschwerter Atmung (Dyspnoe), welche vornehmlich die Ausatmung (Exspiration) betrifft und sich unter anderem in den typischen keuchenden und pfeifenden Asthmageräuschen äußert. Subjektiv besteht ein Erstickungsgefühl und damit verbunden ein starkes bis extremes Sauerstoffbedürfnis (Lufthunger). Der Patient ist ganz auf seine Atmung fixiert und zeigt große Angst. Solchen Anfällen liegen Obstruktionen der unteren Atemwege durch Lumeneinengungen in den Bronchiolen und kleinen Bronchien zugrunde, welche vornehmlich für die Ausatemschwierigkeit des Asthmatikers verantwortlich zu machen sind. Für diese funktionellen Stenosen werden 3 Pathomechanismen diskutiert:

1) eine spastische Kontraktion der Bronchialmuskulatur,
2) ödematöse Schwellung der Bronchialschleimhaut und
3) Ablagerung von Schleimpfropfen in den Atemwegen als Folge von gesteigerter Sekretion (vgl. Abb. 16.1 und 16.2).

Wenngleich diese 3 Mechanismen bei den verschiedenen Asthmaformen (s. unten) eine unterschiedlich starke Rolle spielen, scheinen sie in irgendeiner Form wohl immer beteiligt zu sein (Näheres hierzu in Ulmer 1979; Bühlmann 1963; Schultze-Werninghaus u. Debelic 1988). Neben diesen Pathomechanismen wird von anderen Autoren auch auf einen *Krampf der willkürlichen Atemmuskulatur*, speziell des Zwerchfells, sowie auf eine veränderte Atemtechnik verwiesen (Groen 1976; Bräutigam u. Christian [3]1981).

Dadurch kommt es zu einem Verharren im Inspirationszustand mit einem erhöhten Tonus gegenüber der schwachen Exspirationsmuskulatur. Der oft anfallartige Charakter der Ventilationsbehinderungen kann sich in Zeiträumen von wenigen Minuten bis zu mehreren Stunden bewegen. Er geht meist als Folge einer medikamentösen Intervention unter Auswurf größerer Mengen zähen Schleims zu Ende. Danach stellt sich beim Patienten ein Gefühl von Erleichterung und Befreiung ein. Die gängigen Beschreibungen und Definitionsansätze bezeichnen Asthma als klinisches Syndrom, das durch größere Veränderungen der bronchialen Strömungswiderstände innerhalb von kurzen Zeitabschnitten charakterisiert ist. Typisch ist die Atemnotepisode, die spontan oder nach Anwendung von Medikamenten abklingt. Dauer und Intensität variieren erheblich (Wettengel 1980).

Die soeben beschriebenen Atemnotepisoden werden nach internationaler Übereinkunft (C.I.O.M.S., Council for International Organisation of Medical Sciences) *„herbeigeführt durch verschiedene Stoffe, durch Anstrengungen oder psychoneurale Alterationen. Es wird zwischen immunologischen und nichtimmunologischen sowie unbekannten pathogenetischen Mechanismen unterschieden."* Daraus kann abgelesen werden, daß man sich international auf ein recht weiträumiges Feld prinzipieller Ursache-Wirkungs-Zusammenhänge geeinigt hat, d.h. daß die einzelnen Erklärungsansätze recht weit auseinandergehen.

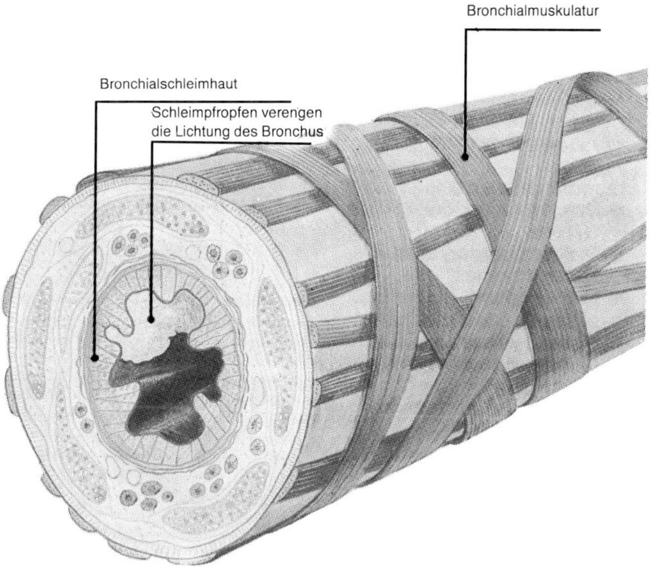

Abb. 16.1. Querschnitt durch einen Bronchus. (Mit freundlicher Genehmigung von Boehringer, Ingelheim KG)

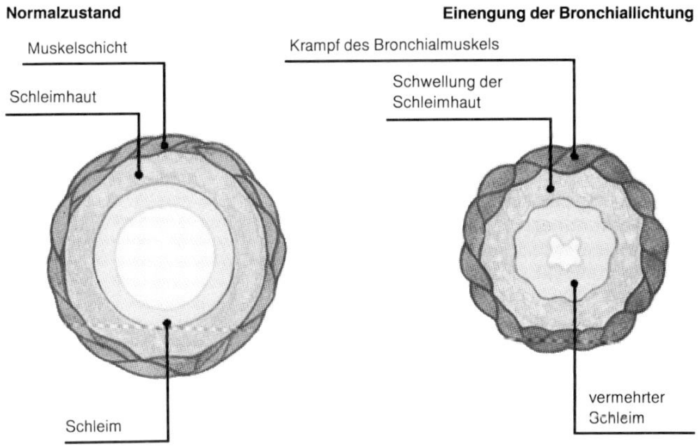

Abb. 16.2. Entstehung eines Atemnotfalls bei Verengung des Bronchialquerschnitts durch Muskelkrampf, Schleimhautschwellung und Schleimabsonderung. (Mit freundlicher Genehmigung von Boehringer, Ingelheim KG)

Allergisches Asthma

Die komplizierten immunologischen Tatsachen und Zusammenhänge (s. auch Kap. 7) können hier nur verkürzt und vereinfacht dargestellt werden, um den Begriff des allergischen Asthmas als eine Form von allergischen Körperreaktionen prinzipiell verständlich zu machen. Mit seinem Immunsystem besitzt der Organismus Abwehrmöglichkeiten gegen eine Reihe von Stoffen, sog. *Antigene,* welche in der Regel von außen, beispielsweise durch Inhalation, in den Körper gelangen, dort als solche erkannt und durch körpereigene Maßnahmen eliminiert werden. Zu diesem Zweck können (müssen aber nicht) spezifische Immunzellen und/oder Eiweiße, die sog. *Antikörper* (IgE) gebildet werden, die mit dem Antigen reagieren und auf seine Zerstörung abzielen. Nach initialer (hier: inhalativer) Antigenzufuhr setzen sich die gebildeten Antikörper in hoher Konzentration an den Mastzellen des Atmungstrakts fest.

Wenn nun ein neuerlicher Kontakt eines Antigens mit diesen Antikörpern erfolgt, kommt es zu einer rasch einsetzenden Permeabilitätsänderung der Mastzellenmembran und – neben anderen biochemischen Prozessen – zu einer raschen Freisetzung von Histamin und einer weiteren Substanz (SRSA = slow-reacting substance of anaphylaxis). Beide lösen eine Kontraktion der glatten Bronchialmuskulatur sowie eine weitere Steigerung der Gefäßpermeabilität der Atemwege, Hypersekretion und Bronchospasmen aus. Als Allergie bezeichnet man zu klinischen Symptomen führende Reaktionen gegen Antigene, zu denen bei allergischem Asthma insbesondere Hausstaub oder -milbe, tierische Antigene (z.B. Tierhaare), Pollen und andere pflanzliche Antigene (z.B. Getreidestaub) sowie Schimmelpilze gezählt werden.

Auch eine Blutserumkrankheit kann vermittelnd zu allergischem Asthma (Typ II) führen (Näheres bei Schultze-Werninghaus u. Debelic 1988). Grundsätzlich hängt die klinische Erscheinungsform einer Allergie von der Art des betroffenen Gewebes ab. So spricht man beispielsweise von Ekzem, Urtikaria, Asthma, Heuschnupfen usw. Der Name Heuschnupfen ist insofern irreführend, als es sich bei dessen Symptomatik – quälende Konjunktivitis und/oder Rhinitis mit möglicherweise später auftretenden asthmatischen Erscheinungen – weniger um körperliche Reaktionen auf Heu an sich, sondern in der Regel um eine Pollenallergie handelt. Dabei sind bei einem Großteil von Asthmapatienten, deren Anfälle als allergische Körperreaktionen bei Antigeneinwirkung bezeichnet werden, folgende Sachverhalte völlig offen: eine Allergie als Phänomen erklärt nicht, sondern dieses bedarf seinerseits wiederum einer Erklärung. Des weiteren ist ungeklärt, weshalb sich bei manchen Menschen eine Allergie nie und bei anderen oft erst nach Jahrzehnten in Form von asthmatischen Anfällen ausbildet. Ferner ist bekannt, daß einerseits viele Allergiker auch ohne Anwesenheit von Antigenen Anfälle erleiden und daß andererseits Allergenexposition nicht zwingend zu Anfällen führen muß. Letztlich bedarf es der Erklärung all jener Asthmaanfälle, bei denen ein Allergienachweis nicht vorliegt (vgl. nächster Abschnitt).

Nichtallergisches Asthma

In der somatischen Medizin werden diejenigen Asthmaformen ohne konkreten exogenen Nachweis (vgl. unten) als intrinsisches oder endogenes Asthma unter dem Oberbegriff des nichtallergischen Asthmas zusammengefaßt. Als Ursache werden *unspezifische Irritationen* genannt (Hyperirritabilitätsasthma), wobei dem parasympathischen System eine wesentliche Bedeutung zugeschrieben wird, beispielsweise in Verbindung mit den sog. bronchialen Reflexspasmen, ausgelöst u.a. durch starkes Husten, durch Kälte-oder Feuchtigkeitsreize (vgl. Miltner 1986a, S. 272; Bühlmann 1963, S. 164ff.). Auch chemische Reizstoffe können je nach Dosis und Toxizität funktionell-reversible bis morphologisch-destruktive Veränderungen an der Bronchialschleimhaut hervorrufen, wobei es von einer mehr oder weniger lang andauernden Lähmung der Zilienaktivität bis zu einer Metaplasie des Epithels kommen kann. Die dadurch gestörte Selbstreinigung des Bronchialsystems kann über eine Sekretstauung zu mannigfachen klinischen Folgeerscheinungen führten. Beispielsweise bedingt die gemeinhin als Raucherbronchitis bekannte Symptomatik (in der Medizin als sog. primär unspezifische subchronische Bronchitis bezeichnet) in etlichen Fällen Schleimhautintoleranz gegen Bratendunst, Ölqualm, Autoabgase, Kaltluft u.a. (sog. sekundäres Empfindlichkeitsasthma). Generell zieht sich die Annahme einer Hyperreagibilität der Atemwege inhaltlich durch den Großteil der Theorien und Forschungsarbeiten im Hinblick auf nichtallergisches Asthma (vgl. Ulmer 1981). Ein befriedigender ursächlicher Nachweis steht allerdings auch hierfür noch aus.

Infektionsasthma

Nicht zu den Inhalationsallergenen im engeren Sinne gehören die *Bakterien.* Gegenüber den exogenen Inhalationsallergenen unterscheiden sie sich durch ihre primäre Pathogenität sowie durch ihre spontane Vermehrungsfähigkeit im Gewebe. Umfangreiche tierexperimentelle Ergebnisse wiesen auf die Bedeutung von proteolytischen Enzymen aus Leukozyten und Bakterien hin, welche in der Lage sind, die Ansprechbarkeit von sensorischen Rezeptoren in der Bronchialschleimhaut bedeutend zu erhöhen und so direkt zur Auslösung der Atemwegsobstruktion beizutragen („irritables Bronchialsystem", „Empfindlichkeitsasthma"; vgl. Ulmer 1979). Häufig stößt man dabei auf Wechselwirkungen zwischen Infekt und exogener Allergie und stellt fest, daß ein Infekt zur Entwicklung einer bakteriellen Allergie führt („intrinsic" Asthma), wobei Substanzen und Stoffwechselprodukte der Bakterien, vielleicht auch körper- und organeigene Eiweißstoffe – zusammen oder einzeln – als Allergene in Betracht kommen. Andererseits existieren Belege dafür, daß bestimmte infektbedingte Entzündungen eine Senkung der „Schleimhautbarriere" verursachen, so daß exogene Allergene leichter in das Gewebe eindringen können (Schrittmacherfunktion von Infekten). Auch pathogenetische Einflüsse viraler Infekte sind bekannt und nachgewiesen, wenngleich deren Stellenwert, wie der von Infekten insgesamt, im Hinblick auf die Genese von Asthma zur Zeit umstritten ist und als eher geringgradig eingeschätzt wird.

Psychogenes Asthma

Im Hinblick auf die Genese von Asthma wird von psychoanalytischer Seite die asthmatypische Persönlichkeit postuliert (Alexander 1977), deren wesentliches Merkmal ein unbewältigter psychodynamischer Konflikt zwischen Mutter und Kind ist, welcher vornehmlich als Angst vor Zurückweisung durch die Mutter (Trennungsangst vom Liebesobjekt) beschrieben wird. Der eigentliche Asthmaanfall wird als konfliktbesetzter und somit unterdrückter Schrei nach der Mutter interpretiert. Der Unterdrückung von Emotionen kommt auch in anderen Ansätzen eine zentrale Bedeutung bei, etwa in dem der Aggressionshemmung (Jores u. Kerekjarto 1967; Hansen u. Kerekjarto 1979) oder dem der „Alexithymie" (Sifneos 1973), welcher wiederum im Vergleich mit dem Konzept der „pensée opératoire" (sinngemäß: automatisch-mechanistisches Denken) der Pariser Schule um Marty und seine Mitarbeiter (nach Stephanos 1986) deutliche Parallelen zeigt. Nach Stephanos ist die „pensée opératoire" für den Patienten ein Schutzmechanismus vor Überflutung durch Umweltreize und Krisensituationen, welche entweder unvollständig wahrgenommen oder in das

„pensée opératoire" eingefügt werden. Die Spannungen, denen der Patient ausgesetzt ist, kann er nicht durch psychische Prozesse abbauen. Diese treffen vielmehr unmittelbar auf seinen Körper und führen dort zu unspezifischen somatischen Reaktionsformen, in deren Folge sich Krankheiten – von funktionellen Störungen bis hin zu schweren Organläsionen -entwickeln können (prinzipielle Parallelen hierzu finden sich u.a. in der Zweiphasenverdrängungstheorie von Mitscherlich ^{2}1967). In zahlreichen anderen Arbeiten werden daneben Zusammenhänge zwischen Persönlichkeitsmerkmalen und Asthmaformen beschrieben. Von Interesse sind hierbei etwa Neurotizismuswerte oder die Ausprägungsstärke von Depressionsmerkmalen (Dekker et al. 1961; Benjamin 1977a, b) oder aber ganze Persönlichkeitsprofile (Teiramaa 1978). In seinen Untersuchungen bei Asthmatikern findet Rees (1956) eine Vielzahl unterschiedlicher Persönlichkeitstypen, dabei jedoch gehäuft eine ausgesprochene Ängstlichkeit und Schüchternheit, Empfindsamkeit und ausgeprägt zwanghafte Züge.

Häufig findet sich in der Literatur auch der Versuch, Unterschiede im Persönlichkeitsprofil von Asthmatikern gegenüber sog. Normalpersonen mittels des Gießen-Tests zu belegen (z.B. Nolte 1986). Nicht aufzuzeigen sind diese Unterschiede via Selbsteinschätzung von Asthmapatienten, jedoch erscheinen den Ärzten (Fremdeinschätzung) deren Patienten als unattraktiv, dominant und depressiv (Nolte 1986, S. 115). Auch einige lerntheoretische Experimentalbefunde scheinen die Psychogenese von Asthma zu bestätigen. Der erste umfassende Versuch wurde von Turnbull (1962) unternommen. Er diskutiert klassische und operante Konditionierungsprozesse als Grundlage für die asthmatische Reaktion beim Kinde. Auch hierbei spielt die Funktion des Weinens in einer konfliktbehafteten Situation gegenüber der Mutter die entscheidende Rolle. Durch „instrumentelle Handlungsregression" (a.a.O. S. 66) wird dort das Auftreten von Asthma im Erwachsenenalter erklärt. Innerhalb der kognitiven Theorien wären auf der Grundlage von Modellernen in Verbindung mit Identifikationselementen und nachfolgend entsprechenden Autosuggestionen (stereotype Gedankenbildung) psychogenetische Gesichtspunkte von Asthma anzusiedeln. Insgesamt sind die psychogenetischen Ansätze im Hinblick auf Asthma wissenschaftlich derzeit noch zu wenig erforscht – abgesehen von einigen diesbezüglich irrelevanten Versuchen, Persönlichkeitsprofile von Asthmatikern zu erstellen. Immerhin liefern die psychogenetischen Ansätze jedoch interessante und auch brauchbare Aspekte für ursächlich orientierte psychotherapeutische Behandlungsmethoden, konnte doch in vielen Fällen durch Lösung sog. Grundkonflikte der Persönlichkeit eine beeindruckende Veränderung dieses körperlich so differenzierten wie imponierenden, aber auch mysteriösen Störungsbildes, erzielt werden (s. unten). „The NIAID task force (1979) emphasized that the underlying causes of asthma still remain a mystery" (Creer 1982, S. 915).

Selbst wenn man ein hyperreagibles Bronchialsystem als „pathophysiologisches Kettenglied zwischen dem somatischen und dem psychischen Teil der Krankheit" (Nolte 1986, S. 114) zugrundelegt, löst sich damit ja nicht das Kausalitätsproblem! Insofern bringen eher ideologisch begründete Fragestellungen nach einem Entweder/Oder zur Zeit nicht nur nicht weiter, sondern verbauen den (auch) bei Asthma dringend gebotenen zweigleisigen medizinisch-psychologischen Behandlungsweg. Häufig übersehen wird bei der nicht hinreichend sachkundigen Beurteilung von Asthma, daß der Behandlungsverlauf eines Asthmatikers zunächst einmal -konventionell bedingtkanalisiert ist (s. unten), so daß in den wohl meisten Fällen dann noch keine psychotherapeutischen Behandlungsmöglichkeiten zur Anwendung kommen können, wenn diese noch relativ hohe Chancen auf Symptomveränderung erwarten lassen. Mit zunehmender Beschwerdedauer ist dann mit somatischen (irreversiblen) Spätfolgen zu rechnen, deren schwerwiegendste das obstruktive Lungenemphysem[1] und das chronische Cor pulmonale[2] sind. Hier, aber auch schon zu früheren Zeitpunkten der Erkrankung stellen sich Fragen zur Psychodiagnostik und -therapie, in denen auch die somatischen Anteile Berücksichtigung finden müssen.

Psychosomatische Aspekte

Bei der Gesamtbeurteilung der sehr komplexen Störung Asthma geht in der modernen medizinischen Fachliteratur der psychologische Aspekt gängig mit ein, wenngleich mit unterschiedlicher Gewichtung, je nach Autor. Dem liegt prinzipiell die Vielzahl der bisherigen Untersuchungen zugrunde, denen zufolge psychologischen Faktoren bei Fragen nach der Entwicklung von Asthma eine Mitbeteiligung zugeschrieben werden muß, d.h. daß psychologische Faktoren bei Patienten mit bereits bestehendem Asthma in oft entscheidendem Maße die Anfallshäufigkeit und/oder -schwere beeinflussen, so daß so gesehen Asthma als psychosomatische (und nicht psychogene!) Störung aufzufassen ist. Dabei sind emotionale Prozesse, wie beispielsweise Angst, emotionaler Streß und individuelle Verhaltensstile, wie etwa die Art der Anpassung an die Krankheit, von wesentlicher Bedeutung; beide greifen oft zirkulär ineinander. Die Zusammenhänge zwischen Angst, Angstverhalten und Asthma werden in der Klinik nicht nur täglich beobachtet bzw. von Patienten beschrieben, sondern wurden bereits vielfach nachgewiesen. Von Bedeutung sind dabei Unterschiede zwischen allgemeiner Ängstlichkeit und anfallsbezogener Angst, letztere nicht nur in Beziehung zu erlebter vitaler Bedrohung, sondern auch im Hinblick auf Interozeption (Richter 1988). Sie stellt sich bei stärkerer Ausprägung auch als interozeptive Organfixiertheit dar und wirkt sich unter dem Gesichtspunkt des Krankheitsverlaufs in Form eines angstbesetzten somatopsychosomatischen Kreisprozesses aus (Dahlem et al. 1977; Dahme u. Richter 1984; Sirota 1982; Schüffel et al. 1986; Teiramaa 1978).

Nach dem Lernparadigma werden eine Vielzahl von asthmatischen Reaktionen als konditioniert erklärt, sowohl was deren Auslösung als auch deren Aufrechterhaltung anbelangt (Dirks et al. 1982a, b; Dirks u. Kreischer 1982, Schirmer 1981; Turnbull 1962). Das hier zur Frage stehende „Problemverhalten" läßt sich grundsätzlich 3 verschiedenen Ebenen zuordnen:

1) Verhalten sich selbst gegenüber,
2) Verhalten in „kritischen" Situationen und
3) Verhalten im sozialen Kontext.

Die von Dekker u. Groen (1956) und Dekker et al. (1957) ursprünglich belegten und häufig zitierten Annahmen zu klassischen Konditionierungsvorgängen bei Asthma wurden später zunehmend bezweifelt mit dem Hinweis, daß es sich dabei viel eher um Reaktionen auf suggestive Einflüsse handelt (Luparello et al. 1968; Butler u. Steptoe

1986; Schüffel et al. 1986). Diese Feststellungen sind hier insofern besonders relevant, als Verhalten und mithin das pathologische Organverhalten bei Asthma nicht unter dem Gesichtspunkt „einfacher" S-R-Beziehungen zu sehen ist, sondern nur durch komplexere Modelle angemessen erklärt werden kann, wie etwa durch Attributions- und Handlungstheorien oder durch psychophysiologische und kognitive Ansätze. Da auch suggestive und imaginative Therapiemethoden über Kognitionen, oder ganz allgemein über Informationsverarbeitungsprozesse, wirksam werden, ist Therapie in Trance aus der Sichtweise des jeweiligen Effekts hier einzuordnen, wobei unter (Therapie)effekt jede Form von (teil-) zielorientierter Veränderung zu verstehen ist. Dazu finden sich auf dem Gebiet psychosomatisch orientierter Behandlungsansätze bei Asthma mittels suggestiver und imaginativer Verfahren zahlreiche Belege. Auf zusammenfassende Darstellungen bei DePiano u. Salzberg (1979), Crasilneck u. Hall (^{2}1985) oder Cluss u. Fireman (1985) sei verwiesen.

In eine Übersicht gebracht wird mit Hypnose auf folgenden 3 Interpretationsebenen von Asthma erfolgreich gearbeitet:

1) Asthma als komplexe körperliche Symptomatik (Krankheit),
2) Asthma als funktionelle Störung,
3) Asthma als symbolhafte Störung.

Hypnose ist dabei nicht als eigenständige Asthmatherapie zu verstehen, von ganz wenigen Ausnahmen abgesehen (vgl. Erickson u. Rossi 1981, S. 278 ff.), sondern als integratives Element einer psychotherapeutischen (vgl. Kossak 1985) sowie einer gesamttherapeutischen Strategie. Daneben ist bei Asthma vielfach nicht die Krankheit im engeren Sinne selbst Gegenstand einer Psychotherapie, sondern damit in Verbindung stehende andere (sog. sekundäre) Probleme. Dazu zählen emotionale Störungen wie Depressionen, Selbstwert- und Arbeitsstörungen sowie Verlust sozialer Fertigkeiten. Sie stehen mit Asthma in jedem Lebensalter in Wechselwirkung, ob pathogenetisch oder reaktiv, muß offen bleiben. Kontrollierte Studien zum Begriff des Effekts zeigen auf, daß eine medizinisch-psychologische Therapie bei Asthma (häufig psychosomatisch genannt) im Vergleich zu einer konventionellen, d.h. internistisch-pulmonologischen Therapie, einen nachweisbar besseren Behandlungserfolg zeigt (vgl. Deter 1986; Richter u. Dahme 1987).

Praktische Durchführung der Behandlung

Mit den Erörterungen des vorangegangenen Teils im Hinblick auf die Behandlung von Asthma mit Hypnose wurden 2 Auffassungen verfolgt:

1) Es handelt sich bei Asthma um eine Störung mit zumeist zeitweise stark ausgeprägter körperlicher Komponente, so daß eine somatisch orientierte und medizinisch fundierte Behandlung unerläßlich ist.
2) Hier reichen bei der Vielzahl von unterschiedlichen Wirkfaktoren mit jeweils unterschiedlicher Gewichtung im Einzelfall allgemeine Theorien zur Erklärung dieses Beschwerdebildes nicht aus. Eine möglichst exakte Diagnosestellung unter Einbeziehung des somatischen Befundes ist deshalb für die Planung einer geeig-

neten individuellen psychotherapeutischen Strategie unabdingbar. Mag für Patient A eine symptomzentrierte Vorgehensweise sinnvoll sein, kann Patient B vielleicht den entscheidenden Gewinn durch eine konfliktorientierte Arbeit haben. Daraus erklärt sich zum einen die vielerorts geäußerte Skepsis gegenüber allgemeinen *Gruppentherapien* bei Asthma, insbesondere von Entspannungstrainings (vgl. Schüffel et al. 1986, S. 757 f.), wenngleich deren allgemeiner Nutzen nicht in Frage gestellt werden soll. Zum anderen spricht die bisher vorliegende und relativ große Zahl von Einzelfallberichten und von Studien „mit zu kleinem N" für den Gesichtspunkt der letztlich notwendigerweise individuellen Betrachtung dieses Krankheitsbildes – sonst gäbe es vermutlich mehr Vergleichsgruppenuntersuchungen von Aussagewert.

Angesichts dieser beiden Punkte wird immer wieder die skeptische Frage nach der „Heilung" aufgeworfen. Diese Frage ist bei einem Leiden mit starker Organbeteiligung oder mit auch verselbständigten Organreaktionen und insbesondere -veränderungen i. allg. ebensowenig sinnvoll wie etwa die Frage danach, wann jemand gesund ist. Hypnose bei Asthma kann auf ihre Weise dazu beitragen, die jeweils individuell relevanten Bedingungen so zu verändern, daß letztlich Anfallshäufigkeit oder -schwere eines Patienten abnehmen – günstigenfalls verschwinden.

Behandlung auf Symptomebene

Entkrampfungsstrategien: Im Vordergrund der Behandlung steht zumeist der symptomatische Aspekt, d.h. die Einflußnahme (1) auf Kontraktionen der Bronchialmuskulatur, (2) auf entzündliche Prozesse in den Bronchialästen (3) auf Obstruktion sowie auf die exogen und endogen bedingte Hyperreagibilität des Organs.

Als Grundlage wird die ggf. fraktioniert ermöglichte Selbsterfahrung eines Patienten mit Entspannung dienen. Deren Vertiefung (den Begriff Hypnose zu verwenden, muß nicht immer dienlich sein) kann im Falle der Bereitschaft dazu genutzt werden, die Vorstellungsfähigkeit zu (re)aktivieren oder zu differenzieren und Vertrauen in die eigene Fähigkeit zur Trance aufzubauen. Damit kann, in Anwendung der Hypnose, von Anfang an ein (zunächst evtl. frappierendes) Gewahrwerden der starken wahrnehmungsbezogenen Fixierung auf das Organ insgesamt verbunden sein. Im einzelnen auf das Registrieren und Bewerten der Atemgeräusche, auf die Bereitschaft zu husten oder den Hustenreiz zu unterdrücken – das gilt auch für Lachen und Weinen. Nach einigen Wiederholungen in aufeinanderfolgenden Sitzungen kann dadurch auch das Registrieren der stereotypen und aus der zurückliegenden Erfahrung herrührenden angstbesetzten Antizipationen ermöglicht werden. Weiter kann dadurch die Auseinandersetzung mit einer ursprünglich rational begründeten Haltung in Form einer zum starren System gewordenen inneren Gegnerschaft sich selbst gegenüber in Gang gebracht werden. Das heißt, der Patient erlebt deutlich seine permanenten Versuche, „dagegen anzugehen" oder „alles dagegen zu tun" sowie sich „dagegen" zu entspannen. Dabei konnte sich der Patient bislang trotz des sog. Autogenen Trainings des Widerspruchs nicht bewußt werden, daß ein „Dagegenangehen" ein Akt der Anspannung ist, welcher psychophysiologisch zusätzlich durch die innere Erwartungshaltung verstärkt wird, daß es vielleicht nicht hilft. Suggestive Führung, d.h. die vom Rapport ausgehende Sicherheit, verhelfen dem Patienten zum Wagnis des –jederzeit durch ihn selbst beendbaren – Experiments des Sichloslassens (die exspiratorische Dyspnoe ist wesentlich durch die organische Unfähigkeit des Loslassens und Hergebens charakterisiert). Dabei kann bei Beachtung des individuellen Atemrhythmus durch gelenkte Atemphantasien (vgl. Jencks 1978) geradezu mühelos eine Auflösung der erwähnten starren Haltung (Organfixierung) erzielt werden, welche in der Regel spontan zu einer spürbaren Verbesserung der Atemqualität führt, denn nur „im starren System wird, was man kann, zum Zwang, und was man nicht kann, zur ewigen Unmöglichkeit" (Sperber 1987, S. 313). Nach eigenen Beobachtungen greifen Patienten nach Sitzungen mit gelenkter Imagination häufig zum Peak-flow-Meter, um sich die spürbare Erleichterung vor Augen zu führen.

Visualisierungsstrategien: Nun ist es nicht schwierig, während einer Sitzung solch einen Effekt zu erlangen. Das Problem besteht darin, im Einzelfall durch eine adäquate therapeutische Strategie einen *Transfer* in die Alltagssituation zu erzielen, etwa durch *posthypnotische Suggestionen*, bezogen auf relevante Körpersignale. Das gilt auch für alle anderen hypnotherapeutisch wirksamen Ansätze auf der Symptomebene, die auf eine direkte oder auch indirekte Beeinflussung der Organfunktion abzielen. Dabei können alle wesentlichen anatomischen Details, häufig auch kombiniert und in Verbindung mit Reizstoffen oder -situationen, Behandlungsgegenstand sein: Bronchialäste, Strömungsverhältnisse der Atemluft, Lungenvenen und -arterien, Schleimpfropfen, Bronchialmuskeln, Lungenbläschen, Flimmerzellen, Erregbarkeit des Nervus vagus, „organischer Dialog" mit Allergenen u.a.m. Auch körperliche Reaktionen auf Konflikte und Streß gehören hierher.

Fallbeispiel:
Nachdem der Patient (Arzt, 62 Jahre, seit etwa 30 Jahren schubweises, endogenes, kortisonpflichtiges Asthma) innerhalb von 6 Sitzungen zunächst mit seiner eigenen Trance vertraut geworden war, visualisierte er anschließend (7. bis 9. Sitzung) die ringförmige Bronchialmuskulatur als Gummibänder, die seine verengten Bronchialäste mittels einer Spezialflüssigkeit dehnbar werden ließen. Dissoziiert konnte er dann in einer der nächsten Sitzungen als sein eigener, im Entspannungssessel ruhender Beobachter „ganz genau erleben", wie mühelos er bei schönem Wetter die 6 Stufen von seinem Garten hinauf zur Terrasse gehen und im Liegestuhl angenehm durchschlafen konnte. Er berichtete in der Folgezeit (Katamnese knapp 1 Jahr) bei sonst gleichen Bedingungen von einer Abnahme der Durchschlafstörungen infolge nächtlicher Atemnot, da sich seine „Gummibänder" ja bewegten und er für den nötigen Gleiteffekt selbst sorgte (Diesen Gleiteffekt erläuterte er nach Rückfragen ausführlich. Die Produktion der Flüssigkeit erfolgte in reziprokem Verhältnis zur vagotonen Erregung.).

Vorgehensweisen dieser Art knüpfen an die in der Literatur häufig belegte suggestive Beeinflußbarkeit der Reagibilität des Bronchialsystems an (Creer 1982; Schüffel et al. 1986; DeShazer 1984).

Gerade die heute auch auf suggestive Einflüsse zurückführbaren und ursprünglich teilweise als klassisch konditionierten Reaktionen verstandenen Allergien (Dekker u. Groen 1956) sind im Hinblick auf ihre psychologische Komponente durch Hypnose behandelbar, sofern man eine solche Komponente im diagnostischen Prozeß ermitteln konnte.

Fallbeispiel:
Eine Patientin konnte ihre ausgeprägte Allergie auf Katzenhaare im Verlauf einer Rückführung aus der Trance mehr und mehr und schließlich ganz „vergessen", weil es für sie nicht mehr so wichtig war, ob die Katze ihres 7jährigen Sohnes in die Zimmerecke „gemacht hatte" oder nicht. Wesentlich war dabei allerdings zweierlei: zum einen konnte sie an mehrere Erlebnisse anknüpfen, bei denen sie trotz Anwesenheit der Katze keine Reaktionen zeigte, da sie die Katze nicht bemerkt hatte. Zum anderen wurde ihr in Trance bei Imaginationen von Begegnungen mit ihrem Jungen ihr Mißtrauen ihm gegenüber klar. Sie traute ihm keinerlei selbstverantwortliche Dinge zu, wie z.B. sich um das Tier zu kümmern und ggf. auch den Kot zu entfernen (symbolischer Aspekt). Nachdem sie sich innerlich mit ihm ausgesöhnt hatte und ihm Selbstverantwortlichkeit zubilligen konnte, war unter Bezugnahme auf ihre persönlichen Erfahrungen mit dem Tier die Voraussetzung für das Vergessenkönnen gegeben.

Damit zusammenhängend könnte im Hinblick auf die Vielzahl der als Allergene bekannten Stoffe diskutiert werden, inwieweit deren schriftlich aufgelistete Mitteilung an den Patienten, verbunden mit ausdrücklichen Warnhinweisen und Vorsichtsmaßregeln oder Veröffentlichungen von Pollenflugkalendern usw. nicht auch als iatrogene Suggestionen mit gegenläufiger Wirkung aufzufassen sind. Möglicherweise liegen hier Verbindungen zu experimentell nachgewiesenen Zellprozessen und deren Beeinflußbarkeit mit Hilfe von hypnotischen Techniken vor (vgl. Bongartz 1987 und Kap. 7), wie sie u.a. auch im Zusammenhang mit der Behandlung des Karzinoms diskutiert werden (Newton 1984). Als vorteilhaft hat sich bei der symptomatischen Behandlung von obstruktiven Atemwegserkrankungen in vielen Fällen die Zuhilfenahme von bildhaftem *Anschauungsmaterial* herausgestellt. Beipielsweise kann ein Patient Luftströmungswiderstände als regelbare Ohmsche Widerstände visualisieren, deren festgefrorene oder -geklebte Regler sich durch die schmelzende Wärme einer dauerhaft scheinenden Sonne allmählich verändern lassen und so Bewegung und glattes Gleiten ermöglichen. Ein anderer Patient geht, durch Betrachten von Bildern der Lunge (Nilsson o. J.) beeindruckt, in tiefe Trance, indem er sie gedanklich verinnerlicht und dabei zu entdecken beginnt, welche bisher unbekannten Möglichkeiten der Veränderung sich entwickeln können – etwa aggressive oder zärtliche usw. –, als ob sie etwas in Bewegung bringen ...

Dazu folgendes Beispiel (verkürzte Darstellung):

So verließ ein 38jähriger, recht redseliger Patient (Handelskaufmann, geregelte wirtschaftliche und häusliche Verhältnisse, seit 5 Jahren nach einer starken Bronchitis häufig asthmoide Beschwerden, v.a. bei Wetterumschwüngen, keine eindeutigen allergologischen Befunde), nachdem er durch Suggestibilitätsprüfung, Erleben von Trancevertiefung und von Trancephänomenen seine anfängliche Skepsis verloren und Freude an Hypnose bekommen hatte, nach einer Sitzung mit sensorischen Imaginationen kommentarlos den Behandlungsraum und ging. Ich meinte, im Verlauf seiner Trance, bei der er nicht sprechen wollte, eher Beruhigung und Entspannung festgestellt zu haben, war mir am Ende ob seines Verhaltens jedoch nicht mehr sicher. Pünktlich wie bei den vorherigen Terminen erschien er auch zum nächsten Regeltermin, gab nach meiner neutralen Begrüßung keine Kommentare und äußerte einzig den Wunsch nach einer Wiederholung „... wie beim letzten Mal. Ich möchte es einfach auf mich wirken lassen." Ich ließ ihn die noch verbleibenden vereinbarten 4 Sitzungen wunschgemäß mit der Stille allein. Für die Zeit nach der kassenseitig limitierten Sitzungszahl wurde in der Zwischenzeit auch erlerntes autohypnotisches Vorgehen für die Zukunft vereinbart. Nach knapp einem Jahr meldete er sich telefonisch und berichtete von einer seither kontinuierlichen Besserung. Bei selten gewordenen stärkeren Anfällen behelfe er sich mit einem Dosieraerosol.

Behandlung auf der funktionellen Ebene

Die funktionelle Ebene von Asthma ist aus mehrerlei Blickwinkeln zu betrachten: zum einen erfahren Asthmatiker krankheitsbedingt in vielfältiger Hinsicht des täglichen Lebens Beeinträchtigungen bis Behinderungen, je nach Art und Schweregrad der Erkrankung. Die häufig feststellbare Furcht davor unterhält dann einen Erlebens- und Verhaltenszirkel. Der besteht darin, daß der Asthmatiker seine persönlichen Gefährdungselemente und -situationen kennt (Vergangenheitsbezug) und sich verständlicherweise in seiner gelebten Gegenwart, wie auch in der Zukunft, davor bestmöglich schützen möchte. Vermeidungsverhalten bzw. Prophylaxe („sind alle Medikamente greifbar, was erwarten mich da und dort für äußere Bedingungen, sind Krankenhäuser erreichbar?" usw.) ist wesentlicher Bestandteil seiner Verhaltensorganisation. Zum anderen ist wegen innerer Nichtakzeptanz dieses gesamten Problems, Medikamente eingeschlossen, ein Gegenmotiv mehr oder weniger stark in Richtung auf Überprüfung der Belastbarkeitsgrenze wirksam. Der dabei zugrundeliegende Anteil von Angst wird subjektiv unterschiedlich eingeschätzt. Beides gemeinsam, Vermeiden und Austesten, sind Kennzeichen einer oft nicht enden wollenden inneren Konflikthaftigkeit eines (nicht eines jeden) Asthmatikers, weil das Akzeptanzproblem nicht gelöst ist.

Hinzu kommt ein weiterer entscheidender psychologischer Aspekt: Asthma ist eine „stille Krankheit", d.h. sie ist in der Regel nicht offensichtlich und daher insbesondere in sozialer Hinsicht schwierig, manchmal grausam. Deswegen sehen sich Asthmatiker bisweilen genötigt, die Symptome durch Provokation zu demonstrieren, um dadurch die krankheitsgebotene Rücksichtnahme der anderen zu erwirken. Durch Lernprozesse dieser Art kann es dann auch sein, daß der Körper die „Krankheit als Anpassung" (Overbeck 1984, S. 52 ff.) – bewußt oder unbewußt – überall dort anbietet, wo in Problemsituationen, gleich welcher Art, Verhaltensrigidität oder Persönlichkeitsdefizite eine problembezogene, adäquate Bewältigung verhindern. Dabei sind die Übergänge fließend, und daher ist die Gewichtung der verschiedenen Komponenten – wie in der Medizin – nur durch Einzelfalldiagnostik möglich. Eine Therapie kann auch nur in bezug darauf adäquat erfolgen. Die Grenzen von allgemeinen Verfahren mit „Breitbandwirkung" werden hier abermals deutlich. Hypnose ist hier durch ihre ganz andere und vielfältige Methodik der Ich-Stärkung, des Verhaltensauf- und -ausbaus, der Aktivierung von Ressourcen, der Um- und Neudeutung von Situationen etc. ein ebenso wesentlicher wie wirksamer Bestandteil einer sich gegenseitig ergänzenden medizinisch-psychologischen Behandlungsstrategie.

Als Negativbeispiel sei hier angeführt, daß mit einem Patienten ein Selbstsicherheitstraining, das auch einige Bewegungsanteile enthielt, durchgeführt werden sollte. Da das Phänomen des „übungsinduzierten Asthmas" übersehen oder mißachtet wurde, kam es wiederholt zur Provokation von anfallartigen Atemnotzuständen, so daß die „Therapie" abgebrochen werden mußte.

Die therapeutischen Grenzen liegen auf dieser Ebene zumeist dort, wo sich der funktionale Gesichtspunkt einer Störung sozial bereits bedeutsam manifestiert hat (Frührente etc.). Dieser ist zunächst ja auch nicht sichtbar, im Gegenteil: alles ist auf die Krankheit konzentriert und fixiert. Sätze wie „glauben Sie mir, ich würde liebend gerne, wenn ich nur könnte" sind jedem mit psychosomatischen Patienten arbeitenden Therapeuten wohlbekannt. Es ist wahrscheinlich nicht übertrieben, daß man in solchen Fällen auf der Symptomebene therapeutisch eher weiterkommt, wenn überhaupt.

Der Symbolgehalt von Asthma wird nach wie vor am stärksten angezweifelt, auch wenn zahlreiche Fallberichte und Zusammenstellungen von Untersuchungen darüber (die bekannteste dürfte die von Dekker u. Groen 1956 sein) zumindest aufhorchen ließen. Insgesamt verdichten sich die Abhandlungen inhaltlich auf schwerwiegende innere Konflikte mit starker emotionaler Beteiligung, wobei nicht selten nahestehende Bezugspersonen oder die Lebenssituation des einzelnen eine wesentliche Rolle spielen. In der *hypnoanalytischen* Arbeit (etwa mit Hilfe ideomotorischer Zeichen oder Altersregression) zumindest stößt man auffallend häufig auf ungelöste (Grund)-konflikte oder nicht ausgesöhnte aktuelle oder vergangene Problemsituationen, die in Beziehung zur asthmoiden Symptomatik stehen. Ihre Lösung durch (bisher im starren System nicht vorhandene) Alternativen oder eine glückende Aussöhnung, durch Neuordnung oder Umstrukturierung, kann zu objektivierbaren Veränderungen auf Organebene führen.

Hier nur beispielhaft erwähnt seien Fälle von latenter Klaustrophobie infolge frühkindlicher Kriegserlebnisse, kompensatorisch-zwanghafte Tendenzen des Behaltenwollens infolge von traumatischen Verlustängsten, nicht hinreichend bewältigter beruflicher Alltag infolge ungelöster Autoritätskonflikte und schließlich, der viel zitierte „Schrei nach der Mutter(Brust)“. Bei all dem geht es nicht darum, um es nochmals zu akzentuieren, bisheriges Wissen über biologische Konditionen oder physiologische Interaktionen zu negieren (vgl. oben), sondern um Überlegungen zur Berücksichtigung von Interaktionen und zur Bedeutung der Symptomatik im sozialen Kontext. Zukünftig wird man wahrscheinlich bei Fragen nach Bedingungsveränderungen bei Asthma nicht umhinkommen, (wieder) Lernparadigmen und Verhaltensgesetze zu berücksichtigen, will man nicht darauf basierende Therapieeffekte ignorieren.

Empirische Befunde

Die vorliegenden Arbeiten zur hypnotherapeutischen Behandlung von Asthma lassen sich in Einzelfallstudien und experimentelle Gruppenuntersuchungen gliedern. Zur erstgenannten Gruppe zählt die Arbeit von Mason u. Black (1958). Sie beschreiben den Krankheitsverlauf einer 27jährigen Frau, deren Schicksal durch eine in den Blütemonaten heftig auftretende Pollenallergie charakterisiert zu sein schien, zumindest unter den Gesichtspunkten einer 12jährigen Beschwerdedauer und einer erfolglosen 6monatigen Hyposensibilisierung. Die Suggestion von Symptomfreiheit innerhalb einer 9 Sitzungen umfassenden Hypnosebehandlung führte zu einem durch einen standardisierten Hauttest objektivierbaren Therapieerfolg, der sich auch 12 Monate später durch dieselbe Testmethode noch eindeutig nachweisen ließ. Sinclair-Gieben (1960) schildert den eindrucksvollen Fall eines 60jährigen Patienten, der seit seinem 54. Lebensjahr an Asthma litt und bei dem ein 3 Tage währender und medikamentös nicht zu beeinflussender akuter Status asthmaticus durch direktiv-suggestives Vorgehen unmittelbar beendet werden konnte. Eher anekdotenhaft berichten Diamond (1960) und Rose (1967) über erfolgreiche hypnotherapeutische Behandlungen bei asthmatischen Kindern. Während Rose keine genaueren Angaben macht, gibt Diamond bei 40 von 55 therapierten Fällen komplette Remission und bei 10 weiteren leichte Verbesserungen an; lediglich in 5 Fällen seien keine Erfolge zu verzeichnen gewesen. Hanley (1974) verweist auf eine erfolgreiche Behandlung von schwerem Asthma in 2 Fällen, wo Suggestionen im Hinblick auf bessere Kontrolle von Asthmaanfällen durch mehr Selbstvertrauen zu einer Besserung geführt haben. Im Rahmen einer umfangreichen retrospektiven Datenanalyse von 121 Asthmapatienten, die er innerhalb der zurückliegenden 10 Jahre behandelt hat, kommt Collison (1975) zu dem Ergebnis, daß hohe Suggestibilität und mäßig ausgeprägtes Asthma bei ätiologisch relativ gesicherter Mitwirkung psychischer Faktoren für eine hohe Erfolgsrate einer hypnotischen Suggestionstherapie ausschlaggebend sind. Collison zielte nicht auf eine direkte Beeinflussung der asthmoiden Symptomatik ab, sondern auf eine Verbesserung der Bewältigung allgemein kritischer Situationen durch Ich-Stärkung und Entspannung.

Daneben finden sich im Text dieses Kapitels Verweise auf andere Einzelfallberichte, denen ich einen eigenen hinzufüge (s. unten). Ohne Zweifel dokumentiert sich dadurch die Effizienz der Hypnose innerhalb einer fallorientierten psychotherapeutischen Strategie. Dies allerdings stellt noch kein hinreichendes Effizienzkriterium für Hypnose bei Asthma schlechthin dar, weshalb diesbezüglich den Ergebnissen von Studien mit kontrollierten Bedingungen größere Bedeutung beizumessen ist.

Maher-Loughnan et al. (1962) und anschließend Maher-Loughnan u. Kinsley (1968) konnten in methodisch anspruchsvollen Untersuchungen objektivierbare Effekte durch Hypnose aufzeigen, wenngleich die Untersuchungsergebnisse im einzelnen auch Probleme deutlich machen, wie beispielsweise die Frage der Hypnotisierbarkeit der Probanden (Fry et al. 1964), die der Objektivierung der Trancetiefe, die der möglichen Kumulation von mehreren, nicht kontrollierbaren Wirkfaktoren (z.B. Medikamente, Placeboeffekte etc.; vgl. Dennis u. Phillippus 1965) oder die des Kriteriums der Schwere der Erkrankung und damit dem der Stichprobenauswahl (vgl. Luparello et al. 1968), um nur einige aufzuführen. Ernstzunehmende kritische Überlegungen knüpfen u.a. daran an (Richter u. Dahme 1982), zudem Angst als ein wesentliches Verlaufskriterium bei Asthma (Purcell u. Weiss 1970; Kinsman et al. 1980, 1981) innerhalb etlicher hypnotherapeutischer Ansätze nicht explizit aufgeführt ist (Brown u. Fromm 1988). Demgegenüber verzeichnet Morefield (1971) bei 9 von 10 Patienten unter atemerleichternden Suggestionen plus einer systematischen Desensibilisierung einen offensichtlichen Erfolg, und Phillipp et al. (1972) weisen in einer Cross-over-Studie mit 20 Probanden sowohl einen objektivierbaren Effekt durch Entspannung, besonders bei intrinsischem Asthma, als auch einen solchen durch Entspannung plus kognitiv und suggestiv orientiertem Vorgehen bei allergischem Asthma nach. Aronoff et al. (1975), die auch Steroidabhängige in eine Untersuchung von 17 Kindern einbezogen, konnten durch Entspannungs- und angstreduzierende Suggestionen, auch bei schweren Asthmaformen, Erfolge aufzeigen.

Weitaus weniger Untersuchungsbefunde liegen zu ätiologischen Fragen vor, vergleichbar denen von Zepf (1980), der zeigen konnte, daß Asthmatiker im katathymen Bilderleben zur Thematik Luft und (im Allergiefall) zum jeweiligen Allergen Szenen imaginieren, deren Struktur durch eine Trennungs- und Wiedervereinigungsproblematik charakterisiert ist.

In ihren zusammenfassenden Überlegungen zu Befunden der klassischen Konditionierung von allergischen Reaktionen schließlich kommen Schüffel et al. (1986) zu dem

Ergebnis, daß die Annahme suggestiver Effekte wesentlich wahrscheinlicher als die der klassischen Konditionierung sei.

Insgesamt verweisen die vorliegenden, unterschiedlichen und sich bisweilen widersprechenden Befunde zur experimentellen Hypnoseforschung bei Asthma auf ein breites und noch offenes Feld, oder anders ausgedrückt, auf die Notwendigkeit, die Empirie des Praktikers durch wissenschaftliche Ergebnisse zu bereichern.

Fallbericht

Eine Patientin, 50 Jahre, gelernte Einzelhandelskauffrau, ist seit 20 Jahren mit einem leitenden Angestellten verheiratet. Sie ist Hausfrau, hat 2 heranwachsende Söhne und ein eigenes Haus.

Der Befund und die Diagnose ergaben lebenslanges endogenes Ekzem (Neurodermitis), seit etwa dem 7. Lebensjahr, ein sog. gemischtes Asthma (endogen und allergisch) mit phasenweisem Verlauf, im Anfallstadium häufig Notaufnahme in ein Akutkrankenhaus. Die letzte Phase war von mehrjähriger Dauer mit erhöhtem Schweregrad.

Im 3. Lebensmonat wurde bei der Patientin Milchschorf festgestellt, zunächst am Kopf, nach etwa einem halben Jahr zusätzlich an Hals und Extremitäten. Von Photos und Schilderungen habe sie zunächst von sehr schlimmen Haut-, späterhin auch Atemproblemen erfahren. Vielerlei therapeutische Maßnahmen hätten keinen Erfolg gezeigt.

Insgesamt sei die Schulzeit normal verlaufen, ihre Sozialkontakte seien begrenzt und ihre Leistungen mittelmäßig gewesen. Die Krankheiten (Asthma und Dermatitis) hätten dabei eine wichtige Rolle gespielt. Die Beziehung zu den Eltern bezeichnet sie im nachhinein als schlecht. Mangelnde Zuwendung und streng autoritäre Erziehung seien die wesentlichen Erinnerungen an zu Hause. Der Großvater sei die einzige Person mit Verständnis, allerdings ohne Einfluß auf die Eltern, gewesen. In der Vorschulzeit sei sie nachts wegen quälenden Juckreizes und ihres Kratzens häufig mit Armmanschetten ans Bett festgebunden worden. Ihre Jugendzeit habe sie in einem strengen Mädchenpensionat verbracht, nach der Mittleren Reife – durch Bestimmung der Eltern – Berufsausbildung zur Drogistin. Anschließend Berufsausübung in einer Großstadt; sie kommt dort nicht zurecht, nach einem halben Jahr reumütige Rückkehr nach Hause. Dann Wiederaufnahme der Arbeit in der ehemaligen Ausbildungsstätte, bei elterlichem Bedarf zusätzliche Mithilfe in deren Gaststätte. Dort lernt sie ihren späteren Ehemann kennen. Er wird von der Patientin als robust und im Leben stehend beschrieben. Mit 30 Jahren, sexuell unerfahren, Eheschließung, kurz danach 2 Kinder. Ab dann habe der Ehemann begonnen, ein Eigenleben zu führen. Sie habe die Kinder großgezogen und den Haushalt perfekt zu versorgen versucht. Hobbys habe sie keine, mit einigen Bekannten träfe sie sich gelegentlich zum Kaffee. Bei ihrer Mutter mache sie häufig Besuche, obwohl sie manchmal nur eine Verpflichtung dazu verspüre und manchmal gar nicht sagen könne, warum. Größere Zeiträume ohne Asthma seien während des Pensionataufenthalts und unmittelbar nach der Rückkehr nach Hause gewesen. Ansonsten beschreibt sie ihren körperlichen Zustand als recht labil. Ohne medikamentöse Unterstützung komme sie nicht zurecht. Die gehäuft auftretenden nächtlichen Asthmaattacken machten ihr wegen der ständigen Unterbrechung des Schlafes besonders zu schaffen. Ihr heutiges Leben orientiert sich ausschließlich an ihrer häuslichen Arbeit. Dabei habe sie im Vergleich mit anderen Frauen stets das Gefühl, nicht genug zu leisten. Wegen ihrer Haut habe sie zeitlebens Komplexe gehabt. Trotz eines krankheitsbedingten gebrochenen Lebenswillens freue sie sich auf das Älterwerden, weil sie sich da mehr Freiheiten für sich erhoffe. Wie ein roter Faden zöge es sich durch ihr Leben, daß sie sich nicht durchsetzen könne. Sie habe nie Bedürfnisse geäußert, weshalb es auch mit ihrem Ehemann u.a. zu keinen Gemeinsamkeiten gekommen sei (hierbei weinte sie zurückhaltend). Von den Kindern und von ihr wird er als außerhalb der Familie stehend bezeichnet; wahrscheinlich habe er schon lange ein festes Verhältnis mit einer anderen Frau. Ein klares Zukunftsbild habe sie nicht. Fragen im Hinblick auf ihre Therapiemotivation begegnet sie ausweichend. Die eingeholten Befundberichte geben eigentlich keine klare Auskunft über den Schweregrad oder die Formen der vorliegenden Erkrankungen; verschiedene Allergietests kamen zu unterschiedlichen Ergebnissen. Allen gemeinsam sind Verweise auf die Beschwerdedauer und auf die endogenen Anteile, an welchen sich die Patientin innerlich orientiert.

Zum Zeitpunkt des Erstkontakts fallen neben einer unauffälligen, korrekten Kleidung ihre schwere und angestrengte Atmung sowie eine extrem entzündete, gerötete und zerkratzte Haut an Händen, Hals (soweit sichtbar) und Gesicht auf. Sie wirkt nervös und auffallend überangepaßt mit Gehorsamkeits- und Untertänigkeitstendenzen. Nach mehreren ausschließlich diagnostisch orientierten Sitzungen erfolgte eine Erweiterung der Diagnose: Asthma und Dermatitis mit erheblichen psychogenen Anteilen.

Nachdem sich eine Einigung auf einen gemeinsamen therapeutischen Weg ergab, wurden zunächst folgende Teilbereiche (verkürzte Darstellung) als Therapiegegenstand vereinbart: a) Klärung der derzeitigen Ich-Identität unter Berücksichtigung der Sozialisationsbedingungen; b) Verbesserung der psychophysiologischen Bedingungen hinsichtlich Atmung und Haut (soweit möglich). Dabei wurde, dem ursprünglichen therapeutischen Anliegen und dem Verständnis der Patientin entsprechend, symptomorientiertes Vorgehen mittels Entspannung und beruhigenden Atemübungen in den Vordergrund gerückt; die Begriffe Hypnose und Trance wurden nicht erwähnt.

Für die Durchführung der Psychotherapie unter Einbeziehung von Hypnose waren folgende Überlegungen wesentlich:

1) Die ursprünglich auftretenden asthmoiden Beschwerden und die Hautreaktion sind möglicherweise Ausdruck eines unbewußten starken Konflikts zwischen eigenen Bedürfnissen und einem sozialisationsbedingten, bedürfnisfeindlichen moralischen Überbau (moralischer Wertkodex).
2) Die Erfüllung dieses Wertkodex bedeutet in funktionaler Hinsicht Angst- und Schuldvermeidung. Gedanken wie „was denken die (anderen) von mir, wenn ich da rumsitze und Zeitung sese" bringen dies beispielsweise zum Ausdruck, wobei „die" lediglich als äußere Repräsentanten der eigenen inneren Struktur gelten. Zu den wenigen von dieser Struktur geduldeten oder akzeptierten Verhaltensweisen zählen Leistung, um dadurch den oder die anderen zufriedenzustellen. Darin gründet im wesentlichen auch die Selbstwert- und Identitätsproblematik. Als aufrechterhaltende Bedingungen zählen hier ganz allgemein Selbst- und Fremdverstärkung.
3) Die bestehende Mutterbindung wird ebenfalls ambivalent erlebt; eine „innere Herauslösung" aus der symbiotischen Beziehung gelingt nicht oder nur dann, wenn durch eine Zunahme der körperlichen Beschwerden vorübergehend anderen Beziehungen Priorität eingeräumt werden kann.
4) Die einzigen Diskriminationsreize bezüglich des vorliegenden „gemischten Asthmas" sind körperliche Anstrengungen (z.B. Schuheputzen) und markante klimatische Bedingungen.
5) Die körperlichen Befunde schließen irreversible Gewebeschädigungen aus.

Nach Beendigung der therapeutischen Anfangsphase schilderte die Patientin etliche Details über ihre i. allg. recht plötzlich auftretenden Asthmaanfälle. Daraus ging hervor, daß eine Verbesserung der interozeptiven Wahrnehmung des Atemwegswiderstandes zu einer besseren Reizdiskriminierung und damit zusammenhängend zum Aufbau einer Selbstkontrollmöglichkeit im Hinblick auf die Anfallshäufigkeit, evtl. auch -stärke führen könnte. Gleichzeitig sollte dieses Vorgehen dazu genutzt werden, die Frage der Hypnotisierbarkeit der Patientin zu klären. Anhand von anschaulichen Bildern der Lunge (Nilsson o.J., vgl. S. 287) besprachen wir in einer entspannungsbegünstigenden Situation wesentliche funktionelle Details der Atemwege, wobei Einzelheiten des körperlichen Befundes der Patientin hinzugezogen wurden. Im Anschluß daran sagte ich ihr, ich könne mir gut vorstellen, daß so viel Information ein wenig ermüde und sie könne sich jetzt ruhig in dem Sessel ausruhen, auch wenn dies am hellen Tage so ganz gegen ihre sonstigen Gewohnheiten ginge. Die Patientin hatte entgegen meiner Erwartung keinerlei Probleme, neugierig mit dem beweglichen und bequemen Entspannungssessel umzugehen (er steht in einem völlig ruhigen Raum mit Blick auf unmittelbar vor dem Fenster stehende Bäume). Ich ließ ihr Zeit und unterstützte sie verbal unter jeweiligem Aufgreifen von Körperveränderungen, die sie gerade durchführte, positiv. Wichtig waren für sie in dieser Anfangssituation meine Feststellungen, sie brauche jetzt überhaupt nichts zu leisten, nichts zu bringen, keiner verlange etwas von ihr; auch brauche sie mich nicht mehr unbedingt anzusehen, sondern könne ihren Blick auf den Bäumen ruhen lassen und vielleicht darauf achten, ob es ihren Augen jetzt lieber wäre, sich für kurze Zeit zu schließen oder vielleicht später ... usw. Nach etwa 15 min ging ich zur Rücknahme über. Schüchtern lächelte sie und berichtete etwas verlegen ein recht tiefes Entspannungserlebnis, als hätte sie fast etwas Verbotenes getan. Wir einigten uns auf eine Fortsetzung beim nächsten Termin.

Hier und in den folgenden 3 Sitzungen wurde die Hypnotisierbarkeit der Patientin mittels der SHSS (vgl. Gabelmann u. Kossak 1983) geprüft, wobei sich neben guter Suggestibilität ein für sie geeigneter Weg der Tranceinduktion über eine „Körperwanderung" herausstellte. Im Verlauf dieses Vorgehens konnte die Patientin eine für sie sehr wichtige Erfahrung machen: die zwang- und risikolose, zeitweilige Aufgabe ihrer lebenslang praktizierten strengen Selbstkontrolle. Unter diesem Gesichtspunkt lernte sie zunächst die Selbsthypnose (LeCron [2]1987), wobei in den gefundenen Induktionsweg der Körperwanderung das Problem der Ich-Identität insofern integriert wurde, als die relevanten Satzanfänge stets mit „Ich" begannen. Innerhalb von weiteren 3 Sitzungen konnte ich mich einerseits von der Trancetiefe durch negative Halluzinationen überzeugen, andererseits während einer Sitzung folgende suggestive Verknüpfung vornehmen: im Zustand ihrer Trance schilderte und durchlebte sie ihr abendliches Ritual des Zubettgehens. An geeigneter Stelle suggerierte ich die Einnahme eines sehr guten bronchospasmolytischen Präparats mit langanhaltender, milder Wirkung .... welches für einen sehr viel besseren, störungsfreien Schlaf... mit viel frischer Luft .. sorge. Die Imagination, so suggerierte ich ihr, werde sie immer haben, nachdem sie ihr Ich in eine tiefe Trance begleitet hat. Danach könne sie diese ja auf ihre (gelernte) Art und Weise zurücknehmen (DeShazer 1984, S. 31 ff.). Bei der Nachbesprechung dieser Sitzung berichtete sie, es buchstäblich gespürt zu haben, daß „sich was tat". Vor allem käme es ihr so vor, als hätte sie im Zeitraffer „die ganze Nacht wach geschlafen".

Es folgte eine kurze Unterbrechung der wöchentlichen Sitzungen wegen Urlaubs. Anschließend berichtete sie unsicher, zwar nicht regelmäßig ihre Selbsthypnose durchgeführt zu haben, weil sie mit einem ihrer Söhne darüber gesprochen und er es als Quatsch abgetan habe. Probiert habe sie es aber dennoch und sie sei tatsächlich statt regelmäßig um 03.30 Uhr („da kann ich ja den Wecker danach stellen") erst um 05.30 Uhr aufgewacht, kurz vor dem Aufstehen; sie wolle „da dranbleiben". Aber etwas ganz anderes falle ihr inzwischen auf: bei ihrem täglichen Arbeitsrhythmus würde sie manchmal richtige Unlustgefühle verspüren und am liebsten etwas anderes tun. Dies wurde dann im Sinne einer ersten Ich-orientierten Verhaltensalternative nachgearbeitet.

In den nächsten Sitzungen wurde das ursprüngliche Vorhaben wieder aufgegriffen, die interozeptive Wahrnehmung des Atemwiderstandes zu verbessern. Hierzu stellte die Patientin (rigide) fest, daß sie das wahrscheinlich nicht könne. Ich begann, ihr das Prinzip zu erläutern, indem ich u.a. eine ihrer Äußerungen der ersten Sitzungen aufgriff. Demnach war sie schon mehrmals im Elsaß, wo es ihr sehr gut gefalle. Da auch ich die Gegend kenne, es mir dort ebenfalls gefällt – und ich an diesem Tag selbst Lust hatte, eine „Reise" dorthin zu machen, begann ich, ihr eine Geschichte vom Wein zu erzählen, während sie es sich, entspannungsvertiefend, ganz bequem im Sessel machen könne ... Ich holte etwas weiter aus und redete von Weinbergen, Weinstöcken, vom Saft, der da über die Äste in die Trauben gelangt, welche im warmen Sonnenlicht zu einer zunch menden Reife sich entwickelten. Sie dissoziierte vollständig und trat mit mir in einen Dialog, schmatzte beim Verkosten der frischen Trauben. Ich selbst wollte eigentlich darauf hinaus, mit ihr eine Weinprobe zu machen, um ihr ihre vorhandene Differerizierungsfähigkeit vor Augen zu führen. Die Patientin hielt jedoch unvermittelt, eher erschrocken, inne, öffnete die Augen, sah auf ihre Armbanduhr und sagte, sie müsse jetzt schleunigst gehen, dort drüben warte schon ihre Mutter. Wie spät es denn sei, wollte ich wissen. Schon nach 5 Uhr, kam die prompte Antwort. In Wirklichkeit war es erst 15.30 Uhr. Ihr Atem wurde deutlich schneller und sie wurde sehr unruhig. Ich beruhigte sie und fragte sie, wie alt sie sei. Das wisse sie nicht, sagte sie. Ich legte meine Hand auf ihren Unterarm und schlug ihr gleichzeitig vor, ihre Mutter doch wegzuschicken, wenn ihr danach sei, oder ihr etwas zuzurufen, ihr Unbewußtes wisse ja schon lange, was jetzt für sie wichtig sei. Daraufhin schilderte sie sich selbst in einer längeren Szene, in welcher sie ihre Mutter geradezu verjagte. Ihr gesamter Körper war dabei sichtlich unruhig. Am Ende fragte ich, ob sie es jetzt geschafft habe. Ihr spontanes „Ja" klang wie ein tief erleichterter Seufzer.

Nach der Rückführung aus der Trance war ihr Atem schwergängig. Sie wollte jetzt nicht mehr sprechen, sondern lieber gehen. In der darauffolgenden Sitzung berichtete sie von einem zwischenzeitlichen Traum über ihre Lungenbläschen. Sie seien ihr ganz klar vor Augen gewesen, an mehr könne sie sich leider nicht erinnern. Der Traum sei insgesamt angenehm gewesen, auch gehe es ihr ganz gut.

In der Folgezeit – Einzelheiten sollen aus Platzgründen hier nicht mehr weiter ausgeführt werden – konnte die Patientin die bislang enge innere Bindung zur Mutter ohne Entwicklung von Schuldgefühlen und ohne einen Bruch mit ihr herbeizuführen, tatsächlich deutlich lockern. Eine entscheidende Hilfe erfuhr sie dabei durch prospektive Imaginationen des eigenen Tuns, welches in Verbindung mit einer verhaltenstherapeutischen Strategie umgesetzt wurde. Dabei wurde unter Zugrundelegung der Veränderungsmotivation der Patientin folgendes gemeinsam vereinbart: zunächst sollte unter Berücksichtigung einer Schwierigkeitshierarchie ihr beklagtes, starres tägliches Zeitraster schrittweise so modifiziert werden, daß der Anteil an Eigengestaltung deutlich größer und für sie bewußt und ohne Schuldgefühle erlebbar wurde. Parallel dazu mußte sie zunächst vorsichtig mit bedürfnisorientierten Gestaltungsmöglichkeiten vertraut gemacht werden. Zur Realisierung dessen war zuvor eine zielorientierte Umstrukturierung ihres bisherigen Selbstverstärkungssystems notwendig; da ihr die Zusammenhänge rasch klar wurden, konnte sie dies ohne Mühe bewerkstelligen. Darauf aufbauend konnte sie anschließend nach denselben Prinzipien ihrem dringenden Wunsch nachkommen, ihrer Mutter anders, v.a. innerlich anders, d.h. ebenfalls weniger pflicht- oder schuldbewußt, zu begegnen, indem sie vor sich selbst ihr eigenes Ich in den Vordergrund stellte. Dadurch konnten insgesamt in das bislang praktizierte stereotype Alltagsverhalten zunehmend mehr egoistische Bedürfnisse integriert bzw. durch sinnvolle Substitution eingebracht werden, nachdem sich die Patientin durch die stark Ich-orientierte Tranceautoinduktion dessen bewußt werden und sich dafür jeweils die entsprechende Erlaubnis erteilen konnte.

Diese Kombination von Verhaltenstherapie und Hypnose hatte nach etwa einem halben Jahr den Effekt einer wörtlich zu nehmenden Befreiung von einer erstickenden und atemberaubenden Bedingung ihrer derzeitigen Lebenssituation. Die asthmoiden Beschwerden der Patientin nahmen insgesamt nachweislich ab, sie selbst ist sich nicht mehr sicher, ob sie sich noch zu den Asthmatikern zählen solle. Medikamentös kommt sie mit einem Präparat mit schützender Wirkung (Intal) aus. Die im Anschluß daran behandelte Hautproblematik soll hier nicht ausgeführt werden.

Schlußbemerkung

Die in den ersten beiden Teilen dieses Kapitels mehr pathophysiologisch orientierten prinzipiellen Ausführungen sollen zum einen verdeutlichen, daß bei psychosomatischer Betrachtungsweise eines sich im Körperlichen manifestierenden Störungsbildes die zumeist sehr differenzierten somatischen Bedingungen und Bedingungszusammenhänge nicht hintangestellt, geschweige ignoriert werden können. Andererseits erfordert eine psychotherapeutische Behandlung solcher Störungsbilder als gleichsam 2. Behandlungskomponente ihrerseits einen hohen Präzisionsgrad. Insistierende Warum-Fragen oder gekünstelte Ausflüsterungsversuche bewirken bestenfalls nicht nur nichts, sondern irritieren Patient wie kooperierenden Arzt gleichermaßen.

Beides zusammen fließt wohl in die Feststellung von Richter u. Dahme (1987) ein, daß es an kompetenten und erfahrenen Psychotherapeuten mangele, „die sich die Einzel- oder Gruppenbehandlung von asthmatischen Patienten zutrauen und mit dem Krankheitsbild vertraut sind" (S. 660). Zum dritten kommen hier die bekannten generellen Probleme bei der psychotherapeutischen Behandlung von psychosomatischen Patienten zum Tragen (Meijer 1985, S. 50), was einem ohnehin diffizilen Behandlungsweg nicht gerade erleichternd entgegenkommt.

Die Ausführungen dieses Abschnitts geben beileibe keinen umfassenden Überblick über das gesamte Feld respiratorischer Störungen und deren Therapie. Es sollten vielmehr Ansatzmöglichkeiten für hypnotherapeutische Techniken bei Asthma gezeigt und eine davon exemplarisch zur weiterführenden Diskussion dargestellt werden.

Schwierig wird es sicherlich sein, Fragen der Meßbarkeit oder der Objektivierbarkeit von Therapieeffekten durch Hypnose im Einzelfall zu beantworten. Nicht nur deshalb, weil Hypnose kein universelles Verfahren ist, sondern weil auch jeder Patient seine individuellen Krankheitsbedingungen und Bedingungszusammenhänge hat, welche wiederum einen individuellen Therapieverlauf begründen. Insofern ergeben Standardfeststellungen wie z.B.: Therapieeffekte sind wegen bekannter Spontanremissionen nicht prüfbar, oder: es gibt genügend Patienten mit denselben psychischen Problemen, welche kein Asthma bekommen, oder Verweise auf experimentelle Versuchsanordnungen mit Doppelblindbedingungen, gar keinen Sinn, sondern verweisen vielmehr auf z.Z. nicht gelöste Meßprobleme.

Anmerkungen

[1] Erkrankung des Lungengewebes. Sie zeichnet sich durch zerstörte und für die Sauerstoffaufnahme und Kohlensäureabgabe funktionsgeschwächte Lungenbläschen und dadurch Erweiterung der lufthaltigen Räume der Lunge aus.

[2] Herzerkrankung infolge einer Lungenerkrankung. Sie zeichnet sich durch eine allmähliche Erschöpfung der Kraft der rechten Herzhälfte infolge eines pulmonal bedingten Druckanstiegs in der Lungenarterie aus.

Empfohlene Literatur

Brown DP, Fromm E (1988) Hypnotic treatment of asthma. Advances 5/2: 15–27

Cluss PS, Fireman P (1985) Recent trends in asthma research. Ann Beh Med 7/4: 11–16

DePiano F, Salzberg HG (1979) Clinical applications of hypnosis to three psychosomatic disorders. Psychol Bull 86: 1223–1235

Luparello T, Lyons HA, Becker ER, McFadden ER Jr (1968) Influence of suggestion on airway reactivity in asthmatic subjects. Psychosom Med 30: 819–825

Schüffel W, Herrmann JM, Dahme B, Richter R (1986) Asthma bronchiale. In: Uexküll T v (Hrsg) Psychosomatische Medizin, 3. Aufl. Urban & Schwarzenberg, München, S. 743–760

Schultze-Werninghaus G, Debelic M (Hrsg) (1988) Asthma. Grundlagen, Diagnostik, Therapie. Springer, Berlin Heidelberg New York Tokyo

17. Dermatosen und Hauterscheinungen

Reiner Kaschel und Brigitte Friedrichs[1]

Psychodermatologische Fallberichte zur Hypnose sind kaum jünger als die Hypnoseforschung selbst (vgl. Gravitz 1987). Exemplarisch dafür ist die suggestive Beeinflussung von Warzen. Nach wie vor besteht der Großteil der Literatur aus ebenso spektakulären wie unkontrollierten Einzelfällen. Verbreitet hat sich weder die psychodermatologische Nutzung von Suggestion noch wurde ihr Wirkmechanismus bei Dermatosen nennenswert erhellt.

Von einer Renaissance der Hypnose (Revenstorf 1986b), von ihrer vermehrten wissenschaftlichen Anerkennung (Fromm 1987) oder ihrer zu verschiedenen Zeiten postulierten Vermittlerfunktion zwischen organmedizinischen und psychologischen Extrempositionen (z.B. Diehl u. Heinichen 1931; Barber 1984) ist jedoch in der Psychodermatologie noch nichts zu spüren. Trotz vielfacher Überschneidungen (vgl. Fromm 1987) findet sich in tiefenpsychologisch orientierten neueren Arbeiten (z.B. Bosse 1986) derzeit ebensowenig zum Thema „Hypnose, Suggestion und Haut" wie in verhaltensmedizinischen oder dermatologischen Standardwerken (z.B. Braun-Falco et al. 1984; Miltner et al. 1986). Bosse (1986) betont lediglich die Vergrößerung des Placeboanteils von Dermatologika durch äußere Faktoren.

Andererseits sind die Befunde zu „Hypnose und Haut" besonders zahlreich und vielfältig. Sie bieten nicht nur einen günstigen Ansatzpunkt interdisziplinärer Arbeit, sondern sind auch geeignet, das Phänomen Hypnose anschaulich zu demonstrieren. Daher wird in diesem Kapitel der Darstellung der Befunde ein relativ großer Raum gegeben.

Experimentelle Grundlagen

Da bisherige Einteilungen der Literatur u.a. wegen einer Dichotomisierung organischer vs. psychologischer Dermatosen (z.B. Whitlock 1976) problematisch erscheinen, werden die Befunde hier in 2 Abschnitten referiert:

1) Grundlagenstudien zur experimentellen Modifikation/Provokation hautrelevanter physiologischer Prozesse,
2) klinisch-therapeutische Ansätze bei verschiedenen Dermatosen

Beim 1. grundlagenorientierten Abschnitt handelt es sich um Probanden, welche präexperimentell im Gegensatz zu den im 2. Teil referierten Fällen an den relevanten

Hautstellen keine Erscheinungen aufwiesen. Im 2. Abschnitt werden klinisch-therapeutische Ansätze diskutiert, wobei sich die Einteilung der Dermatosen an einer Gliederung von Braun-Falco et al. (1984) orientiert.

Provokation von Blasenbildung

Bei den frühen Arbeiten hierzu handelt es sich v.a. um anekdotische Fallstudien zur Provokation von *Blasen* und *Quaddeln* mit hochsuggestiblen Probanden (vgl. Orne 1959; Barber 1961b; Paul 1963).

Focachon suggerierte im Beisein von Bernheim einer 47jährigen ‚hysterisch-epileptischen‘ Frau, daß nach dem Hautkontakt mit Poststempeln ein blasenziehendes Pflaster angelegt werde. Tatsächlich handelte es sich um einen harmlosen Pflasterverband, der über den Tag hinweg bis zum nächsten Morgen auf der Haut blieb (22 h). Die Klientin wurde während der Nacht zur Vermeidung von Artefakten beobachtet. Morgens zeigten sich weiß-gelbliche Stellen dort, wo die Stempel ansetzten, umgeben von einer geröteten und leicht geschwollenen, etwa 5 mm breiten Zone. Nach einem Zeitintervall ohne Beobachtung bildete sich angeblich eine Blase aus und die Reaktion blieb über 16 Tage bestehen (s. Bernheim 1884).

Von Schrenk-Notzing (1896a, b) berichtet ebenfalls über eine erfolgreiche Blasenprovokation, die allerdings im nachhinein als Artefakt durch Hautreiben und Einstich einer Nadel erkannt wurde. In 2 nachfolgenden Versuchen mit entsprechenden Kontrollen war sie nicht replizierbar. Von Krafft-Ebing (1893) schildert ebenso wie Focachon eine „hysterische Patientin“. Auf die linke Schulter wurde ihr ein Metallgegenstand von der Form eines „K“ gepreßt, ein am folgenden Tag auftretendes Erythem (Rötung) ohne Juckreiz wurde suggeriert und ein Schutzverband mit Siegeln angelegt. Am nächsten Morgen zeigte sich ein etwa 5,5 x 4 cm großes Areal mit rotem Rand, von dem sich die Epidermis abhob. Von 2 anderen Flächen (Teilen des „K“) ließ sich die Epidermis leicht ablösen.

Eine „hysterische“ Persönlichkeit wählte auch Rybalkin (1890), bei der nach hypnotischen Verbrennungssuggestionen eine Rötung, später eine Schwellung mit papulösem Erythem und schließlich 2 Blasen feststellbar waren. Ein Replikationsversuch mit besserem Schutz der Hautstelle schlug wiederum fehl.

Wie in den vorangegangenen Studien wurden auch von Doswald u. Kreibich (1905) Charakteristika der Probanden hervorgehoben: Bei einem handelte es sich um einen leicht hypnotisierbaren Assistenzarzt, welcher eine helle Haut und ausgeprägte vasomotorische Reaktionen aufwies. In 2 der 3 Pilotversuche konnten Erytheme produziert werden. Im Hauptversuch wurde sein Vorderarm mit einem Streichholz leicht berührt und vorgegeben, es bilde sich schnellstmöglich eine Brandblase. Nach Ende der Hypnose zeigten die Hautstelle und die unmittelbare Umgebung eine rosarote Verfärbung, nach 6 min hatte sich die Epidermis abgehoben und 48 h später konnte histologisch eine epitheliale Nekrose im Sinne eines sog. „neurotischen Hautgangräns“ festgestellt werden. Wertvoll wird dieser Fall durch die Kontrolle des Probanden, eine Exzision der Blase und detaillierte histologische Ergebnisse. Ähnlich gut dokumentiert wurde ein 2. Fall einer nur gering hypnotisierbaren „nicht hysterischen“ Krankenschwester.

Interessant ist auch Schindlers (1927) Bericht über die Verwendung von hypnotischen Suggestionen zur Auslösung von Rezidiven bei Probanden mit spontan auftretenden „hysterischen“ Ekchymosen. Unter Verbandschutz und Beobachtung entwickelten sich solche subkutanen Blutungen, teilweise auch mit seröser Flüssigkeit gefüllte Blasen. Ähnliche Erfahrungen berichten später Agle et al. (1967).

Bei den hier referierten älteren kasuistischen Provokationsexperimenten fällt auf, daß Mißerfolge kaum genannt werden. Eine Ausnahme bildet eine Untersuchung von Wells (1944), bei der eine schlafwandelnde Psychologiestudentin im Jahre 1924 nach Auflegen einer Münze Suggestionen der Blasenbildung, einen Verbandschutz und eine Verlaufsbeobachtung erhielt. Zwar berichtete die Studentin von einer Blase nach 35 min, doch konnte Wells keine entsprechenden Hautveränderungen nach Ablauf von 3 h feststellen. Effekte wären bei dieser Studie kaum interpretierbar gewesen, da der Versuchsleiter zur Intensivierung der Vorstellung die Hautstelle mit einer kleinen flachen Feile gerieben hatte. Eine Feile als mögliche Ursache für artefizielle Hautläsionen spielt leider auch beim ungewöhnlich detailliert beschriebenen Fall von Ullmann (1947) eine Rolle. Wie bei einer ganzen Reihe anderer Probanden wurde hier die Hypnose mit der individuellen *Lerngeschichte* eng verknüpft.

Moody (1948) berichtet über Hautreaktionen – in diesem Falle Striemen – bei der *Thematisierung* einer zuvor extrem *aversiven Situation*. Er suggerierte darüber hinaus ohne vorangegangene Hypnoseinduktion frühere Situationen, in denen die Klientin verletzt worden war. Bis zu 30mal kam es bei wiederholter Vorstellung zu Schwellungen, Hämatomen und Blutungen, die topographisch jenen der vorangegangenen Verletzungen entsprachen. Neben einer hohen Suggestibilität der Probanden sprechen einige der oben genannten Untersuchungen für die Rolle von Konditionierungsfaktoren als notwendige oder wünschenswerte Bedingung für eine effiziente Provokation von Hauterscheinungen durch Suggestion.

Dies wird unterstrichen durch die Arbeit von Vasiliev (1965): Der Versuch eines durch die Vorstellung eines Senfpflasters ausgelösten Erythems war erst erfolgreich, als der Probandin einmal ein solches appliziert worden war. Für die Rolle individueller lerngeschichtlicher Faktoren spricht auch der Bericht von Bellis (1966) über ein unabsichtlich durch hypnotische Suggestion ausgelöstes Erythem, das einem erlittenen Sonnenbrand ähnelte.

Interessanterweise wurden in der 2. Hälfte des Jahrhunderts die frühen Berichte zur Blasenprovokation nur selten erfolgreich repliziert (z.B. Weatherhead 1952; Barber 1984). Beispielsweise fanden Johnson u. Barber (1976) in keinem von 40 Fällen Blasen, jedoch bei 2 Probanden entzündliche Hautreaktionen mit Zusammenhang zur jeweiligen *Lerngeschichte*.

Zu den eher ernüchternden neueren Untersuchungen hinsichtlich einer suggestiven Auslösung von Hautläsionen gehört auch die Arbeit von Spanos et al. (1982). Sie wählten als Probanden 60 Studenten, darunter 20 Frauen. Selektionskriterium war eine in den letzten 6 Monaten erlittene umschriebene Verbrennung, in deren Folge keine sichtbaren Gewebsveränderungen dort bzw. im kontralateralen Bezirk oder deren Nachbarschaft zurückgeblieben waren. In der HGSHS-A[2] erreichten 17 Probanden hohe (9–12), 30 Probanden mittlere und 13 Probanden niedere Werte (0–4 Punkte). Nach einer 80minütigen Ruhephase und einer 12minütigen Hypnoseinduktion (Tonband) folgten 5 min Fremdsuggestion (Altersregression) und je 8 min Fremd- und Autosuggestion (Verbrennung). Die Intensität der Altersregression und der Verbrennungsvorstellung sowie die Hypnosetiefe wurden von den Probanden postexperimentell eingeschätzt. Obwohl 17 Probanden von einer lebhaften Vorstellung der Verbrennung berichteten, trat bei keinem eine Veränderung der Hautfarbe oder eine Blasenbildung auf. Nur ein Proband zeigte an der Verbrennungsstelle einen Anstieg der Hauttemperatur. Der Proband erreichte in der HGSHS-A nur 8 Punkte und berichtete lediglich von einer geringen Hypnosetiefe.

Wie Barber (1984) betont, liegen mindestens 50 gut dokumentierte Fälle von Blutungen und Wundmalen im Zusammenhang mit Vorstellungen des christlichen Kreuzweges sowie kaum durch Artefakte erklärbare Kasuistiken vor (z.B. Early u. Lifschutz 1974). Ähnliche Befunde liegen für Ergebnisse bei „ödipalen Blutungen" (Needles 1943) und antizipierten familiären Kontakten vor (Lifschutz 1957).

Suggerierte Herpesmanifestation

Psychoneuroimmunologisch interessant (vgl. Miltner 1986b) ist die hypnotische Auslösung von Herpes labialis.[3] Heilig u. Hoff (1928) suggerierten unter Hypnose die Bildung von „Fieberbläschen“ bei 3 Trägerinnen von Herpes-simplex-Viren. Es handelte sich um eine 60jährige Probandin mit zwangsneurotischen Symptomen, eine „reizbare Psychopathin“ (38 Jahre) und eine depressive Zwangsneurotikerin (48 Jahre). Anamnestisch berichtete nur eine Probandin über das Auftreten von Herpesbläschen nach psychischer Belastung. Es wurden zunächst extrem aversive frühere Erfahrungen bis zum Auftreten starker Erregung verbal vorgegeben, dann strich der Versuchsleiter über die Unterlippe und suggerierte ein „juckendes Gefühl, wie es häufig zu Beginn der Herpesentstehung auftrete“. Lediglich in Verbindung mit der Suggestion erregender Situationen – nicht bei alleiniger direkter Suggestion von Herpesbläschen – kam es bei den 3 Probandinnen zur Ausbildung. Von ihnen wiesen zwei Herpesbläschen 48 h nach dem Experiment auf. Die 3. Probandin zeigte dieses Symptom nach einem nicht genannten Zeitintervall am linken Mundwinkel und am Filtrum.

Leider fehlen hier ebenso wie bei erfolgreichen Replikationen (Hull 1933; Ullmann 1947) Erregernachweise. Eine Ausnahme bildet hier der Bericht von Kleinsorge (1986). Ergänzend ist anzufügen, daß nicht nur der Herpes labialis (Herpes simplex), sondern auch die auf Herpes-zoster-Viren zurückgehende Gürtelrose (Herpes zoster) hypnotisch reaktivierbar bzw. unterdrückbar erscheint (Miller 1979).

Provokation allergischer Hautveränderungen

Diehl u. Heinichen (1931) wählten aufgrund einfacher Quantifizierbarkeit die intrakutane Allergenapplikation als Paradigma zur Prüfung der psychischen Beeinflußbarkeit allergischer Reaktionen. Abhängige Variable war der Durchmesser der Quaddel auf der Bauchhaut nach Suggestion einer Erhöhung bzw. Erniedrigung der Reaktion im Vergleich zum „wachen“ Vorversuch. Es wurden 6 Hypnoseexperimente bei 3 Probanden mit jeweils 3–4 Quaddelpaaren durchgeführt. Bei den Probanden handelte es sich um 2 Asthmatiker und einen klinisch Gesunden mit starker *Askaridenextraktreaktion.* Zum Rationale des Vorgehens betonen die Autoren: „Um möglichst sicher die zu erwartenden Beeinflussungen zu erhalten, wählten wir die stärkste zur Verfügung stehende, die Suggestion in tiefer Hypnose. Als Schlüsselvorstellung benutzten wir das mit der Quaddelentwicklung verbundene Brennen und Jucken“ (Diehl u. Heinichen 1931, S. 1008). Die Ausprägung des roten Hofes der Quaddel schien zur quantitativen Auswertung ungeeignet und verhielt sich zur Quaddelausdehnung in etwa proportional. Die Autoren bevorzugten daher den Quaddeldurchmesser, geben hierbei eine Fehlerbreite von 15% an und werten darüber hinausgehende Veränderungen des Quaddeldurchmessers als Folgen der hypnotisch-suggestiven Beeinflussung. Zusammenfassend sehen sie die Ergebnisse im Sinne einer Modulation der urtikariellen Reaktion (28–81% des Durchmessers) und betonen, daß allergische Reaktionen in keinem Fall völlig unterdrückt wurden.

Replikationen dieser Untersuchung stammen von Kaneko u. Takaishi (1963) sowie Dennis u. Philippus (1965). Interessant ist bei letzterer, daß Hypnose erst in Kombination mit lokalen Kälte- und Unterdrückungssuggestionen zur überzufälligen ($p < 0{,}001$) Reduktion der Ausdehnung von Quaddel-, Erythem- und Exanthemreaktionen führte.

Wittkower (1936) betont ohne Quellennachweis, doch ähnlich wie Diehl u. Heinichen, es sei „experimentell feststellbar" (S. 31), daß Allergien der Haut sich *weder suggestiv erzeugen noch beseitigen* ließen, sondern lediglich ihr Ausmaß durch Suggestionen modifiziert werden könne. Im Widerspruch dazu steht u.a. die häufig zitierte Studie von Ikemi u. Nakagawa (1962), in der das Auftreten bzw. Ausbleiben allergischer Hautreaktionen im wesentlichen eine Funktion derjeweiligen Suggestion, nicht der tatsächlichen Allergenexposition war.

In die Reihe der anspruchsvolleren Gruppenstudien ist auch ein Experiment von Black (1963a) einzureihen, der eine intraindividuelle Kontrollbedingung (Halbseitenversuch) wählte: Die Auswahl der 12 Probanden erfolgte aufgrund hoher bzw. mittlerer Suggestibilität, früherer sog. „psychosomatischer" Erkrankungen und früherer Hypnoseerfahrungen. Bei einigen Probanden waren Allergien bekannt. Neben einigen Einzelfalluntersuchungen wurde folgender Versuch durchgeführt: Am ipsilateralen Arm wurde zunächst eine allergische Hautreaktion vom Soforttyp ausgelöst. Danach wurde unter Hypnose 5 min lang das Ausbleiben der Reaktion nach einer erneuten Allergenexposition suggeriert. Im Anschluß daran wurde das Allergen am kontralateralen Arm injiziert. Am kontralateralen Arm verglichen mit der vorangegangenen allergischen Reaktion an der gegenüberliegenden Seite zeigten 8 der 12 Probanden eine Verringerung des Erythems, der Hautdicke und der Temperaturdifferenz zwischen Injektionsort (Ellbeuge) und einem distalen Referenzpunkt am Unterarm.

Von beträchtlichem therapeutischen Interesse ist auch ein weiterer Versuch von Black (1963b), bei dem die Modifikation der Prausnitz-Küstner-Reaktion durch direkte Suggestionen unter Hypnose gelang. Die Prausnitz-Küstner-Reaktion umfaßt die Erzeugung lokaler Hypersensitivität bei einem Probanden ohne anamnestisch bekannte Allergien durch die intrakutane Injektion des Serums einer allergischen Probandin. Ein Vorteil gegenüber der oben genannten Auslösung einer anderen Sofortreaktion besteht darin (Black u. Friedman 1965), daß – zwar unwahrscheinliche, doch als Alternativerklärung z.B. für die Befunde von Black (1963a) dennoch mögliche – Hyposensibilisierungseffekte ausgeschlossen und intraindividuell reproduzierbare experimentelle Bedingungen geschaffen werden.

Es wurden hierbei 14 Probanden aufgrund fehlender allergischer Reaktionen gegenüber Pferdeserum und der Fähigkeit zu hypnotischer Trance ausgewählt. In der 1. Phase des Experiments wurde durch Punktion der Haut menschliches Serum appliziert. Dieses enthielt als Vorbereitung zur späteren experimentellen Antigenapplikation in ansteigenden Konzentrationen Pferdeserumantikörper. Die erzeugten Hauterscheinungen wurden registriert. Bezogen auf intraindividuelle Kontrollbedingungen (Wachzustand) war – mit Ausnahme einer Verdünnungsstufe des Pferdeserums – die Prausnitz-Küstner-Reaktion bei direkter Unterdrückungssuggestion in Hypnose über die 14 Probanden hinweg signifikant bzw. hochsignifikant vermindert. Die Befunde zur Sofortreaktion konnten Black et al. (1963) bei Reaktionen vom Spättyp (Tuberkulin: Mantoux-Reaktion) – wiederum an mittel- bis hochsuggestiblen Probanden ($n = 4$) – replizieren.

Bis auf eine Arbeit (Black et al. 1963) zeigen die oben genannten Befunde die Bedeutung der Faktoren Suggestibilität bzw. zum Injektionszeitpunkt noch bestehender oder *„tiefer Trance"* (Black u. Friedman 1965; Black 1963a, b). Replikationen der Blackschen Studien blieben bis heute selten, sind aber erfolgversprechend (Fry et al. 1964; Bongartz 1988).

Studien zur Veränderung der elektrodermalen Aktivität (EDA) unter Hypnose hinken dem Erkenntnisstand zu diesbezüglichen psychophysiologischen Parametern (vgl. Schandry 1981) deutlich hinterher. Erniedrigungen der Amplitude der *„galvanic skin response"* in als anästhetisch suggerierten Hautarealen berichten West et al. (1952). Pessin et al. (1968) fanden eine hypnotisch induzierte Reduktion von *Spontanfluktuationen*.

Modifikation der Hauttemperatur und Vasomotorik

Wie bei der Provokation von Blasen liefern auch hinsichtlich dieser Parameter die frühen Studien spektakulär-unkontrollierte Ergebnisse mit ausgewählten Probanden: Zum Beispiel suggerierte Hadfield (1920) einer hypnoseerfahrenen Probandin mit einer palmaren Hauttemperatur von 35,0 °C ohne vorangegangene Hypnoseinduktion eine Abkühlung der rechten Hand (30 min) und eine anschließende Wiedererwärmung (20 min). Die Temperatur der rechten Hand sank im Vergleich zur anderen Seite auf 20,0 °C ab und stieg nach umgekehrter Suggestion auf 34,4 °C an.

Die 2. Serie von Befunden zur Modifikation von Temperatur und Vasomotorik der Haut stand im Zusammenhang mit der Theorie der spezifischen Einstellungen. So fanden Graham et al. (1958) nach Hypnoseinduktion bei gesunden Probanden eine signifikante Abnahme der Hauttemperatur nach Suggestion einer Minderdurchblutung und eine signifikante Zunahme nach Suggestion eines nesselfieberartigen Zustandes (vgl. Grace u. Graham 1952). Replikationsversuche lieferten aber äußerst widersprüchliche Ergebnisse (z. B. Peters u. Stern 1971).

Während zusammenfassend Belege hinsichtlich der Hypothese der *Oraltemperatur* als Hypnoseindikator nicht ausreichend bestätigt sind, gilt dies nicht für die anfangs geschilderten Kasuistiken deutlicher *Hauttemperaturänderungen* durch Hypnose bzw. Suggestion. Dies unterstreichen die methodisch anspruchsvollen Einzelfallstudien von Maslach et al. (1972).

Interventionen bei Durchblutungsstörungen erhalten auch ein therapeutisches Rationale durch eine sorgfältige Gruppenstudie bei Gesunden (Crosson 1980), bei der die Temperaturdifferenz zwischen Hand und Stirn die abhängige Variable darstellte. In einem faktoriellen Design wurden folgende Bedingungen verglichen (jeweils n=9 Studentinnen): 1) Hauttemperaturfeedback, 2) Suggestion/Imagery, 3) deren Kombination und 4) eine False-Feedback-Entspannungsgruppe. Kontrolliert wurden die Faktoren Suggestibilität (HGSHS-A) und Baseline-Temperatur-Differenzen. Nur Probandinnen der Gruppen (1) und (3) zeigten nach 4 Sitzungen eine erlernte Temperaturkontrolle, der Unterschied zur Kontrollgruppe (4) war lediglich für erstere statistisch bedeutsam. Weder die Suggestibilität noch Temperaturveränderungen während der Hypnoseinduktion waren signifikante Prädiktoren für den Lernerfolg.

Hypnotherapie dermatologischer Störungen

Suggestivtherapie bei Warzen (Verrucae) wird von vielen Dermatologen als erfolgreich betrachtet (Stankler 1967). Bereits Hellier (1909; zit. nach Schultz [6]1979, S. 45) und Jarisch (1908; zit. nach Schultz [6]1979, S. 48) führten Erfolge dermatologischer Maßnahmen nicht zuletzt auf suggestive Momente zurück. Braun-Falco et al. (1984)

empfehlen verschiedene Placebos bei Kindern mit Verrucae vulgares (Stechwarzen) oder Verrucae planae (flache Warzen). Zwar ist Bowers der Meinung, daß Warzen die am häufigsten mit Hypnose behandelte Hautkrankheit darstellen, andererseits wurden bei dieser Störung weit häufiger Suggestionen ohne vorangegangene Hypnoseinduktion verwendet. Suggestivbehandlung durch Laien (vgl. Gertler u. Mattig 1986) dürfte noch heute verbreiteter sein als jene durch Psychologen oder Ärzte. Bloch (1927a, b) berichtet von solcher Laienbehandlung und Schultz betont, ähnlich wie Whitlock (1976), daß es „kein Geheimnis“ sei, „daß die bekannten ‚alten Weiber‘ auf dem Lande Warzen besprechen können“ (S. 48). Die Praktiken waren bizarr und nicht selten ekelerregend (Ullmann 1959), und Gertler u. Mattig (1986) betonen, daß selbst heute häufig mit ausdrücklicher Empfehlung des Arztes Warzenkranke den Weg „zum Besprecher“ (S. 144) finden. Sie subsumieren verschiedene Praktiken als primitives *Übertragungsdenken* (S. 145). Übertragungsvehikel sind z. B. Wasser, Fäden, Weidenrinde, Schnecken (Wuttke 1900), verschiedene Pflanzen kombiniert mit entsprechenden Sprüchen sowie „vor allem aber Kontakt mit einem Leichnam bzw. Glockengeläut zum Begräbnis“ (Gertler u. Mattig 1986, S. 145). Die folgenden Abschnitte berücksichtigen weniger die kaum dokumentierte Laien-, sondern die psychologische und ärztliche Suggestionsbehandlung.

Warzen

Zu den frühen Berichten gehört das „Wegsprechen“ einer sehr großen therapieresistenten Warze am Daumen eines Mannes durch eine alte Frau in 9 Tagen (Delboeuf 1896). Bonjour (1929) betonte, daß Warzen suggestiv *provozierbar,* bestehende Warzen suggestiv zu beeinflussen und Suggestionsbehandlungen selbst bei Patienten mit Widerständen erfolgreich seien. Er verband beispielsweise den Patienten die Augen, zeichnete den Umriß der Hand auf ein Papier auf, berührte die Warzen und suggerierte deren Remission. Teil der Suggestion war auch die Vorstellung, man sei sich der Warzen nicht mehr bewußt. Die durchschnittliche Remissionsdauer lag zwischen 10 Tagen und 4–5 Wochen. Angeblich konnte Bonjour bei der Hälfte seiner Patienten durch lediglich eine Sitzung Heilung erreichen (Baudouin [2]1925). Bonjour berichtete auch von einer „Briefheilung“ in 30 Tagen durch schriftliche Anweisung zur oben genannten Prozedur. Erfolge ohne persönlichen Kontakt werden auch in der Laienbehandlung berichtet.

Auch Injektionen von Kochsalzlösung können nach Grumach (1927) erfolgreich sein, wobei interessanterweise Grumach selbst weit größere Erfolge als seine Urlaubsvertretung erzielte. Bloch berichtet im selben Jahr von der Behandlung von 228 Patienten, denen mit apparativer Unterstützung und ohne Hypnoseinduktion ein Verschwinden der Warzen ein oder mehrere Male suggeriert wurde. Als „kontrollierte“ Fälle (n=179) wurden jene bezeichnet, von denen persönliche oder schriftliche Informationen nach Behandlungsende vorlagen. Etwa 54,7% dieser Fälle verloren ihre Warzen, juvenile flache Warzen sprachen mit 88% wesentlich besser an als Stechwarzen (44%). Nach einer Sitzung verschwanden 60% der ersteren. Bloch unterstreicht diese Effekte durch minutiöse Darstellung einzelner Kasuistiken und tabellarisch-detaillierte Angaben zur – meist langen – Erkrankungsdauer und zur hohen Zahl erfolgloser Vorbehandlungen. Vergleicht man dies mit der schnellen Remission nach Suggestionen, „ist man logischerweise gezwungen, einen kausalen Zusammenhang zwischen der Heilbehandlung in diesem Falle der Suggestion –

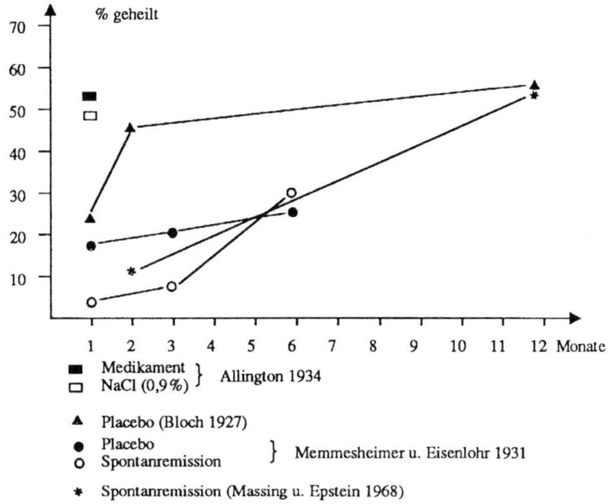

Abb. 17.1. Einige Daten zur Placebowirkung und zur Spontanremission an Warzen

und der Wirkung, dem Verschwinden der Warzen anzunehmen" (Bloch 1927b; S. 2322). Aufgrund weiterer – auch quantitativer Befunde – sieht Bloch Hinweise für ein besseres Ansprechen von Kindern, bei einer kleineren bzw. mittleren Zahl bestehender Warzen, bei einer hohen Suggestibilität des Patienten sowie einer hohen „Suggestionskraft des Arztes" (S. 2322). Effekte durch Geschlecht und Bildungsniveau ergaben sich nicht (Abb. 17.1).

Zur Frage der Wirkungsweise von Hypnose bei Warzen sind Beobachtungen von Obermeyer u. Greenson (1949) interessant. Ihre Patientin war mit „leichter Hypnose" erfolgreich behandelt worden. Sie wies therapieresistente Warzen an Kopfhaut, Gesicht und Nacken auf und erhielt Suggestionen der Kälte und Symptomsubstitution: Die Vorstellung von Kältekompressen im Gesicht wurde von der Sensation des Kitzelns und Juckens gefolgt, später wurden die beiden Empfindungen auf die dort befindlichen Warzen übertragen, diese fielen ab, das Gesicht blieb angeblich subjektiv „kühl".

Hartnäckig einer Behandlung getrotzt hatten auch die Neubildungen von Warzen bei 33 Patienten in der vielzitierten Arbeit von Asher (1956). Asher schätzt, daß bei 17 Probanden eine tiefe, bei 8 eine leichte bzw. bei weiteren 8 keinerlei Trance bestand. Aus der erstgenannten Gruppe wurden 11 Klienten erscheinungsfrei, 4 verbesserten sich und bei 2 Klienten blieben alle Warzen bestehen. Von der leichtsuggestiblen Gruppe wurden hingegen nur 3 Klienten, von der 3. Gruppe keiner erscheinungsfrei, sog. „Besserungen" fehlten hier.

Für die Wichtigkeit der *Trancetiefe* sprechen auch andere, recht gut dokumentierte Gruppenstudien (Sinclair-Gieben u. Chalmers 1959; Ullmann u. Dudek 1959; Tenzel u. Taylor 1969; Hellier 1951, Clarke 1965; Stankler 1967; Surman et al. 1973). Die Ergebnisse von Asher (1956) sind der Tabelle 17.1 zu entnehmen.

Einen ideographisch orientierten Kontrapunkt zu den oben genannten Gruppenstudien stellt eine Arbeit von French (1973) dar. Sie weist Parallelen zur psychodynamischen Studie von Mc Dowell (1949) auf, läßt aber darüber hinaus auch den Verhaltenstherapeuten aufhorchen: Geschildert werden 2 Hypnosesitzungen mit einer

29jährigen Patientin mit therapieresistenten Condyloma accuminata (gutartige Feigwarze) im Genitalbereich. Nach der Herausarbeitung einer ambivalenten Haltung bezüglich der Fortsetzung eines Intimkontaktes wurde suggeriert, daß andere Strategien als eine Warzenbildung zur Lösung des Konflikts existierten. Nach 2 Tagen gingen die Warzen merklich – über die folgenden Wochen hinweg schließlich völlig – zurück. Ewin (1974) ging mit *problemorientierten* und durch Suggestionen angereicherten Gesprächen bei solchen Feigwarzenträgern einen ähnlichen Weg. So sollten anhaltende lokale Wärmesuggestionen bis zur Erscheinungsfreiheit die Abwehrlage gegen die zugrundeliegende Infektion im betroffenen Bereich verbessern. Nur bei einer Patientin wurden die Suggestionen unter Hypnose gegeben. Dienten die Warzen einem Zweck – etwa der Vermeidung eines als ambivalent empfundenen außerehelichen Geschlechtsverkehrs – so wurden Suggestionen zum Aufbau besserer Problemlösestrategien gegeben. Alle 4 Patientinnen wurden erscheinungsfrei, 2 davon in weniger als einem Monat. Eine fotografische Dokumentation des Rückgangs der Kondylome am Penis findet sich anhand von 3 Fällen bei Crasilneck u. Hall ([2]1985, S. 372).

Stärker symptomorientiert arbeitet Frankel (1975) bei Condyloma accuminata. Zur Illustration nennt er den Fall einer therapieresistenten Patientin, die sofort auf Suggestionen ansprach: ihre Vulva und deren Umgebung erschienen normal. Diese Reihe von angeblichen Erfolgen wird von Clawson u. Swade (1975) fortgesetzt. Sie berichten von einer 18jährigen Frau mit therapieresistenten Warzen am gesamten Körper. Unter Hypnose wurde ihr suggeriert, daß „das Unterbewußtsein die Blutzufuhr jeder einzelnen Warze stoppen könne." Nach 2monatiger Behandlung und im 3 1/2jährigen Follow-up war sie erscheinungsfrei.

Tabelle 17.1. Behandlungserfolg von Hypnose bei Warzen. Einige ausgewählte Kontrollgruppenuntersuchungen. n = Anzahl der Patienten, Angaben des Heilungserfolgs in % der Patienten, die alle Warzen verloren. Die Kontrollgruppe erhielt in dem gleichen Zeitraum keine Behandlung (Spätremission). Die Behandlungsgruppe wurde in den letzten 4 Untersuchungen nach der Tiefe der erreichten Trance unterteilt (L: leicht; M/T: mittel oder tief). *: Als Kontrolle wurde unilateral suggeriert: 9/10 unilteral geheilt, 1/10 bilateral

	n	Sitzungen	Erfolgsquote Kontroll-gruppe	Trancetiefe L [%]	Trancetiefe M/T [%]	Insgesamt [%]
Kontrollgruppenexperimente						
Tenzel u. Taylor 1969	20	1	40			40
Surman et al. (1973)	24	5	0			53
Johnson u. Barber (1978)	22	1	0			28
Suggestibilitätsunterschied						
Asher(1956)	33	4–20	0	50	65	
Sinclair-Gieben u. Chalmers (1959)	10	5–12	*	0	90	
Ullmann u. Dudek (1959)	62	4		4	53	
Chandrasena (1982)	32	–		16	80	

Zum bereits angedeuteten möglichen „Sinn von Warzen" ist eine interessante Behandlung von Sheehan (1978) zu ergänzen: Es handelte sich um ein 14jähriges Mädchen mit etwa 50 äußerst therapieresistenten Warzen an Händen und Füßen. Zur Suggestibilität erwähnt Sheenan, daß Parästhesien an den Extremitäten deutlich, Armlevitation hingegen kaum auslösbar waren. Nach 3 Hypnosesitzungen, welche sensorische Suggestionen zur Erleichterung von Remissionen beinhalteten und mit täglicher Selbsthypnose über 6 Wochen hinweg kombiniert wurden, *vermehrte* sich die Zahl der Warzen. Dazu erklärte die Klientin, daß die Warzen bleiben müßten, sonst würde ihr schwerkranker Großvater sterben. Daraufhin wurde unter Hypnose suggeriert, die Warzen verschwänden, nachdem sich der Zustand des Großvaters entweder stabilisiert habe oder dieser verstorben sei. Etwa 3 Wochen später starb der Mann und weitere 3 Wochen später waren keine Warzen mehr sichtbar. Sheenan betont, daß die Warzen zum ersten Mal nach einer Verbrennung durch die Zigarette des Großvaters aufgetreten und vor 5 Jahren nach einer Verbrennung aus demselben Grund rezidiviert waren. Anzufügen bleibt, daß thermische Stimulation sowie Hautläsionen als Wegbereiter von Warzeninfektionen gesichert sind (vgl. Gertler u. Mattig 1986). Weniger spektakulär ist der 2. Fall Sheehans, bei dem direkte Remissionsvorstellungen erfolgreich waren.

Es existiert ein Berg unkontrollierter Einzelfallberichte zu Suggestionen bei Warzen. Die wenigen vorliegenden Gruppenstudien (s. Tab. 17.1) lassen aufgrund verschiedener Schwachpunkte keine gesicherten Aussagen zur Wirksamkeit zu (fehlende Kontrollgruppen; niedrige Fallzahlen; unzureichende Parallelisierung; kurze Katamnesen). Die mögliche grobe Abschätzung des Effektes durch Vergleich mit Spontanremissionsraten aus der Literatur ist aufgrund der fraglichen Vergleichbarkeit ebenfalls problematisch.

Herpes

Sogenannte Fieberbläschen an den Lippen sind jedem bekannt (Herpes labialis). Auslöser ist das Herpes-simplex-Virus und etwa ein Drittel der US-Bevölkerung werden als latente Herpes-simplex-Träger eingestuft (Bader et al. 1978). Zur Rolle von Stressoren ist neben den bereits genannten Provokationsexperimenten anzumerken, daß tierexperimentell die Anfälligkeit gegen das Herpes-simplex-Virus durch verschiedene Stressoren erhöht werden kann (Rasmussen et al. 1957), und es liegen eine Reihe anderer Hinweise auf die Rezidivauslösung bzw. -verminderung durch psychische Faktoren vor (z.B. Jemmott u. Locke 1984).

Angesichts der Streßabhängigkeit ist es nicht überraschend, wenn verschiedentlich eine Rezidivverminderung durch Hypnotherapie bei Herpes-simplex-Trägern berichtet wurde (Arone-di-Bertolino 1981; Gould u. Tissler 1984; Elitzur u. Brenner 1986; Surman u. Crumpacker 1987).

Praktisch relevant ist dabei die Erfahrung von Cheek (1974; zit. nach Crasilneck u. Hall [2]1985, S. 378), der bei Herpes labialis v.a. Erfolge nach Suggestionen von Kälte und Taubheit mit 24stündiger Anästhesievorstellung berichtet. Genitale Herpeserkrankungen sprächen darauf weniger an. Akute Exazerbationen der letzteren dienen nach Crasilneck u. Hall ([2]1985) oft der Vermeidung von Sexualkontakt, womit sich eine Parallele zu den schon beschriebenen Fällen von Condyloma accuminata ergibt. Bei Herpes-zoster-Erkrankung scheinen konkrete analgetische Suggestionen fruchtbar zu sein (Crasilneck u. Hall [2]1985).

Urtikaria

Obwohl die sog. Nesselsucht[4] (Urtikaria) aufgrund ihrer ätiologischen Heterogenität (vgl. Braun-Falco et al. 1984), ihrer schnellen Provozierbarkeit und Objektivierbarkeit zu psychodermatologischer Arbeit einlädt, liegen im Gegensatz zu tiefenpsychologischen Arbeiten (z.B. Obermayer 1955) nur wenige verhaltensorientierte (vgl. Miltner 1986b) oder hypnotherapeutische Studien vor. Zu letzteren gehört die Kasuistik von Borelli (1953), der einen 27jährigen Patienten, der bisher erfolglos u.a. psychotherapeutisch vorbehandelt worden war, mit seit 5 Jahren bestehender Urtikaria sah. Die Erstmanifestation fiel mit dem ersten Intimkontakt mit der Ehefrau zusammen, ein Sistieren mit dem Zeitraum der reisebedingten Trennung von ihr. Bei der Thematisierung der sehr störenden Ejaculatio praecox „machte der Klient einen hochgradig beunruhigten und beklemmten Eindruck. Zugleich mit dem Bekenntnis erfolgte ein exzessiver Quaddelschub, der einige Stunden anhielt. Nach der Versicherung (Suggestion), die Ejaculatio praecox erfolgreich behandeln zu können, trat eine ‚zunehmende Beruhigung', nach Beseitigung der Ejakulationsstörung ein dauerhaftes Sistieren der Urtikaria ein" (Katamnesezeitraum ungenannt).

Zu den wenigen psychodermatologischen Gruppenstudien bei Urtikaria gehört jene von Kaneko u. Takaishi (1963). Hier wurden 27 Patienten in 1–8 Sitzungen unter Hypnose direkte Remissionssuggestionen vorgegeben. Sie litten zwischen einem Monat und 20 Jahren unter Urtikaria und 22 von ihnen waren tief, 4 leicht bzw. wenig und ein Fall nicht hypnotisierbar. Völlige Remissionen zeigten sich bei 5, fast vollständige Abheilungen bei 9, Verbesserungen bei 8 und keine Veränderungen bei 5 Fällen. In 2- bis 7monatigen Katamnesen blieben die Effekte der erstgenannten Gruppe stabil, Effekte bei den anderen Klienten werden nur ungenau wiedergegeben. Entspannungssuggestionen waren im Vergleich zu Remissionsvorstellungen weniger wirksam. Tief hypnotisierbare Klienten zeigten größere Effekte.

Genauer als bei dieser Gruppenstudie wurden im folgenden Einzelfall Provokationsfaktoren der Urtikaria beschrieben: Nach dem Genuß von Eiern und Schokolade sowie nach dem Spielen mit Tieren bzw. dem Gang durch ein Weizenfeld entwickelte sich bei einem 11jährigen Jungen eine schwere Urtikaria (Erickson et al. 1961). Nachdem ihm unter Hypnose suggeriert wurde, er könne dies ohne nachfolgende Reaktionen tun, aß er ohne Folgen einen Riegel Schokolade. Nach 9 Monaten wurde dem Jungen ein Wiederauftreten der Urtikaria 15 min nach dem Genuß von Schokolade suggeriert. Nach diesem Zeitintervall bildete sich eine generalisierte Nesselsucht aus. Anschließend wurde eine nach 15 min einsetzende Remission an einer bestimmten Stelle suggeriert. Wie vorhergesagt trat diese nach 15 min ein.

Dermatitis und Ekzeme

Wie bei der Urtikaria ist auch hier eine wünschenswerte präzise nosologische Zuordnung vorliegender Befunde zur Hypnose nicht möglich. Daher werden hier Befunde zu Hypnose bei Juckreiz und Ekzemen zusammengefaßt.

Juckreiz (Pruritus) ist ein therapeutisch schwer beeinflußbares Problem bei verschiedenen Dermatosen und, verglichen mit Schmerz, bislang kaum quantifizierbar

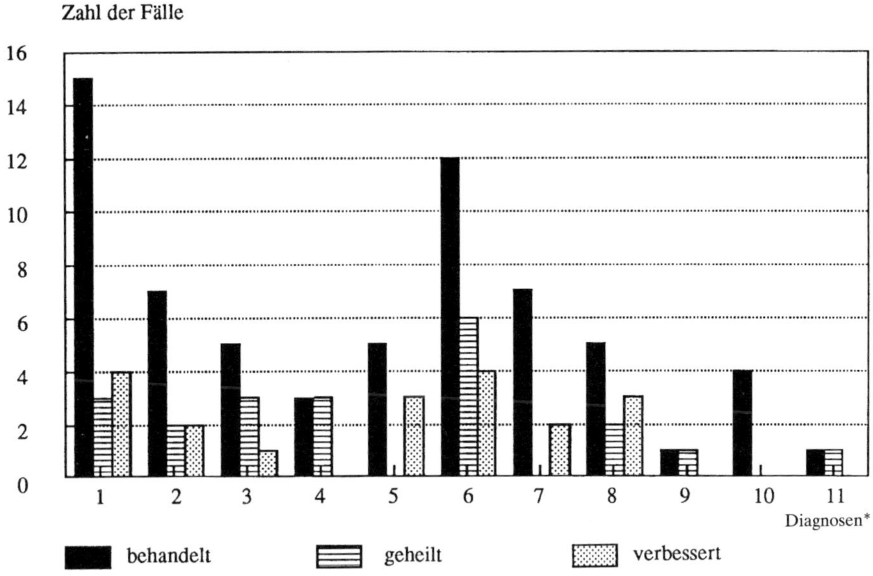

Abb. 17.2. Erfolge der hypnotischen Heilbehandlung verschiedener Dermatosen (durchschnittliche Erkrankungsdauer: 9 Monate, durchschnittliche Behandlungsdauer: 3 Monate). – * 1 = atopisches Ekzem; 2 = „discoid eczema"; 3 = Variköses-/Kontakt-Ekzem; 4 = Generalisierter Pruritus; 5 = Anogenitaler Pruritus; 6 = „Neurodermatitis"; 7 = Psoriasis; 8 = Pompholyx; 9 = Urticaria; 10 = Alopecia areata; 11 = Rosacea (Nach Gordon u. Cohen 1952)

(vgl. Scholz u. Luderschmidt 1989). Insbesondere theoretische Überlegungen zum Juckreiz der Anal- und Genitalregion gehören zu den Lieblingsthemen psychoanalytischen Arbeiten (Obermayer 1955). Stärker klinisch-therapeutisch gingen Hypnotherapeuten dieses Problem an (vgl. Kroger u. Freed 1951).

Bereits früh wurden die Provokation und der Wegfall von Juckreiz durch hypnotische Suggestion berichtet. Auch Sonneck (1951) rät zur hypnotischen Juckreizkontrolle. Einen besonderen Anwendungsbereich nennen Ament u. Milgram (1967): Sie berichten ein – nach jeder von 5 Hypnosesitzungen – deutliches Nachlassen des Juckreizes bei einem Klienten mit chronisch-myeloischer Leukämie. „Pruritus, Neurodermatitis" (AD) und andere „vegetative Gleichgewichtsstörungen" sowie Pruritus vulvae sind auch nach Schultz „hypnotischer Beeinflussung in dreierlei Richtung zugänglich, auch wenn klare allergische Auslösungen festgestellt sind" (1979, S. 58). Erstens wirke diese durch allgemeine psychophysische *Ruhigstellung,* zweitens durch *„Ausgleichssuggestionen"* (z.B. Kühle bei Hitzegefühl) und drittens durch *psychotherapeutische* Suggestionen. Zum erstgenannten Punkt liefert Moller (1951) Beispiele: Er verwendete bei verschiedenen, von Juckreiz begleiteten Dermatosen autogenes Training oder Yoga in der häufig von Kratzen begleiteten Einschlafphase. Hypnose hat seiner Erfahrung nach einen stärkeren Effekt, indem sie einen tiefen, kratzfreien und ruhigen Schlaf einleitet. Kombiniert wurde sie mit posthypnotischen Suggestionen der graduellen Juckreizabnahme und einer leichten Anästhesie betroffener Hautareale. Im Gegensatz zur Mehrzahl psychodermatologischer Arbeiten (vgl. Kaschel

1987) finden sich hier auch Angaben zur Erkrankungsdauer, der Begleitmedikation und dem Katamnesezeitraum.

Dagegen werden von Gordon u. Cohen (1952) in ihrer zahlenmäßig großen Behandlungsstudie nur stichwortartig Therapieinhalte und Ergebnisse mitgeteilt. Deren Qualität wird – wie bei Moller – zusätzlich durch nosologische Probleme, wie die hier vollzogene Trennung von Neurodermatitis und atopischem Ekzem (AD) gemindert. Während bei ersterer gute Erfolge berichtet werden, ist dies bei der zweiten diagnostischen Kategorie nicht der Fall (Abb. 17.2).

Dermatologische Variablen fehlen auch weitgehend in der Arbeit von Rosen (1953). Er behandelte eine 29jährige Hausfrau, die wegen eines therapieresistenten, seit 7 Monaten bestehenden Pruritus vulvae zur Hypnotherapie überwiesen worden war. In 17 Sitzungen innerhalb von 5 Wochen wurden „unter Hypnose" verschiedene Problembereiche thematisiert. Nach Behandlungsende wurde von der Klientin kein Juckreiz mehr angegeben. Die Häufigkeit des zuvor durch die oben genannten Symptome erfolgreich vermiedenen Geschlechtsverkehrs wird nicht genannt.

Wie bei einigen Fällen bei Moller spricht auch Asher (1956) ohne Beachtung großer pathogenetischer Differenzen zwischen einzelnen Störungsbildern schlicht von „Ekzem"patienten. Suggeriert wurde bei 3 Fällen in Hypnose u.a. Stärke, Robustheit, Vitalität und ein Fehlen von Hautirritationen. Weitere Inhalte zur Kratzkontrolle war der Wegfall von Kratzbedürfnissen und der Möglichkeit – v.a. unbemerkt – zu kratzen. Zusätzliche Vorgaben bezogen sich auf das Fehlen von Angst, Verlegenheit und einer Belastung durch den Hautzustand. Alle 3 Therapien werden als erfolgreich gewertet. Ein Kontrollgruppenexperiment von Zhukov (1961) unterstreicht die kasuistischen Erfolge von Hypnose bei Ekzemformen. Er behandelte 33 „Ekzempatienten" mit Klimatherapie (Kontrollgruppe, KG), 33 andere mit Klimatherapie und Hypnose (Experimentalgruppe; EG, 17 Sitzungen). Das nicht-nosologisch klassifizierte Ekzem bestand zwischen einigen Monaten und 25 Jahren. Erscheinungsfrei wurden 36% der EG und 16% der KG. Eine deutliche Verbesserung war bei 28% (EG) bzw. 9% (KG) feststellbar. Die Behandlungserfolge blieben über einen nichtgenannten Zeitraum hinweg stabil.

Ähnlich wie eingangs Moller, betont Motoda (1971) die Notwendigkeit zur Kratzkontrolle. Analog zu verhaltenstherapeutischen Strategien der Kratzreduktion, z.B. zur Gegenkonditionierung über Hypnose (vgl. Miltner 1986b), kann diese Effekte der Medikation verbessern (Motoda 1971).

Kleinsorge (1986) spricht relativ unkritisch vom „erstmaligen" Ausbruch einer „Neurodermitis" bei einer 19jährigen und betont gleichzeitig, daß diese als Kind unter Milchschorf litt (Frühform von AD). Das Rezidiv mit 19 Jahren sei im Zusammenhang mit einem beruflichen Konflikt, ein erneuter Ausbruch mit dem erstmaligen Besuch bei den Eltern im Zusammenhang gestanden (Gefühl der Ablehnung). Erneut sei die AD bis zur Behandlung anderthalb Jahre lang rezidiviert, nachdem die Schwiegermutter starb und die Aufnahme des Schwiegervaters ins Haus diskutiert wurde. Kleinsorge verwandte Ruhehypnosen bei diesem lichenifizierten, juckenden und am ganzen Körper in Form von Herden bestehenden Ekzem. In 20 Tagen wuchsen die teilweise abgekratzten Brauen nach, die Eosinophilie des peripheren Blutbildes bildete sich zurück. Zur Erhaltung des Erfolges waren Selbsthypnosen nötig. Nach einem Jahr rezidiverte die AD erneut am gesamten Körper, als der Schwiegervater doch aufgenommen werden mußte. Nach einer Woche Hypnotherapie war die Klientin angeblich wieder erscheinungsfrei. Berücksichtigt man aber den chronisch rezidivierenden Verlauf und das längerfristige Persistieren von Lichenifikationen bei AD, so erscheint dieser Fallbericht auch in dieser Hinsicht ebenso unkritisch wie ein anderer von LeCron (^{2}1987).

Psoriasis

Während traditionell der atopischen Dermatitis als einer der klassischen 7 psychosomatischen Störungen bei Alexander (vgl. Obermayer 1955) bereits früh psychodynamisches Interesse entgegengebracht wurde, liegen solche Arbeiten zur Schuppenflechte[5] (Psoriasis) seltener vor (vgl. Dunbar 1954; Obermayer 1955). Dies überrascht, da auch hier psychosomatische Zusammenhänge durch verschiedenartige Arbeiten nahegelegt werden (vgl. Dengrove 1976a; Stangier et al. 1988).

Für hypnotherapeutisch orientierte Autoren war die Psoriasis bereits früh von Interesse (z.B. Luthe u. Schultz 1969). So berichtet Kline (1959) von einer 45jährigen Psoriatikerin, die über 20 Jahre hinweg dermatologisch keine Verbesserung gezeigt hatte. In leichter Hypnose sollte sie sich folgende Empfindungen am ganzen Körper vorstellen: Wärme und Kälte, Leichtigkeit und Schwere, Konstruktion und Expansion. Anschließend sollte sie diese Sensationen auf die psoriatischen Plaques bezogen imaginieren. Posthypnotische Suggestionen betrafen eine tägliche Wiederholung dieses Ablaufes. Nach 3 Wochen begann die Remission, nach 7 Wochen waren 75%, nach 6 Monaten 100% abgeheilt.

Ähnlich wie beim Ekzem verglich Zhukov (1961) Klimatherapie (Kontrollgruppe, KG) mit der Kombination von Hypnose und Klimatherapie (Experimentalgruppe, EG) bei 144 Psoriatikern. In der EG zeigten 20% eine völlige Remission, in der KG waren es 4%. Deutliche Besserung trat bei 32% der EG und 17% der KG ein. Im Follow-up zeigten sich unklare weitere Verbesserungen beider Gruppen.

Frankel u. Misch (1973) berichten monatliche Hypnose-, tägliche Selbsthypnose- und wöchentliche psychotherapeutische Sitzungen bei einem 37jährigen sozial isolierten Lehrer. Suggestionen der Fremd-und Selbsthypnose bezogen sich auf Sonnenbäder und positive Vorstellungen dabei. Die Temperatur stieg während einer der Hypnosesitzungen von 85,4 auf 87,5° F an. Nach direkten hypnotischen Suggestionen in den ersten Sitzungen wurde herausgearbeitet, daß die Dermatose der Vermeidung aversiver Sozialkontakte diente. Nach etwa 8 Wochen trat eine erstmalige, nicht näher definierte deutliche Besserung des Hautzustandes ein.

Eine interessante Hypnosetechnik in Anlehnung an Goodman (1962) berichtet Dengrove (1976a) bei einem depressiven 41jährigen Psoriatiker. Hierbei wird die an den Fingerspitzen erzeugte Taubheit auf psoriatische Läsionen übertragen und Selbsthypnose geübt. Dieselbe Techik kombiniert mit Selbstsicherheitstraining wandte Dengrove (1976a) bei einer 26jährigen Psoriatikerin mit 10jähriger Krankheitsdauer und reaktiv-depressiver Verstimmung an. In beiden Fällen werden Erfolge berichtet.

Akne

Diese Talgdrüsenerkrankung ist für die Betroffenen in sozialer Hinsicht belastend und erhielt vor diesem Hintergrund von seiten der Verhaltensmedizin besonderes Interesse (Scholz u. Luderschmidt 1989).

Mögliche Interventionen reichen von verdeckter Konditionierung (vorgestellte Reduktion von Kratzen und Drücken) über direkte Remissionssuggestionen bis zu Biofeedback mit Visualisierung: Zum Beispiel schildert Hollander (1959) eine Abheilung der Akne bei einem Probanden nach der Suggestion, daß das Wort Kratzspur ein häßliches Aussehen symbolisiere. Die Manipulation der Kratzstelle sowie ein damit in Zusammenhang stehendes „Sich-zur-Schau-Stellen" fielen weg.

Bowers (1976) berichtet von einer 40jährigen Klientin mit seit 20 Jahren bestehender eitriger Schweißdrüsenentzündung, welche mehrere Dutzend offene schmerzhafte und berührungsempfindliche Stellen am ganzen Körper aufwies. Grundlage hierfür war eine ausgeprägte und bakteriell superinfizierte Akne. Die hochsuggestible Klientin glaubte an die Wirksamkeit der Hypnose und erhielt über 3 Monate hinweg Hypnosesitzungen. Dabei wurde suggeriert, sie schwimme durch sonnendurchflutetes schimmerndes Wasser bzw. werde durch dieses besprüht, was ihre Haut reinige. Sie wurde aufgefordert, ihre Haut bewußter wahrzunehmen und sich deren Glätte und Unversehrtheit auch zu Hause vorzustellen. Nach Behandlungsende und 2 Jahre danach wies die Klientin keine offenen Stellen mehr auf, sie zeigte nur mehr eine Tendenz zur Pustelbildung ohne Anzeichen von Infektion.

Eine kontrollierte Studie verglich eine dermatologische Standardtherapie (Kontrollgruppe KG 1) mit rational-emotiver Therapie (KG 2) und Verhaltenstherapie (EG; je n = 10; Hughes et al. 1981). In der Experimentalgruppe (EG) wurde ein biofeedbackgestütztes (EMG) reizkontrolliertes Entspannungstraining mit gelenkter Imagination (Hughes et al. 1981) kombiniert. Nach einer 4wöchigen Baselinephase erhielt diese Gruppe 4 einstündige EMG-Feedbacktermine und anschließend über 4 Wochen hinweg 8 einstündige Imaginationssitzungen. Außerdem wurden die Probanden aufgefordert, Entspannungs- und Vorstellungsübungen 2mal täglich zu Hause zu üben. Während nach Behandlungsende von unabhängigen Bewertern beurteilte Fotografien und EMG-Levels eine signifikante Überlegenheit der EG zeigten, unterschieden sich die 3 Gruppen am Ende einer 4wöchigen Katamnese nicht mehr. Bezüglich beider abhängiger Variablen hatte sich die EG verschlechtert, während beide KG leichte Verbesserungen aufwiesen. Jene Klienten der EG, welche das Heimtraining weiter durchführten, konnten ihre Effekte über den Follow-up-Zeitraum hinweg stabilisieren.

Keratosen

Zu den beeindruckendsten hypnodermatologischen Berichten gehört die Beeinflussung der jeweils seit Jahren bestehenden Fischschuppenkrankheit (Ichthyosis). Beispielsweise gab Mason (1952) direkte Remissionssuggestionen bei einem 16jährigen Jungen mit kongenitaler ichthyosiformer Erythrodermie, welcher lediglich an Gesicht, Nacken und Brust erscheinungsfrei war. Blut-, Urin- und familienanamnestische Befunde waren negativ, bisherige Behandlungen erfolglos. Hypnotische Suggestionen bezogen sich zunächst auf den linken, dann den rechten Arm, später auf die Beine und schließlich auf den Rumpf. Die zuvor vollständig betroffenen Handflächen heilten völlig ab. Die Finger blieben nahezu unverändert. Nach einer nicht berichteten Zeitspanne heilten 95% der zu 80% befallenen Arme, sowie 90% des leicht betroffenen Rückens ab. Beine, Oberschenkel und das Gesäß, welche schwer bzw. völlig ichthyosiform verändert waren, heilten zu 50, 70 und 60% ab. Die Frequenz von Schulbesuchen, Sozialkontakten und die Stimmung besserten bzw. erhöhten sich. Fotografisch dokumentiert sind weitere leichte Verbesserungen des Hautzustandes über einen Zeitraum von bis zu 4 Jahren nach Behandlungsende. Nach Follow-up-Ende wurden in Boostersitzungen direkt auf die Beine gerichtete Suggestionen gegeben, welche allerdings von keinerlei Hautveränderungen gefolgt wurden (Mason 1955a).

Schneck (1954b) berichtet von einem ähnlich schwer betroffenen 33jährigen Klienten, dessen gesamter Körper seit der Geburt eine Ichthyosis simplex aufwies. Er suchte eine psychiatrische Sprechstunde aufgrund seines Interesses und einer früheren Hypnoselektüre auf. Im Gegensatz zum Großteil psychodermatologischer Arbeiten zu jahreszeitlich beeinflußbaren Dermatosen (vgl. Kaschel 1987) berücksichtigt Schneck die regelmäßige winterliche Verschlechterung. Die Therapie (1–2 Sitzungen pro Woche) wurde zum Zeitpunkt jahreszeitlicher Besserung (Außentemperatur 70 °F) begonnen und zu einem Zeitpunkt beendet, bei dem normalerweise die Schuppung ihren Höhepunkt erreicht hatte (Außentemperatur 40 °F). Eine Sitzung umfaßte die Hypnoseinduktion via Augenfixationsmethode sowie die Lenkung der Aufmerksamkeit auf physiologische Prozesse (z.B. Unterschiede der Handtemperatur). Auftretende Wärmegefühle wurden als therapeutisch erwünscht interpretiert und schließlich wurden Suggestionen einer Gesamtverbesserung gegeben. Dem Klienten wurde erklärt, diese würden über das Unterbewußtsein und das Nervensystem die Haut beeinflussen. In weiteren Sitzungen wurden zur schnelleren Induktion und zur Vertiefung des hypnotischen Zustandes Zusatzinstruktionen gegeben, da der Klient erste dermatologische Verbesserungen mit der erreichten Hypnosetiefe in Verbindung gebracht hatte. Eine leichte Verbesserung der Ichthyosis nach der 2. Sitzung wurde als ein kombinierter Effekt von Hypnose und warmer Witterung interpretiert. Im weiteren Therapieverlauf wurde die Visualisierung der Hautverbesserung trotz kälterer Witterung geübt. Als der Klient seine Skepsis gegenüber Hypnose schrittweise abgelegt hatte, war sein Hautzustand zwischen 40 und 45% gebessert. Genaue Angaben hierzu fehlen.

Schneck(1966) replizierte seinen früheren Erfolg bei einer 20jährigen adipösen Frau, deren gesamte Hautfläche eine kongenitale ichthyosiforme Erythrodermie aufwies, Nach Induktion von Hypnose sollte sie sich im Spiegel ihr Idealbild vorstellen. Außerdem wurde sie angehalten, jede Verbesserung des Hautzustandes zu beobachten. Eine Woche später war die betroffene Fläche um 50% reduziert. In weiteren Sitzungen über die folgenden Monate hinweg zeigte sich – abgesehen von einem Rezidiv mit nachfolgender Besserung – keine weitere Veränderung.

Erfolge schildert auch Wink (1961) bei 2 Schwestern im Alter von 6 und 8 Jahren mit ichthyosiformer kongenitaler Erythrodermie. Suggeriert wurde einmal pro Woche über einen Zeitraum von 2 Monaten ein Weicher- und Glatterwerden der Haut sowie eine Ablösung verdickter Hautteile. Hautverbesserungen zeigten sich bei beiden Kindern sowohl an Stellen, auf die sich die Suggestionen bezogen, als auch an solchen, bei denen dies nicht der Fall war (vgl. bilaterale Suggestionseffekte bei Warzen). Der Therapieerfolg der jüngeren Schwester war wesentlich weniger ausgeprägt, was mit einer geringeren Hypnosetiefe in Zusammenhang gebracht wurde.

Ein ähnlicher Vergleich unter Vorbehalten wie bei den Schwestern bei Wink ist bei Kidd (1966) möglich, der einen 34jährigen Vater und dessen 4jährigen Sohn mit kongenitaler ichthyosiformer Erythrodermie behandelte. Der Vater zeigte ein generalisiertes Bild, während beim Sohn nur einige Hautareale betroffen waren. In den ersten 5 Behandlungswochen erreichte der Vater eine 90%ige, der Sohn dagegen keinerlei Remission. Die unterschiedlichen Effekte wurden mit einer geringeren Trancetiefe und Konzentrationsfähigkeit des Jungen in Zusammenhang gebracht.

Fenton (1967) behandelte einen 67jährigen Rentner mit Verdickung der Hornschicht an den Fußsohlen (Keratoderma plantare). Seit 2 Monaten wies dieser eine Dermatose an Rumpf und Gliedmaßen mit Hyperkeratosen, Hautaustrocknung, Schuppung an Sohlen und Handflächen sowie Ödemen an den Beinen auf. Nach direkten Suggestionen verminderten sich die Ödeme, die Haut wurde nach 2 Monaten weicher. In den folgenden 10 Hypnosesitzungen wurden direkte Suggestionen nur auf den rechten Fuß gerichtet, während der linke 2 Wochen lang lediglich eine lokale Therapie erhielt. Später bezogen sich die Suggestionen auf beide Beine. Etwa 5 Wochen nach Therapiebeginn war der Patient ohne Beschwerden und zeigte bis 5 Jahre nach Therapieende kein Rezidiv. Differentielle Effekte der oben genannten Suggestionen (Körperhälften) wurden nicht berichtet (vgl. Abschn. Warzen).

Diese spektakulären Fallstudien werden durch Mißerfolge in einer Studie mit einer höheren Fallzahl relativiert (Bowers 1979a).

Durchblutung

Bei einem 31jährigen erfolglos vorbehandelten Mann, bei dem seit 3 Jahren ein M. Raynaud[6] bestand, schildern Jacobson et al. (1973) eine erfolgreiche hypnotische Behandlung. Hinweise auf zugrundeliegende organische Erkrankungen (z.B. beginnende Sklerodermie) waren nicht feststellbar. Insbesondere der linke Zeigefinger wurde kalt, blau und kitzelte nach vorangegangenem Rauchen, nach Kälteeinwirkung und besonders bei Angst am Arbeitsplatz. Aufgrund früherer Erfahrungen des Klienten mit Hypnose und wegen hoher Behandlungsmotivation wurde die Behandlung trotz niedriger Suggestibilität eingeleitet (keine Armlevitation, keine Anästhesie der Haut, keine posthypnotische Amnesie möglich). Nach der 1. Hypnosesitzung mit Wärmesuggestionen zeigte sich ein Widerstand gegen die passive Methode der Tranceinduktion. In den folgenden Sitzungen wurden daher Autosuggestionen und ein Temperaturfeedback beider Zeigefinger benutzt, wobei im Laufe einer Sitzung die Temperatur um bis zu 4,3 °C anstieg. Es handelte sich um einen differentiellen Effekt (Vergleich zur konstant bleibenden Stirntemperatur). Die M.-Raynaud-Symptome verschwanden und der Effekt war über einen Katamnesezeitraum von 7,5 Monaten feststellbar.

Conn u. Mott (1984) behandelten eine 27jährige Ärztin mit seit 3 Jahren bestehendem M. Raynaud. Die Klientin wies zu Beginn der Sitzung eine geringe Handdurchblutung auf. War dies einmal nicht der Fall, so wurde ein M.-Raynaud-Anfall durch Eiswasser provoziert. Danach wurde sie mit der progressiven Relaxationsmethode in Trance versetzt, anschließend wurde suggeriert: „Versuchen Sie sich vorzustellen, die Blutgefäße in Ihrer Hand weiten sich, so daß mehr und mehr Blut Ihre Finger erreichen kann. Dadurch werden sie warm und mit Nahrung versorgt werden. Mit jedem Pulsschlag wird Ihre Hand wärmer, und mehr Blut erreicht Ihre Finger. Es ist als würden Sie in der warmen Sonne liegen ...“ (S. 167–168). Während Suggestion ohne Trance und Hypnoseinduktion das Pulsvolumen nicht veränderten, konnte in Trance etwa 20 s nach den Suggestionen ein bis zu 4facher Anstieg ermittelt werden. Selbsthypnose erbrachte eine Verdopplung oder Verdreifachung. Kältesuggestionen bewirkten eine weniger ausgeprägte und anhaltende Verminderung (s. Abb. 8.1 auf S. 144).

Blutungskontrolle

In diesem Abschnitt sollen Blutungen besprochen werden, auch wenn diese nicht zwangsläufig auf hämorrhagische Diathesen zurückgehen. Schultz spricht vom „uralten Blutbannen“ ([6]1979, S. 49) und nennt Nadelstiche sowie Zahnextraktionen ohne nachfolgende Blutung als Effekte von Hypnose, welche therapeutisch u.a. bei profuser Menstruation nützlich seien. Dogs berichtet, daß bei Operationen „die Chirurgen und auch Zahnärzte und Kieferchirurgen erstaunt über die geringe Blutungsneigung“ sind (Dogs 1983, S. 91; vgl. Kap. 21).

Während Effekte hämostyptischer Suggestionen bei Lucas (1965; n = 75 Hämophile) mit jenen medizinischer Maßnahmen konfundiert waren, konnte Chaves (1980) bei 2 Wochen auseinanderliegenden Sitzungen mit Zahnextraktionen eine intraindividuelle Überlegenheit von zusätzlichen hypnotischen Suggestionen gegenüber üblichen schmerzlindernden Maßnahmen zeigen (65% weniger Blutverlust). In der Hypnosesitzung konnten die Probanden nach standardisierter Induktion (Tonband) sich die *Blutstillung* als Versiegen eines Brunnens, als Vernähen der Wunde, als willkürliche Gefäßverengung bzw. als Kombination dieser Vorgaben vorstellen. Einen Erfolg beim intraindividuellen Vergleich nennt auch Newman (1971).

Eine wichtige Indikation hämostyptischer Suggestionen wird von Dubin u. Shapiro (1974) nahegelegt: Sie trainierten einen Klienten mit ausgeprägter *Hämophilie* vor einer Zahnextraktion in mehreren Hypnosesitzungen, in welchen er hämostyptische und analgetische Suggestionen erhielt. Die hämostyptischen Suggestionen wurden unterstützt durch Visualisierung von Vasokonstriktion und dem Verschließen der Wundränder. Es werden ein minimaler Blutverlust ohne die Notwendigkeit externer Blut- oder Plasmazufuhr und eine Entlassung am 8. Tag berichtet. Den erfolgreichen Einsatz hämostyptischer und analgetischer Suggestionen berichten auch Clawson u. Swade (1975) bei 2 Klienten im Rahmen eines notwendigen Verbandswechsels und einer Operation. Cheek (1988) behauptet, selbst arterielle Blutungen bei Verkehrsunfällen durch Wachrütteln des „inneren Arztes“ bei bewußtlosen Patienten gestoppt zu haben: „If he is bleeding put your hand on his forehead and say, ‚You are doing all right. Now stop your bleeding. Don’t waste that blood!‘“ (1988, S. 8).

Wundheilung

Im klinischen Kontext konzentrieren sich hypnotische Interventionen bei Verbrennungen im wesentlichen auf die Reduktion von Begleiterscheinungen (Schmerzen, Infektion, Appetitlosigkeit, Schlaflosigkeit, Entstellungsproblematik) und die Ermöglichung medizinischer Maßnahmen (Analgesie bei Verbandswechsel, Mobilisierung, OP Anästhesie). Die Indikation psychologischer Interventionen bei Verbrennungsopfern (vgl. Miltner 1986b) wird durch Befunde unterstrichen, wonach etwa 65% einer Stichprobe stationärer Patienten psychische Probleme aufweisen, die die Behandlung erschweren (Steiner u. Clark 1977). Schuldgefühle sind häufig (Cheek 1962; Ewin 1973), und antidepressive Suggestionen scheinen den Krankheitsverlauf dramatisch beeinflussen zu können (Crasilneck et al. 1955; Cheek 1962; Bernstein 1965a, b; Dahinterová 1967; LaBaw 1973; Schafer 1975).

May u. DeClement (1983) betonen in ihrer Literaturübersicht (1955–1983), daß 36 von 100 Patienten eine hypnotisch induzierte Schmerzreduktion erreichten (Crasilneck et al. 1955; Pellicane 1960; Bernstein 1963, 1965; Dahinterová 1967; Hanley 1968; Ben-Hur u. Izak 1975; Schafer 1975; Margolis u. DeClement 1980). Auf eine Behebung des Appetitmangels zielten Interventionen bei weiteren 7 Klienten (Crasilneck et al. 1955; Pellicane 1960; Bernstein 1963; Hanley 1968). Hypnotische Suggestionen wurden bei weiteren 4 Klienten zur Erhöhung der Mobilität eingesetzt (Crasilneck et al. 1955; Pellicane 1960; Tinterow 1960; Hartley 1968). Schließlich beinhaltete die Hypnotherapie bei 2 Klienten eine operative Anästhesie (Tinterow 1960; Finer u. Nylen 1961) und jeweils in Einzelfällen wurde eine Verminderung reaktiver Depression (Dahinterová 1967) sowie eine Akzentuierung von Anästhetikaeffekten (Betcher 1960) berichtet. Weitere schmerzlindernde Effekte adjuvanter anästhetischer Suggestionen bei 2 anderen Fällen (Dahinterová 1967) sind unklar (May u. DeClement 1983). Nicht interpretierbar sind nach Ansicht dieser Autoren auch Ergebnisse bei 42 Patienten von Wakerman u. Kaplan (1978), da Angaben zur Zahl hypnotisierter Klienten und zum Ausmaß der Schmerzreduktion fehlen.

Die Kritik an der Arbeit von Dahinterová (1967) ist nicht nur hinsichtlich ungenauer Angaben zum Analgetikakonsum, sondern auch auf die erfolgte Betonung erfolgreicher Fälle ausdehnbar: Behandelt wurden 2 Frauen und 6 Männer im Alter zwischen 12 und 45 Jahren mit „relatively chronic, serious and severe burns" (S. 49). Erfolglos war die Behandlung einer 29jährigen reaktiv depressiven Patientin mit Verbrennungen 2. bis 3. Grades (fast 60% der Körperoberfläche). Dasselbe gilt für 2 12- bzw. 14jährige Jungen. Näher dargestellt werden nur 3 erfolgreiche Patienten in der folgenden Übersicht:

30 Jahre männlich	
Verbrennungen 2.–3. Grades reaktiv depressiv Behandlungsbeginn 6 Wochen nach Verbrennung 25% Körperoberfläche	Amnesie für schmerzlosen Kleiderwechsel in Hypnose; Sistieren der seit dem Unfall bestehenden Insomnie; angeblich komplette Heilung nach 3 Monaten, Besserung des „psychiatrischen" Zustands, keine Aussagen zur Begleitbehandlung; 1.–2. Grad ‚hypnotischen Schlafs' möglich
45 Jahre weiblich	
Tiefe Verbrennungen 3. Grades der rechten Gesichtshälfte und der Arme bei Sturz während eines Grand-mal-Anfalls Behandlungsbeginn nach 2 Wochen	Hochsuggestibel; In der 2. Sitzung Entnahme toten Gewebes im Gesicht; Transplantation an das Oberlid, dabei Erwachen durch Schmerz, da Hypnose „nicht tief genug". In späterer Sitzung OP in Hypnose mit vollständiger Analgesie und nachfolgender Amnesie; Heilung in 6 Wochen
20 Jahre männlich	
Überwiesen zur plastischen Chirurgie 1 Jahr nach Verbrennungen aufgrund von schweren Narben	Der hochsuggestible Klient wurde erfolgreich im Hinblick auf seine Insomnie sowie schmerzhafte Verbandswechsel und eine Operation behandelt. Schmerzklagen während der Hautübertragung (kurz) bei geschlossenen Augen; Amnesie für die OP.

Die Wichtigkeit möglichst bald einsetzender Hypnotherapie betont v. a. Ewin (1979). Er suggerierte sofort nach der medizinischen Erstversorgung Kältegefühle der Haut bei 14 Patienten. Grundlage des therapeutischen Rationale einer hypnotischen Akutbehandlung ist hier die zentralnervöse Beeinflußbarkeit von Hautreaktionen nach thermischer Stimulation (Delboeuf 1887; Chapman et al. 1959a, b, c) und die beachtliche zeitliche Latenz bis zum Eintritt unterschiedlicher Verbrennungsfolgen (Brauer u. Spira 1966; Chapman et al. 1959a, b, c; Entin u. Baxter 1950). Ewin berichtet von einer schnellen Heilung ohne Infektionen bei 13 Patienten, die begleitend hypnotherapeutisch behandelt wurden, während ein Patient ohne Hypnose (Weigerung) einen schlechten Heilungsverlauf (Infektion ab dem 8. Tag) aufwies.

Ernüchternde Ergebnisse zur direkten hypnotischen Reduktion von Verbrennungsfolgen liefert eine erste kontrollierte Studie (May u. DeClement 1993): 16 Patienten, deren Körperoberfläche 4–83% verbrannt war, wurden möglichst früh [nach 5.3 (±3.5) h] einer Hypnoseprozedur unterzogen. Eine nach Alter, Ausdehnung der Läsion, Gewicht und Vorhandensein einer Atemwegsbeteiligung parallelisierte Kontrollgruppe erhielt keine Hypnose. Abhängige Variablen waren der klinische Effekt und 10 renale bzw. kardiovaskuläre Parameter. Klinisch bedeutsame Verbesserungen durch Hypnose fehlten, die einzige signifikante Differenz zwischen beiden Gruppen war eine 0–48 h nach der Verbrennung erhöhte Urinmenge bei erfolgreich hypnotisierten Patienten. Diese Differenz stand in einem hochsignifikanten reziproken Zusammenhang ($r = -0{,}94$) mit der Ausdehnung der Verbrennung und reichte von 3,9 l bei einer 10%igen bis zu 1,6 l bei einer 35%igen Verbrennung. Lediglich tendenziell zeigte sich eine Urinmengendifferenz bei nicht erfolgreich hypnotisierten Patienten ($p = 0{,}13$). Erfolglos verliefen Tranceinduktionen bei Patienten, deren Körperoberfläche zur Hälfte oder mehr verbrannt war. Die Autoren interpretieren diese Ergebnisse als Hinweis auf eine unspezifische Streßreduktion bei hypnotisierten Patienten, während stärker betroffene und durch Hypovolämie und andere Komplikationen stark gefährdete Patienten von Hypnose nicht profitierten.

Interessant ist nun folgende Feststellung: „... as physiological stress increases, as indicated by increasing plasma cortisol level, the increased urine output associated with hypnotic trance decreases by a precisely equal proportion, just as if the degree of physiological stress were able to determine the volume of trance-associated increase in urine output“ (S. 264).

Die aus dieser kontrollierten Studie ableitbare differentielle Indikation zur Hypnotherapie bei Verbrennungen wird durch die Feststellung unterstrichen, daß alle in bisherigen Studien in den ersten 12 Stunden erfolgreich behandelten Patienten (Crasilneck et al. 1955; Ewin 1973, 1978, 1979) Verbrennungen aufwiesen, die sich nicht über mehr als 36% der Körperoberfläche erstreckten (May u. DeClement 1983).

Verschiedenes

Eine Verminderung streßinduzierten Schwitzens (Hyperhidrosis) durch Hypnose wird von Fernandez (1956; n = 1), Asher (1956; n = 3) und Sacerdote (1967) berichtet. Interessant ist Sacerdotes Fall einer 18jährigen Klientin, die nicht nur unter Hyperhidrosis in diversen Streßsituationen, sondern auch unter Nägelkauen und einer sich in die Partnerschaft einmischenden Mutter litt. Unter anderem wurden Selbstkontrolle und streßinkompatible Emotionen bei Parties sowie eine lebhafte Vorstellung der Folgen einer aktuellen Partnerwahl suggeriert. Eine bereits nach der 1. Sitzung berichtete deutliche Reduktion der Hyperhidrosis und ein Nachlassen des Nägelkauens sowie eine später erreichte Unabhängigkeit bei der Partnerwahl werden als Erfolg bezeichnet, naheliegende Desensibilisierungseffekte nicht diskutiert.

Individuelle Belastungskomponenten kommen auch bei der Behandlung eines 23jährigen Mannes durch einen der Autoren (B. Friedrichs) zum Ausdruck, der seit seiner Schulzeit unter Leistungsdruck litt. Er stand unter Erfolgszwang, da er ständig mit seiner Zwillingsschwester gemessen wurde. Seine Eltern unterstützten dies mit Suggestionen wie: „Du bist und bleibst ein Versager.“ Sein Körper war häufig schweißnaß, er errötete schnell und hatte davor Angst. Zusätzlich verstärkt wurde die Symptomatik durch Erlebnisse beim Militär. Einmal pro Woche erhielt er Selbstsicherheitssuggestionen. Nach 3 Monaten konnte er sich an einer Fachhochschule bewerben, und der betreuende Facharzt stellte keinerlei Anzeichen von Hyperhidrosis mehr fest.

Während Asher (1956) 2 erfolgreich behandelte Fälle von kreisrundem *Haarausfall* (Alopecia areata) nur aphoristisch streift, beschreibt Miller (1979) detailliert eine 32jährige Klientin mit disseminiertem Haarausfall, trockener Kopfhaut und Schuppung. Er schildert sie als blaß, ängstlich und gespannt. „Unter" Hypnose wurden Konflikte in bezug auf den fremdgehenden Ehemann und ihre Frigidität herausgearbeitet. Miller berichtet eine Verbesserung der ehelichen Beziehung, ein Ende des Haarausfalls und einen völligen Abbau der Frigidität nach anschließenden Beratungsgesprächen.

Einer der Autoren (B. Friedrichs) behandelte nach einem weiter unten näher dargestellten Prinzip eine 28jährige Klientin mit kreisrundern Haarausfall. Die Klientin hatte fast eine Halbglatze durch mehrere kreisrunde kahle Stellen. Sie fühlte sich schuldig am Tod ihres Mannes. Es wurden in wöchentlichen Sitzungen Suggestionen nach Thomas ([6]1983) vorgegeben: „Deine Schuld ist Dir vergeben, Du kannst in Frieden leben." Nach 6 Monaten wuchsen die Haare nach.

Bei der Pachyonychia congenita handelt es sich um eine dominant erbliche, mit einer Reihe anderer Anomalien vergesellschaftete *Nagelverdickung*. Mullins et al. (1955) behandelten 2 Monate lang einen zuvor therapieresistenten 11jährigen Jungen mit dieser Störung, der u.a. plantare bzw. palmare Hyperkeratosen und erythematöse Papeln mit Verhornungen an Knien und Ellenbogen aufwies. Wegen der Schmerzen krabbelte er nur oder ging auf Krücken. Während eines stationären Aufenthalts wurden in 1- bis 3tägigen Abständen Hypnosesitzungen durchgeführt. Diese dienten zur Abreaktion von (test)diagnostisch eruierten aggressiven Tendenzen und zur Vorgabe posthypnotischer läsionsbezogener Suggestionen; 3 Tage nach einer entsprechenden spezifischen Suggestion verminderte sich die Hornschicht der linken Hand. Am 10. Behandlungstag war das Tragen von Lederschuhen möglich, nach 13 Tagen stand er das erste Mal in seinem Leben ohne Schmerzen auf den Beinen und am 17. Tag konnte er ein Stück gehen und später die Schule besuchen.

Smith u. Balaban (1983) behandelten eine 41jährige, hochmotivierte und -suggestible Ordenskrankenschwester mit seit 12 Jahren bestehendem *Lupus erythematodes* (Autoimmunerkrankung) in 9 Einzelsitzungen. Es bestanden Schlafstörungen, Depression, Angst, ständige Schmerzen, Fieberschübe, Übelkeit, Polyarthritis, Erytheme sowie iatrogene Retinablutungen, eine Muskelatrophie und degenerative Veränderungen der Kniegelenke. Kombiniert wurden Verhaltenstherapie (z.B. systematische Desensibilisierung), Hypnose (z.B. gelenkte Imagination) und tiefenpsychologische Techniken (z.B. Interpretation von Widerstand). Die Klientin berichtete, nach Therapieende jegliche Tranquilizer und Analgetika abgesetzt zu haben, während sich die Frequenz von Sozialkontakten, die Stimmung und die Anwendung von Selbstkontrolltechniken erhöht bzw. verbessert hatte.

Die Effekte hielten bis zu 33 Monate nach Behandlungsbeginn an (Therapiedauer ungenannt). Ausnahmen bildeten 4 in ihrer Gesamtdauer nicht beschriebene akute Exazerbationen (stationäre Einweisung; Steroid- und Analgetikamedikation).

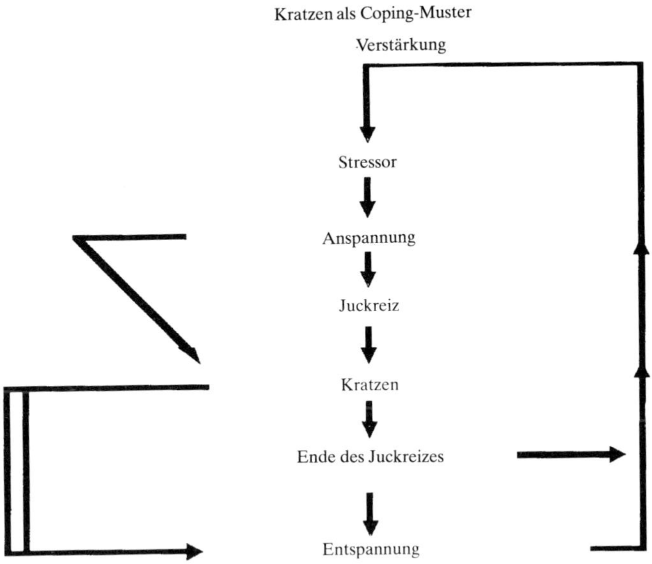

Abb. 17.3. Schema einer verhaltenstheoretisch-psychosomatischen Erklärung des Kratzverhaltens bei Dermatosen. (Nach Stangier et al. 1987)

Durch *Manipulationen* an der Haut hervorgerufene Schädigungen wurden bereits in den Abschnitten zu Akne und Ekzem diskutiert, sie können aber auch ohne zugrundeliegende Störung bestehen. Nach unserer Erfahrung müssen therapeutisch verschiedene Teufelskreise unterbrochen werden (vgl. Kaschel et al. 1989; Kaschel et al. 1991), die verhaltensanalytisch, wie in Abb. 17.3 dargestellt, aussehen.

Kroger u. Fezler (1976) schildern den Fall einer zuvor erfolglos dermatologisch und psychotherapeutisch behandelten 37jährigen Frau mit 7jähriger Dermatitis factitia. Nach Vermittlung von Autohypnosetechniken sollte sie beim abendlichen Einschlafen, bei dem ein Großteil der Hautmanipulation ablief, eine neu gekaufte Gummipuppe mit hautähnlichem Gummi kratzen. Nachdem posthypnotische Suggestionen hierzu 3 Wochen lang gegeben worden waren, ging das „picking" schrittweise auf die Puppe über, doch die Klientin kratzte sich weiterhin tagsüber. Nach weiteren posthypnotischen Suggestionen wurde sie angewiesen, einen oder mehrere Finger so oft wie gewünscht zu zupfen oder zu zwicken, was ihre Finger von Manipulationen abhielt. Etwa 2 Wochen später sank die Frequenz von Hautmanipulationen auf Null, das kratzinkompatible motorische Verhalten wurde dann schrittweise durch posthypnotische Suggestionen auf 2- bis 3mal pro Tag verringert (1 Jahr Follow-up). Die Vorgehensweise entspricht übrigens effektiven verhaltenstherapeutischen Habit-reversal-Ansätzen bei AD (vgl. Kaschel 1987; Melin et al. 1986; Niebel 1990). Letztere wurden kombiniert mit Visualisierung, progressiver Muskelentspannung und anderen verhaltenstherapeutischen Maßnahmen in ein standardisiertes Therapieprogramm bei AD integriert und in 5 kontrollierten Einzelfallstudien erprobt (Kaschel et al. 1989; Kaschel et al. 1991).

Fallbericht einer perioralen Dermatitis (PD)

B. Friedrichs behandelte zwischen 1985 und 1988 16 Klientinnen mit einer perioralen Dermatitis (18–39 Jahre). Sie bestand bei 6 Klientinnen seit 4, bei 9 seit mindestens 5 und bei einer Klientin seit 12 Jahren. Ausnahmslos wurden sie zuvor mit externen und internen Kortikosteroiden behandelt. Sie verfügten über ein gepflegtes Erscheinungsbild und höhere soziale Positionen. Keine Klientin wurde während der Hypnotherapie medikamentös behandelt. Der folgende Fall ist für die genannte Stichprobe in mancher Hinsicht typisch:

Eine 30jährige Klientin mit gepflegtem burschikosem Erscheinungsbild stellte sich im August 1987 mit einer chronifizierten PD vor. Sie war therapieresistent nach 11 Jahren unterschiedlichster fachärztlicher Behandlung. Auffällig war ihr aggressives Verhalten und ihr verbissener Gesichtsausdruck. Neben ihrer Hautkrankheit erwähnte sie ständige Kopfschmerzen sowie Magenbeschwerden. Zur Anamnese: Als zweitältestes von 5 Geschwistern erlebte sie frühzeitig die ständigen Nörgeleien ihrer Mutter. Sie bewunderte bereits im Vorschulalter die Geduld des Vaters und lehnte die Unzufriedenheit der Mutter ab. Im Alter von 13 Jahren erlebte sie einen Suizidversuch der Mutter. Danach wurde sie von der Mutter beschuldigt, sie sei ein Querulant und darum schuld am Suizidversuch. Das Vater-Tochter-Verhältnis wird als harmonisch bezeichnet, sie lehnte jedoch aus Angst vor der Mutter ihre Weiblichkeit ab. Menstruation empfand sie als äußerst lästig und die ersten „pubertären Pickel“ waren für sie die Bestrafung dafür, daß sie noch immer den Vater idealisierte. Im Alter von 16–18 Jahren traten intervallartig Akneherde auf, wodurch sie sich während ihrer kaufmännischen Ausbildung noch nicht sehr gestört fühlte. Ab dem 19. Lebensjahr manifestiert sich das Bild der Akne besonders im Mundbereich.

Hypnotherapeutisch wurde wie folgt vorgegangen:

Nach Anamnese und Tranceinduktion wurde eine ideomotorische Befragung durchgeführt. Sie diente zur Beantwortung der Frage, wozu sie ihre Hautkrankheit „benutzt“: Abgrenzung, Schutz, Darstellung, Vermeidung des sozialen Kontaktes, Abgrenzung vom Sexualpartner, wollen Sie Ihr Symptom behalten? Sämtliche Fragen wurden bejaht. Es folgte als indirekte Suggestion: „... und Sie können ganz sicher sein, daß Ihr Hautproblem auch eine Lösung hat, auch wenn Ihr Bewußtsein Zweifel hat, aber in der Trance hat ab sofort Ihr Unbewußtes ganz bestimmt noch andere Perspektiven und Ideen, sich mit Ihrer Krankheit und anderen für Sie persönlich wichtigen Dingen auseinanderzusetzen.“ Mit dieser Fragetechnik wird zunächst erreicht, daß sich die Klientin rational und emotional besonders mit der letzten Frage beschäftigt. Nach Selbstsicherheitssuggestionen wird die indirekte Hypnosetechnik fortgesetzt. Zunächst wird durch die metaphorische Kommunikation das bewußte Erleben der Klientin vom tatsächlichen Krankheitsbild abgelenkt. Um möglichen Widerständen auszuweichen, werden selbstkonstruierte Geschichten aus dem Alltag mit der Thematik: Freude, Klarheit, Freiheit, Natur, Grenzenlosigkeit verwendet. Dadurch lassen sich die Erlebens- und Problemregionen erfassen. Entsprechend erfolgt die indirekte Analyse des eigentlichen Problems, um den neuen Bezugsrahmen für adäquate Reaktions- und Lösungsvarianten herzustellen. Suggestionen zur Selbstbildänderung folgen: „Sie sehen einen blauen Krug auf einem Eichentisch stehen. Dieser Krug ist der symbolische Behälter für alle Eigenschaften, die Sie sich sehnsüchtig wünschen. Freiheit, Freundlichkeit, Gelassenheit, Weiblichkeit, Sicherheit, Klarheit. Bereiten Sie sich davon einen geistigen Cocktail – schütten Sie alles in ein großes Glas und immer wenn Sie im Alltag auf Ihre Uhr schauen“ – (Anker! Berühren des Unterarmes mit Druck auf die Uhr) – „werden Sie ganz automatisch davon genüßlich trinken. Ich bin sicher, daß diese Medizin die heilsamste aller Zeiten ist, nicht wahr?“ In der folgenden Sitzung nennt sie in Trance die Uhrzeit und es folgt die Suggestion: „Und ich frage mich, wie Sie sich in 3 Monaten um diese Zeit fühlen, wenn Sie sich in aller Klarheit im Spiegel betrachten. Ob Sie sich von rechts oder von links im Rampenlicht attraktiver finden? Betrachten Sie sich von allen Seiten, nehmen Sie wahr, wie geschmeidig und rein Ihre Haut ist, es ist unnötig, sich noch abgrenzen zu wollen. Ihr langersehntes Selbstbild verwirklicht sich jetzt durch Ihre strahlende Persönlichkeit... und warum sollten Sie es jetzt nicht geschehen lassen, daß Sie die Frau sind, die Sie längst als Wunschbild in sich tragen?“

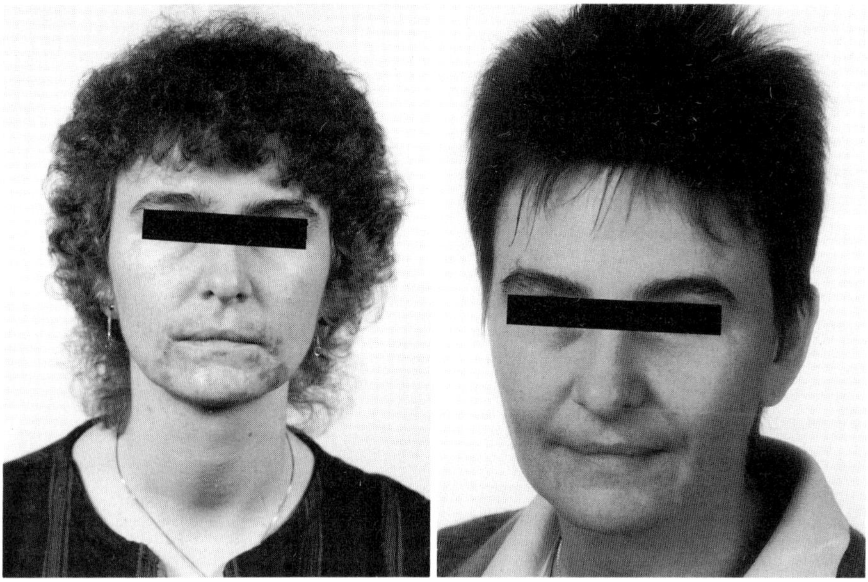

Abb. 17.4. Patientin mit periornaler Dermatitis vor und nach der Hypnotherapie (s. Fallbericht)

In späteren Sitzungen erfolgt fraktionierte Hypnose, mit Hilfe der Handschuhanästhesie wird der Mund kalt, taub und gefühllos (Suggestion: Ab sofort werden alle Pickel vom Blutkreislauf unversorgt bleiben. Sämtliche Pickel werden kalt, – alt, – sterben ab). Das Taubheitsgefühl bleibt erhalten, die Klientin wird „aufgeweckt" und kann sich selbst überzeugen, wie taub und kalt der Hautbereich ist. Anschließend wird dies verstärkt durch den Blick in den Spiegel (fast immer ist die Haut weiß, völlig undurchblutet). Es folgt in Trance: „Sämtliche Entzündungen bleiben vom Blutkreislauf unversorgt, werden kalt, alt, sterben ab! ... und ich frage mich, wie Sie in den nächsten Tagen diese Erfahrung sichtbar beweisen werden."

Das Symptom soll den sozialen Kontakt, besonders den werbenden Partner abweisen, sie selbst will sich als nicht liebenswert sehen. Exponierte Areale, wie Haut-Mund weisen auf Berührung und Liebe hin. Die Hypnosebehandlung begann am 25.8.87. Strikt lehnte die Klientin damals die Bilddokumentation ab. Die Sitzungen erfolgten einmal wöchentlich. Nach der ersten Besserung am 20.10.87 ließ sie sich ohne meine Aufforderung fotografieren. Am 22.12.87 endete die Therapie mit sichtbarem Erfolg. Die katamnestische Erhebung vom 20.6.88 ergab nicht nur ein erscheinungsfreies Hautbild, sondern auch eine wesentlich stärkere Identifikation mit ihrer Weiblichkeit (Kleidung etc.) (Abb. 17.4).

Schlußbemerkung

Da kontrollierte Studien mit akzeptablen abhängigen Variablen (immunologische Parameter; standardisierte Hauteinschätzung etc.) weitgehend fehlen, gründet sich deren Anwendung jedoch noch immer v.a. auf persönliche Erfahrung.

Zur Frage der Wirkungsweise von Hypnose bei Dermatosen wurden im wesentlichen eine *psychoneuroimmunologische* und eine *neurophysiologisch-vaskuläre* Mediation diskutiert. Zum einen wird eine hypnotisch induzierte Reduktion der *psycho-*

Hypnose bei Dermatosen

Nach jahrelanger Hypnoseanwendung (Friedrichs) zeigt sich – ähnlich wie bei Kleinsorge (1987) – eine Beeinflußbarkeit von PD, Alopecie, Psoriasis, AD, Hyperhidrosis, Akne juvenilis und Rosacea. Bei Warzen bewähren sich beispielsweise folgende Suggestionen: „Warzen werden verschwinden“, „bleiben unversorgt“, „trocknen aus, schrumpfen“. Analoge Suggestionen sind bei Herpes labialis erfolgreich. Bei Pruritus und AD wird zum Beispiel suggeriert: „man fühlt sich gut, wenn man sichtbar befreit ist, nicht wahr?“, „wie genau werden Sie Ihre Juckfreiheit empfinden?“ oder *„nichts und niemand* bedroht Ihre Individualität“. Auch aus praktischer Erfahrung heraus ist eine tiefe Trance nützlich. Zur Effektivität von Hypnose bei der Behandlung bestimmter Dermatosen liegen vielversprechende Hinweise vor. Diese sind je nach Störungsbild in sehr unterschiedlichem Maße gesichert (Kaschel et al. 1991).

physiologischen Erregung über die Hypophysen-Nebennieren-Achse angeführt (Handlon et al. 1962; Sachar et al. 1965; Sachar et al. 1966; Bongartz 1988; Black u. Friedman 1965). Die neurophysiologisch-vaskuläre Mediation bezieht sich auf globale Spekulationen (z.B. Barber 1984) und experimentelle Befunde zu histologischen und vaskulären Veränderungen (Black 1963a; Black u. Friedman 1965; Black et al. 1963; Chapman et al. 1959a, b). Künftig führt auch in der Dermatologie an psychoneuroimmunologischen Grundlagenstudien kein Weg vorbei. Zahlreiche naheliegende psychophysiologische Fragestellungen wurden bislang noch nicht bearbeitet (Ring 1989). Leider fehlt es vorerst noch an gut kontrollierten und replizierbaren Parameterstudien (Paul 1963, S. 243). Der Praktiker wird sich sagen: „Insgesamt lohnt sich der Versuch, die Hypnose bei resistenten dermatologischen Störungen einzusetzen“ (vgl. Crasilneck u. Hall [2]1985, S. 380).

Anmerkungen

1 Wir bedanken uns für dermatologische Hilfestellung bei Prof. Dr. Gerd Lischka, Universitäts-Hautklinik, Liebermeisterstr. 25, 7400 Tübingen. Für Literaturrecherchen danken wir: John Rix, Annette Beuttler, Regine Gruber, Thomas Zink und Barbara Wörz.

2 HGSHS: Harvard Group Scale for Hypnotic Susceptibility. Die deutsche Version von Bongartz, Universität Kontanz (1985c) liegt vor.

3 Herpes labialis: eine schmerzhaft juckende Bläschenbildung an den Lippen (Fieberbläschen).

4 Urtikaria: Nesselsucht ist eine flüchtige, schubweise auftretende Quaddelbildung, die unterschiedlichen Umfang und Formen annehmen kann.

5 Psoriasis: Schuppenflechte (früher Krätze, Räude) tritt in Form von scharf umgrenzten Herden, hauptsächlich am Ellbogen, Knie und Kopf, auf. Die Haut ist an diesen Stellen mit silbrig weißen, zuweilen juckenden Schuppen bedeckt, deren Entfernung eine punktförmige Blutung hinterläßt.

6 M. Raynaud: Mangeldurchblutung in den Extremitäten (Finger, Zehen), die mit Blauwerden, Kribbeln, Schmerzen und teilweise Nekrosen einhergeht.

Empfohlene Literatur

Black S (1963a) Inhibition of immediate-type hypersensitivity response by direct suggestion under hypnosis. Br Med J 6: 925–929

Bloch B (1927a) Über die Heilung der Warzen durch Suggestion. Klin Wochenschr 48: 2271–2275

Gieler U, Stangier U & Brähler E (Hrsg.) (1993) Hauterkrankungen aus psychologischer Sicht. Jahrbuch der Medizinischen Psychologie Band 9. Hogrefe, Göttingen

Kroger WS, Fetzler WD (1976) Hypnosis and behavior modification: Imagery conditioning. Lippincott, Philadelphia

Whidock FA (1976) Psychophysiological aspects of skin disease. Saunders, London

18. Krebserkrankungen

Wolfgang Lenk

In diesem Kapitel geht es um mögliche Wechselbeziehungen zwischen Körper und Psyche, medizinischen Maßnahmen und psychotherapeutischer Behandlung im Bereich der Onkologie,[1] insbesondere um die Frage, inwieweit hypnotherapeutische Interventionen erfolgreich eingesetzt werden können, um in der Regel ungenutzte psychophysische Mechanismen und Strategien zu aktivieren, die zur Bewältigung der durch das Krebswachstum entstehenden Schmerzen, zur Milderung der die Chemotherapie begleitenden Nebenwirkungen oder gar zur Stimulierung des körpereigenen Immunsystems beitragen können.

Nach dem heutigen Stand onkologischer Theoriebildung (UICC 1982) müssen bei malignen Erkrankungen mindestens 100 definierte Krebsarten voneinander abgegrenzt werden, teilweise mit sehr spezifischen histologischen, molekularbiologischen und biochemischen Eigenschaften; ähnlich heterogen sind auch die körperlichen Krankheitsmanifestationen. Krebszellen entstehen aus körpereigenen Zellen, wobei i. allg. davon ausgegangen wird, daß in etwa 80–95% der Krankheitsfälle die spezielle Ursache der Fehlregulationen des Zellwachstums und der Zelldifferenzierung, die bei einem nicht funktionsfähigen Immunsystem zu einer klinisch signifikanten malignen Erkrankung führen können, nicht bestimmbar ist (UICC 1982). Zur Bekämpfung dieser Krankheitsmanifestationen verwendet die moderne Schulmedizin – geleitet von der klassisch-onkologischen Betrachtungsweise, daß organische Erkrankungen eigenen, von der Psyche unabhängigen[2] Regeln gehorchen – eine Reihe therapeutischer Maßnahmen, nämlich Chemo-, chirurgische, Strahlen-, Hormon- und Immuntherapie, wobei die 3 erstgenannten zu den bislang effektivsten therapeutischen Möglichkeiten der Krebsbehandlung gehören. Dennoch sind Krebserkrankungen in der Bundesrepublik Deutschland für etwa 160000 Männer und Frauen jährlich die (nach den Krankheiten des Herz- und Kreislaufsystems) zweithäufigste Todesursache, wie Forschungsminister Riesenhuber im August 1984 anläßlich der Vorstellung des Krebsatlas mitteilte.

Historische Entwicklung

Zur Tradition der klinischen und experimentellen Hypnose gehört die allgemeine Erfahrung, daß in Trancezuständen die sinnliche Erfahrung der Welt und die Befindlichkeit des eigenen Körpers stark beeinflußt werden kann (vgl. Kap. 3). Insofern lag es

Schmerzkontrolle

Nach einer Aufschlüsselung von Bonica (1980) leiden etwa 50–80% metastasierter Krebspatienten an tumorbedingten Schmerzen („Krebsschmerzen"), verursacht durch das Tumorwachstum (insbesondere Knochenmetastasen) oder auch durch medizinische Behandlungsmaßnahmen. Die Krebsschmerzen sind nicht nur meist unerträglich für den Patienten, sie verursachen oft auch Begleitsymptomatiken wie Angst, Depression oder allgemein sog. neurotisches Verhalten (Bonica 1980). Es gibt also eine Reihe von Gründen, psychologische Behandlungsmethoden wie Entspannungsverfahren, irgendwelche Formen von Psychotherapie oder insbesondere Hypnose auf diesem Gebiet einzusetzen.

Die Vielzahl hypnotischer Schmerzbehandlungsstrategien läßt sich auf 4 grundlegende Konzepte zurückführen (vgl. Barber 1982; auch Kap. 15), die in unterschiedlichen Kombinationen auch bei den in den Studien erwähnten Krebspatienten Anwendung fanden:

1) *Analgesie* oder Anästhesie kann durch Suggestionen zur Veränderung der subjektiv empfundenen Schmerzintensität erreicht werden, etwa indem die „heilende Hand" ein in ihr induziertes Wärme- oder Kältegefühl oder Schmerzunempfindlichkeit (Handschuhanalgesie) in die Schmerzregion überträgt, oder Erinnerungen an erfolgreiche (möglicherweise medikamentös bedingte) Schmerzkontrolle wieder wachgerufen werden.
2) *Modifizierung der Schmerzqualität* durch geleitete Imagination (z.B. indem ein Brennen durch Wasser etwas abgelöscht wird) oder durch bewußtes Fokussieren (im Sinne einer paradoxen Veränderung) oder schließlich durch Überlagerung mit einem anderen, weniger belastenden Schmerz (Erickson 1967). Schließlich läßt sich unter der Annahme, daß die subjektive Schmerzwahrnehmung durch erinnerte, vergangene Schmerzerlebnisse und antizipierte kommende Erfahrungen intensiviert wird, das Schmerzerleben durch amnestische Verfahren modifiziert.
3) *Verlagerung* der schmerzenden Körperempfindungen in andere Körperregionen, so daß der Patient durch die Wahl des Ortes ein gewisses Maß an Kontrolle zurückerhält.
4) *Dissoziation* vom Schmerz kann durch Suggestionen zur Imagination in einen anderen zeitlichen Kontext, mit sehr angenehmer Körpererfahrung oder in eine räumliche Dissoziation mit anderer Wahrnehmungsperspektive für den eigenen Körper erreicht werden.

Wenn man die neueren Tberapiekonzepte des NLP hinzunimmt (Kap. 24), dann besteht eine 5. Behandlungsstrategie in der Kommunikation bzw. Verhandlung mit dem Schmerz oder dem schmerzerzeugenden unbewußten Persönlichkeitsanteil (s. unten).

Diese Hinweise machen sicherlich deutlich, daß das Schmerzerleben ein höchst subjektives Phänomen ist. Mit der modernen Hypnotherapie hat sich die Auffassung durchgesetzt, daß auch dieses Erleben oft sehr komplex in Lebensstil und Beziehungsmuster eingebunden ist, abhängig von Glaubens- und Wertsystemen des Klienten. Deshalb ist die Wirkung dieser Schmerzkontrolltechniken nicht nur von den imaginativen Fähigkeiten des Klienten (und der Fähigkeit des Therapeuten, angemessene, auf die individuellen Voraussetzungen des Klienten zugeschnittene Hilfestellung zu geben), andere Erlebnisse und Empfindungen in Trance intensiv wahrzunehmen, abhängig, sondern auch von den psychodynamischen Attributionen des Schmerzerlebens (z.B. sekundärer Gewinn) bzw. ihrer Rolle im Beziehungsmuster (Araoz 1984a).

Butler (1954, 1955a, 1955b) war vermutlich einer der ersten, der über hypnotherapeutische Schmerzkontrolle bei Patienten mit Krebsschmerzen ansatzweise systematisch berichtet hat. Die Behandlungen bei 12 Patienten (7 Frauen mit Gebärmutter-

oder Brustkrebs, 4 Männer mit Primärtumoren in Lunge, Brust oder Hoden, 1 Junge mit Leukämie), von denen die Mehrzahl sich im Endstadium der Erkrankung befand, variierten zwischen einigen und einigen Dutzend Stunden; alle Patienten erreichten eine vollständige Schmerzreduktion, die jedoch nur bei 5, von Butler als hochsuggestibel eingeschätzten Patienten längerfristig anhielt und Angst bzw. Depressionen sowie organische Funktionsstörungen abklingen ließ. Weitere Kasuistiken mit ähnlichen Behandlungsstrategien (Variationen der oben aufgefühlten Grundmuster) führten zu teilweise vergleichbaren Erfolgen. So berichtet Erickson (1959), daß 3 Patienten im Endstadium ihrer Erkrankung die Einnahme von Analgetika deutlich senken konnten; in dieser Weise waren auch Hilgard u. Hilgard (1975) erfolgreich oder Margolis (1983), deren 4 Krebsschmerzpatienten sowohl ein akzeptables Schmerzniveau als auch eine gute körperliche Allgemeinverfassung erreichen konnten. Teilweise wurden Mißerfolge berichtet wie bei Lea et al. (1960), in deren Studie 4 von 9 Patienten keine Schmerzkontrolle gelang.

Die wohl ersten auf größeren Stichproben basierenden und auch etwas systematischer angelegten Untersuchungen zur Wirksamkeit hypnotischer Schmerzkontrolle bei Krebspatienten führte Cangello (1961; n = 22; 1962; n = 81) durch. In beiden Studien wurden nur suggestible Krebspatienten untersucht (als nichtsuggestibel galten Personen, bei denen auch nach dreimaligem Versuch keine Trance induziert werden konnte); in der 2. Studie wurde noch zusätzlich die Trancetiefe mit Standardkriterien wie etwa Geschmackshalluzination erhoben. Als Erfolgsmaß galt die Reduktion der Analgetika; in der 2. Studie dazu noch die Veränderung der Schmerzwahrnehmung im Fremdurteil des Klinikpersonals auf einer 4stufigen Skala von gut bis schlecht. In der 1. Untersuchung mußten 9 Fälle als Mißerfolg gewertet werden; jedoch hielt bei 4 der erfolgreichen 13 Fälle die Besserung bis zu 5 Monaten an. In der 2. Studie gab es ebenfalls 9 Mißerfolge gegenüber 30 sehr guten Besserungen. In dieser Studie wies die erreichte Schmerzreduktion eine enge Beziehung zur erreichten Trancetiefe auf.

Spiegel u. Bloom (1983) untersuchten in einer prospektiv angelegten Gruppenstudie (n = 54) die Schmerz- und Stimmungsveränderungen chemotherapeutisch behandelter Frauen, aufgeteilt in Kontrollgruppe und Behandlungsgruppen mit und ohne Selbsthypnosetraining. Das Ergebnis – in seiner Validität eingeschränkt, da nur 6 Frauen Schmerzmittel nahmen und knapp die Hälfte bei der Baselineerhebung einen geringen Schmerzpegel angab – zeigt, daß beide Behandlungsgruppen auf beiden Meßinstrumenten (Schmerzratingskala und Stimmungsprofil) signifikant niedrigere Werte haben als die Kontrollgruppe, wobei die Selbsthypnosegruppe weitaus besser abschnitt.

Berichte zur hypnotischen Behandlung von Schmerzen und Angst bei an Krebs erkrankten Kindern und Jugendlichen (Fallstudien von Crasilneck u. Hall 1973 oder Zeltzer 1980; Gruppenexperimente von Hilgard u. Morgan 1978; Zeltzer u. LeBaron 1982 oder Hilgard u. LeBaron 1982) weisen ebenfalls – unter den schon genannten methodischen Einschränkungen – auf eine meist recht gute Wirksamkeit der Hypnose hin, wobei als ein vermutlich für diese Population typisches Zusatzproblem die Schwierigkeit auftritt, die erlangte Schmerzkontrolle längerfristig aufrechtzuerhalten.

Kontrolle chemotherapeutischer Nebenwirkungen

Die toxische Wirkung der bei der Chemotherapie verwendeten Zytostatika führt bei einer Vielzahl von Patienten zu schweren Nebenwirkungen wie Immunsuppression, Übelkeit, Erbrechen, Haarausfall und manchmal Sterilität (Redd et al. 1982). Nach einer Erhebung von Frytak u. Moertel (1981) stellen Übelkeit und Erbrechen für etwa 2 Drittel aller Krebspatienten die qualvollsten Beeinträchtigungen während der Therapie dar, so daß ein nicht unerheblicher Prozentsatz der Patienten, insbesondere der Kinder und Jugendlichen, deshalb die Therapie vorzeitig abbricht. Die als Nebenwirkung bezeichneten Reaktionen des Organismus sind jedoch nicht ausschließlich physiologisch bedingt. So entwickeln zirka 25% der chemotherapeutisch behandelten Patienten nach der Durchführung von etwa 4–5 Infusionen ein „antizipiertes Erbrechen", was bereits Tage vor der nächsten Behandlung einsetzen kann (Redd u. Andrykowski 1982), und was sich psychologisch mit der lerntheoretischen Konditionierungshypothese erklären ließe.[4]

So erzählte mir beispielsweise eine Patientin, die sich, bevor sie zu mir kam, mit dem Simonton-Audioband während der Infusionen selbst helfen wollte, daß schon nach einigen Sitzungen das Anhören des Bandes die Übelkeit auslöste und wenig später das Ansehen des Kassettenrecorders.

Die Technik der therapeutischen Interventionen auf diesem Gebiet ist vergleichsweise jung und noch nicht so ausdifferenziert wie die der Schmerzkontrolle. Den in den empirischen Studien verwendeten therapeutischen Strategien gemeinsam ist ein „Umlernen des Organismus":

1) *systematische Desensibilisierung:* (teilweise in Tieftrance nicht) mit dem Ziel, Konditionierungseffekte zu löschen;
2) *geleitete Imagination:* teils mit dem Ziel, den Trancezustand zu vertiefen, teils mit dem Ziel (im Sinn des NLP-Collapsing-Anchors), Konditionierungseffekte zu löschen;
3) (analog markierte) Suggestionen: teils um den Organismus während der Applikation des Zytostatika im entspannten Zustand zu halten, teils um den Organismus zu einer spezifischen Verarbeitungsweise der Zytostatika anzuregen (Ericksons Interventionsidee zur Schmerzkontrolle bei einem terminalen Krebspatienten, wie sie unter dem Titel „Joe und die Tomatenpflanze" bei Haley 1978a, S. 305–310 beschrieben ist, kann hierfür als Modell dienen).

Von vielen Therapeuten wird auch hier die Rolle der Psychodynamik (wie im Abschn. „Schmerzkontrolle" ausgeführt) für den Erfolg der eingesetzten Techniken betont.

Dempster et al. (1976) berichten über die Behandlung einer 21jährigen M.-Hodgkin-Patientin, welche die Chemotherapie aufgrund unerträglicher Nebenwirkungen abbrechen wollte. Sie lernte mit Hilfe geleiteter Imaginationen (z.B. Bergwiese, Sandstrand) in eine tiefe Trance zu gehen, in der ihr dann Suggestionen für körperliches Wohlbefinden während der Applikation gegeben wurden. Nach einigen Therapiestunden konnte sie diese Tranceerlebnisse vor und nach der Chemotherapie selbst induzieren und erreichte auf diese Weise über sämtliche antizipierten Nebenwirkungen (Angst, Übelkeit, Erbrechen) vollständige Kontrolle; ihr konnte sogar ein stärkeres Zytostatikum gegeben werden.

Ähnliche Erfolge berichten in ihren Kasuistiken Hoffmann (1982–1983) – ein M.-Hodgkin-Patient überwand das schon beim Anblick der Krankenschwester ausgelöste Erbrechen nach 2 Behandlungen durch systematische Desensibilisierung in tiefer

Trance vollständig – und Kaye (1984) – eine an Brustkrebs erkrankte Frau im Endstadium ihrer Krankheit, die sich bis zu 6mal pro Tag übergeben mußte, konnte mit Hilfe geleiteter Imaginationen nach 9 Sitzungen ihr permanentes Erbrechen nahezu vollständig beseitigen oder Peter u. Gerl (1984), die mit analog markierten Suggestionen bei einer an einem Melanom erkrankten Patientin phobische Reaktionen auf die Chemotherapie wirkungsvoll abschwächen konnten.

Daß sich hypnotische Tranceinduktionen als operante Selbstkontrolltechnik verstehen lassen, zeigten Redd et al. (1982) mit einer Untersuchung an 6 Krebspatientinnen, die in den ersten 3 Stunden einzelne Induktionsschritte (z.B. Augenfixation oder Muskelentspannung) erlernten und dann Zytostatikainjektionen bekamen, während der Therapeut ihnen die bekannten Suggestionen gab. Bei Absetzen dieser ‚hypnotischen Gegensteuerung' trat bei der Hälfte der Patienten das Erbrechen wieder auf, konnte dann aber mit den erlernten Hypnosetechniken sofort wieder unter Kontrolle gebracht werden.

Die meines Wissens erste methodisch kontrollierte Einzelfallstudie legten Burish u. Lyles (1979) mit der Behandlung einer 30jährigen, an Thymustumor erkrankten Frau vor, in der physiologische (Herzschlag und Blutdruck) und psychologische Parameter (Ratingskala für Übelkeit mit Selbst- und Fremdeinschätzung, Angst und Depressionsskalen) als Erfolgsmaß verwendet wurden. Die 11 über ein halbes Jahr verteilten, an die chemotherapeutische Behandlung gekoppelten Therapieeinheiten (45 min vor Applikation der Zytostatika progressive Muskelentspannung mit anschließender geleiteter Imagination) ließen Erbrechen und Übelkeit verschwinden, Angst und Depression abklingen.

Burish u. Lyles (1981) berichteten über den Erfolg dieser Behandlungsmethode im Gruppenvergleich [die Tumordiagnosen in Behandlungs- ($n = 8$) und Kontrollgruppe ($n = 8$) galten als gleich] mittels statistischer Absicherung. In beiden Gruppen waren die Baselinedaten statistisch gesehen gleich, aber nach der Hypnosebehandlung durch den Therapeuten waren die psychologischen Maße und nach der Phase der Selbsthypnose auch noch die systolischen Blutdruckwerte in der Behandlungsgruppe signifikant niedriger. In einer weiteren Kontrollgruppenstudie mit 50 Patienten schloß Lyles et al. (1982) den Faktor „unspezifische Aufmerksamkeitszuwendung durch Therapeuten" als erfolgsverursachend aus; im übrigen wurden Ergebnisse wie schon zuvor erzielt.

Entsprechend angelegte Fall- und Experimentalstudien mit krebskranken Kindern und Jugendlichen führten zu ähnlichen Resultaten. Hingewiesen sei auf Gardner (1976), Zeltzer (1980), Dash (1980), Olness (1981) und Zeltzer et al. (1983). Bei Gardner (1976) gewann ein an akuter lymphatischer Leukämie erkrankter Junge nach nur einer Therapiesitzung die Kontrolle über Übelkeit und Erbrechen für seine letzten Lebenswochen zurück. Bei Olness (1981) konnten 19 von 25 Patienten nach Absolvierung eines Selbsthypnoseprogramms (Induktionstechniken, Imaginationen) die verschiedenen Nebenwirkungen sehr gut kontrollieren. Acht von neun Patienten erreichten in der Studie von Zeltzer et al. (1983) durch hypnotische Imaginationen signifikante Besserungen im Sinne einer Einzelfallstatistik.

Aktivierung des Immunsystems

Die ersten Versuche, Krebspatienten systematisch – über die bisher erwähnten symptomatischen Behandlungen von Schmerzen, Übelkeit, Erbrechen und Angst hinausgehend – mit den Techniken der Hypnose oder der geleiteten Imagination auf das kurative Ziel hin zu behandeln und einen Stillstand oder gar den Rückgang des Tumorwachstums zu erreichen, wurden Mitte der 70er Jahre unternommen.

In dieser Zeit wurde (wie weiter oben beschrieben), auf vielen vereinzelten Ergebnissen psychosozialer und psychophysiologischer Streßforschung aufbauend, ein erstes, stark simplifiziertes Modell über den wechselseitigen Zusammenhang von Streß und Copingstrategien, Immunfunktion und Krebswachstum formuliert, dessen zentrale Hypothese das „Immune-surveillance-System" (Monitorkonzeption des Immunsystems) war. Wäre dieses Modell den mit der Krebserkrankung zusammenhängenden psychophysiologischen Prozessen angemessen, dann müßte es möglich sein, durch Erlernen einer gewissen mentalen Einstellung und Fähigkeit sowie Einüben von streßreduzierenden psychophysischen Befindlichkeiten und Zuständen, die komplexen körperlichen Regulationsvorgänge in der Interaktion zwischen Immunfunktion und Krebswachstum positiv zu beeinflussen.

Die aus diesem theoretischen Konzept abgeleiteten und in den Studien beschriebenen psychologischen Behandlungsansätze zur Aktivierung des Immunsystems stellen mehr oder minder eine Kombination aus folgenden 3 Methoden dar:

1) tiefe Entspannung: mit dem Ziel, physiologische Regulationsvorgänge zu normalisieren;
2) Imaginationen in Trance: mit dem Ziel, die Funktion des Immunsystems zu stärken;
3) allgemeine Psychotherapie: (oft in Form von Hypnotherapie) mit dem Ziel psychodynamische Bedeutungen der Krankheit zu verändern.

Unter den Studien zur Stärkung der körpereigenen Abwehr bei Krebspatienten durch psychotherapeutische Verfahren hat die Arbeit von Simonton et al. (1980) sicherlich den größten Einfluß auf andere Psychoonkologen und Hypnotherapeuten gehabt, insbesondere auch durch das weltweit bekannte, populärwissenschaftliche Buch *Getting well again* (1978), aus dem Anfang der 80er Jahre, viele Therapeuten (und auch Krebspatienten) Ideen, Orientierungen und Therapiepläne bezogen haben (Lenk 1985).

Ausgehend vom Monitorkonzept entwickelten Simonton et al. ein auf Entspannung und mentaler Visualisierung aufbauendes psychologisches Behandlungsverfahren, das sie ergänzend zur medizinischen Krebstherapie einsetzten. Nach einer Atem- oder Muskelentspannung (intensiviert durch geleitete Imagination) visualisiert der Patient, wie die „starken" weißen Blutkörperchen seines Immunsystems die „schwachen" Krebszellen angreifen und erfolgreich vernichten (z.B. „weiße Blutkörperchen greifen wie hungrige Haie die schwachen und konfusen Krebszellen an und fressen sie auf"). Der Patient wird auch ermutigt, in dieser Art innere Vorstellungsbilder für die Lösung anderer physischer und psychischer Probleme zu entwickeln. Diese mentalen Übungen führt der Patient dreimal täglich durch.

In einer Art Pilotstudie behandelten Simonton et al. (1980) an einem Krebszentrum zwischen 1974 und 1979 etwa 225 Patienten, die sich im Endstadium ihrer Krebserkrankung befanden und deren durchschnittliche Lebenserwartung ein Jahr betrug. Zum Therapieprogramm gehörte neben der Heilungsvisualisierung ein umfangreicher Themenkatalog wie beispielsweise Sport, Diät und Gespräche mit der Familie; Einzel- und Gruppentherapie wurden kombiniert und in der Regel in 5tägigen Blökken mit 3monatigen Abständen durchgeführt. Als Erfolgsmaß galt die durchschnittliche Lebenszeit von den 210 Patienten, von denen vollständige Daten vorlagen (1979 lebten noch 82) im Vergleich zur nationalen US-Krebsstatistik, grob differenziert nach Brust-, Darm- und Lungenkrebs (s. Tabelle 18.1). In einer früheren Publikation (zit. nach Hall 1983), die sich auf 159 Patienten bezog, zeigte die Statistik, daß von den noch lebenden 73 Patienten 23% keinerlei Krebssymptome, 19% eine Tumorregression und 27% sich stabilisiert hatten; 31% in dieser Gruppe dagegen wiesen ein weiteres Tumorwachstum auf (zur Diskussion dieses Ergebnisses vgl. Lenk 1985).

Newtons (1983, 1985) psychologischer Behandlungsansatz – er geht von der Annahme aus, daß willentliche Beeinflussung der immunologischen Funktionen am leichtesten in hypnotischen Trancezuständen möglich ist – setzt viel stärker als Simonton die bekannten hypnotherapeutischen Interventionsmuster ein. Der Patient wird in Einzelsitzungen mit der Hypnose und den Trancephänomenen (z.B. Armlevitation, automatisches Schreiben) vertraut gemacht, erlernt Selbsthypnosetechniken und entwickelt in Trance Vorstellungsbilder zur Stärkung seines Immunsystems, wobei die streßfreie Leichtigkeit des Umgangs mit diesen Bildern entscheidend ist. Das alles soll er dann regelmäßig praktizieren.

In der Zeit von 1974 bis 1984 suchten 322 Krebspatienten um Behandlung nach. So ergab sich eine unausgelesene Stichprobe: alle Altersgruppen (2–74 Jahre), alle Krankheitsstadien (Primärtumor bis fortgeschrittene Metastasierung). Als Erfolgsmaß galt zusätzlich zur durchschnittlichen Lebenszeit die Verbesserung der Lebensqualität (Selbst- und Fremdeinschätzung durch Pflegepersonal und Verwandtschaft) im Hinblick auf Kontrolle der Nebenwirkungen wie Übelkeit, Erbrechen, Schlaf- und Appetitlosigkeit, Schmerzkontrolle und auch Einschätzung der Lebensfreude. Bei den 130 mit mehr als 10 Sitzungen psychotherapeutisch adäquat im Zentrum von Newton (Newton 1985) behandelten Patienten hat sich dieses Erfolgsmaß bei allen „entscheidend" verbessert; die durchschnittliche Lebenszeit ist aus Tabelle 18.1 ersichtlich:

Tabelle 18.1. Durchschnittliche Überlebenszeiten bei Brust-, Darm- und Lungenkrebs

	Nationale US-Statistik	Simonton et al. (1980)	Newton (1985)
Brustkrebs	16	35	42
Darmkrebs	11	21	43
Lungenkrebs	6	14	24

Meares (1979) hat eine Reihe von Kasuistiken publiziert. Zwischen 1974 und 1978 hat er mit seinem nonverbalen meditativen „Hypnose"behandlungskonzept 17 Krebspatienten, im Endstadium ihrer Krankheit und größtenteils ohne weitere medizinische Therapie, behandelt. Die 10 Verstorbenen hatten die prognostizierte Lebenszeit „weit" überschritten, 5 von den 7 noch Lebenden ihre prognostizierte Lebenserwartung 1–4 Jahre überlebt.

Spiegel et al. (1989) haben über eine kontrollierte, prospektiv angelegte und statistisch sorgfältig analysierte Studie berichtet, an der 86 Patienten mit metastasiertem

Brustkrebs teilnahmen. In der Behandlungsgruppe (n=50) wurde Selbsthypnose geübt. 10 Jahre später, als nur noch 3 Patienten (sie gehörten zur Behandlungsgruppe) am Leben waren, zeigte sich im follow-up u.a. eine signifikante Differenz in der Überlebenszeit: die Patienten der Behandlungsgruppe hatten im Durchschnitt doppelt so lange überlebt (siehe Tabelle 18.2).

Tabelle 18.2. Überlebenszeiten in Monaten

	Kontrollgruppe	Behandlungsgruppe
Überlebenszeit vom Zeitpunkt x bis zum Tode:		
x = Beginn der Untersuchung (*)	18,9	36,6
x = Erstdiagnose (**)	81,2	94,6
x = Erste Metastasierung (***)	43,2	58,4

* $p < 0.0001$; ** $p < 0.04$; *** $p < 0.01$

Praktische Durchführung der Behandlung

Es gibt seit Ende der 80er Jahre eine Reihe unterschiedlicher therapeutischer Konzepte, die alle das Ziel verfolgen, den Krankheitsverlauf selbst zu beeinflussen (ergänzend zu den im Vorangehenden beschriebenen Ansätzen vergl. Dilts 1989 oder Rossi u. Cheek 1988). An dieser Stelle soll alternativ dazu ein funktionalistisches Konzept[5] für den Versuch einer immunstimulierenden hypnotherapeutischen Behandlung skiz-

Hypnotherapie in der Psychosomatik

1) *Weltbild vermitteln:* Klient von der „Existenz“ des nicht unter seiner bewußten Kontrolle stehenden Persönlichkeitsanteils „überzeugen“.
2) *Kontaktaufnahme:* In Trance diesen Teil (notfalls den Tumor selbst) visualisieren und Kontakt aufnehmen (klare Ja/Nein-Signale sind Mindestvoraussetzungen für Kommunikation).
3) *Aussöhnung:* Klient zur Bereitschaft verhelfen, vom Teil die positiven Absichten seines (dem Bewußtsein bislang völlig unbegreiflichen) Tuns[7] und Hinweise zur eigenen Lebensgestaltung anzuhören, sich damit auseinanderzusetzen.
4) *Kontrakt:* Absprache über regelmäßige Konsultation des Teils, damit seine Absichten und Hinweise auf Ressourcen des Klienten (insbesondere in Streßsituationen) in der täglichen Lebensgestaltung berücksichtigt worden.
5) *„Therapie“:* Unter Anleitung dieses Teils diejenigen innerpsychischen Konflikte durcharbeiten und lösen, so daß sich die Symptombildung oder die Krankheit (von psychischer Seite) erübrigt.
6) *Heilungsvisualisierungen:* Unter Anleittung des Teils innere Bilder über den körperlichen Heilungsvorgang der kranken Organe entwickeln und täglich in Trance „erleben“; dazu eine Kassette für eine geleitete Imagination mit dem individuellen „Ort der Ruhe“, Raum für ein Gespräch mit dem Teil an diesem Ort, Heilungsvisualisierung, evtl. Lichtimaginationen und „Reise in die Zukunft ohne Symptom“.
7) *Zukunftsperspektive:* Gemeinsam mit dem Teil Lebensperspektiven, die nach Maßstab des Klienten das eigene Leben mit Sinn erfüllen, entwickeln und (ähnlich wie unter 5 oder auch unter 2 und 3) innerpsychische Barrieren oder hindernde Konflikte bearbeiten und auflösen.

ziert werden, so daß der hypnotherapeutisch erfahrene Kliniker eine Therapie mit dieser Zielsetzung planen und durchführen kann.

Gemäß Ericksons Metapher über das kluge Unbewußte wird angenommen, daß (1) das Symptom begleitender Ausdruck innerpsychischer Konflikte und (2) ein unbewußter Persönlichkeitsanteil (gewissermaßen hinter dem Symptom) über alle notwendigen Informationen zur Klärung der Konflikte und damit Stimulierung körpereigener Selbstheilungskräfte verfügt.[6] Mit dieser Annahme ergibt sich das folgende Therapieschema (vgl. auch Peter 1987). Um die Erfolgswahrscheinlichkeit dieses Ansatzes zu erhöhen, ist es nötig, alle Phasen des Schemas ganz (d.h. mit nonverbaler kongruenter Zustimmung des Klienten) abzuschließen.

Fallbericht

Die im folgenden beschriebene hypnotherapeutische Behandlung eines Krebspatienten war der Anlaß des im vorangehenden Abschnitt beschriebenen Teile- oder Homunkuluskonzeptes, das damals noch nicht so weit entwickelt war wie heute. Erfolge und Mißerfolge, Stärken und Schwächen der therapeutischen Arbeit werden auch im zeitlichen Verlauf der Befindlichkeit und Lebensqualität des Klienten gut sichtbar (vgl. auch Lenk 1988). In den beiden Psychotherapiephasen haben wir in der Regel wöchentliche Sitzungen gehabt. Das Follow-up vom August 1988 gibt im Rückblick nochmal eine Bewertung aus Sicht des Klienten.

Im März 1985 kam ein geschiedener Lehrer Mitte 40 in meine Praxis. Nach der Scheidung von einer Ärztin hatte er mit einer jungen Studentin zusammengelebt, die inzwischen schwanger war. Er hatte sich aber auch von ihr getrennt. Nach plötzlich auftretenden stechenden Bauchschmerzen und stationärer Untersuchung mußte er sich der Diagnose stellen: Gallengangskarzinom der Leber, 8–9 cm durchmessende Raumforderung, kein sicherer Ausschluß anderer Primärtumore und kurativ nicht mehr zu behandeln; nach Meinung einiger Ärzte etwa ein halbes Jahr Lebenserwartung.

Neben einer Misteltherapie erhoffte er sich – vertraut mit dem Buch der Simontons – psychotherapeutisch lebensrettende Hilfe. Nach einem ausführlichen Gespräch darüber, was die Krebserkrankung für ihn bedeute („gewaltsames Lebensende, ohne richtig gelebt zu haben"), habe ich mit ihm gemäß der hypnotherapeutischen Modellvorstellung gearbeitet, daß in seiner Psyche eine Instanz existiert, welche dazu fähig ist, die Immunfunktion zu unterdrücken (und dementsprechend wieder zu stärken), was sie aus im Moment noch nicht bewußten, dennoch aber guten Gründen tut. In Trance hat er unter Anleitung diese Instanz in der 1. Stunde noch als tennisballgroßen, undurchlässigen, zementartigen Fremdkörper visualisiert. Zu Beginn der 2. Stunde nahm er die Instanz bereits als durchlässigen Fleischklumpen wahr. Zur Unterstützung der Therapie machten wir in dieser Sitzung eine Audiokassette mit einer ausführlichen, zu ihm passenden Tranceinduktion, an die sich eine geleitete Imagination zu seinem Ort der Ruhe (während die Sonne untergeht und diese „typischen Farben" an den Himmel malt, sitzt er auf der Terrasse seines griechischen Hauses und sieht in der Ferne ein Auto vorbeifahren, was man aber nicht hören kann, und atmet diesen „griechischen Duft" in tiefen Zügen ein) anschloß. An seinem Ort der Ruhe ging er dann „in Trance", um (wieder) die Instanz für die Fortsetzung des Gespräches (ein Vorgriff zu dem Zeitpunkt der Kassettenaufnahme) zu treffen, und um dann zum Abschluß an seinem Ort der Ruhe zu träumen von einer Zeit und einem Ort, wo er die Krankheit erfolgreich hinter sich gebracht und das Notwendige daraus gelernt hat. Diese Kassette sollte er zwischen den Therapieterminen 2–3mal täglich anhören. In dieser Stunde hatte er zum ersten Mal eine hypnotisch induzierte Trance erlebt, ein ihm sehr angenehmes Erlebnis, und nahm nun die Instanz als sprechende Krake wahr, die zwar angstvoll, aber unzerstörbar und nicht vertreibbar in seinen Eingeweiden festgekrallt saß.[8]

In der 3. Sitzung war er dann aufgrund verschiedener Interventionen zur Aussöhnung mit diesem Todfeind (z.B. Fragen, wie sein Leben ohne diesen biographischen Einschnitt zu Ende gegangen wäre: „zynisch, verbittert, innerlich verblutet") bereit, die Krake unter therapeutischer Anleitung in Trance nach ihrer positiven Absicht für all ihr Tun zu befragen. Er erhielt von ihr die Information, daß sie ihn schon seit längerem, zunächst durch Kopfschmerzen, gegen die er regelmäßig Tabletten einnahm, dann durch allgemeinere gravierende Körperschmerzen, gegen die er inzwischen regelmäßig Alkoholika trank, auf verdrängte, aber sehr vitale Lebenswünsche hinweisen wollte.

Seit seiner Musikausbildung in seinen Jugendjahren (sein Vater war im Krieg gefallen, seine Großeltern zogen ihn auf und finanzierten diese Ausbildung während seiner Gymnasialzeit) wollte er immer einmal künstlerisch tätig werden, hat es jedoch – um auf Wunsch seines Großvaters etwas Sicheres in der Hand zu haben – immer auf „später" verschoben und wollte nun die sichere Beamtenposition nicht mehr aufgeben, obwohl er sich dort äußerst unglücklich fühlte.

Als Lehrer erfüllte er korrekt seine Hausaufgaben und brachte in die 4. Sitzung einen nur an seinen Wünschen orientierten, von sog. „realistischen Korrekturen" freien Lebensentwurf mit, der seinen Wunsch, als Künstler Geld zu verdienen, ausdrückte. Ich ließ ihn die Krake fragen, ob sie diese Richtung der beruflichen Veränderung gutheißen würde: „Nicht solange schwatzen, endlich anfangen, etwas zu tun!" Was sind die ersten gangbaren Schritte in diese Richtung: „Mit der Sängerin wieder aussöhnen und auftreten." So erfuhr ich von dieser Sängerin und daß er schon in der Kleinkunstszene mit ihr erfolgreich aufgetreten war, sich aber vor Monaten mit ihr „tödlich" zerstritten hatte. Ich fragte den Klienten, ob er wüßte, wie er sich mit der Sängerin wieder aussöhnen könne: „Nein." Und so beschrieb ihm die Krake für alle seine Unsicherheiten und Probleme der Berufskollegin gegenüber Lösungen, bis er sich sicher war, die Schritte in die Realität umsetzen zu können. Er glaubte aber, für die musikalischen Auftritte keine Energie mehr zu haben, da ihm die Krankheit so zusetzte. Ich ließ ihn die Krake fragen, ob sie ihm Energie zur Verfügung stellt, wenn er sich in die von ihr gewünschte Richtung verändere; und auch von außen war sein „inneres Energieerlebnis" an der plötzlich auftretenden vitalen Färbung seines Gesichts sichtbar. Auf die direkte Frage, ob er unter bestimmten Bedingungen wieder ganz gesund werden könne, erhielt er nach langem Zögern von ihr innerlich die Antwort: es sei sehr schwer, aber wenn er sich an ihre Anweisungen halten würde, wäre es möglich.

In den folgenden Sitzungen fand er in dieser Art von internaler Kommunikation mit der Instanz im Trancezustand völlig neue, für ihn passende Lösungen für viele verdrängte Wünsche, und die Krake versprach ihm, die Immunfunktion heraufzusetzen. Er verkaufte sein riesiges benzin- und geldschluckendes Auto (was ihm seit 3 Jahren nicht gelungen war), entschloß sich, mit seiner Freundin zusammenzuleben, fand eine Wohnung und Zeit, die Heirat zu arrangieren, und hatte seinen ersten erfolgreichen (Wieder)auftritt mit der Sängerin. Als Beispiel dafür, wieviel Lebensenergie er wieder verspürte, erzählte er mir in der fünften Sitzung, daß er nach dem Mülleimerruntertragen in der neuen Wohnung ohne es zu merken 2 Treppen zu hoch hinaufgelaufen war; und als Beispiel dafür, wie sicher er sich mit der Krake als lebenswichtigem inneren Berater fühlte, daß er in seinem Bekanntenkreis auf Fragen nach der Psychotherapie ohne Zögern von der Krake und seinen Erfahrungen mit ihr berichte, und verstehen könne, daß seine Bekannten ihn dann „natürlich merkwürdig von der Seite" anschauen und das Thema wechseln würden.

Nach 6 Sitzungen ging es ihm psychisch so gut, daß er den lange ersehnten Urlaub in Griechenland mit seiner Frau jetzt endlich machen wollte. Nach Rücksprache mit der Krake hatte ich nichts dagegen. Der behandelnde anthroposophische Arzt stimmte zu in der Meinung, es sei der letzte Urlaub des Patienten (denn an das „amerikanische Relaxing" mochte er nicht glauben). Doch einige Wochen später erschien der Patient zu einer weiteren Untersuchung: die Tumormarker hatten sich weitgehend normalisiert, das Sonogramm zeigte einen etwas verkleinerten Tumor. Da der Klient meinte, mit der Krake alle notwendige Hilfestellung für sein Leben zu haben, setzten wir die Psychotherapie nicht fort.

Ein Jahr später traf ich ihn zufällig in der Stadt und erfuhr, daß er inzwischen Vater eines kleinen Mädchens und beruflich erfolgreich als Musiker und Autor geworden war.

Ein weiteres Jahr später kam er wieder zu mir, diesmal allerdings sehr, sehr krank: weiteres Tumorwachstum und schon 10 kg Gewichtsverlust; da die Galle kaum abfließen konnte, waren sein Gesicht und seine Augäpfel stark gelblich verfärbt. Im 1. Interview der 2. Therapiephase erzählte er mir, daß er seine Lebensentwürfe in der neuen Familienkonstellation mit dem viel Zuwendung erfordernden Kleinkind nicht dauerhaft hatte verwirklichen können, aber v.a. den Kontakt zu dieser inneren Instanz, der Krake, vor über einem Jahr in der Meinung aufgegeben hatte, er könne allein und ganz ohne „Krücke" mit den Schwierigkeiten im Leben fertig werden. Nachdem er nun im Spätherbst des vorangegangenen Jahres das Fortschreiten seiner Krebserkrankung bemerkt hatte, reiste er zunächst zu verschiedenen onkologischen Spezialisten in der Bundesrepublik Deutschland, die ihm auch diesmal keine erfolgversprechende medizinische Therapie anbieten konnten („zu glauben, hier könne man noch etwas machen, hieße den Kopf in den Sand zu stecken"). Dann probierte er das Simonton-Programm im Eigenversuch ergebnislos durch, ging zum Jahreswechsel durch eine schwierige Phase suizidaler Gefährdung, begab sich dann bei einem Heilpraktiker in Behandlung und kam schließlich zu mir.

Noch in der 1. Sitzung half ich ihm, in Trance den Kontakt zur Krake wieder herzustellen, um von ihr noch mehr über die psychischen Anteile dieser Phase der Krankheitsentwicklung zu erfahren: mit seiner Berufskollegin hatte er sich wieder überworfen und damit nicht weiter Musik machen können; in der Familie halfen die Schwiegereltern, mit denen er große Spannungen hatte, seiner Frau, Kindesversorgung und Studium zu bewältigen, so daß er sich gesagt hatte: Zähne zusammenbeißen und durch. Er litt inzwischen unter starken Schuldgefühlen seiner Frau gegenüber, die neben dem Baby und Studium noch einen kranken Mann zu versorgen hatte, und darunter, daß sie seit Monaten nicht mehr miteinander geschlafen hatten, Er bestätigte das alles. Auf die Frage an die Krake, ob in diesem fortgeschrittenen Stadium der Krebserkrankung von ihrer Seite überhaupt noch eine Besserung vorstellbar sei, zögerte sie sehr lange und es war für mich emotional bewegend, das Mienenspiel im Gesicht des Klienten während dieser Phase der Trance mitzuerleben – und antwortete: nur wenn er sich wirklich an ihre Anweisungen hielte, gäbe es vielleicht gewisse Chancen. Unter diesen Bedingungen begannen wir die 2. Phase der Therapie. Noch in dieser Sitzung vereinbarten wir, daß er sich morgens zur Planung des Tages und abends zur rückblickenden Kontrolle mit der Krake trifft, um unnötigen Streß zu vermeiden und mit ihr gemeinsam weniger streßvolle oder womöglich streßfreie Lösungen für die alltäglichen Aktivitäten zu finden; und wieder die regelmäßige Entspannung aufzunehmen.

In der 2. Sitzung suchten wir mit der Krake minutiöse Lösungen für Veränderung des spannungsreichen Familienlebens: er solle die kleine Tochter morgens der Ehefrau abnehmen und zum Kindergarten bringen – nicht mehr, nicht weniger – und anschließend sich Zeit für sich selbst nehmen, weil das der beste Zeitpunkt im Familienalltag für seine körperlichen Entspannungsübungen und das Gespräch mit der Krake sei. In der 3. Sitzung berichtete er von einer langen Aussprache mit seiner Frau, dem Gefühl, sich wieder emotional näher zu kommen, und der Freude, daß sie seit langer Zeit wieder miteinander geschlafen hatten. Ähnlich wie in der 1. Therapiephase erarbeiteten wir im Gespräch mit der Krake neue Lösungen für die anstehenden Probleme, und es ging ihm psychisch wieder gut. Deswegen stellte er im Alltag nicht alle Vorhaben im Verhandlungsgespräch mit der Krake zur Diskussion. Typisch war folgendes: auf einer Geburstagsfeier hatte er trotz strenger Diätvorschrift 3 Stück Buttercremetorte verspeist; abends beim Treffen mit der Krake brachte er das korrekterweise zur Sprache, „sie wies mich zurecht, aber das ist ja ihr Job". Er nahm es als Kavaliersdelikt. Nachdem wir ein Kindheitsautoritätsproblem durchgearbeitet hatten, akzeptierte er ihre Autorität als lebenswichtigen Ratgeber ein wenig mehr.

Er war optimistisch; nach 5 Sitzungen hatten sich auch die Tumormarker positiv verändert. Doch in der 6. Sitzung (nach 2 1/2 Wochen Pause) ging es ihm körperlich wieder sehr schlecht und die Werte der Tumormarker hatten sich negativ verändert. Im Gespräch stellte sich heraus, daß er aus der optimistischen Stimmung heraus (ohne Absprache mit mir oder der Krake) sich entschieden hatte, die kleine Tochter während der Studienreise seiner Frau (in den letzten 10 Tagen) allein zu versorgen, was ihn völlig überfordert hatte. Wir vereinbarten, daß er über seine Gespräche mit der Krake morgens und abends ein Tagebuch führt und sich damit eine Übersicht verschafft, welche Themen besprochen und welche noch nicht besprochen sind. Und wir erarbeiteten neue, in allen Einzelheiten durchdiskutierte Lösungen für die alltäglichen Probleme.

Und wieder besserte sich sein Zustand: nach 11 Sitzungen hatte er nicht nur das Gefühl, daß ein neuer Aufbruch möglich sei, er hatte fast völlig die gelbliche Hautfarbe verloren und die Tumormarker hatten sich weitgehend normalisiert. Er wollte wieder mit seiner Familie zu einem langen Sommerurlaub nach Griechenland fahren. Von dort schrieb er mir eine Karte: „Mir geht es – wenn ich mal so euphorisch sein darf – ausgezeichnet. Psyche ist eben doch alles!"[9]

Ende 1987 wurde es – wie ich im Frühjahr 1988 telefonisch von ihm erfuhr – nicht nur wieder mit dem Abfluß der Galle schlechter (er ließ sich einen Katheter legen), sondern auch mit seinem Allgemeinzustand. Aus dem Gefühl heraus, endlich mit der Gefahr einer Metastasenbildung in seinem Körper Schluß zu machen, unterzog er sich einer Bestrahlung, die auch zu einer Verkleinerung des Tumors und zeitweiligen Besserung des Gesundheitszustandes führte.

Im August 1988, nach seinem gewohnten Sommerurlaub in Griechenland, erzählte er mir, daß er aufgrund seines schlechten Allgemeinzustandes sehr eingeschränkt lebe. Rückblickend auf die Psychotherapie charakterisierte er die 1. Therapiephase als „umwerfend vitalisierend"; er hatte „gewissermaßen täglich bei der Rekonvaleszenz seines Körpers" zuschauen können; die 2. Phase sei als Hilfestellung wichtig gewesen, habe aber nicht mehr den durchschlagenden Erfolg gehabt, den er sich erhofft hatte. Mit der Krake sei er allein nicht so gut „zu Rande gekommen", er habe ihr wohl „nicht genügend Zeit gelassen", sich autonom zu äußern. Obwohl es ihm jetzt schlecht ginge, sei er froh, seine Prognose weit überlebt zu haben, und er habe sie „nicht nur überlebt, sondern über weite Strecken sehr intensiv gelebt und das Leben wirklich genossen". Im November 1988 bekam ich dann die Nachricht von seinem Tod.

In dieser hypnotherapeutischen Behandlung des Krebspatienten hatten wir 3 Ziele: 1) Verbesserung der Lebensqualität, 2) Lebensverlängerung, 3) Heilung (vgl. Newton 1985) verfolgt, wobei ich das Einlösen des 1. für realistisch hielt, das des 3. mir aber öfter wünschte. Das 1. und vermutlich auch das 2. haben wir gemeinsam erreicht. In der retrospektiven Übersicht sind Erfolge und Mißerfolge, Stärken und Schwächen der therapeutischen Arbeit gut erkennbar. Zu den Schwächen rechne ich u.a., daß wenig an dem Muster oder Glaubenssatz „ich muß/kann alles alleine machen, notfalls die Zähne zusammenbeißen" interveniert wurde.

Abschließend möchte ich einige klinische Erfahrungen mit dem therapeutischen Konzept ansprechen:

1) Hypnotherapeutisch „induzierte" Instanzen kamen bisher immer sehr schnell auf zentrale, langandauernde ungelöste Lebensprobleme zu sprechen.
2) Diese Instanzen haben sich bisher immer „realistisch" zum Stand und Perspektive der Krankheit geäußert und Bedingungen für Stillstand oder Besserung genannt.
3) Das „parallele Auf und Ab" zwischen psychischer Verfassung des Klienten und körperlichem Allgemeinzustand [wie es beispielsweise auch in den Fallgeschichten von Simonton et al. (1978) berichtet wird] ist nicht immer so deutlich zu beobachten.

Diese Erfahrungen scheinen zu der theoretischen Auffassung vom Menschen als einem einheitlichen psychobiologischen, informationsverarbeitenden System (vgl. den folgenden Abschnitt) zu passen, so daß es mir erfolgversprechend erscheint, in dieser Richtung nach verbesserten psychotherapeutischen Konzepten zu suchen.

Schlußbemerkung

Die bisher vorliegenden Fallberichte und empirischen Untersuchungen über Versuche, mit hypnotherapeutischen Methoden Krebspatienten bei der Linderung ihrer Leiden – den Schmerzen und dem Erbrechen, der Angst und den Depressionen – zu helfen oder sogar das maligne Zellwachstum und die Funktion des Immunsystems in Trancezuständen direkt zu beeinflussen, sind sicherlich im ersten Gesamteindruck imponierend. Ihr Nutzen für die allgemeine klinische Praxis, für psychoonkologische Therapiepläne und hypnotherapeutische Behandlungen läßt sich jedoch erst beurteilen, wenn 2 Fragen in die Bewertung miteinbezogen werden: 1) „Wie gut sind die erreichten Resultate abgesichert?“ und 2) *„Ist mit diesen Resultaten das hypnotherapeutische Beeinflussungspotential ausgeschöpft?“*

Aus wissenschaftlich-skeptischer Perspektive fehlt es (bis auf die Spiegel-Studie) an schlüssigen Nachweisen der allgemeinen Anwendbarkeit hypnotherapeutischer Beeinflussung. Infolge der schon erwähnten methodischen Schwächen ist die Aussagekraft der empirischen Untersuchungen zur Kontrolle von Schmerzen oder chemotherapeutischen Nebenwirkungen sehr unterschiedlich. Den Studien zur Aktivierung des Immunsystems in Trancezuständen fehlt eine methodisch einwandfreie empirische Absicherung der krebsspezifischen Wirksamkeit dieser Strategien. Die bisherigen Versuche beschränken sich auf

- die Aufzählung von Erfolgsquoten bei behandelten Patientengruppen
- auf undifferenzierte Vergleichsstatistiken
- oder einzelne Falldarstellungen.

Es handelt sich nicht um methodisch einwandfreie Untersuchungen, in denen Spontanremission oder unspezifische Faktoren ausgeschlossen werden können. Bisher gibt es daher kaum wissenschaftlich unanfechtbare Evidenz, daß Hypnose einen Effekt auf die Tumorregression hat. Man könnte jedoch geneigt sein, die von den Autoren angegebenen Erfolgsquoten eher als (im statistischen Sinn) konservative Schätzungen zu betrachten. Denn es handelte sich im Falle von Simonton und Spiegel et al. um Patienten, die sich im letzten Stadium der Krebserkrankung befanden und deren Lebensdauer sich im Durchschnitt verdoppelte. Das ließe sich als ein Hinweis auf eine krebsspezifische Wirksamkeit der Hypnose verstehen. Was mit der Beobachtung begann, daß Emotionen (und dahinterstehende Einstellungen und Glaubenssysteme) die Anfälligkeit des Organismus für eine ganze Reihe von Infektionen beeinflussen können, hat sich in den letzten Jahren zu einem rapide wachsenden Spezialgebiet im Bereich der Neurophysiologie und Immunologie entwickelt,[15] die Neuropsychoimmunologie (Ader [1]1981). Es spricht inzwischen viel für die Hypothesen, daß nicht nur das Nervensystem, sondern auch das Immunsystem in der Lage ist, auf eine unüberschaubare Zahl von neuen Stimuli zu reagieren (Marx 1985); daß die Immunfunktion sich konditionieren läßt (Ader et al. 1982); daß jede Immunzelle über eine unglaublich große Menge an Signalen mit dem Nervensystem und auch allen anderen Körperfunktionen verbunden ist (Blalock 1984); daß beide Systeme die Fähigkeit zum Lernen und zum Erinnern besitzen (Carr u. Blalock 1986); daß also das traditionelle Verständnis von „Immunsystem hier und Nervensystem dort“ bzw. die Auffassung des Immunsystems als einem von Psyche/Geist unabängigen Regulationssystem nicht mehr zu passen scheint. Mit anderen Worten: der kartesianische Dualismus ist nicht mehr unbestritten (vgl. auch die Übersicht bei Mayer 1988), eine psychobiologische Theorie vom menschlichen Organismus, der auf allen Ebenen Informationen austauscht, scheint angemessener zu sein (Rossi 1986).

Im Rahmen des sich abzeichnenden Bildes vom Menschen als einem psychobiologischen, einheitlichen System gewinnt auch der sog. Placeboeffekt eine andere Interpretation (Spiro 1986). Im allgemeinen wird dieser Effekt von der Medizin noch immer als lästiges Störphänomen angesehen, das die Beurteilung der „wahren“ Wirkung von Medikamenten oder Therapien erschwert. In der neuen Sichtweise erweist er sich als Ausdruck eines hochwirksamen körpereigenen Regulationssystems, das in der Lage ist, auch viele der als unheilbar geltenden Krankheiten zu heilen. Damit verlieren auch die eher noch vorwissenschaftlichen, vereinzelten Kasuistiken hypnotischer Behandlungen bei von der Schulmedizin aufgegebenen Immunkrankheitsfällen, die Hall (1983) in einem Übersichtsreferat mit dem Untertitel „Psychology of Healing" aufgelistet hat, ihren exotischen Ausnahmezustand und scheinen einer naturwissenschaftlichen Erklärung zugänglich zu werden.

Interessanterweise hat die Hypnotherapie diese selbstheilende Intelligenz des Organismus immer postuliert, was beispielsweise durch Ericksons Metapher „dein bewußtes Denken zeigt sehr viel Intelligenz, aber deine unbewußten Prozesse sind bei weitem klüger", gemünzt auf eine psychobiologische Organisation mit teleologischer Intelligenz und Kreativität deutlich wird. Vermutlich ist die sog. Spontanremission[16] eines der noch am wenigsten verstandenen Beispiele für die selbstheilende Intelligenz des Organismus.

Aus wissenschaftlich-innovativer Perspektive könnten sich also die zitierten empirischen Studien als der tastende Beginn einer klinischen Arbeit interpretieren lassen,[17] welche die psychologischen Interventionsmuster für eine „verständnisvolle" Kommunikation mit den körpereigenen, intelligenten Regulationssystemen und die psychologischen Ansatzpunkte für das systematische Auslösen des Placeboeffektes oder der Spontanremission sucht. So könnte es möglich sein, daß sich eines Tages auf dem Boden psychobiologischer Theorien der Kommentar von Meares (1979), daß langsam die Zeit komme, auch mit psychologischen Methoden direkt die Krebserkrankung zu behandeln, nicht als Illusion eines alten psychologie-gläubigen Mannes erweist.

Anmerkungen

1 Das relativ junge, aber breitgefächerte wissenschaftliche Gebiet der Psychoonkologie (vgl. z.B. Ziegler 1984) erforscht die Vielzahl psychosozialer Aspekte der Krebserkrankung und der Betreuung von Krebspatienten, wobei die Hypnose in deutschsprachigen psychoonkologischen Beiträgen eher eine Außenseiterrolle spielt.

2 Diese Konzeptualisierung, ganz in der Tradition des kartesianischen Dualismus zwischen Geist und Körper, war in der Geschichte der neuzeitlichen Medizin nicht immer unangefochten und ist bis heute eine wirklich schlüssige Beweisführung für ihre Richtigkeit schuldig geblieben (das Gegenteil ist bislang auch nicht zwingend nachgewiesen).

3 Vom methodischen Standpunkt sind diese Forschungen sicherlich im Hinblick auf ihre Schlüssigkeit zu kritisieren.

4 Tierexperimentell lassen sich die entsprechenden sog. „Conditioned-taste-aversion"-Effekte (Riley u. Clarke 1977) leicht produzieren. Diese Ergebnisse eröffneten die theoretische Möglichkeit, die hohen Abbrecherquoten bei der Chemotherapie zu erklären und lieferten den Anlaß, im Bereich der Psychoonkologie mit einer „Verarbeitungsforschung" zu beginnen.

5 Lenk W (1986) Unveröffentlichtes Seminarhandout; S. 17 und S. 25.

6/7 Für diesen Ansatz hat auch das NLP-Six-step-reframing-Paradigma Pate gestanden (Bandler u. Grinder 1982).

8 Alle Bilder wären diagnostisch zu deuten gewesen, aber das war bei diesem Therapieansatz nicht wichtig.

9 Für die psychotherapeutische Arbeit halte ich die Auffassung „Interaktion zwischen Körper und Geist/Psyche" für hilfreicher als „mind over matter"; denn sie rückt mehr Interventionsmöglichkeiten in das Blickfeld des Therapeuten, um die Gesundheit des Klienten wieder herzustellen.

[10] Natürlich ist die methodologisch diktierte Forderung unter Bedingungen einer massiven Lebensbedrohung schon aus ethischen Gründen schwerlich herstellbar.

[11] Für die Idee einer „maßgeschneiderten Therapie" vgl. Erickson u. Rossi (1981), Zeig (1987) und die neueren NLP-Konzepte bei Bandler (1985), Andreas u. Andreas (1987).

[12] In dieser Hinsicht hat sich auch die „Simonton-Arbeit" gewandelt, wie Creighton (1987) ausführte.

[13] Vgl. die publizierten persönlichen Berichte von Krebspatienten, z.B. Tausch (1981).

[14] Manchmal erscheint es produktiv, Krankheit nicht nur als Defizit, sondern – im Sinne einer sinnvollen Instabilität – auch als Chance zur Veränderung persönlicher Lebensumstände zu betrachten, und damit Therapie und Behandlung nicht lediglich als Wiederherstellung des alten Zustandes, sondern in einem emphatischen Sinn als Weg zur Heilung oder Gesundung, als professionelle Hilfestellung für persönliches Wachstum und Reifung aufzufassen. Eine Sichtweise, wie sie (mit teilweise sehr divergierenden Rahmengedanken) im mehr akademischen Bereich etwa durch Weizsäckers anthropologische Medizin und im universitätsexternen Bereich, z.B. durch Dethlefsen u. Dahlke ([1]1984) oder Houston (1982) repräsentiert wird.

[15] Mit Kuhns Theorien (1967) läßt sich diese Phase als Paradigmenwechsel kennzeichnen: neue Sichtweisen können den bisherigen exotischen Ausnahmefällen den Status von Regelfällen zuweisen, was zu neuen technisch-instrumentellen Umgangsweisen führt; widersprüchliche Sichtweisen existieren nebeneinander.

[16] Das Etikett Spontanremission kennzeichnet ja offenbar körpereigene Regulationsmechanismen, welche die Schulmedizin bisher nicht steuern kann, die hypnotherapeutischen Programme aber anzuregen versuchen. Selbst wenn diese Art von Gesundung „nur eine Spontanremission" wäre – wenn der Patient sich 20 oder 30 Jahre in Spontanremission befände, wäre ja auch etwas gewonnen.

[17] Die zunehmende Zahl von Forschungsprojekten und Publikationen auf diesem medizinpsychologischen Gebiet (vgl. dazu Derogatis 1986; Greer u. Silberfarb 1982) kennzeichnet die wachsende Bedeutung psychoonkologischer Behandlungsverfahren.

Empfohlene Literatur

Ader R (ed) ([2]1984, [1]1981) Psychoneuroimmunolgy. Academic Press, New York NY

Barber J, Adrian C (1982) Psychological approaches to the management of pain. Brunner/Mazel, New York NY

Dilts R (1989) Belief systems and your well being. Metamorphous, Portland OR

Rossi EL (1980) The collected papers of Milton H. Erickson on hypnosis, vol II.: Hypnotic alteration of sensory, perceptual and psychophysiological processes. Irvington, New York NY

Rossi EL/Cheek D (1988) Mind body Therapy. W. W. Norton & Company, New York NY

Simonton OC, Simonton S, Creighton J (1978, dt 1982) Getting well Again. Bantham, Toronto. (Dt. Wieder gesund werden. Rowohlt, Reinbek)

IV. Medizinische Anwendungen

19. Anästhesie

FRANZ MÜNCH

Die ersten Berichte über Operationen unter hypnotischer Anästhesie stammen aus dem 19. Jahrhundert. M. Squire, ein englischer Chirurg, führte 1884 eine Oberschenkelamputation durch, während der Patient hypnotisiert war. Um 1850 gab es in England mehrere Chirurgen, die vor der Entdeckung der anästhetischen Wirkung des Äthers, Chlorophorms und Stickoxyds die Hypnose für Operationen eingesetzt hatten. So berichtete der englische Chirurg Elliotson über größere Eingriffe, die unter Hypnose durchgeführt wurden. Esdaile hat über 500 größere chirurgische Eingriffe unter Hypnose ohne Anästhetika vorgenommen, darunter 300 Amputationen. Sein erstaunlicher Befund war, daß nicht nur die Operation unter Hypnose schmerzfrei verlief, sondern auch die Entzündungsneigung stark reduziert war, so daß die Sterblichkeit bei operativen Eingriffen von derzeit üblichen 40% auf 5% bei Esdaile sank. J. Milner Bromwell demonstrierte 1880 vor Ärzten in Leeds (England) Anästhesie durch Hypnose. Auch in jüngerer Zeit erschienen mehrere Veröffentlichungen über die Hypnose als Anästhesie (u.a. Crasilneck u. Hall [1]1975; Finer 1980; Schafer 1975; Loth u. Kahan 1986). Eine Zusammenstellung älterer Literatur findet sich bei Hilgard u. Hilgard ([1]1975), vgl. Tabelle 19.1.

Doch die rasante Entwicklung der modernen Anästhesie lenkte das Interesse weg von der Hypnose; heute stehen die pharmakologischen Methoden im Mittelpunkt der Anästhesie. Grund dafür sind der geringere Zeitaufwand gegenüber einer hypnotischen Anästhesie, die Verläßlichkeit der Pharmaka, die Möglichkeit einer schonenden balancierten Narkose und die erhöhte Sicherheit durch moderne Überwachungsmonitore. Ferner drängen die heute ausgeteilten Verfahren der Regionalanästhesie – manchmal kombiniert mit der leichten Vollnarkose – hypnotische Analgesie weiter in den Hintergrund.

Präoperative Phase

Die präoperative Phase stellt jedoch den Anästhesisten immer noch vor Probleme. Die Angst des Patienten, in der Narkose hilflos ausgeliefert zu sein und vielleicht nicht mehr aufzuwachen sowie die Furcht vor dem eigentlichen chirurgischen Eingriff führen zu inneren Spannungen, die sich im Einzelfall deutlich in einem Mehrverbrauch von Narkosemitteln niederschlägt. So zeigen Berlin et al. (1982) in einer Unter-

Tabelle 19.1. Operationen, für die Hypnose zur Analgesie oder Anästhesie verwendet wurde, ohne zusätzliche pharmakologische Schmerz- oder Narkosemittel (1955–1974). (Nach Hilgard u. Hilgard [1]1975)

Art der Operation	Literaturquelle
Blinddarmoperation	Tinterow (1960)
Kaiserschnitt	Kroger u. DeLee (1957)
	Taugher (1958)
	Tinterow (1960)
Magenoperation	Bonilla et al. (1961)
Mammaplastik	Mason (1955b)
Brusttumor	Kroger ([1]1963)
Brustgewebsentnahme	Van Dyke(1970)
Hauttransplantation, Hautentfernung usw.	Crasilneck et al. (1956)
	Tinterow (1960)
	Finer u. Nylen (1961)
Herzchirurgie	Manner (1959)
	Tinterow (1960)
Kataraktentfernung	Ruiz u. Fernandez (1960)
Knochenbrüche und Luxation	Goldie (1956a)
	Bernstein (1965)
Radiumeinlage in den Gebärrnutterhals	Crasilneck u. Jenkins (1958)
Ausschabung	Taugher (1958)
Gebärmutterentfernung	Tinterow (1960)
Vorhautverengung	Chong (1964)
Prostataentfernung	Schwarcz (1965)
	Bowen (1973)
Entfernung der Eierstöcke	Bartlett (1971)
Hämorrhoidenoperation	Tinterow (1960)
Schllddrüsenoperation	Kroger (1959)
	Chong (1964)
	Patton (1969)
Naht der Gesichtsnerven	Crasilneck u. Jenkins (1958)
Entfernung von Krampfadern	Tinterow (1960a)
Fremdkörperentfernung beim Kind aus der Nase	Bernstein (1965)
Wundnaht am Kinn beim Kind	Bernstein (1965a)
Fettgewebsentfernung vom Arm	Scott (1973)

suchung, daß psychisch auffällige Patienten perioperativ größere Probleme aufwiesen als psychisch stabile: höhere Blutdruckwerte und größere Blutdruckschwankungen während der Narkose, ein um 2/3 höherer Medikamentenverbrauch, durchschnittliches Wohlbefinden erst 36 h nach der Narkose gegenüber 14 h.

Diese innere Spannung wird durch eine präoperative medikamentöse Beruhigung, die sog. Prämedikation, nur unzureichend beherrscht. Höfling et al. (1983) fanden, daß eine Prämedikation mit Thalamonal bei den Patienten, die schlechte Erfahrungen mit der Narkose gemacht und eine negative Einstellung zu Beruhigungsmitteln hatten, keine spürbare Angstreduktion bewirkte. In den regelmäßig stattfindenden internationalen Anästhesiekongressen wird der Prämedikation nach wie vor größerer Platz eingeräumt. Ferner werden in den verschiedenen Krankenhäusem unterschiedliche Pharmaka für Prämedikation angewandt. Dies alles zeigt, daß das Problem der Prämedikation noch nicht ausreichend erforscht wurde.

Operative Phase

Andere Forschungsergebnisse weisen ferner auf eine Problematik der Narkose hin, die bis heute noch wenig zur Kenntnis genommen wurde: die Wahrnehmung akustischer Reize selbst bei ausreichender Anästhesie. Pearson (1961) gab in einer Doppelblindstudie während der Narkose Suggestionen, in denen er einen reduzierten Klinikaufenthalt suggerierte. Die Chirurgen wußten nicht, welche Patientengruppe diese spezifischen Suggestionen erhalten hatten. Wie es sich zeigte, wurde diese Patientengruppe im Schnitt 2,4 Tage früher aus der Klinik entlassen als die Kontrollgruppe.

Levinson (1965) veröffentlichte ein Experiment, in dem er 10 Patienten während einer Vollnarkose bei zahnärztlichen Eingriffen einer Suggestion aussetzte, die eine anästhesiologische Krise andeutete. Zu einem bestimmten Zeitpunkt der Operation mußte der Anästhesist sagen: „Mir gefällt die Farbe des Patienten nicht, er ist so blau – seine Lippen sind sehr blau – ich gebe ihm etwas mehr Sauerstoff." Einen Monat später wurden die Patienten hypnotisiert und in die Zeit der Operation zurückversetzt. Sie wurden gefragt, ob sie sich an irgend etwas erinnerten; 4 von ihnen konnten fast den genauen Wortlaut wiederholen; 4 weitere wurden ängstlich und erwachten aus der Hypnose; 2 zeigten keine Gefühle. Die Untersuchung des EEG jedoch, das während der Operation durchgeführt worden war, hatte während der Suggestionen Abnormalitäten gezeigt, die für einige Minuten angehalten hatten.

Bennett et al. (1985), Psychologen an der Abteilung für Anästhesiologie der University of California, flüsterten in einem Experiment 11 von 33 Patienten in tiefer Narkose ein, sie sollten bei einem späteren Gespräch mit dem Arzt an ihrem Ohrläppchen zupfen. Die 11 Personen berührten ihre Ohrläppchen im Durchschnitt 6mal häufiger als die Kontrollgruppe, die diese Anweisung nicht erhalten hatte. Evans u. Richardson (1988) zeigten, daß sich durch intraoperative therapeutische Suggestionen, die dem Patienten während der Vollnarkose mit einem Kassettenrecorder über Kopfhörer zugespielt wurden, die Erholungsphase beschleunigt und der Aufenthalt im Krankenhaus verkürzt werden konnte. Diese Untersuchungen belegen, daß gewisse Hirnstrukturen auch in Vollnarkose weiterhin Informationen verarbeiten. Es bietet sich somit an, mit Hilfe der Hypnose dem Gehirn Informationen zuzuspielen, die in den Anästhesieverlauf integriert werden (vgl. auch Kap. 21).

Praktische Durchführung der Behandlung

Für die Anwendung hypnotischer Techniken oder einer Hypnonarkose bieten sich folgende Bereiche an:

1) präoperative Phase,
2) Einleitung der Narkose,
3) intraoperative und postoperative Phase,
4) Ergänzung zur Regionalanästhesie,
5) Hypnonarkose in Sonderfällen.

In den Bereichen 1–4 ist eine *Standardhypnose* nur selten erforderlich. Zudem schränkt der erhöhte Zeitaufwand eine routinemäßige Anwendung der Hypnose ein; jedoch sind in diesen Bereichen gerade in der täglichen Anästhesiearbeit *hypnotische*

Techniken äußerst hilfreich. Damit sind verbale Interventionen gemeint, wie Suggestionen, Anleitung des Patienten zur Visualisierung angenehmer Zustände ("guided imagery") und Anekdoten bzw. Geschichten, Diese hypnotischen Techniken, die im Einzelfall bei gut suggestiblen Patienten eine Trance hervorrufen können, ergänzen die pharmakologischen Interventionen und helfen, Medikamente einzusparen. Eine ausführliche hypnotherapeutische Behandlung ist dagegen indiziert bei Patienten mit ausgeprägten psychoreaktiven Störungen im Hinblick auf die Narkose oder Operation. Weiterhin können Patienten, bei denen ausgedehnte Operationen geplant sind, mit hypnotherapeutischen Verfahren auf die Intensivstation und den Heilungsverlauf vorbereitet werden. Eine Hypnonarkose im eigentlichen Sinne sollte nur bei den Patienten durchgeführt werden, die extreme Unverträglichkeiten gegenüber den anästhesiologischen Pharmaka haben oder die aus Angst vor einer Voll- oder Teilnarkose eine notwendige Operation verweigern. Auch bei Patienten, die sich für eine Hypnonarkose entscheiden, um die Nachteile einer medikamentösen Betäubung zu meiden, kann eine reine Hypnose als Anästhesie durchgeführt werden. In allen Fällen sollte die Hypnonarkose stets in medikamentöser Narkosebereitschaft durchgeführt werden, da im Gegensatz zur pharmakologischen Narkose ein 100%iges Gelingen nicht garantiert werden kann. Die Hypnonarkose wird deshalb immer auf Einzelfälle beschränkt bleiben.

Präoperative Phase

Üblicherweise findet der erste Kontakt zwischen dem Anästhesisten und dem Patienten im Rahmen einer Prämedikationsvisite am Tage vor der Operation statt. Ziel dieser Visite ist zum einen die körperliche Untersuchung, um die Narkosefähigkeit festzustellen und Risiken abzuwägen, die sich aus evtl. bestehenden Vorerkrankungen ergeben. Zum anderen muß der Patient über die Betäubungsverfahren, ihre Vor- und Nachteile sowie die eventuellen Folgen aufgeklärt werden. Die Rechtsprechung der letzten Jahre legt besonderen Wert auf genaueste Aufklärung, um der Mündigkeit des Patienten gerecht zu werden. Schließlich muß er schriftlich seine Einwilligung zur Anästhesie geben. Hier ergeben sich häufig Probleme, die verhindern, daß der Patient dem nächsten Tag mit Ruhe und Gelassenheit entgegensieht.

Auf der einen Seite ist der Patient innerlich angespannt, verspürt gewisse Ängste vor der Narkose und fühlt sich hilflos ausgeliefert, auf der anderen Seite sollte der Anästhesist den Patienten psychisch stabilisieren, muß jedoch zunächst die Gefahren der Narkose oder Regionalanästhesie aufzeigen, was zu einer weiteren Steigerung der Angst führen kann.

Dies ist der Zeitpunkt, den Patienten mit hypnotischen Techniken psychisch zu stützen. Folgende Punkte sollten dabei angesprochen werden:

- Ruhe und Gelassenheit,
- guter Schlaf,
- Sicherheit der Narkose,
- Vorbereitungsraum und Narkoseeinleitung,
- angenehme Aufwachphase,
- Übelkeit, Schmerzen,
- Erholung (Rekonvaleszenz).

Dieses *Prämedikationsgespräch* scheint äußerst wichtig sowohl für die Narkose als auch für den postoperativen Verlauf zu sein. Schon 1968 fand Frey, daß die suggestive Führung der Patienten bei den Narkosevorbereitungsgesprächen zu einer signifikanten Einsparung von Medikamenten führt.

Das Gespräch muß dem Patienten individuell angepaßt werden. Erweist sich der Patient als gut suggestibel, so sollte man sich nicht scheuen, vermehrt gezielte Suggestionen einzuflechten.

Folgendes Beispiel soll die hypnotischen Techniken im Rahmen eines Aufklärungsgespräches verdeutlichen:

„Ich habe Ihnen nun viel erzählt über die Probleme, die während der Narkose auftreten können. In Wirklichkeit trifft dies jedoch sehr selten ein. Die modernen Narkosetechniken mit den neu entwickelten Medikamenten und Überwachungsmonitoren erlauben eine so schonende Narkose, individuell für Sie dosiert ... Fahren Sie Auto? Sehen Sie, beim Autofahren geschehen viel mehr Unfälle als heute bei der Narkose. Trotzdem setzen Sie sich regelmäßig ans Steuer ... Sie werden überrascht sein, wie ruhig Sie heute nacht schlafen werden. Und wenn Sie wollen, kann ich dies durch ein leichtes Schlafmittel heute abend noch mehr verstärken ... Sie werden dann morgen früh ruhig aufwachen und können der Operation mit Ruhe und Gelassenheit entgegensehen ... Bevor Sie dann zu uns in den Vorbereitungsraum des Operationssaales gebracht werden, gibt Ihnen die Schwester eine Beruhigungsspritze. Diese wird Sie noch ruhiger machen, vielleicht schlafen Sie auch dabei ein und nehmen die ganze Vorbereitung kaum wahr... Ich lege Ihnen dann eine dünne Kunststoffkanüle in die Vene; auch das werden Sie kaum spüren; es werden dann EKG-Elektroden an ihren Brustkorb geklebt, um Ihren regelmäßigen Herzschlag zu überwachen. Das wird Sie noch mehr beruhigen ... Während ich dann das Narkosemittel durch die Kunststoffkanüle spritze, werden Sie ruhig und angenehm einschlafen ... Sie werden nichts mehr spüren ... Die Zeit wird für Sie stehenbleiben, und Sie werden sich sehr wohl fühlen ... Ich werde immer bei Ihnen bleiben, Sie werden während der Narkose nie alleine sein ... Sie werden überrascht sein, wie angenehm Sie nach der Operation von der Narkose aufwachen. Sie werden kaum Schmerzen haben und sich sehr wohl fühlen ... Und weil Sie sich so wohl fühlen, werden Sie ruhig und tief atmen und ein bißchen weiterschlafen ... Sie werden zunächst in unseren Aufwachraum gebracht, wo immer eine Schwester sein wird. Wenn Sie irgendeinen Wunsch haben, können Sie zu jeder Zeit die Schwester rufen, die Ihnen dann helfen wird ... Und weil Sie sich so wohl fühlen werden, wird es Ihnen auch nicht übel werden ... Sie werden dann sehr bald wieder in Ihr Zimmer kommen und können sich darauf freuen, wie schnell Sie sich erholen werden."

Sehr effektiv sind auch Anekdoten von Freunden und Angehörigen, in denen genau beschrieben wird, wie angenehm und erfolgreich die Narkose und die Operation erlebt wurde.

Einleitung der Narkose

Während bei älteren Kindern und Erwachsenen die Narkose durch eine intravenöse Injektion (i. v.-Einleitung) eines Schlafmittels begonnen wird, wird bei Säuglingen und Kleinkindern die Narkose durch Einatmen eines Narkosegases (z.B. Gemisch von Sauerstoff, Lachgas und Halothan) über eine Atemmaske eingeleitet (Maskeneinleitung). In beiden Fällen kann die Narkoseeinleitung mit hypnotischen Techniken erleichtert werden, was sich häufig in niedrigeren Pulsfrequenzen als Zeichen der inneren Ruhe niederschlägt.

Bei der *intravenösen Einleitung* kann der Patient aufgefordert werden, sich an irgendeinen schönen Ort oder an ein angenehmes Erlebnis zu erinnern. Bevor das

Schlafmittel gespritzt wird, soll mit Fragen diese wohltuende Erinnerung konkretisiert werden; es sollten sämtliche Sinneskanäle angesprochen werden, um die Erinnerung sich voll wiederbeleben zu lassen (gelenkte Imagination). Die sich anschließende Schlafmittelinjektion läßt den Patienten dann sehr ruhig einschlafen und die Voraussetzungen für eine komplikationslose Narkose sind besser, als bei einem psychisch unvorbereiteten Patienten, der häufig seine versteckte Angst und Anspannung in Extrasystolen und Blutdruckanstiegen während der Einleitungsphase zeigt.

Bei der *Maskeneinleitung* bei Kleinkindern ist eine Führung mit hypnotischen Techniken besonders wirkungsvoll. Hier gibt es viele Möglichkeiten, die Phantasie des Kindes mit einzubeziehen. Das Kind kann zum Beispiel vor seinem geistigen Auge ein Fernsehgerät einschalten und sein Lieblingsprogramm ansehen. Oder es kann wie ein Pilot mit einer Sauerstoffmaske irgendwo hinfliegen. Wichtig ist bei den Phantasiebildern, die dem Kind angeboten werden, rückzufragen, was es sieht, was passiert und wer noch dabei ist, um die Phantasie konkret und dem Kind individuell angepaßt führen zu können. Während das Kind in seiner Phantasiewelt gefangen ist, kann die Narkosegaskonzentration schrittweise erhöht und die Narkose somit schonend eingeleitet werden. Folgende Punkte sollten dabei beachtet werden:

1) Aufmerksamkeit (Rapport) des Kindes gewinnen,
2) Neugierde wecken,
3) die Phantasie des Kindes anregen und mit der Narkosemaske in Einklang bringen, so daß es freiwillig die Maske vor dem Gesicht toleriert und sogar mit hält.

Intraoperative und postoperative Phase

Ausgehend von Hinweisen, daß auch während der Narkose akustische Reize vom Patienten aufgenommen werden, scheint es sinnvoll zu sein, intraoperativ über eine Kassette Suggestionen, evtl. kombiniert mit ruhiger Musik, zu geben. Dabei können folgende Faktoren speziell angesprochen werden:

- Ruhe und Wohlbefinden,
- angenehmes Erwachen,
- Wohlbefinden nach der Narkose (keine Übelkeit, minimale Schmerzen),
- guter Heilungsverlauf,
- gute Mitarbeit (Atmung, Krankengymnastik),
- schnelle Erholung.

Inwiefern intraoperativ gegebene Suggestionen von klinischer Bedeutung sind, d.h. die postnarkotischen Nebenwirkungen und den postoperativen Verlauf signifikant günstig beeinflussen, ist noch nicht hinreichend untersucht. Neuere wissenschaftliche Untersuchungen sind in den nächsten Jahren zu erwarten.

In Einzelfällen kann direkte Hypnotherapie in der *postoperativen* Phase eingesetzt werden. Dies ist v.a. bei Patienten angebracht, die extreme Beschwerden, wie anhaltende Übelkeit, schlecht beeinflußbare Schmerzen oder psychoreaktive Fehlreaktionen zeigen. In der Routine wird dies jedoch die Ausnahme bleiben.

Ergänzung zur Regionalanästhesie

Angstvolle Erwartung vor dem kommenden Eingriff und die meist ungewohnte Atmosphäre des Operationssaales führen häufig zu Anspannungen des Patienten. Dies hat zur Folge, daß die Schmerzschwelle gesenkt ist; kleinste Mißempfindungen werden als Schmerz interpretiert; dies führt zu weiterer Unruhe. In diesem Fall wird üblicherweise ein Tranquilizer intravenös gespritzt. Dies wiederum führt jedoch häufig zu einem Nachschlaf, der bei ambulant operierten Patienten nicht erwünscht ist.

Scott (1975) beschreibt eine mentale *Distraktionstechnik*. Der Patient wird informiert, daß ein Beruhigungsmittel eingespritzt wird. Dieses würde ihn schläfrig machen; er würde nicht einschlafen, aber doch von der Umgebung soweit entfernt sein, daß ihn dies alles nicht mehr stören würde. Dann wird der Patient gefragt: „Haben Sie jemals erlebt, wie jemand zu Ihnen gesprochen hat und Sie haben es gar nicht gehört? Plötzlich wird es Ihnen bewußt und Sie sagen: Oh entschuldigen Sie, ich habe Ihnen gar nicht zugehört, ich war gerade weggetreten." Dieses geistige Wegtreten wird nun suggeriert und dabei gleichzeitig eine kleine Dosis eines Tranquilizers gespritzt. Der Patient wird dann aufgefordert, sich eine Szene vorzustellen, die er nochmals erleben möchte. Er wird dabei in der Erinnerung unterstützt; die empfundenen Gefühle werden verstärkt. Sehr hilfreich sind besonders bei angespannten Patienten Berührungen, die nonverbal die Ausbreitung der Entspannung unterstützen.

Der Verzicht auf Tranquilizer führt zu einer schnelleren Erholung. Bei gut suggestiblen Patienten kann auf diese Weise auch eine eventuell nicht ausreichende Analgesie durch spezifische Suggestionen ergänzt werden.

Hypnonarkose

Eine Hypnose als alleinige Anästhesie bleibt sicher nur Einzelfällen vorbehalten. Eine Testhypnose ist hier unerläßlich. In dieser Sitzung soll geprüft werden, ob die Sensorik bis zur Gefühllosigkeit beeinflußt werden kann. Ferner soll der Gang der Operation mit all den Berührungen und Geräuschen, die zu erwarten sind, in der Hypnose durchgespielt werden. Wichtig ist, ein Zeichen zu verabreden, mit dem der Patient zu jeder Zeit mit dem Hypnotiseur in Verbindung treten kann. Selbstverständlich muß eine Hypnoanästhesie immer in Narkosebereitschaft durchgeführt werden (vgl. die zahnmedizinischen Eingriffe wie in Kap. 21 beschrieben).

Fallbericht

Bei einem 34jährigen Patienten war eine Arthroskopie mit eventueller Meniskusentfernung am rechten Knie geplant. Ein Jahr zuvor war bereits im linken Knie arthroskopisch der Innenmeniskus in Vollnarkose entfernt worden. Da der Patient mehrere Tage unter den Folgen der Vollnarkose zu leiden gehabt hatte, wünschte er eine Betäubung mit Hypnose. Er war schon als Jugendlicher hypnotisiert worden und hatte sich damals als sehr suggestibel erwiesen. In einem kurzen hypnotischen Test bestätigte sich der Patient als sehr gut suggestibel. Es wurde deshalb vereinbart, in medikamentöser Narkosebereitschaft eine Hypnoanästhesie durchzuführen.

Am Tage vor der Operation wurde der Patient in einer 30minütigen Hypnosesitzung auf die Operation vorbereitet. Es wurde in Trance im gesamten rechten Bein Gefühllosigkeit erzeugt, die dann mit Fußsohlenreflex und durch ein kräftiges Kneifen im OP-Gebiet mit einer chirurgischen Klemme getestet wurde. Während das linke Bein sofort Fluchtreaktionen zeigte, war am rechten Bein keine Reaktion auszulösen. Ein gleichzeitig angelegter EKG-Monitor zeigte bei der Manipulation am linken Bein einen sofortigen Pulsanstieg von 75 auf über 100 Schläge, während bei dem Test am rechten Bein *keine Änderung der Herzfrequenz* zu sehen war. Dann wurden Einzelheiten der Operation besprochen (Geräuschkulisse, Blutsperre, Beinmanipulationen usw.). Nach Rücknahme der Gefühllosigkeit des rechten Beines und posthypnotischen Ruhesuggestionen für die Nacht und den nächsten Tag (hypnotische Prämedikation) wurde die Trance beendet. Der Patient kommentierte dann das Erlebte. So schlug er u. a. vor, das Wort „pelzig" häufig zu gebrauchen, da dies ihm sehr geholfen hätte.

Am nächsten Tag wurde der Patient ohne medikamentöse Prämedikation in den Operationstrakt gebracht. Er machte einen stark sedierten Eindruck (Folgen der hypnotischen Prämedikation) und die Hypnoseinduktion erfolgte ohne Schwierigkeiten. Nachdem die Gefühllosigkeit wie schon am Tag zuvor getestet worden war, konnte die Operation durchgeführt werden. Mit dem Patienten war zuvor ein Zeichen vereinbart worden (Bewegung mit der linken Hand), mit dem er den Wunsch signalisieren konnte, etwas mitzuteilen. Nach ungefähr 30minütiger Operationsdauer gab der Patient mit seiner linken Hand ein Signal. Auf die Frage, was er sagen wollte, öffnete er die Augen und bemängelte, daß er sich nicht richtig entspannen könnte. Das rechte Bein sei ganz pelzig, er würde nichts spüren, aber er wäre angespannt. Zu diesem Zeitpunkt war das Knie aufgeklappt worden, wobei der Oberschenkel an eine längliche Halterung gepreßt und der Unterschenkel nach außen gedrückt wurde. Die *Entspannungssuggestionen* wurden daraufhin in *Schlafsuggestionen* umgewandelt, gleichzeitig eine geringe Menge Tranquilizer in die liegende Kanüle 9 intravenös verabreicht (2,5 mg Midazolam), kombiniert mit einer kleinen Dosis Schmerzmittel (30 mg Fortral). Der Verlauf der Operation und der Hypnoseanästhesie war daraufhin bis zum Ende unauffällig (Operationsdauer ca. 70 min). Die Trance wurde noch auf dem Operationstisch beendet. Der Patient fühlte sich ausgezeichnet, er wurde sofort auf sein Zimmer gebracht und aß dort eine Viertelstunde später mit gutem Appetit sein Mittagessen. Noch am selben Nachmittag konnten aktive krankengymnastische Übungen durchgeführt werden. Am nächsten Tag fühlte er sich „wie am 4. Tag nach der 1. Operation am anderen Bein". Die Heilung verlief ausgezeichnet und ohne Komplikationen.

Schlußbemerkung

Die Anästhesie mit den unterschiedlichsten Betäubungsverfahren entwickelt sich fortwährend weiter. Die vielfältigen Pharmaka ersetzen jedoch nicht eine psychologische Führung des Patienten, um ihn zu unterstützen, die prä-, intra- und postoperative Phase optimal durchzustehen. Dieses Kapitel sollte zeigen, wie die Hypnose bzw. hypnotische Techniken in diesem Sinne angewandt werden können.

Empfohlene Literatur

Hartland J (1971) Medical and dental hypnosis. Williams & Wilkins, Baltimore
Rosen M, Lunn N (1987) Consciousness, awareness and pain in general anaesthesia. Butterworth, Stoneham MA
Scott DL (1974) Modern hospital hypnosis. Especially for anaesthetists. Lloyd-Luke, London

20. Geburtshilfe

Franz Münch

Viele gynäkologische Erkrankungen können mit Hypnotherapie behandelt werden (Coulton 1960a, b; Leckie 1964, 1965). Oftmals spielt bei den Beschwerden eine psychische Komponente eine entscheidende Rolle.

Häufige Probleme stellen Irregularitäten der Menstruation dar: so die Amenorrhö (Ausbleiben der Monatsblutung), Dysmenorrhö (schmerzhafte Monatsblutung), Metralgie (unregelmäßiger Zyklus) und Mittelschmerz (Schmerzen während des Eisprungs). Emotionen und Affekte können die hormonelle Regulation des Menstruationszyklus stören. So kann beispielsweise die Angst vor einer ungewollten Schwangerschaft bewirken, daß die Blutung ausbleibt oder verzögert einsetzt. Wenn bei derartigen Unregelmäßigkeiten der Periode organische Ursachen ausgeschlossen sind, kann die Hypnose ein wertvolles Therapeutikum sein. Allerdings sollte sie immer – wie das auch für die Sexualstörungen gilt – im Rahmen einer Psychotherapie durchgeführt werden. Die Anwendung der Hypnose bei Sexualstörungen wird an anderer Stelle dieses Buches abgehandelt (Kap. 14). Aus diesem Grunde soll im folgenden nur auf die Anwendung der Hypnose im Rahmen der Geburtshilfe eingegangen werden.

Bisherige Anwendungen und Ergebnisse

In den vergangenen 50 Jahren wurden unterschiedliche psychologische Methoden zur Geburtsvorbereitung entwickelt. Die natürliche Geburtsmethode (Dick-Read 1953; Lamaze 1958; Velvosky 1972) wird mittlerweile allgemein angewandt. Das Ziel ist hierbei, Ängste und Anspannungen zu vermindern, um den Geburtsvorgang zu erleichtern und den Schmerz zu kontrollieren. Dies geschieht einerseits durch Aufklärung über die Schwangerschaft und den Geburtsvorgang, v.a. jedoch werden Entspannungs- und Atemtechniken eingeübt.

Die verbreitete Anwendung dieser Programme zeigt, daß Angst und Schmerz während der Geburt erwartet und erlebt werden. Der Schmerz hat dabei nicht nur die Funktion, Gewebsverletzungen aufzuzeigen; vielmehr gilt in unserer westlichen Kultur die Geburt schon an sich als schmerzhafter Vorgang. Diese *Erwartungshaltung* kann das Schmerzerleben noch verstärken. Meares et al. (1972) verglichen eine Gruppe schwangerer Frauen mit Müttern, die gerade geboren hatten. Auf Angst- und Neuroseskalen erzielten die Schwangeren signifikant höhere Werte als die Frauen, die bereits entbunden hatten.

Verminderte Angst und Anspannung führen zu einem angenehmeren Geburtserlebnis. Dafür angewandte Medikamente können jedoch einen schädigenden Einfluß auf das Kind ausüben. Viele Medikamente, die während der Geburt gegeben werden, bleiben noch mehrere Stunden im Neugeborenen nachweisbar. Richards u. Bernel (1972) zeigten, daß das Schmerzmittel Pethidin, während der Geburt gegeben, die Aktivität und Lebensfrische des Neugeborenen einen Tag lang vermindert. Bei diesen Neugeborenen war mehr Stimulation beim Stillen nötig.

Neben den Geburtsvorbereitungsmethoden nach Dick-Read, Lamaze und Velvosky ist die Hypnose auch schon in früheren Jahren angewandt worden. Eine frühe Untersuchung von Katchan u. Bellozenski (1940) erwähnt 501 schwangere Frauen, von denen bei 29% völlige Analgesie und bei 21% teilweise Analgesie durch Hypnose erreicht werden konnte. August (1961) wandte bei 850 von 1000 Frauen, die zur Geburt in seine Klinik kamen, Hypnose an und erreichte bei 58%, daß keine Medikation benötigt wurde und bei weiteren 38%, daß lediglich Analgetika eingesetzt wurden. Nur 4% der Frauen verlangten Vollnarkose oder regionale Anästhesie. Im allgemeinen kommen nur 1,5% der Frauen ohne jegliche Medikation aus, wenn keine Hypnose angewandt wird.

Moya u. James (1960) stellten fest, daß Neugeborene, die unter Hypnose entbunden wurden, klinisch als lebensfrischer eingestuft werden konnten als eine Vergleichsgruppe von Neugeborenen, deren Mütter Cyclopropan zur Anästhesie erhalten hatten. Hingegen zeigte sich kein Unterschied zu Kindern, die mit Regionalanästhesie zur Welt kamen. Davenport-Slack (1975) zieht in einer Übersichtsarbeit den Schluß, daß die Anwendung der Hypnose zur Geburtsvorbereitung in größerer Ruhe, geringerem Medikamentenverbrauch und einem angenehmeren Geburtserlebnis resultiert. Zu ähnlichen Ergebnissen kamen auch Charles et al. (1978) sowie Velvosky (1972).

Davidson (1962) verglich Mütter, welche die Selbsthypnose erlernt hatten, mit einer Gruppe von Frauen, die Entspannungsübungen nach Dick-Read anwandten sowie mit einer Kontrollgruppe. Er fand bei der Selbsthypnosegruppe eine signifikante Verkürzung des 1. Stadiums der Geburt (Eröffnungsphase). Ferner konnte diese Gruppe die Wehenschmerzen wirksam verringern (s. Tabelle 20.1). Über die Hälfte der Experimentalgruppe benötigte keinerlei Schmerzmittel, während in den Kontrollgruppen fast alle (98%) nach Schmerzmitteln verlangten.

Zusammenfassend kann festgestellt werden, daß die hypnotherapeutische Geburtsvorbereitung zu einem geringeren Bedarf von Schmerzmitteln und zu einem insgesamt positiveren Geburtserlebnis führt. Hinsichtlich des Schmerzerlebens während der Geburt scheint die Hypnose wie auch die Selbsthypnose den anderen psychologischen Geburtsvorbereitungen überlegen zu sein.

Daß hypnotherapeutische Methoden bislang eher selten in der Geburtshilfe hinzugezogen werden, hat möglicherweise seine Ursache in falschen Vorstellungen zu diesen Verfahren. Die meisten Mütter möchten heute die Geburt aktiv mitgestalten. Viele befürchten, durch die Hypnose passiv in Trance zu liegen, nicht imstande, die Geburt voll mitzuerleben. Die modernen Hypnosetechniken zielen jedoch nicht auf eine tiefe Trance ab (diese wäre erfahrungsgemäß ohnehin nur bei einem kleinen Teil der Personen möglich); vielmehr ist eine leichte bis mittlere Trance, die ohne Schwierigkeit auch mit Selbsthypnose erreicht werden kann, voll ausreichend, um folgende Ziele zu erreichen:

- Entspannung mit Angstauflösung,
- Schmerzerleichterung,
- angenehmes Erlebnis der Geburt.

Tabelle 20.1. Anzahl der Patienten, die Schmerzmittel benötigen. (Nach Davidson 1962)

	Keine Schmerzmittel	Schmerzmittel	n
Eröffnungsphase			
keine Behandlung	3	67	70
Dick-Read	3	67	70
Hypnose	47	23	70
Austreibungsphase			
keine Behandlung	6	64	70
Dick-Read	4	66	70
Hypnose	57	13	70
Dammnaht			
keine Behandlung	0	45	45
Dick-Read	0	51	51
Hypnose	19	17	36

Eine komplette Schmerzbetäubung, etwa für die Durchführung eines Kaiserschnitts, wird nur Einzelfällen vorbehalten bleiben und ist nicht Ziel der routinemäßig angewandten Hypnose für die Geburt (s. Kap. 19). Zudem birgt eine völlige Schmerzfreiheit durch die Hypnose die Gefahr in sich, Komplikationen während des Geburtsverlaufs zu übersehen bzw. nicht richtig zu erkennen oder falsch zu beurteilen, was schlimmstenfalls zu Geburtsschäden des Kindes führen kann.

Allerdings kann die hypnotische Entspannung durchaus mit einer gezielten anästhesiologischen Technik wie der *Periduralanästhesie* kombiniert werden. Diese Möglichkeit sollte mit den Müttern genau besprochen werden, um einerseits Erfolgsstreß zu vermeiden und zudem die Möglichkeiten der Routinehypnose nicht überzustrapazieren. Jede werdende Mutter reagiert individuell auf die Hypnose oder Selbsthypnose, und die Möglichkeit der Kombination mit herkömmlichen anästhesiologischen Verfahren zur Geburtserleichterung sollte offengehalten werden.

Wie bei den anderen erwähnten Verfahren zur Geburtserleichterung üblich, kann auch die hypnotherapeutische Geburtsvorbereitung in Gruppen durchgeführt werden. Dies erspart einerseits Zeit, zum anderen wirkt sich der gegenseitige Erfahrungsaustausch oft günstig auf die Trancefähigkeit aus. Allerdings können individuelle Unterschiede in den Reaktionen auf die Hypnose in diesem Rahmen weniger berücksichtigt werden, so daß bei Schwierigkeiten zusätzliche Einzelsitzungen angeboten werden sollten.

Vor- und Nachteile der Hypnose zur Geburtsvorbereitung

Die Entspannung mit Angstminderung und Schmerzerleichterung, wie sie durch die verschiedenen psychologischen Vorbereitungsstrategien erreicht wird, kann auch mit Hypnose erlangt werden.

Für die Hypnose ist zugleich vorteilhaft, daß die Technik individuell angepaßt und somit für die einzelne Schwangere optimiert werden kann. Zusätzlich können unangenehme *Begleiterscheinungen* wie Schwangerschaftserbrechen (Hyperemesis gravidarum) und Hautjucken (Pruritus gravidarum) mit Hilfe der Hypnose oder Selbsthypnose gelindert werden (s. Fallbericht). Ein weiterer spezifischer Vorteil liegt im deutlich verminderten *Schmerzmittelbedarf* während des Geburtsverlaufs. Darüber hinaus kann die Schwangere die Selbsthypnose zur Streßbewältigung, bei Kopfschmerzen, Schlafstörungen, Angstzuständen und ähnlichen Situationen günstig einsetzen.

Allerdings ist die erfolgreiche Anwendung der Hypnose und der Selbsthypnose während des Geburtsverlaufs im Einzelfall nicht mit Sicherheit zu erwarten. Nach Michael (1952) scheint die schwangere Frau zwar vermehrt suggestibel und damit einem hypnotischen Verfahren zugänglich zu sein. Er schließt dies aus seinen Untersuchungen, in denen ihm ein überdurchschnittlich hoher Anteil der hypnotisierbaren Schwangeren verglichen mit der Normalbevölkerung auffällt. Ob dies mit der veränderten hormonellen Stoffwechsellage und den dadurch beeinflußten Emotionen zusammenhängt, ob eine gesteigerte Motivation dazu beiträgt oder ob dies nur ein zufälliges Ergebnis ist, ist bisher nicht wissenschaftlich untersucht worden.

Die Hypnosesitzungen lassen sehr schnell erkennen, ob die Schwangere in Trance gelangt. Auch zeigen Schilderungen der Frau, ob sie die Selbsthypnose erlernt. Trotzdem ist dies letztendlich keine Garantie für den wirksamen Einsatz der Selbsthypnose.

Dies soll folgender Fall verdeutlichen:

M.-T. R., 32 Jahre alt, von Beruf Ärztin, erlernt die Selbsthypnose zur Geburtsvorbereitung. Es gelingt ihr während der Vorbereitungssitzungen stets, ohne Schwierigkeiten in Trance zu gelangen. Auch hat sie in der Anwendung der Selbsthypnose keine Schwierigkeiten. Der Geburtsverlauf erweist sich jedoch als kompliziert. Sie befindet sich schon seit 12 h im Kreißsaal, während denen sie erfolgreich die Selbsthypnose anwendet. Plötzlich hört sie das Stichwort „Geburtsstillstand“. Da sie als Ärztin die möglichen Folgen erkennt und ihr nun ein Kaiserschnitt droht, gerät sie in Panik. Es wird daraufhin eine anästhesiologische Betäubung mittels einer Periduralanästhesie durchgeführt. Die Geburt kommt kurze Zeit später wieder in Gang und nach weiteren 6 h bringt sie ein gesundes Mädchen zur Welt.

Hier zeigte sich ein weiteres Hindernis für eine erfolgreiche Anwendung der Selbsthypnose: Das Kreißsaalpersonal hatte den hypnotischen Zustand der Patientin nicht gewürdigt. Statt unachtsam geäußerte Bemerkungen („Geburtsstillstand“) wären einfühlsame und stärkende Suggestionen notwendig gewesen und hätten vielleicht sogar den Geburtsverlauf ohne zusätzliche Medikamente wieder in Gang gebracht.

Diese hätten etwa wie folgt formuliert werden können: „... und während Sie hier liegen und sich auf das Kind freuen, können Sie sich noch tiefer entspannen ... Gehen Sie in Gedanken an einen Ort, wo Sie sich besonders wohl fühlen ... Genießen Sie dieses Gefühl und beobachten Sie sich von diesem angenehmen Platz aus, wie Sie sich hier im Kreißsaal befinden, wie die Gebärmutter sich zusammenzieht... Stellen Sie sich vor, wie sich die Gebärmutter immer wieder zusammenzieht und entspannt ... Wie das Kind immer mehr nach außen gedrückt wird ... Und während Sie dies sehen, freuen Sie sich immer mehr auf das Kind ... entspannen Sie sich ... genießen Sie es, dies zu erleben ...“

Eine tiefe Hypnose birgt die Gefahr, Geburtskomplikationen wie Gebärmutterriß zu übersehen. Dies wird jedoch durch die Anwendung der Selbsthypnose praktisch verhindert, da sie im Normalfall nicht zu einer solchen tiefen Trance wie bei der sog. Fremdhypnose führt. Ferner zielen die schmerzlindernden Suggestionen stets auf eine normale Wehentätigkeit hin und nicht auf akute Unterbauchschmerzen, wie sie bei derartigen Komplikationen auftreten würden. Die Beurteilung des Geburtsvorgangs selbst wird durch die hypnotische Trance nicht beeinflußt, da regelmäßige Untersuchungen durch das Kreißsaalpersonal erfolgen.

Praktische Durchführung der Behandlung

Wir veranschlagen i. allg. 6–8 Sitzungen, wobei wir in der Regel 10–12 Wochen vor dem Geburtstermin beginnen. Um auf individuelle Reaktionen eingehen zu können, führen wir die Hypnose zur Geburtsvorbereitung einzeln und nicht in Gruppen durch. Die 1. Hypnosesitzung dient dazu, den Trancezustand kennenzulernen. Gut bewährt hat es sich, zur Einleitung der Hypnose angenehme *Imaginationen* zu verwenden, die die Frau selbst gewählt hat.

Es sind hier Erfahrungen und Erlebnisse gemeint, die die Frau als sehr angenehm und entspannend in Erinnerung hat. So kann sich zum Beispiel eine Schwangere in eine Bergwanderung zurückversetzen, die sie einige Jahre zuvor unternommen hat. Während sie diese Erinnerung wieder aufleben läßt, werden – nach Rückfragen, was sie gerade sieht, wer dabei ist usw. – die einzelnen Sinnesmodalitäten angesprochen („Fühlen Sie den weichen Waldboden unter den Füßen", „Hören Sie die Blätter rauschen", „Spüren Sie den Wind, der Ihnen ins Gesicht weht", „Atmen Sie die frische Bergluft tief ein" usw.). Am Ende der Wanderung entdeckt sie dann einen Ruheplatz (z.B. eine Wiese oder eine Berghütte); dort läßt sie sich dann nieder, streckt sich bequem aus, schließt die Augen und entspannt sich immer tiefer.

Zur *Ratifizierung* der Trance werden sensorische Änderungen wie Kälte und Wärme suggeriert, die dann nach Bedarf auf bestimmte Körperregionen transferiert werden können. Ferner benützen wir zur Trancevertiefung häufig die Handlevitation. Die Erlebnisse, die die schwangere Frau in der Trance erfährt, sollen ihr helfen, genügend Selbstvertrauen in ihre Trancefähigkeit aufzubauen, um so die spätere Anwendung während der Selbsthypnose sowie während der Geburt zu unterstützen.

In den folgenden Hypnosesitzungen werden die einzelnen Phasen der Geburt beschrieben und die dabei zu erwartenden Empfindungen als „angenehm" suggeriert: „da Sie sich ja auf das Kind freuen" (Reframing). Ferner wird die Technik der Selbsthypnose gelehrt. Es wird immer wieder betont, daß dieser Trancezustand „ganz von selbst, ganz automatisch eintritt – zu Hause, im Kreißsaal, sobald dies nötig ist". Auch werden diese Suggestionen stets gekoppelt mit Sätzen wie: „Dabei werden Sie stets voll orientiert sein und imstande, aktiv bei der Geburt mitzuarbeiten".

Die Selbsthypnose übt die Schwangere regelmäßig zu Hause. Üblicherweise lernt sie diese sehr schnell und erreicht eine ausreichend tiefe Trance. Diese für die meisten Schwangeren neue Erfahrung, mit Hilfe von Imaginationen in Trance zu gelangen und dabei ein intensives Gefühl der Entspannung zu erreichen, stärkt das Selbstbewußtsein in die eigene Fähigkeit. Eine häufig zunächst *zwiespältige innere Haltung* zur Geburt ändert sich schlagartig: Ängste und Befürchtungen, die Geburt vorwiegend als unangenehmes Ereignis zu erleben, werden nicht mehr geäußert. Die Schwangerschaftsgymnastik, manchmal nur unter innerer Verkrampfung ausgeführt, wird jetzt als angenehm und entspannend empfunden. Die schwangere Frau strahlt vermehrt Ruhe aus und zeigt ihre Freude auf die kommende Geburt. Diese innere Veränderung begünstigt einen guten Erfolg in der endgültigen Anwendung während der Geburt.

Hypnotische Geburtsvorbereitung

Das imaginäre Erleben des Geburtsverlaufes könnte man etwa folgendermaßen verbatim begleiten:

„... sobald der Zeitpunkt für die Geburt gekommen ist, werden Sie spüren, wie sich die Gebärmutter nun regelmäßig zusammenzieht und wieder entspannt ... dies wird für Sie ein angenehmes Zeichen sein, denn Sie wissen: bald wird Ihr Kind da sein ... Sie werden sich ganz von selbst angenehm entspannen ... zu Hause, im Kreißsaal, wo immer Sie sich befinden ... und während Sie fühlen, wie die Gebärmutter sich immer häufiger regelmäßig kontrahiert und entspannt, werden Sie sich immer mehr auf Ihr Kind freuen ... Sie werden bemerken, wie im Kreißsaal alles für die Geburt vorbereitet wird, wie Sie regelmäßig untersucht werden, um festzustellen, ob es dem Kind gut geht ... und dies wird Sie nicht stören, denn Sie werden sich dabei angenehm entspannen, genauso wie es nötig ist ... und während Sie alles sehen und hören können, werden Sie die Geburt genießen und entspannt bleiben ... Sie werden trotzdem alles tun können, was notwendig ist, um die Geburt zu unterstützen ... und irgendwann werden Sie spüren, wie das Kind nach außen drückt, wie die Gebärmutter sich immer fester zusammenzieht ... und sobald es nötig ist, werden Sie mitpressen können und sich dabei immer mehr freuen ... denn bald werden Sie Ihr Kind hören, fühlen und sehen ... und wann immer Sie es wünschen, werden Sie die Entspannung vertiefen können, indem Sie in Gedanken dort hingehen, wo Sie sich besonders wohl fühlen, und Sie werden dabei die Geburt angenehm miterleben können ..."

Die letzte Sitzung findet i. allg. 1–2 Wochen vor dem Termin statt.

Zusammenfassend seien die wichtigsten Ziele aufgeführt, die wir mit der Hypnose zur Geburtserleichterung erreichen wollen:

- erstmalige Tranceerfahrung in der Hypnose (1. Sitzung),
- Erlernen der Selbsthypnose (ab der 2. Sitzung),
- imaginäres Erleben der einzelnen Schritte der Geburt,
- angenehme Gefühle und Empfindungen während der Geburt (Schmerzbekämpfung),
- automatisches Einsetzen der Trance während der Geburt, bei bleibender Orientierung und Ansprechbarkeit.

Fallbericht

G. M., 27 Jahre alt, möchte zur Geburt des 1. Kindes die Selbsthypnose anwenden. Sie möchte jegliche medikamentöse Geburtserleichterung vermeiden, um einem eventuellen Schaden für das Kind vorzubeugen. Eine erste Hypnosesitzung „zum Kennenlernen" wird Ende des 7. Schwangerschaftsmonats erfolgreich durchgeführt. In dieser Sitzung kann die Patientin Kälte von ihrer rechten Hand auf die Stirn und später auf die linke Hand transferieren. Auch die Handlevitation gelingt ohne Schwierigkeiten.

In den folgenden 2 Sitzungen wird die Fähigkeit ihres Unbewußten angesprochen – die Fähigkeit zu lernen und das Gelernte anzuwenden. Dies geschieht einerseits indirekt durch Anekdoten (Kindheitserinnerungen an die ersten Schuljahre), während direkte Suggestionen (etwa „und Sie werden fortlaufend hinzulernen, ganz von selbst ...") die Fähigkeit der Patientin zur Selbsthypnose anregen sollen. Ihr wird die Instruktion gegeben, die Entspannungsübungen (Selbsthypnose) daheim regelmäßig durchzuführen. Dabei soll sie die Augen schließen, tief einatmen und die Erinnerung wieder aufleben lassen, die sie sich zur Einleitung der Hypnose gewählt hat. Sobald sie sich in ihrem Vorstellungsbild entspannt hat, kann sie die Entspannung vertiefen, indem sie etwa folgendes zu sich sagt: „Ich entspanne mich immer tiefer. Mit jedem Ausatmen ... und jeder Zahl; dabei zählt sie dann langsam im Rhythmus der Ausatmung von 1–10. Folgende Selbstsuggestionen kann sie dann anfügen: „Ich fühle meinen Körper so angenehm und entspannt... bald werde ich mein Kind hören und sehen ... ich freue mich sehr ... fühle mich entspannt und angenehm ...“ G. M. berichtet in den nächsten Sitzungen, daß ihr dies sehr gut gelinge.

Die letzten 3 Sitzungen sind ganz dem Geburtsverlauf gewidmet. Folgende Bereiche werden gezielt angesprochen:

1) Die Selbstentspannung tritt von selbst ein – sobald die Patientin es wünscht, wo immer sie es wünscht und wann immer es notwendig ist. Dabei wird sie immer über die Vorgänge um sie herum orientiert bleiben und, wenn nötig, sicher reagieren können.
2) Sie wird während dieser Entspannung alles fühlen und spüren. Die Kontraktionen der Gebärmutter, das Austreten des Kindes werden für sie angenehm sein, weil sie sich auf das Kind freut. Sie wird es genießen, dies alles so angenehm erleben zu können.
3) Sie wird immer voll orientiert und imstande sein, während der Geburt gut mitzuarbeiten und somit alles zu tun, was nötig ist.

Die Geburt verläuft dann ohne Komplikationen. Schmerzmittel und Lokalanästhetika zur Dammnaht sind nicht nötig. G. M. hat die Geburt als sehr angenehmes Erlebnis in Erinnerung.

Fünf Jahre später leidet G. M. während ihrer 3. Schwangerschaft unter hartnäckigem Hautjucken (Pruritus gravidarum). Die Stärke nimmt gegen Ende der Schwangerschaft derart zu, daß sie nachts nur wenig schlafen kann. Es wird deshalb eine kurze Hypnosesitzung zur Behandlung des Hautjuckens durchgeführt.

In einem Einführungsgespräch wird erklärt, daß die Hautnerven überreizt seien und auf diese Weise das Hautjucken verursachen würden. Im Bereich des Oberbauchs befände sich ein großes Nervengeflecht (Plexus solaris). Durch Handauflegen während der Hypnose und späterer Selbsthypnose könne sie über dieses Nervengeflecht die Nerven beruhigen und so das Hautjucken eindämmen.

Dieser Vorgang wird dann unter Hypnose erfolgreich durchgeführt. Das Hautjucken nimmt deutlich ab und die Patientin fühlt sich äußerst erleichtert. Mit Hilfe der Selbsthypnose, wie sie G. M. schon während ihrer 1. Schwangerschaft anwandte, kann sie über die erlernte Metapher (Beruhigung des Nervengeflechts durch Handauflegen) das Hautjucken soweit beherrschen, daß sie nachts wieder besser schläft. Die Geburt verläuft auch diesmal wieder ohne Komplikationen.

Schlußbemerkung

Arbeiten von 1933 bis 1978, die sich mit der psychologischen Geburtsvorbereitung sowie dem Schmerz befassen, haben Beck et al. (1982) einer kritischen Analyse unterzogen. Sie bemängeln, daß viele Berichte über die Wirksamkeit der Methoden der natürlichen Geburt keine angemessenen Kontrollgruppen eingeschlossen haben, vor allem daß diese Kontrollgruppen keine Aufmerksamkeitsplacebobehandlung erhalten haben. So läßt sich nicht feststellen, ob Unterschiede zwischen Experimental- und nichtbehandelter Kontrollgruppe den spezifischen psychologischen Vorbereitungen zuzuschreiben sind, oder ob ein unspezifisches Training, das Aufmerksamkeit und positive Erwartung vermittelt, ausreichend für eine schmerzerleichterte Geburt gewesen wäre.

Trotz dieser wissenschaftlichen Mängel deutet sich ein günstiger Einfluß der psychologischen Verfahren auf den Geburtsverlauf in der Klinik an. Die Hypnose bietet hierfür zusätzliche Möglichkeiten an. Mit ihrer Hilfe können die Geburtsschmerzen direkt gemindert werden, des weiteren können Beschwerden, die durch die Schwangerschaft bedingt sind, gezielt behandelt werden. Ein weiterer Vorteil ist die Anwendung der Selbsthypnose auch nach der Geburt, sei es zur Schmerzerleichterung oder zur Unterstützung in der Streßbewältigung und anderen Situationen.

Eine hypnotische Geburtsvorbereitung in Gruppen ist wegen der Zeitersparnis günstig, hat jedoch den Nachteil, daß die Hypnose nicht individuell durchgeführt werden kann. In Fällen, bei denen ein individuelles Vorgehen erforderlich ist, werden – zumindest zu Beginn der Behandlung – Einzelsitzungen unumgänglich sein.

In diesem Kapitel sollte gezeigt werden, daß die Hypnose und die Selbsthypnose zur Geburtsvorbereitung und Geburtserleichterung eine gute Alternative zu den anderen psychologischen Verfahren darstellt.

Empfohlene Literatur

CrasilneckHB, Hall JA ([2]1985, [1]1975) Clinical hypnosis: Principles and applications. Grune & Stratton, New York Orlando

Scott DL (1974) Modern hospital hypnosis. Expecially for anaesthetists. Lloyd-Luke, London

Stone P, Burrows GD (1980) Hypnosis in obstetrics. In: Burrows GD, Dennerstein L (eds) Handbook of hypnosis and psychosomatic medicine. Elsevier, Amsterdam

21. Hypnose in der Zahnheilkunde

ALBRECHT SCHMIERER und KARL-HEINZ KUNZELMANN[1]

Für die meisten Menschen ist ein Zahnarztbesuch eine unangenehme Prozedur; 41% der Patienten schieben ihren Termin aus Angst auf, 4–9% haben starke Zahnarztangst (Becker et al. 1986). Von den Zahnärzten geben 71% an, durch die Angst ihrer Patienten belastet zu sein (Tönnies u. Heering-Sick 1987). Ein häufig beschrittener Ausweg ist die Flucht des Patienten in Trancezustände, meist negativer Art, in denen der Patient seine Ängste durch Visualisierung erlebter oder imaginierter Schreckensszenen noch verstärkt. Die meisten Zahnarztpatienten sind deshalb gerne bereit, angenehme, entspannende und angstmindernde Trancezustände anzunehmen, wenn sie in geeigneter Weise angeboten werden.

In diesem Zusammenhang ist es bemerkenswert, daß in Schweden etwa 50%, in den USA etwa ein Drittel der Zahnärzte in Hypnose ausgebildet sind. Mehr Zeit oder eine größere wirtschaftliche Notwendigkeit, den Patienten Komfort zu verschaffen, sind wahrscheinlich die Hintergründe. Die Entwicklung in der Bundesrepublik Deutschland geht jetzt auch in diese Richtung: man bemüht sich, neben technischer Perfektion, die Kommunikation mit den Patienten zu verbessern und den ganzen Menschen auch mit seinen Ängsten und den psychischen Hintergründen seiner Erkrankung – wahrzunehmen und zu therapieren.

Die Darstellung der Anwendungen und Möglichkeiten der Hypnose in der Zahnheilkunde erlaubt grundsätzlich 2 Ansätze. Man kann entweder von der vorhandenen Literatur ausgehen oder man berücksichtigt eher die praktische Seite. Da keiner der beiden Aspekte für sich betrachtet eine befriedigende Darstellung erlaubt, wurde hier der Versuch einer Kombination untemommen.

Theoretische und empirische Grundlagen

Im folgenden soll zunächst in Form einer Literaturübersicht die Entwicklung der Hypnose in der Zahnheilkunde zusammengestellt werden. Im Anschluß daran wird dann die Art und Weise des Einsatzes der Hypnose in der zahnärztlichen Praxis beschrieben.

In der zahnärztlichen Literatur zum Thema Hypnose lassen sich grob 2 Gruppen unterscheiden. Meist handelt es sich um allgemeine Artikel, die lediglich eine Auflistung von Indikationen der Hypnose beim Zahnarzt enthalten. Die 2. Gruppe stellt dagegen einzelne Probleme aus diesem Themenkreis sehr selektiv, meist in Form von Fallbeschreibungen und ohne Kontrollgruppen, dar. Systematische Untersuchungen sind selten und meist mit einer Reihe methodischer Probleme behaftet.

In der folgenden Aufstellung sind die Indikationen für Hypnose beim Zahnarzt anhand von Standardwerken der zahnmedizinischen Hypnoseliteratur seit 1952 zusammengestellt.

Zusammenstellung der meistgenannten Indikationen in der Zahnmedizin (nach Benson 1972; Bernick 1972; Hilgard u. Hilgard [1]1975; Gerschman et al. 1980; Marcus 1963; Moss 1952; Shaw 1977; Tinkler 1977):

Allgemeine Behandlungsvoraussetzungen
Herstellung der Handlungskooperation
Reduktion von Angst und Anspannung
Bewältigung akuter Schmerzen
Kontrolle von Speichelfluß
Kontrolle von Übelkeit
Kontrolle von kapillarer Blutung
Kontrolle von Neigung zur Ohnmacht
Kontrolle von Herzsynkopen
Bei Abneigung gegen Bohrgeräusche und Vibration,
Lokalanästhesie, Abdrücke

Bei operativen Eingriffen
Aufrechterhaltung der Behandlungsmotivation bei langen Eingriffen
Reduktion von Analgetika und Anästhetika
Substitution oder Ergänzung der Prämedikation
Amnesie für unangenehme Eingriffe
Herstellung muskulärer Rigidität in Kiefer und Nacken
Reduktion von postoperativem Schock
Reduktion postoperativer Blutung
Reduktion postoperativer Schmerzen
Bei Blutungen

Gewohnheitskontrolle
Bruxismus
Tic douloureux
Daumenlutschen
Psychosomatische orale Probleme
Schädliche Bißgewohnheiten
Zungendruck

Gewöhnungskontrolle
Pädiatrische Korrektur
Vorbehalte gegen orthodontale oder prothetische Maßnahmen
Gewöhnung an orthodontale oder prothetische Maßnahmen
Gewöhnung an mundhygienische Maßnahmen

Bei genauer Betrachtung dieser Aufstellung läßt sich die Fülle von Einzelindikationen auf 3 große Indikationsbereiche reduzieren: *Entspannung, Schmerz- und Hypnotherapie* in der Zahnheilkunde.

Hypnose und Entspannung

Wenn auch bei weitem nicht alle Eingriffe beim Zahnarzt schmerzhaft sind, so hat sich doch bei den meisten Patienten der Gedanke „es tut weh" so fest verankert, daß im Sinne einer selbsterfüllenden Prophezeiung automatisch jeder Besuch beim Zahnarzt zur Tortur wird.

Physiologisch wichtigstes Korrelat dieser Erwartungshaltung ist die verstärkte Anspannung sowie eine erhöhte Konzentration von Streßhormonen im Kreislaufsystem. Die daraus resultierende Verengung der peripheren Blutgefäße und die verhärtete Muskulatur steigern ihrerseits wiederum die Schmerzempfindlichkeit, woraus sich ein Circulus vitiosus aus Angst – Spannung – Schmerz ergibt.

Als einer der häufigsten Zwischenfälle bei der zahnärztlichen Behandlung resultiert aus diesem Teufelskreis die *psychogene Ohnmacht,* wie Edmonston (1978) und Hannington-Kiff (1969) zeigen konnten.

Die subjektiven Beschwerden, wie Schwarzwerden vor den Augen, Schwachwerden der Glieder, Hitzegefühl mit Schweißausbruch sowie Rauschen oder Brausen im Kopf, sind Folge homöostatischer Kreislaufreflexe. Durch den akut zu hohen Blutdruck, bedingt durch Angst, werden druckempfindliche Rezeptoren erregt. Als Reflexantwort wird über den N. vagus die Herzaktion vermindert und über die Hemmung der sympathischen Gefäßinnervation eine Gefäßerweiterung bewirkt. Die damit verbundene Abnahme des arteriellen Blutdruckes bewirkt eine zerebrale Minderdurchblutung, mit der Folge des Bewußtseinsverlustes.

Die hier skizzierte Problematik verdeutlicht die zentrale Position der *Angst* im zahnärztlichen Kontext. Obwohl in nahezu allen Zusammenstellungen von Indikationen der Hypnose die Kontrolle der Angst oder Ohnmacht durch Hypnose aufgeführt sind, ist in *keiner* Quelle eine detaillierte Angabe in diesen Bereichen zu finden.

Kontrolle von Angst und Ohnmacht

Kunzelmann (1986) weist erstmals explizit darauf hin, daß „Entspannung als Anxiolytikum" der in diesem Zusammenhang gültige Ansatz zur Klärung der Rolle der Hypnose ist.

Bereits Wolpe (1958) nennt als Antagonist zur Angst die Entspannung. Durch reziproke Hemmung soll es dem Patienten nicht möglich sein, gleichzeitig entspannt und ängstlich zu sein. Das heißt, sobald es dem Zahnarzt gelingt, den Patienten zu entspannen, ist eine angstfreie und somit angenehmere Behandlung möglich.

Um den erforderlichen Entspannungszustand zu erreichen, stehen verschiedene Möglichkeiten zur Verfügung. Als Beispiel seien hier angeführt die medikamentöse *Entspannung* (Tranquilizer, Anxiolytika), entspannende Musik, Yoga, transzendentale Meditation, progressive Entspannung, autogenes Training, gestufte Aktivhypnose und schließlich auch Hypnose.

Hypnose stellt also nur eine von mehreren Alternativen dar, über Entspannung Angst zu kontrollieren. Gegenüber den übenden Verfahren hat sie jedoch entscheidende Vorteile, da sie ohne langes Training erfolgreich angewandt werden kann.

Da Entspannung einer der vielen Zugangswege zur hypnotischen Trance ist, stehen dem in der Hypnose ausgebildeten Zahnarzt zahlreiche Interventionen zur Verfügung, dieses Ziel zu erreichen. Gerade neuere Ansätze aus dem Umfeld der Hypnotherapie nach Erickson oder dem Bereich des neurolinguistischen Programmierens (NLP; s. Kap. 24) haben als weiteren sehr wesentlichen Vorteil, daß ihr Vorgehen *klientenzentriert* ist. Der Patient wird also nicht mehr in das Prokrustesbett einer Standardintervention gepreßt, sondern der Zahnarzt stimmt sein Vorgehen individuell auf den Patienten ab.

Kontrolle von Blutungen

Die Kontrolle von Blutungen durch Hypnose wird in der Literatur häufig als zahnmedizinische Indikation genannt. Lucas et al. (1962), Fredericks (1967), Newman (1971, 1974) und Dubin u. Shapiro (1974) werden immer wieder zitiert, wenn auf Blutungskontrolle durch Hypnose hingewiesen wird.

Crasilneck u. Fogelman (1957) konnten in einer kontrollierten Studie nachweisen, daß die Hypnose keinen signifikanten Einfluß auf die physiologisch verifizierbaren Parameter Blutungszeit und Blutgerinnungsfaktor hat. Als Mechanismus für die Kontrolle der Blutungen durch Hypnose diskutiert man daher die mit Hypnose bewirkte Entspannung des Patienten und spezielle vasomotorische Reaktionen.

Spaeth (1955), Poinsard (1957), Brown et al. (1960) und Lucas (1965) betonen, daß emotionale Aktivierung wie Angst oder Streß bei Hämophilen zu Spontanblutungen führen können. Physiologisch erklärt sich dieser Effekt durch die Aktivierung von Plasminogenen unter Streß, wodurch die Fibrinolyse gesteigert wird. Dies entspricht, vereinfacht betrachtet, einer Verlängerung der Blutungsdauer. Wenn nun mittels Hypnose die Angst bzw. der Streß einer Behandlung reduziert werden, läßt sich hieraus ein positiver Einfluß auf das Blutungsgeschehen ableiten.

Untersuchungen von Vogel (1967), Timney u. Barber (1969), Maslach et al. (1972) oder Roberts et al. (1973, 1975) haben außerdem ergeben, daß es möglich ist, periphere Vasokonstriktion und Vasodilatation mit autogenem Training, Biofeedback oder Hypnose zu beeinflussen. Chaves et al. (1979) konnten im Rahmen einer kontrollierten Pilotstudie zeigen, daß durch Hypnose – im Vergleich zu einer Kontrollsituation ohne Anwendung von Hypnose – der Blutverlust während operativer Maßnahmen um 65% reduziert werden kann.

Vor allem im Rahmen von Routineeingriffen wird Hypnose als nützliches Adjuvans zur Blutungskontrolle beschrieben. So erlaubt beispielsweise die Reduktion der Blutung eine übersichtliche Darstellung des Operationsgebietes. Im Falle von *Extraktionen* dagegen kann ein kontrolliertes Füllen des leeren Alveolarknochens mit Blut zu einer raschen, unproblematischen Wundheilung durch ein stabiles Blutkoagulum beitragen.

Besonders betont werden muß jedoch, daß nach sämtlichen bereits genannten Quellen die Behandlung von *Hämophilen* neben der Anwendung von Hypnose ausnahmslos konservativ unterstützt wird, i. allg. durch die prophylaktische Gabe von Epsilonaminocapronsäure, Kollagentamponade der Extraktionswunde, primären Wundverschluß mit einer Naht und durch Anlegen einer Verbandsplatte.

Hypnose und Schmerz

Schmerzkontrolle war eine der ersten Anwendungen von Hypnose in der Zahnmedizin (Pershing 1964). Die in der aktuellen Literatur meist zitierten Quellen sind hierzu Traiger (1952), Crasilneck et al. (1956), Lucas et al. (1962), McCay (1963), Secter (1961), Petrov et al. (1964), Owens (1970), Radin (1972), Weyandt (1972) und Morse (1976). Es handelt sich hier überwiegend um Fallberichte, bei denen die Hypnose als ausschließliches Analgetikum bei zahnärztlichen Behandlungen wie Pulpektomie,

Kürettage oder Extraktion eingesetzt wurde. Da Angaben über Vitalität oder Lockerungsgrad der Zähne meist ebenso fehlen wie Angaben zur Suggestibilität der Probanden, soll an dieser Stelle lediglich die Arbeit von Gottfredson (1973) betrachtet werden.

Gottfredson arbeitete als Psychologe mit einem Zahnarzt zusammen. Es erklärten sich 25 willkürlich ausgewählte Patienten bereit, an einem Experiment teilzunehmen, bei dem in mindestens einer zahnärztlichen Sitzung Hypnose als einziges Analgetikum angewandt werden sollte. Die Bewertung der Suggestibilität vor der Behandlung nach der Stanford Skala (SHSS:A) ergab folgende Verteilung: 12 Patienten waren sehr gut (8–12 Punkte), 6 mittel (5–7 Punkte) und 7 (0–4 Punkte) schlecht hypnotisierbar. Der Schmerz wurde über Selbstbewertung auf einer Skala von 1–10 durch Heben einer entsprechenden Anzahl von Fingern bestimmt. Während 75% (n = 9) der sehr gut hypnotisierbaren Patienten die Behandlung mit Hypnose als alleiniges Analgetikum beendeten, waren bei den mittel oder schlecht hypnotisierbaren Patienten insgesamt nur 38% (n = 5) dazu in der Lage.

Nachdem im Laborversuch keine Korrelation zwischen Schmerzreduktion und Angst gefunden worden war (Shor 1962; Greene u. Reyher 1972; Chapman u. Feather 1973), ziehen Hilgard u. Hilgard ([1]1975) hieraus den Schluß, daß allein die Reduktion der Angst nicht ausreicht, die analgetische Wirkung hypnotischer Suggestionen zu erklären.

Eine reine *Placebowirkung* zur Schmerzreduktion wurde durch die Untersuchungen von McGlashan et al. (1969), Goldstein u. Hilgard (1975) und Elton et al. (1980) widerlegt. Man kann also zusammenfassen: Analgesie durch Hypnotherapie ist von der Suggestibilität abhängig, geht über Angstreduktion und Entspannung hinaus und übertrifft bei gut hypnotisierbaren Probanden deutlich die Placebowirkung. Vor allem die neueren, klientenzentrierten Entwicklungen in der Hypnoseforschung wenden sich gegen das in den oben genannten Studien benutzte Konzept der *Suggestibilität*. Nach einer Untersuchung von Barber (1977) ist die hypnotische Analgesie beim Zahnarzt von der Suggestibilität unabhängig. Barber beschreibt eine von ihm entwickelte Methode (RIAP = Rapid Induction Analgesia Procedure), nach der 99 von 100 Patienten und bei einer zweiten Untersuchung 27 von 27 Patienten die zahnärztliche Behandlung ohne Lokalanästhesie beendet hatten.

Da die durchgeführten zahnärztlichen Eingriffe nicht näher ausgeführt werden, ist eine zuverlässige Beurteilung der tatsächlichen Analgesiewirkung nicht möglich. Dennoch stellt diese Arbeit einen interessanten Ansatz dar, da erstmals eine rationelle Technik beschrieben wird, bei der Zahnarzt (Behandlung) und Psychologe (Hypnose) eng zusammenarbeiten. Gerade unter den besonderen organisatorischen Bedingungen der zahnärztlichen Praxis verdient dieses Vorgehen entsprechende Beachtung.

Hypnotherapie in der Zahnheilkunde

Als Hypnotherapie bezeichnet man Psychotherapie unter Anwendung von Hypnose. Durch die Induktion einer Trance soll der Patient motiviert werden, eigene Problemlöseressourcen zu nutzen. Mit Hilfe von Suggestionen oder therapeutisch wirksamen Vorschlägen soll das bis dahin dysfunktionale Verhaltens- und Wahrnehmungsmuster des Patienten durchbrechen, umgedeutet oder therapeutisch genutzt werden. Wesentlich ist also nicht nur die alleinige Beseitigung des störenden Symptoms beim Patienten, sondern darüber hinaus die Erweiterung seines Verhaltensrepertoires.

Im zahnärztlichen Kontext wurden bisher in der Literatur die eher konservativen Interventionen wie Hypnodesensibilisierung, Hypnoimplosion, Symptomsubstitution, Symptomtransformation, Symptomabschwächung und Hypnoanalyse beschrieben (Wolberg 1948a, b).

Dentistophobie

Die Anwendung von Hypnotherapie zur Behandlung von Dentistophobie beschreiben Stolzenberg (1961), Owens (1970), Golan (1971), Graham (1974), Gerschman et al. (1978), Burrows u. Dennerstein (1980) und Kunzelmann u. Dünninger (1988).

Stolzenberg (1961) repräsentiert einen psychodynamischen Ansatz. Er beschreibt den Fall eines 18jährigen Mädchens. Das Mädchen war aufgrund einer erforderlichen Einstellungsuntersuchung zwar beim Zahnarzt erschienen, aber nicht einmal bereit, sich mit Spiegel und Sonde untersuchen zu lassen. Nach anfänglicher Skepsis willigte sie schließlich ein, sich mit Hypnose behandeln zu lassen. Durch Regressionsarbeit stellte sich als Ursache für ihre Phobie heraus, daß sie als Kind beim gemeinsamen Mittagessen miterlebt hatte, wie ihre älteste Schwester heftig weinend nach einem Zahnarztbesuch nach Hause gekommen war, da sie vom Zahnarzt mit dem Bohrer in der Wange verletzt worden war. Das Ergebnis der Regression wurde anschließend mit der Patientin im Wachzustand diskutiert. Die Erklärung, daß der Schmerz der Schwester nur vorübergehend war und diese auch im Anschluß an ihr Erlebnis weiter zum Zahnarzt gegangen war, wurde von der Patientin akzeptiert und eine Behandlung war ohne Zwischenfälle möglich.

Aus der Tatsache, daß die Angst vor dem Zahnarzt als erworbene Angst gilt, leitet sich die Überlegung ab, Phobien als Ergebnisse von Lernprozessen nunmehr durch andere Lernprozesse zu modifizieren. Häufig werden deshalb zur Behandlung von Dentistophobien behavioristische Techniken wie *Desensibilisierung* oder Reizüberflutung erfolgreich angewandt. Kunzelmann u. Dünninger (1988) kombinieren Hypnose mit verhaltenstherapeutischen Techniken.

Um den Patienten auf die Behandlungssituation vorzubereiten, erhält er einen Satz von 4 Audiokassetten mit nach Hause. Kassette 1 beschreibt eine einfache Atemtechnik mit dem Ziel der Entspannung. Kassette 2 enthält eine Imaginationstechnik. Kassette 3 und 4 beinhalten indirekte Suggestionen, v.a. über die Möglichkeit, daß sich Alltagserfahrungen ändern können sowie über Amnesie und Zeitverzerrung in unangenehmen Situationen. Ohne weitere Vorgaben wird der Patient angewiesen, diese Kassetten in der Reihenfolge und der Häufigkeit, die ihm beliebt, anzuhören.

In der Praxis wird das Erarbeiten einer Reizhierarchie der aversiven Stimuli genutzt, den Rapport zu etablieren. Man bietet dazu Karteikarten an, auf denen die einzelnen zahnärztlichen Arbeitsschritte kurz beschrieben werden. Der Patient hat die Aufgabe, diese Karten in eine für ihn gültige Reihenfolge zu bringen, wobei die Möglichkeit besteht, einzelne Karten abzulegen oder Vorschläge für die Neuaufnahme von weiteren Karten zu machen. Auf diese Weise findet bereits eine erste Desensibilisierung statt. In dieser Phase weiß der Patient, daß keine Behandlung stattfindet. Da aber dieser Kontakt auf dem zahnärztlichen Behandlungsstuhl zustande kommt, werden auch nicht bewußte Stimuli (z.B. Geruch nach Desinfektionsmitteln, CHKM (Chlor-Phenol-Kampfer) in die Desensibilisierung mit einbezogen.

Ein Signalsystem, das dem Patienten die Kontrolle über die Situation erlaubt, kennzeichnet schließlich die eigentliche Behandlungsphase. Mittels indirekter Suggestionen (Erickson u. Rossi 1981) wird, aufbauend auf die Audiokassetten, eine Trance induziert.

Die Aufmerksamkeit des Patienten wird auf seine innere Realität gelenkt. Submodalitätsvariationen (Bandler [1]1987) helfen, die einzelnen Stimuli in ein neues Bezugssystem zu integrieren.

Brechreiz

Die Behandlung von Brechreiz durch Hypnotherapie wird beschrieben von Moss (1952), LeCron (1955), Stolzenberg (1959, 1961), Erickson et al. (1961), Ament (1971), Benson (1972) und Weyandt (1972). Bei allen Patienten der hier genannten Quellen waren emotionale Faktoren, etwa die Erinnerung an ein traumatisches Ereignis verbunden mit Brechreiz, für die Entstehung dieses stark ausgeprägten Brechreizes entscheidend. LeCron (1955) bemerkt dazu, daß meistens Erfahrungen aus der Kindheit verantwortlich seien. Bereits das Bewußtmachen und Besprechen dieser Ursachen würde in 95% aller Fälle eine erfolgreiche zahnärztliche Behandlung ermöglichen. Bei den übrigen 5% sei dagegen durch Widerstand des Patienten keine Aufdeckung der Ursachen möglich.

Als Beispiel seien Erickson et al. (1961) zitiert. Erickson et al. beschreiben den Fall eines jungen Mannes, dessen Brechreiz mit direkten Suggestionen nicht zu kontrollieren war. Durch Regression in Hypnose deckte man als Ursache auf, daß der junge Mann als Kind eine große Menge Rizinusöl geschluckt und seit diesem Zeitpunkt das Problem des verstärkten Brechreizes hatte. Durch Diskussion dieses Ereignisses mit dem Patienten und posthypnotische Beruhigungssuggestionen wurde das Problem des Brechreizes erfolgreich gelöst.

Rootenberg (1979) beschreibt eine klassische Hypnodesensibilisierung. Im Laufe von 10 Sitzungen wird, beginnend mit Entspannung in Hypnose, allmählich immer längeres Tolerieren eines Gegenstandes im Mund geübt. Bei weniger stark ausgeprägtem Brechreiz ist es nach Moss (1952) und Benson (1972) ausreichend, Hypnose zu induzieren und Entspannung zu suggerieren. Moss spricht von einer Erfolgsquote von 80%. Unterstützend kann eine hypnotische Analgesie des Mund- und Rachenbereiches wirken.

Psychogene Prothesenunverträglichkeit

Obwohl Prothesenunverträglichkeit – explizit oder als Unterpunkt bei psychosomatischen Problemen – bei der Indikation von Hypnose immer wieder genannt wird, sind in der Literatur *keine* primären Quellen zu finden. Da Marxkors u. Müller-Fahlbusch (1976) von einer breit angelegten Studie zur psychogenen Prothesenunverträglichkeit berichten, seien deshalb die Ergebnisse ihrer Untersuchungen hier zugrunde gelegt.

Der Begriff „psychogene Prothesenunverträglichkeit“ muß allerdings von Prothesenadaptionsproblemen differenziert werden. Erst wenn durch zahnärztlich-prothetische Untersuchungen, einschließlich eines Karenzversuches, die Beschwerden nicht erklärbar werden und auch dermatologische, allergologische, geriatrische und neurologische Befunde ausgeschlossen sind, kann man von psychogener Prothesenunverträglichkeit sprechen.

Nach Marxkors u. Müller-Fahlbusch (1976) waren von den 66 untersuchten Patienten 52 Patienten psychiatrisch zu diagnostizieren. Die differentialdiagnostische Aufteilung wurde in phasische und chronische Depressionen (57%), abnorme Persönlichkeitsentwicklungen (21%), abnorme Erlebnisreaktionen (19%) sowie Psychosen aus der Gruppe der Schizophrenien (3%) vorgenommen. Ein Überblick über Standardwerke der Hypnoseliteratur (Wolberg 1948a, b; Crasilneck u. Hall 1985; Kroger [2]1977; Hartland 1977) zeigt, daß bei keiner dieser Diagnosen mit Hypnose allein therapiert werden sollte.

Der Autor kommt zu dem Schluß, daß entgegen der häufigen Indikationsstellung bei echten psychogenen Prothesenunverträglichkeiten Hypnose nicht indiziert ist. Prothesenadaptionsprobleme wie Brechreiz beim Tragen der Prothesen, zählen nicht zu psychogener Prothesenunverträglichkeit und lassen sich durch Hypnotherapie gut behandeln.

Funktionsstörungen des stomatogenen Systems

Eine häufig genannte, jedoch ebenfalls wenig dokumentierte Indikation der Hypnose stellen Funktionsstörungen des Kausystems dar, d.h. Störungen, die zu einer Beeinträchtigung der Bewegungsabläufe und/oder zu Schmerzen führen (Schwenzer u. Grimm 1981).

Unter den zahlreichen Kausalfaktoren dieser Funktionsstörungen sind *ausschließlich* psychische Faktoren (z.B. Konfliktsituationen in der Familie, im Beruf, sexuelle Probleme, wiederkehrende oder andauernde Streß- und Überlastungssituationen) der Hypnotherapie zugänglich.

Bruxismus/Bruxomanie

Als 1. Beispiel erfolgreicher Hypnotherapie bei Funktionsstörungen des stomatogenen Systems sei Bruxismus/Bruxomanie angeführt. Bruxismus/Bruxomanie ist durch nicht-funktionale Belastung des Kauapparates gekennzeichnet, hervorgerufen durch neuromuskuläre Spannungszustände in der Kaumuskulatur, mit den Folgesymptomen Kiefergelenksbeschwerden, Kopfschmerz sowie Schmerz v.a. in der Nacken-, Hals- und Schultermuskulatur. Eine umfangreiche Zusammenstellung der Theorien zur Ätiologie von Bruxismus/Bruxomanie findet sich in Weh (1987).

Nach Shaw (1962), Goldberg (1973), Graham (1974) und Crasilneck u. Hall ([1]1975) gibt es 5 Ansätze zur Anwendung von Hypnose bei der Therapie von Bruxismus/Bruxomanie. Der Patient lernt in Hypnose, daß *Entspannung* die durch isometrische Muskelbelastung hervorgerufenen Beschwerden reduziert. Gleichzeitig wird durch Suggestionen das Selbstvertrauen des Patienten gestärkt und so ein gewisser Schutz gegen äußere und innere Streßzustände aufgebaut. Schließlich lehrt man den Patienten in Hypnose die Selbsthypnose, damit er, ähnlich wie beim autogenen Training, jederzeit in der Lage ist, Streß durch Entspannung selbst abzubauen.

Eine weitere Möglichkeit der Therapie besteht darin, durch direkte Suggestionen auf Bruxismus/Bruxomanie einzuwirken. So suggeriert man beispielsweise zur Therapie nächtlichen Knirschens:

„Jedesmal, wenn Sie nachts anfangen, mit den Zähnen zu knirschen, werden Sie aufwachen. Sobald Sie Ihre Kaumuskeln wieder entspannt haben, werden Sie merken, daß Sie völlig problemlos sofort wieder einschlafen können."

Shaw (1962) wendet *Symptomsubstitution* zur Therapie von Bruxismus an. Er suggeriert dem Patienten, statt mit den Zähnen zu knirschen, die linke Hand kräftig zur Faust zu ballen. Diese Suggestion brachte in dem von ihm beschriebenen Fall nur eine geringe Verbesserung des Problems, da der Patient das Ballen der Faust als Zeichen der Aggression ablehnte. Shaw suggerierte ihm daraufhin, statt dessen mit den Fingern zu schnippen, um Spannung abzubauen. Nachdem der Patient 15 Jahre mit dem Problem Bruxismus gelebt hatte, wurde er durch diese Methode in 10 Sitzungen vom Bruxismus befreit.

Stein (1969) beschreibt eine weitere Technik zum Abbau von Spannungen. Er fordert den Patienten in Hypnose dazu auf, sich einen möglichst glücklichen Moment seines Lebens ins Gedächtnis zu rufen. Diesen Gedanken möge er dann in seiner geschlossenen rechten Faust festhalten. Als nächstes wird der Patient aufgefordert, eine besonders unangenehme Erinnerung in die linke Faust zu nehmen. Während der Patient sich nun durch Drücken der rechten Faust intensiv an den glücklichen Lebensabschnitt erinnert, soll er die linke Faust öffnen und die unangenehme Erinnerung einfach auf den Boden fallen lassen und nicht weiter beachten. Dieser Vorgang wird mehrmals wiederholt. Goldberg (1973) beschreibt einen mit dieser Technik erfolgreich behandelten Fall von Bruxismus.

Die klassische Hypnoanalyse stellt schließlich eine 5. Möglichkeit dar, Bruxismus/Bruxomanie zu therapieren. Graham (1974) beschreibt den Fall einer 26jährigen Frau mit exzessivem nächtlichen Zähneknirschen. Bereits nach der 2. Sitzung hatten sich die ebenfalls massiven Kopfschmerzen und Schlafstörungen gebessert. Hypnotische Regression ergab, daß die Frau 5 Jahre zuvor in einem Bus an einem Verkehrsunfall beteiligt gewesen war. Sie war dabei so auf den Vordersitz geschleudert worden, daß es ihr die Luft aus der Lunge gepreßt hatte. Dadurch war es ihr trotz ihres Bedürfnisses danach nicht möglich zu schreien. Etwa ein Jahr nach dem Unfall begannen dann die Beschwerden mit dem Zähneknirschen. In Hypnose war durch die Suggestion der damaligen Situation ein Abreagieren der Spannung, verbunden mit der Möglichkeit zu schreien, möglich und es wurde ein dauerhafter Behandlungserfolg erzielt.

Funktionelle Myoarthropathien

Unter den Synonymen funktionelle Myoarthrophathien, Costen-Syndrom, mandibulomotorische Koordinationsstörung, orofaziale Dyskinesie, Schmerzdysfunktionssyndrom oder TMJ-Syndrom („temporo-mandibular joint syndrome") wird eine Reihe von Beschwerden zusammengefaßt, die außerordentlich vielgestaltig sind. Meist suchen die Patienten den Zahnarzt wegen Kiefergelenksknacken und/oder Schmerzen im Mittelgesicht und Ohrbereich auf. Nach Schwenzer u. Grimm (1981) ist in etwa 5% aller Fälle Psychotherapie erforderlich. Diese Angabe wird von Gerschman et al. (1978) bestätigt, wonach von 40000 Patienten des Royal Dental Hospital of

Melbourne pro Jahr etwa 2–5% über orofaziale Schmerzen klagen, die keine organische Grundlage haben. Bei diesen Patienten waren die zahnärztlichen Standardtechniken wie Wurzelkanalbehandlungen, okklusales Einschleifen, Aufbißschienentherapie, Revision von Operationsnarben bis zur Exzision von Speicheldrüsen und Teilen des N. trigeminus ohne Erfolg.

Elton et al. (1980) haben festgestellt, daß Patienten mit chronischen Schmerzen unklarer Pathogenese eine signifikant erhöhte Selbstwertproblematik – im Vergleich zu einer Kontrollgruppe ohne Schmerzen und einer Kontrollgruppe mit chronischen Schmerzen bekannter organischer Genese – hatten. Gleichzeitig stellten sie fest, daß durch psychologische Behandlung unter Einbeziehen von Hypnose mit dem Ziel, das Selbstbild des Patienten positiv zu verändern, eine signifikante Reduktion der Schmerzen zu beobachten war.

In einer Folgestudie verglichen sie die Wirksamkeit der Behandlung von Patienten mit chronischen Schmerzen unklarer Pathogenese mit Hypnose, behavioristischen Techniken und einer Placebobehandlung. Während die Placebobehandlung ohne Erfolg war, führten Hypnotherapie und verhaltensorientierte Psychotherapie in 66% der Fälle erfolgreich zu einer Schmerzreduktion. Durch Hypnotherapie wurden Gesamtverbesserungen von 100% bei 6, von 80–99% bei 1 und von 50–79% bei 3 von insgesamt 10 Patienten erzielt. Verhaltenstherapie hatte bei 3 von 10 Patienten 100%, bei 1 Patienten 80–89%, bei 4 Patienten 50–79% und bei 2 Patienten vernachlässigbaren oder leichten Erfolg erzielt.

In Melbourne wurde Anfang 1974 zur multidisziplinären Behandlung die Oro-Facial Pain Clinic um Royal Dental Hospital gegründet. In ihr werden Patienten mit chronischen Gesichtsschmerzen von Zahnärzten, Psychiatern, Psychologen, Neurologen, Otolaryngologen und Dermatologen betreut (Gerschman et al. 1976–1978, 1980). Im Laufe von 4 Jahren wurden von insgesamt 200 Patienten 52 mit Hypnotherapie behandelt. Bei 68% war ein signifikanter Behandlungserfolg, bei 19% eine geringe Besserung zu beobachten. Lediglich 13% brachen die Behandlung ab oder konnten keine Besserung verzeichnen.

Durch die hier zitierten Studien wird das Potential der Hypnotherapie bei der Behandlung von orofazialen Schmerzen deutlich gemacht. Durch Anheben der Stimmungslage des Patienten, durch Stärken seines Selbstwertgefühls und durch hypnotische Analgesie erfolgt eine psychische Distanzierung vom Schmerzerlebnis. Auf diese Weise werden die festgefahrenen Schmerz-Engramme durchbrochen und durch Beseitigung der Erwartungsangst ist eine Lösung der Muskelverspannungen möglich, was schließlich auch eine Reduktion des Schmerzes bewirken kann. Im folgenden werden einige weitere hypnotherapeutische Interventionen beschrieben.

Analog zum Bruxismus/Bruxomanie reduziert man durch hypnotische Entspannung den erhöhten und häufig mit Schmerzen verbundenen Muskeltonus. Gleichzeitig wirkt Entspannung, wie bereits dargestellt, als Anxiolytikum. Das Angst-Schmerz-Engramm kann durchbrochen werden, indem man den Patienten durch Regression einen besonders glücklichen, schmerzfreien Augenblick seiner Vergangenheit wiedererleben läßt.

In der akuten Schmerzsituation helfen Suggestionen zur hypnotischen Analgesie. Sehr erfolgreich ist dabei die „Secret-room"-Technik, die der Patient auch ohne therapeutische Hilfe zu Hause praktizieren kann. Für den Fall, daß die Schmerzen intermittierend sind, lassen sich durch Hypnotherapie Phasen des Schmerzes mit Amnesiesuggestionen relativieren. Durch Suggestionen kann man außerdem die Zeitempfindung von schmerzhaften Phasen so beeinflussen, daß sie dem Patienten wesentlich kürzer erscheinen, als sie tatsächlich sind. Symptomabschwächung,

Symptomtransformation und Symptomsubstitution sind weitere Möglichkeiten (vgl. Kap. 15). Da durch die Schmerzen häufig Probleme beim Essen und Schlafen entstehen, was den Allgemeinzustand negativ beeinflußt, hat es sich bewährt, ganz gezielt und detailliert die Ereignisse der nächsten Tage suggestiv vorwegzunehmen. So lassen sich Schmerzen beim Essen relativieren, indem man dem Patienten sagt, daß zwar der 1. Bissen noch sehr schmerzhaft sein kann, doch ebenso wie es nach einem Hammerschlag auf den Daumen angenehm sei, wenn der Schmerz nachließe, so würde nach dem 1. Schmerz eine angenehme Erleichterung folgen und das Essen ohne Probleme möglich sein. Auch bei Schlafproblemen sollte man eine möglichst detaillierte, aber offen formulierte Suggestionsfolge anwenden, um so das Allgemeinbefinden durch guten Schlaf positiv zu beeinflussen.

Obwohl die hier genannten Ansatzmöglichkeiten der Hypnotherapie primär bei orofazialen Schmerzen unklarer Pathogenese indiziert sind, haben sie sich auch bei Patienten mit chronischen Schmerzen organischer Genese bewährt. Diese Patienten lernen dadurch, besser mit den Schmerzen umzugehen, was zu einer Verbesserung der Lebensqualität beitragen kann.

Praktische Durchführung der Behandlung

Der äußere Rahmen in der zahnärztlichen Praxis unterscheidet sich stark von einer normalen therapeutischen Situation durch:

- Unfreiwilligkeit,
- äußere Belastung,
- Angst,
- spontane Trancezustände,
- höhere Suggestibilität des Patienten.

Unfreiwilligkeit: Die Patienten unterziehen sich der Behandlung gezwungenermaßen, sozusagen aus Vernunftsgründen (es muß etwas repariert werden), und nicht weil – wie bei der Psychotherapie – ein eigener Wunsch zur psychischen Veränderung sie antreibt.

Äußere Belastung: Bestimmte Reize, so der typische Geruch in einer Zahnarztpraxis, das Geräusch der Turbine, das grelle Licht der Lampe u.ä. können Ängste auslösen, die oft unbewußt bleiben, aber zu einer erheblichen körperlichen und seelischen Anspannung führen.

Angst und Anspannung: Es können verschiedene Ängste wie etwa die Angst vor Schmerzen, vor Eindringen in die Intimsphäre, die Angst vor Behandlungsfehlern, die Angst, ausgeliefert zu sein, auftreten. Oft wird eine grundlegende Lebensangst in das konkrete Erlebnis beim Zahnarzt hineinprojiziert (A. Schmierer 1988). Die angstbedingte Anspannung führt schließlich zu einer starken Erhöhung der Schmerzempfindlichkeit.

Spontane Trancezustände: Als Ausweg aus dem Angst- und Anspannungszustand treten häufig spontane Trancezustände auf, z.B. spontane Altersregression in das Verhalten eines 5jährigen Kindes, spontane Augenstarre, spontanes Augenrollen. Demnach bewirkt der „Zahnarztstreß“ oft eine echte Trance, die jedoch durch das Bedürfnis, die Kontrolle zu behalten, sehr schnell wieder unterbrochen wird. Diese spontanen Trancezustände wirken ebenfalls wieder angstauslösend, da sie für den Patienten überraschend auftreten.

Erhöhte Suggestibilität: Kaum ein Zahnarztpatient wird behaupten, daß er während der Behandlung in seinem normalen Bewußtseinszustand ist. Die meisten Zahnärzte versuchen durch Erzählungen oder durch Fragen, auf die der Patient nicht antworten kann, von der Behandlung abzulenken. Dies ist eine sehr effektive Strategie, da der Patient in seiner angstbesetzten, ausgelieferten Situation alles, was ihn ablenkt (d.h. dissoziiert) gerne annimmt. Wichtig dabei ist allerdings, daß dem Patienten durch Eingehen auf seine Situation („pacing") Vertrauen und Sicherheit vermittelt wird und die Suggestionen in Richtung auf Entspannung gegeben werden („leading").

Die Rahmenbedingung „Zahnarzt" führt also zu spontanen Trancezuständen und zu erhöhter Suggestibilität, wenn sie in geeigneter Weise genutzt wird.

Vorbereitung

Aus dem Wissen über den äußeren Rahmen und die dadurch ausgelöste Befindlichkeit des Patienten leitet sich für unsere Praxis (A. Schmierer) folgendes Vorgehen ab. Der Patient wird an der Sprechzimmertüre mit einem Händedruck begrüßt und – teilweise mit einem Nachhelfen der linken Hand an seinem rechten Ellenbogen – zum Behandlungsstuhl geführt. Die Anamnese beginnt häufig mit der humorvoll gestellten Frage: „Was treibt Sie zu uns?" Bei neuen Patienten erleichtert ein Blick auf den Anamnesebogen die Abklärung der medizinischen Vorgeschichte. Hat der Patient keine Krankheiten angegeben, ist der nächste Satz an ihn: „Sie sind ja kerngesund!" Damit soll der Patient aus seiner passiven Leidenshaltung herausgeführt werden. Im Anamnesebogen enthalten sind Fragen wie: „Legen Sie Wert auf eine absolut schmerzfreie Behandlung?"; „Möchten Sie auf jeden Fall eine Spritze?"; „Wir möchten die Behandlung für Sie möglichst angenehm gestalten, dafür können wir Ihnen beruhigende Musik, Entspannungstonbänder oder eine Anleitung zur Selbstentspannung anbieten." Diese Fragen geben dem Patienten die Möglichkeit, auf Ängste hinzuweisen, die er sonst nicht verbalisieren würde. Dann erkundigen wir uns nach vorausgegangenen Behandlungen und seinen bisherigen Erfahrungen beim Zahnarzt. Kommt der Patient von sich aus auf die Hypnose zu sprechen, dann fragen wir ihn nach seinen Vorstellungen über Hypnose und bestätigen dies etwa folgendermaßen: „Genauso kann Hypnose ablaufen, und ich bin gespannt, ob Sie gleich beim ersten Mal eine so tiefe Hypnose erreichen." Dies wird so formuliert, um die Erwartungen des Patienten zu utilisieren. Unserer Erfahrung nach wäre es falsch, die teilweise sicher etwas überzogenen Erwartungen des Patienten als unrealistisch darzustellen.

Bei neuen Patienten erfolgt dann eine ausführliche Mundhygieneaufklärung mit Hinweisen darauf, daß nur eine gute Zusammenarbeit ein optimales Behandlungsergebnis ermöglicht. Durch die Mundhygieneaufklärung, die von einer Helferin vorgenommen wird, gewöhnt sich der Patient langsam und angstfrei an die neue Umgebung. Er bekommt das Gefühl, daß wir uns intensiv um ihn kümmern, ohne daß sofort der Bohrer dröhnt. Beiläufig unterhält sich die Helferin über seine Erfahrungen bei vergangenen Zahnarztbesuchen. Ihr gegenüber äußert sich der Patient offener und genauer über die Dinge, die ihn besonders gestört haben. Oft erhalten wir so auch wertvolle Informationen über Hobbys, Urlaubspläne, private und berufliche Vorlieben oder auch Probleme und Aversionen. Es ist eine reizvolle Herausforderung für die Helferin, herauszufinden, in welchem sensorischen Repräsentationssystem (vgl. Kap. 24) der Patient besonders gut anzusprechen ist.

Suggestibilitätstest

Bei Patienten, die ausdrücklich wegen einer Hypnosebehandlung in die Praxis kommen, halte ich (A. Schmierer) die Begrüßungshand ungewöhnlich lange fest, schaue dem Patienten dabei direkt in die Augen *(Faszinationsmethode)* und leite mit Unterstützung der linken Hand am Ellenbogen eine Katalepsie der Begrüßungshand ein. Ein weiterer häufig gebrauchter Suggestibilitätstest bei uns sind Mesmer-Passes über den Unterarm des Patienten. Dabei wird der Patient aufgefordert zu beschreiben, welche Gefühlsänderungen er dadurch erfährt. Patienten, die nach 2–3 Passes ein „Kribbeln, ein elektrisches Gefühl, Wärme, Kälte, ein Fließen, ein pelziges Gefühl" etc. angeben können, werden als sehr gut empfänglich für die Hypnose gelobt. Diese Empfindungen werden als der typische Beginn eines hypnotischen Zustandes kommentiert.

Herstellen des Rapports

Bei Erwachsenen wie auch bei Kindern ist der Rapport entscheidend für den Erfolg der zahnärztlichen Behandlung und insbesondere bei der Anwendung der Hypnotherapie. Fragen nach der Herkunft des Patienten, Sprechen im gleichen Dialekt (wenn möglich), Erkundung nach Familienangehörigen und Hobbys, positive Bemerkungen über Kleidung, Aussehen und Gesundheitszustand, sind (für jeden Zahnarzt) selbstverständliche Möglichkeiten, eine positive Atmosphäre zu schaffen.

Fühlt sich der Patient persönlich wahrgenommen und respektiert, ist er für die Kommunikation offen. Das gilt besonders für Patienten mit akuten Beschwerden: mit einem „Das muß ja gemein weh tun" ist schneller und besser Rapport hergestellt als mit „Ist ja gar nicht so schlimm". Bei Angstpatienten ist der Hinweis darauf, daß es ganz normal sei, wenn im Moment der Puls noch schnell schlägt und noch eine gewisse Anspannung vorhanden ist, eine gute Möglichkeit, Rapport herzustellen.

Der Patient soll also durch verständnisvolles Eingehen auf seine individuelle Situation („pacing") Vertrauen gewinnen, in eine Ja-Haltung geführt werden und dadurch auf Suggestionen positiv reagieren können.

Diagnose

Parallel zum Erstellen der zahnärztlichen Diagnose entwickelt sich die Diagnose für die hypnotische Intervention. Die Entscheidung, welche Form der Induktion gewählt wird, ob mit oder ohne pharmakologische Anästhesie gearbeitet wird, ergibt sich aus den zuvor gewonnenen Informationen:

1) *Anamnese* (Ängste, Erfahrungen mit Zahnbehandlung, mit Hypnose, Vorlieben, Hobbys usw. Auf welchem Sinneskanal ist der Patient primär ansprechbar: visuell, kinästhetisch, akustisch?)
2) *Suggestibilität* (In welcher Art und Weise reagiert der Patient auf die verbal/nonverbal gegebenen Suggestionen?)
3) *Rapport* (Ist der Patient leicht zugänglich und kommunikationsbereit?)

Oftmals ist der *Händedruck* zur Begrüßung des Patienten ein sicheres und schnelles diagnostisches Hilfsmittel zur Überprüfung der Behandlungsbereitschaft bzw. der Notwendigkeit hypnotischer Intervention. Zögern, Zittern, ein schlaffer feuchter Händedruck sind nonverbale Angstsignale. Vermeidet der Patient Augenkontakt, geht er zögernd oder nicht in Richtung Behandlungsstuhl, so ist es erforderlich, Maßnahmen zum Angstabbau einzuleiten. Die zur Diagnosestellung benötigte Zeit ist in der Regel sehr kurz. Oftmals reichen die Kommunikation „zwischen Tür und Stuhl" und das anschließende Händewaschen dafür aus, da durch Anamnesebogen und Informationsgewinn über die Helferin viel Zeit gespart werden kann. In Fällen mit chronischen Schmerzen oder mit Dentistophobie kann der Zeitbedarf allerdings auch sehr hoch werden (vgl. Kap. 12 und 15).

Ein Überblick über die Häufigkeit der Anwendung zahnärztlicher Hypnose in unserer Praxis, bezogen auf die damit verbundenen Diagnosen und den benötigten Zeitaufwand, zeigt die folgende Aufstellung. Dabei fällt auf, daß die täglich vorkommenden Indikationen keinen vermehrten Zeitaufwand gegenüber der normalen Praxis erfordern. Mit einiger Routine kann mit hypnotischen Interventionstechniken durch Streßminderung und Angstabbau sogar Zeit gespart werden (A). *Erst die wesentlich seltener vorkommenden Indikationen (B, C, D)*, die in Richtung Hypnotherapie gehen, erfordern einen erhöhten Zeitaufwand, ermöglichen aber nach erfolgreicher Hypnotherapie dann eine normale und konsequente Zahnbehandlung, die sonst überhaupt nicht hätte durchgeführt werden können.

Häufigkeit und Zeitbedarf bei der Anwendung zahnärztlicher Hypnose nach Erfahrungsswerten unserer Praxis:

A) Täglich vorkommende Indikationen
Wird in die normale Behandlung integriert, oft ohne spezielle Induktion; spart Zeit und Streß.

Indikation	*Zweck*
Entspannung	lockere Muskulatur, geringere Empfindlichkeit;
Angstabbau	Verbesserung der Zusammenarbeit;
Kinderbehandlung	Verbesserung der Zusammenarbeit;
posthypnotisch	Verbesserung von Heilungsverlauf und Mundhygiene;
Langzeitbehandlung	weniger Anästhesie, weniger Streß;
Blutungskontrolle	längere Wirkdauer, bessere Übersicht;
Analgesie	weniger Anästhesie, geringere Schwellung.

B) Wöchentlich vorkommende Indikationen
Benötigt extra Zeit während der Praxis, mit spezieller Induktion (Zeitaufwand: 10–60 min).

Indikation	*Zweck*
Spritzenangst	Toleranz von Injektionen,
Anästhesie	Behandlung ohne Injektionen,
Bißnahme	entspannte Kieferrelationsbestimmung,
Myoarthropathie	Behandlung der psychischen Anteile,
Bruxismus	Entspannung, Erarbeiten von Alternativen.

C) Monatlich vorkommende Indikationen
Erfordert Extrasitzungen außerhalb der Praxiszeit, mit spezieller Anamnese und Induktion (Zeitaufwand: 1–3 Sitzungen à 45 min).

Indikation	*Zweck*
Dentistophobie	normale zahnärztliche Behandlung,
Würgereizkontrolle	normale zahnärztliche Behandlung,
Asthmakontrolle	normale zahnärztliche Behandlung,
Kreislaufkontrolle	normale zahnärztliche Behandlung,
Gewohnheitskontrolle	z.B. Schlucktraining, Daumenlutschen.

D) Selten vorkommende Indikationen
Erfordert mehrere Sitzungen außerhalb der Praxiszeit, mit spezieller Anamnese, Induktion und Übungsanleitung (Zeitaufwand: 1–10 Sitzungen à 45 min).

Indikation	*Zweck*
Parästhesien	z.B. Abstellen von Zungenbrennen,
Prothesenunverträglichkeit	Abstellen von psychogener Aversion gegen Prothesen,
chronischer Gesichtsschmerz	Bewältigungsstrategien für den Umgang mit chronischen Schmerzen entwickeln.

Therapie

Die sich aus der Diagnose ergebende Therapie gliedert sich auf in verschiedene Teilschritte von der Induktion bis zur Rückführung sowie die zahnärztliche Therapie.

An 3 fiktiven Fallbeispielen ergibt sich für

Patient A: (leichte Zahnarztangst, behandlungsbereit, offen für Hypnose) als Therapie: indirekte Induktion mit Pacing und Leading, Einsatz von Entspannungstonband/-musik, pharmakologische Anästhesie;

Patient B: (keine Zahnarztangst, behandlungsbereit, hochsuggestibel) als Therapie: direkte Induktion, Armlevitation mit Handschuhanästhesie, Übertragung auf den Mund, Behandlung mit hypnotischer Anästhesie;

Patient C: (Dentistophobie, behandlungswillig, normalsuggestibel) als Therapie: Anleitung zur Selbsthypnose, Tonband für häusliches Üben, eventuelle weitere Leerhypnosen, Behandlung mit pharmakologischer Anästhesie.

Induktionen

Grundsätzlich kann zwischen direkten und indirekten Induktionstechniken unterschieden werden (vgl. Kap. 8). Bei Patienten, die von sich aus Hypnose wünschen, kommen eher direkte Techniken in Betracht. Bei Skepsis oder Widerstand kommen mehr die indirekten Techniken zur Anwendung. Im folgenden sollen die in unserer Praxis routinemäßig verwendeten Induktionstechniken beschrieben werden.

Indirekte Induktionen

Die häufigste in der Zahnarztpraxis angewandte Induktionstechnik ist *Musik*. Verbunden mit einer kurzen Induktion läßt sich die entspannende Wirkung steigern. Die Formulierung kann beispielsweise folgendermaßen lauten:

„Dies ist eine speziell komponierte Entspannungsmusik ... Sie wirkt anfangs etwas langweilig, aber Sie werden merken, daß unsere Geräusche hier sehr gut in dieser Musik aufgehen, so daß Sie bald feststellen können, daß Sie die Geräusche hier im Raum kaum mehr wahrnehmen, deshalb schließen die Kopfhörer auch gut ab. Und wenn ich Sie ansprechen möchte, werde ich den Hörer an Ihrem rechten Ohr etwas anheben. Alles andere, was ich rede, gilt meiner Helferin. Sie können die Musik richtig genießen, wenn Sie die Augen schließen, weil Sie dabei die Berührungen als angenehm empfinden. Und es macht nichts, wenn Sie während der Behandlung einschlafen, Sie werden sich nur wundern, wie schnell die Behandlung so vorübergeht, wenn Sie sich durch die Musik an alle schönen Dinge erinnern lassen, die Ihnen dabei einfallen."

Dabei spricht der Instrukteur im *Atemrhythmus* des Patienten und begleitet die Ausatemphase jeweils durch einen sanften Druck auf die Schultern. Ziel dieser Behandlung mit Entspannungsmusik ist es, eine angenehme, unverkrampfte, zahnärztliche Langzeittherapie zu ermöglichen. Viele unserer Patienten haben nach 3–4 h dauernden Sitzungen angegeben, sich gut erholt und „wie ausgeschlafen" zu fühlen. Bei Patienten, die auf diese Methode gut ansprechen, treten im Laufe der Behandlung mittlere bis tiefe Trancezustände auf. Der Verbrauch der *Lokalanästhetika* läßt sich auf die Hälfte bis zu einem Viertel der üblichen Dosis reduzieren.

Ein Vorteil der Induktion mit Musik ist, daß der Zahnarzt sich während der Behandlung nicht um das Aufrechterhalten der Trance kümmern muß. Zudem kann die Behandlung beliebig lange dauern, wenn genügend Kassetten zur Verfügung stehen. Da nicht von Hypnose geredet wird, treten keine Widerstände auf. Diese Art von „Musikberieselung" ist eine weitverbreitete, allgemein akzeptierte Entspannungsmethode.

Die offenste und flexibelste Induktionstechnik, deren Prinzipien auch in alle anderen Induktionen einfließen, ist das *Pacing* (wörtlich: begleiten, im Sinne von einfühlen, sich einstellen auf) und *Leading* (leiten, führen, Suggestionen geben; vgl. Kap. 8 und 24). Im ersten Schritt soll der Patient in seiner momentanen seelischen und körperlichen Verfassung verständnisvoll akzeptiert werden. Zum Beispiel:

„Ich sehe, daß Sie im Moment stark angespannt sind, daß Ihre Hände die Stuhllehne ganz fest halten und Ihre Brust eng ist. Sie können jetzt einmal die Lehne noch fester fassen und die Luft anhalten. Ja, so ist es gut – noch etwas anspannen, noch – und jetzt loslassen und entspannen, alles ausatmen, die ganze Spannung wegpusten, schön so."

In Anlehnung an die progressive Entspannung (Jacobson 1938) kann so der Unterschied zwischen Anspannung und Entspannung immer deutlicher herausgearbeitet werden; durch das Pacing wird dem Patienten seine Anspannung oftmals erst bewußt. Nach dem Prinzip des Pacing wird ihm jetzt in kleinen Schritten die Änderung seines Zustandes widergespiegelt, woran sich wiederum eine Leadinginstruktion anschließt. Dabei ist es wichtig, auch kleine Änderungen durch sorgfältige Beobachtung wahrzunehmen und dem Patienten sofort rückzumelden. Zum Beispiel:

„Und es ist ganz normal, daß sich nach diesem Anspannen Ihr Puls erhöht hat. Vielleicht können Sie an einem leichten Kribbeln in Ihren Fingerspitzen diese Änderung der Durchblutung selbst feststellen. Und diese Änderung der Durchblutung – Sie können jetzt selbst Ihren Puls im Bauch pochen spüren – kann Ihren Körper langsam angenehm schwerer machen. Und achten Sie jetzt einmal auf Ihre Füße, sind sie schon schön schwer?"

Die Beobachtung des Patienten ist in jeder Phase sehr wichtig, um den Rapport zu überprüfen. Bei sorgfältiger Beachtung nonverbaler Reaktionen (z.B. ideomotorisches Kopfnicken) und einiger Erfahrung ist ein direktes Befragen oft unnötig; es kann auf den Patienten evtl. einen unsicheren Eindruck machen. Wenn ein Patient eine Leadinginstruktion nicht befolgt, geht man zurück zum Pacing, und zwar so lange, bis der Patient mehrfach das Gesagte bejaht hat („yes set"), um dann eine neue Leadinginstruktion anzugeben. Zum Beispiel:

„Und wenn Sie jetzt noch nicht spüren, wie Ihre Füße schwerer werden, so können Sie doch feststellen, daß Sie jetzt schon entspannter daliegen als vorher. Und es ist doch einfach angenehm, so zu liegen und nichts zu tun und Sie brauchen auch nicht auf jedes meiner Worte ganz genau zu hören, wenn Sie einmal mehr auf das hören wollen, was Sie im Moment selbst zu sich sagen. Und Sie können noch besser in sich hineinhören, wenn Sie dabei die Augen schließen, dann werden Sie auch bemerken, wie der Zeigefinger an Ihrer rechten Hand starr geworden ist."

Wichtig bei diesem Vorgehen ist die Kongruenz zwischen dem, was der Hypnotiseur sagt und seinen nonverbalen Signalen: daß er Ruhe, Konzentration und Humor ausstrahlt, damit das Pacing nicht penetrant oder gekünstelt wirkt.

Neben dem verbalen Pacing und Leading wenden wir auch stets gleichzeitig nonverbales Pacing und Leading an, etwa durch Sprechen im Atemrhythmus des Patienten. Oder durch ein Vertiefen der Ausatemphase: durch sanftes Nachdrücken an der Schulter und durch hörbares Mitausatmen beim Ausatmen des Patienten. Die eigene Trance des Hypnotiseurs überträgt sich unserer Erfahrung nach spontan auf den Patienten und es ist angenehmer, weniger anstrengend und sicherer, aus der eigenen Trance heraus eine Trance zu induzieren. Deshalb ist die eigene Tranceerfahrung auch mit die wichtigste Voraussetzung für das Erlernen und Induzieren von Hypnose. Die Trance des Hypnotiseurs ist eine Konzentration nach außen (fokussiert auf den Patienten). Umweltreize treten in den Hintergrund und die Arbeit verläuft effektiver, auf die Sache konzentriert, ohne gedankliche Abweichungen an Dinge, die mit der momentanen Arbeit nichts zu tun haben.

Wenn dann der Patient Trancezeichen erkennen läßt (z.B. Augenschluß, ruhige Bauchatmung, Trägheit, Schwere) und der Rapport hergestellt ist, kann die Technik des Pacing und Leading in eine mehr *direkte Induktion* übergehen. Zum Beispiel:

„Ihre Augenlider sind jetzt so schwer, daß Sie sie nicht mehr öffnen wollen, Sie können sich jetzt ganz auf den Ort Ihrer Entspannung konzentrieren, an dem Sie ganz sicher sind, wo Sie ganz angenehme Dinge erleben, jetzt.“

Der Vorteil des Prinzips vom Pacing und Leading ist seine problemlose Anwendbarkeit auf Situationen, in denen die Kommunikation gezielt beeinflußt und gesteuert werden soll. Dieses Prinzip ist als indirektes Vorgehen besonders geeignet, da Widerstand zu erwarten ist, wenn etwa Angst ein direktes Vorgehen nicht möglich macht.

Direkte Induktionen

Manche Patienten, die explizit eine Hypnose wünschen, haben bereits eine ganz bestimmte Vorstellung über Induktion und Zustand in der Hypnose, was sich aus der Anamnese ergibt. Hier wäre es eine Frage des Pacing, diese gewünschte Induktion auch vorzunehmen, weil damit die Erwartungen der Patienten bestätigt werden. So erwarten manche Patienten, daß sie einen glänzenden Gegenstand (in der Zahnarztpraxis am besten der Mundspiegel) oder die Augen des Hypnotiseurs fixieren müssen.

Es ist demnach hilfreich, diese *Fixationstechniken* zu beherrschen. Sie werden am liegenden Patienten vorgenommen, der Arzt sitzt in Zwölfuhrposition hinter ihm, damit die Augen des Patienten schneller ermüden und eine gute Übersicht über den ganzen Körper gewährleistet ist. Auch hier ist das Prinzip des Pacing und Leading anwendbar, d.h. der Arzt sagt genau dann das Verschwimmen des fixierten Objektes an, wenn die Pupillen weit werden. Oder er weist dann auf den Hintergrund hin, wenn die Augen weiter in die Ferne fokussieren, sagt dann Doppelbilder an, wenn die Augen konvergieren, lobt jeden Augenschluß, verstärkt das Brennen und Tränen des Unterlides und das Schwererwerden der Augen. Wir kombinieren auch diese Technik mit dem Betonen der Ausatmung über Sprechen im Atemrhythmus und Berühren der Schulter beim Ausatmen. Zum Beispiel:

Direkte Induktion

„Konzentrieren Sie sich ganz genau auf diesen Mundspiegel (auf meine Augen etc.). Es ist schon etwas anstrengend, den Blick konsequent und andauernd auf einen Punkt zu fixieren und Ihr Körper hat schon ganz von allein reagiert, indem Ihre Atmung ruhig aus dem Bauch herauskommt, und es ist ein gutes Zeichen – jetzt sehen Sie den Punkt ganz verschwommen – daß Ihre Hand gezuckt hat, weil das anzeigt, daß die ganze aufgestaute Muskelanspannung sich jetzt entlädt. Sie können spüren, wie etwas vermehrte Tränenflüssigkeit auf Ihrem Unterlid sich ansammelt, lassen Sie es einfach fließen. Und ein leichtes Brennen zeigt Ihnen an, daß die Augen müder werden. Sie können Ihren Spaß haben mit dem Pulsieren Ihres Fixationspunktes und wie sich der Hintergrund verändern kann. Wie schön Ihre ganze Konzentration in diesen einen Punkt hineinströmt! Gut so (bei Augenschluß). Und Sie können spüren, wie Ihre Augen immer müder werden, noch müder – ja, – ganz müde. Und Sie können zulassen, daß dieses angenehme, schwere Gefühl sich Ihrem ganzen Körper mitteilt, so daß Sie ihn selbst nicht mehr halten müssen, sondern sich einfach tragen lassen können."

Wenn die Augen zu lange geöffnet bleiben (Augenkatalepsie), kann der Augenschluß direkt suggeriert werden, evtl. mit manueller Unterstützung. Wenn die Augen dennoch nicht geschlossen werden, kann man die offenen Augen auch als typisch für einen tiefen hypnotischen Zustand werten (Utilisation). Die Fixations- oder Faszinationsmethode (Fixation der Augen des Hypnotiseurs) kann sehr schnell zu tiefen Trancezuständen führen, wenn der Patient eine entsprechende Erwartungshaltung hat.

Doppelinduktion

Für ein gut eingespieltes Team ist die Doppelinduktion eine sehr schnelle, wirksame und reizvolle Induktionstechnik. Doppelinduktion sollte so verlaufen, daß der eine Hypnotiseur (A), der näher am rechten Ohr des Patienten spricht, mehr die rationalen, theoretischen Aspekte einer Tranceinduktion beschreibt, während (B) am linken Ohr v.a. die Änderungen des Gefühls beschreibt. Dabei wird anfangs abwechselnd gesprochen, um dann alsbald in gleichzeitiges Sprechen überzugehen. Eine Doppelinduktion könnte z.B. so ablaufen wie im Kasten auf S. 411 (A und B *sprechen zunächst abwechselnd*).

Auch bei der Doppelinduktion ist sorgfältige Beobachtung wichtig, da bei besonders pflichtbewußten Patienten Verspannung bis hin zum Kopfschmerz auftreten kann, wenn sie versuchen, alles mitzubekommen. Deshalb sind Hinweise darauf, daß der Patient nach innen und tiefer gehen soll und sich dabei entspannt und wohlfühlen kann, sehr wichtig. Die verbale Induktion wird noch verstärkt durch vielfältige Körperberührungen, an den Schultern, an den Armen (z.B. rechts Mesmer-Passes, während links die Hand hochgehalten wird). Wenn nötig auch manueller Augenschluß, Berührung des „dritten Auges" an der Nasenwurzel zur Stimulation von Bildern, Berühren der Region, die schmerzfrei gemacht werden soll.

Diese Induktionstechnik funktioniert sowohl mit direkten als auch mit indirekten Suggestionen. Die Doppelinduktion durch *Überladung* und *Konfusion* führt oft schnell zu tiefen Trancezuständen, da der Patient als Ausweg das „Abschalten", d.h. das In-Trance-Gehen wählt.

Doppelinduktion

A: „Die Hypnose ist die älteste medizinische Behandlungsmethode, wie Sie sicherlich wissen."
B: „Und es kann sehr angenehm sein, zu spüren, welche Veränderungen dabei ablaufen, achten Sie doch einen Moment darauf, wie sich Ihre linke Hand jetzt, im Vergleich zu nachher und zur rechten, anfühlt."
A: „Und es kommt dabei darauf an, sich sehr genau zu konzentrieren, auf das, was Sie jetzt gerade sehen, wenn Sie diesen Punkt, den Sie die ganze Zeit angeschaut haben, ohne daß Sie gemerkt haben, daß Sie ihn angeschaut haben, weiter so anschauen, dann werden Sie feststellen, daß sich Ihr Blick nach innen richtet."
B: „Und während Sie dabei auf Ihre linke Hand achten, ob Sie jetzt schon dieses leichte Kribbeln fühlen können, können Sie tiefer in den Bauch atmen."
A: „Durch die Konzentration Ihres Blickes auf den Fixationspunkt und die ruhige, gleichmäßige Bauchatmung kommt es zu physiologischen Umschaltvorgängen in Ihrem autonomen Nervensystem. Sie können sich weiter in den Parasympatikotonus verlieren."
B: (Nimmt die linke Hand des Patienten hoch, bis der Unterarm senkrecht steht). „Und es ist interessant, wie sich das Gefühl in der Hand weiter ändert, wenn sie so leicht im Raum schwebt."
A: „Sie konzentrieren sich immer mehr auf die Veränderungen, die Sie in Ihrem Körper wahrnehmen und Sie können sich auf links oder rechts konzentrieren, oder auch nach innen, indem Sie sich Ihre eigenen angenehmen Gedanken anhören."
A und B: (Beide sprechen jetzt gleichzeitig)

(A)	*(B)*
„und Sie können den Unterschied zwischen links und rechts jetzt deutlicher spüren und wie Ihre linke Hand jetzt steif geworden ist.	„Man kann ein schönes Buch lesen und dabei gleichzeitig Musik hören und beides gleichzeitig aufnehmen und ennoch in jedem Moment nur eines wirklich wahrnehmen, nämlich das, was gerade wichtiger ist: Nämlich das Gefühl zunehmender, angenehmer Entspannung.
Und dieses leichte Gefühl, während der Körper schwerer und schwerer wird, hilft, die linke Hand zunehmend pelziger und tauber werden zu lassen."	Sie kennen dieses fremde Gefühl, wenn die Maus in den Ellbogen fährt und der Arm sich ganz fremd anfühlt, wie wenn er nicht zum Körper gehört."

Widerstand

Gibt ein Patient an, gerne Hypnose erfahren zu wollen, dann aber auf verschiedene Versuche nicht reagiert, so wird dies i. allg. als Widerstand bezeichnet. Voraussetzung zur Bearbeitung des Widerstandes ist natürlich, daß die Hypnosebehandlung auf freiwilliger Basis erfolgt, d.h. wenn der Patient grundsätzlich zur Mitarbeit bereit ist.

So wollte ein Patient gern mit Hypnose behandelt werden, nachdem er bereits gute Erfahrungen mit dem autogenen Training gemacht hatte (normalerweise eine günstige Voraussetzung für Hypnose). Nach mehreren Anläufen, die mit „bei mir geht es nicht", „ich spüre nichts", „jetzt tut mir der Rücken weh", endeten, einigten wir uns darauf, mit autogenem Training und Spritze zu arbeiten, was hervorragend ging. Hinterher äußerte sich der Patient (von Beruf Pfarrer) zufrieden, daß er nicht habe hypnotisiert werden können.

Dieses Beispiel soll verdeutlichen, daß Widerstand oft aus einer falschen Vorstellung von Hypnose als „Macht über andere haben" entspringt, die im Vorgespräch offensichtlich nicht ausgeräumt werden konnte. Um diese Problematik zu vermeiden, betonen wir, daß jede Hypnose eigentlich eine Anleitung zur *Selbsthypnose* sei, da ohne Konzentrationsvermögen, Vorstellungskraft und Fähigkeit zur sinnlichen Erfahrung Hypnose nicht möglich sei. Deshalb würde Hypnose auch um so besser gelingen, je intelligenter ein Patient sei.

Wenn Widerstand auftritt, ist die erste Maßnahme die Wiederherstellung des *Rapports*. Dies geschieht durch Pacing sowie durch sorgfältiges Beobachten der nonverbalen Reaktionen. Eine von uns oft mit Erfolg praktizierte Methode zum Umgang mit Widerstand ist es, die Behandlung trotz ungenügender Trancetiefe zu beginnen und dem Patienten zu erklären:

„Sie spüren um so weniger, je tiefer Sie in Trance gehen, und Sie werden es daran merken, daß Ihre Hand sich von der Unterlage hebt. Wir wissen, daß Ihr Trancezustand im Verlauf der Behandlung sich vertiefen wird und je höher die Hand geht, um so tiefer sind Sie in Trance und um so weniger spüren Sie, weil Ihr anderes inneres Erleben wichtiger ist."

Da Patienten diesen Zusammenhang zwischen Schmerzfreiheit und Trancetiefe häufig annehmen, gibt es in der zahnärztlichen Praxis relativ wenige Schwierigkeiten mit Widerstand. Eine von uns nur in seltenen Fällen, dann aber erfolgreich angewandte Möglichkeit ist es, den Patienten vorübergehend *hyperventilieren* zu lassen. Widerstand ist immer eine Frage des Rapports, und kein Hypnotiseur kann zu jedem Patienten einen guten Rapport herstellen.

Behandlungssuggestionen

Ist der Trancezustand erreicht, werden für die Behandlung spezielle Suggestionen gegeben, die der Vertiefung und der Aufrechterhaltung des Trancezustandes, der Blutungskontrolle und der Anästhesie dienen. Zum Beispiel:

„Und Sie können jetzt diesen schönen Zustand der Entspannung noch mehr genießen, wenn Sie aus diesem Raum, aus dieser Zeit hinausgehen, an den Ort Ihrer Entspannung gehen. Schauen Sie sich die Umgebung an, die Farben ganz deutlich, was Sie um sich herum alles sehen. Und es kommen weitere Details hinzu, wenn Sie ganz dort sind. Geben Sie dem Ort Ihrer Entspannung einen Namen, damit Sie jederzeit ganz schnell wieder in diesen angenehmen Zustand kommen, wenn Sie den Namen rufen" (dabei „ankern" durch Berührung an der Schulter; vgl. Kap. 24). Und wie es riecht am Ort Ihrer Entspannung, können Sie diesen Duft deutlich wahrnehmen? Gut so. Und alle Geräusche, die Sie hören, gehören zum Ort Ihrer Entspannung, und sie helfen Ihnen, sich noch mehr hier wohlzufühlen, und Sie können das Geräusch des Windes und der Wellen hören, und es kann sein, daß Sie einen exotischen Vogel pfeifen hören. Alle Geräusche erinnern Sie an angenehme Erlebnisse. Spüren Sie die Stelle in Ihrem Körper, wo sich das angenehme Gefühl am deutlichsten bemerkbar macht. Während Sie am Ort Ihrer Entspannung sind, können Sie mit einem neugierigen beobachtenden Teil Ihrer Aufmerksamkeit neben sich treten und von da aus überwachen, wie Ihre linke Hand leichter, kühler, angenehm pelzig geworden ist. Und dieses Gefühl aus der Hand überträgt sich auf Ihren Mund, so daß Sie ihn zur Reparatur abgeben können, während Sie sich am Ort Ihrer Entspannung wohlfühlen. In dem Maße, wie die eine Hand immer leichter wird, wird die andere immer schwerer, immer sensibler, immer wärmer. Und wenn Sie anfangs noch eine Empfindung im Mund haben, atmen Sie alles, was Sie noch stört, über die schwere, sensible, warme Hand hinaus. Sie ist Ihr Blitzableiter für die Dauer der Behandlung. Und Ihre leichte Hand schwebt in der Luft, wie auf einer Wolke und läßt Sie alles vergessen, während Sie am Ort Ihrer Entspannung sind. Sie können jetzt den Mund aufmachen, gut so, und alles wegatmen. Und Sie können noch tiefer gehen, noch weiter weg, wenn Sie noch weniger spüren wollen. Je tiefer Sie in die Hypnose gehen, um so schöner, um so angenehmer wird dieses Erlebnis für Sie sein."

Vertiefen

Wir benützen zum Vertiefen des Trancezustandes neben den allgemein gebräuchlichen Tranceverstärkern wie *Zählen, Fraktionierung, Konfusion, Katalepsie, ideomotorische Zeichen, Überladung* speziell die zahnärztliche Situation. So kann durch Umdeutung die zwangsläufige Geräuschkulisse utilisiert werden: das Pfeifen der Turbine und die Saugergeräusche werden zu Windgeräuschen, der Spraynebel zur Gischt, das Rumpeln des langsamen Bohrers zu einer vergnüglichen Motorradfahrt am Strand entlang, die Berührungen zu einer angenehmen Massage. Wichtig ist ein gleichmäßiger Arbeitsrhythmus, der dem Patienten die nonverbale Suggestion eines geregelten Ablaufs gibt: bei der subgingivalen Kürettage (Zahnwurzelglättung) sollten die Züge des Instrumentes immer gleichförmig, in einem ruhigen, mit dem Atem kongruenten Rhythmus erfolgen. Häufige Umlagerungen des Kopfes, häufige Wechsel der Arbeitshaltung wirken störend. Bei Zahnpräparationen können anfangs besonders schmerzhafte Stellen gemieden werden, durch den konstanten Luftstrom des Saugers kommt es zu einer Abkühlung der Mundhöhle, die zusammen mit der suggerierten Kältevorstellung nach einiger Zeit anästhesierend wirkt. Besondere Schmerzgipfel, wie die Inzission in das Periost oder tiefe Kavitätenpräparationen, müssen immer in einer tiefen Exspirationsphase beginnen. Wir fordern den Patienten nie auf, den Mund besonders weit aufzumachen, sondern ihn locker zu lassen, weil dann alle Stellen des Mundes leicht zugänglich sind. Wichtig für eine gute *Analgesie* ist neben der Kältesuggestion auch die Kontrolle der *Durchblutung*. Diese wird sehr direkt gegeben: „Stellen Sie die Durchblutung im Ober-/Unterkiefer ab."

Aufrechterhalten der Trance

Während der Behandlung genügt es, immer wieder positives Feedback über den Verlauf abzugeben, durch gelegentliches „gut so", „so komme ich gut vorwärts", „so kann ich gut sehen", „schön", „gut". Einzelne Behandlungsabschnitte sollten nicht angekündigt werden, weil es den Patienten von seiner Dissoziation zum Behandlungsgeschehen zurückholt. Bei längeren Sitzungen schwankt die Trancetiefe und dies muß dem Patienten erklärt werden:

„Es ist normal, daß Sie zwischendurch wieder mehr beobachten, was hier vorgeht, und Sie können, wenn Sie kurz alles hier überprüft haben – wie entspannt Sie sind, wie pelzig alles ist – wieder weiter weggehen und Ihren Entspannungsort noch deutlicher erleben."

Rückmeldesystem

Hilfreich ist deshalb die Installation eines Rückmeldungssystems, etwa die *levitierte Hand,* damit bei einem Absinken der Hand der Anker an der Schulter wieder berührt werden kann.

Mit der (warmen!) Hand einer Assistentin kann die Ausatmung am Bauch erfolgreich unterstützt und die Trance wieder vertieft werden. In der Induktion wird die Schmerzfreiheit an den Trancezustand gekoppelt, deshalb ist die Angst unberechtigt, daß ein Patient „plötzlich aus seiner Hypnose aufwachen" könnte. Er weiß sehr gut, daß er besser in Trance bleibt, wenn er keine Schmerzen haben möchte.

Posthypnotische Suggestion und Rückführung

Nach Abschluß der Behandlung werden posthypnotische Suggestionen für eine gute *Heilung* und *Schmerzfreiheit* gegeben; der Patient wird für seine Leistung gelobt und ihm wird versichert, daß er in Zukunft diese Fähigkeiten noch leichter zur Verfügung haben wird. Je länger der Eingriff gedauert hat, um so mehr Zeit geben wir den Patienten, um langsam aus der Trance zurückzukehren:

„Sie haben durch diese Behandlung gelernt, daß Sie Fähigkeiten haben, von denen Sie vielleicht noch nicht wußten, die Sie aber in sich haben und auf die Sie stolz sein können. Sie haben in Zukunft diesen neuen Kontakt zu Ihrem Unbewußten zur Verfügung. Durch den Namen des Ortes Ihrer Entspannung können Sie ganz leicht wieder in Trance gehen, wenn Sie dies brauchen. Die Behandlung ist gut verlaufen, und es war alles entzündungsfrei, weil Sie vorher gut gereinigt haben, deshalb wird alles ganz leicht und ganz schnell abheilen. Aber lassen Sie die Stelle, an der wir gearbeitet haben, noch so lange pelzig, bis alles verheilt ist und kontrollieren Sie die Durchblutung noch für einen Tag, daß es sich so anfühlt, als ob Sie einen Eisbeutel aufgelegt hätten. Lassen Sie nur soviel Gefühl zurückkehren, daß Sie sich nicht versehentlich verletzen, Sie können sich darüber freuen, daß alles ganz normal aussieht und daß sich alles ganz bald wieder normal anfühlt. Lassen Sie sich so viel Zeit zum Zurückkommen, wie Sie brauchen, damit Sie Ihre Leistung genießen können und wirklich erholt und frisch zum Wachzustand zurückkehren. Während Sie langsam zurückkommen, merken Sie, wie die Helferin hin und her geht und ihre Geräusche beim Aufräumen macht. Sie können sich jederzeit an sie wenden. Sie können alle Details der Behandlung vergessen, nur nicht den Namen und was ich Ihnen zuletzt gesagt habe. Lassen Sie sich alle Zeit, um angenehm zurückzukehren."

Während der Reorientierung wird das Behandlungszimmer aufgeräumt, werden die Fenster geöffnet und die Assistentin beobachtet den Patienten. Wenn er anfängt, sich zu bewegen und die Augen zu öffnen (zwischen 1 und 15 min), holt sie den Arzt, der dann mit normaler Stimme noch einmal die posthypnotischen Suggestionen in Form einer normalen Verhaltensanweisung gibt.

Der Patient wird dann befragt, ob er etwas sagen will, wird aber nicht zu irgendwelchen Kommentaren gedrängt. Die Begleitperson (Fahrverbot) wird angewiesen, den Patienten in Ruhe zu lassen und zu warten, bis er von sich aus etwas erzählt.

Zwischenfälle

Wenn eine genügende Trancetiefe erreicht wurde, um Anästhesie zu induzieren und der erste Schmerz bei einem Eingriff bewältigt wurde, ergab sich bei den üblichen durchgeführten Behandlungen (Füllungstherapie, Endodontie, Zahnpräparationen, Paradontalchirurgie, kieferchirurgische Eingriffe) nie das Problem der plötzlich abbrechenden Hypnose.

Allerdings kommt es gelegentlich zu unwillkürlichen Schmerzreaktionen, wie Stirnrunzeln, Kopfbewegungen und Anspannungen im Körper; besonders dann, wenn unnötig Schmerzen verursacht werden, wenn beispielsweise das Saugrohr der Assistenz die Lippe einklemmt. Auch ein unbeabsichtigter Stromreiz beim Gebrauch des Elektrotom am Hinterkopf wird sofort moniert. Werden diese Reize abgestellt und dem Patienten unter Betätigung des „Ankers" (s. oben) gesagt, daß alles in Ordnung sei und er wieder tiefer in Trance gehen könne, kann problemlos weitergearbeitet werden. Die Behandlung in Hypnose erfordert also ein besonders schonendes, sorgfältiges Vorgehen sowie eine gute Assistenz. Wichtig ist ein zuverlässiges Rückmeldungssystem, um den Arzt von seiner Angst, Schmerzen zu verursachen, zu entlasten.

Nur in einem Fall (bei der operativen Entfernung von 2 retinierten Weisheitszähnen; Patientin R., 22 Jahre) verursachte das Anfertigen von Röntgenbildern (mit Aufstehen, Weg zum Röntgenzimmer, zurück ins Zimmer und auf den Stuhl) eine Störung der Anästhesie. Während der erste Teil des Eingriffs, weite Aufklappung im Oberkiefer, problemlos ablief, traten bei der Naht nach der

Röntgenaufnahme Schmerzen auf. Wir fragten die Patientin, ob wir abbrechen sollten, ob wir einspritzen sollten, jedesmal kam ein eindeutiges Neinzeichen durch Kopfschütteln. Die Frage, ob wir weitermachen sollten, wurde mit Kopfnicken bejaht. Bei der Aufklappung im Unterkiefer dann brachen wir, nachdem die Patientin laut gestöhnt hatte, wieder ab, setzten dann jedoch – nachdem die Patientin darauf bestand – den Eingriff fort, obwohl das Stöhnen lauter wurde. Durch die starke *Hyperventilation* kam die Patientin dann in eine Tieftrance, in der die Operation sehr gut zu Ende geführt werden konnte. Katamnestisch gab die Patientin an, zwischendurch Schmerzen verspürt zu haben, die aber nicht schlimm gewesen seien. Sie habe das Erlebnis einer Geburt gehabt und fühle sich jetzt wohl und erleichtert.

Wir sind überzeugt, daß es in diesem Falle richtig war, die Behandlung fortzusetzen, da die Patientin dies eindeutig gewünscht und eine Injektion abgelehnt hat. Posthypnotisch wurden ihre Leistung und ihre Fähigkeit, sich selbst zu helfen, besonders betont. Sie selbst sagte, daß es eine wichtige und gute Erfahrung für sie gewesen sei. Bei einem anderen Patienten (45 Jahre) blieb die kataleptische Hand nach der Rückführung und bei normaler Ansprechbarkeit noch 30 min levitiert. Durch Erarbeiten der unbewußten Zusammenhänge und mit viel Humor konnte dann auch die Hand aus ihrer Steifheit herausgeführt werden. Dieses Problem trat nur einmal, nach der 1. Sitzung (operative Entfernung eines zerstörten Molaren) auf. Die weiteren Hypnosebehandlungen verliefen problemlos.

Spezielle zahnärztliche Indikation

Die Anwendbarkeit der Hypnose bei Angstreaktion, Kreislaufproblemen, Schmerzen, Myoarthropathie, Bruxismus und Prothesenunverträglichkeit wurde schon diskutiert (Einzelheiten vgl. Schmierer 1990). Zur Behandlung chronischer Schmerzen vergleiche Kap. 15 und zur Anästhesie Kap. 19 in diesem Buch.

Am Beispiel des Würgereizes soll hier exemplarisch aufgeführt werden, wie das praktische Vorgehen ist.

Würgereiz

Würgereizanfälle stellen sowohl für die Betroffenen als auch für die zahnärztliche Praxis eine erhebliche Belastung dar. Die unterschiedliche Intensität des Reizes erfordert eine darauf abgestimmte Therapie. Der physiologische Würgereflex, der beim Berühren der rückwärtigen Mundregion (Gaumensegel, Gaumenbogen, Zungengrund) auftritt, kann meist durch einfache *Ablenkungsmanöver,* wie Beine anheben lassen, den Patienten an seinem Ohrläppchen ziehen lassen, Luft anhalten lassen, überbrückt werden. Diese oft benützten Ablenkungsmanöver sind im Sinne einer Konfusionsinduktion wirksam, da der Patient in diesem Moment Hilfe sucht und durch die unerwartete Intervention auf einen inneren Suchprozeß geht, der ihn vom Reflex ablenkt. Vom physiologischen Würgereflex unterscheidet sich der angstbedingte Würgereiz. Viele „Würger" versuchen unbewußt der Behandlung durch Würgereizanfälle zu entgehen. Sie zeigen dabei das Verhalten kindlicher Angstpatienten, indem an einem bestimmten Punkt der Behandlung die Vernunftskontrolle aufgegeben wird und (unter spontaner Altersregression) panikartige Abwehrreaktionen einsetzen. Diesen Patienten schlagen wir verschiedene Lösungsmöglichkeiten für ihr Problem vor:

- Anleitung zur Selbsthypnose,
- schrittweises Verhaltenstraining,
- Hypnoseinduktion mit Anästhesie des Mundbereichs.

Anleitung zur Selbsthypnose: Wir begründen die Anleitung zur Selbsthypnose mit der Bemerkung, daß dies auch in anderen Situationen sehr hilfreich sein werde; daß sich der Zahnarzt während der Behandlung auf sein Handwerk konzentrieren müsse und daß deshalb der Patient sich selbst um seine Hypnose kümmern müsse. Die Zweifel des Patienten, daß er dies selbst schaffen könne, zerstreuen wir damit, daß wir die Selbsthypnose mit dem autogenen Training vergleichen, nur daß erstere individueller auf ihn abgestimmt sei. Von der Sitzung bekommt der Patient ein Tonband zum Üben mit nach Hause, mit der Auflage, bis zum nächsten Termin täglich die Selbsthypnose zu trainieren.

Schrittweises Verhaltenstraining: Wir erzählen eine Anekdote von einem Würgereizpatienten, der noch viel stärker von diesem Problem betroffen war und den wir vor 12 Jahren, damals noch ohne Hypnose, behandelt hätten.

„Also, die ersten 3 Abdrücke waren für alle Beteiligten eine Tortur. Beim 4.–8. Abdruck lernte dieser Patient, daß er einen Abdruck überleben kann, was dazu führte, daß er weniger Angst hatte und so bessere Bewältigungsstrategien selbst entwickeln konnte. Nach dem 10. Abdruck war eine normale zahnärztliche Behandlung bereits möglich. Mit dem 20. Abdruck war dann das Problem endgültig beseitigt."

Wenn unser Würgereizpatient dann entsetzt fragt, wieviele Abdrücke denn bei ihm nötig sein würden, sagen wir, daß in der Regel bereits ca. 20 Abdrücke ausreichen würden, um eine Sanierung durchzuführen. Damit können wir dazu überleiten, dem Patienten ein Trainingsprogramm vorzuschlagen. Er soll anfangen, sich mit seinem Problem selbst auseinanderzusetzen. Der Würgereiz ist nicht das Problem des Behandlers, sondern vielmehr des Patienten. Wenn dies vom Patienten akzeptiert wird, ist das Problem auch zu lösen.

DasTrainingsprogramm sieht vor, daß der Patient täglich mehrfach, zunächst mit einem Kaffeelöffel, später mit mitgegebenen Abdrucklöffeln übt, immer weiter rückwärts und für eine immer längere Zeitspanne in den Mund einzugehen. Anfangs soll er dabei den Atem *anhalten,* weil dabei der Würgereiz weniger intensiv auftritt. Er soll sich dabei die Behandlungssituation möglichst deutlich in allen Sinnesmodalitäten vorstellen. Dadurch wird er bereits nach ganz wenigen Abdrücken sein Problem bewältigt haben.

Die ersten Maßnahmen im Mund werden dann wieder mit Luftanhalten und behutsamem Weiter-nach-hinten-Gehen durchgeführt. Dabei hat sich die Installation einer „Notbremse" als besonders wichtig erwiesen: durch Anheben der linken Hand kann der Patient die Behandlung sofort unterbrechen. Für die ersten Abdrücke wird dem Patienten dann erklärt, daß der Abdruck unter allen Umständen bis zum Abbinden im Mund verbleiben müsse, daß er aber ruhig bei den ersten Abdrücken würgen könne, er bekomme dafür extra eine Nierenschale in die Hand, so daß er sich auch überhaupt nicht beherrschen müsse. Wir seien erfahren im Umgang mit Würgereizpatienten, und er solle alles herauslassen, was ihn „ankotzt".

Anästhesie des Mundbereichs: Da Patienten mit Würgereiz meistens sehr unter ihrem Zwangsverhalten leiden, ist die Motivation für die Hypnose auch bei kritisch eingestellten Menschen sehr hoch. Um die meist große Angst, sowohl vor der Hypnose als auch vor der zahnärztlichen Behandlung, in den Griff zu bekommen, sagen wir diesen Patienten, daß wir zunächst keine zahnärztliche Behandlung vornehmen werden und sie selbst bestimmen könnten, wie tief sie in die Hypnose gehen wollen. Wir betonen, daß sie sich auch jederzeit melden und die Hypnose unterbrechen könnten. Die Induktion wird mit sehr viel Rückmeldung aufgebaut und durch das Einholen der Zustimmung des Patienten bei jedem Teilschritt wird das nötige Vertrauen aufgebaut. Auch für jede zahnärztliche Behandlungsmaßnahme wird das Einverständnis eingeholt, um die Freiwilligkeit zu betonen. Dies ergibt einen *Fraktionierungseffekt,* durch den das Prinzip der kleinen Schritte in seiner beruhigenden Wirkung für den Patienten erlebbar wird.

Wenn der Patient gut suggestibel ist, läßt sich der Würgereiz mit einer beliebigen Induktionstechnik samt anschließender *Handschuhanästhesie* und Übertragung auf den Mund- und Rachenbereich am schnellsten beseitigen. Günstig sind Formulierungen, wie „den Mund zur Reparatur abgeben“, „jede Berührung ist jetzt angenehm“, „am Ort Ihrer Entspannung schmeckt alles so wunderbar“, „Sie genießen jetzt Ihr eisgekühltes Lieblingsgetränk“ (vorher abklären, viele Würgereizpatienten mögen keine kalten Getränke, evtl. „Ihr Lieblingseis“).

Nach erfolgreicher Behandlung wird der hypnotische Zustand etwa folgendermaßen „geankert“, z.B.:

„Immer, wenn Sie hier sind und meine Hand so auf Ihrer Schulter spüren, gehen Sie ganz schnell, ganz bequem wieder in diesen angenehmen Zustand, und Sie spüren alle Berührungen ganz angenehm, ganz sanft. Meine Stimme begleitet Sie an Ihren Entspannungsort und jeder Duft, jeder Geschmack wird Ihren angenehmen Zustand noch verstärken“.

Kinderbehandlung

Kinder sind im Umgang mit Trancezuständen sehr erfahren. Ein Großteil ihres Alltags spielt sich in Phantasiewelten ab, in die sie genauso leicht hinein, wie auch heraus gehen. Gelingt es, dem Kind die Erfahrung zu vermitteln, daß es mit Hilfe von Trancezuständen das Zahnarzterlebnis angenehmer bewältigen kann, dann ist es sofort bereit, dementsprechende Anregungen anzunehmen.

Auf seiten des Arztes ist allerdings eine hohe Flexibilität notwendig, da Kinder ständig neue Variationen der Trancevorstellungen brauchen. Die bei uns am häufigsten verwendeten Induktionstechniken für Kinder sind: Daumenfernsehen, Handpuppen, Zählmethode.

Daumenfernsehen: Die meisten Kinder sind es gewohnt, Tonbandkassetten mit Märchen, Comics, Abenteuern anzuhören. Wir lassen das Kind eine Kassette auswählen, geben ihm selbst einen Walkman, damit es die Lautstärke bei Bedarf erhöhen kann und verwenden folgende Induktion:

„Schau mal in deinen linken Daumennagel, wenn du die Hand so hin und her drehst, sieht er nicht aus wie ein kleiner Fernsehschirm? Toll, du kannst es dir sehr gut vorstellen. Und jetzt kannst du in deinem Daumenfernseher, wenn du ganz genau in ihn hineinschaust, sehen, was du vom Tonband hörst. Siehst Du den Alf, und was er für eine Schnauze hat, und wie er angezogen ist? Wenn du genau siehst, was du hörst, merkst du nichts von der Behandlung. Und wenn du doch noch ein bißchen merkst, mußt du noch genauer in deinen Daumenfernseher hineinschauen. Dann spürst du nichts mehr."

Wenn das Kind in der Konzentration nachläßt, sagen wir sehr bestimmt: „Du mußt noch genauer hineinschauen, siehst du auch die Farben?" Dabei nehmen wir die Fernsehhand und halten sie ihm direkt vor die Augen, so daß diese leicht konvergieren. Es ist besser, die linke Hand des Kindes zu benutzen, da auf diese Weise der Zugang zum Mund nicht behindert wird. Die rechte Hand soll die Lautstärke regulieren, so laut, daß das Bohrgeräusch übertönt wird. Diese Methode hat den Vorteil, daß das Kind selbst beteiligt ist, durch Auswahl seines Lieblingsbandes, dadurch, daß beide Hände beschäftigt sind und durch teilweise beachtliche Lautstärke des Tonbandes.

Handpuppen: Die beste Dissoziationsmöglichkeit ist durch Verteilung des Pacing und Leading auf 2 verschiedene Handpuppen gegeben. Das Kind schlüpft selbst mit den Händen in die zwei verschiedenfarbigen Handpuppen. Die Puppe an der rechten Hand (z.B. brauner Bär) repräsentiert das, was das Kind emotionell und sensorisch empfindet (Pacing), die Puppe an der linken Hand (z.B. weißer Bär) tröstet und rationalisiert und bietet Bewältigungsmöglichkeiten an. Hier muß der Arzt das Geschehen kontinuierlich kommentieren. Zum Beispiel:

„Der braune Bär sagt, ich mag gar nicht gerne zum Zahnarzt, und das Licht ist hier so hell. Da sagt der weiße Bär: das ist doch klar, daß das Licht so hell ist, sonst kann der Zahnarzt nicht genau arbeiten. Da sagt der braune Bär: Und jetzt ist da so viel Wasser im Mund, daß ich andauernd schlukken muß und keine Luft kriege. Sagt der weiße Bär: Ach Quatsch, die Helferin hat doch ihren Schlürfi, mit dem sie alles absaugt, das ist doch nur zum Kühlen, nicht zum Schlucken. Und jetzt tut es hier weh, sagt der braune Bär. Aber nur für einen kurzen Moment, und es ist doch eigentlich mehr wie ein Kitzeln, sagt der weiße Bär, und dauert immer nur ganz kurz. Und paß einmal auf, brauner Bär, jetzt gerade spürst du nichts, du wartest aber, daß du gleich doch wieder etwas spürst, laß' dir mal einen Tip geben: Braune Bären machen immer einen langen Winterschlaf und dabei träumen sie von der Sonne und von dem Summen der Bienen usw."

Aus Videoaufzeichnungen dieser Technik ist ersichtlich, daß die Kinder genau synchron zum Kommentar den braunen und weißen Bären bewegen und vom Geschehen im Mund völlig dissoziiert sind.

Zählmethode: Für Kinder reicht eine einfache Variante der Zählmethode, besonders wenn ihnen das Zählen noch schwerfällt. Sie werden aufgefordert zu zählen, mit der Bemerkung:

„Ich möchte einmal sehen, ob du bis 50 zählen kannst, bevor ich den Zahn sauber geputzt habe. Ich fliege mit meinem Düsenjäger in deinen Zahn und puste alles raus, was weich ist, und du nickst bei 10 mit dem Kopf, bei 20, bei 30, und so weiter, damit der Düsenjäger weiß, ob er noch schneller fliegen soll."

In einer anderen Variante der Zählmethode hebt man den rechten Unterarm des Kindes senkrecht an und kündigt Katalepsie und damit verbundene Schmerzfreiheit mit dem Fortschreiten des Zählens an.

Bei behandlungsunwilligen Kindern muß das Prinzip von Pacing und Leading konsequent durchgeführt werden, etwa indem man ein brüllendes Kind durch eigenes Brüllen, aber mit einem Lachen in den Augenwinkeln, unterbricht und es dann auffordert: „Jetzt kommst du wieder dran." Dadurch wird das Schreien zu einem Spiel, das ins Lustige geht. Häufig hilft bei behandlungsunwilligen Kindern das Entfernen der Eltern aus dem Zimmer – wenn sie ihre eigene Zahnarztangst offensichtlich übertragen oder das Brüllen an die Eltern gerichtet ist.

Die Kinder werden ohne Eltern spontan einige Jahre älter. Manchmal ist auch eine Hypnotherapie der Angst der Eltern notwendig. Wenn die Eltern dann gerne zum Zahnarzt gehen, sind die Kinder plötzlich einfach zu behandeln.

Gewohnheitskontrolle

Gewohnheiten wie Daumenlutschen, Lippen- und Wangenbeißen, Schluck- und Saugparafunktionen oder auch Bruxismus sind durch hypnotherapeutische Interventionen dauerhaft zu therapieren. Der erste Schritt, um eine unbewußt ausgeübte Parafunktion abzustellen, ist immer das Bewußtmachen der Gewohnheit. Bei Kindern (und bei vielen Erwachsenen) gelingt dies sehr einfach durch die Videoaufzeichnung des Vorgesprächs und das anschließende gemeinsame Dokumentieren der Häufigkeit und Art der Parafunktion mit Hilfe einer Strichliste.

Viele Kinder schweifen sehr schnell von der Aufzeichnung ab; sie weigern sich geradezu, sich selbst etwa als Daumenlutscher oder Lippenbeißer wahrzunehmen. Das entsprechende Pacing hierzu:

„Du magst jetzt gerade gar nicht anschauen, was du mit Deinem Mund andauernd machst, aber nimm doch einmal diese Stoppuhr, damit wir stoppen können, was du da dauernd gemacht hast. Dafür ist es wichtig, daß du ganz genau hier aufschreibst, wie oft du es gemacht hast. Laß uns das nochmal von vorne zusammen anschauen, damit du nicht vergißt, was du gemacht hast. Jetzt, wo du das genau gesehen hast, kannst du auch selbst entscheiden, wann du damit aufhören willst, oder ob du jetzt schon damit aufgehört hast? Aber nimm dir ruhig noch ein bißchen Zeit, das zu tun. Willst du morgen damit aufhören, oder bis zu deinem nächsten Geburtstag warten, wenn du schon viel, viel älter bist? Und was denkst du, wirst du dann dafür machen, was dir noch viel mehr Spaß macht?"

Über diese und andere Methoden der *Bewußtmachung* kann ein Teil der Gewohnheiten sehr einfach abgestellt werden. Eine 2. Möglichkeit ist die *direkte hypnotische Suggestion*, wie sie auch im autogenen Training zur Anwendung kommt: Nach der Induktion werden Suggestionen gegeben wie: „Lippenbeißen ganz unwichtig, Kaumuskeln locker und frei", mit der posthypnotischen Suggestion, diese Formeln täglich im entspannten Zustand zu wiederholen und anstelle der Parafunktion eine neue, angenehmere Belohnung zu finden, die das Bedürfnis, das hinter der Gewohnheit steckt, noch besser befriedigt.

Schlußbemerkung

Der Überblick über die Hypnoseliteratur zeigt, daß die Anwendung von Hypnose in der Zahnmedizin, sowohl was die angewandten Techniken als auch die Indikation betrifft, sehr vielseitig ist.

Zeitmangel ist das häufigste Argument gegen eine Anwendung von Hypnose bei Zahnärzten. Der übliche 15-Minuten-Rhythmus läßt eine längere Zuwendung bei schwierigen Patienten nicht zu. Deshalb haben wir das neue Berufsbild der „Hypnoseassistentin" entwickelt, die – unter Aufsicht eines in Hypnose ausgebildeten Arztes – die Hypnosetätigkeit unterstützt. Sie erhebt die Hypnoanamnese, klärt über Hypnose auf, baut dabei Ängste ab und wird zur Vertrauensperson für den Patienten. Sie muß, ebenso wie der Arzt, fundiert in Hypnose ausgebildet sein. Gerade bei der Kinderbehandlung, aber auch in der Betreuung ängstlicher Erwachsener ist die Zusammenarbeit mit einer Hypnoseassistentin von unschätzbarem Vorteil. Sie kann die mütterliche Zuwendung und „Streicheleinheiten" gebende Verbindung herstellen, durch die Vertrauensaufbau und Ansprechbarkeit erst möglich werden. Diese oftmals sehr zeitintensive Arbeit kann unserer Erfahrung nach sehr gut von einer qualifizierten erwachsenen Mitarbeiterin übernommen werden (G. Schmierer 1988).

Die Anwendung der Hypnose ist für die zahnärztliche Praxis von besonderem Vorteil, da dem Patienten dadurch eine angstfreie, entspannte Behandlung, dem Zahnarzt eine streßreduzierte Berufsausübung ermöglicht wird. Verschiedene, konventionell schwer zu lösende Krankheitsbilder sind mit Hilfe moderner Hypnosetechniken überraschend einfach zu therapieren. Angefangen von der bewußten Kontrolle der verbal/nonverbalen Kommunikation zwischen Patient und Arzt bis hin zu umfangreichen *chirurgischen* Eingriffen bietet die Hypnose dem Zahnarzt eine kreative Erweiterung seiner therapeutischen Möglichkeiten. *Dentistophobie*, starker *Brechreiz, Bruxismus/Bruxomanie* und chronische orofaziale *Schmerzen* sind durch die Hypnotherapie erfolgreich zu behandeln. Psychogene *Prothesenunverträglichkeit* scheint einer Behandlung durch Hypnotherapie nicht ohne weiteres zugänglich.

Bisher sind in der zahnärztlichen Hypnoseliteratur, von wenigen Ausnahmen abgesehen, überwiegend klassische Hypnosetechniken zu finden. In den letzten Jahren haben jedoch vor allem indirekte hypnosuggestive Elemente, repräsentiert durch die Hypnotherapie von Erickson und das neurolinguistische Programmieren (NLP), verstärktes Interesse hervorgerufen. Die Auswirkungen der Hypnotherapie von Erickson oder des neurolinguistischen Programmierens lassen sich aber für den zahnärztlichen Bereich noch nicht bewerten. Da jedoch aus anderen medizinischen und psychologischen Bereichen von vielversprechenden Ansätzen berichtet wird, sind auch für die Zahnmedizin wichtige Veränderungen und Einflüsse zu erwarten.

Anmerkung

[1] Die Teile über die praktische Durchführung der Behandlung wurden von A. Schmierer erstellt, der erste Teil von K. H. Kunzelmann.

Empfohlene Literatur

Grinder J, Bandler R (1984) Therapie in Trance. Klett-Cotta, Stuttgart
Schmierer A (1993) ‚Die Hypnose in der zahnärztlichen Praxis'. Quintessenzverlag, Berlin

V. Verwandte Verfahren

22. Das autogene Training

CHRISTOPH KRAIKER

Das autogene Training (AT) wird meistens als eine Entspannungstechnik betrachtet (z. B. Vaitl 1978), was einerseits zutrifft, andererseits aber zu eng gesehen und letztlich irreführend ist. Von dem Begründer, J. H. Schultz ([13]1970), wurde es eingeführt als eine Variante der Hypnose, mit dem charakteristischen Unterschied zum üblichen Vorgehen der (Hetero)hypnose, daß beim AT der Hypnotiseur und der Hypnotisierte ein und dieselbe Person sind. AT ist also Selbsthypnose von einem bestimmten Typ. Die Fragen im Zusammenhang mit Hypnose (was ist es, wie läßt es sich psychologisch und physiologisch deuten, wie macht man es, wozu ist es gut) sind auch Fragen im Zusammenhang mit dem AT, auf die ich noch zu sprechen kommen werde.

Theoretische Grundlagen

Üblicherweise wird beim AT eine Unter- und eine Oberstufe unterschieden. Die sog. Unterstufe sollte zweckmäßigerweise noch einmal unterteilt werden in jenes Verfahren, bei dem die Standardformeln geübt, und das darauf aufbauende, in dem die sog. formelhaften Vorsätze oder intentionalen Formeln entwickelt und eingesetzt werden. Die Oberstufe des AT ist im Grunde etwas anderes, auch wenn sie auf der Unterstufe in dem Sinne aufbaut, daß nach Schultz ([13]1970) erst die Beherrschung der Unterstufe zur Durchführung der Oberstufe qualifiziere. Die Oberstufe besteht aus Phantasieübungen zu ziemlich willkürlich ausgewählten Themen; die Inhalte der Phantasie werden von dem begleitenden Therapeuten im tiefenpsychologischen Sinn bearbeitet. Im folgenden soll unter AT lediglich die Unterstufe verstanden werden. Die Gründe für die Vernachlässigung der Oberstufe sind die, daß bestenfalls eine oberflächliche Verbindung zwischen diesen beiden Verfahren besteht (d. h. die Oberstufe des AT hat mit der Unterstufe praktisch nur den Namen gemein), und daß die Oberstufe des AT gegenwärtig kaum noch praktische Bedeutung besitzt, da sie durch systematischere und besser konzipierte Wachtraumverfahren ersetzt werden kann, wobei hier insbesondere an das katathyme Bilderleben Leuners (1985) zu denken ist (vgl. Kap. 23).

Die älteren Auffassungen zum AT scheinen anzunehmen, daß hier der Wille, verstärkt durch Befehle an den eigenen Körper, Einfluß auf objektivierbare physiologische Zustände nimmt (etwa Temperatur der Extremitäten, Tonus der Muskulatur, Geschwindigkeit des Herzschlages, Rhythmus des Atmens) und daß diese Veränderungen entsprechend subjektiv wahrgenommen werden können, etwa als Wärme in den Händen oder als Schwere in den Armen. Es sollte hier auch nicht verschwiegen werden, daß Schultz offenbar ein schwächliches und an Asthma leidendes Kind war (Lebzeltern 1983), das seine Organminderwertigkeit ganz im Sinne Adlers durch männlichen Protest und eine Ideologie des eisernen Willens zu überwinden suchte und wohl auch überwand. So „sanft", wie es manchmal dargestellt wird, sind die Ursprünge des AT tatsächlich nicht; von einem Mann, der wie Schultz (1935a) den Krieg als hervorragendes Mittel der Erziehung von Jugendlichen zelebrierte (was er auch schon im 1. Weltkrieg getan hatte), kann man Sanftheit kaum erwarten. Zweifellos hat in den letzten Jahren eine Umwertung des AT zu einer stärkeren Betonung der meditativen und passiv rezipierenden Aspekte stattgefunden; aber dies führte auch zu einer inneren Widersprüchlichkeit, die nie ganz aufzulösen ist. Die Widersprüche zwischen dem Begriff des Trainings und der Haltung des „Nichtserreichenwollens", des systematischen Tuns und des Geschehenlassens, des aktiven Strebens und des passiven Empfangens können kaum ganz zum Verschwinden gebracht werden.

Gegenwärtig kann man dem AT am besten dadurch gerecht werden, daß man es als ein Verfahren zur Kontrolle von Selbstverbalisierungen auffaßt, also als eine Variante des Selbstinstruktionstrainings. Wenn man im Sinne Paivios (1978) eine 2fache Form kognitiven Handelns annimmt, nämlich eine analoge und eine verbale, dann muß das AT eindeutig zur Gruppe der auf der verbalen Ebene ansetzenden Verfahren gerechnet werden, im Gegensatz zu den primär imaginativ arbeitenden wie z.B. die Psychoimaginationstherapie von Shorr (1972), das schon erwähnte katathyme Bilderleben Leuners oder die klassische Form der systematischen Desensibilisierung. Selbstverbalisierungen bzw. Selbstinstruktionen, ein Teil dessen, was auch automatische Gedanken (Beck et al. 1981) genannt wird, oder „what the clients say to themselves" (Meichenbaum 1977), werden hier als unabhängige Variablen aufgefaßt. Diese können von dem konkreten Handlungssubjekt beeinflußt oder von ihm beeinflußbar gemacht werden, um so ihrerseits eine Reihe abhängiger Variablen im gewünschten Sinne zu verändern. Das AT steht somit in einer umfangreichen Forschungs- und Praxistradition, in der jedoch jeweils unterschiedliche Akzente gesetzt werden. Dies gilt sowohl in bezug auf die interessierenden abhängigen Variablen [so beschäftigt sich die rational-emotive Therapie sensu Ellis (1962) mehr mit den emotionalen Reaktionen, Meichenbaum konzentriert sich auf Selbststeuerungsaspekte des inneren Sprechens und das AT eben auf physiologische Veränderungen und deren subjektive Korrelate als auch auf die Techniken, mit denen das innere Sprechen beeinflußt wird.

Während die meisten Therapieformen eine Änderung des Selbstdialoges durch Änderung zugrundeliegender Einstellungen, Überzeugungen, Haltungen usw. erreichen wollen, z.B. durch „sokratischen Dialog", „Deutung", „Einsicht" oder wie auch immer, beschreitet man im AT scheinbar den umgekehrten Weg: das systematische Vorsprechen der jeweiligen Formeln soll schließlich zu einer Modifikation der angesprochenen Einstellungen und Haltungen führen. Man mag sich an dieser Stelle natürlich fragen, welches der richtige Weg ist, aber zunächst sei lediglich darauf verwiesen, daß es durchaus möglich ist, daß durch eine Änderung der Variablen A eine Änderung der Variablen B herbeigeführt werden kann und durch eine Änderung von B eine Änderung von A. Es kann also beides funktionieren.

Praktische Durchführung der Behandlung

Anleitung zum Autogenen Training

Das Standardtraining besteht aus 6 verschiedenen Übungen: Schwereübung, Wärmeübung, Herzübung, Atemübung, Sonnengeflechts- oder Bauchübung, Kühle (der Stirn, des Gesichtes oder des Kopfes). Dazu kommt in der Regel eine unspezifische Ruheformel, die zur Einleitung und immer wieder zur Verstärkung eingesetzt werden kann. Darüber, wie diese Übungen konkret am besten durchzuführen seien, gehen die Meinungen weit auseinander. Ein weitgehend „orthodoxes" Vorgehen könnte etwa folgendermaßen aussehen:

Zu Beginn wird dem Klienten gezeigt, welche Körperhaltungen zur Durchführung des AT geeignet sind, meist wird eine liegende Position empfohlen oder die sog. *Kutscherhaltung;* es kann auch günstig sein, eine Decke über Füße, Beine und Bauch zu legen, damit diese Körperbereiche warm bleiben. Der Klient wird dann aufgefordert, sich immer wieder den Gedanken zu vergegenwärtigen (die Formel vorzusprechen) „Ich bin ganz ruhig". Nach kurzer Zeit (vielleicht eine Minute) soll er sich den Gedanken vergegenwärtigen „Der rechte (linke) Arm ist (ganz) schwer". Nach wiederum etwa einer Minute nimmt der Therapeut (oder Trainer) den Klienten zurück, beispielsweise indem er sagt „ich nehme Sie jetzt aus dieser Übung heraus, und dann sind Sie ganz wach, frisch und ausgeruht. Arme fest anspannen, tief einatmen, Augen auf". Der Klient wird angehalten, diese Übung zu Hause 2mal am Tag ein paar Minuten lang durchzuführen. Sobald der Klient die Empfindung der *Schwere* zuverlässig herbeiführen kann, wird zusätzlich die nächste Übung eingeführt, z.B. die Formel „die rechte (linke) Hand ist (ganz) warm", die bei den einzelnen Sitzungen nach der Schwereformel vergegenwärtigt wird. Es wird damit gerechnet, daß die Empfindungen von Wärme und Schwere sich im Laufe der Zeit spontan auf weitere Bereiche des Körpers ausbreiten. Kann auch die *Wärme* sicher hervorgerufen werden, wird der Klient gebeten, eine Stelle des Körpers zu suchen, wo der Puls oder das *Schlagen des Herzens* spürbar ist, und sich auf den Gedanken zu konzentrieren „das Herz schlägt ruhig und fest" oder eine ähnliche Formulierung zu benutzen. Als nächstes wird dann die *Atemübung* eingeführt; häufig verwendete Formeln sind „es atmet mich", „der Atem kommt und geht", „es atmet ein und aus". Die sich daran üblicherweise anschließende Übung wird durch die Formel unterstützt „das Sonnengeflecht ist strömend warm". Allerdings kennen die meisten Personen die Lokalisation und die Funktion des *Sonnengeflechtes* (Plexus solaris) nicht, außerdem gibt es an dieser Stelle nichts zu empfinden, auch keine Wärme. Das „empfundene Sonnengeflecht" ist meist ein phantasiertes, so daß man häufig gleich eine Formel verwendet, die den menschlichen Empfindungsmöglichkeiten eher gerecht wird, z.B. „der Leib ist strömend warm" oder „der Bauch ist warm durchströmt". Die *letzte Übung* wird begleitet durch eine Formel von der Art „die Stirn ist ein wenig kühl" oder„das Gesicht ist angenehm kühl" oder „der Kopf ist klar und frei". Eine neue Übung soll erst dann eingeführt werden, wenn alle vorhergehenden „beherrscht" werden – bei diesem Vorgehen kann das Gesamttraining also Monate dauern.

Zur Rhetorik des autogenen Trainings

Man kann nicht sagen, daß diese Auswahl der Übungen, ihre Reihenfolge oder die Gestalt der Formeln das Ergebnis systematischer Untersuchungen gewesen sei. Die geschilderte Vorgehensweise beruht lediglich auf Intuition, eine Tatsache, die in seltsamem Kontrast steht zu dem fast sektiererischen Eifer, mit dem dieses Verfahren als das einzig wahre AT verteidigt wird. Es gibt jedoch große Unterschiede in der Wertigkeit der einzelnen Übungen. So kann Schwere und Wärme von den meisten Personen ziemlich schnell empfunden werden, und auch die Atemformeln werden in der Regel als hilfreich für das Entstehen von Entspannung und Ruhe erlebt. Die *Herzformel* dagegen ist in ihren Auswirkungen ziemlich unberechenbar: bei einigen hat sie überhaupt keinen Effekt, bei anderen führt sie zu mehr oder weniger intensiver Unruhe bis hin zu ausgesprochener Angst, wiederum andere sind damit sehr zufrieden. Der Sinn einer Formel, welche eine autonome Reaktion bewußt machen will, die besser unbemerkt im Hintergrund arbeitet, ist auch nicht ohne weiteres einsichtig. Sehr oft wird daher auf den Einsatz dieser Formel verzichtet, oder man führt sie erst gegen Ende der Übungen ein, wenn die Umstände günstig erscheinen. Solange eine verläßliche Indikation für diese Formel nicht existiert, scheint dies ein vernünftiges Vorgehen zu sein.

Bei der Sonnengeflechts- oder *Bauchformel* scheinen aversive Reaktionen kaum aufzutreten, aber auch die hier angesprochene Empfindung ist für viele nur schwer herzustellen oder nur mit Hilfe begleitender Maßnahmen (z.B. Hände auf den Bauch legen oder sich vorstellen, daß eine Wärmflasche auf dem Bauch liegt). Vergleichbares gilt auch für die *Kühleformel,* die oft nur durch Hilfsvorstellungen gelingt (z.B. kühler Wind mit ein bißchen Schnee im Gesicht).

Obwohl nicht bestritten werden kann, daß die 3 eben diskutierten Formeln oder Übungen im Einzelfall durchaus positive Auswirkungen haben können, so stellen sie doch für die Mehrzahl der Übenden eine verunsichernde Belastung dar und stellen so unnötigerweise den Erfolg des AT in Frage. Daraus abzuleiten ist der Vorschlag, das AT darin als erfolgreich abgeschlossen anzusehen, wenn die Schwere-, Wärme- und Atemübungen erfolgreich durchgeführt werden können. Es kann dann immer noch dem Übenden angeboten werden, weitere Formeln auszuprobieren, ohne den Erfolg des AT insgesamt von einem Erfolg bei diesen Formeln abhängig zu machen.

Vermeidung von Reaktanz

Ein weiterer wichtiger Aspekt ist die Rhetorik der Formeln selbst. Die dem AT ursprünglich zugrundeliegende Disziplinierungsideologie führte zu sehr direkten Ausdrucksweisen, in denen das Bestehen bestimmter Sachverhalte ohne Widerspruchsmöglichkeit einfach behauptet und damit der Übende für ihr Eintreffen verantwortlich gemacht wird. Der Effekt ist häufig das Entstehen von Widerstand, wie man es tiefenpsychologisch formulieren würde bzw. sozialpsychologisch ausgedrückt, *Reaktanz:* Die sog. Reaktanztheorie (Brehm 1976) scheint mir für ein Verständnis der hier angesprochenen Phänomene besser geeignet zu sein als die Lehre vom Widerstand. Widerstand ist nämlich letztlich ein innerpsychisches Geschehen, während Reaktanz ausgelöst wird, und zwar durch eine Kommunikationsform, die tatsächlich oder nur scheinbar dem Empfänger Handlungsmöglichkeiten wegnimmt, also den Bereich seiner Freiheit beschneidet. Unter dem Begriff „Reaktanz" faßt man jene Strategien zusammen, mit denen der Betroffene versucht, seine Handlungsfreiheiten wiederherzustellen oder zumindest den Urheber der Einschränkungen zu frustrieren. Möglichkeiten der Reaktanz sind etwa schlichte Verweigerung (z.B. von Hausaufgaben), nicht reagieren (z.B. es kommt kein Schweregefühl zustande), anders zu reagieren als erwartet (z.B. die Hände werden kalt), exzessiv zu reagieren (z.B. die Arme werden so schwer, daß es unerträglich wird) oder sogar negativistisch zu reagieren (die Übungen erzeugen solche Unruhe oder Angst, daß sie abgebrochen werden müssen).

Aus der Reaktanztheorie lassen sich direkt Handlungsanweisungen zur Vermeidung oder wenigstens Verminderung von Reaktanz ableiten; das wesentliche Prinzip besteht darin, Forderungen so zu formulieren, daß die Handlungsfreiheit möglichst wenig eingeschränkt wird. Wie das aussehen kann, läßt sich sehr gut in den Transkripten von Milton H. Erickson (Erickson u. Rossi 1981) feststellen, der solche Kommunikationstechniken intuitiv entwickelt und eingesetzt hat. Die Stichworte sind: indirektes Vorgehen, Vermitteln von wichtigen Gedanken durch Erzählungen statt durch direkte Ratschläge, Anbieten von Alternativen oder zumindest Scheinalternativen, u.ä. (vgl. Kap. 8). Auch wenn im AT derart komplexe Kommunikationsmuster kaum angebracht sind (vgl. Freund 1989), so können selbst hier die Formeln so modifiziert werden, daß sie größere Freiheit gestatten, insbesondere in bezug auf die Zeit, aber auch die Qualität und den Ort der Empfindungsgenese. Für die diversen Formeln können etwa folgende Alternativen eingesetzt werden:

- die Ruhe kommt, die Ruhe kommt von selbst;
- Arme werden angenehm schwer – mein rechter Arm wird angenehm schwer;
- Hände werden angenehm warm
- meine rechte Hand wird angenehm warm ... meine Füße werden langsam warm ... Wärme fließt durch meinen Körper ... die Wärme dehnt sich langsam aus ...

Das entscheidende bei diesen Varianten ist die *Unbestimmtheit der Zeit*, es bleibt offen, wann die jeweilige Empfindung sich einstellt, der Übende kann sich Zeit lassen, er muß sich nicht unter Druck setzen. Teilweise wird auch der Ort der Empfindung unbestimmt gelassen („Wärme dehnt sich langsam aus“), während die Unbestimmtheit der Qualität eher in einigen oft verwendeten Formeln zur vertieften Einleitung zum Ausdruck kommt, z.B. in „ich höre, was ich höre“, „die Geräusche kommen und gehen“, „ich spüre, was ich spüre“, „die Empfindungen kommen und gehen“, „die Gedanken ziehen vorbei wie Wolken am Himmel“. Es sind *Binsenwahrheiten,* Tautologien, die wenig oder nichts verlangen, denen kaum zu widersprechen ist.

Autogene Therapie durch intentionale Formeln

Üblicherweise vergegenwärtigt man sich allfällige intentionale Formeln im Zusammenhang mit den regelmäßig an geeigneten Orten durchgeführten Standardübungen. Dies ist vielleicht jener Aspekt des AT, bei dem der Zusammenhang mit Hypnose als Therapie am deutlichsten wird. Das wirksame Agens sind ständig wiederholte Suggestionen – beim AT nicht von einer 2. Person vorgesprochen, sondern vom Klienten selbst. Warum (Hetero- oder Auto)suggestionen wirksam sind (falls sie wirksam sind), ist eine umstrittene Frage, die zu vielen sehr kreativen Antworten geführt hat; man denke nur an Bernheims (Bernheim 1888b) oder Freuds Einführung des „Gegenwillens“ (1892) (für eine ausführliche Diskussion s. Kraiker 1987; vgl. auch Kap. 4). Eine plausible und mit der gegenwärtigen Betrachtungsweise konsistente Erklärung ist die, daß jene psychischen Gegebenheiten, die durch intentionale Formeln verändert werden sollen, eben durch Dinge, die man sich selbst sagt, hervorgerufen werden. Psychische Störungen und überhaupt viel von dem, was man unser Seelenleben nennen könnte, wird also durch Selbsthypnose hervorgerufen oder moduliert. Man kann dies

Selbstinstruktionen nennen oder automatische Gedanken oder innere Monologe – jedenfalls handelt es sich um postulierte Selbstkommentare, die unwillkürlich, wiederholt und der reflektiven Wahrnehmung des Kommentators weitgehend unzugänglich ablaufen. Wenn man intentionale Formeln verwendet, ersetzt man also dysfunktionale automatische Gedanken durch funktionale (in bezug auf ein bestimmtes Ziel) nichtautomatische Gedanken, durch eben gezielt und systematisch eingesetzte intentionale Formeln.

Forschungsergebnisse zum autogenen Training

Das AT gehört zu jenen Interventionen, die relativ gut untersucht sind; dies liegt u.a. daran, daß es kurz und klar definiert ist und häufig eingesetzt wird. Trotzdem gibt es eine Reihe von Problemen, die eine Interpretation der Forschungsergebnisse schwierig machen. Häufig ist es so, daß AT nicht als isolierte Technik eingesetzt wird, sondern im Zusammenhang mit anderen Interventionen. Es wird also meist kombiniert, häufig mit Biofeedbacktechniken der einen oder anderen Variante (meist Hauttemperatur oder EMG), mit progressiver Muskelentspannung (Janssen u. Neutgens 1986; Keefe et al. 1980; Shapiro u. Lehrer 1980), mit Hypnose, mit Medikamenten, mit Meditation (Carruthers 1981), mit Musik (Schaub 1980). Dies sind im wesentlichen Kombinationen, die zusammengenommen eine verstärkte Entspannung oder „Umschaltung“ bewirken sollen. AT wird aber auch als zusätzliche Maßnahme im Kontext klassischer Therapieformen eingesetzt, z.B. bei kognitiver Therapie (Anderson et al. 1981), Psychoanalyse (Hoffmann 1981; Müller-Hegemann 1984), rationalemotiver Therapie (Huber u. Huber 1979) u.a. Effekte des AT per se sind auf diese Weise natürlich nicht nachweisbar. Ferner gibt es doch verschiedene Varianten des autogenen Trainings, die die Vergleichbarkeit der unterschiedlichen Vorgehensweisen erschweren. Es gibt Kurzformen (d.h. Beschränkungen auf einige der Standardübungen), zahlreiche Varianten der Anwendung bei Kindern (Andrasik et al. 1982;, Kelton u. Belar 1983; Kröner u. Langenbruch 1982; Kröner u. Steinacker 1980; Kruse 1978; Polender 1982) und selbstverständlich gibt es beim Einsatz der „intentionalen Formeln“ oder „formelhaften Vorsätze“ (die im Englischen häufig „autogenic phrases“ genannt werden) überhaupt keine Vergleichbarkeit mehr, da diese auf die Individualität des jeweiligen Klienten zugeschnitten werden. Die meisten Untersuchungen lassen darüber hinaus methodisch eine Menge zu wünschen übrig, was jedoch ein Charakteristikum der psychotherapeutischen Effektivitätsforschung insgesamt ist.

Nach diesen üblichen Warnungen gilt es jedoch festzuhalten, daß zahlreiche Untersuchungen in der einen oder anderen Form die Wirksamkeit des AT in verschiedenen Bereichen belegen, so daß man zumindest von einer Art Konvergenzbeweis sprechen kann. Bedauerlicherweise fühlen sich die meisten derjenigen Therapeuten, für die das autogene Training so etwas wie eine Ideologie oder Heilslehre ist, über die kritische (d.h. methodisch ernstzunehmende) empirische Forschung erhaben. So werden z.B. in dem sonst durchaus verdienstvollen Handbuch von Hoffmann (1985) die zahlreichen Forschungsergebnisse der letzten 10 Jahre schlichtweg ignoriert, was auch für den Status des AT nicht gerade förderlich ist.

Die Forschung bezieht sich im wesentlichen einerseits auf psychische und psychophysiologische Effekte des AT, andererseits auf seine therapeutischen Wirkungen. Im ersten Bereich am besten untersucht sind die Veränderungen der Hauttemperatur (meist am Finger gemessen, aber auch an der Stirn) in Richtung größerer Wärme. Positive Ergebnisse berichten z.B. Gillespie u. Peck 1980; Keefe et al. 1980, 1981; Labbe u. Williamson 1983; Linden 1977a, b; Thompson 1977; Vasilos u. Hughes 1979, negative oder fragliche Ergebnisse erscheinen in Kelso u. Bryson-Brockmann 1985; Kelton u. Belar 1983. Es erscheint außer Frage, daß das AT eine objektiv meßbare Erhöhung der Hauttemperatur erreichen kann, vielleicht nicht immer, aber doch zuverlässig genug. Interessanterweise scheinen auch die Übungen zur Stirnkühle dort objektiv zu einer Erwärmung der Haut zu führen (Linden 1977b). Auswirkungen des AT in Richtung Bradypnoe (verlangsamte Atmung) und Hyperkapnie (Erhöhung der CO_2-Spannung im Blut) werden in Linden (1977a) nachgewiesen.

Die Effektivität des autogenen Trainings

Die bereits erwähnten Einschränkungen bei der Interpretation der Forschungsergebnisse gelten natürlich auch in diesem Bereich. Die größte Zahl der Untersuchungen beschäftigt sich mit der *Migräne.* Dabei zeigt sich, daß das AT durchaus hilfreich sein kann, sowohl in bezug auf eine Reduktion der Häufigkeit, Dauer und erlebten Intensität der Beschwerden wie bei der Verringerung von Medikamentengaben (Andrasik et al. 1982; Blanchard et al. 1978; Brorsen 1980; Huber u. Huber 1979; Janssen u. Neutgens 1986; Labbe u. Williamson 1983, 1984; Sargent et al. 1978, 1986; Stambaugh u. House 1977; Thompson 1977). Dies ist insofern ein eher überraschendes Ergebnis, als die gängigen ätiologischen Vorstellungen zur Migräne den Einsatz von Entspannungsverfahren eher kontraindiziert erscheinen lassen. Die große Anzahl der positiven Ergebnisse und das Fehlen von negativen (jedenfalls für den Zeitraum der Berichterstattung und die durchgesehenen Datenbanken) lassen jedoch den Schluß zu, daß AT auf jeden Fall eine erfolgversprechende nichtmedikamentöse Therapie ist, selbst dann, wenn auf Medikamente nicht vollständig verzichtet werden kann. Das gleiche gilt für Kopfschmerzen (in der Regel *Spannungskopfschmerz),* auch wenn hier die Zahl der Untersuchungen geringer ist (Anderson et al. 1981; Janssen u. Neutgens 1986); einschränkend muß für beide Bereiche gesagt werden, daß die Kriterien der diagnostischen Einordnung nicht immer durchsichtig sind. Möglich erscheinen ferner eine Reduktion des Blutdruckes bei der essentiellen Hypertonie (Kaluza 1983; Vaitl 1982) und Vorteile bei der Rehabilitation von Herzinfarktpatienten (Krampen u. Ohm 1974).

Weiterhin nachgewiesen sind günstige Auswirkungen des AT auf *Streß* und *Angst* (Labhardt 1982; O'Moore et al. 1983; Selig 1982; Shapiro u. Lehrer 1980;), was jedoch nicht Ängste phobischen Charakters betrifft. Positiv beeinflussen lassen sich die Symptome bei Morbus Raynaud (Keefe et al. 1980, 1981; Kelso u. Bryson-Brockmann 1985; Pikoff 1984), insbesondere kann das Kältegefühl in den Händen durch Wärmeübungen reduziert werden. Mehrere Untersuchungen zeigen eine Verbesserung der *Konzentrationsfähigkeit* bei Erwachsenen und Kindern durch AT (Keller u. Thewalt

1980; Kröner u. Langenbruch 1982; Siersch 1986), des subjektiven Wohlbefindens (Kröner u. Beitel 1980; Schrapper 1985), des Selbstkonzeptes (Beitel u. Kröner 1982) und eine Reduktion von *Schlafstörungen* (Engel-Sittenfeld et al. 1980; Pikoff 1984), *psychovegetativen Syndromen* (Selig 1982) und von Neurotizismus bei Kindern (Kröner u. Beitel 1980).

Zusammenfassend muß bei der Beurteilung der Ergebnisse darauf hingewiesen werden, daß bei den meisten Untersuchungen die Stichproben ziemlich klein sind oder klinisch nicht repräsentativ und daß man so gut wie nichts weiß über langfristige Auswirkungen des AT, da die Zeiträume bei Nachuntersuchungen recht kurz sind. Trotzdem muß man aufgrund des vorhandenen Datenmaterials sagen, daß der Einsatz des AT in vielen Bereichen eine vernünftig begründbare Handlungsweise ist.

Fallbericht

Autogenes Training wird relativ selten als eigenständige Methode angewandt, sondern meistens im Zusammenhang mit anderen Verfahren, sei es das katathyme Bilderleben, sei es Verhaltenstherapie, Selbstinstruktionstraining oder andere Rehabilitationsverfahren in entsprechenden Kliniken. Die ausschließliche Verwendung des AT beim folgenden Klienten ergab sich aus technischen Gründen: der Klient hatte nur noch 3 Monate Zeit, unterbrochen von häufigen Auslandsreisen und den Weihnachtsferien, bevor er endgültig ins Ausland umzog. Insgesamt standen uns ein Vorbesprechungstermin und 8 50minütige Sitzungen zur Verfügung (in unregelmäßigen Abständen).

Herr K. war ein 30jähriger, sehr erfolgreicher Werbefachmann, der an einer der angesehensten Ausbildungsinstitutionen der USA studiert hatte, mehrere Sprachen fließend beherrschte, „in der besten Werbefirma der Welt (so drückte er sich aus) ein Schweinegeld verdiente" und dabei war, eine in Frankreich gekaufte Agentur zu übernehmen und auszubauen. Er hatte sich auf Anraten eines gemeinsamen Bekannten an mich gewandt, mit folgenden Beschwerden: Er sei sehr häufig nervös und angespannt, sein Herz schlage unruhig, er spüre fast immer einen drückenden Knoten im Magen, er habe ein Ekzem auf der Kopfhaut mit Verdickungen, Rötungen und Juckreiz. Nach seiner Vorstellung gehöre dies alles irgendwie zusammen. Die Unruhe steige aus dem Magen hinauf ins Herz und von dort zum Kopf.

Der Klient führte dies auf eine seit Monaten bestehende Konfliktsituation zurück. Er könne sich nicht entscheiden, ob er gleich seine eigene Agentur aufmachen solle, oder ob er das Angebot einer großen Londoner Firma annehmen solle, etwa 2 Jahre bei ihnen zu arbeiten. Der Vorteil der 2. Variante sei es, daß er dort noch viele Kontakte knüpfen und Beziehungen herstellen könne, andererseits möchte er sich aber auch endlich selbständig machen, habe aber auch Angst davor, aus seinen gehobenen Kreisen in die Niederungen primitiver Angestellter und Kunden hinabsteigen zu müssen.

Die Wünsche des Klienten an das AT waren unkompliziert und direkt: größere innere Ruhe und Gelassenheit, Auflösung des Knotens im Magen, Aufhören der „Herzbeschwerden" (es ist mir nie ganz deutlich geworden, was eigentlich dort los war, da er das Herz so gut wie nie spüren konnte, wenn ich ihn dazu aufforderte), wenn möglich Verschwinden des Ekzems.

Ich erklärte ihm, daß man mit dem AT die Symptome nicht herumkommandieren könne. Das AT könne es der Seele ermöglichen, manche Dinge anders zu sehen und gelassener zu betrachten als bisher, und es könne dem Körper vorschlagen, anders auf Konflikte zu reagieren, aber erzwingen könne man nichts. Und das erste, was man anders sehen und gelassener betrachten könne, seien die Beschwerden selbst. Mein Vorschlag lautete demnach, erst die Grundübungen des AT durchzuführen und dann nach Formeln zu suchen, die größere Gelassenheit und größere Distanz gegenüber den genannten Symptomen ermöglichen sollten, und sie einzusetzen.

Der Klient, ein sehr systematischer und gewissenhafter Mensch, sprach auf die Standardformeln gut an (er notierte sie sich jeweils, einschließlich der vorgeschlagenen Varianten), und er legte besonderen Wert auf die Herzformel, von der er sich besonders viel versprach. Er konnte alle angesprochenen Empfindungen gut realisieren, einschließlich der Wärme im Bauch und der Kühle des Gesichtes, lediglich das Herz spürte er nicht, hatte aber das Gefühl, daß auch die (von ihm ausgesuchte) Herzformel ihm gut tue. In der 4. Übungssitzung wurde zum erstenmal eine seiner Beschwerden angesprochen. Die Formel, auf die wir uns verständigten, war „der Knoten kommt und geht“. Ich begründete das etwa folgendermaßen: Es ist die Wahrheit, der Knoten kommt und geht tatsächlich; er ist kein Dauerzustand, sondern abhängig von der Situation; man weiß, daß er wieder verschwinden wird, wenn er mal da ist, man ist ihm nicht ausgeliefert; man kann akzeptieren, wenn er da ist, so wie man sich freuen kann, wenn er wieder verschwindet – eines Tages auf Nimmerwiedersehen. Man erlaubt dem Knoten, etwas zu sagen, wenn er etwas Wichtiges zu sagen hat. Man kann ihm zuhören und vielleicht etwas Interessantes erfahren (Vor etwa einem halben Jahr hatte man beim Klienten eine kleine Erosion der Magenwand diagnostiziert, die aber nicht als behandlungswürdig eingestuft wurde.). Nachdem der Klient zu Beginn der 5. Sitzung dies akzeptiert hatte, verlief die Übung folgendermaßen (dies ist ein exemplarisches Protokoll):

„Setzen Sie sich bitte aufrecht auf den Stuhl, die Füße stehen fest und sicher auf dem Boden, der Oberkörper ist ganz gerade, der Kopf ist gut ausbalanciert. Lassen Sie die Schultern entspannt herabhängen und die Hände ganz, locker auf den Beinen aufliegen. Konzentrieren Sie sich nun einen Moment auf Ihre Atembewegungen, kümmern Sie sich nicht darum, wie Sie atmen, sondern spüren Sie es einfach; spüren Sie, wie der Körper beim Einatmen sich ausdehnt und wie er beim Ausatmen in sich zusammensinkt, spüren Sie den Rhythmus der Bewegungen beim Ein- und beim Ausatmen.

Ich werde Ihnen nun wiederum verschiedene Formeln des AT vorsprechen. Sprechen Sie jede Formel still, langsam und konzentriert in Ihrem Inneren nach, und wiederholen Sie das so oft, bis ich die nächste Formel vorspreche.

- Die Ruhe kommt von selbst. (45 s Pause)
- Meine Arme werden angenehm schwer. (45 s Pause)
- Meine Hände werden angenehm warm. (45 s Pause)
- Mein Bauch wird warm und weich. (45 s Pause)
- Ich atme tief und ruhig. (45 s Pause)
- Mein Herz schlägt ruhig und regelmäßig. (45 s Pause)
- Mein Kopf ist klar und frei. (45 s Pause)

Konzentrieren Sie sich jetzt auf den Knoten in Ihrem Magen, spüren Sie ihn, so gut Sie im Augenblick können, und sagen Sie zu ihm, immer wieder:

- Der Knoten kommt und geht. (1 min Pause)
- Ich bin und bleibe ganz gelöst. (45 s Pause)

Und nun bitte noch eimal zum Knoten sprechen:

- Der Knoten kommt und geht. (1 min Pause)

Ich werde nun von 1–10 zählen und Sie dann in 3 Schritten aus dieser Übung herausführen, nach kurzer Übergangszeit sind Sie dann wieder ganz wach, ganz frisch und ganz ausgeruht; 1 ... 10! Strecken Sie die Arme und Beine ganz fest aus, atmen Sie tief ein und aus, atmen Sie noch einmal tief ein und aus, öffnen Sie Ihre Augen, schauen Sie sich im Zimmer um, und nun stehen Sie langsam auf, schütteln Sie die Arme, Hände und Beine aus und gehen Sie ein wenig hin und her.“

Der Klient erklärte, daß er tief entspannt gewesen sei, daß er den Knoten tatsächlich mal spüren konnte, mal nicht, aber die Empfindung sei insgesamt recht schwach gewesen. Er erhielt den Auftrag, diese Übung bis zur nächsten Sitzung einmal pro Tag durchzuführen (so wie alle anderen Übungen vorher auch).

In der 6. Sitzung sprachen wir ausführlich über seine momentane Konfliktlage. Als K. mich fragte, was ich davon denke, erklärte ich mich für absolut inkompetent, in dieser Angelegenheit ein Urteil zu bilden. Es sei mir aber deutlich, daß es keine Entscheidung sei, die über das ganze Leben bestimme; ich könne mir gut vorstellen, daß jeder der Wege gangbar sei, und es erscheine mir nicht so dringend, den „richtigen“ Weg zu finden, sondern den Weg, auf dem man sich finde, mit Vertrauen zu gehen. Wir überlegten eine Weile, wie man diesen Gedanken in einer Formel ausdrücken könne, und einigten uns dann auf „Jeder Weg bringt mich voran". Den Abschluß der 6. Sitzung bildete eine Übung wie bei der 5. Sitzung beschrieben, lediglich die „Knotenformel" wurde durch die eben erwähnte „Wegeformel" ersetzt.

In der 7. Sitzung erklärte Herr K., daß er sich entschieden habe, 2 Jahre nach London zu gehen. Der Entschluß habe ihm große Erleichterung verschafft, und der Knoten im Magen, obwohl noch manchmal spürbar, bereite ihm keine Beschwerden. Er sei auch generell ruhiger geworden. Am meisten Kummer mache ihm das Ekzem auf der Kopfhaut, außerdem fielen ihm ziemlich viele Haare aus, was ihn schon mit etwas Sorge erfülle. Ich erklärte, daß nach meinen Erfahrungen der Erfolg im Geschäftsleben und der Erfolg bei Frauen (darum ging es ihm auch, da er sich vorgenommen hatte, in den nächsten 5 Jahren eine attraktive Frau zu finden und eine Familie zu gründen) nicht vom Haarwuchs eines Mannes abhingen, sondern von seiner Gesamtpersönlichkeit, aber er habe ja noch genug Zeit, um sich seine eigene Meinung zu bilden. Der Klient kam auf die Idee, die Formel einzusetzen: „Der Inhalt des Kopfes ist wichtiger als die Verpackung", und mit dieser Formel bestritten wir die Übung der 7. Sitzung.

Die 8. Sitzung war eine Art Abschiedssitzung, in der wir seine Erfahrungen mit dem AT nochmals besprachen, ein paar Überlegungen zur Optimierung seiner häuslichen Übungen anstellten, schließlich nochmals eine Übung mit den Standardformeln und der Formel aus der 7. Sitzung durchführten („Kopfformel").

Etwa 14 Tage später ließ er mir durch den gemeinsamen Bekannten ausrichten, daß er in London seine Arbeit aufgenommen habe, seinem Magen und seinem Herzen gehe es gut, aber das Ekzem habe sich nicht verändert.

Diskussion: Herr K. war ein typischer „YAVIS"-Patient (young, attractive, verbal, intelligent, successful). Die „Umschaltung" in Richtung größerer Ruhe und Entspannung durch die Standardformeln funktionierte bei ihm sehr gut. Die speziellen intentionalen Formeln hatten alle primär das Ziel, die Einstellung den Beschwerden gegenüber zu ändern (größere Gelassenheit), nicht die Beschwerden selbst. Die damit allerdings verbundene Hoffnung, daß dadurch die Beschwerden selbst überflüssig werden und verschwinden, scheint sich jedenfalls in bezug auf die diffusen Magen- und Herzaffektionen erfüllt zu haben. Es wird aber auch gleich deutlich, daß kausale Zusammenhänge durch solche Einzelfälle nicht demonstriert werden können: vielleicht hatte das alles nichts mit dem AT zu tun, sondern damit, daß er sich endlich zu einer Entscheidung durchgerungen hat, und dazu hat er vielleicht nur das Gespräch mit mir gebraucht, oder überhaupt nichts aus unseren Sitzungen. Ob und auf welche Weise es möglich gewesen wäre, in weiteren Sitzungen sein Ekzem zu beeinflussen, kann ich nicht sagen. Nach meinen Erfahrungen sind solche Hauterscheinungen völlig unberechenbar, und man findet alles: „Wunderheilungen" und lebenslange Plage.

Schlußbemerkung

Das AT hat eine lange Geschichte. Einerseits ist es eine der am häufigsten eingesetzten Therapieformen, nicht nur in Europa, sondern auch in den USA (Pikoff 1984), angesichts der dort existierenden Voreingenommenheit allem nichtamerikanischen gegenüber eine erstaunliche Entwicklung, die sicher erst durch die umfangreichen Vermittlungsbemühungen Luthes (1969) ermöglicht wurde. Andererseits fehlt ihm bis heute eine systematische psychologische Fundierung, da es hauptsächlich im medizinischen Milieu verwendet wurde und dort als eine der zahlreichen Interventionen mit unbekanntem Wirkmechanismus galt. Es gibt aber keinen Zweifel, daß wir es hier mit einem nützlichen und in bestimmten Zusammenhängen effektiven Instrument zu tun haben. Die Einbettung des AT in einen psychologischen Forschungskontext, sowohl was die Theorie als auch was die Interaktion mit anderen Interventionsformen angeht, scheint mir die Hauptaufgabe zukünftiger Bemühungen um das AT zu sein.

Empfohlene Literatur

Becker-Freyseng W (1988) Autogenes Training. In: Kraiker C, Peter B (Hrsg) Psychotherapieführer. Beck, München
Peter B, Gerl W (1988) Entspannung. Mosaik, München
Schultz JH ([13]1970) Das autogene Training. Thieme, Stuttgart

23. Wachtraummethoden

Wolfgang Kretschmer

Bei geschlossenen Augen, in körperlicher Ruhe und ohne Denktätigkeit entstehen bei fast allen Menschen bildhafte Vorstellungen – Szenen, die sich ständig wandeln. Dieses Träumen bei wachem Bewußtsein, in Farben oder nur in helldunklen Tönen, ist Ausdruck der Phantasie, d.h. *spontaner seelischer Vorgänge*, zum Unterschied vom absichtlichen, gerichteten Denken. Wir nennen den jeweiligen Komplex „Wachtraum" – im Gegensatz zum „Schlaftraum" – und meiden die vorwissenschaftlichen Bezeichnungen „Tagtraum" und „Nachttraum", weil nicht die Tageszeit, sondern die Vigilanz den Ausschlag gibt. Beide Arten folgen den gleichen formalen und semantischen Gesetzen. Doch läßt sich der Wachtraum anregen und steuern, während dies beim Schlaftraum nur unter ungewöhnlichen Bedingungen möglich ist. Wachträume kommen am häufigsten und deutlichsten in der Kindheit vor, fehlen aber auch nicht beim Erwachsenen.

Wie alle Phantasien, so werden auch die Wachträume von rein *seelischen Prinzipien* regiert: Wandelbarkeit, Bedeutsamkeit, Gefühlsbetonung, Relativität von Zeit und Raum sowie Unmittelbarkeit. Im Wachtraum können sich abbilden: frühere Ereignisse (Erinnerungen – direkt oder indirekt verschlüsselt), der seelische Aufbau (Bedürfnisse und Ängste, Gleichgewicht der Funktionen, insbesondere der rationalen und gefühlhaften, Verhältnis zwischen männlichem und weiblichem Pol), schöpferische Möglichkeiten (Kompensation, Synthese der seelischen Kräfte) sowie Charaktertendenzen.

Im *Aufbau* der Wachträume lassen sich folgende, bei den einzelnen Methoden verschieden akzentuierte Abschnitte unterscheiden, die Keßler (1988) in ähnlicher Form hervorhebt:

1) Ausgangsverfassung (z.B. Liegen, Entspannung),
2) Anregung der Phantasie,
3) Imagination,
4) Lenkung der Imagination,
5) Bericht des Träumers,
6) Assoziationen zu den Träumen und
7) deren Deutung.

Typen des gelenkten Wachtraums

Seit der Romantik haben die Wachträume neben den Schlafträumen Beachtung gefunden, v.a. bei Künstlern, die nach schöpferischen Einfällen suchen. Doch auch bei rationalen Aufgaben, wie in der Mathematik oder in der Naturwissenschaft, kann das wache Träumen beim Lösen methodischer Probleme hilfreich sein. Dies und die psychoanalytischen Assoziationserfahrungen legten es nahe, Wachträume *therapeutisch* einzusetzen. Daß man an diese unmittelbarer als an die Schlafträume herankomme und gleichzeitig unabhängig von deren Launen sei, war der Grundgedanke. Man versprach sich einen diagnostischen Ertrag im oben beschriebenen Sinn und zugleich einen therapeutischen Zugang, da sich die Phantasien bis zu einem gewissen Grad steuern lassen und der Träumer sich direkt mit seinen Konflikten befassen und sich darin üben kann. Später zeigte sich, daß die Bereitschaft, sich zu heiklen Themen zu äußern, über die bildhafte Einkleidung größer ist, als bei der einfachen sprachlichen oder schriftlichen Mitteilung. Gegenüber einer Psychoanalyse läßt sich die Behandlungszeit erheblich verkürzen.

Die Psychoanalytiker kamen mit den Wachträumen nicht über experimentelle Ansätze hinaus. C.G. Jung nutzte die Methode schon früh und beschrieb sie (1968) als „aktive Imagination“, welche hauptsächlich dazu dienen sollte, den Sinn von Schlaftraummotiven oder bekannten Symbolen tiefer zu erschließen, als es mit der einfachen Assoziation möglich ist. Die wichtigsten Forschungen und therapeutischen Versuche unternahm Desoille (1961). Ausgehend von der Meskalinwirkung untersuchte er seit den 20er Jahren Wachträume und setzte sie systematisch gesteuert bei der Behandlung von Neurosen ein („rêve éveillé dirigié“). Der Klient soll sich vor seinem inneren Auge biographisch oder archetypisch bedeutsame Motive vorstellen und diese sich szenisch weiterentwickeln lassen, wobei er selbst eine aktive, mitwirkende Rolle spielt. Im dramatischen Ablauf können sich Einseitigkeit der Lebenshaltung, Probleme und Konflikte ausdrücken, was dem Träumer einerseits Selbsterkenntnis vermittelt, aber auch direkte handelnde Auseinandersetzung ermöglicht. Der Therapeut kann im Bedarfsfall mit zusätzlichen Suggestionen die Szenerie erweiternm, z.B. neue Perspektiven eröffnen, Angst kompensieren, Aggressionen in positive Haltung umlenken oder die Person stärken u.a.

Desoilles mystische Thematik

Desoille (1961) benutzte die mystische Erfahrung des Auf- und Abstiegs als räumliche Symbolik des Transzendierens in impulsiv-triebhafte oder synthetisch-geistige Bereiche. Er schlägt folgende Hauptthemen vor, die so lange angewandt werden können, bis sie erschöpft sind:

Inhaltliches Vorgehen

Beim Mann

1) Degen ergreifen
(direkte Selbstbehauptung)
2) ins Meer hinabsteigen
(Trieebwelt)
3) Abstieg zur Höhle und Hexe suchen
(Negativer Mutteraspekt)
4) Fee an Quelle suchen
(positiver weiblicher Pol)
5) Magier in Einsamkeit suchen
(negativer männlicher Pol)

Bei der Frau

1) mit Gefäß umgehen
(Entfaltung der Weiblichkeit)
2) ins Meer hinabsteigen
(Triebwelt, Mütterlichkeit)
3) Abstieg zur Höhle und Zauberer suchen
(problematischer Vateraspekt)
4) Magier in Einsamkeit suchen
(positiver männlicher Pol)
5) Fee an Quelle suchen
(negativer weiblicher Pol)

6) Abstieg in die Höhle, um Drachen oder Schlange zu begegnen
(Trieb und Verbot, natürliche Weisheit)

7) Als Prinz Dornröschen suchen

7) Als Dornröschen Prinz erwarten
(Elternablösung und erotische Entfaltung)

1) *Degen ergreifen/mit Gefäß umgehen:* Bestehen keine Hemmungen, so begibt sich der Träumer auf den Weg, schlägt vielleicht einige Zweige von einem Busch oder findet gar einen Gegner, mit dem er kämpft. Zumindest sichert der – auch unbenutzte – Degen die Selbstbehauptung im Drama oder er wird bei genügend Sicherheit vergessen.
Die Frau mag ein Gefäß des alltäglichen Gebrauchs, etwa eine Vase mit Blumen sehen. Spontan oder nach Vorschlag kann sich das Gefäß in eine tierische oder menschliche Gestalt verwandeln.
Oder es wird von vornherein ein Auf- oder Abstieg mit einem der obigen Symbole angeregt, wobei sich oftmals neben der elementaren Symbolik des Oben und Unten Probleme persönlicher Beziehungen ausdrücken. Der folgende Dialog erarbeitet meist unmittelbar das Selbstverständnis als Mann oder Weib.
2) *Ins Meer hinabsteigen:* Hier steigt der Klient von selbst oder aufgefordert tief ins Meer hinab und begegnet bedrohlichen oder ekelerregenden Tieren. Dieser Abstieg kann freilich nur zu Ende geführt oder überhaupt empfohlen werden, wenn nicht mit überwältigender Angst zu rechnen ist. Zur Reduktion der Furcht und als Willensübung kann man den Klienten mit dem Ungeheuer kämpfen lassen. Wenn der Träumer es überwindet, so soll er es an die Oberfläche bringen, wo es sich dann von selbst oder auf Suggestion hin verwandeln mag – oft in eine bekannte Person, der gegenüber Angst oder Haß empfunden wird.
3) *Abstieg zur Höhle und Hexe/Zauberer suchen.*
4) *Fee an Quelle/Magier in Einsamkeit suchen:* Diese Motive mit Phantasieerscheinungen des Gegengeschlechts führen weiter in biographische Bezüge und die damit verbundenen affektiven Zustände hinein, während
5) *Magier in Einsamkeit/Fee an Quelle suchen,* archetypischen, hilfreichen, weiterführenden Potenzen des eigenen Geschlechtstyps symbolisieren. Hierdurch geprägt und gestärkt kann mit
6) *Abstieg in die Höhle, um Drachen oder Schlange zu begegnen,* der Kampf mit den elementaren Impulsen im Spannungsfeld zur sittlichen Ordnung aufgenommen werden. Gleichzeitig läßt sich die tragende und schöpferische Kraft der Tiefe archetypisch erfahren.
7) *Als Prinz Dornröschen suchen/als Dornröschen den Prinz erwarten:* Hier werden die menschlichen Beziehungen abermals im Bild der Geschlechtstypen geprüft.

Desoille unterscheidet weise 3 Arten von Phantasien, die spontan auftreten oder auch angeregt werden können:

- den Schlafträumen vergleichbare Bilder der Alltagswirklichkeit,
- Märchenbilder,
- mystische Bilder, die an religiöse Visionen erinnern.

Er geht auf diese 3 Formen nicht näher ein. Doch hat er – nach allgemeiner psychologischer Kenntnis – die wesentlichen menschlichen Erfahrungsebenen trefflich wahrgenommen. Mit der ersten Art von Phantasien erfaßt er die nahen und fernen Erinnerungen als Ausdruck der Bedürfnisse und Ängste, d.h. die Beziehungshaltungen. Mit den Märchenbildern findet er die innerseelische Situation vor dem Hintergrund allgemeiner typischer Perspektiven, d.h. die magisch-mystische Ebene. Mit den mystischen Bildern begegnet ihm die Urerfahrung des Innermenschlichen und der Berührung mit dem verwandelnden „Großen Ganzen", was nur in besonderen Schwellensituationen auftritt.

Durchführungsgesichtspunkte
Wichtig ist, daß der Träumer die vorgegebenen Motive und Zielrichtungen so frei wie möglich ausgestaltet und daß der Leiter nur nötigenfalls eingreift. Der Träumer darf sich vom Ausgangsthema weit entfernen. Der Rahmen kann auch so abgesteckt werden, daß man lediglich auffordert, irgendwie abzusteigen oder aufzusteigen. Der Abstieg erfolgt häufig durch einen Gang in die Erdtiefe oder von der Oberfläche zum Grund eines Gewässers; der Aufstieg mag auf einen Berg hinaufführen, bis zum Gipfel (wie es Happich 1939 als Vorgabe empfahl) oder mit einem Fluggerät oder ganz frei erfolgen. Dem kann ein Zuwachs an Licht und Wärme entsprechen. Im Fall einer Hemmung kann es sinnvoll sein, den Aufstieg oder Abstieg zu verlängern – sofern die Angst das nicht verhindert. Eine Bewegung von rechts nach links führt eher in die Vergangenheit, die von links nach rechts weist eher auf die Zukunft hin. Geht es im Tätigkeitsfeld nicht recht weiter, so kann man vorschlagen, einen vorhandenen Gegenstand zu ergreifen und zu betrachten oder eine Tür zu öffnen oder ein nützliches Gerät zu finden (Stock, Leiter o. ä.) oder auch zum Schutz vor der Angst einen Hund als Begleiter hinzuzunehmen.

Beim Beobachten und Lenken von Träumen wie auch bei deren Auswertung ist stets zu beachten, daß alle Symbolfiguren polaren – männlichen oder weiblichen – Charakter haben: sie können positiv, freundlich und hilfreich, aber auch negativ und gefährlich auftreten. Der negative Aspekt soll beherrscht oder versöhnt, der positive angeeignet werden.

Freie Themenwahl bei Guillerey

Guillerey (1955) entwickelte ebenfalls einen „gelenkten Traum". Er ließ die Klienten gewöhnlich frei einen Ort wählen und dort selbst etwas unternehmen – sich etwa auf einen Weg begeben, bis sie auf Hindernisse stießen, die ihre Hemmungen symbolisierten. An ihrer Überwindung war dann, u. U. in wiederholten Versuchen, zu arbeiten. Da dies mit Anstrengung und Angst verbunden ist, legt der Therapeut Erholungsabschnitte mit tiefer körperlicher Entspannung, angenehmen Körpergefühlen und Anregung schöner Kindheitserlebnisse ein, so daß sich ein Rhythmus von Belastung (Spannung) und bis in den Körper hineinreichender Lösung ergibt. Daß die Begegnung mit Problemsituationen von Ruhepausen unterbrochen wird, gibt dem Klienten nicht nur Kraft, sondern begründet auch sein Vertrauen in die Methode – eine Methode, die nicht nur fordert, sondern auch Geborgenheit einschließt. Das Führungsprinzip liegt wie bei Desoille in der Verbindung von Selbsterkenntnis und Übung (Gewöhnung). Guillerey legt Wert darauf, daß der Träumer das jeweilige Milieu sehr ausführlich und genau beschreibt, desgleichen die jeweiligen Körperempfindungen und sinnlichen Wahrnehmungen – etwa des Bodens und der Luft –, um das Erlebnis möglichst intensiv werden zu lassen und elementar zu verwurzeln (vgl. auch die Bedeutung der 3 Sinnesmodalitäten im NLP, Kap. 24).

Katathymes Bilderleben

„Katathymes Bilderleben" nennt Leuner (1985) seine thematisch zentrierte Methode des gelenkten Wachtraums. Die Standardmotive der Grundstufe umfassen Wiese, Bach, Berg, Haus und Waldrand. Wiese, Bergsteigen und Besuch einer Kapelle hatte bereits Happich als therapeutische „Meditation" und als einen Ansatz zur religiösen Besinnung angeboten – damit allerdings keine weiterreichende Wirkung erzielt.

Grundstufe
Die *Wiese* weist auf den seelischen Wachstumsgrund, die Lebensgeschichte oder evtl. direkt auf die Kindheit hin und drückt in jedem Fall die aktuelle Gestimmtheit aus. Sie kann zur Bühne spontaner oder suggerierter Begegnungen mit Tieren oder Menschen werden.

Der *Bach* soll aufwärts bis zur Quelle oder abwärts bis zum Meer verfolgt, mit dem Wasser am Ziel in einer wohltuenden Weise umgegangen werden. Läßt man den Träumer einfach nur den Bach entlanggehen, so besagt es etwas, ob er zuerst aufwärts oder abwärts geht. Das fließende Wasser symbolisiert den Lebens- und Seelenstrom in seinem freien oder gehemmten Lauf – biographisch entweder die Vergangenheit oder die künftige Lebenslinie, die Zukunftstendenz. Bei der Quelle mag der Klient das Wasser kosten. Eine kranke Körperstelle kann mit dem Wasser benetzt werden. Beim Gang abwärts gelangt der Träumer an bewohnten Stätten vorbei bis zum Meer, wo er die einsame Landschaft oder auch einen belebten Hafen erlebt. Auf dem Weg können konfliktbezogene Hindernisse auftreten, die sogleich oder nach und nach zu überwinden sind. Wenn der Träumer einen Wasserlauf überschreiten möchte, so kann sich dieser als hinderliche Grenze erweisen und damit eine Aufgabe stellen.

Der *Berg* soll zunächst von einer Wiese oder einem anderen Landschaftspunkt aus durch einen Wald hindurch erstiegen, die Gegend ringsum betrachtet werden. Mit der vertikalen Dimension der Höhe werden Selbstwert und Herrschaft (Erkenntnis und Macht) konstelliert. Im einzelnen zeigen sich hier Anspruchsniveau und Leistungsbereitschaft. Der hohe Standort symbolisiert Selbständigkeit und provoziert ggf. Unsicherheit, zugleich aber auch Einsamkeit, in der sich eine etwaige Beziehungslosigkeit des Träumers offenbart. Der Berg als Aufstiegsskala kann auch Sinnbild sein für zum Vorbild gewordene Beziehungspersonen samt ihren Wertmaßstäben. Zur *allseitigen Schau* gehört im natürlichen Fall das Erlebnis des Überblicks und der Freiheit und damit der inneren „Erhebung". Die Sicht in die 4 Himmelsrichtungen und die Entfernung des dort Erblickten soll vom Klienten genau beschrieben werden. Der Abstieg kann in Entsprechung zur Symbolik des Aufstiegs die Rückkehr zur Sicherheit der gewohnten Welt, aber auch eine Rückkehr zum problembeladenen Alltag bedeuten. Bei ausgeprägter Selbstwertsuche kann der Abstieg auch als Entwertung erlebt werden. Unter Umständen läßt man den Träumer zur Wiese zurückkommen, die sich bei entsprechenden Voraussetzungen günstig verändert haben kann (synchrone Wandlung).

Weiter stellt sich der Klient – sofern es nicht bereits in einem anderen Zusammenhang aufgetaucht ist – ein *Haus* vor, das er umgeht und beschreibt, sodann betritt und durchschreitet, dabei alle Einzelheiten ausführlich schildert, auch Schränke und Kästen öffnet. Das Haus mit seiner Gliederung in *oben* (Dachstock), *Mitte* (Wohnräume) und *unten* (Keller) veranschaulicht den Aufbau der seelischen Fähigkeiten und deren Verhältnis zueinander. Es berührt aber auch die Beziehung zwischen Innen und Außen. In den Räumen erlebt der Träumer, wie er in verschiedenen Lebensbereichen steht (Geselligkeit, Arbeit, Essen, Geschlecht). Da diese Bereiche mit der Lebensgeschichte verknüpft sind, führt das Hauptmotiv zwangsläufig in die Kindheit zurück und erweckt ggf. alte Fixierungen und Konflikte. Die Qualität der Räume und der Einrichtung kann auf das Anspruchsniveau hinweisen, oftmals auch auf die Einstellung zu Ordnung und Pünktlichkeit.

Schließlich blickt der Träumer von einer Wiese auf einen *Waldrand* und hält dabei einen Abstand von 10–20 m. Man fordert ihn auf, das Dunkel ruhig zu beachten, und erzählt ihm, nach einiger Zeit werde eine Gestalt – Tier oder Mensch – erscheinen und hervortreten. Vielleicht würden sich auch nur 2 Augen zeigen. Fürchte er sich, so könne er sich hinter einem Baum oder Busch verbergen. Der dunkle Wald als Grenzsymbol des Jenseitigen gibt Gelegenheit, das bei sich selbst nicht Vertraute, möglicherweise Bedrohliche im Seelenleben zu verbildlichen. Der Vorteil dabei ist, daß thematisch alles offen bleibt.

Für die Wandlung aggressiver Impulse ist es nach Leuner günstig, die negativ-bedrohlich symbolisierte Aggression in ihrer eigentlichen Richtung, d.h. gegen die gemeinte Person, zu verstärken (Nähren und Anreichern). Anschließend oder für sich allein läßt sich Aggressivität auch mit Szenen des Versöhnens und zärtlichen Umfangens vollends auflösen.

Mittelstufe

Die Mittelstufe soll auf spezifische Konflikte und ihre Lösungen hinführen.

1) Auf einer *Wiese* sieht der Klient eine Gestalt aus der Ferne auf sich zukommen, dabei nach und nach deutlicher werden bis zur Erkennung. Im besonderen Fall kann eine bestimmte Person vorgegeben werden.
1a) Das gleiche kann am *Waldrand* geschehen.
2) Im Eingang einer *Höhle* soll eine Gestalt erscheinen, wobei mit stärker gefühlsbetonten und bedrohlichen Imaginationen zu rechnen ist.
3) Die erotische Einstellung prüft man beim Mann mit der Vorstellung eines *Rosenbuschs* am Rand einer Wiese. Nach der Beschreibung wird der Träumer aufgefordert, eine Rose zu pflükken und mitzunehmen. Die Klientin geht auf einer Landstraße nach Hause und ist müde geworden. Eine *Pferdekutsche* (oder ein Auto) hält und der Fahrer fragt, ob sie mitgenommen werden möchte.
   Bei beiden Geschlechtern mag auch suggeriert werden, einen Obstbaum vor sich zu haben und – falls Früchte vorhanden sind – von diesen zu essen.
4) Um die Rolle der Aggressivität zu prüfen, heißt es etwa: „Können Sie sich einen Löwen vorstellen? Irgendwo ist ein Löwe.“ Das Tier kann mit einer gefürchteten oder verabscheuten Person in Beziehung treten, worin sich dann Stärke und Art der Impulsivität darstellen. Im gleichen Zusammenhang erwähnt Leuner das Motiv der *Höllenfahrt.*
5) Um das Ich-Ideal und damit fragliche falsche Zielsetzungen zu erfassen, wird der Träumer aufgefordert, sich frei einen *Vornamen* des eigenen Geschlechts einfallen zu lassen und sich dann einen bestimmten Menschen vorzustellen.

Oberstufe

In der Oberstufe kann die Auseinandersetzung mit elementaren gefühlsbetonten triebhaften Impulsen vertieft werden, unter denen die aggressiven besonders hervortreten.

1) Eine *Höhle,* gewöhnlich am Fuß eines Berges, taucht spontan auf oder wird nahegelegt. Im Eingang soll eine Gestalt erscheinen und beschrieben, evtl. angesprochen werden. Möglicherweise möchte der Träumer die Höhle betreten oder er wird gefragt, ob er hineingehen will. Zur mütterlichen Symbolik gehörend kann die Höhle bedrohlich und furchterregend, aber auch bergend, beruhigend, schöpferisch anregend oder stärkend wirken. Sie kann auch auf die biographische Mutterproblematik hinführen.
2) Es wird am Rand einer Wiese ein *sumpfiges Loch* vorgestellt und aus einiger Entfernung beobachtet; dabei wird gewartet, bis etwas hervorkommt. Das kann eine tierische Gestalt sein, die zu beschreiben ist. Meist erscheinen Lurche oder Reptilien als Ausdruck primitiver Naturkräfte, häufig sexuell bestimmt, wobei die gegengeschlechtlichen Elternbeziehungen konstelliert sein können. Es kann sich jedoch auch die Problematik des Schmutzes entfalten und Aufgaben stellen.
3) Ein eruptionsbereiter *Vulkan* erscheint als Entsprechung stark aggressiver Impulse, die vergegenwärtigt werden sollen. Das ist nur in bestimmten Fällen und in bestimmten Abschnitten der Behandlung sinnvoll, besonders als Kriseninterventíon.
4) Der Klient wird angewiesen, ein vergrabenes Bilderbuch, das in der Tiefe des Kellers lagert, hervorzuholen, zu betrachten und zu beschreiben *(Motiv des Folianten).* Das kann helfen, mehr und wichtigeren Stoff erscheinen zu lassen.

Die Oberstufe des autogenen Trainings

Auch Schultz ([12]1966) hat früh die Bedeutung der imaginativen Aktualisierung seelischer Kräfte zum Zweck der Selbsterkenntnis und Selbstentfaltung betont und ein als Oberstufe des AT bezeichnetes eigenes System angeboten. Wird die Grundstufe des AT beherrscht, so können folgende Übungen angeschlossen werden:

1) Vorstellen einer *einheitlichen Farbe,* zunächst der „Eigenfarbe", die am leichtesten entsteht. Sodann kann man lernen, alle übrigen Farben zu sehen.
2) Es sollen *alltägliche Gegenstände* möglichst deutlich erscheinen und beschrieben werden, so wie sie frei aufsteigen (evtl. auch auf Anregung hin).
3) Der Übende soll Begriffe hoher *Werte,* etwa Freiheit, Glück u. ä. verbildlichen und gesammelt betrachten.
4) Es wird etwas vorgestellt, das „Ausdruck oder Sinnbild des intensivsten und erwünschtesten Gefühlszustandes ist" (Veranschaulichung des *„Eigengefühls").*
5) In tief versenktem Zustand soll ein *bestimmter Mensch* erscheinen und auf den Beschauer wirken, was die Einfühlungsfähigkeit, aber auch die Art der Beziehung zeigt.

Aus eben diesem Grund warnt Schultz davor, nahestehende Personen, etwa den Ehegatten, zu wählen und so vielleicht ein stabiles Verhältnis zur Unzeit zu gefährden.

Der Grundgedanke der Stufenleiter ist es, die bildhafte Phantasie und ihre Gestaltungskraft zu möglichst großer Intensität und Konzentration zu entwickeln, weil sie dann am ehesten die wesentlichen seelischen Strömungen und persönlichen Sinnrichtungen auszudrücken vermag.

Luthe (1969) hat die Skala erweitert:

1) eine einheitliche Farbe,
2) Erfahrungen mit ausgewählten Farben,
3/4) konkrete Gegenstände und Begriffe,
5) frei gewählter Gefühlszustand,
6) Bild einer Person,
7) Antwort aus dem „Unbewußten".

Bei den Stufen 3–5 von Schultz und 4–7 bei Luthe sind u. U. bewegte szenische Visionen zu erwarten, die im folgenden Gespräch unter verschiedenen psychologischen Gesichtspunkten durchleuchtet werden können. Der Therapeut greift nicht unmittelbar in den Wachtraum ein. Bei dieser Art der spontanen Entwicklung des Träumens unterscheidet Luthe folgende Integrationsstufen:

1) einheitliche Farben;
2) sich verschiedenartig gestaltende Farben;
3) Vielfarbigkeit sowie deutliche Formen und bestimmte Bewegungen;
4) Gegenstände, Gesichter u. ä.;
5) Umgestaltung der Objekte, d. h. räumlich differenzierte Szenen; kaum Beteiligung des Träumers;
6) szenische Abläufe mit gelegentlicher Teilnahme des Übenden;
7) lebhafte, wechselnde szenische Abläufe bei häufiger Mitwirkung des Träumers.

Vielfältige Anregungen finden sich in der von Thomas (^{6}1983) weiterentwickelten Oberstufe nach Schultz. Nach der Schau abstrakter Werte kann die „Charakterbildung" geübt werden, etwa: „Vor meinem inneren Auge entwickelt sich ein Bild, das mir zeigt, wer ich bin" – später dann das Bild des gewünschten eigenen Verhaltens. Undogmatisch, unter rein pragmatischen Gesichtspunkten, nutzt Thomas auch Motive von Happich (1939; Berg), Desoille (1961; Meeresgrund), Leuner (1985; Sumpfloch, Vulkan) und Gerard (Identifikation), die er, je nach Erfordernis auf der Höhe kann die Prüfung der Lebensziele und des Gewissens nützlich werden („Ich schaue mich um, ob ich die Höhle eines Einsiedlers entdecke: ich suche ein Gespräch mit ihm"). Es kann aber auch spontan zu Lichterlebnissen oder religiösen Erfahrungen kommen. Als „freie Bilder" empfiehlt Thomas den biographischen Rückgriff, vertiefte Selbst- und Zielerkenntnis, ästhetische Werte, harmonische Formen und Metamorphosen, bestimmte therapeutische Ziele oder die symbolische Identifikation mit Objekten oder Lebewesen.

Durchführung der Wachtraumbehandlung

Während der Sitzung liegt der Klient mit geschlossenen Augen im dunklen Zimmer und berichtet laufend, was er sieht und fühlt. Der Therapeut notiert den Bericht und bittet den Klienten, das Traumerlebnis bis zum nächsten Mal schriftlich darzustellen und es, soweit möglich, zu deuten. Des weiteren soll er auch das Protokoll seiner Schlafträume mitbringen. In der nächsten Sitzung wird dann das Wesentliche beider Aufzeichnungen durchgesprochen. Es können auch die Motive des letzten Wach- oder Schlaftraums erneut imaginiert und weiter ausgearbeitet werden. Ist das nicht oder nicht mehr erforderlich, so wird zu einem anderen Bild übergegangen. Es wechseln sich also Träume mit deutenden Gesprächen ab. Desoille wandte 2stündige Sitzungen an. Er besprach in der 1. Stunde die zwischenzeitlichen Erlebnisse und den letzten Wachtraum, in der 2. Stunde ließ er dann träumen.

Heute bevorzugt man 1- bis 2mal wöchentlich 45 min für Traum oder Dialog. Die aufgeführten Motive und ihre Reihenfolge müssen nicht streng beachtet werden; vielmehr genügt es bei guter Phantasiebegabung oft, den Träumer sich in eine spontan auftauchende Situation, Wanderung oder Handlung versetzen zu lassen, die sich dann frei weiterentwickelt und gemäß den erwähnten Prinzipien ergänzt und gesteuert werden kann. Ebensowenig muß der strenge Wechsel zwischen Traum und Gespräch eingehalten werden. Je nach Erfordernis folgen auch mehrere Traumsitzungen oder einige Gesprächssitzungen unmittelbar aufeinander. Die Behandlung ist am Ende, wenn nicht nur die Symptome verschwunden, sondern auch die persönlichen Beziehungen geordnet sind.

Technik der Übung und Deutung

Wachträume lassen sich sowohl bei einzelnen als auch in der Gruppe üben. Auch im letzteren Fall schreiben die Teilnehmer nach den Sitzungen ihr Protokoll und ergänzen es evtl. mit Kommentaren. Je mehr Probleme auftreten, desto schwieriger wird es allerdings für den Gruppenleiter, dem Einzelnen gerecht zu werden, da dies den individuellen Dialog erfordert.

Ist es den Übenden gelungen, sich loszulassen, so können dreierlei Verlaufsformen eingeleitet werden:

Anleitung zur Wachtraumbehandlung

1) Die *Bildphantasie* entfaltet sich frei, oftmals abundant und ohne thematische Bindung. Dabei können schöpferische Einfälle auftauchen (Grünholz 1971). In jedem Fall trägt die Aktivierung der Phantasie kompensierend zur seelischen Harmonisierung bei, etwa bei einseitiger, rational-zweckbestimmter Sicherungstendenz. Bei ausgeprägter Problematik hingegen treibt die Bildabfolge inhaltlich mehr und mehr auf das wesentliche Konfliktthema zu, was im speziellen Fall zur „Katharsis" führen mag.
2) Ein *bestimmtes Bild* soll vorgestellt werden, dessen Bedeutungsgehalt sich in einer oder in mehreren Sitzungen entfaltet, entweder spontan oder mit helfenden Anregungen des Leiters. Zum Beispiel entfaltete sich eine Rose aus einer Knospe, ein religiöses Symbol wird erschlossen oder ein abstrakter menschlicher Wert soll sich verbildlichen. Der Träumer erkennt sich sogleich oder in der sich anschließenden Besinnung im jeweiligen Bild. Dieses Bild wirkt entweder harmonisierend oder es verdeutlicht ein persönliches Problem. Abstoßende oder erschreckende Motive sollen i. allg. nicht gegeben werden; der negative Aspekt erscheint von selbst.
3) Der Leiter suggeriert *typische* Szenen (s. oben), in welche der Träumer handelnd und erfahrend einbezogen ist und bleibt. Die Ausgangsszene soll sich spontan weiterentwickeln, wobei nicht selten das Leitthema verlassen wird. Das heißt, der Träumer soll nichts absichtlich inszenieren oder sich mit naturgetreuen Erinnerungen gegen seine Spontaneität sichern, sondern er soll sich dem Strom der Bildungen frei überlassen. Nur so spiegeln diese den gegenwärtigen seelischen Zustand wider, nur so ermöglichen sie Selbsterkenntnis und Bewältigungsversuche.

Zum Wachtraum gehört untrennbar seine *Deutung,* die dem Träumer entweder selbst einfällt oder im gemeinsamen Gespräch erschlossen wird. In dieser Form können Wachträume die wesentliche Quelle einer vollgültigen, „tiefenpsychologischen" Therapie werden. Es gibt demnach keine Behandlung „nur mit Wachträumen", wie oft naiv angenommen wird. Freilich, wie gelenkt und gedeutet wird, das hängt von der

Wertebene ab, auf welcher der Therapeut steht. Hier ist alles offen, weil die Wachträume zunächst nur Stoff liefern, dem wir erst seine individuelle Bedeutung verleihen. Je freier und vielseitiger die Deutungen, desto besser lassen sie sich ausschöpfen. Die Übertragung kindlicher Haltungen auf den Therapeuten und die enge Bindung an ihn werden nicht provoziert und spielen eine untergeordnete Rolle, da sich die problematischen Beziehungsstile unmittelbar in den Szenerien entfalten.

Fallbericht

Ein katholischer Student, 32 Jahre alt, leidet unter Kopfdruck, Einschlafstörungen, Obstipation und Lernhemmung, verbunden mit Krebsfurcht und Examensangst. Mit der Grundstufe des AT erlebt er folgende Wachträume:

1) *Wiese:* Auf einer Wiese befinden sich Tannen, umrahmt von einem blauen Himmel. In der Luft tummeln sich Schmetterlinge, es finden sich Mitwanderer, am Himmel schweben Segelflugzeuge.
2) *Hängematte:* Er schwingt in einer Hängematte hin und her und empfindet, wie ein Luftzug über ihn hinwegstreicht. Er fühlt sich schwerelos und spürt das Gefühl der Freiheit. Er fliegt über Dörfer und Wolken hinweg und landet in einer fremden Gegend. Hier befinden sich Moscheen, Leute, die Turbane tragen, Paläste mit Säulen. Dann ist er in einer Wüste. Die Sonne scheint über ihm, und rings um ihn herum sind Palmen und Kamele. Er trinkt an einer Wasserstelle und reitet auf einem Kamel.
3) *Aufbrechen, gehen, wohin es zieht:* Es zieht ihn in die Berge, der Sonne, den Wolken entgegen. Er erblickt Bäche und Seen („genauer beschreiben"). In den Seen befinden sich Frösche, und wie er sich den Bergen nähert, spürt er, wie der Wind ihn umgibt. Er sieht den Schnee auf den fernen Kuppen und setzt sich hin, um die Landschaft zu genießen. Mit einem Weggenossen macht er sich auf, um den Gipfel zu erklimmen. Dort herrscht absolute Stille, er spürt die Ehrfurcht vor der Natur und bewundert die Urgewalt der Berge. Er empfindet eine Geborgenheit, ein Einssein mit dem Universum, eine Harmonie und begibt sich auf den Abstieg, losgelöst von Alltagssorgen.
4) *Ort beschreiben:* Da ist ein kleines Dorf, welches mitten in den Bergen liegt, die Kirche steht in der Mitte des Dorfes und von dort aus sieht man die Berge und Wälder. Wir gehen ins Café und es ist gemütlich und harmonisch.
5) *Erinnerungen an die frühe Kindheit:* Wir bauen ein Holzhaus im Garten und ich bin ganz stolz. Im Regen bin ich geborgen ...
6) *An frühkindlicher Szene teilnehmen:* Ich sitze mit meiner Tante in der Gartenlaube mitten in Weinbergen bei Kaffee und Kuchen. Vorher habe ich das ganze Gelände allein erforscht, und ich fühle mich sehr wohl und sehr romantisch.
7) *Hinabsteigen:* Ich gehe auf eisernen Treppenstufen hinab in eine Höhle. Dort ist es kalt, feucht und sehr dunkel. Ich habe keine Orientierung mehr und suche den Ausgang mit meiner Taschenlampe. Er ist niedrig und eng ...
8) *In der Hängematte schwingen:* Die Schwingungen sind rhythmisch. („sinken"): Sie werden größer, sie gehen durch den Boden hindurch. Kein Hindernis steht ihnen im Wege. Es geht durch die Häuser hindurch, beinahe ist mir schwindlig („aufhören").
9) *Sommer, See, Hinausschwimmen:* Das Wasser ist kalt, aber je weiter ich schwimme, desto wärmer wird es. Ich tauche den Kopf ins Wasser und schwimme mit meiner Frau um die Wette. Ich fühle mich wie befreit und der Widerstand des Wassers fühlt sich gut auf meiner Haut an. Ich lasse mich von dem Wasser tragen. Wir ruhen auf einer Insel aus und schwimmen dann kräftig zurück, z.T. unter Wasser, um etwas ganz neues zu erleben. Ich befinde mich nah dem Ufer und bin wie ein angreifender Fisch, voller Ausgelassenheit und Freude.

Diese Wachtraumstufen wurden im Verlauf von 3 1/2 Monaten bearbeitet. In Verbindung mit der Aufarbeitung von Mißverständnissen, Fehlhaltungen und der Verwendung von Schlafträumen ergab sich zunehmend eine wesentliche Besserung der Symptome, bis sie schließlich – mit Ausnahme der Kopfschmerzen – ganz verschwanden.

Schlußbemerkung

Anwenden lassen sich Wachträume zur Vertiefung der Selbsterkenntnis und der Charakterentwicklung, v.a. jedoch bei der Behandlung von Neurosen und insbesondere bei psychosomatischen Störungen. Hingegen findet sich bei akuten *Psychosen* keine positive Ansatzmöglichkeit. Bei an- oder auslaufenden oder schizophreniegefährdeten Zuständen sollte man wegen der Gefahr der Verschlimmerung die Phantasie nicht anregen, wie alle psychotherapierenden Psychiater betonen (vgl. hierzu Kap. 11). Bei ausgeprägten Zwangsneurosen wird die bildhafte Phantasie meist dadurch blockiert, daß gerade die ängstlich gemiedenen Motive ans Licht zu drängen pflegen. Umgekehrt kann bei Hysterien das Übermaß an Phantasie die systematische Arbeit vereiteln.

Auch im Rahmen der *verhaltenstheoretischen Konzepte* lassen sich die imaginativen Behandlungverfahren erklären und anwenden. Die Verhaltenstherapie stützt sich nicht nur auf verbal begleitete Handlungen, sondern gleichermaßen auf die bildhafte Vorstellungskraft, um positiv zu konditionieren. Systematische *Desensibilisierung* und *Implosion* kommen nicht ohne die szenische Imagination aus, wobei positive Gefühle verstärkt, negative relativiert und generell Bewältigungstechniken geübt werden können. Zur kognitiven wie auch konditionierten Nutzung schlägt Keßler (1988) u.a. folgende Motive vor:

1) Zur Eingewöhnung Vorstellung einer Blume,
2) Wanderung durch den eigenen Körper, v.a. Betrachtung des problematischen Körperteils (bei Psychosomatikern);
3) sich selbst im Spiegel sehen und beschreiben,
4) in einer fremden Stadt in einem Haus 2 Personen in 2 verschiedenen Räumen vorstellen, z.B. einen Mann und eine Frau. Was sagen und tun sie?
5) „Jemand kommt wutentbrannt auf Sie zu" (Prüfung aggressiven Verhaltens).

Die psychoanalytisch inspirierten Methoden der *Hypnoanalyse* streben nach der hypnotischen Wiederbelebung und der verstehenden Bearbeitung traumatisierender Erlebnisse aus der Kindheit, haben jedoch für die Psychoanalyse selbst nie große Bedeutung erlangt. Auch hier kommt es wieder auf die intensive bildhafte Vergegenwärtigung bedeutungsvoller Szenen an. Schon Krestnikov beschrieb 1929 seine Methode der vom Arzt angeregten „Reproduktion pathogener affektiver Erlebnisse", wobei dem starken Affekt die Hauptrolle zugewiesen wird. Doch führt die Kenntnis imaginativer Verfahren i. allg. über den Rahmen der Psychoanalyse hinaus. Das gilt auch für Bick (1988), der gegenwärtig am konsequentesten hypnoanalytische Behandlungen durchführt.

Eine Beziehung zur *Hypnose* ist insofern immer gegeben, als bei lebhaften Wachträumen das Bewußtsein der Umgebung erheblich abnimmt und der Träumer in sich gekehrt den inneren Eindrücken ausgeliefert ist. Dies geschieht unabhängig davon, ob er nur aufgefordert wird, sich zu entspannen, ob das AT als Grundlage dient oder ob man einen geprüften hypnotischen Zustand erreicht. Alle 3 Möglichkeiten werden von Therapeuten – je nach Präferenz – angewandt. Bekanntlich gelangt man bei gut ausgeführter Grundstufe des AT zum 1. (hypnoiden) Stadium der Hypnose, das verbal weiter vertieft werden kann. Desgleichen entwickeln sich oft spontan Bildererlebnisse. Der hypnoide Zustand erleichtert es, sich problematische Situationen vorzustellen. Zudem schützt er – in Verbindung mit der Gegenwart des Therapeuten – vor zu starken Auswirkungen dieser Vorstellungen, da er zugleich die Angst mindert.

In Verbindung mit dem klärenden Dialog können Wachträume eine volle tiefenpsychologische Behandlung tragen, aber auch bei akuten Konflikten zuweilen überbrükkend helfen. Es lohnt sich, auf sie überzugehen, wenn der Klient sich nicht oder kaum an Schlafträume erinnert, oder die Assoziationen sich zeitverschlingend hinziehen, oder eine psychologisch verstehende Therapie ihre Spannung verloren hat. Wachträume lassen sich also für eine ganze Psychotherapie oder abschnittweise einsetzen, was ganz dem Erfordernis des Klienten angepaßt, nicht nach festem System geschehen sollte.

Empfohlene Literatur

Kretschmer W (1951) Die meditativen Verfahren in der Psychotherapie. Z Psychoth Med Psycho 1: 105–118

Leuner H (1985) Lehrbuch des katathymen Bilderlebens. Huber, Bern

Shorr HE (1983) Psychotherapy through imagery. Thieme, New York NY

24. Neurolinguistisches Programmieren (NLP)

Clive Reuben

Grundlagen

In den 70er Jahren begannen der Linguist John Grinder und der Mathematiker Richard Bandler, ein pragmatisches Modell wirkungsvoller Kommunikations- und Veränderungsprozesse zu entwickeln (Bandler u. Grinder 1975b). Angeregt durch den Kommunikationsforscher und Anthropologen Gregory Bateson, gingen sie zunächst auf die Suche nach denjenigen Elementen der psychotherapeutischen Interaktion, die Veränderung bewirken. In Batesons Worten ausgedrückt, begannen sie damit im Bereich der Psychotherapie eine Suche nach „dem Unterschied, der den Unterschied macht" („The difference that makes the difference"; Bateson ²1987). Als methodisches Instrument setzten Grinder und Bandler das sog. „Modellieren" ein – eine Verfahrensweise, die dem Vorgehen eines Linguisten gleicht, der das Sprachverhalten eines fremden Volksstammes zu charakterisieren versucht. Bei der Konstruktion von Modellen (in ihren eigenen Worten: „Modellbauen") geht es um Form oder Struktur der Kommunikation und nicht um den Inhalt. So wie bei einem rein syntaktischen Sprachmodell stehen Inhalt und Bedeutung der Kommunikation nicht im Vordergrund. Vielmehr sind es die lebenden Strukturen, die Regelhaftigkeiten der Beziehungen zwischen Worttypen, die im Mittelpunkt des Interesses stehen, denn sie machen die grammatikalischen Besonderheiten einer Sprache aus. Das Ergebnis einer solchen Analyse ist keine Theorie der Sprache, sondern ein Modell der Sprache, anhand dessen ein anderer Mensch sie erlernen könnte. Sie wandten diese Vorgehensweise an, um das Wesentliche der fast magisch anmutenden Vorgehensweisen bekannter Psychotherapeuten herauszudestillieren und vermittelbar zu machen.

Bandler und Grinders Modellieren von Kommunikationsprozessen beschränkte sich keineswegs auf die sprachliche Kommunikation. Nonverbale Elemente, die Sequenz der Handlungen, die Synchronisationen, das Tempo und der Kontext der Interaktion gehörten ebenso zum Prozeß der Erstellung eines funktionstüchtigen erlernbaren Modells wie die Untersuchung der Sprachbesonderheiten. Ausgerüstet mit dem geistigen Werkzeug des Modellbauers und mit dem Anspruch, die „Magie" der bekannten Meister der Psychotherapie erlernbar zu machen, untersuchten Bandler und Grinder mit ihrem Forschungsteam zunächst 3 herausragende Psychotherapeuten: Milton Erickson (Bandler u. Grinder 1975a), Hypnotherapeut, Virginia Satir (Bandler et al. 1976), Paar- und Familientherapeutin und Fritz Perls (Grinder u. Bandler 1976), Begründer der Gestaltpsychotherapie. Alle 3 waren wegen ihrer Kreativität, Effektivität und methodischen Einzigartigkeit schon seit vielen Jahren bekannt. Um ihre Namen hatten sich bereits Schulrichtungen gebildet. Im Falle Milton Ericksons beriefen sich mehrere Schulen und Forschungsprojekte auf seinen Namen (vgl. Watzlawick et al. 1967, DeShazer 1982, Lankton u. Lankton 1983 u.v.a.).

Bei der Modellentwicklung wurde auf theoretische Hintergründe oder Erklärungen der untersuchten Praktiker völlig verzichtet. Es ging darum, aus ihren Vorgehensweisen das Wesentliche zu extrahieren, das zuverlässig zu den erlebten Veränderungen der Patienten und Klienten führte. Das Endprodukt – NLP – wurde zu einer geordneten Mischung potenter Veränderungstechniken im zwischenmenschlichen Bereich. Sie erhebt den Anspruch, ein Handlungsmodell zu sein, das die Fertigkeiten der untersuchten Experten darstellt, um sie für andere verständlich, verfügbar und übertragbar zu machen. Es handelt sich beim NLP weder um eine Theorie, deren Wahrheitsgehalt auf Korrektheit hin überprüft werden kann, noch im engeren Sinne um eine Therapieform, deren Handlungsanweisungen aus einem bestimmten Menschen- oder Persönlichkeitsbild hervorgehen. NLP ist vielmehr ein Metamodell – ein pragmatisches Modell der charakteristischen Modellhaftigkeit des Kommunikationsprozesses, das sich lediglich an dem Kriterium Nützlichkeit messen läßt.

Das Wesen eines pragmatischen Modells läßt sich am besten veranschaulichen, wenn wir uns vor Augen führen, wie wir mit den komplexen technologischen Systemen umgehen, denen wir im Alltag ausgesetzt sind. Wir wissen etwa, wie man ein Auto fährt, eine Videoanlage benutzt oder einen Lichtschalter bedient. Aber nur wenige von uns sind mit den Theorien der Mechanik, Thermodynamik oder Elektronik soweit vertraut, daß sie genau wissen, welche physikalischen Vorgänge bei der Bedienung eines technologischen Spielzeugs tatsächlich physikalisch ausgelöst werden. In der Tat brauchen wir dieses Wissen gar nicht, da wir in der Lage sind, uns vereinfachter (wissenschaftlich nicht ganz stichhaltiger) Modelle zu bedienen, um korrekt und zielgerichtet mit diesen technologischen Systemen zu hantieren.

Nützliche Modelle deuten auf Handlungsanweisungen hin, die dem Menschen erlauben, in sinnvoller und geordneter Weise mit komplexen Systemen umzugehen, die er im Detail nicht versteht und auch nicht zu verstehen braucht. So ist die banale Fähigkeit, mittels eines Schalters elektrisches Licht zu machen, auch ein Beispiel des Modellierens und funktioniert, ohne daß der Bediener wirklich weiß, worauf das Phänomen „elektrischer Strom“ letztendlich beruht.

Das Modellieren menschlicher Fähigkeiten ist ein rückbezüglicher Prozeß, denn der Mensch lebt und lernt durch die Konstruktion von Modellen der eigenen Wahrnehmung. Er selektiert Teile seiner Wahrnehmung, die ihm als wesentlich erscheinen und ignoriert andere. Er generalisiert und bildet dabei Regeln darüber, was möglich und notwendig und auch darüber, was nicht möglich und überflüssig ist. Er verzerrt seine Wahrnehmung äußerer Gegebenheiten, um in seiner Vorstellungswelt Dinge zu erleben, die sich in der äußeren Realität gar nicht so ereignen. Da es zum Wesen des Menschen gehört, Modelle der Welt zu bauen, wird jedes Modellieren interaktiver menschlicher Prozesse notwendigerweise ein Metamodellieren sein, d.h. ein reflexives Modellieren der Modellierungsprozesse selbst enthalten.

Die Fähigkeit, sich in der Welt zurechtzufinden, hängt von der Qualität des inneren Weltmodells ab. Auf dieser inneren Darstellung oder Landkarte basiert die Fähigkeit, in der wirklichen Welt zurechtzukommen, ähnlich wie ein Stadtplan oder eine Landkarte der Orientierung dient. All dies geschieht normalerweise, ohne daß sich der einzelne seines internen Modellierungsprozesses bewußt wird. Das eigene Weltmodell wird für die Realität gehalten. Das heißt, wir sind es gewohnt, unsere innere Repräsentation der Dinge als Wahrheit und als Realität aufzufassen. Wir leben nicht in dem stetigen Bewußtsein darüber, daß unsere Sinneseindrücke und die Gedächtnisspuren, die sie hinterlassen, lediglich subjektive und verzerrte Ausschnitte eines nicht begreifbaren Universums darstellen. So ist es notwendig, immer wieder an die Mahnung Korzybskis erinnert zu werden, auf die sich Bandler und Grinder mehrfach berufen „The map is not the territory“ („Die Landkarte ist nicht das Land“; Korzybski [1]1933).

Erste Ergebnisse

Das erste verblüffende Ergebnis der Analyse der therapeutischen Interaktion der 3 untersuchten „Mustertherapeuten“ war – trotz der offenbaren Unterschiede in ihren Vorgehensweisen, ihren Theoriebekenntnissen und Weltbildern – eine unerwartete Ähnlichkeit der Prozesse, die hinter der therapeutischen Kommunikation stehen. Diese prozeßhaften Gemeinsamkeiten wurden auf ihre Struktur hin „syntaktisch“ untersucht. Es wurde versucht, sie auf ihre wesentlichen Elemente zu reduzieren. Sie wurden dann, von unnötiger Redundanz befreit, mit einprägsamen Namen versehen. Es ergaben sich hierdurch eine Reihe von Bauelementen für effektvolle Kommunikation, Schlüssel zu bestimmten Wahrnehmungskategorien sowie eine Reihe veränderungswirksamer Musterinterventionen, die tatsächlich die wesentlichen Elemente der ursprünglichen Kommunikationsphänomene beibehalten.

Zu einem relativ leicht erlernbaren Paket der effektiven Kommunikation zusammengeschnürt und gemäß der kybernetischen Orientierung der Entwickler „Programmieren“ benannt, wurde das Ganze als „neurolinguistisches“ Modell gekennzeichnet. Mit dem etwas kurios klingenden Namen bringen die Gründer 2 Ebenen der Repräsentation von Sinneswahrnehmungen zum Ausdruck. Das neurologische Substrat ist Träger aller gespeicherten (erfahrenen und erdachten) Informationen bezüglich der wahrgenommenen Welt; das linguistische Handeln, d.h. unsere Sprache, stellt die bewußte und kommunizierbare Form dieser Information dar und ist als Repräsentation am weitesten vom physiologischen Substrat entfernt.

Verwandtschaft mit Hypnose

Gute Modellbauer und gute Diebe haben eines gemeinsam: Sie stehlen nur das qualitativ Hochwertige. Je länger man in der einschlägigen Literatur nach einer Theorie des NLP vergeblich sucht, um so mehr springt einem die gestohlene Ware ins Auge. Begriffe, Metaphern und nutzbar gemachte Ergebnisse sind den verschiedensten Quellen wie der Hirnforschung, der Hypnose, der Psycholinguistik, der Lehre der Datenbankorganisation und natürlich auch der Psychotherapie entlehnt. Hierbei hat insbesondere die Hypnotherapie Ericksons Pate gestanden. Die Vermittlung hypnotherapeutischer Fähigkeiten und Formen indirekter Suggestion nimmt einen zentralen Platz in jeder NLP-Ausbildung ein.

Die Bedeutung der Physiologie

Als pragmatisches Modell befaßt sich NLP in erster Linie mit überprüfbaren Phänomenen. So wird der Schulung der Wahrnehmung und der Erkennung physiologischer Veränderungen, die auf psychische Veränderungen schließen lassen, ein besonderer Rang zuerkannt. Gemäß den Vorannahmen des NLP wird jeder seelische Zustand als neurologisch-physiologischer Zustand betrachtet. Der Zustand unseres Nervensystems und unseres Körpers ist eben unterschiedlich, wenn wir z. B. neugierig mit weit offenen Augen nach vorne gebeugt die Spannung einer neuen Erfahrung irgendwo zwischen Brustbein und Bauchnabel erleben und diese mit unserer inneren Stimme kommentieren oder wenn wir uns mit Zufriedenheit entspannt zurücklehnen und die Augen defokussieren, um die Produkte unserer Phantasie in Ruhe zu betrachten.

Das NLP-Modell kennt kein „Leib-Seele-Problem"; denn es gibt im NLP-Modell eben keinen Geist, der unabhängig von physiologischen Prozessen existieren kann. Dessen ungeachtet ist in diesem Kapitel häufig vom „Geistigen/Physiologischen" die Rede, um unseren subjektiven Vorstellungen von uns selbst gerecht zu werden. Ob jemand die internen Korrelate seiner ständig wechselnden physiologischen Muster bewußt, unbewußt oder gar nicht wahrnimmt, spielt bei der Interventionsarbeit im NLP eine untergeordnete Rolle. Der pragmatisch geschulte Blick eines neurolinguistischen Programmierers sucht nach minimalen Veränderungen in der dargebotenen Physiologie des Klienten. Veränderungen z. B. in der Atmung, in Augenbewegungen, Muskeltonus, Mimik und Gestik verraten ihm die internen Effekte seines Vorgehens. Sein geschultes Ohr hört entsprechende Unterschiede z. B. im Tonfall, im Sprachrhythmus, in der Sprechgeschwindigkeit. Er stützt sich weit weniger auf die inhaltlichen Aspekte von Aussagen als bei anderen vergleichbaren Interventionsmethoden.

Um die für das Gelingen des NLP unverzichtbare externe sensorische Wahrnehmungsfähigkeit zu erlangen, muß jeder Anwender dieser Kommunikationskunst eine ausgedehnte Schulung der sensorischen Wahrnehmung erfahren. Die präzise Wahrnehmung physiologischer Reaktionen des Gegenübers hat Erickson besonders betont.

Axiome des NLP

Jedes Kommunikationsmodell geht von bestimmten Grundannahmen aus, die in offensichtlicher Weise den Stil des Vorgehens und die Auswahl der kommunikativen Mittel mitbestimmen. Vorannahmen und Axiome sind keine Wahrheiten. Sie werden innerhalb eines Modells jedoch stets wie Wahrheiten behandelt. Sie können nur außerhalb des Bezugsrahmens untersucht und erforscht werden, den das Modell zur Verfügung stellt. Die nachfolgende Liste von Axiomen des NLP, die keinen Anspruch auf Vollständigkeit erhebt, stimmt mit den Grundannahmen der Hypnotherapie nach Erickson im wesentlichen überein und vermittelt auch einen Sinn für den Bezugsrahmen, in dem NLP entstanden ist und sich fortentwickeln wird (Erickson u. Rossi 1981):

1) Menschen handeln entsprechend ihrer *inneren „Landkarte"* und weniger auf der Grundlage ihrer Sinneswahrnehmung.
2) Eine angemessene Behandlung eines Menschen wird immer seine *Einzigartigkeit* berücksichtigen.

3) Menschen handeln auf der Grundlage der jeweils besten ihnen zur Verfügung stehenden *Wahlmöglichkeiten.*
4) Eine Wahlmöglichkeit ist für den einzelnen *besser* als *keine,* gleichgültig wie unangemessen, symptomatisch oder krankhaft sie auch erscheinen mag.
5) Ein Mensch kann nicht *nichtkommunizieren.*
6) Jeder Mensch besitzt bereits die Ressourcen, die er zur Lösung seiner Probleme braucht.
7) *Unbewußte Prozesse* können in intelligenter, unabhängiger und kreativer Weise arbeiten.
8) Auf den verschiedenen verbalen und nonverbalen Konununikationsebenen sind Menschen imstande, *mehrere* auch sich widersprechende (inkongruente), aber in jedem Falle gültige *Botschaften* von sich zu geben.
9) Der Teil (bzw. Mensch) in einem System mit der größten *Flexibilität* wird das kontrollierende Element sein (Der Grundsatz der erforderlichen Vielfalt).
10) Alle menschlichen Handlungen, Kognitionen und Erfahrungen sind letztlich Ausdruck wechselnder *physiologischer Zustände.*

Repräsentationssysteme

Wenn es einen einzelnen Umstand gibt, durch den NLP sich einen Namen gemacht hat, dann ist dies die Hypothese über die sog. Repräsentationssysteme und deren Bestimmung (insbesondere durch Augenbewegungen). Kognitive Prozesse bzw. innere Repräsentationen (d.h. die Elemente der Landkarte) lassen sich am einfachsten als Analogien unserer gewöhnlichen Sinneswahrnehmungen beschreiben. Der Leser wird hier zu einem Gedankenexperiment von etwa 10 s Dauer eingeladen. Das Experiment besteht darin, jetzt folgendes zu tun:

Finden Sie eine bequeme Position, in der Sie ein paar Sekunden ruhen können. Sie werden bereits wahrscheinlich das Ein-und das Ausatmen wahrnehmen, und beim nächsten oder, wenn Sie sich etwas mehr Ruhe gönnen wollen, beim übernächsten Atemzug gehen Sie in sich, und denken Sie zurück an ein Spiel mit einem Ball, an dem Sie irgendwann einmal beteiligt waren. Sie können die Augen ruhig an dem Punkt am Ende dieses Satzes fixieren, während Sie die kurze momentane Erfahrung mit dem Ball bis zur Abrundung nochmals durchleben.

Nachdem Sie dieses Experiment mit sich gemacht haben, werden Sie unterschiedliche Sinneseindrücke aus Ihrem Gedächtnis ins Bewußtsein geholt haben. Sollten Sie versuchen, jetzt dieses Erleben in Worten zu beschreiben, werden Sie größtenteils auf sinnesspezifische Beschreibungen angewiesen sein. Die Bestandteile des Erlebens fallen in Kategorien wie Bilder, Töne, Körperempfindungen, Gerüche, Geschmack usw.

Durch das Experiment erlebt der Leser seine bestimmten Bevorzugungen der eigenen Sinneswahrnehmung. Manche werden durch visuelle Verarbeitung eher die Szene vor Augen gesehen haben. Andere werden wiederum akustisch die Klänge oder die Stimmen gehört haben, und manche werden sich – mit ihrer Bevorzugung der interozeptiven und haptischen Sinne – der Berührung, der eigenen Atmung oder körperlicher Empfindungen bewußt geworden sein. Meistens sind ein oder manchmal 2 Sinnesrepräsentationssysteme schwächer dargestellt als das *Hauptrepräsentationssystem.* Die schwächer repräsentierten Sinnesqualitäten, die zur Vollständigkeit der Erinnerung notwendig sind, werden unterbewußt oder unbewußt verarbeitet.

Im NLP wird subjektives Erleben durch den Zustand der Hauptsinneskanäle: visuell, akustisch, kinästhetisch, olfaktorisch zusammengefaßt. Als Kürzel hierfür wird das Quadrupel „VAKO“ verwendet. Für den Anwender des NLP fallen spontanen

Augenbewegungen eine besondere Bedeutung zu. Eine gewisse Übereinstimmung zwischen momentaner Augenposition und der kognitiven Verarbeitungsweise in den verschiedenen Sinnessystemen gibt Aufschluß über den momentanen Denkstil eines Klienten. Die Zuordnung entspricht in groben Zügen auch unseren Erwartungen und intuitiven Beobachtungen. Gehen die Augen beim Nachdenken, Erinnern, Nachvollziehen usw. nach oben, wird generell eine visuelle Verarbeitungsweise angenommen. Eine Bewegung in horizontaler Richtung entspricht einer akustisch/verbalen Verarbeitung. Die kinästhetischen und olfaktorischen Kanäle sollen mit Augenbewegungen nach unten rechts in Verbindung stehen. Wortwörtlich erinnerte Zitate und Selbstgespräche gehen häufig mit Augenbewegungen nach unten links einher. Ferner bewegen sich die Augen bei Erinnerungen in Richtung auf die dominante Hemisphäre und bei konstruierten Gedanken in die entgegengesetzte Richtung. Ein erinnertes Bild bei einem normal organisierten Rechtshänder (dominante linke Hemisphäre) zeigt sich danach durch die Augenbewegung nach oben links. Die Einbeziehung solcher Informationen in den therapeutischen Prozeß macht eine Optimierung des Rapports und eine nonverbale Verfolgung des Veränderungsprozesses möglich. Für prozeßdiagnostische Zwecke ist sie von unschätzbarem Wert.

Andere nonverbale Parameter wie Kopfbewegungen, Atmungsmuster, Sprechgeschwindigkeit, Tonhöhe etc. stehen ebenfalls in erkennbarem Zusammenhang mit dem momentan in Aktion befindlichen Sinnessystem. Der interessierte Leser wird für weitere Informationen zu diesem Gebiet auf die allgemeinen Literaturangaben zum Thema NLP am Ende dieses Kapitels hingewiesen.

Obwohl solche Zusammenhänge von Individuum zu Individuum etwas voneinander abweichen und auch durch Händigkeit und zerebrale Dominanz beeinflußt werden, bleiben sie bei jedem einzelnen relativ konstant, so daß nach vorausgegangener Exploration die Grobstruktur mancher kognitiver Prozesse über die Reihenfolge der Augenbewegungen festgestellt werden kann.

Ein weiterer wichtiger Beitrag des NLP zur Organisation des Kommunikationsprozesses besteht in dem postulierten Zusammenhang zwischen *Wortgebrauch* und verwendeten Sinnessystemen. Die Verwendung von Worten wie „sehen", „einsehen", „anschaulich", „bunt" weisen in der Regel auf eine momentane visuelle Verarbeitung von Sinnesreizen hin. Derjenige, der dieses *einsieht,* hat nach Bandler u. Grinder tatsächlich ein Bild vor seinem inneren Auge. Wem das etwas *komisch klingt* oder wer sich *fragt,* ob das alles stimmt, hört vor seinem geistigen Ohr den komisch wirkenden Kommentar oder seine eigene fragende Stimme. Wer das *Gefühl* hat, neue Möglichkeiten der Kommunikation hier zu *begreifen,* spürt jetzt tatsächlich eine unterscheidbare Empfindung in seinem Körper.

Einzelne Verfahren

Um dem Leser einen Einblick in die Veränderungsmethodologie des NLP zu geben, werden im folgenden Abschnitt die Basistechniken des NLP zusammenfassend geschildert. Die Beschreibungen umreißen die wesentlichen Schritte der Verfahren. Sie entbehren jedoch jener Detailliertheit, die für die flexible Anwendung in den verschiedensten Therapeut-Klient-Situationen wesentlich sind. Der neugierige Leser wird auf die weiterführenden Literaturangaben am Ende des Kapitels hingewiesen.

Pacing und Leading

Durch die feine Beobachtung insbesondere der Arbeit Milton Ericksons erkannten Bandler u. Grinder die Wirksamkeit des sog. „Pacing" und „Leading" (zu deutsch „Mitgehen" und „Anführen") im kommunikativen Prozeß. Diese beiden Konzepte bilden die Grundlage der meisten Interventionsmuster des NLP. Pacing betrifft die Synchronisation und Angleichung nonverbaler und z.T. auch verbaler Kommunikationsmuster zwischen Therapeut und Klient. Der Therapeut paßt seine *Atmung* in Frequenz und Rhythmus der des Klienten an. Seine *Körperhaltung,* sein *Muskeltonus, Sprechton,* seine *Sprechgeschwindigkeit* und *Wortwahl* sind dem Klienten angeglichen. Therapeut und Klient befinden sich bei gelungenem Pacing in einem kommunikativen Regelkreis. Bildlich gesehen sind sie wie 2 Pendel, die an einem Balken befestigt mit gleicher Länge die gleiche Schwingungsfrequenz haben. Gelungenes Pacing stellt die Voraussetzung für Leading dar. Beginnt der „Programmierer" sein Verhalten allmählich in einer bestimmten Richtung zu verändern, entsteht die Tendenz im Klienten, das Gleichgewicht im Regelkreis wiederherzustellen, indem er mit dem eigenen Verhalten dem Partner folgt. Im Zweipendelsystem wird auf diese Weise allmählich eine von außen herbeigeführte Phasenverschiebung auf das andere Pendel übertragen. Der Zustand des gelungenen Pacing wird als „Rapport" gekennzeichnet. Die Schritte der nachfolgend beschriebenen Grundinterventionen des NLP setzen alle das Erreichen dieses Zustands voraus und versetzen den Klienten durch schrittweises kunstvolles Leading in einen erwünschten Zielzustand. Sie führen schrittweise zu veränderten psychophysiologischen Zielzuständen.

Auslösung physiologischer Zustände

Eine Grundfertigkeit des neurolinguistischen Programmierers besteht in seiner Fähigkeit, unterschiedliche psychophysiologische Zustände zu induzieren. Dies geschieht u.a. durch die kommunikative Verwendung des Quadrupels (VAKO). Nach Herstellung eines adäquaten Rapports durch Pacing und der Vereinbarung des Zieles hilft der Therapeut dem Klienten, verschiedene ganz spezifische psychophysiologische Erlebnisinhalte bei sich zu erleben. Manche von diesen Zuständen mögen für den Klienten als *Problemzustände* gelten, andere wiederum als Ressourcen oder Fähigkeiten. Die Induktion des betreffenden physiologischen Zustands bringt den Klienten von seinen Kognitionen über Situationen und seinen Konzepten weg und versetzt ihn in einen erlebbaren Zustand, der unmittelbar mit seinem Handeln in den betreffenden spezifischen Situationen zusammenhängt.

Der Klient wird aufgefordert, sich entlang des Quadrupels die Sinnesinformationen, die zu einer bestimmten Erinnerung oder Vorstellung gehören, in seinem inneren Erleben vorzuführen und im Jetzt zu erfahren. Er kommt hierdurch in unmittelbaren Kontakt mit seinem Erleben. Die Induktion eines solchen psychischen/physiologischen Zustandes könnte etwa durch folgende Aufforderung geschehen:

„Denken Sie jetzt an eine bestimmte Situation, in der Sie bereits einmal waren ... und sehen Sie jetzt vor Ihrem inneren Auge, was Sie dort in dem Augenblick gesehen haben... Sie können die Szene in Farbe oder in schwarz/weiß betrachten – je nachdem, wie Sie es wünschen ... während Sie das betrachten, können Sie sich erlauben, die Töne, Geräusche und Stimmen zu hören, die es da gibt ... Sie mögen ein paar Momente bei diesem Eindruck verweilen, bevor Sie nun beginnen, die Szene voll in der Gegenwart zu erleben und die Körperempfindungen und Gefühle wahrzunehmen, die in Ihnen aufsteigen. Vielleicht gelingt es Ihnen beim nächsten oder bei einem späteren Atemzug, die besonderen Düfte, die Gerüche zu riechen und die Geschmacksempfindungen zu erleben, die mit diesem Moment in Ihrem Leben verbunden sind."

Ankern

Ein bereits erreichter psychophysiologischer Zustand wird durch den Prozeß des „Ankerns" verfügbar und wiederholbar gemacht. Die Methode beruht auf den Prinzipien des klassischen Konditionierens. Durch Hinzufügen eines neuen externen Reizes zu einem bereits bestehenden physiologischen Zustand (VAKO) wird dieser Zustand konditioniert oder „geankert". Wie auch bei der klassischen Konditionierung sind der kommunikative Zustand des Rapports zwischen „Programmierer" und Klient sowie das genaue Timing des Ankerreizes für das Gelingen dieses Prozesses wesentlich. Der erfolgreiche Ankerreiz ist imstande, die bedeutsamen Merkmale der konditionierten Physiologie auszulösen.

Ein praktisches Beispiel der häufigen Anwendung dieses Verfahrens wäre eine gezielte *Körperberührung* am Klienten just in dem Augenblick, in dem die induzierte physiologische Verschiebung am allerdeutlichsten auftritt (ein kinästhetischer Auslöser). Auch ein Ton, eine *Tonverschiebung* in der Stimme (akustischer Reiz) oder eine *sichtbare Geste* (visueller Reiz) können zu Ankerreizen werden – vorausgesetzt, sie sind eindeutig und vom Klienten unterscheidbar.

Kollabieren von Ankern

Ankern gilt als grundlegende Technik des NLP. Durch die Verwendung von verschiedenen Ankern werden unterschiedliche psychophysiologische Zustände miteinander „kollabiert", d.h. integriert. Die Technik des „Ankerkollabierens" (Englisch: „collapsing anchors") setzt die Induktion und das Ankern von 2 *unterschiedlichen psychophysiologischen* Zuständen voraus. Gewöhnlich wird der eine als „Problemphysiologie", der andere als „Ressourcephysiologie" bezeichnet. Nach einem Test der jeweiligen Anker auf Wiederholbarkeit werden beide zum selben Zeitpunkt ausgelöst. Da 2 physiologische Muster in demselben menschlichen Körper gleichzeitig ablaufen, kommt es zwangsläufig zu einer Mischung oder *Integration* der jeweiligen physiologischen Abläufe. Es entsteht im Klienten ein bisher noch nicht erlebter physiologischer Zustand, der nun mit der Vorstellung der Problemsituation assoziiert ist. Aus diesem integrierten Zustand gehen neue Handlungsmöglichkeiten zwangsläufig hervor. Der Prozeß des Mischens geht gewöhnlich mit einer tranceähnlichen Versenkung einher. Klienten berichten oft über für sie recht ungewöhnliche Erlebnisse. Der modifizierte physiologische Zustand und die damit assoziierte Befindlichkeit fungieren als Ressourcezustand, aus dem heraus sich neue Erlebens-, Handlungs- und Bewältigungsmöglichkeiten ergeben.

Eine weitverbreitete Variante des „Ankerkollabierens" stellt das Muster zur *„Veränderung der persönlichen Geschichte"* dar. Wie der Name verrät, werden mit dieser Technik neue Erlebens- und Handlungsmöglichkeiten dadurch erzeugt, daß Erinnerungen an vergangene Traumata durch das Hinzufügen von Ressourcen in einen neuen erweiterten Bezugsrahmen gesetzt werden. In der Praxis kann diese Intervention folgendermaßen aussehen: Nachdem ein Zustand des Rapports hergestellt worden ist, wird der Klient aufgefordert, an das problematische Erlebnis zu denken. Durch die Verwendung geeigneter Prozeßsprache (hypnotischer Sprachmuster; s. Kap. 8) wird der psychophysiologische Zustand induziert, der mit der Problemsituation einhergeht. Ein Anker sorgt für die Wiederholbarkeit dieser Reaktion. Hiernach wird der Klient mit Hilfe des Ankers und durch geeignete Instruktionen zeitlich auf die erste Erinnerung an den geankerten psychophysiologischen Zustand zurückgeführt. Ein dem damaligen Problem angepaßter Ressourcezustand aus dem gegenwärtigen Repertoire wird induziert und ebenfalls geankert. Durch eine gleichzeitige Auslösung beider Anker wird eine neue Assoziation hergestellt, die ihren Ausdruck in einer integrierten „Mischphysiologie" und einer veränderten geistigen Haltung findet. Die Wahrscheinlichkeit, daß neues Bewältigungsverhalten und Kognitionen in der bisherigen Problemsituation künftig entstehen, wird durch geeignete Anwendung dieser Prozedur maßgeblich beeinflußt.

Futurepacing

Die Resultate einer Intervention werden bei NLP durch eine Ankertechnik namens „Futurepacing" in den Lebenskontext des Klienten eingebunden. Der Klient wird angehalten, durch kognitive Assoziation, die in der Behandlungsstunde erreichten Veränderungen mit vorgestellten Sinneswahrnehmungen einer Zielsituation zu verbinden. Eine solche Instruktion könnte lauten:

> Stellen Sie sich eine Situation vor, in der Sie das neue Erleben und die damit verbundenen Möglichkeiten gerne zur Verfügung haben wollen. Stellen Sie es sich so vor wie einen Film, in dem Sie eine Rolle mitspielen. Der Film kann eine Tonspur haben. Spielen Sie den Film in der Vorstellung durch und halten Sie ihn genau in dem Moment an, in dem Sie das neue Erleben brauchen. Fügen Sie dieses ein, so wie Sie es gerade kennengelernt haben und erleben Sie den Rest des Filmes mit diesen Möglichkeiten als Ressourcen."

Reframing

Reframing stellt ein einfaches Handlungsmodell zur Veränderung subjektiven Erlebens dar, das dem systemischen Aspekt des Individuums gerecht wird. Auf der Handlungsebene bezeichnet es eine Methodologie, die den Umgang mit dem (auch unbewußten) *sekundären Gewinn* eines symptomatischen Verhaltens ermöglicht. Sinngemäß bedeutet Reframing das Schaffen eines neuen Rahmens oder Kontextes, in dem ein Symptom oder eine Handlung eine neue Bedeutung gewinnt. Deshalb wird der Begriff manchmal als „Umdeutung" ins Deutsche übertragen. Reframing ist sicherlich keine Erfindung des NLP. Es wird oftmals implizit in anderen Therapieformen angewendet und ist ein fester Bestandteil vieler systemischer Ansätze. Vom mentelle Ergebnisse, die die kühnen Behauptungen der vielen Anwender untermauern, noch auf geeignete Versuchsbedingungen warten lassen. Vielleicht gerade aufgrund seiner raschen Erlernbarkeit und subjektiv demonstrierbaren Effektivität nimmt das Interesse an Fortbildungsmöglichkeiten in NLP stetig zu. Inzwischen wächst eine neue Generation von neurolinguistischen „Programmierern" heran, die auf der Basis des neurolinguistischen Modells neue Methoden entwickeln und neue Anwendungsbereiche erschließen. Neben der Psychotherapie haben sich die praktischen Anwendungsgebiete unter anderem auf die Psychosomatik, Pädagogik, Sportpsychologie, Organisationsberatung, das Managementtraining ausgedehnt. Seine erfrischende Transparenz hat ebenso Auswirkungen außerhalb seiner eigenen Grenzen erzielt. So dürfen praktische Grundkenntnisse des NLP in den meisten modernen hypnotherapeutischen Ausbildungsgängen nicht mehr fehlen. In der verhaltenstherapeutischen Praxis werden nicht selten Interventionsmuster aus dem NLP neben klassischen Interventionen durchgeführt.

Das wesentliche Merkmal, das NLP ebenso wie die Hypnose von vielen anderen Interventionsformen unterscheidet, besteht in der Berücksichtigung von interaktiven Elementen im Kommunikationsprozeß. Das Ausdrucksverhalten und die (subjektive) Wahrnehmung spielen hierbei eine ebenso große Rolle beim Therapeuten wie bei seinem Klienten. So entsteht aus starren rezeptartigen Interaktionsmustern eine originelle, auf die Persönlichkeit des Klienten zugeschnittene Behandlung. Die Techniken bleiben und ihre Anwendung entwickelt sich immer mehr zu einer manchmal magisch anmutenden, jedoch präzisierbaren Kunst.

Empfohlene Literatur

Andreas C, Andreas S (1987, dt 1988) Change your mind – and keep the change. Real People, Moab UT. (Dt.: Gewußt wie. Junfermann, Paderborn)

Bandler R (1985, dt ^{2}1987) Using your brain – for a change. Real People, Moab UT. (Dt.: Veränderung des subjektiven Erlebens. Junfermann, Paderborn)

Bandler R, Grinder J (1979, dt 1981) Frogs into princes. Real People, Moab UT. (Dt.: Neue Wege der Kurzzeittherapie. Junfermann, Paderborn)

Bandler R, Grinder J (1982, dt 1985) Reframing. Real People, Moab UT. (Dt.: Ein ökologischer Ansatz in der Psychotherapie. Junfermann, Paderborn)

Bandler R, Grinder J (1984) Therapie in Trance. Klett-Kotta, Stuttgart

Dilts R (1983) Roots of neurolinguistic Programming. Meta, Cupertino CA

Dilts R, Grinder J, Bandler R, Bandler LC, DeLozier J (1980) NLP vol 1. The study of subjective experience. Meta, Cupertino CA

Nachwort

In diesem Buch wurde versucht, das überkommene Wissen der Hypnose im Rahmen der modernen Psychologie und Medizin nutzbar zu machen. Dieses Wissen ist schwer einzugrenzen, da es psychosomatische ebenso wie somatopsychische Mechanismen umfaßt, die nicht einmal genau zu unterscheiden sind. Ist z.B. Entspannung ein Vorgang, der – von körperlichen Veränderungen ausgehend – seelische Befindlichkeit moduliert, oder umgekehrt? Da in vielen Fällen körperliche und psychische Vorgänge gleichzeitig betrachtet werden, ist Hypnose eigentlich ein interaktives Phänomen. Man kann in einem einzelnen Buch kaum alle physiologischen und psychologischen Tatsachen zusammenfassen, die für die Anwendung der Hypnose relevant sind. Dieses Wissen ist aber wohl auch gar nicht vollständig explizierbar, denn es resultiert ja nicht nur aus dem interaktiven Prozeß zwischen Psyche und Körper, sondern erwächst jeweils unmittelbar aus der Kommunikation zwischen Hypnotiseur und Hypnotisanden. Der Umgang mit der Hypnose ähnelt daher der Fahrt auf einem unbekannten Gewässer, bei der es auf die Instrumente und auf den geschickten Umgang mit ihnen ankommt, um sicher voranzukommen und in Bereiche zu gelangen, die für den Klienten nützlich sind.

Es ist viel über den veränderten Bewußtseinszustand der Trance gestritten worden. Ob es sich um eine besonders stark durch Übertragung geprägte Beziehung handle oder um einen mehr rechtshemisphärisch gesteuerten Verarbeitungsmodus. Ob in Trance Abspaltungen möglich seien oder die Kategorien der Vernunft entmachtet und die somatischen Funktionen direkt ansprechbar sind. Ein Problem scheint dabei zu sein, daß man aus didaktischen Gründen zwar eine andere als rationale Verarbeitung als Denkmöglichkeit zulassen kann (so wie Kolumbus sich eine „andere Hälfte der Welt" vorstellte). Aber es lassen sich von dieser Seite aus nur bedingt sinnvolle Aussagen über die Struktur des „anderen Teils" treffen. Man kann sich jedenfalls auf den Weg machen. Dort angekommen erhebt sich dann die Frage, ob die Anwendung der Kategorien und Kriterien der instrumentellen Vernunft noch nützlich ist. Wir meinen, daß die Kunst des Navigierens – der „induktiven Kommunikation" – auch ohne Rekurs auf die Kategorien der Vernunft dazu verwendet werden kann, diese andere Form der kognitiven Verarbeitung zu erreichen.

Die Hypnose ist nicht nur ein altes Verfahren der Medizin; vielmehr hat Mesmer damit die Grenze zwischen Psychologie und Medizin überschritten. Die Auseinandersetzung mit der Hypnose stand nicht nur am Anfang der Psychoanalyse bei Freud, sie stand auch Pate bei Wolpes Verhaltenstherapie. Sie ist methodisch nicht endgültig faßbar, weil sie über das hinausgeht, was systematisch replizierbar ist. Als Forschungsgegenstand ist sie widerständig, als klinische Strategie unschätzbar. Sie vereinigt psychodynamische Sichtweisen mit handlungsorientiertem Vorgehen, zielt auf divergentes Denken und fördert konvergente Lösungen. Sie strebt praktische Veränderungen an und berührt zugleich die Sinnfrage. Sie erfordert vom Therapeuten methodische Sicherheit und zugleich die Fähigkeit zum spielerischen Umgang. Sie suggeriert eine deutliche Rollenverteilung von Patient und Therapeut und erfordert im Grunde von beiden das gleiche, nämlich die Bereitschaft, das Unvorhergesehene zuzulassen und zu nutzen. Sie erinnert an das, was Laotse das Tao genannt hat. Sie vereinigt die Gegensätze und verträgt keinen Zwang: in dem Moment, da sie auf beschreibende Worte oder Begriffe reduziert wird, scheint sie ihre Natur zu verändern.

Literaturverzeichnis

Ackerknecht E (1948) Mesmerism in primitive societies. Ciba-Symposia 9: 826–831

Ackerknecht E (1959) Kurze Geschichte der Medizin. Enke, Stuttgart

Ackerknecht E (1985) Kurze Geschichte der Psychiatrie. Enke, Stuttgart

Ader R (ed) ([2]1984, [1]1981) Psychoneuroimmunology. Academic Press, New York/NY

Ader R, Cohen N (1985) CNS-immune system interactions: Conditioning phenomena. The Behavioral and Brain Science 8: 379–394

Ader R, Cohen N, Bovbjerg D (1982) Conditioned suppression of humoral immunity in the rat. J Comp Physiol Psychol 96: 517–521

Ader R, Felten DL, Cohen N (eds) (1991) Psychoneuroimmunology. Academic Press, New York

Agee LL (1983) Treatment procedures using hypnosis in smoking cessation programs: A review of the literature. J Am Soc Psychosom Dent Med 30/4: 111–126

Agle DP, Ratnoff OD, Wasman M (1967) Studios in autoerythrocyte sensitization. Psychosom Med 29: 491–503

Akpinar S, Ulett GA, Itil TM (1971) Hypnotizability predicted by digital computeranalyzed EEG pattern. Biol Psychiatry 3: 387–392

Alexander F ([3]1977, [1]1951) Psychosomatische Medizin. De Gruyter, Berlin

Alexander FG, Selesnick ST (1966) The history of psychiatry: An evaluation of psychiatric thought and practice from prehistoric times to the present. Harper & Row, New York/NY

Alexander L (1974) Treatment of impotency and anorgasmia by psychotherapy aided by hypnosis. Am J Clin Hypn 17: 33–43

Allington HV (1934) Sulpharsphenamine in the treatment of warts. Arch Dermatol Syphilology 29: 687–690

Ambrus C, Ambrus J, Johnson G, Packman E, Chernick W, Back N, Harrison J (1954) Role of the lungs in regulation of the white blood cell level. Am J Physiol 178: 33

Ament P (1971) Removal of gagging. Int J Clin Exp Hypn 39: 1–9

Ament P, Milgram H (1967) Effects of suggestion on pruritus with cutaneous lesions in chronic myelogenous leukemia. J Am Soc Psychosom Dent Med 14: 122–125

American Medical Association (1958) Council on mental health: Report to the medical use of hypnosis. J Am Med Assoc 168: 186–188

American Medical Association (1985) Council on scientific affairs: Scientific status of refreshing recollection by the use of hypnosis. J Am Med Assoc 253: 1918–1923

Amman A (1978) Aktive Imagination. Walter, Olten

Anderson JA, Basker MA, Dalton R (1975) Migraine and hypnotherapy. Int J Clin Exp Hypn 23: 48–58

Anderson JR, Bower GH (1972) Recognition and retrieval processes. Psychol Rev 79: 97–123

Anderson NB, Lawrence PS, Olson TW (1981) Within-subject analysis of autogenic training and cognitive coping training in the treatment of tension headache pain. J Beh Ther Exp Psychiatr 12/3: 219–223

Andrasik F, Blanchard EB, Edlund SR, Rosenblum EL (1982) Autogenic feedback in the treatment of two children with migraine headache. Child & Family Behavior Therapy, 4/4: 13–23

Andreas C, Andreas S (1987, dt 1988) Change your mind – and keep the change. Real People, Moab/UT (Dt.: Gewußt wie. Junfermann, Paderborn)

Andreychuk T, Skriver C (1975) Hypnosis and biofeedback in the treatment of migraine headache. Int J Clin Exp Hypn 23: 172–183

Apfelbaum B (1988) Ich-analytische Sexualtherapie. In: Christmann F (Hrsg) Heterosexualität – ein Leitfaden für Therapeuten. Springer, Berlin Heidelberg New York Tokyo

Araoz DL (1982) Hypnosis and sex therapy. Brunner/Mazel, New York/NY

Araoz DL (1983) Hypnosex therapy. Am J Clin Hypn 26: 37–41

Araoz DL (1984a) Hypnosis in the treatment of sexual dysfunction. In: Wester WC, Smith AH (eds) Clinical hypnosis. Lippincott, Philadelphia

Araoz DL (1984b) Use of hypnotic techniques with oncology patients. J Psychosoc Oncology 1/4: 47–54

Araoz DL (1985) The new hypnosis, Brunner/Mazel, New York/NY

Arentewicz G, Schmidt G (Hrsg) (1980) Sexuell gestörte Beziehungen. Springer, Berlin Heidelberg New York

Arnetz BB, Fjellner B, Eneroth P, Kallner A (1985) Stress and psoriasis: Psychoendocrine and metabolic reactions in psoriatic patients during standardized stressor exposure. Psychosom Med 47: 528–541

Arnold MB (1959) Brain function in hypnosis. Int J Clin Exp Hypn 7: 109–119

Arone – di – Bertolino A (1981) Psychosomatic treatment of recurrent herpes simplex. Minerva Med 72: 1207–1212

Aronoff GM, Aronoff S, Peck LW (1975) Hypnotherapy in the treatment of bronchial asthma. Ann Allergy 34: 346–362

As A (1962) The recover of forgotten language knowledge through age regression: A case report. Am J Clin Hypn 5: 24–29

Ascher LM, Barber TX, Spanos NP (1972) Two attempts to replicate the Parrish-Lundy-Leibowitz experiment on hypnotic age regression. Am J Clin Hypn 4: 178–185

Asher R (1956) Respectable hypnosis. Br Med J 2: 309–312

Ashford B, Hammer GA (1978) The role of expectancies in the occurence of posthypnotic amnesia. Int J Clin Exp Hypn 26: 281–291

Athens J, Haab O, Raab S, Maner A, Ashenbrucker H, Cartwright G, Wintrobe M (1961) Leukokinetic studies, IV. The total blood, circulating and marginal granulocyte pools and the granulocyte turnover rate in normal subjects. J Clin Invest 40: 989–995

August RV (1961) Hypnosis in obstetrics. McGraw-Hill, New York/NY

Azuma N, Stevenson I (1988) „Psychic surgery" in the Phillipines as a form of group hypnosis. Am J Psychol 12: 53–75

Baar HA (1987) Schmerzbehandlung in Praxis und Klinik. Springer, Berlin Heidelberg New York Tokyo

Bader C, Crumpacker CS, Schnipper LE, Ransil B, Clark JE, Arndt K, Freedberg IM (1978) The natural history of recurrent facial-oral infection with herpes simplex virus. J Infect Dis 138: 897–905

Bahnson CB (1979) Das Krebsproblem in psychosomatischer Dimension. In: Uexküll T v (Hrsg) Lehrbuch der psychosomatischen Medizin. Urban & Schwarzenberg, München

Bancroft J (1985) Grundlagen und Probleme menschlicher Sexualität. Enke, Stuttgart

Bandler R (1985, dt [2]1988, dt [1]1987) Using your brain – for a change. Real People, Moab/UT. (Dt.: Veränderung des subjektiven Erlebens. Junfermann, Paderborn)

Bandler R, Grinder J (1975a) Patterns of the hypnotic techniques of Milton H. Erickson M.D. vol I. Meta, Cupertino/CA

Bandler R, Grinder J (1975b) The structure of magic, vol I. Science & Behavior, Palo Alto/CA

Bandler R, Grinder J (1979, dt 1981) Frogs into princes. Real People, Moab/UT. (Dt.: Neue Wege der Kurzzeittherapie. Junfermann, Paderborn)

Bandler R, Grinder J (1982, dt 1985) Reframing. Real People, Moab/UT. (Dt.: Reframing. Ein ökologischer Ansatz in der Psychotherapie. Junfermann, Paderborn)

Bandler R, Grinder J (1984) Therapie in Trance. Klett-Cotta, Stuttgart

Bandler R, Grinder J, Satir V (1976) Changing with families. Science & Behavior, Palo Alto/CA

Bandura A (1969) Principles of behavior modification. Holt, Rinehart & Winston, New York/NY

Bányai EI, Hilgard ER (1976) A comparison of active – alert hypnotic induction with traditional relaxation induction. J Abnorm Psychol 85: 218–224

Bányai EI, Mészáros I, Csokay L (1982) Interaction between hypnotist and subject: A social psychophysiological approach. In: Waxman D, Misra PC, Gibson M, Basker MA (eds) Modern trends in hypnosis. Plenum, New York/NY, pp 97–108

Barabasz AF (1980) EEG alpha, skin conductance and hypnotizability in antarctica. Int J Clin Exp Hypn 28: 63–74

Barabasz AF (1982) Restricted environmental stimulation and the enhancement of hypnotizability: Pain, EEG alpha, skin conductance and temperature response. Int J Clin Exp Hypn 30: 147–166

Barabasz AF, Baer L, Sheehan D, Barabasz M (1986) A three-year follow-up of hypnosis and restricted environmental stimulation therapy for smoking. Int J Clin Exp Hypn 34/3: 169–181

Barbach LG (1977) For yourself. Ullstein, Frankfurt am Main

Barber J (1977) Rapid induction analgesia: A clinical report. Am J Clin Hypn 19/3: 138–147

Barber J (1982) Incorporating hypnosis in the management of chronic pain. In: Barber J, Adrian C (eds) Psychological approaches to the management of pain. Brunner/Mazel, New York/NY

Barber J, Adrian C (1982) Psychological approaches to the management of pain. Brunner/Mazel, New York/NY

Barber J, Gitelson J (1980) Cancer pain: psychological management using hypnosis. Cancer 3: 130–136

Barber J, Mayer D (1977) Evaluation of the efficacy and neural mechanism of a hypnotic analgesia procedure in experimental and clinical dental pain. Pain 4: 41–48

Barber TX (1961a) Antisocial and criminal acts induced by hypnosis. Arch Gen Psychiatry 5: 301–312

Barber TX (1961b) Physiological effects of „hypnosis". Psychol Bull 58: 390–419

Barber TX (1969) Hypnosis: A scientific approach. Van Nostrand Reinhold, New York/NY

Barber TX (1971) Toward an explanation of stage hypnosis. J Abnorm Psychol 77: 61–71

Barber TX (1979) Suggested („hypnotic") behavior: The trance paradigm versus an alternative paradigm. In: Fromm E, Shor RE (eds) Hypnosis: Developments in research and new perspectives, 2nd edn. Aldine, New York/NY, pp 217–271

Barber TX (1984) Changing „unchangeable" bodily processes by (hypnotic) suggestions: A new look at hypnosis, cognitions, imagining, and the mind-body problem. Advances 1: 7–40

Barber TX, DeMoor W (1972) A theory of hypnotic induction procedures. Am J Clin Hypn 15: 112–135

Barber TX, Spanos NP, Chaves JF (1974) Hypnotism: Imagination, and human potentialities. Pergamon, New York/NY

Barker P (1985) Using metaphors in psychotherapy. Brunner/Mazel, New York/NY

Barkley RA, Hastings HE, Jackson TL Jr (1977) The effects of rapid smoking behavior. Int J Clin Exp Hypn 25: 7–17

Barnett E (1984) Hypnosis in the treatment of anxiety and chronic stress. In: Wester W, Smith A (eds) Clinical hypnosis. A multidisciplinary approach. Lippincott, Philadelphia

Barrios AA (1973) Posthypnotic suggestion as higher-order conditioning: A methodological and experimental analysis. Int J Clin Exp Hypn 21/1: 32–50

Barrucand D (1967) Histoire de l'hypnose en France. Presses Universitaires de France, Paris

Bartlett MK (1971) Hypnoanesthesia for bilateral oophorectomie: A case report. Am J Clin Hypn 14: 122–124

Bartling G, Echelmeyer L, Engberding M, Krause R (1980) Problemanalyse im therapeutischen Prozeß. Kohlhammer, Stuttgart

Bassman S, Wester W (1984) Hypnosis and paincontrol. In: Wester W, Smith A (eds) Clinical hypnosis. A multidisciplinary approach. Lippincott, Philadelphia

Bateson G (1981) Ökologie des Geistes. Suhrkamp, Frankfurt am Main

Bateson G (1982, [2]1987) Geist und Natur. Suhrkamp, Frankfurt am Main

Baudouin C (1920, dt [2]1925, dt [1]1924) Suggestion and autosuggestion: A psychological and pedagogical study based upon the investigations made by the new Nancy School (Transl from the 3rd french edn). Allen & Unwin, London. (Dt.: Sibyllen-Verlag, Dresden)

Bauer KE, McCanne TR (1980) Autonomic and central nervous system responding: During hypnosis and simulation of hypnosis. Int J Clin Exp Hypn 28: 148–163

Baugham R, Sobel R (1971) Psoriasis, stress and strain. Arch Dermatol 103: 599–605

Baumann F (1986) Is it necessary to tell patients you are using hypnosis? In: Zilbergeld B, Edelstien MG, Araoz DL (eds) Hypnosis – questions and answers. Norton, New York/NY
Beaumont H (1985) Trancephänomene in der Gestalttherapie. In: Peter B (Hrsg) Hypnose und Hypnotherapie nach Milton H. Erickson. München, Pfeiffer, S 76–97
Beck AT, Emery G (1981) Kognitive Verhaltenstherapie bei Angst und Phobien. Sonderheft 11/1981 der DGVT. DGVT, Tübingen
Beck AT, Greenberg RL (1979) Kognitive Therapie bei der Behandlung von Depressionen. In: Hoffmann N (Hrsg) Grundlagen kognitiver Therapie. Huber, Bern
Beck AT, Rush AJ, Shaw BF, Emery G (1981) Kognitive Therapie der Depression. Urban & Schwarzenberg, München
Beck NC, Hall D (1978) Natural childbirth. A review and analysis. Obstet Gynecol 371–379
Becker S, Huppmann G, Wilker FW (1986) Angst und Compliance in der Zahnmedizin. Mainz
Becker-Freyseng W (1988) Autogenes Training. In: Kraiker C, Peter B (Hrsg) Psychotherapieführer. Beck, München
Begemann H, Rastetter J (1986) Klinische Hämatologie. Thieme, Stuttgart
Behr CA (1968) Aelius Aristides and the sacred tales. Hakkert, Amsterdam
Beitel E, Kröner B (1982) Veränderung des Selbstkonzeptes durch autogenes Training. Zeitschrift für Klinische Psychologie. Forschung und Praxis, 11/1: 1–15
Belisario JC (1951) Australian Journal of Dermatology 1: 20–24 zit n Stankler (1967) A critical assessment of the cure of warts by suggestion. The Practitioner 198: 690–694
Bellis JM (1966) Hypnotic pseudo-sunburn. Am J Clin Hypn 8: 310–312
Ben-Hur N, Izak M (1975) Hypnosis as a means for treating burns. Harefuah 89: 301
Benedetti G, Kind H, Johansson AS, Wenger V (1969) 1956–1965 Forschungen zur Schizophrenielehre. Wissenschaftliche Buchgesellschaft, Darmstadt
Benjamin S (1977a) Is asthma a psychosomatic illness? I. A retrospective study of mental illness and social adjustment. J Psychosom Res 21: 463–469
Benjamin S (1977b) Is asthma a psychosomatic illness? II. A comparative study of respiratory impairment and mental health. J Psychosom Res 21: 471 – 481
Benjamin W (1969) Einbahnstraße. Suhrkamp, Frankfurt am Main
Bennet HL, Davis HS, Giannini JA (1981) Posthypnotic suggestions during general anesthesia and subsequent dissociated behavior. Paper presented to the Society for Clinical and Experimental Hypnosis, Annual Convention, Portland, Oregon, (October 17)
Bennet HL, Davis HS, Giannini JA (1985) Non-verbal response to intraoperative conversation. Br J Anaesth 57: 174–179
Benson H (1975) The relaxation response. Avon, New York/NY
Benson PE (1972) Hypnosis in clinical dentistry. Master of Dental Science Thesis. Department of Surgery, Faculty of Dentistry, University of Sydney
Benton AL, Bandura A (1953) „Primary" and „secondary" suggestibility. J Abnorm Soc Psychiol 48: 336–340
Bergener M (1988) Fortschritte in der Behandlung chronischer Psychosen. perimed, Erlangen
Berkowitz B, Ross-Townsend A, Kohlberger R (1979) Hypnotic treatment of smoking: The single treatment method revisted. Am J Psychiatry 136: 83–85
Berlin J, Leube E, Tolksdorf W, Kunze J (1982) Untersuchungen zum perioperativen Verlauf der psychischen Angst, Depression und Asthenie. Der Anästhesist 31: 523–524
Bernhardt JA (1985) Humor in der Psychotherapie. Beltz, Weinheim
Bernheim H (1884) De la suggestion dans l'état hypnotique et dans l'état de veille. Doin, Paris
Bernheim H (1888a, 1964, 1974) Hypnosis and suggestion in psychotherapy. The nature and uses of hypnotism. Reprint: University Books, New York/NY; Aronson, Northvale/NJ
Bernheim H (1888b, 1985) Die Suggestion und ihre Heilwirkung. Deutike, Leipzig Wien. Nachdruck (1985): Edition Diskord, Tübingen
Bernheim H (1897, 1886) Suggestive therapeutics: A treatise on the nature and uses of hypnosis. GGP Putnam's, New York/NY. Original (1886): De la suggestion et de ses applications à la thérapeutique. Doin, Paris
Bernheim H (1890) Les hallucinations rétroactives suggéerées dans le sommeil naturel ou artificiel. In: Premier Congrès International de l'Hypnotisme Expérimental et Thérapeutique. Paris, 8.–12. Aug. 1889. Doin, Paris, pp 291–294

Bernheim H (1910) Hypnotisme et suggestion: Hysterie, psychonevroses, neurasthenie, psycho thérapie, 3ieme éd. Doin, Paris
Bernick SM (1972) Relaxation, suggestion and hypnosis in dentistry. Pediatr Dent 11: 72–75
Bernstein NR (1963) Management of burned children with the aid of hypnosis. J Child Psychol Psychiatry 4: 93–98
Bernstein NR (1965a) Significant value of hypnoanesthesia: Three clinical examples. Am J Clin Hypn 7: 259–260
Bernstein NR (1965b) Observations on the use of hypnosis with burned children on a pediatric ward. Int J Clin Exp Hypn 13: 1–10
Bertrand A (1823) Traité du somnambulisme, et des différentes modifications qu'il presente. Dentu, Paris
Bertsche KJ (1942) Das Problem in F.A. Mesmers medizinischer Doktordissertation. „De planetarium influxu". Med. Dissertation, Universität Freiburg
Besedovsky HO, Sorkin E, Felix D, Haas H (1977) Hypothalamic changes during the immune response. Eur J Immunol 7: 323–325
Besedovsky HO, Del Rey A, Sorkin E, Da Prada M, Burri R, Honegger C (1983) The immune response evokes changes in brain noradrenergic neurons. Science 221: 564–566
Betcher AM (1960) Hypnosis as an adjunct in anesthesiology. NY State J Med 60: 816–820
Bethune HC, Kidd CB (1961) Psychophysiological mechanisms in skin diseases. Lancet 11: 1419–1422
Bevilacqua MP, Pober JS, Wheeler ME, Cotran RS, Gimbrone NIA (1985) Interleukin-1 activation of vascular endothelium. Effects on procoagulant activity and leukocyte adhesion. Am J Pathol 121: 394–403
Bevilacqua MP, Pober JS, Majeau GR, Fiers W, Cotran RS, Gimbrone MA (1986) Recombinant tumor necrosis factor induces procoagulant activity in cultured human vascular endothelium: Characterization and comparison with the actions of interleukin-1. Proc Natl Acad Sci USA 83: 4533
Bick C (1988) Hypnoanalyse, das kognitiv integrierende hypnoanalytische Verfahren. In: Laux J (Hrsg) Klinische Hypnose. Centaurus, Pfaffenweiler
Biddle WE (1967) Hypnosis in the psychoses. CC Thomas, Springfield/IL
Binet A (1900) La suggestibilité. Schleicher, Paris
Binet A, Féré CS (1890) Animal magnetism. Appleton, New York/NY. Original (1887): Le magnétisme animal. Bailière, Paris
Birbaumer N (1975) Physiologische Psychologie. Springer, Berlin Heidelberg New York
Bird EI, Colborne GR (1980) Rehabilitation of an electrical burn patient through thermal biofeedback. Biofeedback Self Regul 5: 283–287
Bishop WJ, Poynter FNL (1947) The Harveian Orations, 1656–1847: A study in tradition. Br Med J 2: 622–626
Black S (1963a) Inhibition of immediate-type hypersensitivity response by direct suggestion under hypnosis. Br Med J 6: 925–929
Black S (1963b) Shift in dose-response curve of Prausnitz-Küstner reaction by direct suggestion under hypnosis. Br Med J 13: 990–992
Black S, Friedman M (1965) Adrenal function and the inhibition of allergic responses under hypnosis. Br Med J 4: 562 – 567
Black S, Edholm OG, Fox RH, Kidd DJ (1960) The effect of suggestion under hypnosis on the circulatory response to thermal stimuli. J Physiol (Lond) 151: 29530
Black S, Humphrey JH, Niven JSF (1963) Inhibition of Mantoux reaction by direct suggestion under hypnosis. Br Med J 1,2: 1649–1652
Blalock JE (1984) The immune system as a sensory organ. J Immunol 132: 1067–1070
Blanchard EB, Theobald DE, Williamson DA, Silver BV, Brown DA (1978) Temperature biofeedback in the treatment of migraine headaches: A controlled evaluation. Arch Gen Psychiatry 35/5: 581–588
Bleiberg J (1957) Witchcraft, warts and wisdom. J Med Soc NY 54: 123–126
Bleuler E (1889) Zur Psychologie der Hypnose. Münchn Med Wochenschr 36: 76–77
Bliss EL (1986) Multiple personality, allied disorders, and hypnosis. Oxford University Press, New York/NY

Bloch B (1927a) Über die Heilung der Warzen durch Suggestion. Klin Wochenschr 48: 2271–2275
Bloch B (1927b) Über die Heilung der Warzen durch Suggestion. Klin Wochenschr 49: 2320–2326
Bolgart M, Soule M (1955) étude clinique et psychosomatique de 200 cas de psoriasis. Sem Hop Paris 71: 406–412
Bongartz B, Bongartz W (1988) Hypnose: Wie sie wirkt und wem sie hilft. Kreuz, Zürich
Bongartz W (1985a) Encoding of high- and low-imagery nouns during hypnotic age regression. Exp Klin Hypn 1/2: 143–151
Bongartz W (1985b) Franz Anton Mesmer, Wegbereiter der modernen Hypnosetherapie. Exp Klin Hypn 1/2: 77–80
Bongartz W (1985c) German norms for the Harvard Group Scale of hypnotic susceptibility, Form A. Int J Clin Exp Hypn 33/2: 131–139
Bongartz W (1986) Abnahme von Plasmacortisol und weißen Blutzellen nach Hypnose. Eine Pilotstudie. Exp Klin Hypn 2: 101–108
Bongartz W (1987) Messungen der verminderten Granulozytenzahl nach Hypnose mit dem Chemilumineszenzverfahren. Exp Klin Hypn 3/2: 101–108
Bongartz W (1988) Influence of hypnosis and stress on total whiteblood cell count as well as differential count. Paper presented at the 38th Annual Convention of the Society of Clinical and Experimental Hypnosis, Los Angeles, (October 21–27)
Bongartz W, Blum GS (1986) Aufhebung der proaktiven Interferenz durch posthypnotische Amnesie. Exp Klin Hypn 2/1: 49–57
Bongartz W, Lyncker I, Kossmann KT (1987) The influence of hypnosis on white blood cell count and urinary levels of catecholamines and vanillyl mandelic acid. Swed J Hypn 14: 52–61
Bongartz W, Lyncker I, Rafai I (1989) Der Einfluß von Hypnose und Stress auf Katecholamine, Cortisol und das Blutbild. Universität Konstanz, in Vorbereitung
Bonica JJ (1980) Cancer Pain. In: Bonica JJ (ed) Pain. Raven, New York/NY
Bonilla KB, Quigley WF, Bowers WF (1961) Experience with hypnosis in a surgical service. Milit Med 126: 364–370
Bonjour J (1924) A propos des verrues. Leur étiologie démontré par les guerisons par la suggestion. Schweiz Med Wochenschr 5: 748–756
Bonjour J (1929) Influence of the mind on the skin, Br J Dermatol 41: 324–326
Boogaerts M, Yamada O, Jacob H, Moldow C (1982) Enhancement of granulocyte-endothelial cell adherence and granulocyte-induced by platelet release products. Proc Natl Acad Sci USA 79: 7019
Borelli S (1953) Psychische Einflüsse und reaktive Hauterscheinungen. Münch Med Wochenschr 95: 1078–1082
Borgest F, Goulet J (1983) Psychophysiological changes following auditory subliminal suggestions for activation and deactivation. Percept Mot Skills 56: 759–766
Borgeat FA, Stravynski A, Chaloult L (1983) The influence of two different sets of information and suggestions on the subjective effects of relaxation. J Human Stress 9/3: 40–45
Boryseriko M, Boryseriko J (1982) Stress, behavior, and immunity. Gen Hosp Psychiatry 4: 59–67
Bosse KA (1986) Psychosomatische Gesichtspunkte in der Dermatologie. In: Hermann JM, Adler R, Schonecke OW, Köhler K, Üxkuell T v, Wesiack W (Hrsg) Psychosomatische Medizin, 3. neubearb Aufl. Urban & Schwarzenberg, München, S 1016–1037
Bottenberg EH, Wehner EG (1971) Suggestibilität I: Konstruktion und empirische Überprüfung des Würzburger Suggestibilitäts-Tests (WST). Prax Kinderpsychol Kinderpsychiatr 20: 161–165
Bottenberg EH, Wehner EG (1972) Suggestibilität II: Einige persönlichkeits- und leistungsdiagnostische Korrelate des Würzburger Suggestibilitäts-Tests (WST). Prax Kinderpsychol Kinderpsychiatr 21: 282–289
Bowen DE (1973) Transurethral resection under selfhypnosis. Am J Clin Hypn 16: 132–134
Bower GA (1981) Mood and memory. Am Psychol 36: 129–148
Bowers KS (1976) Hypnosis for the seriously courious. Norton, New York/NY
Bowers KS (1979a) Hypnosis and healing. Aust J Clin Exp Hypn 7: 261–277
Bowers KS (1979b) Time distortion and hypnotic ability: Underestimating the duration of hypnosis. J Abnorm Psychol 88: 435–439
Bowers KS (1983) Hypnosis for the seriously curious. Norton, New York/NY
Bowers KS (1989) Das Neo-Dissoziationsmodell und das sozialpsychologische Modell der Hypnose. Hypn Kogn 6/2: 23–32

Bowers KS, Brennenmann HA (1979) Hypnosis and the perception of time. Int J Clin Exp Hypn 27: 29–41

Bowman C, Buder E, Repine J (1983) Hyperoxia damages cultured endothelial cells causing increased neutrophil adherence. Am Rev Resp Dis 128: 469

Boxer LA, Allen JM, Baehner RL (1980a) Diminished polymorphonuclear leukocyte adherence. Function dependent on release of cyclic AMP by endothelial cells after stimulation of beta-receptors by epinephrine. J Clin Invest 66: 268–274

Boxer LA, Allen JM, Schmidt M, Yoder M, Baehner RL (1980b) Inhibition of polymorphonuclear leukocyte adherence by prostacyclin. J Lab Clin Med 95: 672–678

Boyesen G (1987) Durch den Körper die Seele heilen. Kösel, München

Braid J (1843) Neurohypnology, or the rationale of nervous sleep considered in relation with animal magnetism. Churchill, London

Braid J (1846, dt 1882) The power of the mind over the body. Churchill, London. (Dt.: Die Macht des Geistes über den Körper. Eine experimentelle Untersuchung. In: Preyer W (Hrsg) Der Hypnotismus. Ausgewählte Schriften von J. Braid. Praetel, Berlin)

Braid J (1855, 1970) The physiology of fascination and the critics criticised. In: Tinterow MM (ed) Foundations of hypnosis: From Mesmer to Freud. CC Thomas, Springfield/IL, pp 365–389. Original (1855): Grant, Manchester

Bruffly S (1978) Macumba. Bauer, Freiburg

Bramwell JM (1903) Hypnotism, its history, practice and theory. Rider, London

Brauer RO, Spira M (1966) Full-thickness burns as source for donor graft in the pig. Plast Reconstr Surg 37: 21–30

Braun-Falco O, Burg G, Farber EM (1972) Psoriasis. Eine Fragebogenstudie bei 536 Patienten. Münch Med Wochenschr 114: 1105–1110

Braun-Falco O, Plewig G, Wolff H-H (1984) Dermatologie und Venerologie. Springer, Berlin Heidelberg New York Tokyo

Bräutigam W, Christian P (^{3}1981) Psychosomatische Medizin. Thieme, Stuttgart

Breger L, Hunter I, Lane RW (1971) The effects of stress on dreams. International Universities Press, New York/NY

Brehm JW (1966) A theory of psychological reactance. Academic Press, New York/NY

Brehm SS (1976) The application of socialpsychology to clinical practice. Wiley & Sons, New York/NY

Bromberg W (1954) Man above humanity. Lippincott, Philadelphia

Bromberg W (1959) The mind of man. A history of psychotherapy and psychoanalysis. Harper & Brothers, New York

Brooks WH, Cross RJ, Roszman TL, Markesbery WR (1982) Neuroimmunomodulation: Neural anatomical basis for impairment and facilitation. Ann Neurol 12: 56–61

Brorsen R (1980) Biofeedback, autogenes Training und autogenes Feedback-Training bei chronischer Migräne: Eine vergleichende Therapiestudie. Dissertation, Universität Salzburg

Brown B (1975) New mind, new body. Bantam, New York/NY

Brown W (1934) Psychology and psychotherapy. W Wood, Baltimore

Brown DP, Fromm E (1987) Hypnosis and behavioral medicine. Lawrence Erlbaum, London

Brown DP, Fromm E (1988) Hypnotic treatment of asthma. Advances 5/2: 15–27

Brown JM, Chaves JF (1980) Hypnosis in the treatment of sexual dysfunction. J Sex Marital Ther 6: 63–74

Brown W, Mally MA, Kane RP (1960) Psychosocial aspects of hemophilia, a study of twenty-eight hemophiliac children and their families. Am J Orthopsychiatry 30: 730–740

Brownell KD, Hayes SC, Barlow PH (1977) Patterns of appropriate and deviant sexual arousal: The behavioral treatment of multiple sexual deviations. J Consult Clin Psychol 45: 1144–1155

Bryant RE, Sutcliff MC (1973) The effect of cyclic AMP on granulocyte adhesiveness. Clin Res 21: 594

Bühlmann A (1963) Atmung. In: Monnier M (Hrsg) Physiologie und Pathophysiologie des vegetativen Nervensystems, Bd II. Hippokrates, Stuttgart, S 164ff

Buonassisi V, Venter JC (1976) Hormone and neurotransmitter receptors in an established vascular endothelial cell line. Proc Natl Acad Sci USA 73: 1612–1616

Burish TG, Lyles JN (1979) Effectiveness of relaxation training in reducing aversiveness of chemotherapy in the treatment of cancer. J Behav Ther Exp Psychiatry 10: 357–361

Burish TG, Lyles JN (1981) Effectiveness of relaxation training in reducing adverse reactions to cancer therapy. J Behav Med 4: 65–78
Burk W (1986) Die hypno-suggestive Angst- und Schmerzbehandlung in der zahnärztlichen Praxis. Exp Klin Hypn 2/2: 129–141
Burrows GD (1980) Affective disorders and hypnosis. In: Burrows GD, Dennerstein L (eds) Handbook of hypnosis and psychosomatic medicine. Elsevier, Amsterdam, pp 149–170
Burrows GD, Collison DR, Dennerstein L (eds) (1979) Hypnosis (1979). Elsevier, Amsterdam
Burrows GD, Dennerstein L (eds) (1980) Handbook of hypnosis and psychosomatic medicine. Elsevier, Amsterdam
Butler B (1954) The use of hypnosis in the care of the cancer patient, Part I. Br J Med Hypn 16: 2–12
Butler B (1955a) The use of hypnosis in the care of the cancer patient, Part II. Br J Med Hypn 7: 12–17
Butler B (1955b) The use of hypnosis in the care of the cancer patient, Part III. Br J Med Hypn 8: 9–17
Butler C, Steptoe A (1986) Placebo responses: An experimental study of psychophysiological processes in asthmatic volunteers. Br J Clin Psychol 25/3: 173–183
Butollo W (1985) Assoziationen zum Thema „Macht und Hingabe“ in der Psychotherapie. In: Peter B (Hrsg) Hypnose und Hypnotherapie nach Milton H. Erickson. Pfeiffer, München, S 285–294
Bykow KM, Kurzin IT (1966) Kortiko-viszerale Pathologie. VEB Verlag für Volk und Gesundheit, Berlin
Byrne D (1959) The effects of subliminal food stimulus on verbal responses. J Appl Psychol 43: 249–252
Byrne D (1964) Repression – sensitization as a dimension of personality. In: Maher BA (ed) Progress in experimental personality research. Vol I. Academic Press, New York, pp 169–220

Cangello VW (1961) The use of hypnotic suggestion for pain relief in malignent disease. Int J Clin Exp Hypn 9: 17–22
Cangello VW (1962) Hypnosis for patients with cancer. Br J Clin Hypn 4: 215–226
Cannon JT, Liebeskind JC, Frenk H (1978) Neural and neurochemical mechanisms of pain inhibition. In: Sternbach RA (ed) The psychology of pain. Raven, New York/NY, pp 27–47
Capra F (1988) Das neue Denken. Scherz, Bern
Carr DJJ, Blalock JE (1986) A molecular basis for bidirectional communication between the immune and neuroendocrine system. In: Cinader B, Miller RG (eds) Progress in immunology. Academic Press, San Diego/CA
Carter P (1982) Rapport and integrity for Ericksonian practitioners. In: Zeig JK (ed) Ericksonian approaches to hypnosis and psychotherapy. Brunner/Mazel, New York/NY
Carruthers ME (1981) Voluntary control of the involuntary nervous system: Comparison of Autogenic Training and Siddha meditation. Experimental and Clinical Psychiatry 6: 171–181
Cassileth BR, Lusk EJ, Strouse TB, Miller DS, Brown LL, Cross PA (1984) Psychosocial status in chronic illness. A comparative analysis of six diagnostic groups. New Engl J Med 311/8: 506–511
Castaneda C (1973) Die Lehren des Don Juan. Fischer, Frankfurt am Main
Cautela JR (1966) Treatment of compulsive behavior by covert sensitization. Psychol Rec 86: 33–41
Cautela JR, Kearney AJ (1986) The covert conditioning handbook. Springer, Berlin Heidelberg New York Tokyo
Cautela JR, Wisocki PA (1971) Covert sensitization. Psychol Rec 21: 37–48
Chandrasena R (1982) Hypnosis in the treatment of viral warts. Psychiatr J Univ Ottawa 7: 135–137
Channon LD (1982) Permission to enjoy sexuality. Austr J Clin Exp Hypn 10: 73–75
Chapman CR, Feather EW (1973) Effects of diazepam on human pain tolerance and pain sensitivity. Psychosom Med 35: 330–340
Chapman CR, Jacobson RC (1984) Assessment of analgesic states: Can evoked potentials play a role. In: Bromm B (ed) Pain measurement in man. Neurophysiological correlates of pain. Elsevier, Amsterdam, pp 233–255
Chapman LF, Goodell BS, Wolff HG (1959a) Changes in tissue vulnerability induced during hypnotic suggestion. J Psychosom Res 4: 99–105

Chapman LF, Goodell H, Wolff HG (1959b) Augmentation of the inflammatory reaction by activity of the central nervous system. Arch Neurol 4: 99–113

Chapman LF, Goodell H, Wolff HG (1959c) Increase inflammatory reaction induced by central nervous system activity. Trans Assoc Am Physicians 72: 84 – 109

Chapman R (1982) Criteria for diagnosing when to do sex therapy in the primary relationship. Psychotherapy: Theory Research and Practice 3: 359–367

Charcot JM (1890) Oeuvres completes. Aux Bureaus du Progrès Medical, Paris

Charles AG, Norr KL, Block CR, Meyering S, Meyers E (1978) Obstetrics and psychological effects of psycho-prophylactic preparation for childbirth. Am J Obstet Gynecol 131–144

Charo IF, Yuen C, Goldstein IM (1985) Adherence of human polymorphonuclear leukocytes to endothelial monolayers: Effects of temperature, divalent cations, and chemotactic factors on the strength of adherence measured with a new centrifugation assay. Blood 65: 473–479

Chateaubriand FR (1843) Memorias de Alem Tumule. Paris

Chaves JF (1980) Hypnotic control of surgical bleeding. Paper presented at the Annual Meeting of the American Psychological Association, Montreal, (September 23–25)

Chaves JF, Dale W, Neal R (1979) Hypnosis in dental behavioral science: Control of surgical and postsurgical bleeding. In: Ingersoll BD, McCutcheon WR (eds) Clinical research in behavioral dentistry, Proceedings of the Second National Conference on Behavioral Dentistry. University Foundation, West Virginia

Cheek DB (1962) Ideomotor questioning for investigation of subconscious „pain" and target organ vulnerability. Am J Clin Hypn 5: 30–41

Cheek DB (1966) The meaning of continued hearing sense under general chemo-anesthesia: A progress report and a report case. Am J Clin Hypn 8: 275 – 280

Cheek DB (1988) Syllabus for workshops ideomotor questioning methods and hypnosis. Cheek, Santa Barbara

Cheek DB, LeCron LM (1968) Clinical hypnotherapy. Grune & Stratton, New York/NY

Chen AC, Dworkin SF, Bloomquist DS (1981) Cortical power spectrum analysis of hypnotic pain control in surgery. Int J Neurosci 13/23: 127–136

Cherry EC (1953) Some experiments on the recognition of speech with one and with two ears. J Acoust Soc Am 25: 975–979

Chertok L ([2]1980, [1]1973) Hypnose. Theorie, Praxis und Technik eines psychotherapeutischen Verfahrens. Kindler, München

Chertok L, Kramarz P (1959) Hypnosis, sleep and electroencephalography. J Nerv Ment Dis 128: 227–238

Chevreul ME (1854) De la baguette divinatoire: du pendule dit explorateur et des tables tournantes, au point de vue de l'histoire, de la critique et de la méthode expérimentale. Mallet-Bachelier, Paris

Chong TM (1964) The use of hypnosis as an adjunct in surgery. Med J Malaya 19: 154–160

Chong TM (1982) Ericksonian approaches in General practice. In: Zeig JK (ed) Ericksonian approaches to hypnosis and psychotherapy. Brunner/Mazel, New York/NY

Christmann F (1987) Empirische Untersuchung zum mentalen Training als Einzeltherapie bei sexuellen Funktionsstörungen. Dissertation, Universität Tübingen

Christmann F (1988) Heterosexualität – ein Leitfaden für Therapeuten. Springer, Berlin Heidelberg New York Tokyo

Ciompi L (1982) Affektlogik. Klett-Cotta, Stuttgart

Claiburn CD, Dowd ET (1985) Attributional interpretation in counseling. Content versus discrepency. J Couns Psychol 32: 188–196

Clarke CJ, Jackson AJ (1983) Hypnosis and behavior therapy: The treatment of anxiety and phobias. Springer, Berlin Heidelberg New York Tokyo

Clarke GHV (1965) The charming of warts. J Invest Dermatol 45: 1521

Clawson TA, Swade RH (1975) Tbe hypnotic control of blood flow and pain: The cure of warts and the potential use of hypnosis in the treatment of cancer. Am J Clin Hypn 17: 160–169

Cluss PS, Fireman P (1985) Recent trends in asthma research. Ann Behav Med 7/4: 11–16

Coe WC (1978) The credibility of posthypnotic amnesia: A contextualist's view. Int J Clin Exp Hypn 26/4: 218–245

Coe WC (1989) Was ist Hypnose? Report Psychologie, Zeitschrift des BDP 1: 23–33

Coe WC, Kobayashi K, Howard ML (1972) An approach toward isolating factors that influence anti-social conduct in hypnosis. Int J Clin Exp Hypn 20: 118–131
Coe WC, Ryken K (1979) Hypnosis and risks to human subjects. Am Psychol 34: 673–681
Coe WC, Sarbin TR (1977) Hypnosis from the standpoint of a contextualist. Ann NY Acad Sci 296: 2–13
Coffin TE (1941) Some conditions of suggestion and suggestibility: A study of certain attitudinal and situational factors influencing the process of suggestion. Psychol Monogr 4: 53
Cogger W, Edmonston WE (1971) Hypnosis and oral temperature: A re-evaluation of experimental techniques. Br J Clin Hypn 2: 3–14
Cohen BB (1984) A combined approach using meditation-hypnosis and behavioral techniques in the treatment of smoking behavior: Case studies of five stressed patients. Int J Psychosom 31/1: 33–39
Cohen JJ (1987) Immunity and behavior. J Allergy Clin Immunol 79: 2–5
Cohn JN (1966) Relationship of plasma volume changes to resistance and capacitance vessel effects of sympathomimetic amines and angiotensin in man. Clin Sci 30: 267–278
Collison DR (1968) Hypnosis in the management of asthma. Am J Clin Hypn 11: 6–11
Collison DR (1975) Which asthmatic patients should be treated by hypnotherapy? Med J Aust 1: 776–781
Conn JH (1949) Hypno-synthesis – Hypnosis as a unifying interpersonal experience. J Nerv Ment Dis 109: 9
Corin JH (1957) Historical aspects of scientific hypnosis. J Clin Exp Hypn 5: 17–24
Conn JH (1972) Is hypnosis really dangerous? Int J Clin Exp Hypn 20/2: 64–69
Conn L, Mott T (1984) Plethysmographic demonstration of rapid vasodilatation by direct suggestion: A case of Raynaud's disease treated by hypnosis. Am J Clin Hypn 26: 166–170
Cooper D (1972) Der Tod der Familie. Rowohlt, Reinbek
Cooper LM (1966) Spontaneous and suggested posthypnotic source amnesia. Int J Clin Exp Hypn 14: 180–193
Cooper LM (1979) Hypnotic amnesia. In: Fromm E, Shor RE (eds) Hypnosis: Developments in research and new perspectives. Aldine, New York/NY, pp 305–349
Corteen F, Wood S (1972) Autonomic response to shock-associated words in an unattended channel. J Exp Psychol 94: 308–313
Coué E (1967) Was ich sage. Schwabe, Basel
Coué E (1966) Die Selbstbemeisterung durch bewußte Autosuggestion. Schwabe, Basel
Coulton D (1960a) Hypnotherapy in gynecological problems. Am J Clin Hypn 8: 95–100
Coulton D (1960b) Hypnosis in obstetrical delivery. Am J Clin Hypn 2: 144–148
Couper L, Davies T (1952) A difficult wart treated by suggestion. Br Med J 2: 1398
Crasilneck HB (1982) A follow-up study in the use of hypnotherapy in the treatment of psychogenic impotency. Am J Clin Hypn 25: 52–61
Crasilneck HB, Fogelman MJ (1957) The effects of hypnosis on blood coagulation. J Clin Exp Hypn 5: 132–137
Crasilneck HB, Hall JA (1959) Physiological changes associated with hypnosis: A review of the literatur since 1948. Int J Clin Exp Hypn 7: 9–50
Crasilneck HB, Hall JA (1973) Clinical hypnosis in problems of pain. Am J Clin Hypn 15: 153–161
Crasilneck HB, Hall JA (^{2}1985, ^{1}1975) Clinical hypnosis: Principles and applications. Grune & Stratton, New York Orlando
Crasilneck HB, Jenkins MT (1958) Further studies in the use of hypnosis as a method of anesthesia. J Clin Exp Hypn 6: 152–158
Crasilneck HB, Stirman JA, Wilson BJ, McCranie EJ, Fogelman MJ (1955) Use of hypnosis in the management of patients with burns. J Am Med Assoc 158: 103–106
Crasilneck HB, McCranie EJ, Jenkins MT (1956) Special indications for hypnosis as a method of anesthesia. J Am Med Rec Assoc 162: 1606–1608
Creer TL (1982) Asthma. J Consult Clin Psychot 50/6: 912–921
Creighton M (1987) Vortrag auf dem Wiener Symposion für Ganzheitsmedizin. Wien, (Oktober 15–21)
Crosson B (1980) Control of skin temperature through biofeedback and suggestion with hypnotized college women. Int J Clin Exp Hypn 28: 75–87

Crosson B, Meinz R, Laur E, Williams D, Andreychuk T (1977) EEG alpha training, hypnotic susceptibility, and baseline techniques. Int J Clin Exp Hypn 25: 348–360
Cutten GB (1911) Three thousand years of mental healing. Scribner, New York/NY
Cutz E, Chan W, Track N, Goth A, Said S (1978) Release of vasoactive intestinal polypeptide in mast cells by histamine liberators. Nature 275: 661–662
Czermak JN (1872) Nachweis einer echten „hypnotischen" Erscheinung bei Tieren.

Dahinterová J (1967) Some experiences with the use of hypnosis in the treatment of burns. Int J Clin Exp Hypn 15: 49–53
Dahlem NW, Kinsman RA, Horton DJ (1977) Panic-fear in asthma: Requests for as-needed medications in relation to pulmonary function measurements. J Allergy Clin Immunol 60/5: 295–300
Dahme B, Richter R (1984) Psychophysiologie des Asthma bronchiale. Allergologie 7/11: 415–419
Dalgado DG (1906) Mémoire sur la vie de l'abbé de Faria. Henri Jouve, Paris
Darnton R (1968, dt 1983) Mesmerism and the end of the enlightment in France. Harvard University Press, Cambridge/MA (Dt.: Der Magnetismus und das Ende der Aufklärung in Frankreich. Hanser, München)
Dash J (1980) Hypnosis for symptom amelioration. In: Kellerman J (ed) Psychological aspects of childhood cancer. CC Thomas, Springfield/IL
Davenport-Slack B (1975) A competitive evaluation of obstetrical hypnosis and antenatal childbirth training. Int J Clin Exp Hypn 23: 266–268
Davidson JA (1962) An assessment of the value of hypnosis in pregnancy and labour. Br Med J 5310: 951–953
Davies P, Charlton E (1985) Conditioned auditory hallucinations. Paper presented at the 1st scientific meeting of the Psychological Section of the British Psychological Society
Davison GC, Neale JM (1982) Abnormal psychology. Wiley & Sons, New York/NY
DeBenedettis G, Sironi VA (1985) Depth EEG recordings in epileptic patients during hypnotic and non-hypnotic states. In: Proceedings of the 9th International Congress of Hypnosis and Psychosomatic Medicine. Plenum, New York/NY, pp 149–159
DeBenedettis G, Sironi VA (1986) Depth cerebral electrical activity in man during hypnosis. Int J Clin Exp Hypn 34: 63–70
Deehan C, Robertson AW (1980) Changes in auditory evoked potentials induced by hypnotic suggestion. In: Pajntar E, Roskar E, Lavric M (eds) Hypnosis in psychotherapy and psychosomatic medicine. University Press, Ljubljana, pp 93–95
Degun MD, Degun G (1982) The use of hypnosis in the treatment of psychosexual disorders: With case illustrations of vaginismus. Bull Br Soc Exp Clin Hypn 5: 31–36
Dekker E, Barendreght S, de Vries K (1961) Allergy and neurosis in asthma. J Psychosom Res 5: 83
Dekker E, Groen J (1956) Reproducible psychogenic attacks of asthma. J Psychosom Res 1: 58–67
Dekker E, Pelser H, Groen J (1957) Conditioning as a cause of asthmatic attack. A laboratory study. J Psychosom Res 2: 97
Delboeuf JRL (1887) De l'origine des effects curatifs de l'hypnotisme; étude de psychologie expérimentale. Baillière, Paris.
Delboeuf JRL (1896) Revue de l'hypnotisme, 227. zit n Ullmann M (1959) On the psyche and warts: I. Suggestion and warts: A review and comment. Psychosom Med 21: 473–488
Dell P (1986) Klinische Erkenntnis. Modernes Lernen, Dortmund
Dempster CR, Balson P, Whalen BT (1976) Supportive hypnotherapy during the radical treatment of malignancies. Int J Clin Exp Hypn 1: 1–9
Deneke FW, Ahrens S, Bühring B, Haag A, Lamparter U, Richter R, Stuhr U (1987) Wie erleben sich Gesunde? Psychother Psychosom Med Psychol 37/5: 156–160
Dengrove E (1976a) Emotional aspects of psoriasis. J Am Soc Psychosom Dent Med 23: 126–132
Dengrove E (1976b) Hypnosis and behavior therapy. CC Thomas, Springfield/IL
Dennis M, Philippus MJ (1965) Hypnotic and non-hypnotic suggestion and skin response in atopic patients. Am J Clin Hypn 7: 342–345
DePascalis V (1989) Psychophysiologische Korrelate der Hypnotisierbarkeit im Wachzustand und unter Hypnose. Exp Klin Hypn 5: 117–148
DePascalis V, Caddia F (1985) Effect of suggestion on perception: Replication of Gheorghiu and Reyher's study. Percept Mot Skills 61: 123–130

DePiano F, Salzberg HC (1979) Clinical applications of hypnosis to three psychosomatic disorders. Psychol Bull 86: 1223–1235
Derogatis LR (1986) Psychology in cancer medicine: A Perspektive and overview. J Consult Clin Psychol 54: 632–637
DeShazer S (1978) Brief hypnotherapy of two sexual dysfunctions: The crystal ball technique. Am J Clin Hypn 20: 203–208
DeShazer S (1980) investigation of indirect symbolic suggestions. Am J Clin Hypn 23: 10–15
DeShazer S (1982) Patterns of brief family therapy. Guilford, New York/NY
DeShazer S (1984) The imaginary pill technique. J Strateg Systemic Th 3/1: 30–34
DeShazer S (1986) Ein Requiem der Macht. Zeitschrift für systemische Therapie 4/4: 208–212
DeShazer S (1988) Utilization: Tbe foundation of solutions. In: Zeig J-K, Lankton SR (eds) Developing Ericksonian Therapy. Brunner/Mazel, New York/NY
Desoille R (1961) Théorie et pratique du rêve éveillé dirigé. Mont Blanc, Geneve
Deter H-C (1986) Psychosomatische Behandlung des Asthma bronchiale. Springer, Berlin Heidelberg New York Tokyo
Dethlefsen T, Dahlke R ([2]1986, [1]1984) Krankheit als Weg. Bertelsmann, München
Deutsche Liga zur Bekämpfung von Atemwegserkrankungen (1984) Was Sie über Atemwegserkrankungen wissen sollten.
Diamond HH (1960) Hypnosis in children: The complete cure of forty cases of asthma. Am J Clin Hypn 1: 124–129
Dick-Read G (1953) Childbirth without fear. Harper & Row, New York
Diebold K (1973) Theoretische und klinische Aspekte der Erb- und Umweltbedingtheit endogener Psychosen. Fortschr Neurol Psychiatr Grenzgeb 41: 559–575
Diehl F, Heinichen W (1931) Psychische Beeinflussung allergischer Reaktionen. Münch Med Wochenschr 78: 1008–1009
Dilts R (1983) Roots of Neurolinguistic Programming. Meta, Cupertino/CA
Dilts R (1986) Belief systems and health. Videotape from Southern Institute of NLP, Florida
Dilts R (1989) Belief systems and your well being. Metamorphous, Portland/OR
Dilts R, Grinder J, Bandler R, Bandler LC, DeLozier J (1980) NLP vol I. The study of subjective experience. Meta, Cupertino/CA
Dinarello CA (1984) Interleukin-1 and the pathogenesis of the acute-phase response. N Engl J Med 311: 1413–1418
Dirks JF, Kreischer H (1982) The battery of asthma illness behavior, I: Independence from age of asthma onset. J Asthma 19/2: 75–78
Dirks JF, Brown EI, Robinson SK (1982a) The battery of asthma illness behavior, II: Independence from airways hyperactivity. J Asthma 19/2: 79–83
Dirks JF, Ruback LA, Covino NA, Feigiune RJ (1982b) The battery of asthma illness behavior, III: Independence from longitudinal pulmonary functions. J Asthma 19/2: 85–89
Dixon NF (1981) Preconscious processing. Wiley & Sons, New York/NY
Dogs W (1983) Ärztliche Hypnose: wissenschaftliche Grundlagen, therapeutische Praxis. Verlag für Medizin – Fischer, Heidelberg
Dorian B, Garfinkel P, Brown G, Shore A, Gladman D, Keystone E (1982) Aberrations in lymphocyte subpopulations and function during psychological stress. Clin Exp Immunol 50: 132–138
Doswald DC, Kreibich DK (1905) Zur Frage der posthypnotischen Hautphänomene. Monatshefte für praktische Dermatologie 43: 634–664
DSM-III (1980, dt 1984) Diagnostic and statistical manual of mental disorders. 3rd edn. American Psychiatric Association, Washington. (Dt.: Diagnostisches und statistisches Manual psychischer Störungen. Beltz, Weinheim)
DSM-III R (1987, dt 1988) Diagnostic and statistical manual of mental disorders. American Psychiatric Association, Washington. (Dt.: Diagnostisches und statistisches Manual psychischer Störungen. Beltz, Weinheim)
Dubin L, Shapiro SS (1974) Use of hypnosis to facilitate dental extraction and haemostasis in a classic haemophiliac with a high antibody titer to factor VIII. Am J Clin Hypn 17/2: 29
Dugan M, Sheridan C (1976) Effect of instructed imagery on temperature of hands. Percept Mot Skills 42: 14

Duke JD (1964) Intercorrelational status of suggestibility tests and hypnotizability. Psychol Rec 14: 71–80

Duke JD (1967) Primary suggestibility, life experiences, and aptitude measures. Percept Mot Skills 25: 73–79

Dumas RA (1980) Cognitive control in hypnosis and biofeedback. Int J Clin Exp Hypn 28: 53–62

Dumontpallier N (1889) Zit n Chertok L (1973) Hypnose – Theorie, Praxis und Technik eines psychotherapeutischen Verfahrens. Kindler, München, S 25

Dunbar F (1954) Emotions and bodily changes. A survey of literature on psychosomatic interrelationships. Columbia University Press, New York/NY

Dunn CJ, Fleming WE, McGuire JC, Ohlmann GM, Gray GD (1986) The role of cyclooxigenase lipoxygenase pathways in the adhesive interaction between bovine polymorphonuclear leukocytes arid bovine endothelial cells. Prostaglandins Leukotrienes Med 21: 221–230

Dynes JB (1947) Objective methods for distinguishing sleep from the head hypnotic trance. Arch Neurol Psychiatr 57: 84–93

Early LF, Lifschutz JE (1974) A case of stigmata. Archives of Gen Psychiatry 30: 197–200

Eberstaller M (1987) Suggestion und Biofeedback in der Behandlung von Raynaud-Syndromen. Vortrag am 1. Kongress der Deutschen Gesellschaft für Verhaltensmedizin und Verhaltensmodifikation, München, (April 2–4)

Eccles JC (1980) Tbe human psyche. Springer, Berlin Heidelberg New York

Echterling LG (1988) Contrasting stage and clinical hypnosis. Am J Clin Hypn 30: 276–284

Echterling LG, Emmerling DA (1987) lmpact of stage hypnosis. Am J Clin Hypn 29: 150–154

Edelstein EJ, Edelstein L (1945) Asclepius – a collection and interpretation of the testimonies, 2 vols. John Hopkins, Baltimore

Edelstein L (1952) The relation of ancient philosophy to medicine. Bull Hist Med 26: 299–316

Edmonston WE (1978) The effects of neural hypnosis on conditioned responses. In: Fromm E, Shor RE (eds) Hypnosis: Research developments and perspectives. Aldine-Atherton, Chicago

Edmonston WE (1981) Hypnosis and relaxation. Modern verification of an old equation. Wiley & Sons, New York/NY

Edmonston WE (1986) The induction of hypnosis. Wiley & Sons, New York/NY

Edmonston WE (1989) Conceptual classification of hypnosis and its relationship to suggestibility. In: Gheorghiu VA, Netter P, Eysenck HJ, Rosenthal R (eds) Suggestibility, theory and research. Springer, Berlin Heidelberg New York Tokyo

Edmonston WE, Grotevant WR (1975) Hypnosis and alpha density. Am J Clin Hypn 17: 53–62

Eliade M (1961) Mythen,Träume und Hysterien. Otto Müller, Salzburg

Eliade M (1976) The occult and the modern world. In: Occultism, witchcraft and cultural fashions. University of Chicago Press, Chicago

Eliade M (1985) Das Heilige und das Profane. Insel, Frankfurt am Main

Elich M, Thompson RW, Miller L (1985) Mental imaginary as revealed by eye movements and spoken predicates: a test of neurolinguistic programming. J Couns Psychol 32: 622–625

Elitzur R, Brenner S (1986) Treatment of infectious skin disease by hypnosis. Harefuah 110: 73–74

Ellenberger HF (1970, dt [1]1973, dt [2]1985) The discovery of the unconscious: The history and evolution of dynamic psychiatry. Basic Books, New York/NY. (Dt.: Die Entdeckung des Unbewußten: Geschichte und Entwicklung der dynamischen Psychiatrie von ihren Anfängen bis zu Janet, Freud, Adler und Jung. Huber, Bern; Diogenes, Zürich)

Ellis A (1962) Reason and emotion in psychotherapy. Lyle/Stuart, New York/NY

Elton D, Burrows GD, Stanley GV (1979) Hypnosis in the management of chronic pain. In: Burrows GD, Collison DR, Dennerstein L (eds) Hypnosis 1979. Elsevier, Amsterdam

Elton D, Burrows GD, Stanley GV (1980) Chronic pain and hypnosis. In: Burrows GD, Dennerstein L (eds) Handbook of hypnosis and psychosomatic medicine. Elsevier, Amsterdam

Engel-Sittenfeld P, Engel R, Huber H, Zangl K (1980) Wirkmechanismen psychologischer Therapieverfahren bei der Behandlung chronischer Schlafstörungen. Zeitschrift für Klinische Psychologie, Forschung und Praxis 9: 34–52

Engstrom DR (1976) Hypnotic susceptibility, EEG-alpha, and selfregulation. In: Schwartz GE, Shapiro D (eds) Consciousness and self-regulation, vol I. Wiley & Sons, London, pp 173–221

Engstrom DR, London P, Hart JP (1970) Hypnotic susceptibility increased by EEG alpha training. Nature 227: 1261–1262
Entin MA, Baxter H (1950) Experimental and clinical study of histopathology and pathogenesis of graduated thermal burns in man and their clinical implication. Plast Reconstr Surg 6: 352–373
Erickson MH (1939a) An experimental investigation of the possible anti-social uses of hypnosis. Psychiatry 2: 391
Erickson MH (1952) Deep hypnosis and its induction. In: LeCron LM (ed) Experimental hypnosis: A symposiwn of articles on research by many of the worlds leading authorities. MacMillan, New York/NY
Erickson MH (1954) Special techniques of brief hypnotherapy. J Clin Exp Hypn 2: 109–129
Erickson MH (1959) Hypnosis in painful terminal illness. Am J Clin Hypn 1: 117–121
Erickson MH (1966) The interspersal hypnotic technique for symptom correction and pain control. Am J Clin Hypn 8: 198–209
Erickson MH (1967) An introduction to the study and application of hypnosis to pain control. In: Lassner J (ed) Hypnosis and psychosomatic medicine. Springer, New York Berlin Heidelberg
Erickson MH (1980a, 1937) Development of apparent unconsciousness during hypnotic reliving of a traumatic experience. In: Rossi EL (ed) (1980) The collected papers of Milton H. Erickson on hypnosis, vol III.: Hypnotic investigation of psychodynamic processes. Irvington, New York/NY, pp 45–52. Original: Arch Neurol Psychiatr 38: 1282–1288
Erickson MH (1980b, 1938a) A study of clinical and experimental findings on hypnotic deafness: I. Clinical experimentation and findings. In: Rossi EL (ed) (1980) The collected papers of Milton H. Erickson on hypnosis, vol II.: Hypnotic alteration of sensory, perceptual, and psychophysiological processes. Irvington, New York/NY, pp 81–99. Original: J Gen Psychol 19: 127–150
Erickson MH (1980c, 1938b) A study of clinical and experimental findings on hypnotic deafness: II. Experimental findings with a conditioned response technique. In: Rossi EL (ed) (1980) The collected papers of Milton H. Erickson on hypnosis, vol II.: Hypnotic alteration of sensory, perceptual, and psychophysiological processes. Irvington, New York/NY, pp 100–113. Original: J Gen Psychol 19: 151–167
Erickson MH (1980d, 1939b) The induction of colorblindness by a technique of hypnotic suggestion. In: Rossi EL (ed) (1980) The collected papers of Milton H. Erickson on hypnosis, vol II.: Hypnotic alteration of sensory, perceptual, and psychophysiological processes. Irvington, New York/NY, pp 18–32. Original: J Gen Psychol 29: 56–89
Erickson MH (1980e, 1943) Hypnotic investigation of psychosomatic phenomena: A controlled experimental use of hypnotic regression in the therapy of an acquired food intolerance. In: Rossi EL (cd) (1980) The collected papers of Milton H. Erickson on hypnosis, vol II.: Hypnotic alteration of sensory, perceptual, and psychophysiological processes. Irvington, New York/NY, pp 169 – 174. Original: Psychosom Med 5: 67–70
Erickson MH (1980f, 1961) Historical note on the hand levitation and other ideomotor techniques. In: Rossi EL (ed) (1980) The collected papers of Milton H. Erickson on hypnosis, vol I.: The nature of hypnosis and suggestions. Irvington, New York/NY, pp 135–138. Original: Am J Clin Hypn 3: 196–199
Erickson MH (1980g, 1962a) An investigation of optokinetic nystagmus. In: Rossi EL (ed) (1980) The collected papers of Milton H. Erickson, vol II.: Hypnotic alteration of sensory, perceptual, and psychophysiological processes. Irvington, New York/NY, pp 73 – 75. Original: Am J Clin Hypn 4: 181 – 183
Erickson MH (1980h, 1962b) Stage hypnotist back syndrom. In: Rossi EL (ed) (1980) The collected papers of Milton H. Erickson, vol I.: The nature of hypnosis and suggestion. Irvington, New York/NY, pp 533 – 535. Original: Am J Clin Hypn 5: 141 – 142
Erickson MH (1980i) An indirect approach to age regression. In: Rossi EL (ed) The collected papers of Milton H. Erickson on hypnosis, vol III.: Hypnotic investigation of psychodynamic processes. Irvington, New York/NY, pp 105 – 111
Erickson MH (1980j) The collected papers of Milton H. Erickson on hypnosis, vols I – IV. edited by Rossi E. Irvington, Philadelphia
Erickson MH, Erickson EM (1980a, 1938) The hypnotic induction of hallucinatory color vision followed by pseudonegative afterimages. In: Rossi EL (ed) (1980) The collected papers of Milton H. Erickson on hypnosis, vol II.: Hypnotic alteration of sensory, perceptual, and psychophysiological processes. Irvington, New York/NY, pp 5 – 10. Original: J Exp Psychol 22: 581–588

Erickson MH, Erickson, EM (1980b, 1941) Concerning the nature and character of posthypnotic behavior. In: Rossi EL (ed) (1980) The collected papers of Milton H. Erickson on hypnosis, vol I.: The nature of hypnosis and suggestion. Irvington, New York/NY, pp 381 – 411. Original: J Gen Psychol 24: 95 – 133

Erickson MH, Rosen H (1954) The hypnotic and hypnotherapeutic investigation and determination of symptom-function. J Clin Exp Hypn 2: 201 – 219

Erickson MH, Rossi EL (1979) Hypnotherapy: An explanatory casebook. Irvington, New York/NY

Erickson MH, Rossi EL (1980a, 1974) Varieties of hypnotic amnesia. In: Rossi EL (ed) (1980) The collected papers of Milton H. Erickson on hypnosis, vol III.: Hypnotic investigation of psychodynamic processes. Irvington, New York/NY, pp 71 – 90. Original: Am J Clin Hypn 16/4: 225–239

Erickson MH, Rossi EL (1980b, 1977) Autohypnotic experiences of Milton H. Erickson. In: Rossi EL (ed) (1980) The collected papers of Milton H. Erickson on hypnosis, vol I.: The nature of hypnosis and suggestion. Irvington, New York/NY, pp 108 – 134. Original: Am J Clin Hypn 20: 36–54

Erickson MH, Rossi EL (1981) Hypnotherapie, Aufbau – Beispiele – Forschungen. Pfeiffer, München

Erickson MH, Rossi EL (1989) The February man: Evolving consciousness and identity in hypnotherapy. Brunner/Mazel, New York/NY

Erickson MH, Herschman S, Secter II (1961) The practical application of medical and dental hypnosis. Julian Press, New York/NY

Erickson MH, Rossi FL, Rossi SL (1978) Hypnose: Induktion – psychotherapeutische Anwendung – Beispiele. Pfeiffer, München

Errera P, Coleman JV (1963) A long-term follow – up study of neurotic phobic patients in a psychiatric clinic. J Nerv Ment Dis 136: 267 – 271

Esdaile J (1846) Mesmerism in India, and its practical application in surgery and medicine. Longman, Brown, Green & Longmans, London

Estabrook GH (1929) Experimental studies in suggestion. J Genet Psychol 36: 120 – 139

Evans C, Richardson PH (1988) Improved recovery and reduced postoperative stay after therapeutic suggestions during general anesthesia. Lancet 2/1: 491 – 493

Evans FJ (1967) Suggestibility in the normal waking state. Psychol Bull 67/2: 114 – 129

Evans FJ (1979) Hypnosis and sleep: Techniques for exploring cognitive activity during sleep. In: Fromm E, Shor RE (eds) Hypnosis: Developments in research and new perspectives, 2nd edn. Aldine, New York/NY, pp 139 – 184

Evans FJ (1980) Phenomena of hypnosis: 2. posthypnotic amnesia. In: Burrows GD, Dennerstein L (eds) Handbook of hypnosis and psychosomatic medicine. Elsevier, Amsterdam, pp 85 – 103

Evans FJ, Kihlstrom IF (1973) Posthypnotic amnesia as disrupted retrieval. J Abnorm Psychol 82: 317 – 323

Evans FJ, Thorn WAF (1966) Two types of posthypnotic amnesia: Recall amnesia and source amnesia. Int J Clin Exp Hypn 14: 162 – 179

Ewin DM (1973) Hypnosis in industrial practice. J Occup Med 15: 586

Ewin DM (1974) Condyloma acuminatum: Successful treatment of four cases by hypnosis. Am J Clin Hypn 17: 73 – 78

Ewin DM (1978) Clinical use of hynosis for attenuation of burn depth. In: Frankel FH, Zamansky HS (eds) Hypnosis at its bicentennial. Selected papers from the Seventh International Congress of Hypnosis and Psychosomatic Medicine. Plenum, New York/NY

Ewin DM (1979) Hypnosis in burn therapy. In: Burrows GD, Collison DR, Dennerstein L (eds) Hypnosis 1979. Elsevier, Amsterdam

Eysenck HJ (1947) Dimensions of personality. Routledge & Keagan Paul, London

Eysenck HJ (1960) The structure of human personality. Methuen, London

Eysenck HJ, Furneaux WD (1945) Primary and secondary suggestibility: An experimental and statistical study. J Exp Psychol 35: 484 – 503

Fabre N, Le Maurey G (1985) Rêve éveillé analytique. Privat, Toulouse

Faraday A (1985) Deine Träume. Schlüssel zur Selbsterkenntnis. Fischer, Frankfurt am Main

Farah MJ (1988) Is visual imagery really visual? Overlooked evidence from neuropsychology. Psychol Rev 95: 307 – 317

Farber FR, Haarstrick R (1989) Kommentar Psychotherapie Richtlinien. Jungjohann, Neckarsulm

Faria JC Abbé de (1819, 1906) De la cause du sommeil lucide ou l'étude de la nature de l'homme. Horiac, Paris; Jouvet, Paris

Farrelly F, Brandsma JM (1986) Provokative Therapie. Springer, Berlin Heidelberg New York Tokyo

Feingold E (1982) Untersuchungen zur sensorischen Suggestibilität sowie zum Zusammenhang zwischen sensorischer Suggestibilität und der Placebo – Ansprechbarkeit im Schmerzbereich. Dissertation, Universität Mainz

Feldman J (1999) Subliminale Wahrnehmung und Informationsverarbeitungs-Theorie. Hypn Kogn 5: 74 – 86

Feleky A (1914) The expression of emotions. Psychol Rev 21: 33 – 41

Felten DL, Felten SY, Carlson SL, Olschowka JA, Livnat S (1985) Noradrenergic and peptidergic innervation of lymphoid tissue. J Immunol 135: 755 – 765

Fenton MJ (1967) Hypnosis and dermatology. In: Lassner J (ed) Hypnosis and psychosomatic medicine. Springer, Berlin Heidelberg New York, pp 91 – 95

Fernandez GR (1956) Hypnotism in the treatment of the stressfactor in dermatological conditions. Br J Med Hypn 7: 21 – 24

Ferstl R, Müller – Ruchholtz W (1987) Psychoneuroimmunologie – Ihre Forschungsgebiete und ihre konzeptuellen Probleme. Zeitschr Klin Psychol 14: 199 – 204

Festinger L (1957) A theory of cognitive dissonance. University Press, Stanford

Field EO, Sharpe HBA, Dawson KB, Andersen V, Killmann SA, Weeke E (1972) Turnover rate of normal blood lymphocytes and exchangeable pool size in man, calculated from analysis of chromosomal aberrations sustained during extracorporeal irradiation of the blood. Blood 39: 39

Field PB (1979) Humanistic aspects of hypnotic communication. In: Fromm E, Shor RE (eds) Hypnosis: Developments in research and new perspectives. Aldine, New York/NY

Finer B (1980) Hypnosis and anaesthesia. In: Burrows GD, Dennerstein L (eds) Handbook of hypnosis and psychosomatic medicine. Elsevier, Amsterdam, pp 293 – 305

Finer B, Nylen BO (1961) Cardiac arrest in the treatment of burns, and report on hypnosis as a substitute for anesthesia. Plast Reconstr Surg 27: 49 – 55

Fink M (1989) The efficacy of electroconvulsive therapy in therapy-resistant psychotic patients. J Clin Psychoparmacol 9: 231 – 232

Fisher S (1954) The role of expectency in the performance of posthypnotic behavior. J Abnorm Soc Psychol 49: 503 – 507

Fiss H (1979) Current dream reserach: A psychobiological perspective. In: Wolman BB, Ulman M, Webb WB (eds) Handbook of dreams – research, theories and application. Van Nostrand Reinhold, New York/NY

Flavell JH (1970) Developmental studies of mediated memory. In: Reese HW, Lipsitt LP (eds) Advances in child development and behavior, vol V. Academic Press, New York/NY, pp 181 – 211

Florin I, Tunner W (1975) Die Wirksamkeit der systematischen Desensibilisierung. In: Florin I, Tunner W (Hrsg) Therapie der Angst. Urban & Schwarzenberg, München

Foenander G, Burrows GD (1979) Bilateral EEG alpha activity in hypnosis. In: Burrows GD, Collison DR, Dennerstein L (eds) Hypnosis 1979. Elsevier, Amsterdam, pp 319 – 333

Foenander G, Burrows GD (1980) Phenomena of hypnosis: 1. Age regression. In: Burrows GD, Dennerstein L (eds) Handbook of hypnosis and psychosomatic medicine. Elsevier, Amsterdam, pp 67–83

Foerster H v (1985) Sicht und Einsicht. Vieweg, Braunschweig

Foon AE (1986) Effect of locus of control in counseling expectations of clients. J Couns Psychol 33: 462–464

Foppa K (1966) Lernen, Gedächtnis, Verhalten: Ergebnisse und Probleme der Lernpsychologie. Kiepenheuer & Witsch, Köln

Ford LF, Yeager CL (1948) Changes in electroencephalogram in subjects under hypnosis. Dis Nerv Syst 9: 190 – 192

Fordyce WE (1980) Verhaltenstherapeutische Konzepte bei chronischen Schmerzen und Krankheiten. In: Davidson PO (Hrsg) Angst, Depression und Schmerz. Pfeiffer, München

Forel A (1923) Der Hypnotismus oder die Suggestion und die Psychotherapie, 12. Aufl. Enke, Stuttgart

Forster T (1977) Jahresstatistik einer freien psychologisch-verhaltenstherapeutischen Praxis. Report Psychologie. Zeitschrift des BDP 10: 8 – 17

Forster T (1989) Verhaltenstherapie. In: Schwertfeger B (Hrsg) Der Therapieführer. Heyne, München

Fosse E, Opdahl H, Aakvaag A, Svennevig JL, Sunde S (1985) White blood cell populations in patients undergoing major vascular surgery. Scand J Thorac Cardiovasc Surg 19: 247 – 252

Fourie DP, Lifschitz S (1987) Ein ökosystemischer Ansatz der Hypnose: rationale Kerngedanken und einige Folgerungen. Exp Klin Hypn 3/1: 1 – 12

Frank JD (1973) Persuasion and healing: A comparative study of psychotherapy, rev edn. John Hopkins, Baltimore

Frankel FH (1975) Hypnosis as a treatment method in psychosomatic medicine. Int J Psychiatry Med 6: 75 – 85

Frankel FH (1980) Phobic disorders and hypnosis. In: Burrows GD, Dennerstein L (Eds) Handbook of hypnosis and psychosomatic medicine. Elsevier, Amsterdam, pp 171 – 183

Frankel FH, Misch RC (1973) Hypnosis in a case of long-standing psoriasis in a person with character problems. Int J Clin Exp Hypn 2: 121 – 130

Fredericks LE (1967) The use of Hypnosis in haemophilia. Am J Clin Hypn 10/1: 52 – 55

French AP (1973) Treatment of warts by hypnosis. Am J Obstet Gynecol 116: 887 – 888

Freud S (1892) Ein Fall von hypnotischer Heilung nebst Bemerkung über die Entstehung hysterischer Symptome durch den „Gegenwillen“, In: Gesamelte Werke Bd I. Fischer, Frankfurt am Main

Freud S (1925) An autobiographical study. Hoharth, London

Freud S (1938) The psychopathology of everyday life. Modern Library, New York/NY

Freud S (1942) Psychische Behandlung (Seelenbehandlung). In: Gesammelte Werke, Bd 5. Imago, London, S 289 – 315

Freud S (1959) Analysis of a phobia in a five-year-old boy. In: Jones E (ed) Collected papers of Sigmund Freud, vol I. Basic Books, New York/NY

Freud S, Breuer J (1895, 1983) Studien über Hysterie. Wien; Fischer, Frankfurt am Main

Freud S, Breuer J (1895, 1952, 1970) Studien über Hysterie. In: Gesammelte Werke, Bd I. Imago, London, S 75 – 312. Neuaufl Fischer, Frankfurt am Main

Freund U (1989) Autogenes Training. Kliniken Küppelsmühle, Bad Orb

Frey R (1968) Suggestion und Narkose. In: Langen D, Spoerri T (Hrsg) Hypnose und Schmerz. Karger, Basel

Friedman H, Taub HA (1985) Extended follow-up study of the effects of brief psychological procedures in migraine therapy. Am J Clin Hypn 28: 27 – 33

Frier BM, Corral RJM, Davidson N McD, Webber RG, Dewar A, French EB (1983) Peripheral blood cell changes in response to acute hypoglycaemia in man. Eur J Clin Invest 13: 33 – 39

Fromm E (1970) Age regression with unexpected reappearance of a repressed childhood language. Int J Clin Exp Hypn 18/2: 79 – 88

Fromm E (1984) The theory and practice of hypnoanalysis. In: Wester WC, Smith AH (eds) Clinical hypnosis. A multidisciplinary approach. Lippincott, Philadelphia

Fromm E (1987) Significant developments in clinical hypnosis during the past 25 years. Int J Clin Exp Hypn 35: 215 – 230

Fromm E, Shor R (1979) Hypnosis. Developments in Research and New Perspectives. Aldine/New York

Frumkin LR, Ripley HS, Cox GB (1983) Changes in cerebral hemispheric lateralization with hypnosis. Biol Psychiatry 13: 741 – 750

Frutiger AD (1981) Treatment of penetration phobia through the combined use of systematic desensitization and hypnosis: A case study. Am J Clin Hypn 23: 269 – 273

Fry I, Mason AA, Pearson RS (1964) Effects of hypnosis on allergic skin responses in asthma and hay fever. Br Med J 1: 1145 – 1148

Frytak S, Moertel CG (1981) Management of nausea and vomiting in the cancer patient. J Am Med Assoc 245/4: 393 – 396

Fuchs K (1985) Hypnotherapy in male impotence. Austr J Clin Hypnother Hypn 6: 67 – 73

Fuchs K, Zaidise I, Peretz BA, Paldi E (1985) Hypnotherapy in male impotency. In: Waxman D, Misra PC, Gibson M, Basker MA (eds) Modern trends in hypnosis. Plenum, New York/NY
Fuchs K, Hoch A, Paldi E, Abramovici H, Brandes JM, Timor-Tritsch I, Kleinhaus M (1973) Hypnodesensitization therapy of vaginismus. Part I „In vitro“ method. Part II „In vivo“ method. Int J Clin Exp Hypn 21: 144 – 156
Fung YC (1984) Biodynamics: circulation. Springer, Berlin Heidelberg New York Tokyo
Furneaux WD (1952) Primary suggestibility and hypnotic susceptibility in a group situation. J Gen Psychol 9: 195 – 214

Gaehtgens P (1980) Flow of blood through narrow capillaries: Rheological mechanisms determining capillary hematocrit and apparent viscosity. Biorheology 17: 183 – 189
Gaehtgens P, Albrecht KH, Kreutz F (1978) Fahraeus effect and cell screening during tube flow of blood, I. Effect of variation of flow rate. Biorheology 15: 147 – 154
Gaehtgens P, Pries AR, Nobis U (1984) Flow behavior of white cells in capillaries. In: Meiselman HJ, Lichtman MA, LaCelle PL (eds) White cell mechanics: Basic science and clinical aspects. Liss, New York/NY, pp 147 – 157
Gagnon JH, Rosen RC, Leiblum SR (1982) Cognitive and social aspects of sexual dysfunction: Sexual scripts on sex therapy. J Sex Marital Ther 8: 44 – 56
Galbraith GCP, London MP, Leibovitz MP, Cooper LM, Hart JT (1972) EFG and hypnotic susceptibility. J Comp Physiol Psychol 80: 500 – 514
Gamble JR, Harlan JM, Klebanoff SJ, Vadas MA (1985) Stimulation of adherence of neutrophils to umbilical vein endothelium by human recombinant tumor necrosis factor. Proc Natl Acad Sci USA 82: 8667
Gardner GG (1976) Childhood, death and human dignity: Hypnotherapy for David. Int J Clin Exp Hypn 24: 122 – 139
Gassner JJ (1774) Weise, fromm und gesund zu leben, auch gottselig zu sterben, oder nützlicher Unterricht, wider den Teufel zu streiten etc. Hochfürstliche Buchdruckerei Kempten, Kempten
Gazzaniga MS (1985) The social brain. Basic Books, New York/NY
Geister L (1988) Leben mit Asthma, Bronchitis, Emphysem. Jopp, Wiesbaden
Gendlin E (1981) Focusing, Müller, Salzburg
Gerl W (1984) Persönliche Merkmale effektiver Krebstherapeuten. Hypn Kogn 1: 36 – 42
Gerl W (1985) Zum Verhältnis von Beziehung und Technik in der psychologischen Krebstherapie. In: Peter B (Hrsg) Hypnose und Hypnotherapie nach Milton H. Erickson. Pfeiffer, München, S 194 – 213
Gerl W (1986a) Zwei-Sprachen-Ansatz in der Hypnotherapie. Hypn Kogn 3/2: 22 – 28
Gerl W (1986b) Hypnotherapie – Reflexionen und Aktuelles aus der Praxis. Hypn Kogn 3/2
Gerl W (1989) Endogene Depression – Therapie statt Behandlung. In: Peter B, Kraiker C, Revenstorf D (Hrsg) Hypnose und Verhaltenstherapie. Huber, Bern, in Vorbereitung
Gerschman JA, Burrows GD, Rheade PC (1976) Management of orofacial pain and dental phobias. Int J Clin Exp Hypn 24/3: 338
Gerschman JA, Burrows GD, Rheade PC (1977) Orofacial pain. Letter to the Editor. Aust Fam Physician 6/10: 1219
Gerschman JA, Burrows GD, Rheade PC (1978) Hypnotherapy in the treatment of orofacial pain. Aust Dent J 23/6: 492 – 496
Gerschman JA, Burrows GD, Rheade PC (1980) Hypnosis in dentistry. In: Burrows GD, Dennerstein L (eds) Handbook of hypnosis and psychosomatic medicine. Elsevier, Amsterdam, pp 443–479
Geiller A, Mattig W (1986) Das Besprechen. In: Oepen I, Prokop O (Hrsg) Außenseitermethoden in der Medizin: Ursprünge, Gefahren, Konsequenzen. Wissenschaftliche Buchgesellschaft, Darmstadt, S 142 – 150
Gheorghiu VA (1971) Relation between the direct and indirect form of the body-sway-test. Int J Clin Exp Hypn 19: 134 – 139
Gheorghiu VA (1972) On suggestion and suggestibility. Scientia 107: 811 – 860
Gheorghiu VA (1973) Hypnose und Gedächtnis: Untersuchungen zur hypnotischen Hypermnesie und Amnesie. Goldmann, München
Gheorghiu VA (1976) An attempt to control for compliance behavior in the measurement of sensory suggestibility (Summary). Int J Clin Exp Hypn 24/3: 362

Gheorghiu VA (1982) Aspecte psihologice ale sugestiei si sugestibilitatii. In: Gheorghiu VA, Ciofu I (eds) Sugesie si sugestibilitate: Aspecte psihologice si psihofiziologice. Editura Academici, Bukarest, 11 – 148

Gheorghiu VA, Holdevici I (1980) Attempt to test suggestibility by „indirect", „direct" and „indirect-direct" approaches following hypnotic induction. Revues Roumaine des Sciences Sociales 24/2

Gheorghiu VA, Reyher J (1982) The effect of different types of influence on an „indirect-direct" form of a scale of sensory suggestibility. Am J Clin Hypn 24/3: 191 – 199

Gheorghiu VA, Walter B (1989) The effect of suggestion and countersuggestion on motorprocesses. Personality and Individual Differences 10: 239 – 246

Gheorghiu VA, Meiu G, Onofrei A, Timofte G (1966) Experimental investigation on suggestibility: Effects of direct and indirect suggestions. Revue Roumaine des Sciences Sociales, Serie de Psychologie 10: 163 – 174

Gheorghiu VA, Hodapp V, Luudwig C (1975) Attempt to construct a scale for the measurement of the effect of suggestions on perception. Educ Psychol Measur 35: 341 – 352

Gheorghiu VA, Hoeme A, Pieper W (1988a) Beeinflussung motorischer Prozesse durch objektive, vorgetäuschte (suggerierte) und imaginierte Druckreize. Exp Klin Hypn 4: 27 – 50

Gheorghiu VA, Netter P, Tichi HJ (1988b) A test of sensory suggestibility, its dependence on experimental context and its relation to other tests of deception. Abstracts of the 4th International Congress of Psychology, Sidney

Gheorghiu VA, Netter P, Eysenck HJ, Rosenthal R (eds) (1989) Suggestion and Suggestibility, theory and research. Springer, Berlin Heidelberg New York Tokyo

Gidro-Frank L, Bowersbuck MK (1948). A study of the plantar response in hypnotic age regression. J Nerv Ment Dis 107: 443 – 458

Gillespie CR, Peck DF (1980) The effects of biofeedback and guided imagery on finger temperature. Biol Psychol 11/3 – 4: 235 – 247

Gilligan SG (1987) Therapeutic trances. Brunner/Mazel, New York/NY

Gilligan SG (1989a) Psychosomatisches Heilen in der Ericksonschen Hypnotherapie. Hypn Kogn 5: 25 – 34

Gilligan SG (1988b) Symptom phenomena as trance phenomena. In: Zeig JK (ed) Developing Ericksonian Therapy: State of the art. Brunner/Mazel, New York/NY, pp 327 – 352

Gindes BC (1977) New concepts of hypnosis. Julian, New York/NY

Glasersfeld E (1981) Einführung in den radikalen Konstruktivismus. In: Watzlawick P (Hrsg) Die erfundene Wirklichkeit. Piper, München

Glogau RG (1980) How I treat herpes simplex. Med Times 108: 66 – 68

Gloor M, Eicher C (1980) Psychologische Gesichtspunkte bei der Planung der Aknetherapie. Fette, Seifen, Anstrichmittel 82: 570 – 572

Görtz K (1990) Rehabilitation von Schädelhirnverletzungen durch Hypnose. Fallberichte. Experimentelle und Klinische Hypnose 6: 137 – 156

Goetzl EJ, Chemov-Rogan T, Cooke MP, Renold F, Payan DG (1985) Endogenous somatostatin-like peptides of rat basophilic leukemia cells. J Immunol 135: 2707 – 2712

Golan HP (1971) Control of fear reaction in dental patients by hypnosis: Three case reports. Am J Clin Hypn 13: 279 – 284

Goldberg G (1973) The psychological, physiological and hypnotic approach to bruxism in the treatment of periodental disease. J Am Soc Psychosom Dent Med 3: 75 – 91

Goldie L (1956) Hypnosis in the casualty department. Br Med J 2: 1340 – 1342

Goldman L (1950) Area diagrams as a technique of psychotherapy in the cure of warts. Urol Cutan Rev 54: 90 – 95

Goldsmith HL, Spain S (1984) Radial distribution of white cells intube flow. In: Meiselman HJ, Lichtman MA, LaCelle PL (eds) White cell mechanics: Basic Science and Clinical Aspects. Liss, New York/NY, pp 131 – 146

Goldstein A, Hilgard ER (1975) Lack of influence of the morphine antagonist naloxone on hypnotic analgesia. Proc Natl Acad Sci USA 72: 2041 – 2043

Goldwynn J (1930) The effect of hypnosis on basal metabolism. Arch Intern Med 45: 109 – 114

Goodman HP (1962) Hypnosis in prolonged resistant eczema: A case report. Am J Clin Hypn 5: 144 – 145

Goolishian H (1987) Die Kunst der ziellosen Kommunikation. Colportage 4: 8 – 10
Gordon BL (1949) Medicine throughout antiquity. Philadilphia
Gordon D (1978, dt 1986) Therapeutic metaphors. Meta, Cupertino/CA. (Dt.: Therapeutische Metaphern. Junfermann, Paderborn)
Gordon D, Meyers-Anderson M (1986) Phoenix. Therapeutische Strategien von Milton H. Erickson. Isko, Hamburg
Gordon H, Cohen K (1952) The value of hypnosis in the treatment of skin diseases. Excerpta Medica 13: 361 – 362
Goss EO (1956) Wart charming. Radiography 2: 75 – 77
Gottfredson DK (1973) Hypnosis as an anesthetic in dentistry. Dissertation, Brigham Young University. Diss Abstr Int 33/B3303: 152 – 157
Gottman JM, Markman J (1978) Experimental design for psychotherapy research. In: Bergin AE, Garfield SL (eds) Handbook of psychotherapy and behavior change. Wiley & Sons, New York/NY
Gould SS,Tissler DM (1984) The use of hypnosis in the treatment of herpes simplex II. Am J Clin Hypn 26: 171 – 174
Goulding M, Goulding R-L (1979) Changing lives through redecision therapy. Brunner/Mazel, New York/NY. (Dt. 1986: Neuentscheidung. Ein Modell der Psychotherapie, 2. Aufl. Klett-Cotta, Stuttgart)
Grabowska MJ (1971) The effect of hypnosis and hypnotic suggestion on the blood flow in the extremities. Pol Med J 10: 1044 – 1051
Grace WJ, Graham DT (1952) Relationship of specific attitudes and emotions. Psychosom Med 14: 243–251
Graham DT, Stern JA, Winokur G (1958) Experimental investigation of the specifity of attitude hypothesis in psychosomatic disease. Psychosom Med 20: 446 – 457
Graham G (1974) Hypnoanalysis in dental practice. Am J Clin Hypn 16: 178 – 187
Graunke B, Roberts TK (1985) Neurolinguistic programming: the impact of imagery tasks on sensory predicate usage. J Couns Psychol 32: 525-530
Gravitz MA (1981) The production of warts by suggestion as acultural phenomenon. Am J Clin Hypn 23: 281 – 283
Gravitz MA (1987) Two centuries of hypnosis speciality journals. Int J Clin Exp Hypn 35: 265 – 276
Gravitz MA, Gerton MI (1984) Hypnosis in the historical development of psychotherapy. In: Wester WC, Smith AH (eds) Clinical hypnosis – a multidisciplinary approach. Lippincott, Philadelphia, pp 1 – 17
Grawe K, Dziwas H, Wedel S (1980) Interaktionelle Problemlösegruppen. In: Grawe K (Hrsg) Verhaltenstherapie in Gruppen. Urban & Schwarzenberg, München
Greene RJ, Reyher J (1972) Pain tolerance in hypnotic analgesic and imagination states. J Abnorm Psychol 79: 29 – 38
Greenleaf E (1969) Developmental-stage regression through hypnosis. Am J Clin Hypn 12: 20 – 36
Greenleaf JE, Convertino VA, Mangseth GR (1979) Plasma volume during stress in man: Osmolality and red cell volume. J Appl Physiol: Respir Environ Exerc Physiol 47: 1031 – 1038
Greer S, Silberfarb PM (1982) Psychological concomitants of cancer: Current state of research. Psychol Med 12/3: 563 – 573
Gréssot M (1955) Les rélations de transfer dans la medicine des cultures primitives. L'Évolution Psychiatrique 2: 251 – 270
Grether WF (1940) A comment on „the induction of colour blindness by a technique of hypnotic suggestion". J Gen Psychol 23: 207 – 210
Grimes FV (1948) An experimental analysis of the nature of suggestibility and its relations to other psychological factors. Stud Psychol Psychiat Cathol Univ Am 7: 4
Grinder J, Bandler R (1976) The structure of magic, vol II. Science & Behavior, Palo Alto/CA
Grinder J, Bandler R (1984) Therapie in Trance. Klett-Cotta, Stuttgart
Grinder J, DeLozier J, Bandler R (1977, 1979) Patterns of the hypnotic techniques of Milton H. Erickson M.D. vol II. Meta, Cupertino/CA
Groen JJ (1976) Present status of the psychosomatic approach to bronchial asthma. In: Mill O (ed) Modern trends in psychosomatic medicine. Butterworths, London

Grothgar B, Scholz OB, Glowania H-J (1987) Psychische Veränderungen von Aknepatienten in Abhängigkeit von einer dermatologischen Behandlung. Vortrag am 1. Kongress der Deutschen Gesellschaft für Verhaltensmedizin und Verhaltensmodifikation, München, (April 2 – 4)
Grothgar B (1989) Veränderungen psychophysiologischer Reaktionen von Aknepatienten während einer dermatologischen Behandlung. Vortrag am 2. Kongress der Deutschen Gesellschaft für Verhaltensmedizin und Verhaltensmodifikation, München, (März 16 – 18)
Grumach L (1927) über Suggestivbehandlung von Warzen. Münch Med Wochenschr 74: 1093 – 1094
Grünholz G (1971) Visualisierung psychodynamischer Prozesse durch die autogene Imagination. Praxis Psychoth 16/2: 75 – 88
Gruzelier J, Brow T, Perry A, Ronder J, Thomas M (1984) Hypnotic susceptibility: A lateral predisposition and altered cerebral asymmetry under hypnosis. Int J Psychophysiol 2: 131 – 139
Gudjonsson GH (1983) Suggestibility, intelligence, memory recall and personality. An experimental study. Br J Psychiatry 142: 35 – 37
Gudjonsson GH (1984) A new scale of interrogative suggestibility. Personality and Individual Differences 5: 303 – 314
Gudjonsson GH (1997a) A parallel form of the Gudjonsson Suggestibility Scale. Br J Clin Psychol 26: 215 – 221
Gudjonsson GH (1987b) Historical background to suggestibility: How interrogative suggestibility differs from other types of suggestions. Personality and Individual Differences 3: 347 – 355
Guerra G, Guantieri G, Tagliara F (1985) Hypnosis and plasmatic beta-endorphins. In: Waxman D, Misra P, Gibson M, Basker M (eds) Modern trends in hypnosis. Plenum, New York/NY
Guillain G (1955) J.M. Charcot (1825 – 1893) Sa vie, son oeuvre. Masson, Paris
Guillerey M (1955) Une nouvelle méthode psychothérapique. Psyche 1: 405 – 436
Guinan ME, MacCaiman J, Kern ER, Overall JC, Spruance SL (1981) The course of untreated genital herpes simplex infection in 27 women. New Engl J Med 304: 759 – 763

Hadfield JA (1917) The influence of hypnotic suggestion on inflammatory conditions. Lancet 2: 678 – 679
Hadfield JA (1920) Functional nerve disease. H Frowde, London
Hadfield JA, Oxon MA, Eden CG (1920) The influence of suggestion on body temperature. Lancet 2: 68 – 69
Haken H(1984) Erfolgsgeheimnisse der Natur. Synergetik: Die Lehre vom Zusammenwirken. Ullstein, Frankfurt am Main
Halama P (1989) Die Veränderung der kortikalen Durchblutung vor und in Hypnose. Exp Klin Hypn 5: 19 – 26
Halama P (1990) Neurophysiologische Untersuchungen vor und in Hypnose am menschlichen Cortex mittels SPECT-Untersuchung (Pilotstudie). Experimentelle und Klinische Hypnose 6: 65 – 74
Haley J (1955) Paradoxes in play, fantasy, and psychotherapy. Psychiatr Res Rep Am Psychiatr Assoc 2: 52 – 58
Haley J (1970) Advanced techniques of hypnosis and therapy. Grune & Stratton, New York/NY
Haley J (1973, dt 1978a) Uncommon therapy. The psychiatric techniques of Milton H. Erickson M.D. Norton, New York/NY. (Dt.: Die Psychotherapie Milton H. Ericksons. Pfeiffer, München)
Haley J (1978b) Gemeinsamer Nenner Interaktion – Strategien der Psychotherapie. Pfeiffer, München
Haley J (1984) Ordeal therapy. Jossey-Bass, San Francisco
Hall H (1983) Hypnosis and the immune system: A review with implications for cancer and the psychology of healing. Am J Clin Hypn 25/2: 92 – 103
Hall JA, Crasilneck HB (1970) Development of a hypnotic technique for treating chronic cigarette smoking. Int J Clin Exp Hypn 18: 283 – 289
Hall NR, McGillis JP, Spangelo BL, Goldstein AL (1985) Evidence that thymosins and other biologic response modifiers can function as neuroactive immunotransmitters. J Immunol 135: 806 – 811
Hammer AG, Walker WL, Diment AD (1979) A nonsuggested effect of tranceinduction. In: Frankel FH, Zamansky HS (eds) Hypnosis, at its bicentennial. Plenum, New York/NY

Hammond DC (1990) Hypnotic Suggestions and Metaphors. Norton, New York/NY
Hand I (1986) Verhaltenstherapie und kognitive Therapie in der Psychiatrie. In: Kisker KP, Lauter H, Meyer JE, Müller C, Strömgren E (Hrsg) Psychiatrie der Gegenwart: Band I. Neurosen, psychosomatische Erkrankungen, Psychotherapie. Springer, Berlin Heidelberg New York Tokyo
Handlon JH, Wadeson RW, Fishman JR, Sachar EJ, Hamburg DA, Mason JW (1962) Psychological factors lowering plasma 17hydroxycorticosteroid concentration. Psychosom Med 24: 535–542
Hanley FW (1974) Individual Hypnotherapy of asthma. Am J Clin Hypn 16: 275
Hannington – Kiff J (1969) Fainting and collapse in dental practice. Dent Pract 20: 2 – 7
Hansen O, Kerekjarto M v, Müller L, Stute J (1979) Differenzierung von Patienten mit Asthma bronchiale anhand verschiedener Verfahren zur Allergie-Diagnostik, Med Psychol 7/5: 12 – 23
Hansmann M (1957) Die Psychologie Franz Anton Mesmers. Gestaltanalytische Untersuchungen der Lehre FA Mesmers und ihrer Entwicklungsphasen. Inaug. Dissertation, Universität Graz
Hansmann M (1985) Mesmer in Wien. In: Schott H (Hrsg) Franz Anton Mesmer und die Geschichte des Mesmerismus. F Steiner, Wiesbaden
Happich C (1939) Bildbewußtsein und schöpferische Situation. Deutsche Medizinische Wochenschrift 68: 68 – 69
Harding HG (1978) Complications arising from hypnosis for entertainment. In: Frankel FH, Zamansky HS (eds) Hypnosis at its bicentennial. Plenum, New York/NY
Hare-Mustin RT, Marecek J, Kaplan AG, Liss-Levinson N (1979) Rights of clients, responsibilities of therapists. Am Psychol 34/1: 3 – 16
Hargens J (1983) Psychotherapie und Psychotherapeut. Partnerberatung 4: 161 – 165
Harriman PL (1942a) Hypnotic induction of colour vision anomalies: I. The use of the Ishihara and Jensen tests to verify the acceptance of suggested colour blindness. J Gen Psychol 26: 289 – 298
Harriman PL (1942b) Hypnotic induction of colour vision anomalies: II. Results on two other tests of colour blindness. J Gen Psychol 27: 81 – 92
Hartland J (1967) The general principles of suggestion. Am J Clin Hypn 9/3: 211 – 219
Hartland J (1971) Medical and dental hypnosis. Williams & Wilkins, Baltimore
Hartland J (1977) Medical and dental hypnosis, 2nd edn. Bailliere Tindall Cassell, London
Hartley RB (1968) Hypnosis for alleviation of pain in treatment of burns: Case report. Arch Phys Med Rehabil 49: 39 – 47
Hartmann WE, Fithian NA (1972) The treatment of sexual dysfunction. Center for Marital and Sexual Studies, Long Beach
Hauch M, Arentewicz G, Gaschae H (1980) Manual zur Paartherapie sexueller Funktionsstörungen. In: Arentewicz G, Schmidt G (Hrsg) Sexuell gestörte Beziehungen. Springer, Berlin Heidelberg New York
Hawkins MJ (1992) Cancer clinical trials can be used to evaluate psychological therapies. Advances 8/3: 21 – 25
Hedqvist P (1969) Modulating effect of prostaglandin E2 on noradrenalin release from the isolated cat spleen. Acta Physiol Scand 75: 511
Heilig R, Hoff H (1928) Über psychogene Entstehung des Herpes labialis. Med Klin 24: 1472
Heisenberg W (1955) Das Naturbild der heutigen Physik. In: Rowohlts Deutscher Enzyklopädie, Bd VIII. Rowohlt, Reinbek
Heisenberg W (1984) Schritte über Grenzen. Piper, München
Hellier EF (1951) The treatment of warts with x-rays. Is their action physical or psychological. Br J Dermatol 63: 193 – 194
Hennig H (1986) Zur Anwendung von Imaginationen im katathymen Bilderleben. Psychother Psychosom Med Psychol 3672: 64 – 88
Herbst TJ, Raichle ME, Ferrendelli JA (1979) Beta-adrenergic regulation of adenosine 3'5'-monophosphate concentration in brain microvessels. Science 204: 330 – 332
Herzog (1830) Hexe, Hexerei. Leipzig
Hilgard ER (1963) Ability to resist suggestions within the hypnotic state: Responsiveness to conflicting communication. Psychol Rep 12: 3 – 13
Hilgard ER (1965) Hypnotic susceptibility, Harcourt, Brace & World, New York/NY
Hilgard ER (1966) Posthypnotic amnesia: Experiments and theory. Int J Clin Exp Hypn 14/2: 104 – 111

Hilgard ER (1973) The domain of hypnosis: With some comments on alternative paradigms. Am Psychol 23: 972 – 982

Hilgard ER (1977) Divided consciousness: Multiple controls in human thought and action. Wiley & Sons, New York/NY

Hilgard ER (1979) Divided consciousness in hypnosis: The implications of the hidden observer. In: Fromm E, Shor RE (eds) Hypnosis: Developments in research and new perspectives, rev 2nd edn. Aldine, New York/NY, pp 45 – 79

Hilgard ER (1987) Research advances in hypnosis: Issues and methods. Int J Clin Exp Hypn 19/4: 248 – 264

Hilgard ER (1988) Milton Erickson as playwright and director. Int J Clin Exp Hypn 36/3: 128 – 140

Hilgard ER, Cooper LM (1965) Spontaneous and suggested posthypnotic amnesia. Int J Clin Exp Hypn 13: 261 – 273

Hilgard ER, Hilgard JR ([2]1983, [1]1975) Hypnosis in the relief of pain. Kaufman, Los Altos/CA

Hilgard ER, Tart CT (1966) Responsiveness to suggestions following waking and imagination instructions and following induction of hypnosis. J Abnorm Psychol 71: 196 – 208

Hilgard JR (1974) Seguelae to hypnosis. Int J Clin Exp Hypn 22: 281 – 296

Hilgard JR, LeBaron S (1992) Relief of anxiety and pain in children and adolescents with cancer: Quantitative measures and clinical observations. Int J Clin Exp Hypn 4: 417 – 442

Hilgard JR, LeBaron S (1984) Hypnotherapy of pain in children with cancer. Kaufman, Los Altos/CA

Hilgard JR, LeBaron S (1985) Hypnosis in the treatment of pain and anxiety in children with cancer: A clinical and quantitative investigation. Kaufman, Los Altos/CA

Hilgard JR, Morgan AH (1978) Treatment of anxiety and pain in childhood cancer through hypnosis. In: Frankel FH, Zamansky HS (eds) Hypnosis at its bicentennial. Plenum, New York/NY

Hill CE, Helms JE, Tichenor V, Spiegel SB, O'Grady KE et al. (1988) Effects of therapist response modes in brief psychotherapy. J Couns Psychol 35: 222 – 233

Hodge JR (1988) Can Hypnosis help psychosis. Am J Clin Hypn 30: 248 – 256

Hoffman ML (1982 – 1983) Hypnotic desensitization for the management of anticipatory emesis in chemotherapy. Am J Clin Hypn 273: 173 – 176

Hoffmann B (1981) Autogenes Training und Psychoanalyse. Ein Bericht über die Arbeit einer französischen Forschergruppe. Praxis der Psychotherapie und Psychosomatik 26: 61 – 66

Hoffmann B (1985) Handbuch des autogenen Trainings. dtv, München

Höfling S, Dworzak H, Butollo W, Neef W (1983) Der Angstprozeß unter verschieden hohen Thalamonaldosen zur Prämediaktion. Anästhesist 32: 512 – 518

Hofstadter DR (1988) Metamagicum: Fragen nach der Essenz von Geist und Struktur. Klett-Cotta, Stuttgart

Holden C (1978) Cancer and the mind: How are they connected? Science 200: 1363 – 1369

Hollander MD (1959) Acne and hypnosis. Am J Clin Hypn 1: 111 – 127

Holmes TH, Rahe RH (1967) The social rejustment rating scale. J Psychosom Res 11: 213 – 218

Holroyd J (1980) Hypnosis treatment for smoking and evaluative review. Int J Clin Exp Hypn 28: 341 – 356

Hoover R, Folger R, Haering W, Ware B, Kamovsky M (1980) Adhesion of leukocytes to endothelium: Roles of divalent cations, surface charge, chemotactic agents and substrate. J Cell Sci 45: 73

Hoover R, Karnovsky M, Austen KF, Corey EJ, Lewis RA (1984) Leukotriene B4 action on endothelium mediates augmented neutrophil/endothelial adhesion. Proc Natl Acad Sci USA 81: 2191–2193

Hoppe F (1985) Direkte und indirekte Suggestionen in der hypnotischen Beeinflussung chronischer Schmerzen: Empirische Untersuchungen. In: Peter B (Hrsg) Hypnose und Hypnotherapie nach Milton H. Erickson. Pfeiffer, München, S 58 – 75

Hoppe F (1986) Direkte und indirekte Suggestionen in der hypnotischen Beeinflussung chronischer Schmerzen: Theoretische Ansätze und empirische Untersuchungen. Lang, Frankfurt am Main

Hoppe F (1989a) Symptom- und problemorientiertes hypnosetherapeutisches Vorgehen bei einem Patienten mit chronischen Schmerzen. In: Peter B, Kraiker C, Revenstorf D (Hrsg) Hypnose und Verhaltenstherapie. Huber, Bern, im Druck

Hoppe F (1989b) Psychologische Mechanismen hypnotischer Schmerzlinderung, DFG – Bericht (Az. Ho 848), Universität Hamburg

Hoppe F (1989c) Hamburger Schmerzadjektivliste, Handanweisung. Beltz, Weinheim, im Druck

Hoppe F (1989d) Hypnosetherapie chronischer Schmerzen. Kohlhammer, Stuttgart, in Vorbereitung

Hoppe F, Winden E (1986) Hypnotische Schmerzlinderung. Erklärungsansätze, Vorgehensweisen und Befunde. Hypn Kogn 3: 9 – 26

Horowitz MJ (1970) Image formation and cognition. Appleton, New York/NY

Horowitz SL (1976) Strategies for reducing phobic behavior. In: Dengrove E (ed) Hypnosis and behavior therapy. CC Thomas, Springfield/IL

Houston J (1982, dt 1987) The possible human. JP Tarcher, Los Angeles/CA. (Dt.: Der mögliche Mensch. Rowohlt, Reinbek)

Howard L, Reardon JP, Tosi D (1982) Modifying migraine headache through rational stage directed hypnotherapy: A cognitive experiential perspective. Int J Clin Exp Hypn 30: 257 – 269

Huber H, Huber D (1979) Autogenic training and rational-emotive therapy for long-term migraine patients. Behavioural analysis and Modification, 3: 169 – 177

Hughes H, Gray S, Toledo JR, Olen E (1981) Psychological treatment of skin disorders. Journal Supplement Abstract Service. Catalog of Selected Documents in Psychology 11: 86

Hughes H, Brown BW, Lawlis GF, Fulton JE (1983) Treatment of acne vulgaris by biofeedback relaxation and cognitive imagery. J Psychosom Res 27: 185 – 191

Hull CL (1933) Hypnotism and suggestibility: An experimental approach. Appleton-Century-Crofts, New York/NY

Hussain A (1964) Behavior therapy using hypnosis. In: Wolpe J, Salter A, Reyna LJ (eds) The conditioning therapies. Holt, Rinehart & Winston, New York/NY

Ikemi Y, Nakagawa S (1962) A psychosomatic study of courageous dermatitis. Kyushu J Med Sci 13: 335 – 350

Izard CE (1977) Human emotions. Plenum, New York/NY. (Dt. 1981: Die Emotionen des Menschen. Eine Einführung in die Grundlagen der Emotionspsychologie. Beltz, Weinheim Basel)

Jackson TL, Barkley RA, Pashko S (1976) The effects of hypnotic induction versus high motivation on oral temperature measures. Int J Clin Exp Hypn 24: 22 – 28

Jackson TL, Hastings JE (1981) Hypnosis and oral temperature: not correlated. Am J Clin Hypn 23: 278 – 280

Jacobson AM, Hackett TP, Surman OS, Silverberg EL (1973) Raynaud phenomenon. Treatment with hypnotic and operant technique. J Am Med Assoc 225: 739 – 740

Jacobson E (1938) Progressive relaxation. University of Chicago Press, Chicago

Jacobson E (ed) (1967) Tension in medicine. CC Thomas, Springfield/IL

Jaeggi E (1979) Kognitive Verhaltenstherapie: Kritik und Neubestimmung eines aktuellen Konzeptes. Beltz, Weinheim

James W (1890) Principles of psychology (2 vols). Holt, New York/NY

Janet P (1889) L'Automatisme psychologique. Alcan, Paris

Janet P (1904) L'Amnesie et la dissociation des souvenirs. Journal de Psychologie 1: 28 – 37

Janet P (1925) Psychological healing. MacMillan, New York/NY

Janssen K, Neutgens J (1986) Autogenic training and progressive relaxation in the treatment of three kinds of headache. Beh Res Ther 24/2: 199 – 208

Jaynes J (1978, dt 1985) The origin of consciousness in the breakdown of the bicameral mind. Houghton Miffin, Boston (Dt.: Der Ursprung des Bewußtseins durch den Zusammenbruch der bikameralen Psyche. Rowohlt, Reinbek)

Jeffrey TB, Jeffrey LK, Greuling JW, Gentry WR (1985) Evaluation of a brief group treatment package including hypnotic induction for maintainance of smoking cessation. Int J Clin Exp Hypn 33/2: 95 – 98

Jemmott JR, Locke SE (1984) Psychosocial factors, immunologic medication, and human susceptibility to infectious disease: How much do we know? Psychol Bull 95: 78 – 108

Jencks B (1978) Utilizing the phases of the breathing rhythm in hypnosis. In: Frankel FH, Zamansky HS (eds) Hypnosis at its bicentennial. Plenum, New York/NY, pp 169 – 182

Jennesse A (1944) Hypnotism. In: Hunt JMV (ed) Personality and the behavior disorders. Roland, New York/NY, pp 496 – 510

Johnson LC (1970) A psychophysiology for all states. Psychophysiology 6: 501 – 516

Johnson RF, Barber TX (1976) Hypnotic suggestions for blister formation: Subjective and physiological effects. Am J Clin Hypn 18: 172 – 181

Johnson RFQ, Barber TX (1978) Hypnosis, suggestions, and warts: An experimental investigation implicating the importance of „believed-in efficacy". Am J Clin Hypn 20: 165 – 174

Jones C (1951) Hypnose an Mensch und Tier. Rudolp'sche Verlagsbuchhandlung, Lindau

Jores A, Kerekjarto M v (1967) Der Asthmatiker. Huber, Bern

Jovanović UJ (1988) Methodik und Theorie der Hypnose – Psychobiologische Grundlagen, Hypnosetechnik, Phänomenologie, Mechanismen. Fischer, Stuttgart

Jovanović UJ (1989) Angewandte und klinische Hypnose – Sozialwesen, Forensische Medizin, Psychodiagnostik, Äthiopathognese, Psychopathologie, Thanatologie. Fischer, Stuttgart. In Vorbereitung

Jung CG (1941) Paracelsus als Arzt. Schweiz Med Wochenschrift 40: 1153 – 1158

Jung CG (1968) Der Mensch und seine Symbole. Walter, Olten

Jung CG (1984) Das Grundwerk, Bd I. Walter, Olten

Jungbauer G (1934) Deutsche Volksmedizin. De Gruyter, Berlin

Junstad M, Wennmalm A (1973) On the release of prostaglandin E2 from the rabbit heart following infusion of noradrenaline. Acta Physiol Scand 87: 573

Kaiser R (1983) Geisteskrankheiten sind Gehirnkrankheiten. Pahl-Rugenstein, Köln

Kaluza K (1983) Essentielle Hypertonie als psychosomatisches Problem. Dissertation, Universität Münster

Kaneko Z, Takaishi N (1963) Psychosomatic studies on chronic urticaria. Folia Psychiatr Neurol Jpn 17: 16 – 24

Kaplan HS (1979) Sexualtherapie: Ein neuer Weg für die Praxis. Enke, Stuttgart

Karlin RA, McKeon P (1978) Anwendung der Hypnose in der Multimodal-Therapie. In: Lazarus AA (Hrsg) Multimodale Verhaltenstherapie. Fachbuchhandlung für Psychologie, Frankfurt am Main, S 206 – 227

Kaschel R (1987) Verhaltensmedizinische Aspekte der atopischen Dermatitis – eine Pilotstudie. Diplomarbeit, Psychologisches Institut der Universität Tübingen

Kaschel R, Miltner W, Egenrieder H, Lischka G (1989) Verhaltenstherapie bei utopischem Ekzem: Ein Trainingsprogramm für ambulante und stationäre Patienten. Zur Rolle psychosozialer Faktoren bei der Entstehung, Aufrechterhaltung und Behandlung des atopischen Ekzems. Aktuel Dermatol 15: 275 – 280

Kaschel R, Miltner W, Egenrieder H, Lischka G, Niederberger U (1990) Eine Pilotstudie mit fünf kontrollierten Einzelfällen bei atopischen Dermatitis. Verhaltensmedizin & Verhaltensmodifikation 11: 5 – 23

Kaschel R, Revenstorf D, Wörz B (1991) Hypnose und Haut: Trends und Perspektiven. Experimentelle und Klinische Hypnose 7: 65 – 82

Kaser VA (1986) The effects of an auditory subliminal message upon the production of images and dreams. J Nerv Ment Dis 174/7: 397 – 407

Kaye JM (1984) Hypnotherapy and family therapy for the cancer patient. Am J Clin Hypn 27: 38 – 41

Kealer B (1988) Datenerhebung mit imaginativen Techniken. In: Laux J (Hrsg) Klinische Hypnose. Centaurus, Pfaffenweiler

Keefe FJ (1975) Conditioning changes in differential skin temperature. Percept Mot Skills 40: 283 – 288

Keefe FJ, Surwit RS, Pilon RN (1980) Biofeedback, autogenic training, and progressive relaxation in the treatment of Raynaud's Disease: A comparative study. J Appl Behav Anal 13/1: 3 – 11

Keefe FJ, Surwit RS, Pilon RN (1981) Collagen vascular discase: Can behavior therapy help? J Behav Ther Exp Psychiatry 12/2: 171 – 175

Keeney BP (1982) Not pragmatics, not aesthetics. Fam Process 21/4: 429 – 434

Keller G, Thewalt B (1980) Effekte eines Konzentrationstrainings. Psychologie in Erziehung und Unterricht 27: 170 – 173

Kelso HG, Bryson-Brockmann WA (1985) Peripheral temperature control using biofeedback and autogenic training: A comparison study. Clinical Biofeedback and Health: An International Journal, 8/1: 37 – 44

Kelton A, Belar CD (1983) The relative efficacy of autogenic phrases and autogenic-feedback training in teaching hand warming to children. Biofeedback Self Regul 8/3: 461 – 475

Kepecs JG, Robin M, Brunner MJ (1951) Relationship between certain emotional states and exsudation into the skin. Psychosom Med 13: 10 – 17

Kidd CB (1966) Congenital ichthyosiform erythrodermia treated by hypnosis. Br J Dermatol 78: 101 – 105

Kiecolt – Glaser JK, Glaser R (1986) Psychological influences on immunity. Psychosom 27: 621–624

Kiecolt – Glaser JK, Glaser R, Strain JC, Stout JC, Tarr KL, Holliday JE, Speicher CE (1986) Modulation of cellular immunity in medical students. J Behav Med 9: 5 – 21

Kiesewetter C (1893) Franz Anton Mesmers Leben und Lehre. Spohr, Leipzig

Kiev A (1972) Trans-cultural psychiatry. Free Press, New York/NY

Kihlstrom JF (1978) Context and cognition in posthypnotic amnesia. Int J Clin Exp Hypn 26/4: 246–267

Kihlstrom JF, Evans FJ (1979) Memory retrieval processes during posthypnotic amnesia. In: Kihlstrom JF, Evans FJ (eds) Functional disorders of memory. Lawrence Erlbaum, Hillsdale/NJ, pp 179 – 218

Kihlstrom JF, Shor RE (1978) Recall and recognition during posthypnotic amnesia. Int J Clin Exp Hypn 26: 330 – 349

Kinsman RA, Dirks JF, Jones NF, Dahlem NW (1980) Anxiety reduction in asthma: Four catches to general application. Psychosom Med 42/4: 397 – 405

Kinsman RA, Dirks JF, Schraa JC (1981) Psychomaintainance in asthma. Personal styles affecting medical management. Respir Ther 4: 39 – 46

Kirschner T (1988) Positiv denken, kräftig zahlen. Psychologie heute 11: 33 – 36

Kitto H (1957) Die Griechen. Klett, Stuttgart

Klein HE (1987) Biologische Marker bei affektiven Erkrankungen. Springer, Berlin Heidelberg New York Tokyo

Klein J (1982) Immunology. The science of self-nonself discrimination. Wiley & Sons, New York/NY

Kleinhauz M, Beran B (1981) Misuses of hypnosis: A medical emergency and its treatment. Int J Clin Exp Hypn 29: 148 – 161

Kleinhauz M, Beran B (1984) Misuse of hypnosis – A factor in psychopathology. Am J Clin Hypn 26: 283 – 290

Kleinhauz M, Eli I (1987) Potential deleterious effect of hypnosis in the clinical setting. Am J Clin Hypn 29: 155 – 159

Kleinhauz M, Dreyfuss DA, Beran B, Goldberg T, Azikri D (1979) Some after-effects of stage hypnosis – A case study of psychopathological manifestations. Int J Clin Exp Hypn 27: 219 – 226

Kleinknecht T, Meyer KH (1987) StPO Kurzkommentar zu 136a, 37. Aufl. Beck, München

Kleinsorge H (1986) Hypnose: Methodik und Indikation. Fischer, Stuttgart

Kleinsorge H (1987) Hypnose. In: Schimmel KC (Hrsg) Lehrbuch der Naturheilverfahren. Hippokrates, Stuttgart, S 233 – 244

Klimes I, Svabova E, Ponec J, Bakos P, Lichardus B (1984) Acute stress stimulates the red cell sodium pump in rat. Endocrinol Exp 18: 249 – 253

Kline MV (1953) Delimited hypnotherapy – the acceptance of resistance in the treatment of a long-standing neurodermatitis with a sensory-imagery technique. J Clin Exp Hypn 18: 270 – 282

Kline MV (1959) Psoriasis and hypnotherapy. J Clin Exp Hypn 4: 1822

Kline MV (1966) Hypnotic amnesia in psychotherapy. Int J Clin Exp Hypn 14: 112 – 120

Kline MV (1970) The use of extended group hypnotherapy sessions in controlling cigarette habituation. Int J Clin Exp Hypn 18: 270 – 282

Kline MV (1976) Dangerous aspects of the practice of hypnosis and the need for legislative regulation. Clin Psychol 29: 3 – 6

Klinge JE (1971) Atopic dermatitis. J Am Inst Hypn 12: 128 – 131

Knox VJ, Gekoski WL, Shum K, McLaughlin DM (1981) Analgesia for experimentally induced pain: Multiple sessions of acupuncture compared to hypnosis in high and low-susceptible subjects. J Abnorm Psychol 90: 28 – 34

Kockott G, Dittmar F, Nusselt L (1975) Systematic desensitization of erectile impotence: A controlled study. Arch Sex Behav 4: 495 – 500
Kolle K (1955) Psychiatrie. 4. Aufl. Urban & Schwarzenberg, München
Korting GW (1954) Zur Pathogenese des endogenen Ekzems. Thieme, Stuttgart.
Korting GW (1958) Das endogene Ekzem. In: Gottron HA (Hrsg) Dermatologie und Venerologie. Thieme, Stuttgart, S 549 – 593
Korzybski S ([2]1980, [1]1933) Science and sanity. An introduction to Non-Aristotelian systems and general semantics. Institute of General Semantics, Engelwood/NJ
Kosambi DD (1967) Living in prehistory in India. Sci Am 216: 105 – 114
Kossak H-C (1983) Integration der Hypnose in das Konzept der Verhaltenstherapie. Exp Klin Hypn 1/1: 45 – 56
Kossak H-C (1985) Verhaltenstherapie unter Hypnose Selbstkontrolltraining mit dem „hypnotischen Begleiter". Exp Klin Hypn 172: 113 – 142
Kossak H-C (1987) Verhaltenstherapie generalisierter Sozialängste. Exp Klin Hypn 3/1: 13 – 28
Kossak H-C (1987) Verhaltenstherapie nächtlicher Asthmaanfälle. Kognitive Umstrukturierung unter Hypnose. Hypn Kogn 4/1: 41 – 57
Kossak H-C (1989) Hypnose. Ein Lehrbuch. Psychologische Verlags Union, München
Kost PF (1965) Dangers of hypnosis. Int J Clin Exp Hypn 13: 220 – 225
Krafft-Ebing R von (1888) Eine experimentelle Studie auf dem Gebiet des Hypnotismus. Enke, Stuttgart
Krafft-Ebing R von (1893) Hypnotische Experimente. Enke, Stuttgart
Kraiker C (1985) Kognitive Modelle hypnotischer Phänomene. In: Peter B (Hrsg) Hypnose und Hypnotherapie nach Milton H. Erickson: Grundlagen und Anwendungsfelder. Pfeiffer, München, S 20 – 30
Kraiker C (1987) Die Geburt der Verhaltenstherapie aus dem Geist der Hypnose. Hypn Kogn 4/1: 1 – 10
Kraiker C, Meiller C (1987) Ausgewählte Literatur zum Thema „Hypnose und Verhaltenstherapie". Hypn Kogn 4/1: 72 – 77
Kraines SH (1969) Hypnosis: Physiologic inhibition and excitation. Psychosom 10: 36 – 41
Krampen G, Ohm D (1974) Effects of relaxation training during rehabilitation of myocardial infarction patients. Int J Rehabil Res 7: 68 – 69
Krause PJ, Herson VC, Boutin-Lebowitz J, Eisenfeld L, Block C, LoBello T, Maderazo EG (1986) Polymorphonuclear leukocyte adherence and chemotaxis in stressed and healthy neonates. Pediatr Res 20: 296 – 300
Krestnikov N (1929) Die heilende Wirkung künstlich hervorgerufener Reproduktionen von pathogenen affektiven Erlebnissen. Arch Psychiatr Nervkr 88: 369 – 410
Kretschmer W (1951) Die meditativen Verfahren in der Psychotherapie. Z Psychoth Med Psycho 1: 105 – 112
Kretschmer W (1982) Psychoanalyse im Widerstreit. Reinhard, München
Kroger WS (1959) Film: Thyroidectomy under hypnoanaesthesia. Wexler Film Co, 802 Seward Hollywood/CA
Kroger WS ([1]1963, [2]1977) Clinical and experimental hypnosis: In medicine, dentistry and psychology, Lippincott, Philadelphia
Kroger WS, Delle ST (1957) Use of hypnoanaesthesia for caesarean sectio and hysterectomy. J Am Med Assoc 163: 442
Kroger WS, Fezler WD (1976) Hypnosis and behavior modification: Imagery conditioning. Lippincott, Philadelphia
Kroger WS, Freed SC (1951) Psychosomatic gynecology. Saunders, Philadelphia
Kröner B, Beitel E (1980) Längsschnittuntersuchung über die Auswirkung des autogenen Trainings auf verschiedene Formen der subjektiv wahrgenommenen Entspannung und des Wohlbefindens. Z Klin Psychol Psychother 28: 127 – 133
Krönet B, Langenbruch B (1982) Untersuchung zur Frage der Indikation von autogenem Training bei kindlichen Konzentrationsstörungen. Psychother Psychosom Med Psychol 32: 15 – 161
Kröner B, Steinacker I (1980) Autogenes Training bei Kindern. Auswirkung auf verschiedene Persönlichkeitsvariablen. Psychother Psychosom Med Psychol 30: 180 – 184
Krucker W (1987) Strukturbildende Psychotherapie. Springer, Berlin Heidelberg New York Tokyo

Krugsch-Pascha H (1893) Aus dem Morgenlande: Altes und Neues. Reclam, Leipzig
Kruse P (1989) Some suggestions about suggestion and hypnosis: A radical constructivist view. In: Gheorghiu V, Netter P, Eysenck HJ, Rosenthal R (eds) Suggestion and suggestibility: Theory and research. Springer, Berlin Heidelberg New York Tokyo
Kruse P, Gheorghiu A (1989) Suggestion, Hypnose, die Kategorie des Unbewußten und das Phänomen der Dissoziation: Ordnungsbildung in kognitiven Systemen. Hypn Kogn 6/2: 49 – 62
Kruse P, Stadler M (1987) Radikaler Konstruktivismus. Psychologische Überlegungen zu einem philosophischen Zweifel. In: Amelang M (Hrsg) Bericht über den 35. Kongreß der Deutschen Gesellschaft für Psychologie in Heidelberg 1986 (Bd II.: 199 – 210). Hogrefe, Göttingen
Kruse W (1978) Der formelhafte Vorsatz, und seine Bedeutung in der Therapie mit dem autogenen Training bei Kindern. Psychother Psychosom Med Psychol 28: 171 – 173
Kuhn T (1962, dt 1967) The structure of scientific revolutions. University Press, Chicago (Dt.: Die Struktur wissenschaftlicher Revolutionen. Suhrkamp, Frankfurt am Main)
Kunzelmann K-H (1986) Hypnose in der Zahnheilkunde. Med. Dissertation, Universität Würzburg
Kunzelmann K-H, Dünninger P (1988) Management of anxiety in the dental office by hypnotic approaches. Paper presented at the 11th International Congress of Hypnosis and Psychosomatic Medicine, Den Haag
Kupsch W (1985) Franz Anton Mesmer. Eine medizingeschichtliche Standortbestimmung von Theorie und Praxis des „tierischen Magnetismus". Inaug. Dissertation, Universität Freiburg
Kutumbiah P (1969) Ancient Indian Medicine. Orient Longmans, Madras

LaBaw WL (1973) Adjunctive trance therapy with severely burned children. Int J Child Psychother 2: 80 – 92
LaBaw WL, Holton C, Eccles D, Tewell K (1975) The use of self hypnosis by children with cancer. Am J Clin Hypn 17: 233 – 238
Labbe EE, Williamson DA (1983) Temperature biofeedback in the treatment of children with migraine headache. Journal of Pediatric Psychology, 8/4: 317 – 326
Labbe EL, Williamson DA (1984) Treatment of childhood migraine using autogenic feedback training. J Consul Clin Psychol 52/6: 968 – 976
Labhardt F (1982) Der Einfluß von autogenem Training bzw. Betablockade auf Streß bei Chirurgen. In: Kielholz P, Siegenthaler W, Taggart W, Zanchetti A (Hrsg) Psychosomatische Herz-Kreislauf-Störungen: wann und wie behandeln. Huber, Bern, S 194 – 196
Lamaze F (1958) Painless childbirth. Psychoprophylactic method. Burke, London
Lang PJ (1979) A bio-informational theory of emotional imagery. Psychophysiology 16: 495 – 512
Langen D (1972) Kompendium medizinischer Hypnose. Karger, Basel
Lankton SR, Lankton CH (1983) The answer within: A clinical framework of Ericksonian Hypnotherapy. Brunner/Mazel, New York/NY
Laplache J, Pontalis JB (1973) Das Vokabular der Psychoanalyse. Suhrkamp, Frankfurt am Main
Larbig W (1982) Schmerz. Grundlagen – Forschung – Therapie. Kohlhammer, Stuttgart
Larbig W (1989) Transkulturelle und laborexperimentelle Untersuchungen zur zentralnervösen Schmerzverarbeitung: Empirische Befunde und klinische Konsequenzen. In: Miltner W, Larbig W, Brengelmann JC (Hrsg) Psychologische Schmerzbehandlung, 2. Aufl. Röttger, München, S 1 – 17
Larbig W, Elbert T, Lutzenberger W, Rockstroh B, Schnerr G, Birbaumer N (1982) EEG and slow-brain potentials during anticipation and control of painful stimulation. Electroencephalograph Clin Neurophysiol 53: 298 – 309
Larbig W, Miltner W (1990) Chronischer Schmerz. Edition Chemie, Weinheim
Larbig W, Schrode M, Heitkamp HC (1988) Psychophysiologische Mechanismen der Schmerzbewältigung bei sportlicher Extrembelastung am Beispiel des Marathonlaufes. In: Spintge R, Droh R (Hrsg) Schmerz und Sport. Springer, Berlin Heidelberg New York Tokyo, S 159 – 169
Laurence JR, Perry C (1981) The „hidden observer" phenomenon in hypnosis. J Abnorm Psychol 90: 334 – 344
Laurence JR, Nadon R, Nogrady H, Perry C (1986) Duality, dissociation, and memory creation in highly hypnotizable subjects. Int J Clin Exp Hypn 34/4: 295 – 310

Lavoie G, Sabourin M (1980) Hypnosis and schizophrenia. A review of experimental and clinical studies. In: Burrows GD, Dennerstein L (eds) Handbook of hypnosis and psychosomatic medicine. Elsevier, Amsterdam, pp 377 – 419
Lazarus AA (1976) Hypnosis as a facilitator in behavior therapy. In: Dengrove E (ed) Hypnosis and behavior therapy. CC Thomas, Springfield/IL
Lazarus AA (1978) Multimodale Verhaltenstherapie. Fachbuchhandlung für Psychologie, Frankfurt am Main
Lazarus AA (1980) Innenbilder: Imagination in der Therapie als Selbsthilfe. Pfeiffer, München
Lazarus AA (1984) An interview with Harold J Lief and Arnold S Lazarus. J Sex Ed Ther 10: 13 – 21
Lazarus AA (1986) Hypnosis with social phobias and stage fright. In: Zilbergeld B, Edelstien M, Gerald A, Daniel L (eds) Hypnosis. Questions & answers. Norton, New York/NY
Lea PA, Ware PD, Monroe RR (1960) The hypnotic control of intractable pain. Am J Clin Hypn 3: 3–8
Lebzeltern G (1983) Wie es zum autogenen Training kam. Praxis der Psychotherapie und der Psychosomatik 28: 240 – 249
Leckie FH (1964) Hypnotherapy in gynecological disorders. Int J Clin Exp Hypn 12: 121 – 146
Leckie FH (1965) Further gynecological conditions treated by hypnotherapy 13: 11 – 25
LeCron LM (1952) The loss during hypnotic age regression of an established conditioned reflex. Psychiatr Q 26: 637 – 662
LeCron LM (1955) The relief of gagging by hypnosis. J Am Soc Psychosom Dent Med 2: 13 – 14
LeCron LM ([2]1987, [1]1977) Selbsthypnose. Ihre Technik und Anwendung im täglichen Leben. Goldmann, München
LeCron LM, Bordeaux J (1947) Hypnotism today. Grune & Stratton, New York/NY
Lenk W (1985) Vorschläge zur Veränderung des Simonton – Programms. In: Peter B (Hrsg) Hypnose und Hypnotherapie nach Milton H. Erickson. Grundlagen und Anwendungsfelder. Pfeiffer, München, S 214 – 223
Lenk W (1988) Psychotherapeutische Behandlung eines Lipoms im Eigenversuch. Hypn Kogn 5/1: 43–52
LeShan L (1966) An emotional life history pattern associated with neoplastic discase. Ann NY Acad Sci 125: 780 – 793
LeShan L (1977) You can fight for your life. Evans, New York/NY
Lester EP, Wittkower MD, Kalz F, Azima H (1962). Phrenotropic drugs in psychosomatic disorders (skin). Am J Psychiatry 119: 136 – 143
Leuner H (1985) Lehrbuch des katathymen Bildererlebens. Huber, Bern
Leuner H, Schroten E (1975) Indikationen und spezifische Applikationen der Hypnosebehandlung. Huber, Bern
Leventhal H (1980) Towards a comprehensive theory of emotion. In: Berkowitz L (ed) Adv Exp Soc Psychol 13: 139 – 207
Levine JL, Kurtz RM, Lauter JL (1984) Hypnosis and its effects on left and right hemisphere activity. Biol Psychiatry 19: 1461 – 1475
Levinson BW (1965) States of awareness during general anaesthesia. Br J Anaesth 37: 544 – 546
Levinson BW (1967) States of awareness during General anaesthesia. In: Lassner J (ed) Hypnosis and psychosomatic medicine. Springer, Berlin Heidelberg New York
Levitt EE, Hershman S (1962) The clinical practice of hypnosis in the United States. Int J Clin Exp Hypn 11: 55 – 65
Lichtenthaeler C (1982) Geschichte der Medizin. Deutscher Ärzte Verlag, Köln
Liébeault AA (1873) bauche de psychologie. Masson & Grosjean, Paris Nancy
Lifschutz JE (1957) Hysterical stigmatization. Am J Psychiatry 114: 526 – 531
Linden M (1977a) Verlaufsstudie des Wechsels der Atmung und des Co_2-Spiegels während des Lernens des autogenen Trainings. Psychother Med Psychol 27: 229 – 234
Linden M (1977b) Verlaufsuntersuchung des Wechsels von Herzschlag und peripherer Zirkulation während der Lernschritte des autogenen Trainings. Psychother Med Psychol 27/4: 148 – 157
Loepes M, Crouzon O (1904) L'action de l'adrenaline sur le sang. Arch Med Exp Anat Pathol 16: 83 – 108
Lohmann R (1983) Vorwort in: Schultz JH Hypnose-Technik. Fischer, Stuttgart
Lolait SJ, Lim ATW, Toh BH, Funder IW (1984) Immunoreactive betaendorphin in a subpopulation of mouse spleen macrophages. J Clin Invest 73: 277 – 280

London P, Hart JT, Leibovitz MP (1968) EEG alpha rhythms and susceptibility to hypnosis. Nature 219: 71
Lopez CA (1966) Mon cher papa Franklin and the Ladies of Paris. Yale University Press, New Haven
LoPiccolo J, Miller VH (1975) A program for enhancing the sexual relationship of normal couples. Couns Psychol 5: 41 – 45
Loth N, Kahan M (1986) Tonsillektomie (Rachenmandeloperation) unter Hypnose. Exp Klin Hypn 2/2: 125 – 128
Lucas ON (1965) Dental extractions in the hemophiliac: Control of the emotional factors by hypnosis. Am J Clin Hypn 7: 301 – 307
Lucas ON, Finkelman A, Tocantins LM (1962) Management of tooth extraction in haemophiliacs by the combined use of hypnotic suggestion, protective splint and packing sockets. J Oral Surg 20: 488 – 500
Lucas ON, Geisler PH (1965) Dental extraction in hemophila. A female: A casereport. Brit J Oral Surg 2: 179 – 183
Ludwig AM (1964) An historical survey of the early roots of Mesmerism. Int J Clin Exp Hypn 12: 205 – 217
Ludwig AM (1966) Altered states of consciousness. Arch Gen Psychiatry 15: 225 – 234
Luparello T, Lyons HA, Becker ER, McFadden ER jr (1968) Influence of suggestion on airway reactivity in asthmatic subjects. Psychosom Med 30: 819 – 825
Luthe W (1969) Autogenic therapy: vol I. Grune & Stratton, New York/NY
Luthe W, Schultz JH (1969) Autogenic therapy, vol II.: Medical applications. Grune & Stratton, New York/NY
Lyles JN, Burish TG, Krozely MG, Oldham RK (1982) Efficacy of relaxation training and guided imagery in reducing the aversiveness of cancer chemotherapy. J Consult Clin Psychol 50/4: 509 – 524

MacGregor RJ, Macarak E, Kefalides NA (1978) Comparative adherence of granulocytes to endothelial monolayers and nylon fibers. J Clin Invest 61: 697 – 702
MacGregor RJ, Friedman H, Macarak E, Kefalides NA (1980) Virus infection of endothelial cells increases granulocyte adherence. J Clin Invest 65: 1469
MacHovec FJ (1979) The cult of Asklipios. Am J Clin Hypn 22: 85 – 90
MacHovec FJ (1986) Hypnosis complications, prevention and risk management. CC Thomas, Springfield/IL
MacHovec FJ (1987) Hypnosis complications: Six cases. Am J Clin Hypn 29/3: 160 – 165
MacHovec FJ, Man SC (1978) Acupuncture and hypnosis compared: Fifty-eight cases. Am J Clin Hypn 21: 45 – 47
MacKay JD, Hayakawa H, Watkins PJ (1978) Cardiovascular effects of insulin: Plasma volume changes in diabetics. Diabetologia 15: 453 – 457
MacLeod-Morgan C (1979) Hypnotic susceptibility, EEG theta and alpha waves, and hemispheric specifity. In: Burrows GD, Collison DR, Dennerstein L (eds) Hypnosis 1979. Elsevier, Amsterdam, pp 181 – 188
MacLeod-Morgan C (1985) Hemispheric specifity and hypnotizability: An overview of ongoing EEG research in South Australia. In: Proceedings of the 9th International Congress of hypnosis and Psychosomatic Medicine. Plenum, New York/NY, pp 169 – 179
Maher-Loughnan GP, MacDonald N, Mason AA (1962) Controlled trial of hypnosis in the symptomatic treatment of asthma. Brit Med J 2: 371 – 374
Maher-Loughnan GP, Kinsley D (1968) Hypnosis for asthma. A controlled trial: A report to the Research Committee of the British Tuberculosis Association. Brit Med J 4: 71 – 76
Mahoney M (1977) Kognitive Verhaltenstherapie. Pfeiffer, München
Malmo RB (1954) Electromyographic study of hypnotic deafness. Am J Clin Hypn 2: 305 – 317
Mangold E (1929) Schlaf und schlafähnliche Zustände bei Mensch und Tieren. Paul Parey, Berlin
Marcus HW (1963) Hypnosis in dentistry. In: Schneck JM (ed) Hypnosis in modern medicine. CC Thomas, Springfield/IL
Margolis CG (1983) Hypnotic imagery with cancer patients. Am J Clin Hypn 25: 128 – 134
Margolis CG, DeClement FM (1980) Hypnosis in the treatment of burns. Burns 6: 253 – 254

Margolis CG, Domangue BB, Ehrleben C, Shrier L (1983) Hypnosis in the early treatment of burns: A pilot study. Am J Clin Hypn 26: 9 – 15

Margraf J, Schneider S (1989) Panik. Angstanfälle und ihre Behandlung. Springer, Berlin Heidelberg New York Tokyo

Marks IM (1969) Fears and phobias. Heinemann Medical Books, London

Marlatt CA, Perry MA (1977) Methoden des Modellernens. In: Kanfer FH, Goldstein AP (Hrsg) Möglichkeiten der Verhaltensänderung. Urban & Schwarzenberg, München, S 133 – 177

Marmer MJ (1959) Hypnoanalgesia and hypnoanesthesia for cardiac surgery. J Am Med Assoc 171: 512 – 517

Marx IL (1985) The immune system „belongs in the body". Science 227: 1190 – 1192

Marxkors R, Müller-Fahlbusch H (1976) Psychogene Prothesenunverträglichkeit, Hanser, München

Maslach C, Marshall GD, Zimbardo PG (1972) Hypnotic control of peripheral skin temperature: A case report. Psychophysiology 9: 600 – 605

Mason AA (1952) A case of congenital ichthyosiform erythrodermia of brocq treated by hypnosis. Br Med J 2: 422 – 423

Mason AA (1955a) Ichthyosis and hypnosis. Br Med J 2: 57

Mason AA (1955b) Surgery under hypnosis. Anaesth 10: 295 – 299

Mason AA, Black S (1958) Allergie skin responses abolished under treatment of asthma and hayfever by hypnosis. Lancett 2: 877 – 880

Masters WH, Johnson VE (1970, dt 1973) Human sexual inadequacy. Little Brown, Boston. (Dt.: Impotenz und Anorgasmie. Goverts, Frankfurt am Main)

Mathews A, Gelder M (1989) Agoraphobie. Springer, Berlin Heidelberg New York Tokyo

Mathews A, Gelder M, Johnston D (1988) Platzangst. Ein Übungsprogramm für Betroffene und Angehörige. Springer, Berlin Heidelberg New York Tokyo

Maturana HR (1982) Erkennen. Die Organisation und Verkörperung von Wirklichkeit. Vieweg, Braunschweig

Maturana HR, Varela FJ (1987) Der Baum der Erkenntnis: Wie wir die Welt durch unsere Wahrnehmung erschaffen – Die biologischen Wurzeln des menschlichen Erkennens. Scherz, Bern

Maurer RE, Tindall JH (1983) Effects of postural congruence on client's perception of counseling empathy. J Couns Psychol 30: 158 – 163

May SR, DeClement FA (1983) Effect of early hypnosis on the cardiovascular and renal physiology of burn patients. Burns 9: 166 – 257

Mayer E (1988) Der intelligente Organismus. Hypn Kogn 5/1: 1 – 11

Mayer L (1937) Das Verbrechen in der Hypnose und seine Aufklärungsmethoden. Lehmann, München

Mayer L (1951) Die Technik der Hypnose. Lehmann, München

Mayer MI (1982) Periaqueductal grey neuronal activity: Correlation with the EEG arousal evoked by noxious stimuli in the rat. Neurosci Lett 297 – 301

Mayrovitz HN, Tuma RF, Wiedeman MP (1976) Analysis and interpretation of pulsatile blood flow in the microcirculation. Excerpta Medica 405: 23

MbangKollo D, DeRoos R (1983) Comparative effects of epinephrine, norepinephrine, and a gentle handling stress on plasma lactate, glucose, and hematocrit levels in the American bullfrog (Rana catesbeiana). Gen Comp Endocrinol 49: 167 – 175

McCay AR (1963) Dental extraction under self-hypnosis. Med J Aust 22: 820

McConkey KM, Perry C (1985) Benjamin Franklin and Mesmerism. Int J Clin Exp Hypn 33: 122–129

McCranie EJ, Crasilneck HB (1955) The conditioned reflex in hypnotic age regression. J Exp Clin Psychopathol 16: 120 – 123

McDowell M (1949) Juvenile warts removed with the use of hypnotic suggestion. Bull Menninger Clin 13: 124 – 126

McDowell M (1959) Hypnosis in dermatology. In: Schneck JM (ed) Hypnosis in modern medicine. CC Thomas, Springfield/IL, pp 101 – 115

McGlashan TH, Evans FJ, Orne MT (1969) The nature of hypnotic analgesia and placebo response to experimental pain. Psychosom Med 31: 227 – 246

McIntire LY, Eskin SG (1984) Mechanical and biochemical aspects of leukocyte interactions with model vessel walls. In: Meiselman HJ, Lichtman MA, LaCelle PL (eds) White cell mechanics: Basic science and clinical aspects. Liss, New York/NY, pp 209 – 219

Perry C, Chisholm W (1973) Hypnotic age regression and the Ponzo and Poggendorff illusions. Int J Clin Exp Hypn 3: 192 – 204
Perry C, Mullen G (1975) The effects of hypnotic susceptibility on reducing smoking behavior treated by a hypnotic technique. J Clin Psychol 31: 498 – 505
Perry C, Gelfand R, Marcovitch P (1979) The relevance of hypnotic susceptibility in the clinical context, J Abnorm Psychol 5: 592 – 603
Pershing T (1964) Die Anwendung des Magnetismus zur Schmerzausschaltung in der Zahnheilkunde. Med. Dissertation, Universität Köln
Peseschkian N (1979) Der Kaufmann und der Papagei. Orientalische Geschichten als Medien in der Psychotherapie. Fischer, Frankfurt am Main
Possin M, Plapp JM, Stern JA (1968) Effects of hypnosis induction and attention direction of electrodermal responses. Am J Clin Hypn 10: 198 – 206
Peter B ([2]1988, [1]1983) Klinische Hypnose. In: Kraiker C, Peter B (Hrsg) Psychotherapieführer. Beck, München, S 219 – 244
Peter B (Hrsg) (1985a) Hypnose und Hypnotherapie nach Milton H. Erickson. Pfeiffer, München
Peter B (1985b) Sinn und Unsinn strategischer Therapie. In: Peter B (Hrsg) Hypnose und Hypnotherapie nach Milton H. Erickson. Pfeiffer, München, S 271 – 284
Peter B (1986) Hypnotherapeutische Schmerzkontrolle. Ein Überblick. Hypn Kogn 3: 27 – 41
Peter B (1987) Dissoziation in kognitiven Therapien. Hypn Kogn 4/1: 22 – 40
Peter B (1988a) Haben wir einen neuen Mesmer nötig: Ein Nachwort. Hypn Kogn 5/2: 87 – 96
Peter B (1988b) Milton H. Ericksons Weg der Hypnose. Hypn Kogn 5/2: 46 – 54
Peter B (1989) Aspekte der Hypnose in der Psychotherapie. Report Psychologie. Zeitschrift des BDP 1: 17 – 22
Peter B, Gerl W (1984) Hypnotherapie in der psychologischen Krebsbehandlung. Hypn Kogn 1/1: 56 – 70
Peter B, Gerl W (1988) Entspannung. Mosaik, München
Peter B, Kraiker C (1984) Hypnotherapie bei Krebserkrankungen. Hypn Kogn 1: 2 – 5
Peter B, Kraiker C, Revenstorf D (1990) Hypnose und Verhaltenstherapie. Huber, Bern
Peters G (1989) Imaginative Schmerztherapie. Dissertation, Universität Hamburg
Peters JE, Stern RM (1971) Specifity of attitude hypothesis in psychosomatic medicine. A reexamination. Psychosom Med 15: 129 – 135
Petrov P, Traikov D, Kalendgiev TZ (1964) A contribution to psychoanesthetization through hypnosis in some stomatological manipulations. Brit J Med Hypn 15: 8 – 16
Pettinati AM (ed) (1988) Hypnosis and memory. Guilford, New York/NY
Philipp RL, Wilde GJS, Day JH (1972) Suggestion and relaxation in asthmatics. J Psychosom Res 16: 193 – 204
Piaget J ([2]1976, [1]1947) Die Psychologie der Intelligenz. Kindler, München
Piaget J (1976) Die Äquilibration der kognitiven Struktur. Klett-Cotta, Stuttgart
Pikoff H (1984) A critical review of autogenic training in America. Clinical Psychology Review 4/6: 619 – 639
Plutchik R (1980) A general psychoevolutionary theory of emotion. In: Plutchik R, Kellerman H (eds) Emotion, theory, research and experience, vol I. Academic Press, New York/NY
Podiapolski PP (1909) Vasomotor disturbances produced by hypnotic suggestion. Zh Nevropatol Psikhiatr 9: 101 – 109
Podmore F (1964) From Mesmer to christian science: A short history of mental healing. Univers Books, New Hyde Park/NY
Poinsard P (1957) In: Brinkhous KM (ed) Hemophilia and hemophiloid disease. International Symposium held at the Ambassador Hotel, New York City, August 24 – 25, 1956. University of North Carolina Press, Chapel Hill, p 453
Polender A (1982) Eine Modifikation des Autogenen Trainings für Kleinkinder. Prax Kinderpsychol Kinderpsychiatr 31: 15 – 19
Polk WM (1983) Treatment of exhibitionism in a 38-year-old male by hypnotically assisted covert sensitization. Int J Clin Exp Hypn 31: 132 – 138
Polster E, Polster M (1975) Gestalttherapie. Kindler, München
Popper KR, Eccles JC (1977, dt 1982) The self and its brain. Springer, Berlin Heidelberg New York. (Dt.: Das Ich und sein Gehirn. Piper, München)

Porter JW, Woodward JA, Bisbee CT, Fenker RM (1972) Effect of hypnotic age regression on the magnitude of the Ponzo illusion. J Abnorm Psychol 79: 189 – 194

Posner ML (1982) A cumulative development of attentional theory. Am Psychol 37: 168 – 179

Prideaux E (1920) Suggestion and suggestibility. Brain 42: 291 – 304

Prigogine I, Stengers I (1986) Dialog mit der Natur: Neue Wege wissenschaftlichen Denkens. Piper, München

Prince R (1986) Hypnotic age regression and the reparenting of self. Trans Analysis J 16: 120 – 127

Pulos L (1980) Mesmerism revisted: The effectiveness of Esdaile's techniques in the production of deep hypnosis and total body hypnoanaesthesia. Am J Clin Hypn 22: 206 – 211

Purcell K, Weiss JH (1970) Asthma. In: Costello CG (ed) Symptoms of psychopathology. Wiley & Sons, New York/NY, pp 597 – 623

Puységur JMP (1784) Raport des cures opérés Bayonne par le magnétisme animal, adressé M.l'abbé de Poulouzat, conseiller clerc au Parlement de Bordeaux, par le comte de Puységur, avec notes de M. Duval d'Espremenil, conseiller au Parlament de Paris. Prault, Bayonne et Paris

Puységur AMJ (1807) Du magnétisme animal, considéré dans ses rapports avec diverses branches de la physique générale. Desenne, Paris

Rabkin SW, Boyko E, Shane F, Kaufert J (1984) A randomized trial comparing smoking cessation programs utilizing behavior modification, health education or hypnosis. Addict Behav 9: 157 – 173

Rachman S, Bergold JB (1970) Verhaltenstherapie bei Phobien. Urban & Schwarzenberg, München

Radin H (1972) Extractions using hypnosis for a patient with bacterial endocarditis. Brit J Clin Hypn 3: 32 – 33

Raikov VL (1983) EEG recordings of experiments in hypnotic age regression. Imagination, Cognition and Personality 3: 115 – 132

Ram Dass, Gorman P (1988) Wie kann ich helfen? Sadhana, Berlin

Rasmussen AF, Spencer ES, Marsh JT (1957) Decrease in susceptibility of mice to passive anaphylaxis following avoidance learning stress. Proc Exp Biol Med 96: 183 – 189

Redd WH, Andrykowski M (1982) Behavioral intervention in cancer treatment: Controlling aversion reactions to chemotherapy. J Consult Clin Psychol 50/6: 1018 – 1029

Redd WH, Andresen GV, Minagawa RY (1982) Hypnotic control of anticipatory emesis in patients receiving cancer chemotherapy. J Consult Clin Psychol 50/1: 14 19

Redd WH, Rosenberger PH, Hendler CS (1983) Controlling chemotherapy side effects. Am J Clin Hypn 2/3: 161 – 172

Rees L (1956) Physical and emotional factors in bronchial asthma. J Psychosom Res 1: 98 – 114

Register PA, Kihlstrom IF (1987) Hypnotic effects on hypermnesia. Int J Clin Exp Hypn 35/3: 155 – 170

Reid AF, Curtsinger G (1968) Physiological changes associated with hypnosis: The effect of hypnosis on temperature. Int J Clin Exp Hypn 16: 11 – 119

Reiff R, Scheerer M (1959) Memory and hypnotic age regression. International University Press, New York/NY

Revenstorf D (1985) Nonverbale und verbale Informationsverarbeitung als Grundlage psychotherapeutischer Interventionen. Hypn Kogn 2: 13 – 35

Revenstorf D (1986a) Hypnose: Anwendungen in der Schmerzforschung. In: Miltner W, Larbig W, Brengelmann JC (Hrsg) Verhaltenstherapie in der Praxis. Röttger, München

Revenstorf D (1986b) Hypnoseforschung, neue Ansätze und Ergebnisse. In: Amelang M (Hrsg) Beric report hat über den 35. Kongress der Deutschen Gesellschaft für Psychologie. Hogrefe, Göttingen, S 102

Revenstorf D (1987) Hypnose und Verhaltenstherapie. Hypn Kogn 4/1: 10 – 22

Revenstorf D (1988) Hypnose: Grundlagen und klinische Anwendungen bei Schmerz. In: Miltner W, Larbig W, Brengelmann JC (Hrsg) Therapieforschung für die Praxis 8: Psychologische Schmerzbehandlung. Röttger, München

Revenstorf D (1989) Das Unbehagen mit dem sogenannten Unbewußten. Hypn Kogn 6: 49 – 58

Revenstorf D (1990) Der Fall einer Herzphobie: In Peter B, Kraiker C, Revenstorf D (Hrsg) Hypnose und Verhaltenstherapie. Huber, Bern

Reynolds BS, Coken BD, Schocket BV (1981) Dating skills training in the group treatment of erectile dysfunction for men without partners. J Sex Marital Ther 3: 184 – 194
Richards MPM, Bemel IF (1972) An observational study of mother-infant interaction. In: Blurton-Jones N (ed) Ethological studies of child behavior. Cambridge University Press, Cambridge
Richter R (1988) Auslösung und Unterhaltung des Asthmas durch psychologische Faktoren. In: Schultze-Werninghaus G, Debelic M (Hrsg) Asthma. Grundlagen, Diagnostik, Therapie. Springer, Berlin Heidelberg New York Tokyo
Richter R, Dahme B (1982) Bronchial Asthma in adults: There is little evidence for the effectiveness of behavioral therapy and relaxation. J Psychosom Res 26/5: 533 – 540
Richter R, Dahme B (1987) Psychosomatische Aspekte des Asthma bronchiale. Prax Klin Pneumol 41: 656 – 660
Riedl R (1981) Biologie der Erkenntnis. Parey, Berlin
Riedl R (1982) Evolution und Erkenntnis. Piper, München
Riley AL, Clarke C (1977) Conditioned taste aversion. In: Barker LM, Brest MR, Domjan M (eds) Learning mechanism in food selection. Baylor University Press, Waco/TX
Riley V (1981) Psychoneuroendocrine influences on immunocompetence and neoplasia. Science 212: 1100 – 1109
Ring J (1989) Psychische Einflüsse bei der Pathogenese des atopischen Ekzems. Vortrag am 2. Kongress der Deutschen Gesellschaft für Verhaltensmedizin und Verhaltensmodifikation, München, (März 16 – 18)
Roberts AH, Kewman DG, MacDonald H (1973) Voluntary control of skin temperature: Unilateral changes using hypnosis and feedback. J Abnorm Psychol 82: 163 – 168
Roberts AH, Schuller J, Bacon JG, Zimmerman RL, Patterson R (1975) Individual differences and autonomic control: Absorption, hypnotic susceptibility, and the unilateral control of skin temperature. J Abnorm Psychol 84: 272 – 279
Roberts DR (1960) An electrophysiological theory of hypnosis. Int J Clin Exp Hypn 8: 43 – 55
Rogers CR (1972) Die klientenzentrierte Gesprächspsychotherapie. Kindler, München
Rogers SL (1947) Early psychotherapy. Ciba Symposia 9: 602 – 632
Rootenberg S (1979) Hypnosis as a means of treating a very difficult gagger. Tydskr Tandheelkd Vers S Afr 9: 529 – 530
Rose S (1967) A general practitioner approach to the asthmatic patient. Am J Clin Hypn 10: 30 – 32
Rosen H (1953) Hypnotherapy in clinical psychiatry. Julian, New York/NY
Rosen H (1960) Hypnosis: applications and misapplications. J Am Med Assoc 172: 683 – 687
Rosen M, Lunn N (1987) Consciousness, awareness and pain in general anaesthesia. Butterworth, Stoneham/MA
Rosen S (1982, dt 1985) My voice will go with you. Norton, New York/NY. (Dt.: Die Lehrgeschichten von Milton H. Erickson. Isko, Hamburg)
Rosenbaum M (1945) Psychosomatic factors in pruritus. Psychosom Med 7: 52 – 58
Rossi EL (ed) (1980) The collected papers of Milton H. Erickson on hypnosis, vol II.: Hypnotic alteration of sensory, perceptual and psychophysiological processes. Irvington, New York/NY
Rossi EL (1986) The psychobiology of mind-body healing. Norton, New York/NY
Rossi EL (1988) Neue Aspekte der molekularen Grundlagen des psychosomatischen Heilungsprozesses in der therapeutischen Hypnose. Hypn Kogn 5/1: 11 – 23
Rossi EL, Cheek DB (1988) Mind-body therapy. Methods of ideodynamic healing in hypnosis. Norton, New York/NY
Rossi EL, Ryan MO, Sharp FA (eds) (1983) Healing in hypnosis: The seminars, workshops, and lectures of Milton H. Erickson. Irvington, New York/NY
Roszman TL, Brooks WH (1985) Neural modulation of immune function. J Neuroimmunol 10: 59 – 69
Rowland LW (1939) Will hypnotized persons try to harm themselvce or others? J Abnorm Soc Psychol 34: 114 – 117
Rubin M (1976) Verbally suggested responses for reciprocal inhibition of anxiety. In: Dengrove E (ed) Hypnosis and behavior therapy. CC Thomas, Springfield/IL
Ruiz ORG, Fernandez A (1960) Hypnosis as an anesthetic in ophtalmology. Am J Opthalmol 50: 163
Rybalkin J (1890) Brulure du sccond degré provoqué par suggestion. Revue de l'Hypnotisme et de la Psychologie Physiologique 4: 361 – 362

Sacordote P (1967) On the psychobiological effects of hypnosis. Am J Clin Hypn 10: 10 – 16
Sacerdote P (1970) Theory and practice of pain control in malignancy and other protracted or recurring painful illnesses. Int J Clin Exp Hypn 18: 100 – 180
Sachar EJ, Cobb JC, Shor RE (1966) Plasma cortisol changes during Hypnotic trance: Relation to depth of hypnosis. Arch Gen Psychiatry 14: 482 – 490
Sachar EJ, Fishman JR, Mason JW (1964) The influence of the hypnotic trance on plasma 17-hydroxycorticosteroid concentration. Psychosom Med 26: 635 – 636
Sachar EI, Fishman JR, Mason JW (1965) Influence of the hypnotic trance on plasma 17-hydroxicorticosteroid concentration. Psychosom Med 27: 330 – 341
Saint-Ives V, Shumway G, Fusco P (1985) Changes in plasma 17-hydroxycorticosteroid in anesthesized cats. Psychophysiology 21: 243-244
Salter A (1949) Conditioned reflex therapy. Capricorn, New York/NY
Samek J (1931) Zum Wesen der suggestiven Warzenheilung. Dermatol Wochenschr 93: 1853
Sanders S (1977) Mutual group hypnosis and smoking. Am J Clin Hypn 20: 131 – 135
Sarbin TR (1950a) Contributions to role-taking theory: 1. Hypnotic behavior. Psychol Rev 57: 255–270
Sarbin TR (1950b) Mental age changes in experimental regression. J Pers 19: 221 – 228
Sarbin TR (1956) Physiological effects of hypnotic stimulation. In: Dorcus RM (ed) Hypnosis and its therapeutic applications (4/14/57). McGraw-Hill, New York/NY
Sarbin TR, Coe WC ([2]1972, [1]1948) Hypnosis: A social psychological analysis of influence communication. Holt, Rinehart & Winston, New York/NY
Sarbin TR, Slagle R (1979) Hypnotic and psychophysiological outcomes. In: Fromm E, Shor RE (eds) Hypnosis: Developments in research and new perspectives, 2nd rev edn. Aldine, New York/NY, pp 273 – 303
Sarbin TR, Slagle R (1980) Psychophysiological outcomes of hypnosis. In: Burrows GD, Dennerstein L (eds) Handbook of Hypnosis and psychosomatic medicine. Elsevier, Amsterdam, pp 53 – 65
Sargent J, Coyne L, Solbach P (1978) Design and implementation of a controlled evaluation of biofeedback as a treatment for migraine headaches. American Journal of Clinical Biofeedback 1/1: 1 – 9
Sargent J, Solbach P, Coyne L, Spohn H, Segerson J (1986) Results of a controlled, experimental, outcome study of nondrug treatments for the control of migraine headaches. J Behav Med 9/3: 291 – 323
Satir V (1975) Selbstwert und Kommunikation. Pfeiffer, München
Satow L (1923) Hypnotism and suggestion. Dodd/Mead, New York/NY
Scagnelli-Jöbsis J (1982) Hypnosis with psychotic patients: A review of the literature and presentation of a theoretical framework. Am J Clin Hypn 25: 33 – 45
Schachtner H-U (1984) Was gilt das Wort des Therapeuten? Hypnotherapeutische Methoden, um Einfluß zu gewinnen. In: Peter B (Hrsg) Hypnose und Hypnotherapie nach Milton H. Erickson. Pfeiffer, München, S 145 – 163
Schachtner H-U (1989) Hypnotherapie. In: Schwertfeger B (Hrsg) Der Therapieführer. Heyne, München
Schafer DW (1975) Hypnosis use on a burn unit. Int J Clin Exp Hypn 23: 1 – 14
Schandry R (1981) Psychophysiologie: Körperliche Indikatoren menschlichen Verhaltens. Urban & Schwarzenberg, München
Schaub S (1980) Musik im autogenen Training. Psychother Psychosom Med Psychol 30: 286 – 292
Scheibe KE, Gray AL, Keim CS (1968) Hypnotically induced deafness and delayed auditory feedback: A comparison of real and simulating subjects. Int J Clin Exp Hypn 16/3: 158 – 164
Schindler R (1927) Nervensystem und spontane Blutungen. Karger, Berlin
Schirmer A (1981) Verhaltenstherapie bei Asthma. Atemw Lungenkr 7/5: 301 – 306
Schleifer SJ, Keller SE, Camerino E, Thomton JC, Stein M (1983) Suppression of lymphocyte stimulation following bereavement. J Am Med Assoc 250: 374 – 378
Schmale AH, Iker H (1971) Hopelessness as a predictor of cervical cancer. Soc Sci Med 5/2: 95 – 100
Schmid M, Gabert-Varga U, Revenstorf D (1990) Vergleich hypnotischer Suggestionsformen im Hinblick auf ihre Wirksamkeit bei der Reduktion akuter Schmerzzustände. Exp Klin Hypn (in Vorbereitung)

Schmidt G (1985) Gedanken zum Ericksonschen Ansatz aus einer systemorientierten Perspektive. In: Peter B (Hrsg) Hypnose und Hypnotherapie nach Milton H. Erickson. Pfeiffer, München, S 31 – 57

Schmidt HD, Schmerl C, Steffens KH (1971) Experimente zu Prestige Beeinflußbarkeit II: Dimensionen der Prestige-Beeinflußbarkeit. Arch Psychol 123: 97 – 119

Schmidt W ([2]1987, [1]1985) Asthma, Pseudokrupp, Bronchitis und Lungenemphysem. Falken, Niedernhausen

Schmierer A (1986) Analgesie bei zahnärztlichen Eingriffen durch Hypnose. Exp Klin Hypn 2/1: 87 – 91

Schmierer A (1988) Zahnarzt-Angst. Zahnarztmagazin, Dossenheim 1: 1

Schmierer G (1988) Die Hypnoseassistentin – Eine neue Möglichkeit der Zusammenarbeit in der zahnärztlichen Praxis. Zahnarztmagazin, Dossenheim 2: 17 – 18

Schmierer A (1990) Lehrbuch der zahnärztlichen Hypnose. Quintessenzverlag, Berlin

Schneck JM (1954a) An experimental study of hypnotically induced auditory hallucinations. J Clin Exp Hypn 2: 163 – 170

Schneck JM (1954b) Ichthyosis (simplex) treated with hypnosis. Dis Nerv Syst 15: 211 – 214

Schneck JM (1963a) John Elliotson, William Makepeace Thackeray, and Doctor Goodenough. Int J Clin Exp Hypn 11: 122 – 130

Schneck JM (1963b) Benjamin Rush on the influence of buried memories. Dis Nerv Syst 24: 173

Schneck JM (1966) Hypnotherapy for ichthyosis. Psychosom 7: 233 – 235

Schneider E (1950) Der animalische Magnetismus – Seine Geschichte und seine Beziehung zur Heilkunst. Zürich

Scholz OB (1987) Empirische Untersuchungen zur Beeinflussung der Akne vulgaris durch psychische Faktoren. In: Gerber W-D, Miltner W, Mayer K (Hrsg) Verhaltensmedizin: Ergebnisse und Perspektiven interdisziplinärer Forschung. Edition Medizin, Weinheim, S 321 – – 337

Scholz OB (1988a) Klinisch-psychologische Behandlungansätze bei Akne. Ärztl Kosmetol 18: 53 – 65

Scholz OB (1988b) Zum Einfluß von Streß und Streßverarbeitung auf das Krankheitsbild der Acne vulgaris. Dermatol 36: 154 – 161

Scholz OB, Luderschmidt C (1989) In: Florin I, Hahlweg K, Haag G, Brack UB, Fahrner E-M (Hrsg) Perspektive Verhaltensmedizin. Springer, Berlin Heidelberg New York Tokyo, S 42 – 52

Scholz W (1986) Taoismus und Hypnose. Der Weg Milton H. Ericksons. AV-Verlag, Augsburg

Schott H (Hrsg) (1995a) Franz, Anton Mesmer und die Geschichte des Mesmerismus. F Steiner, Stuttgart

Schott H (1985b) Mesmers Heilungskonzepte und seine Nachwirkungen in der Medizin. F Steiner, Stuttgart

Schott H (1985c) Bibliographie – Der Mesmerismus im Schrifttum des 20. Jahrhunderts (1900 – 1984). F Steiner, Stuttgart

Schrapper DK (1985) Veränderung der Befindlichkeit durch autogenes Training. Psychother Psychosom Med Psychol 35: 268 – 272

Schreiner W (1983) Theorie der posthypnotischen Amnesie. Exp Klin Hypn 1: 57 – 63

Schrenk-Notzing A v (1896a) Ein experimenteller und kritischer Beitrag zur Frage der suggestiven Hervorrufung circumscripter vasomotorischer Veränderungen auf der äußeren Haut. Zeitschr f Hypn 4: 209

Schrenk-Notzing A v (1896b) Ein experimenteller und kritischer Beitrag zur Frage der suggestiven Hervorrufung circumscripter vasomotorischer Veränderungen auf der äußeren Haut. Zeitschr f Hypn 7: 137

Schrode M (1985) Veränderung psychophysiologischer Parameter unter extremer Dauerbelastung (Marathonlauf). Dissertation, Universität Tübingen

Schröpl F (1987) Seelische Faktoren bei Hautkrankheiten. In: Bosse A, Gieler U (Hrsg) Seelische Faktoren bei Hautkrankheiten. Huber, Bern, S 11 – 16

Schuerer-Waldheim F (1930) Anton Mesmer – Ein Naturforscher ersten Ranges. Wien

Schüffel W, Herrmann JM, Dahme B, Richter R (1986) Asthma bronchiale. In: Uexküll T v (Hrsg) Psychosomatische Medizin, 3. Aufl. Urban & Schwarzenberg, München, S 743 – 760

Schuler M (1985) Mesmer und Mozart. In: Schott H (Hrsg) Franz Anton Mesmer und die Geschichte des Mesmerismus. Steiner, Wiesbaden Stuttgart, S 215 – 228

Schultz JH (1935a) Seelische Schulung, Körperfunktion und Unbewußtes. Zentralblatt für Psychotherapie 8: 304 – 318

Schultz JH (1954) Gesundheitsschädigungen nach Hypnose. Ergebnisse einer Sammelforschung, 2. Aufl. Marhold, Berlin

Schultz JH ([13]1970, [12]1966, [1]1932) Das autogene Training. Thieme, Stuttgart

Schultz JH ([6]1979, [1]1935b) Hypnose-Technik. Fischer, Stuttgart

Schultz-Amling W, Köhlfer-Weisker A (1987) Psychosomatische Aspekte der Therapie des Pruritus ani. In: Bosse KA, Gieler U (Hrsg) Seelische Faktoren bei Hautkrankheiten. Huber, Bern, S 73--80

Schultze-Werninghaus G, Debelic M (Hrsg) (1988) Asthma. Grundlagen, Diagnostik, Therapie. Springer, Berlin Heidelberg New York Tokyo

Schwab JJ, Fennell EB, Warheit GJ (1974) The epidemiology of psychosomatic disorders. Psychosomatics 15: 88 – 93

Schwarcz BE (1965) Hypnoanalgesia and hypnoanesthesia in urology. Surg Clin North Am 45: 1547 – 1555

Schwartz BE, Bickford RG, Rasmussen WC (1955) Hypnotic phenomena, including hypnotically activated seizures, studied with the EEG. J Nerv Ment Dis 122: 564 – 574

Schwartz MF, Masters WH (1983) Conceptual factors in the treatment of paraphilias: A preliminary report. J Sex Marital Ther 1: 3 – 18

Schweitzer HS (1986) Ericksonian sport metaphors in the treatment of secondary erectile dysfunction. J Sex Ed Ther 12: 65 – 68

Schwenzer N, Grimm G (Hrsg) (1981) Spezielle Chirurgie. Thieme, Stuttgart

Scott DL (1973) Hypnoanalgesia for major surgery: A psychodynamic process. Am J Clin Hypn 16: 84 – 91

Scott DL (1974) Modern hospital hypnosis. Especially for anaesthetists. Lloyd-Luke, London

Scott DL (1975) Sedation for logical analgesia. Anaesth 30: 471 – 475

Scott MJ (1960) Hypnosis in skin and allergic diseases. CC Thomas, Springfield/IL

Scripture EW (1893) Tests on school children. Educ Rev 5: 52 – 61

Seashore CE (1895) Measurement of illusions and hallucinations in normal life. Stud Yale Psychol Lab 2: 1 – 67

Secter II (1961) Tongue-thrust and nail biting simultaneously treated during hypnosis: A case report. Am J Clin Hypn 4: 51 – 53

Segal L (1988) Das 19. Kamel. Piper, München

Selig E (1982) Psychovegetative Syndrome und Angst als ein möglicher ätiopathogenetischer Faktor und der Versuch ihrer Reduktion mit Hilfe des autogenen Trainings. Dissertation, Universität Salzburg

Selye H (1956) The stress of life. McGraw-Hill, New York/NY

Shaphiro S, Lehrer PM (1980) Psychophysiological effects of autogenic training and progressive relaxation. Biofeedback, Self Regul 5/2: 249 – 255

Sharma S (1979) L'Abbé de Faria – his life and contribution. In: Burrows GD, Collison D, Dennerstein L (eds) Hypnosis 1979. Biomedical Press, Amsterdam, pp 149 – 156

Shasby D, Shasby S, Peach M (1983) Granulocytes and phorbol myristate acetate increase permeability to albumin of cultured endothellal monolayers and isolated perfused lungs. Role of oxygen radicals and granulocyte adherence. Am Rev Respir Dis 127: 72

Shaw HL (1977) Hypnosis in practice. Bailliere Tindall Cassell, London

Shaw SI (1962) A competent approach to the treatment of gagging, tic doloureaux and bruxism with the use of hypnosis. J Am Soc Psychosom Dent Med 9: 13

Sheehan DV, Surman OS (1982) Follow-up study of hypnotherapy for smoking. J Am Soc Psychosom Dent Med 29/1: 6 – 16

Sheehan PW (1971) Countering preconceptions about hypnosis: An objective index of involvement with the hypnotist. J Abnorm Psychol Monograph 78: 299 – 322

Sheehan PW (1979) Hypnosis and the process of imagination. In: Fromm E, Shor RE (eds) Hypnosis: Developments in research and new perspectives. Aldine, New York/NY, pp 381 – 411

Sheehan PW (1980) Factors influencing rapport in hypnosis. J Abnorm Psychol 89: 263 – 281

Sheehan PW, McConkey KM (1982) Hypnosis and experience: The exploration of phenomena and process. Lawrence Erlbaum, Hillsdale/NJ

Sheehan PW, Orne HT (1968) Some comments on the nature of posthypnotic behavior. J Nerv Ment Dis 146: 209 – 220
Sheehan PW, Perry CW (1976) Methodologies of hypnosis: A critical appraisal of contemporary paradigms of hypnosis. Lawrence Erlbaum, Hillsdale/NJ
Sheer DE (1984) Focused arousal, 40 Hz EEG, and dysfunction. In: Elbert T, Rockstroh B, Lutzenberger W, Birbaumer N (eds) Selfregulation of the brain and behavior. Springer, Berlin Heidelberg New York Tokyo, S 64 – 84
Sheridan CL, Boehm MB, Ward LB, Justessen DR (1976) Autogenic biofeedback, autogenic phrases, and biofeedback compared. Paper presented at the 7th annual meeting of the Biofeedback Research Society in Colorado Springs, (February 12 – 14)
Shewchuk LA, Dubran R, Burton D, Forman M, Clark RR, Jaffin AR (1977) Preliminary observations on an intervention program for heavy smokers. Int J Addict 12: 323 – 336
Shoenfeld Y, Aloni D, Keren G, Shaklai M, Djaldetti M, Pinkhas J (1981) Effect of physical effort on the white blood cells in benign familiar leukopenia. Acta Haematol 65: 108 – 113
Shor RE (1962) Three dimensions of hypnotic depth. Int J Clin Exp Hypn 10: 23 – 28
Shor RE (1970) The three-factor theory of hypnosis as applied to the book-reading fantasy and to the concept of suggestion. Int J Clin Exp Hypn 18: 89 – 98
Shor RE (1979) The fundamental problem in hypnosis research as viewed from historic perspectives. In: Fromm E, Shor RE (eds) Hypnosis: Developments in research and new perspectives. Aldine, New York/NY, pp 15 – 44
Shor RE, Orne EC (1962, dt 1985) Harvard Group Scale of Hypnotic Susceptibility, Form A. Consulting Psychologists Press, Palo Alto/CA. (Dt.: Walter Bongartz, Universität Konstanz)
Shor RE, Orne EC (1963) Norms on the Harvard Group Scale of Hypnotic Susceptibility, Form A. Int J Clin Exp Hypn 11: 39 – 47
Shorr JE (1972) Psycho-imagination therapy. Intercontinental Medical Book, New York/NY. (Dt. 1981: Psychoimagination. Rowohlt, Reinbek)
Shorr JE (1974) Psychotherapy through imagery. Intercontinental Medical Book Co, New York/NY
Shorr JE (1983) Psychotherapy through imagery. Thieme, New York/NY
Sidis B (1898) The psychology of suggestion. Appleton, New York/NY
Siefert H (1985) Mesmer und die „Jungfer Paradis“ – Überlegungen zum Abbruch einer Psychotherapie aus heutiger Sicht. In: Schott H (Hrsg) Franz Anton Mesmer und die Geschichte des Mesmerismus. F Steiner, Stuttgart
Siegenthaler W, Hegglin M (1980) Differentialdiagnose innerer Krankheiten. Thieme, Stuttgart
Sigerist HE (1957) A history of medicine, vol I. and vol II. New York/NY
Siersch K (1986) Verbesserung der Konzentrationsleistungen durch Autogenes Training. Zeitschrift für Klinische Psychologie, Forschung und Praxis 15: 158 – 163
Sifneos P (1973) The prevalence of „alexithymic“ characteristics in psychosomatic patients. In: Freyberger H (ed) Topics of psychosomatic research. Karger, Basel
Silverman LH (1982) The subliminal psychodynamic activation method. In: Mashing J (ed) Empirical studies in psychoanalysis, vol I. Lawrence Erlbaum, Hillsdale/NJ
Silverman PS, Retzlaff PD (1986) Cognitive stage regression through hypnosis: Are earlier cognitive stages retrievable? Int J Clin Exp Hypn 34/3: 192 – 204
Simonton OC, Simonton S, Creighton J (1978, dt 1982) Getting well again. Bantham, Toronto. (Dt.: Wieder gesund werden. Rowohlt, Reinbek)
Simonton OC, Mathews-Simonton S, Sparks DF (1980) Psychological intervention in the treatment of cancer. Psychosom 21: 226 – 233
Sinclair-Gieben AH (1960) Treatment of status asthmaticus by hypnosis. Br Med J 2,2: 1651 – 1652
Sinclair-Gieben AH, Chalmers D (1959) Evaluation of treatment of warts by hypnosis. Lancet 2: 480 – 482
Singer JS (1974, dt 1978) Imagery and daydream methods in psychotherapy and behavior modification. Academic Press, New York. (Dt.: Phantasie und Tagtraum. Imaginative Methoden in der Psychotherapie. Pfeiffer, München)
Sirota AD (1982) Assessment of asthma. In: Keefe FJ, Blumenthal JA (eds) Assessment strategies in behavioral medicine, Grune & Stratton, New York/NY
Slotnik RS, Lieben RM, Hilgard ER (1965) The enhancement of muscular performance in hypnosis through exhortation and involving instructions. J Pers 33: 37 – 45

Sluzki CE, Veron E (1980) Die Doppelbindung als allgemein pathogene Situation. In: Watzlawick P, Weakland JH, John H (Hrsg) Interaktion. Huber, Bern
Smirnoff D (1912) Zur Frage der durch hypnotische Suggestion hervorgerufenen vasomotorischen Störungen. Zeitschr Psychother Med Psychol 4: 171 – 175
Smith EM, Blalock JE (1981) Human lymphocyteproduction of corticotropin and endorphin-like substances: Association with leukocyte interferon. Proc Natl Sci USA 78: 7530 – 7534
Smith SJ, Balaban A (1983) A multidimensional approach to pain relief: Case report of a patient with systemic lupus erythematosus. Int J Clin Exp Hypn 31: 72 – 81
Smythies JR, Coopen A, Krutmann N (1970) Biologische Psychiatrie. dtv Thieme, Stuttgart
Solomon GF, Amkraut AA (1981) Psychoneuroendocrinological effects on the immune response. Ann Rev Microbiol 35: 155 – 194
Sonneck HJ (1951) Zur Psychotherapie des psychogenen Pruritus. Dermatol Wochenschr 124: 693--697
Soyka B, Niebel G, Eisenmann K, Ferstl R (1988) Habituation of peripheral blood flow and skin parameters in patients with atopic dermatitis and healthy controls. Psychophysiology 25: 482
Spaemann R, Löw R (1981) Die Frage Wozu? Piper, München
Spaeth TH (1955) Recent progress in the study of hemophilia. Stanford Med Bull 13: 24 – 47
Spanos NP (1986) Hypnotic behavior: A social-psychological interpretation of amnesia, analgesia, and „trance logic". Behav Brain Sci 9: 449 – 502
Spanos NP, Barber TX (1974) Towards a convergence in hypnosis research. Am Psychol 29: 500 – 511
Spanos NP, Radtke-Bodorik HL, Ferguson JD, Jones B (1979) The effects of hypnotic susceptibility, suggestions for analgesia, and the utilization of cognitive strategies on the reduction of pain. J Abnorm Psychol 88: 282 – 292
Spanos NP, McNeil C, Stam HJ (1982) Hypnotically „reliving" a prior burn: Effects on blister formation and localized skin temperature. J Abnorm Psychol 91: 303 – 305
Spanos NP, Flynn DM, Gwynn MI (1988, dt 1989) Contextual demands, negative hallucinations, and hidden observer responding: Three hidden observers observed. Br J Exp Clin Hypn 5/1: 5 – 10. (Dt.: Hypn Kogn 6/2: 33 – 41)
Sperber M (1987) Individuum und Gemeinschaft. Klett-Cotta, Stuttgart
Spiegel D (1983) Hypnosis with psychotic patients: Comment on Scagnelli-Jobsis. Am J Clin Hypn 25: 289 – 294
Spiegel D, Bloom JR (1983) Group therapy and hypnosis reduce metastatic breast carcinoma pain. Psychosom Med 45/4: 333 – 339
Spiegel D, Cutcomb S, Ren C, Pribram K (1985) Hypnotic hallucination alters evoked potentials. J Anorm Psychol 94: 249 – 255
Spiegel D, Dreamer HC, Bloom JR, Gottheil E (1989) Effect of psychosocial treatment on survival of patients with metastatic breast cancer. Lancet 2: 888 – 891
Spiegel HD (1970) A single treatment method to stop smoking using an cilliary self-hypnosis. Int J Clin Exp Hypn 18: 235 – 250
Spiegel HD (1978) Manual for the hypnotic induction profile. Basic Books, New York/NY
Spiegel HD, Spiegel DS (1978) Trance and treatment: Clinical uses of hypnosis. Basic Books, New York/NY
Spiro HM (1986) Doctors, patients and placebos. Yale University Press, New Haven
Springer SP, Deutsch G (1987) Linkes und rechtes Gehirn. Spektrum, Heidelberg
Stahl T (1988) Triffst du 'nen Frosch unterwegs... NLP für die Praxis. Junfermann, Paderborn
Stam H, Spanos NP (1982) The Asclepian dream healings and hypnosis: A critique. Int J Clin Exp Hypn 30: 9 – 22
Stanibaugh EE, House AE (1977) Multimodality treatment of migraine headache: A case study utilizing biofeedback, relaxation, autogenic and hypnotic treatments. Am J Clin Hypn 19/4: 235–240
Stangier U, Eschstruth J, Gieler U (1987) Chronische Hautkrankheiten: Psychophysiologische Aspekte und Krankheitsbewältigung. Verhaltenstherapie und psychosoziale Praxis 19: 349 – 368
Stangier U, Gieler U, Dietrich M, Florin I (1988) Verhaltenstherapeutische Behandlungsansätze bei Psoriasis vulgaris – erste Ergebnisse einer kontrollierten Therapievergleichsstudie. In: Schüffel W (Hrsg) Sich gesund fühlen im Jahr 2000. Springer, Berlin Heidelberg New York Tokyo, S 449 – 455

Stanisz AM, Befus D, Bienenstock J (1986) Differential effects of vasoactive intestinal polypeptide, substance P, and somatostatin on immunoglobulin synthesis and proliferations by lymphocytes from Peyer'patches, mesenteric lymph nodes, and spleen. J Immunol 136: 152 – 156
Stankler L (1967) A critical assessment of the cure of warts by suggestion. Practitioner 198: 690–694
Stanley RO (1984) Exhibitionism: A three phase intervention. Austr J Clin Exp Hypn 12: 31 – 36
Stanton HE (1978) A one-session hypnotic approach to modifying smoking behavior. Int J Clin Exp Hypn 26: 22 – 29
Steel CM, French EB, Aitchison WRC (1971) Studios on adrenaline induced leucocytosis in normal man. Brit J Haematol 21: 413 – 421
Stein A (1986) Musik zum Entspannen und Träumen. Verlag für therapeutische Medien
Stein C (1969) Practical psychotherapy in non-psychiatric specialities. CCThomas, Springfield/IL
Stein M, Keller SE, Schleifer SJ (1985) Stress and immunomodulation: The role of depression and neuroendocrine function. J Immunol 135: 827 – 833
Steiner G (Hrsg) (1978) Kindlers Psychologie des 20. Jahrhunderts, Bd VII: Plaget und die Folgen. Kindler, München
Steiner H, Clark WR jr (1977) Psychiatric complications of burned adults: A classification. J Trauma 17: 134 – 143
Stephanos S (1986) Das Konzept der „pensée opératoire", und das „psychosomatische Phänomen". In: Uexküll T v (Hrsg) Psychosomatische Medizin, 3. Aufl. Urban & Schwarzenberg, München
Steptoe A, Mathews A, Johnston D (1974) The learned control of differential temperature in the human earlobes: Preliminary study. Biol Psychiatry 1: 237 – 242
Stern JA, Brown M, Ulett GA, Sletten I (1977) A comparison of hypnosis, acupuncture, morphine, valium, aspirin, and placebo in the management of experimentally induced pain, Ann NY Acad Sci 296: 175 – 193
Stern WL (1903) Aussagestudium. Beiträge zur Psychologie der Aussage. (Barth, Leipzig) 1: 46 – 78
Stocksmeier U (1984) Lehrbuch der Hypnose, 4. Aufl (begr von Stokvis B und Langen D) Karger, Basel
Stokvis B (1956) Selbsterleben im hypnotischen Experiment. Z Psychother 6: 97 – 107
Stokvis B, Pflanz M (1961) Suggestion in ihrer relativen Begrifflichkeit medizinisch und sozialpsychologisch betrachtet. Hippokrates, Stuttgart
Stolzenberg J (1959) Hypnosis in orthodontics. Am J Orthopsychiatry 48: 508 – 511
Stolzenberg J (1961) Age regression in the treatment of two instances of dentalphobia. Am J Clin Hypn 4: 122 – 123
Stone P, Burrows GD (1980) Hypnosis in obstetrics. In: Burrows GD, Dennerstein L (eds) Handbook of hypnosis and psychosomatic medicine. Elsevier, Amsterdam, pp 307 – 325
Strauss MB, Davis RK, Rosenbaum JD, Rossmeisl EC (1951) „Water diuresis" produced during recumbency by the intravenous infusion of isotonic saline solution. J Clin Invest 30: 862 – 868
Stukat KG (1958) Suggestibility: A factorial and experimental analysis. Almqvist & Wiksell, Stockholm
Sudhoff K (1922) Rudolf Virchow und die deutschen Naturforscherversammlungen. Akad Verlagsgesellschaft, Leipzig
Sulzberger MB, Wolf J (1934) The treatment of warts by suggestion. Med Rec 140: 552 – 556
Surman OS, Crumpacker C (1987) Psychological aspects of herpes simplex viral infection: Report of six cases. Am J Clin Hypn 30: 125 – 131
Surman OS, Gottlieb SK, Hackett TP, Silverberg EL (1973) Hypnosis in the treatment of warts. Arch Gen Psychiatry 28: 439 – 441
Sutcliffe JP(1960) „Credulous" and „sceptical" views of hypnotic phenomena: A re viw of certain evidence and methodology. Int J Clin Exp Hypn 8/2: 73 – 101
Sutcliffe JP (1961) „Credulous" and „sceptical" views of hypnotic phenomena: Experiments in esthesia, hallucination, and delusion. J Abnorm Soc Psychol 62: 189 – 200
Sutcliffe JP (1972) After-images of real and imaged stimuli. Austr J Psychol 24: 275 – 289
Svoboda T (1984) Das Hypnose-Buch. Kösel, München
Svorad D (1956) Prispevek k fisiologické analysemechanismu reflexniho utlumu. Dissertation, Naklada SAV, Bratislava

Szasz TS (1972) Geisteskrankheit – ein moderner Mythos. Walter, Olten

Tart CT (1963) Hypnotic depth and basal skin resistance. Int J Clin Exp Hypn 11: 81 – 92
Tart CT (1975) States of consciousness. Doubleday, New York/NY
Taub E, Emurian CS (1976) Feedback-aided self-regulation of skin temperature with a single feedback locus: 1. Acquisition and revearsal training. Biofeedback Self Regul 1: 147 – 168
Taugher VJ (1958) Hypnoanesthesia. Wis Med J 57: 95 – 96
Tausch AM (1981) Gespräche gegen die Angst. Rowohlt, Reinbek
Tebecis AK, Provins KA, Farnbach RW, Pentony P (1975) Hypnosis and the EEG – A quantitative investigation. J Nerv Ment Dis 161: 1 – 17
Teiramaa E (1978) Psychic disturbances and duration of asthma. J Psychosom Res 22/2: 127 – 132
Tellegen A (1978) On measures and conceptions of hypnosis. Am J Clin Hypn 21: 2 – 3
Tenzel JH, Taylor RL (1969) An evaluation of hypnosis and suggestion as treatment for warts. Psychosom 10: 252 – 257
Tepperwein K (1977) Die hohe Schule der Hypnose. Ariston, Genf
Thiernesse M (1948) Arch Belg Dermatol 4: 128 – 131 zit n Stankler (1967) A critical assessment of the cure of warts by suggestion. Practitioner 198: 690 – 694
Thom DA (1920) Suggestive therapy. Am J Insan 76: 437
Thomas K ([6]1983, [1]1967) Praxis der Selbsthypnose des autogenen Trainings. Thieme, Stuttgart
Thompson CS (1977) Autogenic feedback training: The effects of outcome and accessibility of hand temperature biofeedback on the reduction of migraine headaches. Dissertation Abstracts International 37(7 – B): 3635 – 3636
Thompson KF (1979) The case against relaxation. In: Burrows GD, Collison DR, Dennerstein L (eds) Hypnosis 1979. Elsevier, Amsterdam, pp 41 – 45
Thorwald J (1985) Macht und Geheimnis der früheren Ärzte. Droemer Knaur, München
Timney BN, Barber TX (1969) Hypnotic induction and oral temperature. Int J Clin Exp Hypn 2: 121 – 132
Tinkler S (1977) The uses of hypnosis in dental surgery. In: Hartland J (ed) Medical and dental hypnosis. Bailliere Tindall Cassell, London
Tinterow MM (1960) The use of hypnotic anesthesia for major surgical procedure. Am Surg 26: 732 – 740
Tinterow MM (1970) Foundations of hypnosis: From Mesmer to Freud. CC Thomas, Springfield/IL
Tischner R (1928) Franz Anton Mesmer: Leben, Werk und Wirkungen. Münchner Beiträge zur Geschichte und Literatur der Naturwissenschaften und Medizin 1/9/10: 541 – 714
Tonnesen MG, Smedly LA, Henson PM (1984) Neutrophil-endothelial interactions. Modulation of neutrophil adhesiveness induced by complement fragments C5a and C5a des arg and formylmethionylleucyl-phenylalanine. J Clin Invest 74: 1581 – 1592
Tönnies S, Heering-Sick H (1987) Zahnarztangst im Erleben von Zahnärzten mit unterschiedlichen Persönlichkeitshaltungen. Hamburg
Tracey TJ (1987) Stage differences in the dependencies of topic initiation and topic following behavior. J Couns Psychol 34: 123 – 131
Traiger H (1952) Children and hypnodontics. Br J Med Hypn 4: 42 – 45
Travis TA, Kondo CY, Knott JR (1973) Interaction of hypnotic suggestion and alphaenhancement. Am J Psychiatry 130: 1389 – 1391
True RM, Stephenson CW (1951) Controlled experiments correlating EEG, pulse and plantar reflexes with hypnotic age regression and induced emotional states. J Pers 1: 252 – 263
Tsinkin A (1930) Pulse and respiration during normal waking and hypnosis (experimental investigation). Psychoneurological Institute, Ukraine, zit n Platonov KI (1955) The word as a physiological and therapeutic factor: Problems of theory and practice of psychotherapy on the basis of the theory of IP Pavlov. Translated from the 2nd Russian edition 1959. Foreign Languages Publishing House, Moscow
Tuke DH (1872) Illustrations of the influence of the mind upon the body in health and disease. Churchill, London
Tulving E (1972) Episodic and semantic memory. In: Tulving E, Donaldson W (eds) Organization of memory. Academic Press, New York/NY, pp 381 – 403

Tuving E (1985) How many memory systems are there? Am Psychol 40: 385 – 398
Tulving E, Thomson D (1973) Encoding specificity and retrieval processes in episodic memory. Psychol Rev 80: 352 – 373
Turnbull JW (1962) Asthma conceived as a learned response. J Psychosom Res 6: 59 – 70
Tversky A, Kahneman D (1981) The framing of decisions and the psychology of choice. Science 211: 453 – 458

Udolf R (1981) Handbook of hypnosis for professionals. Van Nostrand Reinhold, New York/NY
Udolf R (1983) Forensic hypnosis Psychological and legal aspects. Lexington Books, Lexington
Uexküll T v (Hrsg) (1986) Psychosomatische Medizin, 3. Aufl. Urban & Schwarzenberg, München
UICC (Hrsg) (1982) Klinische Onkologie. Leitfaden für Studenten und Ärzte. Springer, Berlin Heidelherg New York
Ulett GA, Akpinar S, Itil TM (1972) Quantitative EEG analysis during hypnosis. Electroencephalograph Clin Neurophysiol 33: 361 – 368
Ullmann M (1947) Herpes simplex and second degree burn induced under hypnosis. Am J Psychiatry 103: 828 – 830
Ullmann M (1959) On the psyche and warts: I. Suggestion and warts: A review and comment. Psychosom Med 21: 473 – 488
Ullmann N, Dudek S (1959) On the psyche and warts: II. Hypnotic suggestion and warts. Psychosom Med 22: 68 – 76
Ullrich-de Muynck R, Forster T (1974) Selbstsicherheitstraining. In: Kraiker C (Hrsg) Handbuch der Verhaltenstherapie. Kindler, München
Ullrich R, Ullrich-de Muynck R (1974) Implosion, Reizüberflutung, Habituationstraining. In: Kraiker C (Hrsg) Handbuch der Verhaltenstherapie. Kindler, München
Ullrich R, Ullrich-de Muynck R, Peikert V, Crombach G (1975) Die Therapie multipler Situationsphobien (Platzangst) durch Habituationstraining (flooding) und periphere Erregungshemmung. Z Klin Psychol Psychother 4/3: 33 – 41
Ulmer WT (Hrsg) (1979) Handbuch der inneren Medizin, IV/2. Springer, Berlin Heidelberg New York
Ulmer WT (1981) Bedeutung der Hyperreagibilität für Diagnostik und Therapie obstruktiver Atemwegserkrankungen. Pharmakotherapie 5: 185 – 190

Van de Velde TH (1928) Die vollkommene Ehe. Benno Konegen, Leipzig
Van der Hart O (1983) Rituals in psychotherapy: Transition and continuity. Irvington, New York/NY
Van Dyke PB (1970) Some uses of hypnosis in the management of the surgical patient. Am J Clin Hypn 12: 227 – 235
Van Parreren CF (1966) Lernprozeß und Lernerfolg. Westermann, Braunschweig
Vaitl D (1978) Entspannungstechniken. In: Pongratz LJ (Hrsg) Handbuch der Psychologie (Bd. VIII Klinische Psychologie, II.). Hogrefe, Göttingen
Vaitl D (1982) Kontrolle der essentiellen Hypertonie durch Entspannungstechniken. In: Vaitl D (Hrsg) Essentielle Hypertonie. Psychologisch-medizinische Aspekte. Springer, Berlin Heidelberg New York, S 162 – 202
Varela F (1989) Die Natur der Wahrnehmung. Geist und Natur 1: 20 – 25
Vasiliev LL (1965) Mysterious phenomena of the human psyche. University Books, New York/NY
Vasilos JG. Hughes H (1979) Skin temperature control: A comparison of direct instruction, autogenic suggestion, relaxation, and biofeedback training in male prisoners. Corrective and Social Psychiatry and Journal of Behavior Technology, Methods and Therapy 25/4: 119 – 122
Velvosky IZ (1972) Psychoprophylaxis in obstetrics. Modern Perspectives in Psychiatry
Venn J (1988) Misuse of hypnosis in sexual contexts: Two case reports. Int J Clin Exp Hypn 36: 12 – 18
Vercellotti G, McCarthy G, Furcht L, Jacob H, Moldow C (1983) Inflamed fibronectin: An altered fibronectin enhances neutrophil adhesion. Blood 62: 1063
Vogel W (1967) Der Verlauf der Wärmeleitzahl während der Erlernung des autogenen Trainings. Med. Dissertation, Universität Tübingen
Vogt O (1895) Zur Kenntnis des Wesens und der psychologischen Bedeutung des Hypnotismus. Zeitschrift für Hypnotismus 4: 32 – 45; 122 – 167; 229 – 244

Völgyesi F (1967) Hypnose bei Mensch und Tier. VEB Hirzel, Leipzig
Vollmer H (1946) Treatment of warts by suggestion. Psychosom Med 8: 138 – 142

Waas A (1964) Der Mensch im Mittelalter. Böhlau, Graz
Wadden TA, Anderton CH (1982) The clinical use of hypnosis. Psychol Bull 91: 215 – 243
Wagner TJ, Hindi – Alexander M, Horwitz MB (1983) One-year follow-up study of the Damon group hypnosis smoking cessation program. J Okla State Med Assoc 76: 414 – 417
Wakeman RJ, Kaplan JZ (1978) An experimental study of hypnosis in painful burns. Am J Clin Hypn 21: 3 – 11
Walker PC, Johnson RFQ (1974) The influence of presleep suggestions on dream content: Evidence and methodological problems. Psychol Bull 81: 362 – 370
Wallner F (1983) Wittgensteins philosophisches Lebenswerk als Einheit. Braumüller, Wien
Walter H (1992) Hypnose. Thieme, Stuttgart
Wang GH (1964) The neural control of sweating. University of Wisconsin Press, Madison
Watkins HH (1976) Hypnosis in smoking: A five-session approach. Int J Clin Exp Hypn 24: 381 – 390
Watkins J (1978) The therapeutic self. Human Sciences, New York/NY
Watkins JG (1966) Symposium on posthypnotic anmesia: Discussion. Int J Clin Exp Hypn 14: 139 – 149
Watts A (1986) Im Einklang mit der Natur. Goldmann, München
Watzlawick P (1977) Die Möglichkeit des Andersseins. Huber, Bern
Watzlawick P (1988) Münchhausens Zopf. Huber, Bern
Watzlawick P, Beavin J, Jackson D (1967) Pragmatics of human communication. Norton, New York/NY
Watzlawick P, Weakland J, Fisch R (1974, dt ^{2}1979) Change: Principles of problem formation and problem resolution. Norton, New York/NY. (Dt.: Lösungen. Huber, Bern)
Waxman D (1973) Behaviour therapy of psoriasis, a hypnoanalytic and a counter-conditioning technique. Postgrad Med J 49: 591 – 595
Weatherhead LD (1952) Psychology, religion and healing. Abington, Nashville/TN
Weh MW (1987) Bruxismus/Bruxomanie. Med. Dissertation, Universität Würzburg
Weiss L (1984) The blood cells and hematopoietic tissues. Elsevier, Amsterdam
Weitzenhoffer AM (1949) The production of anti-social acts under hypnosis. J Abnorm Soc Psychol 44: 420 – 422
Weitzenhoffer AM (1953) Hypnotism: An objective study in suggestibility. Wiley & Sons, New York/ NY
Weitzenhoffer AM (1957) General techniques of hypnotism. Grune & Stratton, New York/NY
Weitzenhoffer AM (1976) Behavior therapeutic techniques and hypnotherapeutic methods. In: Dengrove E (ed) Hypnosis and behavior therapy. CC Thomas, Springfield/IL
Weitzenhoffer AM, Hilgard ER (1959, dt 1982) Stanford Hypnotic Susceptibility Scale, Forms A and B. Consulting Psychologists Press, Palo Alto/CA. (Dt.: Walter Bongartz, Universität Konstanz)
Weitzenhoffer AM, Hilgard ER (1962, dt 1982) Stanford Hypnotic Susceptibility Scale, Form C. Consulting Psychiologists Press, Palo Alto/CA. (Dt.: Walter Bongartz, Universität Konstanz)
Weitzenhoffer AM (1989) The Practice of Hypnotism, vol I, II. Wiley, New York
Weitzenhoffer AM, Sjoberg BM (1961) Suggestibility with and without „induction of hypnosis" Nerv Ment Dis 132: 205 – 220
Wollek A (1968) Kritisches zur „kritischen" Hypnose-Forschung. Arch Psychol 120: 130 – 146
Wells WR (1940) Ability to resist artificially induced dissociation. J Abnorm Soc Psychol 35: 261 – 272
Wells WR (1944) The hypnotic treatment of the major symptoms of hysteria: A case study. J Psychol 77: 269 297
Werner TR (1980) Hypnosis in psychiatry. In: Wester WC, Smith AH (eds) Clinical hypnosis. A multidisciplinary approach. Lippincott, Philadelphia, pp 353 – 367
West LJ, Niell KC, Hardy JD (1952) Effects of hypnotic suggestion on pain responses and GSR. Arch Neurol Psychiatry 68: 549 – 560
West LJ, Kierland RR, Litin EB (1961) Atopic dermatitis and hypnosis. Arch Dermatol 84: 579 – 583

Wester WC, Smith AH (eds) (1994) Clinical hypnosis. A multidisciplinary approach. Lippincott, Philadelphia
Wettengel R (1980) Asthma bronchiale – Pathogenese, Pathophysiologie und Therapie. Med Monatschr Pharm 3: 321 – 328
Weyandt JA (1972) Three case reports in dental hypnotherapy. Am J Clin Hypn 15: 49 – 55
Whitlock FA (1976) Psychophysiological aspects of skin disease. Saunders, London
Williamsen JA, Johnson HJ, Eriksen CW (1972) Some characteristics of posthypnotic amnesia. J Abnorm Psychol 70: 123 – – 131
Wilson RR (1986) Don't panic. Harper & Row, New York/NY
Winderl E (1986) Die hypnotische Therapie chronischer Schmerzen: Zur Wirksamkeit therapeutischer Anekdoten. Lang, Frankfurt am Main
Wingfield HE (1920) An introduction to the study of hypnotism. Bailliere Tindall Cox, London
Wink CAS (1961) Congenital ichthyosiform erythrodermia treated by hypnosis: Report of two cases. Br Med J 2: 741 – 743
Winnicott DW (1953) Transitional objects and transitional phenomena: A study of the first not-me possession. Int J Psychoanal 34: 89 – 97
Winson J (1986) Auf dem Boden der Träume. Beltz, Basel
Winter GD (1986) Hypnosis with agoraphobia. In: Zilbergeld B, Edelstien M, Gerald A, Daniel L (eds) Hypnosis. Questions and answers. Norton, New York/NY
Wippich J (1983) Begegnung. Rössler, Konstanz
Wise L, Margraf HW, Ballinger WF (1972) Adrenal cortical function in severe burns. Arch Surg 105: 213 – 220
Witkin HA, Lewis HB (1967) Presleep experiences and dreams. In: Witkin HA, Lewis HB (eds) Experimental studies of dreaming. Random House, New York/NY, pp 148 – 201
Wittgenstein L (1969) Schriften. Bd I – VIII. Suhrkamp, Frankfurt am Main
Wittkower E (1929) Die Affektleukocytose. Klin Wochenschr 8: 1082
Wittkower E, Russel B (1953) Emotional factors in skin discase. Hoerber, New York/NY
Wolberg LR (1948a, 1948b) Medical hypnosis, vol I. and II, Grune & Stratton, New York/NY
Wolff K (1988) Hypnotherapie bei Phobien. Examensvorbereitung. Vortrag, gehalten auf der 10. Jahrestagung der Deutschen Gesellschaft für Hypnose, Bad Lippspringe, (November 10 – 13)
Wolpe J (1958) Psychotherapy by reciprocal inhibition. Stanford University Press, Stanford
Wolpe J (1972) Praxis der Verhaltenstherapie. Huber, Bern
Worth H (1988) Patientenschulung – wesentlicher Bestandteil einer effektiven Asthmatherapie? In: Schultze-Werninghaus G, Debelic M (Hrsg) Asthma. Grundlagen, Diagnostik, Therapie. Springer, Berlin Heidelberg New York Tokyo
Wrede A (1986) Die Theorie lebender Systeme von H. Maturana und einige Schlußfolgerungen für „professionelle Beeinflusser". Zeitschrift für systemische Therapie 4/2: 89 – 97
Wright AD, Humphreys A (1984) The use of hypnosis to enhance covert sensitization: Two case studies. Br J Exp Clin Hypn 1: 3 – 10
Wuttke A (1900) Der deutsche Volksaberglaube in der Gegenwart. Wiegand & Grieben, Berlin

Yapko M (1990) Trancework: An introduction to the practice of clinical hypnosis, 2nd edn. Brunner/Mazel, New York/NY
Young PC (1927) Is rapport an essential characteristic of hypnosis? J Abnorm Soc Psychol 22: 130 – 139
Young PC (1940) Hypnotic regression: Fact or artifact. J Abnorm Soc Psychol 35: 273 – – 278

Zamansky HS, Scharf B, Brightbill R (1964) The effect of expectancy for hypnosis on prehypnotic performance. J Pers 32: 236 – 248
Zamansky HS, Bartis SP (1985) The dissociation of an experience: The hidden observer observed. J Abnorm Psychol 94/3: 243 – 248
Zane MD (1966) The hypnotic situation and changes in ulcer pain. Int J Clin Exp Hypn 14: 292 – 304
Zeig JK (1980) A teaching seminar with Milton H. Erickson, M.D, Brunner/Mazel, New York/NY
Zeig JK (1982) Ericksonian approaches to hypnosis and psychotherapy. Brunner/Mazel, New York/NY

Zeig JK (Hrsg) (1995a) Meine Stimme begleitet Sie überallhin. Ein Lehrseminar mit Milton H. Erickson. Klett-Cotta, Stuttgart

Zeig JK (1985b) The clinical use of amnesia: Ericksonian methods. In: Zeig JK (ed) Ericksonian Psychotherapy, vol I.: Structures. Brunner/Mazel, New York/NY, pp 317 – 337

Zeig JK (1987) Therapeutic patterns of Ericksonian influence communication. In: Zeig JK (ed) The evolution of psychotherapy. Brunner/Mazel, New York/NY

Zeig JK (1988) An Ericksonian phenomenological approach to therapeutic hypnotic induction and symptom utilization. In: Zeig JK (ed) Developing Ericksonian Therapy: State of the art. Brunner/Mazel, New York/NY, pp 353 – 375

Zeig JK, Lankton SR (eds) (1988) Developing Ericksonian Therapy. Brunner/Mazel, New York/NY

Zeltzer L (1980) The adolescents with cancer. In: Kellerman J (ed) Psychological aspects of childhood cancer. CC Thomas, Springfield/IL

Zeltzer L, Kellerman J, Ellenberg L (1983) Hypnosis for reduction of vomiting associated with cancer. J Adolesc Health Care 4/2: 77 – 84

Zeltzer L, LeBaron S (1982) Hypnosis and non hypnotic techniques for reduction of pain and anxiety during painful procedures in children and adolescents with cancer. J Pediatr 4: 77 – 84

Zepf S (1980) Das katathyme Bilderleben in der Erforschung der Psychodynamik des Asthma bronchiale. In: Leuner HC (Hrsg) Katathymes Bilderleben – Ergebnisse in Theorie und Praxis. Huber, Bern, S 105 – 123

Zerbin-Rüdin E (1971) Genetische Faktoren bei der Schizophrenieentstehung. In: Huber G (Hrsg) Ätiologie der Schizophrenie. Bestandsaufnahme und Zukunftsperspektiven. Schattauer, Stuttgart

Zhukov IA (1961) In: Winn RB (ed) Psychotherapy in the Soviet Union. Philosophical Library, New York/NY

Ziegler G (1984) Psychosomatische Aspekte der Onkologie, 3. Aufl. G Ziegler Institut für Psychosomatische Forschung, Stuttgart

Ziesel H (1987) Hypnose und Krebs. Diplomarbeit, Psychologisches Institut der Universität Tübingen

Zilbergeld B (1983) Männliche Sexualität. DGVT, Tübingen

Zilbergeld B, Edelstien M, Gerald A, Daniel (1986) Hypnosis: Questions and answers. Norton, New York/NY

Zilboorg G, Henry GW (1941) A history of medical psychology. Norton, New York/NY

Zimmerman GA, McIntyre TM, Prescott SM (1985) Thrombin stimulates the adherence of neutrophils to human endothelial cells in vitro. J Clin Invest 76: 2235 – 2246

Zimmermann W (1982) Probleme und Ergebnisse der weiteren Standardisierung des Suggestibilitätstests für 12 – 16jährige Schüler. Kriminalistik und Forensische Wissenschaften 46: 47 – 76

Zweig S (1931, 1983) Die Heilung durch den Geist: Mesmer – Mary Baker – Eddy – Freud. Fischer, Frankfurt am Main

Namensverzeichnis

Stichwortverzeichnis

Springer-Verlag und Umwelt

Als internationaler wissenschaftlicher Verlag sind wir uns unserer besonderen Verpflichtung der Umwelt gegenüber bewußt und beziehen umweltorientierte Grundsätze in Unternehmensentscheidungen mit ein.

Von unseren Geschäftspartnern (Druckereien, Papierfabriken, Verpackungsherstellern usw.) verlangen wir, daß sie sowohl beim Herstellungsprozeß selbst als auch beim Einsatz der zur Verwendung kommenden Materialien ökologische Gesichtspunkte berücksichtigen.

Das für dieses Buch verwendete Papier ist aus chlorfrei bzw. chlorarm hergestelltem Zellstoff gefertigt und im ph-Wert neutral.

Printing: Saladruck, Berlin
Binding: Buchbinderei Lüderitz & Bauer, Berlin